# 沉积体系与沉积序列：挪威大陆架边缘

［挪］A. W. Martinius  R. Ravnås  J. A. Howell
R. J. Steel  J. P. Wonham  主编

吴因业 方 向 王 越 张天舒 张 琴 翟秀芬 译

石油工业出版社

## 内 容 提 要

本书在分析挪威大陆架边缘沉积体系与沉积序列的基础上，反映了对含油气单元的沉积学和地层学以及烃源岩、储层和盖层的细节研究最新进展。包括从干旱、潮湿到冰川的所有气候类型以及从山间挤压/挤压过渡类型到拉张/拉张过渡类型盆地和被动边缘的构造背景。阐述了海平面变化作为沉积结构的关键控制因素，由从源到汇的控制作用演变成围绕构造、气候和地貌对沉积物供给和保存地层结构的科学问题。

本书可作为沉积学与层序地层学、石油地质学研究者、地质与地球物理勘探工作者、油藏工程师以及相关高等院校师生的参考书。

### 图书在版编目（CIP）数据

沉积体系与沉积序列：挪威大陆架边缘／（挪）
A. W. 马蒂纳斯（A. W. Martinius）等主编；吴因业等译.
— 北京：石油工业出版社，2018.1
书名原文：From Depositional Systems to
Sedimentary Successions on the Norwegian
Continental Margin
ISBN 978-7-5183-1509-3

Ⅰ. ①沉… Ⅱ. ①A… ②吴… Ⅲ. ①大陆架-沉积体系-研究-挪威 ②大陆架-沉积序列-研究-挪威 Ⅳ.
①P588.2②P539.2

中国版本图书馆 CIP 数据核字（2017）第 206302 号

From Depositional Systems to Sedimentary Successions on the Norwegian Continental Margin
by A. W. Martinius, R. Ravnås, J. A. Howell, R. J. Steel and J. P. Wonham
ISBN 978-1-118-92046-6
Copyright © 2014 by International Association of Sedimentologists
All Rights Reserved. Authorised translation from the English language edition published by John Wiley & Sons Limited. Responsibility for the accuracy of the translation rests solely with Petroleum Industry Press and is not the responsibility of John Wiley & Sons Limited. No part of this book may be reproduced in any form without the written permission of John Wiley & Sons Limited.
本书经 John Wiley & Sons Limited 授权翻译出版，简体中文版权归石油工业出版社有限公司所有，侵权必究。
北京市版权局著作权合同登记号：01-2016-0262
Copies of this book sold without a Wiley sticker on the cover are unauthorized and illegal.

出版发行：石油工业出版社
　　　　　（北京安定门外安华里 2 区 1 号　100011）
　　网　　址：www.petropub.com
　　编辑部：（010）64523544
　　图书营销中心：（010）64523633
经　　销：全国新华书店
印　　刷：北京中石油彩色印刷有限责任公司

2018 年 1 月第 1 版　2018 年 1 月第 1 次印刷
787×1092 毫米　开本：1/16　印张：43.75
字数：1120 千字

定价：400.00 元
（如发现印装质量问题，我社图书营销中心负责调换）
版权所有，翻印必究

# 译者的话

油气是产生和聚集在沉积单元内的，改善地质上对沉积单元的成因和特性方面的理解，对油气勘探十分重要。挪威大陆架是一个富饶的油气区，时至今日勘探与生产活动依然保持活跃。本书除了常规石油地质勘探应用之外，对非常规资源勘探也可以提供参考，在国民经济的能源建设中发挥重要作用。

本书的学术价值在于：（1）含油气系统研究方面，论述了工业界和学术界对构造背景、含油气单元的沉积学和地层学以及烃源岩和盖层的细节理解。（2）沉积体系和油气储层研究方面，从北海到巴伦支海，包含了泥盆系到更新统的不同油气产层。储层类型从冲积扇到深水扇，几乎包括从干旱、潮湿到冰川的所有气候类型，并包含了从山间挤压/挤压过渡类型到拉张/拉张过渡类型盆地和被动边缘的构造背景。（3）层序地层学研究方面，气候和构造对沉积物从源到汇的控制作用及对地层结构和挪威海上石油勘探的影响方面作了预测。水槽实验中测定了三角洲顶部可控条件下的自旋回沉积过程，实验了外力驱动下的河流自旋回特征变化和河流沉积模式。

本书对"十三五"及未来国家科技攻关项目研究、石油公司海相油气研究、岩性地层油气藏研究和页岩气等非常规油气资源勘探研究有重要参考价值。

本书的翻译工作主要由中国石油勘探开发研究院（中国石油集团科学技术研究院）、国土资源部油气中心和中国石油大学（北京）等单位多名科技工作者合作完成。主译者名单和翻译任务分工如下：吴因业翻译前言、第1章至第2章、第20章至第22章，校对初稿5篇。方向翻译第4章至第5章、第13章，校对初稿3篇。王越翻译第6章至第7章、第12章，校对初稿3篇。张琴翻译第15章至第16章、第19章，校对初稿3篇。张天舒翻译第8章至第9章、第17章，校对初稿3篇。黄士鹏、方向和吴因业等翻译第3章和第14章，校对初稿2篇。翟秀芬翻译第10章至第11章、第18章，校对初稿3篇。中国石油勘探开发研究院研究生部王玥、姚子修、汪梦诗、任洪佳、王天宇、何苗、王琳和张春宇参加了第2章和第14章的翻译。本书最后由吴因业负责进行最终的审稿与统稿。

本译著的完成，得到了中国工程院院士胡见义及中国石油天然气集团公司、中国石油勘探开发研究院（中国石油集团科学技术研究院）有关领导和专家的大力支持，在此一并致谢！

由于本书内容丰富、涉及面广，不当之处，敬请读者批评指正。

# 前　言

## 吴因业　译

挪威大陆架（Norwegian Continental Shelf，NCS，图1）是一个富饶的油气区，时至今日勘探与生产活动依然保持活跃。从1963年开始勘探以来，该区历经半个世纪的勘探开发，积累了大量资料。勘探活动高峰在第一个20年左右，那时挪威大陆架的主体资源量被探明。即使在最近的10年，勘探上依然有新的油气大发现，产生了令人兴奋的结果。此外，作业者将油田生产采收率推向新的高值，某些情况下延长油田原始评估生命时间10~20年。挪威石油公司董事会对产量前景（挪威大陆架石油资源，NOD，2013）持积极态度，但在其他因素影响下需要依赖持续的技术发展。重要的是，这包括了改善地质上对沉积单元的成因和特性方面的理解，油气是产生和聚集在沉积单元内的。

今日和未来的关键因素是技术的发展要与特定地质条件的理解相匹配。本书的主题"挪威大陆架边缘沉积体系与沉积序列"，反映了工业界人士和NCS学术界在构造背景、含油气单元的沉积学和地层学以及烃源岩和盖层的细节理解方面所做的巨大努力。这也证明工业界和学术界相互依存，共同促进人类向更高水平迈进。

NCS从南部北海到北部巴伦支海，岸线延伸约2500km（图1），包括泥盆系—更新统油

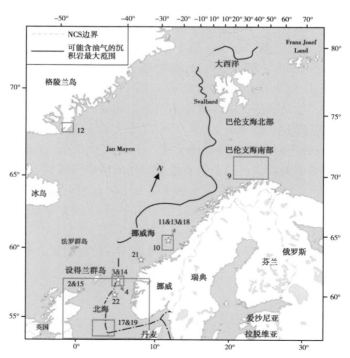

图1　挪威大陆架（NCS）（据挪威石油公司董事会报告，2013）
标注的方框和星星代表相关论文的研究区，本书涉及的所有论文并非全部包括在本图中

气产层。储层类型从冲积扇到深水扇，几乎包括从干旱、潮湿到冰川的所有气候类型，并包含了从山间挤压/挤压过渡类型到拉张/拉张过渡类型盆地和被动边缘的构造背景。广泛的沉积体系和构造背景对石油地质家了解和预测地层与岩石性质来说是令人兴奋的挑战。层序地层学关于海平面变化作为沉积结构的关键控制因素这一初始聚焦，已经演变成围绕构造、气候和地貌对沉积物供给和保存地层结构等问题。

本书论文在 NCS 层序地层学的三天会议中宣读过，会议由挪威石油学会（NPF）于 2010 年 5 月在 Stavanger 市组织召开。书中所列的专题和对 NCS 的影响是会议的焦点。特别引人注目的是类比研究和基于过程的模式综合，具有来自高质量的钻井资料和地震资料包的解释结果和可视化及其相关案例研究。会议遵循以往 NPF 成功的经验，在了解气候和构造对沉积物从源到汇的控制作用及对地层结构和挪威海上石油勘探的影响方面作了进展预测。会议的目标是沉积学家和地层学家共同研讨 NCS 沉积的方方面面，提出最新进展并展望未来。70 多个口头宣讲和展板的展示，包括了三叠系旱地（dryland）河流体系和储层，到上白垩统深海体系，而且开展了岩心和计算机虚拟的地质专题研讨，以及地层和沉积作用的水槽模拟。

组织本文的重要贡献在于选择沉积剖面的位置是从上倾方向河流环境，经过近海直到下倾方向的深海环境。Postma 的贡献是论述了河流体系中普通自旋回特征及其景观规模实验研究的前景。陡坡带、中坡带和缓坡带体系显示了不同的自旋回特征，结果是直接的加积速率及其变化比间接的海平面、气候或构造力更加富有逻辑性，从而易于预测自旋回特征。这一论述得到了 Martinius 等的支持，在其挪威海 Statfjord 油田 Eiriksson 组河流体系层序地层分析中有所论述（图 1）。他们提出了河流基准面的实际定义，用于井资料包中识别加积速率的变化，进行储层分带。McKie 分析了北海中部三叠系的沉积序列（图 1；Skagerrak 组），资料显示 Tethys 地区构造活动盆地具有干旱和多雨沉积条件交替，气候温暖和寒冷也交替的特征。挪威海三叠系—侏罗系界面附近 Lunde 组、Raude 组和 Eiriksson 组河流体系，经 Nystuen 等观测河流类型的变化受控于更加干旱—更加潮湿的气候低频变化。异地层单元的形成推测是高频气候旋回（或基准面变化）的响应。Kim 等在水槽实验中测定了三角洲顶部可控条件下的自旋回沉积过程，实验了外力驱动下河流自旋回特征变化、沉积物定量存储和释放的过程来观察河流模式的变化。Muto 和 Steel 评述了河流三角洲自旋回地层的主要概念，指出稳定的动力学外力往往产生不稳定的地层响应；而稳定的地层特征归因于不稳定的动力学外力。三角洲的自旋回过程也是 Olariu 论文的主题，他总结了无处不在的快速过程变化常常出现在古代三角洲，尤其是在三角洲前缘。他认为空间上延伸的以洪泛面为界的主要地层段，是连续的三角洲复合体，反映了异旋回响应。大的内部变化则反映了穿越大陆架的自旋回朵叶体展布。

三角洲前缘波浪力对地貌动力学和随时间变化的地层学方面的贡献由 Hillen 等开展了研究，他应用了高分辨率基于物理学的数值模拟。模拟地层学进一步用于标准的储层模拟工作流程，来计算岩石性质。巴伦支海三叠系—侏罗系附近的河控三角洲平原沉积，Ryseth 研究认为其主要受控于气候变化，类似于 Nystuen 等在挪威海同一地质时代的研究结论（图 1）。挪威海 Halten 阶地中—下侏罗统也是这三个研究主题。Ravnås 等认识到三个巨层序，即 Tilje、Tofte-Ile 和 Garn 巨层序，具有常见的结构模式和地层构造。这被解释为裂谷边缘和内陆隆起的沉积响应，决定了优质席状储集体的分布。Thrana 等提出了一个修正过的 Åre 组河流三角洲整个海侵期的沉积模式（下伏 Tilje 巨层序），这成为 Heidrun 油田建立新地层格架和修改储层带的基础。地层界面的性质证实了 Olariu 在空间展布的以洪泛面为界的连续三角洲复合体的发现，其中显示了有意义的内部变化。相似的结论也在 Ichaso 和 Dalrymple 研究 Smørbukk 油田 Tilje 组时得出，通过详细的地层和相分析识别出两个主要层序（都在 Tilje 巨层序内部），具有两个主要构造阶段。隐蔽正断层的延伸和孤立同沉积浅部上盘沉降中心的产生巧妙控制了 Tilje 层序的相分布模式。同时期的中—下侏罗统 Halten 阶地沉积序列，沿原始的挪威海—格陵兰海西侧 400km 宽，沉积了 Neill Klinter 群。Ahokas 等建议开展 Tilje 和 Tofte-Ile 巨层序的露头类比，尤其是沉积环境、沉积结构的外部和内部控制因素，以及砂体结构和岩石性质的三维非均质性研究。

　　本书中的一些学者研究了构造发育对浅海沉积样式和地层结构的影响。Folkestad 等对北海北部 Gullfaks-Kvitebjørn 地区中侏罗统开展了研究（图1），显示形成局部沉积中心的旋转断块的漏斗形上盘地区，具有典型的潮汐流特征。Jarsve 等作了更加广泛的远景预测，在源与汇关系一文中评述了北海中—新生代构造格局，以便了解盆地伸展类型、几何形态和沉积充填动力学。四种主要的盆地格局被识别，主要与不对称隆起和盆地侧翼剥蚀有关。一种更好了解和预测区域规模地层结构控制因素的替代性方法是使用三维地层正演模拟，如 Granjeon 展示的那样。数值模拟技术可以应用于工业减少地下的不确定性。在北海中央地堑上侏罗统的案例研究中，Wonham 等开发了三种构造—沉积模型，用于盆地沉积、侵蚀和再沉积的解释和预测。每种模型的性质依赖于裂谷的几何形态演化、裂谷的位置和下伏盐层替代的时间。

　　Messina 等研究了构造上受限制并在沉降的盆地中重复旋回的潮汐沙脊沉积，并且定量研究了储层结构、岩石性质分布和各向异性。

　　对 Ekofisk 油田及其邻近地区马斯特里赫特阶 Tor 组的白垩沉积模式开展了研究（北海；Gennaro 和 Wonham）。广泛分布的河道，主要沿构造等深线方向被识别出来，被解释为底流形成的产物，底流起源于邻近地堑的最深部位。

　　在沉积剖面的下倾端，Basani 等应用确定性过程模拟软件建造了三维模型，模拟了浊流，目的是填补浊积岩结构小比例尺和大比例尺模拟之间的鸿沟。模拟结果显示与实验的砂质浊流动力学十分接近。Ravnås 等分析了上马斯特里赫特—丹麦阶 Ormen Lange 的浊积体系大比例尺结构。多期重复的内陆隆起、盆地边缘翘倾和砂质扇体发育，浊积体系在斜坡带阶地通过充填—溢出的过程演化，也或者在小盆地群倒退充填和上斜坡带上超发育。相似的是，北海晚古新世—早始新世 Hermod 浊积扇中部—外部扇体的结构，经 Bryn 和 Ackers 分析了解到了三维结构特征。使用先进的地球物理技术编制了网络路径图。原始沉积模式和外延的沉积后砂体再建相结合产生了复杂的三维结构，可以看到大量厚砂体单元的分布。

　　我们得益于作者们对本专著的贡献，感谢审稿人提出了有益的建议和观点，从而大大地改善了论文的质量和出版格式。一如往常，没有专家的意见，没有审稿人的奉献和努力（除了匿名审稿人，其他在每篇论文中有致谢），本专辑就不会出版。最后，衷心感谢 Thomas Stevens，国际沉积学家协会（IAS）的专刊编辑，感谢他高标准的编辑工作，以及不屈不挠的精神和耐心，这是本书得以高质量出版的保证。我们也非常感谢 IAS 专刊编辑助理 Adam Corres 的工作。

　　审稿人名单如下（不包括三位匿名审稿人）：

| | | | |
|---|---|---|---|
| Jennifer Aschoff | Bryan Bracken | Massimo Dall'Asta | Rory Dalman |
| Josh Dixon | Trevor Elliott | Michael Engkilde | Anjali Fernandes |

Atle Folkestad Lars-Magnus Fält Rob Gawthorpe Liviu Giosan
Gary Hampson William Helland-Hansen David Hodgson
Chris Jackson Howard Johnson Ian Kane Wonsuck Kim
Kjell Sigve Lervik Ian Lunt James MacEachern Tom McKie
Donatella Mellere Andrea Moscariello Cornel Olariu Snorre Olaussen
Henrik Olsen Chris Paola Per Pedersen Piret Plink-Björklund
George Postma David Pyles Erik Rasmussen Rodmar Ravnås
Manasij Santra Ron Steel Esther Stouthamer Kyle Straub
Finn Surlyk David Uličný Allard van der Molen David Waltham
Brian Willis Mike Young

# 谨以此书献给 John Gjelberg，Michael Talbot 和 Trevor Elliott

吴因业　译

怀着极为悲痛的心情将此挪威沉积地质著作献给过世的三位同事。

John Gjelberg，1982 年获卑尔根大学博士学位，刚开始在 Norsk Hydro 工作并在此度过了大部分职业生涯，除了在挪威国家石油公司有短期经历并在 North Energy 工作了最后几年。John 一生研究并发表沉积学和石油地质学方面的论文，涉及挪威大陆架以及刚果盆地的构造—地层发育，安哥拉海上和法国、西班牙的露头地质学研究。John 最为突出的研究包括石炭系冲积扇、Bear 岛和 Svalbard 的海相地层，巴伦支大陆架早期勘探的储层模式，挪威中部边缘的构造—地层发育，以及 Ainsa 浊积体系的地震模型。在学术前沿领域，John 以 1994 年论文（与 W. Helland-Hansen 合作）关于早期层序地层学争议中的体系域变化研究而知名，近年来地层学界对这一思想有了新的发展。John 也在卑尔根大学讲课并指导研究生。John Gjelberg 去世了，但人们会因其对挪威地质学的贡献记得他。

Mike Talbot，1968 年获得布里斯托尔大学地质学博士学位，1972—1978 年在英国丹地大学从事 NERC 博士后研究，主攻 Seychelles 珊瑚礁和相关沉积物，同时受雇于 Ghana 大学地球科学系作讲师。1978—1981 年在 Leeds 大学地球科学系担任讲师，后在挪威卑尔根地质学院担任高级讲师，1984 年在地质学院被任命为教授（现在是地球科学系）。Mike 研究兴趣较广，主要是湖沼地质学、现代和古代裂谷沉积、碳酸盐岩沉积学和成岩作用。他的大半职业生涯集中于东非大型湖泊研究。在最后 10 年，Mike 又回归碳酸盐岩，开展与 Spitsbergen 中部上古生界碳酸盐岩和蒸发岩有关的崩塌角砾岩沉积和成岩作用研究。Mike 在 1990—1994 年担任沉积学杂志主编，工作效率高，同时也是国际大陆科学钻探项目科学顾问组湖泊钻探分组欧洲代表。2007 年，Mike 因其在星球研究事业和湖沼地质学界的巨大贡献荣获国际湖沼地质学会 W. H. Bradley 奖。Mike 还指导了大约 74 个硕士和博士研究生，人们会因其杰出工作和对卑尔根大学的贡献而久久不忘。

Trevor Elliott，当代最有影响力的地质学家之一，在 Harold Reading 教授指导下获得牛津大学博士学位。在 Leiden and Reading 完成博士后研究后，去斯万席大学（1976）担任沉积学讲师，后在利物浦大学作地质系教授，一直干了 20 年。Trevor 长期且高产的教学和研究产生了大量的本科生、研究生和博士后论文及研究项目。其中有实力的遗产是他的学生在世界各大公司和地质专业的影响力。Trevor 出版了开创性的关于三角洲和岸线方面的著作《沉积环境和相》，第一版于1978年出版，后来经过更新和修正。Trevor的研究兴趣广泛，涉及河流到深水沉积学、地层学和盆地分析。他曾经获得伦敦地质学会Bigsby奖，还是AAPG杰出演讲人。20世纪80年代，Trevor研究了浅海砂岩露头，用于挪威边缘受波浪和潮汐控制的储层分析。挪威工业合作组织进一步支持Trevor的博士生们，开展挪威领域的岩心沉积学研究。Trevor与石油工业界有许多愉快的合作，他长期研究爱尔兰Clare盆地，梦想在Clare悬崖后钻探几口井，用于发展三维模型，最终在Statoil和Dublin大学合作支持下得以实现。2006年起，Trevor开始进行工业教学，主讲沉积学和地层学，建立了庞大的地质科学和工程师团队。Trevor最大的优点是他的科学方法和教学方式。他敏锐的洞察力，严密的分析头脑和从事不同工作的能力永远鼓励着学生和地球科学界的同行们。

#  目　　录

1　河流体系中常见的自旋回特征：来自实验研究经验 …………………………………（1）
　　George Postma 著
　　吴因业 译

2　气候和构造对北海中部三叠系旱地末端河流体系构型的控制作用 ……………（20）
　　Tom Mckie 著
　　吴因业　王　玥　姚子修　汪梦诗 等译

3　北海北部晚三叠世—早侏罗世气候变化对冲积结构、古土壤和黏土矿物的影响 …（61）
　　Johan P. Nystuen　Audun V. Kjemperud　Reidar Müller　Victoria Adeståhl　Edwin R. Schomacker 著
　　黄士鹏　方　向　吴因业　周永胜 译

4　应用可容空间与沉积物供给比值概念进行河流沉积体系层序分析和储层划分 ……（105）
　　Allard W. Martinius　Carsten Elfenbein　Kevin J. Keogh 著
　　方　向 译

5　异动力作用下的自旋回沉积作用响应观察：实验地貌学和地层学 ………………（130）
　　Wonsuck Kim　Andrew Petter　Kyle Straub　David Mohrig 著
　　方　向 译

6　从自旋回的角度认识外力对河流三角洲的作用：概念的回顾 ……………………（143）
　　Tetsuji Muto　Ronald J. Steel 著
　　王　越 译

7　现代三角洲的自生沉积过程演变：将今论古 ………………………………………（154）
　　Cornel Olariu 著
　　王　越 译

8　受波浪改造的河流三角洲动态地貌模型及其在标准储层建模中的应用 …………（175）
　　Marten M. Hillen　Nathanaël Geleynse　Joep E. A. Storms　Dirk Jan R. Walstra　Remco M. Groenenberg 著
　　张天舒 译

9　西南巴伦支海侏罗系—三叠系界面上的沉积作用：指示环境变化 ………………（195）
　　Alf Ryseth 著
　　张天舒 译

10 Halten 阶地下—中侏罗统裂谷内巨层序：巨层序的构造、沉积组构和控制因素 …（225）
　　　　Rodmar Ravnås　Kari Berge　Heather Campbell　Craig Harvey　Mike J. Norton 著
　　　　　　　　　　　　　　　　　　　　　　　　　　　　　　　　　　　　　　翟秀芬 译

11 挪威 Heidrun 油气田下侏罗统 Åre 组最新沉积与地层模式 ……………………（258）
　　　　Camilla Thrana　Arve Næss　Simon Leary　Stuart Gowland　Mali Brekken　Andrew Taylor 著
　　　　　　　　　　　　　　　　　　　　　　　　　　　　　　　　　　　　　　翟秀芬 译

12 潮汐作用影响下边缘海相盆地的沉积动力学特征和层序地层序列
　　——以东格陵兰 Jameson Land 盆地下侏罗统 Neill Klinter 群为例 …………………（292）
　　　　　　　　　　　　Juha M. Ahokas　Johan P. Nystuen　Allard W. Martinius 著
　　　　　　　　　　　　　　　　　　　　　　　　　　　　　　　　　王　越 译

13 海平面升降、构造和气候对同裂谷期 Tilje 组混合动力三角洲沉积的控制作用 …（344）
　　　　　　　　　　　　　　　　Aitor A. Ichaso　Robert W. Dalrymple 著
　　　　　　　　　　　　　　　　　　　　　　　　　　　　　　　　　方　向 译

14 构造对北海北部侏罗系 Brent 群沉积构型的影响 …………………………………（394）
　　　　　　　　Atle Folkestad　Tore Odinsen　Haakon Fossen　Martin A. Pearce 著
　　　　　　　　　　　　　　　　　　　吴因业　方　向　王　越　翟秀芬 等译

15 北海中生代和新生代盆地结构 ………………………………………………………（424）
　　　　Erlend Morisbak Jarsve　Jan Inge Faleide　Roy Helge Gabrielsen　Johan Petter Nystuen 著
　　　　　　　　　　　　　　　　　　　　　　　　　　　　　　　　　张　琴 译

16 大陆边缘和下切河谷的沉积物搬运与基准面旋回对三维正演模拟的影响 ………（463）
　　　　　　　　　　　　　　　　　　Didier Granjeon 著
　　　　　　　　　　　　　　　　　　　　　　　　　　　　　　　　　张　琴 译

17 构造控制下北海中央地堑上侏罗统砂岩的沉积作用、侵蚀作用和再沉积作用 …（487）
　　　　　　Jonathan P. Wonham　Ian Rodwell　Tore Lein-Mathisen　Michel Thomas 著
　　　　　　　　　　　　　　　　　　　　　　　　　　　　　　　　　张天舒 译

18 Halten 台地 Kristin 油气田 Garn 组（巴柔阶—巴通阶）成因、相体系以及原始非
　　均质性模型 ……………………………………………………………………………（525）
　　　　　　Carlo Messina　Wojciech Nemec　Allard W. Martinius　Carsten Elfenbein 著
　　　　　　　　　　　　　　　　　　　　　　　　　　　　　　　　　翟秀芬 译

19 北海 Tor 组白垩沉积中沟道的发育：底流活动的证据……………………………（565）
　　　　　　　　　　　　Matteo Gennaro　Jonathan P. Wonham 著
　　　　　　　　　　　　　　　　　　　　　　　　　　　　　　　　　张　琴 译

20 浊流的模拟工具 MassFLOW-3D™：一些初步结果 ……………………………（602）

Riccardo Basani　Michal Janocko　Matthieu J. B. Cartigny

Ernst W. M. Hansen　Joris T. Eggenhuisen 著

吴因业 译

21 Ormen Lange 浊积体系：沉积饥饿盆地砂质斜坡扇的沉积结构与层序构成 ………（622）

Rodmar Ravnås　Andrew Cook　Kristoffer Engenes　Harry Germs　Martin Grecula

Jostein Haga　Craig Harvey　James A. Maceachern 著

吴因业 译

22 挪威北海 Hermod 扇体的地震地貌学与沉积相：揭示深海砂岩的性质 ……………（659）

Bjørn Kåre Lotsberg Bryn　Mark Andrew Ackers 著

吴因业 译

# 1 河流体系中常见的自旋回特征：来自实验研究经验

George Postma 著

吴因业 译

**摘要**：河流体系常见自旋回特征的实质性认识进展，来自最近的景观规模实验研究，这里地层结构特征可以沿已知的输入和边界条件进行判定。结合实验工作，数值模拟和油田资料会显示不同的自旋回特征，这是因为存在以高坡度溪流为主的冲积扇型体系、中坡度的辫状河型体系和低坡度的单曲流河与网状河体系。冲积扇表面的自旋回特征表现为席状和河道化的旋回性交替，辫状河带表现为迁移的中部河道坝体周围出现小分叉河流的决口，单线河流情况下表现为一个河道分裂为两个河道。实验研究显示，加积速率直接与自旋回频率有关，绝对频率值依赖于河道中后退充填速率和得到的堆积空间。由于加积速率是所有异旋回控制因素相互作用的直接结果，那么从加积速率直接预测自旋回表现特征比间接从海平面变化、气候或构造力预测会更加符合逻辑。结果显示，如果异旋回力的变化相对河流需要改变等级（平衡时间）的时间要快，那么加积速率的变化和自旋回表现频率是最高的。如果异旋回力变化相对河流平衡时间要慢，那么自旋回表现频率也几乎不变。

**关键词**：自旋回；决口；加积；冲积扇；辫状河；单线河流；后退充填

冲积体系中常见自旋回表现特征，归因于冲积体系中河流迁移及侧向决口和分叉的内在性质（Beerbower，1964；Allen，1965；Slingerland 和 Smith，2004）。因此，河流沉积物会在地表均一负载并沉积，直到到达最低势能带和最稳定地带（Paola 等，2009）。这种内在特征在自然界到处可以观察到。沉积物分布通常在高坡度和中坡度河流体系更加均一，几乎没有携带细粒悬浮载荷，经历高卸载（冲积扇、冲积平原、辫状河体系），而在低坡度河流会携带丰富的悬浮载荷。第一种情况下，河岸稳定性低；第二种情况下，河岸稳定性高，河流更好地保持在原位置。如果所有冲积堆积空间被充填，河流到达一定等级（基准面），沿河道带就不出现侵蚀或沉积作用，沉积物展布和河流的决口就会中断，所有供给的沉积物就在该区过路不留（bypass）。

在自然界，定义基准面持续波动的边界条件是卸载的变化、沉积物载荷、颗粒大小等，它们影响河流斜坡和其支撑面［河流剖面平衡点，例如岸线，见 Holbrook 等（2006）］。因此，河流体系很少在某一等级，如果保持加积，常常在侧向上分布的沉积物之间变化；如果发生侵蚀，就会沿斜坡下切，形成沉积物漏斗。展布程度取决于上坡和下坡的边界条件，随海平面、气候和构造的变化其连续性发生变化。

本文的目的是评述最近几十年对以溪流为主的冲积扇和河流体系自旋回特征的研究，尤其是基于基础原理建立新假说来预测自旋回变化频率过程中涉及的新实验结果、理论和数值研究（Kleinhans 等，2010）。假说的使用会在几个自然研究实例中讨论。

## 1.1 自旋回过程

河流的变化进程由侧向迁移、决口和分叉引起（Jones 和 Schumm，1999）。Kleinhans（2010）从几个曲流河的弯曲波长来研究河流进程的变化，简单识别出分叉和决口。在分叉带，水体和沉积物可以划分两个下游分支。决口可以是瞬间的或渐进的，决口位置至少会临时在一个分叉上，因为新河道发育时老河道也会活动。为了在地层重建时发挥作用，也作为 $^{14}C$ 定年时限定分解权限的结果，Stouthamer 和 Berendsen（2000）定义瞬间决口作为一个决口时，两个相邻的河道带共存要小于 200 年，并将决口定义为渐进的（Törnqvist，1994）。

下面讨论的过程定向研究揭示了不同的自旋回过程：（1）高坡度冲积扇（具有大于 2°的斜坡）；（2）中等坡度辫状河（坡度大约 0.4°）；（3）低坡度曲流河或网状河。

### 1.1.1 高坡度冲积扇

以高坡度溪流为主的冲积扇自旋回过程从小型冲积扇模型的模拟实验得来，这种高坡度河流体系的坡度通过席和河道化的水流变化构建而成（Schumm 等，1987；Bryant 等，1995；Whipple 等，1998）。Utrecht 大学的 Van Dijk 等（2009，2011）详细分析了自旋回特征。冲积扇和扇三角洲［后者由 Nemec 和 Steel（1988）定义，指冲积扇前积进入安静水体的部分］的形成通过一个狭窄的管道（4.5cm 宽），注入水和沉积物。从管道中喷出的水柱在一个大沉积板（2.5m 宽，2.7m 下倾）上自由扩散。观察到的地貌动力学受席状流和河道化水流的旋回性变化控制。席状流建立一个凸形扇顶，急速下降进入中扇地区（图 1.1）。当扇体顶部坡度到达临界值时，水流下切扇体产生前积散布的河道化流动，向头部侵蚀。因此，产生在扇体顶部的沟使沉积物沿扇体产生漏斗，形成叠缩的扇朵体，在冲积扇坡折处和在扇三角洲岸线处出现分叉河道，而沉积作用因溪流梯度的减少而产生。沟的后退充填开始于中部河道坝形成时，最终把体系带回到席状流阶段及其斜坡临界点；然后扇体下切过程和河道形成过程又开始。在 Van Dijk 等（2009，2012）的实验中，每个河道下切会堆积在前一个的顶部，这认为是上部边界条件的现象：一个固定的 4.5cm 宽管道，水流流出进入扇体顶部（Van Dijk 等，2009）。当使用较宽的管道时，坝会发育在扇体左右水流决口附近，产生补偿性旋回和新的扇体即"成扇作用"（Bryant 等，1995；Whipple 等，1998）。

### 1.1.2 中坡度辫状河体系

Ashworth 等（2004，2007）通过变形后的 Froude 尺度模型对辫状河的自旋回过程作了详细研究（Peakall 等，1996），主要研究了具有特征河道和中部河道坝体的辫状河平原。不同于 Bryant 等（1995）和 Van Dijk 等（2009，2011）的模型，本文建立的辫状河平原盆地中供给河道是上隆的，且产生一个堆积空间（术语参见 Blum 和 Törnqvist，2000）。Ashworth 和其同事在数个中部河道坝体任意定义了河流的决口，一个河道最小 30cm 的突然侧向变化，而这个新的河道位置至少要保持 15 分钟时间。每个决口从分叉处开始，中部河道坝体分裂出活动的河道流体，出现两个分支，情况同图 1.1（D）和（E）的过程相似。Sheets 等（2002）和 Hickson 等（2005）的实验在 Saint Anthony Falls 实验室进行，完成了多次纪录，都会产生辫状河平原，显示自旋回过程可能与出现以溪流为主的合并冲积扇更加相似，每个都会有特征的河道化流与席状流过程相互交替。席状流确实出现在辫状河体系，尤其在洪水期，但本文提及的实验研究中并不涉及其对辫状河平原本身决口过程的可能贡献。

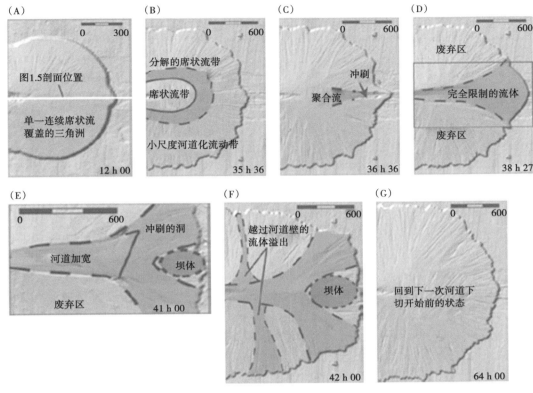

图 1.1 自旋回的阴影展示图

运行时间显示在右下角。（E）的平面位置在（D）中。（A）初始的注入转化为扩展的席状流。单一席状流产生平滑的三角洲平原地貌；（B）随着三角洲平原席状流分解，引起小尺度河道化流体出现在岸线附近；（C）顶部进一步加积增加了三角洲平原的坡度，到达一定点时冲刷洞开始出现在扇三角洲中心线；（D）冲刷洞快速发育成为尼克点，上游移动且与供给河道冲刷点连接；（E）后退充填开始出现河道河口沉积或者中部河道坝体沉积；（F）当流体逐渐开始越过限制的河道壁并在后退充填过程中增加溢出时，发生进积的后退充填；（G）当整个河道被充填时，分解的席状流和顶部的进积又恢复（据 Van Dijk 等，2009）

## 1.1.3 低坡度河流

低坡度河流类型的自旋回特征包含了所有单一线状堤岸网状河和曲流河河道体系。这种类型的实验研究聚焦于有效的加积速率和流体占有率，这几乎是不存在的，但 Hoyal 和 Sheets（2009）创新性的黏性三角洲实验除外。在这种黏性三角洲平原实验基础上，他们发现河道（和其朵体）的决口以三个步骤发生：第一步在初始地貌影响流体的点围绕坝体加积，这会导致流体加宽，流体分叉出现"V"形，坝体表面露出陆上部分，结束坝体旋回。第二步是消极回复，包括地貌动力学上的中部回水效应，这由中部河道坝体产生。当坝体生长时，水力回水效应慢慢扩大到三角洲分流的上游，随后立即出现河床加积的波浪。当朵体继续生长，河床加积增加，在越岸流驱动下加速了陆上堤岸的生长。这就到了第三步，河床加积效应和不断前进的上游堤岸生长相结合，导致形成超高的河道，最终发现到岸线更有利的路径，即发生决口。

低坡度河流自旋回特征的另一些研究主要基于历史的和沉积学的重建，以及数值模拟。这些重建有了一些常见的认识，关于单线河流的决口驱动力在于：（1）局部超高的河道部位或河道复合体，以高出其周围环境的横跨河道和向下河道坡度两者的比率（坡度优势）来确定；（2）出现触发事件，通常是洪水（Jones 和 Schumm，1999；Stouthamer 和 Berendsen，2007）或暴风雨，后者在三角洲分流中十分重要。河流洪水会由于河道容量的减少或局部出现障碍物而出现决口。流体障碍物也可以由暴风雨引起河流的迁移导致（回水效应）。对于低坡度、亚临界（Froude < 1）的河流，回水效应由距离 L 来定义，在这里水位会适应于上游正常水流深度的 67%，评估公式为：

$$L = \frac{h}{3s}$$

式中，$h$ 为水流深度，m；$s$ 为河道坡度（Van Rijn，1994）。Hoyal 和 Sheets（2009）在实验中发现，真正的地貌动力学回水效应可以轻易地双倍于计算值，这会导致理论上上游的决口节点。几个重要的用不同河道障碍物方法触发的决口实例，来自 King 和 Martini（1984），Schumann（1989），McCarthy 等（1992）以及 Harwood 和 Brown（1993）的实验。对自旋回变化驱动机制的相互作用（例如坡度优势和触发事件），可以用河流表现特征的数值模拟进行测试（Mackey 和 Bridge，1995；Törnqvist 和 Bridge，2002；Karssenberg 和 Bridge，2008）。近年来 Kleinhans 等（2008）的数值模拟显示，在河流初始分叉阶段，水和沉积物在两个分支上溢出，分叉河道的选择比只有一个局部坡度优势的多参数测定更加重要。其他参数是指相对于曲流河上游弯曲段的决口节点位置（Kleinhans 等，2008），分叉河道或缺口的河道宽度—深度比值（Slingerland 和 Smith，1998），粒度分选和局部障碍物的存在（坝体和堤岸不规则程度，Kleinhans 等，2008）。这些参数结合在一起，可以解释为什么有些分叉几十年内就不稳定，而另一些则可以在莱茵河—默兹河河流体系中存在几个世纪（Kleinhans，2010）。

虽然决口驱动单线河流把沉积物均匀分布在海岸低地，但是堤岸稳定性和细粒、泥炭洪泛平原与粉砂质砂质河道带的差异压实率，会使这些体系地表高度不规则，即使在高决口速率情况下（Stouthamer 和 Berendsen，2001）。泥炭地层由于抑制侧向迁移和增加河道带的加积而影响决口。洪泛盆地的泥炭压实和氧化作用也导致河道带的放大作用减少和超高海拔（Van Asselen 等，2009）。

黄河三角洲旋回性的决口过程由三角洲快速进积引起，又在加积作用下河流调整其河道带剖面（Kriele 等，1998）。在某些点，加积导致横向坡度增加，引起河道在另一个方向决口。这里值得注意的是，这一过程与实验研究测定的以冲积扇溪流为主的决口初始情况进行对比，席状流增加整个顶部坡度到达不稳定水平，新的河道下切。在辫状河平原，分叉中的坡度优势不起相似的作用，而出现在更小的时间和空间尺度。

总之，冲积扇和辫状河体系的自旋回特征不同于中坡度和低坡度河流体系，最大的不同在于河道带加积的回水效应。回水作用在中等和陡坡体系实际上是缺乏的，河道的水流接近于超临界（Sheets 等，2002；CGER，1996；Hoyal 和 Sheets，2009），因此应用这些体系的实验结果到低坡度河流时，要十分小心。可是，在所有案例中河道的后退充填都是决口的先决条件，因为后退充填会增加河道相对于周围环境的高度。在冲积扇体系案例中，决口触发显然与席状流引起的顶部变陡有关，如果后退充填完成就只有开始决口。在辫状河体系案例中，触发是由于一个分叉对另一个分叉增加了优势。因此辫状河的决口过程相似于单一河流，决口也从分叉开始，但是从分叉到决口的变化级别上需要慢三级。决口频率在现代河流体系变化很快，最低速率是印度的科西河（Kosi River；28 年一次），最高速率是密西西比河（1400 年一次）。

## 1.2 自旋回过程的频率

后退充填速率（河道带的加积）定义了自旋回过程的频率（Van Dijk 等，2009）。后退充填在河道坡度减少到迫使沉积作用发生时开始。如果较低的边界是岸线，那么坡度的减少由岸线的进积和河口坝的产生引起（Kriele 等，1998）。如果河流体系进积越过洪泛平原，坡度的减少一定是由于体系的进积迫使沉积作用和中部河道坝体的形成，预示后退充填的到来。堆积空间和所需沉积物加积速率决定了决口频率。在实验结果基础上，Bryant 等（1995）第一次把决口速率和加积速率相联系，尽管他们没有测定加积作用，仅仅简单地在扇体顶部取了沉积物的产量，作为加积速率的替代。在这里认识到这一点很重要，即这不是供给的沉积物总量，而是供给量的多少用在了底床的加积。没有用于加积的供给沉积物路过河道，用于体系的进积，形成了河道口（套叠扇体）。如果后退充填速率缓慢，实验观察显示出河谷具有加深加宽的时间（Van Dijk 等，2009），这会增加堆积空间，引起决口频率的负反馈，因而决口频率减少。初期的释放、河道长度和产生扇体的局部表面不规则（朵体、冲刷、河道和坝体）最有可能引起旋回期和再下切时间观察结果的偏差。

Van Dijk 等（2012）证实了陡坡带体系自旋回过程的频率怎样与河道后退充填速率有关。冲积扇实验中，冲积扇进积在相邻水平的平原之上，其频率似乎比三角洲平原要高得多。由于两个实验设定的冲积扇上部边界条件相同，频率的变化只能由参与实验的冲积扇之间的差异性引起，即岸线的存在。这就显示出岸线会导致冲积扇表面不同的加积速率。在第一种情况下，所有供给的沉积物加积在扇体表面，而在第二种情况部分供给的沉积物路过扇体表面，加积在水下的三角洲。

Ashworth 等（2007）编制了流体占用时间与有效加积速率之间的关系图，图中包含了 Sheets 等（2002）的资料。图件显示出近乎相反的关系，在最高的加积速率下河道依然具有足够的时间将沉积物分布到辫状河平原上。在最低的加积速率下，可以看到河道侧向上优先发生迁移，而很少发生突变。最终，如果辫状河平原均匀加积在整个表面上，有效加积速率与流体占用时间之间呈现完全相反的关系。Ashworth 等（2007）总结了这些资料并把 Sheets 等（2002）的数据也放入图中（图 1.2），显示出加积速率是流体占有率和自旋回过程频率的重要驱动力。尽管决口过程不同于 Sheets 等（2002）的冲积扇研究，但还是可以很好地对比。

对于低坡度河流，Karssenberg 和 Bridge（2008）通过扩散方程模拟沉积物搬运，三维显示了分叉和决口频率。河道分叉的时间

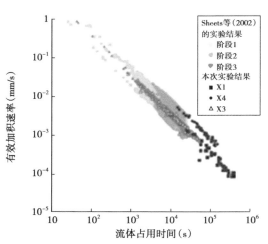

图 1.2 三个实验中有效加积速率随流体占用时间函数的变化（据 Ashworth 等，2007）

和地点作为洪泛平原中交叉河谷坡度和年洪水卸载量的函数随机控制，要求洪泛平原毗邻于下河谷斜坡的河道带。为了测量模型如何对外在因素产生响应，运行条件设定在改变基准面和增加沉积物供给的条件下。基准面的上升和下降及沉积物供给的出现设定为10000年以上。上升的基准面引起了向上运动河谷的加积波，直到加积出现在整个河谷为止。分叉频率和决口随基准面上升速率和加积速率增加。Kleinhans等（2008）数值模拟了决口时间，用河道的宽深比加以测量，上游弯曲半径决定了一个分叉对其他分叉的坡度优势和分叉的长度。根据Kleinhans等（2008）的结论，模型解释了变量的组合如何导致观察到的在历史上和地质资料中的决口时间的大量变化。

总之，实验研究和数值研究显示，加积速率是自旋回过程出现频率的重要驱动力。而且，过程研究表明频率的绝对值取决于河道的后退充填速率，这强烈依赖于需要充填的堆积空间，也依赖于决定水文学的局部因素。值得注意的是，所有讨论的实验模拟显示，决口频率一定不是随加积速率或平均值附近变化的常数，这与Leeder（1978）模拟时的假设一致。

## 1.3 常见自旋回特征的异源控制因素

Hickson等（2005）设计了三维的冲积地层学实验，用于调查异源控制因素对冲积序列的影响。他们总结出模型中的冲积结构受到外力相迁移的强烈控制，因此也受沉积物供给、基准面或沉降的控制。海平面、气候和构造作用持续改变了河流域的堆积空间，一起控制了河流体系的最终坡度。莱茵河—默兹河三角洲体系中河流结构的详细研究，结合良好的年龄控制，使Stouthamer和Berendsen（2000，2001，2004，2007）与Van Asselen等（2009）取得了决口频率与异旋回控制因素之间关系的认识。可是，由于海平面、气候、局部构造和区域构造一起影响加积速率，要想区分开每个因素直接驱动自旋回特征——加积速率的相对贡献，确实是个挑战。想预测河流结构和砂体连续性的地质家对加积速率和自旋回特征频率之间的直接关系是感兴趣的（Leeder，1978），因为这会简化因果方面的问题。加积速率可以合理地测量，边界就可以确定，从而自旋回特征也可以基于定量的标准加以预测。

### 1.3.1 加积速率

加积或沉积速率不会与沉积物供给速率混淆，因为加积速率不能随沉积物供给发生线性变化，正如在0.11m宽、4~6m长的管道二维实验中显示的那样（Postma等，2008）。这些实验的目的是通过加水和沉积物进入管道来产生河流地层学特征。人们发现，河道加积最好由非线性扩散来预测（图1.3）。对于二维河道带案例，当河道体系建造成为坡度型时，随河道坡度增加沉积物过路情况也会增加。根据过路量，每个河道体系可以通过三个发展阶段来观察：（1）起始阶段，体系向基准面加积，没有沉积物可以路过基准面；（2）充填阶段，体系越过基准面加积和进积，因此沉积物路过随机选择的90%水平面；（3）保持阶段，小于10%的沉积物输入用于加积，同时其余路过体系。异源控制因素会迫使体系在起始阶段和保持阶段之间后退和前进，产生加积速率和相关决口频率的变化。在下一部分，将会评估这一变化。

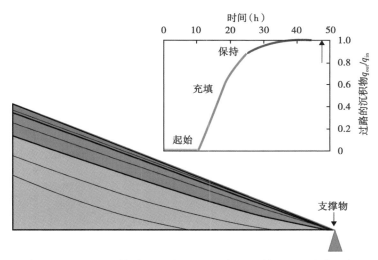

图1.3 在0.11m宽、4.5~6m长的管道里二维河流沉积物楔状体的地层发育（据Postma等，2008）
用颜色标注了从起始、充填、再充填到保持阶段的变化。黑色线是5小时时间间隔的时间线。
在起始阶段体系会进积到基准面。一旦其坡脚到达基准面，体系会进入充填阶段，最后
处于保持阶段。内插图显示了沉积物相对于进入体系的过路部分的百分比

## 1.3.2 海平面

大比例尺海平面形成的河流三角洲体系结构样式包括进积—加积、进积—降积（degradation）和退积—加积叠加样式（Curray，1964）。这些样式在地震剖面上被广泛识别（Neal和Abreu，2010），并分别与正常海退、强制海退和海侵相关联（Catuneanu等，2009）（图1.4）。Curray（1964）和Jervey（1988）把这三种样式与岸线处的堆积空间变化速率（$A$）和沉积物供给速率（$S$）相关联，即$A/S$。可是，可容空间（accommodation）的充填不直接受控于$S$，而受加积（沉积作用）速率（$D$）控制（Muto和Steel，1997，2001）。因此，$A/D$比值定义了河流三角洲的结构。

在正常海退时期，冲积体系有堆积空间充填（PA，图1.4）；在充填期，沉积物大量路过导致斜积层（clinoform）的进积。因此，冲积体系会在充填阶段的某一处开始，依赖于进积速率，达到保持阶段。在这种条件下，河道会出现缓慢的后退充填（沉积物的大量路过），预计决口速率会较低。

在强制海退时期，存在沉积作用、侵蚀和冲积体系的向下步进（down stepping）（APD，图1.4）。在尼克点之上，河流体系会加积，正如在地形演化实验研究中观察到的一样（Van Heijst和Postma，2001）。Muto和Swenson（2005）通过特定的相对海平面下降速率对时间平方根方法开展了河流加积的定量化研究。这个特定系数取决于沉积物—水的供给和体系的几何形态。因此，尼克点的上坡冲积河流体系可以在大范围的相对海平面下降时维持加积，河道可以后退充填和决口。尼克点的下坡，河流剖面变陡，阻碍了后退充填过程。

在海侵时期，岸线后退（PA，图1.4）。退积时出现简短的进积（三角洲朵体建设），河流体系可以加积（Muto和Steel，2001；Hoyal和Sheets，2009）。海岸障壁岛体系的发育迫使岸线向海，基准面指向河流体系要调整自己。在这一时间段，体系回到接近于起始阶

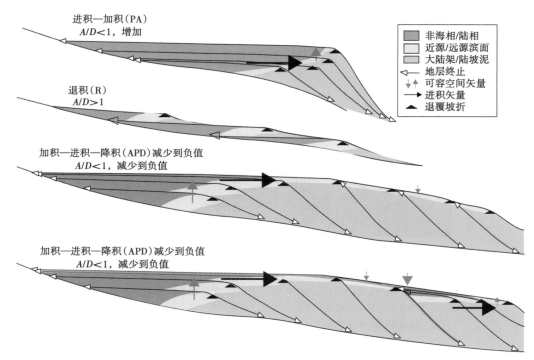

图 1.4 地层叠加样式与海岸的可容空间产生速率（A）和沉积物充填（S）的
变化有关（据 Neal 和 Abreu，2010）

地质纪录观察到的层序边界、地层模式是进积—加积（PA）、退积（R）和加积—进积—降积（APD），分别代表低位体系域、海侵体系域和高位体系域的地层几何形态。APD 体系域指示了大陆架可容空间随时间的减少。到 APD 体系域结束时，大陆架可容空间变成负值，产生降积式叠加，不显示海岸上超的向下迁移。当观察到海岸上超向下迁移时，近源相在远端相上的上超会指示层序边界的形成和另一个 PA、R 和 APD 序列的起始

段，导致冲积域的最大加积，几乎没有沉积物过路。这一时期河道的后退充填最大，决口速率一定最高。有规律的决口形成了有规律的三角洲朵体进积和迁移，这被叫作准层序（parasequences）：发育在洪泛面顶部之上的向上变浅的层序。这些海岸层序的发展强烈依赖于海平面上升的速率（Cattaneo 和 Steel，2003）。

### 1.3.3 气候

Holbrook 等（2006）描述了卸载和供给变化（例如气候变化）导致的河流剖面的重要变化。所有潜在的河流剖面其上部边界为最高可能的加积，其下部边界则为最大可能的下切剖面，将这种剖面称为缓冲带（buffers），其会包围有效的河流保存空间（图 1.5）。缓冲带的厚度由上游控制因素的变量确定，上倾增加到下游剖面优势度的限值。

缓冲带模型考虑了河流保存到上下最大可能剖面之间的一定空间；缓冲带的形态随下游基准面的变化而变化。在下游，基准面受控于一些物理缓冲带（例如海平面）的运动，其下河流不会下切，其上河流不能真正加积。上下的缓冲固定在这一缓冲带，可能当上游基准面控制因素的影响增加时，会在上倾方向分开一些距离。上游控制因素（如气候和构造）主要决定上下缓冲带之间的空间趋势。由于气候变化导致的河流剖面变化在平均卸载情况下相对较快，而在沉积物产量均一变化情况下慢得多，正如 Van den Berg van Saparoea 和 Postma

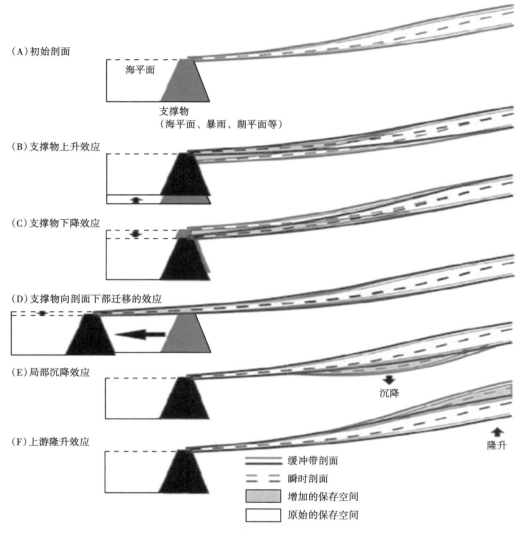

图1.5 缓冲带保存空间的变化

初始缓冲带剖面变化增加的保存空间（A）归因于支撑物运动或构造调节。河流保存空间会由于简单的支撑物上升（B）或下降（C）而增加。由于支撑物下降（C），沉积物沉积在增加的保存空间里，常常被隔离，形成侵蚀阶地，悬挂于河谷壁，它们不易于长期保存，而在支撑物上升（B）时期加积的沉积物就可以。支撑物沿原始径向剖面轨迹移动（D）趋向于加长保存空间，但是对沉积物堆积却增加最少的空间。到达下部缓冲带剖面（E）之下的沉降，趋向于减少活跃的侵蚀面之下早先的保存空间沉积物。这些沉积物易于长期保存。缓冲带剖面（F）之下的隆升趋向于使沉积物离开原先的保存空间，滞留于阶地，可能长期保存，但也可能在事件性埋藏之前就被剥蚀。B—F中河流单元潜在的总堆积空间是产生在沉积河流体系的整个保存空间，河流这时保持活跃的沉积作用（Holbrook等，2006）

（2008）的实验研究一样。这些实验显示了河口的沉积物流量（sediment flux）对卸载变化的响应和由于沉积物流量变化的基本差异，以及总量堆积历史在卸载和沉积物流量响应之间的差异。在卸载或沉积物输入变化响应之间的第一个基本差异是，河谷出口处的沉积物总量会在卸载变化时大许多；第二个基本差异在于，河谷洪泛的坡度与沉积物流量正相关，而与卸载负相关（Mackin，1948）；第三个差异是，对卸载变化的响应非常快速，同时对沉积物流量变化是非常慢的（Van den Berg van Saparoea 和 Postma，2008）。

因此，河道带的加积速率（和决口频率）会在高卸载时减少，这是由于堆积空间因河流剖面的降低而减少。但是，背水效应（backwater effects）和河道阻塞会临时增加决口速率，淤塞相邻的洪泛平原。如果河流体系接近坡度，由气候变化引起的堆积空间的偏斜就不可能很大，这样体系会保持在充填阶段。

### 1.3.4 构造

正如 Holbrook 等（2006）的假说，区域构造导致河流剖面的倾斜，而局部构造引起下凹，这都会对加积速率有直接影响（图1.5）。河道带似乎不会到沉降最大处，除非沉降的过程快于河流的加积，从而能够适应低凹的地形，越岸物质以决口扇和席状砂的形式沉积（Hickson 等，2005）

Kim 和 Paola（2007）进行的接替斜坡沉积作用实验显示，自旋回发育了陆上进积湖泊三角洲的沉积地层体，以恒定卸载和沉积物产量下的河流加积单元为边界。这些旋回的形成受控于沉积物供给的强烈变化，这与构造驱动的河流路径和下盘上升区有关。席状流和河道化流（决口旋回）的流动时间在沉降活跃期变得比原来长五倍（延长了后退充填过程）。构造驱动的自旋回过程时间推测在 10~100ka 之间，远低于正常的自旋回过程。

因此，加积速率对构造变化的响应随动力学类型强烈变化。活跃的断层陡坡会使河流张开，立即沉降，体系从充填阶段变成起始阶段，加积速率马上增加。例如，被动边缘背景的河流剖面向盆地方向倾斜时，增加了加积速率，因为剖面向斜坡倾斜。

## 1.4 讨论

在讨论在地表或地下分析中怎么才能很好进行预测河流结构时，Miall（2006）认为除常规起始点之外几乎没有什么可以指望。他认为现代河流和古代纪录中河流变化形式很快，选择合适的类比就变得十分困难。由于几个异源控制因素作用在不同时间尺度相互影响，河流形式在大多数真正的地层单元里侧向或垂向上发生变化。假定已知河流体系对异源力的复杂响应特征，包括不同速率下力函数变化的滞留趋势，河流结构的地层预测能力也被认为是相当有限。

可是，实验研究给出了相当正面的理由。尽管实验在水力学方面不成比例，实验人员仍有很大优势，可以观察自然界的"正演"模式，类似于输入条件下的产生过程（Paola，2000；Paola 等，2009）。

尺度不变的地貌特征（如河道、坝体和朵体）提示了实验室模型中沉积过程的相似性。沉积物搬运要有足够长的时间，可以用扩散来预测（Paola 等，1992）。来自加积的天然河流结构和来自不同河流类型沉积坡度特征的变化，都可以应用非线性扩散方程的不同指数加以模拟（Postma 等，2008）。图1.6显示了沉积物产量 $q_{in}/q_{out}$ 对时间（$t$）正交的加积速率相对于时间尺度的无量纲图，该河流体系需要到达一定坡度（$t_{eq}$）。平衡的时间尺度是 $L^2/k$ 比值，$L$ 是长度，从河流沉积活动轨迹获得；$k$ 是扩散系数，与卸载有关（Paola 等，1992）。对应于自旋回特征（决口）的沉积活动轨迹，会是后退充填轨迹。在平均扩散值为 $0.01km^2/a$（Paola 等，1992）时，河道深度为 7~10m，坡度 0.0001（Kleinhans 等，2008），大多数三角洲平原的低坡度河流具有大约25km的背水长度，这样$t_{eq}$大约对应60ka。对于低坡度河流，线性扩散方程模拟长时间的沉积物搬运需要调整（Paola等，1992），因此起始阶段几乎是不存在的（图1.6）。可是，需要注意的是，长度比例尺和扩散系数动力学意义上会发生变化，且与计算的平衡时间有关。因此，其数值要小心处理，只能够用于第一级的方法。

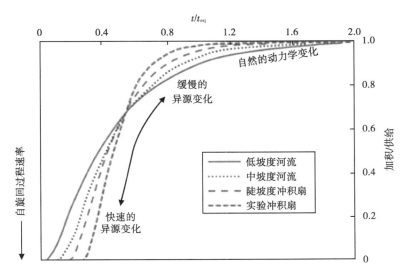

图1.6 沉积物产量$q_{in}/q_{out}$对时间（$t$）正交的加积速率相对于时间尺度的无量纲图

该河流体系需要到达一定坡度（$t_{eq}$）。沉积物搬运可以用不同指数的非线性方程计算。低坡度河流用线性扩散方程模拟（指数$m=1$；Paola等，1992）。最陡的曲线对着实验曲线刻画，平衡的坡度要比较深的自然界河流更陡。点线位于实验冲积扇和低坡度河流的中间，基于陡的实验坡度和低坡度河流之间数值内插（Postma等，2008）。如果异源力时间快于河流体系的平衡时间，决口频率会随之改变。如果较慢，就没有明显的变化

异源力使体系连续处于不平衡状态，改变了堆积空间和加积速率。在问"是否可能预测加积速率的变化？"时，作者相信可以用第一级方法进行预测。如果堆积空间变化时间快于$t_{eq}$，加积速率增加；如果变化时间慢于$t_{eq}$，加积速率几乎不变（Paola等，1992；Van Heijst和Postma，2001）。所以，缓慢的变化会像用于区域构造实例那样，几乎不影响加积速率，体系仍然维持或接近于保持阶段。然而，三角洲朵体的快速进积和断崖（fault scarp）附近的沉降对河流体系的堆积空间有很大影响，会把它带回到起始阶段（图1.6）。Hickson等（2005）的实验展示了这一点：快速沉降可以被高加积速率抵消，慢速沉降可以被低加积速率抵消。这导致河流体系不会向最高的沉降速率地区迁移，除非加积速率与沉降不一致。

上面的分析让我们有了预测自旋回频率的新假说：对应于平衡时间且与河流体系地貌动力学活动有关的异源力变化速率（快速或慢速变化），是加积变化速率和自旋回特征频率变化的主要驱动力。加积速率的慢速变化不会明显改变自旋回特征，而快速变化可以。但是，并不是说其他参数如毗邻洪泛平原的泥炭生长、洪水频率、风暴浪频率和其他因素在决口速率变化原因上就不重要。而且，检验这一假说和测量三角洲平原的加积速率以及重建决口频率之前的编图会更加有趣。

## 1.5 实验意义

在河道带尺度，Leeder（1978）试图在沉降、决口和河道带砂体叠加密度之间建立基本联系。他认为，河道带叠加密度和其连通性与沉积速率的时间变化（垂向）负相关，河道带叠加密度及其连通性直接关联于沉积速率的侧向变化（水平）。Leeder（1978）指出，沉降速率随时间的减少会增加叠加密度，使河道带有更多时间移去洪泛平原的细粒物质。

Bryant 等（1995）通过指数分布关系测定了不同形式的决口频率和加积速率之间的对应联系。如果 $F_a$ 是决口频率，$R_s$ 是加积速率，那么 $F_a \approx R_s\beta$，其中 $\beta$ 是正值，真正的指数值。这导出三个定性的不同体系（图1.7），$\beta = 0$ 时决口频率是常数，与 Leeder（1978）建立的模型一致；$\beta = 1$ 时，叠加样式独立于加积速率；$\beta > 1$ 时自旋回特征会随加积速率增加，这种情况在现在已知的实验室模型中十分明显。这意味着如果加积速率最高，会使洪泛平原的细粒物质最大量地移去，河道体的连通性最好。

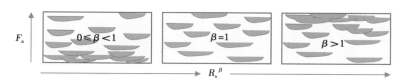

图1.7 三种可能体系中河道带叠加密度和沉积速率的关系（据 Bryant 等，1995，修改）
这些体系由决口频率和沉积速率之间的幂定律（power law）指数 $\beta$ 来定义。深灰色显示河道带砂体，黄色代表洪泛平原细粒物质。实验显示右侧图最有可能出现在自然界，决口速率随加积速率增加，引起河道更加密集堆积，连通性较高。$F_a$—决口频率，$R_s$—加积速率

Hickson 等（2005）基于他们的发现总结了冲积结构的二维变化，强烈受控于外力作用的沉积相迁移，例如沉积物供给的变化、基准面或沉降。可是，这三种变量一起控制了加积速率，这是相变的基本控制因素。如果叠加变化是缓慢的，相迁移保持最小，但是如果叠加变化相对较快（Hickson 等，2005），那么其就成为冲积结构的主控因素。Leeder（1978）指出，沉积速率的侧向变化结果（规定决口速率必须在沉降最大时最高，沉降最小时最慢，而整个河道带侧向叠加密度保持不变）与 Hickson 等（2005）的实验发现很一致，他规定只有沉降速率大于加积速率时，河流才会调节并迁移到形成的地貌低处。

### 1.5.1 常规决口特征的重建

对于常规决口特征的重建，结合良好的年代控制进行详细的地表和地下制图是必须的。这里提出的多数假说仍需要野外工作的检验，目前只能给出模棱两可的结果。下面的案例也只能帮助显示决口频率和加积速率的关系，不是意味着实验结果的回顾。

### 1.5.2 陡坡度和中坡度体系

Scott 和 Erskine（1994）研究了12个相似尺度的澳大利亚冲积扇，归因于相同的灾难性雨季引发的洪水。冲积扇和汇水区大小相似、坡度相似，都位于相似下雨强度地区。因此，冲积扇相似但洪水卸载大。12个冲积扇中，7个在暴雨事件之前有沟，5个没有沟。这些扇体对暴雨事件以不同方式作出反应。结果显示范围从完全没有变化到沟的下切或后退充填。

Scott 和 Erskine（1994）认为，每个扇体显示出相似自旋回的不同阶段。这些旋回包括：（1）扇体的加积；（2）超过临界坡度时扇端开始挖沟；（3）冲刷池合并成一个连续的沟；（4）由于加宽和坡度减少，沟后退充填。

扇体结构的精细制图和内陆降积的重建可以进行扇体历史的全面评价。然而，关于这些粗碎屑体系自旋回过程的时间，其粗碎屑环境的年龄控制常常不能够确定细节（Nemec 和 Postma，1993；Mack 等，2008），需要更多的野外工作结合岩石纪录中改善后的年龄控制，来证实实验研究的发现。

### 1.5.3 低坡度河流体系

无疑最详细的决口重建实例来自莱茵河—默兹河三角洲复合体。尽管全面评估这些工作不是本论文的范畴，仍值得指出相对于平衡时间影响决口频率发生的变化有多快和多慢。

根据全新世整个莱茵河—默兹河三角洲决口历史的详细重建，Stouthamer 和 Berendsen（2000，2001，2007）确定了决口参数的定量值、决口时间和决口间隔时间。在莱茵河—默兹河三角洲，同时期河道的数目与高分辨率年代控制的决口频率有关，可以帮助分析河流活动的开始和结束。资料显示，瞬时决口和渐变决口在莱茵河—默兹河三角洲几乎同等重要，具有两个主要决口方式：（1）区域决口，新活动跟随整个新进程；（2）引起原有河道重新占有的决口。在重新占有的案例中，他们发现了两种可能性：（1）新河道重新占有它自己以前的河道（局部决口）；（2）一个已经存在的河道。Stouthamer 等（2010）发现，在整个全新世时间尺度，决口形式与加积速率和海岸演化有关。从 9000 年前到 3000 年前，初期的高决口频率随海平面上升速率的减少而下降（堆积空间的减少速率）。此后，决口频率再增加（1.89 决口/100 年），推测时间是在细粒沉积物增加供给和缓慢改变卸载体系的时期（Stouthamer 等，2011），这明显增加了后部障壁的加积速率。

在密西西比三角洲，没有莱茵河—默兹河三角洲那样的决口频率数据。Aslan 等（2006）发现，在过去 5000 年密西西比河只决口了 4 次，在南部下游密西西比河谷的红河决口 2 次。密西西比河向东部的重新定位改变了局部基准面，导致红河决口。密西西比河和红河主要是通过河道重新占有而发生决口。

Aslan 等（2006）认为，坡度优势不一定必然导致决口，尽管沿密西西比河洪泛平原坡度优势广泛分布。Fielding 等（2006）发现，气候变化是全新世 Burdekin 三角洲结构的主要控制因素，通过卸载的极端变化阻止了较短的决口时间。他们进一步认为，更多的决口也会在体系向东进积时通过延长三角洲平原河道而发生，这会快速增加堆积空间。Mfolozi 河流洪泛平原（南非）具有平原顶部的决口特征，主要出现在很不频繁的大洪水事件时期，河道的河流容量不够（Grenfell 等，2009）。

间接控制决口的其他因素已经在研究自然界实例中提过，包括新构造运动、沉降、基底成分、曲折度和人文因素（Fisk，1952；Schumann，1989；Schumm 等，1996；Jones 和 Harper，1998；Smith 等，1998；Stouthamer 和 Berendsen，2000），以及曲流河弯曲性质（Kleinhans，2010）。Schumm 等（1996）描述了河道弯曲度增加如何引起河道坡度的减少，这会导致沉积物搬运能力和决口的减少（Makaske，2001）。确定这些因素的控制因素与其受加积速率的影响是一个挑战，这与自旋回特征的频率有关。但是，未来古代河流三角洲的地层研究应该会用于评估加积速率的变化对河道地层密度和连通性的意义。这种加积速率变化的评估比应用层序地层学原理在地表和地下进行地层分析更加实用。

## 1.6 结论

针对陡坡度、中坡度和低坡度河流体系的自旋回特征开展了讨论，发现了每种河流类型都有差异。前两种沉积物均一分布于广大地区，与低坡度河流相反。其他差异在于：

（1）陡坡度体系显示出席状流的改变、陡度减少、下切和后退充填跟随的进积。旋回时间取决于扇体下切总量和后退充填速率，范围从几年到几十年，这要看扇体活动情况。

（2）中坡度体系显示，高加积速率时出现短期的分叉，低加积速率时出现缓慢侧向迁移河道的分叉。旋回时间相对较短，范围从几天到几年。

（3）低坡度河流建造其河道带，会持续到洪泛平原明显滞后时期。这一推断是基于数值模拟，决口起源于坡度优势、河道淤塞和河道弯曲带的局部水文学情况。决口过程的详细研究表明此种类型不存在自旋回特征。旋回时间相对长，级别从几十年到几个世纪，强烈依赖于背水调节长度（backwater adaptation length）。

（4）河道的加积速率是自旋回特征频率的最重要驱动力。当河流体系建造到一定坡度，加积速率呈非线性减少，因此从高频率到低频率整个频率段的自旋回特征预计会在自然体系中出现，并建造到这一坡度。

（5）三角洲平原河流体系相对于平衡时间的异源力的快速和慢速变化（与背水长度有关），被认为是加积速率变化的主要驱动力，同时也是自旋回特征频率的主要驱动力（图1.6）。快速变化会增加自旋回过程的频率，会迫使河流结构发生快速垂向改变。同时，慢速变化会导致结构的渐变或几乎不变。常规自旋回特征的识别和定量化方面的重要进展在于景观尺度的实验研究，地层结构的驱动力可以从已知的输入和边界条件进行证明。衡量过程的相似度，可以通过不变的结构和河道、席状流沉积物、沙坝和朵体的形态来评价。这些景观实验到现在为止在低坡度河流体系中不存在，虽然低坡度河流体系的扩展方面大家研究得很细。此外，具有高分辨率年代控制的野外地质，需要河流体系决口的外力作用机制研究。

**致谢**

本文的思想包含在 Maurits van Dijk 的博士论文研究中，并经过与 Kim Cohen、Esther Stouthamer 和 Maarten Kleinhans 的讨论。2011 年 1 月 Kick Kleverlaan、Maarten Kleinhans 和 Allard Martinius 对文章初稿进行了审阅，提出了有用的改进意见。同时非常感谢刊物审稿人 Andrea Moscariello 及匿名审稿人对文章进行审阅并进一步修正。

### 参 考 文 献

Allen, J. R. L. (1965) A review of the origin and characteristics of recent alluvial sediments. *Sedimentology*, 5, 89-101.

Allen, J. R. L. (1979) Studies in fluviatile sedimentation: An elementary geometrical model for the connectedness of avulsion-related channel sand bodies. *Sed. Geol.*, 24, 253-267.

Ashworth, P. J., Best, J. L. and Jones, M. A. (2004) Relationship between sediment supply and avulsion frequency in braided rivers. *Geology*, 32, 21-24.

Ashworth, P. J., Best, J. L. and Jones, M. A. (2007) The relationship between channel avulsion, flow occupancy and aggradation in braided rivers: insights from an experimental model.

*Sedimentology*, 54, 497-513.

Aslan, A. Whitney, J. A. and Blum, M. D. (2006). Causes of river avulsion: insights from the late Holocene avulsion history of the Mississippi River, U. S. A. *J. Sed. Res.*, 75, 650-664.

Beerbower, J. R. (1964) Cyclothems and cyclic depositional mechanisms in alluvial plain sedimentation. In: *Symposium on Cyclic Sedimentation* (Ed. Merriam, D. F.), *Bull. Kansas Geol. Survey*, 169. 2. 1. 6, 31-42.

Blum, M. D. and Törnqvist, T. E. (2000) Fluvial responses to climate and sea-level change: a review and look forward. *Sedimentology*, 47, 2-48.

Bridge, J. S. and Leeder, M. R. (1979) A simulation model of alluvial stratigraphy. *Sedimentology*, 26, 617-644.

Bryant, M., Falk, P. and Paola, C. (1995) Experimentalstudy of avulsion frequency and rate of deposition. *Geology*, 23, 365-368.

Cattaneo, A. and Steel, R. J. (2003) Transgressive deposits: a review of their variability. *Earth-Science Reviews*, 62, 187-228.

Catuneanu, O., Abreu, V., Bhattacharya, J. P., Blum, M. D., Dalrymple, R. W., Eriksson, P. G., Fielding, C. R., Fisher, W. L., Galloway, W. E., Gibling, M. R., Giles, K. A., Holbrook, J. M., Jordan, R., Kendall, C. G. St. C., Macurda, B., Martinsen, O. J., Miall, A. D., Neal, J. E., Nummedal, D., Pomar, L., Posamentier, H. W., Pratt, B. R., Sarg, J. F., Shanley, K. W., Steel, R. J., Strasser, A., Tucker, M. E. and Winker, C. (2009) Towards the standardization of sequence stratigraphy. *Earth-Sci. Rev.*, 92, 1-33.

Commission on Geosciences, Environment and Resources (CGER) (1996) *Alluvial fan flooding*. The National Academies Press.

Curray, J. R. (1964) Transgressions and regressions. In: *Papers in Marine Geology* (Ed. R. L. Miller), pp 175-203. Shepard commemorative volume, MacMilland, New York.

Ethridge, F. G., Skelly, R. L. and Bristow, C. S. (1999) Avulsion and crevassing in the sandy, braided Niobrara River: complex response to base-level rise and aggradation. In: *Fluvial Sedimentology VI* (Eds N. D. Smith, N. D. and J. Rogers), *Int. Assoc. Sedimentol. Spec. Publ.*, 28, 179-191.

Fielding, C. R., Trueman, J. D. and Alexander, J. (2006) Holocene depositional history of the Burdekin river delta of north eastern Australia: A model for a lowaccommodation, highstand delta. *J. Sed. Res.*, 76, 411-428.

Fisk, H. N. (1952) *Geological Investigation of the Atchafalaya Basin and the Problem of the Mississippi River Diversion: Vicksburg, Mississippi*. U. S. Army Corps of Engineers, Waterways Experiment Station, 145 pp.

Grenfell, S. E., Ellery, W. N. and Grenfell, M. C. (2009) Geomorphology and dynamics of the Mfolozi River floodplain, KwaZulu-Natal, South Africa. *Geomorphology*, 107, 226-240.

Harwood, K. and Brown, A. G. (1993) Fluvial processes in a forested anastomosing river: flood partitioning and changing flow patterns. *Earth Surf. Proc. Land.*, 18, 741-748.

Hickson, T. A., Sheets, B. A., Paola, C. and Kelberer, M. (2005) Experimental test of tectonic controls on three dimensional alluvial facies architecture. *J. Sed. Res.*, 75, 710–722.

Holbrook, J., Scott, R. W. and Oboh-Ikuenobe, F. E. (2006) Base-level buffers and buttresses: A model for upstream versus downstream control on fluvial geometry and architecture within sequences. *J. Sed. Res.*, 76, 162–174.

Hoyal, D. and Sheets, B. (2009) Morphodynamic evolution of experimental cohesive deltas. *J. Geophys. Res.*, 114, F02009, DOI: 10.1029/2007JF000882.

Jervey, M. T. (1988) Quantitative geological modeling of siliciclastics rock sequences and their seismic expression. In: *Sea - Level Changes: An Integrated Approach* (Eds C. K. Wilgus, B. S. Hastings, C. G. St. C. Kendall, H. W. Posamentier, C. A. Ross and J. C. Van Wagoner), SEPM Spec. *Publ.*, 42, 47–70.

Jones, L. S. and Harper, J. T. (1998) Channel avulsions and related processes and large-scale sedimentation patterns since 1875, Rio Grande, San Luis Valley, Colorado. *Geol. Soc. Am. Bull.*, 110, 411–421.

Jones, L. S. and Schumm, S. A. (1999) Causes of avulsion: an overview. In: *Fluvial Sedimentology VI* (Eds N. D. Smith, N. D. and J. Rogers), *Int. Assoc. Sedimentol. Spec. Publ.*, 28, 171–178.

Karssenberg, D. and Bridge, J. S. (2008) A three-dimensional model of sediment transport, erosion and deposition within a network of channel belts, floodplain and hill slope: extrinsic and intrinsic controls on floodplain dynamics and alluvial architecture. *Sedimentology*, 55, 1717–1745.

Kim, W. and Paola, C. (2007) Long-period cyclic sedimentation with constant tectonic forcing in an experimental relay ramp. *Geology*, 35, 331–334.

King, W. A. and Martini, I. P. (1984) Morphology and Recent sediments of the lower anastomosing reaches of the Attawapiskat River, James Bay, Ontario, Canada. *Sed. Geol.*, 37, 295–320.

Kleinhans, M. G. (2010) Sorting out river channel patterns. *Prog. Phys. Geogr.*, 34, 287–326.

Kleinhans, M. G., Jagers, H., Mosselman, E. and Sloff, C. (2008) Bifurcation dynamics and avulsion duration in meandering rivers by one-dimensional and threedimensional models. *Water Resour. Res.*, 44, W08454. doi: 10.1029/2007WR005912.

Kleinhans, M. G., Weerts, H. J. T. and Cohen, K. M. (2010) Avulsion in action: reconstruction and modelling sedimentation pace and upstream flood water levels following a Medieval tidal-river diversion catastrophe (Biesbosch, The Netherlands, 1421–1750 AD), *Geomorphology*, doi: 10.1016/j.geomorph.2009.12.009.

Kriele, H., Wang, Z. and De Vries, M. (1998) Morphological interaction between the Yellow River and its estuary. In: *Physics of Estuaries and Coastal Seas* (Eds J. Dronkers and M. Scheffers), 8th International Biennial Conference on Physics of Estuaries and Coastal Seas, The Hague, Netherlands, 287–295, Taylor and Francis/Balkema, London, U. K.

Leeder, M. R. (1978) A quantitative stratigraphic model for alluvium, with special reference to channel deposit density and interconnectedness. In: *Fluvial sedimentology* (Ed. Miall, A. D.), *Can. Soc. Petrol. Geol. Mem.*, 5, 587–596.

Mack, G. H., Leeder, M. R. and Carothers-Durr, M. (2008) Modern flood deposition, erosion and fan-channel avulsion on the semi-arid Red Canyon and Palomares Canyon alluvial fans in the southern Rio Grande rift New Mexico, U. S. A. , *J. Sed. Res.* , 78, 432–442.

Mackey, S. and Bridge, J. (1995) Three-dimensional model of alluvial stratigraphy: theory and application. J. Sed. Res. , B65, 7–31.

Mackin, J. H. (1948) Concept of the graded river. *Bull. Geol. Soc. America*, 59, 463–512.

Makaske, B. (2001) Anastomosing rivers: a review of their classification, origin and sedimentary products: *Earth-Sci. Rev.* , 53, 149–196.

Martinius, A. W. , Elfenbein, C. and Keogh, K. J. (2014) Applying *A/S* concepts to stratigraphic analysis and zonation of fluvial reservoirs. In: *From Depositional Systems to Sedimentary Successions on the Norwegian Continental Shelf Sedimentation* (Eds A. W. Martinius, R. Ravnas, J. Howell, R. J. Steel and J. P. Wonham), *Int. Assoc. Sedimentol. Spec. Publ.* , 46, (this volume).

McCarthy, T. S. , Ellery, W. N. and Stanistreet, I. G. (1992) Avulsion mechanisms on the Okavango fan, Botswana: the control of a fluvial system by vegetation. *Sedimentology*, 39, 779–795.

McCarthy, T. S. , Ellery, W. N. and Stanistreet, I. G. (2002) Avulsion mechanisms on the Okavango fan, Botswana: the control of a fluvial system by vegetation. *Sedimentology*, 39, 779–796.

Miall, A. D. (2006) Reconstructing the architecture and sequence stratigraphy of the preserved fluvial record as a tool for reservoir development: A reality check. *AAPG Bull*, 90, 989–1002.

Moscariello, A. (2003) The Schooner Field, Blocks 44/26a and 43/30a, UUK Southern North Sea. In: , *United Kingdom Oil & Gas Fields* (Eds J. Gluyas, H. Hichens, J. Evans), *Commemorative Millenium Volume*, Geol. Soc. Mem. , 20, 811–824.

Muto, T. and Steel R. J. (1997) Principles of regression and transgression: The nature of the interplay between accommodation and sediment supply. *J. Sed. Res.* , 67, 994–1000.

Muto, T. and Steel R. J. (2001) Autostepping during the transgressive growth of deltas: Results from flume experiments. *Geology*, 29, 771–774.

Muto, T. and Swenson, J. B. (2005) Large-scale fluvial grade as a nonequilibrium state in linked depositional systems: Theory and experiment. *J. Geophys. Res.* , 110, F03002, oi: 10.1029/2005JF000284.

Neal, J. and Abreu, V. (2010) Sequence stratigraphy hierarchy and the accommodation method. *Geology*, 37, no 9, 779–782; doi: 10.1130/G25722A.

Nemec, W. and Postma, G. (1993) Quaternary alluvial fans in southwestern Crete: sedimentation processes and geomorphic evolution. In: *Alluvial Sedimentation* (Eds Marzo, M. and Puigdefabregas, C. ), *Int. Assoc. Sedimentol. Spec. Publ.* , 17, 235–276.

Nemec, W. and Steel, R. J. (1988) What is a fan-delta and how do we recognize it? In: *Fan Deltas: Sedimentology and Tectonic Settings* (Eds W. Nemec & R. J. Steel), pp 3–13. Blackie, Glasgow.

Paola, C. (2000) Quantitative models of sedimentary basin filling. *Sedimentology*, 47, 121–178.

Paola, C. , Heller, P. and Angevine, C. (1992) The large scale dynamics of grain-size variation in alluvial basins. I: Theory. *Basin Res.* , 4, 73–90.

Paola, C. , Straub, K. , Mohrig, D. and Reinhardt, L. (2009) The "unreasonable effectiveness" of stratigraphic and geomorphic experiments. *Earth−Sci. Rev.* , doi: 10. 1016/2009. 05. 003.

Peakall, J. , Ashworth, P. J. and Best, J. L. (1996) Physical modelling in fluvial geomorphology: principles, applications and unresolved issues. In: *The scientific nature of geomorphology* (Eds B. L. Rhoads and C. E. Thorn) *Proceedings of the 27th Binghamton symposium in geomorphology*, 221−254. John Wiley & Sons, Chichester.

Postma, G. , Kleinhans, M. G. , Meijer, P. T. and Eggenhuisen, J. (2008) Sediment transport in analogue flume models compared with real world sedimentary systems: a new look at scaling sedimentary systems evolution in a flume. *Sedimentology*, 55, 1−17.

Schumann, R. R. (1989) Morphology of Red Creek, Wyoming, an arid−region anastomosing channel system. *Earth Surf. Proc. Land.* , 14, 277−288.

Schumm, S. A. , Mosley, P. M. and Weaver, P. H. (1987) *Experimental Fluvial Geomorphology*. John Wiley & Sons, New York.

Schumm, S. A. , Erskin, W. D. and Tilleard, J. W. (1996) Morphology, hydrology and evolution of the anastomosing Ovens and King Rivers, Victoria, Australia. *Geol. Soc. Am. Bull.* , 108, 1212−1224.

Scott, P. F. and Erskine, W. D. (1994) Geomorphic Effects of a Large Flood on Fluvial Fans. *Earth Surf. Proc. Land.* , 19, 95−108.

Sheets, B. , Hickson, T. A. and Paola, C. (2002) Assembling the stratigraphic record: depositional patterns and timescales in an experimental alluvial basin. *Basin Res.* , 14, 287−301.

Slingerland, R. and Smith, N. (1998) Necessary conditions for a meandering − river avulsion. *Geology*, 26, 435−438.

Slingerland, R. and Smith, N. D. (2004) River avulsions and their deposits. *Annu. Rev. Earth Planet. Sci.* , 32, 254−285.

Smith, N. , Slingerland, R. , Pérez-Arlucea, M. and Morozova, G. (1998) The 1870's avulsion of the Saskatchewan River, *Canadian Journal of Earth Sciences*, 35, 453−466.

Stouthamer, E. and Berendsen, H. J. A. (2000) Factors Controlling the Holocene Avulsion History of the Rhine−Meuse Delta (The Netherlands) . *J. Sed. Res.* , 70, 1051−1064.

Stouthamer, E. and Berendsen, H. J. A. (2001) Avulsion frequency, avulsion duration and inter-avulsion period of Holocene channel belts in the Rhine − Meuse delta, the Netherlands. *J. Sed. Res.* , 71, 589−598.

Stouthamer, E. and Berendsen, H. J. A. (2007) Avulsion: the relative roles of autogenic and allogenic processes. *Sed. Geol.* , 198, 309−325.

Stouthamer, E. , Cohen, K. M. and Gouw, M. J. P. (2010) Avulsion and its implications for fluvial−deltaic architecture: insights from the Holocene Rhine−Meuse delta. In: *From river to rock record: the Preservation of Fluvial Sediments and Their Subsequent Interpretation* (Eds S. K. Davidson, S. Leleu, and C. P. North), *SEPM Spec. Publ.* , 97, 215−231.

Stouthamer, E. , Cohen, K. M. , and Gouw, M. J. P. (2011) Avulsion and its implications for fluvial−deltaic architecture: insights from the Holocene Rhine−Meuse delta. In: *From River To Rock Record: the Preservation of Fluvial Sediments and Their Subsequent Interpretation*, *SEPM Special Publication*, 97, 215−231.

Törnqvist, T. E. (1994), Middle and late Holocene avulsion history of the River Rhine (Rhine-Meuse delta, Netherlands), *Geology*, 22 (8), 711-714.

Törnqvist, T. E. and Bridge, J. S. (2002) Spatial variation of overbank aggradation rate and its influence on avulsion frequency. *Sedimentology*, 49, 891-905.

Van Asselen, S., Stouthamer, E. and van Asch, Th. W. J. (2009) Effects of peat compaction on delta evolution: areview on processes, responses, measuring and modeling. *Earth-Sci. Rev.*, 92, 35-51.

Van den Berg van Saparoea, A. -P. and Postma, G. (2008) Control of climate change on the yield of river systems. In: *Recent Advances in Models of Siliciclastic Shallowmarine Stratigraphy* (Eds G. Hampson, R. J. Steel, P. M. Burgess and R. W. Dalrymple), *Int. Assoc. Sedimentol. Spec. Publ.*, 40, 191-205.

Van Dijk, M., Postma, G. and Kleinhans, M. G. (2009) Autocyclic behaviour of fan deltas: an analogue experimental study. *Sedimentology*, 56, 1569-1589.

Van Dijk, M., Kleinhans, M. G., Postma, G. and Kraal, E. (2012) Contrasting morphodynamics in alluvial fans and fan deltas: effect of the downstream boundary. *Sedimentology* 59, 2125-2145.

Van Heijst, M. I. W. M. and Postma, G. (2001) Fluvial response to sea-level changes: a quantitative analogue, experimental approach. *Basin Res.*, 13, 269-292.

Van Rijn, L. C. (1994) *Principles of Fluid Flow and Surface Waves in Rivers, Estuaries, Seas and Oceans.* Aqua Publications, Oldemarkt, the Netherlands, 334 pp.

Whipple, K. X., Parker, G., Paola, C. and Mohrig, D. (1998) Channel dynamics, sediment transport and the slope of alluvial fans: experimental study. *J. Geol.*, 106, 677-693.

# 2 气候和构造对北海中部三叠系旱地末端河流体系构型的控制作用

Tom Mckie 著

吴因业 王 玥 姚子修 汪梦诗 等译

**摘要**：北海中部的三叠系序列沉积在裂谷早期的旱地冲积背景，以 Pangaea 大陆裂开为标志。拉伸是幕式的，引发广泛的下伏 Zechstein 群盐岩的盐构造作用，尤其在三叠纪早期和晚期的 Hardegsen 和 Cimmerian I 构造事件中。这些运动产生了扭曲的盆地地形，暂时抑制了河流砂体的扩散，导致洪泛盆地的细粒沉积。盐构造作用也对盆地边缘地层保存具有特别强烈的控制，形成浅埋藏序列，这也影响侵蚀作用，以及随后侏罗系不整合削截面之下的长期保存空间。在断层活动相对安静时期，Skagerrak 组河流体系干旱减少，可以跨过盆地作为大型横向的芬诺斯坎迪亚河流扇体，并且轴向和横向体系相互作用，从 Scottish 高地流出。这些体系受 Tethyan 季风驱动，最终向南流入南二叠盆地北缘，在广阔的干盐湖和海岸萨布哈终止。这些末端河流体系的扩张可能出现在多雨的气候幕，植物和钻孔活动普遍存在于 Skagerrak 组洪泛平原，说明全年土壤水分充足，显示季风性洪泛因常年间歇的旱季水流而增强。多雨的幕可能对应于 Tethys 地区温暖的幕，会导致蒸发作用增强，热对流增加，季风强化。温度梯度的减少也弱化了北东方向的贸易风，在干旱季节 Tethyan 潮湿气团更加频繁地冲击这一地区。除了这些区域气候变化外，Muschelkalk 海附近的南二叠盆地的洪泛处于广泛的 Anisian 干旱时期，简单改变了局部气候，从而使沼泽和洪泛平原湖泊存在于内陆水道附近。Skagerrak 组末端河流体系的收缩明显出现在凉爽时期，因为气候转变为以 Pangaean 干旱为主，产生盆地范围的干盐湖沉积。中三叠世，这些干盐湖相已经覆盖了分布于大部分西北欧洲的 Keuper 组和 Mercia 泥岩群，而同时期的 Skagerrak 组河流体系成了标志性的对比，这些干旱、以泥质为主的盆地充填物就是由于获得了来自大型 Fennoscandian 流域的径流，其位于干旱裂谷内陆之外。

**关键词**：旱地河流；三叠系；Skagerrak 组；Smith Bank 组；气候；构造；盐构造作用

## 2.1 北海中部区域概况

末端旱地河流体系如北海中部三叠系，其结构和保存与近海河流体系相比相对难以研究，在近海受相对海平面变化总体控制（Shanley 和 McCabe，1994；Blum 和 Törnqvist，2000）。这些内陆序列层序地层学的早期模式（Steel 和 Ryseth，1990；McKie 和 Garden，1996；Legarreta 和 Uliana，1998），强调总体上可预测的末端河流体系的扩张和收缩是可容空间变化的响应；沉积体系的供给速率和地层基准面的波动（Martinsen 等，1999），但是缺少区域古气候信息，来理顺复杂的河流体系对盆地和汇水区对基准面和沉积量控制的响应（Blum 和 Törnqvist，2000）。本文的目标就是通过在更广泛的构造和气候变化格架内研究末端河流体系的演化，来探索北海中部三叠系多变量对冲积结构的控制，这些末端河流体系出现在 Pangaea 大陆的北部特提斯边缘，测量了其对源—汇河流路径进入北海中部地区的相对贡献。尽管北海中部三叠系钻井有限，呈斑状分布（图 2.1），年代地层格架分辨率相对低，但南部的南二叠盆地具有经典的"德国序列"，即 Bunter 组、Muschelkalk 组和 Keuper 组，相对容易理解（Aigner 和 Bachmann，1992；Geluk，2005；Bachmann 等，2010），且提供了大量的沿古水流方向的构造格架、气候变化和海洋影响信息，可以向南延伸到海相特提斯边缘，向北进入完全陆相的北海中部地区（Michelsen 和 Clausen，2002）。这些地区之间的整个地层演化都可以对比，区域气候和构造背景的相似性和偏离被用于推测内陆的北海中部地区对沉积和保存的控制。

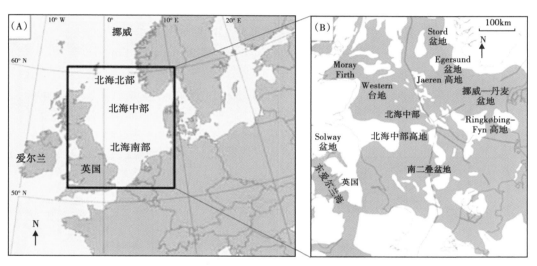

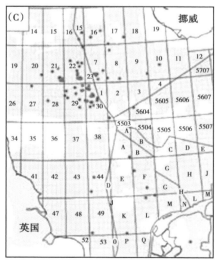

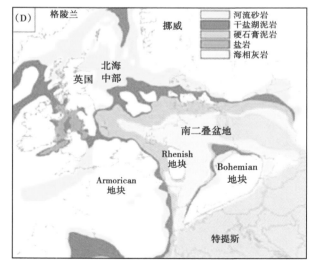

图 2.1 北海中部位置图及三叠系盆地的分布

（A）北海位置图。（B）跨过北海地区的三叠系盆地的分布（据 Goldsmith 等，2003；Geluk，2005）。三叠系盆地分布的侵蚀间隔标志着下盘不整合的位置，可以追踪横切侏罗系裂谷系统的印记。（C）文中参考的井位。（D）北海中部古地理背景图（据 McKie 和 Shannon，2011），与南二叠盆地和特提斯海边缘有关。平面图与晚安尼期十分一致，当时南二叠盆地特提斯海洪泛产生了 Muschelkalk 海洋通道，毗邻于北海中部。通向南二叠盆地的是有限的海峡，切开了块体的链条，成为标志性的 Variscan 山体残余

## 2.1.1 北海中部的地层格架

北海地区三叠系地层划分在盆地和跨过国际边界是有变化的（Lervik，2006）。在英国北海中部（图2.2），三叠系序列通常分为以泥质为主的Smith Bank组和上覆以砂质为主的Skagerrak组（Cameron等，1992）。这种划分可以与北海中部的北部及Ringkøbing-Fyn高地[图2.1（B）]的挪威部分（Lervik，2006）和丹麦部分（Michelsen和Clausen，2002）进行局部对比。这些高地的南部位于南二叠盆地，更多的海相地层影响了"德国序列"（Bertelsen，1980；Michelsen和Clausen，2002；Geluk，2005；Geluk，2007）。在北海中部的英国部分，Skagerrak组进一步在生物地层约束下划分出砂岩段和泥岩段（图2.2；Goldsmith等，1995，2003），但是在钻井更加稀少的挪威部分，这种划分局部难以识别。生物地层的恢复通常较差，尤其在早三叠世—安尼期（Anisian）（Smith Bank和Bunter砂岩组及下Judy砂岩段），但是上安尼阶—下拉丁阶（Ladinian）和上拉丁阶是局部的高产地层段（Goldsmith等，1995；Lindström等，2009），可以进行上Judy砂岩、Julius泥岩和下Joanne砂岩段的区域对比。Joanne砂岩段形成了广泛的冲积体，但是被Skagerrak组内部的不整合侵蚀（Archer等，2010）。三叠系序列的最上部对应Jonathan泥岩、Josephine砂岩和Joshua泥岩

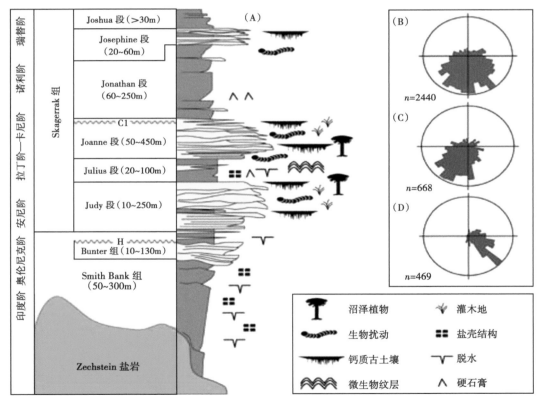

图 2.2 北海中部三叠系地层和相结构

（A）Smith Bank组和Skagerrak组地层柱状图。H—Hardegsen不整合，C1—早期Cimmerian I不整合。

（B）Skagerrak组河流交错层理的古水流玫瑰图，显示水流方向分散，但是总体上有向南趋势。这一趋势可以分化为两个离散模式：一个横向模式向西南[例如（C），资料来自Heron油田，UKCS]，一个轴向模式向东南[例如（D），资料来自Skua油田，UKCS]

段（图 2.2），也保存极少，这是因为多期侏罗纪的侵蚀事件，其仅仅发育在英国区块 30/7、30/12 和 30/13（Goldsmith 等，1995）。相当的序列也出现在挪威和丹麦部分，但是缺少定义良好的页岩沉积，从页岩沉积的存在可以帮助区分单一地层段。

当关键地层序列定义在关键地区时，必须有孢粉学资料保存在地层中。Skagerrak 组的对比受到限制，就是因为生物地层恢复困难，尤其在早三叠世和盆地深部高温部分，相组成普遍相似，都是许多砂岩段和泥岩段。因此，区域对比依赖于非生物地层技术的支持，包括使用重矿物（Mange-Rajetzky，1995）、化学地层学、旋回地层学（De Jong 等，2006）和磁地层学（Turner 等，1996）。对比也要使用明显的地层标志层，例如井资料中包含的海相石灰岩和南二叠盆地的蒸发岩段（例如 Muschelkalk 石灰岩和蒸发岩，Röt 和 Keuper 蒸发岩），这可以追踪到其北部的沉积相相当段（Michelsen 和 Clausen，2002）。

## 2.1.2 区域构造背景

欧洲西北地区三叠系沉积物的沉积作用出现在间断裂谷幕时期，起始于 Pangaea 大陆的裂开。多期拉张方向包含在这一过程（Coward，1995；Coward 等，2003），随着裂谷从特提斯海向南（图 2.1），以及从北方海洋向北扩展。格陵兰与芬诺斯坎迪亚之间的裂谷从晚二叠世—早三叠世开始（Wignall 和 Twitchett，2002；Seidler 等，2004；Muller 等，2005），沿英国大西洋沿岸和西爱尔兰、英国陆上和东爱尔兰海向南扩展到北海北部与中部。向北的定向裂谷从特提斯边缘经波兰海槽扩展到南二叠盆地和北海中部（Geluk，2005）。这些裂谷盆地的位置以及走向受前寒武纪基底构造方向、前华力西期冲断层以及先前存在的石炭纪和二叠纪盆地的影响（Peacock，2004）。主要发育两个盆地方向，一是受北西—南东向的北极—大西洋扩张控制，二是受新特提斯洋张开带来的北东—南西向扩张控制。这些导致了这一地区存在广泛的正交断层模式（Coward，1995）。三叠纪早期的沉积物主要充填了二叠纪裂谷残余地形（Stolfova 和 Shannon，2009），但是，随着 Pangaea 大陆的分裂，早三叠世晚期和晚三叠世早期经历了两个主要的扩张脉冲，可以从南二叠盆地到挪威中部识别出来（Geluk，2005；Muller 等，2005）。这些产生了广泛分布的 Hardegsen 和早期 Cimmerian 不整合，虽然这些事件在此区域内可能并不是精确等时的（Hounslow 和 Mckintosh，2003）。这些事件的结果导致，二叠—三叠纪盆地充填通常显示一种广泛的半地堑形式（虽然这经常被随后的侏罗纪裂谷遮蔽，但二者具有不同的断层极性），并且有一种充填显示出穿过迁移断裂阵列的多期次扩张事件（Tomasso 等，2002；Stolfová 和 Shannon，2009）。中侏罗世热力隆起（Underhill 和 Partington，1993）过程北海中部中三叠世发生广泛剥蚀，晚侏罗世裂谷形成过程中存在断层下盘（裂谷侧翼）侵蚀（Erratt 等，1999）。然而，区域剖面局部呈现出一种深削截的半地堑楔形式 [图 2.3（A），（B）]，盆地边缘活动断层可能位于东部，即挪威边缘（Faerseth，1996；Erratt 等，1999）。

在北海中部，由于沉积负载、断层以及溶蚀，下伏 Zechstein 统盐岩层发生位移，盐岩层撤出后形成小型盆地 [图 2.3（C），（D）]。时间上这些盆地重点出现在早三叠世，并被 Smith Bank 组泥岩充填。Stewart 和 Clark（1999）与 Penge 等（1999）指出，局部出现的三叠系内部的不整合面将差异化的小型盆地沉降的主要阶段与年轻的 Skagerrak 组分离开来。同时，这些作者建议这个不整合面时代上可能处在安尼期—诺利期（Norian），这个边界接近 Smith Bank 组—Skagerrak 组边界，可能代表在南二叠盆地（Geluk，2005）、Wessex 盆地（Houn-slow 和 Mckontosh，2003）、东爱尔兰海（Colter 和 Barr，1975）和 Cheshire 盆地（Evans 等，

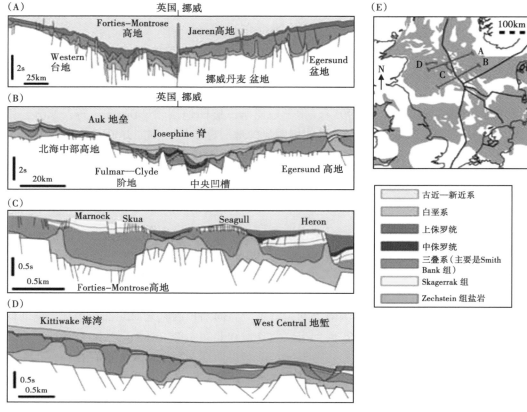

图 2.3 北海中央区域三叠纪构造地层背景

(A) 区域地质地震剖面从东部 Egersund 盆地，横切 Forties-Montrose 高地到英国 Western 台地（据 Zanella 和 Coward，2003）。(B) 地质地震剖面从东部 Egersund 高地，过 Josephine 脊到北海中部高地（据 Erratt，1999）。(C) 过 Forties-Montrose 高地构造东侧横剖面，穿过 Marnock、Skua、Seagull 和 Heron。(D) 过英国 Western 台地剖面（据 Wakefield 等，1993）。(E) 剖面 A—D 位置。在 (C) 中的英形构造地表直到侏罗纪才发生，而且英形构造之间的可容空间在晚侏罗世扩张中才形成，且被裂谷同生期沉积物充填。(D) 中的英形构造地表可能在三叠纪早期产生，虽然 Skagerrak 组沉积物随后广泛分布，但是可能仅仅在英形构造之间的区域保存了这些层序的基底残留物，这是因为正在进行的盐体动力沉降和溶解作用将这些残余物运移到深层侏罗系削截面以下

1993）中识别出的下三叠统上部 Hardegsen 不整合。Archer 等（2010）指出卡尼阶（Carnian）Joanne 砂岩组内部存在一个不整合面，这个不整合显示出被 Jonathan 泥岩组合上超，可能代表在南二叠盆地（Geluk，2005）和 Ringkøbing-Fyn 高地（Clausen 和 Pedersen，1999）中已被广泛识别的早期 Cimmerian I 不整合，但该不整合在深削截的北海中部序列中并不具备很好的代表性，这是因为只有有限的卡尼阶以及更早的地层被保存下来。

## 2.2 沉积背景

在区域规模上，北海中央 Skagerrak 组和 Smith Bank 组相结构主要表现为干旱地区河流沉积。向南穿过中央北海和 Ringkøbing-Fyn 高地进入南二叠盆地，三叠系序列变得更加富泥，伴随阶段性海侵以碳酸盐岩相与蒸发岩相的形式记录下来（Michelsen 和 Clausen，2002；Geluk，

2005）。这种相变记录了Skagerrak组河流系统下游末端［图2.2（B）］由页岩过渡到干盐湖与海岸萨布哈相。除了这个区域相变方式外，下三叠统和中—上三叠统在沉积特征上存在基础性变化，体现在生物结构的出现与丰富程度、古土壤发育、风的影响程度以及河流沉积类型上，这就需要将下三叠统—中三叠统下部与Skagerrak组上部明显区别对待(图2.4)。

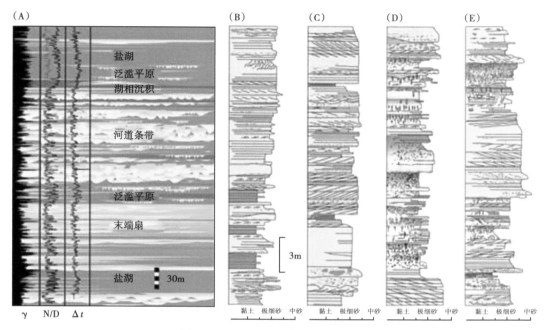

图2.4  Skagerrak组典型沉积相结构

（A）UK 22/24d-10井结构。剖面下部由盐湖泥岩组成，向上变为末端扇沉积，反映的是大部分无植被的干旱沉积背景。剖面上部主要发育有植被的泛滥平原沉积，含有钙质古土壤，与河流条带砂岩互层。剖面最上部主要发育干盐湖沉积，且发育少量湖相泥岩。剖面最上部以泥质为主的层段对应Julius泥岩段，上覆接近Judy全砂岩段序列。（B）沉积测井显示向上变粗的沉积旋回，从底部盐湖泥岩到末端扇砂岩沉积（UK 22/24b-9井）。这类沉积相是早三叠世—早安尼期的典型代表。（C）沉积测井显示河道砂岩与末端扇砂岩相关，也是早三叠世—早安尼期的典型特征。（D）泛滥平原沉积为受广泛古土壤作用影响的富泥非均质岩性段单元（UK 22/24b-5S1井）。与河流相河道砂岩相关的古土壤和植物根迹扰动在安尼阶—诺利阶剖面最常见。（E）沉积测井显示在分散、合并及多层河道砂体顶部，河流相砂岩被小型古土壤作用中断（UK 22/24a-3井）

## 2.2.1  早三叠世—中三叠世早期相组合

北海中央区域下三叠统可以细分为四个端元的相组合（图2.5，图2.6）。这些组合通常以米级到几十米级规模互层出现，但是在几十千米级次的横向距离上显示出一个总体渐变过渡的趋势。

干盐湖沉积（Snyder，1962）一般形成1~20m厚的异粒岩区间，在Smith Bank组中最常见，在泥质层间突变叠覆在Bunter砂岩—Judy砂岩段最低部。异粒岩石由毫米—厘米极细—细粒砂岩和泥岩互层构成［图2.5（A）］，形成了米级向上变洁净和向上变粗的旋回。波痕和水流波纹层理、脱水和角砾结构常见，小型粘附结构和盐壳结构局部发育（Goodall等，2000）。生物潜穴和根迹存在但在这些沉积物中极少出现，这与中—上三叠统盐湖沉积有显著区别。局部区域有限的岩心资料显示出存在分选较好的均质粉砂岩—极细砂岩［图2.5（B）］，

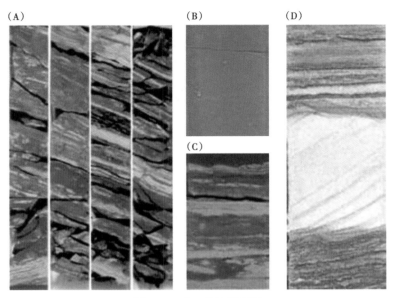

图 2.5 下三叠统沉积相

(A) Smith Bank 组干盐湖非均质岩性段沉积，UK 31/26a-8 井。岩心长度 1m。(B) Smith Bank 组无构造分选好的粉砂岩，UK 20/25-1 井（图像宽度 10cm）。(C) Smith Bank 组潮湿盐湖沉积，UK 22/14b-4 井，具有不规则盐壳结构和孤立的干裂碎屑（图像宽度 10cm）。(D) 富泥的 Bunter 组，潮湿盐湖沉积显示出不规则层状盐壳结构，包围一个孤立的风成沙丘沉积（由颗粒流交错层理和细纹层判断得出），荷兰北部剖面，NL F18-11 井（图像宽度 10cm）

出现的层段厚度达到 5m。这些层段缺少层理或内部纹理，虽然依稀可见一个非常不清楚、不规则、盘状的细微纹层。大量粉砂岩的独立组合被薄的具流水波纹层理的细粒砂岩分割，可见泥岩碎屑。

这些富泥的沉积物代表低能沉积环境，以间断性砂岩沉积和不稳定的水位状况为特征，主要受短暂的洪水事件响应，在水下与干旱状态波动。全部由水下沉积形成的厚度很小，出现多层湖相泥岩或盐岩层，可能代表广泛的干旱盐湖沉积而不是潮湿盐湖沉积，反映常年湖泊或盐水湖边缘的波动状况。无构造的粉砂岩来源成谜，但是考虑到其分选及缺乏层理，可能代表风成尘土的聚集，或是河流对风成物质的再作用并快速沉积，带有局部可辨别的由黏土渗滤或脱水形成的细微结构。

潮湿盐湖沉积（Snyder，1962）存在于 Smith Bank 组和 Bunter 砂岩地层几十米厚的层段中，在南二叠盆地宽广的等时剖面中变得特别普遍。这些剖面的主要沉积相包括不规则层状、变形的、双峰分选、富泥的砂岩，具有普遍砾石滞留和散布颗粒 [图 2.5（C），（D）]。这个明显的不规则结构由粘附层理与盐脊和盐壳结构组成（Fryberger 等，1983；Goodall 等，2000）。这些波状起伏的沉积物被薄层（<0.5m）纹层状泥岩间断。细—中粒交错层理砂岩 [图 2.5（D）] 显示出细条纹状层理（Fryberger 和 Schenk，1988）。颗粒流底部尖灭形成孤立交错层理（<1m）。细—中粒，含泥岩碎屑，爬升波纹层理和平行层理，砂岩厚度达到 0.5m，零星存在于剖面中，伴随着与交错层理砂岩组成相似但缺乏任何内部构造或具有不明显变形结构的孤立砂岩同时出现。

这些互层的沉积相记录着大量的沉积过程。波状层理的沉积物记录了近水位蒸发条件下圈状扰动引起的大范围破裂，当砂体膨胀穿过湿的基质时具有幕式粘连。薄层状泥岩相记录着短暂的幕式水位上升以及局部水槽的发育。具有交错层理的细纹层状砂岩相代表着单独的风成沙丘穿过潮湿干盐湖表面的运移过程。现今的波纹状砂岩代表着幕式低能河流作用下的沉积。无定形的脱水化砂岩在构造上与风成沙丘砂岩一致，这也许记录着河流对风成沙丘的再改造作用或沙漠对流风暴期降雨对风成沙丘的冲刷、侵蚀作用。

河口决口扇扇端沉积物由含云母的极细—细粒砂岩和泥岩组成，多达10m厚的向上变粗的粒序（原地组成多达40m厚的复合粒序；图2.4）。粒序底部主要由薄层页岩和异类岩构成（典型特征为厚度<0.5m），这些岩相呈波状、纹层状或无定形结构，通常是干燥的且极少被钻孔。与上部覆盖的砂岩岩层的接触是急剧突变（伴随产生泥质碎屑或干裂缝）或渐近的，且垂向上表现为以板状纹层和爬升波痕层理为主的层序，层序之间富集着分散的泥质碎屑，局部发育脱水组构［图2.6（A）］。

这些粒序底部的页岩代表了水下沉积作用，罕见生物活动和普遍的干燥环境指示了其形成于季节性水体。上覆的具板状纹层和爬升波痕层理的砂岩代表沉积物来自浅层的、控制沉积的自由水体。沉积物垂向上为向上变粗的粒序指示着进积作用。急剧突变的接触（沉积环境有干燥的迹象）或渐进接触指示着这些进积的砂体形成于长期充注的水体与分期暴露水面交替的环境中。总的沉积环境表现为以洪水作用为主，特征表现为快速沉积到季节性水体中或沿着干盐湖湖底沉积。

河流作用的沉积物与上文描述的河口决口扇扇端沉积物有密切的联系（图2.4），厚度为3m，垂向上独立，底部突变或被侵蚀，粒序表现为向上变细或无走势变化的箱状，沉积物由细—中粒的砂岩和大量的泥质薄片滞留沉积组成（图2.6）。普遍发育泥质碎屑充填的沟槽。砂体的内部结构由无定形向逐渐脱水化结构过渡，或由水平层理向板状纹层（以大量云母富集的薄层为特征）和爬升波痕层理过渡。罕见交错层理，但在少数地层中可发现交错层理，主要发育在大规模的河口决口扇扇端向上变粗的粒序顶部［图2.4（C）］。

这些沉积物记录着沉积作用发生在一系列受河道控制的沉积环境中。大量泥质薄片的滞留沉积指示着河道对河漫滩或河道内部干旱环境下泥的再改造作用。无定形砂岩向脱水化砂岩的变化指示着突变沉积，可能是河床的倒塌或是退潮作用下负载沉积物流体的快速沉积造成的，与河道沟槽中的泥质碎屑沉积物相关联，指示了浅层、高速、具冲刷和侵蚀性的退潮水体环境。这些特征表明季节性水体在沉积过程中起主导作用（Fielding，2006）。这些砂体垂向上的沉积特征为在河口决口扇和干盐湖内表现为箱状，具有快速削蚀和充填的特征，指示着河流体系并未形成确定的河道，取而代之由沉积物充填和封堵作用造成的条带状离散水体和干盐湖边缘河口决口扇侧缘与末端的扩张与收缩造成的洪水体系构成。

总的来说，下—中三叠统沉积序列表现为相对干旱的沉积环境，例如汇入干旱、蒸发环境下干盐湖的河口决口扇扇端（图2.7）。沉积过程中有风成作用的记载，但普遍地，高水位和远端的砂体供给对沙丘的形成发育起到了抑制作用。尽管有较少的植被覆盖，总的沉积背景与现今的Lake Eyre盆地较为相似（Lang等，2004；Fisher等，2008）。早三叠世沉积物来自英国边界的加里东期变质沉积物（Mange-Rajetzky，1995）以及再沉积的石炭纪沉积物（以孢粉学为基础）。磨圆和磨砂颗粒的存在被作为二叠纪风成沙丘再改造作用的象征（Mange-Rajetzky，1995），但这些颗粒也同样可以指示三叠系风成沉积岩的河流再改造作用。

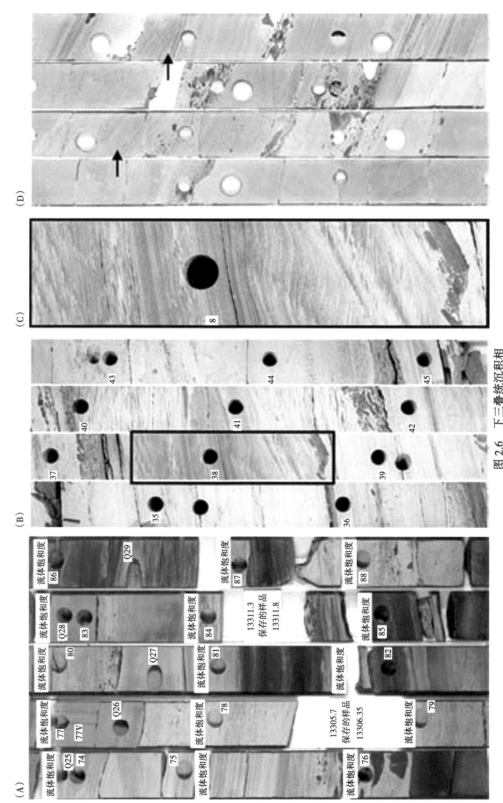

图 2.6 下三叠统沉积相

(A) 河口决口扇扇端沉积物由页岩和纹层状—平面层状的砂岩互层组成,UK 29/8-3 井。(B) 弱限制—无限制的河流作用沉积物由纹层状层理、极细—细粒砂岩及大量泥质碎屑组成,UK 21/18-5 井。(C) 图 (B) 中重点图像特写,阐述泥质碎屑岩床的冲刷作用和随蛸的爬升波痕层理 (箭头标识),细—中粒河流相砂岩夹泥质碎屑。(D) 板状层理和交错层理。UK 21/19-6 井,岩心长 1m

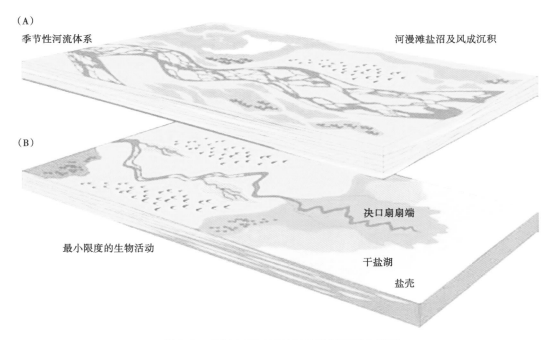

图 2.7 北海中部区域早三叠世沉积概念模型
二叠纪灭绝事件结束后，因为土壤缺乏水分，陆源生物群落贫乏导致了总的干旱沉积环境且极大地缺乏生物活动。（A）邻近区域受控于河道沉积相和与其相关的河漫滩沉积。（B）远端区域受控于潮湿和干燥的盐湖沉积，沉积风成砂和河口决口扇扇端砂岩

## 2.2.2 中—晚三叠世相组合

在一个难以定年的层段内，安尼阶 Judy 砂岩层段存在着一个显著的沉积特征的转变，即上文所述的干旱沉积环境向生物活动迹象普遍（图 2.8）并且风成沉积相发育的环境转变。钙结砾岩广泛发育在这一层段内，在古土壤中表现为遗迹化石、成土结核以及地下水钙结砾岩。尽管在安尼阶内部这一沉积特征变化缺少干旱环境证据，但是一些页岩地层中保存有盐壳组构并且局部保存风成沉积相，连同南二叠盆地内发育大致相同的幕式盐岩（Aigner 和 Bachmann, 1992; Geluk, 2005），由北至东格陵兰直到沉积卡尼阶（Surlyk, 1990）。在上部层段可以识别出四个主要的相组合。

互层的干盐湖以及沼泽的沉积物构成了层段 c，厚度为 1~30m，由黑色泥岩间的米级旋回、有根系含生物钻孔的层状非均质岩性层、局部显示层状碳酸盐岩粘连的泥晶灰岩岩层和圈状扰动的泥质砂岩地层组成 [图 2.9 (A)]。该岩相与临界的安尼阶潟湖壳石灰岩相呈指状互层 [图 2.9 (B)]。黑色泥岩呈层状，且普遍缺少生物遗迹或砂岩夹层。非均质岩性段显示了广泛发育洋流、小规模波状层理、不确定的洞穴斑驳、舌形菌迹、黏着性的月牙形洞穴、微生物纹理、根迹以及扁平砾石砾岩（图 2.8，图 2.9）。深入渗透（高达 0.3m）的干燥缝十分普遍。破裂的泥质砂岩局部代表着蒸发性盐壳特殊的结构（Goodall 等, 2000）并且罕见有铁丝网状的硬石膏。孢粉学的复原在部分中三叠统岩相组合中普遍适用，岩相组合显示了蕨类植物、苔藓植物和石松科植物的优势（Goldsmith 等, 1995）。

黑色的泥岩记录着水下环境相对持久稳定的水体，不是泛滥平原上的湖泊就是小型水

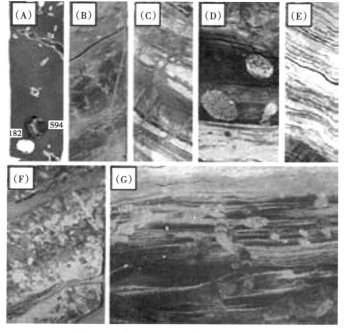

图2.8 中—下三叠统中的生物遗迹

中三叠世，生物成因指示突然出现（有可能出现在安尼阶上部）且普遍分布于上覆中—上三叠统中。然而，多样性相对较低，且受控于钙质结核 [（A）和（B），UK22/29-5RE井]、迹化石 [（C），UK22/29-5RE井] 和干盐湖非均质岩性沉积物中的舌菌迹洞穴 [（D），NO7/8-4井]、干盐湖和草沼沉积中的微生物纹层理 [（E），UK 22/29-5RE井] 和泛滥平原及河流上部点坝沉积的普遍具黏性的月牙形洞穴 [（F）和（G），UK29/10-3井]。岩心宽10cm

池。在非均质岩性段内，更多的边界远端漫流控制着岩相的形成，伴随着植物根迹、干燥裂缝、微生物结构和泥岩内部早期碳酸盐胶结物指示了幕式的沼泽和草沼环境。这些沉积环境和干燥、蒸发条件下的干盐湖环境交替出现。孢粉数据显示为抗干旱的灌木丛和湿地环境的组合，可能受到沿海的影响（Kelber 和 van Konijnenburg-van Cittert，1998；Hubbard 和 boulter，2000）。尽管在北部海域中未识别出确定的海相。

由泛滥平原沉积物形成的富泥、非均质岩性段厚度为1~30m [图2.4（D）]，其改造和埋藏受成土作用的影响 [图2.9（D）]。这些沉积物在垂向上倾向于箱状，与多层状的河道沉积物相区分，在北海中部的南部以及 Skagerrak 组砂岩底部地层较为常见。泥岩普遍受到古土壤的破坏，这些古土壤在特性上大为不同，从薄弱发育的新成土到带有相对未成熟钙结砾岩的干旱土和含有大量发生淀积作用的黏土组成的根迹淋溶土。具有晶簇结构、土壤岩石光滑面的土壤结构体在旱成土地层里广泛发育。互层的砂岩层厚度上表现为米级尺度，由较难分类的极细粒—细粒砂岩组成，其中含有高比例的层内黏土和碳酸盐物质，普遍具有无定形—破裂的外形，和大量带黏性的月牙形洞穴和根迹。

淋溶土沉积物记录被植被覆盖的灌木丛和泛滥平原环境，互层的旱成土层段显示存在钙结砾岩、土壤结构体结构以及岩石光滑面，这些都指示着干旱和排水良好在交替变化，且季节性潮湿的环境。生物钻孔痕迹指示着幕式高土壤—湿度有利于昆虫幼体的生长（Smith 和 Hasiotis，2008；Smith 等，2008），并且指示先前存在的丰富的有机质碎片来自植被物质。

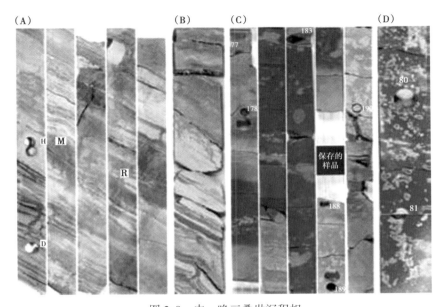

图 2.9 中—晚三叠世沉积相

(A) 非均质的钙质沼泽沉积相，夹杂微生物层 (M) 和根状痕迹 (R), UK 22/29b-5RE 井。
(B) 边缘介壳灰岩沉积相，其根状、土状泥灰岩与干燥藻灰岩互层，NL WYK-5B 井
(据 Borkhataria 等，2006)。(C) 斑杂的、钙质的、排水性良好的河漫滩古土壤，UK 22/29-1S1 井。
(D) 具有显著根状的钙质古土壤剖面，UK 22/30a-2 井。1m 长岩心

互层的砂岩代表着微弱的扇端沉积，普遍受沉积后作用古土壤的改造作用支配。突变的基底和局部的滞后指示一些小规模底形的冲刷和保存，但是总的来说，这些沉积物可能是无限制侧向决口和末端决口的沉积物，或是河道相的产物 (Tooth, 2005; Fisher 等, 2007)。

河口决口扇的末端—湖泊三角洲沉积物由 1~5m 的正粒序组成，极细—细粒的砂岩和泥岩以 0.01~1m 的规模互层 (图 2.10)。砂岩层具有侵蚀底，内部特性也有变化，从无结构到平面层，主要受波痕纹层和爬升流纹层或者很少见的驼峰背状的逆行沙丘层控制 (Fielding, 2006)。常见软沉积物变形和脱水组构 [图 2.10 (B)]，互层泥岩主要是黑色且呈层状。总体上在发育较弱的向上清晰的 0.5~1m 纹理之前，这些沉积物中很少有组构，但是发育着具有向上变粗韵律纹层的岩层，往往具有以波痕纹层和爬升流纹层为主的特征 [图 2.10 (E)]。然而，有组构和无组构的末端类型的岩层也很常见。

这些异类岩性沉积物说明两末端沉积背景的连续性。无序的地层特征是互层状泥岩和脱水的大规模正常的分级砂岩，记录了间歇性的密度流沉积。在安静水体其与干盐湖边缘相有关，代表着洪水事件的高密度流直接进入泛滥区的湖泊和池塘 (Sáez 等, 2007)。相反，发育良好的具有爬升波痕纹理向上变粗的旋回，很可能记录着湖泊三角洲进积进入静止水体。总之，这些末端岩层的互层说明了水下终端展开复合体的沉积作用，且复合体在湖泊填充期间形成事件性的三角洲，这种形成方式与在现代 Lake Eyre 边缘观察到的相类似 (Lang 等, 2004; North 和 Warwick, 2007)。

河流的沉积物一般很容易形成沙质沉积，表现为底部突变、向上变细的（或局部没有沉积趋势）旋回层，厚度 1~6m，由粗砂—细砂组成 (图 2.4)。旋回层叠至多层，达到 20m 厚。这些旋回的底面被侵蚀，且被层内泥屑覆盖，经历钙质古土壤和根迹物质的再改

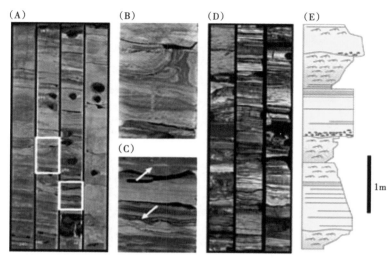

图 2.10 中—晚三叠世沉积相

(A) 脱水、负载的粒级递变层，与层状页岩互层，代表着在河漫滩渠和湖泊边缘的间歇性重力流沉积作用，UK 22/30a-6 井。(B) (A) 中变形构造的局部放大——被生物潜穴横截。(C) (A) 中小型波痕的局部放大。(D) 爬升流和波痕之间的层状非均质性，NO 7/8-4 井。1m 长的岩心。(E) Josephine 段湖泊三角洲的沉积物图示录井图，包括爬升波痕层和向上变粗旋回层（被上覆冲刷充填和河道充填的泥屑剥蚀切断），UK 30/1c-3 井

造［图 2.11（A）］。旋回的上部通常向上分级为成土状发育的泥岩相和细粒非均质相，并具有穿透进入下伏砂岩中的粘结性双扭线状的生物扰动构造（Smith 等，2008）、根痕和钙质的根迹构造。低角度增长的沉积物主控这一关系，交错形式的充填是次要的（Mckie，2011）。少部分常见的泥质充填物，具有向上至 4m 厚的非均质性的、局部发育根系和生物钻孔的滑塌砂岩和细粒砂岩的特征，从下至上依次为含内碎屑、突变的底部滞留沉积物、细砂岩和中砂岩。这些易成泥沉积物在北海中部区域南部和地层转化为区域性页岩层段较常见。来自定向岩心和钻孔图像的古水流数据显示古水流成散射状，但是总体上优势水流向南流动［图 2.2（B）］。很多区域性分散的地层层段（水流方向）指向西南和东南方向［图 2.2（C），(D)］，说明总体上数据来源于流向北海中部的轴流和流向挪威湾的横向流（McKie 等，2010；McKie，2011），这与重矿物物源数据保持一致（Mange-Rajetzky，1995）。

这些粗粒、底部被侵蚀且粒度向上变细的地层是河漫滩土壤被大面积侵蚀的证据，且被解释为河道从 Skagerrak 组冲积平原迁移的产物。这样的沉积相广泛分布，缺乏持续的河漫滩沉积证据，河漫滩沉积可能说明着流动的、潜在多重河道系统占主导，频繁冲刷导致均匀的河道主控构造广泛发育。低角度板状层理和低角度交错层理占优，表明沙坝堆积发育在浅部、高速度流的过渡区域，介于高流态和低流态之间，这可能和 Allen（1982）描述的例子相似。向上变细旋回层的上部泥质层段代表沙坝上部的加积，并且这部分常常暴露于地表、植被稀疏且为潜穴生物群提供场所。这种现象可能反映了不同的卸载体系——旱季沙坝上部定植或变旱，而在湿季雨水充沛条件下，再改造干燥的泥层和土壤物质。更多的非均质和泥类沉积物指示河道经历了少有的（河道）满水条件期和持续性的减流或限流期（尽管有充足的全年水供应来保持生物活动和避免河道彻底干旱）。在朝古水流方向这类沉积物出现频率的增加，表示着在 Skagerrak 组地层终端系统的下游砂质搬运卸载频率的降低。

总之，在北海中部的中—晚三叠世沉积层序，总体表现为干旱沉积体系，且具有代表

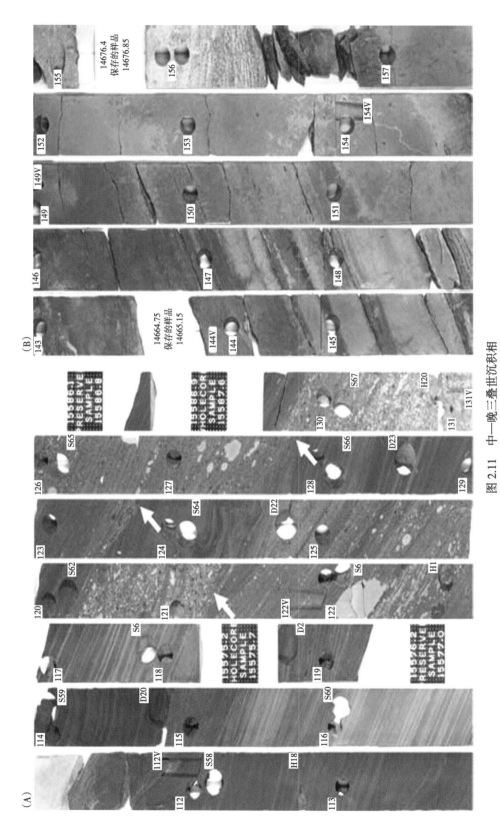

图 2.11 中—晚三叠世沉积相

(A) 近端交错及低角度纹层的河流相砂岩与常见泥屑滞留相。在形成更细的颗粒和成层方面,泥屑滞留物和成分通常和河漫滩细粒不同,可能代表着河道中静水滞留下来的泥被剥蚀,UK 22/29-5RE 井。低角度交错层的截断面在图中用箭头标出。(B) 远端,易形成泥的非均质河流沉积物代表沙坝沉积,常具有大的沙坝沉积物沉积,且其上表面具有植物和生物潜穴,UK 29/10-3 井。这类沉积相常见于盆地南部和区域性的 Skagerrak 组页岩层。这两块样品都含有碳酸盐胶结物和钙质碎屑的基底滞留沉积。岩心 1m 长

性，比早三叠世沉积相要潮湿（图2.12），并且在间歇性的河口沙地和沿着活跃性的河道周期性沉积之间变化，河道来源于常年的湖泊和沼泽并且供给着不同种类的植物和动物（McKie 和 Audretsch，2005；McKie，2011）。

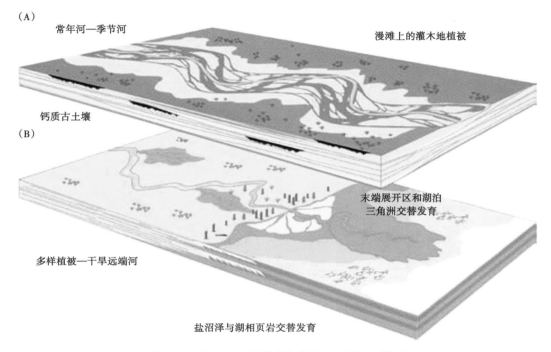

图2.12 中—晚三叠世北海中部概念性沉积模型

（A）近端相是典型的沙质堆积坝沉积物为主导，这些沉积物来自大型、季节性的河流系统，其两侧具有排水良好的灌木地河漫滩。（B）远端相特征为河漫滩、湖泊和河口沙地互层，这种相代表着间歇性的变旱环境

## 2.2.3 三叠纪河流体系的末端特征

北海中部河流体系物源和古洋流资料显示该区的侧向水系来自于英国和芬诺斯坎迪亚，并最终向南汇聚成轴向的排水系统（Mange-Rajetzky，1995；McKie 等，2010；McKie，2011）。很少有数据表明古水流方向是向北的。由于缺少北海中央高部位附近及内部的资料，所以关于三叠纪河流体系曾多大程度上退出北海中部仍然存在着争议。然而，从北海荷兰海域北部获得的井数据来看，几乎没有发生大的河流活动，沉积相主要是以泥为主的干盐湖（Bunter Shale 组和 Keuper 组）或者是边缘海混合碳酸盐岩和碎屑岩的萨布哈，再或者是潟湖相（Muschelkalk 组）。此外，数据显示，该处沉积和上游北海中部河流体系沉积呈突变接触。北部沉积相要么代表了北海中央体系在远端的终止，要么是当北海中央高部位为障壁时，河流体系就在北海中央终止。没有数据显示该河流体系流到了永久性的内陆湖里，也很少有分米级层状泥岩的实例显示该河流体系是在水下环境中形成的。这两样事实表明静水体不是该区三叠纪地形常见或主要的特征。在北海中央，根据砂/泥比的降低、砂体厚度的减少及与受河道控制相关的斜面相的增加（图2.13），可以将河流体系的向下古水流终端追踪到北海中央高部位。最好的实例就是 Judy 砂岩段和 Joanne 砂岩段（McKie 和 Shannon，2011）。Josephine 砂岩由于侏罗系的剥蚀以及深层地层（Bunter 组）很难被穿透，难以保存

下来。尽管这些层段的资料有限，近荷兰外滨段河流体系数据缺失，但仍然再次表明这些以砂为主的河流体系并未延伸到该区域。

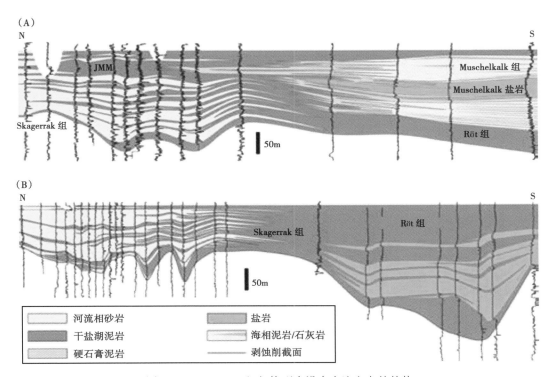

图 2.13　Skagerrak 组相构型中沿古水流方向的趋势

（A）穿过上 Judy 砂岩段南北剖面，表明 Skagerrak 组向南呈进积式尖灭以及 Muschelkalk 组边缘白云岩相向北插入 Julius 砂岩段。井位从北到南依次为 NO 17/10-1、NO 15/12-1、NO 7/8-3、NO 7/11-6、UK 22/24d-10、UK 22/30A-6、UK29/5b-F3Z、UK 29/14b-2、UK 30/7a-8、UK 30/13-3、DK West Lulu-1、UK 44/12-1、UK 44/21-2、UK 49/26-1、NL K17-1。（B）穿过下 Judy 砂岩段的南北剖面，表明页岩向南尖灭至 Röt 组以及与其相对应的盐岩。井位从北到南依次为 NO 16/10-3、UK 22/12a-2、UK 22/15-1、UK 22/19-2、UK 22/19-1、UK 22/24a-1、UK 22/24b-7、UK 22/24b-4S1、UK 22/29-2S1、UK 22/29-1S1、UK 22/24d-10、UK 22/30a-6、UK 29/3b-4、UK29/8-3、UK 29/5a-7、UK 29/14b-2、UK 29/15-1、UK 29/19-1A、UK 30/7a-7、UK 30/12b-2、UK 49/26-1、UK 44/12-1、UK 44/21-2、NL A18-1、NL F04-3、NL F14-7、NL L02-1、NL K17-1

## 2.3　构造对相组合的控制

在区域性规模上，这些被保存下来的张性盆地的充填样式主要是受以下几个方面因素控制：盐构造作用、微型盆地的形成、中侏罗统热力上拱和剥蚀以及这些微型盆地残余物受张性断层作用形成的晚侏罗世断块。虽然该处地层记录不完整且不真实，偏砂层段向下游北海中部高地尖灭的证据有限，盆地边缘泥岩段向更边缘处尖灭的证据也有限。但仍然可以利用这些有限的数据在北海中部大部分地层中识别出这些偏砂和偏泥层段（图 2.2），这些偏砂和偏泥层段是交替沉积的。然而，强侵蚀破坏了一些能表明上述沉积的证据。这些沉积覆盖了主要的侏罗纪构造高部位，如 Forties-Montrose 及 Jaeren 高地。

35

### 2.3.1 张性盆地构型

由于 Smith Bank 组和下伏 Zechstein 群盐岩电阻抗相近，导致三叠系地震分辨率不高。然而，大范围向东变厚的模式表明北海中央曾出现过大规模半地堑楔，该地堑楔随后被侏罗纪窄断裂分割（图 2.3）。挪威海域边缘裂谷旁发生了局部剥蚀，这一剥蚀使得地层变薄成楔状［图 2.3（A）］。但是，东西向井段（图 2.14）地层变厚模式局部上符合地震上看到

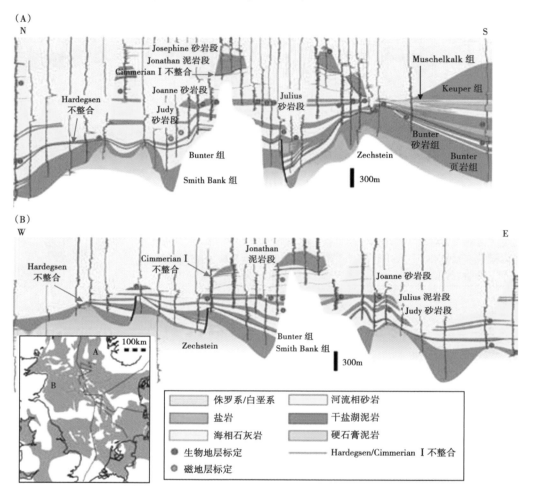

图 2.14 北海中部三叠系区域性测井对比

（A）穿过挪威海域南北剖面，井位 NO 17/12-1，NO 16/9-1，NO 17/10-1，NO 15/9-9，NO 16/10-3，NO 8/1-1，NO 6/3-1；穿过英国海域南北剖面，井位从北到南依次为 UK 22/15-1，UK 22/14b-4，UK 22/19-1，UK 22/24b-5，UK 22/30a-2，UK 22/29-1S1，UK 29/5b-F3Z，UK 30/1c-3，UK 30/1c-5A，UK 30/7a-3，UK 30/7a-8，UK 30/7a-7，UK 30/7a-6，UK 30/11b-1，UK 29/15-1，UK 30/13-3，UK 30/13-1，UK 30/12b-4，UK30/12b-2，UK 30/12b-3，UK 30/17b-5，UK 30/17a-4；丹麦段井位 DK West Lulu 1 井；荷兰段井位 NL A18-1 井。（B）穿过英国海域东西剖面，井位从西到东依次为 UK 27/3-1，UK 28/12-1，UK 29/6b-5，UK 29/11a-1，UK 29/6a-3，UK 29/19-1A，UK 29/14b-2，UK 29/8a-3，UK 29/15-1，UK 30/12b-4，UK 30/13-3，UK 30/7a-4A，UK 30/7a-8，UK 30/7a-7，UK 30/7a-9，UK30/1c-3，UK 30/1c-4，UK 30/1c-2A，UK 29/5b-F3Z；穿过挪威海域东西剖面，井位从西到东依次为 NO 7/11-8，NO 7/8-4，NO 7/8-3，NO 7/9-1，NO8/10-1，NO 8/11-1，NO 9/12-1，NO 10/8-1。左下角显示了剖面所在位置

的大致的半地堑样式。这种样式表明挪威海域的厚层沉积上可能有活跃的断层，英国海域的薄层沉积（即使遭受严重剥蚀）相对稳定些。在 Skagerrak 组中可以识别出层内不整合，这些不整合可以通过标志层之下地层的变薄、削截现象以及测井数据来进行精细划分，而在地震剖面中却很难见到（Tomasso 等，2002；Archer 等，2010）。能在 Bunter 组和 Smith Bank 组间明显的削截处找到 Hardegsen 不整合。Hardegsen 不整合位于大范围的页岩之下，该页岩位于 Judy 砂岩段底部（图 2.14）。Hardegsen 不整合和上覆 Solling 组十分相似。邻近的南二叠盆地受剥蚀削截，Solling 组就位于邻近的南二叠盆地受剥蚀削截的 Bunter 组、Detfurth 组和 Bunter 组之上（Geluk，2005；Radies 等，2005）。局部特征可以在地震剖面上识别出来，但是由于深部二叠系分辨率不够，很难进行区域性制图。前 Hardegsen 不整合沉积在总厚度以及 Smith Bank 组和 Bunter 组在相对厚度上表现出很大的差异。这一现象既反映了不整合剥蚀，又反映了盐类构造运动和微型盆地地层的作用（图 2.14 中井距太大，未能见着；但在图 2.3 中能看见）。因为井数据很有限，未能看见 Joannes 砂岩段顶部的 Cimmerian 不整合，但在地层顶部能看见一些剥蚀现象。

　　Judy 砂岩段和 Joanne 砂岩段地层厚度差异不是特别大，表明盐类构造运动和沉积作用同时进行。但是厚度变化是渐变的，在整个盆地中砂岩以席状出现，并在大范围内保持统一的内部电缆测井及沉积相特征。很少有证据表明相的突变及砂/泥值的突变。这种渐变表明，在这些河流席状物沉积过程中，任一下伏盐岩的运动几乎都没有在地表留下痕迹。同时表明沉积物供给不充足，新出现的泛滥平原造成的不平整的地方，难以被充填。尽管资料有限，地表局部盐岩变形，但局部仍可以看到中—晚三叠世沉积物上覆于 Zechstein 岩墙上，表明该沉积物为冲积平原沉积。

## 2.3.2 荚形构造及其构造间的沉积和保存

　　尽管在后 Hardegsen 不整合沉积中，盐控相变并不常见。但是，盐岩的构造运动确实对早三叠世沉积的可容空间及沉积物的保存造成了一定的影响。区域性的地震数据表明，广泛分布的微型盆地（尤其是盆地边缘处）充填了 Smith Bank 组（图 2.3）。在盆地边缘处 Zechstein 盐岩变薄并遭受破坏。微型盆地的形成很可能受盐溶、沉积负载及区域性地层缺失的控制（Clark 等，1999；Stewart 和 Clark，1999；Cartwright 等，2001）。有资料显示，这些微型盆地的几何形态对 Skagerrak 组河流体系的沉积、可容空间、局部古斜坡及泥沙演化起到了基础性控制作用（Hodgson 等，1992；Smith 等，1993）。像在英国 Western 台地及挪威 Jaeren 高地等盐岩变厚的地方，人们认为 Smith Bank 组微型盆地形成于三叠纪盆地演化相对较早阶段，在这之后沉积了 Skagerrak 组。Skagerrak 组沉积于荚形构造间的古河谷里。晚三叠世河流沉积通过这些古河谷进入深部盆地（Stewart 和 Clark，1999），但也有人对上述解释提出了质疑，认为一旦沉积了荚形构造，荚形构造内就没有可容空间了。沉积物只能永久地沉积在荚形构造间。荚形构造间的沉积主要特征是盐溶、河流下切及沉积过路作用。由于在晚二叠世和早三叠世拉张作用（Steel 和 Ryseth，1990；Müller 等，2005）及早二叠世热力作用（van Wees 等，2000）之后形成了区域性裂后盆地，这一模型并没有考虑到可容空间这一因素。可容空间为荚形构造顶部河流加积作用提供了场所。因此，尽管荚形构造间古河谷模型切合实际，但它只代表了地层边缘的情况 [图 2.15（A）]。在地层边缘处地层基准面永远位于或低于荚形构造顶部的下方（Muto 和 Steel，2000）。此外，也可以想象正在进行的区域性沉降为荚形构造的顶部或过渡带附近持续性加积作用提供了可容空间 [图 2.15（B）]。

在过渡带附近，地层基准面在荚形构造顶部上下来回波动。这些波动是在荚形构造间古河道内区域性加积、集中下切及回填作用间被迫交替的［图 2.15（C）］。随后，在中侏罗世热力上拱作用期间，底部荚形构造上更薄更高的沉积物遭受剥蚀。这一剥蚀与 Bunter 组和 Skagerrak 组砂层的古河谷模型很相似（图 2.16）。该剥蚀位于底部 Smith Bank 组微型盆地内。

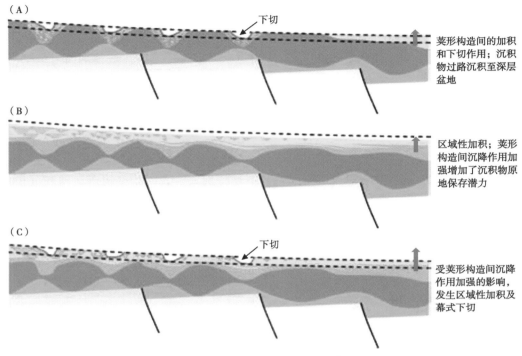

图 2.15　荚形构造间地层充填模型

该模型受荚形构造顶部河流剖面（位于 Smith Bank 组）与荚形构造间盐岩高地之间关系的影响。（A）在 Smith Bank 组荚形构造沉积之后的沉积物（Skagerrak 组砂岩）只限于在荚形构造间可容空间内沉积。在荚形构造间，持续的盐排空作用（on-going salt evacuation）和（或）盐溶作用为 Skagerrak 组提供了唯一的可容空间。沉积物通过荚形构造间的古河谷进入深部盆地。（B）由于区域性盆地沉降，荚形构造及荚形构造间地层之上发生持续加积，地貌基准面没有下降。（C）正在进行的盆地沉降使得持续的加积作用发生在荚形构造基准面之上，荚形构造间为进一步沉降提供原地沉积空间。在地貌基准面下降的时候，幕式河流下切作用主要发生于荚形构造间。模式（B）是英国 Western 台地常见的情况

Bunter 组和 Skagerrak 组砂岩的分布限定于 Smith Bank 组微型盆地之间的地带。但是这种结构的产生完全是由局部的、长期保存下来的空间分布决定的，并不能反映出该区域的原始地形（Kocurek 和 Havholm，1993）。对英国 Western 台地的研究或许可以为区分这些模型提供一些线索，并且能对这种选择性保存模型提供一些证据上的支持。来自这个微型盆地内部地区的岩心完全由 Bunter 组—下 Judy 砂岩段的远端漫流沉积和河岸边缘的细粒沉积组成，而从它们身上无法找到任何河流控制的痕迹。沉积相在多个连续的微型盆地内部地区逐渐变化，这显示出了虽然这些保存至今的 Skagerrak 组砂岩是区域性受到河道控制的，但是它们一开始是发育在不受河道控制的冲积平原上的，并且与其说它是发育在受到河道控制的直流中心区域，不如说它是发育在一个离河流水系相当远的位置。在复杂、呈网络的微型盆地凹地中，它们现在呈现的分布特征更可能是受到同盐持续排出同步的圆柱状区域沉降产生的局

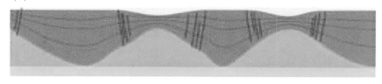

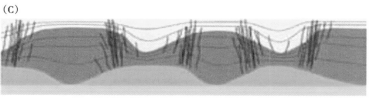

图2.16 微型盆地—内微型盆地区域之上沉积物的沉积和保存概念模型（如英国Western台地）
（A）Smith Bank 组沉积时微型盆地的初始结构；（B）地下盐岩的溶解排出及 Rotliegend 统基底形态的形成；Bunter 组的继续进积和下 Judy 砂岩段远端在全区的复杂展布，并且在微型盆地内盐岩继续排出或溶解的部位其沉积物局部加厚；（C）随着盆地的继续沉降，这个区域逐渐被沉积物覆盖，这个过程在中—晚三叠世一直持续；（D）随后在中侏罗世热隆起时期发生的剥蚀作用，剥蚀了三叠系的许多地层，仅仅在微型盆地凹槽中留下了部分 Skagerrak 组沉积物；凹槽中留下的沉积体仅仅是之前不受限制的远端漫流沉积在有利沉积区的残留物，并不能反映出沉积地貌特征

部保护作用的结果（McKie 和 Audretsch，2005），在三叠纪和随后的侏罗纪（在中侏罗世发生剥蚀），这些微型盆地再次成为开阔海海相风暴结构砂岩的有利保存区（图2.17）。

上覆的 Fulmar 组局部含有改造过的三叠纪拉丁期—瑞替期孢粉，这说明上三叠统顶部曾遭受过剥蚀并且在侏罗纪盐构造作用期间被改造成了微型盆地。由此看出这里可能曾经是一个相当完整的侏罗系沉积区，其下部地层盐构造的排出使得该沉积区沉降到地层基准面以下，这也使得其免于被剥蚀。三叠系洪漫相和上侏罗统开阔海相的大范围沉积都在其初始沉积位置中保存下了相同的不连续的沉积体形态，并且在三叠系沉积体中还保留了 Skagerrak 组序列中最老最深的部分，这一部分沉积物保存在侵蚀面之下没有经历中侏罗世的区域性侵蚀。

北海中部从以下侏罗统泥岩为主的环境转变到中—上侏罗统大范围河流相沉积环境或许可以说明北海中部由下部盐岩控制的沉积基础发生了根本性的变化。Smith Bank 组中多个泥质斜坡的厚度和其微型盆地的几何形态均有很大不同，这或许可以说明一开始河流相沉积物流入干旱的 Zechstein 盆地，它们在这里沉降并分解，由于干旱气候中的短期河流体系无法

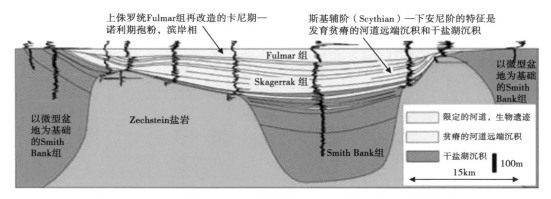

图 2.17 Gannet 区和 Guillemot 区英国 Western 台地中的单一微型盆地
Smith Bank 组和 Skagerrak 组连井对比剖面

该剖面穿过以下各井：UK 21/24-2，, UK 21/29b-7，UK 21/30-8，UK 21/25-2，UK 21/25-3，UK 21/30-3，UK 21/30-6A，UK 21/30-19，UK 21/30-4 和 UK 21/30-13S1。微型盆地内部三叠系发育河道远端沉积。上覆 Fulmar 组记录了再生盐岩在晚侏罗世从微型盆地地区撤出的过程。这些开阔海沉积通常含有经过剥蚀改造的原地覆盖在早—中三叠世沉积物之上的晚三叠世孢粉。比起古地形或造成同沉积现象的古水深，这些开阔海相砂岩受限制分布的原因更可能是和下伏 Skagerrak 组相同保存条件的不均匀分布

产生支流或穿过这个地区，它们在这里形成了蜿蜒曲折的盆地基底地形。随着远方富含泥质成分的洪水的渗透和灌入盆地逐渐被充填起来，与此同时微型盆地的地形也在不断变化。其上覆 Skagerrak 组沉积序列的厚度具有不均一性，但是几乎没有证据可以表明这些河流相曾经在盆地范围内受到下层盐岩的显著限制或控制，同时成像测井和定向岩心的研究结果也说明下层的盐岩构造并未对上覆地层造成什么大的影响（Prochnow 等，2006；Matthews 等，2007）。这种沉积模式可以对这种整个河流都位于盐岩变形构造之上的沉积体系进行说明，在这种模式之下，沉积物载荷和断层活动对沉积体形态的影响不是很大，沉积物的供给速度使得它可以迅速填满并消除深度变化带来的地形上的变化。

## 2.4 气候控制

欧洲西部在二叠纪和三叠纪一直处在靠近赤道的干旱—半干旱气候带中（Hounslow 和 Ruffell，2006；Feist-Burkhardt 等，2008）。广阔的 Pangaea 大陆内部具有相当强的大陆性气候，但是在其北部的特提斯洋边界却处在冬季干燥夏季湿润的显著海洋季风性气候当中（Manzpeizer，1982；Kutzbach 和 Gallimore，1989；Parrish，1993；Sellwood 和 Valdes，2006，2007）。南部二叠系盆地在中三叠世发生的多次间歇性海泛事件或许减轻了当地干旱气候的影响，并且提高了北海中部的湿度（McKie 和 Williams，2009）。为了充分了解气候变化对 Skagerrak 组河流系统的影响，首先要认清北海中部河流沉积特征的种种变化是由于盆地内区域性的气候变化改变了流域的起源，还是由于局部的多种其他因素（比如河流的决口在干旱盆地内可以创造局部的湿润环境）。从区域性的各沉积相的关联性中可以看出整个区域气候的普遍特征（Bourquin 等，2009），这种特征结合孢粉学和一系列的气候标志物可以推断出整个欧洲西北部的古气候变化特征。

## 2.4.1 一个干旱的裂谷腹地

在断裂系统中央，远离古特提斯洋和 Muschelkalk 海洋影响的北海西部地区，其三叠系沉积序列具有广泛且长期的干旱特征。Brookfield（2004，2008）通过对 Solway 盆地（图 2.1）三叠系沉积序列进行研究，认为其部分远离处于持续干旱（甚至极度干旱）并少有显著气候变化的主断裂轴。盆地中砂质并非来自大的河流系统而更可能是主要来自风的搬运，并受到其之后局部暴雨形成的小沙漠水流的改造。在这个孤立的盆地之外，在早三叠世一个大的河流系统从北向南穿过英国并在爱尔兰入海，但是这些水源离这里太远，湿润流域在干旱的内陆盆地内就消失了（Péron 等，2005）。这些河流系统的末端区域（如东爱尔兰海）难以找到曾经有植被存在的证据并且这些远端盆地的膏岩斜坡还经常遭受大范围的风改造。这些内陆盆地在中—晚三叠世的沉积体中几乎找不到曾有河流活动的证据，它们基本上都是由以泥质为主的干盐湖组成的，并且在蒸发岩中也几乎找不到持续水源的证据（Ruffell 和 Shelton，1999；McKie 和 Williams，2009）。在中卡尼期和晚拉丁期（可能还包含晚诺利期）这种普遍干旱的沉积环境也会出现些许例外，在气候更湿润的时期可以短暂的发育湖泊。风成环境、蒸发岩沉淀和粉状干盐湖沉积物可以在向北一直到东格陵兰岛都能找到，这种情况一致持续到卡尼期（Surlyk，1990）。这些区域的一般特征就是一个干旱的内陆，偶尔会有少量来自远方的，由于区域或全球间歇性雨季产生的河流或洪泛。

大气水循环模型中显示这个区域为净蒸发区，这表明这块内陆地区处于干旱相（Kutzbach 和 Gallimore，1989；Parrish，1993；Péron 等，2005）。这些模型还暗示了北海中心区域本身可能就处在相对干旱的环境中，可以从 Skagerrak 组河流体系下游的泥岩看出，这说明到了河流体系末端水流基本上由于蒸发和流动损耗就已经全部消失了。然而，先不管这些干旱环境，几乎没有证据可以表明北海中部除了远方的盐岩壳以外还有其他显著的蒸发岩聚集，并且在早三叠世之后就没有显著的风改造作用发生了。在北海中部南部的中三叠统 Julius 泥岩中发现的硬石膏（Goldsmith 等，1995；Michelsen 和 Clausen，2002），或许可以反映出 Muschelkalk 海北部边缘海岸盐沼相的发育，但是总的来说大部分植物的根和生物潜穴都说明这里的土壤水分全年都很充足。这就表明这里全年都会向周围区域供水（尽管有一定季节性），并且即使在旱季，这里的地下水也会流入北海中部并抑制蒸发岩化及风成沙地的形成，同时保证生物活动的继续。

## 2.4.2 Skagerrak 组河流相在雨季的扩张

虽然在 Pangaea 大陆中欧洲西北部所处纬度的气候普遍是干旱的，但是在整个区域内其干旱度也是各不相同的。沿着古特提斯洋北岸的海相和边缘海相沉积序列中反映出的古气候记录（Kustatscher 等，2010；Preto 等，2010；Stefani 等，2010），表明在斯密期（Smithian）、安尼期、拉丁期和卡尼期中发生的数次洪水使得该区域在普遍干旱气候背景中夹杂了许多个相对湿润的时期（图 2.18）。特别是在早—中安尼期、晚拉丁期和中卡尼期中都可以看到其频繁处于或持续处于湿润气候之中，然而晚安尼期—早拉丁期和晚卡尼期—诺利期都表现为长期的干旱（Mutti 和 Weissert，1995）。

位于古特提斯洋北部边缘和北海中部中间的南二叠盆地在地理上和气候上都是二者的过渡带（古特提斯洋北部边缘处于季风多雨及海相沉积环境中）。这个盆地的气候记录（Kürschner 和 Herngreen，2010）显示早三叠世有一段时间（比起干旱期）这里生长许多植

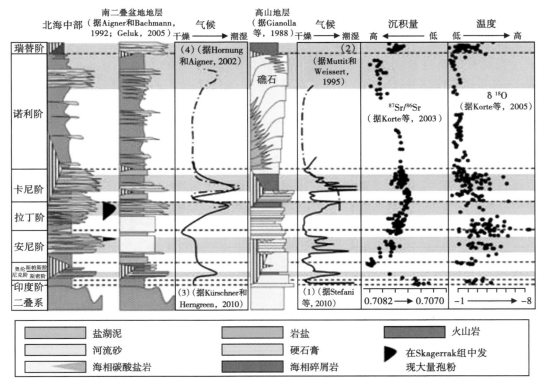

图 2.18 北海中部与特提斯洋北缘及其间转换带处的气候与沉积标志物比较

地层表据 Preto 等（2010），在北海中部曲线中的黑色尖峰表明其间歇发育孢粉类生物（据 Goldsmith 等，1995）。在北海中部砂体发育的河流沉积期与特提斯洋北部及南部二叠盆地的洪泛期具有很好的对应关系。这些时期都是气候温暖并伴有较弱信风，而这些信风使得特提斯洋的湿润空气团进入欧洲盆地并增加当地的季风强度。早三叠世侵蚀砂量的增加可能是因为二叠纪末期生物大灭绝使得其上覆植被被消失，而在卡尼期的这种现象则可能是因为外来河流体系的广泛发育。无论如何，三叠纪古特提斯洋中的大量碎屑岩受到干旱环境和盆地内流现象的限制

物，而排水良好的泛滥平原环境可能在晚侏罗世之后增加了当地的湿度，这与特提斯洋边缘的斯密期（Smithian）湿润期相对应（Stefani，2010）。孢体组合表明整个安尼期大体为干燥—干旱环境（van der Zwan 和 Spaak，1992；Kürschner 和 Herngreen，2010），与此同时早拉丁期呈现出半干旱环境，再次大致遵循类似的模式，如图 2.18 中的南部地区。晚拉丁期再次呈现出湿润环境，该期湿地植物群的孢粉类型达到了一个顶峰。这期晚拉丁期事件在挪威、丹麦盆地（Lindström 等，2009）和北海中部出现（Goldsmith 等，1995）。早卡尼期被认为是干旱环境，虽然在中卡尼期洪积活动期间物种多样性出现了第二个高峰，此时整个欧洲西北部变得潮湿（Simms 和 Ruffell，1989，1990）。在晚卡尼期，随着环境变得干旱，诺利孢粉丰度也出现了下降。Stubensandstein 组的局部恢复表明当时处于一个干旱的环境，与此同时在晚诺利期有轻微的加湿现象（图 2.18）。整个事件也有可能增强碎屑岩的疏导和整个特提斯碳酸盐岩大陆架边缘的湿润多雨环境（Berra 等，2010）。此外虽然恢复得比较模糊，但出现了北海中部的 Josephine 砂岩层。过渡到瑞替期的特点是在该地区存在大面积的加湿作用（Ahlberg 等，2002），这是因为 Pangaea 大陆内部被海洋淹没。

来自特提斯洋边缘和南二叠盆地的气候记录（van der Zwan 和 Spaak，1992；Kürschner 和 Herngreen，2010）表现出大致相同的特征（图 2.18），尽管在细节和精度上，由于研究

方法的不同存在一些差异。在斯密期、晚拉丁期和中卡尼期，北海中部南部整个区域的降水量和河流径流呈现大幅度的增长，而在斯帕斯期、安尼期和诺利期，则是持续的干旱记录。这些变化并不是全球范围的。Barents 洋区域的孢粉数据记录了一种不同的气候类型（Hochuli 和 Vigran，2010）：温暖，季节不分明，只在斯帕斯期和晚安尼期有干旱事件，在中安尼期，北部则趋向于气候湿润。晚拉丁期的洪积相缺失，三叠纪晚期卡尼期气候的湿润度一直在增加，并没有变干燥的迹象。这部分相似的气候记录或许表明了一种影响所有纬度的全球气候变化（Galfetti 等，2007a）和区域（特提斯）气候变化的综合作用（Hornung 等，2007）。又或者是，当赤道辐合带的迁移范围发生变化、Hadley 网格的范围扩大或缩小时，纬度差异对全球变化的反应（Perlmutter 和 Matthews，1990）。另一种可能是，三叠纪的大气循环模式与现在不同。Hadley 循环被分成大量的小网格，或者极地气候的消失和双网格系统在两极造成湿润气候（Parrish，1993；Kidder 和 Worsley，2004）。相对于简单的纬度迁移，这些模式更难预测。然而，Olsen 和 Kent 发现三叠纪晚期相分布服从纬度气候区域模式，至少在这个时期，是 Hadley 循环在发挥作用。

特提斯和南二叠盆地的气候记录与北海中部的三叠纪序列对比表明了湿润气候相和 Skagerrak 组河流系统向盆地扩张有一定的一致性（图 2.18）。在这个框架下，Judy 砂岩段和 Joanne 砂岩段（有可能是 Josephine 砂岩段）在相对湿润的时期在该区域表现出向盆地拓展。Skagerrak 组页岩层在干旱期出现河流末端收缩现象。这与盐壳结构的证据、偏泥层中的微生物席和砂岩层中发育良好的土壤剖面与生物扰动作用吻合。这与 Goldsmith 等（2003）提出的气候模型不符。他们用 Julius 泥岩段中沼泽湖泊相的孢粉以及页岩层颜色的变化，来寻找潜水面以及推断泥岩段沉积时的一个相对潮湿的环境。然而用 Skagerrak 组中的泥岩颜色来指示古地下水环境并不可靠，总是显示碳氢化合物含量减少，在干井和含水层中呈现红色。Archer 等（2010）也提出，河流扩张更可能发生在相对潮湿的环境，湖泊三角洲的缺失以及页岩层中蒸发岩的出现则标志着河流径流的减少以及页岩沉积过程中气候变干。

### 2.4.3　集水潮湿作用引起的河流扩张

Julius 泥岩上部和下 Joannne 砂岩段的内陆花粉和孢子主要是裸子植物（Goldsmith 等，1995，2003），这表明，在早拉丁期，英国和波罗的海河流源头处于半干旱环境。然而，这些岩层之外有关集水作用的孢粉证据很少，特别是在河流扩张的峰值期当环境变得更加湿润的时候。三叠纪早期河流发育贫瘠，或许是由这时期的干旱环境（Peron 等，2005）和从二叠纪晚期生物灭绝中恢复的沉积物共同引起的（Payne 等，2004）。Hochuli 和 Vigran（2010）记录了 Barents 海域三叠纪早期不同的孢粉和花粉聚集，这些证据表明低纬度的干旱或许是限制北海中部恢复的主要控制因素。北海中部贫瘠的诺利剖面也是盆地和集水区干旱的证据。

Pangaea 大陆的循环模型预测了欧洲西北部有强烈的季节性降水，北海中部在干旱季节则有干旱的蒸发岩（Kutzbach 和 Gallimore，1989；Sellwood 和 Valdes，2006，2007；Goddéris，2008）。这与区域性风积作用、蒸发沉淀、终年湖泊相的缺失和河流水系的末端性质相符合。但是，不能预测 Skagerrak 组植被和生物钻穴的特征（表明全年土壤湿润环境）、层状泥岩河道废弃充填（表明静水环境；Mckie，2011）、常见的根系淋溶土（指示广泛生长的灌木）、蒸发相和风积相在早三叠纪后的缺失。关于 Skagerrak 组全年河流系统发育的一种可能解释是，水源往高纬度地区延伸，一般来说是更湿润的集水盆地，使得一些径流或者地下水在干旱季节流入盆地，以此维系植被生长。这个假说可以通过估计 Skagerrak 组集水盆地的大小来验证。Davidson 和 North（2009）归纳了一个简单但不精确的方法来估计古代集水盆地大小的方法，该方法利用了满水时期深度，以及来自现代的大量气候区的深度和集水面积的区域性关系。对 Skagerrak 组水系，估计的两个满水深度为 3m、6m，该深度是在岩心上观察、向上变细旋回典型厚度的基础上，用 Bridge 和 Tye（2010）提出的方法，得到交错层理叠加的平均厚度，再计算得到的经过验证的满水深度。现代两个干旱区域的曲线用来关联满水深度和集水盆地（美国 Western Cordillera 和盆岭省；Davidson 和 North，2009）。综合估计的水深和区域曲线可以给出径流面积，为 14800~69500km$^2$ 至 129400~1083000km$^2$。正如 Davidson 和 North（2009）指出的，现代干旱区的区域曲线缺失，这个结果只能给出一个大致的集水面积。然而，后一个范围远远大于北海中部的 Skagerrak 组河流系统的面积，严格来讲，在英国盆地边缘隆升的 Caledonian 基底区域内出现的不吻合现象是因为有一个建立好的初始数据（Mange-Rajetzky，1995）。小范围的数据更加现实可靠，英国 Caledonian 集水盆地的测量结果，也许更能代表 Skagerrak 组集水面积（图 2.19）。除去这两个代表实例，计算的面积（利用合理的集水比例）将径流向更高的纬度延伸，这与终年降水量一致（Kutzbach 和 Gallimore，1989；Sellwood 和 Valdes，2006，2007）。这表明终年干旱生态系统不是由湿润的远区域径流引起，而是由当地盆地边缘集水区在干旱区经历大量降水引起，从而阻止北海中部完全变干、蒸发，以至于不能再维持植物和动物的生存。区域内终年径流作为蒸发网络中的一个特征，出现在盆地边缘的径流经历了从大范围的干旱到伴随着地下水流的半干旱季节再到以洪水为特征的湿润期的过渡期。

### 2.4.4 沉积产物

该区域三叠系泥岩通常缺少高岭石和蒙皂石（Ruffell 等，2002；Jeans，2006），砂岩在组分上为典型的长石砂岩和岩屑长石砂岩，含有高比例的长石质成分（10%~50%），表明了长期干旱引起的的机械风化作用。洪积期风化产物不会受到较大影响，除了中卡尼期的洪积相，该时期高岭土成分有偶尔的增加（Simms 和 Ruffell，1990）。尽管这些盆地的沉积物几乎很难进入特提斯或者 Muschelkalk 海道，但是从这些海洋盆地得到的 $^{87}Sr/^{86}Sr$ 数据或许可以指示该区域更广泛的沉积环境。这是基于洪积期通过该区域的外河流系统，该系统可以与临近内盆地相比较（图 2.18）。这些数据表明存在三个主要沉积物增长期。三叠纪早期的增长反映出风化作用变强，以及在二叠纪晚期生物大灭绝的恢复中，大范围的植被破坏引起的剥蚀作用也变强。接下来是安尼期恢复期以及与植被黏合的沉积物恢复期造成的长期沉积减缩（Newell 等，1999；Korte 等，2003）。北海中部缺少高位沉积物存在的证据，这也许是区域干旱以及不频繁的沉积供给等因素造成的。尽管将三叠纪早期盐类构造作用归于显著的快速沉积，但是 Smith Bank 组和 Bunter 组长期的沉积速率（达 600m）与中生代三叠纪早期约 5Ma 陆地的速率并没有显著差异（Sadler 和 Strauss，1990）。然而，相较于年轻的洪积系统，欧洲西北部广泛分布的 Bunter 砂岩和 Sherwood 砂岩表明，在洪积期由于大量的水搬运沉积物，可能存在广泛分布的大量砂质岩屑（McKie 和 Williams，2009）。

安尼期和拉丁期洪积事件几乎不存在于锶同位素记录中。这表示，这些事件的规模大小和时间长度不足以影响特提斯洋海水的化学性质，但是卡尼期的主要洪积事件，以略有增加的 $^{87}Sr/^{86}Sr$ 为特征，反映了大范围外河流系统进入特提斯洋，终结碳酸盐岩建造并形成了特提斯洋的礁危机（Hornung 等，2007）。自三叠纪晚期增加的值被认为是反映了 Climmeride-

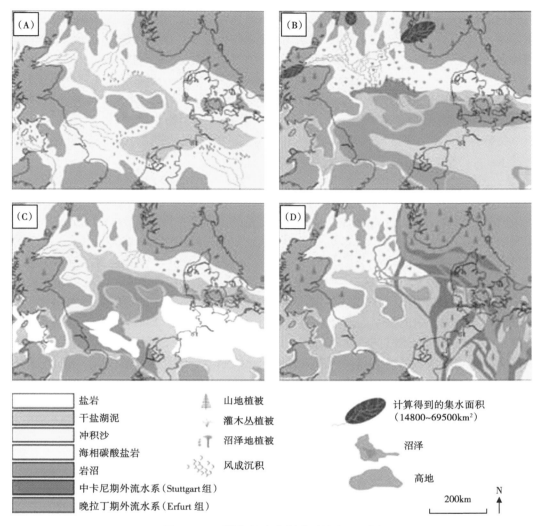

图 2.19　区域气候变化影响下的古地理图

(A) 早三叠世盆地干旱，其特点是洪积期内陆河流流入以干盐湖泥为主的盆地。在河流系统的远端发育风的二次改造作用。(B) 在中三叠世，整个北海中部大规模发育河流末端水系，河流植被大面积生长。有可能局部已经退出北海中部，但仍有部分位于北海中部。(C) 在中三叠世干旱阶段河流活性降低，终端河流水系收缩，干盐湖面积扩大。然而，Muschelkalk 海道的存在可能提高了局部湿度，使植被能保持生长。(D) 在晚拉丁期和中卡尼期主要的洪积期，其水系形成了一个外流排向特提斯洋。随着裂谷侧翼的隆起潜在地转换了 Fennoscandian 水道远离北海中部，穿越整个二叠盆地的南部到达特提斯洋。南二叠盆地形成一系列流水下切，如 Erfurt 组和 Stuttgart 组，其河流最初形成后流向了一个更低的海洋基准线。北海中部的记录是残缺的且在这些时期中有可能已经完全被剥蚀，但是从邻近地区的证据表明，常年湖泊形成在孤立、贫沙的沉积中心位置

Indosinian 造山带侵蚀，标志着古特提斯洋的闭合（Korte 等，2003），但同时也有由气候引起的径流增加。

$^{87}Sr/^{86}Sr$ 数据提供了一个进入特提斯洋的沉积物趋势。在三叠纪早期、卡尼期和晚诺利期—瑞替期，外流的大陆沉积达到峰值。然而，该记录仅提供有限的盆地内流系统的行为，譬如北海中部，又或者是来自不同气候记录显示的高频率的沉积供给，这些事件或者能更精

确地表示。例如，安尼阶 Judy 砂岩层上部显示植被覆盖和河道充填的突然增加，标志着盆地沉积物的增加，终年土壤湿润以及进入芬诺斯坎迪亚洪积集水区的扩大（McKie，2011）。该事件是一个复合事件，由起初的相变和源头变化作为标志，该变化是从末端斜理到波罗的海河流系统交错沉积洪积物，并伴随着洪水平原中贫瘠干盐湖泥岩到富钙质洪泛泥岩的变化 [图 2.4（A）]。从 Skagerrak 组孢粉恢复（Goldsmith 等，1995）开始出现在这一层位上，说明中 Judy 砂岩段事件很可能是一个或多个安尼期雨季的综合产物，结合了局部气候潮湿化，Muschelkalk 海道的海泛（图 2.18）标志着芬诺斯坎迪亚沉积物对盆地供给的主要变化。这一贡献持续存在于拉丁期和卡尼期，作为随后 Joanne 砂岩段的进积，标志着主要偏离了区域性的 Keuper 组和 Mercia 泥岩群干盐湖环境。

### 2.4.5　基准面

短暂的终端体系对地貌基准面的定义是有问题的，因为在许多案例中河流卸载由于蒸发作用和渗透难以到达河流体系的终点。可是，就地质时间尺度而言，内流系统的最终基准面可以是干盐湖或湖床，这依赖于径流与蒸发作用（渗透）及沉积物供给与沉降作用之间的平衡（Nichols，2007）。低流量会产生远端风成作用边缘（其保存受水位波动控制；Kocurek 和 Havholm，1993），随着流量增加，河流相优势也增加，直到流量超出蒸发作用和传输损耗，形成常年湖泊。这时湖平面波动控制了盆地内的河流结构，类似于海岸平原体系。总体上三叠纪河流体系流向干枯的干盐湖湖底，其地貌基准面变化是沉积物供给和构造沉降之间变化平衡的产物，前者受河流体系的源头气候变化控制，后者受区域热沉降、幕式拉张及更加局部的盐运动影响。少有河流下切的证据，包括可以识别的下切谷或成熟的河间古土壤 [图 2.15（C）]，意味着体系主要呈加积特征 [图 2.15（B）]，没有经历系统的高频基准面波动，那种情况下河流体系卸载进入常年湖泊或海相水体。局部出现成熟的钙质古土壤和再改造钙结岩滞留沉积，显示阶地和下切的存在，但不是以旋回性或重复性的方式，这可以远距离进行对比。尽管基准面下降的证据是有限的，但可能的意外出现在晚拉丁期和卡尼期多雨事件时期，当芬诺斯坎迪亚水系到达特提斯洋，并且下切 Erfurt 组和 Stuttgart 组的河流体系，它们流过南二叠盆地到开始时海洋基准面较低的地方（Aigner 和 Bachmann，1992；Kozur 和 Bachmann，2010）。可是，这些事件在北海中部没有清楚地体表现。

晚拉丁期和中卡尼期区域上表现出大规模的湿度增加和河流流量增加（Simms 和 Ruffell，1989，1990；Hornung 等，2007；Bachmann 等，2010；Kozur 和 Bachmann，2010），在南二叠盆地的主要表现是区域性发育河流三角洲的 Erfurt 组（Lettenkeuper）和 Stuttgart 组（Schilfsandstein）（Geluk，2005；Kozur 和 Bachmann，2010）。这些沉积物记录了来自 Fennoscandia 向南流动并且下切的大型河流体系 [Shukla 等，2010；图 2.19（D）]，这也证实了存在广泛分布的岸栖植物（Visscher 等，1994）。局部的微咸水相和潮汐影响的证据（Kozur 和 Bachmann，2010；Bachmann 等，2010；Shukla 等，2010），表明河流是以外流河流系统到达特提斯洋的，在卡尼期提供了足够的碎屑物质，出现礁危机（Hornung 等，2007）。物源资料（Köppen 和 Carter，2000；Paul 等，2008）显示，来自挪威西部芬诺斯坎迪亚和 Caledonian 基岩地区，西部水系的 Skagerrak 组河流也来自同一地区。德国这些河流体系下切河道的区域平面图反映出向南的水系模式，芬诺斯坎迪亚地盾直接向北，北海中部看上去从向西水系离去。如果水系变化是真的，可以想象在早卡尼期拉张幕 Cimmerian Ⅰ 引起了北海中部东部边缘足够的裂谷翼隆升，使挪威水系离开北海中部，向南直接进入南二叠盆地。在早卡尼期的挪威中部地区已经存在广泛分布的盆地边缘隆起（Müller 等，2005），延伸到南挪威（Paul 等，2009），这也支持了这一模式。这种盆地边缘隆升的机制也与 Kozur 和 Bachmann（2010）所做的持续过程一致，其中短暂的 Schilfsandstein 水系幕归因于持续隆升的裂谷翼之上不寻常的高降水。可是，从芬诺斯坎迪亚进入北海中部的向西河流水系显示，如果 Schilfsandstein 河确实向南流动，那么从典型水系模式的短暂偏离就需要同等短暂的构造偏斜。在没有确凿的证据说明水系直接向南流出芬诺斯坎迪亚地区的情况下，貌似合理的是，Fennoscandian 水系在安尼期—早卡尼期穿过北海中部，在晚拉丁期和中卡尼期通过挪威—丹麦盆地延伸到南二叠盆地，向南流向特提斯海。可是，尽管两个模式都似是而非，几乎没有证据表明北海中部突变成为更加潮湿的沉积相，以支持 Erfurt 组和 Schilfsandstein 组河流相对比到拉丁阶—卡尼阶 Joanne 砂岩等时段（可能在挪威—丹麦盆地除外；Lindström 等，2009）。潮湿沉积相的缺少说明北海中部没有气候变化的体现，或者这一时间段由于侵蚀或无沉积作用缺少沉积物，因此要以不整合或沉积间断来代替。这就可以解释中卡尼期的多雨事件，如果在 Cimmerian I 裂谷作用之后，大量地区因断块隆升遭受剥蚀的话（尽管上盘地区可能会保存一些记录）。可是，在晚拉丁期没有可以对比的构造记录，可以解释这种广泛相似的 Erfurt 组水系潮湿沉积相的缺乏。这种特征相的缺少也可以是无沉积作用和这一幕侵蚀过路的结果。在两种情况下，Erfurt 组和 Stuttgart 组河流体系会暂时流向海洋基准面，通常广泛下切穿过南二叠盆地，说明当时特提斯海相比南二叠盆地内部前面的内陆河流域，代表了较低的基准面。到上游的北海中部，也可能河流剖面类似下切，其平均可容空间小于南部盆地。因此，北海中部晚拉丁期和中卡尼期多雨事件的记录可能是完全降积的，是由于河流下切过此地区，流向较低的海洋基准面的结果。当后来南二叠盆地后退充填发生在持续潮湿条件下，北海中部的北部后退充填没有出现，直到后来区域气候转化为较干旱，北海中部成为内陆河流域，具有自己内部的地貌基准面。

## 2.5　讨论

　　Skagerrak 组的沉积以末端河流体系出现，流入干旱的北海中部地区（图 2.19）。卸载是季节性的，随着洪水因蒸发作用和传输损失耗尽，进入到远端干盐湖和萨布哈（这时南二叠盆地受海洋影响）。在多雨幕时期，这些终端体系扩张，结果增加了洪水发生频率和（或）规模大小，干旱季节流量足以维持全年植物和钻孔微生物。只有在两个大的多雨幕，即晚拉丁期和中卡尼期，河流体系向外扩张至北海中部地区，作为外流系统到达特提斯海。这些多雨事件存在多个机制，包括裂谷翼隆升形成地形障碍，俘获了潮湿季风环流（Kozur 和 Bachmann，2010），造山事件改变了大气环流模式（Hornung 和 Brandner，2005），以及火山幕时期增加了 $CO_2$ 的注入（Korte 等，2005；Galfetti 等，2007b；Feist-Burkhardt 等，2008）。这些机制中火山作用是最有可能的过程，火山会引起突然的气候变化，在这些三叠系序列中有所看到，尽管其中也会产生冷却（Feist-Burkhardt 等，2008）或变暖（Hornung 等，2007；Kozur 和 Bachmann，2010）的争论。特提斯海和 Muschelkalk 氧同位素记录（图 2.18；Korte 等，2005）显示，较轻的数值、多雨阶段的总体时间及 Skagerrak 组河流体系的扩张之间有明确的一致性。这些较轻的数值反映较温暖的海面温度，但是也受多个其他机制影响，包含增加淡水注入和 pH 值（Korte 等，2005）。可是，保留的总体印象是较温暖的，即使温度在多雨为主的安尼期—卡尼期幕是高度变化的（Nützel 等，2010），但在诺利期实际上是冷却且长期稳定的（图2.18）。这种稳定性在对比单一陆源碎屑和海相序列时有所反映，这些序列是 Mercia 泥岩群、Keuper 组和 Hauptdolomit 组，冷却受到晚三叠世礁的纬度限制（Kiessling，2010）。可是，当火山可以解释一些拉丁期和卡尼期多雨幕时，特提斯岩浆作用是活跃的，有待证明的是在所有情况下火山幕与多雨作用有直接的对应。尤其是，更加全球化的 Spathian 干旱和卡尼期潮湿幕很可能已经被范围更广的变化驱动，而不是特提斯边缘局部的火山幕影响的。(Furin 等，2006）。Muschelkalk 海对局部气候的影响也被证明，湿地环境的起始在上 Julius 泥岩段—下 Joanne 砂岩段总体干旱时期（图2.18）。除火山活动外，特提斯海的构造事件可能改变了海洋循环模式，卡尼期古特提斯海的关闭可能允许大量较冷海水进入更加开阔的新特提斯海，因此改变了该区的温度梯度，导致表面的稳定性和诺利期的干旱性质。

全新世气候变化的研究对可能的贡献变量提供了一些关键线索，这会影响三叠纪的气候，尽管更新世以后仍以冰室条件为标志，意味着与本文描述的三叠纪 Pangaean 温室条件有不同的大陆轮廓。全新世的记录是相对复杂的气候变化之一，由于太阳辐射之间存在强大的非线性反馈过程（Su 和 Neelin，2005）（在北半球夏季当地球到达近日点），改变了海洋和大气循环（尽管部分由极冰波动驱动），以及地表反照率（surface albedo）（产生于常年水体和植物覆盖分布的改变）。在赤道地区干旱和多雨幕受强烈的轨道驱动影响，产生了波动的太阳辐射和夏季的纬度变化。季风系统变弱时干旱幕对应较冷的时期（Prell 和 Kutzbach，1987），来自较冷海洋的蒸发作用较弱，热带陆地的热对流减少（Mayewski 等，2004）。此外，海洋表面温度梯度的增加导致贸易风增强，抑制了潮湿海洋空气进入一些大陆地区（Schefuβ 等，2005；Brook 等，2007）。

在三叠纪，温暖幕期间减小了的温度梯度也会导致东北方向的贸易风减弱，使潮湿的特提斯气团进入北海中部，维持干旱季节的水稳定性（图2.20），结合潮湿季节季风强化作用增加的洪泛量，可以维持全年的潮湿。可是，特提斯季风也会产生实际的河流搬运，从 Variscan 块体到南二叠盆地，并不总是出现这种情况。Reinhardt 和 Ricken（2000）及 Vollmer 等（2008）报告了 Keuper 组测量的季风影响，具有 Milankovitch 频段的强化证据，显示季风得以维持，并影响了南二叠盆地卡尼期—诺利期干盐湖的沉积作用。当季风存在时没有出现来自块体的大量砂体搬运，归因于早期山体地区隆起幅度的消失（Lelue 和 Hartley，2010），伴随着特提斯边缘附近热对流的大量缺少，可能标志着来自特提斯的季风降雨不足以产生大型砂体搬运的河流体系（引出一个问题，即 Skagerrak 组是否也是季风降雨加强的产物）。

北海和英国大西洋边缘砂质河流相的区域分布是来自格陵兰、芬诺斯坎迪亚和 Scottish 高地持续沉积物供给的标志（McKie 和 Williams，2009），这与在南英国，爱尔兰海上和南二叠盆地看到的河流砂质搬运明显减少形成了对照（图2.21）。这种减少相对快速出现在安尼期，产生了广泛分布的 Keuper 和 Mercia 泥岩干盐湖，及有限的碎屑岩输入 Muschelkalk 海道。这种减少不可能是缓慢剥蚀过程的产物。反倒是在南纬度地区早三叠世沉积物量总体减少，而河流搬运维持在北部多数发生在三叠纪。已知砂质连续性的植物河流体系从北海中部向北延伸，进入北海北部，向西进入北大西洋地区（McKie 和 Williams，2009），总体较潮湿条件出现在北方极地地区（Golonka 等，1994；Ziegler 等，2003；Hochuli 和 Vigran，2010），有人认为中北海中部会更加受中纬度降雨向南移动的影响（已知河流汇水不能大到改变气候带）。可是，河流的扩张似乎独立出现在北方潮湿和干旱带[图2.21（C）]，Joanne 砂岩段在

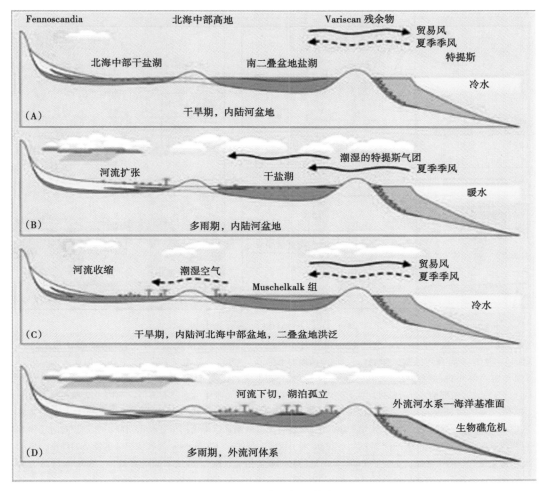

图 2.20 端元气候模式

(A) 在总体背景为干旱的条件下，北海中部和南二叠盆地以广泛分布的干盐湖沉积和季节性季风降雨为特征。(B) 在盆地范围内扩张多雨幕时期夏季季风可能会加强，造成 Skagerrak 组末端河流体系在盆地范围内扩张。减弱的贸易风可能造成潮湿的特提斯气团向北搬运，帮助维持全年土壤潮湿和间歇性河流搬运。(C) 在中三叠世植物覆盖和水通过干旱幕维持，造成南二叠盆地洪泛，提升了毗邻的北海中部的湿度和地下水位。(D) 在拉丁期和卡尼期多雨阶段，大型外流系统从芬诺斯坎迪亚流到特提斯海。这一水系开始时降低了基准面，导致广泛分布的河流下切，在南二叠盆地沉积物路过。在北海中部，这一多雨事件明显不存在，可能是河流下切、来自盆地中心的水系分散以及有限的资料偏向构造高地等综合因素，使之成为低基准面时期的路过区

拉丁期的扩张出现在明显的北方干旱期。气候趋势上的差异，结合南部气候记录的相似性，造成主要来自特提斯的降雨驱动了河流的扩张。在温暖幕多雨环境的出现也被认为是中纬度降雨向北移动（而不是向南扩张）的特征。可是，干旱季节径流可能会幕式增强，主要通过安尼期和卡尼期的北部物源，这时所有地区都较潮湿。河流体系保持终端和以洪泛为主，主要属季节性季风降雨，但在干旱的冬季有水分供给，水分来自南部处于微弱贸易风环境下的特提斯海和北部潮湿的中纬度带。

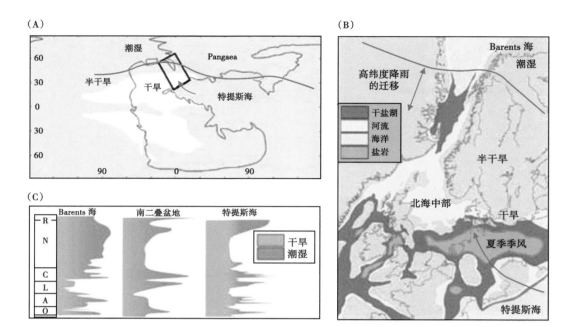

图 2.21 北海中部区域气候背景

(A) 晚三叠世气候带的分布, 过 Pangaea 北半球 (白色区代表较少或没有冬季降雨; 据 Sellwood 和 Valdes, 2006)。从 Barents 海到特提斯地区越过了向南增加的干旱带。(B) 河流相和干盐湖相在早卡尼期的区域分布 (据 McKie 和 Williams, 2009; Müller 等, 2005)。相分布也大致代表了中三叠世 (不包括 Muschelkalk 洪泛时期), 显示北海中部地区部分纬度地区有河流活动, 穿过北海和大西洋盆地, 而南部盆地以干盐湖和蒸发岩为主。在干旱时期 Skagerrak 组页岩段记录了干盐湖扩张到北海中部, 但是在多雨幕, 植被冲积体系从盆地侧翼的汇水区扩张。这可能受强化的季风活动驱动, 但也可能反映高纬度降雨向南迁移的贡献。可是, 向南迁移难以和温暖期增加的径流匹配 (图 2.18), 当时出现了反转的条件。(C) Barents 海气候记录了较高的纬度, 显示与南部记录有限的一致性, 支持了气候带同时期的移动或扩张 (收缩)。曲线来源同图 2.18, Barents 海曲线基于水生植物与旱生植物的孢粉资料, 由 Hochuli 和 Vigran (2010) 提供

## 2.6 结论

北海中部三叠系序列代表了幕式拉张构造、盐构造作用和气候变化的残缺记录。早三叠世末期和晚三叠世的裂谷作用可以从毗邻盆地的区域证据及芬诺斯坎迪亚边缘厚度的轻微变化推测出来, 那儿可能分布有主要的盆地边界断层。盐构造作用广泛分布, 但是这主要影响以泥质为主的下三叠统 Smith Bank 组, Skagerrak 组河流体系扩张发生在相对断层静止期。这些时期的盐运动在限制或引导河流体系方面没有意义, 可能提升了抑制盐运动的水平, 提供了足够的沉积物充填缓慢演化的地貌。可是, 盐构造作用对局部地层的保存有重大贡献, 主要通过侏罗系不整合侵蚀面之下传输地层。Skagerrak 组为砂泥互层段, 属于河流水系上游受气候波动条件的产物。河流的扩张出现在多雨事件期, 来自汇水区的径流增加, 延伸了间歇性河流卸载进入干旱盆地。在持续干旱期河流体系收缩, 地区转为干旱背景, 代表三叠纪北—西欧洲地区的特征。多雨事件由气候变暖驱动, 受到特提斯季风强化, 蒸发作用加强, 北东向贸易风减弱, 通常有定向的潮湿气团越过该地区。此外, 来自潮湿高纬度气候带

的降雨会向南偶发迁移，导致纬向带的砂质植物河流体系流向广阔的 Keuper 和 Mercia 泥岩干盐湖。

**致谢**

感谢 Henrik Olsen 和匿名审阅人提出了富有洞察力的见解，感谢 Allard Martinius 的编辑工作。

## 参 考 文 献

Ahlberg, A., Arndorff, L. and Guy-Ohlson, D. (2002) Onshore climate change during the Late Triassic marine inundation of the Central European Basin. *Terra Nova*, 14, 241–248.

Aigner, T. and Bachmann, G. H. (1992) Sequence stratigraphic framework of the German Triassic. *Sed. Geol.*, 80, 115–135.

Allen, J. R. L. (1982) Studies in fluviatile sedimentation: bars, bar-complexes and sandstone sheets (low-sinuosity braided steams) in the Brownstones (L. Devonian), Welsh Borders. *Sed. Geol.*, 33, 237–293.

Archer, S., Ward, S., Menad, S., Shahim, I., Grant, N., Sloan, H. and Cole, A. (2010) The Jasmine discovery, central North Sea, UKCS. In: *Petroleum Geology: From Mature Basins to New Frontiers – Proceedings of the 7th Petroleum Geology Conference* (Eds B. A. Vining and S. C. Pickering), pp 225–243. Geol. Soc. London.

Bachmann, G. H., Geluk, M. C., Warrington, G., Becker-Roman, A., Beutler, G., Hagdorn, H., Hounslow, M. W., Nitsch, E., Röhling, H.-G., Simon, T. and Szulc, A. (2010) Triassic. In: *Petroleum Geological Atlas of the Southern Permian Basin Area* (Eds J. C. Doornenbal and A. G. Stevenson), pp 149–173. EAGE Publications b. v., Houten.

Berra, F., Jadoul, F. and Anelli, A. (2010) Environmental control on the end of the Dolomia Principale/Hauptdolomit depositional system in the central Alps: Coupling sea-level and climate changes. *Palaeogeogr. Palaeoclimatol. Palaeoecol.*, 290, 138–150.

Bertelsen, F. (1980) Lithostratigraphy and depositional history of the Danish Triassic. *Dan. Geol. Unders.*, Serie B, 4, 59 pp.

Blum, M. D. and Törnqvist, T. E. (2000) Fluvial responses to climate and sea-level change: a review and look forward. *Sedimentology*, 47, 2–48.

Borkhataria, R., Aigner, T. and Pipping, K. J. C. P. (2006) An unusual, muddy, epeiric carbonate reservoir: The Lower Muschelkalk (Middle Triassic) of the Netherlands. *AAPG Bull.*, 90, 61–89.

Bourquin, S., Guillocheau, F. and Péron, S. (2009) Braided rivers within an arid alluvial plain (example from Lower Triassic, western German Basin): recognition criteria and expression of stratigraphic cycles. *Sedimentology*, 56, 2235–2264.

Bridge, J. S. and Tye, R. S. (2000) Interpreting the dimensions of ancient fluvial channel bars, channels and channel belts from wireline-logs and cores. *AAPG Bull.*, 84, 1205–1228.

Brook, G. A., Marais, E., Srivastava, P. and Jordan, T. (2007) Timing of lake-level changes in Etosha Pan, Namibia, since the Middle Holocene from OSL ages of relict shorelines in the

Okondeka region. *Quatern. Int.*, 175, 29-40.

Brookfield, M. E. (2004) The enigma of fine-grained alluvial basin fills: the Permo-Triassic (Cumbrian Coastal and Sherwood Sandstone Groups) of the Solway Basin, NW England and SW Scotland). *Int. J. Earth Sci.*, 93, 282-296.

Brookfield, M. E. (2008) Palaeoenvironments and palaeotectonics of the arid to hyperarid intracontinental latest Permian- Late Triassic Solway basin (U. K.). *Sed. Geol.*, 210, 27-47.

Cameron, T. D. J., Crosby, A., Balson, P. S., Jeffery, D. H., Lott, G. K., Bulat, J. and Harrison, D. H. (1992) *United Kingdom Offshore Regional Reports: The Geology of the Southern North Sea*. HMSO for British Geological Survey, 152 pp.

Cartwright, J., Stewart, S. and Clark, J. (2001) Salt dissolution and salt-related deformation of the Forth Approaches Basin, UK North Sea. *Mar. Petrol. Geol.*, 18, 757-778.

Clark, J., Cartwright, J. and Stewart, S. (1999) Mesozoic dissolution tectonics on the West Central Shelf, UK central North Sea. *Mar. Petrol. Geol.*, 16, 283-300.

Clausen, O. R. and Pedersen, P. K. (1999) Late Triassic structural evolution of the southern margin of the Ringkøbing-Fyn High, Denmark. *Mar. Petrol. Geol.*, 16, 653-665.

Colter, V. S. and Barr, K. W. (1975) Recent developments in the geology of the Irish Sea and Cheshire Basins. In: *Petroleum and the Continental Shelf of North-West Europe*, 1, *Geology* (Ed. A. W. Woodland), pp 61-75. Applied Science Publishing, London.

Coward, M. P. (1995) Structural and tectonic setting of the Permo-Triassic basins of north-west Europe. In: *Permian and Triassic Rifting in North-west Europe* (Ed. S. A. R. Boldy), *Geol. Soc. London Spec. Publ.*, 91, 7-39.

Coward, M. P., Dewey, J. F., Hempton, M. and Holroyd, J. (2003) Tectonic evolution. In: *The Millennium Atlas: Petroleum Geology of the Central and Northern North Sea* (Eds D. Evans, C. Graham, A. Armour and P. Bathurst), pp 17-33. Geological Society, London.

Davidson, S. K. and North, C. P. (2009) Geomorphological regional curves for prediction of drainage area and screening modern analogues for rivers in the rock record. *J. Sed. Res.*, 79, 773-792.

De Jong, M., Smith, D., Nio, S. D. and Hardy, N. (2006) Subsurface correlation of the Triassic of the UK southern Central Graben: new look at an old problem. *First Break*, 24, 103-109.

Erratt, D., Thomas, G. M. and Wall, G. R. T. (1999) The evolution of the central North Sea Rift, In: *Petroleum Geology of North-west Europe: Proceedings of the 5th Conference* (Eds A. J. Fleet and S. A. R. Boldy), pp 63-82. Geological Society, London.

Evans, D. J., Rees, J. G. and Holloway, S. (1993) The Permian to Jurassic stratigraphy and structural evolution of the central Cheshire Basin. *J. Geol. Soc. London*, 150, 857-870.

Faerseth, R. B. (1996) Interaction of Permo-Triassic and Jurassic extensional fault-blocks during the development of the northern North Sea. *J. Geol. Soc. London*, 153, 931-944.

Feist-Burkhardt, S., Götz, A. E., Szulc, J., Borkhataria, R., Geluk, M., Haas, J., Hornung, J., Jordan, P., Kempf, O., Michalík, J., Nawrocki, J., Reinhardt, L., Ricken, W., Röhling, H.-G., Rüffer, T., Török, Á. and Zühlke, R. (2008) Triassic. In: *The Geology of Central Europe, Volume 2-Mesozoic and Cenozoic* (Ed. T. McCann), pp

749–822. Geological Society, London.

Fielding, C. R. (2006) Upper flow regime sheets, lenses and scour fills: extending the range of architectural elements for fluvial sediment bodies. *Sed. Geol.*, 190, 227–240.

Fisher, J. A., Nichols, G. J. and Waltham, D. A. (2007) Unconfined flow deposits in the distal sectors of fluvial distributary systems: examples from the Luna and Huesca Systems, northern Spain. *Sed. Geol.*, 195, 55–73.

Fisher, J. A., Krapf, C. B. E., Lang, S. C., Nichols, G. J. and Payenberg, T. D. (2008) Sedimentology and architecture of the Douglas Creek terminal splay, Lake Eyre, central Australia. *Sedimentology* 55, 1915–1930.

Fryberger, S. G., Al-Sari, A. M. and Clisham, T. J. (1983) Eolian dune, interdune, sand sheet and siliciclastic sabkha sediments of an offshore prograding sand sea, Dhahran area, Saudi Arabia. *AAPG Bull.*, 67, 80–312.

Fryberger, S. G. and Schenk, C. J. (1988) Pin stripe lamination: a distinctive feature of modern and ancient eolian sediments. *Sed. Geol.*, 55, 1–15.

Furin, S., Preto, N., Rigo, M., Roghi, G., Gianolla, P., Crowley, J. L. and Bowring, S. A. (2006) High-precision U-Pb zircon age from the Triassic of Italy: Implications for the Triassic time scale and the Carnian origin of calcareous nannoplankton and dinosaurs. *Geology*, 34, 1009–1012.

Galfetti, T., Hochuli, P. A., Brayard, A., Bucher, H., Weissert, H. and Vigran, J. (2007a) Smithian–Spathian boundary event: Evidence for global climatic change in the wake of the end-Permian biotic crisis. *Geology*, 35, 291–294.

Galfetti, T., Bucher, H., Brayard, A., Hochuli, P. A., Weissert, H., Guodun, K., Atudorei, V. and Guex, J. (2007b) Late Early Triassic climate change: insights from carbonate carbon isotopes, sedimentary evolution and ammonoid paleobiogeography. *Palaeogeogr. Palaeoclimatol. Palaeoecol.*, 243, 394–411.

Geluk, M. C. (2005) *Stratigraphy and tectonics of Permo-Triassic basins in the Netherlands and surroundingareas.* Unpublished Ph. D. thesis, University of Utrecht. 171 pp.

Geluk, M. C. (2007) Triassic. In: *Geology of the Netherlands* (Eds Th. E. Wong, D. A. J. Batjes and J. de Jager), pp. 85–106. Royal Netherlands Academy of Arts and Sciences.

Gianolla, P., de Zanche, V. and Mietto, P. (1998) Triassic sequence stratigraphy in the southern Alps (northern Italy): definition of sequences and basin evolution. In: *Mesozoic–Cenozoic Sequence Stratigraphy of European Basins* (Eds P. C. de Gracianscky, J. Hardenbol, T. Jacquin and P. R. Vail), *SEPM Spec. Publ.*, 60, 723–751.

Goddéris, Y., Donnadieu, Y, de Vargas, C., Pierrehumbert, R. T., Dromart, G. and van de Schootbrugge, B. (2008) Causal or casual link between the rise of nannoplankton calcification and a tectonically-driven massive decrease in Late Triassic atmospheric $CO_2$? *Earth Planet. Sci. Lett.*, 267, 247–255.

Goldsmith, P. J., Rich, B. and Standring, J. (1995) Triassic correlation and stratigraphy in the South Central Graben, UK North Sea. In: *Permian and Triassic Rifting in North-west Europe* (Ed. S. A. R. Boldy), *Geol. Soc. London Spec. Publ.*, 91, 123–143.

Goldsmith, P. J., Hudson, G. and Van Veen, P. (2003) Triassic. In: *The Millennium Atlas: Petroleum Geology of the Central and Northern North Sea* (Eds D. Evans, C. Graham, A. Armour and P. Bathurst), pp 105–127. The Geological Society of London, London, UK.

Golonka, J., Ross, M. I. and Scotese, C. R. (1994) Phanerozoic paleogeographic and paleoclimatic modeling maps. In: *Pangea: Global Environments and Resources* (Eds A. F. Embry, B. Beauchamp and D. J. Glass), *Can. Soc. Petrol. Geol. Mem.*, 17, 1–47.

Goodall, T. M., North, C. P. and Glennie, K. W. (2000) Surface and sub-surface sedimentary structures produced by salt crusts. *Sedimentology*, 47, 99–118.

Hochuli, P. A. and Vigran, J. O. (2010) Climate variations in the Boreal Triassic inferred from palynological records from the Barents Sea. *Palaeogeogr. Palaeoclimatol. Palaeoecol.*, 290, 20–42.

Hodgson, N. A., Farnsworth, J. and Fraser, A. J. (1992) Saltrelated tectonics, sedimentation and hydrocarbon plays in the Central Graben, North Sea, UKCS. In: *Exploration Britain: Geological Insights for the Next Decade* (Ed R. F. P. Hardman), *Geol. Soc. London Spec. Publ.*, 67, 31–63.

Hornung, J. and Aigner, T. (2002) Reservoir architecture in a terminal alluvial plain: an outcrop analogue study (upper Triassic, southern Germany): Part II, Cyclicity, controls and models. *J. Petrol. Geol.*, 25, 151–178.

Hornung, T. and Brandner, R. (2005) Biostratigraphy of the Reingraben Turnover (Hallstatt Facies Belt): local black shale events controlled by the regional tectonics, climatic change and plate tectonics. *Facies*, 51, 460–479.

Hornung, T., Brandner, R., Krystyn, L., Joachimski, M. M. and Keim, L. (2007) Multistratigraphic constraints on the NW Tethyan "Carnian Crisis". In: *The Global Triassic* (Eds S. G. Lucas and J. A. Spielmann), *New Mexico Museum of Natural History and Science Bulletin*, 41, 59–67.

Hounslow, M. W. and McIntosh, G. (2003) Magnetostratigraphy of the Sherwood Sandstone Group (lower and middle Triassic), south Devon, U.K.: detailed correlation of the marine and non-marine Anisian. *Palaeogeogr. Palaeoclimatol. Palaeoecol.*, 193, 325–348.

Hounslow, M. W. and Ruffell, A. H. (2006) Triassic: seasonal rivers, dusty deserts and saline lakes. In: *Geology of England and Wales* (Eds P. J. Brenchley and P. F. Rawson), pp 295–324. Geol. Soc. London.

Hubbard, N. L. B. and Boulter, M. C. (2000) Phytogeography and paleoecology in Western Europe and Eastern Greenland near the Triassic–Jurassic boundary. *Palaios*, 15, 120–31.

Jeans, C. V. (2006) Clay mineralogy of the Permo-Triassic strata of the British Isles: onshore and offshore. *Clay Mineral.*, 41, 309–354.

Kelber, K.-P. and van Konijnenburg-van Cittert, J. H. A. (1998) Equisetites arenaceus from the upper Triassic of Germany with evidence for reproductive strategies. *Rev. Palaeobot. Palynol.*, 100, 1–26.

Kidder, D. and Worsley, T. R. (2004) Causes and consequences of extreme Permo-Triassic warming to globally equable climate and relation to the Permo-Triassic extinction and recovery.

*Palaeogeogr. Palaeoclimatol. Palaeoecol.*, 203, 207-237.

Kiessling, W. (2010) Reef expansion during the Triassic: spread of photosymbiosis balancing climatic cooling. *Palaeogeogr. Palaeoclimatol. Palaeoecol.*, 290, 11-19.

Kocurek, G. and Havholm, K. G. (1993) Eolian sequence stratigraphy - a conceptual framework. In: Siciliclastic Sequence Stratigraphy (Eds P. Weimer and H. W. Posamentier). *AAPG Mem.*, 58, 393-409.

Köppen, A. and Carter, A. (2000) Constraints on provenance of the central European Triassic using detrital zircon fission track data. *Palaeogeogr. Palaeoclimatol. Palaeoecol.*, 161, 193-204.

Korte, C., Kozur, H. W., Bruckschen, P. and Veizer, J. (2003) Strontium isotope evolution of Late Permian and Triassic seawater. *Geochim. Cosmochim. Acta*, 67, 47-62.

Korte, C., Kozur, H. W. and Veizer, J. (2005) $\delta^{13}C$ and $\delta^{18}O$ values of Triassic brachiopods and carbonate rocks as proxies for coeval seawater and palaeo-temperature. *Palaeogeogr. Palaeoclimatol. Palaeoecol.*, 226, 287-306.

Kozur, H. W. and Bachmann, G. H. (2010) The Middle Carnian wet intermezzo of the Stuttgart Formation (Schilfsandstein), Germanic basin. *Palaeogeogr. Palaeoclimatol. Palaeoecol.*, 290, 107-119.

Kürschner, W. M. and Herngreen, G. F. W. (2010) Triassic palynology of central and north-western Europe: a review of palynofloral diversity patterns and biostratigraphic subdivisions. In: *The Triassic Timescale* (Ed. S. G. Lucas), *Geol. Soc. London Spec. Publ.*, 334, 263-283.

Kustatscher, E., van Konijnenburg-van Cittert, J. H. A. and Roghi, G. (2010) Macrofloras and palynomorphs as possible proxies for palaeoclimatic and palaeoecological studies: a case study from the Pelsonian (Middle Triassic) of Kühwiesenkopf/Monte Prà della Vacca (Olang Dolomites, N-Italy). *Palaeogeogr. Palaeoclimatol. Palaeoecol.*, 290, 71-80.

Kutzbach, J. E. and Gallimore, R. G. (1989) Pangean climates: megamonsoons of the megacontinent. *J. Geophys. Res.*, 94, 3341-3357.

Lang, S. C., Payenberg, T. H. D., Reilly, M. R. W., Hicks, T., Benson, J. and Kassan, J. (2004) Modern analogues for dryland sandy fluvial-lacustrine deltas and terminal splay reservoirs. *Aust. Petrol. Prod. Explor. Assoc. J.*, 44, 329-356.

Legarreta, L. and Uliana, M. A. (1998) Anatomy of hinterland depositional sequences: upper Cretaceous fluvial strata, Neuquen Basin, west-central Argentina. In: *Relative Role of Eustasy, Climate and Tectonism in Continental Rocks* (Eds K. W. Shanley and P. J. McCabe), *SEPM Spec. Publ*, 59, 83-92.

Lelue, S. and Hartley, A. J. (2010) Controls on the stratigraphic development of the Triassic Fundy Basin, Nova Scotia: implications for the tectonostratigraphic evolution of Triassic Atlantic rift basins. *J. Geol. Soc. London*, 167, 437-454.

Lervik, K.-S. (2006) Triassic lithostratigraphy of the northern North Sea basin. *Nor. J. Geol.*, 86, 93-116.

Lindström, S., Vosgerau, H., Piasecki, S., Nielsen, L. H., Dybkjær, K. and Erlström, M. (2009) Ladinian palynofloras in the Norwegian-Danish Basin: a regional marker reflecting a climate change. *Bull. Geol. Surv. Denmark and Greenland.*, 17, 21-24.

Mange-Rajetzky, M. (1995) Subdivision and correlation of monotonous sandstone sequences using high-resolution heavy mineral analysis, a case study: the Triassic of the Central Graben. In: *Non-biostratigraphical Methods of Dating and Correlation* (Eds R. E. Dunay and E. A. Hailwood). *Geol. Soc. London Spec. Publ.*, 89, 23–30.

Manspeizer, W. (1982) Triassic-Liassic Basins and climate of the Atlantic passive margins. *Geol. Rundsch.*, 71, 895–917.

Martinsen, O. J., Ryseth, A., Helland-Hansen, W., Flesche, H., Torkildsen, G. and Idil, S. (1999) Stratigraphic base level and fluvial architecture: Ericson Sandstone (Campanian), Rock Springs Uplift, SW Wyoming, USA. *Sedimentology*, 46, 235–259.

Matthews, W. J., Hampson, G. J., Trudgill, B. D. and Underhill, J. R. (2007) Controls on fluvio lacustrine reservoir distribution and architecture in passive saltdiapir provinces: insights from outcrop analogs. *AAPG Bull.*, 91, 1367–1403.

Mayewski, P. A., Rohling, E. E., Stager, J. C., Karlén, W., Maasch, K. A., Meeker, L. D., Meyerson, E. A., Gasse, F., van Kreveld, S., Holmgren, K., Lee-Thorp, J., Rosqvist, G., Rack, F., Staubwasser, M., Schneider, R. R. and Steig, E. J. (2004) Holocene climate variability. *Quatern. Res.*, 62, 243–255.

McKie, T. (2011) Architecture and behavior of dryland fluvial reservoirs, Triassic Skagerrak Formation, central North Sea. In: *From River to Rock Record: The Preservation of Fluvial Sediments and their Subsequent Interpretation* (Eds S. K. Davidson, C. P. North and S. Leleu), *SEPM Spec. Publ.* 97, 189–214.

McKie, T. and Audretsch, P. (2005) Depositional and structural controls on Triassic reservoir performance in the Heron Cluster, ETAP, central North Sea. In: *Petroleum Geology of North-west Europe and Global Perspectives-Proceedings of the Sixth Petroleum Geology Conference* (Eds A. G. Dore and B. A. Vining), Geol. Soc. London, pp 285–297.

McKie, T. and Garden, R. (1996) Hierarchical stratigraphic cycles in the non-marine Clair Group (Devonian) UKCS. In: *High Resolution Sequence Stratigraphy: Innovations and Applications* (Eds J. A. Howell and J. F. Aitken). *Geol. Soc. London Spec. Publ.* 104, 139–157.

McKie, T. and Shannon, P. M. (2011) Comment on "The Permian-Triassic transition and the onset of Mesozoic sedimentation at the north-western peri-Tethyan domain scale: Palaeogeographic maps and geodynamic implications" by S. Bourquin, A. Bercovici, J. López-Gómez, J. B. Diez, J. Broutin, A. Ronchi, M. Durand, A. Arché, B. Linol and F. Amour. *Palaeogeogr. Palaeoclimatol. Palaeoecol.*, 299, 265–280.

McKie, T. and Williams, B. (2009) Triassic palaeogeography and fluvial dispersal across the north-west European Basins. *Geol. J.*, 44, 711–741.

McKie, T., Jolley, S. and Kristensen, M. B. (2010) Stratigraphic compartmentalisation in dryland fluvial reservoirs- examples from the Triassic Skagerrak Formation, UKCS. In: *Reservoir Compartmentalization* (Eds S. J. Jolley, Q. J. Fisher, A. B. Ainsworth, P. Vrolijk and S. Delisle), *Geol. Soc. London Spec. Publ.*, 347, 165–198.

Michelsen, O. and Clausen, O. R. (2002) Detailed stratigraphic subdivision and regional correlation of the southern Danish Triassic succession. *Mar. Pet. Geol.*, 19, 563–587.

Milroy, P. G. and Wright, V. P. A. (2000) Highstand oolitic sequence and associated facies from a Late Triassic lake basin, south-west England. *Sedimentology*, 47, 187-209.

Müller, R., Nystuen, J. P., Eide, F. and Lie, H. (2005) Late Permian to Triassic basin in-fill history and palaeogeography of the Mid-Norwegian shelf-East Greenland region. In: *Onshore-Offshore Relationships on the North Atlantic Margin* (Eds B. T. G Wandås, J. P. Nystuen, E. Eide and F. Gradstein), *Nor. Pet. Soc. Spec. Publ.*, 12, 165-189.

Muto, T. and Steel, R. J. (1997) Principles of regression and transgression: the nature of the interplay between accommodation and sediment supply. *J. Sed. Res.*, 67, 994-1000.

Mutti, M. and Weissert, H. (1995) Triassic monsoonal climate and its signature in Ladinian-Carnian carbonate platforms (southern Alps, Italy). *J. Sed. Res.*, B65, 357-367.

Newell, A. J., Tverdokhlebov, V. P. and Benton, M. J. (1999) Interplay of tectonics and climate on a transverse fluvial system, upper Permian, Southern Uralian Foreland Basin, Russia. *Sed. Geol.*, 127, 11-29.

Nichols, G. J. (2007) Features of fluvial systems in desiccating endorheic basins. In: *Sedimentary processes, environments and basins-a tribute to Peter Friend* (Eds G. J. Nichols, E. A. Williams and C. Paola). *Int. Assoc. Sedimentol. Spec. Publ.*, 38, 567-587.

North, C. P. and Warwick, G. L. (2007) Fluvial fans: myths, misconceptions and the end of the terminal-fan model. *J. Sed. Res.*, 77, 693-701.

Nützel, A., Joachimski, M. and López Correa, M. (2010) Seasonal climatic fluctuations in the Late Triassic tropics-high-resolution oxygen isotope records from aragonitic bivalve shells (Cassian Formation, Northern Italy). *Palaeogeogr. Palaeoclimatol. Palaeoecol.*, 285, 194-204.

Olsen, P. E. and Kent, D. V. (2000) High-resolution Early Mesozoic Pangean climatic transect in lacustrine environments. *Zbl. Geol. Pälontol. Teil*, I (H11/12), 1475-1495.

Parrish, J. T. (1993) Climate of the supercontinent Pangea. *J. Geol.*, 101, 215-233.

Paul, J., Wemmer, K. and Ahrendt, H. (2008) Provenance of siliciclastic sediments (Permian to Jurassic) in the Central European Basin. *Z. Deut. Ges. Geowiss.*, 159, 641-650.

Paul, J., Wemmer, K. and Wetzel, F. (2009) Keuper (Late Triassic) sediments in Germany-indicators of rapid uplift of Caledonian rocks in southern Norway. *Nor. J. Geol.*, 86, 193-202.

Payne, J. L., Lehrmann, D. J., Wei, J., Orchard, M. J., Schrag, D. P. and Knoll, A. H. (2004) Large perturbations of the carbon cycle during recovery from the end-Permian extinction. *Science*, 305, 506-509.

Peacock, D. C. P. (2004) The post-Variscan development of the British Isles within a regional transfer zone influenced by orogenesis. *J. Struct. Geol.*, 26, 2225-2231.

Penge, J., Munns, J. W., Taylor, B. and Windle, T. M. F. (1999) Rift-raft tectonics: examples of gravitational tectonicsfrom the Zechstein basins of north-west Europe. In: *Petroleum Geology of North-west Europe: Proceedings of the 5th Conference* (Eds A. Fleet and S. A. R. Boldy), pp 201-213. Geological Society, London.

Perlmutter, M. A. and Matthews, M. D. (1990) Global cyclostratigraphy-a model. In: *Quantitative Dynamic Stratigraphy* (Ed. T. Cross), pp 233-60. Prentice Hall, New Jersey.

Péron, S., Bourquin, S., Fluteau, F. and Guillocheau, F. (2005) Paleoenvironment reconstructions and climate simulations of the Early Triassic: impact of the water and sediment supply on the preservation of fluvial system. *Geodin. Acta.*, 18, 431-446.

Porter, R. J. and Gallois, R. W. (2008) Identifying fluvio-lacustrine intervals in thick playa-lake successions: an integrated sedimentology and ichnology of arenaceous members in the Mid-Late Triassic Mercia Mudstone Group of south-west England, UK. *Palaeogeogr. Palaeoclimatol. Palaeoecol.*, 270, 381-398.

Prell, W. L. and Kutzbach, J. E. (1987) Monsoon variability over the past 150,000 years. *J. Geophys. Res.*, 92, 8411-8425.

Preto, N., Kustatscher, E. and Wignall, P. B. (2010) Triassic climates - state of the art and perspectives. *Palaeogeogr. Palaeoclimatol. Palaeoecol.*, 290, 1-10.

Prochnow, S. J., Atchley, S. C., Boucher, T. E., Nordt, L. C. and Hudec, M. R. (2006) The influence of salt withdrawal subsidence on palaeosol maturity and cyclic fluvial deposition in the upper Triassic Chinle Formation: Castle Valley, Utah. *Sedimentology*, 53, 1319-1345.

Radies, D., Stollhofen, H., Hollmann, G. and Kukla, P. (2005) Synsedimentary faults and amalgamated unconformities: insights from 3D-seismic and core analysis of the Lower Triassic middle Buntsandstein, Ems Trough, north-western Germany. *Int. J. Earth Sci.*, 94, 863-875.

Reinhardt, L. and Ricken, W. (2000) The stratigraphic and geochemical record of playa cycles: monitoring a Pangaean monsoon-like system (Triassic, middle Keuper, S. Germany). *Palaeogeogr. Palaeoclimatol. Palaeoecol.*, 161, 205-227.

Ruffell, A., McKinley, J. M. and Worden, R. H. (2002) Comparison of clay mineral stratigraphy to other proxy palaeoclimate indicators in the Mesozoic of NW Europe. *Phil. Trans. R. Soc. London. A: Math. Phys. Eng. Sci.* 360, 675-693.

Ruffell, A. and Shelton, R. (1999) The control of sedimentary facies by climate during phases of crustal extension: examples from the Triassic of onshore and offshore England and Northern Ireland. *J. Geol. Soc. London*, 156, 779-789.

Sadler, P. M. and Strauss, D. J. (1990) Estimation of completeness of stratigraphical sections using empirical data and theoretical models. *J. Geol. Soc. London*, 147, 471-485.

Schefuβ, E., Schouten, S. and Schneider, R. R. (2005) Climatic controls on central African hydrology during the past 20,000 years. *Nature*, 437, 1003-1006.

Seidler, L., Steel, R. J., Stemmerik, L. and Surlyk, F. (2004) North Atlantic marine rifting in the Early Triassic: new evidence from east Greenland. *J. Geol. Soc. London*, 161, 583-592.

Sellwood, B. W. and Valdes, P. J. (2006) Mesozoic climates: general circulation models and the rock record. *Sed. Geol.*, 190, 269-287.

Sellwood, B. W. and Valdes, P. J. (2007) Mesozoic climate. In: *Deep-time perspectives on climate change: marrying the signal from computer models and biological proxies* (Eds M. Williams, A. M. Haywood, F. J. Gregory and D. N. Schmidt), *Micropal. Soc. Spec. Publ.*, TMS002, pp 201-224. Geological Society, London.

Shanley, K. W. and McCabe, P. J. (1994) Perspectives on the sequence stratigraphy of continental strata: report of a working group at the 1991 NUNA Conference on high resolution sequence stratigraphy. *AAPG Bull.*, 78, 544-568.

Shukla, U. K., Bachmann, G. H. and Singh, I. B. (2010) Facies architecture of the Stuttgart Formation (Schilfsandstein, upper Triassic), central Germany and its comparison with modern Ganga system, India. *Palaeogeogr. Palaeoclimatol. Palaeoecol.*, 297, 110–128.

Simms, M. J. and Ruffell, A. H. (1989) Synchroneity of climatic change in the Late Triassic. *Geology*, 17, 265–268.

Simms, M. J. and Ruffell, A. H. (1990) Climatic and biotic change in the Late Triassic. *J. Geol. Soc. London*, 147, 321–327.

Smith, J. J. and Hasiotis, S. T. (2008) Traces and burrowing behaviors of the cicada nymph *Cicadetta calliope*: neoichnology and paleoecological significance of extant soil-dwelling insects. Palaios, 23, 503–513.

Smith, J. J., Hasiotis, S. T., Kraus, M. J. and Woddy, D. T. (2008) *Naktodemasis bowni*: new ichnogenus and ichnospecies for adhesive meniscate burrows (amb) and paleoenvironmental implications, Paleogene Willwood Formation, Bighorn Basin, Wyoming. *J. Paleont.*, 82, 267–278.

Smith, R. I., Hodgson, N. and Fulton, M. (1993) Salt control on Triassic reservoir distribution, UKCS central North Sea. In: *Petroleum Geology of North-west Europe: Proceedings of the 4th Conference* (Ed J. R. Parker), pp 547–557. Geological Society, London.

Snyder, C. T. (1962) A hydrologic classification of valleys in the Great Basin, western United States. *Int. Assoc. Sci. Hydrol. Bull.*, 7, 53–59.

Steel, R. and Ryseth, A. (1990) The Triassic–Early Jurassic succession in the northern North Sea: megasequence stratigraphy and intra-Triassic tectonics. In: *Tectonic Events Responsible for Britain's Oil and Gas Reserves* (Eds R. F. P Hardman and J. Brookes), *Geol. Soc. London Spec. Publ.*, 55, 139–168.

Stefani, M., Furin, S. and Gianolla, P. (2010) The changing climate framework and depositional dynamics of Triassic carbonate platforms from the Dolomites. *Palaeogeogr. Palaeoclimatol. Palaeoecol.*, 290, 43–57.

Stewart, S. A. and Clark, J. A. (1999) Impact of salt on the structure of the central North Sea hydrocarbon fairways, In: *Petroleum Geology of North-west Europe: Proceedings of the 5th Conference* (Eds A. J. Fleet and S. A. R. Boldy), pp 179–200. Geological Society, London.

Stolfová, K. and Shannon, P. M. (2009) Permo-Triassic development from Ireland to Norway: basin architecture and regional controls. *Geol. J.*, 44, 652–676.

Su, H. and Neelin, J. D. (2005) Dynamical mechanisms for African monsoon changes during the mid-Holocene. *J. Geophys. Res.*, 110, D19105.

Surlyk, F. (1990) Timing, style and sedimentary evolution of Late Palaeozoic–Mesozoic extensional basins of East Greenland. In: *Tectonic Events Responsible for Britain's Oil and Gas Reserves* (Eds R. F. P. Hardman and J. Brooks), *Geol. Soc. London Spec. Publ.*, 55, 107–125.

Szurlies, M. (2007) Latest Permian to Middle Triassic cyclomagnetostratigraphy from the Central European Basin, Germany: implications for the geomagnetic polarity timescale. *Earth Planet. Sci. Lett.*, 261, 602–619.

Tomasso, M., Underhill, J. R., Hodgkinson, R. A. and Young, M. J. (2002) Structural styles and depositional architecture in the Triassic of the Ninian and Alwyn North fields: implications for basin development and prospectivity in the northern North Sea. *Mar. Pet. Geol.*, 25, 588–605.

Tooth, S. (2005) Splay formation along the lower reaches of ephemeral rivers on the Northern Plains of arid Central Australia. *J. Sed. Res.*, 75, 636–649.

Turner, P., Heywood, M. L. and Chandler, P. (1996) Magnetostratigraphy and depositional sequence analysis of Triassic fluvial sediments: UK central North Sea. *Cuad. Geol. Ibérica*, 21, 117–147.

Underhill, J. R. and Partington, M. A. (1993) Jurassic thermal doming and deflation in the North Sea: implications of the sequence stratigraphical evidence. In: *Petroleum Geology of North-west Europe, Proceedings of the 4th Conference* (Ed. J. R. Parker), pp 337–346. Geological Society, London.

Van der Zwan, C. J. and Spaak, P. (1992) Lower to middle Triassic sequence stratigraphy and climatology of the Netherlands, a model. *Palaeogeogr. Palaeoclimatol. Palaeoecol.*, 91, 277–290.

Van Wees, J. D., Stephenson, R. A., Ziegler, P. A., Bayer, U., McCann, T., Dadlez, R., Gaupp, R., Narkiewicz, M., Bitzer, F. and Scheck, M. (2000) On the origin of the Southern Permian Basin, Central Europe. *Mar. Pet. Geol.*, 17, 43–59.

Visscher, H., van Houte, M., Brugman, W. A. and Poort, R. J. (1994) Rejection of a Carnian (Late Triassic) "pluvial event" in Europe. *Rev. Palaeobot. Palynol.*, 83, 217–226.

Vollmer, T., Werner, R., Weber, M., Tougiannidis, N., Röhling, H.-G. and Hambach, U. (2008) Orbital control on Upper Triassic playa cycles of the Steinmergel-Keuper (Norian): a new concept for ancient playa cycles. *Palaeogeogr. Palaeoclimatol. Palaeoecol.*, 267, 1–16.

Wakefield, L. L., Droste, H., Giles, M. R. and Janssen. R. (1993) Late Jurassic plays along the western margin ofthe Central Graben. In: *Petroleum Geology of North-west Europe: Proceedings of the 4th Conference* (Ed. J. R. Parker), pp 459–468. Geological Society, London.

Wignall, P. B. and Twitchett, R. J. (2002) Permian–Triassic sedimentology of Jameson Land, East Greenland: incised submarine channels in an anoxic basin. *J. Geol. Soc. London*, 159, 691–703.

Zanella, E. and Coward, M. P. (2003) Structural Framework. In: *The Millenium Atlas: Petroleum Geology of the Centraland Northern North Sea* (Eds D. Evans, C. Graham, A. Armour and P. Bathurst), pp 45–59. Geological Society, London.

Ziegler, A. M., Eshel, G., McAllister Rees, P., Rothfus, T. A., Rowley, D. B. and Sunderlin, D. (2003) Tracing the tropics across land and sea: Permian to present. *Lethaia*, 36, 227–254.

# 3 北海北部晚三叠世—早侏罗世气候变化对冲积结构、古土壤和黏土矿物的影响

Johan P. Nystuen  Audun V. Kjemperud  Reidar Müller
Victoria Adeståll  Edwin R. Schomacker  著
黄士鹏  方 向  吴因业  周永胜  译

**摘要**：晚三叠世—早侏罗世，欧洲大陆板块向北漂移。板块位置的这一变化引起了北海区域由干旱（半干旱）向潮湿气候的长期转变，另外也有中大西洋岩浆省岩浆活动的全球变暖效应。在北海北部的 Tampen Spur 区，这一气候变化深刻影响了以 Lunde 组（诺利期—早瑞替期）以及上覆 Raude 组和 Eiriksson 组［瑞替期—赫塘期（Hettangian）］为代表的冲积序列的发育。诺利期—早瑞替期干旱—半干旱气候在 Lunde 组下部表现为：季节性辫状河砂岩、红褐色新成土（始成土）和以多样黏土矿物组合与长石含量高为特征的洪泛平原泥岩。在晚瑞替期向半潮湿气候的转变则在 Raude 组上部有所表现：代表曲流河的河成砂岩、中等发育的累积变性土、由化学风化作用增强产生的高含量的绿泥石和高岭石。随着腹地黏土产出增加、地势起伏降低和沉积物供应减少导致在 Laude 组上部和 Statfjord 群底部出现向上变细、古土壤发育程度增高的趋势。在瑞替期末和赫塘期潮湿度增加，在 Statfjord 群下部表现为：泥岩由红褐色向灰绿色变化，钙结核消失，绿泥石成为湿地洪泛平原形成的主要黏土矿物。在 Statfjord 群上部的石英质辫状河砂岩和以高岭土为主的洪泛平原泥岩揭示了气候潮湿和温暖，腹地化学风化作用强烈。季风降雨带来高的地表径流量，从而在水系发育的冲积扇或平原产生大量泥沙沉积物的输排。外加可容空间不足，导致在 Statfjord 群中呈现向上变粗的趋势。辫状河砂岩侧向延伸宽，洪泛平原泥岩具有反映高度变化成壤改造的古土壤。Raude 组和 Statfjord 群中的异地层单元可能是响应更多高频气候旋回或基准面变化而形成的。

**关键词**：古气候；冲积结构；古土壤；黏土矿物；Lunde 组；Statfjord 群；晚三叠世；早侏罗世；北海

气候是冲积盆地沉积充填的一个主要控制因素。河流大小、河道形态和河流沉积物与整体卸载、径流模式及水力能量变化、沉积物供给速率、沉积物组成和植被覆盖有关，所有这些变量都受控于降雨和温度，并受其影响。构造和全球海平面变化影响基准面，因此影响可容空间和沉积物通量。冲积序列的沉积样式可能是气候与其他外在因素（外因的，异源成因的）及内在因素（内因的，自生成因的）之间复杂相互作用的结果（Blum 和 Törnqvist，2000；Schumm，2005；Bridge，2005）。

短暂旱地河流及潮湿气候区常年河流的冲积结构和相模式被广泛应用于推测古气候（Miall，1996；Tooth，2000；Patterson 等，2006；Roberts，2007；Howard，2009）；最近在季节性热带地区河流也建立了相模式（Fielding 等，2011）。

古土壤对记录古气候尤为重要，因为土壤形成过程受湿度、温度、水系与植被、洪泛平原动力学、沉积速率和最终冲积结构控制（Retallack，1986；Kraus，1987，1999，2002；

Marriott 和 Wright，1993；Tandon 和 Gibling，1994；Bestland，1997；Hamer 等，2007；Terry，2007；Moore 等，2008）。

黏土矿物代表了古气候标志的第三种（Blanc-Valleron 和 Thiry，1997；Gingele 和 Deckker，2004；Robert，2004；Suresh 等，2004；Wan 等，2011）。

冲积盆地的结构类型是几个外在因素和内在因素在不同时间尺度综合作用的结果，时间尺度可以从几百年到几百万年。关于气候对河流结构的影响多数研究会涉及米兰科维奇旋回级别的变化，或者甚至更短的时间（Blum，1993；Yang 和 Baumfalk，1994；Olsen，1994；Gibling 和 Bird，1994；Sinha 和 Sarkar，2009）。冲积结构的长期变化主要与构造和全球海平面变化有关（Wright 和 Marriott，1993；Leeder 等，1996；Miall 1996）。长期气候变化作为沉积样式变化的主控因素仅仅在少数研究中有讨论（Perlmutter 和 Matthews，1989；Olsen 和 Larsen，1993；Van der Zwan，2002；Feldman 等，2005）。可是，长期气候变化对古土壤发育的作用已经被几位作者提出（Hubert，1977；Wright，1990；Vanstone，1991；Mack，1992；Joeckel，1999；Ahlberg 等，2002）。气候在古代河流沉积物的冲积模式上应用是有限的，也被 Blum 和 Törnqvist（2000）强调，他们提出气候对地层记录的总体响应更需要讨论。

北海北部地区陆相二叠系—三叠系至下侏罗统序列通常被认为记录了气候从温暖干旱到温暖潮湿的变化（Evans 等，2003）。这种气候变化归因于欧亚板块向北漂移，北海北部中部位置从晚三叠世（卡尼期—诺利期）大约北纬 40°迁移到早侏罗世大约北纬 50°［瑞替期—辛涅缪尔期（Sinemurian）］（Goldsmith 等，2003）。在三叠纪—侏罗纪过渡期全球温度增加（Hesselbo 等，2002；Bonis 和 Kürschner，2012）也可能对北海北部地区的气候变化有贡献。Müller 等（2002），McKie 和 Audretsch（2005），McKie 和 Williams（2009）和 McKie 等（2010）开展了北海北部三叠纪冲积的最新研究，尤其是在旱地沉积体系方面。

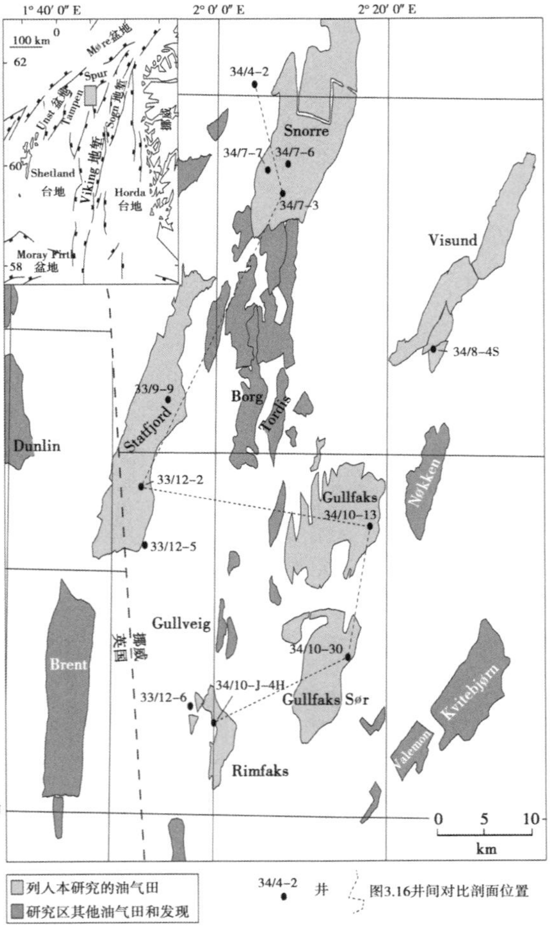

目前的研究涉及包括上三叠统 Lunde 组和下侏罗统 Statfjord 群的岩石记录（Lervik，2006），位于北海北部 Tampen Spur 地区，尤其是 Snorre 油田（图 3.1）。这些岩石地层单元特征是不同叠置的河流砂体夹含古土壤的洪泛平原泥岩，泥土矿物随序列向上变化（Nystuen 等，1989；2008；Steel 和 Ryseth，1990；Nystuen 和 Fält，1995；Adestål，2002；Müller，

图 3.1 北海北部 Tampen Spur 区的构造特征和油气田

2003；Müller 等，2004；Kjemperud，2008；Schomacker，2008）。本文的目的是综合冲积相、古土壤和黏土矿物资料，分析北海北部晚三叠世—早侏罗世气候对盆地充填动力学和冲积结构的影响（图3.1）。

## 3.1 地质框架

### 3.1.1 地层和岩石

三叠系诺利阶—下瑞替阶 Lunde 组和上瑞替阶—下普林斯巴阶（Pliensbachian）Statfjord 群（图3.2，图3.3），沉积于大陆盆地北部，包括目前北海地区的大部分，直到晚辛涅缪尔期—早普林斯巴期地区发生海侵（Røe 和 Steel，1985；Nystuen 等，1989；Steel 和 Ryseth，1990；Steel，1993；Nystuen 和 Fält，1995；Charnock 等，2001；Ryseth，2001；Goldsmith 等，2003；Mckie 和 Williams，2009）。Lunde 组的定义原来指大陆 Cormorant 组的一部分（Deegan 和 Scull，1977）。Vollset 和 Doré（1984）重新定义了北海北部挪威段的 Cormorant 组作为 Hegre 群，并进一步划分出 Teist 组、Lomvi 组和 Lunde 组。Nystuen 等（1989）后来将 Lunde 组细分为三个非正式段：下段、中段和上段。Lervik（2006）再定义 Lunde 组仅仅包

| 年代地层 | | | | | 岩性地层 | | 化石证据 |
|---|---|---|---|---|---|---|---|
| 系 | 统 | 阶 | 年龄(Ma) | 时间间隔(Ma) | 群 | 组 | |
| 侏罗系 | 下统 | 普林斯巴阶 | 189.6±1.5 | 6.6 | Dunlin | Amundsen | ● 有孔虫/介形虫 |
| | | 辛涅缪尔阶 | 196.5±1.0 | 6.9 | Statfjord | Nansen | ● 孢子/花粉 |
| | | 赫塘阶 | 199.6±0.6 | 3.1 | | Eiriksson | |
| 三叠系 | 上统 | 瑞替阶 | 203.6±1.5 | 4.0 | | Raude | ● |
| | | 诺利阶 | 216.5±2.0 | 12.9 | | Lunde | ● ● ● 孢子/花粉 |
| | | 卡尼阶 | 228.0±2.0 | 11.5 | Hegre | Alke | ● 孢子/花粉 |
| | 中统 | 拉丁阶 | 237.0±2.0 | 9.0 | | Lomvi | ● 孢子/花粉 |
| | | 安尼阶 | | | | Teist | |

图3.2 北海北部挪威段上三叠统 Hegre 群、下侏罗统 Statfjord 群和 Dunlin 群的岩性地层和年代地层（修改自 Deegan 和 Scull，1977；Lervik，2006）
年代数据引自 Gradstein 等（2004）；化石证据引自 Eide（1989）和 Lervik 等（1989）

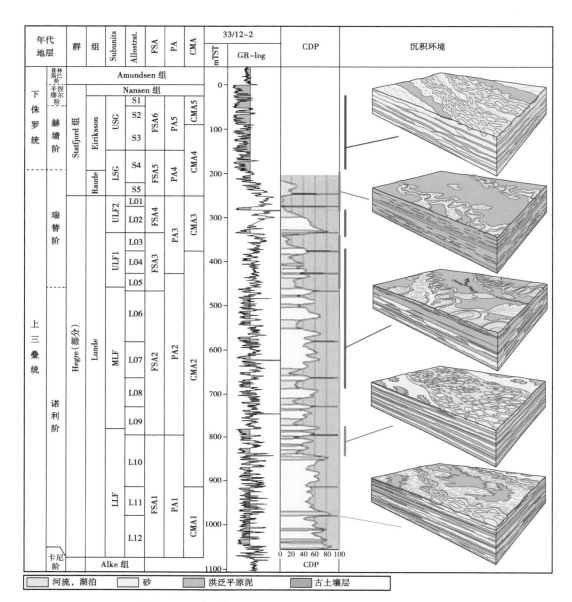

图 3.3 北海北部 Tampen Spur 区 Lunde 组和 Statfjord 群

用 Statfjord 油气田 33/12-2 井的伽马测井曲线（GR-log）、地层真厚度（m TST）和河道沉积占比（CDP）加以说明。包括了文中提及的 Lunde 组和 Statfjord 群非正式次级划分（Subunits）、异地层单元（Allostrat.）（分别为 L12—L01 和 S5—S1），还结合了各地层段的河流砂岩组合（FSA1—FSA6）、古土壤组合（PA1—PA5）、黏土矿物组合（CMA1—CMA5）及其沉积环境的完整解释（据 Nystuen 等，2008，修改）。Nansen 组为浅海相，上覆 Dunlin 群 Amundsen 组的开阔海相；LLF—下 Lunde 组，MLF—中 Lunde 组，ULF—上 Lunde 组，LSG—下 Statfjord 群，USG—上 Statfjord 群。Statfjord 群底界按照 Deegan 和 Scull（1977）与 Vollset 和 Doré（1984），定在补心海拔以下 2951m

含 Nystuen 等（1989）分出的上 Lunde 段，并建立了 Alke 组，由以前的下 Lunde 段和中 Lunde 段组成，位于 Lomvi 组之上（图 3.2）。

  Statfjord 岩石地层单元原来是个组，分为三个段，即后来的 Raude 组、Eiriksson 组和 Nansen 组（Deegan 和 Scull，1977）。Vollset 和 Doré（1984）重新定义了 Statfjord 下部界面，

但维持组的状态，有三个正式的段。Lervik（2006）提出，将 Statfjord 组设为群，细分的三个段设为组。本文中使用岩石地层定义和 Lervik（2006）的术语，即 Hegre 和 Statfjord 均为群（图3.2）。

Hegre 群和大陆部分的 Statfjord 群的年代地层，是基于陆源孢粉研究得到的，此外，介形虫、有孔虫也被用于 Statfjord 群上部海相部分，以及上覆的 Dunlin 群 Amundsen 组（Eide，1989；Lervik 等，1989；Charnock 等，2001；Goldsmith 等，2003）（图3.2）。由于大陆红层相的保存条件差，Hegre 群和 Statfjord 群生物地层资料常常很少，且在地层和地理上非常分散。年代地层的细分和区域对比因此很不确定（Eide，1989；Lervik 等，1989；Goldsmith 等，2003）。

Eide（1989）展示了在 Snorre 油田（图3.1），Alke 组和 Lunde 组（以前的上 Lunde 段）揭示的不同孢粉组合，组合Ⅰ含有目前的 Lunde 组，而组合Ⅱ是目前的 Alke 组。孢粉组合的特征是湖相（微咸水）绿藻，*Plaesiodictyon mosellanum* 也总出现在组合Ⅱ，*Botryococcus* sp. 零星出现在组合Ⅰ。Eide（1989）认为，组合Ⅱ和组合Ⅰ微生物群落组分的差异可能是不同沉积环境的结果，可以把诺利期—早瑞替期归于组合Ⅱ（Alke 组），把早瑞替期归于组合Ⅰ（Lunde 组）。

Goldsmith 等（2003）对北海三叠纪的孢粉资料作过评价。本文采纳了 Lervik（2006）作过轻微调整的年代地层解释。根据 Goldsmith 等（2003）的认识，中—晚诺利期沉积 Lunde 组（以前的上 Lunde 段），孢粉组合包括了 *Kraeuselisporites reissingerii*、*Enzonalasporites vigens* 和 *Riccisporites tuberculata*。除了诺利期，Lunde 组可能也包括早瑞替期沉积（Eide，1989；Lervik 等，1989）（图3.2）。

三叠系—侏罗系界面在 Tampen Spur 地区的位置还不确定，这是因为在实际层段缺乏有鉴别意义的化石组合（Deegan 和 Scull，1977；Vollset 和 Doré，1984；Nystuen 和 Fält，1995）。瑞替阶—赫塘阶界面常常被认为是位于 Raude 组上部（Goldsmith 等，2003）（图3.2）。底部的侏罗纪孢粉组合缺乏典型的三叠纪种属，以 *Chasmatosporites* sp. 和 *Cerebropollenites thiergartii* 为主（Goldsmith 等，2003）。赫塘阶—辛涅缪尔阶和辛涅缪尔阶—普林斯巴阶的界面不好被孢粉资料限定，河流相 Eiriksson 组的主要沉积时期为赫塘期，海相 Nansen 组沉积时期为辛涅缪尔期—早普林斯巴期（Charnock 等，2001）。大量的孢粉 *Deltoidospora* spp. 记录在 Statfjord 组，出现在 Snorre 油田井34/7-7，也在 Tampen Spur 地区井31/4-4A 和井34/10-30 出现（Müller，2003）。关于西北欧洲的三叠纪—早侏罗世孢粉研究及其古气候意义，最近也被 Hubbard 和 Boulter（2000）、Kürschner 和 Herngreen（2010）及 Bonis 和 Kürschner（2012）提出来了。

Hegre 群由互层的泥岩和砂岩组成。Teist 组包括互层的砂岩、黏土岩、泥岩和泥灰岩。沉积环境解释为短暂的河道迁移到远端的泥质盆地（Nystuen 等，1989；Lervik，2006）。Lomvi 组是块状砂岩单元，推测是风成沉积和部分河流相（Nystuen 等，1989）。Alke 组以红棕色、灰色和灰绿色泥岩和泥灰岩为主，含薄层细粒席状砂岩。北海北部地区 Alke 组的沉积环境是典型的湖相和末端泥质盆地，含近源冲积扇（Nystuen 等，1989，2008；Lervik 等，1989；Lervik，2006；McKie 和 Williams，2009），可能有一些间歇性海侵（Eide，1989；Goldsmith 等，2003）。

Tampen Spur 地区 Lunde 组的下部边界标志是河流的河道砂岩叠置在 Alke 组湖泊沉积和末端泥质盆地沉积上。卵石质砾岩层位于 Lunde 组底部，含有盆外花岗岩和石英岩碎屑。

Tampen Spur地区几口井的对比（Nystuen等，1989），说明边界代表了沉积环境的标志性变化，即从湖相或末端盆地到冲积扇和广泛的冲积平原（Nystuen等，1989；Steel和Ryseth，1990；Steel，1993；Nystuen和Fält，1995）。

Lunde组由互层的河流相河道砂体和红棕色洪泛平原泥岩组成，总厚度800~850m。Lunde组整体上为向上变细序列（FU），而Statfjord群是向上变粗序列（CU），在Tampen Spur地区厚度为150~330m。Statfjord群的下部边界由Deegan和Scull（1977）定义，是向上变粗序列的底。后来，Vollset和Doré（1984）重新定义了下部边界，认为是出现在以泥岩为主层段之上的第一套厚层河道砂体的底，泥岩段定义为Lunde组的上部。原始定义用于本文研究，因为FU—CU的趋势变化可以在北海北部钻遇此层段的大多数井中识别（Nystuen等，1989）。粒度大小趋势从向上变细到向上变粗的转换可能反映了沉积体系的主要区域变化（Nystuen等，1989；Steel和Ryseth，1990；Steel，1993；Nystuen和Fält，1995），下面会进一步讨论。

Raude组主要是红棕色泥岩、单层叠置河道砂岩体和相应的薄层席状决口扇成因砂体。与Raude组相比，Eiriksson组具有高频的河道砂体。单一的河道化砂体通常形成复合多层叠置的砂体。泥岩主要是灰绿色的。Nansen组主体是浅海相成因的砂岩，上覆Dunlin群Amundsen组的海相泥岩和砂岩（Charnock等，2001；Goldsmith等，2003）。

## 3.1.2 盆地轮廓和构造格架

大部分Hegre群和整个Statfjord群的沉积时期为晚二叠世—早三叠世裂谷作用的后裂谷期（Badley等，1988；Gabrielsen等，1990；Odinsen等，2000）。三叠纪进入大面积末端湖泊体系的冲积系统位于北海中部和北海北部地区（Mckie和Williams，2009）。Lunde组被解释为形成于广泛的冲积平原，而大陆部分的Statfjord群是冲积扇、冲积平原或辫状河平原沉积（Røe和Steel，1985；Nystuen等，1989；Steel和Ryseth，1990；Nystuen和Fält，1995；Ryseth，2001）（图3.3）。Lunde组的最终基准面被认为是北部的Borealic海（Müller等，2005）和东南部的特提斯海（McKie和Williams，2009），两个海道离Lunde盆地有几百千米。Statfjord群上部沉积时期的海侵发生于南部和北部（Nystuen和Fält，1995；Ryseth，2001；Goldsmith等，2003）。

Lunde组的总厚度为800~850m，在Tampen Spur地区相对均一。Statfjord群的厚度在Tampen Spur地区为150~330m，向南增厚，这种变化可能是由同沉积构造或差异沉降造成（Vollset和Doré，1984；Fält，1987；Steel和Ryseth，1990；Ryseth和Ramm，1996）。对Lunde组和Statfjord群地质年代的评估显示（图3.2），从诺利期—瑞替期到晚辛涅缪尔期沉积速率是明显下降的。应用Gradstein等（2004）的时间刻度（图3.2），发现Lunde组大约跨越15Ma，垂向平均沉积速率为0.055mm/a。Statfjord群是12Ma，在Tampen Spur地区平均沉积速率为0.012~0.027mm/a。这些数值是大约的，但显示出平均沉积速率和（或）可容空间速率在晚三叠世—早侏罗世的明显下降。碎屑物质的源区，提供给Lunde组和Statfjord群，即西部和西北部Shetland台地和东部的挪威南西地区，都由前寒武系的片麻岩、加里东期变质岩和泥盆系砂岩组成（Mearns等，1989，Nystuen和Fält，1995；Knudsen，2001）。Snorre油田三叠系—中侏罗统序列在北海地区主裂谷幕隆升，部分遭受剥蚀，时间为晚侏罗世—早白垩世。隆升后的沉降和埋藏是在地壳冷却时期，时间为早白垩世—现今（Dahl和Solli，1993；Nøttvedt等，1995）。Lunde组和Statfjord群的岩石被埋藏到现今的深度大约是 2500~3000m。

## 3.1.3　Lunde 组和 Statfjord 群的划分

Lunde 组和 Statfjord 群的 Raude 组与 Eiriksson 组被划分为异地层单元（北美地层术语委员会，1983）。将 Lunde 组划分为 L12—L01，将 Statfjord 群划分为 S5—S1（Diesen 等，1995；Nystuen 和 Fält，1995）（图 3.3）。

Lunde 组、Raude 组和 Eiriksson 组的异地层单元通常是向上变细序列，下部主要为多层叠置的河道化砂岩体，上部河道砂体频率降低，漫溢砂岩和洪泛平原泥岩丰度增加。单个异地层单元大约几十米厚度。单一单元的内部结构常常侧向上发生变化，这是由于沉积盆地的相变。两个或多个异地层单元形成高级别的向上变细和向上变粗层组（图 3.3）。下面要描述和讨论的，就是用非正式的 Lunde 组划分：下部（LLF）、中部（MLF）和上部（ULF），以及河流部分的 Statfjord 群划分：下部（LSG）和上部（USG）（图 3.3）。ULF 细分为 ULF1 和 ULF2。Lunde 组的这种划分方案不会与前面的 Nystuen 等（1989）对非正式段的划分相混。

## 3.1.4　材料和方法

本项研究使用了 36 口井的资料，来自 Snorre 油田和毗邻的 Tampen Spur 地区的油田（表 3.1，图 3.1）。大约 3500 m 的岩心选自 22 口井，研究了河流样式的地层变化，使用了传统的沉积学测井技术。其他井用于 Tampen Spur 地区的对比（表 3.1，图 3.1）。

表 3.1　本研究在 Tampen Spur 区获取和使用资料的井

| 岩心井数据库 | Lunde 组岩心 | Statfjord 群岩心 | 河道砂岩矿物学 | 泥岩矿物学 | 沉积岩柱状剖面 | 古土壤分析 |
|---|---|---|---|---|---|---|
| 34/4-4 | x |  | x |  | x | x |
| 34/4-6 | x |  | x |  |  |  |
| 34/4-7 |  |  |  |  | x |  |
| 34/4-9S | x |  |  | x |  | x |
| 34/4-C-6H | x |  |  | x |  |  |
| 34/7-1 | x |  | x | x | x |  |
| 34/7-3 | x | x | x | x | x | x |
| 34/7-6 |  |  | x |  |  |  |
| 34/7-7 | x | x |  | x | x | x |
| 34/7-9 | x |  | x |  | x |  |
| 34/7-10 |  | x | x |  |  |  |
| 34/7-A-2H | x |  |  |  | x | x |
| 34/7-A-3H | x |  |  | x |  |  |
| 34/7-A-4H | x |  |  | x |  |  |
| 34/7-A-5H | x |  |  |  |  |  |
| 34/7-A-9H | x |  |  | x |  |  |
| 34/7-P-8 | x |  |  |  |  |  |
| 34/7-P-12 | x |  |  |  | x | x |

续表

| 岩心井数据库 | Lunde组岩心 | Statfjord群岩心 | 河道砂岩矿物学 | 泥岩矿物学 | 沉积岩柱状剖面 | 古土壤分析 |
|---|---|---|---|---|---|---|
| 34/7-P-13 | | | | x | | |
| 34/7-P-14 | x | x | | x | x | |
| 34/7-P-18 | x | | | x | x | |
| 34/7-P-28 | | | | x | | |
| 34/7-P-29 | x | | | x | x | x |
| 34/7-P-31 | x | | | x | x | x |
| 34/7-P-33 | | | | x | | |
| 34/7-P-37 | | x | x | | | |
| 34/10-15 | x | | | | x | |
| 34/10-C-2 | x | x | | | x | |
| 34/10-C-4 | x | x | | | x | |
| 34/10-C-6 | x | | | | x | |
| 34/10-C-8 | x | x | | | x | |
| 34/10-C-14 | x | | | | x | |
| 34/10-C-29 | x | | | | x | |
| 34/10-30 | x | x | | | x | |
| 34/10-J-4H | x | | | | x | |
| 34/8-4S | x | | | | x | |

注：获取资料包括：矿物学、沉积岩柱状剖面、古土壤分析。

详细的泥岩单元信息来自连续取心的高度恢复后的层段（表3.1）。标准磨光的薄片准备用于采样和确定细粒物质与非黏土矿物的数量。古土壤特征包括颜色、成土加积（土壤结构）与土壤胶膜、根系与其他生物扰动构造、条纹成土断面、干裂、不同类型的钙结岩结核和合并结节（Müller等，2004）。

依据岩心分析Lunde组和Statfjord群河道砂岩平均孔隙度约为25%。砂岩矿物组分在薄片中作了模态分析（Sørlie，1996）（表3.2）。

**表3.2 Lunde组（L12—L01）和Statfjord群（S5—S1）河道砂岩中主要矿物的平均含量**

| 异地层单元 | 样品编号 | 石英 | 钾长石 | 斜长石 | 高岭石 | 云母 |
|---|---|---|---|---|---|---|
| S2—S1 | 13 | 69.0 | 6.3 | 7.1 | 12.6 | 5.0 |
| S3—S4 | 5 | 70.4 | 8.3 | 8.9 | 10.4 | 2.0 |
| L01—S5 | 2 | 51.3 | 9.2 | 17.1 | 14.5 | 7.9 |
| L05—L02 | 12 | 54.0 | 10.1 | 19.4 | 12.2 | 4.3 |
| L08—L06 | 11 | 50.4 | 11.0 | 21.3 | 11.8 | 5.5 |
| L09 | 11 | 52.3 | 12.3 | 25.4 | 4.6 | 5.4 |
| L12—L10 | 11 | 50.4 | 13.0 | 14.4 | 6.9 | 5.3 |

注：数据取自井：34/4-4，34/4-6，34/7-1，34/7-3，34/7-7，34/7-6，34/7P-37，34/7-9，34/7-10（Sørlie，1996）。

124块泥岩样品的矿物学研究来自几口井（表3.1、表3.3和表3.4）。黏土矿物用XRD测定。粉碎样品通过手工研钵准备，颗粒直径大约1 mm或更小，然后换到烧杯，蒸馏水和悬浮剂六偏磷酸钠覆盖，放在超声波洗2分钟。最后悬浮物倒入沉降柱，直到粒度不大于2μm的被分离出来，才能移去。沉积作用实验在真空下进行，将样品放在有孔的瓷砖上。处理样品要用$MgCl_2$水溶液，以便所有的蒙皂石会在分析时有相同的直径间距。需要空气干燥的样品用Philips PW 1710 X-ray衍射仪，间隔在3°~50°（2θ），使用Cu（Kα）辐射。通过底面间距识别出5个黏土矿物群（表3.4）。随后用乙二醇处理样品区分出蒙皂石和绿泥石，这时底面间距扩大到了17Å。加热到550°，高岭石和部分绿泥石消失（Hardy和Tucker 1995）。铁氧化物赤铁矿和针铁矿也用XRD测定。计算机程序Mac Diff 4.2.5和对比因子可以用于定性和定量分析不同的黏土矿物（Ferrell和Dypvik，2009）。

表3.3　Lunde组（L12—L01）和Statfjord群（S5—S1）古土壤泥岩当中非黏土矿物的平均含量（全岩百分比）

| 异地层单元 | 样品编号 | 石英 | 钾长石 | 斜长石 | 方解石 | 白云石 | 菱铁矿 |
|---|---|---|---|---|---|---|---|
| S1 | 5 | 46.6 | 3.8 | 2.0 | 0.1 | 0.0 | 3.7 |
| S2 | 4 | 26.6 | 5.9 | 10.4 | 0.3 | 0.2 | 0.2 |
| S3 | 13 | 45.6 | 8.9 | 8.8 | 0.4 | 1.4 | 1.1 |
| S4 | 6 | 33.4 | 8.5 | 25.3 | 9.2 | | 0.1 |
| S5 | 3 | 31.6 | 2.4 | 0.4 | 0.1 | 0.2 | 0.3 |
| L01 | 2 | 13.3 | 2.2 | 18.5 | 0.8 | 0.2 | 0.6 |
| L02 | 23 | 28.4 | 6.6 | 19.4 | 1.5 | 5.5 | 0.1 |
| L03 | 12 | 20.8 | 5.4 | 22.2 | 21.4 | 1.9 | 0.3 |
| L04 | 14 | 18.5 | 6.6 | 34.2 | 8.6 | 6.2 | 0.6 |
| L05 | 6 | 23.1 | 7.8 | 19.5 | 0.7 | 5.8 | 0.1 |
| L06 | 7 | 23.6 | 7.2 | 19.8 | 5.1 | 5.3 | 0.1 |
| L07 | 31 | 21.8 | 10.1 | 20.5 | 1.2 | 2.4 | 0.0 |
| L08 | 17 | 21.1 | 5.9 | 18.8 | 22.8 | 2.4 | 1.1 |
| L09 | 12 | 14.6 | 12.1 | 25.0 | 17.4 | 1.0 | 1.8 |
| L10 | 15 | 14.5 | 6.3 | 18.2 | 28.9 | 11.0 | 1.4 |
| L11 | 7 | 20.2 | 7.1 | 22.4 | 1.8 | 0.7 | 0.0 |
| L12 | 5 | 18.9 | 8.3 | 19.5 | 3.0 | 0.0 | 0.0 |

注：数据来自Snorre油气田的钻井：34/7-P-13，34/7-P-18，34/7-P-28，34/7-P-29，34/7-P-33，34/7-A-4H（Saigal和Nystuen，2002）。

表 3.4  Lunde 组（L12—L01）和 Statfjord 群（S5—S3 和 S1）异地层单元（L12—L11，L10—L05，L03—L01）泥岩中黏土矿物的平均含量

| 批号 | 异地层单元 | 蒙皂石 17Å | 伊蒙混层（ML）17Å | 绿泥石 14Å | 伊利石 10Å | 高岭石 7Å | 针铁矿 | 赤铁矿 |
|---|---|---|---|---|---|---|---|---|
| 5 | S1（$n=8$） | 8 | 4 | 0 | 2 | 75 | 11 | 0 |
| 4 | S5—S3（$n=38$） | 82 | 1 | 0 | 3 | 11 | 2 | 2 |
| 3 | L03—L01（$n=23$） | 29 | 13 | 8 | 15 | 18 | 3 | 15 |
| 2 | L10—L05（$n=22$） | 33 | 2 | 9 | 23 | 11 | 1 | 22 |
| 1 | L12—L11（$n=24$） | 1 | 13 | 15 | 36 | 22 | 1 | 13 |

注：数据取自井：34/4-C-6H，34/4-9S，34/7-1，34/7-3，34/7-9，34/7-P-8，34/7A-3H，34/7A-9H，34/7-P-14。

### 3.1.5 沉积相和冲积结构

Lunde 组和 Statfjord 群包含重复性的序列：（1）河道化的砂体；（2）近源漫溢相（堤岸和决口扇砂岩）；（3）远端漫溢和洪泛平原泥岩，具有砂质—粉砂质席状洪泛沉积层。这些相组合被解释为不同类型的河流河道（基于沉积学的井岩心资料）和侧向延伸的砂体（基于测井对比和地震成图）（表 3.5）。河道体系总体上垂向和侧向上沉积相分布变化大，再加上根据岩心和测井解释河道类型和冲积环境的困难（Bridge，1993；Miall，1995，2006，2010；Weissmann 等，2011；Fielding 等，2012；Horn 等，2012），导致在目前资料基础上推测的河流样式和砂体几何形态有极大的不确定性。可是，由于缺少 Snorre 油田（和北海北部其他油田）的上三叠统—下侏罗统储集岩露头，只有使用岩心和电测井获得的沉积学资料来建立储层模型（Diesen 等，1995；Nystuen 和 Fält，1995）。储层模型的建立来自河流样式和砂体几何形态的解释，1992 年以来 Snorre 油田的开发史对模型已经有了验证。

可以将 Lunde 组和 Statfjord 群河流相组合的垂向结构概括为三个主要模式（表 3.5），分别为：（1）辫状河沉积，主要在 Lunde 组下部（LLF）和 Statfjord 群上部（USG）；（2）以弯曲河—曲流河为主，在 Lunde 组上部（ULF）；（3）单一孤立的弯曲河—顺直河沉积，主要在 ULF 层段和 Statfjord 群下部（LSG）。形成于洪泛平原和冲击脊近源斜坡上的土壤在岩心上表现为不同类型的古土壤（Müller 等，2004）。河道砂岩粒度在整个 Lunde 组和 LSG 没有记录到明显的变化，但是砂的粒度大小在 USG 变为粗粒和极粗粒。

在 Lunde 组，具有盆外碎屑的砾岩非常少，除了在下部（L11—L09）发现了卵石大小碎屑的花岗岩、片麻岩、石英和石英岩，位于薄层砾岩层中，接近于或处于异地层单元的底界。类似的盆外碎屑也出现在粗粒砂岩中，在 Statfjord 群的上部。河道滞留砾岩则由盆地内部碎屑的成土碳酸盐岩和泥岩组成。

整个 Lunde 组和 Statfjord 群最下部河道砂岩是长石砂岩，平均长石/石英比是 0.56。在 USG，砂岩是石英砂岩，平均长石/石英比是 0.18（表 3.2）。黏土矿物，即伊利石、蒙皂石、高岭石和绿泥石，以碎屑颗粒或成岩作用产物出现，从长石和云母变化而来，而方解石充填于孔隙空间（Sørlie，1996；Khanna 等，1997）。

表 3.5 用于解释 Lunde 组和 Statfjord 群三种主要河道类型的特征和标志

| 河道类型 | 常见厚度范围 | 标志性特征与相 | 垂直变化趋势与侧向对比 | 实例 |
|---|---|---|---|---|
| 低弯度（辫状）河 | 6~7m | 底界为侵蚀面，常有河道底砾岩，含泥岩碎屑；顶面截然分明，上面常披覆洪泛平原泥岩 | 粒度和伽马测井曲线呈钟形或箱形变化趋势，顶底界突变、明显 | 34/4-C-6H井<br>3564<br>3574<br>(m) |
| | | 有些层含有外源（石英、石英岩、花岗岩）砾石 | 单个河道单元常组成多层叠置砂岩体 | |
| | | 板状、低角度交错层理为主，间夹有槽状交错层理，后者较少且较薄 | 多层河道砂岩体常可在相距数千米的井间对比 | |
| | | 常有内部侵蚀面和切蚀—充填构造 | | |
| | | 中粒为主，但在层内和相邻层之间分选程度不一、变化大 | | |
| | | 无或仅有少量内部生物扰动 | | |
| 高弯度（曲流）河 | 8~13m | 底界为侵蚀面，底面上常有泥岩和钙结岩屑；顶面呈过渡，上覆洪泛平原泥岩 | 向上整体粒度变细、伽马值变小，过渡到上覆洪泛平原泥岩的背景值 | 34/7-P-29井<br>2730<br>2740<br>(m) |
| | | 下部以具槽状交错层理厚层组为主，层组间有略倾斜的加积面隔离，面上常常分布小的泥岩和钙结岩屑 | 在向上变"浊"（钟形GR）测井曲线的顶部，RHOB/NPHI曲线明显分离 | |
| | | 上部以槽状交错层理规模减小为主，过渡为波纹交错纹层；加积面上有数厘米厚的粉砂和泥岩层 | 单个河道单元组成 Lunde 组上部的多层河道砂岩体 | |
| | | 主要粒度从中粒变成细粒；在层内和相邻层之间分选变化大 | 区带界面上的河道带在相距数公里的井间对比 | |
| | | 生物扰动常见于上部泥岩层 | | |
| 单一、顺直或低弯度（牛头）河 | 3~7m | 底界为侵蚀面，之上常有盆内泥岩屑 | 明显的单个向上变细、伽马值递增趋势 | 34/7-P-29井<br>2910<br>2915<br>(m) |
| | | 下部主要是具槽状交错层理和平行层理的砂岩 | 单个河道单充填单元产在泥岩为主的地层段内 | |
| | | 上部常为具波纹层理的砂岩层 | 河道砂岩常在井间对比不了 | |
| | | 主要砂粒从细粒变成极细粒 | | |
| | | 生物扰动丰富，特别是在上部 | | |

将河道沉积比（CDP）定义为河道沉积物相对于总体积的比率（Bridge 和 Mackey，1993），通常在 Lunde 组向上减小，到上覆 Statfjord 群的过渡带达到最小值（图 3.4），从此开始再次增加。将 Lunde 组和 Statfjord 群的河流沉积物进一步划分出 6 个河流砂岩组合（FSA1—FSA6），每个包含 1 个或几个异地层单元，其特征包含特定的河流相与相组合、

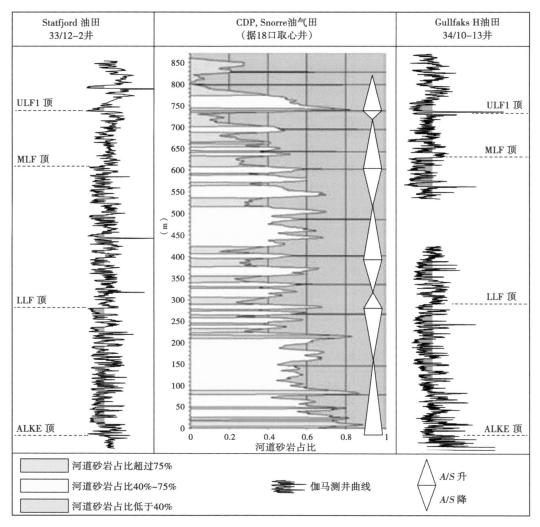

图 3.4 Snorre 油气田 Lunde 组的河道沉积比（CDP）以及与 Statfjord 油田和 Gullfaks H 油田的测井曲线对比

CDP 的趋势线显示 Lunde 组向上总体变细，在 Lunde 组的所有异地层单元沉积过程中，可以推算出可容空间增加速率（$A$）与沉积速率（$S$）之比（$A/S$）如何变化

CDP 值和推测的河道类型。代表性的沉积相岩心照片如图 3.5 所示。

### 3.1.5.1 河流砂岩组合 1（FSA1）——移动的辫状河河道带

FSA1 包括 LLF 的异地层单元 L12—L10（图 3.3，图 3.6）。单元 L12 的最下部河道砂岩体，以标志性的侵蚀边界位于 Alke 组之上（图 3.6）。这是 Tampen Spur 地区的区域不整合。L11 的下部边界特征是几口井显示盆外砾岩层具有石英、石英岩、花岗岩和片麻岩的卵石。这种类型的砾岩也存在于 L11 的上部。在 L12—L10 单元，CDP 超过 40%，平均值从 L12 的 66% 变化到 L10 的 53%（图 3.4）。洪泛平原细粒沉积平均占 35%，细粒漫溢砂岩平均占 10%。

河道砂体，推测是单一河道充填，其河道范围在 6~9.5m 之间，主要包含平行层理—低角度交错层理砂岩，具有主要为箱形的垂向粒度曲线，或在最上部到顶部轻微向上变细。内

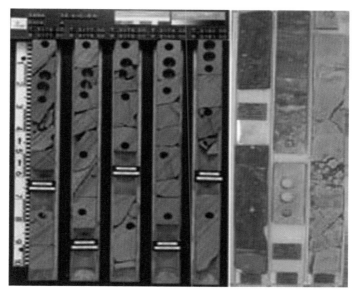

图 3.5 Lunde 组代表性冲积相岩心照片

（A）辫状河砂岩体里有典型的沟槽交错层理、低角度层理和平行层理砂岩层组，来自 34/4-C-6H 井，Lunde 组下部。
（B）点沙坝砂岩上部夹有泥岩，向上进入上覆的含古土壤的泛滥平原泥岩，来自 34/4-9S 井，Lunde 组上部

部侵蚀面频繁出现在部分砂岩体中，有时披上泥岩碎屑。钙质和泥质碎屑常常存在于许多 L12 河道沉积的底部，少量煤碎片记录在一个河道砂岩的底部。单一河道砂岩体频繁叠加，形成复合砂岩单元（厚度在 20~40m 之间），或多层叠置的砂岩体（图 3.6）。一些河道充填序列揭示了明显的向上变细的粒度趋势。河道砂体之间的洪泛平原泥岩常常被生物扰动再改造，沿古土壤面具有根系构造。生物扰动是简单的不同方向的钻孔，大多数直径在 1 cm 左右；一些钻孔形态不规则，类似洞室构造。没有作详细的生物扰动研究，其成因可能与蠕虫钻孔有关，或昆虫在潮湿或干泥土留下的痕迹。

L12—L10 中河流砂岩体的特征是平行层理和低角度交错层理交互，除最顶部的单河道充填沉积、频发的内部侵蚀面和卵石层外，纵向上粒度无明显变化。它形成于高移动性的辫状河道和河道带，为席状多层和侧向复合的砂岩单元，平面展布可达数千米（表 3.5、图 3.3 和图 3.6）。河道充填沉积的底界是超出盆地范围分布的砾石层，代表了一次高能洪水事件，内部侵蚀面是水体能量波动引起的下切—充填构造。偶见明显向上变细的河道充填沉积，可能是泛滥平原被小而窄的河流周期性改造的结果。有煤屑，可能是冲积盆地某些部位的植物碎片在高地下水位时期煤化而成。

FSA1 的辫状河道沉积可能形成于剧烈的短暂性山洪事件，沉积相范围及与红褐色泥岩的组合指示了干旱—半干旱气候。

### 3.1.5.2 河流砂岩组合 2（FSA2）——辫状河—曲流河

河流砂岩组合 2（FSA2）仅见于 Lunde 组中部（L09—L06），河道沉积和泛滥平原细粒沉积比例相当（40%），20%~25% 为含张开缝的砂岩。与下伏 FSA1 的异地层单元不同，FSA2 的河道充填沉积分布均匀，被泛滥平原泥岩单元分割开，L09、L08 和 L07 中见薄砾岩层，砾岩里含有超盆地范围分布的卵石。L07 是 Lunde 组里记录有超盆地范围分布碎屑的最

上部地层。

L09 和 L08 下部的河道砂岩表现主要为无沉积构造或平行层理构造，常见撕裂泥岩碎屑，有小的钙质碎屑。在 L09—L06 的河道砂岩中，沟槽里的交错层理和内部薄泥岩层向上变得逐渐频繁。岩心剖面上的层理特征是，交错层理沉积通常为数米厚的层组，可能被薄泥岩层（纹层）或侵蚀面分开。FSA1 中更常见的是向上变细的河道充填沉积，单个向上变细的河道充填沉积单元厚 8~9m（表 3.5），被有生物扰动的泛滥平原泥岩分开。生物扰动类型与 FSA1 相同，孔穴往上直径可达 1cm，部分还有洞室构造，达 5m 厚的无沉积构造或平行层理构造层段是 L06 上部的主体（图 3.7）。

FSA2 下部的河流样式以辫状河为主，形成于短暂洪水期间，可携带很远处的盆外碎屑进入冲积盆地。数米厚的沟槽交错层理砂岩组，被薄泥岩、纹层或侵蚀面分开，将其解释为由沙丘体组成的坝体，可能是和 L06 一样的点沙坝，形成于弯曲河—曲流河的侧向加积和粒度向上变细。为无沉积构造或平行层理砂岩单元与泛滥平原泥岩间互，为决口河道和决口扇沉积。L07 段由辫状河和曲流河类型的河道沉积组成，短暂的洪水事件减少，河流弯曲度增加。

### 3.1.5.3 河流砂岩组合 3（FSA3）——孤立的曲流河或顺直河

河流砂岩组合 3（FSA3）位于 Lunde 组（ULF1）上部的异地层单元 L05—L03 内，特征是泛滥平原相显著增加，而平均 CDP 在 L05 的 36% 和 L03 的 24% 之间（图 3.4）。FSA3 最顶部为图 3.8 中的 L03，河道砂岩体一般可达 7m，向上变细，朝下伏泛滥平原细粒沉积有明显的侵蚀性下边界，上边界则转变为近端和远端漫滩相带和上覆的泛滥平原泥岩。FSA3 下部砂岩体通常包括一段粗粒砂岩或一个砾岩底层，向上变为中—细粒沟槽交错层理层段和细—极细粒砂岩，砂岩为平行纹层构造或无沉积构造、强生物扰动，生物扰动以达约 1cm 厚的、不同方位的虫孔为特征。

根据沉积相内部结构特征、向上粒度变细、

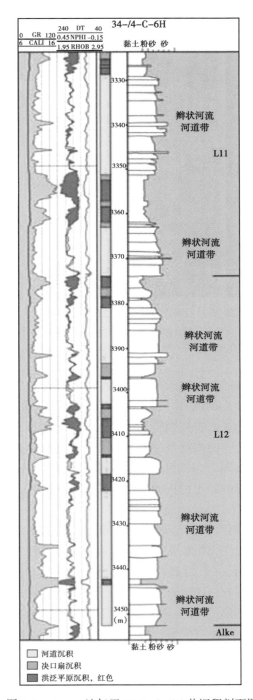

图 3.6 Snorre 油气田 34/4-C-6H 井沉积剖面图显示 Lunde 组下部（LLF）河道砂岩组合 FSA1 的地层结构特征。河道砂为季节性辫状河流沉积。GR—伽马射线，CALI—井径，DT—声波，NPHI—中子孔隙度，RHOB—密度

丰富的生物扰动和缺乏砂岩体多层叠置复合体这几方面特征，判断是河流下切泛滥平原泥形成的孤立单个河道沉积。接着是渐弱水动力条件下的垂向加积沉积物，和最上部的生物扰动河道细粒沉积及邻近的泛滥平原泥。河道可能被截弯取直，或者在有限侧向迁移范围内弯曲（图3.3，表3.5）。

### 3.1.5.4 河流砂岩组合4（FSA4）——曲流河

河流砂岩组合4（FSA4）位于Lunde组最上部的ULF2，包括异地层单元L02到L01，但这两个层段在河道砂岩单元组成上有显著差异，CDP分别为48.2%和4.1%（图3.4）。L02单河道砂岩沉积厚度为5~15m，河道合并形成的多层砂体沉积厚度可达40m。因此将L02下边界定义为40~60m厚、以叠置复合砂岩体为主的层段的底部，下伏是L03上部25~35mm厚、以泛滥平原泥岩为主的层段（图3.4，图3.8）。L01砂岩体则为单层河道充填沉积。

L01和L02中的单河道充填沉积通常都是粒度向上变细，以沟槽交错层理为主。交错层可形成数米厚的层组，有着非常平行的边界，边界倾角比岩心剖面的构造还陡。交错层段通常逐渐变成水流波痕纹层细粒和极细粒砂岩，与单个向上变细层段最上部的薄层生物扰动泥岩间互。L02砂岩体下部常见炭化植物碎屑和黑色、富有机质泥岩撕裂颗粒（图3.8）。

单个向上变细河道沉积代表了沙丘体叠置而成的大型组合形态，是由侧向加积作用形成或由点沙坝组成，上覆天然堤和河漫滩—泛滥平原细粒沉积物。单个FSA4河道砂岩体可解释为曲流河沉积（图3.3，表3.5）。L01厚层泥岩体内的单个向上变细砂岩体为以泥为主的泛滥平原内孤立的、弯曲或顺直河道沉积（表3.5）。炭化植物碎屑和薄层富有机质泥岩表明，在凹陷和废弃河道段也至少会周期性出现高地下水位的情况。

### 3.1.5.5 河流砂岩组合5（FSA5）——砂席和泛滥平原单河道

FSA5的砂岩体发育在Statfjord群下部的异地层单元S5—S4中，特征是细粒，通常为薄层到数厘米厚，内部为亚平行纹层或水流波痕纹层，也可能有生物扰动和无构造（图3.9），有些为向上变细的3~4m厚的砂岩体，下伏侵蚀性河道底面，这种类型的河道砂岩体在S4单元上部层段出现频率增加。泥岩部分以含钙质结核的红褐色地层为主，灰色和灰绿色泥岩部分则没有钙质结核。

S5和S4下部及全部L01是一个转变层段，粒度从向上变细变为向上变粗趋势，对应了从Lunde组到Statfjord群的变化（图3.3、图3.8和图3.9）。

FSA5主要的砂岩体类型是已形成的席状砂在洪水期向泥质泛滥平原扩散的产物。不太发育的FU砂岩体代表了泛滥平原上单个狭窄的、平直的、低弯度河或曲流河的沉积物。总体上，该层段的CDP指数非常低，一般大约小于0.2。泥岩颜色差异反映了土壤潮湿度差异，从未饱和的、暴露的（红褐色）到饱和的、潮湿的（灰色和灰绿色）环境。

### 3.1.5.6 河流砂岩组合6（FSA6）——移动的辫状河道

河流砂岩组合6（FSA6）出现在异地层单元S3—S1中的USG里（图3.3，图3.9），河流砂岩单元以多层中—粗粒富石英砂岩为主（表3.5）。单个河道充填沉积以侵蚀性河道底面为特征，常上覆石英卵石、石英岩卵石、变质结晶岩卵石、泥岩内碎屑和炭化植物碎片，随后是交错层理、块状层理和平行层理沉积，形成块状或轻微粒度向上变细趋势的地层。

灰色和灰绿色泥岩以薄层或纹层出现在单个砂岩体内，或河道充填沉积与一些夹薄砂岩层之间的数米厚砂岩里。碳质根和支根构造穿透进入某些泥岩段数厘米深，某些层段

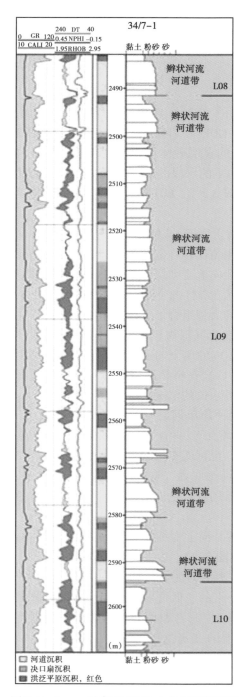

图 3.7 Snorre 油气田 34/7-1 井沉积剖面图
显示中 Lunde 组中部（MLF）河流砂岩组合 FSA2 的
地层结构特征。砂岩体为季节性移动辫状河流、曲流河
及决口席和决口河道沉积。GR—伽马射线，CALI—
井径，DT—声波，NPHI—中子孔隙度，RHOB—密度

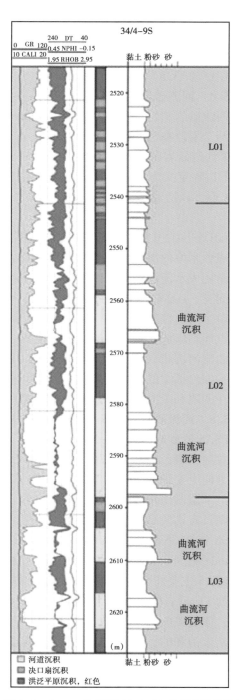

图 3.8 Snorre 油气田 34/4-9S 井沉积剖面图
显示 Lunde 组上部（ULF）河流砂岩组合 FSA4 的
地层结构特征。砂岩体形成于曲流河以泥为主的
洪泛平原上。GR—伽马射线，CALI—井径，
DT—声波，NPHI—中子孔隙度，RHOB—密度

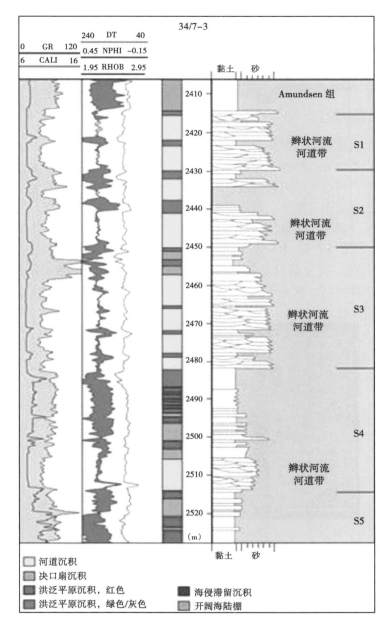

图 3.9 Snorre 油气田 34/7-3 井沉积剖面图

显示 Statfjord 群中河流砂岩组合 FSA5（S5 和 S4 中）和 FSA6（S3—S1 中）的特征地层结构。异地层单元 S1 上覆 Dunlin 群 Amundsen 组底界的海侵冲蚀砾岩。GR—伽马射线，CALI—井径，DT—声波，NPHI—中子孔隙度，RHOB—密度

富含有机质。在北海北部其他地区的 Eiriksson 组里，这些富有机质泥岩相与薄煤层有关（Ryseth，2001）。

USG 河流砂岩体是高能辫状河的产物，辫状河道样式由粗粒碎屑输入控制（Schumm，1981），沉降量和河流流量增加，加上总体较小的可容空间，可导致洪水期的高搬运能力和

河流携带能力。交错层理砂岩层表明,高流量洪水期形成了立体沙丘、块状和平行层理地层(Nystuen 和 Fält,1995;Ryseth,2001)。根据 Snorre 油气田沉积模型(Diesen 等,1995),这些砂岩体是高质量的油气储集体,侧向连通性好,已经被自 1992 年以来的生产历史证实。河道砂岩体之间的泥岩层段是泛滥平原沉积和浅湖沉积(Nystuen 和 Fält,1995;Ryseth,2001),很多泥岩层或多或少受到成壤作用的影响。

## 3.1.6 古土壤和泥岩相

已定义了 5 个古土壤组合(PA1—PA5),大部分古土壤形成于泛滥平原泥岩中,仅占泥岩的很少部分,相关的细粒砂岩是河道堤坝和决口扇沉积。古土壤组合划分依据是泥岩相成分、成壤结构类型、钙结岩组成与类型、颜色和古土壤厚度。5 个泥岩相(MF1—MF5),包括古土壤类型,划分依据是黏土、粉砂和砂的相对含量、颜色与斑杂情况、原始纹层保存程度、泥岩改造情况、成壤泥含量(土壤结构)、成壤摩擦面和干裂缝(表 3.6),Müller 等(2004)给出了更多古土壤类型。Lunde 组和 Statfjord 群下部(异地层单元 S5—S4)的"红层相"受到更多了关注。古土壤是形成于明显地表之下的土壤,反映了沉积与侵蚀间断、成壤过程的频度和持续时间。泥岩和古土壤的代表性图片如图 3.10 所示,图 3.11 展示了

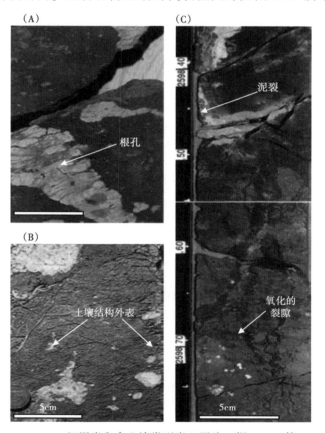

图 3.10 Lunde 组泥岩和古土壤类型岩心照片(据 Müller 等,2004)

(A)近垂直垒叠的碳酸盐结核为根管结核(补心海拔 2548.7m,34/4-4 井);(B)滑擦面圈定出若干级别的土壤结构;成壤泥聚粒晚于滑擦面(补心海拔 2524.5m,34/7A-9H 井);(C)砂质充填干裂缝被从上覆砂层砂填满,先氧化,之后因最上部氧化铁还原而呈斑杂色。两口井都在 Snorre 油气田

LF 和 LSG 中 PA1—PA4 泥岩相的相对频度。

成壤组合是纵向上单个古土壤层的叠置，包括混成、合成和积成三类（图 3.11）。混成和部分合成成壤组合是泛滥平原频繁而不定期加积时期形成的弱发育古土壤，积成成壤组合是泛滥平原较不频繁加积期形成的发育较好的古土壤，经历了较长时间的无沉积期和持续的成壤作用（Marriott 和 Wright，1993；Wright 和 Marriott，1996；Kraus 和 Aslan，1999）。

### 3.1.6.1 古土壤组合 1（PA1）

古土壤组合 1（PA1）只发育在 FSA1 内，见于 Lunde 组下部的异地层单元 L12—L10（图 3.3）中，包括红色或红褐色泥岩，最高含 50%~60% 砂或粉砂，黏土（<2μm）含量相对较低。泛滥平原部分主要由纹层泥岩（MF1）和无层理、无构造泥岩（MF2）组成，这两种类型都有新成土（始成土）（表 3.6，图 3.12）。

PA1 中，常见薄新成土（始成土）与纹层地层混合，上覆纹层泥岩或席洪（sheet-flood）砂岩。小型砂质充填干裂不常见，零散钙质结核、结核状碳酸盐岩层、钙质结核垂向叠置、根管结核（rhizocretion）、根迹构造和孔穴常见但不丰富，在一些薄层（0.2~0.4 m）里碳酸盐岩结核可占岩石总体积的 20%~30%。PA1 里带滑擦面的变性土非常少（<5%）。L10 里 PA1—PA2 有一个转换，该处泛滥平原沉积里变性土含量可达 15%（图 3.11）。改造过的碳酸盐岩结核表明部分含钙质结核的冲积淤泥被剥蚀掉。PA1 以混成成壤组合为主（图 3.11）。

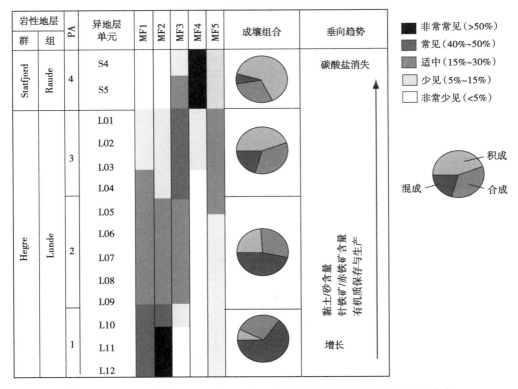

图 3.11　Lunde 组和 Raude 组中 MF1—MF5 泥岩相和成壤组合的地层分布

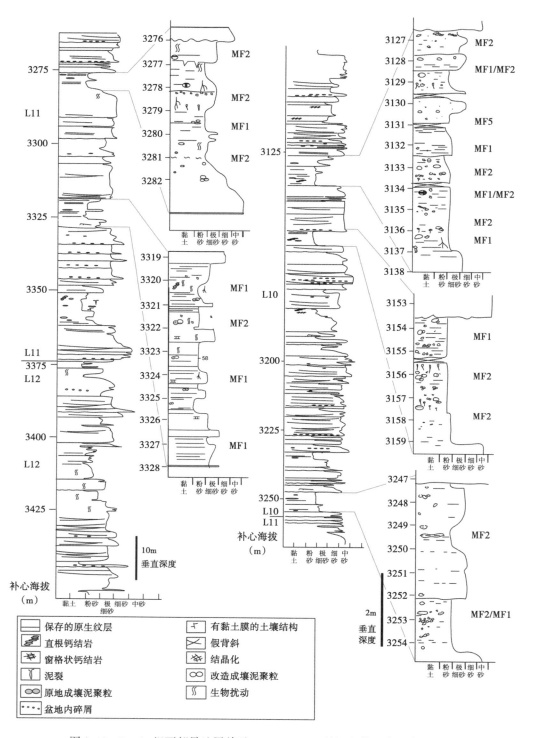

图 3.12 Lunde 组下部异地层单元（L12—L10）的沉积物和古土壤柱状剖面
显示泥岩相 MF1、MF2 和 MF5 的分布及不同成壤特征，大部分古土壤为混成土壤组合，资料来自 34/4-C-6H 井

### 3.1.6.2 古土壤组合 2（PA2）

PA2 见于 L09—L05，45%～50%总岩石体积为泛滥平原沉积（图 3.6、图 3.8 和图 3.13），以红色与红褐色纹层泥岩（MF1）和新成土（始成土）（MF2）为主，但高色度变性

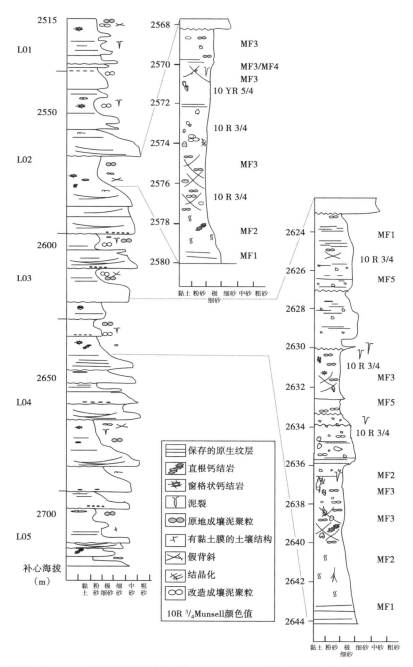

图 3.13 Lunde 组上部异地层单元（L05—L01）的沉积物和古土壤柱状剖面
显示泥岩相 MF1、MF2 和 MF5 的分布及不同成壤特征，古土壤为高色度变性土（具有干裂、滑擦面、假背斜、结晶化特征），主要形成积成土壤组合，土壤颜色参照 Munsell 土壤颜色标尺（Munsell Color, 1975），用数字表示（例如数字 10R 3/4 表示褐红色）；资料来自 34/4-9 S 井

土（MF3 中）也较常见（表 3.6）。单层古土壤厚度可达 4m，随后是有层理的泥岩或片洪砂岩。L09—L05 中也可见改造型泥岩（MF5）、改造的泥聚粒和碳酸盐岩结核。PA2 类似于 PA1，含有零散小钙质结核，不丰富但常见结核状碳酸盐岩层、根管结核、根迹构造和孔穴。混成成壤组合略占主导，合成和积成成壤组合基本相当（图 3.11）。

### 3.1.6.3 古土壤组合 3（PA3）

古土壤组合 PA3 以 ULF（L04—L01）里的厚层泛滥平原沉积为特征，泥岩大部分为红色和红褐色，以带高色度变性土的 MF3 泥岩相为主（表 3.6、图 3.8、图 3.10 和图 3.13），也常见新成土（始成土）（MF2）和再沉积泥岩（MF5）。单个变性土壤剖面厚度可达 6~7m，常被纹层泥岩、再沉积泥岩或席洪砂岩截切和上覆（图 3.13）。PA3 里见一些层段（厚 0.4~0.7m）含紧密聚结的碳酸盐岩结核（占总泥岩体积 50%~60%），常伴有复杂叠置的簇状晶粒（Müller 等，2004）。一些变性土见密集滑擦的层段。PA3 里见丰富的纵向叠置钙质结核、窗格构造（box-work，矿物薄片彼此相交）、根管结核、根迹构造、孔穴、土壤结构（Müller 等，2004）和深而宽的砂质充填干裂缝。

表 3.6 Lunde 组和 Statfjord 群下部（Raude 组）中记录到的泥岩相和古土壤

| 泥岩相 | 泥岩特征 |
| --- | --- |
| MF1<br>纹层状泥岩 | 黏土、粉砂、砂和泥聚粒含量不等；平行纹层保存良好。在 LF 和 LSG 中：呈红褐色，有小的孤立根管结核，砂充填的干裂隙达 10cm 深。在 USG 中：呈灰绿色，有一些炭化的根系构造和一些潜育化古土壤。解释：属洪泛平原上的小型、暂时性沼池或浅湖沉积；始成土 |
| MF2<br>无层理、无构造 | 黏土/砂比较低，低于 MF3 和 MF4。在 LF 和 LSG 中：呈褐红色，有分散、孤立的碳酸盐结核、孤立的根管结核、孔穴，砂充填的干裂隙 10~60cm 深。没有泥聚粒、土团、或成壤滑擦面。在 USG 中：呈灰绿色，有一些炭化根系构造。解释：泥被成壤作用改造成新成土（始成土） |
| MF3<br>具有滑擦面的泥岩 | 黏土/砂比高于 MF2。在 LF 和 LSG 中：呈褐红色，常见弧形、光滑、杂乱状分布的滑擦面；球状和棱角状土团、肠状褶曲、根管结核、孤立碳酸盐结核。在 USG 中：呈灰绿色，有滑擦面、炭化根系构造。解释：泥被成壤作用改造成在 LF 和 LSG 中的高亮度变性土、在 USG 中的低亮度变性土 |
| MF4<br>灰绿色、斑纹泥岩 | 黏土含量普遍要高，有些泥岩较富含细—中粒砂。呈灰绿色、斑点或斑纹状红—灰绿色，有滑擦面、球状土团、泥聚粒，砂充填的干裂隙达 0.1~1.5m 深；斑点或斑纹图案复杂。解释：由于地下水位变动和水涝期，氧化铁被还原给泥上色；高色度和低色度变性土相间 |
| MF5<br>改造的泥岩 | 结构各异、改造的成壤泥聚粒（0.1~0.5mm）和撕裂状碳酸盐屑（1~6cm）。呈褐红色，有些带有灰绿色斑点或斑纹。解释：改造的泥和钙结核作为浅河道充填和决口扇漫流沉积物再沉积；改造的古土壤 |

注：潜育化土壤和古土壤：呈蓝灰和灰绿色，常聚集有机质，在潜育化层的顶部可能有保存根系构造。变性土：土壤富黏土，由季节性干湿反复交替形成宽大的干裂隙和土团，钙结核常见，可能不见原生沉积特征。始成土：可能见原生沉积特征及钙结核。新成土：成壤作用轻微，原生沉积特征没有多少受到改造（修改自 Retallack，2011）。

河道砂岩之上的泥岩往上一般是纹层泥岩（MF3），上覆新成土/始成土（MF2）和再沉积泥岩（MF5）（图 3.12），厚达 2~3m 后的再沉积泥岩聚集段与变性土紧密相连，尤其是在从 ULF—LSG 的转化带。Snorre 油气田 34/4-9S 井，在 L03 深红色泛滥平原泥岩里发现食草恐龙 *Plateosarus* 的一根骨头（Hurum 等，2006）。

Lunde 组最上部和 Statfjord 群下部（LSG）有复杂斑块样式的泥岩（MF4）。斑块主要与沿干裂缝和土壤结构的似潜育作用（还原）有关。可发现一些薄层（<0.2m）、橄榄绿、受

有限潜育作用的层段（表3.6），这些橄榄绿层针铁石的含量通常比相邻泥岩更高，在Statfjord群上部（USG）也可见到橄榄绿层。L04—L01的泥岩相特征是相对较高的黏土/砂比值和极细粒物质含量，以积成成壤组合为主。

#### 3.1.6.4 古土壤组合4（PA4）

古土壤组合 PA4 见于 Statfjord 群下部（LSG）异地层单元 S5—S4，以发育泛滥平原沉积为特征。通常泥岩在 S5 里以红褐色为主，往上到 S4 内，斑块逐渐变多，逐渐变为绿色—灰色。PA4 泥岩与低色度变性土斑杂（MF4），取代了下伏 ULF 里 PA3 的红色新成土（始成土）或高色度变性土。

单层古土壤可达5~7m厚，纹层泥岩（MF1）和再沉积泥岩（MF5）非常少见。斑块主要与潜育作用、沿干裂缝和土壤结构边缘氧化作用有关。S4 里通常缺乏碳酸盐结核和根管结核，不丰富但常见滑擦面和土壤结构，干裂缝和根迹构造少见，泥岩和河道砂岩里常见炭化植物碎屑。LSG 的古土壤以部分泥岩里含较高针铁石（可达9%）为特征。

PA4 具有较高的双端元粒度分布特征，以中—粗粒砂和细粒黏土为主（<2μm）。该组合以一些密集滑擦层和复杂斑块为特征，以积成成壤组合为主。

#### 3.1.6.5 古土壤组合5（PA5）

PA5 指 Statfjord 群上部（USG）的异地层单元 S3—S1。泥岩里的古土壤以灰色和灰绿色为主，红褐色非常少见，仅在 S3 里能观察到。见滑擦面但不丰富，存在角砾土壤结构。正如上述对 PSA1 的描述，见有炭化植物碎屑和支根构造，但不丰富，仅炭化植物碎屑（木质）在河流沉积底部较为普遍，见深灰色富有机质薄泥岩。在泥岩层里面的初始沉积层可以以不同程度保存下来。砂岩充填的干裂隙十分罕见，并且只在 USG 的底部有所记录。不存在碳酸盐结节、根状结核和土团。

古土壤组合5（PA5）可以分成始成土、新成土和低色度变性土，这些类型的土壤形成了土壤复合物。绝大部分的土壤复合物都是混合物。富含有机质的暗灰绿色的古土壤被认为内部含有还原性质的二价铁成分，它们形成于潜育化过程（表3.6）。这种类型的古土壤被发现在 S2 和 S1 地层单元中。

### 3.1.7 黏土矿物和铁氧化物

Lunde 组和 Statfjord 群泥岩的矿物组成变化很大。这可以从非黏土和黏土矿物的含量中反映出来（表3.2、表3.3和图3.14）。泥岩中石英和长石的含量（表3.3）反映出一个和河道砂体（表3.2）相似的地层趋势，即 Lunde 组中含有中等含量的石英，而 Statfjord 群中有高含量石英，而长石的含量则是相反。在砂岩中（Sørlie，1996；Khanna 等，1997），钠斜长石的含量要远高于钾长石。泥岩矿物和埋深之间的关系并不明显，而地层的趋势则非常明显。基于此原因，可以总结出，泥岩矿物含量的变化不受埋藏成岩作用影响，而主要是受沉积物源和沉积环境影响。根据蒙皂石、伊/蒙混层、绿泥石、伊利石和高岭石的总含量和相对比例（表3.4），Lunde 组—Statfjord 群连续沉积可以细分为5个黏土矿物组合（CMA1—CMA5，图3.3）。由于推测到和 L05 和 S1 地层单元的泥岩组成分别相近，因此没有对 L04 和 S2 地层单元进行取样分析。同时，铁氧化物中针铁矿和赤铁矿的相对含量对划分黏土矿物组合也起了一定作用（表3.4，图3.14）。

Alke 组上部的样品中含有一个黏土矿物组合，这个组合中的伊利石和高岭石含量基本相当，并且含有少量绿泥石。高岭石含量极低，并且伊/蒙混层含量亦很低。在这些样品中没有检测到针铁矿和赤铁矿。

#### 3.1.7.1 黏土矿物组合1（CMA1）

Alke 组和过渡到 Lunde 组底部（LLF）的异地层单元 L12 和 L11 的泥岩隔层的矿物分布样式基本相同。这一套地层就是黏土矿物组合1（图3.14）。在 L12 里面，伊/蒙混层的含量出现一个高峰。尽管存有波动，但是伊利石和绿泥石含量之和要高于高岭石。伊利石在 CMA1 中的高含量比较突出，平均占到整个黏土矿物含量的41%，而高岭石的平均含量只有26%。在这个黏土矿物组合中，赤铁矿在铁氧化物中的含量占有主要地位（表3.4，图3.14）。

#### 3.1.7.2 黏土矿物组合2（CMA2）

黏土矿物组合2（CMA2）存在于 Lunde 组从底部到顶部的 L10—L04 异地层单元中。L11 和 L10 之间以黏土矿物相对含量的突变为边界。最显著的变化是蒙皂石相对于整个黏土矿物的含量变化，其在 L12 和 L11 中约为0，而到 L10 底部则突变到90%（表3.4，图3.14）。沿着地层向上，蒙皂石含量出现波动，但是在 CMA2 顶部（差不多对应 L05 单元顶界）显著降低，接近于0。伊/蒙混层的相对含量在 L10 和 L05 单元中较低，但是在本组合内并没有显示出任何变化趋势。

本组合中绿泥石的相对含量变化迅速；可能存在一个向上逐渐降低的微弱趋势。在本组合底部边界处，蒙皂石的含量变化伴随着 L10 单元底部伊利石含量的迅速降低，继而伊利石的含量向上逐渐增大，在 L05 单元内部达到最高，约80%。高岭石的含量在整个 L10—L05 地层单元中均较低，在 CMA2 组合中并没有显示任何明显的趋势变化。在 L05 单元内，赤铁矿在铁氧化物中的含量最多，其相对于黏土和铁氧化物的含量表现出一个垂向的增加趋势，至 L05 顶界大约达到40%，随后，在 CMA2 组合顶部则表现为一个明显的降低，并一直持续到与 CMA3 组合的过渡边界位置（图3.14）。

#### 3.1.7.3 黏土矿物组合3（CMA3）

黏土矿物3组合（CMA3）包含 L03—L01 地层单元，也有一些比较明显的黏土矿物含量变化趋势。在 CMA3 中，蒙皂石的含量变化较大，它相对于整个黏土矿物的含量，从一些泥岩单元中的0，变化到一些冲积平原泥岩中的大约80%。然而，蒙皂石含量在 CMA2 中的整个趋势，是向上逐渐降低的，就像下伏的 CMA2 内部一样（图3.14）。伊/蒙混层含量显示出一个逐渐增加的趋势，从 L03 单元底部的0增加到 L01 底部的最高值。

绿泥石相对于黏土矿物+铁氧化物之和的含量从0%到25%变化不定（图3.14）。伊利石相对于黏土矿物+铁氧化物之和的含量从 L05 上部的约80%逐渐降低到 L03 和 L02 的15%左右。在 CMA3 组合的顶部（即 L01 内部）可能有一个微弱的增加。高岭石的相对含量变化比较显著，在 L03 和 L02 的上部有一个高峰，而在 L02 单元的下部则存在一个低值。相比较上覆和下伏地层，在 CMA3 组合的部分层段，针铁矿的相对含量有一个显微的增加。在 L02 单元中部的冲积平原泥岩中，发现一个针铁矿含量尖峰。赤铁矿的含量在这一组合内部依然是变化不定的（图3.14）。

#### 3.1.7.4 黏土矿物组合4（CMA4）

黏土矿物组合4（CMA4）存在于异地层单元 S5—S3 内，相当于 LSG 和 USG 的下部（图3.3，图3.14）。CMA4 组合内部的黏土矿物含量在整个 Lunde 组—Statfjord 群中表现出了最大的变化（表3.4，图3.14）。这一变化突然发生在 L01—S5 内部，并且所有的矿物均表现出这一特征。蒙皂石相对于所有黏土矿物+铁氧化物的相对含量是最大的（80%～100%）；然而，在 CMA4 顶部，蒙皂石的相对含量锐减为0%。伊/蒙混层消失（一个样品

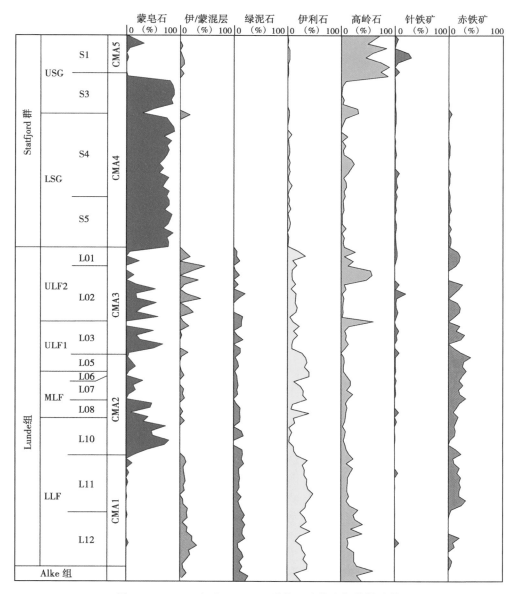

图 3.14 Lunde 组和 Statfjord 群黏土矿物和氧化铁矿物

除外），绿泥石不存在，并且伊利石的相对含量锐降到 10% 以下。高岭石的含量一般较低，但是在 S3 上部突然增加，且随着河道砂体出现频率的增加，蒙皂石的含量也相应显著降低。在 CMA4 组合中，均没有发现针铁矿和赤铁矿。

#### 3.1.7.5 黏土矿物组合 5（CMA5）

最顶部的黏土矿物组合 5（CMA5）包含 Statfjord 群上部（USG）、S2 和 S1，并且还包含 FSA6。S1 古土壤中灰色和灰绿色的泥岩以低含量蒙皂石为特征。高岭石的含量一般较高，其相对于整个黏土矿物的含量在 60%~100% 之间变化。伊/蒙混层、绿泥石和伊利石含量极低，或者不存在，并且针铁矿是唯一发现的铁氧化物（表 3.4，图 3.14）。

## 3.1.8 垂向变化趋势以及区域相关性

Lunde 组—Statfjord 群连续沉积可以被分为两个主要部分，每一部分都以垂向粒度变化趋势被界定下来。包含有异地层单元 L10—L01（S5）的下半部分，粒度向上逐渐变细；包含有异地层单元 S4—S1 的上半部分则向上粒度逐渐变粗。如上所述，粒度向上变粗至而后变细的转换带位于 L01 和 S5 的交界位置，这一位置被 Deegan 和 Scull（1977）采纳作为 Lunde 组和 Statfjord 群的岩性界线。

Lunde 组—Statfjord 群连续沉积揭示了多个河流冲积特征、成土特征以及泥岩矿物组成方面的垂向变化趋势（图 3.15）。Lunde 组的河道砂体在 LLF 和 MLF 中被解释成短暂的小河流，在从 MLF 中部向上逐渐增大到曲流河，并在 ULF 中以辫状河为主，随后在以泛滥平原为主要沉积相的 ULF 顶部则变成小型的、单个曲流河或（和）较直的小河流。在 Statfjord 群下部（Raude 组），以小型、持续的漫滩流作为主要沉积相；在 Statfjord 群上部（Eiriksson 组）则主要表现为横向剧烈变化的辫状河席状砂，并且这些辫状河是持续存在而不是暂时发生的。

古土壤特征的主要变化是从 LLF 和 MLF 的新成土（始成土）以及复杂土壤复合物变化为 Lunde 组上部和 Statfjord 群下部的高色度变性土以及聚集的土壤复合物，并最终变化为 Statfjord 群上部 Eiriksson 组的始成土、新成土以及低色度变性土和出现频率逐渐降低的聚集的土壤复合物。Lunde 组内合并的碳酸盐结节向上逐渐增加，并在 Statfjord 群内部逐渐降低以致消失不见（图 3.15）。

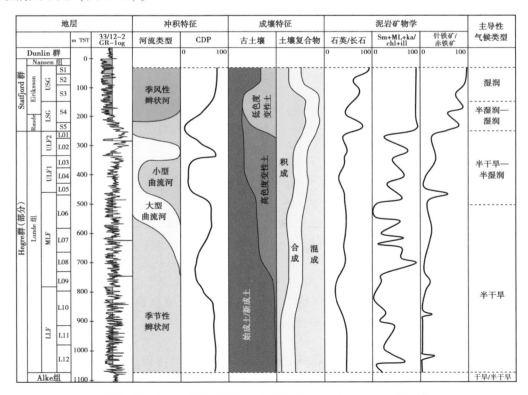

图 3.15 Snorre 油气田区 Lunde 组和 Statfjord 群趋势变化总结

地层及参考井如图 3.3 所示；CDP—河道沉积占比；Sm—蒙皂石；ML—混层黏土矿物；
ka—高岭石；chl—绿泥石；ill—伊利石

除了泥岩矿物存在明显的垂向变化趋势以外（图 3.15），在 Lunde 组内部还存在黏土矿物含量的向上逐渐增加以及在 Lunde 组和 Statfjord 群顶部高含有机质泥岩的增加。Lunde 组以多类型的黏土矿物组合为特征，并呈现一种不断变化的明显韵律特征。在 Lunde 组和 Raude 组的交界位置，蒙皂石+伊/蒙混层以及蒙皂石+高岭石含量相对绿泥石+伊利石的比值均突然增加，在 S5 和 S3 单元中以蒙皂石含量为主，而在 S1 单元中则以高岭石为主（图 3.14，图 3.15）。ULF 中的针铁矿/赤铁矿比值向上逐渐增加，这与泥岩颜色从红—棕色向杂色的灰绿色变化相一致。冲积特征、成土特征以及泥岩矿物的趋势变化与地层位置有着紧密的一致性（图 3.3，图 3.15）。

在 Snorre 油田 Lunde 组和 Statfjord 群建立的建造特性和砂岩/泥岩比值的变化趋势被用于 Tampen Spur 区域的地层对比（图 3.16）。记录下来的趋势反映了对北海北部区域在晚三叠世—早侏罗世控制河流沉积体系的多种过程和机制的响应。

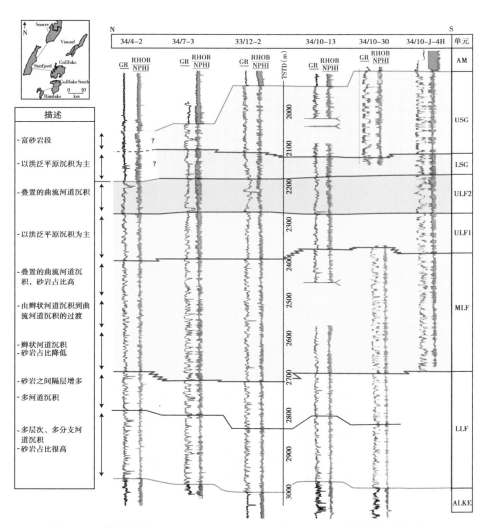

图 3.16 北海北部 Tampen Spur 区 Lunde 组和 Statfjord 群内的异地层对比
对比范围从北部的 Snorre 油气田到南部的 Rimfaks 油田。LLF—下 Lunde 组；MLF—中 Lunde 组；
ULF—上 Lunde 组；LSF—下 Statfjord 群（Raude 组）；USG—上 Statfjord 群（Eiriksson 组）；AM—Amundsen 组

## 3.2 讨论

### 3.2.1 沉积趋势控制因素之一——气候

Lunde 组—Statfjord 群地层序列中河流类型、古土壤和矿物组成之间高度的一致性（图 3.15）表明了一个普遍的成因关系，这一成因关系被一个或多个外在因素控制。气候作为一个控制因素将在下面进行讨论，接着将讨论气候与构造和海平面升降变化等控制因素。

#### 3.2.1.1 Lunde 组

Lunde 组下部（LLF）由短暂辫状河道形成的砂体可以归于偶然的山洪爆发，这些砂体被长期低速率沉积的泥岩、氧化作用和成土作用分割，这些作用均是典型的干旱—半干旱气候条件下干燥陆地表现出来的现象（Graf，1988）。干旱—半干旱的环境同样得到薄层高色度新成土（始成土）以及较少发育的土壤复合物的验证。

在 L12 和 L10 地层单元内部发现的浅窄干燥裂缝是低含水泥土的特征，深宽干燥裂缝则反映了一个较为潮湿的环境（Dudal 和 Eswaran，1988）。干旱—半干旱的气候环境使得在低—中等化学风化条件下的绿泥石、云母和伊利石可以保存下来。Lunde 组中蒙皂石/高岭石的比值变化反映了冲积平原内湿度和排水系统的差异，与高岭石含量占主要地位相比，蒙皂石含量的增加或许反映了潮湿阶段和（或）高地下水位（表 3.4，图 3.14）。一个干旱—半干旱的气候环境也能够解释大部分 Lunde 组中在泥岩和河道砂体内发现的异常高含量的长石这一特征（表 3.2、表 3.3 和图 3.15）。

不断迁移变化的曲流河在 LLF 和 MLF 中持续占主要地位，一些强烈的洪流把盆地外的碎屑物质带入盆地内部。向上到达 MLF 顶部，转变成曲流河道砂体，指示着从暂时水流到更多持续水流的转变。可以推测出，不断增加的持续水流能够携带更多的黏土物质沉积在冲积堤和泛滥平原上，与河堤浓密的植物相伴，这些可能建立了稳固的河道并形成了河流脊。内陆地区由化学风化作用形成的高产率黏土物质在 L09—L05 地层内部高达 45%～50% 的泛滥平原中反映出来（图 3.3，图 3.4）。红棕色薄层状的泥岩、很高的赤铁矿/针铁矿比值以及新成土和始成土均指示了 MLF 沉积时期半干旱的环境以及水系发育的平原环境（图 3.15）（Schwertmann，1988）。

在 Lunde 组内部，多种气候信息之间存在明显的分歧现象：频率增加的曲流河指示湿度、降水和常年径流的增加，然而古土壤类型和黏土矿物依然反映了一个以半干旱为主的气候环境。从短暂的辫状河到曲流河的变化很可能受到内陆集水增加的控制，然而黏土矿物和古土壤仍旧反映了在盆地内和泛滥平原上一个整体的干旱—半干旱环境。在中—下 Lunde 组沉积时期，陆内海拔并没有升高（图 3.3）。

在现代这些在高地和毗邻的低地区域之间的降水和温度变化是被广泛认知的；西班牙北部 Ebro 盆地半干旱环境下的河流受到 Pyrenees 高地的降水控制（López-Moreno 和 Garcia-Ruiz，2004）。相似的降水和地势之间的关系同样在 Morocco 的半干旱地区也被论述了（Elmouden 等，2005）。晚三叠世，西挪威大陆处于 500～1000m 的海拔位置（Gabrielsen 等，2010），并且很可能比其毗邻的低地接受了更多的雨水。在晚瑞替期半干旱向半湿润气候持续处于转变过程中，这一转变可以从 MLF 上部和 ULF 频率持续增加的曲流河带、小型泛滥平原河流（FSA3 和 FSA4）以及高色度变性土（PA3）中反映出来（图 3.3，图 3.15）。总体上在 ULF

向上逐渐增加的黏土/砂岩比指示了在集水区域，黏土相对于砂岩的优势沉积，或者指示了一个可容空间不断增加的过程。从 Lunde 组中—下部（MLF）到 Statfjord 群下部（LSG），泥土是不断增加的（图 3.15）。这也许可以用可容空间与沉积聚集比值的不断降低来解释，这需对古土壤成土过程进行更深入的研究。这种判断也被用 Lunde 组和 Statfjord 群计算得出的平均沉积速率的下降证实。在 Lunde 组（特别是 ULF 段）和 Statfjord 群底部，总体呈粒度向上变细的变化趋势，可以被不断增加的化学风化和黏土产物形成控制（图 3.11）。沉积空间的次级波动或许控制了异地层单元的形成，这可以从 CDP 值的垂向变化反映出来（图 3.4）。这些循环也许都受到了气候变化的控制，比如下面一个天文方面的例子。

L02 底部多层状的厚层砂体很大程度上可能代表了不断增加的砂体汇集的时间段。垂向上巨大厚度的砂体预示着可容空间给予了多条河道叠加的加积沉积。然而，在一个较大区域内对这些单元进行了地层对比（图 3.1，图 3.16），结果表明可容空间的形成速率并没有比它能允许的冲积河道体系在其内部发育的更高，这一冲积河道体系没有形成一个宽泛的曲流河带，而是形成了孤立的曲流河带，这可能是由于高速的沉降速率（Ethridge 等，1998）。

现代的变性土常常发育于半干旱—半湿润区域内的异常干旱季节（Wilding 和 Tessier，1988；Retallack，2001）（表 3.6）。然而，变性土是异常复杂的，并且有其他因素比干旱和潮湿季节的持续对它的影响更为重要；母质矿物（黏土含量，黏土矿物特征，粒度分布特征）以及土壤化形成的时间均对变性土的形成起到重要影响（McGarry，1996）。Lunde 组顶部由高色度变性土组成的厚层土壤复合物以及薄层碳酸盐结节（图 3.3，图 3.15），是低可容空间形成速率和沉积加积作用的产物。高色度变性土（红棕色）被认为是对水系发育的泛滥平原以及不断增加的干旱季节的反映，然而，伴随有高色度变性土擦痕面的深宽干燥裂缝（如在 ULF2 中），被解释成是土壤内一个较深的区域（Dudal 和 Eswaran，1988）。在 ULF 底部突然增加的蒙皂石（图 3.14），伴随有蒙皂石含量不断降低的波动，可能指示了土壤中水分含量的增加，并且是伴随有干旱气候或者是改进的泛滥平原排水体系的时间间隔。

组成了 50%～60% 总泥岩体积的 ULF 内部 PA3 层的碳酸盐结节，代表了最为发育的钙质古土壤。土壤化碳酸盐岩对于研究古气候条件是非常有用的（Mack，1992；Driese 和 Mora，1993；Retallack，2001）。钙质层主要形成于年降水量低于 1000mm 的区域内，并且最可能形成于年降水量低于 750mm 的地区（Cerling，1984）。Royer（1999）报道了含有 95% 土壤化碳酸盐岩层的土壤与年降水量低于 760mm 关系密切。其他一些碳酸盐岩土壤特征，如微晶含量高的构造，可能形成于年降水量高达 1500mm 的地区（Reeves，1970）。

Lunde 组上部泥岩中，相对于针铁矿，赤铁矿占主要地位（图 3.14，图 3.15），表明大多数年份里，泛滥平原是干燥的并且土壤经常处于通风过程中。然而，复杂的杂色和假的潜育化过程，以及针铁矿、干燥缝和土壤结构体指示土壤中含有较高的水以及含有一些 $Fe^{3+}$ 到 $Fe^{2+}$ 的还原过程。杂色形态很可能是波动的地下水和（或）周期性的地表死水造成（Piijujol 和 Buurman，1994）。在现代变性土中，逐渐降低的土壤色彩值以及彩度一般反映了土壤湿度的增加（Dudal 和 Eswaran，1988）。ULF 中低色度（灰绿色）变性土可能与伴随有较湿润土壤条件的更长时期的河水泛滥有关。泛滥平原上，在湿润季节出现的植物一定可以满足恐龙群（如 *Plateosarus*）在低地行进时所需的食物补充（Hurum 等，2006）。总之，ULF 内的古土壤和黏土矿物指示了不同季节下的降水具有长周期性，并且在盆地基底上有总体从半干旱向半潮湿气候改变的过程。

#### 3.2.1.2　Statfjord 群

Lunde 组顶部的河流类型一直延续到 Statfjord 群的 S5 和 S4 地层，沉积类型主要是孤立的河道砂，指示了单一的和孤立的泥质泛滥平原上的河流。S5 和 S4 地层中高的泥砂比以及黏土矿物组成特征反映了持续不断的较高速率的化学风化作用（表 3.6，图 3.14）。

从 S5 地层中红棕色泥岩向 S4 地层向上不断增加的杂色和绿色—灰色泥岩的转变伴随有杂色和低色度变性土（MF4），取代了红颜色的新成土（始成土）或高色度的变性土。所有的这些特点都指示了土壤中含水量的不断增加。LSG 内部罕见发生的加积层也可能预示着湿润的环境，因为土壤黏化作用的深度和程度以及土壤加积作用都与土壤的湿度条件密切相关（Probert 等，1987；Dudal 和 Eswaran，1988；McGarry，1996）。

S4 地层单元中在泥岩和河道砂体中存在的有机质和煤化木碎屑指示了泛滥平原上的高地下水层以及一个在沼泽和坳陷内部不断增加的植被覆盖率和有机质保存的环境。SG 中三角孢属的富集特别指示了潮湿环境（Hubbard 和 Boulter，2000）。这些孢粉型植物的涌现或许反映了植被类型的变化。不断增加的湿度同样由 S5 内碳酸盐结节和绕根结核的不断降低以及在 S4 地层内出现而反映出来。在 LSG 以在部分泥岩中出现的高含量针铁矿（高达 9%）为典型特征（表 3.6）。

在 ULF 和 LSG 中发育的古土壤向上表现出不断优化的古土壤类型以及逐渐变厚聚集的土壤复合物的变化。这一基本趋势也可以由黏土矿物（即高岭石和蒙皂石）富集程度增加，而伊/蒙混层、绿泥石和伊利石的缺失反映出来。从 ULF 到 LSG 显著增加的河道砂体和泥岩中的石英/长石比很可能是不断加重的化学风化作用的结果，这些化学风化作用由在一个温暖气候下不断增加的湿度来触发（表 3.2、表 3.3、图 3.14 和图 3.15）。

Statfjord 群上部的 CU 形态特征以及 FSA6 中不断增加的辫状河道席状砂体表明可容空间/沉积速率向上到达 S1 地层的逐渐降低。Statfjord 群上部（辛涅缪尔阶）的石英质砂岩反映出内陆潮湿温暖气候下强烈的化学风化作用。含有总体呈灰绿色，没有碳酸盐结节、绕根结核以及杂色的古土壤反映了冲积平原上的潮湿气候条件，并且土壤总体上是含水饱和的。这也由冲积河道砾岩中的煤碎片和高含植物碎屑的泥岩记录下来。

黏土矿物特征，如蒙皂石含量的急剧降低并伴随着高岭石的突然富集（图 3.14，图 3.15），与温暖潮湿气候条件下通过强烈的化学风化作用，将内陆岩床和（或）泛滥平原上的沉积物风化为高岭石有关（Girty，1991）。相较于 LSG，改善后的 USG 的排水系统，是不断涌现的砂体形成了陡峭的坡度和非常宽泛的冲积扇或者是辫状平原造成的。Ryseth（2001）强调指出，Statfjord 组最高的沉积速率发生在 Tampen Spur 区域。在 S2 和 S1 地层单元内部高出现频率的灰绿色新成土（始成土）和低色度变性土，可能与在每年的季风季节，由于对高移动迁移性辫状河的改造，形成的具有低沉积稳定性的冲积平原或冲积扇有关。

### 3.2.2　构造与海平面升降和气候对沉积趋势的影响

在绝大多数冲积盆地内，构造作用、海平面升降和气候之间相互影响。除非某个盆地是极端例子，海平面的波动影响不到，但是海平面的变化可能在某种程度上依然对这种类型盆地的沉积样式有影响。解释不同控制因素的相对贡献是比较困难的。这个问题在北海北部的 Lunde 组—Statfjord 群内表现得非常明显。

Steel 和 Ryseth（1990）与 Steel（1993）解释了 Lunde 组—Statfjord 群中垂向粒度趋势主要受构造沉降作用控制。Statfjord 群粗砂体的增加被解释成主要是构造抬升以及相应不断增加的内陆降水造成的（Nystuen 等，1989；Steel 和 Ryseth，1990；Steel，1993；Nystuen 和 Fält，1995；Ryseth 和 Ramm，1996；Ryseth，2001；Goldsmith 等，2003）。由构造运动和（或）挤压形成差异沉降作用可能造成 Tampen Spur 地区 Lunde 组—Statfjord 群厚度的变化（图3.16）。地区间的厚度差异在 USG 最为明显（图3.16），这主要是生长断层形成的同沉积作用造成的（Ryseth 和 Ramm，1996）。

Weltje 等（1998）指出，绝大部分盆地，其沉积堆积类型的变化都被归因于由构造运动和海平面升降造成的可容空间的变化，然而很少学者注意到气候对沉积物供给的控制作用。Leeder 等（1998）讲述了气候和气候变化控制盆地充填建造的多个例子。相比较于前人，构造作用作为控制 Lunde 组—Statfjord 群向上变细和向上变粗的因素可能并没有被充分认识到。Statfjord 群中高含石英成分的砂岩和泥岩（表3.2，图3.15）证明砂体形成于花岗岩岩床的强烈化学风化作用，而不是快速构造隆升形成的花岗岩或片麻岩的侵蚀。这可以从石英砂岩与富含蒙皂石或高岭石的泥岩中得到证实，这些泥岩都是不断增强的化学风化作用的产物（图3.15）。风化作用形成的石英砂岩可能在内陆中保存了很长的地质时间，这些砂岩被沉积下来和（或）被地貌阈值圈闭下来（Schumm，1977），并在辛涅缪尔期的强降水和洪流中突破了搬运界线而被搬运到盆地中。内陆的构造运动对降水类型的影响也不能被排除在外。

正如 Mckie 和 Williams（2009）指出的那样，北海北部区域三叠纪盆地的河流体系在瑞替期海侵开始时很可能终止了。但是，相对于下伏的 Alke 组，诺利阶—瑞替阶 Lunde 组并没有表现出水体关闭的信号（Lervik，2006）。Eide（2009）识别出并且将 Alke 组和 Lunde 组内微生物群落组成上的不同归因于沉积环境的差异，这些不同可能是由封闭向开放河流体系转变的表征物。Eide（1989）进一步指出，单一的且些许值得推敲的一些 *Schizocystia* sp. 疑源类生物化石可能指示本地区受到了局部、短暂的海洋影响。Goldsmith 等（2003）从区域地层对比中总结出，北海地区海侵开始于层序 Tr42，这与 Alke 组下部和 Lunde 组下部的间隔相一致。

Lunde 组底部的区域不整合，记录了大型河道体系的形成，可能代表了在 Tampen Spur 地区从封闭的向开放区域河流系统的转变。在整个 Lunde 组—Statfjord 群地层序列中，再也没有其他平面能够指示这种基本面上的根本转变。Lunde 组—Statfjord 群河流系统的最终基准面形成了海湾，使得海水逐渐侵入北海北部区域、东南方向的特提斯区域和（或）北部的 Borealic 海。然而，在瑞替期和早赫塘期，海岸线一定是距离冲积盆地几百千米之远（Ryseth，2001；Goldsmith 等，2003；Müller 等，2005；McKie 和 Williams，2009）。

海平面的波动无论如何都不能对距离海岸几百千米的内陆地区产生影响（Schumm，1993；Shanley 和 McCabe，1994；Ethridge 等，1998；Posamentier 和 Allen，1999；Catuneanu，2006）。三叠纪不断上升和下降的海平面旋回，即海进/海退（T/R），在加拿大北极地区、Spitsbergen 岛和西 Barents 海的浅海盆地中均有所记录（Johannessen 和 Embry，1989；Mørk 等，1989；Glørstad-Clark 等，2010，2011）。Embry（1997）认为这样一些旋回是全球性的。北海地区的瑞替阶—赫塘阶大陆盆地可能受到了多个类似于控制 Tampen Spur 地区韵律地层的层序基准面的影响。对 Pangaea 北部地区晚三叠世—早侏罗世的浅海和冲积盆地进行高频旋回的层序地层对比，超过了现今生物地层的解决能力。这些韵律可以很好地利用气候的旋回变化进行合理解释，就像更新世异地层峡谷的充填（Blum，1993），这里并没有涉及任何基准面的变化。

### 3.2.3 三叠纪—侏罗纪气候区域诸多方面的变化和影响

赫塘期—辛涅缪尔期从干旱（半干旱）到潮湿的气候变化在北海南部很远的地区（Frostick 等，1992；Goldsmith 等，2003）、在东 Greenland 岛（Clemmensen 等，1998）以及 Scandinavia 南部（Arndorff，1993；Ahlberg 等，2002）都有记录。Mckie 和 Williams（2009）认为，北海北部地区的盆地，在晚三叠世接受了来自 Fennoscandia 和 Greenland 的冬季降雨以及华力西山夏季季风性的洪水带来的沉积物。Sm—Nd 同位素研究表明，除了北海北部西北方向的内陆以外，Shetland 群岛台地同样是 Tampen Spur 地区碎屑物源的来源地（Mearns 等，1989）。内陆地区的岩床地质、地势、排水系统形态以及当地的气候条件对沉积产物和沉积物向冲积盆地的搬运均起到关键性的作用。在晚三叠世，北海中北部地区位于北纬 33°至 35°之间；在早侏罗世则位于北纬 42°至 43°之间（Torsvik 等，2002；Goldsmith 等，2003）。在向北转移的过程中，北海地区从高压地带向温和潮湿气候环境转移。气候变化可能也受到了来自特提斯的瑞替期海进的影响（Ahlberg 等，2002）。叠加了区域气候的变化，出现了由板块构造运动导致的在三叠系—侏罗系边界的全球性气温升高，这是由于中央大西洋火山岩省的火山活动向大气中释放了大量的二氧化碳（Hesselbo 等，2002；Ruhl 和 Kürschner，2011）。由大气中二氧化碳含量变化引起的温度旋回变化和相关的季节性降水（Hesselbo 等，2002；Bonis 等，2012），以及温度上的米兰科维奇旋回变化（Ruhl 等，2010；Bonis 等，2010），可能对北海北部地区在瑞替期—赫塘期的降雨产生了影响，这种影响可能受到了汇水形态的改造。然而，对现代欧洲降水的研究表明，相对于汇水特征（大小、海拔和地貌形态），大陆尺度上低频率的降水波动（长期波动）与平均气候条件（温度和降水）呈正相关性（Gudmundsson 等，2011）。晚三叠世—早侏罗世气候的变化对于北—西欧洲或许就是这样的情形。

图 3.17 总结了北海北部地区 Lunde 组和 Statfjord 群下部地层的气候沉积模式。将 Statfjord 群上部地层（S3 和 S1）的沉积模式与 L12 和 L08 进行了比较，前者是在一个湿润的气候里，有季节性的降水，有不断迁移变化的辫状河内高能的洪流，而后者则是在一个以短暂洪水为特征的干旱或半干旱气候条件里沉积。

### 3.2.4 冲积构型对油气勘探的影响和作用

基于气候变化而发生变化的河流体系类型影响了 Lunde 组—Statfjord 群的砂泥比、冲积构型以及古土壤发育。河道宽/厚比变化以及河流冲积砂体几何形状被改造的频率在许多研究中都给予了相应的模式（Leeder，1978；Bridge 和 Leeder，1979；Bridge 和 Mackey，1993；Mackey 和 Bridge，1995），并且在露头上也进行了验证（Zaleha，1997；Bridge 等，2000；Kjemperud 等，2008）。在这些研究中，河道带变化的比例（CDP）主要与不同的改造频率和河道带的维度（宽度和厚度）相联系。在 Lunde 组和 Statfjord 群不断向上降低的 CDP 值（图 3.5）可能是因为整个的环境由暂时的辫状河向更加持续的曲流河变化导致的不断减少的改造频率有关。在 Statfjord 群上部又回归的辫状河沉积是高周期性粗碎屑三角洲的汇水以及高的径流量导致，高的径流量是季风时期内陆不断增加的降水所致。Lunde 组和 Statfjord 群下部地层不断向上降低的 CDP 值明显是沉积物不断增加的黏土/砂岩比造成，在 Statfjord 群上部增加的 CDP 值则是由于砂岩/黏土比的增加。沉积物供给的变化改变了 $A/S$；从 $A/S$ 小于 1 变化为 $A/S$ 大于 1 可能导致从合并的河道带到孤立河道带的变化，反之亦然。

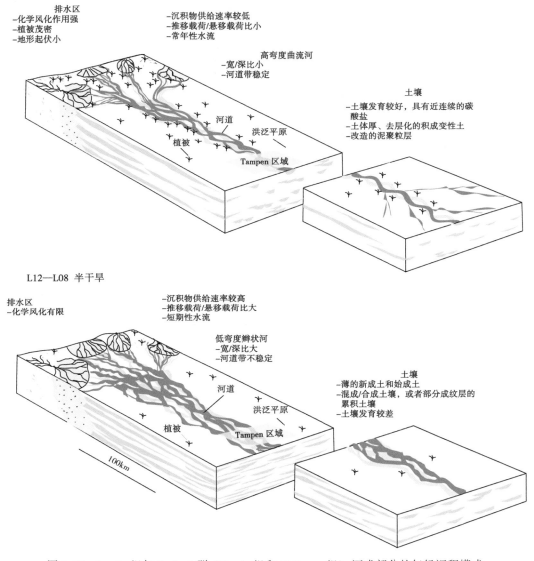

图 3.17 Lunde 组与 Stafjord 群（Raude 组和 Eiriksson 组）河成部分的气候沉积模式
把河流样式和古土壤与冲积构型特征和土壤类型联系到一起

Diesen 等（1995），Nystuen 和 Fält（1995）以及 Lundschien 和 Mørch（1998）研究了北海北部地区上三叠统—下侏罗统砂岩储层的冲积特征。气候对沉积构型、砂岩沉积相和结构以及矿物组成的控制在北海北部地区三叠系油藏的未来勘探至关重要。气候作为河流沉积的控制因素之一，已经引起了人们对高度相关的异层序单元沉积的注意。

## 3.3 结论

（1）北海地区晚三叠世（瑞替期）—早侏罗世（赫塘期—辛涅缪尔期）从干旱（半干

旱）向湿润气候的转变，与欧洲大陆板块向北漂移有关，并且这一转变在大陆型的 Lunde 组（瑞替阶）以及 Statfjord 群内的 Raude 组（瑞替阶—赫塘阶）和 Eiriksson 组（Sinemurian）被记录下来。

（2）气候变化对天气变化、沉积产物、径流量以及沉积物流失均产生了深远影响，并且气候变化能够通过河流类型、古土壤发育以及砂岩和泥岩的矿物组成反映出来。

（3）气候变化与河流类型、古土壤和矿物组成的变化一般是共同发生的。作为沉积体系对气候变化的响应，出现粒度先向上变细（Lunde 组），而后向上变粗（Statfjord 群），并且河道带的比例以及冲积构型也相应发生了变化。

（4）Lunde 组下部（瑞替阶）沉积期，干旱—半干旱气候产生了短期辫状河流、红褐色洪泛平原泥岩中有含零散钙结核和赤铁矿的新成土（始成土）、碎屑长石含量高及黏土矿物组合多样。

（5）晚瑞替期，降水增多产生了 Lunde 组上部以蛇曲型为主的河道带，反映了内陆源区降水的循环变化，而洪泛平原泥岩中的古土壤和黏土矿物受冲积平原气候和排水状况的控制。

（6）Raude 组代表了气候从半干旱到半湿润的显著变化，表现为：厚层泥岩、小型单层河道砂岩体，湿地平原泥岩以蒙皂石为主要黏土矿物，古土壤基本上是斑纹状、低色度变性土。

（7）Eriksson 组反映气候变得湿润，其标志有：辫状河流石英砂岩，是在季风性径流丰沛期内陆源区富集的化学风化砂被冲刷形成的；以高岭石为主的灰绿色泥岩，则是在排水良好的冲积扇或平原形成的。

（8）Tampen Spur 区冲积异地层单元组合的韵律序列受内陆源区降水变化旋回的控制，可能还有基准面变化和差异性沉降的共同作用。异地层序列及其砂岩储层性质的区域对比对北海北部区大陆沉积的上三叠统—下侏罗统的进一步勘探极其重要。

**致谢**

感谢原 Saga 石油公司和现今挪威国家石油公司准许开展该项研究，并准许发表研究成果。还要感谢许多长年以来一直致力于北海北部 Tampen Spur 区上三叠统—下侏罗统工作的人士，感谢他们的合作和众多讨论。两位匿名审稿人为本文提供了非常宝贵的意见和建议。感谢 Adrian Read 修改文稿的英文和对题目的细致推敲，也感谢编辑 Ron Steel 对文稿的加工。

**参 考 文 献**

Adestål, V. (2002) *Paleoclimatic conditions during late Triassic to early Jurassic, northern North Sea: evidence from clay minerals.* Master of Science Thesis. University of Oslo and University of Uppsala, 37 pp.

Ahlberg, A., Arndorff, L. and Guy-Ohlson, D. (2002) Onshore climate change during the Late Triassic marine inundation of the Central European Basin. *Terra Nova*, 14, 241–248.

Arndorff, L. (1993) Lateral relations of deltaic palaeosols from the Lower Jurassic Rønne Formation on the Island of Bornholm, Denmark. *Palaeogeogr., Palaeoclimatol., Palaeoecol.*, 100, 235–250.

Badley, M. E., Price, J. D., Rambech Dahl, C. and Agdestein, T. (1988) The structural evolution of northern Viking Graben and its bearing upon extensional models of basin formation. *J. Geol. Soc. London*, 145, 455–472.

Bestland, E. (1997) Alluvial terraces and palaeosols as indicators of early Oligocene climate change (John Day Formation, Oregon). *J. Sed. Res.*, 67, 840–855.

Blanc-Valleron, M. M. and Thiry M. (1997) Clay minerals, paleoweatherings, paleolandscapes and climatic sequences: the Paleogene continental deposits in France. In: *Soils and Sediments: Mineralogy and Geochemistry* (Eds H. Paquet and N. Clauer), Springer Verlag, Heidelberg, 223–247.

Blum, M. D. (1993) Genesis and architecture of incised valley fill sequences: a late Quaternary example from the Colorado River, Guld Coastal Plain of Texas. In: *Siliciclastic Sequence Stratigraphy: Recent Developments and Applications* (Eds P. Weimer and H. W. Posamentier), *AAPG Mem.*, 58, 259–283.

Blum, M. D. and Törnqvist, T. (2000) Fluvial response to climate and sea-level change: a review and look forward. *Sedimentology*, 47, 2–48.

Bonis, N. R. and Kürschner, W. M. (2012) Vegetation history, diversity patterns and climate change across the Triassic/Jurassic boundary. *Paleobiology*, 38, 240–264.

Bonis, N. R., Ruhl, M. and Kürschner, W. M. (2010) Milankovitch-scale palynological turnover across the Triassic–Jurassic transition at St. Audrie's Bay, SW UK. *J. Geol. Soc. London*, 167, 877–888.

Bridge, J. S. (1993) Description and interpretation of fluvial deposits: a critical perspective. *Sedimentology*, 40, 801–810.

Bridge, J. S. (2005) *Rivers and Floodplains–Forms, Processes and Sedimentary Record*. Blackwell Publishing, 491 pp.

Bridge, J. S. and Leeder, M. R. (1979) A simulation model of alluvial stratigraphy. *Sedimentology*, 26, 617–644.

Bridge, J. S. and Mackey, S. D. (1993) A revised alluvial stratigraphy model. In: *Alluvial Sedimentation* (Ed. by M. Marzo & C. Puigdefabregas), *Int. Assoc. Sedimentol. Spec. Publ.*, 17, 319–336.

Bridge, J. S. Jalfin, G. A. and Georgieff, S. M. (2000) Geometry, lithofacies and spatial distribution of Cretaceous fluvial sandstone bodies, San Jorge Basin, Argentina: Outcrop analog for the hydrocarbon-bearing Chubut Group. *J. Sed. Res.*, 70, 341–359.

Catuneanu, O. (2006) *Principles of Sequence Stratigraphy*. Elsevier, 375 pp.

Cerling, T. E. (1984) The stable isotopic composition of modern soil carbonate and its relation to climate. *Earth Planet. Sci. Lett.*, 71, 229–240.

Charnock, M. A., Kristiansen, I. L., Ryseth, A. and Fenton, J. P. G. (2001) Sequence stratigraphy of the Lower Jurassic Dunlin Group, northern North Sea. In: *Sedimentary Environments Offshore Norway – Paleozoic to Recent* (Eds O. J. Martinsen and T. Dreyer), *Nor. Petrol. Soc. (NPF), Spec. Publ.*, 10, Elsevier, Amsterdam, 145–174.

Clemmensen, L., Kent, D. V. and Jenkins, F. A., Jr. (1998) A late Triassic lake system in East–Greenland: facies, depositional cycles and palaeoclimate. *Paleogeogr., Paleoclimatol.*,

*Paleoecol.*, 140, 135-159.

Dahl, N. and Solli, T. (1993) The structural evolution of the Snorre Field and surrounding areas. In: *Petroleum Geology of NW Europe: Proceedings of the 4th Conference* (Ed. J. R. Parker), Geological Society, London, 1159-1166.

Deegan, C. E. and Scull, B. J. (compilers) (1977) A standard lithostratigraphic nomenclature for the Central and Northern North Sea. Report, Institute of Geological Sciences London, 77/25; and *Norw. Petrol. Direct. Bull.*, 1, 36 pp.

Diesen, G. W., Edvardsen, A., Nystuen, J. P., Sverdrup, E. and Tollefsrud, J. I. (1995) Geophysical and geological tools and methods used for reservoir characterization and modelling of the Snorre Field-North Sea, Norway. In: *Reservoir Characterization: Integration of Geology, Geophysics and Reservoir Engineering* (Ed. H. Miyazaki), The third JNOC-TRC International Symposium February 20-23, 1995, TRC, Chiba, Japan, *Technology Research Center Special Publication*, 5, Japan National Oil Corporation, 69-90.

Driese, S. G. and Mora, C. I. (1993) Physico-chemical environment of pedogenic carbonate formation in Devonian vertic palaeosols, central Appalachians, U.S.A. *Sedimentology*, 40, 199-216.

Dudal, R. and Eswaran, H. (1988) Distribution, properties and classification of Vertisols. In: *Vertisols: Their Distribution, Properties, Classification and Management* (Eds L. P. Wilding & R. Puentes). College Station, Texas, Texas A & m University Printing Center, 1-22.

Eide, F. (1989) Biostratigraphic correlation within the Triassic Lunde Formation in the Snorre area. In: *Correlation in Hydrocarbon Exploration* (Ed. J. D. Collinson), Norw. Petrol. Soc. (NPF), Graham & Trotman, London, 291-297.

Elmouden, A., Bouchaou, L. and Snoussi, M. (2005) Constraints on alluvial clay mineral assemblages in semiarid regions: the Souss Wadi basin (Marocco, north-western Africa). *Geol. Acta*, 3, 3-13.

Embry, A. F. (1997) Global sequence boundaries of the Triassic and their identification in the Western Canada sedimentary basin. *Can. Petrol. Geol. Bull.*, 45, 415-433.

Ethridge, F. G., Wood, L. J. and Schumm, S. A. (1998) Cyclic variables controlling fluvial sequence development: problems and perspectives. In: *Relative Role of Eustasy, Climate and Tectonism in Continental Rocks* (Eds K. W. Shanley and P. J. McCabe), *SEPM Spec. Publ.*, 59, 17-29.

Evans, D., Graham, C. and Bathurst, P. (Eds) (2003). *The Millenium Atlas: Petroleum Geology of the Central and Northern North Sea*. Geol. Soc. London, 389 pp.

Fält, L. M. (1987) Tectonic control on sedimentation in the Statfjord Formation, Statfjord Field, N. North Sea. *Nor. Geol. Tidsskr.*, 67, 433-434.

Feldman, H. R., Franseen, E. K., Joeckel, R. M. and Heckel, P. H. (2005) Impact of longer-term modest climate shifts on architecture of high-frequency sequences (cyclothems), Pennsylvanian of Midcontinent U.S.A. *J. Sed. Res.*, 75, 350-368.

Ferrell, R. E. Jr. and Dypvik, H. (2009) The mineralogy of the Exmore beds-Chickahominy Formation boundary section of the Chesapeake Bay impact structure revealed in the Eyreville *core*. *Geol. Soc. Am. Spec. Pap.* , 458, 723-746.

Fielding, C. R. , Allen, J. P. , Alexander, J. and Gibling, M. R. (2011) Facies model for fluvial systems in the seasonal tropics and subtropics. *Geology*, 37, 623-626.

Fielding, C. R. , Ashworth, P. J. , Best, J. L. , Prokocki, E. W. and Sambrook Smith, G. H. (2012) Tributary, distributary and other fluvial patterns: What really represents the norm in the continental rock record? *Sed. Geol.* , 261-262, 15-32.

Frostick, L. E. , Linsey, T. K. and Reid, I. (1992) Tectonic and Climatic control of Triassic sedimentation in the Beryl basin, Northern North Sea. *J. Geol. Soc. London*, 149, 13-26.

Gabrielsen, R. H. , Færseth, R. B. , Steel, R. J. , Idil, S. and Kløvjan, O. S. (1990) Architectural styles of basin fill in the Northern Viking Graben. In: *Evolution of the North Sea Rifts* (Eds D. J. Blundell and A. D. Gibbs), Clarendon, Oxford, 158-179.

Gabrielsen, R. H. , Faleide, J. I. , Pascal, C. , Braathen, A. , Nystuen, J. P. , Etzelmuller, B. and O'Donnell, S. (2010) Latest Caledonian to Present tectonomorphological development of southern Norway. *Mar. Petrol. Geol.* , 27, 709-723.

Gibling, M. R. and Bird, D. J. (1994) Late Carboniferous cyclothems and alluvial paleovalleys in the Sydney Basin, Nova Scotia. *Geol. Soc. Am. Bull.* , 106, 105-117.

Gingele, F. X. and Deckker, P. (2004) Fingerprinting Australia's rivers with clay minerals and the application for the marine record of climate change. *Aust. J. Earth Sci.* , 51, 339-348.

Girty, G. H. (1991) A note on the composition of plutoniclastic sand produced in different climatic belts. *J. Sed. Petrol.* , 61, 428-433.

Glørstad-Clark, E. , Faleide, J. I. , Lundschien, B. A. and Nystuen, J. P. (2010) Triassic sequence stratigraphy and paleogeography of the western Barents Sea area. *Mar. Petrol. Geol.* , 27, 1448-1475.

Glørstad-Clark, E. , Birkeland, E. P. , Nystuen, J. P. , Faleide, J. I. and Midtkandal, I. (2011) Triassic platform-margin deltas in the western Barents Sea. *Mar. Petrol. Geol.* , 28, 1294-1414.

Goldsmith, P. J. , Hudson, G. and Van Veen, P. (2003) Triassic. In: *The Millenium Atlas: petroleum geology of the central and northern North Sea* (Eds D. Evans, C. Graham, A. Armour and P. Bathurst), Geol. Soc. London, 105-127.

Gradstein, F. M. , Ogg, J. G. and Smith, A. G. (2004) *A Geologic Time Scale 2004*. Cambridge University Press, 589 pp.

Graf, W. L. (1988) *Fluvial processes in dryland rivers*. Springer Verlag, Berlin, 346 pp.

Gudmundsson, L. , Tallaksen, L. M. , Stahl, K. and Fleig, A. K. (2011) Low-frequency variability of European runoff. *Hydrol. Earth Syst. Sci. Discuss*, 8, 1705-1727.

Hamer, J. M. M. , Sheldon, N. D. , Nichols, G. J. and Collinson, M. E. (2007) Late Oligocene-Early Miocene palaeosols of distal fluvial systems, Ebro Basin, Spain. *Palaeogeogr. , Palaeoclimatol. , Palaeoecol.* , 247, 220-235.

Hardy, R. and Tucker, M. (1995) X-ray powder diffraction of sediments. In: *Techniques in Sedimentology* (Ed. M. Tucker), Blackwell Science, Oxford, 191-228.

Hesselbo, S. P. , Robinson, S. A. , Surlyk, F. and Piasecki, S. (2002) Terrestrial and marine extinction at the Triassic–Jurassic boundary synchronized with major carboncycle perturbation: A link to intitiation of massive volcanism. *Geology*, 30, 251–254.

Horn, J. H., Fielding, C. R. and Joeckel, R. M. (2012) Revision of Platte River alluvial facies model through observations of extant channels and barform and subsurface alluvial valley fills. *J. Sed. Res.*, 82, 72–91.

Howard, C. S. (2009) A fluvial depositional system as an indicator of paleoclimate. The Lower Cretaceous Kootenai Formation in south-western Montana. *Geol. Soc. Am. Abstr. Progr.*, 41, 274

Hubbard, R. and Boulter, M. C. (2000) Phytogeography and paleoecology in Western Europe and Eastern Greenland near the Triassic–Jurassic boundary. *Palaios*, 15, 120–131.

Hubert, J. F. (1977) Palaeosol caliche in the New Haven Arkose, Newark Group, Connecticut. *Palaeogeogr., Palaeoclimatol., Palaeoecol.*, 24, 151–168.

Hurum, J. H., Bergan, M., Müller, R., Nystuen, J. P. and Klein, N. (2006) Late Triassic dinosaur bone, offshore Norway. *Nor. J. Geol.*, 86, 117–123.

Joeckel, R. M. (1999) Palaeosols in Galesburg Formation (Kansas City Group, Upper Pennsylvanian), northern Midcontinent, U. S. A.: Evidence for climate change and mechanisms of marine transgression. *J. Sed. Res.*, 69, 720–737.

Johannesen, E. P. and Embry, A. F. (1989) Sequence correlation: Upper Triassic to Lower Jurassic succession, Canadian and Norwegian Arctic. In: *Correlation in Hydrocarbon Exploration* (Ed. J. D. Collinson), Norw. Petrol. Soc., Graham & Trotman, 155–170.

Kjemperud, A. V. (2008) *Sequence stratigraphy of alluvial successions: depositional style and controlling factors*. Ph. D. Thesis, Department of Geosciences, University of Oslo, Norway, 270 pp.

Kjemperud, A. V., Schomacker, E. and Cross, T. A. (2008) Architecture and stratigraphy of alluvial deposits, Morrison Formation (Upper Jurassic), Utah. *AAPG Bull.*, 92, 1055–1076.

Khanna, M., Saigal, G. C. and Bjørlykke, K. (1997) Kaolinitization of Upper Triassic–Lower Jurassic sandstones of the Tampen Spur Area, North Sea. In: *Implications for Early Diagenesis and Fluid Flow, in Basin-Wide Diagenetic Patterns–Integrated Petrologic, Geochemical and Hydrologic Considerations* (Eds I. P. Montanez, J. M. Gregg and K. L. Shelton), *SEPM Spec. Publ.*, 57, 253–269.

Knudsen, T. L. (2001) Contrasting provenance of Triassic/Jurassic sediments in North Sea Rift; a single zircon (SIMS), Sm–Nd and trace element study. *Chem. Geol.*, 171, 273–293.

Kraus, M. J. (1987) Integration of channel and floodplain suites, II. Vertical relations of alluvial palaeosols. *J. Sed. Petrol.*, 57, 602–612.

Kraus, M. (1999) Palaeosols in clastic sedimentary rocks: their geologic applications. *Earth – Sci. Rev.*, 47, 41–70.

Kraus, M. (2002) Basin-scale changes in floodplain palaeosols: implications for interpreting alluvial architecture. *J. Sed. Res.*, 72, 500–509.

Kraus, M. and Aslan, A. (1999) Palaeosols sequences in floodplain environments: a hierarchical approach. In: *Paleoweathering, Paleosurfaces and Related Continental Deposits* (Ed. M. Thiry), *Int. Assoc. Sedimentol. Spec. Publ.*, 27, 303–321.

Kürschner, W. M. and Herngreen, G. F. W. (2010) Triassic palynology of Central and Northwest-Europe: a review of palynofloral patterns and biostratigraphic subdivisions. In: *The Triassic Timescale* (Ed. S. Lucas), *Geol. Soc. London Spec. Publ.*, 334, 263–283.

Leeder, M. R. (1978) A quantitative stratigraphic model for alluvium, with special reference to channel deposits density and interconnectedness. In: *Fluvial Sedimentology* (Ed. A. D. Miall), *Can. Soc. Petrol. Geol. Mem.*, 5, 587–596.

Leeder, M. R., Mack, G. H. and Salyards, S. L. (1996) First quantification test of alluvial stratigraphic models: southern Rio Grande rift, New Mexico. *Geology*, 24, 87–90.

Leeder M. R., Harris, T. and Kirkby, M. J. (1998) Sediment supply and climate change: implication for basin stratigraphy. *Basin Res.*, 10, 7–18.

Lervik, K.-S. (2006) Triassic lithostratigraphy of the Northern North Sea Basin. *Nor. J. Geol.*, 86, 93–116.

Lervik, K.-S., Spencer, A. M. and Warrington, G. (1989) Outline of Triassic stratigraphy and structure in the central and northern North Sea. In: *Correlation in Hydrocarbon Exploration* (Ed. J. D. Collinson), Nor. Petrol. Soc. (NPF), Graham & Trotman, London, 291–297.

López-Moreno, J. I. and García-Ruiz, J. M. (2004) Influence of snow accumulation and snowmelt on streamflow in the central Spanish Pyrenees. *Hydrolog. Sci. Journal.*, 49, 787–802.

Lundschien, B. A. and Mørch, T. (1998) Use of predictive high resolution sequence stratigraphy in reservoir modelling: an example from the Upper Triassic–Lower Jurassic Statfjord Formation, Snorre Field, northern North Sea. In: *Sequence Stratigraphy – Concepts and Applications* (Eds F. M. Gradstein, K. O. Sandvik and N. J. Milton). Norw. Petrol. Soc. (NPF) Spec. Publ. 8, 229–249, Elsevier.

Mack, G. H. (1992) Palaeosols as an indicator of climatic change at the early–late Cretaceous boundary, southwestern New Mexico. *J. Sed. Petrol.*, 62, 483–494.

Mackey, S. D. and Bridge, J. S. (1995) Three-dimensional model of alluvial stratigraphy; theory and applications. *J. Sed. Res.* (B), 65, 7–31.

Marriott, S. B. and Wright, V. P. (1993) Palaeosols as indicator of geomorphic stability in two Old Red Sandstone alluvial suites, South Wales. *J. Geol. Soc. London*, 150, 1109–1120.

McGarry, D. (1996) Structure and grain size distribution of Vertisols. In: *Vertisols and Technologies for Their Management*, (Eds N. Ahmad and A. Mermut), Elsevier, Amsterdam, 231–302.

McKie, T. and Audretsch, P. (2005) Depositional and structural controls on Triassic reservoir performance in the Heron Cluster, ETAP, Central North Sea. In: *Petroleum Geology: North-West Europe and Global Perspectives* (Eds A. G. Doré and B. Vinings). Proceedings of the 6th Petroleum Geology Conference, Geol. Soc. London, 285–298.

McKie, T. and Williams, B. (2009) Triassic palaeogeography and fluvial dispersal across the northwest European Basin. *Geol. J.*, 44, 711–741.

McKie, T., Jolley, S. J. and Kristensen, M. B. (2010) Stratigraphic and structural compartmentalization of dryland fluvial reservoirs: Triassic Heron Cluster, Central North Sea. *Geol. Soc. London Spec. Publ.*, 347, 165–198.

Mearns, E. W., Knarud, R., Ræstad, N., Stanley, K. O. and Stockbridge, C. P. (1989) Samarium−neodymium isotope stratigraphy of the Lunde and Statfjord Formations of Snorre Oil Field, northern North Sea. *J. Geol. Soc. London*, 146, 217−228.

Miall, A. D. (1995) Discussion. Description and interpretation of fluvial deposits: a critical perspective. *Sedimentology*, 42, 379−389.

Miall, A. D. (1996) *The Geology of Fluvial Deposits*. Springer Verlag, 582 p.

Miall, A. D. (2006) Reconstructing the architecture and sequence stratigraphy of the preserved fluvial record as a tool for reservoir development: a reality check. *AAPG Bull.*, 90, 989−1002.

Miall, A. D. (2010) Alluvial deposits. In: *Facies Models 4* (Ed. N. P. James & R. W. Dalrymple), *GEOtext 6*, Geol. Assoc. of Canada, 105−137.

Moore, T., Scotese, C. and Goswami, A. (2008) Predicting palaeosol distributions using paleoclimate simulations: Results for the Late Devonian, Early Permian, Late Triassic, Late Jurassic, Late Cretaceous (Cenomanian) and Early Eocene. *Geol. Soc. Am. Abstr. Progr.*, 40, 259.

Mørk, A., Embry, A. F. and Weitschat, W. (1989) Triassic transgressive−regressive cycles in the Sverdrup Basin, Svalbard and the Barents Shelf. In: *Correlation in Hydrocarbon Exploration* (Ed. J. D. Collinson), Nor. Petrol. Soc., Graham & Trotman, 113−130.

Müller, R. (2003) *Basin infill dynamics of the triassic of the northern North Sea and Mid−Norwegian Shelf: Control of Autogenic and Allogenic Factors*. Dr. Scientarium Thesis. University of Oslo. 262 pp.

Müller, R., Nystuen, J. P. and Adestål, V. (2002) Dryland mudrocks and palaeosols of the Upper Triassic−Lower Jurassic Lunde and Statfjord Formations, northern North Sea: implications for palaeoclimate and basin infill dynamics. Programme and Abstracts, Dryland rivers: process and product. University of Aberdeen. 8−9. August 2002, 19.

Müller, R., Nystuen, J. P. and Wright, V. P. (2004) Pedogenic mud aggregates and palaeosol development in ancient dryland river systems: criteria for interpreting alluvial mudrocks and floodplain dynamics. *J. Sed. Res.*, 74, 537−551.

Müller, R., Nystuen, J. P., Eide, F. and Lie, H. (2005) Late Permian to Triassic basin infill history and palaegeography of the Mid−Norwegian Shelf−East Greenland region. In: *Onshore−Offshore Relationships on the North Atlantic Margin* (Eds B. T. G. Wandås, J. P. Nystuen, E. A. Eide and F. M. Gradstein), Nor. Petrol. Soc., Spec. Publ., 12, Elsevier, Amsterdam, 165−189.

Munsell Color (1975) Munsell Color Charts. Munsell Color, Baltimore, MD.

North American Commission on Stratigraphic Nomenclature (NACSN) (1983) North American stratigraphic code, *AAPG Bull.*, 67, 841−875.

Nøttvedt, A., Gabrielsen, R. H. and Steel, R. J. (1995) Tectonostratigraphy and sedimentary architecture of rift basins, with reference to the northern North Sea. *Mar. Petrol. Geol.*, 12, 881−901.

Nystuen, J. P. and Fält, L. M. (1995) Upper Triassic − Lower Jurassic reservoir rocks in the Tampen Spur area, Norwegian North Sea. In: *Petroleum Exploration and Exploitation in Norway* (Ed. S. Hanslien), Nor. Petrol. Soc. (NPF) Spec. Publ., 4, Elsevier, Amsterdam, 141 −

185.

Nystuen, J. P., Knarud, R., Jorde, K. and Stanley, K. O. (1989) Correlation of Triassic to Lower Jurassic sequences, Snorre Field and adjacent areas, northern North Sea. In: *Correlation in Hydrocarbon Exploration* (Ed. J. D. Collinson), Nor. Petrol. Soc. (NPF), Graham & Trotman, London, 273–289.

Nystuen, J. P., Mørk, A., Müller, R. and Nøttvedt, A. (2008) From desert to alluvial plain —from land to sea. In: *The Making of a Land-Geology of Norway* (Eds I. B. Ramberg, I. Bryhni, A. Nøttvedt and K. Rangnes), Norsk geologisk forening (The Norwegian Geological Association), Trondheim, Norway, 330–355.

Odinsen, T., Reemst, P., Van Der Beek, P., Faleide, J. I. and Gabrielsen, R. (2000) Permo-Triassic and Jurassic extension in the northern North Sea: results from tectonostratigraphic forward modelling. In: *Dynamics of the Norwegian Margin* (Eds A. Nøttvedt, B. T. Larsen, S. Olaussen, B. Tørudbakken, J. Skogseid, R. H. Gabrielsen, H. Brekke and Ø. Birkeland), *Geol. Soc. London*, *Spec. Publ.*, 167, 83–103.

Olsen, H. (1994) Orbital forcing on continental depositional systems—lacustrine and fluvial cyclicity in the Devonian of East Greenland. In: *Orbital Forcing and cyclic sequences* (Eds P. L. de Boer and D. G. Smith), *Int. Assoc. Sediment. Spec. Publ.*, 19, 429–438.

Olsen, H. and Larsen, P. H. (1993) Structural and climatic controls on fluvial depositional systems: Devonian of East Greenland. In: *Alluvial Sedimentation* (Eds M. Marzo and C. Puigdefabregas), *Int. Assoc. Sedimentol. Spec. Publ.*, 17, 401–423.

Patterson, P. E., Jones, C. and Skelly, R. (2006) Climatic controls on alluvial architecture, Doba Basin, Chad. *AAPG Ann. Met. Abstr.*, 15, 82.

Perlmutter, M. A. and Matthews, M. D. (1989) Global cyclostratigraphy: a model. In: *Quantitative Dynamic Stratigraphy* (Ed. T. A. Cross), Prentice Hall, Englewood Cliffs, 233–260.

Piipujol, M. D. and Buurman, P. (1994) The distinction between ground-water gley and surface water gley phenomena in Tertiary palaeosols of the Ebro basin, NE Spain. *Palaeogeogr., Palaeoclimatol., Palaeoecol.*, 110, 103–113.

Posamentier, H. W. and Allen, G. P. (1999) *Siliciclastic Sequence Stratigraphy-Concepts and Applications*. SEPM Concepts in Sedimentology and Paleontology, 7, 210 pp.

Probert, M. E., Fergus, I. F., Bridge, B. J., McGarry, D., Thompson, C. H. and Russel, J. S. (1987) *The Properties and Management of Vertisols*. CAB International/IBSRAM, Wallington, Oxon., UK, 20 pp.

Reeves, C. C. (1970) Origin, classification and geologic history of caliche in Southern High Plains, Texas and eastern New Mexico. *J. Geol.*, 78, 352–362.

Retallack, G. J. (1986) Fossil soils as grounds for interpretation long-term controls on ancient rivers. *J. Sed. Petrol.*, 56, 1–18.

Retallack, G. J. (2001) *Soils of the Past-An Introduction to Palaeopedology*. Blackwell Science, Oxford, 404 pp.

Robert, C. (2004) Late Quaternary variability of precipitation in Southern California and climatic implications; clay mineral evidence from the Santa Barbara Basin, ODP Site 893. *Quatern.*

Sci. Rev., 23, 1029-1040.

Roberts, E. M. (2007) Facies architecture and depositional environments of the Upper Cretaceous Kaiporowits Formation, southern Utah. Sed. Geol., 197, 207-233.

Røe, S.-L. and Steel, R. (1985) Sedimentation, sea-level rise and tectonics at the Triassic-Jurassic boundary (Statfjord Formation), Tampen Spur, northern North Sea. J. Petrol. Geol., 8, 103-186.

Royer, D. L. (1999) Depth to pedogenic carbonate horizon as a paleoprecipitation indicator? Geology, 27, 1123-1126.

Ruhl, M. and Kürschner, W. M. (2011) Multiple phases of carbon cycle disurbance from large igneous province formation at the Triassic-Jurassic transition. Geology, 39, 431-434.

Ruhl, M., Deenen, M. H. L., Abels, H. A., Bonis, N. R., Krijgsman, W. and Kürschner, W. M. (2010) Astronomical constraints on the duration of the early Jurassic Hettangian stage and recovery rates following the end-Triassic mass extinction (St. Audriés Bay/East Quantoxhead, U. K.). Earth Planet. Sci. Lett., 259, 262-276.

Ryseth, A. (2001) Sedimentology and palaeogeography of the Statfjord Formation (Rhaetian-Sinemurian), North Sea. In: Sedimentary Environments Offshore Norway - Paleozoic to Recent (Eds O. J. Martinsen and T. Dreyer), Norw. Petrol. Soc. (NPF), Spec. Publ., 10, Elsevier, Amsterdam, 67-85.

Ryseth, A. and Ramm, M. (1996) Alluvial architecture and differential subsidence in the Statfjord Formation, North Sea: prediction of reservoir potential. Petrol. Geosci., 2, 271-287.

Schomacker, E. R. (2008) Geological Reservoir Characterisation of Alluvial Deposits: Architectural style and variability. Ph. D. Thesis, Department of Geosciences, University of Olso, Norway, 262 pp.

Schumm, S. A. (1981) Evolution and response of the fluvial system, sedimentologic implications. In: Recent and Ancient Nonmarine Depositional Environments: Models for Exploration (Eds F. G. Ethridge and R. M. Flores), SEPM Spec. Public., 31, 19-29.

Schumm, S. A. (1977) The Fluvial System. The Blackburn Press, Caldwell, New Jersey, USA, 338 pp.

Schumm, S. A. (1993) River Response to Baselevel Change: Implications for Sequence Stratigraphy. J. Geol., 101, 279-294.

Schumm, S. A. (2005) River Variability and Complexity. Cambridge University Press, Cambridge, UK, 220 pp.

Schwertmann, U. (1988) Occurrence and formation of iron-oxides in various pedoenvironments. In: Iron in Soils and Clay Minerals (Eds J. W. Stucki, B. A. Goodman and U. Schwertmann), Dordrecht, The Netherlands, Reidel, 267-308.

Shanley, K. W. and McCabe, P. J. (1994) Perspectives on the sequence stratigraphy of continental strata. AAPG Bull., 78, 544-568.

Sinha, R. and Sarkar, S. (2009) Climate-induced variability in the late Pleistocene-Holocene fluvial and fluvio-deltaic successions in the Ganga plains, India: a synthesis. Geomorphology, 113, 173-188.

Sørlie, R. (1996) *Diagenetisk utvikling i Lunde-og Statfjordformasjonens slam-og sandsteiner på Snorrefeltet*. Cand. Scient, oppgave i geologi. Institutt for Geologi, Universitetet i Oslo (In Norwegian), 297 pp.

Steel, R. (1993) Triassic-Jurassic megasequence stratigraphy in the Northern North Sea: rif to post-rift evolution. In: *Petroleum Geology of NW Europe: Proceedings of the 4th Conference*, (Ed. J. R. Parker), 1, Geol. Soc. London, 299-315.

Steel, R. J. and Ryseth, A. (1990) The Triassic-early Jurassic succession in the northern North Sea: megasequence stratigraphy and intra-Triassic tectonics. In: *Tectonic Events Responsible for Britain's Oil and Gas Reserves* (Eds R. F. P. Hardman and J. Brooks). *Geol. Soc. London Spec. Publ.*, 55, 139-168.

Suresh, N., Ghosh, S. K., Kumar, R. and Sangode, S. J. (2004) Clay-mineral distribution patterns in late Neogene fluvial sediments of the Subathu sub-basin, central sector of Himalayan foreland basin: implications for provenance and climate. *Sed. Geol.*, 163, 265-278.

Tandon, S. K. and Gibling, M. R. (1994) Calcrete and coal in late Carboniferous cyclothems of Nova Scotia, Canada: Climate and sea-level changes linked. *Geology*, 22, 755-758.

Terry, D. O. (2007) Palaeosol-based interpretations of basin history and paleoclimatic change: the Eocene-Oligocene White River Group of Nebraska and South Dakota. *Geol. Soc. Am. Abstr. Progr.*, 39, 193.

Tooth, S. (2000) Process, form and change in dryland rivers: a review of recent research. *Earth-Sci. Rev.*, 51, 67-107.

Torsvik, T. H., Carlos, D., Mosar, J., Cocks, R. M. and Malme, T. N. (2002) Global reconstructions and North Atlantic palaeogeography 440 Ma to Recent. In: *Atlas-Mid Norway plate reconstructions Atlas with global and Atlantic perspectives* (Ed. E. Eide) Geol. Surv. Nor., Trondheim, 18-39.

Van der Zwan, C. J. (2002) The impact of Milankovitchscale climatic forcing on sediment supply. *Sed. Geol.*, 147, 271-294.

Vanstone, S. D. (1991) Early Carboniferous (Mississippian) palaeosols from southwest Britain: influence of climatic change on soil development. *J. Sed. Petrol.*, 61, 445-457.

Vollset, J. and Doré, A. G. (Eds) (1984) *A revised Triassic and Jurassic lithostratigraphic nomenclature for the Norwegian North Sea*. Norw. Petrol. Dir., Bull., 3, 53 pp.

Wan, S., Tian, J., Steinke, S. Li, A. and Li, T. (2011) Evolution and variability of the east Asian summer monsoon during Pliocene; evidence from clay mineral records of the South China Sea. *Palaeogeogr., Palaeoclimatol., Palaeoecol.*, 293, 237-247.

Weissman, G. S., Hartley, A. J., Nichols, G. J., Scuderi, L. A., Olson, M. E., Buehler, H. A. and Massengil, L. C. (2011) Alluvial facies distributions in continental sedimentary basins-distributive fluvial systems. In: *From River to Rock Record: the Preservation of Fluvial Sediments and their Subsequent Interpretation* (Eds S. K. Davidson, S. Leleu and C. P. North). *SEPM Spec. Publ.*, 97, 327-355.

Weltje, G. J., Meijer, X. D. and de Boer, P. L. (1998) Stratigraphic inversions of siliciclastic basin fills: a note on the distinction between supply signals resulting from tectonic and climatic forcing. *Basin Res.*, 10, 129–153.

Wilding, L. P. and Tessier, D. (1988) Genesis of vertisols: shrink–swell phenomena. In: *Vertisols: Their Distribution, Properties, Classification and Management: College Station, Texas* (Eds L. P. Wilding and R. Puentes). Soil Management Support Services Technical Monograph, 18, 55–81.

Wright, V. P. (1990) Equatorial aridity and climatic oscillations during the early Carboniferous, southern Britain. *J. Geol. Soc. London*, 147, 359–363.

Wright, V. P. and Marriot, S. B. (1993) The sequence stratigraphy of fluvial depositional systems: the role of the floodplain storage. *Sed. Geol.*, 86, 203–210.

Wright, V. P. and Marriott, S. (1996) A quantitative approach to soil occurrence in alluvial deposits and its application to the Old Red Sandstone in Britain. *J. Geol. Soc. London*, 153, 907–913.

Yang, C. S. and Baumfalk, Y. A. (1994) Milankovitch cyclicity in the Upper Rotliegend Group of The Netherlands offshore. In: *Orbiral Forcing and Cyclic Sequences* (Eds P. L. de Boer and D. G. Smith). *Int. Assoc. Sediment. Spec. Publ.*, 19, 47–61.

Zaleha, M. J. (1997) Intra–and extrabasinal controls on fluvial deposition in the Miocene Indo-Gangetic foreland basin, northern Pakistan. *Sedimentology*, 44, 369–390.

# 4 应用可容空间与沉积物供给比值概念进行河流沉积体系层序分析和储层划分

Allard W. Martinius　Carsten Elfenbein　Kevin J. Keogh　著

方　向　译

**摘要**：用层序地层学原理进行河流沉积体系里的相关性分析争议已久。异旋回事件（allocyclic events）引起沉积相叠置样式变化，由于其常被自旋回事件（autocyclic events）所掩盖或全部改造，因此识别出准确的时间性标志可能会很困难，如果用层序地层学原理来分析井下数据会更加困难。本文提出了一种解决方案，即基于可容空间与沉积物供给比值（$A/S$）及其在不同时间尺度上的变化开展研究，这些变化导致 $A/S$ 在沉积记录上呈现总体上的递增或递减模式。对已知陆相河流层序地层学方法的主要改进是提出地质历史时期的河流加积速率受控于可容空间与沉积物供给比值，是动态变化值而不是一个常值。由于 $A/S$ 相互作用概念的引入，分析河流相地层时不仅要考虑（或仅考虑）区域或局部基准面变动的影响，也要综合考虑区域或局部沉积物供给变动的影响。具操作性的河流沉积体系基准面（或层序参考面）的定义，可概括和表示为实时可容空间的下部边界或净可容空间的上部边界（或侵蚀下限）。在不受侧向迁移作用直接影响的河道或河道带地区，特定时间尺度上的净可容空间上部边界有时会在成因上与古土壤伴生，其他实例则可借助横向上广泛分布的钙质层来确定净可容空间上部边界，它往往出现在相对未受短时间侵蚀和沉积影响的特定深度上。这种研究方法并不意味着替代现有沉积体系地层分析方法，而是在类型合适和拥有大量数据情况下的一种可选方案，其应用和限制条件在对挪威北海 Statfjord 油田 Statfjord 群的研究中得到体现。

**关键词**：河流地层；$A/S$；储层带；Statfjord 群；基准面

近期层序地层学最重要的进展之一就是越来越重视初始沉积作用和地貌差异的时空分布对沉积体系沉积演化和三维结构的影响。现在认为多个相互作用的控制因素如沉积物供应、水动力特征、沉积体系内生响应（Puigdefàbregas，1993；Hovius，1998；Leeder 等，1998；Ethridge 等，1998；Muto 和 Steel，2002，2004；Yoshida 等，2007；Muto 等，2007）的时空分布是很重要的控制因素，可通过实验（Koss 等，1994；Wood 等，1992；Van Heijst，2001；Van Heijst 等，2002；Muto 和 Steel，2004；Swenson 和 Muto，2005）、数值模型（De Vriend，2005；Eggenhuisen 等，2005；Postma，2014）以及大量精细的露头和现代沉积体系分析（Schumm，1993；Bridge，2003；Catuneanu，2006；Rygel 和 Gibling，2006）研究沉积物供应、水动力特征、沉积体系内生响应及其在层序地层学概念和模型中的重要性。对研究陆相沉积体系和三维结构模型而言，由于对物源区和沉积区的控制因素较为敏感，尤其是沉积物供应和水流卸载条件，这些研究方法的结合就更显重要。

为了更好地了解控制长周期非海相地层沉积物保存、侵蚀面形成的机制，在进行层序地层学研究时，除了相对海平面升降的直接控制作用外（Schumm，1977；Knighton，1998；Bridge，2003），仅在很小的范围内使用短时到瞬时的（$1\sim10^5$ a）陆相河流沉积、保存和剥蚀作用的地貌模型。已有一些非海相（层序）地层学模型（Legarreta 等，1993；Wright 和 Marriott，1993；Shanley 和 McCabe，1994；Olsen 等，1995；Allen 等，1996；Currie，1997；Dahle 等，1997；Dong 等，1997；Fu，1997；Wang 等，1997；Cai 和 Zhang，1999；Diessel 等，1999；Martinsen 等，1999；Boyd 等，2000；Yu 等，2000；Plint 等，2001；Weissmann 等，2002；Holbrook 等，2006）试图引入现有的海相层序地层学术语（相对应界面，体系域），或者定义新的非海相相关面和体系域概念。目前还没有形成统一的非海相层序地层学，难以将用于海相的体系域概念引入到非海相环境的说法也充满争议（Ethridge 等，1998）。

由于缺乏数据，进行油气勘探和开发相关研究时，将陆相河流层序地层学概念和方法应用于井下数据时通常会非常复杂。一般而言，相对应界面通常发育不全，难以辨认，有穿时性。例如用组合测井和岩心研究得出的河流相相关数据，很难区分是地层退积时形成的区域不整合面，还是地层加积时形成的局部河道底部冲刷面。这种情况下，基于侵蚀面进行井间相关性研究的不确定性已经超出可接受的范围，如果进行趋势分析可提高可信度。大部分已出版的文献中识别出了高位和低位可容空间带（accommodation zones），具有足够的精度和可接受的不确定性，可用于建立地质意义上的三维储层模型，评估加密生产井相关投资的经济性，尤其在油气田开发晚期。

## 4.1 研究目标

研究目标是建立改进的地层格架，用于 Statfjord 油田河流相 Statfjord 群储层特征建模（图 4.1—图 4.3；Lervik，2006）。在现有陆相河流层序地层学认识上结合了两个重要进展，完成了建模研究：（1）提出河流加积速率受可容空间和沉积物供给控制，是随时间变化而非固定不变的；（2）对河流沉积基准面的定义进行了修改，以估算加积速率。应用 $A/S$（$A$ 是净可容空间产生速度，$S$ 是沉积物输入速度，表示沉积物释放和卸载速度）和自旋回地层研究方法（autostratigraphy approaches）时，井下数据在空间上限定在储层级别上（0.1~20km；Statfjord 油田；图 4.2），相当于几个百万年时间的级别。井下综合研究团队用该方法作为组织和编制沉积趋势和储层特征趋势变化图的工具，保持了研究的科学客观性。

并不是以这种方法为主去分析所有河流体系，并非用一个普遍适用的方法或假设去描述河流沉积，而是在分析井下数据时，用这种方法改进陆相河流层序地层学的研究方法和技术，而且可操作，然后形成划分陆相河流地层的一种可选方案，而不是在低位和高位可容空间带中划分更为静态的亚带。"可容空间"采用了 Muto 和 Steel（2000）的定义，为"在特定时间间隔内被沉积物充满的空间里，在特定地点和时间的沉积物厚度"。

河流沉积体系的外动力作用机制是该方法的理论基础。如气候条件对长周期水流补给和沉积量变化的控制作用影响了河流沉积作用，河流沉积记录反映的长周期气候变化（>$10^4$a）最终受 Milankovitch 旋回内的日照条件及其作用控制，如日照对植被的控制作用（Perlmutter 和 Matthews，1990；Matthews 和 Perlmutter，1994；Fraticelli 等，2004；Weissmannet 等，2002，2005；Gibling 等，2005）。另外，外动力作用使得河流体系持续失衡，并改变其可容空间和相应的加积速度（Postma，2014）。特别是当可容空间变化的时间间隔明显小于河流体系适应变化的时间间隔时，加积速度的变化就会相当巨大（Paola 等，1992；Van Heijst 和 Postma，2001；Postma，2014）。

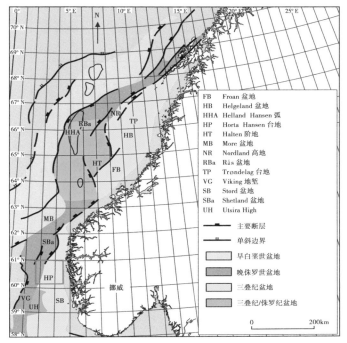

图 4.1 挪威大陆架上的盆地和相关主要构造位置简图（据 Coward 等，2003，修改）
红色边框区域为 Statfjord 区块里的研究工区

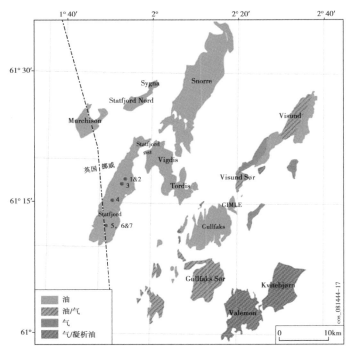

图 4.2 Tampen 地区油田分布图（据挪威石油管理局图件修改）
虚线为 Statfjord 许可区块及相邻区块分界，研究区为 Statfjord 油田的一部分，已标注图 4.12 中取心井的海底位置（数字为井号），井间的距离按储层（Statfjord 组顶部）深度计算

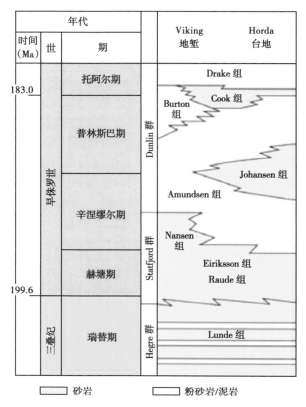

图 4.3 Tampen 地区 Viking 地堑和 Horda 台地下—中侏罗统岩性剖面
（据 Husmo 等，2003，修改；Lervik，2006，修改）
台地位置如图 4.1 所示

## 4.2 可容空间与沉积物供给比值：研究意义、识别标志及变化趋势

### 4.2.1 异旋回和自旋回

虽然本文的相关研究建立在数据分析基础上，也需要包含一些概念化的要素来划分出地层段。主要有以下这些概念：(1) 可容空间（定义见附录）与沉积物供给比值（A/S）的概念，基于 Swift 和 Thorne（1991）与 Thorne 和 Swift（1991）的体系域理论（the regime theory）。(2) 自旋回地层原理，由 Muto 等（2007）定义，用于确定、识别和对比等时地层界面或地层段，可增加地层对比的准确性（Catuneanu，2006）。

在 10ka~1Ma 的时间尺度上，河流体系在不受尺度约束的剥蚀—沉积界线可定义为河流加积和退积模式的转化点（Bull，1991）。在最大的尺度上，这个界线受两组异旋回因素控制：气候和构造作用。这两组因素相互作用的方式非常复杂，很难将陆相沉积体系结构的变化归因于一个特定的构造或气候因素。一种或两种外界控制因素的明显变化就会导致河流沉积行为发生变化（Schumm，1977，1993；Bull，1991）。Bull（1991）认为当气候条件改变时，为达到均衡，河流体系会在均衡期外的大部分时间发生加积和退积作用。当气候条件改变时，山坡上的植被会发生变化，导致河流体系释放沉积物形成加积，Weissmann 等（2002，2005）对形成于冰期和间冰期的河流体系研究及 Gibling 等（2005）对季风性气候的河流体系研究都是这种气候变化引起河流体系响应的实例。这些研究表明，河流沉积记录反映出由于气候变化，大部分时间河流沉积体系处于退积和暴露状态，加积作用则表现出短暂性和突发性。进行（层序）地层学分析时，必须区分大时空尺度上起作用的异旋回因素和在小时空尺度作用的自旋回作用（Stouthamer 和 Berendsen，2000，2007；Postma，2014）。

用于河流—三角洲体系研究的自旋回地层概念涵盖了层序地层学分析，自旋回地层是地层对大尺度自生作用（Muto 等，2007）的非均衡地层响应，这些研究者认为层序地层学是更具普遍性的自旋回地层模型的有限表述，仅适用于不稳定异旋回因素周期远小于稳定动态的异旋回动力周期的情况下。一些地层记录中的突发性间断并不都是外部条件改变的响应，也可能仅仅是该体系的内生作用。因此所有的河流层序地层学模型都必须包含 $A/S$ 变化响应、大尺度内生作用及类似冲刷作用等小尺度自生作用的联合作用。

### 4.2.2 河流基准面

净可容空间的上边界（剥蚀下限或河流基准面，定义见附录）用于计算地层变化或作为地层对比的标准（基准面）。由于梯级河流剖面在任何时空尺度上都不是均衡状态（Schumm，1977；Bull，1991；Holbrook 等，2006；Postma，2014），随之而来的局部内生作用会在地层标志上叠加印记（Kjemperud，2008），因此净可容空间的上边界在河流相岩石记录中不太会明显表现出来。此外，几个净可容空间的上边界会以不同级别的（hierarchical）方式保存，必须用 $A/S$ 概念识别出具相似进积和（或）退积样式的地层段。

$A/S$ 的概念是一种分析沉积体系时空差异性的有效方式（Jervey，1988；Thorne 和 Swift，1991；Schlager，1993；Shanley 和 McCabe，1994；Allen 等，1996；Martinsen 等，1999；Muto 和 Steel，2002），也经常用于河流层序地层学模型。可容空间（$A$）以单位时间的厚度计量，沉积量（$S$）反映了在特定时间间隔内沉积物供给的总体积，定义为单位时间的沉积物体积（Muto 和 Steel，2000），因此 $A$ 和 $S$ 的定义都包括了体积和时间的概念。$A/S$ 是一个数值，地层里的 $A/S$ 变化反映了原位河流基准面的变化（Martinsen 等，1999）。因此有必要研究如何确定河流环境可容空间随时间的变化。如上所述，$A$ 和 $S$ 密切相关，但又不必均衡。

### 4.2.3 $A/S$ 的变化和识别指标

河流地层数据分析可以描述 $A/S$ 的变化情况，已经发现了多种方法和指标系统来表征由于非海相可容空间的增加或减少引起（可能）的河流均衡剖面和河流平面样式的调整（Ouchi，1985；Leeder 和 Stewart，1997；Currie，1997；Gawthorpe 和 Leeder，2000；Bridge，2003；Adams 和 Bhattacharya，2005；Schumm，2005），其中与三维相结构时空变化分析相关的沉积相（包括河道间和河道砂岩）研究极为关键，是非海相地层对比时用来分析残留沉积相带结构变化（趋势）的最重要工具，有几个相关参数可用于分析这些变化，必须很小心地使用这些参数，因为很多参数受物源区上下游参数、气候、差异沉降、海平面变化等因素控制（Schumm，2005），这些参数不宜单独使用。这些参数包括（表4.1）：

（1）古土壤成熟度变化。与气候因素的差异性相关，如降水量、季节性、温度和生物活动。仅到中等成熟度的古土壤堆积是快速连续沉积的冲积盆地的典型标志。

（2）古土壤保存剖面的厚度差异。也与沉积速度和（或）可容空间产生变化相关。

（3）存留河流砂岩岩相和相组合的类型及其相对含量变化，指示上游沉积物卸载和（或）加载变化引起的河道样式变化。

（4）与平均单河道充填厚度和宽度相比而言的河道带厚度和宽度变化。指示了纵向和横向上砂岩连通性的变化，与考虑沉积量和水流量的可容空间生成相关。在沉积速度（很）大的情形下（可容空间生成的速度足够大），可发生两类（组合）响应。①高频冲积作用（Bryant 等，1995；Postma，2014），导致泛滥平原细粒物（部分）搬运和河道更密集叠置，形成较好的连通性。②单个河道相组合更完整的保留（表现为保留了坝体顶部）。在这些例子中，系统性的河道平面形态变化可能指示了沉积时长周期（>20ka）外部水动力条件的变化。

（5）残留细粒沉积物总量的变化。指示了在一定速度的沉积物补给条件下可容空间增长的变化。

（6）河道带里和沉积剖面上相组合间（侵蚀）面的出现频率和特征，如局部地区单河道沉积物的底面，沉积物包括粗粒（砂质充填河道）和细粒（泥颗粒填充河道）沉积组分。关键之处也包括识别出它们之间的差异性，比如说，不同原因导致的剥蚀。①单个河道或分流河道的下切；②深切河谷或汇聚冲刷；③河道带制造的河流谷地，河漫滩的退化也可以引起退积。

（7）叠加在河道稳定性和位置变化、漫滩宽度变化上的长时期冲刷频率变化（Stouthamer 和 Berendsen，2000，2007；Postma，2014）。

表 4.1　指示 Statfjord 油田 Statfjord 群 $A/S$ 变化的参数

| 序号 | 表示 $A/S$ 变化的参数 | 重要性 | 适用性 |
| --- | --- | --- | --- |
| 1 | 古土壤成熟度变化 | 高 | 高 |
| 2 | 古土壤保存剖面的厚度差异 | 高 | 高 |
| 3a | 存留的河流砂岩岩相类型及其相对含量变化 | 高 | 高 |
| 3b | 存留的河流砂岩相组合类型及其相对含量变化 | 中 | 中 |
| 4 | 河道带厚度（1）和宽度（2）的变化程度，与单河道充填比较 | 高 | 1—高；2—低 |
| 5 | 残留细粒沉积物总量的变化 | 低—中等沉降速度时高 | 低—中等沉降速度时高 |
| 6 | 河道带相组合间（侵蚀）面的发生频率和特征 | 中 | 中 |
| 7 | 叠加在河道稳定性和位置变化、漫滩宽度变化上的长时期冲刷频率变化 | 中 | 低 |

### 4.2.4　$A/S$ 变化趋势

必须强调的是，在特定时间尺度上，$A/S$ 变化比 $A/S$ 的绝对值更重要。当短期 $A$ 或 $S$ 或二者（但是独立的）都在一个小的时间尺度上围绕一个平均值（稳定）上下随机变化和波动时，在一个较长周期内的平均值表现为一个固定值，出现 $A/S$ 稳定的情形。$A/S$ 稳定的情形也可以是平稳的动态异旋回动力（固定 $A/S$）的结果，是自旋回地层响应的结果（Muto 等，2007）。在 Statfjord 群实例研究中未发现系统性使用稳态 $A/S$ 的条件，因而，除退积阶段外，使用负值、递增或递减（非稳态）$A/S$ 响应。

接下来是两个河流 $A/S$ 变化趋势定义的实例，变化趋势与三个关键的河流地层标准相关，其中一个标准确定为面（可与 Allen 等，1996 和 Diessel 等，1999 使用的概念对比）。

第 1 个实例是未发生退积，未形成陆成剥蚀面。在 $0 < A/S \leqslant 1$ 时，可见一个递增的 $A/S$ 变化趋势和一个递减的 $A/S$ 变化趋势 [图 4.4（A）；Sweet 等，2005]。$A/S$ 从递增到递减的转折点（相对最大加积面）和从递减到递增的转折点（相对最小加积面）都可作为对比的参考面。

第 2 个实例是在一个 $A/S$ 变化旋回内，加积（$A/S>0$）和退积（$A/S>0$）两种情况都有。近地表不整合面（形成于加积—退积—加积转换时期，研究区在一段时间内无沉积）可作为地层对比面。

第 1 个实例可作为更高频的序列，发生于第 2 个实例中沉积间断代表的时间段。相对较小级别的加积相关界面或近地表不整合面可能被随后的近地表不整合面侵蚀掉，如果递减的 $A/S$ 变化趋势比较强，早期序列会被完全剥蚀 [图 4.4（B）]。

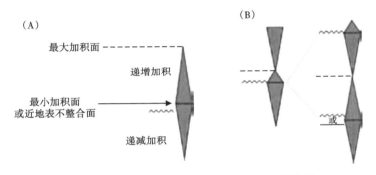

图 4.4　可容空间与沉积物供给（$A/S$）的关系

(A) 可容空间与沉积物供给（$A/S$）比值的变化方向为递增（蓝色三角）或递减（红色三角），二者组成一个 $A/S$ 旋回。相对最大加积面位于 $A/S$ 从递增变为递减的转折处，相对最小加积面位于 $A/S$ 从递减变为递增的转折处。如果 $A/S$ 不为零或者不减少到零值以下，就不会形成近地表不整合面。(B) 从三维上考虑河流沉积地层剖面，一个地区特定时间尺度下的相对最小加积面可能代表了另一个地区更小时间尺度下的一个完整的 $A/S$ 旋回

在与快速沉积相关的高位可容空间环境下，或考虑到转折点的表现形式、分辨率（纵向和横向）和内生作用区（Kjemperud，2008），很难或不可能识别出作为单独界面的相对最小或最大加积面，更常见的情形是识别出转折发生时对应的地层段。例如，在成熟钙质条带地层向上递减的古土壤成熟度指示 $A/S$ 递增，而递增的古土壤成熟度指示 $A/S$ 递减（图 4.5）。近地表不整合面可在广泛分布的砂岩/砾岩单元底部形成，该单元可能与细粒碎屑组合在一起，或者近地表不整合面就位于细粒碎屑里（Sweet 等，2005）。

Dahle 等（1997）和 Martinsen 等（1999）定义的高位、低位可容空间体系域是建立在随时间变化的河流可容空间基础上的（Catuneanu，2006），其用途与本文定义的两种趋势类似。但本文定义的趋势是建立在一系列参数之上，这些参数反映了随时间而异的 $A/S$ 变化[虽然 Martinsen 等（1999）也对 $A/S$ 递增或递减的地层段进行了制图]。不同时间尺度上都有沉积物的沉积和保存速度，控制因素（构造上和气候上）在不同时间尺度上相互作用，形成了不同层次的旋回性，河流作用形成了层序地层相关界面。

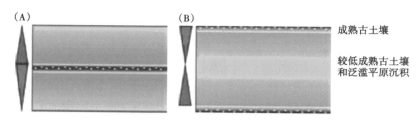

图 4.5 古土壤成熟度与可容纳空间/沉积物供给（$A/S$）的关系

进行河流沉积的地层学分析时，要考虑河漫滩泥岩沉积中发育的古土壤成熟度及其与下伏和上覆古土壤的关系。古土壤成熟度递减（颜色从绿色变为黄色）在地层上处于成熟钙质层之上，反映了递减 $A/S$（A）。古土壤成熟度递增（颜色从黄色变为绿色）的地层层序反映了递增 $A/S$（B）。褐色层段内的白点代表成熟土壤里的钙质成分

### 4.2.5 长周期 $A/S$ 变化和短周期内生作用

对 $A/S$ 变化的地层学分析仅适用于净可容空间"窗"（定义见附录）的沉积物，不能用于保存在实时可容空间"窗"（定义见附录）的沉积物，因为实时可容空间沉积物充填是暂时性的。冲刷作用形成的实时可容空间"窗"的沉积物只有当河道（带）离冲刷地点足够远时才可能永久保存下来，再从这里沉积物沉降到净可容空间"窗"（图 4.6）。举例来说，全新世莱茵河—默兹河低位三角洲平原的冲积扇受内生作用和外生作用控制，与加积期有关（Stouthamer 和 Berendsen，2000，2007），有不同时间尺度的冲刷频率，较短周期的频率很可能受控于内生作用，而较长周期的频率可能受控于外生作用。Stouthamer 和 Berendsen

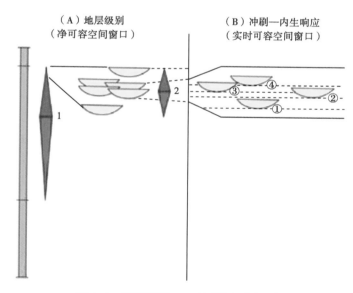

图 4.6 不同级别 $A/S$ 序列叠置的规则

（A）根据实时可容空间和净可容空间的定义及其在地层学分析中的应用与 Stouthamer 和 Berendsen（2007）提供的冲刷数据，在研究河流沉积（图中的级别 2）$A/S$ 时，最小时间尺度对应的最高分辨率大致是万年，这些作者认为单个冲刷沉积也许是自旋回过程的产物，初始是实时可容空间窗口的沉积，因此这些沉积物不能用于研究，黄色丘体代表这套岩石地层。（B）冲刷规模。这个级别的旋回可被自旋回控制，不能用于储层段研究，图中的数字指单个冲刷事件的顺序

（2000，2007）认为在加积作用递减时冲积频率可能递减或递增，视不同的时间尺度而定，冲刷发生的位置则主要与内生作用要素时空上的相互作用有关。另一方面，水槽研究表明当加积速率增大时冲刷频率会加大，反之亦然（Bryant 等，1995；Postma，2014），认为水槽实验主要反映了较长时间尺度上加积速率变化引起的效应。考虑到上文提及的因素，单个冲积扇往往是局部事件，无须用层序地层学对比参数描述。Stouthamer 和 Berendsen（2007）报道了一个莱茵河—默兹河三角洲上的实例，短周期内生作用控制的冲刷频率为500a，而外生作用则控制了大约$10^4$a时间尺度的长周期趋势。有鉴于此，并考虑陆相河流体系中控制冲刷作用的一些不确定因素，识别岩心中的单个冲刷事件沉积并在进行地层对比时加以剔除非常重要。问题是只有在单砂体保存程度较好时才可以识别出单个冲刷事件，表现为单个河道相组合中丘状体顶部的保存。在一个被可对比界面所界定的地层单元中，冲刷作用产物可用于分析环境和地层的变化情况。图4.7是冲积地层里对比原则的实例。

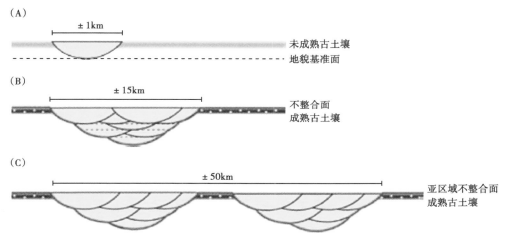

图 4.7　河流地层的对比法则
（A）单个河道沉积不能用于地层对比；（B）、（C）泛滥平原上最成熟的古土壤，与冲积河谷的
不整合基底面对比，反映了可容空间从递增到递减的转折，可用于地下地层对比

当沉积物最初被先成下切谷或河谷（当 $A/S$ 降到小于0时）限定，后来溢出河谷边界，扩展到非常大范围的情况下，$A/S$ 递增时期可形成一个扩展面（Dahle 等，1997；Martinsen 等，1999）。这是局部的地貌效应，无须 $A/S$ 递增速度的突变（$A/S$ 保持稳定增大）与之对应，此时沉积物不再局限在谷地里，砂岩体叠置样式突然变成较少加积。

## 4.3　在 Statfjord 群研究中的应用

### 4.3.1　背景和特征

北海 Tampen 地区大型河流相 Statfjord 群（Deegan 和 Scull，1977；Røe 和 Steel，1985；Nystuen 和 Fält，1995；Ryseth 和 Ramm，1996；Ryseth，2001；Lervik，2006；图4.1、图4.3和图4.8）沉积于裂谷盆地中，该盆地在沉积期沉降非常快。Statfjord 群沉积时位于一个沉降巨块上，构造意义上该巨块由热力学驱动的后裂谷期沉降范围界定（Badley 等，

1988；Steel 和 Ryseth，1990；Steel，1993；北海 Viking 地堑，图4.8）。从 Utsira 高地到 Viking 地堑（约140km 距离）西南—东北方向上，地层厚度在 200~600m 之间变化。地层厚度的变化并不反映沉积环境明显的、整体的变化（Ryseth，2001），大尺度的沉降方式和差异压实一般不影响储层结构。

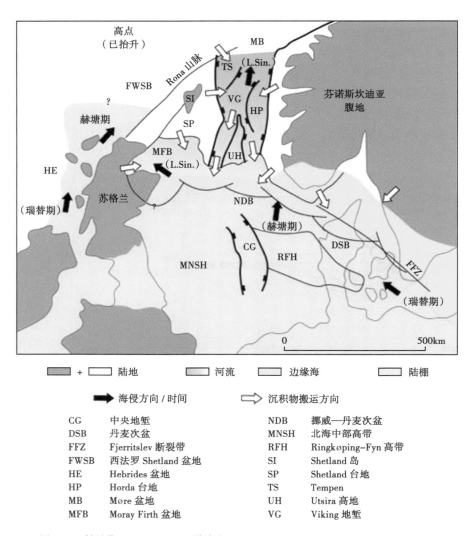

图 4.8 赫塘期 Viking 地堑及其南部区 Statfjord 群（Raude 组和 Eiriksson 组）
古地貌图（修改自 Ryseth，2001；Michelsen 等，2003）
标识出推测的沉积搬运方式和总体沉积环境

Sm/Nd 同位素研究（Mearns 等，1989）确定，主要沉积物源区位于 Tampen 山坡（Spur）的北部和西北部，可能的物源地带包括 Shetland 岛西部的 Rona 山脉，Shetland 岛是苏格兰西部大型 Lewisian 基岩的一部分。受早 Cimmerian 期构造运动的影响，物源区可能活化过数次。一些研究者（Dalland 等，1995；Morton 等，1996）认为 Tampen 山坡北部的 Caledonide 褶皱带至少可能是部分 Statfjord 群的物源区，还可能有东部物源。

在 Statfjord 群沉积的时候，从北（Tampen 山坡）往南（Utsira 高地）有从近物源到沉积末端变化的明显趋势，颗粒粒度分布、砂质含量、有机质含量和漫滩沉积湿度发生规律变化。Statfjord 群主要由辫状河（Tampen 山坡）—曲流河（Utsira 高地）沉积组成，伴有含煤漫滩沉积（floodplain）。在 Tampen 地区南部的 Utsira 高地，河流相砂岩粒度较细，相关的漫滩沉积中非土沉积物含量较高（Nystuen 和 Fält, 1995；Ryseth 和 Ramm, 1996；Ryseth, 2001）。

在 Tampen 地区的大部分区域，Statfjord 群自下而上被划分为三个岩性段（Deegan 和 Scull, 1977；Lervik, 2006；图 4.3）：Raude 组（晚三叠世晚期—早侏罗世早期）为含钙质条带的红色地层，Eiriksson 组（早侏罗世早期）为含煤层的灰色地层，夹粗粒砂岩，Nansen 组（早侏罗世）为细粒和部分异粒的砂岩和泥岩地层。这种岩性上的变化可解释为气候持续变得更湿润，可能伴有内陆回春作用（Røe 和 Steel, 1985；Ryseth, 2001）。

Raude 组的典型特征是从较少的、稳定的、狭窄的河道带变为更宽和可能更具移动性的辫状河道带，总体上 N/G 值大约为 45%。下段地层中，孤立的砂岩体被大面积分布的、含古土壤条带的泥岩包围，河道砂岩的厚度变化大，多层河道叠置和单层河道并存，后者可能是河漫滩上的网状主河道沉积，而多层砂岩体叠置则代表了辫状带沉积（Nystuen 和 Fält, 1995；Ryseth 和 Ramm, 1996；Ryseth, 2001）。

Eiriksson 组下部由高度混积的砂岩体组成，形成于弯曲河道，具有很好的横向和纵向连通性，砂岩 N/G 值超过 80%。Tampen 地区大部分上部地层为较低沿岸平原环境下的河成分流河道河口坝和间湾沉积。

Eiriksson 组顶部和 Nansen 组被认为受到海水作用的影响，是海侵作用的开端，在海相 Dunlin 群页岩沉积期达到高峰。

Amundsen 组（Dunlin 群底部地层）底部沉积时，大范围内的快速沉降引起沉积相快速变化为近海完全的海洋沉积。陆相 Statfjord 群与北海南部的海洋沉积等时，表明 Statfjord 群沉积期古海岸线位于 Utsira 高地南面，也就是 Statfjord 油田南面 300~350km 位置（Ryseth, 2001；图 4.8）。Statfjord 油田 Statfjord 群顶部基本上是平的，仅在 Statfjord 油田北部和南部可以看到 Statfjord 组顶部沉积相带退移，与等时 Dunlin 群相互贯穿。

本文采用了 Statfjord、Snorre、Gullfaks Sør 和 Gullfaks 等油田 20 口井 2990m 的岩心相观察和相关测井数据。建立了用于确定 9 个相组合的岩石相描述格架，下文提及的 Statfjord 群储层对比和分带研究限定在 Statfjord 油田的 11 口取心井里。

## 4.3.2 对比和分段存在问题

沉积环境研究确定 Statfjord 油田范围内（5km×24km；图 4.2）未见明显的近端—远端的变化趋势，也难以发现地层中砂岩体连通性的变化趋势，仅在低分辨率、大尺度对比的情况下较为明显。另外，在油田范围内可对比的漫滩细粒沉积段也基本缺失。

这套沉积地层也严重缺乏生物地层方面的数据，某些细粒层段可见大量小孢粉，但由于物源区、搬运和沉积作用的差异性，大部分事件是局部性的，此外只有很少的保存良好的、可用于定年的标识生物种群可用于地层对比。大孢粉是唯一可用于上三叠统—侏罗系陆相层序中地层研究的微化石组合（Morris 等，2009），化学地层学和磁性地层学又不能达到 Statfjord 群研究需要的精度，河流沉积中缺乏识别时间序列的能力。加上关键物理性地层界面难以识别，在将地层面与地层标准面关联、确定这些界面在层级结构中的重要性时就有很大的不确定性。

Statfjord 油田 Statfjord 群的地震资料品质普遍较差，对比作用有限。更糟糕的是，经过多年注水和生产，Eiriksson 组或多或少都有地层压力均匀化的现象，而更多的孤立 Raude 组砂岩体表现为不同的压力单元。从 Raude 组到 Eiriksson 组边界很少地区会出现压力联通现象，一般在该位置会有压力值的突然变化，基于岩心和测井数据，就可用于辅助确定 Raude 组和 Eiriksson 组的分界。

### 4.3.3 地层分析

岩心观察是研究 Statfjord 群地层 $A/S$ 变化的依据（图 4.9，图 4.10）。如前所述，在给定时间间隔内，结合古土壤中最具转化土特征且成熟度最高（例如最密集红色段、钙质层、密集根迹），或者具有最粗粒和（或）最多不成熟矿物的河道滞留沉积中的多层河道砂岩单元底界（图 4.6，图 4.9—图 4.11），可确定最小 $A/S$ 时期。古土壤层的发展和保存表明古土壤发育地的净沉积堆积速度在较长时间内变得稳定或略有增加，因而土壤未经受明显剥蚀。因此，漫滩上成土转变的位置是远端和（或）在地貌上抬升到河道之上的部位（Leeder，1975）。成熟古土壤，尤其是含钙质层的，需要较长时间稳定发育（Todd，1996），大部分成熟古土壤需要 $10^6$a 级别的时间。在这段时间里，最近的河道带都必须位于足够远的距离外，以保持稳定的河间沉积环境，古土壤形成作用不受影响。一种情形是局部 $A/S$ 相对最小（图 4.12，井 1），在相同地层级别上邻井沉积特征对比研究表明，成熟古土壤的出现是半区域性的现象［图 4.11（A）］，受外部动力因素控制，而不是局部的内生现象。在 $A/S$ 相对最小之上的 $A/S$ 递增，或者表现为发育更小成熟度的古土壤（图 4.12 中井 1 的总体趋势），或者表现为总体变细的河道沉积（图 4.12 中井 2 的总体趋势）。

由 $A/S$ 变化定义的地层序列对比会穿过地层单元，在平面上岩性变化明显。这种变化会引起高级别 $A/S$ 旋回地层厚度明显的侧向变化，因为富砂河道层段的底面指示了最小加积趋势的开始，相当于其他地区相对较薄、等时的古土壤［图 4.11（A）］。因为考虑了等时性，相应储层段结构反映了与 $A/S$ 相关地层的储层演化过程，比使用岩性对比的结论更加合理。对比线应该是等时线，包含的地层是基本同时、相互有关联的沉积物［图 4.11（B）］，储层段之间的连通性依靠跨边界的砂—砂接触，而不是沿着按岩性段划分的边界连通。

Statfjord 群研究中可识别出三个级别的 $A/S$ 旋回（图 4.12）。最低级别以 $A/S$ 的总体递增为特征，从 Statfjord 群下部到下侏罗统的 Dunlin 群，$A/S$ 递增是由基准面整体上升引起的，表现为从陆相冲积平原沉积（Raude 组）转变为沿岸平原沉积（Eiriksson 组），到海侵改造（Nansen 组），最终为 Amundsen 组的海洋沉积。Statfjord 群仅包括了这个最低级别旋回的 $A/S$ 递增部分。

中等级别旋回，也就是 Statfjord 群内规模的 $A/S$ 旋回，表现为垂向上沉积相和河道带叠置样式的演化。Raude 组河道砂岩体的河道带垂直方向和水平方向的连通性都是往上变好，反映了向上直到 Eiriksson 组底部 $A/S$ 值递减（图 4.12 中的 $A/S$ 旋回①）。此时 Raude 组下部由较少的、相对静止环境的河道带沉积组成，形成了较孤立的砂岩体，连通性较差；Raude 组上部则表现出较高程度的河道交汇和更好的连通性（与 Eiriksson 组相比仍是相对较不连续的砂岩体）。这个中等级别的 $A/S$ 递减半旋回中还可见整体上砂质含量的增加，这与河道相带变动性减小有关。Raude 组中的古土壤层普遍比 Eiriksson 组的厚，对比性更好。Eiriksson 组中的细粒漫滩沉积特征变化大，而且 Raude 组中普遍发育的是转化土形式的古土壤，Eiriksson 组中则是未成熟或未转化的土壤，大部分是水成土。此外岩相分析表明高岭石

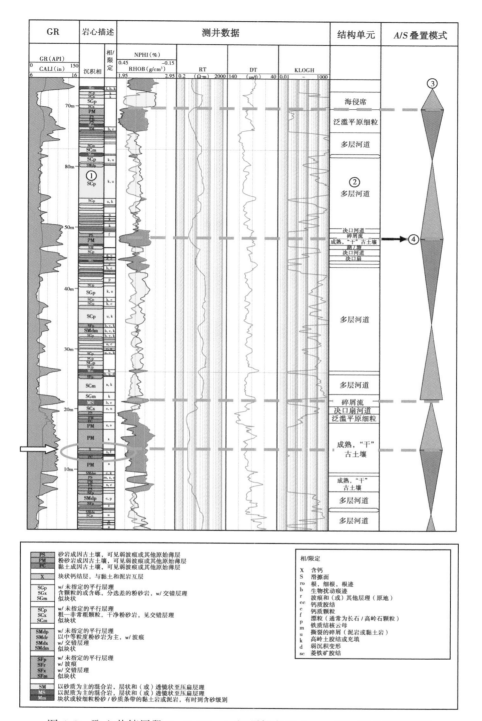

图 4.9 取心井储层段 5—9（Raude 组顶部和 Eiriksson 组）测井解释实例

取心井为图 4.12 中井 3，位置如图 4.2 所示。逐步建立 Statfjord 群地层解释，根据所有岩心样品描述划分岩石相（①），确定结构单元（②），结构单元由储层和相组合的最小可定义单元组成（③）。结构单元的旋回性叠置样式解释为沉积时可容空间、沉积供应、沉积间断和剥蚀作用的变化，据此确定标志层，根据标志层确定储层段边界（④）。这种方式代替了根据相似岩性划分确定的储层段，符合地质历史演化

117

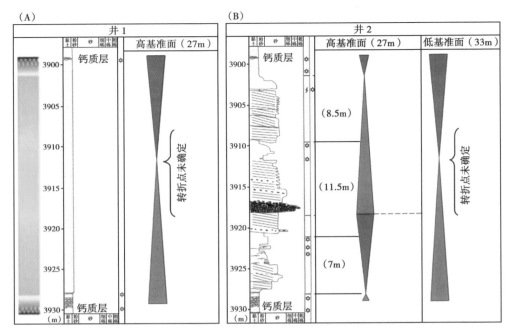

图 4.10 岩心地层对比原则示意图

（A）井 1 发育泥岩为主的 $A/S$ 旋回，从成熟钙质层往上递减为成熟度更低的古土壤（颜色从绿色变到黄色）指示了递增的 $A/S$ 值。随后古土壤成熟往上递增（颜色从黄色变到绿色）指示了递减的 $A/S$ 值，直到下一个钙质层出现。褐色层段中的白色小点代表成熟古土壤中的钙质成分。（B）井 2 发育了更高级别的砂岩为主的 $A/S$ 旋回，叠置在低级别的泥岩为主的旋回上。根据粒径增大、变差的分选和磨圆程度、变小的残存厚度组合可判断 $A/S$ 值递减，以上三个参数相反的变化趋势则表明 $A/S$ 值递增

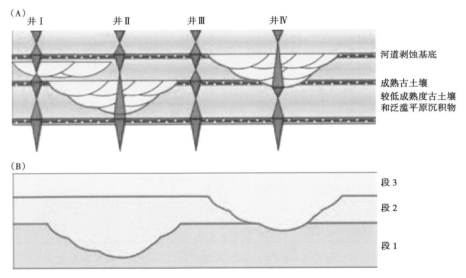

图 4.11 多井对比及储层分段示意图

识别出3个完整的 $A/S$ 旋回和半个 $A/S$ 旋回（井Ⅲ）。横向对比表明，第二套成熟古土壤在井 2 和井 4 之间的区域是不连续的，原因是河道带的下切作用（底部为不整合面）剥蚀了井Ⅱ第 1 个完整的递增—递减的 $A/S$ 旋回和井Ⅳ第 2 个完整的递增—递减 $A/S$ 旋回

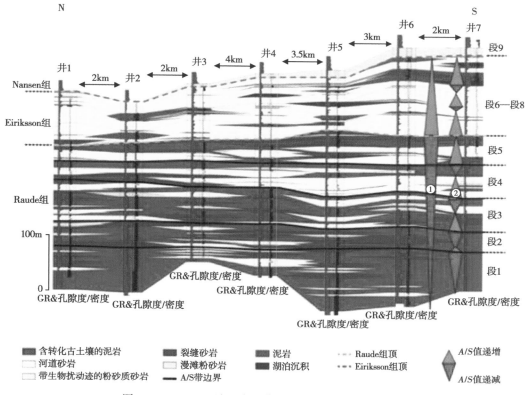

图 4.12　Statfjord 油田取心井 Statfjord 群南北向对比图

根据横向 $A/S$ 边界划分储层段（段1—段9）。①—中等级别（Statfjord 群内）的 $A/S$ 旋回，Raude 组中向上更多河道合并及广布的河道带沉积反映 $A/S$ 递减（虽然更长周期为递增趋势），最小 $A/S$ 值在 Eiriksson 组底部。②—储层段级别的 $A/S$ 序列对比

含量增加，蒙皂石和其他混层矿物减少，反映了气候条件的改变。Eiriksson 组底部是对应于中等级别 $A/S$ 旋回的相对最小加积。如图 4.12 所示，相对上覆更高级旋回而言该边界的特性并不一致，也就是说，不是总有一个完整的更高级别的旋回位于其上，而且某些地方对应的 $A/S$ 趋势会出现中断。这个现象证实，Raude 组—Eiriksson 组边界 $A/S$ 最小值（如果 $A/S<0$ 则反之）的幅度和重要性与 Raude 组内部 $A/S$ 最小值的情况不同。Raude 组—Eiriksson 组之间有一定程度的剥蚀地貌（大致 30m 左右的幅度），导致 Eiriksson 组厚度有变化（Raude 组也是）。考虑到上文中提到的观点，该界面可解释为一个层序边界。在未发生剥蚀地区，对比研究表明该界面存在河道间沉积（图 4.12，井 5），这里认为成熟古土壤与邻井的侵蚀河道底界等时，意味着在古土壤逐渐成熟的同时，其他地区发生了多次、长期的剥蚀和随后的沉积充填。

　　第三个级别的旋回是最小的对比单元，可以用上文描述的河道带叠置样式和沉积相差异来识别（图 4.12，$A/S$ 旋回②）。河道带叠置样式比用古土壤成熟度资料解释出的 $A/S$ 旋回性包含有更高频率的旋回性，因为河道带侵蚀基底反映了更为局部的 $A/S$ 最小值，随后 $A/S$ 增大，河道带沉积保存下来。然而，对一个给定的河道带的内部旋回性解释来说，$A/S$ 最大值是一种假设，具体位置更只是一种推测。一种可能是找出 $A/S$ 从递增到递减的转折位置，该位置砂岩相带差异性和河道细粒沉积百分比是最高的。地层中相对最大加积面确切位置存

在不确定性（尤其是用岩心资料确定的），它不是一个易使用的对比标志面，一般作为备用的对比基准面（图4.12，段边界）。在以古土壤为主的层段中，可以将较低成熟度古土壤出现的地方划为 A/S 最大值位置（图4.12，井7，段2，根据岩心和 GR 测井资料）。

由于沉积中缺乏高质量的、可恢复的生物地层学数据，Statfjord 群中的生物地层资料对层内时间划分无法提供依据，无法刻度到可确定不整合面地质历史和储层分带所需的绝对年龄。地层厚度、成熟古土壤层段的对比就成为建立可靠框架的手段，以便于建立进一步的对比标志层［图4.11（A）］，储层分段用的也正是这些对比标志［图4.11（B）］。

### 4.3.4 储层分段的改进

河流加积速度是随时间动态变化而非固定不变的。结合 A/S 概念和更具操作性的河流基准面定义来研究 A/S 变化，开发出一套用于识别岩心资料的 A/S 变化速度和转折位置的组合参数，用于分析地层结构和划分储层段。这些地层概念和分段流程的进展使得在了解自然沉积差异性和连通样式制图时有了更有力的研究手段，而且极大减小了建立储层分段框架和描述三维静态储层表征的不确定性，从而能更好地描述各储层段静态特征的变化趋势，改进流体特征和生产剖面的预测效果。

## 4.4 结论

经过改进的非海相层序基准面或地层参考面定义是实时可容空间的下边界或净可容空间的上边界（侵蚀底界）。净可容空间位于河道下切的最大深度（上边界）之下，与侵蚀作用下限和研究的时间尺度（必须足够大）相关。埋藏到河道下切和搬运深度之下的沉积物地层记录才能保存下来，也就是说要低于实时可容空间下边界（基准面）。A/S 只用于净可容空间内的沉积物时，不能用于实时可容空间（定义为现时河流作用的可容空间）的沉积物，因为其内的沉积物是暂时性的。

存在两种类型的有效可容空间与沉积物供给比值（A/S）响应：(1) 正向和递增的 A/S，相当于递增的加积速率（持续变高的沉积位置处是河流基准面）；(2) 正向但是递减的 A/S，相当于递减的加积速率（持续变低的沉积位置处是河流基准面）。

三个关键的河流相地层面定义为：(1) 相对最大加积面，指示了从递增加积到递减加积的转折；(2) 相对最小加积面，指示了从递减加积到递增加积的转折（未退积）；(3) 近地表剥蚀面，指示了从加积到退积到加积的转折（局部研究区在一段时间内无沉积）。相应地，一个递增趋势和一个递减趋势在一起形成一个旋回。A/S 趋势边界可作为地层段的边界。如果发生退积（A/S<0），近地表剥蚀面就是地层段边界。

建议将河流相层序加积期递增和递减 A/S 的概念用于将大型加积层序细分为多个层段的研究。受可容空间与沉积物供给比值控制的河流加积速率是随时间变化的而非固定（归纳为高或者低）的观点可用于分析空间上和时间上限定的（局制的）油藏级别（0.1~20km）地下资料。与三维相结构时空变化分析有关的沉积相解释（细粒沉积和砂岩）是研究残留相带有序变化（趋势）的关键部分，这些相带可用于建立储层段。本文提出的划分河流层序储层段方法可作为建立河流层序层次性框架的研究可选方案，这种框架合并了层段属性趋势，如砂岩体连通性和平均渗透率等岩石特征。本方法已在上三叠统顶部—下侏罗统 Statfjord 群（挪威大陆架）中得到成功应用。

## 致谢

感谢 Frank Ethridge、Lars-Magnus Fält、MartinGibling、Colin North、Tobi Payenberg、Ron Steel 和 Gary Weissmann 等对本文提出了具建设性和帮助性的修改建议，感谢 Cornel Olariu 和 George Postma 对本文进行了最终修订。最后还要感谢 Statoil ASA 公司允许本文出版。

## 附录

研究岩心中 A/S 及其在河流基准面处的变化，需要明确研究概念（working concept）和一些术语的定义。附录中主要明确了文中所述实时可容空间、净可容空间、河流基准面和河流基准面变动的含义，用于研究可容空间内的沉积物特征。这些概念有助于在特定时间尺度上研究 A/S 变化。

### F1.1 实时可容空间和净可容空间

Jervey（1988）关于可容空间的最初定义包括现时（present-day）和平均两种时间尺度。随后 Blum 和 Törnqvis（2000），Kocurek 和 Havholm（1993）及 Kocurek（1998）认为现时河流作用区尺度上的可容空间是可以被充填的空间体积，可容空间的充填作用受水动力和沉积物载荷相互关系以及这种变化对侵蚀下限的响应控制，可容空间里的初始沉积物可能再次搬运，因此将其定义为实时可容空间（Blum 和 Törnqvist，2000；图 4.13），估计时间尺度为 $10^3 \sim 10^4$ a。在该段时间间隔内实时可容空间的增加和减少归因于：（1）侵蚀下限的改变；（2）卸载区和沉积物补给的改变，后者控制了已稳定河漫滩的高度（堆积上限）。因此，实时可容空间上边界就是堆积上限（已均衡河漫滩的高度），实时可容空间下边界就是侵蚀下限（河道下切最大深度）。注意由于局部形成的堤坝高达数米，实时可容空间上限会随海拔而变化，实时可容空间下限在堤坝和漫滩面之间来回变动。

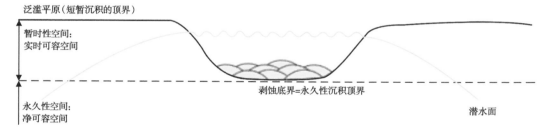

图 4.13 实时可容空间和净可容空间的定义（据 Blum 和 Törnqvist，2000）

实时可容空间是沉积物最初沉积的可容空间，在不到一千年的时间尺度上可能会再搬运。实时可容空间的上边界是可容空间的上限（相当于泛滥平原高度），下边界是剥蚀底界（河道下切最大深度）。净可容空间是河道下切最大深度（上边界）之下的可容空间，与剥蚀底界有关。实时可容空间的底界就是净可容空间的顶界（剥蚀底界），可作为层序学参考界面或基准面

注意到沉积和保存以不同的速度和时间尺度变化很重要。埋藏在河道下切和搬运作用可能深度之下的沉积物才能保存下来，也就是在实时可容空间下边界之下。因此保存空间或净可容空间（Blum 和 Törnqvist，2000）位于河道下切最大深度（上边界）之下，与侵蚀作用下限有关（图 4.13），与观察的时间尺度和净空间（aerial space）也有关，因为基准面的变化引起最大侵蚀深度随时间变化，说明河流受扰动后会有不同的响应时间（如单河道侵蚀

和重定位或整个河道带的重定位)。

**F1.2 河流基准面**

将海平面（潜在可容空间上边界）作为地层参考面（或基准面）对于研究远离同期岸线位置的近地表沉积环境没有实际意义，如 Statfjord 油田 Statfjord 群。河流体系仅在其终端即三角洲位置受海洋的基准面影响，在研究中与相对海平面升降变化相关的问题就不再讨论。

梯级河流（graded rivers）的均衡剖面（Mackin，1948）常作为河流和冲积沉积的层序地层学基准面。Mackin（1948）将其作为表征主要卸载物平衡点和河道特征的概念面。在 $1\sim10^5$a 的时间尺度内，第四系沉积研究发现上游控制因素（如水流量和沉积量）在相同流域内可引起剖面上 1~10m 的调整量（Goodbred 和 Kuehl，2000；Blum 和 Törnqvist，2000；Schumm 等，2000）。但在冲积环境下，识别地下岩石记录中（如岩心）均衡剖面的具体位置及其如何随时间和地点而变化是很困难的。主要是以下几个因素的变化影响冲积平原和河流环境的沉积和剥蚀：(1) 水动力控制的分散沉积物搬运作用；(2) 沉积物补给速度；(3) 沉积输送的颗粒大小；(4) 压实作用（Thorne 和 Swift，1991；Schumm，1993）。加积和退积的分界处是河流梯级状态（Davis，1902；Mackin，1948）。Swenson 和 Muto（2005）认为梯级状态与沉积物补给及上文讨论的参数有关。

现代河流研究表明，没有一套统一的大家都认同的参数去判断整个或局部河流系统是否处于均衡状态，特定位置的研究也无法代表一条河流的平均特征（Knighton，1998），因此无法确定一条古河流是否处于均衡状态，实际上河流系统保存时更像是处于不均衡，每个河道都有短期波动和长期演化趋势（Knighton，1998），比如在特定地层段不同河道类型共存，表明河流处于未均衡或不均衡的状态，时间尺度在中（$10^3\sim10^4$a）到长期（$>10^5$a）。

本文建议将实时可容空间的下边界或净可容空间的上边界（侵蚀底界）作为地层参考面或河流基准面（图4.13，图4.14）。在未直接受河道或河道带侧向迁移影响的地区，特定时间尺度上的净可容空间上边界（侵蚀底界）在一些情况下在成因上与最成熟古土壤伴生（Weissmann 等，2002；Bennett 等，2006）。而在另外一些实例中，大型河间地会有更复杂的现象，湖泊、小型河流和风成沙丘共存，还有的地区会出现冲沟侵蚀作用（Gibling 等，2005；Tandon 等，2006）。在这些实例中，河间区活动带上部在短期可容空间内部。可将平面分布较广的钙质层作为地层参考面（净可容空间上边界相当于侵蚀下限），它形成于一个不受短期剥蚀和沉积作用影响的深度（短期可容空间的底部）。实时可容空间（或暂时性沉积）的上边界不作为地层参考面，因为在地质记录中沉积上边界不会较完整地保存下来。注意地层基准面的原始定义是作为均衡面来定义的，该位置地层系统可能会被搬运，直到沉积和保存，也可能是沉积过路和侵蚀（Barrell，1917；Sloss，1962；Wheeler，1964；Cross，

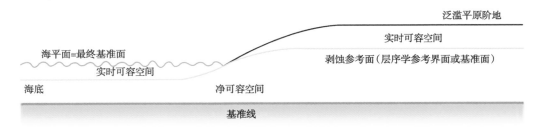

图 4.14　冲积和河流沉积体系地层学参考面或基准面位置图及其与海平面和海底的关系

1988）。Blum 和 Törnqvist（2000）提到这个地层基准面定义实际上和可容空间上限相等，他们认为这已经超出了其适用时间，应该废弃。

相对最成熟古土壤层实质上受控于沉积体系所在的位置，与全球性（和区域性）大气对流循环系统（Hadley 系统控制了温度和湿度）和局部气候系统（受局部地理因素控制）有关，例如在干燥—潮湿环境里，厚度大、发育好的钙质层代表了净可容空间上边界。要注意如果时间超过 20ka，由于地球轨道变化导致日照条件变化，Hadley 单元的位置和大小会出现系统性变化。

**F1.3 $A/S$ 变化速度的变化**

要计算 $A/S$ 变化速度的变化，就必须测量残留河流沉积厚度的变化情况。给定时间里近地表可容空间定义为在两个连续可识别的净可容空间上边界之间形成（并充填）的空间。这两个上边界的地质年龄不同，有类似的级别年龄（hierarchical age），它们定义了对应的时间间隔。评价一个特定级别的可容空间生成与沉积物供给比值（$A/S$）的变化，可通过对地层层序中一系列净可容空间上边界的制图和测量这些连续层面的地层厚度来进行。

## 参 考 文 献

Adams, M. M. and Bhattacharya, J. P. (2005) No change in fluvial style across a sequence boundary, Cretaceous Blackhawk and Castlegate Formations of central Utah, U. S. A. *J. Sed. Res.*, 75, 1038–1051.

Allen, G., Lang, S., Musakti, O. and Chirinos, A. (1996) Application of sequence stratigraphy to continental successions. In: *Implications for Mesozoic cratonic interior basins of Eastern Australia*. Mesozoic Geology of the Eastern Australian Plate Conference, Brisbane, Australia, Extended Abstracts, 22–26.

Badley, M. E., Price, J. D., Rambech Dahl, C. and Agdestein, T. (1988) The structural evolution of the northern Viking Graben and its bearing upon extensional modes of basin formation. *J. Geol. Soc. London*, 145, 455–472.

Barrell, J. (1917) Rhythms and the measurement of geologic time. *Geol. Soc. Am. Bull.*, 28, 745–924.

Bennett, V. G. L., Weissmann, G. S., Baker, G. S. and Hyndman, D. W. (2006) Regional-scale assessment of a sequence-bounding palaeosol on fluvial fans using ground-penetrating radar, eastern San Joaquin Valley, California. *Geol. Soc. Am. Bull.*, 118, 724–732.

Blum, M. D. and Törnqvist, T. E. (2000) Fluvial responses to climate and sea-level change: a review and look forward. *Sedimentology*, 47, Supplement 1, 2–48.

Boyd, R., Diessel, C. F. K., Wadsworth, J., Little, M., Leckie, D. and Zaitlin, B. (2000) Developing a model for non-marine sequence stratigraphy. In: *15th Australian Geological Convention*, Sydney, Australia, Abstracts, p. 48.

Bridge, J. S. (2003) *Rivers and Floodplains: Forms, Processes and Sedimentary Record*. Blackwell Publishing, Oxford, 491 pp.

Bryant, M., Falk, P. and Paola, C. (1995) Experimental study of avulsion frequency and rate of deposition. *Geology*, 23, 365–368.

Bull, W. B. (1991) *Geomorphic Responses to Climatic Change*. Oxford University Press, London, 312 p.

Cai, X. and Zhang, M. (1999) Several problems in sequence stratigraphy in continental facies basin: case of Songliao Basin, China. *Xiandai Dizhi/Geoscience*, 13, 287–290.

Catuneanu, O. (2006) *Principles of Sequence Stratigraphy*. Elsevier, Amsterdam, 375 p.

Coward, M. P., Dewey, J. F., Hempton, M. and Holroyd, J. (2003) Tectonic evolution. In: *The Millennium Atlas: Petroleum Geology of the Central and Northern North Sea* (Eds D. Evans, C. Graham, A. Armour and P. Bathurst), Geol. Soc. London, 17–33.

Cross, T. A. (1988) Controls on coal distribution in transgressive-regressive cycles, Upper Cretaceous, WesternInterior, U. S. A.. In: *Sea-level changes: An integrated approach* (Eds C. K. Wilgus, B. S. Hastings, C. G. St. C. Kendall, H. W. Posamentier, C. A. Ross and J. C. Van Wagoner), *SEPM Spec. Publ.*, 42, 371–380.

Currie, B. S. (1997) Sequence stratigraphy of nonmarine Jurassic-Cretaceous rocks, central Cordilleran forelandbasin system. *Geol. Soc. Am. Bull.*, 109, 1206–1222.

Dahle, K., Flesja, K., Talbot, M. R. and Dreyer, T. (1997) Correlation of fluvial deposits by the use of Sm–Nd isotope analysis and mapping of sedimentary architecture in the Escanilla Formation (Ainsa Basin, Spain) and the Statfjord Formation (Norwegian North Sea). In: *6th Fluvial Sedimentology International Conference*, Cape Town, South Africa, Abstracts, p. 15–16.

Dalland, A., Mearns, E. W. and McBride, J. J. (1995) The application of Samarium-Neodymium provenance ages to correlation of biostratigraphically barren data: a case study of the Statfjord Formation on the Gullfaks oilfield, Norwegian North Sea. In: *Non-Biostratigraphical Methods of Dating and Correlation* (Eds R. D. Dunnay and E. A. Hailwood), *Geol. Soc. London Spec. Publ.*, 89, 201–222.

Davis, W. M. (1902) Base level, grade and peneplain. *J. Geol.*, 10, 77–111.

De Vriend, H. J. (2005) Present-day river modeling. In: *8th International Conference on Fluvial Sedimentology* (Eds G. J. Weltje, P. L. de Boer, J. VandenBerghe, K. van der Zwan, E. Stouthamer and H. Wolfert), 15–16. Delft, The Netherlands.

Deegan, C. E. and Scull, B. J. (1977) A proposed standard lithostratigraphic nomenclature for the central and northern North Sea. Report Institute Geological Science, London, 77/25, *Norwegian Petroleum Directorate Bull.*, 1, 36 pp.

Diessel, C. F. K., Boyd, R., Chalmers, G. and Wadsworth, J. (1999) New significant surfaces in onshore sequence stratigraphy. In: *Proceedings of the Thirty Third Newcastle Symposium on Advances in the Study of the Sydney Basin* (Eds C. F. K. Diessel, E. Swift and S. Francis), 169–181.

Dong, Q., Cui, B., Li, X. and Guo, W. (1997) The division of continental sequence stratigraphy and the identification of its interface with high resolution core analyses and well-logging, *Shiyou Shiyan Dizhi/Experimental Petrol. Geol.*, 19, 121–126.

Eggenhuisen, J. T., Postma, G., Meijer, P. T. and Van den Berg van Saparoea, A. P. H. (2005) Stratigraphic response to climatic pulses and sea-level fluctuations in the fluvial part of the sedimentary system. In: *8th International Conference on Fluvial Sedimentology* (Eds G. J. Weltje, P. L. de Boer, J. VandenBerghe, K. van der Zwan, E. Stouthamer and H. Wolfert), 96–97. Delft, The Netherlands.

Ethridge, F. G., Wood, L. J. and Schumm, S. A. (1998) Cyclic variables controlling fluvial sequence development: Problems and perspectives. In: *Relative Role of Eustacy, Climate and Tectonism in Continental Rocks* (Eds K. W. Shanley and P. J. McCabe), *SEPM Spec. Publ.*, 59, 17–29.

Fraticelli, C. M., West, B. P., Bohacs, K. M., Patterson, P. E. and Heins, W. A. (2004) Vegetation–precipitation interactions drive paleoenvironmental evolution. *Eos Transactions AGU*, 85 (47), Fall Meeting Supplement, Abstract H54A–06.

Fu, Q. (1997) Approaches to sequence stratigraphy of continental foreland basins; an example from the Early Cretaceous northern Tarim Basin. Yanxiang Gudili/Sed. *Facies and Palaeogeography*, 17, 1–10.

Gawthorpe, R. L. and Leeder, M. (2000) Tectonosedimentary evolution of active extensional basins. *Basin Res.*, 12, 195–218.

Gibling, M. R., Tandon, S. K., Sinha, R. and Jain, M. (2005) Discontinuity-bounded alluvial sequences of the southern Gangetic Plains, India: Aggradation and degradation in response to monsoonal strength. *J. Sed. Res.*, 75, 369–385.

Goodbred, S. L. and Kuehl, S. A. (2000) Enormous Ganges–Brahmaputra sediment discharge during strengthenedearly Holocene monsoon. *Geology*, 28, 1083–1086.

Heller, P. L. and Paola, C. (1992) The large-scale dynamics of grain-size variation in alluvial basins, 2: Application to syntectonic conglomerate. *Basin Res.*, 4, 91–102.

Holbrook J., Scott, R. W. and Oboh-Ikuenobe, F. E. (2006) Base-level buffers and buttresses: A model for upstream versus downstream control on fluvial geometry and architecture within sequences. *J Sed. Res.*, 76, 162–174.

Hovius, N. (1998) Controls on sediment supply by large rivers. In: *Relative Role of Eustacy, Climate and Tectonism in Continental Rocks* (Eds K. W. Shanley, K. W. and P. J. McCabe), *SEPM Spec. Publ.*, 59, 3–16.

Husmo, T., Hamar, G. P., Høiland, O. Johannessen, E. P., Rømuld, A., Spencer, A. M. and Titterton, R. (2003) Lower and Middle Jurassic. In: *The Millennium Atlas: Petroleum geology of the central and northern North Sea* (Eds D. Evans, C. Graham, A. Armour and P. Bathurst), Geol. Soc. London, 129–155.

Jervey, M. T. (1988) Quantitative geological modeling of siliciclastic rock sequences and their seismic expression. In: *Sea-level changes: An integrated approach* (Eds C. K. Wilgus, B. S. Hastings, C. G. St. C. Kendall, H. W. Posamentier, C. A. Ross and J. C. Van Wagoner), *SEPM Spec. Publ.*, 42, 47–69.

Kjemperud, A. V. (2008) *Sequence stratigraphy of alluvial successions: Depositional style and controlling factors*. PhD dissertation, University of Oslo, 289 p.

Knighton, D. (1998) *Fluvial Forms and Processes*. Arnold Publishers, London, 383 p.

Kocurek, G. (1998) Aeolian system response to external forcing factors—a sequence stratigraphic view of the Saharan region. In: *Quaternary Deserts and Climate Change* (Eds A. S. Alsharhan, K. Glennie, G. L. Whittle and C. G. St. C. Kendall), Balkema Press, Dordrecht, 327–337.

Kocurek, G. and Havholm, K. G. (1993) Eolian sequence stratigraphy: A conceptual framework. In: *Siliciclastic Sequence Stratigraphy: Recent Developments and Applications* (Eds P. Weimer and H. W. Posamentier), *AAPG Mem.*, 58, 393–410.

Koss, J. E., Ethridge, F. G. and Schumm, S. A. (1994) An experimental study of the effects of base-level change on fluvial, coastal plain and shelf sediments. *J. Sed. Petrol.*, B64, 90–98.

Leeder, M. R. (1975) Pedogenic carbonates and flood sediment accretion rates: a quantitative model for alluvial arid-zone lithofacies. *Geol. Mag.*, 112, 257–270.

Leeder, M. R. (1993) Tectonic controls upon drainage basin development, river channel migration and alluvial architecture: Implications for hydrocarbon reservoir development and characterization. In: *Characterization of Fluvial and Aeolian Reservoirs* (Eds C. P. North and D. J. Prosser), *Geol. Soc. London Spec. Publ.*, 73, 7–22.

Leeder, M. R. and Stewart, M. D. (1997) Fluvial incision and sequence stratigraphy: alluvial responses to relative sea-level fall and their detection in the geological record. In: *Sequence Stratigraphy in British Geology* (Eds S. P. Hesselbo and D. N. Parkinson), *Geol. Soc. London Spec. Publ.*, 103, 25–39.

Leeder, M. R., Harris, T. and Kirkby, M. J. (1998) Sediment supply and climate change: implications for basin stratigraphy. *Basin Res.*, 10, 7–18.

Legarreta, L., Uliana, M. A., Larotonda, C. A. and Meconi, G. R. (1993) Approaches to nonmarine sequence stratigraphictheoretical models and examples from Argentine basins. In: *Subsurface Reservoir Characterization from Outcrop Observations* (Eds R. Eschard and B. Doligez), Éditions Technip, Paris, 125–143.

Lervik, K.-S. (2006) Triassic lithostratigraphy of the Northern North Sea Basin. *Norwegian J. Geol.*, 86, 93–116.

Mackin, J. H. (1948) Concept of the graded river. *Geol. Soc. Am. Bull.*, 59, 463–512.

Martinsen, O. J., Ryseth, A., Helland-Hansen, W., Flesche, H., Torkildsen, G. and Idil, S. (1999) Stratigraphic base level and fluvial architecture: Ericson Sandstone (Campanian), Rock Springs Uplift, SW Wyoming, USA. *Sedimentology*, 46, 235–259.

Matthews, M. D. and Perlmutter, M. A. (1994) Global cyclostratigraphy: an application to the Eocene Green River Basin. In: *Orbital-forcing and Cyclic Sequences* (Eds P. L. de Boer and D. G. Smith), *Int. Assoc. Sedimentol. Spec. Publ.*, 19, 459–481.

Mearns, E. W., Knarud, R., Raestad, N., Stanley, K. O. and Stockbridge, C. P. (1989) Samarium-Neodymium isotope stratigraphy of the Lunde and Statfjord Formations of Snorre oilfield, northern North Sea. *J. Geol. Soc. London*, 146, 217–228.

Michelsen, O., Nielsen, L. H., Johannessen, P. N. Andsbjerg, J. and Surlyk, F. (2003) Jurassic lithostratigraphy and stratigraphic development onshore and offshore Denmark. In: *The Jurassic of Denmark and Greenland* (Eds J. R. Ineson and F. Surlyk), Geol. Survey of Denmark and Greenland Bull., 1, 147–216.

Morris, P. H., Cullum, A., Pearce, M. A. and Batten, D. J. (2009) Megaspore assemblages from the Åre Formation (Rheatian-Pliensbachian) offshore mid-Norway and their value as field and regional stratigraphic markers. *J. Micropalaeontology*, 28, 161–181.

Morton, A. C., Claoue-Long, J. and Berge, C. (1996) SHRIMP constraints on sediment provenance and transport history on the Mesozoic Statfjord Formation, *North Sea. J. Geol. Soc. London*, 153, 915-929.

Muto, T. and Steel, R. J. (2000) The accommodation concept in sequence stratigraphy: some dimensional problems and possible redefinition. *Sed. Geol.*, 130, 1-10.

Muto, T. and Steel, R. J. (2002) Role of autoretreat and $A/S$ changes in the understanding of deltaic shoreline trajectory: a semi-quantitative approach. *Basin Res.*, 14, 303-318.

Muto, T. and Steel, R. J. (2004) Autogenic response of fluvial deltas to steady sea-level fall: Implications from flume-tank experiments. *Geology*, 32, 401-404.

Muto, T., Steel, R. J. and Swenson, J. B. (2007) Autostratigraphy: a framework norm for genetic stratigraphy. *J. Sed. Res.*, 77, 2-12.

Nystuen, J. P. and Fält, L. M. (1995) Upper Triassic-Lower Jurassic reservoir rocks in the Tampen Spur area, Norwegian North Sea. In: *Petroleum Exploration and Exploitation in Norway* (Ed. S. Hanslien), *Norwegian Petrol. Soc. Spec. Publ.*, 4, Elsevier, Amsterdam, 135-179.

Olsen, T., Steel, R. J., Høgseth, K., Skar, T. and Røe, S. (1995) Sequential architecture in a fluvial succession: Sequence stratigraphy in the Upper Cretaceous Mesaverde Group, Price Canyon, Utah. *J. Sed. Res.*, B62, 265-278.

Ouchi, S. (1985) Response of alluvial rivers to slow active tectonic movement. *Geol. Soc. Am. Bull.*, 96, 504-515.

Paola, C., Heller, P. and Angevine, C. (1992) The large scale dynamics of grain-size variation in alluvial basins. *I: Theory. Basin Res.*, 4, 73-90.

Plint, A. G., McCarthy, P. J. and Faccini, U. F. (2001) Nonmarine sequence stratigraphy: Updip expression of sequence boundaries and systems tracts in a high-resolution framework, Cenomanian Dunvegan Formation, Alberta foreland basin, *Canada. AAPG Mem.*, 85, 1967-2001.

Postma, G. (2014) Generic autogenic behaviour in fluvial systems: lessons from experimental studies. In: *From Depositional Systems to Sedimentary Successions on the Norwegian Continental Shelf* (Eds A. W. Martinius, J. Howell, R. Ravnås, R. J. Steel and J. P. Wonham). *Int. Assoc. Sedimentol. Spec. Publ.*, 46, 1-18.

Perlmutter, M. A. and Matthews, M. D. (1990) Global cyclostratigraphy-a model. In: *Quantitative Dynamic Stratigraphy* (Ed. T. A. Cross), Prentice Hall, 233-260.

Puigdefàbregas, C. (1993) Controls on fluvial sequence architecture. In: *Proceedings 5th International Conference on Fluvial Sedimentology, Brisbane, Australia* (Eds B. Yu and C. R. Fielding), Extended Abstracts, K42-K48.

Rygel, M. C. and Gibling, M. R. (2006) Natural geomorphic variability recorded in a high-accommodation setting: fluvial architecture of the Pennsylvanian Joggins Formation of atlantic Canada. *J. Sed. Res.*, 76, 1230-1251.

Ryseth, A. (2001) Sedimentology and palaeogeography of the Statfjord Formation (Rhaetian-Sinemuran), North Sea. In: *Sedimentary Environments Offshore Norway – Palaeozoic to Recent* (Eds O. J. Martinsen and T. Dreyer), *Norwegian Petrol. Soc. Spec. Publ.*, 10, 67-85.

Ryseth, A. and Ramm, M. (1996) Alluvial architecture and differential subsidence in the Statfjord Formation, North Sea: prediction of reservoir potential. *Petrol. Geosc.*, 2, 271–287.

Røe, S.-L. and Steel, R. (1985) Sedimentation, sea-level rise and tectonics at the Triassic–Jurassic boundary (Statfjord Formation), Tampen Spur, northern North Sea. *J. Petrol. Geol.*, 8, 163–186.

Schlager, W. (1993) Accommodation and supply–a dual control on stratigraphic sequences. *Sed. Geol.*, 86, 111–136.

Schumm, S. A. (1977) *The Fluvial System*. Wiley, Chichester, 338 pp.

Schumm, S. A. (1993) River response to baselevel change: Implications for sequence stratigraphy. *J. Geol.*, 101, 279–294.

Schumm, S. A. (2005) *River Variability and Complexity*. Cambridge University Press, New York, 220 pp.

Schumm, S. A., Dumont, J. F. and Holbrook, J. M. (2000) *Active Tectonics and Alluvial Rivers*. Cambridge, U. K., Cambridge University Press, 276 p.

Shanley, K. W. and McCabe, P. J. (1994) Perspectives on the sequence stratigraphy of continental strata. *AAPG Bull.*, 78, 544–568.

Sloss, L. L. (1962) Stratigraphic models in exploration. *J. Sed. Petrol.*, 32, 415–422.

Steel, R. J. (1993) Triassic – Jurassic megasequence stratigraphy in the Northern North Sea: rift to post-rift evolution. In: *Petroleum Geology of Northwest Europe: Proceedings of the 4$^{th}$ Conference* (Ed. J. R. Parker), Geol. Soc. London, 299–315.

Steel, R. J. and Ryseth, A. (1990) The Triassic–Early Jurassic succession in the northern North Sea: megasequence stratigraphy and intra-Triassic tectonics. In: *Tectonic Events Responsible for Britain's Oil and Gas Reserves* (Eds R. F. P. Hardman and J. Brooks), *Geol. Soc. London Spec. Publ.*, 55, 139–168.

Stouthamer, E. and Berendsen, H. J. A. (2000) Factors controlling the Holocene avulsion history of the Rhine-Meuse Delta (The Netherlands). *J. Sed. Res.*, 70, 1051–1064.

Stouthamer, E. and Berendsen, H. J. A. (2007) Avulsion: The relative roles of autogenic and allogenic processes. *Sed. Geol.*, 198, 309–325.

Sweet, A. R., Catuneanu, O. and Lerbekmo, J. F. (2005) *Uncoupling the position of sequence bounding unconformities from lithological criteria in fluvial systems. In*: American Association of Petroleum Geoscientists Annual Convention, Calgary, Canada, Abstracts, p. A136.

Swenson, J. B. and Muto, T. (2005) Fluvial grade as a nonequilibrium state: theory and flume experiments. In: *8th International Conference on Fluvial Sedimentology* (Eds G. J. Weltje, P. L. de Boer, J. VandenBerghe, K. van der Zwan, E. Stouthamer and H. Wolfert), p. 272. Delft, The Netherlands.

Swift, D. J. P. and Thorne, J. A. (1991) Sedimentation on continental margins, I: a general model for shelf sedimentation. In: *Shelf Sand and Sandstone Bodies* (Eds D. J. P. Swift, G. F. Oertel, R. W. Tillman and J. A. Thorne), *Int. Assoc. Sedimentol. Spec. Publ.*, 14, 3–31.

Tandon, S. K., Gibling, M. R., Sinha, R., Singh, V., Ghazanfari, P., Dasgupta, A., Jain, M. and Jain, V. (2006) Alluvial valleys of the Gangetic Plains, India: causes and timing of incision. *In*: *Dalrymple, R. W., Leckie, D. A., Tillman, R. W.* (Eds.), *Incised Valleys, vol*. 85. , *SEPM Special*, Tulsa, pp. 15-35.

Thorne, J. A. and Swift, D. J. P. (1991) Sedimentation on continental margins, II: application of the regime concept. In: *Shelf Sand and Sandstone Bodies* (Eds D. J. P. Swift, G. F. Oertel, R. W. Tillman and J. A. Thorne), *Int. Assoc. Sedimentol. Spec. Publ.*, 14, 33-58.

Todd, S. P. (1996) Process Deduction from Fluvial Sedimentary Structures. In: *Advances in Fluvial Dynamics and Stratigraphy* (Eds P. A. Carling and M. R. Dawson), Wiley and Sons Ltd., New York, 299-350.

Van Heijst, M. I. W. M. and Postma, G. (2001) Fluvial response to sea-level changes: a quantitative analogue, experimental approach. *Basin Res.*, 13, 269-292.

Van Heijst, M. I. W. M., Postma, G., Van Kesteren, W. P. and De Jongh, R. G. (2002) Control of syndepositional faulting on systems tract evolution across growth-faulted shelf margins: An analog experimental model of the Miocene Imo River field, Nigeria. *AAPG Bull*, 86, 1335-1366.

Wang, D., Liu, L. and Li, J. (1997) Research of sequence stratigraphy in a continental rift basin (as exemplified from the Songliao Basin, China). *Geol. Pacific Ocean*, 13, 1065-1079.

Weissmann, G. S., Mount, J. F. and Fogg, G. E. (2002) Glacially driven cycles in accumulation space and sequence stratigraphy of a stream-dominated alluvial fan, San Joaquin Valley, California, U. S. A.. *J. Sed. Res.*, 72, 240-251.

Weissmann, G. S., Bennett, G. L. and Lansdale, A. L. (2005) Factors controlling sequence development on Quaternary fluvial fans, San Joaquin Basin, California, U. S. A. In: *Alluvial Fans: Geomorphology, Sedimentology, Dynamics* (Eds A. Harvey, A. Mather and M. Stokes), *Geol. Soc. London Spec. Publ.*, 251, 169-186.

Wheeler, H. E. (1964) Baselevel, lithostratigraphic surface and time stratigraphy. *Geol. Soc. Am. Bull.*, 75, 599-610.

Wood, L. J., Ethridge, F. G. and Schumm, S. A. (1992) The effects of rate of base-level fluctuation on coastal-plain, shelf and slope depositional systems: an experimental approach. In: *Sequence Stratigraphy and Facies Associations* (Eds H. W. Posamentier, C. P. Summerhayes, B. U. Haq and G. P. Allen), *Int. Assoc. Sedimentol. Spec. Publ.*, 18, 43-53.

Wright, V. P. and Marriott, S. B. (1993) The sequence stratigraphy of fluvial depositional systems: the role of floodplain sediment storage. *Sed. Geol.*, 86, 203-210.

Yoshida, S., Steel, R. J. and Dalrymple, R. W. (2007) Changes in depositional process-An ingredient in a new generation of sequence stratigraphic models. *J. Sed. Res.*, 77, 447-460.

Yu, W., Ding, B. and Wie, N. (2000) Thoughts on the study of continental sequence stratigraphy. *Dizhi Lunping/Geol. Rev.*, 46, 347-354.

# 5 异动力作用下的自旋回沉积作用响应观察：实验地貌学和地层学

Wonsuck Kim　Andrew Petter　Kyle Straub　David Mohrig　著
方　向　译

摘要：将已保存的环境（外生的）动力信息与内部形成的（内生的）作用解耦，是理解沉积记录中地球表面演化信息的关键。区分地层记录中外生与内生作用标志的主要障碍是对内生作用及其与外动力相互作用缺乏定量化认知。用流动沉积物和水流进行物理实验，通过动态的自组织河流系统构建地貌，在控制边界条件（如沉积物供给和构造条件）的情况下可以研究内生作用。本文的一系列水箱实验可用于定量观测：（1）河流样式在河道流和席状流之间交替变化，导致三角洲顶面沉积形成储存—释放（storage and release）自旋回过程；（2）外动力作用（如海平面变化和构造）引起河流自旋回方式变化。即无外动力作用条件下，实验观测到内生作用时间和事件尺度，提供了对内生作用的第一手定量理解；基准面变化和地面倾斜导致内生作用频率变化，为了解外生和内生作用联合控制沉积过程提供了一种新的视角。一对关于外动力作用对内生作用影响的实验如下：一个是恒定外力作用条件下，一个是周期性变化外力作用条件下。本文指出：（1）定量观测河流内动力作用，全面比较外动力作用和内动力控制下的旋回性地层；（2）建议进一步开展河流内生作用实验，将提高解释沉积记录中环境变量和内动力作用混合信息的能力。

关键词：内生作用；地层学；实验；地貌；海岸线

盆地沉积物对环境变量较为敏感，如全球海平面变化、洪水、沿岸风暴、地震等。这些环境条件对地表形态有重要影响，地表形态又影响了地下结构的发展（地层）。将沉积记录中的环境作用（外生的）产物从内部作用（内生的）产生的"噪音"解耦出来仍然是沉积学的基本任务。典型的外源沉积物可通过其周期性特征来加以识别，其周期性是气候、基准面、沉积物供应和（或）构造周期性变化的反应。另一方面，一般认为非线性沉积搬运（如三角洲朵体转换和河道侵蚀）会形成随机的或无特定规模（不规则的）的沉积物，即内生作用沉积物（Jerolmack 和 Paola, 2007；Jerolmack 和 Paola 2010；Jerolmack 和 Swenson, 2007；Kim 和 Jerolmack, 2008）。

即使凭借当代高分辨率地表成像技术，对在地层数据中，从外生作用信息中解析出内生作用噪音的技术也进行了超过半世纪的研究开发，准确地重构地层记录中的外生作用变量仍然是一项充满挑战的工作。克服挑战需要众多步骤，一个重要基础就是定量了解外生作用的"噪音"（Jerolmack, 2011），包括了解：（1）内生作用及其地层产物；（2）内生作用和盆地应力之间复杂的相互作用及这种相互作用对地层产物的影响。首先要了解无外部作用情况下内生作用及其地层产物，其次要系统观察由于外部作用导致内生作用变化的情况。这些步骤在进行盆地分析时有助于将地层信息分解为内生和外生作用组分。野外考察看到的通常是反映了多个环境因素控制下形成的地质数据，需要对这个复杂混合体去除古环境变化的影响。借助受控的水箱实验，定量了解单因素原因（盆地外部控制因素）和结果（包含了内生作用和外生作用信息的地层记录），会极大改进这种解译盆地历史的传统方法。

本文回顾了我们所做的一些实验研究。首先介绍去除盆地应力作用影响的河流内生作用（即无海平面升降或构造活动），接着是盆地应力状态改变情况下的一系列水箱实验，并展示了两个具相似旋回性沉积的实验，一个是在稳定构造应力条件下的内生河流旋回，另一个是在周期性构造变化条件下。最后是关于通过实验模拟和数值模拟，进一步完善现有认识，更好了解内生作用的建议和讨论。

## 5.1 河流自旋回沉积作用定量

近期用沉积物和水所做的实验（图 5.1）显示了内生沉积物搬运过程形成的自组织作用（Ashworth 等，2004；Bryant 等，1995；Cazanacli 等，2002；Heller 等，2001；Hickson 等，2005；Jerolmack 和 Mohrig，2005；Kim 和 Jerolmack，2008；Kim 和 Muto，2007；Kim 和 Paola，2007；Kim 等，2006a；Muto 和 Steel，2001；Paola，2000；Paola 等，2001；Paola 等，2009），表明实验可作为定量观察内生作用中地貌动力学和地层记录的手段。现在实验技术进一步发展，可更好控制实验的边界条件，可以将环境变量与内生作用简单混组进行观测。本节将详细介绍过去无外界控制或极少外界控制（即海平面升降或构造活动）条件下重点观测的内生作用。

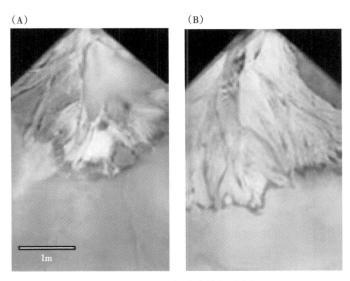

图 5.1 XES 02 实验中的河流界面
(A) 以席状流为主的沉积事件；(B) 强烈河道化及沉积卸载事件

### 5.1.1 河流自旋回沉积物的储存—释放

近来关于水箱实验中的论文都提到，在整体加积的模拟三角洲中观察到岸线位置强烈的向陆到向海方向的波动，这种三角洲具有稳定的沉积物供应（$Q_s$）和水动力条件（$Q_w$），无或轻微相对海平面变化（Kim 和 Jerolmack，2008；Van Dijk 等，2009）。岸线波动由河流沉积物储存—释放自旋回作用引起，自旋回作用与河流平面样式在水道化和席状化之间的变动有关（图 5.1）。席状流占据了大部分三角洲顶面，造成河流体系强烈加积，极少量沉积物能到达岸线位置，汇聚流引发三角洲顶部狭窄地带的水道化作用，结果由于水道深度和流速都增大，搬运能力增强。补给的沉积物，加上来自于河床侵蚀的沉积物搬运到岸线，形成强烈的岸线回退事件。已经有关于定量测量内生作用的时间频率和岸线波动幅度（河流内生作用的岸线信号）的报道（Kim 和 Jerolmack，2008；Van Dijk 等，2009）。

### 5.1.2 自旋回岸线迁移

在水流分析方面有两组实验数据，一组来自 Minnesota 大学 St. Anthony Falls 实验室的 eXperimental EarthScape（下文简称 XES）装置，一组来自 Utrecht 大学的 Eurotank Flume 装置，因相关成果已经出版（Kim 和 Jerolmack，2008；Van Dijk 等，2009），下文只做一个简单的总结。

Kim 和 Jerolmack（2008）使用了 XES 中两个实验产生的数据，XES 模拟的盆地长 6m、宽 3m、深 1.5m，关于 XES 的详细介绍参见 Paola 等（2001）。2002 年进行的实验（XES 02）比 2005 年进行的第二次实验（XES 05）多出约 5 倍的沉积物供给量，两者的沉积物补给和水流体积通量比值（$Q_s/Q_w$）基本上都是 0.01。两个实验都采用了由大约 70%石英砂（$D= 110\ \mu m$）和 30%煤颗粒（$D=460\mu m$ 和 $D=190\mu m$ 两个粒度端元）组成的混合物。煤颗粒的密度远小于石英颗粒，代表细粒沉积。实验时保持沉积物供应和水流条件不变。用于分析的数据取自两个实验的开始阶段（运行时间 XES 02 为 10~18h，XES 05 为 80~100h），此时两个实验中岸线往盆地方向迁移了 20~40cm（图 5.2），三角洲的整体长度都大致为 3m，但 XES 02 三角洲前面的水深为 10cm，XES 05 则为大约 0.5m。

在数据采集期间，观测到两次水流表面的内生沉积物储存和释放事件。在与席状（宽广型）水流有关的沉积物储存事件中，岸线迁移速度降低到低于长周期平均推进速度的水平，而在较强河道化导致的释放事件中，岸线则快速推进。当河流表面退积、岸线向盆地方向推移到能降低斜坡的程度时，会激活新的储存过程。XES 02 的内生作用表现为高频、高

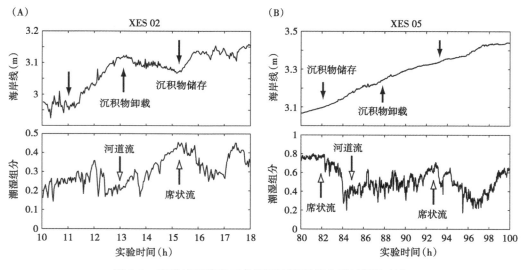

图 5.2　海岸线迁移和三角洲顶面潮湿组分随时间的变化

幅度交切特征的岸线迁移（即使三角洲前部的水更深）；而 XES 05 的内生作用则表现为低频、低幅度岸线交切特征。

Utrecht 大学 Eurotank Flume 装置的三个实验也展现了水道流的自旋回侵蚀作用，随后下切河道被沉积物逐步回填（Van Dijk 等，2009）。其中两个实验采用了相同的 $Q_s$、不同的 $Q_w$ 条件并行进行，结果是沉积物/水流量比值在 0.002（A004-1）和 0.003（A004-2）之间变动。实验的沉积混合物由 $D$ 在 200~250μm 之间的颗粒组成，三角洲所在的模拟盆地为 2.7m×2.7m。A004-2 实验中递减 $Q_w$ 条件形成的地貌坡度比 A004-1 实验的要大，整体岸线的推进也减少了。大体上，A004-1 三角洲顶面斜率为 0.02~0.06，A004-2 为 0.04~0.07。高 $Q_w$ 实验的岸线回退比低 $Q_w$ 实验表现得更明显（释放事件的总岸线迁移距离更大）（van Dijk 等，2009），原因可能是水道下切作用更强。

Reitz 等（2010）报道了 Pennsylvania 大学使用双端元混合沉积物做的一个更小的水箱实验（长 3m，宽 1m，深 1m）。沉积物由 80% 的丙烯酸（$D$=300μm）和 20% 的花岗岩颗粒（$D$=2mm）混合而成，双端元混合物设计为粒度和密度相差最大化，以突出沉积物搬运的临界效应。与强烈水道化和河流表面回填作用有关的潮湿组分的波动与前文实验保持一致。回填下切河道重新形成河流表面和形成新通道所需的时间可以用下面的公式计算（Reitz 等，2010）：

$$T_{ap} \sim \frac{HBs}{Q_s} \tag{5.1}$$

式中，$T_{ap}$ 代表特征冲刷（内生作用）时间；$H$ 代表被释放事件分割的冲积相垂向高度，可大致用水流深度刻度；$B$ 代表盆地水平长度，可用河道总宽度刻度；$s$ 代表下流岸线位置，是朝盆地方向与盆地大小相关的时间函数；$Q_s$ 代表沉积物供应量。这个时间反映实验中沉积物的储存和释放旋回，也可用来预测 XES 02 和 XES 05 实验中的内生作用频率。XES 02 实验的沉积物供应量要超过 XES 05 实验的五倍，导致内生作用旋回间的时间间隔比 XES 05 更短，XES 05 实验潮湿组分的回填（沉积）事件为 8~10h，XES 02 实验比它增加了超过 2~3h（图 5.2）。

在 XES 02 和 XES 05 实验中，沉积物/水流量比值均为 0.01，形成了类似的三角洲顶面坡度，分别为 0.036 为 0.048。三角洲顶面坡度的细小增加引起河流沉积缓冲区（即储存事件保存沉积物的潜在容量）明显减少，导致可储存和释放到近海的三角洲顶部沉积物减少（Kim 和 Jerolmack，2008）。对 XES 02 和 XES 05 实验中由河流内生作用导致的斜坡变化进行直接和间接测量，引起岸线波动的盆内平均坡度变化分别为 0.004 和 0.0027（相对于平均顶面坡度的变化为 11% 和 6%）。因此三角洲顶面储存或释放的沉积物总量决定了内生作用过线波动的幅度（Kim 和 Jerolmack，2008）。在储存和释放事件中，XES 02 实验相比 XES 05 实验有更多的沉积物再沉积。XES 02 实验中大水流量导致水道化作用时间长，引起三角洲顶面更大规模的退积。XES 02 实验表现为更多潮湿组分的对称旋回，XES 05 实验则以不对称（正偏斜）波动为主，表明释放期差异较大；XES05 实验显示了沉积物快速释放，储存期相对较长，XES 02 则是储存期和释放期基本对等（图 5.2）。

## 5.1.3 下步工作建议

上文所述的实验研究提供了一套内生作用的定量测量方法，沉积物和水流条件与内生作用的物理关系还需要更全面的观测。上文的实验论及两种情况：（1）相同的 $Q_s/Q_w$ 比值，不同的沉积物和水流绝对量（Kim 和 Jerolmack，2008）；（2）保持 $Q_s$ 不变的情况下，改变

$Q_w$（Van Dijk 等，2009）。但缺少对 $Q_w$ 不变，$Q_s$ 改变情况的观测。此外：（1）目前的这些实验仅模拟了内生时间的少量旋回；（2）还未全面测试不同粒度、混合沉积物和胶结情况的变化。还需要开展更多的实验，实验时间需要足够长，以观测 $Q_s$ 和 $Q_w$ 变化引起的事件，产生足够的内生事件实例，来开展有意义的统计分析，进行不同粒度、混合沉积物和胶结条件下的研究。这些实验将有助于定量了解河流内生作用，指导油田级别的地层研究。

## 5.2 异动力对自旋回沉积作用的控制

### 5.2.1 盆地响应时间和高频地层学信息

沉积体系对环境变化较为敏感。通常认为地层叠置样式的变化反映了古环境变化。这些变化的原因通常从以下信息推测：被相对平静期分割开的幕式构造活动中（Blair 和 Bilodeau，1988；Dorsey 等，1997）、气候控制下的沉积物产量变化（Smith，1994）、海平面变化（Posamentier 等，1988；Posamentier 和 Vail，1988）、地球轨道周期性引起的全球气候变化（House，1985）、日照和海洋变化（Roth 和 Reijmer，2005）。

然而，岩石记录中高频信息的地层解释存在问题。如果沉积体系对外部变动的响应时间超过外动力旋回时间，沉积体系可能不能完全记录高频率外在变动在地层中的响应。此外沉积体系在外动力作用下，也会在地层记录中放大高频内生作用信息。Paola 等（1992）和 Paola（2000）在理论上推算出模拟沉积盆地的特征响应时间，Postma 等（2008）将其应用到自然系统，进一步讨论了水槽模拟实验。在这里用模拟盆地的均衡时间来定义高频到底指什么，高频外界控制作用是盆地的环境动力（environmental basin forcing），其旋回时间相比盆地均衡时间要短。可用下式表示：

$$T_{eq} = \frac{L^2}{v} \tag{5.2}$$

式中，$L$ 是沉积体系的长度，$v$ 是扩散系数。Castelltort 和 Van Den Driessche（2003）将盆地扩散的弛豫时间用于全球范围现代河流的研究，认为盆地响应时间尺度从 $10^4$a 到 $10^6$a。Allen（2008）对亚洲大型河流进行了类似的研究，认为响应时间尺度从 $10^5$a 到 $10^6$a。当外动力周期小于响应时间时，具有大面积泛滥平原的大型河流趋向于能缓冲任何外界变动，盆地响应周期遮盖了很多的地质作用周期，如同地球轨道周期对地层结构里高频样式的起源和解释起到掩盖作用。

下文将叙述物理实验里内生作用对外动力（即基准面变化，构造倾斜）的复杂响应。当实验引入基准面和构造条件时，河流内生作用的时间尺度和事件规模都会与无外动力作用条件下的有所不同。先前研究的延长和放大的内部作用表明地层信息周期接近或长于均衡时间尺度，也可用于对比外生作用控制下地层响应的内生作用。

### 5.2.2 基准面变化

Kim 等（2006a）用 XES 02 实验首次定量研究了基准面升降时期内生作用变化引起的岸线迁移速度的幅度变化情况。实验中多个正弦形基准面旋回引起三角洲岸线变动，高频岸线波动叠加在长周期响应上(Kim 等，2006b；Martin 等，2009a)，实验开始 26h 后开始第一个基准面旋回，持续108h后结束，延续时间比这个慢旋回后18h的快旋回时间要长。第一个基准面旋回的幅度为0.11m，比实验平均水道深度大10倍。实验中岸线迁移速度用10min横向平均岸线下游位置计算，表现出基准面上升时期的内生作用变化比下降时期大致增加了三倍（图5.3）。

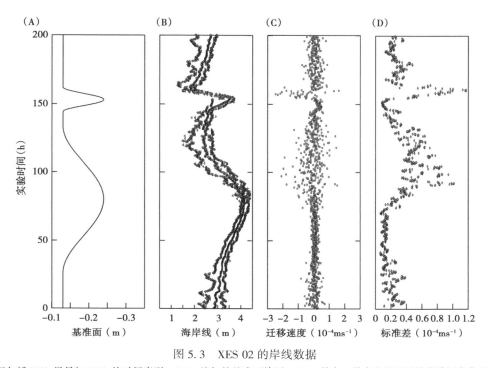

图5.3　XES 02的岸线数据

仅包括310h里最初200h的时间序列。(A)施加的基准面旋回；(B)最大、最小和平面平均岸线下段位置；(C)用平均岸线位置计算的迁移速度；(D)岸线迁移的标准差

地形扫描表现了三角洲顶面坡度在内生作用中呈周期性变化：释放期坡度减小，储存期坡度增大。Kim等（2006a）的几何模型中包括了这个坡度变化，结果与正弦形基准面旋回升降末期岸线迁移速度变化差异较好匹配（Kim等，2006a）。模型中，储存期一个模拟时间步骤里的坡度增加值受到输入沉积物释放量的约束，因而更大型三角洲斜坡的增大量更小。整个实验过程顶面斜坡的平均值（即XES 02实验的1%~4%）中的一部分就是模型里坡度变动的总体范围。模拟结果表明内生事件参数（即岸线迁移速度变化性）随基准面变化方向而变，即使假设内生作用大小（即最大和最小门槛坡度之间的顶部坡度波动范围）是常值。基准面降低增强了沉积物释放作用，但在这种条件下不一定就会海退，这样就会减小岸线迁移变化效应。但是总体海侵时期沉积释放事件容易引起岸线迁移方向的变动，因为三角洲前缘的发展会超过浅淹没的顶面。在Kim等（2006）的研究中，基准面升降时期三角洲几何形态在岸线内生性波动记录中所起的作用是清楚的，由于缺少高分辨率（实时）地貌扫描资料，不清楚事件大小（最大和最小顶面坡度之间的角度）是否随基准面变动方向而变化。下面的实验部分回答了事件大小如何随基准面变动方向而变化。

ExxonMobil上游研究机构的一个研究团队用可改善沉积物胶结性的含聚合物沉积混合物，设计了一系列实验（Hoyal和Sheets，2009；Martin等，2009b）。这种材料限制了河道侧面侵蚀作用和河道加宽进程，可模拟形成相对稳定的分流河道，而不是上文讨论里其他模拟实验的典型辫状河系统。Martin 等（2009b）在实验里分两个阶段制造出内聚三角洲：第一个阶段无基准面升高，第二个阶段有基准面升高，基准面升高的速度保持在一个固定值，能够让三角洲顶面维持基本不变（即强加积的同时只有很小的进积）。第二阶段的基准面升高引起河流沉积比第一阶段的增加了 2 倍，内生过程频率也加快了 2 倍。实验对岸线粗糙度也进行了测量和表征，实验表明开放角 $\theta$ 在统计意义上的饱和状态时为 16.5°（分流朵叶标定为 $2\theta$），岸线的粗糙度和朵叶规模在三角洲进积期（无基准面升高）和加积期（有基准面升高）保持一致，证实由于河流沉积作用的增强，内生性河道在时间上增加了 2 倍。这个实验仍然没有高分辨率地形数据，所得数据可以用来更详细地观测由于基准面波动导致的门槛坡度变化。固定基准面和基准面线性升高两个阶段岸线粗糙度的一致性，表明基准面变化引起的内生事件规模没有明显变化。

这些实验（XES 02 和 Martine 等所作的实验）中，模拟沉积物在上游结束处的迁移受到水箱垂向墙体的限制，冲积物和裸露基岩之间转换点（下文称为冲积层—基岩分界）的上游边界无法自由迁移。Kim 和 Muto（2007）设计了一系列可让沉积物上游结束处自由迁移的实验。每个实验都在不易侵蚀的倾斜基底上形成一个不受水箱墙体限制的孤立三角洲，基底坡度设计得比最陡的三角洲顶面坡度还大，沉积物从暴露的上游基岩顶面过路。前半部分是稳定基准面下的实验，后半部分对应持续基准面上升或者下降的情形。基准面升降时期岸线迁移速度变化总体趋势和先前实验吻合较好，即平均岸线迁移方向与基准面变化相反时最大，两者一致时最小。因此在冲积层—基岩分界可自由移动的情况下，沉积内部缓冲过程没有差异。但在基准面升高时，冲积层—基岩分界处迁移速度的内生信号幅度增强，与岸线处的趋势相反。内生变化幅度差异主要受河流体系轴长变化的控制，即轴长缩短引起冲积层—基岩分界内生变化减小，反之亦然。研究中采用了与 Kim 等（2006a）实例相似的一个物质平衡的简单几何学模型，模型也使用了变化的河流坡度来模拟河流体系的沉积搬运效率，在移动边界两端来观察内生信号样式。岸线和冲积层—基岩分界的无因次变化因基准面作用而增强，表明内生反应和外生反应有相同幅度。这个实验证实内生和外生地层产物在时间和时间尺度上可能叠置，虽然一般认为相关的外生信号长度和时间尺度要大很多。

### 5.2.3 构造：平面掀斜

通常认为河流对构造活动的响应是水下河道砂体空间分布的关键控制因素，因此河道沉积的堆积密度用于指示构造活动和流域沉积物供应（气候变化的代用指标）（Alexander 等，1994；Alexander 和 Leeder，1987；Allen，2008；Bridge，1993；Bridge 和 Leeder，1979；Heller 和 Paola，1996；Kim 等，2010；Leeder，1978；Leeder 等，1996）的变化。但如果未考虑内生过程和构造活动的动态相互作用，就不能正确理解活动构造盆地里的地层演化。下面的实验就展示了构造活动内生响应的复杂性。

XES 05 实验更多考虑了沉降作用对内生驱动的地层沉积的影响。XES 05 实验的初始阶段未受构造作用，前文已介绍内生过程的定量结果。实验由两个独立的正断层断块组成，两个断块形成了转换斜坡。实验中两个断层都采用了稳定的断滑速度（Kim 等，2010），在上游下盘和下游上盘盆地之间有位移，实质上增大了河道系统沉积物重新分配和形成近稳态斜坡的时间。用构造活动期的河流表面潮湿所需时间的综合图（图 5.4）分析，会发现河流自生作用特征时间从 13h（构造平静期）增加到 65h（构造活动期）（Kim 和 Paola，2007）。

内生作用时间上 5 倍的增加（即慢速河道平面迁移）导致沉积物补给到上盘盆地最大

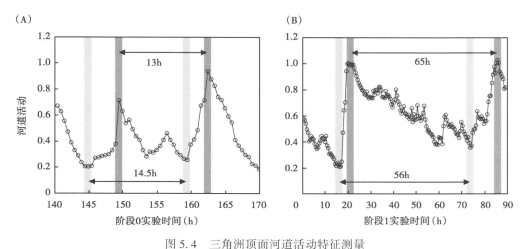

图 5.4 三角洲顶面河道活动特征测量

低值代表河道的剧烈迁移和（或）加积作用。（A）第一个无构造活动时期，每 13h 一次河道活动旋回；（B）第二个构造期，由于叠加了平面倾斜，河道旋回增加到 65h

沉降位置有时间差异。慢速沉积物在一个差异沉降地区的重分配，有足够时间在地面上形成构造沉降，引起湖泊周期性地开放［图 5.5（A）］。XES 05 中有两次内生作用湖泊的开放和闭合旋回。湖泊开放时期，水通过河道从上盘盆地流出，闭合时水通过河道流入上盘盆地并穿过断层。即使是构造控制无时间差异（即断层滑动速率或上游物源沉积物供应无变化）［图 5.5（B）］，沉积切面上也可见前积层和河流层理之间的周期性变化。

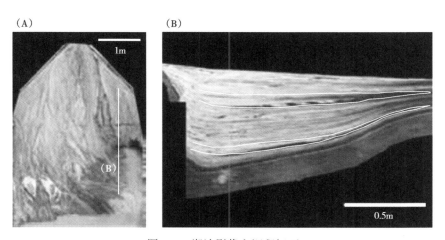

图 5.5 湖泊影像和沉积切面

（A）XES 05 上盘盆地内生成湖的表面影像；（B）穿过上下盘的纵向切片，显示河流—湖相旋回性沉积（以白线为界）

以冲刷深度为参考尺度，这些实验结果可以推至野外情况。在 60h 的前积层和河流沉积旋回时期，可最多形成近 20 倍冲刷深度（1 个冲刷深度约等于 2cm）的沉降。假设自然沉积盆地的冲刷深度为 5cm，沉积速度为 0.001m/a，那么整个 60h 的内生事件将相当于 50~100m 厚的地层，全部内生旋回事件约为 $10^5$a（Kim 和 Paola，2007）。这个出人意料的内生作用时间尺度表明可能存在与河道再生和活动构造变形伴生的较长期的、高强度内生变化。

## 5.2.4 下步工作建议

由于外部扰动和内部结构性动力，地球表面在所有时间尺度上都是活动的。自然界的河流在很大范围的时间和空间尺度上对多种外界控制因素都会积极响应。成绩记录中有很多原因不明的、复杂的外生和内生作用混合信号，盆地充填历史就是这些充满因果关系碎片的集合。关于沉积搬运和沉积盆地演化的物理实验旨在了解其内外变化和地层结构，相比数值模拟和野外考察有以下优点：（1）实验中的沉积系统可以自然地自演化；（2）可精确操控关键外部控制因素和观察盆地演化。

首先要聚焦独立单个因素，并观察与内动力有关的复杂结果。接着研究线性外部控制因素下的内生过程随时间和时间尺度的变化（Kim 和 Muto，2007；Martin 等，2009b），以明确简化条件下它们之间的基本关系。应开展时间和空间上的高分辨率地形测量，使事件规模和内生过程观测更精确。应加强外生—内生作用一体化研究，研究：（1）宽速度范围基准面变化的影响；（2）不同构造样式，如被动大陆边缘盆地和前陆盆地；（3）沉积物供应长期增加和（或）减少。

解耦岩石记录中外生作用信号能力需要克服的一个阻碍是外部的地层控制作用对信号的抑制作用。2008 年在 XES 盆地做过一个实验，和 XES 05 实验有同样的构造形态，但断滑速度在时间上有周期性差异。与 XES 05 实验不同，XES 08 实验在地层上没形成明显的反映构造变化的周期性样式（图6）。XES 08 实验第四阶段由三个小阶段组成，第一和第三小段为构造平静期，分别是起始（16h）和结束前（24h），第二小段为构造活动期。第二小段有 6h 断层活动时间，断层滑动速度是 XES 05 和 XES 08 实验的近 2 倍（Straub 等，2009）。6h 持续时间（与 XES 05 中 65h 的内生性河道改造时间比较）太短，不足以形成能在最终沉积物中反映出来的地形底点，而 16h 和 24h 的两个构造平静期（与 XES 05 中 13h 的构造平静期比较）足够长，可以对构造变形面进行改造。

Jerolmack 和 Paola（2010）设计了一种米堆模型，展现了周期性沉积物（米粒）输入信

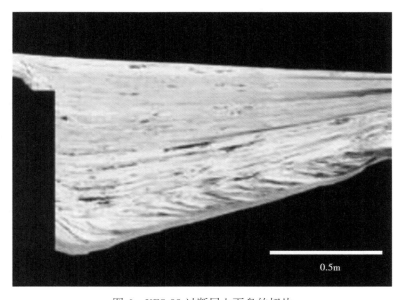

图 6　XES 08 过断层上下盘的切片

号对下游末端输出流量的抑制作用。在上游末端的周期性输入，其时间周期小于特征弛豫时间，通过米堆搬运系统时被碎片化，除非扰动幅度非常大（Jerolmack 和 Paola，2010）。

应仔细观测基准面、构造运动和沉积物供应周期性变动形成的地层沉积产物。随着实验技术的进步，可以就搬运系统对外动力频率敏感性有关的假设进行更全面测试。对盆地动力频率进行大范围实验将从基本上增进对自然界周期性沉积起因的理解，提供更好从岩石记录中解耦环境信号的方法。

## 5.3 结论

（1）河流内生性储存和释放过程自然产生，并周期性改变河流体系的搬运速度。河道样式在强水道化作用到席状流之间的转换调整了河流沉积运输过程。这个内部转化的特征时间可通过沉积供应速度、盆地长度、水流深度和宽度来描述，见公式（5.1）。

（2）诸如岸线和冲积层—基岩界线等移动边界记录了内部变化。基准面变化实验表明基准面升高引起岸线迁移速度变化增加，基准面降低引起岸线迁移速度变化减少。冲积层—基岩界线变化则呈相反趋势。

（3）平面上的构造掀斜作用降低了河道横向迁移速度，因而增加了内生性河道的时间尺度。横向沉降差异性实验中河流重组织进程变慢，在缺失随时间变化的外动力作用下形成了长周期沉积作用。

（4）当盆地动力周期小于公式（5.2）的特征弛豫（均衡）时间时，沉积地层发育阶段的周期性变化不明显。

（5）建议专门设计定量测量河流内生过程的实验，研究精确控制边界条件（构造沉降速度、沉积物供应、水流条件等）下的相关沉积产物。内生作用对地层发育的贡献度与沉积供应条件呈非线性变化，并与盆地动力联合作用，河流内生过程对地层产物的控制作用可能比普遍认为的更为明显，已有的和建议开展的实验将根本上改进对内生过程及其沉积产物的理解。进一步研究实验中的外生—内生耦合信号，从实验中的简化外界控制作用起步，将有助于将外生作用影响和内生作用影响进行定量分解。

## 参 考 文 献

Alexander, J., Bridge, J.S., Leeder, M.R., Collier, R.E.L. and Gawthorpe, R.L. (1994) Holocene meander-belt evolution in an active extensional basin, southwestern Montana. *J. Sed. Res.*, 64, 542–559.

Alexander, J. and Leeder, M.R. (1987) Active tectonic control on alluvial architecture: Recent developments in fluvial sedimentology. In: *Third International Fluvial Sedimentology Conference, Fort Collins, CO, United States, Aug. 1985* (Eds F.G. Ethridge, R.M. Flores, M.D. Harvey and J.N. Weaver), 39, 243–252, United States (USA).

Allen, P.A. (2008) Time scales of tectonic landscapes and their sediment routing systems. *Geol. Soc. London Spec. Publ.*, 296, 7–28. doi: 10.1144/sp296.2.

Ashworth, P.J., Best, J.L. and Jones, M. (2004) Relationship between sediment supply and avulsion frequency in braided rivers. *Geology* (Boulder), 32, 21–24.

Blair, T.C. and Bilodeau, W.L. (1988) Development of tectonic cyclothems in rift, pull-apart and foreland basins: Sedimentary response to episodic tectonism. *Geology*, 16, 517-520.

Bridge, J. S. (1993) description and interpretation of fluvial deposits-a critical perspective. *Sedimentology*, 40, 801-810.

Bridge, J. S. and Leeder, M. R. (1979) A simulation model of alluvial stratigraphy. *Sedimentology*, 26, 617-644.

Bryant, M., Falk, P. and Paola, C. (1995) Experimental study of avulsion frequency and rate of deposition. *Geology* (Boulder), 23, 365-368.

Castelltort, S. and Van Den Driessche, J. (2003) How plausible are high-frequency sediment supply-driven cycles in the stratigraphic record? *Sed. Geol.*, 157, 3-13.

Cazanacli, D., Paola, C. and Parker, G. (2002) Experimental steep, braided flow: Application to flooding risk on fans. *J. Hydraul. Eng.*, 128, 322-330.

Dorsey, R. J., Umhoefer, P. J. and Falk, P. D. (1997) Earthquake clustering inferred from Pliocene Gilberttype fan deltas in the Loreto Basin, Baja California Sur, Mexico. *Geology* (Boulder), 25, 679-682.

Heller, P. L. and Paola, C. (1996) Downstream changes in alluvial architecture; an exploration of controls on channel-stacking patterns. *J. Sed. Res.*, 66, 297-306.

Heller, P. L., Paola, C., Hwang, I.-G., John, B. and Steel, R. (2001) Geomorphology and sequence stratigraphy due to slow and rapid base-level changes in an experimental subsiding basin (XES 96-1). *AAPG Bull.*, 85, 817-838.

Hickson, T. A., Sheets, B. A., Paola, C. and Kelberer, M. (2005) Experimental test of tectonic controls on threedimensional alluvial facies architecture. *J. Sed. Res.*, 75, 710-722.

House, M. R. (1985) A new approach to an absolute timescale from measurements of orbital cycles and sedimentary microrhythms. *Nature*, 315, 721-725.

Hoyal, D. and Sheets, B. A. (2009) Morphodynamic evolution of experimental cohesive deltas. *J. Geophys. Res.*, 114, 18. doi: F0200910.1029/2007jf000882.

Jerolmack, D. J. (2011) Causes and effects of noise in landscape dynamics. *Eos*, 92, 385-386.

Jerolmack, D. J. and Mohrig, D. (2005) Frozen dynamics of migrating bedforms. *Geology*, 33, 57-60.

Jerolmack, D. J. and Paola, C. (2007) Complexity in a cellular model of river avulsion. *Geomorphology*, 91, 259-270.

Jerolmack, D. J. and Paola, C. (2010) Shredding of environmental signals by sediment transport. *Geophys. Res. Lett.*, 37, L19401.10.1029/2010gl044638.

Jerolmack, D. J. and Swenson, J. B. (2007) Scaling relationships and evolution of distributary networks on waveinfluenced deltas. *Geophys. Res. Lett.*, 34, 23402.

Kim, W. and Jerolmack, D. J. (2008) The Pulse of Calm Fan Deltas. *J. Geol.*, 116, 315-330. doi: 10.1086/588830.

Kim, W. and Muto, T. (2007) Autogenic response of alluvial-bedrock transition to base-level variation: Experiment and theory. *J. Geophys. Res.*, 112. doi: 10.1029/2006JF000561.

Kim, W. and Paola, C. (2007) Long-period cyclic sedimentation with constant tectonic forcing in an experimental relay ramp. *Geology*, 35, 331-334.

Kim, W., Paola, C., Swenson, J. B. and Voller, V. R. (2006a) Shoreline response to autogenic processes of sediment storage and release in the fluvial system. *J. Geophys. Res.*, 111. doi: 10.1029/2006JF000470.

Kim, W., Paola, C., Voller, V. R. and Swenson, J. B. (2006b) Experimental measurement of the relative importance of controls on shoreline migration. *J. Sed. Res.*, 76, 270–283. doi: 10.2110/jsr.2006.019.

Kim, W., Sheets, B. A. and Paola, C. (2010) Steering of experimental channels by lateral basin tilting. *Basin Res.*, 22, 286–301.

Leeder, M. R. (1978) A quantitative stratigraphic model for alluvium, with special reference to channel deposit density and interconnectedness; Fluvial sedimentology. First international symposium on fluvial sedimentology, Calgary, Alberta, Canada, Oct. 20–22, 1977, 587–596.

Leeder, M. R., Mack, G. H., Peakall, J. and Salyards, S. L. (1996) First quantitative test of alluvial stratigraphic models: southern Rio Grande Rift, New Mexico. *Geology*, 24, 87–90.

Martin, J., Paola, C., Abreu, V., Neal, J. and Sheets, B. (2009a) Sequence stratigraphy of experimental strata under known conditions of differential subsidence and variable base-level. *AAPG Bull.*, 93, 503–533.

Martin, J., Sheets, B., Paola, C. and Hoyal, D. (2009b) Influence of steady base-level rise on channel mobility, shoreline migration and scaling properties of a cohesive experimental delta. *J. Geophys. Res.*, 114, F03017. 10.1029/2008jf001142.

Muto, T. and Steel, R. J. (2001) Autostepping during the transgressive growth of deltas: results from flume experiments. *Geology* (Boulder), 29, 771–774.

Paola, C. (2000) Quantitative models of sedimentary basin filling; Millennium reviews. *Sedimentology*, 47, Suppl. 1, 121–178.

Paola, C., Heller, P. L. and Angevine, C. L. (1992) The largescale dynamics of grain–size variation in alluvial basins; 1, *Theory. Basin Res.*, 4, 73–90.

Paola, C., Mullin, J., Ellis, C., Mohrig, D. C., Swenson, J. B., Parker, G. S., Hickson, T., Heller, P. L., Pratson, L., Syvitski, J., Sheets, B. and Strong, N. (2001) Experimental stratigraphy. *GSA Today*, 11, 4–9.

Paola, C., Straub, K., Mohrig, D. and Reinhardt, L. (2009) The "unreasonable effectiveness" of stratigraphic and geomorphic experiments. *Earth-Sci. Rev.*, 97, 1–43.

Posamentier, H. W. and Vail, P. R. (1988) Eustatic controls on clastic deposition; II, Sequence and systems tract models. In: *Sea-Level Changes: An Integrated Approach* (Eds C. K. Wilgus, B. S. Hastings, C. A. Ross, H. W. Posamentier, J. Van Wagoner and C. G. S. C. Kendall), 42, pp. 125–154, Houston, TX, USA.

Posamentier, H. W., Jervey, M. T. and Vail, P. R. (1988) Eustatic controls on clastic deposition; I, Conceptual framework. In: *Sea-Level Changes: An Integrated Approach* (Eds C. K. Wilgus, B. S. Hastings, C. A. Ross, H. W. Posamentier, J. Van Wagoner and C. G. S. C. Kendall), 42, pp. 109–124, Houston, TX, USA.

Postma, G., Kleinhans, M. G., Meijer, P. T. and Eggenhuisen, J. T. (2008) Sediment transport in analogue flume models compared with real-world sedimentary systems: a new look at scaling evolution of sedimentary systems in a flume. *Sedimentology*, 55, 1541–1557.

Reitz, M. D., Jerolmack, D. J. and Swenson, J. B. (2010) Flooding and flow path selection on alluvial fans and deltas. *Geophys. Res. Lett.*, 37. doi: 10.1029/2009GL041985.

Roth, S. and Reijmer, J. J. G. (2005) Holocene millennial to centennial carbonate cyclicity recorded in slope sediments of the Great Bahama Bank and its climatic implications. *Sedimentology*, 52, 161–181.

Smith, G. A. (1994) Climatic influences on continental deposition during late-stage filling of an extensional basin, southeastern Arizona. *Geol. Soc. Am. Bull.*, 106, 1212–1228.

Straub, K. M., Paola, C., Kim, W. and Sheets, B. (2009) Controls on steering of channels in laterally tilting basins: an experimental study: Eos Trans. *AGU*, 90, no. 52, Fall meet. suppl., Abstract EP53A-0612.

Van Dijk, M., Postma, G. and Kleinhans, M. G. (2009) Autocyclic behaviour of fan deltas: an analogue experimental study. *Sedimentology*, 56, 1569–1589.

# 6 从自旋回的角度认识外力对河流三角洲的作用：概念的回顾

Tetsuji Muto　Ronald J. Steel 著

王　越 译

**摘要**：河流三角洲一直以来被认为是稳定的外动力造成了它稳定的地层旋回轮廓，即"平衡特性假说"。虽然这种平衡特性可能存在，但是这个假说并没有把握住一般性的真实规律，并且对地层记录的解释存在严重的问题。自旋回从一个全新的视角，综合考虑了非平衡特性以及伴随着的决定性自发过程特征，认为：（1）稳定的外动力造成了不稳定的地层旋回特征；（2）稳定的地层轮廓特征可以是不稳定的外动力造成。更多的关于河流三角洲的外动力对其不均衡特征影响的研究，将使得地层更加明确和清晰。

**关键词**：自生作用；自旋回；确定性；均衡性；作用力；非均衡性；河流三角洲；海平面；地层响应

在过去的十年，河流三角洲研究取得的重大进展部分取决于外力作用（特别是海平面作用）造成内部地层响应的阐述说明（Muto 等，2007），部分取决于实验地层学和地形学的快速发展（Paola 等，2009）。此外，决定性自发过程特征的发现也很关键（Muto 和 Steel，2002a），因为其明确表明相对海平面上升和沉积输入对沉积体系的影响之间总体缺失一个定量平衡状态（Muto，2001；Swenson 和 Muto，2007）。但与其对立的平衡特性假说却在大多数成因地层模型（包括层序地层学）中被作为最核心的假设。

综合考虑了决定性自发过程特性的成因地层学即为自旋回地层学（Muto 等，2007）。河流三角洲的自旋回地层模型表明：（1）地层的突然间断与基底面运动的突然变化无必然联系，也可以是纯粹的沉积体系自生过程特性造成的，（2）表现为平滑曲线的地层特征可以是不稳定外力作用造成的。这些均为非平衡特性的解释。本文主要回顾了外力对河流三角洲作用的几个主要方面（特别是海平面外动力作用）。

## 6.1　自生作用和外力作用

自生作用会习惯性地与原地（沉积体系的一小部分）、随机以及旋回性等特征联系起来，典型的例如河流迁移或三角洲舌状体迁移（Beerbower，1995；Edmonds 等，2009；Straub 等，2009）。但是，近来另外一种自生作用类型引起了学者的注意，其表现为全球性（如整个沉积体系）、确定性以及非旋回性等特征（Muto 和 Steel，2002a；Muto 等，2007；Paola 等，2009）。后者被认为是现今自生地层的主要类型。

研究一个沉积体系时，它与外界必须要有一个确切的空间范围内的边界。此边界以外对于沉积体系的任何作用都被看作是外力作用。在这里，注意区分两种外力作用类型，即静止的和动态的。以河流三角洲为例，静止的外力作用包括固定的基底面、不变的基底地形；动态的外力作用则包括基底面变化和盆地构造运动。沉积物和水的供给也属于动态外力作用的一部分，因为其包含了沉积系统以外的物质输入。在目前的情况下，假定一个沉积体系无沉积（或水）输入（即无地层沉积）是没有意义的。因此，任何活动的沉积体系都不可能不受动态的或静止的外力作用影响。关键要看其动态外力作用是稳定的（恒定速率）还是不稳定的（即变化速率）。从这个视角来看，自生作用应该指的是受稳定动态外力作用和静止外力作用影响形成的地层或地形特征原型，而异生作用则是受不稳定动态外力作用影响形成的地层或地形特征（图6.1）。值得注意的是，与一些通常的用法相反，自生作用和异生作用最好用来指地层特征本身，而不是用来形容其主要控制作用。

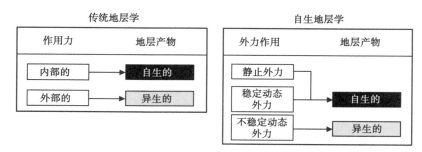

图6.1 根据作用力及其形成的地层产物之间的关系来解释自生和异生的含义
传统地层学中，自生和异生的地层产物分别对应内部和外部作用力体系。但是，从自生地层学观点解释，自生地层指的是地层或地形特征的原始状态，是稳定动态外力作用和静止外力作用造成的地层特性，而异生地层指的是动态外力作用下形成的地层或地形特性

前人认为，在沉积物持续输入的情况下，如果沉积分流（或水分流）体系的地层也不表现为加积或退积，那么该体系可以被认为是完美的、不受动态外力作用影响的。这种沉积体系状态，反映在河流三角洲中，即表现为粒序构造。但是，随着其边界迁移，只有当相对海平面以某一特定形式下降时，冲积扇—三角洲河流沉积体系才可能出现这种粒序构造，其也取决于盆地地形（Muto和Swenson，2005，2006；Petter和Muto，2008）。粒序构造的出现更加反映了动态外力作用的重要作用。

## 6.2 平衡特性假说

控制海退型和海侵型三角洲沉积环境形成的两个主要因素是沉积物的供给和相对海平面的升降（盆地沉降+基底面起伏）。更加值得思考的是，这两个因素在河流三角洲地层格架构建过程中是如何发挥作用的。关于这个问题，长期以来的概念是"平衡特性假说"。平衡特性指的是一种特性类型，即受稳定外力作用影响形成稳定的地层轮廓或沉积体系的稳定沉积行为（图6.2）。事实上，平衡特性实际上是可能存在的，但是受限于特殊的沉积环境（Muto和Swenson，2006）。尽管如此，平衡特性假说是一个被广泛认可的、常见的假设，因为它在大多数情况下是正确的。这种假说所导致的必然结果就是，任何具重大意义的不稳定地层趋势都被归因于不稳定的动态外力作用（图6.2）。

平衡特性假说表明，海退和海侵作用反映的是相对海平面上升和沉积物输入二者相互影响的不平衡状态，而无重大海岸线迁移的滨岸加积作用反映的是这二者之间的平衡状态。除

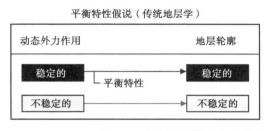
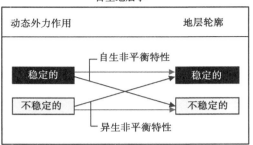

图 6.2 关于沉积体系在动态外力作用下的地层特性的不同观点

传统地层学建立在平衡特性假说之上，认为在稳定的动态外力作用下基本符合平衡特性，这里任何不稳定的地层特征通常归因于不稳定动态外力作用。而自生地层学认为还有另外两种地层特性：自生非平衡性特性（稳定外力作用下形成的不稳定地层轮廓）和异生非平衡特性（不稳定外力作用下形成的稳定地层轮廓）

此之外，通常假定持续沉积输入的稳定外力作用（速率 $Q_s$）和持续的相对海平面上升（速率 $R_{slr}$），河流三角洲逐渐演变成一个平衡轮廓，形成一个特殊的沉积叠加模式，并且海岸线维持一个恒定的速率沿某一特定方向迁移。与此同时，如果 $Q_s$ 和 $R_{slr}$ 不随时间发生变化，三角洲体系将保持其地层特征不变；例如，如果沉积物供给量足够大且超过相对海平面的上升，海退作用就会发生，并且只要 $Q_s$ 和 $R_{slr}$ 不发生变化，这种状态将会一直维持下去。大多数现存的成因地层学模型，包括层序地层学，都明确指出或暗示是基于该假说发展起来的（Weller，1960；Sloss，1962；Curray，1964；Curtis，1970；Vail 等，1977；Posamentier 等，1988；Galloway，1989；Shanley 和 McCabe，1994；Neal 和 Abreu，2009）。没有必要说这些已存的模型是错误的，但必须坚信的是这种平衡特性假说缺失分析的严谨性，以至于引起一些误导性的结论，下文中会提到。

## 6.3 自生非平衡特性

除了平衡特性之外，还需要考虑另外两种地层特性类型。第一种是自生非平衡特性，即稳定的外力作用造成不稳定的地层轮廓（图 6.2）。这种自生非平衡特性的典型示例是三角洲海岸线的自生后退（Muto 和 Steel，1992，1997；Swenson 等，2000；图 6.3）。尽管包括 $R_{slr}$、$Q_s$ 以及上流卸载量等所有盆地动态条件保持不变，正经历海退时期的三角洲体系最终都会发生海侵。因为在海岸线后退期间，不可避免的会出现一个关键时刻，即 Muto（2001）所说的"自生间断"（Parker 等，2008），该时期之后，沉积体系将失去其原本的几何形态和三角洲特征。只要相对海平面以某一恒定速率持续上升，从早期三角洲海退到晚期非三角洲快速海侵的连续过渡是不可避免的。

造成非平衡特性的最基本原因是海平面上升期间，河流三角洲不断的前积生长。随着三角洲的生长，分支河流体系提供的沉积碎片不断堆积，进而造成冲积层的加积，而随着时间推移可用于形成三角洲进积层的沉积物逐渐减少（Muto 和 Steel，1992，1997；Milton 和 Bertram，1995）。最后的结果就是，尽管有持续的沉积输入和稳定的外动力条件，退积三角洲将不能维持其在区域上向前扩张生长的状态。最后三角洲会不可避免的遇到某个时刻，即三角洲不能再保持其原始的沉积状态（如自生间断）。Muto 和 Steel（1997）也曾强调当海

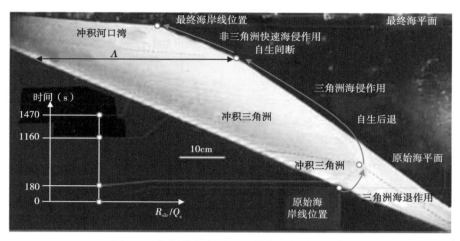

图 6.3　海岸线自生后退和层序上的自生间断

表明海平面稳定上升时出现自生非平衡特性。实验运行过程中，保持沉积输入和相对海平面上升速率恒定不变，进而建立起河流三角洲。$\Lambda$ 代表自生地层的长度，由 $Q_s/R_{slr}$ 确定（$Q_s$：沉积输入速率，$R_{slr}$：相对海平面上升速率）。实验运行过程详见 Muto（2001）

平面上升速率很低，随后速率突然增加变大时，海岸线的自生后退会发生延迟。图 6.4 展示了一个很好的地层示例（Kirschbaum 和 Hettinger，2004），可以看到，与低可容空间 Sego—Corcoran—Cozette 砂岩的海岸线长度较长（60~80km）相反，海岸线进积长度（海侵方向变化之前）与海岸体系的加积程度有关，退积海岸线的长度在更大可容空间环境中不断变化，但很少超过 20~40km。这并不能完全证明西部内陆海道滨线独立后退的终止是滨线自生后退造成的，但其的确为更为复杂的异生说提供了一个更为简单的解释。Aschoff 和 Steel（2011）对这些异常现象提出过一个宽泛的构造解释（原始的 Laramide 构造运动），可以解释低可容空间 Sego—Corcoran—Cozette 海岸线，但并不认为可以解释海岸线的独立后退。

关于自生非平衡特性的其他示例，包括特殊地貌条件下三角洲体系随着海平面上升自生淹没（Tomer 和 Muto，2010；Tomer 等，2011），冲积河流随海平面下降的自生下切（Muto 和 Steel，2002b；Swenson 和 Muto，2007），以及三角洲体系随海平面下降的自生拆离（Petter 和 Muto，2008）等。这些现象都是在既定的特殊稳定外力条件下发生的全球性的、决定性的以及非旋回性的自生成因示例。

值得注意的是，上文提到的可容空间仅适用于本文中例证解释自生非平衡特性的环境。自生地层本身的格架并不符合其传统概念上的特征（Muto 等，2007），部分原因在于，客观上来讲，作为聚集沉积物潜在空间的可容空间（Jervey，1988）很难对其作定量处理（Muto 和 Steel，2000；Kim 等，2006）。另一个主要原因是传统的概念是建立在对冲积粒序构造错误理解的基础上的，根据平衡特性及静止的基底面，其在层序地层学上被认为是河流体系下流冲积层中的最稳定状态（Posamentier 等，1988）。天然的河流—三角洲体系边界经常发生迁移，只有在基底面下降且不再限制冲积加积的情况下，这种冲积粒序构造才会出现并得以保存（Muto 和 Swenson，2005，2006）。在海平面下降的情况下，在特殊地貌条件组合下，无河谷下切的冲积河流也可以稳定的加积（Petter 和 Muto，2008）。依照最近在河流三角洲

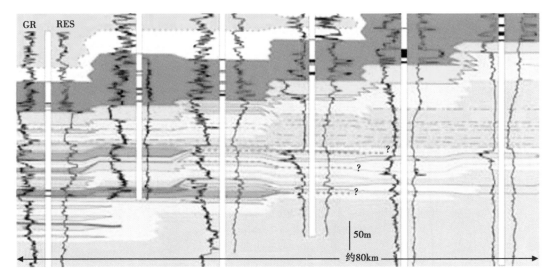

图 6.4 沿东 Book 悬崖，近 Pallisades 科罗拉多的海岸线进积模式图（据 Kirschbaum 和 Hettinger，2004）与上覆 Rollins 砂岩的海岸线呈加积且长度较短相反，Sego 组、Corcoran 组（低部位）和 Cozette 组（中部之下的海岸线）的薄层黄色海岸线快速扩展进积（Aschoff 和 Steel，2011）。滨岸平原的沉积厚度（绿色部分）反映了不同的加积模式，表明独立的海岸线回旋可能是稳定外力作用下的非平衡自生特性。红色部分反映的是海侵河谷。这两组海岸线的外力作用不同是构造作用导致的（Aschoff 和 Steel，2011）。GR—伽马射线，RES—电阻抗

的自生地层研究中起着关键的作用的冲积粒序构造的概念，可容空间这一概念严重自相矛盾，即沉积物在无可容空间的情况下仍可聚集沉积（甚至部分为"反可容空间"；Muto 和 Steel，2000）。在自生地层中，可容空间的概念并不适用于探索以及理解河流三角洲随海平面变化的特性。

## 6.4 异生非平衡特性

第二种非平衡特性类型就是，不稳定的外力作用可以造成稳定的地层轮廓。这种地层特性类型指的就是异生非平衡特性（图 6.2）。若海平面以持续的速率上升，则自生后退—自生间断过程的出现是不可避免的。对于三角洲滨线而言，沿某一特殊方向持续迁移却不经历自生后退—自生间断过程，需要 $R_{slr}$ 以时间的平方根或立方根比例减少，或 $Q_s$ 以时间的平方或立方比例增加（Muto 和 Steel，2002a）。这些不稳定的动态外力条件将会例证异生非平衡特性的存在。

更能说明异生非平衡特性的示例就是异生粒序构造（Muto 和 Swenson，2005），即冲积河流在不稳定动态外力条件下形成和保存的粒序构造。图 6.5 显示的是一个三角洲斜坡沉积建造的一维纵剖面，该沉积建造形成时海平面以时间的平方根比例的速率下降。尽管在前积斜坡沉积的顶积层总会存在一个冲积河流相，但其只是单纯的向盆地方向延伸，并没有发生重大的沉积或剥蚀，进而维持这一粒序构造。如果在相同的地貌条件下，海平面以恒定的速率下降，河流则不会形成粒序构造，且不可避免地会遭受从加积到破坏这一不可逆的变化（Swenson 和 Muto，2007）。

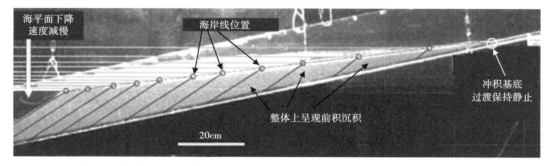

图 6.5 随着海平面下降速度的减缓,得到及保存的自生冲积粒序构造显示出
自生的非平衡特性(据 Muto 和 Swenson,2005)
时间线间隔约 11min。冲积河流支流仅向盆地方向延伸,无重大顶积层
加积和退化,这代表其为河流的粒序状态

## 6.5 控制非平衡特性的因素

如果不考虑非平衡特性(即决定性自生作用),则传统的海退作用和海侵作用的解释仅仅是跟随平衡特性的假设,即海平面上升的影响和沉积输入的影响之间的平衡或不平衡关系。而另一方面,充分认识理解非平衡特性则提供了一种完全不同的解释。海退作用、加积作用(稳定的海岸线)和海侵作用仅仅是三角洲体系在相对海平面持续上升时表现的非平衡特性。随着相对海平面的持续上升,这些特性将不表现为平衡地层轮廓,而是从瞬时状态的沉积体系向最终状态非三角洲海侵体系演化。$R_{\text{slr}}$ 和 $Q_{\text{s}}$ 自身的大小并不能决定究竟是发生海退作用、加积作用还是海侵作用。这两个因素的主要作用是从长度和时间上来控制沉积体系。任何在海平面变化期间生长的河流三角洲在时间和长度上都是特定的,并由 $R_{\text{slr}}$ 和 $Q_{\text{s}}$ 来限定(Muto 等,2007)。自生地层的长度尺度 $\Lambda$ 和时间尺度 $\tau$ 通常有以下关系:

$$\Lambda = \frac{Q_{\text{s}}}{|R_{\text{slr}}|} \tag{6.1}$$

$$\tau = \frac{\Lambda^2}{v} = \alpha \frac{Q_{\text{s}}}{R_{\text{slr}}^2} \tag{6.2}$$

式中,$v$ 是冲积沉积过程中的线性扩散系数,$\alpha$ 是冲积层的平均坡度(Muto 和 Swenson,2005)。$\Lambda$ 反映的是在自生间断时刻,大陆架基底面和滨线位置之间的水平距离(Muto,2001;图 6.3)。

$\tau$ 的地层含义如下文所示。假定 $T$ 为相对海平面上升期间动态外力作用的时间间隔。若 $\tau \ll T$,就会明显地出现非平衡特性信号。河流三角洲在海平面上升时期不可避免地会经历自身后退和自生间断的过程。这种情况下的非平衡特性通常指大尺度上的自生地层。但是,如果 $\tau \gg T$,仅在很短的时间窗内就会产生非平衡特性,河流三角洲可以基本保持平衡特性的稳定生长。实验运行过程如图 6.3 所示。例如,$T$ 是 1470s,计算所得 $\tau$ 远小于 179s。因此,在实验运行过程中会出现自生后退和自生间断。如果实验在开始运行 1min 后停止,那么将只能看到原始的海退部分。这种情况下,识别非平衡特性显得十分困难。

## 6.6 地层记录的应用

自生地层学的主要目的是探索决定性自生过程以及其地层特性,进而去识别异生地层及其对应的不稳定动态外力作用(图6.6)。尽管地层记录大体包括自生的和异生的,传统地层学倾向于忽视自生作用的重要性,而过于强调异生过程。宏观上任何未考虑自生地层观点的地层分析,都可能导致对地层层序的严重误解(Muto 等,2007)。

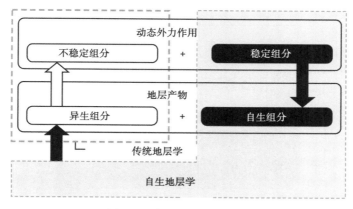

图6.6 自生地层学结构图

自生地层学最初尝试解释仅在自生过程或稳定动态外力作用下的地层特征。在自生学说被认为正确有效时,异生解释并未被考虑在内。在这一程序提出之前,不稳定动态外力作用的影响被过分强调了。传统地层学通常假设海平面变化呈正弦曲线模式,趋于高估动态外力作用的异生影响

自生地层分析的决定性特征对探测不稳定动态外力作用十分有利,因为任何重大变化的不稳定性都与理论预测存在差异。自生地层分析的定量应用示例,可见 Spitsbergen 古近—新近纪盆地海岸线后退时期的始新统层序(Muto 和 Steel,2002a)。这一海退地层呈楔状,形成于发育三角洲的陆架边缘体系,整体上(长期)处于相对海平面上升时期,可见用作地层分析的相应陆架边缘轨迹(图6.7)。$R_{slr}$ 和 $Q_s$ 之间互为倒数关系,表明 $Q_s$ 的增大和 $R_{slr}$

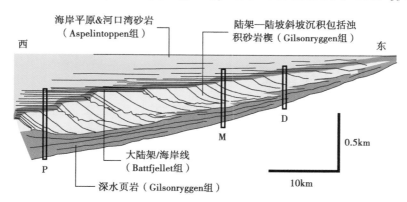

图6.7 Spitbergen 中古近—新近纪盆地 van Mijenfjorden 群上部分(始新统)的大陆架边缘轨迹(据 Muto 和 Steel,2002a)

P(近端)、M(中端)和 D(远端)是数值模拟所需数据的测量观察位置

的减小都有可能使 $\varLambda$ 增大；而 $\varLambda$ 的减小也可以是 $Q_s$ 的减小或 $R_{slr}$ 的增大导致的。因此，对于某一地层剖面，除非提供充足数量的时间线，否则在给定或假定 $Q_s$ 之前 $R_{slr}$ 的任何变化都无法被计算，反之亦然。图 6.8 显示的是基于自生后退数值模拟得到的两种不同的情况，一种是 $Q_s$ 保持不变，$R_{slr}$ 发生变化；一种是 $R_{slr}$ 保持不变，$Q_s$ 发生变化。假定 $Q_s$ 保持恒定不

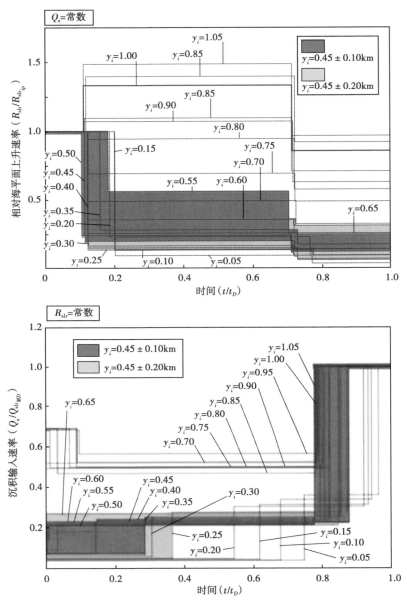

图 6.8　基于自生后退模型建立起来的 $R_{slr}$ 和 $Q_s$ 时间模型（据 Muto 和 Steel，2002a）

假定 $Q_s$ 恒定不变来计算 $R_{slr}$。$y_i$ 是原始海岸线在 $i$ 位置处的假定高度，但未优先给定准确位置。$R_{slr}$ 和时间 $t$ 无量纲，与 $R_{slr_{0p}}$ 和 $t_D$ 不同，$R_{slr_{ip}}$ 是大陆架边缘从 $i$ 位置向 $p$ 位置迁移过程时间间隔的 $R_{slr}$ 的平均值，$t_D$ 是大陆架边缘从最初 $i$ 位置向 $D$ 位置迁移所用的时间。为了计算 $Q_s$，假定 $R_{slr}$ 是常数，$Q_s$ 无量纲，与 $Q_{s_{MD}}$ 是大陆架边缘从位置 $M$ 向位置 $D$ 迁移过程时间间隔内 $Q_s$ 的平均值

变，从三个位置得到的野外数据分析（P：近端，M：中端，D：远端）揭示了一个可以解释观察到海岸线轨迹的 $R_{slr}$ 光谱时间模式（图 6.8）。这里需要记住的是，尽管 $R_{slr}$ 是恒定的，其导致的海岸线轨迹将会呈现上凹及向陆凹的曲线（图 6.3）。基于海岸线自生后退理论的决定性预测表明，盆地最初最可能出现的水深约 0.45km，而相对海平面的整体上升（约 0.8km）更可能发生在早期，随之而来的是一个较为长期的低速上升阶段。这种相对海平面上升的模式与古近系盆地的构造沉降趋势（地史学分析单独决定的）是一致的（Schellpeper，2002）。另一方面，若相对海平面一直持续稳定上升（$R_{slr}$ = 常数），$Q_s$ 则必须以时间的指数比例快速增大（图 6.8）。在层序地层分析中决定性自生理论被完整探索之前，$R_{slr}$ 和 $Q_s$ 发生不稳定变化的各种可能性，是不能被定量识别的。

## 6.7 存在问题

自生地层学对理解各种沉积体系来说是最基本的，不仅因为其自生过程还未被认识或未被充分理解，更主要因为其探索的是沉积体系受外力作用的固有特性。自生地层学包含平衡特性和非平衡特性两种，充分考虑到了稳定和不稳定动态外力作用（Muto 等，2007）。河流三角洲非平衡特性的深入探索将更加深入的阐述动态和静止外力作用下的地层特性。

现今的自生地层格架仅对不受波浪和潮汐作用影响的河流三角洲适用。但是非平衡特性并不受限于此。因此，目前所面临的挑战是将自生地层的视角扩展到其他沉积体系（环境）中，包括波控沉积体系、潮控沉积体系、不受海平面外力作用影响的内陆河流盆地、深水体系以及非碎屑沉积体系。不同的沉积环境在外力作用下显示的地层特征变化很大。自生地层深入探索的关键将是岩石层序中非平衡特性的识别。

**致谢**

感谢 JSPS（20340140）和得克萨斯大学奥斯汀分校的 RioMAR 公司的基金支持。

## 参 考 文 献

Aschoff, J. L. and Steel, R. J. (2011) Anomalous clastic progradation in the Cordilleran Foreland Basin: implications for the Sevier-Laramide Transition. *Geol. Soc. Am. Bull.*, 123, 1822–1835.

Beerbower, J. R. (1965) Cyclothems and cyclic depositional mechanisms in alluvial plain sediments. *Kansas State Geological Survey Bulletin*, 169, 31–42.

Curray, J. R. (1964) Transgressions and regressions. In: *Papers in Marine Geology* (Ed. R. L. Miller), pp. 175–203. Macmillan, New York.

Curtis, D. M. (1970) Miocene deltaic sedimentation, Louisiana Gulf Coast. In: *Deltaic Sedimentation, Modern and Ancient* (Ed. J. P. Morgan), *SEPM Spec. Publ.*, 15, 293–308.

Edmonds, D. A., Hoyal, D. C. J. D., Sheets, B. A. and Slingerland, R. L. (2009) Predicting delta avulsions: Implications for coastal wetland restoration. *Geology*, 37, 759–762.

Galloway, W. E. (1989) Genetic stratigraphic sequences in basin analysis-part I: architectures and genesis of flooding-surface bounded depositional units. *Amer. Assoc. Petrol. Geol. Bull.*, 73, 125–142.

Jervey, M. T. (1988) Quantitative geological modeling of siliciclastic rock sequences and their seismic expression: In: *Sea-Level Changes: An Integrated Approach* (Eds C. K. Wilgus, B. S. Hastings, C. G. St. C. Kendall, H. W. Posamentier, C. A. Ross and J. C. Van Wagoner), *SEPM Spec. Publ.*, 42, 47–69.

Kim, W., Paola, C., Voller, V. R. and Swenson, J. B. (2006) Experimental measurement of the relative importance of controls on shoreline migration. *J. Sed. Res.*, 76, 270–283.

Kirschbaum, M. A. and Hettinger, R. D. (2004) *Facies Analysis and Sequence Stratigraphic Framework of Upper Campanian Strata (Neslen and Mount Garfield Formations, Bluecastle Tongue of the Castlegate Sandstone and Mancos Shale)*, Eastern Book Cliffs, Colorado and Utah: USGS Digital Data Report DDS-69-G.

Milton, N. J. and Bertram, G. T. (1995) Topset play types and their controls: In: Sequence Stratigraphy of Foreland Basin Deposits, Outcrop and Subsurface Examples from the Cretaceous of North America (Eds J. C. Van Wagoner and G. T. Bertram), *Amer. Assoc. Petrol. Geol. Mem.*, 64, 1–9.

Muto, T. and Steel, R. J. (1992) Retreat of the front in a prograding delta. *Geology*, 20, 967–970.

Muto, T. and Steel, R. J. (1997) Principles of regression and transgression: the nature of the interplay between accommodation and sediment supply. *J. Sed. Res.*, 67, 994–1000.

Muto, T. and Steel, R. J. (2000) The accommodation concept in sequence stratigraphy: some dimensional problems and possible redefinition. *Sed. Geol.*, 130, 1–10.

Muto, T. (2001) Shoreline autoretreat substantiated in flume experiments. *J. Sed. Res.*, 71, 246–254.

Muto, T. and Steel, R. J. (2002a) Role of autoretreat and A/S changes in the understanding of deltaic shoreline trajectory: a semi-quantitative approach. *Basin Res.*, 14, 303–318.

Muto, T. and Steel, R. J. (2002b) In defense of shelf-edge delta development during falling and lowstand of relative sea-level. *J. Geol.*, 110, 421–436.

Muto, T. and Swenson, J. B. (2005) Large-scale fluvial grade as a non-equilibrium state in linked depositional systems: Theory and experiment. *J. Geophys. Res.*, 110 (F), F03002, DOI: 10.1029/2005JF000284.

Muto, T. and Swenson, J. B. (2006) Autogenic attainment of large-scale alluvial grade with steady sea-level fall: An analog tank/flume experiment. *Geology*, 34, 161–164.

Muto, T., Steel, R. J. and Swenson, J. B. (2007) Autostratigraphy: a framework norm for genetic stratigraphy. *J. Sed. Res.*, 77, 2–12.

Neal, J. and Abreu, V. (2009) Sequence stratigraphy hierarchy and the accommodation succession method. *Geology*, 37, 779–782.

Paola, C., Straub, K., Mohrig, D. and Reinhardt, L. (2009) The "unreasonable effectiveness" of stratigraphic andgeomorphic experiments. *Earth-Sci. Rev.*, 97, 1–43.

Parker, G., Muto, T., Akamatsu, Y., Dietrich, W. and Lauer, J. W. (2008) Unravelling the conundrum of river response to rising sea-level from laboratory to field. Part I. Laboratory experiments. *Sedimentology*, 55, 1643–1655.

Petter, A. L. and Muto, T. (2008) Sustained alluvial aggradation and autogenic detachment from shoreline in response to steady fall of relative sea-level. *J. Sed. Res.*, 78, 98-111.

Posamentier, H. W., Jervey, M. T. and Vail, P. R. (1988) Eustatic controls on clastic deposition I-Conceptual framework. In: *Sea-level changes: An integrated approach* (Eds C. K. Wilgus, B. S. Hastings, C. G. St. C. Kendall, H. W. Posamentier, C. A. Ross, and J. C. Van Wagoner), *SEPM Spec. Publ.*, 42, 109-124.

Schellpeper, M. E. (2000) *Basin Analysis of the Central Tertiary Basin and Sequence Stratigraphy of an Eocene Clinoform in the Battfjellet Formation, Spitsbergen.* MSc Thesis, Department of Geology and Geophysics, University of Wyoming, 63 p.

Shanley, K. W. and McCabe, P. J. (1994) Perspectives on the sequence stratigraphy of continental strata. *Amer. Assoc. Petrol. Geol. Bull.*, 78, 544-568.

Sloss, L. L. (1962) Stratigraphic models in exploration. *J. Sed. Petrol.*, 32, 415-422.

Straub, K. M., Paola, C., Mohrig, D., Wolinsky, M. A. and George, T. (2009) Compensational stacking of channelized sedimentary deposits. *J. Sed. Res.*, 79, 673-688.

Swenson, J. B. and Muto, T. (2007) Response of coastalplain rivers to falling relative sea-level: allogenic controls on the aggradational phase. *Sedimentology*, 54, 207-221.

Swenson, J. B., Voller, V. R., Paola, C., Parker, G. and Marr, J. G. (2000) Fluvio-deltaic sedimentation: A generalizedStefan problem. *Eur. J. Appl. Math.*, 11, 433-452.

Tomer, A. and Muto, T. (2010) Emergence and drowning of fluviodeltaic systems during steady rise of sea-level: implication from geometrical modeling and tank experiments. *J. Sed. Soc. Japan*, 69, 63-72.

Tomer, A., Muto, T. and Kim, W. (2011) Autogenic hiatus in fluviodeltaic successions: geometrical modeling and physical experiments. *J. Sed. Res.*, 81, 207-217.

Vail, P. R., Mitchum, R. M., Jr. and Thompson, S. III (1977) Seismic Stratigraphy and global changes of sea-level, Part 3: relative changes of sea-level from coastal onlap. In: *Seismic Stratigraphy: Applications to Hydrocarbon Exploration* (Ed. C. E. Payton), *Amer. Assoc. Petrol. Geol. Mem.*, 26, 63-81.

Weller, J. M. (1960) *Stratigraphic Principles and Practice.* Harper & Row, New York, 725 p.

# 7 现代三角洲的自生沉积过程演变：将今论古

Cornel Olariu 著

王　越 译

**摘要**：河流三角洲通常包括河控三角洲、波控三角洲和潮控三角洲三种类型，主要受不稳定外力条件的影响而发生变化。在全新世的进积阶段，现代三角洲在相对短暂的时空范围内（数百到数千年，数千米到数十千米）发生了重大的自生沉积过程演变，这是因为全新世晚期外力作用相对稳定（稳定的相对海平面上升速率和沉积供给速率），进而导致这些三角洲地层响应表现为自生的。但是，较长时期内持续的不稳定外力作用则可能导致沉积层段的响应是异生的。稳定的外力作用是三角洲环境下自生地层形成的必要条件，但短暂的时空规模并不是。主导沉积过程可能在三角洲进积穿过大陆架进入更深水区时，沿着沉积倾向方向发生改变，或者由于河流泄载量的变化或分流河道前海水性质的不同而侧向发生变化。全新世三角洲最常见的三种变化过程为：从河流作用控制到波浪作用控制（以密西西比和多瑙河三角洲为例），从潮汐作用控制到波浪作用控制（以湄公河三角洲为例）和从河流作用控制到潮汐作用控制（以马哈坎河三角洲为例）。大型三角洲复杂沉积中的特殊层段也可以显示出这种变化。全新世三角洲中普遍可见快速的沉积过程演变，对应的这种变化在古三角洲沉积中也很常见，主要表现为三角洲相，特别是三角洲前缘相层序地层特征的变化，由三角洲不同沉积作用领域对应形成。而上述的这种变化应该看作是正常的沉积规律，而非异常现象。位于西部内陆海道和Laramide Washakie盆地的坎潘阶（Campanian）和马斯特里赫特阶（Maastrichtian）三角洲沉积，是表明这种变化过程存在的有力证据。通过进一步讨论岩石记录的合理且保存较好的时间格架，推断观察到的地层是自生的还是异生的，这对区分其是局部上或是区域上的地层十分关键。大陆架三角洲地层中常见的现象是，空间上延伸的海泛面连接了一个1~300ka的三角洲复杂沉积，但该沉积单元内部却在侧向上或舌状砂体之间发生了重大变化。连接沉积层段的主要海泛面以及异生地层，是穿越大陆架的三角洲复杂沉积的整体海退和海进过程，而层段内部的重大变化则反映的是在穿越大陆架的过渡时期舌状砂体的自生延伸。

**关键词**：自生的；河流三角洲；地层；沉积过程演变；河控三角洲；潮控三角洲；波控三角洲

## 7.1 概述

古三角洲沉积通常受河流作用（Bhattacharya和Walker，1991；Barton，1994；Mellere等，2002；van den Berg和Garrison 2004；Petter和Steel，2006；Uroza和Steel 2008；Olariu等，2010）、波浪作用（Plink-Bjorklund，2008；Charvin等，2010）或潮汐作用（Mellere和Steel 2000；Willis等，1999；Bhattacharya和Willis，2001；Willis和Gabel，2001；Pontén和Plink-Björklund，2009）控制。古三角洲沉积很少受混合能量体系影响（Gani和Bhattacharya，2007；Carvajal和Steel，2009），识别各沉积过程的过渡标准也并不清楚。利用前人对

现代沉积和全新世三角洲的观察和研究，本文建立了自生沉积过程演变模型，即从河流作用控制到波浪作用、潮汐作用控制的演变模型。尽管该模型是基于现代三角洲沉积的，但其对于古三角洲沉积也应是适用且有效的。需要强调以下两点：（1）三角洲的沉积过程演变一般是自生的（除外力作用持续变化导致的地层或地形变化以外；Muto 等，2007）；（2）沉积过程演变最常发生（并不总是）在短时间规模（数十到数千年）、短距离（数千米到数十千米）内。

## 7.1.1 三角洲沉积过程演变

三角洲类型的三端元分类（Galloway，1975）是基于其形态特征［图 7.1（A）］及主导沉积作用（河流作用、波浪作用和潮汐作用）划分的，由于其易于理解、应用简单而被广泛应用。本文应用该划分方法来区分各三角洲类型或各三角洲层段。由于河流—波浪—潮汐

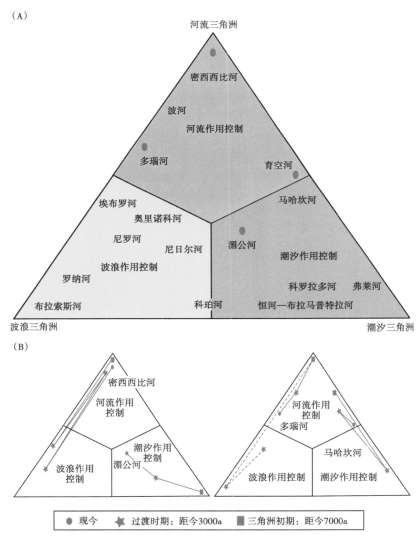

图 7.1 三角洲类型划分

（A）根据主控沉积作用划分的三角洲类型的三端元分类（Galloway，1975），红点表示在文中详细分析的现代三角洲。
（B）所选全新世三角洲在过去 7000a 时间内发生的三角洲沉积过程演变（发生在稳定的外力条件下）

155

沉积过程区分并不明显，也常需要用其他自生控制因素来划分。例如，河流泄流量、年水流量变化和粒径分布等都有助于将三角洲划分为河控三角洲区域（Orton 和 Reading，1993），而滨岸地形、大陆架测量深度、盆地区域形态等因素则有助于趋向波控和潮控三角洲区域（Orton 和 Reading，1993；Ainsworth 等，2008）。在三角洲类型划分的相关文章中，Galloway（1975）认为层序地层中趋于海退作用形成的地层是受河流作用控制的，而退积地层或海进作用形成的地层则是受波浪作用控制形成。

Porebski 和 Steel（2006）和 Yoshida 等（2007）也曾讨论过海平面变化对各三角洲类型划分的意义，他们认为潮控三角洲在高水位滨线和大陆架内部的三角洲中更为常见，而低水位三角洲，特别是那些陆架边缘三角洲则主要受波浪作用控制。尽管这概括了影响三角洲类型划分的各间接因素，但沉积过程中最直接的控制因素并不是仅仅表现在滨线形态、主要沉积路径位置及可容空间这些局部因素上（Ainsworth 等，2008）。前人研究认为全新世三角洲的沉积过程演变主要表现为从一种三角洲类型向另一种类型的转变（McManus，2002），认为这是 Galloway 划分法的动态应用表现，与自生响应无关。但本文需要强调的是，这些演变属于自生过程演变，其中全新世三角洲沉积过程演变如图 7.1（B）所示。

河流、波浪或潮汐作用在特定的时间或地点控制着三角洲滨线位置，但在三角洲演化时，其主导沉积作用也会沿着滨线随着时间或空间发生变化。三角洲的过程演变在三角洲划分法中被平均化（Galloway，1975），这对整个三角洲复杂沉积的描述很有帮助，但对舌状砂体或更小级别砂体的复杂结构描述作用并不明显。由于主导沉积作用存在多种可能性和影响，有人提出了 22 组分三角洲类型划分格架（Aisworth 等，2011）。这种划分法更为详细，将三端元分类格架分为更多的领域，其中三角洲的形成归因于其主导沉积作用和另外两个次级沉积作用。例如，澳大利亚的 Mitchell 三角洲主要受潮汐作用的控制，受河流、波浪作用的影响。然而，该划分法虽带来更为深入的理解，但并未显示出三角洲体系是如何随时间和空间的动态变化的。

### 7.1.2 自生响应

关于自生响应，可以理解为河流及三角洲中所见变化并不都是平衡响应的结果（例如 $A/S$ 比的变化）。可容空间（$A$）和沉积供给（$S$）之比是三角洲滨线的关键标准，但二者为非线性关系，因而其与滨线变化的决定关系也较为复杂（Muto 和 Steel，1997；Muto 等，2007）。另外，一些沉积过程演变并不受外源 $A$ 和 $S$ 变化的影响，它们也不是均衡或自生响应（Muto 和 Steel，2014）。外源的 $A$ 和 $S$ 变化标准表现为：对于一个完整的河流三角洲体系，例如河流搬运的沉积输入（$S$）是持续的，但由于河流决口，其沉积输入量可能会沿着三角洲滨线在侧向上发生变化。在这种情况下，由于并不存在外力作用的不稳定性，其沉积输入量的变化导致的地层响应是自生的（相对给定河流三角洲体系而言）。另外，该体系中地貌或地层上的自生响应可以是随机发生的（例如河流决口或舌状砂体迁移，以及其地层响应），也可能是既定的。后期由三角洲自生变化引起的响应十分重要，因为可以从地层数据中抽取出来（Muto 和 Steel，2002），进而揭示了残余地层响应为异生响应，这也是外力作用速率变化的结果。这就是 Muto 等（2007）提倡的"自生地层"的本质。三角洲自然演变理论最开始是从数值模拟（Muto 和 Steel，1992）和水槽试验（Muto，2001）论证得到的，当时的理论不包括从海退过程到海侵过程的滨线自生旋回的沉积过程演变。而现今的研究表明，在滨线自然变化时常伴随着相关的沉积过程演变。

全新世三角洲的研究观察表明沉积过程演变在三角洲中很常见，也与自然演变理论有关。收集的数据表明，在海退过程到海侵过程变化旋回或滨线自然变化期间三角洲通常也会变为波控三角洲。

全新世过去7.5ka的外力作用对自生响应的形成是起主导作用的，因为此时海平面以一个相对稳定的速率（2.5mm/a）上升（Fairbanks，1989），且在该过程中气候未发生急剧变化。三角洲形成于具不同沉降速率的构造格架之上，导致相对海平面上升速率的不同。另外，在十年到百年范围内全球气候类型也可能发生变化，导致三角洲处于不同气候带（Syvitski 等，2003），进而也会影响沉积输入量发生变化。Goodbred 和 Keuhle（2000）表明，在大部分全新世三角洲形成之前，由于早全新世（距今7~11ka）的季风强度变化，恒河—布拉马普特拉河三角洲经历了一个沉积输入高峰值（Stanley 和 Warne，1994）。然而，除了全新世的一些局部变化，对于特定三角洲体系，海平面上升速率（图7.2）和沉积输入量被认为在这一时期是持续不变的。因而，全新世也被看作是一个稳定外力时期，这期间三角洲主要表现为自生响应。

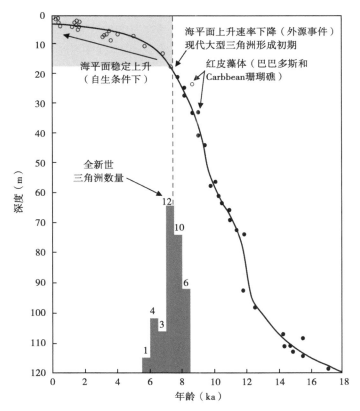

图7.2 在过去17ka内海平面的升降变化（据 Fairbanks，1989）以及全新世各三角洲的形成时间
（据 Stanley 和 Warne，1994）

大部分现代三角洲沉积是在7.5~8ka之间形成的，海平面自此开始稳定上升

## 7.1.3　现代三角洲的自生进积过程

### 7.1.3.1　全新世三角洲形成过程

大部分现代三角洲的进积作用开始于约 7.5ka 之前（Stanley 和 Warne，1994），此时海平面上升变化速率从 11mm/a 下降到 2.5mm/a（Fairbanks，1989）。很多三角洲（多瑙河，湄公河，戈达瓦里河，罗纳河，密西西比河）在与距现今滨线位置很远的内陆处（即海湾口）就开始进积。在这些三角洲体系进积穿过之前发育大陆架的位置处，多种舌状砂体形成于此。由于这些三角洲物源为相对大型的河流，因此在海平面仅略微上升时便可发生进积作用。下文介绍的示例主要阐述了三角洲沉积过程的演变，反映在三角洲形态类型以及对这些演变的控制作用上。本文详尽地描述了与三角洲沉积过程演变的野外露头示例的对比观察，以及现代三角洲在时空上的变化。

### 7.1.3.2　河控三角洲向波控三角洲变化：现代沉积示例

对于河控向波控沉积过程的演变，以密西西比河以及多瑙河三角洲为示例更具有指导性。其中关于密西西比河三角洲，前人已作了广泛研究（Fisk 等，1954；Frazier，1967；Coleman，1988；Tornqvist 等，1996；Roberts，1997，1998）。同大部分大型三角洲一样，密西西比河三角洲在距今约 7.5ka 时开始形成，当时的滨线更为向陆方向，距现今滨线约 300km。它由多个舌状砂体组成（Frazier，1967），具有多个同时代的分流河道（Galloway，1975；Coleman 和 Wright，1975），被认为是河控三角洲中的典型示例。最新形成的舌状砂体是河流作用控制形成的，但在河道废弃之后，可能会转变为波控三角洲，砂体也会变为滨相或浅滩砂体（Penland 等，1985）。研究表明，挤压沉降之后的河流决口时期（图 7.3），

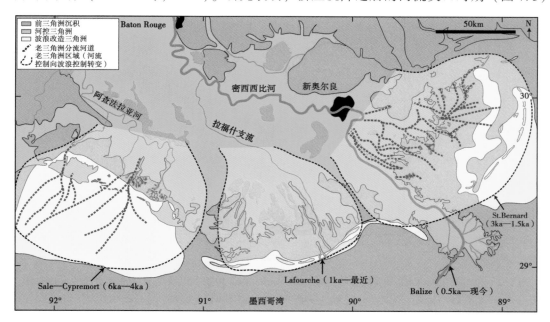

图 7.3　河流作用控制到波浪作用控制的自生沉积过程演变
（据 Coleman 和 Gagliano，1964；Frazier，1967；Coleman 等，1998）
以密西西比河三角洲为例。与年轻的废弃舌状砂体相比，老的废弃舌状砂体（Sale—Cypremort）
遭受了最重大的海侵过程，并包含最广泛的受波浪作用改造的沉积物

活动三角洲泄流量下降，导致舌状砂体从受河流作用控制转变到受波浪作用控制。密西西比河三角洲中先形成的舌状砂体（Sale-Cypremort，Teche，St. Bernard，Lafourche）是在进积时期受河流作用控制形成，后期在变为波控三角洲后，演变成为障壁岛砂体沉积。现今的 Balize 三角洲舌状砂体废弃而受波浪作用控制改造，但在河流作用控制的 Atchafalaya 三角洲中则发现大部分近期形成的三角洲舌状砂体。因此，每个被改造的舌状砂体最初都是在河控三角洲中形成的，后期河道被废弃转变为波控三角洲舌状砂体，最终变为波浪作用控制的河口，属于自生响应。从河控三角洲到河道被完全废弃的过渡以及海侵过程是一个渐变过程，可能长达数百年时间（Roberts，1997）。废弃的这段时间（河流泄流量）即为三角洲发生海侵作用之前向波控三角洲转变的一个时间间隔。图 7.3 显示的是最先形成的舌状砂体（Sale-Cypremort）在距今约 4ka 时被废弃，后期发生远距离海侵作用，淹没了较前轻舌状砂体。另外，海侵作用形成的砂质沉积面积要比近期废弃的 St. Bernard 舌状砂体（距今约 1.5ka 时废弃）和 Lafourche 舌状砂体更为广泛（新废弃）。

多瑙河三角洲在距今约 7ka 以前开始形成（Giosan 等，2006），形成于黑海北西方向的海湾口。在整体进积过程中（Panin，1989）形成了大量的舌状砂体，现今已有三大主要分流供给形成舌状砂体（图 7.4），而由于河流泄流量的不同，其特征也各不相同（Panin 和 Jipa，2002）。现今北部的舌状砂体（Chilia）是由河流作用控制形成的，1856 年的历史地图也展示出其当时大量的分流河道分布，每个河道均由河口坝将其分开，这是代表河控三角洲地貌的典型标志（Olariu 和 Bhattacharya，2006）。从 2003 年得到的卫星图（图 7.4）中可见，分流河道的个数减少，平行海岸的砂质滩在分流间逐渐形成，表明此时已向受波浪控制三角洲地貌过渡。

南部的多瑙河舌状砂体（Sf. Gheorghe）与北部砂体（图 7.4）是同时代沉积的，也属于波浪作用控制形成（Panin，1989；Giosan 等，2006）。由于南部分流比北部分流泄水量的（推断的沉积输入量）一半还要少，所以南部舌状砂体主要是由波浪作用控制形成的（Panin 和 Jipa，2002）。另外，波控三角洲区域还存在的不同是，其主波面自北东方向而来，与南部岸线的舌状砂体呈高角度接触，结果对沉积搬运造成强烈的影响（Giosan 等，1999；Dan 等，2009）。

### 7.1.3.3 潮控三角洲向波控三角洲变化：现代沉积示例

在过去的 6ka 时间里，位于中国南海的湄公河三角洲（图 7.5）已经发生了超 250km 的进积过程（Ta 等，2002，2005）。受深部大断裂的控制，主分流河道仍保持同一位置不变（Nguyen 等，2000）。现代三角洲经历中潮作用，最大潮差为 3~4m（Ta 等，2002）。在距今 6ka—3ka 这个时间段内，三角洲表现出潮控三角洲的地貌，以分散的分流河道为特征，未见平行海岸的沙脊（Ta 等，2005）。从距今 3ka 开始，沙脊逐渐发育，且间隔越来越近，表明滨线位置处受波浪作用的影响越来越强。现今，三角洲处于从潮控三角洲向波控三角洲的过渡时期（Tamura 等，2012）。从平面图上滨线轨迹的变化可以看出这种从潮汐向潮汐—波浪部分的过渡（Helland-Hansen 和 Hampson，2009）。潮控和波控部分的分界线位置表明，自生沉积过程演变是三角洲的进积作用导致的，该进积过程使其从安全的潮控区域向更高能量的波浪区域转变（图 7.5）。另外，在中国南海 Baram 三角洲过去 5.4ka 期间的变化中，也可见到这种由潮控三角洲向波控三角洲沉积过程的演变（Caline 和 Huong，1992；Sandal，1996）。

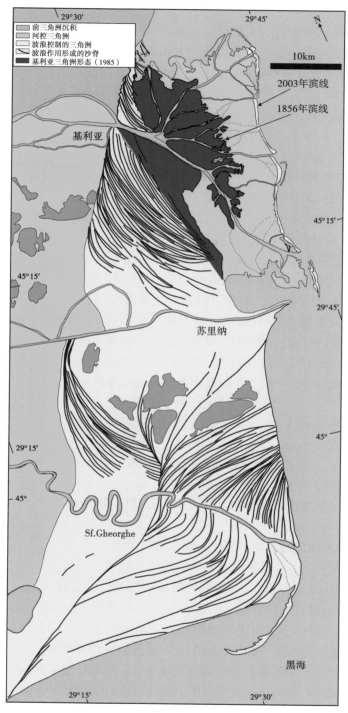

图 7.4 河流作用控制到波浪作用控制的自生沉积过程演变

以多瑙河三角洲为例。北部舌状砂岩体（基利亚三角洲）在 1856 年的形态地貌在 Rosetti 和 Rey 之后被淹没覆盖（1931）。多瑙河三角洲的形态实际上是在 2003 年 7 月的 ASTER 图像收集之后被淹没覆盖的

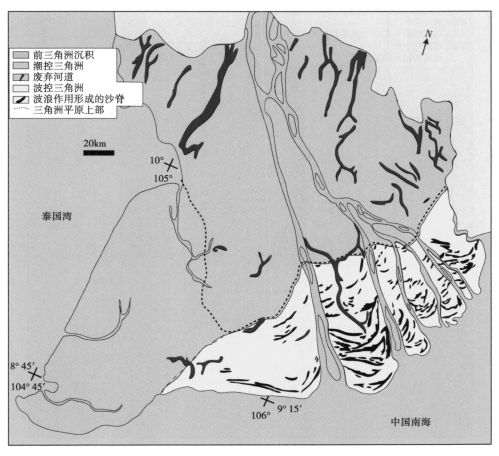

图 7.5 潮汐作用控制到波浪作用控制的自生沉积过程演变（据 Ta 等, 2005）
以湄公河三角洲为例。三角洲中受潮汐作用影响部分和受波浪作用影响部分之间的
突变界面图中已标注，过渡作用发生在约距今 3000a

### 7.1.3.4 河控三角洲向潮控三角洲变化：现代沉积示例

马哈坎河三角洲在过去的 5ka 期间内，向 Makassar Strait（图 7.6）方向进积了 60km（Storms 等，2005）。该三角洲也经历中潮作用，最大潮差为 3m（Storm 等，2005）。马哈坎河三角洲的三角洲平原相分布呈半圆形（Allen 等，1979），表明其进积岸线相对平滑，无明显的三角洲舌状砂体，这是潮控三角洲的典型标志。现今，三角洲北部和南部的分流具有从受河流作用影响到受潮汐作用控制的特征（图 7.6），沉积形成的河口坝将河道分叉开来，与河控三角洲类似（Olariu 和 Bhattacharya，2006；Edmonds 和 Slingerland，2007）。在这两个泄载量较高（受河流作用影响）的区域之间，有一个完全受潮汐作用控制的区域（约三角洲的 30%），接受最小的河流供给输入（Allen，1979；Storms 等，2005）。受河流作用影响及受波浪作用控制的区域是同时代沉积的，并由于三角洲分流位置的不同而沿着走向侧向发生变化。然而，相对平坦的三角洲平原和浅三角洲台地（5m 深）（图 7.6）表明，受潮汐作用控制的区域（中部）过去也可能直接接受过河流的沉积输入。另外，在 Fly 三角洲中也观察到与潮控三角洲相似的现象，即在长期存在的分流间河水泄载量发生变化。

全新世三角洲的研究观察总结认为，图中显示的沉积过程演变是自生响应的，该过程平

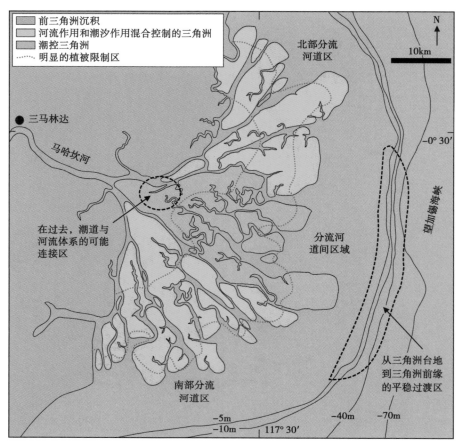

图 7.6 潮汐作用控制到受河流作用影响的自生沉积过程演变

以马哈坎河三角洲为例。北部和南部的分流河道是受河流作用控制的,而中部(分流河道间区域)区域是受潮汐作用控制的(Storms 等,2005)。三角洲前的台地是相对平坦的,表明受潮汐作用控制的中部地区在过去也接受了河流沉积物

行于沉积斜坡或侧向平行于沉积走向发生。空间上和时间上的变化是紧密相关的,因为河流沉积物供给量和波浪、潮汐的能量,是进积过程中在滨线的特定位置处发生变化的。上述描述的示例中,自生变化在时空上均有体现,但还有一些三角洲仅在单一的时间或空间上的沉积过程变化表现明显。空间上的自生沉积过程演变以同时代的多瑙河三角洲舌状砂体为主,而空间(舌状砂体破坏)和时间(老舌状砂体逐渐缺失河流沉积输入)上的沉积过程演变则出现在现今的密西西比河三角洲。在湄公河三角洲进积期间,沉积过程的空间演变表现为三角洲从潮控向波控转变的过程。马哈坎河三角洲表现为河流分流河道位置随时间发生变化,进而导致潮控舌状砂体和受河流作用影响的舌状砂体之间的沉积过程演变。

然而,沉积过程区域内部的变化主要取决于空间上(由于滨线不规则造成的分流河道侧向迁移或波浪区域侧向变化)还是时间上(例如整体上三角洲体系的沉积作用区域随时间发生变化)我们并不清楚。另外,由于数据收集的局限性,对于古代三角洲沉积过程变化的理解(例如在空间上或时间上)则更为困难(野外露头仅显示出走向上或倾向上的岩相特征,缺乏更为详尽的年代测定以及三角洲的平面图像)。

## 7.1.4 古代三角洲沉积过程演变示例

沉积过程演变的古代示例主要由白垩纪西部内陆海道的野外露头记录（图7.7）。坎潘阶烟囱岩（Chimney Rock）三角洲的退积部分［图7.7（A）］主要是由波浪作用控制形成的，但是在三角洲前缘的陆坡处也包含两个以重力流形式沉积且受河流作用控制的层段（Plink-Bjorklund，2008）。烟囱岩的三角洲前缘相从受河流作用控制到受波浪作用控制变化，距离长达2~3km。沿倾向方向的野外露头发育八个不同的三角洲舌状砂体［图7.7（A）］中描述了部分砂体，陆坡地层由Plink-Bjorklund（2008）记录，每个砂体厚10~40m，以进积或加积方式沿倾向叠加［图7.7（A）］。舌状砂体侧向展布，观察到的从波控三角洲到河控三角洲的沉积过程转变是三角洲整体上进积时期形成的自生响应。底部舌状砂体（较老砂体）从受河流作用控制到受波浪作用控制特征的变化可能与多瑙河三角洲北部分流河道（Chilia舌状砂体）类似，多瑙河三角洲从受河流作用控制到受波浪作用控制的沉积过程变化是更为广阔、强烈波浪区域的进积作用导致的。然而，烟囱岩舌状砂体主要是受波浪作用控制形成的，但河口坝和重力流沉积相的出现也阐明了在局部可见河流控制作用。美国犹他州白垩纪的黑鹰组（Blackhawk Formation）阿伯丁段（Aberdeen Member），是另一个古代三角洲滨线，展示了受河流作用控制和波浪作用控制滨线的共同作用，与多瑙河三角洲（Sf. Gheorghe舌状砂体）或密西西比河三角洲相似（Charvin等，2010）。当阿伯丁-1段从波控三角洲向河口三角洲变化时，其沉积物记录了沉积体系的自生响应，被认为处于同一个准层序（Charvin等，2010）。滨线形态变化而沉积过程未发生变化（受波浪作用控制）的层段是位于白垩纪内陆海道的白垩系黑鹰组浅海沉积地层（Howell和Flint，2003）。马斯特里赫特阶狐山组（Fox Hills Formation），位于美国怀俄明的瓦沙基盆地［图7.7（B）］，也显示出重大沉积过程变化。［图7.7（B）］中狐山三角洲地层的野外露头对应的是马斯特里赫特阶瓦沙基盆地中充填的斜坡沉积10（Carvajal和Steel，2009；Olariu等，2012）。斜坡沉积10的顶积层包括狐山三角洲沉积，从重力流沉积控制的河控三角洲前缘向潮控三角洲前缘过渡，过渡距离小于1km，其中潮控三角洲前缘以叠加交错地层、丰富的泥质盖层、液化泥流层和双向古水流为特征（Carvajal和Steel，2009）。对于同一野外露头带，在南部地区表现出三角洲沉积的大型同沉积变形，这表明该位置接近陆架边缘反转区。而同一野外露头带上的主要沉积过程之间发生短距离的侧向过渡，则说明与上述的现代马哈坎河三角洲沉积类似，该区地层变化属自生响应。利用现代三角洲中观察到的现象（例如马哈坎河三角洲；图7.6），即河流分支的泄流量在不同河道间发生变化，可以解释狐山三角洲地层中观察到的从河控向潮控过程演变的现象。利用数百口井资料，绘制得到狐山三角洲地下形态，表明随着三角洲从大陆架内部向外部迁移，砂体的几何形态也从倾向延伸加长向走向延伸加长变化（Olariu等，2012）。

上白垩统Frontier组Wall Creek段［图7.7（C）］属三角洲前缘沉积，记录了沉积过程从潮控和河控沉积向小型波控三角洲沉积过渡演变的现象，过渡距离小于500m（Gani和Bhattacharya，2007）。与之前示例所述相似，三角洲前缘不同沉积相区域之间的过渡演变发生在短距离内，这表明该地层也属于三角洲的自生响应地层。Wall Creek三角洲的三角洲前缘远端部分受波浪作用的影响，后来变为受河流作用影响，最终受南东向潮汐作用控制。远端波浪和潮汐作用的交替影响，与上述现代湄公河三角洲沉积类似（图7.5），但其河流和潮汐沉积作用的出现又与马哈坎河三角洲相似（图7.6）。然而，与延伸数十千米的现代三

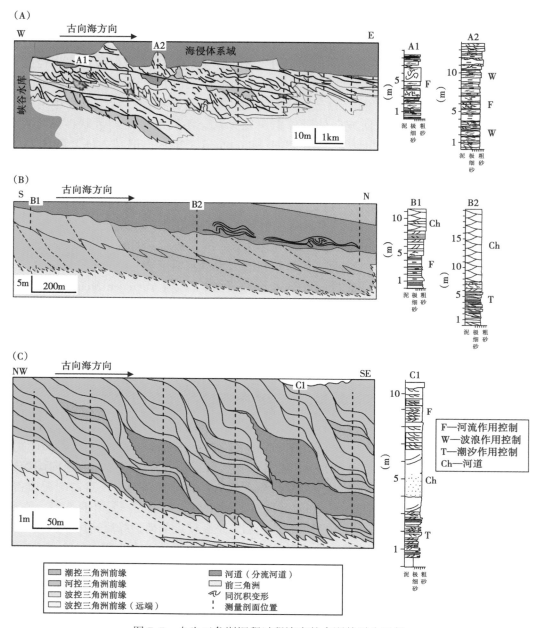

图 7.7 自生三角洲沉积过程演变的古野外露头示例

(A) 烟囱岩段 (Plink-Bjorlund, 2008); (B) 狐山砂岩 (Carvajal 和 Steel, 2009); (C) 墙溪段 (Gani 和 Bhattacharya, 2007)。三角洲前缘沉积和不同主控沉积过程之间的变化是在短距离内发生的

角洲相比, Wall Creek 野外露头延伸距离较短, 对于其沉积相变化的解释显得比较困难。位于犹他州的 Turronian Ferron 三角洲, 也表现出在同一准层序地层内, 沉积过程在河流和波浪作用之间发生变化 (Dewey 和 Morris, 2004; Li 等, 2011)。

总之, 越来越多的古代三角洲沉积描述反映, 在同一野外露头带沉积过程可在数百米 (Wall Creek 段) 到数千米 (烟囱岩 Tongue) 距离内发生变化 (图 7.7)。受外力条件的影响，三角洲沉积过程变化可代表异生或自生地层，但是当三角洲沉积沿着同一野外露头带侧向连续发育，且在同一准层序地层内的短距离内发生，则倾向于将其解释为自生地层响应。而同一准层序内，沉积相纵横向上均发生变化（图7.7），反映了单个异生地层单元的主要沉积过程发生变化。对于特定沉积过程，辨别其是在时间或空间上发生的变化是十分困难的，但根据现代沉积体系对比研究，可以肯定的是时间上和空间上均有可能发生沉积过程演变。

## 7.2 讨论

### 7.2.1 三角洲自生沉积过程演变模拟

全新世三角洲示例是根据混合作用影响来划分的［图7.1（A）］，反映了同一三角洲中主要部分的沉积作用混合。但是，为了更好地理解三角洲沉积演化过程和结构特征，提出了一种兼顾时间［图7.1（B），（C）］和空间变化的三角洲划分法（Galloway，1975；Ainsworth等，2011）。各种全新世三角洲示例表明，沉积过程的演变过程时间短、速度快（数百到数千年），在相对较短的距离内（数百米到数千米）过渡变化，侧向延伸于整个三角洲体系或其内部较小级别体系（图7.3—图7.6）。由于其周期控制因素是稳定不变的（即海平面变化速度均一、沉积供给速率不变），故这些沉积过程变化属自生响应。例如，湄公河三角洲内部的潮汐作用条件、多瑙河三角洲内部的河流作用条件，在三角洲分别进积200km和30km过程中都是持续不变的，在整个沉积过程中未发生重大变化。对于多瑙河三角洲和湄公河三角洲，在三角洲进积到更为广阔的深水环境时，波浪作用的影响越来越强烈（Dan等，2009；Tamura等，2012）。这种从一种三角洲类型向另一种转变的过程发生相对很快，距离较短。但是，由于在沿沉积走向不同位置处沉积供给量不同，这个转变过程发生的时间也不尽相同。本文中描述的现代三角洲中（多瑙河三角洲、密西西比河三角洲和马哈坎河三角洲），由于河流卸载量、波浪和潮汐区域沿沉积走向发生变化，故同时代沉积的舌状砂体也不相同。沿沉积走向发生的侧向沉积作用的区域变化，在数千米到数百千米距离内发生，该变化与滨线处主河流的轨迹和卸载量大小有关（图7.3、图7.4和图7.6）。河控三角洲沉积中心的位置受主干河道决口部位的控制（以密西西比河三角洲为例），或受主干分流河道间卸载量的不均一分布控制（以多瑙河三角洲为例）。

三角洲沉积过程的自然演变是一个内部自生响应，是在稳定外力作用下滨线从海退到海侵旋回过程的变化导致的必然结果（Muto，2001）。在滨线后退过程中，由于沉积流量最终减少，不同滨线段的河流主控作用不能维持（图7.8），导致三角洲前缘发育不同类型的主控沉积作用。

利用全新世三角洲沉积过程演变的观察，建立了三种主要三角洲自生沉积过程演变的概念格架（图7.8）。图7.8（A）是以密西西比河三角洲为例，展示滨线的自然变化和海侵部分，图7.8（B）和图7.8（C）是利用概念河口模型来展示的。第一个例子表明，在随后的海侵过程中，三角洲从最初的河控三角洲向波控三角洲变化，然后变为波控河口湾［例如图7.3中的阿查法拉亚海湾或现代密西西比河三角洲西部；图7.8（A）］。其成功例证说明了密西西比河和多瑙河三角洲的不同发育阶段［图7.8（A）］。第二个例子表明，在整个海侵过程中，三角洲由最初的河控三角洲接受沉积供给减少，变为潮控三角洲，最终变为潮控河口湾［图7.8（B）］。第三个例子表明，由于沉积供给的减少或波浪区域的增大，最初的

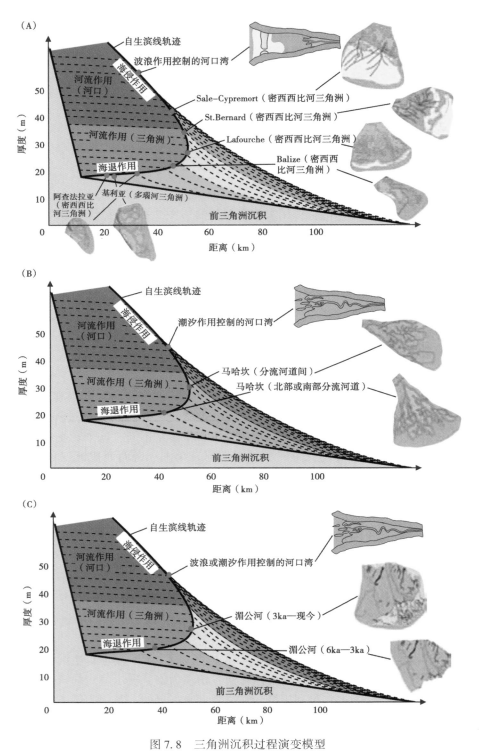

图 7.8 三角洲沉积过程演变模型

滨线自动变化时，(A) 从河流作用控制到波浪作用控制的自生沉积过程演变；(B) 从河流作用控制到潮汐作用控制的自生沉积过程演变；(C) 从潮汐作用控制到波浪作用控制的自生沉积过程演变

潮控三角洲变为波控三角洲，后期又演变为波控（潮控）河口湾［图7.8（C）］。除此之外，还有两个示例表明在自然演变期间主控沉积作用未发生变化。一个是三角洲从最初到海侵作用发生期间一直为波控三角洲，后期变为波控河口湾。另一个是三角洲在进积期间一直保持潮控三角洲的特征不变，直至后期变为潮控河口湾。

图7.8描述的是沉积过程自然演变的一个概念模型，但是该模型的海退部分是建立在全新世三角洲观察研究之上的（图7.3—图7.6）。图7.8模型中的海侵部分虽保存完好的较少，但是根据所研究三角洲的晚更新世历史建立起来的，开始于低水位下切河口湾或海湾处海平面上升速率下降（图7.2；晚更新世—早全新世），该河口湾是在晚更新世—早全新世的海侵过程中形成的，随后发生海泛作用（Coleman，1988；Panin，1989；Storms等，2005；Ta等，2005）。

## 7.2.2 古代三角洲的研究意义

利用野外露头数据来重建古代三角洲的平面地貌形态是十分困难的，但是在相地层以及不同三角洲前缘相地层中，三角洲沉积过程的变化被很好地记录下来（Gani和Bhattacharya，2007；Plink-Bjorklund，2008；Carvajal和Steel，2009）。文中所呈现的野外露头示例（图7.7），表明沉积相变化发生在较短距离内（数百米到数千米），甚至比现代三角洲所显示的距离更短。现代三角洲的观察有力地表明岩石记录中显示的沉积过程演变是自生响应。前人研究也表明在不稳定外力驱动下，三角洲沉积过程变化表现为异生响应（Porebski和Steel，2006；Yoshida等，2007）。然而，如现代三角洲所示，在不同三角洲类型中的观察到地层的形成并不一定需要通过引起相对海平面变化速率的增加（或减小）来实现（图7.4—图7.6）。本文构建的沉积过程自生演变模型（图7.8）表明，同一海退—海侵旋回中的沉积相变很有可能是自生响应。

古代三角洲的地下形态和类型划分通常是根据砂层等厚图的形态来建立的（Galloway，1975；Fisher和McGowen，1967；Busch，1971；Xue和Galloway，1995）。随着2D地震分辨率的提高（Sydow和Roberts，1994）和大型3D数据集的采集，通过建立一个三角洲的地震地形分析模型（Jackson等，2010，Perov和Bhattacharya，2011）来识别三角洲沉积过程的变化已逐渐成为可能。沉积过程自生演变（短时间内），正如全新世三角洲演化过程或古代三角洲野外露头沉积中观察到的，是很难从地下图件中推断得到的。但是，上述的沉积过程演变模型（图7.8）可以为低分辨率地下数据集（例如地震资料）显示的、稳定外力条件下的三角洲演化提供一个很好的规律参考。

将三角洲沉积过程解释为自生演变，对区域地层、局部对比和储层构架等方面都有重大的意义，因为通过推断外力作用的变化来解释三角洲沉积单元内部的重大地层变化是没有必要的。但是，三角洲沉积过程的异生演变也十分常见，特别是随时间变化发生的海平面变化（数十千年）。这一点由Porebski和Steel（2006）和Yoshida等（2007）分别提出，他们指出受波浪作用控制的笔直岸线趋于和沉积地质学中的海平面上升和高水位相关，而受潮汐作用控制的滨线则与海平面下降和低水位期间发育的局限、受保护（海湾和河口内部）的可容空间相关。这种类型的沉积过程异生演变可能会侧向均匀分布，常常与大型海泛面和层序边界的发育相关，该界面通常是在跨大陆架的海退—海侵海平面变化旋回期间发育的（1~300ka；Burgess和Hovius，1998；Muto和Steel，2002）。另一方面，三角洲体系的自生行为则发生在三角洲前缘部分、单个三角洲舌状砂体或更小级别砂体，其同时代的沉积变化在同一盆地的其他三角洲体系中可能也最不易被识别。全新世三角洲观察到的沉积过程演变的侧向延伸范围趋于与沉积体系的大小一致，例如侧向延伸达5~10km（马哈坎河三角洲）、20~30km（多瑙河三角洲）、40~50km（湄公河三角洲）和数百千米（密西西比河三角洲）。每个沉积体系的沉积过程演变所需时间也各不相同，与滨线自然变化的特殊时间尺度相符（Muto，2011）。不过，整个三角洲体系横穿大陆架时，长期海退—海侵运动导致形成广泛发育的海泛面和层序界面（更易对比），这些界面与海平面、构造或气候的异生不稳定性相对应［图7.9（A），（B）］，并存在于这些明显混乱的自生响应中［图7.9（C）］（使得时空上的地层对比更加困难）。后期形成的层序地层是向陆延伸还是向海延伸，主要取决于海洋是向陆延伸，还是同时代咸化水后退泛滥穿过大陆架，当然，这也随冰河时期和温暖时期等气候的不同而变化（Steel等，2008；Sømme等，2009）。这些异生地层单元在很多大陆架或陆架边缘楔状沉积的顶积层部分表现出"有线电轨"的特征［图7.9（B）］。图7.9表明，至少在自生响应可以在数百千年时间范围内发生这个理论得到证明之前，大陆地层的异生和自生组成部分之间在时空上是有差别的。

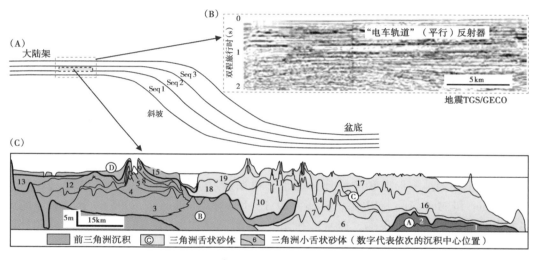

图7.9 自生和异生沉积之间的区别

（A）从大陆架到盆底陆坡之间的格架；（B）典型的"有线轨道"：通过墨西哥湾大陆架的地震反射（Mitchum等，1990）。这些反射反映了宏观上（大陆架）的海侵—海退旋回；（C）全新世密西西比河三角洲的内部结构（Frazier，1967）。三角洲多个沉积中心位置的自生响应所形成的在宏观上（字母表示）和微观上（数字表示）的复杂结构

## 7.3 结论

如全新世河流三角洲（密西西比河三角洲、多瑙河三角洲、马哈坎河三角洲和湄公河三角洲）所示，除了全新世稳定的外力条件外，这些三角洲表现出主控沉积作用和伴随的地形变化都是自生响应，这说明自生沉积过程演变在三角洲沉积体系中十分常见。这些三角洲诠释的沉积过程变化，发生时间短、速度快（数百到数千年），外力作用在过去的7~8ka内也稳定不变，属明显的自然自生响应。从河控三角洲到潮控三角洲再到波控三角洲的沉积过程变化，平行于沉积斜坡或侧向平行于沉积走向被记录下来。

同一海退—海侵旋回准层序中，当三角洲前缘相特征发生明显变化时，便可推断古代三角洲的沉积过程属自生演变。如果沉积过程变化是在相对较小区域内发育而不是在盆地范围内发育，那么这种从一种主控沉积作用向另一种变化的相变被认为是沉积体系的自生响应。区分三角洲沉积过程响应是自生的还是异生的十分重要，因为前者局限于单个沉积体系部分，而后者则很有可能适用于盆地内的所有沉积体系。由于三角洲地貌和横跨大陆架的沉积搬运效率的不同，自生沉积过程演变不仅仅对横跨大陆架，而且对横跨陆架坡折带进入深水区域的有效沉积分布研究也具有重要意义。

## 致谢

非常感谢 RioMAR 的联合主办单位（BG，BHPBilliton，BP，Devon，ENI，Shell，Statoil，PDVSA，Petrobras，Woodside）的大力支持，以及联合会议期间的热烈讨论。感谢副编辑 John Howell 和审稿人 Gary Hampson 及 Brian Bracken 提出的宝贵意见。Ron Steel 与作者多次讨论，提高了稿件质量，一并致谢。

## 参 考 文 献

Ainsworth, R. B., Flint, S. S. and Howell, J. A. (2008) Predicting coastal depositional style: influence of basin morphology and accommodation to sediment supply ratio within a sequence stratigraphic framework. In: *Recent Advances in Models of Siliciclastic Shallow-Marine Stratigraphy* (Eds G. J. Hampson, R. J. Steel, P. M. Burgess and R. W. Dalrymple), *SEPM Spec. Publ.*, 90, 237-263.

Ainsworth, R. B., Vakarelov, B. K. and Nanson, R. A. (2011) Dynamic temporal and spatial prediction of changes in depositional processes on clastic shorelines: toward improved subsurface uncertainty reduction and management: *AAPG Bull.*, 95, 267-297.

Allen, G. P., Laurier, D. and Thouvenin, J. (1979) *Étude Sédimentologique du delta de la Mahakam: Notes et Mémoires.* Compagnie Fraçaise des Pétroles, 15, 156 p.

Barton, M. D. (1994) Outcrop characterization of architecture and permeability structure in fluvial-deltaic sandstones, Cretaceous Ferron Sandstone, Utah [Ph. D. thesis], University of Texas, Austin, 259 p.

Bhattacharya, J. P. and Walker, R. G. (1991) River-and wave-dominated depositional systems of the Upper Cretaceous Dunvegan Formation, northwestern Alberta. *Bull. Can. Petrol. Geol.*, 39, 165-191.

Bhattacharya, J. P. and Willis, B. J. (2001) Lowstand deltas in the Frontier Formation, Powder River basin, Wyoming: implications for sequence stratigraphic models. *AAPG Bull.*, 85, 261-294.

Burgess, P. M. and Hovius, N. (1998) Rates of delta progradation during highstands: Consequences for timing of deposition in deep-marine systems. *Journal of the Geological Society*, 155, p. 217-222.

Busch, D. A. (1971) Genetic units in delta prospecting. *AAPG Bull.*, 55, 1137-1154.

Caline, B. and Huong J. (1992) New insight into the recent evolution of the Baram Delta from satellite imagery. *Bull. Geol. Soc. Malaysia*, 32, 1-13.

Carvajal, C. and Steel, R. (2009) Shelf-edge architecture and bypass of sand to deep water: influence of sediment supply, sea-level and shelf-edge processes. *J. Sed. Res.*, 79, 652–672.

Charvin, K., Hampson, G. J., Gallagher, K. L. and Labourdette, R. (2010) Intra-parasequence architectureof an interpreted asymmetrical wave-dominated delta. *Sedimentology*, 57, 760–785.

Coleman, J. M. (1988) Dynamic changes and processes in the Mississippi River delta. *Geol. Soc. Am. Bull.*, 100, 999–1015.

Coleman, J. M. and Gagliano, S. M. (1964) Cyclic sedimentation in the Mississippi River deltaic plain. *Trans. Gulf Coast Assoc. Geol. Soc.*, 14, 67–80.

Coleman, J. M. and Wright, L. D. (1975) Modern river deltas; variability of processes and sand bodies. In: *Deltas, Models for Exploration* (Ed. M. L. Broussard), 99–149.

Coleman, J. M., Roberts, H. H. and Stone, G. W. (1998) Mississippi river delta: an overview. *J. Coastal Res.*, 14, 698–716.

Dan, S., Stive, M. J. F., Walstra, D-J. and Panin, N. (2009) Wave climate, coastal sediment budget and shoreline changes for the Danube Delta. *Mar. Geol.*, 262, 39–49.

Dewey, J. A., Jr. and Morris T. H. (2004) Geologic framework of the lower portion of the ferron sandstone in the willow springs wash area, Utah: facies, reservoir continuity and the importance of recognizing allocyclic and autocyclic processes. In: *Regional to Wellbore Analog for Fluvial-Deltaic Reservoir Modeling: The Ferron Sandstone of Utah* (Eds T. C. Chidsey, Jr., R. D. Adams and T. H. Morris), *AAPG Studies in Geology*, 50, 305–329.

Edmonds, D. A. and Slingerland, R. L. (2007) Mechanics of river mouth bar formation: Implications for the morphodynamics of delta distributary networks. *J. Geophys. Res.*, 112, F02034, doi: 10.1029/2006JF000574.

Fairbanks, R. G. (1989) A 17,000-year glacio-eustatic sealevel record: influence of glacial melting rates on the Younger Dryas event and deep-ocean circulation. *Nature*, 342, 637–641.

Fisher, W. L. and McGowen, J. H. (1967) Depositional systems in the Wilcox group of Texas and their relationship to occurrence of oil and gas. *Trans. Gulf Coast Assoc. Geol. Soc.*, XII, 105–125.

Fisk, H. N., Kolb, C. R., McFarlan, E., Jr. and Wilbert, L. J., Jr. (1954) Sedimentary framework of the modern Mississippi delta [Louisiana]. *J. Sed. Petrol.*, 24, 76–99.

Frazier, D. E. (1967) Recent deltaic deposits of the Mississippi river: their development and chronology. *Trans. Gulf Coast Assoc. Geol. Soc.*, XII, 287–315.

Galloway, W. E. (1975) Process framework for describing the morphologic and stratigraphic evolution of deltaic depositional systems. In: *Deltas, Models for Exploration* (Ed. M. L. Broussard), 87–98.

Gani, M. R. and Bhattacharya, J. P. (2007) Basic building blocks and process variability of a cretaceous delta: internal facies architecture reveals a more dynamic interaction of river, wave and tidal processes than is indicated by external shape. *J. Sed. Res.*, 77, 284–302.

Giosan L., Bokuniewicz, H., Panin, N. and Postolache, I. (1999) Longshore sediment transport pattern along the Romanian Danube Delta coast. *J. Coastal Res.*, 15, 859–871.

Giosan, L., Donnelly, J. P., Vespremeanu, E., Constantinescu, S., Filip, F., Ovejanu,

I., Vespremeanu-Stroe, A. and Duller, G. A. T. (2006) Young Danube delta documents stable Black Sea-level since the middle Holocene: Morphodynamic, paleogeographic and archaeological implications. *Geology*, 34, 757-760.

Goodbread, S. L. and Kuehl, S. A. (2000) Enormous Ganges-Brahmaputra sediment discharge during strengthened early Holocene monsoon. *Geology*, 28, 12, 1083-1086.

Helland-Hansen, W. and Hampson, G. J. (2009) Trajectory analysis: concepts and applications. *Basin Res.*, 21, 454-483.

Howell, J. A. and Flint S. S. (2003) The parasequences of the Book Cliffs succession. In: *The Sedimentary Record of Sea-Level Change* (Ed. A. E. Coe), pp 158-178. Cambridge University Press.

Jackson, C. A. L., Grunhagen, H., Howell, J. A., Larsen, A. L. Andersson, A., Boen, F. and Groth, A. (2010) 3D seismic imaging of lower delta-plain beach ridges: lower Brent Group, northern North Sea. *J. Geol. Soc.*, 167; issue.6, 1225-1236.

Li, W., Bhattacharya, J. P., Zhu, Y., Garza, D., and Blankenship, E. (2011) Evaluating delta asymmetry using three-dimensional facies architecture and ichnological analysis, Ferron 'Notom Delta', Capitan Reef, Utah, USA. *Sedimentology*, 58, 478-507.

McManus, J. (2002) Deltaic responses to changes in river regimes. *Mar. Chem.*, 79, 155-170.

Mellere, D. and Steel, R. J. (2000) Style contrast between forced regressive and lowstand/transgressive wedges in the Campanian of south-central Wyoming (Hatfield Member of the Haystack Mountains Formation). In: *Sedimentary Responses to Forced Regressions* (Eds D. Hunt and R. L. Gawthorpe), *Geol. Soc. Spec. Publ.*, 172, 141-162.

Mellere, D., Plink-Bjorklund, P. and Steel, R. (2002) Anatomy of shelf deltas at the edge of a prograding Eocene shelf margin, Spitsbergen. *Sedimentology*, 49 (6), 1181-1206.

Mitchum, R. M. Jr., Sangree, J. B., Vail, P. R. and Wornardt, W. W. (1990) Sequence stratigraphy in late Cenozoic expanded sections, Gulf of Mexico: Sequence stratigraphy as exploration tool-Concepts and practices in the Gulf Coast: GCS-SEPM Foundation 11th Annual Research Conference, 237-256.

Muto, T. and Steel, R. J. (1992) Retreat of the front in a prograding delta. *Geology*, 20, 967-970.

Muto, T. and Steel, R. J. (1997) Principles of regression and transgression: the nature of the interplay between accommodation and sediment supply. *J. Sed. Res.*, 67, 994-1000.

Muto, T. (2001) Shoreline autoretreat: substantiated in flume experiments. *J. Sed. Res.*, 71, 246-254.

Muto, T. and Steel, R. J. (2002) In Defense of Shelf-Edge Delta Development during Falling and Lowstand of Relative Sea-level. *J. Geol.*, 110, 421-436.

Muto, T., Steel, R. J. and Swenson, J. B. (2007) Autostratigraphy: a framework norm for genetic stratigraphy. *J. Sed. Res.*, 77, 2-12.

Muto, T. and Steel, R. J. (2014) The autostratigraphic view of responses of river deltas to external forcing: Development of the concept. *Int. Assoc. Sedimentol. Spec. Publ.*, 47, 139-148.

Nguyen, V. L., Ta, T. K. O. and Tateishi, M. (2000) Holocene delta evolution and sediment discharge of the Mekong River, Southern Vietnam. *J. Asian Sci.*, 18, 427–439.

Olariu, C. and Bhattacharya, J. P. (2006) Terminal distributary channels and delta front architecture of river-dominated delta systems. *J. Sed. Res.*, 76, 212–233.

Olariu, C., Steel, R. J. and Petter, A. L. (2010) Delta-front hyperpycnal bed geometry and implications for reservoir modeling: Cretaceous Panther Tongue Delta Utah., *AAPG Bull.*, 94, 819–845.

Olariu, M. I., Carvajal, C., Olariu, C. and Steel, R. J. (2012) Deltaic process and architectural evolution during cross-shelf transits-Fox Hills Deltas, Washakie Basin, Wyoming. *AAPG Bull*, 96, 10, 1931–1956.

Orton, G. J. and Reading, H. G. (1993) Variability of deltaic processes in terms of sediment supply, with particular reference on grain size. *Sedimentology*, 40, 475–512.

Panin, N. (1989) Danube Delta genesis, evolution and sedimentology. *Rev. Roum. Géol.*, 33, 25–36.

Panin N. and Jipa, D. (2002) Danube River sediment input and its interaction with the northwestern Black Sea. *Estuar. Coast. Shelf Sci.*, 54, 551–562.

Penland, S., Suter, J. R. and Boyd, R. (1985) Barrier island arcs along abandoned Mississippi River deltas. *Mar. Geol.*, 63, 197–233.

Perov, G. and Bhattacharya, J. P. (2011) Pleistocene shelfmargin delta: intradeltaic deformation and sediment bypass, northern Gulf of Mexico. *AAPG Bull.*, 9, 1617–1641.

Petter, A. L. and Steel, R. J. (2006) Hyperpycnal flow variability and slope organization on an Eocene shelf margin, Central Basin, Spitsbergen. *AAPG Bull.*, 90, 1451–1472.

Plink-Björklund, P. (2008) Wave-to-tide facies change in a Campanian shoreline complex, Chimney Rock Tongue, Wyoming-Utah, USA: In: *Recent Advances in Models of Siliciclastic Shallow - Marine Stratigraphy* (Eds G. J. Hampson, R. J. Steel, P. M. Burgess and R. W. Dalrymple), *SEPM Spec. Publ.*, 90, 265–291.

Pontén, A. and Plink-Björklund, P. (2009) Process regime changes across a regressive to transgressive turnaround in a shelf-slope basin, Eocene Central Basin of Spitsbergen. *J. Sed. Res.*, 79, 2–23.

Porebski, S. and Steel, R. J. (2006) Deltas and sea-level change. *J. Sed. Res.*, 76, 390–403.

Roberts, H. H. (1997) Dynamic Changes of the Holocene Mississippi River Delta Plain: The Delta Cycle. *J. Coastal Res.*, 13, 605–637.

Roberts, H. H. (1998) Delta switching, early responses to the Atchafalaya River diversion. *J. Coastal Res.*, 14, 882–899.

Rossetti, C. and Rey, F. (Eds), (1931) *La Commission Européenne du Danube et son oeuvre de 1856 a 1931*, Imprimerie Nationale, Paris.

Sandal, S. T. (1996) *Geology and Hydrocarbon Resources of Negara Brunei Darussalam: Bandar Seri Bagawen*, Brunei Shell Petroleum Company, 243 p.

Slingerland, R., Driscoll, N. W., Milliman, J. D., Miller, S. R. and Johnstone, E. A. (2008) Anatomy and growth of aHolocene clinothem in the Gulf of Papua. *J. Geophys. Res.*, 113, F01S13, doi: 10.1029/2006JF000628.

Somme, T. O., Helland-Hansen, W. and Granjeon, D. (2009) Impact of eustatic amplitude variations on shelf morphology, sediment dispersal and sequence stratigraphic interpretation: Icehouse vs Greenhouse Systems. *Geology*, 37, 587-590.

Stanley, D. J. and Warne, A. G. (1994) Worldwide initiation of Holocene marine deltas by deceleration of sea-level rise. *Science*, 265, 228-231.

Steel, R. J., Carvajal, C., Peter, A. and Uroza, C. (2008) The growth of shelves and shelf margins. In: *Recent Advances in Models of Siliciclastic Shallow - Marine Stratigraphy* (Eds G. L. Hampson, R. J. Steel, P. M. Burgess and R. W. Dalrymple), *SEPM Spec. Publ.*, 90, 47-71.

Storms, J. E. A., Hoogendoorn, R. M., Dam R. A. C., Hoitink, A. J. F. and Kroonenberg, S. B. (2005) Late-Holocene evolution of the Mahakam delta, East Kalimantan, Indonesia. *Sed. Geol.*, 180, 149-166.

Sydow, J. and Roberts, H. H. (1994) Stratigraphic framework of a late Pleistocene shelf-edge delta, northeast Gulf of Mexico. *AAPG Bull.*, 78, 1276-1312.

Syvitski, J. P. M., Peckham, S. D., Hilberman, R. and Mulder T. (2003) Predicting the terrestrial flux of sediment to the global ocean: a planetary perspective. *Sed. Geol.*, 162, 5-24.

Ta, T. K. O., Nguyen, V. L., Tateishi, M., Konayashi, I. and Saito, Y. (2005) Holocene delta evolution and depositional models of the Mekong River delta, southern Vietnam. In: *River Deltas: Concepts, Models and Examples* (Eds L. Giosan and J. P. Bhattacharya), *SEPM Spec. Publ.*, 83, 453-466.

Ta, T. K. O., Nguyen, V. L., Tateishi, M., Konayashi, I., Saito, Y. and Nakamura T. (2002) Sediment facies and Late Holocene progradation of the Mekong River Delta in Bentre Province, southern Vietnam: an example of evolution from a tide-dominated to a tide- and wavedominated delta. *Sed. Geol.*, 152, 313-325.

Tamura, T., Saito, Y., Nguyen, V. L., Ta, T. K. O., Le, M. D., Bateman, M. D., Matsumoto, D. and Yamashita, S. (2012) Origin and evolution of interdistributary delta plains; insights from Mekong River delta. *Geology* 40, 303-306.

Tornqvist, T. E., Kidder, T. R., Autin, W. J., van der Borg, K., de Jong, A. F. M. Cornelis, Klerks, J. W., Snijders, E. M. A., Storms, J. E. A., van Dam, R. L. and Wiemann, M. C. (1996) A Revised Chronology for Mississippi River Subdeltas. *Science*, 273, 1693-1696.

Uroza, C. A. and Steel, R. J. (2008) A highstand shelf-margin delta system from the Eocene of West Spitsbergen, Norway. *Sed. Geol.*, 203, 229-245.

Van den Berg, T. C. V. and Garrison, J. R. (2004) Effects of changes in rate of sedimentation and relative change in sea-level on the geometry, architecture and sedimentology of fluvial and deltaic sandstones within the Upper Ferron Sandstone Last Chance Delta, East-Central Utah: implications for reservoir modeling, In: *Analog for Fluvial-Deltaic Reservoir Modeling: Ferron Sandstone of Utah* (Eds T. C. Chidsey, Jr., R. D. Adams and T. H. Morrison), *AAPG Studies in Geology*, 50, 451-498.

Willis, B. J. and Gabel, S. (2001) Sharp-based, tide-dominated deltas of the Sego Sandstone, Book Cliffs, Utah, USA. *Sedimentology*, 48, 479-506.

Willis, B. J., Bhattacharya, J. P., Gabel, S. L. and White, C. D. (1999) Architecture of a tide influenced river delta in the Frontier Formation of central Wyoming, USA. *Sedimentology*, 46, 667–688.

Xue, L. and Galloway, W. E. (1995) High-Resolution Depositional Framework of the Paleocene Middle Wilcox Strata, Texas Coastal Plain. *AAPG Bull.*, 79, 205–230.

Yoshida, S., Steel, R. J. and Dalrymple, R. W. (2007) Changes in Depositional Processes-an ingredient of a new generation of stratigraphic models. *J. Sed. Res.*, 77, 447–460.

# 8 受波浪改造的河流三角洲动态地貌模型及其在标准储层建模中的应用

Marten M. Hillen　Nathanaël Geleynse　Joep E. A. Storms
Dirk Jan R. Walstra　Remco M. Groenenberg　著
张天舒　译

**摘要**：波浪是改造现代和古代三角洲体系的重要作用机制。然而，很少有人尝试定量评估波浪作用对三角洲动态地貌和随时间变化的地层特征的贡献。本文运用高分辨率物理基础的数值模拟（Delft3D）研究波浪对陆上碎屑三角洲的改造作用。本文展示了三个河流注入程度不同的例子，河流注入程度与示意性的时间恒定的好天气滨外波浪作用环境相关。在所有的例子中，在河流输入量缺失的情况下，都发现了三角洲平原上高级次的分流河道以及三角洲前缘的侵蚀现象。而且，所有的例子都显示了沉积分选作用；三角洲前缘发育的来自河流的细粒、经分选的沉积物，向海的方向搬运，最终在深水沉积。在某些阶段，较粗的沉积物阻止了下伏的细粒沉积被侵蚀性波浪搅拌（保护作用），这增加了局部保存细粒沉积的可能性。在有相当大的河流输入量的情况下，单河道的主导作用产生了砂坝，砂坝呈横向展布（平行于海岸），其形态受波浪改造。根据物理模拟，地层模型应用于标准储层建模，来计算砂体的连通性。

**关键词**：三角洲；波浪；数值模拟；Delft3D；动态地貌；地层学

## 8.1 概述

### 8.1.1 社会和科学性

在过去几十年里由于油气勘探的需要，出现了大量有关三角洲沉积的研究。同时，对现代三角洲沉积规律的把握明显增强。现在研究主要集中在人类活动对三角洲沉积的影响（Ericson 等，2006），比如河流改造和集水区改造，这些改造通常会减少三角洲的沉积物流量（Syvitski 和 Saito，2007）。这些研究也可以对作为油气储集体及其盖层的古三角洲重建提供依据。然而，现代储层建模软件或者依赖随机性的方法或者几何形态方法建立三角洲储层模型的网格单元，这些网格单元并不被钻井分割。现在的建模方法（过程模拟）向数值模拟发展，提供给油藏地质师第三种方法建立储层模型的网格单元：物理基础的数值模拟。物理基础的数值模拟提供了基本的水动力和沉积物搬运的算法来模拟三角洲的形成过程和相关地层记录。

物理基础的模拟明显体现了基于现代沉积来重建河流—三角洲形成过程的可能性（例如，Geleynse 等，2010；Edmonds 和 Slingerland，2010）。多数研究集中在单一的河流地貌动力学，Geleynse 等（2011）指出在三角洲前积阶段地层记录也包括波浪和潮汐作用力。然而，目前为止，并没有关于三角洲地层由风成表面重力波（下文简称"波浪"）形成的研究。虽然数字模型可以建立理想的三角洲沉积体，但保存下来的可能性取决于很多其他因素，比如波浪改造、沉降、海平面和沉积物供给。因此，我们集中研究波浪改造在河控三角洲形成之后对保存三角洲沉积体的影响作用。

波浪改造作用是现代和古三角洲储层发育的关键因素。Syvitski（2008）发现由于滨线的迁移、水源采集和油气开采，很多三角洲逐渐受到波浪作用的影响。Nicholl 等（2008）指出由于频率以及波浪和风暴冲刷幅度的增加，波浪改造对三角洲的影响增大。这样，需要更好地理解波浪对三角洲沉积改造过程。让人惊讶的是，很少有人在浪控三角洲上同步模拟地貌动力和地层发育过程（Geleynse 等，2011），部分原因是计算机技术的欠缺。然而，当前计算机技术日益提高，为实现地层建模时间尺度上的物理基础数值模拟（比如 Delft3D；Lesser 等，2004）提供了可能。这样，有关三角洲退积作用的定性研究可以通过定量的物理基础模拟完成。

Storms（2003）与 Storms 和 Hampson（2005）建立的过程响应临滨模型已经表明波高机制和沉积物特征在浅海环境地层形态的研究中与海平面变化和沉积物供给同等重要。此外，明显的形态变化（尤其浅海沉积机制中），可以在低级次、高频率事件和高级次、低频率事件中发生，这样质疑了定量模型中对"事件"的表述是否有效（Storms，2003；Swenson 等，2005）。

### 8.1.2 研究目的和数据模拟研究内容

本文延续了前人的研究方向，但是将研究重点转移到波浪作用下来自河流的砂岩和粉砂岩在三角洲环境被改造上。当好天气短峰波反过来对三角洲地貌和内部地层改造的时候，河控三角洲的水流和沉积物搬运方式，以及地层沉积特征（Geleynse 等，2010）都发生了改变。于是我们通过物理基础的数值模拟（Delft3D）重点研究三角洲旋回模式的海侵部分（Scruton，1960；Roberts，1997），力图了解海侵阶段的地貌动力学特征，以及在风力驱动下产生的持续高频率、低幅度的波浪作用下这种地貌保存下来的可能性，并没有受到长期海平面变化复杂的影响。

## 8.2 建立定性和定量三角洲模型的前期工作

### 8.2.1 定性的三角洲模型

在过去的几十年研究中形成了几种定量的三角洲分类（Nemec，1990）。这些分类本身具有的局限性和实际意义在很多学者的综述文章中有所提及（Nemec，1990；Reading 和 Collinson，1996）。分类的标准不尽相同；从供料系统（Homes，1965）总体特征到三角洲厚度分布样式（Coleman 和 Wright，1984），三角洲前缘水文机制（Galloway，1975），沉积物特征（Orton，1988），三角洲斜坡（Corner 等，1990），以及主要的地形特征（Postman，1990）。应用最为普遍的分类图（Galloway，1975）基于用河流、潮汐和波浪作用的关系解释出三角洲地貌的差异编制。相关图件包括了三角洲前缘被波浪和潮汐改造的程度。

### 8.2.2 定量的三角洲模型

定量的三角洲模型基于物理条件的变化，这种变化以时空展布和相关地貌的总体形式体现。了解现代三角洲和陆棚沉积模型的详细说明，可以参考 Paola（2000）和 Overeem 等

（2005）。下文简单回顾定量的浪控三角洲模型来解释本文建立的模型。

#### 8.2.2.1　2D 平面模型

几个定量模型的研究重点是在河流和海洋作用力所占比例变化过程中三角洲平面上的水动力条件。Komar（1973）认为三角洲的滨线在不同的波浪能量流和河流砂体供给比值、不同的滨外波浪夹角和不同的临滨斜坡条件下可以用简单的计算机模型重新定位。Bhatacharya 和 Giosan（2003）认为应用在河口净沿岸沉积物搬运速率和平均河水卸载量的比值可以明确浪控三角洲和三角洲朵体平面对称性的程度。数值模拟大型的滨线不稳定性的形成过程（Ashton 等，2001），Ashton 和 Giosan（2007，2011）介绍了波候的特征，尤其是波浪夹角和河流底载沉积物到浪控三角洲滨线的空间分布。根据不同参数之间的联系识别出五个三角洲"原型"平面形态，这些形态在小尺度的滨线粗糙度和大规模的滨线粗糙度（从滨线到沿滨线顶积层的长度比值和与河流盆地轴向相关的顶积对称性）上有所不同。这些模型说明了三角洲滨线沉积的水动力条件，仅含蓄指出了第三空间维度。

#### 8.2.2.2　2D 剖面模型

很多定量的模型集中于三角洲横剖面上的水动力条件。例如，Swenson 等（2005）研究陆上和水下三角洲沉积体（复合斜坡），并强调了自成因的控制作用。结合不同的三维数据，编制了河流—三角洲斜坡模式图，涉及两个端元，分别表征河流洪泛期和滨岸风暴期的沉积特征，都有实例支撑（Swenson 等，2005）。这两个河流—三角洲模式表明碎浪区带的形态在临滨垂向上具有一个特定的碎浪深度，而不是一个移动的界面。因此，虽然原则上这与临滨（平衡）形态一致，但是三维碎浪区带的水动力尚不清楚。其他定量的剖面模型集中在对（时间效应）力学条件的地层响应，但是这些模型在河流和海洋地貌动力学上并不严谨，并且经常忽略波浪作用（Hoogendoorn 等，2008）。

#### 8.2.2.3　3D 模型

最近，Storms 等（2007）致力于假设在河流水动力条件下，三角洲中砂质和粉砂质沉积物搬运的地貌动力学—地层学模拟。Edmonds 和 Slingerland（2007）详细研究了砂质河口坝这一河流主要结构的形成过程。同时，研究有关分叉（分流河道形成的关键作用；Bertoldi 和 Tubino，2007；Kleinhans 等，2008；Edmonds 和 Slingerland，2008）稳定性的问题。Geleynse等（2011）强调了在波浪和潮汐作用下的半封闭盆地中供料系统对分流河道网络形成具有重要作用。这些研究强调从成因角度来理解三角洲的形成。Van Maren（2005）运用地貌模型具体观察了障壁岛在 Ba Lat 三角洲（越南）前积阶段的形成过程，与 Stutz 和 Pilkey（2002）、Bhattacharya 和 Giosan（2003）的研究结果一致，降低了障壁岛形成与海侵期滨线环境相关的必然性。Van Maren（2005）认为沉积物在陆上搬运由波浪的不对称性引起，这对水下障壁岛的形成具有重要意义。陆上障壁（障壁沙嘴）的转变过程是假想的，以沿岸流的冲刷作用为特征，而河流（洪水）对障壁岛的固定是一个不稳定的机制。台风对破坏障壁岛的作用并不大（Van Maren，2005）。虽然 Van Maren（2005）观察到真实的三角洲在河流和波浪控制下的地貌动力条件，这使得三角洲平原上障壁岛的周期性建立成为可能，但是沉积界面上的地层响应并没有被提及。

### 8.2.3　模型描述和建立

本文结合三维地层模型建立了高分辨率平均深度（2DH）水动力模型（图 8.1），这两个模型都是 Delft3D 数值模拟的一部分。Delft3D 是物理基础的数值模拟，可应用于滨海、河

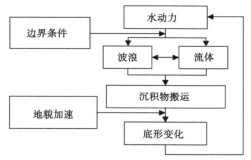

图 8.1 Delft3D 流程图（修改自 Roelvink，2006）

流和海湾环境（Lesser 等，2004）。本文的水动力研究模拟了非稳态流和搬运现象（流体模型），以及风成短峰波浪（波模型）。由于水动力是长期沉积和侵蚀作用的产物，因此地层模拟基于同样的计算机网格。流体、沉积物搬运和底形更新在每一步建模过程都有实现（Roelvink，2006）。

水动力的模拟过程通过求解不稳定的平均深度浅水方程得以实现。河流卸载和波候在计算机区域上游和下游边界得以加强，驱动了整个系统。浅水方程在交错网格上被离散化（单元大小是 50m×50m），水位点在单元中心，速率分量在单元面的中点。交替方向隐式时间积分（ADI）方法被应用于求解浅水方程中（Stelling 和 Leendertse，1991）。固定时间步长是 30s，这与紊流的柯朗数一致。

处于计算域下游边界的波候特征被作为滨外边界环境而得到加强。对风成短峰波的模拟由第三代 SWAN 模型实现（Booij 等，1999）。SWAN（Simulating WAves Nearshore）基于作用密度的离散谱平衡和界面环境的风力驱动，来计算短波在滨岸区的进积过程。Delft3D 流体和波浪模型通过"线上"耦合方法进行传输，这种方法使得流体和波浪模型在每一时间点都联系起来，建立了双向的波浪—流体相互作用模式。波浪环境每一个小时都在发生变化（水动力）。盆地横向的边界被定义为 Neumann 边界，沿岸的水位梯度对水位和水流的自由变化提供了开放的边界条件（Roelvink 和 Walstra，2004）。盆地海相一侧（沿岸方向）是一个开放的水位边界，从而解释了水位（图 8.2）。

模拟过程包括河流输入量（低和高河流输入量分别用 $Q_{低}$ 和 $Q_{高}$ 表示）、河流卸载和沉积物负载，这些被定义为上游边界条件（图 8.2）。在模拟过程中，认为河流卸载是持续的过程（$Q_{低}$ 和 $Q_{高}$ 分别为 500m³/s 和 2000m³/s）。沉积物负载被定义为一种依赖单元内注入边界的水动力条件的均衡。

沉积动力学由两个沉积物分量计算出来；一个是细粒沉积物分量，黏着力较弱，主要由粉砂构成；一个由较粗粒沉积物构成，是一种非黏性的细砂。沉积物分量由干燥的层密度和中值粒径（$d_{50}$）计算出来。细粉砂沉积物的密度是 2650kg/m³，干燥的层密度是 500kg/m³，$d_{50}$ 是 50μm；砂质沉积物的密度是 2650kg/m³，干燥的层密度 1600kg/m³，$d_{50}$ 是 125μm。

沉积物搬运采用悬浮式和底负载两种方式，由沉积物搬运公式 TRANSPOR2004 计算出来（van Rijn，2007a，2007b）。这个公式为两种沉积物的搬运方式提供了一个统一的构架，并且应用于环境变化造成沉积物粒度分布跨度大的情况（细粉砂—

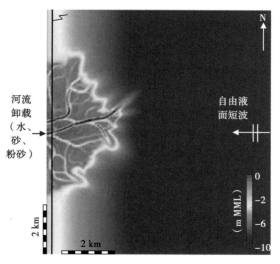

图 8.2 模拟域和初始地貌
随后被波浪改造。MWL—平均水位以下

粗粒砂）。这是因为细粒沉积物具有黏着力（<62μm），也与波浪和水流的作用、颗粒之间相互作用、地层斜坡影响、絮凝性能和沉降受阻有关。水流引起的和波浪引起的沉积物搬运可以根据搬运因素按比例缩放（校准）。因为波浪引起的搬运在Delft3D中经常被过度预测（Lesser等，2004），本文在对波浪引起的搬运因素的模拟中按照比例相应缩小（0.3）。地层剪应力由van Rijn的粗糙度预测计算出来（van Rijn，2007a），这是基于四种类型的粗糙度计算的：颗粒大小粗糙度、与波浪有关的底形粗糙度、与流水有关的底形粗糙度和表面粗糙度。表面粗糙度是受波浪—流水的相互作用而产生的河床粗糙度。河床高程的变化受到河床负载沉积物流，以及净沉淀和夹带作用影响。在每一个时间步长，水深都以地貌加速因素60更新（Lesser等，2004；Roelvink，2006），这个因素暗示了持续的水动力条件（包括沉积物搬运）估计为60个时间步长。这可以提高计算效率。

根据Ribberink（1987）的多层概念进行了地层划分。单层划分根据沉积物厚度和成分（砂/粉砂）。在地层底部固定高度的搬运层（0.2m）是水流搬运沉积物形成的。标有数字的底部地层沉积物超过了地层跟踪能力。假设底部地层下面的沉积物没有被侵蚀。将地层划分为单层（0.1m）和底部地层。垂向上一系列单元记录了不同地貌比如沙坝、沙脊和分流河道的沉积物成分。

敏感度分析测试了模拟的可靠性并使得公式中沉积物搬运、沉积物特征、粗糙度和地貌加速几个参数值最优化（Hillen等，2009）。最优化结果见表8.1。基于Delft3D建模所做的三角洲形态和地层模型（Geleynse等，2010）被运用在模拟过程的初始阶段。从预定义的三角洲中观察波浪的改造作用，这个三角洲在非时变的好天气波候条件下仅受到河流作用。

表8.1 模型参数

| | 项目 | 值 |
|---|---|---|
| 参数 | 时间跨度模拟 | 44月 |
| | 时间步长 | 30s |
| | 地貌加速因素 | 60 |
| | 网格分辨率 | 50m×50m |
| | 流体网格大小 | 167×200 |
| | 波浪网格大小 | 170×382 |
| 地貌特征 | 沉积物搬运公式 | TRANSPOR2004的两个沉积物端元 |
| | 密度（两个沉积物端元） | 2650kg/m$^3$ |
| | 中等颗粒大小（沉积物端元1） | 125μm |
| | 干层密度（沉积物端元1） | 1600kg/m$^3$ |
| | 中等颗粒大小（沉积物端元2） | 50μm |
| | 干层密度（沉积物端元2） | 500kg/m$^3$ |
| | 底层数量 | 75 |
| | 底层最大厚度 | 0.1m |
| | 搬运层厚度 | 0.2m |
| | 悬浮搬运因素 | 1.0 |
| | 低负载搬运因素 | 1.0 |
| | 波浪有关的悬浮搬运因素 | 0.3 |
| | 波浪有关的低负载搬运因素 | 0.3 |
| | 地貌变化之前的自旋向上间隔 | 60min |

## 8.2.4 模拟方案

数值实验表明了废弃的三角洲朵体向上游迁移。假设海平面是稳定的。模拟的三角洲初始状态很简单，这是一个完全受到河流控制的三角洲，在形成过程中没有受到波浪作用。然而，随着河流卸载的突然减少，三角洲进入了退积阶段（Roberts，1997），且波浪成为主要的作用力。模拟开始于这个准确的时间点。这样的模型与密西西比三角洲相似（Coleman 和 Gagliano，1964；Scruton，1960），但是，人为因素的影响也可以造成河流输入量的减少（McManus，2002；Syvitski 和 Saito，2007）。沉降和上游沉积物供给减少（以及湿地退化，例如，由于营养供应和盐水侵入之间的平衡被破坏）导致了地形变化，反过来改变了波浪作用场的局部特征，这在深水区是持续不变的。这两个过程都是在密西西比三角洲波浪能量增加的主要原因（Day 等，2007），大概在其他三角洲也是这样的情况。水深增加以及缺少自然缓冲区使得波浪增加，从而引起了进一步的退积作用。在模拟中没有沉积压实作用，没有其他沉积改造过程，因此，只关注波浪对三角洲的改造作用。

针对不同级次河流卸载条件下的波浪改造作用制定了几个分析方案（表8.2）。所有方案的参数和初始条件是一致的，但是加强了边界条件变化。基本实例设定了垂向上的好天气短峰波（$H_s=1m$）。没有河流卸载也被考虑在内。模拟在不同河流卸载边界条件下的逐渐或部分向上游迁移（$Q_{低}$和$Q_{高}$）。在低河流输入量方案中（$Q_{低}$），模拟河流卸载量是$500m^3/s$；在高河流输入量方案中（$Q_{高}$），模拟河流卸载量是$2000m^3/s$。后者的卸载量与三角洲开始形成时的河流卸载量完全相同。河道沉积物搬运主要受流速控制，因此，与河流卸载量同步增加。在这些情况中，基本实例向陆地一侧包含了河流体系的一部分（图8.2）。河流卸载在已经存在的（主要的）河道中被直接增强。

表 8.2 模型实例

| 实例情况 | 描述 | 边界条件 | | |
|---|---|---|---|---|
| | | 波候（滨外） | 河流卸载（上游） | 河流沉积物负载（上游） |
| 基本实例 | 波浪改造，没有河流卸载 | 垂向上 $H_s=1m$, $T_p=5s$ | — | — |
| $Q_{低}$ | 波浪改造，低河流输入量 | 垂向上 $H_s=1m$, $T_p=5s$ | $500m^3/s$ | 粉砂质—砂质平衡沉积物浓度 |
| $Q_{高}$ | 波浪改造，高河流输入量 | 垂向上 $H_s=1m$, $T_p=5s$ | $2000m^3/s$ | 粉砂质—砂质平衡沉积物浓度 |

## 8.3 模拟结果

### 8.3.1 基本实例

最初的河流—三角洲地貌包含了多个三角洲平原上的分流河道（图8.2），快速调整到波浪增强的条件，分流河道被由不对称的波浪驱动引起的陆上搬运的粉砂岩充填（图8.3）。

大量的粉砂质沉积被搬运到三角洲前缘。整体上，由波浪改造和相关的波浪引起的水流造成的侵蚀作用使三角洲前缘变得平滑（图8.3）。由在波高中的沿岸梯度可以获得沿三角洲前缘最高的搬运速率（图8.4）。最终，由于受波浪作用三角洲前缘沿岸发育，滨线位置的波动逐渐减少。

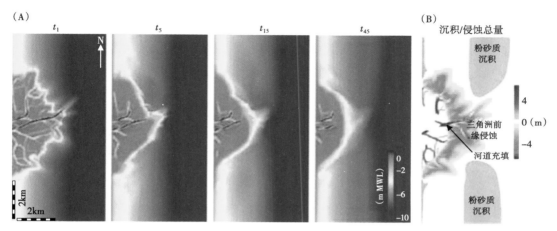

图8.3 （A）基本实例中四个时间段的地貌发育过程。时间步长 $t$ 以月份计算。
（B）时间步长 $t$ 为45个月时，累计的沉积量和侵蚀量

图8.4展示了粉砂质和砂质两个端元的波高、平均水深流速场和平均水深悬浮负载，其分别处于两个时间步长（$t=2$ 个月和 $t=45$ 个月）。在2个月之后，所有的分流河道（除了主要的分流河道），都与退积的滨线不连通[图8.4（A）]，退积的滨线环境以相对强烈的、排成一线的水流为特征[图8.4（B）]。去耦的分流河道残余体区别于平均水深流速场，其特征是三角洲平原上河道弱化，在河道界限处发育复合的小型涡旋。平均水深悬浮负载搬运粉砂质和砂质[图8.4（C）]表明了整体上以粉砂质为主，大量的粉砂质在三角洲纵向轴的一边被两个反涡旋向滨外搬运（参见主要岬角上的垂向漂移）。悬浮砂质沉积物搬运的最大值集中在三角洲轴部的最顶端，而悬浮粉砂质沉积物搬运的最大值沿三角洲前缘分布，在三角洲垂向轴的一侧。45个月之后，三角洲前缘的流场和悬浮搬运场轴部更对称，虽然初始的三角洲前缘仍然从波高分布中可以观察到[图8.4（D）]。并且，主要的分流河道从深水沉积彻底分离出来，之前的布局可以从局部的波高梯度追踪到，这比整体急剧下降的程度低。此外，注意到波高的粗糙度分布随模拟时间增加而减少。

波浪改造和搬运作用导致了典型的沉积物分选方式。粉砂质以悬浮负载形式分布在沿岸到滨外的广大区域，并在深水沉积下来，主要位于三角洲前缘轴外（图8.3）。对于两种沉积物，悬浮搬运方式所占比例比底负载高。底负载主要搬运砂质沉积物，但是砂质搬运方式仅存在于三角洲前缘的边缘。图8.5展示了剖面上地形和地层在时间上的变化（$t_0 — t_{45}$），详细描述了沿三角洲侧翼主要的砂体沉积和分流河道中的粉砂质沉积物充填。注意到三角洲前缘退积形成的大型的、横向上变粗的沉积体，以及三角洲平原分流河道充填的细粒沉积。在最终的时间步长，甚至最近源的分流河道被由逐渐减弱的波浪引起的流水携带的细粒沉积充填。最后，一些早先下切进入底层的分流河道被保存下来。

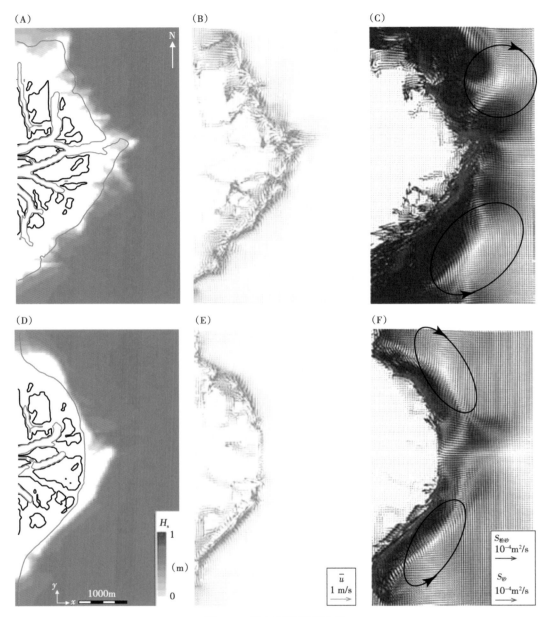

图 8.4 基本实例模拟展示

（A）明显的波高（$H_s$）分布，模拟的河床高程用 0m（黑色）和 -1m（灰色）MWL 等高线表示；
（B）平均深度流体速度场（$\bar{u}$）；（C）砂质和粉砂质沉积物的平均深度悬浮负载搬运场。
（A）—（C）2 个月之后的格局展示；（D）—（F）45 个月之后相似的格局展示

## 8.3.2 低河流输入量的波浪改造作用（$Q_{低}$）

对于 $Q_{低}$ 的情况，小的分流河道被废弃，并快速被粉砂质充填 [图 8.6（A），（B）]，与基本实例相似。然而，主分流河道的持续卸载阻止了滨岸直接由波浪搬运来的沉积物充填。由于低卸载，平均水深流速保持在 1m/s 以下，并且没有冲刷作用。

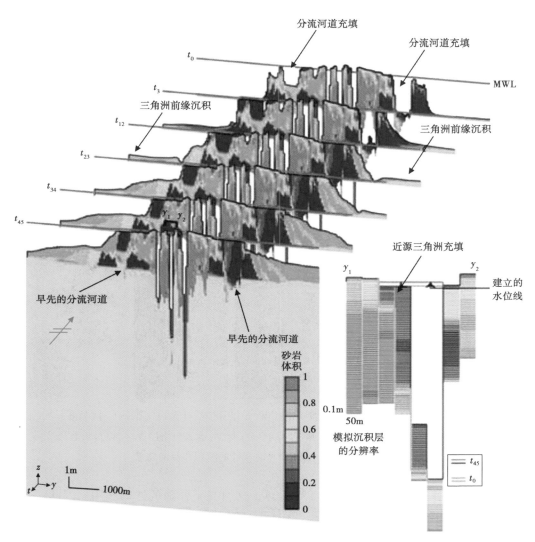

图 8.5 仅受波浪作用的近源三角洲横剖面的地貌和对应的地层响应（位置如图 8.2 所示）
$t$ 的下标为模拟的月份数，红色箭头指示了波浪的方向，横剖面展示了主要分流河道（$t_{45}$ 横剖面）的沉积细节

在原始三角洲地貌中，主要的分流河道走向为北，因此，以一定的角度流入盆地。不对称的沙脊主要由被三角洲改造的砂体在河口形成，主要的分流河道几乎不存在底负载。由于分流河道沉积物的流出，南部地区的滨外粉砂质沉积物以悬浮搬运为主。与基本实例相比，三角洲平原有更大部分被改造［对比图 8.6（B）和图 8.3（B）的红色区域］。因此，模拟结果证明了当浪控三角洲仍然被河流卸载充填的时候，改造作用更有效。

### 8.3.3 具原始河流输入量的波浪改造（$Q_{高}$）

对于卸载量是 2000m³/s 的情况，与三角洲进积阶段的原始卸载相等，一些小型的分流河道最初是开放的，但是随着时间增加，仅有主要的分流河道保持活跃［图 8.6（C），（D）］。所有其他的分流河道被粉砂质充填。相对高的卸载和分流河道数量的稳定减少导致

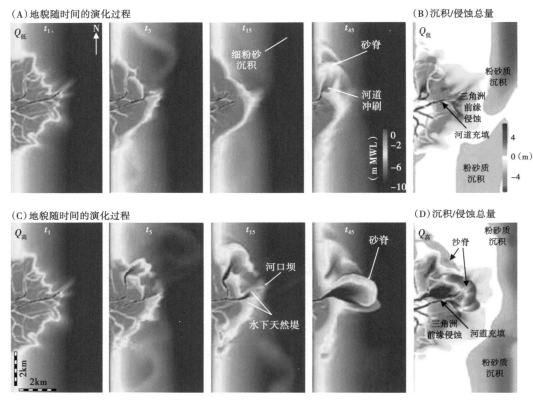

图 8.6 （A）$Q_低$ 情况下四个时间点的地貌演化过程（$t$ 以月份数计算）；（B）$Q_低$ 情况下 $t=45$ 个月时累计的沉积和侵蚀总量；（C）$Q_高$ 情况下四个时间点的地貌演化过程（$t$ 以月份数计算）；（D）$Q_高$ 情况下 $t=45$ 个月时累计的沉积和侵蚀总量

了主要分流河道内流速的增加（1.3~1.5m/s），这引起了强烈的冲刷作用。因此，主要分流河道的走向向最有效的水压方向改变，也就是说朝向盆地的中央。

主要的分流河道也向滨外搬运砂质沉积物（如底负载），以及粉砂质沉积物（如悬浮搬运）。河流搬运的砂质沉积物很快在下游河口沉积下来，形成了水下天然堤和初期的河口坝[图 8.6（C）]。沙脊加积逐渐阻止了向外的水流，从而增加了沉积作用，使得主要的分流河道偏离原来的方向。南部三角洲前缘不受河流输入量影响，粉砂质沉积物向南部搬运。浪控程度不是随时间变化的，而是取决于河流供给的变化，但是，在空间上与野外观测的结果一致（Bhattacharya 和 Giosan，2003）。

沉积分选作用比基本实例和 $Q_低$ 情况下更明显。大量的粉砂质沉积物从三角洲前缘被分流河道的冲刷作用清除，这导致了退积阶段三角洲砂质含量增高。当河道变道时，废弃的沙脊逐渐在陆地方向和侧向上被改造，重新与滨线连接[图 8.6（C），（D）]。这些沙脊通过减弱波浪对陆上沉积的改造作用阻止了侵蚀作用的发生。而且，正如在基本实例中观察到的，临滨的砂质沉积阻止了底层粉砂质沉积物被进一步侵蚀（图 8.3）。

### 8.3.4 沉积物搬运方向

模拟结果说明了跨岸沉积物搬运比沿岸沉积物搬运的级次要低。沿岸搬运梯度较大，这是由曲折的三角洲滨线引起的。跨岸搬运与跨岸（临滨）地貌的不平衡有关，或者太缓或者太陡，都可以诱发波浪形成。除了河道充填或者被岸线沿岸搬运改造之外，持续的波浪作用使得跨岸搬运通常处于平衡状态。因此，前文所述的大型三角洲是由沿岸搬运的砂质沉积物形成的。

## 8.4 与储层模拟的连接过程

初始模拟和波浪改造的三角洲地层特征可以引入储层模拟软件，作为获取储层信息的后处理。本文应用了斯伦贝谢公司的 Petrol 2008 地震和模拟软件。地层模拟的分辨率从 50m×50m×0.1m 增大至 50m×50m×0.25m。通过假设最终的地层（包括河道）被粉砂质沉积物覆盖，分辨出三角洲沉积，从而形成了 10000m×5000m×15m 的非均质合成的三角洲储层。

### 8.4.1 合成的钻井

图 8.7 展示了基本实例下改造的三角洲沉积古界面上的净毛比（N/G），以及 5 口合成钻井的位置（D3D01—D3D05）。针对所有情况的一系列栅状图展示了非均质的沉积体（图 8.8）。底层是均质的砂和粉砂混合物。图 8.9 展示了四种情况下 5 口钻井的合成地层。合成的钻井展示了向上变细和变粗的旋回，这些特征表明了河流—三角洲沉积环境。井 D3D01 以底层覆盖细粒的前三角洲沉积为特征，向上渐变为三角洲前缘沉积。向上变粗的沉积序列被向上变细的三角洲平原沉积覆盖。井 D3D01 在基本实例下不受波浪改造，在 $Q_{低}$ 情况下也很少受到波浪改造。然而，在 $Q_{高}$ 情况下，在进积三角洲层序被向上变粗临滨序列替代的情况下，完全被波浪改造。

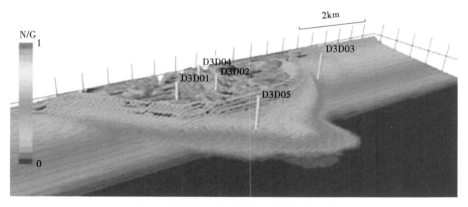

图 8.7 基本实例模拟建立的静态储层模型
揭示出三角洲顶部的净毛比，并指示了 5 口合成井的位置

井 D3D02 展示了与井 D3D01 相似的地层样式，但是，井 D3D02 距离物源更近，因此，具有更高的 N/G 比。如前文所述，明显的改造作用仅发生在 $Q_{高}$ 情况；然而，井 D3D02 的三角洲下部被保存下来，并被薄层的临滨滞留沉积覆盖。在初始情况下，井 D3D03 是一套远端的三角洲进积序列，与井 D3D01 相似。在基本实例下，这个沉积序列被波浪侵蚀。在 $Q_{低}$ 和 $Q_{高}$ 情况下，分流河道中砂质沉积物输入量的增加导致了由波浪引起的沿岸流搬运的砂岩分选好 [图 8.4（C），（F）]。

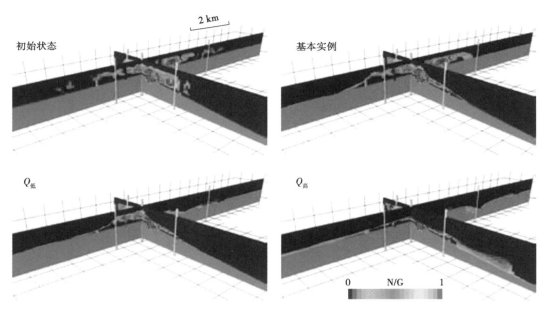

图 8.8 四种情况（初始状态、基本实例、$Q_{低}$ 和 $Q_{高}$）下的栅状图

展示了净毛比地层的非均质性。井位标识如图 8.7 所示

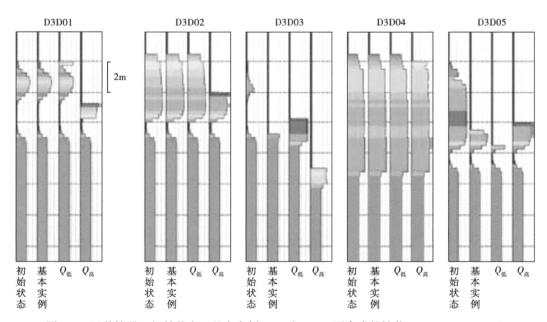

图 8.9 四种情况（初始状态、基本实例、$Q_{低}$ 和 $Q_{高}$）下合成的钻井（D3D01—D3D05）

展示了净毛比特征（色标如图 8.8 所示）和典型的三角洲特征（向上变粗、向上变细、滞留沉积），井位如图 8.7、图 8.8 所示

相反，井 D3D04 展示了三角洲顶部附近垂向沉积序列以河道为主。在三角洲进积过程中的河道迁移形成了分选好的厚层砂岩。由于处于内陆，并不受到波浪改造。而且，沉积序列也不受持续的低卸载（$Q_{低}$）影响，但是，在 $Q_{高}$ 情况下，在序列顶部存在一些小型的河

186

流改造作用。井 D3D05 位于主要的分流河道前端，因此，以富含砂质、向上变粗的沉积序列为特征，展示了三角洲的进积过程，被向上变细的三角洲平原覆盖。波浪在三角洲岬角的有效改造作用导致了三种情况下的三角洲沉积都发生了明显的侵蚀作用。在 $Q_{高}$ 情况下，沿岸流搬运的砂床在原来的前三角洲顶部沉积。总体上讲，有证据表明波浪对原始三角洲沉积的改造作用相当大。这种改造由于所处位置不同而在特征和强度上有所差异，这种差异可以获取有价值的信息，从而实现地下钻井或者露头测井的过程控制。

### 8.4.2 净岩石体积和连通的储层

不是所有的三角洲沉积都发育好储层。应用净毛比大于 0.8 的标准来判断砂岩是否具备好储层的特征，这就导致了四种情况存在不同的净岩石体积（NRV）。在 $Q_{低}$ 和 $Q_{高}$ 的情况下，NRV 值较高（表 8.3）。这是因为在 $Q_{低}$ 和 $Q_{高}$ 时期，细粒沉积被清除掉。这导致了储层在陆上到滨外方向上存在三类河间地区（图 8.10）。粉砂质充填的河道在高品质的储层区形成了可能的水流障碍。储层间的连通性被由波浪引起的富砂临滨沉积提高，这种富砂临滨沉积增强了孤立砂体间的连通性。

表 8.3 储层建模概况

| 方案 | 净岩石体积 ($10^6 m^3$) | 单砂体（SB）NRV 的连通体积（%） | | | | | |
|---|---|---|---|---|---|---|---|
| | | SB1 | SB2 | SB3 | SB4 | SB5 | 合计 |
| 初始状态 | 10.46 | 55.6 | 24.8 | 15.7 | 1.2 | 1.0 | 98.3 |
| 基本实例 | 9.41 | 74.9 | 17.5 | 3.6 | 1.3 | 1.0 | 98.3 |
| $Q_{低}$ | 12.75 | 96.8 | 1.0 | 0.7 | 0.5 | 0.4 | 99.4 |
| $Q_{高}$ | 28.3 | 100 | — | — | — | — | 100 |

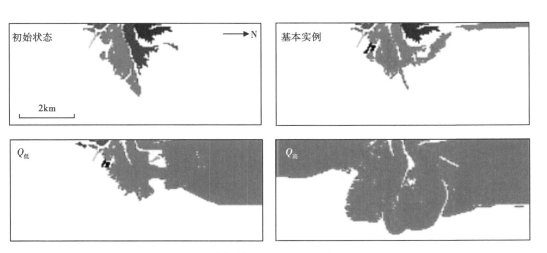

图 8.10 储层连通特征
每一种颜色代表四种情况中的一个储层单元（详细信息见表 8.3）

## 8.5 讨论

本文基于数值模拟研究了波浪对河控三角洲的改造作用。介绍了与流体搬运和沉积物搬运相关的物理过程。在比较模拟结果和实际数据时，观察到几个相似点。例如，密西西比三角洲数据中（例如路易斯安那州阿查法拉亚海湾；Neil和Allison，2005；Roberts等，2005）可以观察到相似的粉砂质和砂质沉积物搬运条件。并且，观察到被改造的砂质沉积部分保存下来的粉砂质沉积物发育在密西西比三角洲沿Isles Dernieres障壁岛一带，这个地区具有一个可以阻止下伏细粒沉积被侵蚀的砂质保护盖层（Dingler和Reiss，1990）。类似的砂质盖层对Campbell（2005）建立的路易斯安那滨岸恢复和障壁岛后撤的概念性地貌—沉积模型的建立也具有重要作用。

在这三种情况下，随时间发生的地貌改变的速率降低说明都在向平衡的状态转变［图8.11（A），（C）和（E）］。等高线作为模拟地区累计的河床高程分布特征，当每个时间步长中变化速率减小时，趋于稳定状态。在基本实例中，三角洲前缘的侵蚀作用发生在深度为7m的地区［图8.11（B）］。这种侵蚀作用仅取决于波浪改造。超过7m水深的加积阶段表明被侵蚀的沉积物在深水区域再次沉积下来。在具有河流输入量的情况下（$Q_{低}$和$Q_{高}$），侵蚀作用可以延伸至水深10m处［图8.11（C），（E）］。与基本实例相比，浅水区的退积作用增强，这是由滨外方向河流卸载引起的粉砂质沉积物搬运机制的效率更高造成的。粉砂质沉积物的净滨外搬运导致了在浅水临滨地区沉积物遗失量的增大。河道冲刷、迁移和延伸与河流过程相关（$Q_{低}$和$Q_{高}$），导致了水深超过7m区域的等高线的变化。

临滨沉积快速变化以适应增强的波浪作用，这说明了三角洲很容易被改造，尤其是当三角洲沉积由细粒沉积构成时。然而，本文的模拟表明由波浪改造引起的分选机制导致了临滨砂岩逐渐增加，从而形成了一个阻止波浪侵蚀的保护层，这使得临滨沉积趋于稳定。这种趋稳机制的一个重要条件是存在可以减少或者阻止由波浪侵蚀作用引起的退积作用速率的砂体。Van Maren（2005）研究的越南Ba Lat三角洲，跨岸的沉积物搬运可以在三角洲新的形成过程起到重要作用。然而，多数三角洲形成过程的模型包含了波浪的影响作用，集中研究沿岸流沉积物搬运重新建立的沉积样式（Ashton和Giosan，2007；Bhattacharya和Giosan，2003）。本文说明了两种搬运模式对退积三角洲的地貌动力学特征起到的作用。

图8.6（A），（C）展示了陆上（绿色）和水下（黄色到蓝色）地貌。一段时间之后，三角洲的陆上部分由于滨线后撤而逐渐减小。波浪引起的沉积物再悬浮作用，以及波浪和河流引起的水流产生了强烈的地貌响应，这种响应导致了垂直岸线方向发育了沙脊。波浪作用引起的河流河道偏离过程，可以通过野外观测和计算机模拟实现。模拟实验展示了地貌发育的局限性，这与三个因素有关：（1）模拟的沉积物搬运只能应用到水下区域；（2）在模拟实验中的动力（边界条件）是持续的，可以夸大局部地貌特征或者甚至产生不符合实际的结果；（3）模拟的开始阶段，从完全的河流相到完全的海相，动力条件具有高变化梯度。我们也知道河流沉积体通过（斜入射）风浪和伴随的沿岸流作用转变为障壁岛和沙嘴。在这一阶段，障壁岛的形成过程不能用Delft3D很好地模拟出来。

本文展示基于河流三角洲的数值模拟实验，这种河流三角洲在废弃后被波浪改造，模拟也估计了三角洲形成过程中波浪的影响程度（Geleynse等，2011）。这些实验说明了波浪引起的水流限制了细粒物质在浅水区沉积，这导致了与河控（没有波浪）环境相比三角洲平

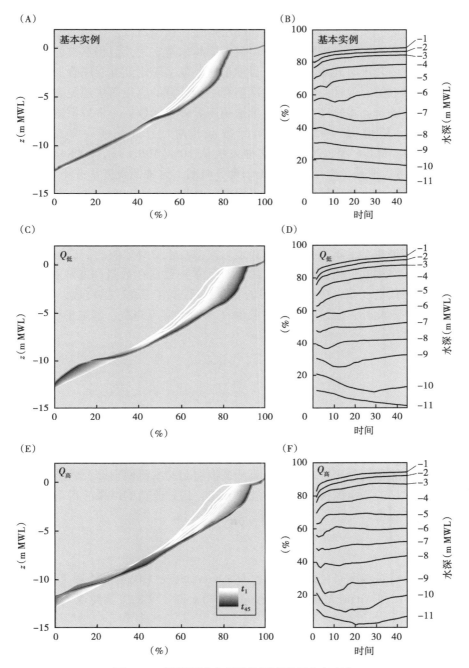

图 8.11 模拟区域中累计的河床高程分布变化
(A)、(C) 和 (E) 分别为无河流卸载情况下低河流卸载情况下和高河流卸载情况下受波浪改造 44 个模拟月之后的最终等高线（红色线）；(B)、(D) 和 (F) 为对应情况下平均水位以下（-1~11m）沉积物体积随时间演化的过程

原明显较少。此外，正如其他文章所述，活跃的河道数量也在减少（Bhattacharya 和 Giosan，2003）。目前基于波浪相关的沉积物搬运详细描述的研究成果与本文模拟结果一致。

数值模拟研究中，保存作用很少被提及。从本文的实验结果可以看出，波浪的改造作用对储层品质有重要影响。与没有受到改造的原始三角洲相比，波浪改造导致了沉积物分布和相序列的变化。此外,波浪引起的分选机制使得砂岩更纯净,从而提高了储层品质。由于连接三角洲不同朵体的砂质临滨沉积的变化,储层连通性被波浪改造作用增强。

对沉积体系进行的物理基础模拟在储层模拟中越来越实用,但仍然被计算时间限制。如前文所述的模拟需要几天时间才能完成。目前把这些模型应用到准层序叠加样式的分析仍然是不可行的,虽然数值有效性由于适应性网格和平行计算的应用而快速提高。对于下一步的研究具极度挑战性的是:将物理基础的模拟适用于野外实际数据。将模拟适用于实际数据的一般方法是倒置,使得每一个模型与实际数据相对比,并给予一些标准来进行评估(Charvin 等,2011;Miller 等,2008)。这种方法从 $10^2$(Miller 等,2008)成功运行到 $10^4$(Charvin 等,2011)。但是,由于需要较长的计算时间,这种倒置方法并不能应用于 Delft3D 的三角洲模拟中。当应用集成辅助过程储层模拟(Miller 等,2008)时,这种模拟是从模拟中恢复沉积体的几何学和数据统计信息,物理基础模拟是储层模型非常实用的方法。合成信息由实际露头类比数据组成,可以在基于数据统计的方法中得以应用(Michael 等,2010)。物理基础模拟的结果相对于露头类比的优势是为模拟对象量身定做的,也就是说是基于沉积体系的动力和相互作用的过程分析而建立的。实际露头数据在数量和暴露程度上是局限的,不能准确匹配储层数据,而合成的(数字的)露头完全由三维数据构成,体现了储层的已知过程和边界条件。此外,通过变化边界条件(例如,河流卸载、盆地形态等),很多不确定因素可以被定量化。

## 8.6 结论

由于计算能力的提高和定量、具体案例信息的大量需求,物理基础的数值模拟展示了巨大潜力。本文表述了将 Delft3D 模型应用到观察三角洲在波浪改造作用下的地貌和地层变化。本文估算了上游迁移引起的废弃三角洲朵体在不同河流机制下的保存程度。波浪引起的水流导致了沉积物的重新分布。并且,河流和波浪引起的水流使得向滨外搬运的细粒沉积增加。总体上,被保存的三角洲接下来会被波浪改造,这种改造的结果使得富砂沉积增加,从而提高了砂体的连通性。

**致谢**

感谢 Statoil 公司对本次研究的资助。感谢 Marcel Stive(代尔夫特理工大学)、Bert Jagers(Deltares 公司)和 Allard Martinius(Statoil 公司)对本文的宝贵建议。

### 参 考 文 献

Ashton, A., Murray, A. B. and Arnoult, O. (2001) Formation of coastline features by large-scale instabilities induced by high-angle waves. *Nature*, 414, 296-300.

Ashton, A. D. and Giosan, L. (2007) Investigating plan-view asymmetry in wave-influenced deltas. In: *5th IAHR Symposium on River, Coastal, and Estuarine Morphodynamics*, pp. 681-688. International Association of Hydraulic Researchers, Enschede.

Ashton, A. D. and Giosan, L. (2011) Wave-angle control of delta evolution, *Geophys. Res. Lett.*, 38, L13405, doi: 10.1029/2011GL047630.

Bertoldi, W. and Tubino, M. (2007) River bifurcations: Experimental observations on equilibrium configurations. *Water Resour. Res.*, 43, 1-10.

Bhattacharya, J. P. and Giosan, L. (2003) Wave-influenced deltas: geomorphological implications for facies reconstruction. *Sedimentology*, 50, 187-210.

Booij, N., Ris, R. C. and Holthuijsen, L. H. (1999) A thirdgeneration wave model for coastal regions. Part 1: Model description and validation. *J. Geophys. Res.*, 104, 7649-7666.

Campbell, T. (2005) Development of morphosedimentary model for design of coastal restoration projects along the Louisiana coast. *J. Coast. Res.*, 44, 234-244.

Charvin, K., Hampson, G. J., Gallagher, K., Storms, J. E. A. and Labourdette, R. (2011) Characterization of controls on high-resolution stratigraphic architecture in wave-dominated shoreface-shelf parasequences using numerical modelling. *J. Sed. Res.*, 81, 562-578. DOI: 10.2110/jsr.2011.48

Coleman, J. M. and Gagliano, S. M. (1964) Cyclic sedimentation in the Mississippi River deltaic plain. *Trans. Gulf Coast Assoc. Geol. Soc.*, 14, 67-80.

Coleman, J. M. and Wright, L. D. (1975) Modern River Deltas: Variability of Processes and Sandbodies. In: *Deltas: Models for Exploration* (Ed. M. L. Broussard), pp. 99-149. Houston Geological Society.

Corner, G. D., Nordahl, E., Munch-Ellingsen, K. and Robertsen, K. R. (1990) Morphology and Sedimentology of an Emergent Fjord-Head Gilbert-Type Delta: Alta Delta, Norway. In: *Coarse Grained Deltas* (Eds A. Colella and D. B. Prior), *Int. Assoc. Sedimentol. Spec. Publ.*, 10, 3-12.

Day, J. W., Boesch, D. F., Clairain, E. J., Kemp, G. P., Laska, S. B., Mitsch, W. J., Orth, K., Mashriqui, H., Reed, D. J., Shabman, L., Simenstad, C. A., Streever, B. J., Twilley, R. R., Watson, C. C., Wells, J. T. and Whigham, D. F. (2007) Restoration of the Mississippi Delta: lessons from hurricanes Katrina and Rita. *Science*, 315, 1679-1684.

Dingler, J. R. and Reiss, T. E. (1990) Cold-front driven storm erosion and overwash in the central part of the Isles Dernieres, a Louisiana barrier-island arc. *Mar. Geol.*, 91, 195-206.

Edmonds, D. A. and Slingerland, R. L. (2007) Mechanics of river mouth bar formation: Implications for the morphodynamics of delta distributary networks. *J. Geophys. Res.*, 112, F02034, doi: 10.1029/2006JF000574.

Edmonds, D. A. and Slingerland, R. L. (2008) Stability of delta distributary networks and their bifurcations. *Water Resour. Res.*, 44, doi: 10.1029/2008WR006992.

Edmonds, D. A. and Slingerland, R. L. (2010) Significant effect of sediment cohesion on delta morphology. *Nature Geosci.*, 3, 105-109.

Ericson, J. P., Vorosmarty, C. J., Dingman, S. L., Ward, L. G. and Meybeck, M. (2006) Effective sea-level rise and deltas: causes of change and human dimension implications. *Global Planet. Change*, 50, 63-82.

Ethridge, F. G. and Wescott, W. A. (1984) Tectonic setting, recognition and hydrocarbon reservoir potential of fandelta deposits. In: *Sedimentology of Gravels and Conglomerates* (Eds E. H. Koster and R. J. Steel). *Can. Soc. Petrol. Geol. Mem.*, 10, 217-235.

Fagherazzi, S. and Overeem, I. (2007) Models of deltaic and inner continental shelf *evolution. Annu. Rev. Earth Planet. Sci.*, 35, 685–715.

Galloway, W. E. (1975) Process framework for describing the morphologic and stratigraphic evolution of deltaic depositional systems. In: *Deltas: Models for Exploration* (Ed. M. L. Broussard), pp. 99–149. Houston Geol. Soc.

Geleynse, N., Storms, J. E. A., Stive, M. J. F., Jagers, H. R. A. and Walstra, D. J. R. (2010) Modelling of a mixed-load fluvio-deltaic system. Geophys. *Res. Lett.*, 37, L05402, doi: 10.1029/2009GL042000.

Geleynse, N., Storms, J. E. A., Walstra, D. J. R., Jagers, H. R. A., Wang, Z. B. and Stive, M. J. F. (2011) Controls on river delta formation; insights from numerical modelling. *Earth Planet. Sci. Lett.*, 302, 217–226.

Hillen, M. M., Geleynse, N., Storms, J. E. A., Walstra, D. J. R. and Stive, M. J. F. (2009) Morphology and stratigraphy of a degrading delta. *Proc. Coastal Dynamics*, pp. 1–2.

Holmes, A. (1965) *Principles of Physical Geology*. 3$^{rd}$ edn. Thomas Nelson, London, 730 pp.

Hoogendoorn, R. M., Overeem, I. and Storms, J. E. A. (2008) Process response modelling of fluvial deltaic systems, simulating evolution and stratigraphy on geological timescales. *Comp. and Geosci.*, 34, 10, 1394–1416.

Kleinhans, M. G., Jagers, H. R. A., Mosselman, E. and Sloff, C. J. (2008) Bifurcation dynamics and avulsion duration in meandering rivers by one-dimensional and three-dimensional models. *Water Resour. Res.*, 44, doi: 10.1029/2007WR005912.

Komar, P. D. (1973) Computer models of delta growth due to sediment input from rivers and longshore transport. *Geol. Soc. Am. Bull.*, 84, 2217–2226.

Lesser, G. R., Roelvink, J. A., van Kester, J. A. T. M. and Stelling, G. S. (2004) Development and validation of a three-dimensional morphological model. *Coast. Eng.*, 51, 883–915.

McManus, J. (2002) Deltaic responses to changes in river regimes. *Mar. Chem.*, 79, 155–170.

Michael, H. A., Li, H., Boucher, A., Sun, T., Caers, J. and Gorelick, S. M. (2010) Combining geologic process models and geostatistics for conditional simulation of 3D subsurface heterogeneity, *Water Resour. Res.* 46, W05527, doi: 10.1029/2009WR008414.

Miller, J. K., Sun, T., Li, H., Stewart, J., Genty, C., Li, D. and Lyttle, C. (2008) Direct modelling of reservoirs throughforward process based models: Can we get there?, Paper 12729 presented at International Petroleum Technology Conference, Kuala Lumpur.

Neill, C. F. and Allison, M. A. (2005) Subaqueous deltaic formation on the Atchafalaya Shelf, Louisiana. *Mar. Geol.*, 214, 411–430.

Nemec, W. (1990) Deltas-remarks on terminology and classification. In: *Coarse Grained Deltas* (Eds A. Colella and D. B. Prior), *Int. Assoc. Sedimentol. Spec. Publ.*, 10, 3–12.

Nicholls, R. J., Wong, P. P., Burkett, V., Woodroffe, C. D. and Hay, J. (2008) Climate change and coastal vulnerability assessment: scenarios for integrated assessment. *Sustainability Science*, 3, 89–102.

Orton, G. J. (1988) A spectrum of Middle Ordovician fan deltas and braidplain deltas, North Wales: a consequence of varying fluvial clastic input. In: *Fan Deltas: Sedimentology and Tectonic Settings* (Eds W. Nemec and R. J. Steel), pp. 23–49. Blackie and Son, London.

Overeem, I., Syvitski, J. P. M. and Hutton, E. W. H. (2005) Three-dimensional numerical modelling of deltas. In: *River Deltas: Concepts, Models and Examples* (Eds L. Giosan and J. P. Bhattacharya), *Soc. Sed. Geol. Spec. Issue*, 83, 13–30.

Paola, C. (2000) Quantitative models of sedimentary basin filling. *Sedimentology*, 47, 121–178.

Postma, G. (1990) Depositional architecture and facies of river and fan deltas: a synthesis. In: *Coarse grained deltas* (Eds A. Colella and D. B. Prior), *Int. Assoc. Sedimentol. Spec. Publ.*, 10, 3–12.

Reading, H. G. and Collinson, J. D. (1996) Clastic coasts. In: *Sedimentary Environments: Processes, Facies and Stratigraphy* (Ed H. G. Reading) Third edn, 154–231. Blackwell Science, Oxford.

Ribberink, J. S. (1987) *Mathematical Modelling of One-Dimensional Morphological Changes in Rivers with Non-Uniform Sediment.* PhD dissertation, Delft University of Technology, Delft.

Roberts, H. H. (1997) Dynamic changes of the Holocene Mississippi River delta plain: the delta cycle. *J. Coast. Res.*, 13, 605–627.

Roberts, H. H., Walker, N. D., Sheremet, A. and Stone, G. W. (2005) Effects of cold fronts on bayhead delta development: Atchafalaya Bay, Louisiana, USA. In: *High resolution morphodynamics and sedimentary evolution of estuaries* (Eds D. M. FitzGerald and J. Knight), *Coastal Systems and Continental Margins*, pp. 269–298. Springer, Dordrecht.

Roelvink, J. A. (2006) Coastal morphodynamic evolution techniques. *Coast. Eng.*, 53, 277–287.

Roelvink, J. A. and Walstra, D. J. R. (2004) Keeping it simple by using complex models. In: *Advances in Hydroscience and Engineering* (Eds M. S. Altinakar, S. S. Y. Wang, K. P. Holz and M. Kawahara), pp. 335–346. National Center for Computational Hydroscience and Engineering, Oxford.

Scruton, P. C. (1960) Delta building in the deltaic sequence. In: *Recent sediments, Northwest Gulf of Mexico* (Eds F. P. Shepard, F. B. Phleger and T. H. van Andel), pp. 82–102, AAPG, Tulsa.

Stelling, G. S. and Leendertse, J. J. (1991) Approximation of convective processes by cyclic AOI methods. In: *The 2nd ASCE Conference on Estuarine and Coastal Modelling*, pp. 771–782. Am. Soc. Civ. Eng., Tampa.

Storms, J. E. A. (2003) Event-based stratigraphic simulation of wave-dominated shallow-marine environments. *Mar. Geol.*, 199, 83–100.

Storms, J. E. A. and Hampson, G. J. (2005) Mechanisms for forming discontinuity surfaces within shoreface-shelf parasequences: sea-level, sediment supply, or wave regime? *J. Sed. Res.*, 53, 67–81.

Storms, J. E. A., Stive, M. J. F., Roelvink, J. A. and Walstra, D. J. R. (2007) Initial morphologic and stratigraphic delta evolution related to buoyant river plumes. In: *Coastal Sediments '07* (Eds N. C. Kraus and J. D. Rosati), 1, pp. 736–748. Am. Soc. Civ. Eng., New Orleans.

Stutz, M. L. and Pilkey, O. H. (2002) Global distribution of deltaic barrier island systems. *J. Coast. Res.*, S136, 694–707.

Swenson, J. B., Paola, C., Pratson, L., Voller, V. R. and Murray, A. B. (2005) Fluvial and marine controls on combined subaerial and subaqueous delta progradation: Morphodynamic modelling of compound-clinoform development. *J. Geophys. Res.*, 110, doi: 10.1029/2004JF000265.

Syvitski, J. P. M. (2008) Deltas at risk. *Sustainability Sci.*, 3, 23-32.

Syvitski, J. P. M. and Saito, Y. (2007) Morphodynamics of deltas under the influence of humans. *Glob. Planet. Change*, 57, 261-282.

Van Maren, D. S. (2005) Barrier formation on an actively prograding delta system: The Red River Delta, Vietnam. *Mar. Geol.*, 224, 123-143.

Van Rijn, L. C. (2007a) Unified view of sediment transport by currents and waves. I: Initiation of motion, bed roughness, and bed-load transport. *J. Hydrol. Eng.*, 133, 649-667.

Van Rijn, L. C. (2007b) Unified view of sediment transport by currents and waves. II: Suspended transport. *J. Hydrol. Eng.*, 133, 668-689.

# 9 西南巴伦支海侏罗系—三叠系界面上的沉积作用：指示环境变化

Alf Ryseth 著

张天舒 译

**摘要**：巴伦支海地区上三叠统—下侏罗统（卡尼阶—辛涅缪尔阶）的沉积相分析表明，沉积作用发育在两个广泛分布的河控三角洲环境，被早诺利期区域性分布的前三角洲泥岩分隔。对比冲积扇的走向，结合矿物学数据，以及其他公开出版的数据，认为伴随古地貌重建和南部的内陆复兴，西南巴伦支海地区从三叠系到侏罗系界面，沉降速率降低。通过对比北海和南部Halten阶地上同时期的地层，引发了区域性气候变化对沉积作用影响的讨论。推断晚三叠世的气候包括两个区带：南部干热区和北部湿润区。早侏罗世的气候是温和的，总体上是湿润的。分析表明，内陆复兴、年度降雨量增大和沉降速率降低的共同作用使得与巴伦支海地区晚三叠世地层单元相关的早侏罗世三角洲平原沉积物的粒度增大和砂岩含量增加。

**关键词**：三叠系；侏罗系；沉积学；气候；巴伦支海

据文献记录，挪威陆棚上三叠统—下侏罗统（图9.1）范围为从北海向南（Vollset 和 Dore，1984），从盆地挪威中部滨外（Jacobsen 和 van Veen，1984；Dalland 等，1988）、从巴伦支海向北（Dalland 等，1988；Dallmann 等，1999）。目前，北北海（北纬59°—62°），以及西南巴伦支海（北纬71°—72°）被分隔开多于1500km的距离，在纬度上是11°—13°的距离（图9.1）。然而，这些盆地在时间和空间上都有关联，尤其是早古生代加里东阶期劳伦大陆和波罗的大陆的碰撞运动（Gee 等，2008）导致挪威和格林兰之间形成了一个褶皱带，延伸到 Svlbard（Worsley，2008）。接下来，晚古生代加里东阶造山带倒塌，随后发生的与裂谷相关的沉降导致了北大西洋裂谷系的演化，以上提到的盆地是裂谷系的重要组成部分（Dore，1992）。然而，巴伦支海［图9.2（A）］与北海中的盆地不同，并且在挪威中部陆棚受到 Uralides 向东新产生的（晚古生代—中生代）褶皱作用的影响（Smelror 等，2009）。

巴伦支海的沉降作用和沉积作用［图9.2（A）］在加里东期阶之后开始，沉积物源从西部的内陆向东注入盆地（Worsley，2008）。在石炭纪，伸展型盆地开始形成（Gudlaugsson 等，1998；Worsley，2008；Smelror 等，2009），形成了西部的 Tromsø、Bjørnøya 盆地，以及东部的 Hammerfest 和 Nordkapp 盆地（Nilsen 等，1995；Breivik 等，1998；Gudlaugsson 等，1998）。然而在东部，波罗的大陆和西西伯利亚克拉通之间持续的碰撞运动在中石炭世开始，最终形成了 Uralides 造山带（Smelror 等，2009），这个造山带陆续向北扩展。最终的褶皱运动在 Timan Pechora 盆地［图9.2（A）］以东，以及二叠纪—早侏罗世的新地岛开始发育（Oleary 等，2004；Ritzman 和 Faleide，2009）。

新地岛东部巴伦支海现今的区域构造主要由北和南巴伦支盆地构成［图9.2（A）］，这两个盆地是古生代和中生代主要的沉积中心（Johansen 等，1993；Henriksen 等，2011）。这

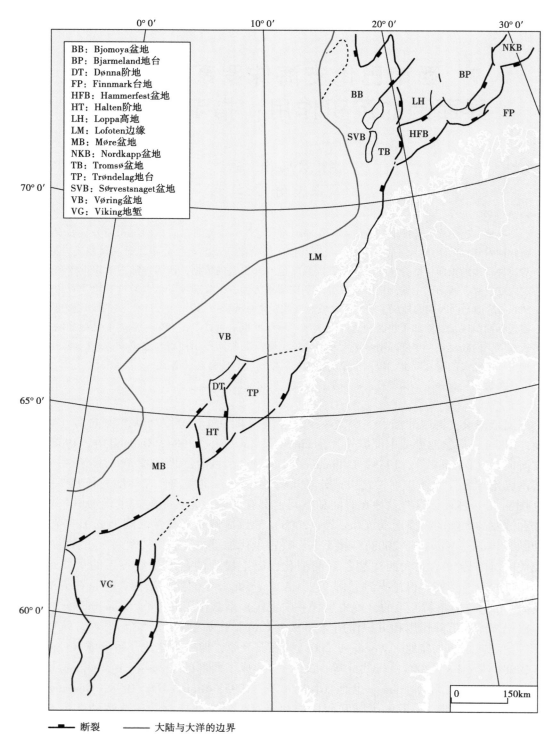

图 9.1 挪威陆棚主要的构造特征和沉积盆地（据 Gabrielsen 等，1990；Blystad 等，1995；Faerseth，1996）

些盆地向西延伸到更开阔的构造台地和高地，被一系列以南西—北东向为主的盆地分隔。在挪威部分，Hammerfest［图 9.2（B）］和 Nordkapp 盆地在南部以 Finnmark 台地为界，在北

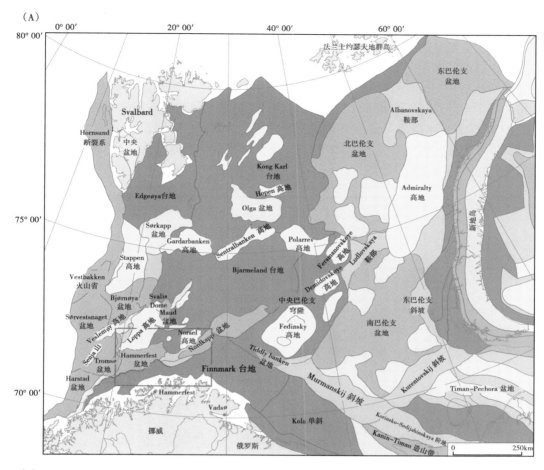

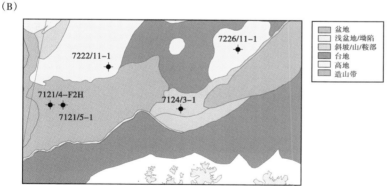

图 9.2 （A）巴伦支海区域性构造（据 Henriksen 等，2011）；（B）井位图

部以 Bjarmeland 台地和 Loppa 高地为界。

在 Uralide 造山带形成之前，巴伦支海的沉积作用以横跨整个陆棚、广布的晚石炭世—二叠世海相碳酸盐岩台地为特征，向东和南延展进入特提斯域（Ziegler，1988；Smelror 等，2009）。Uralide 向东抬升，持续的地壳伸展运动向西最终反转了巴伦支陆棚的沉积作用（Smelror 等，2009；Henriksen 等，2011）。东南部的海盆在二叠纪末关闭，地震数据揭示出

197

早三叠世—晚三叠世陆棚边缘具进积特征，说明 Uralide 造山带向北、向西北横跨整个巴伦支陆棚搬运了大量的碎屑物（Riis 等，2008；Glorrstad-Clark 等，2010）。西南巴伦支海的盆地和台地在三叠纪经历了明显的沉降，沉积了超过3km 厚的碎屑物（Riis 等，2008）。

图 9.3 展示了巴伦支海晚三叠世的古地理模式。广布的滨岸平原（三角洲平原）向西延展，从新地岛和 Timan Pechora 到西巴伦支陆棚和格林兰大陆之间的海域。最显著的内陆碎屑物源位于东部，在 Uralide 造山带，而从南部的芬诺斯坎迪亚内陆来的物源更有限（Riis 等，2008）。来自东南部 Uralide 内陆的三叠系砂岩含有大量的斜长石，在 Bjarmeland 台地的研究中发现了这一特征（Mork，1999）。相反，侏罗系砂岩的石英含量更高，普遍缺少斜长石（Bergan 和 Knarud，1993）。

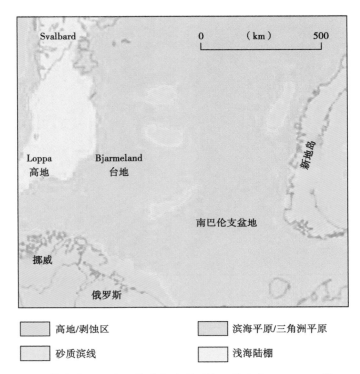

图 9.3　巴伦支海地区晚三叠世古地理环境（修改自 Henriksen 等，2011）
在晚三叠世西南巴伦支海的古纬度是北纬 50°—55°（Golonka，2007；Worsley，2008）

西部物源（格林兰）的沉积物供给在西 Svalbard 三叠系的研究中有所提及（Steel 和 Worsley，1984；Riis 等，2008）。并且，西巴伦支海的地震数据指示了沉积物从西部内陆进入 Loppa 高地的西部边缘（Glorstad-Clark 等，2010），尤其是在拉丁期—卡尼期。因此，有证据表明在大西洋裂谷中的海域在最大的滨线海退阶段关闭。

巴伦支海早侏罗世的古地理格局与晚三叠世相似，在西部都存在一个海域，并且沉积物供给从南部和东部横跨巴伦支陆棚（Smelror 等，2009；Henriksen 等，2011）。然而，海侵进入新地岛西部的俄罗斯巴伦支盆地，限制了晚三叠世（诺利期）以来来自东南部的沉积物流量（Smelror 等，2009）。西 Svalbard 的早侏罗世沉积物供给被重新配置，与来自三叠纪的西部物源相反，边缘海相的沉积物来自东部（Steel 和 Worsley，1984；Smelror 等，2009）。

巴伦支陆棚南部陆上磷灰石的裂变径迹对抬升和剥蚀作用所作的分析指示了晚三叠世到

早侏罗世具明显的、快速的抬升（Hendriks 和 Andriessen，2002；Hendriks，2003）。这些分析对理解滨外的沉积模式有重要作用，因为分析结果揭示了在三叠系—侏罗系界面上或附近存在内陆复兴，这可能影响了沉积物向盆地注入的成分和数量。

在北北海，Viking 地堑的裂谷运动（图9.1）开始于晚二叠世—早三叠世（Badley 等，1988；Farseth，1996），接下来发育了裂谷后盆地，沉积了三叠系—下侏罗统超过 2km 厚的地层（Levrik 等，1989；Nystuen 等，1989；Steel 和 Ryseth，1990）。在挪威中部陆棚（Halten 和 Donna 阶地；图9.1），最初的伸展作用开始于石炭纪，随后开始了晚二叠世—早三叠世的裂谷作用（Blystad 等，1995；Marsh 等，2009）。在超过 3km 厚的三叠系中，钻井和地震数据揭示了中三叠统厚层的（400m）盐岩（Jacobsen 和 van Veen，1984；Muller 等，2005）。

晚侏罗世—早石炭世裂谷运动的高潮似乎从北海（Baley 等，1988；Farseth，1996）和挪威中部陆棚（Blystad 等，1995；Marsh 等 2009）到巴伦支海西部（Gabrielsen 等，1990）影响了整个挪威陆棚。这个伸展阶段之后最终发育区域性的裂谷后沉降，伴随着白垩纪—新生代地壳向挪威中部陆棚外的 More 和 Voring 盆地（图9.1）伸展（Dore，1992；Dore 等，1997），并向巴伦支海西部边缘更深的 Tromso、Bjornoya 和 Sorvestsnaget 盆地伸展［图9.1，图9.2（A）；Breivik 等，1998；Ryseth 等，2003］。

本文研究了巴伦支海上三叠统—下侏罗统（晚卡尼期—辛涅缪尔期）沉积序列，将根据古地理和古气候变化来探讨沉积环境和沉积建造的演变。本文也将对比北海（Viking 地堑）和挪威中部陆棚（Halten 阶地）等时的沉积相，力图提供晚三叠世—早侏罗世古气候区域性演变的详细信息，并明确气候变化对沉积作用的影响。

## 9.1 三叠纪—早侏罗世气候背景

在三叠纪，大陆是分布在赤道周围并向两极延展的单一的泛大陆（Pangaea）（Golonka，2007）。在晚三叠世，北海地区在北纬40°，巴伦支海盆地在北纬50°—55°之间（Ziegler，1988；Golonka，2007；Worsley，2008），挪威中部陆棚处在中间位置。在三叠纪，巴伦支海陆棚以 Boral 海为边界，而北海区域在大陆范围内远离 Boral 域和特提斯域（Ziegler，1988；Mckie 和 Williams，2009）。最终，陆相地层成为三叠纪北海地区的主体（Mckie 和 Williams，2009），而在同时期的巴伦支海区域以海陆交互相为特征（Henriksen 等，2011）。

全球三叠纪的气候（Sellwood 和 Valdes，2006）指示了处于北纬40°和南纬40°之间的大陆（例如，在现今北海区域和挪威中部陆棚）一般为温暖气候，在一年中大部分时期伴有超过30℃持续的高温。早三叠世是地质历史中最热的时期，发育大面积钙质层（碳酸盐岩土壤），比如欧洲。在中—晚三叠世，赤道区域一般为干热气候，虽然在晚三叠世有向半干旱气候转变的趋势（Sellwood 和 Valdes，2006；Mckie 和 Williams，2009）。

三叠纪的降雨模式（Sellwood 和 Valdes，2006）说明了泛大陆地区延伸至北纬50°到南纬50°之间，以大量蒸发作用为特征，仅存在短暂的季风气候。较湿润的气候促进了南北部高纬度地区煤的形成，尤其是在晚三叠世（Sellwood 和 Valdes，2006）。西南巴伦支海三叠世气候的重建（Hochuli 和 Vigran，2010）也指示了晚卡尼期—诺利期温暖和湿润的气候，相反，向南是更干旱的气候。

三叠系—侏罗系的界面似乎与现今北西欧洲盆地西北部更湿润的气候相关（Hallam，1985）。这种气候变化与构造板块向北漂移伴随着海侵过程有关（Frostick 等，1992；Ahlberg

等,2002)。其他研究也表明在三叠纪—侏罗纪泛大陆最初的分裂时期,广布的火山和大量的轻质 $CO_2$ 同位素释放到海洋和大气中,引发了全球范围内明显的气候变化,从而造成了海陆生物种群的灭绝(Hesselbo 等,2002,2007;Scohoene 等,2010)。沿挪威陆棚的沉积序列反映了这样的气候变化?这个观点将在下文有关评估气候变化对沉积的控制作用的内容中详细阐述。

## 9.2 研究区和钻井数据

本文的研究基于 Hammerfest 盆地的岩心描述和 5 口井的测井数据[图 9.2(B)]。对于沉积环境的解释基于大概 310m 岩心的宏观描述,比例尺是 1:200 或者 1:500。在所有钻井都可获取生物地层数据,但是地层年代最初是根据 Hammerfest 盆地的详细资料确定的。

从 Loppa 高地东南角的井 7222/11-1 的岩心描述中可以了解最古老地层的特征[图 9.2(B)]。晚卡尼阶期的剖面以及 3D 地震数据解释了晚三叠世沉积体系的特征。井 7124/3-1 位于 Hammerfest 盆地和 Nordkapp 盆地之间的构造转换区。生物地层数据指示了岩心剖面的时间处于诺利期—瑞替期。因此,这口井是了解三叠纪末沉积的关键井。

进一步向东,井 7226/11-1 位于 Norsel 高地,在 Bjarmeland 台地和 Nordkapp 盆地之间的构造转换区。井 7226/11-1 诺利阶—辛涅缪尔阶的岩心剖面是研究下侏罗统的重要根据,这口井相对其他井更靠近东部。井 7121/4-F-2H 位于 Hammerfest 盆地的中央部位(Snohvit 油田),是研究早侏罗世赫塘期—早普林斯巴期 Hammerfest 盆地中央沉积体系的关键井。地层对比用到了 Hammerfest 盆地中央井 7121/5-1 的测井数据。除了上述列举的钻井岩心和测井数据,也将介绍 Bjarmeland 台地的一些岩相学数据。

## 9.3 晚三叠世—早侏罗世地层和沉积相

图 9.4 展示了巴伦支海诺利阶—普林斯巴阶下段与 Halten 阶地的滨外挪威中部到北海 Viking 地堑的地层对比。西南巴伦支海 Hammerfest 盆地以及附近地区晚三叠世—早侏罗世的沉积体系由河流、边缘海(海陆交互)和滨外、前三角洲构成,在 Storfjorden 和 Realgrunnen 亚群和地层对比中可以观察这些沉积环境(图 9.4;Dalland 等,1988;Mork 等,1999)。本文针对 Snadd 组上部和上覆 Fruholmen 和 Tubåen 组进行研究,在钻井中观察的地层顶部特征和厚度数据见表 9.1。

表 9.1 地层顶深和厚度

| 井 | 地层顶深(m) | | | 地层厚度(m) | | |
|---|---|---|---|---|---|---|
| | Snadd | Fruholmen | Tubaen | Snadd | Fruholmen | Tubaen |
| 7121/4-2H | | 2800 | 2678 | | | 109* |
| 7121/5-1 | 2793 | 2572 | 2507 | 407** | 221 | 65 |
| 7124/3-1 | 1438 | 1304 | 1285 | 455 | 75 | 20 |
| 7222/11-1 | 627 | | | 1413 | | |
| 7226/11-1 | 1296 | 1233.5 | 1199.5 | 582 | 62.5 | 34 |

\* 校正钻井误差;

\*\* 未钻遇。

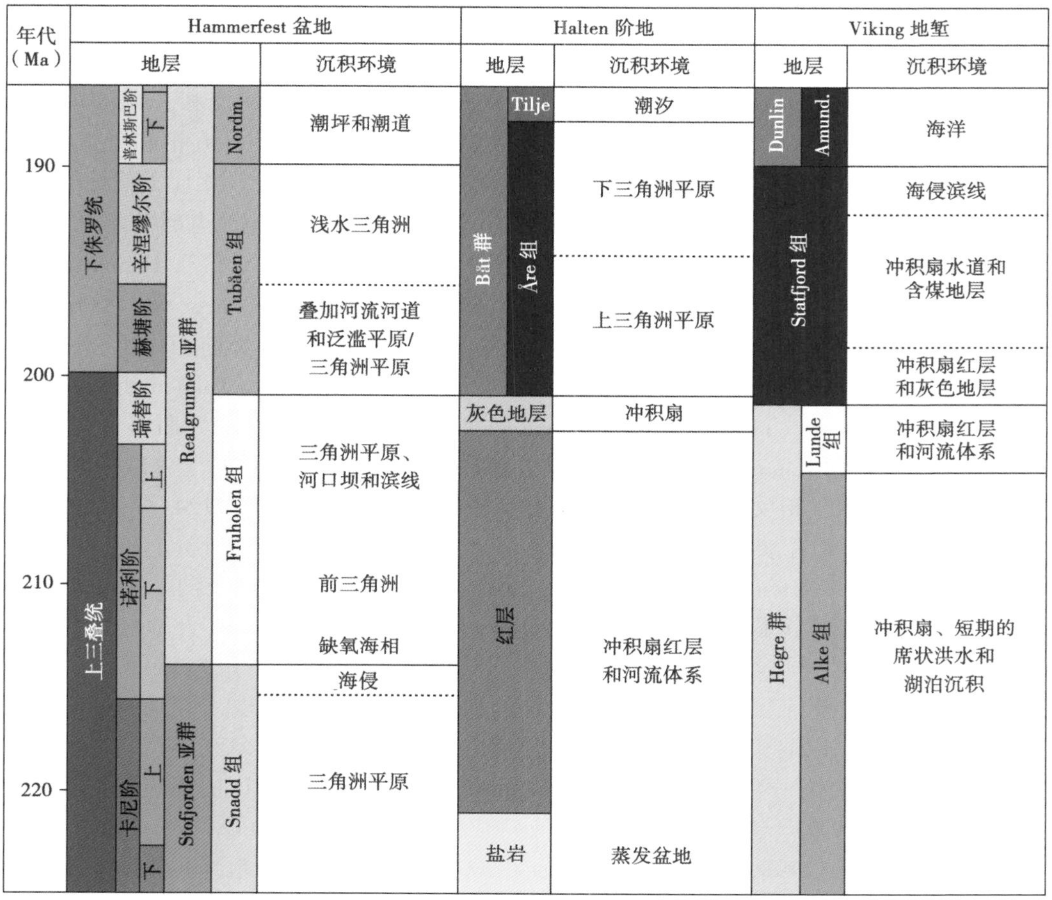

| 年代(Ma) | Hammerfest 盆地 | | | | Halten 阶地 | | Viking 地堑 | |
|---|---|---|---|---|---|---|---|---|
| | | | 地层 | 沉积环境 | 地层 | 沉积环境 | 地层 | 沉积环境 |
| 190 | 下侏罗统 | 普林斯巴阶 下 | Nordm. | 潮坪和潮道 | Tilje | 潮汐 | Dunlin / Amund. | 海洋 |
| | | 辛涅缪尔阶 | Tubåen 组 | 浅水三角洲 | Båt 群 / Åre 组 | 下三角洲平原 | Statfjord 组 | 海侵滨线 |
| | | 赫塘阶 | | | | | | 冲积扇水道和含煤地层 |
| 200 | | 瑞替阶 | | 叠加河流河道和泛滥平原/三角洲平原 | | 上三角洲平原 | | |
| | 上三叠统 | | Realgrunnen 亚群 Fruholmen 组 | 三角洲平原、河口坝和滨线 | 灰色地层 | 冲积扇 | | 冲积扇红层和灰色地层 |
| 210 | | 诺利阶 上 下 | | 前三角洲 | 红层 | 冲积扇红层和河流体系 | Lunde 组 | 冲积扇红层和河流体系 |
| | | | | 缺氧海相 | | | Hegre 群 Alke 组 | 冲积扇、短期的席状洪水和湖泊沉积 |
| 220 | | 卡尼阶 上 下 | Stofjorden 亚群 Snadd 组 | 海侵 三角洲平原 | | | | |
| | | | | | 盐岩 | 蒸发盆地 | | |

图 9.4  Hammerfest 盆地上三叠统—中侏罗统（据 Mork 等，1999）与 Halten 阶地和北 Viking 地堑对比
Halten 阶地地层学特征引自 Dalland 等（1988）的研究和 Muller 等（2005）对三叠系沉积序列的研究，
以及 Morris 等（2009）对 Are 组的研究。Viking 地堑的岩石地层学特征引自 Vollset 和 Dore（1984）的
命名法，以及 Lervik（2006）和 Nystuen 等（本文）的研究。绝对时间尺度（Ma）引自 Ogg 等（2008），
三叠系—侏罗系界面年代为 199.6Ma

Snadd 组（拉丁期—早诺利期，下段并没有包含在图 9.4 中）广泛分布在巴伦支陆棚，厚度在 1000~1200m 之间甚至超过 1200m（Mork 等，1999）。根据代表区域性海侵的富有机质泥岩（Henrike 等，2011）划分了盆地边界及下伏地层（安尼阶—拉丁阶 Kobbe 组；Mork 等，1999）。在这个边界之上，地层由厚层、向上变粗的泥岩与砂岩、异粒岩和含煤地层构成。这套地层与大型三角洲的前积作用相关，并在卡尼期—早诺利期发育广布的三角洲平原。这套地层与上覆 Fruholmen 组之间是一套富有机质泥岩，这标志着这个地区在早诺利期经历了一次大型海侵（Henriksen 等，2011）。

Fruholmen 组（早诺利期—瑞替期）地层厚度变化大，但是在 Hammerfest 盆地的厚度超过 250m（Mork 等，1999）。Akin 到 Snadd 组下部发育向上变粗的暗色泥岩和砂岩互层，被一套含煤的异粒岩沉积覆盖。这套地层与广布的三角洲前积作用相关，其中，含煤地层指示了三角洲平原环境（Gjelberg 等，1987；Mork 等，1999）。

Tubåen 组（瑞替阶到辛涅缪尔阶）的主体由砂岩构成，其次为泥岩和薄煤层，在 Hammerfest 盆地的西部厚度可达 150m（Mork 等，1999）。Fruholmen 组下界面的识别特征是向上砂岩含量突然增加，而 Fruholmen 组上部与 Nordmela 组（普林斯巴阶）的接触关系是逐渐过渡到更细粒的砂岩和粉砂岩。沉积学研究表明 Tubaen 组由河流和三角洲沉积构成（Berglund 等，1986；Gjelberg 等，1987），主体砂岩的沉积相类型是河流相和分流河道相。这种沉积组合说明横跨巴伦支海的河流类型的变化，这种变化的特征是相比下伏地层，上部地层具有较少的层间细粒沉积。Gjelberg 等（1987）注意到在 Tubåen 组最上部发育的向上变粗砂岩为三角洲河口坝沉积，标志着早侏罗世来自西部的最初海侵作用。位于 Hammerfest 盆地轴向的 Tubåen 组砂岩可以作为用于 Snøhvit 石油开发的 $CO_2$ 储集体（Spencer 等，2008）。

Fruholmen 组和 Tubåen 组的特征指示了晚三叠世—早侏罗世三角洲前积作用和广布的河控三角洲平原环境。赫塘期—辛涅缪尔期发生了最大规模的海退（Tubaen 组；Henriksen 等，2011）。Nøttvedt 等（1993）指出了 Fruholmen 组和 Tubåen 组之间的界面部分遭到侵蚀。从井 7121/4-F-2H 和 Hammerfest 盆地其他钻井获取的生物地层数据揭示了盆地中 Fruholmen 组顶部为瑞替期沉积。相反，诺利阶上段和更年轻的地层在向东的井 7124/3-1 和井 7226/11-1 中明显被削截或者缺失，而这些井保存了 Fruholmen 组顶部诺利阶上段。并且，在 Hammerfest 盆地内，Tubaen 组是瑞替期沉积，而在 Bjarmenland 台地以及向 Finnmark 台地方向，Tubaen 组是赫塘期沉积。这些观察与向盆地边缘及横跨 Bjarmeland 台地的瑞替阶不整合相一致。

Viking 地堑上三叠统（卡尼阶—瑞替阶）的地层（北海；图 9.1）和 Halten 阶地（挪威中部）的地层都是以陆相为主（图 9.4）。发育在干热环境的冲积扇红层是晚三叠世北海 Viking 地堑沉积的主体，这似乎反映了来自 Fennoscandia 和其他物源区的河流最终在盆地内泄水，从而形成短期的干盐湖（Alke 组和 Lunde 组；图 9.4；Nystuen 等，1989；Frostick 等，1992；Morad 等，1998；Mckie 和 Williams，2009）。在 Halten 阶地，拉丁阶—卡尼阶的蒸发盐层（盐岩）与红色泥岩互层，最终在晚三叠世发育冲积扇红层（Müller 等，2005）。

Viking 地堑下侏罗统由 Statfjord 组（瑞替阶—辛涅缪尔阶）和 Dunlin 群［普林斯巴阶—托阿尔阶（Toarcian）］构成。其中，Statfjord 组通常与广布的冲积扇沉积相关（Nystuen 等，1989；Steel 和 Ryseth；1990；Ryseth，2001）。而且，观察发现从下部的冲积扇红层到上部的含煤灰色地层是一个逐渐过渡的过程。然而，顶部的 Statfjord 组是一套边缘海沉积，这套沉积标志了中—晚辛涅缪尔期在 Viking 地堑发生了一次海侵（Steel 和 Ryseth，1990；Ryseth，2001）。Dunlin 群的上覆地层以滨外和浅湖环境为主（Charnock 等，2001）。

在 Halten 阶地，三叠系红层垂直插入瑞替阶冲积扇灰色地层（Morris 等，2009）并最终发育 Are 组含煤灰色地层（瑞替阶—普林斯巴阶；Dalland 等，1988；Morris 等，2009）。对 Are 组的沉积学研究（Svela，2001）表明这套地层的下部是河流（冲积扇）沉积，而上部由海陆交互相浪控河口坝、分流河道和浪控海湾沉积构成。基于生物地层数据，赫塘期—辛涅缪尔期发育 Are 组的下部河流沉积（Morris 等，2009）。

Viking 地堑和 Halten 阶地上三叠统红层与巴伦支海 Snadd 组上段和 Fruholmen 组的沉积时期大致相等（图 9.4）。Tubaen 组与南部的 Statfjord 组和 Are 组下段的沉积时期大致相等。因此，虽然在北部也有一些海洋沉积，但以河流为主体的陆相沉积环境在卡尼期—辛涅缪尔期的挪威陆棚区域广泛发育。

上述沉积特征指示的区域性气候变化将在本文结尾处详细介绍。然而，在晚三叠世，南部以红层为主体的特征指示了干热气候（Mckie 和 Williams，2009）。相反，巴伦支海同时期的含煤层系证明了北部的气候更为湿润，例如，在 Snadd 组和 Fruholmen 组沉积时期（图9.4）。并且，在南部 Statfjord 组和 Are 组下段，以及北部 Tubåen 组的含煤层系都指示了在早侏罗世从北海到巴伦支海的整个区域差不多都是湿润气候（Hallam，1985）。

在以下章节将重点介绍晚三叠世—早侏罗世的沉积环境，讨论控制沉积作用的可能机制。之后，将从区域上讨论晚三叠世不同气候环境的影响作用，从而推测三叠系—侏罗系界面的气候湿度增加。

## 9.3.1　晚卡尼期—早诺利期三角洲平原（Snadd 组）

巴伦支海地区晚卡尼期—早诺利期的沉积序列指示了可能存在最大海退，在横跨陆棚的大部分地区广泛分布三角洲平原（Riis 等，2008；Glorstad-Clark 等，2010；Henriksen 等，2011）。图 9.5 展示了井 7222/11-1（Loppa 高地）Snadd 组上段的岩心测井和伽马测井曲线。图 9.6 展示了同一位置的岩心照片。

岩心剖面由下部单元（图 9.5；岩心剖面深度大概在 798m 以下）薄煤层及泥岩和砂岩互层构成［图 9.6（A），（B）和（C）］。薄层、含有植物根的地层通常发育在煤层下，偶尔富集菱铁矿。细粒岩层由成层状的粉砂岩与发育多种波状层理和生物扰动作用的极细粒砂岩构成［图 9.6（B）］。较粗粒岩层厚度范围为 1~2.5m。这套地层以顶底界面相当平坦（图 9.5）、发育水平纹层和波状层理为主要特征。

如图 9.5 所示这套地层与上覆较厚的砂岩层（岩心剖面深度 778~798m）呈突变接触。上覆砂岩层由盆地内碎屑砾岩［图 9.6（D）］、细—中粒砂岩构成。图 9.6（E）和（F）展示了分米级交错层理和可能成对出现的褶皱，以及伴生的块状砂岩这些原始的沉积特征。测井数据（伽马曲线）说明了砂岩层大概总厚为 25m。而且，从井 7222/11-1 获取的测井数据（图 9.5 中未包括）说明了在超过 500m 厚的泥岩沉积环境中，这套砂岩是唯一主要的砂体。地震振幅与钻井数据标定（图 9.7）说明图 9.5 中的岩心砂岩（在图 9.7 以 A0 标出）构成了南西—北东向、宽度大概为 1000m 的低曲度带状构造。振幅图也展示了远离钻井的其他不同宽度、曲度和走向的带状特征。

从井 7124/3-1 获得的 Snadd 组最上部数据如图 9.8 所示。因此，岩心剖面被划分为两个主要的沉积相。下部组合由薄层砂岩和灰色泥岩层构成，发育薄煤层，此外，在井 7222/11-1 也发现了大量植物根系和土壤化特征（图 9.5）。上覆沉积大概有 12m 厚，由极细粒—细粒的含云母砂岩构成，发育波浪成因的原始构造及强烈的生物扰动构造。

如图 9.5 所示（井 7222/11-1），在主要砂体之下的异粒岩与下部三角洲平原环境相关。煤层和植物根系层反映了土壤化过程和有机物质的富集作用。可以根据在潟湖和海湾观察到的生物扰动和沉积作用来推测海洋的影响作用。砂岩层可能记录了突发的事件性沉积作用，并且可以认为这套砂岩是从附近河道的缺口溢流沉积下来的。在井 7124/3-1 岩心剖面的下部沉积也有类似的解释（图 9.8），认为这套砂岩与 Snadd 组陆地沉积最后阶段发育的三角洲平原溢岸沉积和更小的分流河道相关。

根据这套砂岩厚度大（大概 25m），及其原始的沉积特征和带状形态，判断出图 9.5 中的主要砂体是下三角洲平原主要的分流河道，发育底部侵蚀性滞留砾岩。从观察到的交错层理中成对出现的褶皱可以看出潮汐作用的影响，并且，可以判断出在河流和潮汐流影响下，由于沙丘的迁移而使得河道被充填。块状砂岩记录了在减弱的水流中悬浮砂质沉积物快速回

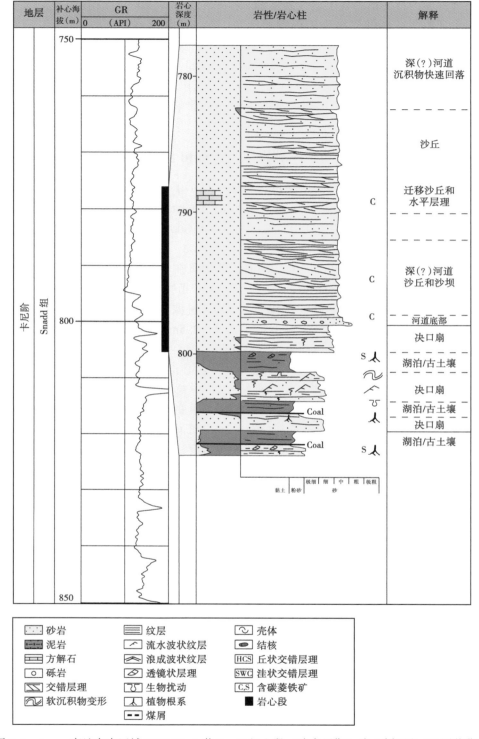

图 9.5 Loppa 高地东南区域 7222/11-1 井 Snadd 组上段（晚卡尼期）岩心剖面和 GR 测井曲线
岩心剖面与测井曲线的垂向尺度不同

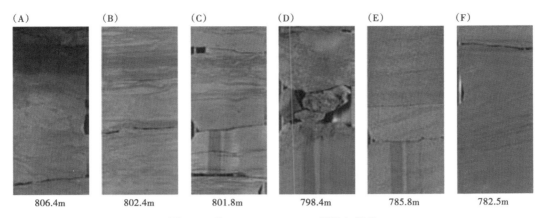

图 9.6 井 7222/11-1 Snadd 组岩心照片

(A) 含生物扰动(植物根系)的粉砂岩被薄煤层覆盖;(B) 中度生物扰动的砂质泥岩,发育浪成波状层理;(C) 薄层砂岩,弱生物扰动;(D) 突变底面,含内碎屑砾岩(水道底部滞留沉积);(E) 中粒砂岩,发育分米级交错层理;(F) 交错层理砂岩,在前积层发育可能成对出现的泥质(云母质)褶皱。岩心宽度小于 12cm

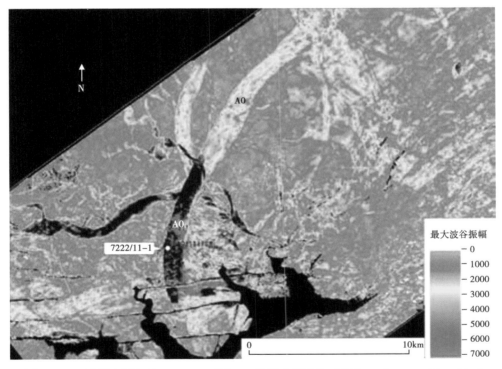

图 9.7 3D 地震表征上的 SE Loppa 高地 Snadd 组水道砂体 [据 Inger Laursen(Statoil)]

A0 与图 9.5 所示的岩心剖面(水道)相对应

落的过程(Johnson,1984)。

在地震数据中观察到的所有的带状特征(图 9.7)可以认为是在三角洲平原细粒沉积中孤立存在的河道砂体。单个河道之间在走向上和曲度上差异大,这与下三角洲平原具有极低的原始沉积倾斜度这一典型特征有关(Reading 和 Collinson,1996)。从 Snadd 组的 3D 地震

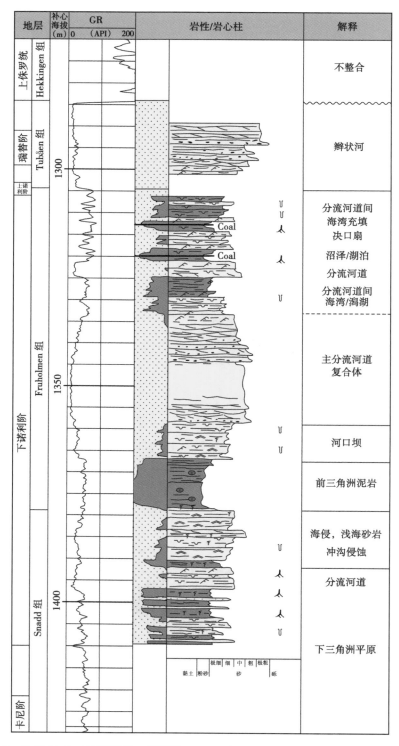

图 9.8　井 7124/3-1 下诺利阶—瑞替阶（Snadd 组、Fruholmen 组和 Tubåen 组最下部）
的岩心剖面和 GR 测井曲线

该井位于 Hammerfest 盆地和 Nordkapp 盆地之间的过渡地区，图例如图 9.5 所示

数据也可以观察到相似的特征。砂岩厚度变化大，局部可超过 50m，宽度最大可达 20km（Henriksen 等，2011）。这些数据表明在晚三叠世的巴伦支海陆棚上存在重要的河道体系，通过三角洲平原上的这些河道汇集了大量沉积物。

Snadd 组最上部发育波状层理和生物扰动层理（图 9.8），这与在最终的海侵阶段海洋对下伏三角洲平原的再作用有关。在 Fruholmen 组这套砂岩演变为泥岩。

## 9.3.2 诺利期—瑞替期三角洲前积作用（Fruholmen 组）

在井 7124/3-1，位于 Snadd 组之上的 Fruholmen 组底部是一套深灰色、成层状、富集菱铁矿的泥岩。然而，这套细粒地层垂向上被一套 8m 厚、底部突变、发育生物扰动和波状层理、夹有泥岩的砂岩覆盖，这构成了 Fruholmen 组下段向上变粗的沉积序列。生物扰动砂岩被 25m 厚的粗粒—细粒砂岩覆盖（图 9.8，在 1335~1360m 之间），这套砂岩由两套向上变细的沉积序列构成，每一套沉积序列的底部都具有明显的侵蚀底面。这套主要的砂体以发育滞留内碎屑砾岩（内碎屑以煤屑和泥岩碎片为主）、分米级交错层理、块状砂岩和上覆细粒的、具流水波纹的砂岩为特征。在井 7124/3-1，Fruholmen 组上部 30m 砂岩中夹薄层砂岩和层状的、弱生物扰动的泥岩，以及具植物根系的薄煤层（1305~1335m；图 9.8）。单砂体厚 3m，具突变底面，向上变细，具分米级的交错层理和流水波状层理（大概 1325m；图 9.8）。其他砂岩层一般较薄，夹泥质沉积。Norsel 高地上的井 7226/11-1，也可以看到 Fruholmen 组具有相似的沉积序列（图 9.9）。从 Fruholmen 组最上部的岩心（图 9.9，岩心剖面深度为 1233~1247m）可以看到一套以泥岩为主的、夹有薄层砂岩的沉积序列。植物根系层一般呈灰色，富含碳质的植物根系，但具有薄层的红色（灰色）杂色区域（如图 9.9 所示，岩心剖面深度大概 1240m）。

在区域上，巴伦支海 Fruholmen 组的沉积作用是从诺利阶沉积早期一次大规模的海侵开始的（Henriksen 等，2011）。Fruholmen 组底部的泥岩与海相、前三角洲环境有关，前三角洲的灰色背景指示了底部沉积处于缺氧环境。上覆砂岩中发育波浪产生的沉积构造和生物扰动构造，具突变底面，并且具有砂质和泥质夹层，判断这套砂岩是三角洲河口坝沉积。这套河口坝砂岩具有的突变底面表明有砂体突然侵入，从而反映了三角洲朵体的横向迁移（例如河流决口）。Fruholmen 组下部普遍存在向上变粗的粒序（Mork 等，1999；Henriksen 等，2011），这说明这套沉积与诺利阶沉积早期海侵之后的三角洲前积有关。

Fruholmen 组中部和上部地层与三角洲平原次环境的变化相关（图 9.8，图 9.9）。在河口坝上覆盖的 25m 厚的砂体中（图 9.8）所有原始的沉积特征（例如交错层理和流水波状层理）与河道中持续的牵引流沉积有关（Collinson，1996），而块状砂岩反映了在水流减弱时悬浮物的快速回落（这与 Snadd 组的河道相似；图 9.5）。这套砂体与河流主要的分流河道沉积相关，可能是下伏河口坝砂体的物质来源。主要砂体（图 9.8）由两套向上变细的砂岩构成，这是在河道区域横向迁移和加积的结果。

Fruholmen 组上部的植物根系层和薄煤层说明了陆相沉积环境中土壤化作用和泥炭堆积，这些进一步反映了三角洲平原环境。3m 厚的砂岩发育分米级交错层理（图 9.8；1325m）反映了小型分流河道的沉积特征。泥质夹层和薄砂岩层与湖泊和小型海湾沉积有关，其中，砂质夹层反映了附近河道决口和天然堤沉积。这套地层发育的生物扰动构造可能反映了海洋的影响作用，因此，正如下伏 Snadd 组一样，将这套地层判断为下三角洲平原环境。灰色的细粒沉积表明其沉积在水饱和的水动力停滞环境。然而，零星分布的红色（灰色）的杂色

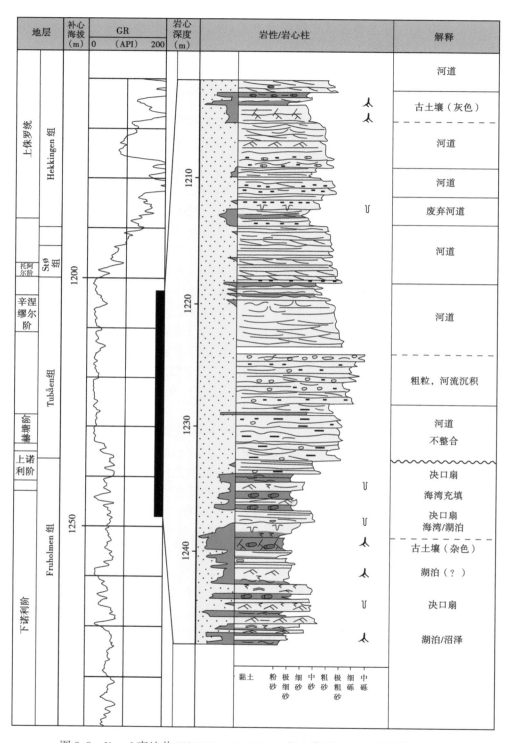

图 9.9 Norsel 高地井 7226/11-1 Fruholmen 组上段和 Tubåen 组的岩心剖面

岩心剖面与测井曲线的垂向尺度不同，图例如图 9.5 所示

点指示了罕见的干旱气候和三角洲平原的局部氧化作用。这些变化是由地层水的水位在垂向上发生变化而引起的（Besly 和 Fielding，1989），并且，可以反映出季节性降雨量的变化。

### 9.3.3 瑞替阶沉积晚期—辛涅缪尔期河流体系（Tubåen 组）

在三口钻井剖面可以观察到 Tubåen 组，每一条剖面将在介绍沉积体系之后作描述和解释。

#### 9.3.3.1 井 7124/3-1

井 7124/3-1 的 Tubåen 组大概有 20m 厚，在上侏罗统泥岩下部被削截（图 9.8）。发育底部突变界面，以垂向上与异粒岩（Fruholmen 组）到 Tubåen 组厚层砂岩的突变接触为特征。岩心剖面由细粒—极粗粒砂岩构成，发育分米级交错层理、平行层理和流水波状层理。在砂体中也存在石英质砾石、其他类型岩屑（<0.5cm）、角砾状泥岩碎屑（达 10cm）、厘米级煤屑和细粒有机物质。测井剖面（图 9.8）由至少两套底部突变、向上变细的沉积序列构成。

砂岩的粒度相对较粗的特征，以及发育大量交错层理、平行层理和流水波状层理等原始的沉积构造，表明了这套砂岩沉积在具有强持续性牵引流的河道环境（Collinson，1996）。大量有机物质被侵蚀的现象说明处于陆相的冲积扇环境。向上变细的粒序特征与几个河道并列叠加有关。如图 9.8 所示，井 7124/3-1 指示了辫状河沉积环境，这个观点将在下文讨论。

#### 9.3.3.2 井 7226/11-1（Norsel 高地）

在井 7226/11-1，Tubåen 组的厚度为 34m（图 9.9，岩心剖面在大概 1233m 以上），以砂岩为主，类似于井 7124/3-1。如图 9.9 所示，Tubåen 组可以划分为一系列具突变底面、向上变细、厚度为 3~10m 的沉积单元。粒度最粗的物质是长轴达 10cm 的圆状石英碎屑。砂岩也包含大量的被侵蚀掉的煤屑和泥质内碎屑。原始的沉积构造为成层状的含砾砂岩和分米级交错层理砂岩，在每个沉积单元的上部都发育流水波状层理和水平纹层。在岩心剖面的上部发育细粒夹层，由成层状、极细粒的砂岩和粉砂岩构成，偶见保留下来的碳质根系。

在井 7226/11-1，Tubåen 组被判断为高能河流环境。尤其是粗粒砂岩，以及牵引流形成的沉积特征，比如交错层理和平行层理，指示了辫状河沉积环境（如井 7124/3-1）。保存下来的较细粒物质与河道废弃，以及极少保存下来的植被覆盖和泛滥平原沉积相关（如图 9.9 所示的古土壤）。

#### 9.3.3.3 井 7121/4-F-2H（Hammerfest 盆地）

图 9.10 总结了 Hammerfest 盆地中央 Tubåen 组和 Nordmela 最下部的地层学和沉积学特征。Tubåen 组厚度为 121.5m，其中有 110m 可在岩心剖面观察。正如其他井一样，底部与 Fruholmen 组的接触关系体现在砂岩含量的突然增加，虽然根据生物地层学的证据，Tubåen 组最下部包含了瑞替阶，从而说明在地层学上是一个完整的过渡接触。Tubåen 组向上与 Nordmela 组的接触关系体现在快速过渡进入细粒砂岩和粉砂岩。

在大概 2720m（图 9.10），砂岩以向上变细的粒序层理为主，夹有细粒层和薄煤层。砂岩发育突变底面［图 9.11（A）］，含有被侵蚀的有机质碎屑、泥岩碎屑和菱铁矿结核。这些滞留沉积通常被交错层理砂岩覆盖。如图 9.11（B）所示，纹层面被弱化，可以看到在前积纹层上的含云母/有机物的褶皱，但并不普遍。较细粒的砂岩覆盖在向上变细的沉积单元之上［图 9.11（C）］展示了以亚平行纹层为主，发育流水波状层理，偶见并不强烈的生物扰动构造。细粒层为灰色成层状泥岩，夹有薄层砂岩和薄煤层，含有保存下来的碳质植物根系［图 9.11（D）］。

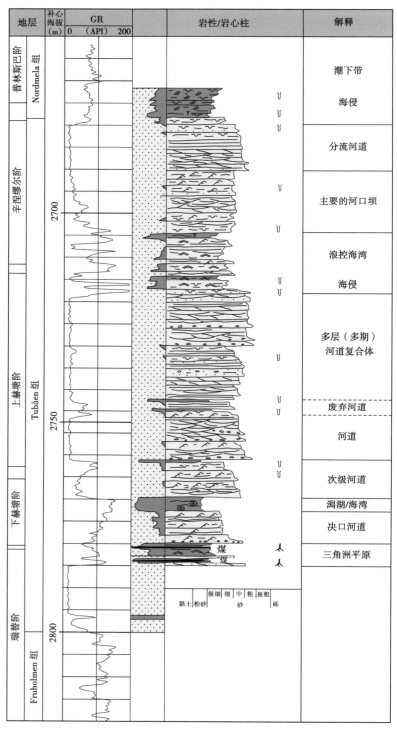

图 9.10 Hammerfest 盆地（Snøhvit 油田）井 7121/4-F-2H Tubåen 组和 Nordmela 组最下部岩心剖面
图例如图 9.5 所示

在井7121/4-F-2H，Tubåen组的上部（大概35m，如图9.10所示2720m以上）展示了明显的向上变粗（CU）的粒序。这个CU单元的下部是极细粒—细粒的云母质砂岩，发育大量厘米级—分米级波状层理［图9.11（E）］，可见夹有低角度交错层理的事件性沉积［图9.11（F）］。这些地层垂向上渐变为粗粒砂岩，最终形成底边突变、向上变细的沉积单元，发育分米级交错层理（图9.10）。

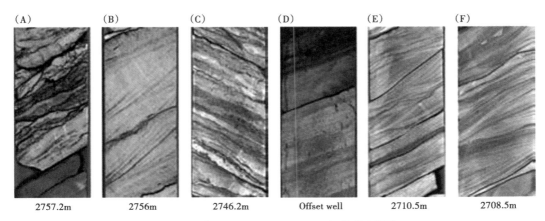

图9.11　井7121/4-F-2H Tubåen组的岩心照片
（A）具突变底面的砂岩发育大量的煤屑；（B）中粒砂岩，发育分米级交错层理；（C）细粒、云母质砂岩，发育小型波状层理；（F）浪成波状层理，发育低角度的交错层理（微丘状）。岩心宽度大概12cm

如图9.10所示的注释，岩心剖面上可以识别出从陆相到边缘海沉积环境，然而，在顶部可以看到海洋作用的增加。对其他剖面的解释也一样（图9.8，图9.9），主要的向上变细砂体与河流相的河道相关，然而，可以观察到生物扰动构造和交错层理（弱化的纹层底面及褶皱），这些特征指示了向西受到了海洋作用的影响，河道内的底形受到了潮汐作用的改造。夹层中的细粒物质和薄煤层与湖泊和三角洲沼泽中泥炭的堆积（煤）有关。次一级的向上变细砂体也与决口的河道沉积有关（图9.10）。河道砂岩沉积于Tubåen组的中—下部，在井7121/4-F-2H的陆相地层中占到大概78%。河道沉积所占比例相对较高说明了砂体之间具有较好的横向连通性（Bridge和Mackey，1993）。

根据覆盖在Tubåen组上的CU单元的沉积特征，判断出浪控海湾环境。观察到的浪成波状层理［图9.11（E），（F）］指示了在海湾下部（深部）受到相对强烈和持续的波浪作用。而且，CU单元厚35m，说明原始的水深超过了几十米，因此，存在一个相对较大、较深的海湾。CU单元上部指示了向上逐渐变浅的沉积相序，因此，解释为主要的河口坝和分流河道，这个观点在Gjelberg等（1987）对Hammerfest盆地Tubåen组的研究中也有提及。

### 9.3.3.4　Tubåen河流体系特征

Tubåen组的河道和泛滥平原沉积构成了以河道为主体的三角洲平原环境，向西受到较弱的海洋作用影响。在东部，井7124/3-1和井7226/11-1的Tubåen组是一套以砂岩为主体的沉积序列，从而可以判断出辫状河道沉积环境（图9.8，图9.9）。井7226/11-1发育极粗粒的地层，含有大于10cm的石英质砾石，指示了河道内具有强烈的牵引流作用，以及沉积位置距离物源区较近。虽然单从沉积物来讲并不能下结论是河道沉积，但这个观点与辫状河河道的判断一致（Miall，1992）。

Hammerfest 盆地明显的向上变细沉积序列，以及受到海洋作用影响的零星的证据（图 9.11），更倾向于解释为曲流河沉积。通常，曲流河沉积体系与细粒层中孤立存在的、明显的向上变细河道充填序列相关（Miall，1992）。Hammerfest 盆地受到弱海洋作用影响也说明了这是三角洲平原下部环境，这里河流的河道以更接近曲流河模式为典型特征（Collinson，1996）。

从地层时代（图 9.8—图 9.10）看出河流环境在 Hammerfest 盆地瑞替期—赫塘期持续存在，之后受海洋作用影响，在辛涅缪尔期形成了浪控海湾和河口坝。然而，继续向东（井 7226/11-1，图 9.9），河流环境在辛涅缪尔期持续存在，从其他钻井资料可以判断甚至普林斯巴期也以河流沉积为主，例如，在 Nordkapp 盆地（Henriksen 等，2011）。因此，河流体系似乎在赫塘期广泛分布，这样，Tubåen 组代表了最大海退阶段。在辛涅缪尔期—普林斯巴期，河流沉积逐渐向东后退。

## 9.4 三叠系—侏罗系界面的沉积趋势

三叠系—侏罗系界面的沉积趋势变化可以通过卡尼期—辛涅缪尔期沉积建造和可容空间的瞬时变化、物源区的变化和内陆复兴，以及局部和区域上气候的变化进行判断。

### 9.4.1 可容空间的瞬时变化

Snadd 组上部、Fruholmen 组中—上部和 Tubåen 组都是以河流相为主体的三角洲平原沉积序列，冲积扇建造（尤其是河道叠加密度）可以反映在盆地沉降中的瞬时变化或者可容空间的变化（Allen，1978；Bridge 和 Leeder，1979；Bridge 和 Mackey，1993；Martinsen 等，1999）。河道数量多，与低可容空间形成速率相关；河道数量少，连同保存下来的大量泛滥平原细粒沉积，反映了高可容空间形成速率（Bridge 和 Mackey，1993）。可容空间以几百万年测量，受控于构造沉降速率（Sadler，1981；Salder 和 Strauss，1990），但是也包括了与海平面上升有关的可容空间增加。在本文，这些观点并没有明确指出，而是假设沉积物堆积速率直接受控于构造沉降。

晚三叠世—早侏罗世沉积建造的变化从图 9.12 的地层对比中可以看出。在 Snadd 组，发育超过 200m 厚的三角洲平原沉积，被浅海砂岩覆盖（如图 9.8 所示的岩心数据）。除了垂向上巨厚（>200m）的三角洲平原（Snadd 组），这三口井仅钻遇了一个主要的河道单元；在井 7124/3-1 钻遇大概 30m 厚的砂岩。其余的地层以细粒沉积为主，由密度（孔隙度）测井数据识别出含有薄煤层，然而，也零星发育较薄的河道砂岩。综上所述，河道沉积在 Snadd 组上部所占的比例很低。这种情况与 Loppa 高地上的井 7222/11-1 相似，在超过 500m 厚的三角洲平原沉积中仅发育一个厚层砂体（图 9.5）。基于区域性数据，Snadd 组上段河道砂岩所占的比例似乎不大可能比西南巴伦支海的比例高 10%~20%。从钻井数据和地震数据可以识别出一些大型河道，但是这些河道孤立存在于细粒沉积中。

Fruholmen 组前三角洲泥岩和上覆河口坝砂岩似乎在井间具有可对比性（图 9.12），虽然向西进入 Hammerfest 盆地后，和 Fruholmen 组其他沉积一样，厚度增大。井 7124/3-1（图 9.8）的大型河道砂岩与其他研究井没有可对比性，而上覆的下三角洲平原沉积广泛分布。在井 7124/3-1（图 9.8）中观察到一个小型的分流河道砂体，厚度较薄，在其他两口井中也识别出这个砂体。在 Fruholmen 三角洲平原，河道沉积实际所占的比例可能超过了 Snadd 组，但是超过的比例有限。因此，Fruholmen 组三角洲平原以细粒沉积为主，仅在细

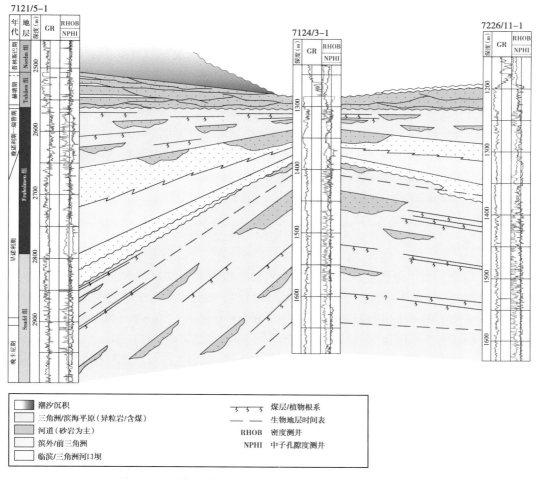

图 9.12 西南巴伦支海上三叠统—下侏罗统地层对比剖面

Snadd 组上部和 Fruholmen 组上部以洪泛平原（三角洲平原）发育河道砂岩为特征。上覆 Tubåen 组形成了横向上和纵向上多层多期叠置的河道砂体，井的位置如图 9.2（B）所示

粒沉积中发育少数孤立的河道。

  Tubåen 组的沉积建造明显不同。在井 7226/11-1 和井 7124/3-1 之间，Tubåen 组是一套多层、20~30m 厚、席状的复合河道砂岩，缺少细粒沉积。Tubåen 组的厚度向西可达 65 米（井 7121/5-1），薄层的、细粒的和含煤的沉积单元保存在河道砂体之间。向西除了异粒岩稍稍有所增多之外，在 Hammerfest 盆地 Tubåen 组河道砂岩所占比例较高。在井 7121/4-F-2H，陆相沉积剖面（图 9.10）由大概 78% 的河道充填构成。Hammerfest 盆地 Tubåen 组冲积扇发育的河道沉积所占比例平均超过 60%。

  根据基于沉积过程建立的冲积扇地层模型（Allen，1978；Bridge 和 Leeder，1979；Bridge 和 Mackey，1993），发现在 Snadd 组上部和 Fruholmen 组三角洲平原发育的河道沉积所占比例极小，这种现象是由受控于较高沉降速率和充足沉积物供给的沉积机制造成的。其他学者也指出了这是在高可容空间背景下形成的（Martinsen 等，1999），细粒物质在主河道之外沉积，这样可以最大限度被保存下来。而且，零星分布的厚层河道砂岩在河道内和河道带内持续地垂向加积，被细粒沉积物包裹，尤其是在河道实际所占比例低于大概40%的情况下（Bridge和Mackey，1993）。

相反，在Tubåen组观察到的河道砂体多层叠加（图9.12），以及垂向剖面细粒沉积物含量较低，这些特征与低沉积速率有关。在低可容空间的情况下（Martinsen等，1999），持续的河流再作用导致了河道充填最粗（最深）的沉积被保存下来，如井7226/11-1剖面所示（图9.9）。沉降速率导致的空间上的变化从Tubåen组可以看出。如图9.10—图9.12所示，西部河道砂体之间的细粒沉积可以被更好地保存下来，在这个地区Tubåen组厚度最大。这与在更快速的沉降地区受到的河流再作用影响较弱有关（Allen，1978）。

现有的沉积构造数据表明西南巴伦支海从三叠系到侏罗系界面构造沉降速率降低。晚卡尼期和诺利期的三角洲平原以大量的细粒沉积和孤立的河道砂体沉积为特征，而早侏罗世河流体系（Tubåen组）以砂岩沉积为主，很少保存细粒沉积，尽管观察到局部横向上的变化。

考虑到基于时间尺度的建造速率和累计速率，可以产生相似的结果。如前文所述，整个Snadd组的厚度可以达到超过1400m（例如井7222/11-1；表9.1），并且一般厚度超过500m。这个厚度包括了晚拉丁期—早卡尼期的前三角洲和边缘海沉积，而且也包括了晚卡尼期—早诺利期的三角洲平原沉积。然而，如果可以从Snadd组累计厚度中判断出总时间是20~25Ma（晚拉丁期—早诺利期为233.3~207.6Ma；Ogg等，2008），那么在晚三叠世，累计速率（忽略压实作用的影响）应该可以达到每1Ma几十（20~70）米。

对于Tubåen组，首先可以研究井7226/11-1的剖面（图9.9）。生物地层数据判断出整个Tubåen组的年代是从赫塘期到辛涅缪尔期。因此，34m厚的冲积扇沉积在地层学上被缩短到时间范围是10Ma（189.6~199.6Ma；图9.4；Ogg等，2008），从而引起累计速率仅为每1Ma 3~4m。如果考虑横向厚度变化，冲积扇序列的厚度范围是50~100m，主要沉积于赫塘期—辛涅缪尔期。如果时间范围是3~10Ma，累计速率可以达到每1Ma 5~30m，这个速率仍然低于晚三叠世地层的累计速率。这些观点可以说明晚三叠世净累积速率比早侏罗世高。因此，对于河流相或者河道沉积环境，赫塘期—辛涅缪尔期的河道充填比下伏地层的叠加密度高，这在图9.12中可以清楚看到。

## 9.4.2 物源区的变化和内陆复兴

前文已经简要介绍了Snadd组和上覆地层砂岩的矿物学特征差异。Bergan和Knarud（1993）介绍了井7124/3-1砂岩详细的矿物学特征（图9.8）。他们观察到Snadd组与上覆Fruholmen组和Tubåen组之间的差异，Snadd组含有大量的斜长石，而Fruholmen组和Tubåen组含有更粗的、成熟度更高的、富含石英的岩屑，长石含量少，钾长石比斜长石常见。

图9.13展示了可对比的数据。Bjarmeland台地上的一口钻井显示了Tubåen组和Snadd组河道砂岩碎屑骨架颗粒（石英、燧石、钾长石和斜长石）的相对含量。Tubåen组砂岩以石英颗粒为主（95%），其次为钾长石（大概4%），含有燧石颗粒和斜长石（<1%）等痕量矿物。与Tubåen组相比，Snadd组砂岩除了石英之外，还含有相对大量的燧石颗粒（10%）、钾长石（10%）和斜长石（大概8%）。根据Bergan和Knarud（1993）与Mork（1999）的研究，在矿物学上的变化是最明显的，并且在北极地区是区域性的重要岩相学特征。这种变化发生在早诺利期的海泛面上，标志着Snadd组顶部特征，可以归因于以下因素：

(1) 气候变得更湿润，这导致了长石被溶蚀；
(2) 早诺利期海侵之后物源区变化或者重新分布；
(3) 侵蚀产物成分发生变化，晚三叠世—早侏罗世，从东部（Uralides）向西石英含量增加。

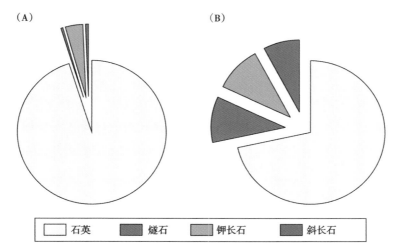

图 9.13　Tubåen 组（A）和 Snadd 组（B）河流相砂岩的骨架（岩屑）颗粒相对矿物含量
数据来自 Bjarmeland 台地一口钻井的岩石薄片（图 9.2），数据模式来自 L. Sæbø（Statoil）

假设晚卡尼期巴伦支海地区的气候是湿润的，在早于矿物转变的时候发生了明显的气候变化（Hochuli 和 Vigran，2010），但是气候向更湿润变化本身不大可能引起砂岩成分的瞬时变化。然而，从晚卡尼期开始，风化作用增强，加大了对长石的有效溶蚀，从而控制了砂岩成分的变化。

本文没有涉及关于物源区的研究。然而，值得注意的是 Baltic 地盾和 Scandinavia 西北部的加里东造山带是石英砂岩的最重要物源，尤其是西南巴伦支海的石英砂岩（Mork，1999）。因此，北部 Scandinavia 剥蚀史可以提供如前文所述的滨外沉积证据。Hendriks 和 Andriessen（2002）从裂变径迹数据判断出三叠系—侏罗系快速抬升和 Troms 郡大西洋裂谷边缘陆上侵蚀作用。他们认为这种侵蚀作用与裂谷肩部抬升有关，同时在 Hammerfest 盆地的滨外区域发生了沉降和沉积作用。Hendriks（2003）通过对磷灰石裂变径迹进行分析，指出同时期晚三叠世—早侏罗世发生了抬升，从 Finnmark 东部到 Kola 半岛的陆上区域经历了 2.5~3km 的剥蚀作用。

晚三叠世—早侏罗世的抬升作用，以及巴伦支海盆地南部陆上区域的剥蚀作用与 Snadd 组之上砂岩石英含量的增加有关。内陆复兴使得更粗粒的沉积物进入沉积盆地，正如 Tubåen 组的沉积特征。本文认为盆地沉降速率（图 9.12）与同时期南部陆上区域性的抬升（剥蚀）相关，虽然本文并没有讨论成因方面的（构造的）联系。

在北海地区的研究中，值得注意的是 Paul 等（2009）指出挪威南部加里东造山带在晚三叠世的快速抬升导致了德国 Keuper 砂岩物源区的变化。与 Hendriks 和 Andriessen（2002）的观点相似，Paul 等（2009）指出沿着大西洋裂谷系的裂谷肩部抬升导致了晚三叠世—早侏罗世剥蚀作用的增加。这种解释支持了这样一个结论：从北海到巴伦支海区域，内陆复兴在改变挪威陆棚三叠系—侏罗系界面的沉积趋势上发挥了重要作用。

Smelor 等（2009）通过早侏罗世古地理重建，指出来自 Uralides 和新地岛的沉积物通过南巴伦支和北巴伦支盆地的主要海湾注入巴伦支陆棚，使得陆棚演变为地盾。与此形成鲜明对比的是，三叠纪沉积物经连续搬运横跨这些盆地（Riis 等，2008；Smelor 等，2009）。因此，早诺利期的海侵最后终结了来自东南部的跨巴伦支陆棚的沉积物源，从而进一步增强了芬诺斯坎迪亚内陆复兴引起的岩相变化。

最后，也要考虑到在 Snadd 组和 Tubâen 组之间，河流搬运的距离可以被缩短。如果 Snadd 组砂质沉积物的主要物源位于东南部的 Uralides，沉积物搬运的距离是 500~1000km，比如，从物源区到 Bjarmeland 台地（图 9.2；Riis 等，2008）。相反，从北挪威的 Caledonides 注入 Hammerfest 和 Nordkapp 盆地的富含石英的直接物源搬运距离是 100~200km。由于河流沉积物的典型特征是向下游粒度变细，增加的沉积物供给形成了横跨三叠系—侏罗系界面的芬诺斯坎迪亚内陆，也使得相比 Snadd 组，整个 Tubâen 组的砂质含量增加、粒度增大。如果芬诺斯坎迪亚内陆受到了晚三叠世—早侏罗世内陆复兴的影响，那么这些影响（增加了砂岩含量，并增大了颗粒粒度）将更被增强。

## 9.4.3 岩相和瞬时气候的变化

Hochuli 和 Vigran（2010）做过西南巴伦支海地区晚三叠世气候变化的研究，指出从 Nordkapp 盆地的孢粉学证据可以估计出气候的变化。这些学者发现整个早卡尼期之后以极温暖的气候为特征。并且，从干旱到更湿润的环境变化在下—上卡尼阶界面上有所体现（也就是 Snadd 组）。Snadd 组上部（晚卡尼期—早诺利期），含煤地层的区域性出现，以及以灰色为主色调的泛滥平原沉积，这些都与湿润气候一致，这是因为煤（泥炭）的形成要求水饱和的沉积环境和较高的地下水位（McCabe，1984）。

并且，本文对从 Fruholmen 组和 Tubâen 组沉积序列的描述（三角洲平原含煤的灰色地层）与诺利期—赫塘期的湿润气候相符，因此，可以判断晚三叠世—早侏罗世的气候在湿度上大体相似。然而，Bugge 等（2002）描述了 Nordkapp 盆地 Snadd 组上部的红层特征，并指出零星分布的红色（灰色）古土壤带在 Fruholmen 组的一些岩心剖面上也有发现（例如井 7226/11-1；图 9.9）。这种红色染色作用指示了在母质土壤中也存在含水不足以及氧化条件。这样就发现了巴伦支海晚三叠世比早侏罗世更干旱的证据。

在南部，晚三叠世的气候明显不同。如上文所述，岩相重建一般以西北欧洲（包括北海）为研究对象，这些地区在晚三叠世所处的古纬度大概是北纬 40°，大概位于巴伦支陆棚以南 12°（Golonka，2007）。在三叠纪西北欧洲盆地广泛分布土壤化的碳酸盐岩（钙质土壤）红层，结合气候循环模式，通常指示了极干热的气候，期间具有短暂的湿润季节（Sellwood 和 Valdes，2006）以及河流体系注入盆地，最终卸载形成干盐湖体系（Mckie 和 Willams，2009）。

然而，Nystuen 等（本文）指出北海地区晚诺利期—瑞替期（Lunde 组）的气候在湿度上逐渐增加，从黏土矿物的明显变化，以及从下 Lunde 组的短期河流沉积和红层到上部常年的河流体系变化可以反映出来。Nystuen 等（本文）认为这种气候的逐渐变化主要与持续、稳定、向北的大陆漂移有关，例如，Viking 地堑（图 9.1）在早侏罗世向北漂移大概 50°。其他研究也指示了来自南部的海侵可以使得北海地区晚三叠世（瑞替期）的气候更加湿润（Ahlberg 等，2002）。

Muller 等（2005）指出 Halten 阶地上三叠统卡尼阶的盐岩层（图 9.4）形成于海水在温

暖、干旱气候的沉淀。他们也指出上覆诺利阶的红层也形成于半干旱环境，这与北海地区的气候条件非常相似。这种晚三叠世南部的干旱气候与北部的较湿润气候（巴伦支海）形成的对比与古地理变化有关，尤其是古纬度的变化，使得北部是湿润气候，南部以干旱气候为主。

巴伦支海晚三叠世的湿润环境和高地下水位也与靠近海洋环境有关。Snadd组沉积相指示的三角洲平原上频繁的海侵作用（图9.6）和古地理模式（Riis等，2008；Glorstad-Clark等，2010）说明了Snadd组的北部存在海洋沉积体系，西部发育三角洲平原。通常距离Boreal海较近的区域，与南部内陆沙漠环境相反，可以清楚地看到巴伦支陆棚的气候比北海地区湿润，北海地区明显远离海域，且处于主要大陆的内陆盆地内。然而，南部沙漠盆地部分通过大西洋裂谷与北部Boreal海相通，尤其是在Halten阶地卡尼阶盐岩沉积时期（图9.1），这与来自北部的海侵有关（Muller等，2005）。

与晚三叠世的气候分带相反，早侏罗世的气候似乎是湿润的，并且，在北海盆地和巴伦支海相当一致。在西南巴伦支海，Tubåen组细粒沉积总体上以灰色地层和煤层为主，指示了水饱和及还原环境；在北海地区，含煤灰色地层在Statfjord组上部频繁出现（Steel和Ryseth，1990；Ryseth，2001）。同样，Haltan阶地（Morris等，2009）上的含煤地层通常与同期的（赫塘阶）Are组下部地层都发育在湿润的气候环境。

挪威陆棚三叠系—侏罗系界面向更湿润气候变化的特征与持续向北的大陆漂移有关（Frostick等，1992；Nystuen等，本文）。然而，回到更湿润环境的变化普遍存在于欧洲盆地。例如，Hesselbo等（2007）指出伊比利亚（西班牙）海相碳酸盐岩台地记录了三叠系—侏罗系界面从干旱气候到湿润气候的变化。基于板块重建理论，认为这部分西特提斯域在瑞替期—赫塘期位于北纬30°南部的赤道带（Glonka，2007），这似乎说明大陆漂移本身不能解释气候变化。

Gotz等（2011）根据显微植物群数据，估计在南匈牙利地区瑞替阶—赫塘阶的含煤地层经历了气候向更湿润转变，与北海地区Lunde组—Statfjord组过渡区湿度增加同时发生。Gotz等（2011）也判断气候变化是突发性的，并认为湿度增加与泛大陆开始分解时发生的强烈火山作用有关。如上所述，这个火山作用时期（中央大西洋岩浆省；Hesselbo等，2007）与全球生物大灭绝和大气$CO_2$浓度增加伴生，因此，本文所做的地层和盆地研究说明任何由火山作用引起的气候变化覆盖范围大，足可以影响整个大西洋裂谷体系的气候。对于巴伦支海来说，Tubåen组砂岩粒度明显较下伏地层增大，这是因为河流卸载量更大和河流荷载增加从而搬运了更粗粒的物质注入盆地。这反映出比起卡尼期—晚诺利期，赫塘期的气候变得更加湿润，并且年降雨量有所增加。

目前研究的数据不能提供引起晚三叠世—早侏罗世气候变化实际原因的证据。北海地区上诺利阶—瑞替阶Lunde组的特征明显说明湿度是逐渐变化的，这与沉积盆地持续向北的构造板块漂移有关，尤其是更靠近海洋环境的地区。然而，在三叠系—侏罗系界面上，区域性向更湿润气候的持续变化（从南部的伊比利亚到北部的巴伦支海盆地），与构造板块漂移相比，在逻辑上更有可能与全球气候变化（火山作用）有关，构造板块漂移仅使得这个区域的一部分向北漂移到达北纬30°的气候湿润带。

## 9.5 结论

基于上述讨论，西南巴伦支海三叠系—侏罗系界面在次区域范围上的沉积模式变化与沉降速率变化、内陆复兴和沉积物从内陆搬运路线的再分配有关。这些变化不是同期发生的，但是最终导致，相比下伏上三叠统，下侏罗统 Tubåen 组形成了更有利于粗粒和以砂岩为主体的河流体系发育环境。

（1）通过对比晚三叠世和早侏罗世冲积扇建造，发现三叠系—侏罗系界面上可容空间的产生明显减少，这样有利于选择性保存砂质河道沉积。

（2）通过比较下侏罗统和下伏上三叠统从绝对年龄获得的岩石堆积速率、有限的沉积作用和地层凝缩作用，再次指出早侏罗世河流的再作用和河道沉积的保存作用更为典型。

（3）从其他研究获得的巴伦支陆棚南部在晚三叠世—早侏罗世内陆复兴的信息对在早侏罗世（Tubåen 组）注入盆地的沉积物粒度增大有重要作用。

（4）来自 Uralides 造山带的沉积物搬运路线的再分配与早诺利期的海泛和南部的同期抬升（复兴）有关，这样改变了砂质沉积物的矿物成分。

对比巴伦支海地区地层和同时期的北海盆地和挪威中部陆棚地层，可以发现更多有关区域性气候变化对沉积的控制作用的证据。

（5）晚三叠世（晚卡尼期—诺利期）温暖、湿润的气候环境在巴伦支海地区持续存在，而南部以温暖和干旱的沙漠气候为主。因此，南部干旱沙漠气候和北部较湿润的、近海气候这种明显的气候分区一直持续到瑞替期。

（6）从北海地区到巴伦支海盆地，早侏罗世气候变得更湿润。这种气候变化分布范围很广，远及南部的西班牙和匈牙利。

次区域因素，比如沉降速率的变化和内陆复兴（重组），可以解释 Tubåen 组砂质含量增加和粒度变粗的原因，与 Snadd 组细粒沉积及出现河道砂体较少的特征相反，这些因素明显被更湿润的气候放大。相比 Snadd 组较细粒的砂岩，Tubåen 组粗粒砂岩的形成需要更强的水流。由于内陆复兴造成年降水量增大，使得河流卸载增加，实现了 Tubåen 组粗粒砂岩的沉积。

虽然没有完全定论，但本文的数据和解释与其他研究关于在欧洲很多盆地三叠系—侏罗系界面气候湿度增加的结论一致。虽然在早侏罗世向更湿润气候转变的区域性特征指示了全球性（火山作用）因素，但是三叠系—侏罗系南部的火山作用与气候变化的直接关系也只是推测。

**致谢**

感谢 Statoil 允许本文的发表。感谢 Snøhvit 油田、Petoro AS 公司，Total E&P Norge AS 公司、RWE DEA Norge AS 公司和 GDF SUEZ E&P Norge AS 公司的合作人，并感谢允许发表井 7121/4-F-2H 的数据。感谢审稿人 William Hellandhansen 和 Atle Folkestad 给予了有价值的修改意见。感谢 Geir Samuelsen 的认真编图，以及对完善图表编制的好建议。

## 参 考 文 献

Ahlberg, A., Arndorrf, L. and Guy-Ohlson, D. (2002) Onshore climatic change during the Late Triassic marine inundation of the Central European Basin. *Terra Nova*, 14, 241-248.

Allen, J. R. L. (1978) Studies in fluviatile sedimentation: an exploratory quantitative model for the architectureof avulsion-controlled alluvial suites. *Sed. Geol.*, 21, 129-147.

Badley, M. E., Price, J. D., Rambech Dahl, C. and Agdestein, T. (1988) The structural evolution of the northern Viking Graben and its bearing upon extensional modes of basin formation. *J. Geol. Soc. London*, 145, 455-472.

Bergan, M. and Knarud, R. (1993) Apparent changes in clastic mineralogy of the Triassic to Jurassic succession, Norwegian Barents Sea: possible implications for paleodrainage and subsidence. In: *Arctic Geology and Petroleum Potential* (Eds T. O Vorren, E. Bergsager, Ø. A. Dahl-Stamnes, E. Holter, B. Johansen, E. Lie and T. B. Lund), *Norw. Petrol. Soc. Spec. Publ.*, 2, Elsevier, Amsterdam, 481-493.

Berglund, L. T., Augustson, J., Færseth, R., Gjelberg, J. and Ramberg-Moe, H. (1986) The evolution of the Hammerfest Basin. In: *Habitat of Hydrocarbons on the Norwegian Continental Shelf* (Eds A. M. Spencer, C. J. Campbell, S. H. Hanslien, P. H. Nelson, E. Nysaether and E. G. Ormaasen), Proc. Norw. Petrol. Soc., Graham and Trotman, London, 319-338.

Besly, B. M. and Fielding, C. R. (1989) Palaeosols in Westphalian coal-bearing and red-bed sequences, central and northern England. *Palaeogeogr. Palaeoclimatol. Palaeoecol.*, 70, 303-330.

Blystad, P., Brekke, H., Færseth, R., Larsen, B. T., Skogseid, J. and Tørudbakken, B. (1995) Structural elements of the Norwegian continental shelf. Part II: The Norwegian Sea region. *Norw. Petrol. Direct. Bull.*, 8, 1-45.

Breivik, A. J., Faleide, J. I. and Gudlaugsson, S. T. (1998) South-western Barents Sea margin: late Mesozoic sedimentary basins and crustal extension. *Tectonophysics*, 293, 21-44.

Bridge, J. S. and Leeder, M. R. (1979) A simulation model of alluvial stratigraphy. *Sedimentology*, 26, 617-644.

Bridge, J. S. and Mackey, S. D. (1993) A revised alluvial stratigraphy model. In: *Alluvial Sedimentation* (Eds C. Puigdefabregas and M. Marzo), *Int. Assoc. Sedimentol. Spec. Publ.*, 17, 319-336.

Bugge, T., Elvebakk, G., Fanavoll, S., Mangerud, G., Smelror, M., Weiss, H. M., Gjelberg, J., Kristesen, S. E. and Nilsen, K. (2002) Shallow stratigraphic drilling applied in hydrocarbon exploration of the Nordkapp Basin, Barents Sea. *Mar. Petrol. Geol.*, 19, 13-37.

Charnock, M., Kristiansen, I. L, Ryseth, A. and Fenton, J. (2001) Sequence stratigraphy of the Dunlin Group, northern North Sea. In: *Sedimentary Environments offshore Norway: Palaeozoic to Recent* (Eds O. J. Martinsen and T. Dreyer), *Norw. Petrol. Soc. Spec. Publ.*, 10, Elsevier, Amsterdam, 145-174.

Collinson, J. D. (1996) Alluvial sediments. In: *Sedimentary Environments: Processes, Facies and Stratigraphy* (Ed. H. G Reading), pp 37-82. Blackwell.

Dalland, A., Worsley, D. and Ofstad, K. (1988) A lithostratigraphical scheme for the Mesozoic and Cenozoic succession offshore Mid- and Northern Norway. *Norw. Petrol. Direct. Bull.*, 4, 1–65.

Dallmann, W. K. (Ed) (1999) *Lithostratigraphic Lexicon of Svalbard: Upper Paleozoic to Quaternary Bedrock. Review and Recommendation for Nomenclature Use.* Norwegian Polar Institute, Tromsø, 318 pp.

Doré, A. G. (1992) Synoptic palaeogeography of the Northeast Atlantic Seaway: late Permian–Cretaceous. In: *Basins on the Atlantic Seaboard: Petroleum Geology, Sedimentology and Basin Evolution* (Ed. J. Parnell), *Geol. Soc. London Spec. Publ.*, 62, 421–446.

Doré, A. G., Lundin, E. R., Birkeland, Ø., Eliassen, P. E. and Jensen, L. N. (1997) The NE Atlantic Margin: implications of late Mesozoic and Cenozoic events for hydrocarbon prospectivity. *Petroleum Geoscience*, 3, 117–131.

Færseth, R. B. (1996) Interaction of Permo-Triassic and Jurassic extensional fault blocks during the development of the northern North Sea. *J. Geol. Soc. London*, 153, 931–944.

Frostick, L., Linsey, T. K. and Read, I. (1992) Tectonic and climatic control of Triassic sedimentation in the Beryl Basin, northern North Sea. *J. Geol. Soc. London*, 149, 13–26.

Gabrielsen, R. H., Færseth, R. B., Jensen, L. N., Kalheim, J. E. and Riis, F. (1990) Structural elements of the Norwegian continental shelf. Part I: The Barents Sea region. *Norw. Petrol. Direct. Bull.*, 6, 1–33.

Gee, D. G., Fossen, H., Henriksen, N. and Higgins, A. K. (2008) From the early Paleozoic platforms of Baltica and Laurentia to the Caledonide orogen of Scandinavia and Greenland. *Episodes*, 31, 44–51.

Gjelberg, J., Dreyer, T., Høie, A., Tjelland, T. and Lilleng, T. (1987) Late Triassic to Middle Jurassic sandbody development on the Barents and Mid-Norwegian shelf. In: *Petroleum Geology of North West Europe* (Eds J. Brooks and K. Glennie), pp 1105–1129. Geological Society, London, Graham and Trotman.

Glørstad-Clark, E., Faleide, J. I., Lundschien, B. A. and Nystuen, J. P. (2010) Triassic seismic sequence stratigraphy of the western Barents Sea area. *Mar. Petrol. Geol.*, 27, 1448–1475.

Golonka, J. (2007) Late Triassic and Early Jurassic palaeogeography of the world. *Palaeogeogr. Palaeoclimatol. Palaeoecol.*, 244, 297–307.

Götz, A., Ruckwied, K. and Barbacka, M. (2011) Palaeoenvironment of the Late Triassic (Rhaetian) and Early Jurassic (Hettangian) Mecsek Coal Formation (south Hungary): implications from macro- and microfloral assemblages. *Palaeobiol. Palaeoenviron.*, 91, 75–88.

Gudlaugsson, S. T., Faleide, J. I., Johansen, S. E. and Breivik, A. J. (1998) Late Palaeozoic structural development of the South-western Barents Sea. *Mar. Petrol. Geol.*, 15, 73–102.

Hallam, A. (1985) A review of Mesozoic climates. *J. Geol. Soc. London*, 142, 433–445.

Hendriks, B. W. H. (2003) *Cooling and Denudation of the Norwegian and Barents Sea Margins, Northern Scandinavia, Constrained by Apatite Fission Tracks and (U-Th) He Thermochronology.* Unpublished Ph. D thesis. University of Amsterdam, 1–177.

Hendriks, B. W. H. and Andriessen, P. A. M. (2002) Pattern and timing of post-Caledonian denudation of northern Scandinavia constrained by apatite fission-track thermochronology. In: *Exhumation of the North Atlantic Margin; Timing, Mechanisms and Implications for Petroleum Exploration* (Eds A. G. Doré, J. A. Cartwright, M. S Stoker, J. P. Turner and N. White), *Geol. Soc. London Spec. Publ.*, 196, 117–137.

Henriksen, E., Ryseth, A. E., Larssen, G. B., Heide, T., Rønning, K., Sollid, K. and Stoupakova, A. V. (2011) Tectonostratigraphy of the greater Barents Sea: Implications for petroleum systems. In: *Arctic Petroleum Geology* (Eds A. Spencer, A. Embry, D. Gautier, A. V. Stoupakova and K. Sørensen), *Geol. Soc. London Mem.*, 35, 163–195.

Hesselbo, S. P., Robinson, S. A., Surlyk, F. and Piasecki, S. (2002) Terrestrial and marine extinction at the Triassic-Jurassic boundary synchronized with major carbon-cycle perturbation: A link to the initiation of massive volcanism. *Geology*, 30, 251–254.

Hesselbo, S. P., McRoberts, C. A. and Palfy, J. (2007) Triassic-Jurassic boundary events: Problems, progress, possibilities. *Palaeogeogr. Palaeoclimatol. Palaeoecol.*, 244, 1–10.

Hochuli, P. A. and Vigran, J. O. (2010) Climate variations in Boreal Triassic-inferred from palynological records from the Barents Sea. *Palaeogeogr. Palaeoclimatol. Palaeoecol*, 290, 20–42.

Jacobsen, V. W. and van Veen, P. (1984) The Triassic North of 62°N. In: *Petroleum Geology of the North European Margin* (Eds A. M. Spencer et al.), pp 317–329. Norwegian Petroleum Society. Graham and Trotman, London.

Johansen, S. E., Ostisky, B. K., Birkeland, Ø., Fedrovsky, Y. F., Martirosjan, V. N., Bruun Christensen, O., Cheredeev, S. I., Ignatenko, E. A. and Margulis, L. S. (1993) Hydrocarbon potential in the Barents Sea region: play distribution and potential. In: *Arctic Geology and Petroleum Potential* (Eds T. O Vorren, E. Bergsager, Ø. A. Dahl-Stamnes, E. Holter, B. Johansen, E. Lie, and T. B. Lund), *Norw. Petrol. Soc. Spec. Publ.*, 2, Elsevier, Amsterdam, 273–320.

Johnson, S. Y. (1984) Cyclic fluvial sedimentation in a rapidly subsiding basin, North-west Washington. *Sed. Geol.*, 38, 361–391.

Lervik, K. S. (2006) Triassic lithostratigraphy of the Northern North Sea Basin. *Norw. J. Geol.*, 86, 93–116.

Lervik, K. S., Spencer, A. M. and Warrington, G. (1989) Outline of Triassic stratigraphy and structure in the central and northern North Sea. In: *Correlation in Hydrocarbon Exploration* (Ed. J. D. Collinson), 173–189. Norwegian Petroleum Society, Graham and Trotman, London.

Marsh, N., Imber, J., Holdsworth, R. E., Brockbank, P. and Ringrose, P. (2009) The structural evolution of the Halten Terrace, offshore Mid-Norway: extensional fault growth and strain localisation in a multi-layer brittleductile system. *Basin Res.*, 46, 1–20.

Martinsen, O. J., Ryseth, A., Helland-Hansen, W., Flesche, H., Torkildsen, G. and Idil, S. (1999) Stratigraphic base level and fluvial architecture: Ericson Sandstone (Campanian), Rock Springs Uplift, SW Wyoming, USA. *Sedimentology*, 46, 235–259.

McCabe, P. J. (1984) Depositional environments of coal and coal-bearing strata. In: *Sedimentology of Coal and Coalbearing Sequences* (Eds R. A. Rahmani and R. M. Flores), *Int. Assoc. Sedimentol.*

*Spec. Publ.*, **7**, 13–42.

McKie, T. and Williams, B. (2009) Triassic palaeogeography and fluvial dispersal across the north western European Basins. *Geol. J.*, **44**, 711–741.

Miall, A. D. (1992) Alluvial settings. In: *Facies Models: Response to Sea Level Change* (Eds R. G. Walker and N. P. James), pp 119–142. Geological Association of Canada.

Morad, S., de Ros, L. F., Nystuen, J. P. and Bergan, M. (1998) Carbonate diagenesis and porosity evolution in sheetflood sandstones: evidence from the Middle and Lower Lunde members (Triassic) in the Snorre Field, Norwegian North Sea. *Int. Assoc. Sedimentol. Spec. Publ.*, **26**, 53–85.

Morris, P. H., Cullum, A., Pearce, M. and Batten, D. J. (2009) Megaspore assemblages from Åre Formation (Rhaetian–Pliensbachian) offshore mid-Norway and their value as field and regional stratigraphic markers. *J. Micropalaeontol.*, **28**, 161–181.

Müller, R., Nystuen, J. P., Eide, F. and Lie, H. (2005) Late Permian to Triassic basin infill history and palaeogeography of the Mid-Norwegian shelf–East Greenland region. In: *Onshore-Offshore Relationships on the North Atlantic Margin* (Eds B. Wandas, J. P. Nystuen, E. Eide and F. M. Gradstein), *Norw. Petrol. Soc. Spec. Publ.*, **12**, Elsevier, Amsterdam, 165–189.

Mørk, M. B. E. (1999) Compositional variations and provenance of Triassic sandstones from the Barents Shelf. *J. Sed. Res.*, **69**, 690–710.

Mørk, A., Dallmann, W. K., Dypvik, H., Johannessen, E. P., Larssen, G. B., Nagy, J., Nøttvedt, A., Olaussen, S., Pcelina, T. M. and Worsley, D. (1999) Mesozoic Lithostratigraphy. In: *Lithostratigraphic Lexicon of Svalbard: Upper Paleozoic to Quaternary Bedrock Review and Recommendation for Nomenclature Use* (Ed. W. K. Dallmann), pp 127–214. Norwegian Polar Institute, Tromsø.

Nilsen, K. T., Vendeville, B. C. and Johansen, J-T. (1995) Influence of regional tectonics on halokinesis in the Nordkapp Basin, Barents Sea. In: *Salt Tectonics: A global perspective* (Eds M. P. A. Jackson, D. G. Roberts and S. Snelson), *AAPG Mem.*, **65**, 413–436.

Nøttvedt, A., Cecchi, M., Gjelberg, J. G., Kristensen, S. E., Lønøy, A., Rasmussen, A., Rasmussen, E., Skott, P. H. and van Veen, P. M. (1993) Svalbard–Barents Sea correlation: a short review. In: *Arctic Geology and Petroleum Potential* (Eds T. O Vorren, E. Bergsager, Ø. A. Dahl-Stamnes, E. Holter, B. Johansen, E. Lie, and T. B. Lund), *Norw. Petrol. Soc. Spec. Publ. 2*, *Elsevier, Amsterdam*, 363–375.

Nystuen, J. P., Knarud, R., Jorde, K. and Stanley, K. O. (1989) Correlation of Triassic to Lower Jurassic sequences, Snorre Field and adjacent areas, northern North Sea. In: *Correlation in Hydrocarbon Exploration* (Ed. J. D. Collinson), pp 273–289. Norwegian Petroleum Society, Graham and Trotman, London.

Nystuen, J. P., Kjemperud, A., Müller, R., Adnest l, V. and Shomacker, E. (2014) Late Triassic–Early Jurassic climatic change, northern North Sea region: impact on alluvial architecture, palaeosols and clay mineralogy. *Int. Assoc. Sedimentol. Spec. Publ.*, **46**, (this volume).

Ogg, J. G., Ogg, G. and Gradstein, F. (2008) *The Concise Geologic Time Scale*. Cambridge University Press. 1–150.

O'Leary, N., White, N., Tull, S., Bashilov, V., Kuprin, V., Natapov, L. and MacDonald, D. (2004) Evolution of the Timan−Pechora and South Barents basins. *Geol. Mag.*, 141, 141−160.

Paul, J., Wemmer, K. and Wetzel, F. (2009) Keuper (Late Triassic) sediments in Germany−indicators of rapid uplift of Caledonian rocks in southern Norway. *Norw. J. Geol.*, 89, 193−202.

Reading, H. G. and Collinson, J. D. (1996) Clastic coasts. In: *Sedimentary Environments: Processes, Facies and Stratigraphy* (Ed. H. G Reading), pp 154−231. Blackwell.

Riis, F., Lundschien, B. A., Høy, T., Mørk, A. and Mørk, M. B. (2008) Evolution of the Triassic shelf in the northern Barents Sea region. *Polar Res.*, 27, 318−338.

Ritzmann, O. and Faleide, J. I. (2009) The crust and mantle lithosphere in the Barents Sea/Kara Sea region. *Tectonophysics*, 470, 89−104.

Ryseth, A. (2001) Sedimentology and palaeogeography of the Statfjord Formation (Rhaetian−Sinemurian), North Sea. In: *Sedimentary Environments offshore Norway−Palaeozoic to Recent* (Eds O. J. Martinsen and T. Dreyer), *Norw. Petrol. Soc. Spec. Publ.*, 10, Elsevier, Amsterdam, 67−85.

Ryseth, A., Augustson, J. H., Charnock, M., Haugerud, O., Knutsen, S.−M., Midbøe, P. S., Opsal, J. G. and Sundsbø, G. (2003) Cenozoic stratigraphy and evolution of the Sørvestsnaget Basin, south−west Barents Sea. *Norw. J. Geol.*, 83, 107−130.

Sadler, P. M. (1981) Sediment accumulation rates and the completeness of stratigraphic sections. *J. Geol.*, 89, 569−584.

Sadler, P. M. and Strauss, D. J. (1990) Estimation of completeness of stratigraphical sections using empirical data and theoretical models. *J. Geol. Soc. London*, 147, 471−485.

Schoene, B., Guex, J., Bartoloni, A., Schaltegger, U. and Blackburn, T. J. (2010) Correlating the end−Triassic mass extinction and flood basalt volcanism at the 100 ka level. *Geology*, 38, 387−390.

Sellwood, B. W. and Valdes, P. J. (2006) Mesozoic climates: General circulation models and the rock record. *Sed. Geol.*, 190, 269−287.

Smelror, M., Petrov, O. V., Larssen, G. B. and Werner, S. (Eds) (2009) Atlas. Geological History of the Barents Sea. *Geol. Surv. Norw*. Trondheim, 134 pp.

Spencer, A. M., Briskeby, P. I., Christensen, L. D., Foyn, R., Kjølleberg, M., Kvadsheim, E., Knight, S., Rye−Larsen, M. and Williams, J. (2008) Petroleum geoscience in Norden−exploration, production and organization. *Episodes*, 31, 115−124.

Steel, R., and Ryseth, A. (1990) The Triassic−Early Jurassic succession in the northern North Sea: megasequence stratigraphy and intra−Triassic tectonics. In: *Tectonic Events Responsible for Britain's Oil and Gas Reserves* (Eds R. F. P. Hardman and J. Brooks), *Geol. Soc. London Spec. Publ.*, 55, 139−168.

Steel, R. J. and Worsley, D. (1984) Svalbard's post−Caledonian strata−an atlas of sedimentational patterns and palaeogeographic evolution. In: *Petroleum Geology of the North European Margin* (Ed. A. M. Spencer), pp 109−135. Norwegian Petroleum Society, Graham and Trotman, London.

Svela, K. E. (2001) Sedimentary facies in the fluvial−dominated Åre Formation as seen in the

Åre-1 member in the Heidrun Field. In: *Sedimentary Environments offshore Norway-Palaeozoic to Recent* (Eds O. J. Martinsen and T. Dreyer), *Norw. Petrol. Soc. Spec. Publ.*, 10, Elsevier, Amsterdam, 87-102.

Vollset, J. and Doré, A. M. (1984) A revised Triassic and Jurassic lithostratigraphic nomenclature for the Norwegian North Sea. *Norw. Petrol. Direct. Bull.*, 3, 1-53.

Worsley, D. (2008) The post-Caledonian development of Svalbard and the western Barents Sea. *Polar Research*, 27, 298-317.

Ziegler, P. A. (1988) Evolution of the Arctic-North Atlantic and the Western Tethys. *AAPG Mem.*, 46, 198 pp.

# 10 Halten 阶地下—中侏罗统裂谷内巨层序：巨层序的构造、沉积组构和控制因素

Rodmar Ravnås  Kari Berge  Heather Campbell
Craig Harvey  Mike J. Norton  著
翟秀芬  译

**摘要**：Halten 阶地下—中侏罗统包含顶部的 Åre 组及其下部的 Tilje 组、Tofte-Ror 组、Ile 组和 Garn 组，组成三个巨层序：Tilje、Tofte—Ile 和 Garn。这些巨层序具有相同的格架形态和地层结构：底部为向上变粗或向上砂质增多序列，中部为富砂段，上部为变化较大的地层。这些巨层序中，下部进积和中间加积的部分地层段代表了物源来自芬诺斯坎迪亚内陆地区以盆地边缘碎屑楔为主的充填和进积沉积。这些层段形成于一个海平面缓慢上涨到停滞，然后又下降到基准面的过程，代表了正常高水位期到强制低水位海退沉积。上部的加积和退积段呈现不同的格架形态，是盆地沉降速率增加和区内轻微构造运动的结果。其特征是裂陷边缘碎屑楔的后退，以及盆地内构造再次活动的高地附近局部发育的碎屑岩体系。巨层序的上部层段显示出陆相—浅海同裂陷期充填混合的沉积格架特征。下—中侏罗统巨层序代表了不同规模、成因和物源的一系列沉积。在进积和加积阶段以内陆提供更大规模物源的河流—三角洲沉积体系为主，而在退积阶段则是局部发育的沉积体系更加重要。裂谷边缘及其内陆广阔的向上挠曲作用导致频繁低级别的相对海平面下降，强制盆地边缘河流—三角洲体系向盆地内部推进，形成重复的强制退积型低位期楔体，结果在巨层序中心形成席状优质储集体。裂谷边缘隆起作用可能与盆地规模初期构造活动有关，并预示着随后的小型裂谷阶段。

**关键词**：巨层序；Halten 阶地；下—中侏罗统；三角洲—浅海；沉积构造

## 10.1 概述

裂谷盆地通常具有由一系列叠置的碎屑楔组成的旋回沉积充填样式（图 10.1）。这些碎屑楔是由互层的偏砂和偏泥的岩性组成，与盆地边缘的河流—三角洲沉积体系的进退交替有关。一些学者认为这种填充模式存在于连续裂谷期之间的同裂谷充填物（Ravnås 等，2000）和后期充填物（Steel，1993）中，也就是所谓的裂谷间充填（Ravnås 等，2000）。碎屑楔具有退积—进积结构，其底部和顶部以泥岩为界，代表海侵高峰（海相层序）或海退高峰（非海相层序），通常代表的时间间隔为若干百万年（3~4Ma）甚至超过 8Ma。同样，它们也代表了二级层序，称为"巨层序"（Steel，1993；Ravnås 等，2000）。

裂谷间巨层序（也称为裂谷后；Steel，1993）区别于同裂谷同期地层，因为其层序结构和组分沉积结构更为简单，并且代表了更长的时间跨度。这反映了内裂谷时期，盆地和沉积充填的发育并不复杂。与此相反，同裂谷巨层序的沉积结构往往更为复杂（Ravnås 等，2000）。这主要与构造对可容空间的形成、层序发育和随之形成的地层结构的基本控

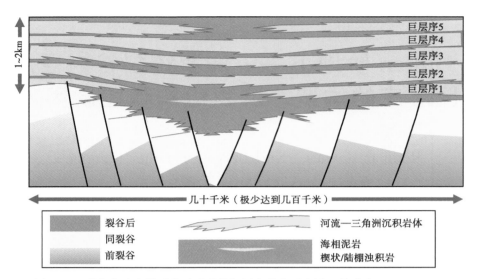

图 10.1 裂谷盆地充填裂谷后或裂谷间层序特点示意图（修改自 Steel，1993；
Ravnås 和 Steel，1998；Ravnås 等，2000）

注意碎屑楔以前进或后退的方式叠置。以蓝色背景色表示裂谷后地层（海相泥岩），部分黄色大规模
（低位）河流—三角洲沉积岩体代表个别巨层序

制作用有关（Ravnås 和 Steel，1998；Gawthorpe 和 Leeder，2000）。然而，越来越多的研究支持次要或平缓伸展构造在整个内裂谷期持续发育的观点（Ravnås 等，2000）。因此，构造至少部分影响了内裂谷巨层序的地层结构，可能对相应的同裂谷巨层序也具有类似的影响。

本文主要侧重于挪威中部海上 Halten 阶地下—中侏罗统边缘海—浅海巨层序中非海相巨层序的发育（图 10.2、图 10.3 和图 10.4）。这些巨层序在缓慢拉伸期沉积，在裂谷间期形成了分离二叠—三叠系和晚侏罗世裂谷幕的次级伸展构造。Halten 阶地各种非海相—浅海下—中侏罗统巨层序，总体上具有类似的进积—加积—退积结构。少量偏离"正常"的构造或叠置巨层序之间的差异都是由盆地条件的时间变化引起的。这主要是由沉积物扩散方式，以及各巨层序间的总盆地沉降速率和沉积物供给速率的不同引起的。因此，Halten 阶地下—中侏罗统巨层序可以用来识别和区分巨层序发育的基本控制因素，还可以用来对巨层序进行比较研究，从而解释控制因素的变化如何影响层序结构。

## 10.1.1 地质背景和早—中侏罗世的半区域地质演化

Halten 阶地（Blystad 等，1995）位于挪威中部大陆架 64°N—65°N 和 6°E—8°E 之间，包括中生代挪威—格陵兰海裂谷盆地东缘和亚台地区域（图 10.2）。Halten 阶地和其向北延展的部分（即 Dønna 阶地），都是由二叠—三叠纪和晚侏罗世裂谷作用形成的（Roberts 等，1999；Brekke，2000；Frseth 和 Lien，2002；Mosar 等，2002）。与之前的中—晚三叠世和随后的晚侏罗世裂谷事件相比，其间发生的早—中侏罗世构造活动不太活跃，但是在此阶段某些构造活动仍占主导地位（图 10.3；Marsh 等，2010）。

在早—中侏罗世，挪威—格陵兰海裂谷开始发育，从一个沉降的冲积—河流、向西南方向倾斜的盆地演化为一个狭窄的陆架海峡或陆缘海道，连通了北部的北海与南部的特提斯海

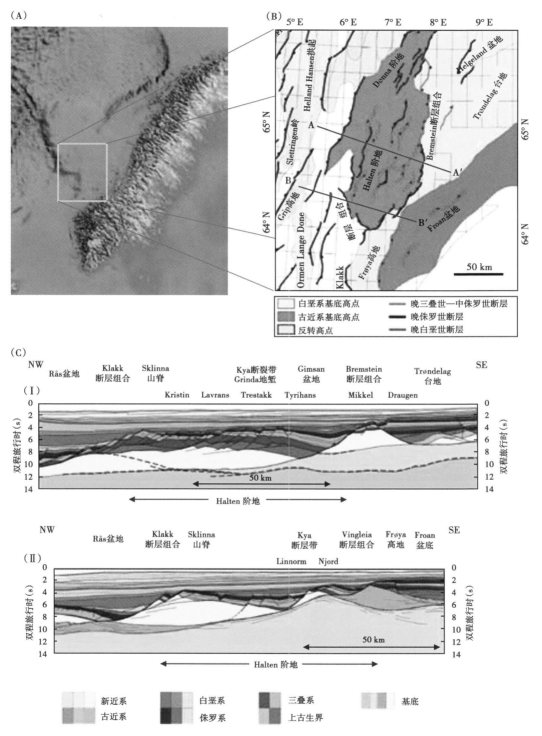

图 10.2 （A）挪威中部 Halten 阶地区域位置图；（B）挪威中部 Halten 阶地构造要素图；（C）过 Halten 阶地的区域剖面（据 Osmundsen 等，2002，修改）

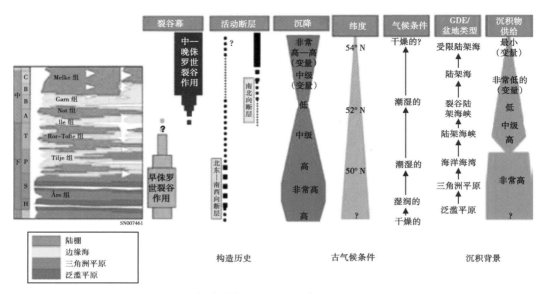

图 10.3 挪威中部 Halten 阶地侏罗系构造地层表

（图 10.3、图 10.4 和图 10.5；Nøttvedt 等，2008）。东格陵兰和挪威中部陆架区形成了两个相对或共轭的海道边缘。Halten 阶地和 Dønna 阶地随后与 Trøndelag 台地共同沿着裂谷东部边缘形成了一个宽阔的台地区。

中侏罗世晚期—晚侏罗世裂陷期，Halten 阶地和 Dønna 阶地通过 Frøya 高地和 Nordland 岭与东部裂谷边缘 Trøndelag 台地发生构造分离（Withjack 等，1989；Brekke，2000；Fseth 和 Lien，2002；Mosar 等，2002）。Halten 阶地和 Dønna 阶地向东发生了不同程度的倾斜，向西部通过一系列沿 Klakk 断层组合的构造高点与晚侏罗世深层盆地分离，如北部的 Sklinna 岭和一系列小规模的断层阶地和次级台地（图 10.2）。该地区在此次裂谷作用发生期间形成了现今的构造轮廓。

## 10.1.2 早—中侏罗世构造作用和盆地背景

挪威—格陵兰海裂谷盆地的下—中侏罗统形成了下伏的二叠—三叠系裂谷后单元和上覆的上侏罗统同裂谷层序（Færseth 和 Lien，2002）。以往的研究已经表明，不同的构造作用对下—中侏罗统层序充填的样式具有不同的影响（Gjelberg 等，1987；Corfield 和 Sharp，2000；Corfield 等，2001；Martinius 等，2001），证明了该地区长期存在裂谷作用，但沉降速率不断变化。与早—晚侏罗世裂谷作用有关的构造样式受上三叠统盐控制，这些盐在 Halten 阶地与泥岩互层分布。互层的盐—泥岩形成一个滑脱段（最大达几百米厚），通常导致波长更短的侏罗纪构造与深部的基底构造解耦（Withjack 等，1989；Pascoe 等，1999；Marsh 等，2010）。

在 Halten 阶地内，经地震解释，北东—南西向伸展正断层在早—中侏罗世发生活动，而南北向断层从中侏罗世开始活动，一直持续到今。阶地地区的总沉降速率在早侏罗世较高，到中侏罗世早期逐渐降低，但由于裂谷作用的重新活动，中侏罗世晚期再次增加（图 10.3）。沉降速率的变化反映了盆地总断陷速率的降低、活动裂谷区面积的缩小以及向西迁移至 Halten 阶地以西的深部盆地。此处裂谷活动西移与裂谷盆地适当的缩小有关；这导致

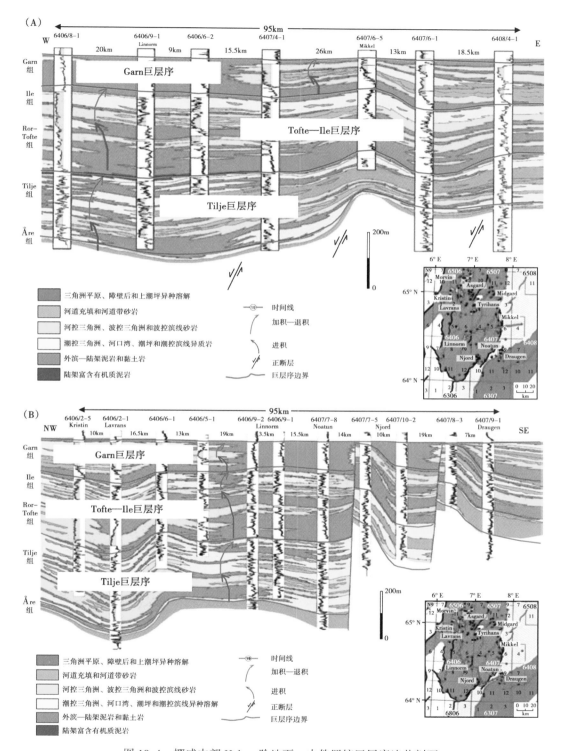

图 10.4 挪威中部 Halten 阶地下—中侏罗统巨层序连井剖面

(A) 东西向；(B) 南北向。需要注意的是，由于连井剖面为"Z"形，剖面长度（约 95km）小于单井井间距离之和。图中所示测井曲线为自然伽马测井曲线

沿挪威—格陵兰裂谷盆地海东缘，形成了一个宽广的台地区，包括 Halten—Dønna 阶地和 Trøndelag 台地。

早—中侏罗世，Halten 阶地位于古纬度北纬 50°—52°（图 10.3；Dore，1991），但处于相对温暖湿润的古气候背景（Hallam，1994）。沉积物供给在早侏罗世时非常高，但在中侏罗世逐渐减弱。因此，尽管该地区的总沉降速率逐渐下降，但在早—中侏罗世仍然发生了一次大规模的全面海侵。然而，裂谷作用和沉积物供给速率都波动很大（图 10.3），在一定的时间间隔内明显偏离总体逐渐减少的趋势。

## 10.1.3 早—中侏罗世地层和古地理

在 Halten 阶地和 Dønna 阶地，下—中侏罗统形成了一套整体退积、层状堆积的冲积、河流三角洲、浅海和陆架地层（图 10.3、图 10.4 和图 10.5）。包括瑞替阶—辛涅缪尔阶的冲积—河流三角洲相 Åre 组普林斯巴阶河流三角洲相、海湾—浅海相 Tilje 组。托阿尔阶—巴通阶（Bathonian）Tofte 组、Ile 组和 Garn 组形成了三个砂质河流三角洲、近海、海湾和浅海单元，Ror 组、Not 组和 Melke 组海相泥岩（外滨—陆架）为夹层（Dalland 等，1988）。

下—中侏罗统可分为四个碎屑楔，大致分别对应 Åre 组、Tilje 组、Ror—Tofte—Ile 组和 Not—Garn 组（图 10.3，图 10.4）。这些盆地边缘碎屑楔被最上部的 Åre 组和基底的 Tilje 组相对较厚的外滨泥岩、最下部的 Ror 组和基底的 Not 组分隔，代表明显海泛段。碎屑楔在文中称为巨层序（Steel，1993）。它们都有一个共同的结构特点：底部粒度较粗或向上"偏砂"、中部富砂且上部地层变化较大。这些巨层序的下部和中部被解释为静止—缓慢上升—基准面下降期内的盆地边缘冲积—河流三角洲沉积体系的进积作用，为典型的正常—强制退积。与此相反，上部显示了更为多样化的结构特点，包括局部盆地内高点周围的裂谷边缘三角洲和局部发育的碎屑系统的加积和后退，形成了一个相对较厚的海侵层序。

Halten 阶地下—中侏罗统的沉积物源区现在有东部（Ziegler，1988）、西部（Gjelberg 等，1987）甚至北部（多尔，1991）三种观点，尚无定论。最近的研究提出了物源区随时间反复改变的观点（Morton 等，2009），而其他学者（Martinius 等，2001；Corfield 等，2001；Elfenbein 等，2005）支持沉积物总体来自挪威腹地以及局部盆内沉积的观点（图 10.5）。

在早—中侏罗世，沉积样式、沉积物供给和可容空间的生成之间有着复杂的联系，这与裂谷间期间歇发生的小规模构造运动或裂谷事件有关。小规模构造运动维持了该地区的沉降背景，与海平面升降变化一起，使挪威—格陵兰海裂谷系统逐渐被淹没（图 10.5）。最终，总体沉积环境从侏罗纪最早期的河流三角洲狭长海湾，经过狭窄的陆架海峡，变为中侏罗世最早期的陆缘海道。伴随这种沉积环境变化，盆地地形和水深逐步增加，这是由中侏罗世构造作用持续、盆地充填物不断增加造成的。

## 10.1.4 早—中侏罗世巨层序分析

在边缘海单元内，钻井众多并且分布广泛，同时一系列生物地层学的时间线容易识别和对比，而且界限清晰，因此，可以对下—中侏罗统单元进行详细的半区域对比。然而，对于下伏的非海相 Åre 组却不能进行类似的分析，因为针对该层的钻井数量较少并且生物地层分辨率较差（Svela，2001）。

本文主要侧重于三个混合非海相—边缘海相 Tilje、Tofte—Ile 和 Garn 巨层序的演化。这些巨层序的顺序发育和这些巨层序地层将在下面分别进行介绍，用来确定其对充填趋势和形

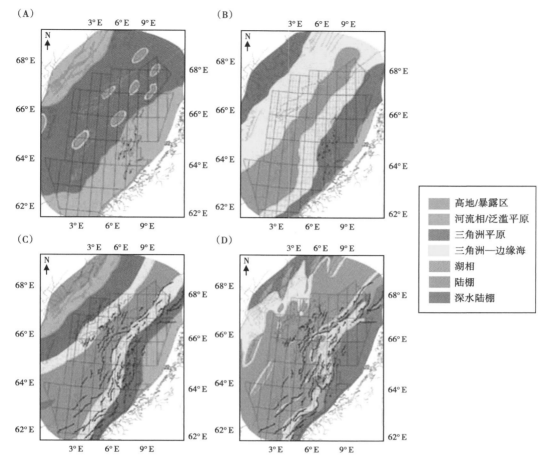

图 10.5 挪威—格陵兰海裂谷系统的早—中侏罗世古地理（据 Nøttvedt 等，2008，修改）
（A）赫塘阶—辛涅缪尔阶（Åre 组）冲积平原；（B）普林斯巴阶（Åre 组最上部与 Tilje 组）海湾；（C）托阿尔阶—阿林阶（Aalenian）（Ror-Tofte 组和 Ile 组）陆架海峡；（D）巴柔阶（Bajocian）—巴通阶（Not—Garn 组）裂谷构造陆架海峡。但是请注意，该盆地在托阿尔期—巴通期在无构造运动和中等程度构造运动盆地之间来回变化成的地层结构变化的控制。

该分析是基于区域内有公开资料的、专有的勘探和评价井，地区二维地震数据以及半区域拼接的三维地震数据体（包括 17 个单独的三维勘查）。选择的岩心数据覆盖 Halten 阶地全区域所有地层段，岩心长度共计 5500m，Tilje 巨层序之上约 1600m（30%），Tofte—Ile 巨层序之上约 2200m（40%），Garn 巨层序之上 1600m（30%）（分别对应附录 1、附录 2 和附录 3）。

沉降和沉积速率（表 10.1）是基于保留的压实厚度得出的，根据地震数据对其进行了解释，并利用钻井数据对其进行了标定。Tilje 和 Ile—Tofte 巨层序岩性变化大，局部泥岩含量高，有时有煤夹层。消除压实作用后，厚度应明显变大，说明计算的沉积速率代表较为保守的估计。Garn 巨层序偏砂的性质表明，压实和去压实厚度的差别应该小于预估。根据压实厚度得到的沉降率应较为准确，因为可容空间的形成也涉及基质的早期压实。计算得到的沉降速率因此只是一个相对估算值，但可用于不同巨层序之间的比较。

表 10.1　基于压实厚度计算得到的 Tilje、Tofte—Ile 和 Garn 巨层序沉积和沉降速率

| 巨层序 | 厚度（m） | | 持续时间（Ma） | 盆地充填状态 | 沉积速率（mm/a） | | 沉降速率（mm/a） | |
| --- | --- | --- | --- | --- | --- | --- | --- | --- |
| | 最高值 | 范围 | | | 最高值 | 范围 | 最高值 | 范围 |
| Garn | 185 | 2~185 | 7（7+） | 欠充填 | <0.026 | 0.0003*~0.026 | 0.0026 | 0.0003*~0.026 |
| Tofte—Ile | 355 | 20~355 | 9（8~9） | 平衡 | 0.039 | 0.002~0.039 | 0.039 | 0.002~0.039 |
| Tilje | 330 | 0~330 | 8（8+） | 过充填 | >0.041 | 0.000*~0.0041 | 0.041 | 0.000*~0.041 |

注：需要注意的是沉积和沉降速率几乎相同，但有微小区别：Tilje 巨层序是一个过充填的盆地，其计算出的沉积速率等于沉降速率，但沉积物供给率更大，这使得在这个巨层序形成的过程中，在 Halten 阶地有时发生沉积过路作用。Garn 巨层序的沉积物供给率是变化的，例如，在巨层序形成过程中，若盆地某处完全充填，则其与沉降速率相等，若盆地某处为欠充填（或位于水下），则其小于沉降速率。对于所有巨层序，沉降/抬升速率比和沉积速率都随空间和时间变化，有时还涉及非沉积或侵蚀，在后者的情况下，导致巨层序在局部被完全剥蚀。

*缺失地层。反映侵蚀和非沉积段。包括抬升段。

### 10.1.5　Tilje 巨层序

普林斯巴阶 Tilje 组（图 10.2）与下伏的 Åre 组上部一起构成了厚达 350m 的巨层序（图 10.4，图 10.6），相当于 8Ma 以上的时间跨度。它由一系列的河流三角洲—河口沉积岩

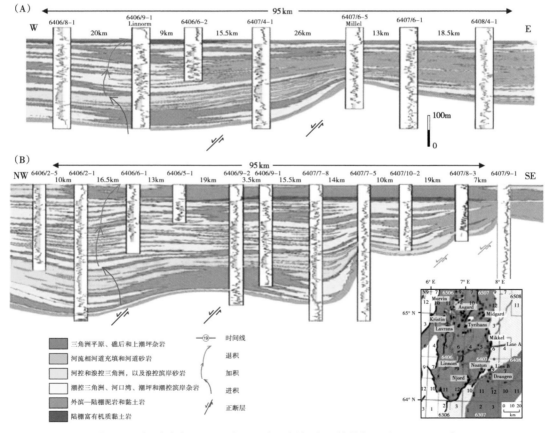

图 10.6　挪威中部 Halten 阶地上辛涅缪尔阶—普林斯巴阶 Tilje 巨层序

（A）东西向连井剖面；（B）南北向连井剖面。需要注意的是剖面长度（约 95km）小于井间距之和，这是由于剖面为一曲折图形。测井曲线为自然伽马测井曲线

体或高级次层序构成，叠加形成整体上进积—加积—退积的巨层序架构。三角洲类型从砂质、平缓坡度、浅水、混合潮控河流三角洲过渡到辫状平原三角洲（Dalland 等，1988；Martinius 等，2001），然后再到混合砂质—泥质、潮控湾头或受保护的港湾三角洲（Kjæfjord，1999）。河口湾范围从较小规模、不活跃分流到较大、次盆地范围的浪控河口湾（图 10.6；Dreyer，1992，1993，1999；Saigal 等，1999；Martinus 等，2003，2005；LaFont 等，2010）。

底部边界为一段比较厚的海相泥岩单元，该泥岩存在于最上部的 Åre 组—底部的 Tilje 组，代表了一次主要的海泛。顶部边界为最上部的 Ror 组富含有机质的黏土岩，代表盆缘三角洲后退和盆地沉积物缺失的长时间间隔。

Tilje 巨层序的进积（退积）段（上 Åre 段和下 Tilje 段）较厚（>100m），由不规则、总体向前进叠的浪控三角洲和滨线沉积岩体组成，每个 5~15m 厚。这些高级次的沉积岩体被解释为混合的潮控和浪控三角洲沉积和滨线沉积，很可能充填了广阔的港湾［图 10.7（A），（B）①；Kjærefjord，1999］。沉积岩体代表来自较大的盆地边缘和较小的原地或盆内来源三角洲单元的混合物。原地来源的三角洲单元目前位于大型盆地高点周围，如 Sklinna 岭和 Frøya 高点（Dreyer，1992，1999），在辛涅缪尔期裂谷事件期间这些高点构造复活。

向前步进、正常退积的沉积叠置岩体被底部侵蚀、富砂和横向广泛延展的河流三角洲—河口砂岩岩席封盖，这里非正式地称为下 Tilje 段。Halten 阶地上的砂岩由混合的浪控和潮控、粗粒河流三角洲、分流河道复合体和覆盖层边缘海（河口和海岸）砂质沉积岩体组成［图 10.7（A），（B）②］。在东部的 Trændelag 台地，它由三角洲平原异类岩和孤立的河道填充和河道复合体组成，后者代表候选深切谷充填。它被解释为代表强制退积—低位正常退积的沉积岩体叠加。Halten 阶地内局部可见穿过构造高点的层内不整合和路过表面（Martinius 等，2001），在东部的 Trøndelag 台地也可见到。

加积段（中 Tilje 段）通过生物扰动泥岩单元与下伏的进积段分隔，生物扰动泥岩单元表现为内陆架—受保护的港湾异类岩，形成了更高级别的洪泛面。该段总体具有加积特征，证据为叠加的三角洲—河口沉积岩体内近垂向相带叠置，虽然有一个薄层进积底部。它由叠加、混合浪控和潮控的、偏泥和异类河流三角洲沉积岩体组成（Dreyer，1992，1993，1999；Martinius 等，2001），代表混合岩性或泥质三角洲建造进入受保护的海湾或港湾［图 10.7（A），（B）③］。基于沉积相带的分布和方向，产生了盆缘和盆内的混合物源假想。

该退积（海侵）段（上 Tilje 段）包括一个异类岩单元，充填方式横向变化很大。横跨 Halten 阶地的中央部分，它由混合波浪结构和潮汐结构的一系列前进和后退的湾头三角洲单元组成［图 10.7（A），（B）④；Dreyer1992，1993，1999；Saigal 等，1999；Martinius 等，2001］。冲积扇—扇三角洲和辫状平原三角洲沉积岩体在构造高点周围重新分布（例如 Sklinna 岭）和沿主断层边界高点分布的转换斜坡下倾（例如 Frøya 高点）。这些粗粒沉积岩体有一个整体的向前结构，虽然在其总沉积构造和内部结构中局部变化很大。

小结：Tilje 巨层序是高速沉降和沉积物供应期间充填的一个例子（图 10.3）。进积段的下部包括 Åre 组最上段，其在高沉积物供给和海平面不断上升期间的正常退积背景下形成。因此，它代表了一个高位体系域。主要储层结构的地层变化，可能代表盆地能量的变化，是对晚辛涅缪尔期—早普林斯巴期或晚 Åre 期海湾大规模充填的响应。基于基底表面、组分相和较粗岩性的性质，下 Tilje 段的盖层砂岩被解释为代表相带明显向盆地方向迁移、代表强制退积，因此为下降阶段—早期低位体系域。加积段被解释为代表低位体系域晚期，上覆退积段代表海侵体系域。沉积物从盆地内部和盆地边缘连续供应。在上 Tilje 段的沉积过程中

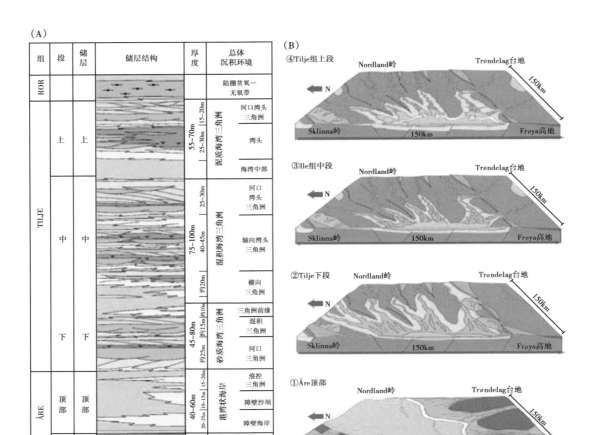

图 10.7 （A）挪威中部 Halten 阶地西南部 Tilje 组地层、总沉积环境（GDEs）和储层架构。（B）Halten 阶地 Tilje 巨层序概念化 GDEs：①底部正常退积部分；②上覆强制退积部分；③中间加积部分；④上部海进部分。从加积到退积的过渡（③—④）与从三角洲为主的环境到以河口为主的环境过渡同时发生。此外，这种过渡与盆内物源区沉积物供应增加有关，使得盆地边缘沉积体系后退，而来自盆地内的物源沉积体系显示局部进积（如围绕 Sklinna 岭）。图例参见图 10.6

物源区和沉积物分散的变化被解释为反映构造重新活动（Dreyer，1999；Martinius 等，2001），与小裂谷作用有关（Corfield 和 Sharp，2000；Marsh 等，2010）。这也反映在 Halten 阶地各次盆地内以及次盆地间充填样式的空间变化（图 10.6，图 10.7）。

填充是从大盆地边缘，纵向（NE—SW 向）和横向（SE—NW 向）以及一系列较小、来自盆地内的沉积体系的混合（图 10.7）。巨层序的主要部分发育期间，这些沉积体系联系在一起，形成一个广泛的、地势平坦的、三角洲平原—海岸（潮）坪，以及主要为纵向的（即 NE 和 SW 向）的沉积物分布。

## 10.1.6 Tofte-Ile 巨层序

在托阿尔阶—阿林阶 Ror-Tofte 组和 Ile 组（图 10.3）形成另一个巨层序，350 多米厚，（图 10.4，图 10.8），代表 8~9 个百万年的时间跨度。Ror-Tofte 组包含一系列叠加三角洲单元,从陆架、深水—浅水,浪控和河控混合三角洲,到沿东南分布的辫状平原,以及沿Halten阶地西部分布的扇三角洲边缘高点(图10.9;Gjelberg等,1987;Dalland等,1988;Ehrenberg等,1992)。地震可识别的菱形砂岩嵌入在海上泥岩,被解释为陆架沙脊,局部可见。地震振幅井和岩心校正,以及从重新定位的岩心和FMI测井得到的古水流数据,支持陆架沙脊为物源区的观点。Ile组传统上被解释为潮控三角洲和河口层序(Gjelberg等,1987;Dalland等,1988;Harris,1989;Pedersen等,1989;Ehrenberg等,1992;Saigal等,1999;McIlroy,2004;Martinius等,2005),虽然辫状平原也在这个单元的底部局部可见。Tofte—Ile巨层序在Halten阶地中央和东南部整体为进积—退积特征,沿其西北部则变为简单的加积或高度不规则的总体为内部叠置的样式(图10.8)。

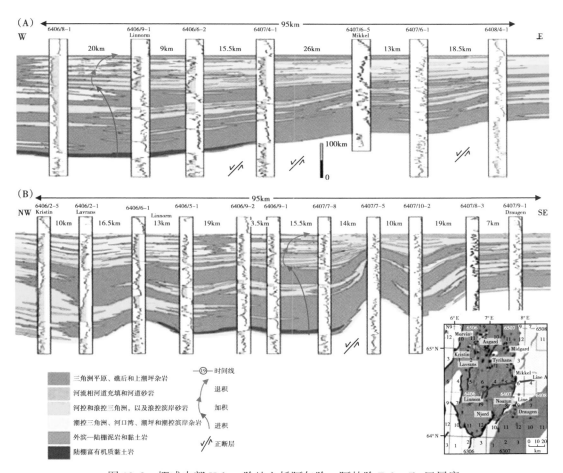

图10.8 挪威中部Halten阶地上托阿尔阶—阿林阶Tofte-Ile巨层序

(A)东西向连井剖面;(B)南北向连井剖面。需要注意的是剖面长度(约95km)小于井间距之和,这是由于剖面为一曲折图形。测井曲线为自然伽马测井曲线

底部边界为较厚的海相、陆架泥岩单元,代表最下部Ror组一个主要的洪泛段。顶部边界为Not组底部的海相黏土岩,代表越过上部Ile潮坪的一个主要的向陆洪泛期。

该进积(退积)段(Ror-Tofte组和下Ile段部分)在Halten阶地的东南部和中部由一系列中等规模向上变粗的岩套(厚度最大>25m)组成,代表受波浪和风暴影响的滨线系统

的前三角洲—三角洲顶部、内陆棚—近海沉积（障壁后）[图10.9（A），（B）①和（B）②]。底部的陆架黏土岩，记录了横跨Halten阶地大部分的Tilje组三角洲和河口被淹没的情形。Ror组下部向上变粗的岩套，定义了来自盆缘的三角洲单元向前步进或正常退积叠加。盆地边缘向前步进的沉积岩体叠加以两个底部剥蚀、富砂的河流三角洲砂岩席为盖层，即上Tofte段和下Ile段底部。这两个砂岩席只开发Halten阶地南部和中部的部分[图10.9（A），（B）②]。它们标志着相带突变和明显的向盆地方向的迁移，表现为两个拆离的混合浪控和潮控河流三角洲沉积岩体，形成了强制退积—低位域正常退积晚期沉积岩体叠加。在西部的Trøndelag台地，即Draugen油田，这些强制退积—低位体系域以底部侵蚀（深切）的河流相砂岩席为代表。

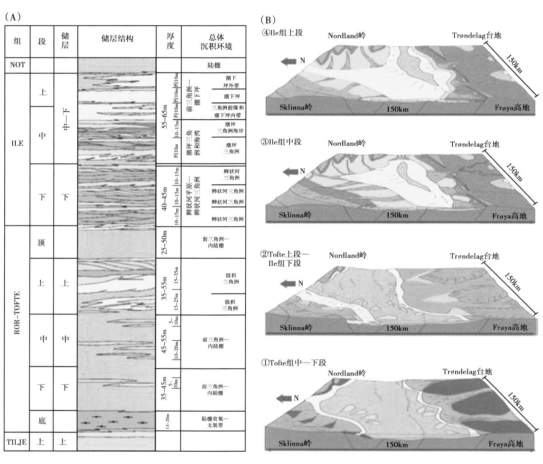

图10.9 （A）挪威中部Halten阶地西南部Ror组、Tofte组和Ile组地层、总沉积环境（GDES）和储层结构。（B）Halten阶地Tofte—Ile巨层序概念化GDEs：①断块源系统局部底部退积—海侵转换和盆缘碎屑楔—早期正常退积部分洪泛高峰；②上覆强制退积部分；③加积段；④上部海进段。从进积到加积的过渡（②—③—④）与从以三角洲为主的环境到以河口为主的环境过渡同时发生。仅可从盆缘沉积系统看出海蚀后退，即图中沿东半区分布的区域。盆内物源区隆起和沉积物供应增加，产生了明显的、盆内源沉积系统的退积建造作用（如围绕Sklinna岭和Nordland岭）。图例参见图10.8

沿着Halten阶地西部的构造高点，Ror—Tofte组为块状或向上变粗—向上变细的岩套叠置发育。这些岩套从加积变为高度不规则砂质、粗粒河流三角洲沉积岩体叠加，底部有时带有干涉或封盖海相泥岩。通常下部的进积单元被厚层不规则和薄层的退积单元覆盖。这些局部发育的粗粒河流三角洲沉积岩体代表辫状平原—三角洲和扇三角洲单元（Gjelberg 等，1987；Dalland 等，1988），有时还有潮汐和波浪再改造三角洲前缘和前三角洲区域。这些局部发育的三角洲单元，代表退积建造作用，和逐渐准平原化且被淹没的局部或盆内先前下盘岛屿的逐步后退。两个广泛分布的河流三角洲岩席位于 Halten 阶地中央，代表盆缘、平坦的、辫状平原和正常河流三角洲的退积建造作用，前者经常伴随陡倾、以重力流为主的三角洲前缘区。然而，在相对海平面波动期间发生退积建造作用，伴有高级次下降和上升，如同互层的陆架泥岩所表明的那样。

加积段（下 Ile 段和中 Ile 段）包括总体为浪控和潮控的河流三角洲沉积岩体加积叠置，厚度为 5m 以内至 15m。底部边界是由生物扰动的内陆架—滨面泥岩—砂岩单元定义的，代表下 Ile 段内高级次的洪泛面 [图 10.9（A）]。

高级次河流三角洲沉积岩体的特征和沉积结构空间变化很大。在 Halten 阶地的东南半部，Ile 段下部由相对富砂、横向广泛展布的河流三角洲—河口砂岩沉积岩体组成，代表下 Ile 段的主体。这种堆积被解释为代表辫状平原系统的连续退积建造作用，但现在对于横向以广阔的潮坪和滨线为边界的一系列混合影响三角洲，这种作用发生了变化 [图 10.9（A），（B）③]。在其他区域，下 Ile 段由叠置、变化的河控、浪控和潮控三角洲与边缘海组成，如河口和受保护的滨线，向东砂质沉积岩体潮控的作用逐渐增加。在 Trøndelag 台地更往东的区域（古陆方向），该层段的特点是底部侵蚀、河流相河道充填，被解释为代表候选切谷填充。

较厚、局部发育的辫状平原三角洲，向上先变粗再变细的砂岩单元在 Halten 阶地西北和西部可见，沿 Nordland 岭也有分布（Harris，1989；Pedersen 等，1989）。这些代表沿盆地边界高点下落的倾向坡的盆内源三角洲进积新阶段，例如 Halten 阶地西部和北部的 Sklinna 岭和 Nordland 岭 [图 10.9（A），（B）③]。这些局部的、盆内源河流三角洲沉积岩石与构造复活和盆内物源区隆起有关。这些盆内高点的其他部分，如 Nordland 岭的西翼，被滨线包围；再次形成是对这些构造重新隆起和在地面出现的响应。

对于这两种盆地边缘和盆内源沉积体系，三角洲相带、河口和滨线单元在横向和纵向上交替分布。这表明，与下伏退积段相比，河流三角洲单元的深切作用和合并程度较低，沉积亚环境变化较大。共同出现的三角洲、滨面和河口相带，说明沿沉积走向，三角洲转化为河口，其间为滨线。这些很可能位于宽广的构造海湾内，海湾横跨 Halten 阶地 [图 10.9（A），（B）③]。广泛的潮坪横跨 Halten 阶地东部发育，代表海湾内部或向陆部分。作为一个必然结果，记录在 Halten 阶地西部的大多数河口填充，可能代表在更广的三角洲环境下遗弃的分流。

该退积（海侵）段（中 Ile 段和上 Ile 段），在整个 Halten 阶地变化很大 [图 10.9（A），（B）④]：东南部主要为潮汐构造，河流三角洲沉积岩体海上后退叠加，每个可达 10~15m 厚。这些包括潮控三角洲、潮滨线和潮坪异类岩。阶地的西北部以类似的岩相为主（Ehrenberg 等，1992；Saigal 等，1999；McIlroy，2004；Martinius 等，2005），虽然形成了海上异类岩后退的不对称前进（薄）—后退（厚）叠加，通过陆地，即朝构造高点向西和西北，进入河流相地层。Halten 阶地的中央主要为潮汐构造咸水异类岩，代表受保护的海湾或中央河口盆地沉积，而横向广泛展布的潮坪则继续沿东 Halten 阶地和西部的 Trøndelag 台地沉积。砂质—异类岩潮砂坝和障壁（滨线）沉积在 Halten 阶地西南部可见，分别代表交替的潮控河口和浪控河口。

该段的整体海侵特点，很明显地可由沿 Halten 阶地东南部可见的盆缘沉积系统的后退看出来。相反，围绕盆内高点，如 Sklinna 岭（Ehrenberg 等，1992；Saigal 等，1999；McIlroy，2004；Martinius 等，2005）和 Nordland 岭（Harris，1989；Pedersen 等，1989）分布的局部物源沉积系统，显示一个进积—退积构造，说明局部构造对可容空间形成和沉积物供给的控制。此外，与围绕 Sklinna 岭的沉积系统相比，这些局部物源的系统发育不协调，发育穿时外积，向 Nordland 岭后退。这是由这个地区构造时间和风格的局部变化造成的。

小结：Tofte—Ile 巨层序代表海侵段发育时期的高沉降率和中—高沉积物供给（图 10.3），以及变化很大但逐渐降低的沉积物供给（图 10.9）。在 Halten 阶地的东南部和中部，进积段代表代表正常海退，响应于连续海平面上升期间高且总体为泥质的沉积物供给。主要保存为陆架—三角洲前缘和滨面相带。上 Tofte 段和下 Ile 段的盖层砂岩席被解释为独立的低位三角洲和滨线。

在退积段，沿进积盆缘附着的河流三角洲沉积岩体与沿 Halten 阶地西部和西北部的盆内高点进积—退积的粗粒辫状平原—三角洲—扇三角洲单元平行。通常在盆缘和盆内，以及各种盆内源沉积系统间发育不相关、穿时的层序。这被解释为反映沉积物供给和盆地沉降速率的空间变化。

海侵段沉积结构的变化表明，之前的盆缘低位滨线经历了快速洪泛和沉积关闭。同时，盆地边界高点隆起，以及局部地形复活、局部断块源沉积体系再次进积。因此，从海退段到海侵段，隆起—沉降模式和沉积物供给发生明显变化，这是由于更大的 Halten 阶地区构造复活所致。沉积亚环境高度变化的充填特征和侧向变化，包括海侵段的构造要素和部分地层表面，是侧向沉降—隆起类型和沉积物供给变化的盆地的特点。这表明盆地构造活动的速度增加，整个 Halten 阶地形成一个很大的漏斗形港湾，以构造高点为界，下伏一系列半地堑次盆地。

海退段最上部陆架沙脊的存在与 Tofte 沉积期构造定义的海道变窄有关。盆缘的三角洲系统延展至 Halten 阶地中部，而盆内高点隆起复活（如 Sklinna 岭和 Nordland 岭）促进了局部、裂谷内源沉积系统的进积。这造成横跨西 Halten 阶地的一系列局部海峡连接了不同次盆地，如 Halten 阶地北部和西部地区。这些海峡在发育的构造高点和分离的低位三角洲滨线体之间形成［图 10.9（B）②］。在这些狭窄的海峡中，强烈、通常为单向的水流对之前的三角洲砂岩进行再改造，形成细长的、平行于海峡的沙脊（或复合砂坝），可能与 Reynaud 等（2006）描述的形成于法国东南部的中新世海道和 Anastas 等（2006）描述的形成于新西兰的渐新世—中新世海道类似。海侵阶段的沙脊现在似乎完全嵌入陆架泥岩，而高级次海退阶段形成的沙脊似乎与滨面相连。

## 10.1.7 Garn 巨层序

Garn 组与下伏的 Not 组上部和上覆的 Melke 组底部（图 10.3）形成了一个相对较薄（最厚 200m）的巨层序（图 10.4，图 10.10）。Garn 巨层序代表至少 7Ma 的时间跨度，总体具有进积—加积—退积的特征。Garn 组由辫状平原和河流相地层组成，位于西南部混合潮控—浪控浅水辫状平原三角洲和其间的浪控滨线，以及浪控砂质河口前缘（图 10.10；Gjelberg 等，1987；Harris，1989；Pedersen 等，1989；Ehrenberg 等，1992；Corfield 等，2001；Elfenbein 等，2005）。下部的三角洲前缘、外河口和滨面区局部主要为叠加的混合波浪和潮汐再改造沙脊（Sæther 等，1999），越过远端，进入 Not 组和 Melke 组的陆架泥质砂岩和泥

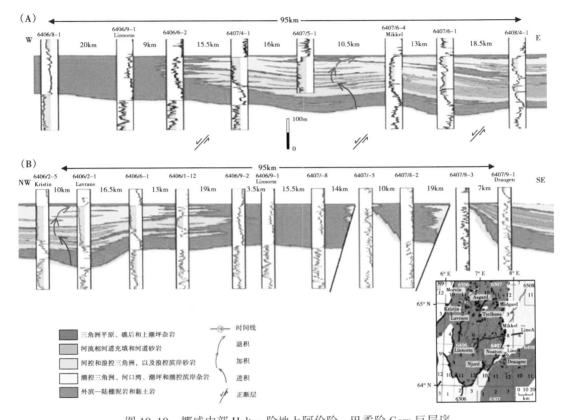

图 10.10 挪威中部 Halten 阶地上阿伦阶—巴柔阶 Garn 巨层序

(A) 东西向连井剖面；(B) 南北向连井剖面。需要注意的是剖面长度（约 95km）小于井间距之和，这是由于剖面为一曲折图形。测井曲线为自然伽马测井曲线

岩（分别相当于 Garn 组的下部和上部；Dalland 等，1988）。

底部边界由 Not 组底部相对较厚的海相外陆架泥岩单元定义。上边界以巴通阶 Melke 组泥岩为代表，代表 Garn 砂岩不再向 Halten 阶地和西部的 Trøndelag 台地区输入。

该进积（海退）段（Not 组和下 Garn 段）由向前的波浪构造河流三角洲沉积岩体叠加构成，一些厚度为 10~35m，代表浪控三角洲和滨线的海退建造作用，多数可能为广阔的海湾充填物 [图 10.11（A），（B）①]。向前步进的叠加上覆底部侵蚀（位于薄层向上变粗的底部部分）、富砂和横向广泛的河流三角洲—河口砂岩席盖层（下 Garn 段）。下 Garn 段由混合波浪和潮汐影响的河流三角洲、边缘海（河口和滨线障壁）和砂质（砂含量一般在 90% 以上）相带组成。砂质性质和相对较粗的粒度表明其为河流三角洲地层，代表平缓、浅水辫状平原三角洲的海退建造作用 [图 10.11（A），（B）②；Harris，1989；Ehrenberg 等，1992]，被解释为代表强制海退—晚期低位正常海退沉积岩体叠加。在较窄和半保护亚盆地，三角洲前缘和外河口砂岩经再改造进入一系列叠加沙脊，而河流构造和波浪再改造的河口坝则在更为宽广和保护更少的亚盆地中保存下来。

该加积段（中 Garn 段）通过一个生物扰动的泥质粉砂岩单元与下伏进积段分离，代表着更高级别的次要洪泛面。该层序的的其余部分由高级河流三角洲沉积岩体叠加形成，包括一个薄层向前步进底部。它包括浪控、潮控和河控砂岩的混合（Ehrenberg 等，1992；Corfield 等，2001），形成砂岩席，其厚度在断层和倾斜的次盆地内变化。该单元被解释为代表砂质、混合能量的辫状平原三角洲与由内—外砂质、浪控、构造形成的河口的交替。这些三角洲及河口在横向分别演变为浪控前三角洲和内陆架地区［图10.11（A），（B）③］。

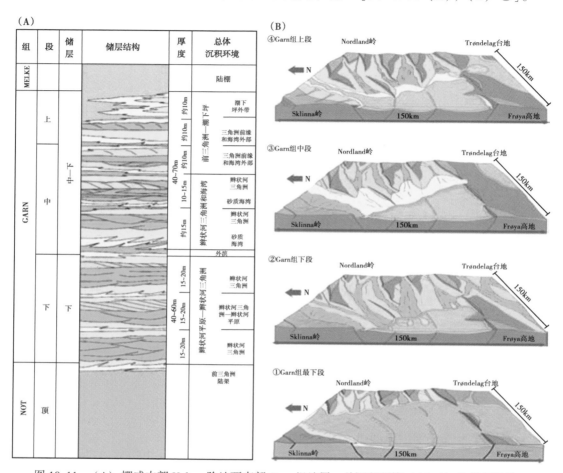

图10.11 （A）挪威中部Halten阶地西南部Garn组地层、总沉积环境（GDES）和储层结构。
（B）Halten阶地Garn巨层序概念化GDEs：①底部正常海退部分；②上覆强制海退部分；
③加积段、辫状三角洲和河口；④上部海进部分或层段。图例参见图10.10

该退积（海侵）段（上Garn段）为砂质单元，充填方式和沉积结构横向变化明显［图10.11（A），（B）④；Ehrenberg，1991；Corfield 等，2001］。这个单元以穿过多数构造高点的不整合面为代表，包括局部断块顶部，有时还有一个薄层海侵滞后位于不整合面之上。Halten阶地中部的次盆地主要为混合波浪结构和潮汐结构的海湾充填（代表浪控海湾充填），以及海上后退结构的潮汐结构、三角洲沉积岩体（代表湾头三角洲）。辫状平原三角洲沉积岩体沿构造高点局部可见，如Sklinna岭和Nordland岭（Harris，1989）。沿着形成于构造高点之间的洼地的西Halten阶地狭窄海峡，形成了活跃的潮流沙脊迁移地点。

Garn巨层序说明在低沉降和沉积速率下的充填（图10.3）。进积段（Not组）的下部代表高位体系域的正常海退。下Garn段的砂岩席盖层被解释为强制海退，形成下降阶段—早期低位体系域。加积段被解释为代表晚期低位体系域，上覆退积段代表海侵体系域。海侵体系域具有明显的横向地层变化，表明沉积亚环境和填充物趋势较大的空间变化。其地层结构特点为盆地沉降—隆起样式和沉积物供应的横向变化，如构造活动盆地。然而，沉降速率在巨层序形成的整个过程中都似乎较低，说明构造活动相对较为平静，形成的构造地形被剥蚀和充填削蚀，甚至完全被剥蚀。

充填最初从较大的盆地边缘、纵向的（NE—SW向）和一系列较小的盆内源沉积系统开始，尽管有一个主要的纵向（NE—SW向）的沉积物分散（图10.11）。随着时间的推移，盆缘系统的沉积物供给逐渐减弱，盆内源供给相对增加（如Sklinna岭和Nordland岭）。这与巨层序发育主要为三角洲到海湾的变化（加积—退积）一致。

Garn巨层序的加积—退积段砂质性质与以下两点有关：（1）总体较低的可容空间形成速率和细屑被连续分隔至外滨；（2）加积和退积阶段年代较老的下Garn段砂隆起和剥蚀，形成了附加的富砂源。

### 10.1.8 巨层序构造和沉积构造

尽管在沉降、盆地地貌、沉积物供给和扩散模式、沉积体系和沉积物粒径方面不同，Tilje、Tofte—Ile和Garn巨层序呈现出类似的总地层构造、外部几何形状和内部叠加样式［图10.12（A）］。巨层序的持续时间（7~9Ma）表明其代表候选二级层序。

下面描述了组成巨层序的不同层段间的成因地层特点以及地层构造的变化。之后给出了对候选控制机构的讨论。

#### 10.1.8.1 进积（退积）段沉积构造

退积段主要为高级、混合浪控和河控河流三角洲沉积岩体的进积叠加。这些代表三角洲的前进和短期后退或沿开阔—半保护（内湾）浪控海岸的冲裂，有时受次要的潮汐影响［图10.12（B），图10.13］。

正常海退段：三角洲滨线进积早期明显速度较慢，在相对海平面上升期间，具有较厚的、逐渐向上变粗的、外滨—滨面或前三角洲—三角洲前缘—分流河道充填特征。

这些特征，以及逐渐的相带转换，代表盆缘的沉积系统在高水位期的正常退积（Van Wagoner等，1990；Helland-Hansen和Gjelberg，1994；Van Wagoner，1995；Helland-Hansen和Martinsen，1996），以横向或横向—纵向联合的三角洲和滨线的形式。面向陆架—近岸海域区主要为交替分布的以泥质内陆架和重力流为主的前三角洲地区。盆边缘系统的早期进积阶段常伴随盆内源沉积系统的后退（或加积）。

强制海退段：海退段的上部岩套主要为向上变粗的薄层，再次代表外滨—滨面或前三角洲—三角洲前缘—分流河道充填层序，经常具有明显的突变相带边界。这些岩套上覆底部侵蚀、经常分离、河流三角洲沉积岩体或多层—多边河流三角洲席状砂盖层。反过来，这些分离的河流三角洲楔或席状砂上覆另一个快速向上变粗的砂质河流三角洲沉积岩体的前进叠加。这代表了相对海平面下降—低水位和相对海平面上升早期或强制海退或下降阶段（Hunt和Tucker，1992；Posamentier等，1992），向海岸和三角洲的海退建造作用的转变，这个过程持续到正常海退低位体系域的早—晚期（Van Wagoner等，1990；Helland-Hansen和Gjelberg，1994；Van Wagoner，1995；Helland-Hansen和Martinsen，1996）［图10.12（B）］。

强制海退或低水位单元有时从下伏的高水位期继续海退建造作用，即以横向或横向—纵向联合的三角洲和滨线系统的形式，例如Tofte—Ile和Garn巨层序，经常有来自从局部、盆内Halten阶地Trøndelag台地源区的额外沉积物补充。在其他情况下，有一个主要向纵向排

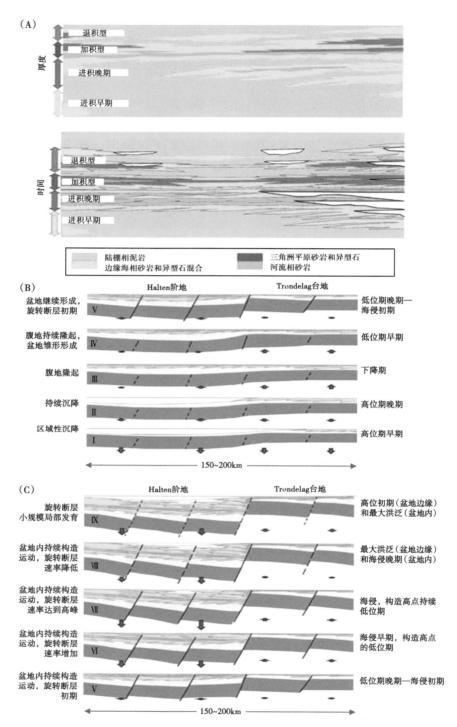

图 10.12 Halten 阶地下—中侏罗统混合、非海相—浅海巨层序概念化层序结构和内部沉积结构
（A）进积段概念化盆地发育和充填响应；（B）加积—退积段；（C）左侧的沉积物供给在概念上表示盆内物源区，沉降和沉积物供给史分离的更深盆地可能位于剖面最西（左）端，剖面是一个理想化的截面，表示沿着南北和东西剖面观察到的趋势，图 10.6、图 10.8 和图 10.10 的连井剖面予以说明。（B）和（C）中的深灰色阴影代表时代更老的巨层序，浅灰色为海相泥岩，黄色为未分化的边缘海和三角洲，橙色是河流席状砂岩

水、沉积物分散和海退建造作用的转变，如作为推断的 Tilje 巨层序（图 10.13）。与此同时，通常盆地地貌从更加开放的海岸向半保护的海湾或海峡转化，经常伴有海流或混合的潮汐向波浪对沉积相影响的加大。地层中充填样式的变化可能代表集水盆地或沉积区域构造速度的增加 [图 10.12（B）；Ravnås 和 Steel，1998；Ravnås 等，2000]。作为一个必然结果，造成相带向盆地方向迁移的相对海平面下降可能根本上是由于构造运动，与盆缘和腹地（Steel，1993）的构造隆升，以及盆地本身的构造复活有关（Ravnås 等，2000）。

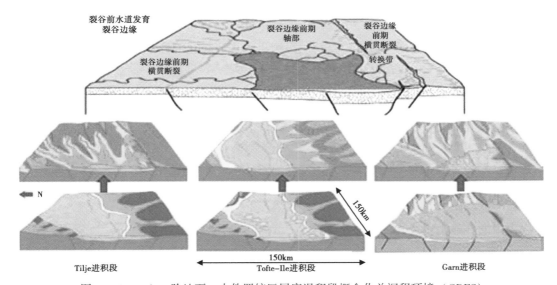

图 10.13 Halten 阶地下—中侏罗统巨层序退积段概念化总沉积环境（GDES）

尽管总体上发育了类似的总层序，Tilje、Tofte、Ile 和 Garn 巨层序的 GDEs 可对比；尽管岩性（如 Tilje 和 Garn 巨层序）和盆地地貌以及沉积系统不同，总体充填样式类似。蓝色代表陆架环境和海湾中部，浅黄色代表内陆架/外滨过渡带和海湾边缘，黄色代表滨线和海湾，橙色代表三角洲分流、海湾和河道，绿色代表三角洲平原和泛滥平原环境，浅褐色代表冲积扇、辫状平原和扇三角洲

在整体沉积构造、海退建造作用类型和方向，以及包含的构造要素（图 10.12，图 10.13）方面，不同的退积段都有明显差别。这些主要与沉积过程中盆地地形和地貌的差异有关。Tilje 和 Tofte—Ile 巨层序的正常退积部分厚度大很多，这说明具有较高沉降速率的海退建造作用进入更深的盆地。纵向或轴向优势充填似乎反映了从早期的开放和沉积物欠充填到晚期增加的限制和沉积物平衡状况的变化，这反映了从正常海退到强制海退的过渡。盆地的能源状态似乎也遵循类似的趋势；波浪的影响主要在正常海退状态，而潮汐影响逐渐增加，在局部是正常海退晚期和强制海退—低水位状态的主要再改造作用。此外，连续的强陆架海流的再改造作用，在高峰海退状态似乎很普遍（如在 Tofte—Ile 和 Garn 巨层序的局部），这归因于总沉积环境（图 10.4）。进积高峰时，盆内高点的初始隆起或扩展使得在构造上孤立的次盆地变窄，之后通过一个窄而浅的海峡网连接在一起。这种反复的盆地地形回春，使半保护的海湾和构造海湾发生变化，波浪能量减弱，水流活动增强（Reynaud 和 Dalrymple，2012）。

### 10.1.8.2 加积段沉积构造

加积段形成了一个相对较厚的浪控和潮控河流三角洲—海湾沉积岩体叠加。这些在盆缘三角洲和滨线反复的前进中形成，由盆缘沉积系统稳步增加供给[图 10.12（C）]，从而充填在更广泛、受潮汐改造的海湾。在高级三角洲后退或冲裂过程中，之前的三角洲沉积地点变为海湾，从分流河道变为大三角洲顶部的"小海湾"，或从构造定义的次盆地变为"构造海湾"或港湾。在这两种情况下，普遍的浪控说明主体为浪控海湾，而非潮控海湾。

加积堆积是由于盆地沉降速率增加。与此同时，从局部盆内源如隆起的构造高点，即沿盆地边界或次盆地边界主断层的地垒和下盘，沉积物供应更新或增加，形成局部发育的进积沉积系统［图10.12（C），图10.14］。这些形成了一系列的侧向（横向）点源系统，在一些巨层序中（Tilje和Garn）与较大的轴向和纵向系统相联系，而在其他巨层序（Tofte—Ile）中则横向结合，形成围绕浮现的高点的细长沿岸/三角洲平原。进入盆地区的入口点为横切断层和接力区（Quin等，2010）。跨越最突出的构造隆起可见不整合，在此形成孤立不整合链或合并形成复合不整合。总之，这表明受到构造引发的沉降和隆起速率空间变化的影响，盆地构造活动更为复杂。

沉降率和沉积物供给的变化（粒径的变化）造成了巨层序间明显的差别，Tilje和Tofte—Ile巨层序的加积段由河流三角洲和海湾相带的混合岩性（异类岩）加积叠加而成。相反，在Garn巨层序的加积段，形成了混合的砂质河流三角洲和海湾相带富砂单元。然而，同样在此巨层序，地层相分区有助于区分叠加或叠合在一起的高级次砂质河流三角洲—海湾单元。

### 10.1.8.3 海侵段沉积构造

海侵段通常显示出较大的填充变化，包括不同的巨层序之间，以及单一巨层序的横向和地层内［图10.12（C），图10.14］。来自总体为退积或补偿后退叠置样式的盆缘沉积系统，再次由叠加的、混合潮汐和波浪构造的河流三角洲沉积岩体组成，但现在具有更清楚的潮汐特征（与下伏的加积部分相比）。这些代表湾头三角洲的海湾充填和由单个次盆地或半地堑定义的浪控—潮控构造海湾（Tilje组和Garn组）充填，或大型的（全盆地）、部分分区的海湾充填（Ile组）（图10.14）。

沉积物供应来自局部盆内源（如沿盆地边界或次盆地边界主断层的构造高点），这些局部盆内源现在演变为更为局部发育的沉积系统［图10.12（C）］。辫状平原沿更大和更高的盆内高点形成，成为构造上更小的和孤立的三角洲下倾的源，而短暂的局部滨线沿较小的和平缓出露的岛形成，这些之前为淹没于水下形成的水下高点。沿着更加突出的盆内高点，经常出现三角洲类型的空间变化，这取决于：（1）沉积物的粒径，形成正常河流—辫状平原三角洲—扇三角洲；（2）局部盆地的能量状态，使形成的三角洲类型从河控变为浪控和潮控。在其他单元，如Tofte—Ile巨层序，主要为潮汐影响—潮控河流三角洲和海湾，来自候选的辫状河系统。

综合起来，这说明海侵段沉积期间较广泛的盆地地区、单个次盆地和边界高点的构造和地貌回春作用速度加快［图10.12（C）］，这是遭受轻微裂谷作用的盆地的典型特征（Ravnås和Steel，1998；Ravnås等，2000）。三叠纪盐强烈影响了其产生的构造类型，可从局部向斜次盆地、波长更短的断块（半地堑）和局部地垒—地堑构造得出（Pascoe等，1999；Corfield和Sharp，2000；Corfield等，2001；Marsh等，2010）。构造样式和其引起的裂谷地形的横向变化，造成在地形和盆地地貌方面，从沉积洼地到边界高点的快速—缓慢的横向变化（图10.14）。这反映了盆地内海侵段发育的不同，包括相带发育和分区、沉积（子）系统、充填样式和地层结构。

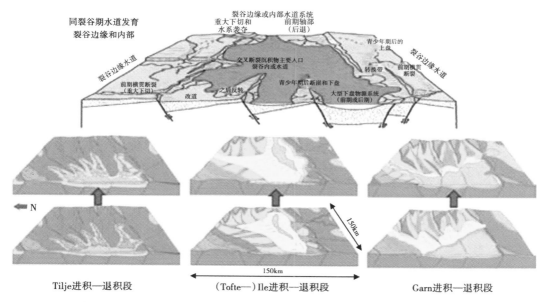

图 10.14 Halten 阶地下—中侏罗统巨层序海侵段概念化总沉积环境（GDEs）

尽管总体上发育了类似的总层序，Tilje、Tofte、Ile 和 Garn 巨层序的 GDEs 可对比。注意由于在盆地构造、沉积物供给和粒径，以及盆地地貌方面的不同，引起了不同巨层序组沉积系统的较大变化。图例参见图 10.13

### 10.1.8.4 巨层序结构

这些巨层序下部为进积段，上部为加积—退积段，可分为几个体系域，包括基底高位正常海退体系域、下降阶段强制海退—晚期正常海退体系域、加积或早期海进体系域和退积或晚期海侵体系域。这些完全可以通过地层堆积样式（Catuneanu 等，2009）或井（岩心）数据推断滨线轨迹模式（Helland‐Hansen 和 Gjelberg，1994；Helland‐Hansen 和 Hamspon，2009）确定。

这些巨层序被定义为具有完整体系域系列的二级成因层序（Galloway，1989）（Brown 和 Fisher，1977；Van Wagoner 等，1988，1990；Posamentier 等，1988；Posamentier 和 Allen，1999）。其组分体系域定义了高级（候选三级）成因层序，依次包括结构差别很大的沉积岩体叠加，即从正常海退，到加积—退积，最后为强制海退。这些位于不同体系域的沉积岩体单元定义了更高级的成因层序，再次显示了在组分体系域（沉积系统）和地层结构方面的不同。对比盆地地质背景或可容空间形成条件的变化时，忽略不同等级尺度下的层序比较，这一点可能已经加入层序地层研究的替代方法，针对其多变性和不一致性（Catuneanu 等，2009，2010，2011）。

相对于其他体系域（Catuneanu 等，2009，2011；Van Wagoner 等，1990），认为早期海侵体系域形成的加积段似乎不太普遍，这可能潜在地反映了地质背景。厚加积段经常在定义裂谷盆地充填的沉积旋回（巨层序）内很发育，特别是形成于晚期裂谷前和裂谷间（早期裂谷后）环境下的沉积旋回（Steel，1993；Ravnås 和 Steel，1998；Ravnås 等，2000）。在这样的条件下，沉降速率和沉积物供给率往往较高，并可能接近平衡。

### 10.1.8.5 总层序结构的主要控制因素

早—中侏罗世巨层序代表了一系列不同规模、成因和物源区的沉积体系。另外，盆地沉降和拉伸（裂陷）速率在单个巨层序沉积过程中的时空变化，对巨层序构造和沉积体系结构［图 10.12（B），（C）］，以及盆地地貌施加了一个额外的基本控制作用（Yoshida 等，2007）。另外，背景沉降和沉积物供应的较大规模变化（图 10.3），在整个早—中侏罗世全面减小，再加上沉积物粒径随时间的变化，这些对同裂谷填充产生了额外的影响。这些在盆地沉降速率和沉积物供给速率方面长期和短期的变化，使早—中侏罗世巨层序间的内部沉积构造不同。由于在整个盆地区域，相对海平面的波动和沉积响应不均匀，海平面信号的影响是次要的。

沉积样式、沉积物供给和可容空间形成的时空变化，反映了早—中侏罗世持续的轻微和变化的构造活动。重复的裂谷作用持续背景沉降，以及海平面的升降变化，导致了挪威—格陵兰海裂谷系统逐渐被淹没（图 10.5），以及重复的地貌回春作用和因此改变的 Halten 阶地盆地结构和沉降模式。

在对北海北部等时海相裂谷盆地充填的研究中，Ravnås 等（2000）对盆地区重复构造作用为巨层序构造的主要控制因素的观点提出争论。Steel（1993）倾向于腹地隆起是富砂砂岩形成的主要控制因素，这是他"裂谷后巨层序"观点的核心。同样的构造地层控制也被援引，用于解释挪威中部裂谷间或者微弱同裂谷情况下的早—中侏罗世充填。因此，这些巨层序是北海北部裂谷间和同生裂谷发生共同作用的典型代表（Steel，1993；Ravnås 等，2000）。

形成巨层序中央富砂核部的下降期—低位体系域［图 10.12（A），（B）］，反映了裂谷边缘及其腹地反复上拱引起的海平面下降，与 Steel（1993）提出的北海北部同期地层的观点类似。从而腹地构造对形成高质量、席状或分离低位储集体具有主要控制作用的观点受到青睐，而盆地构造样式和速率的变化则对加积和海侵段的沉积构造具有显著的控制作用。预测海进体系域或段发育仍具挑战，这同样也适用于温和的同裂谷充填段（Ravnås 和 Steel，1998；Gawthorpe 和 Leeder，2000；Ravnås 等，2000）。然而，一些通用的规则仍然适用，但仔细校准并与盆地的构造史、盆地地貌和盆内高点的泥沙输出量潜力一体化是一个先决条件，以正确评估和预测这些层段内的储层结构和潜力。

在较为典型的同裂谷包之下形成地层低位体，还有一些迹象表明最初的裂谷作用伴随低位沉积［图 10.12（B），（C）］，这说明腹地隆起与之后随之发生的裂谷作用相关。

因此，可以推测裂谷边缘的隆起，应与随后的温和裂谷作用前后的盆地规模的构造作用有关，并且是其一种表现。然而，本区域的构造作用比较缓和，而且不能确定深部的断层是否导致地表断裂地形的形成，或超盐沉积物堆积的披盖褶皱作用是否为早—中侏罗世主要的构造样式。某些沉积楔形体只在一些主要盆地边界断层上盘局部发育，而且仅在一些地层段内部发育，例如 Åre—Tilje 和 Tilje—Ror—Tofte 过渡段。在这种环境下，可能存在断裂地形。更常见的是，观察到地层逐渐向断层方向减薄，这有利于更多的与披盖褶皱有关的圆形地形形成（Sharp 等，2000；Withjack 等，1989；Corfield 和 Sharp，2000；Corfield 等，2001；Marsh 等，2010）。此外，巨层序及其组成部分在单个盆地内具有板状外观，仅可观察到穿过主断层的厚度变化。反过来，这表明单个子盆地主要受断层控制的沉降差异。因此，将正常的同裂谷状态归咎于下—中侏罗统巨层序是有问题的。

## 10.2 结论

在 Halten 阶地，早侏罗世晚期—中侏罗世早期（上辛涅缪尔阶—巴柔阶）是一段构造相对平静期，期间发生了多次微弱的裂谷作用。盆地的沉积充填物由三个海退—海侵的二级层序组成，也称为巨层序，具有如下特征：（1）底部和盖层海泛段形成边界面；（2）进积—退积地层结构通常具有中间加积段，代表主要为盆缘三角洲和海湾系统的海退建造作用。

盆地边缘碎屑楔反复的海退建造作用和后退，主要是对沉积物供给、地质背景、构造引起的盆地沉降，以及相关的腹地盆地结构之间的相互影响的响应。海退段包括较低的高位正常海退部分、强制海退部分和低位正常海退部分。低位正常海退部分经常增厚，形成较厚的前进加积段。海退建造作用开始在构造平静期（高位正常海退部分），之后在腹地隆起和初始盆地裂陷期，形成了强制海退和低位正常海退部分。

海侵段的地层结构和内部沉积结构变化更大，这是对轻度裂谷作用下相对较短时间段内盆地沉降和构造速率增加的响应。高级层序在海侵段内发育，其层序发育、构造以及叠置方式在空间上变化显著。

对于单个巨层序和不同的巨层序而言，不同沉降（抬升）速率、沉积物供给和粒径、盆地地貌、组分沉积系统及其沉积扩散的不同组合将会使空间和地层发生显著变化，同时，也会导致巨层序沉积构造发生显著变化，尽管总沉积构造相似。改进储层预测潜力，要确定储层是否存在、储层几何形状，连通性以及储层质量，因此需要对控制巨层序发育的广泛控制因素进行详细了解。

最后，腹地隆起和盆地裂谷作用的反复出现及其紧密的时间关系表明，应进一步调查精确构造模型中的偶然机制，以研究裂谷盆地演化。

## 致谢

本研究反映了壳牌勘探地质学家和地球物理学家团队在数年内对挪威中部下—中侏罗统的研究工作。感谢同事和合资企业的合作伙伴，感谢 R. J. Steel、H. D. Johnson 和 A. Martinus，对本文进行了审核，并提出了改进意见。

附录 1  Tilje 巨层序用到的岩心数据库

| Tilje 巨层序地层单元 | 井号 | 岩心 | 位置 | | 地层单元 |
|---|---|---|---|---|---|
| | | | 地理位置 | 油气田/发现位置 | |
| 退积序列（岩心长度596m） | 6406/2-3 | #10（27m） | Halten 阶地西部 | Lavrans | Tilje 上段 |
| | 6406/2-1 | #11-15（77m） | Halten 阶地西部 | Lavrans | |
| | 6506/12-6 | #9-10（33.5m） | Halten 阶地北部 | Smørbukk（Åsgar） | |
| | 6506/12-1 | #10-11（20m） | Halten 阶地北部 | Smørbukk（Åsgard） | |
| | 6506/12-5 | #23-27（54m） | Halten 阶地北部 | Smørbukk S（Åsgard） | |
| | 6506/12-3 | #11-12（41m） | Halten 阶地北部 | Smørbukk S（Åsgard） | |
| | 6406/3-2 | #12-14（40m） | Halten 阶地北部 | Trestakk | |
| | 6507/11-1 | #1-5（30.5） | Halten 阶地东北部 | | |
| | 6507/11-3 | #7-9（29.5m） | Halten 阶地东北部 | Midgard | |
| | 6407/2-3 | #9（22m） | Halten 阶地东北部 | Midgard | |
| | 6407/4-1 | #9（5.5m） | Halten 阶地中部 | | |
| | 6407/7-8 | #3-4（34m） | Halten 阶地中部 | Noatun | |
| | 6407/7-A6H | #1（25m） | Halten 阶地南部 | Njord | |
| | 6407/7-5 | #4（24m） | Halten 阶地南部 | Njord | |
| | 6407/7-4 | #2-3（53m） | Halten 阶地南部 | Njord | |
| | 6407/7-2 | #4-5（22m） | Halten 阶地南部 | Njord | |
| | 6407/7-1S | #6-7（30m） | Halten 阶地南部 | Njord | |
| | 6407/10-1 | #5（28m） | Halten 阶地南部 | Njord | |

续表

| Tilje 巨层序地层单元 | 井号 | 岩心 | 位置 | | 地层单元 |
|---|---|---|---|---|---|
| | | | 地理位置 | 油气田/发现位置 | |
| 加积序列（岩心长度617m） | 6406/2-1 | #15-20（103m） | Halten 阶地西北部 | Lavrans | Tilje 中段 |
| | 6506-12/6 | #11-12（47m） | Halten 阶地西北部 | Smørbukk（Åsgard） | |
| | 6506/12-1 | #11-14（42m） | Halten 阶地西北部 | Smørbukk（Åsgard） | |
| | 6506/12-5 | #27（24m） | Halten 阶地西北部 | Smørbukk S（Åsgard） | |
| | 6506/12-3 | #12-15（73m） | Halten 阶地西北部 | Smørbukk S（Åsgard） | |
| | 6406/3-2 | #14-17（46.5m） | Halten 阶地西北部 | Trestakk | |
| | 6406-9-2 | #2-3（35.5m） | Halten 阶地中部 | Linnorm | |
| | 6407/4-1 | #10-14（46m） | Halten 阶地中部 | Linnorm | |
| | 6407/7-8 | #4-6（38m） | Halten 阶地中部 | Noatun | |
| | 6407/7-A6H | #2-3（39m） | Halten 阶地南部 | Njord | |
| | 6407/7-4 | #3-7（45m） | Halten 阶地南部 | Njord | |
| | 6407/7-2 | #5-8（36m） | Halten 阶地南部 | Njord | |
| | 6407/7-1S | #5-9（42m） | Halten 阶地南部 | Njord | |
| 进积序列（强制海退—低位期正常海退；岩心长度280.5m） | 6406/2-1 | #20-23（78m） | Halten 阶地西北部 | Lavrans | Tilje 下段 |
| | 6506/12-6 | #12-13（34.5m） | Halten 阶地北部 | Smørbukk（Åsgard） | |
| | 6406/9-2 | #4（27m） | Halten 阶地中部 | Linnorm | |
| | 6407/7-8 | #6-7（47m） | Halten 阶地中部 | Noatun | |
| | 6407/7-A6H | #3-4（36m） | Halten 阶地南部 | Njord | |
| | 6407/7-5 | #5（27m） | Halten 阶地南部 | Njord | |
| | 6407/7-4 | #7-10（49m） | Halten 阶地南部 | Njord | |
| | 6407/7-2 | #7-9（30m） | Halten 阶地南部 | Njord | |
| | 6407/7-1S | #9-11（52m） | Halten 阶地南部 | Njord | |
| 正常海退（岩心长度：119.5m） | 6407/7-A6H | #5-6（42m） | Halten 阶地南部 | Njord | Åre 组顶部 |
| | 6406/2-1 | #24-26（48.5m） | Halten 阶地西北部 | Lavrans | |
| | 6407/7-4 | #10（4m） | Halten 阶地南部 | Njord | |
| | 6407/7-1S | #12-13（24m） | Halten 阶地南部 | Njord | |

## 附录 2　Tofte-lle 巨层序用到的岩心数据库

| Tofte-lle 巨层序地层单元 | 井号 | 岩心 | 位置 | | 地层单元 |
|---|---|---|---|---|---|
| | | | 地理位置 | 油气田/发现位置 | |
| 退积序列（岩心长度346m） | 6406/2-5 | #7（16m） | Halten 阶地西北部 | Kristin | Ile 上段 |
| | 6406/2-3 | #7（12.5m） | Halten 阶地西北部 | Kristin | |
| | 6406/2-1 | #2（15m） | Halten 阶地西北部 | Lavrans | |
| | 6506/12-7 | #4-7（30.5m） | Halten 阶地北部 | Smørbukk（Åsgard） | |
| | 6506/12-6 | #5（7.5m） | Halten 阶地北部 | Smørbukk（Åsgard） | |
| | 6506/12-5 | #14-15（35m） | Halten 阶地北部 | Smørbukk S（Åsgard） | |

续表

| Tofte-lle 巨层序地层单元 | 井号 | 岩心 | 位置 | | 地层单元 |
|---|---|---|---|---|---|
| | | | 地理位置 | 油气田/发现位置 | |
| 退积序列<br>（岩心长度346m） | 6506/12-3 | #7（14m） | Halten 阶地北部 | Smørbukk S（Åsgard） | Ile 上段 |
| | 6506/12-1 | #4（17m） | Halten 阶地北部 | Smørbukk（Åsgard） | |
| | 6407/11-3 | #4（22m） | Halten 阶地北部 | Midgard | |
| | 6407/2-2 | #7-8（20m） | Halten 阶地东北部 | Midgard | |
| | 6407/2-3 | #4-5（32m） | Halten 阶地东北部 | Midgard | |
| | 6406/8-1 | #1-2（41m） | Halten 阶地西部 | | |
| | 6406/2-3 | #9（25m） | Halten 阶地中部 | Trestakk | |
| | 6407/1-3 | #7（10m） | Halten 阶地中部 | Tyrihans N | |
| | 6406/5-1 | #2（10m） | Halten 阶地中部 | | |
| | 6406/9-1 | #1（4m） | Halten 阶地中部 | Linnorm | |
| | 6407/4-1 | #7（21m） | Halten 阶地中部 | | |
| | 6407/7-8 | #1（12m） | Halten 阶地中部 | Noatun | |
| | 6406/11-1 | #1（1.5m） | Halten 阶地南部 | | |
| 加积序列（岩心长度539.5m） | 6406/2-5 | #7-9（47m） | Halten 阶地西北部 | Kristin | Ile 中段 |
| | 6406/2-3 | #7-8（42m） | Halten 阶地西北部 | Kristin | |
| | 6406/2-1 | #2-3（40m） | Halten 阶地西北部 | Larans | |
| | 6506/12-6 | #6（13m） | Halten 阶地北部 | Smørbukk（Åsgard） | |
| | 6506/12-5 | #7-8（40m） | Halten 阶地北部 | Smørbukk S（Åsgard） | |
| | 6506/12-3 | #15-17（28m） | Halten 阶地北部 | Smørbukk（Åsgard） | |
| | 6506/12-1 | #4-5（27m） | Halten 阶地北部 | Smørbukk（Åsgard） | |
| | 6406/8-1 | #2-3（33.5m） | Halten 阶地西部 | | |
| | 6406/3-2 | #9-14（47） | Halten 阶地中部 | Trestakk | |
| | 6406/5-1 | #2-3（26.5m） | Halten 阶地中部 | | |
| | 6406/9-1 | #1（11.5m） | Halten 阶地中部 | Linnorm | |
| | 6407/4-1 | #7-8（34m） | Halten 阶地中部 | | |
| | 6507/11-3 | #4-5（28m） | Halten 阶地东北部 | Midgard | |
| | 6407/2-2 | #0-11（23m） | Halten 阶地东北部 | Midgard | |
| | 6407/2-3 | #6-7（32.5m） | Halten 阶地东北部 | Midgard | |
| | 6407/6-5 | #1（30m） | Halten 阶地东部 | Mikkel | |
| | 6406/11-1 | #2-3（19m） | Halten 阶地南部 | | |
| | 6407/7-5 | #2（18m） | Halten 阶地南部 | Njord | |
| 进积序列<br>（强制海退—低位期正常海退，岩心长度613.5m） | 6406/2-5 | #9-10（47m） | Halten 阶地西北部 | Kristin | Ile 下段 |
| | 6406/2-3 | #8（3m） | Halten 阶地西北部 | Kristin | Ile 下段—Ror 段顶部 |
| | 6406/2-1 | #3-5（59m） | Halten 阶地西北部 | Lavrans | Ile 下段—Ror 段顶部 |
| | 6506/12-5 | #17-18（9m） | Halten 阶地北部 | Smørbukk S（Åsgard） | Ile 下段 |
| | 6506/12-3 | #9（14m） | Halten 阶地北部 | Smørbukk S（Åsgard） | Ile 下段—Ror 段顶部 |
| | 6506/12-1 | #5-6（28m） | Halten 阶地北部 | Smørbukk（Åsgard） | Ile 下段—Ror 段顶部 |

续表

| Tofte-Ile 巨层序地层单元 | 井号 | 岩心 | 位置 | | 地层单元 |
|---|---|---|---|---|---|
| | | | 地理位置 | 油气田/发现位置 | |
| 进积序列（强制海退—低位期正常海退，岩心长度613.5m） | 6406/8-1 | #4-5（44.5m） | Halten 阶地西部 | Smørbukk S（Åsgard） | Ile 下段 |
| | 6406/3-2 | #11（7.5） | Halten 阶地中部 | Trestakk | Ile 下段 |
| | 6406/5-1 | #3（8m） | Halten 阶地中部 | | Ile 下段 |
| | 6406/9-1 | #2（28m） | Halten 阶地中部 | Linnorm | Ile 下段 |
| | 6406/9-2 | #1（29m） | Halten 阶地中部 | Linnorm | Ile 下段 |
| | 6407/4-1 | #8（4m） | Halten 阶地中部 | | Ile 下段 |
| | 6507/11-3 | #5-6（19m） | Halten 阶地东北部 | Midgard | Ile 下段—Ror-Tofte 段顶部 |
| | 6407/6-5 | #3（54m） | Halten 阶地东部 | Mikkel | Ile 下段—Ror-Tofte 段顶部 |
| | 6407/6-3 | #5（14m） | Halten 阶地东部 | Mikkel | Ile 下段—Ror-Tofte 段顶部 |
| | 6406/11-1 | #4-7（40m） | Halten 阶地东部 | | Ile 下段—Ror-Tofte 段顶部 |
| | 6407/7-5 | #2-3（28.5m） | Halten 阶地南部 | Njord | Ile 下段 |
| | 6407/7-4 | #1（19m） | Halten 阶地南部 | Njord | Ile 下段 |
| | 6406/5-1 | #4-5（25m） | Halten 阶地中部 | | Tofte 上段 |
| | 6406/9-1 | #3（26m） | Halten 阶地中部 | Linnorm | Tofte 上段 |
| | 6406/11-1 | #7-10（35m） | Halten 阶地南部 | | Tofte 上段 |
| | 6407/2-1 | #4（15m） | Halten 阶地东北部 | | Tofte 上段 |
| | 6407/6-5 | #2（22m） | Halten 阶地东部 | Mikkel | Tofte 上段 |
| | 6407/6-3 | #6（10m） | Halten 阶地东部 | Mikkel | Tofte 上段 |
| 正常海退（岩心长度772.5m） | 6406/11-1 | #11（15m） | Halten 阶地南部 | | Ror-Tofte 段上部 |
| | 6406/2-5 | #10-11（36.5m） | Halten 阶地西北部 | Kristin | Ror 段中部—上部 |
| | 6506/12-1 | #6-7（35m） | Halten 阶地北部 | Smørbukk（Åsgard） | Ror 段中部—上部 |
| | 6506/12-5 | #18-23（99m） | Halten 阶地北部 | Smørbukk S（Åsgard） | Ror 段下部—上部 |
| | 6406/2-1 | #5-6（82m） | Halten 阶地西北部 | Lavrans | Ror 段下部—上部 |
| | 6406/2-5 | #11-13（32.5m） | Halten 阶地西北部 | Kristin | Tofte 段中部 |
| | 6406/2-3 | #9（27m） | Halten 阶地西北部 | Kristin | Tofte 段中部 |
| | 6407/7-8 | #2（27m） | Halten 阶地中部 | Noatun | Tofte 段顶部 |
| | 6407/7-2 | #2-3（35.5m） | Halten 阶地南部 | Njord | Ror-Tofte 段中部—上部 |
| | 6407/7-1 | #2-5（66.5m） | Halten 阶地南部 | Njord | Ror-Tofte 段下部—上部 |
| | 6407/10-1 | #3-4（56m） | Halten 阶地南部 | Njord | Ror-Tofte 段/上部—顶部 |
| | 6406/2-1 | #6-9（38m） | Halten 阶地西北部 | Lavrans | Tofte 段下部 |
| | 6406/2-1 | #9-10（29.5m） | Halten 阶地西北部 | Lavrans | Tofte 段下部 |
| | 6506/12-7 | #8（28m） | Halten 阶地北部 | Smørbukk（Åsgard） | Ror&Tofte 段下部 |
| | 6506/12-6 | #7-9（74.5m） | Halten 阶地北部 | Smørbukk（Åsgard） | Ror&Tofte 段中下部 |
| | 6506/12-1 | #8-10（20m） | Halten 阶地北部 | Smørbukk（Åsgard） | Ror&Tofte 段下部 |
| | 6506/12-3 | #10（28.5m） | Halten 阶地北部 | Smørbukk S（Åsgard） | Ror 段下部 |
| | 6406/8-1 | #6（10.5m） | Halten 阶地西部 | | Ror 段下部 |
| | 6406/9-1 | #4（28.5m） | Halten 阶地中部 | Linnorm | Ror 段下部 |
| | 6407/6-3 | #7（28m） | Halten 阶地东部 | Mikkel | Tofte 段下部—中部 |

## 附录3 Garn 巨层序用到的岩心数据库

| Garn 巨层序地层单元 | 井号 | 岩心 | 位置 | | 地层单元 |
|---|---|---|---|---|---|
| | | | 地理位置 | 油气田/发现位置 | |
| 退积序列<br>（岩心长度215m） | 6406/2-5 | #1-3（38.5m） | Halten 阶地西北部 | Kristin | Garn 段顶部 |
| | 6406/2-3 | #1（7m） | Halten 阶地西北部 | Kristin | Garn 段顶部 |
| | 6406/2-1 | #1（8m） | Halten 阶地西北部 | Lavrans | Garn 段顶部 |
| | 6506/12-4 | #2（1.5m） | Halten 阶地北部 | Smørbukk N（Åsgard） | Garn 段顶部 |
| | 6506/12-6 | #3（5m） | Halten 阶地北部 | Smørbukk（Åsgard） | Garn 段顶部 |
| | 6506/12-5 | #7（22m） | Halten 阶地北部 | Smørbukk S（Åsgard） | Garn 段顶部 |
| | 6406/3-3 | #1（3.5m） | Halten 阶地北部 | Smørbukk S（Åsgard） | Garn 段顶部 |
| | 6407/2-3 | #1（25m） | Halten 阶地东北部 | Midgard | Garn 段顶部 |
| | 6407/2-2 | #1-2（13m） | Halten 阶地东北部 | Midgard | Garn 段顶部 |
| | 6406/3-2 | #1-2（11m） | Halten 阶地中部 | Trestakk | Garn 段顶部 |
| | 6406/3-1 | #1（9m） | Halten 阶地中部 | | Garn 段顶部 |
| | 6406/6-1 | #1（11m） | Halten 阶地中部 | | Garn 段顶部 |
| | 6407/1-2 | #1-2（28.5m） | Halten 阶地中部 | Tyrihans S | Garn 段顶部 |
| | 6407/5-1 | #12（9m） | Halten 阶地东部 | | Garn 段顶部 |
| | 6407/6-4 | #1（19m） | Halten 阶地东部 | Mikkel | Garn 段顶部 |
| | 6407/9-4 | #1（5m） | Halten 阶地西部 | Draugen | Garn 段顶部 |
| 加积序列<br>（岩心长度495m） | 6406/2-5 | #1-3（38.5m） | Halten 阶地西北部 | Kristin | Garn 段上部 |
| | 6406/2-3 | #2-5（42m） | Halten 阶地西北部 | Kristin | Garn 段上部 |
| | 6506/12-4 | #2-3（12m） | Halten 阶地北部 | Smørbukk N（Åsgard） | Garn 段上部 |
| | 6506/12-6 | #3-4（17.5m） | Halten 阶地北部 | Smørbukk（Åsgard） | Garn 段上部 |
| | 6506/12-1 | #1（13m） | Halten 阶地北部 | Smørbukk（Åsgard） | Garn 段上部 |
| | 6506/12-5 | #7-8（26m） | Halten 阶地北部 | Smørbukk S（Åsgard） | Garn 段上部 |
| | 6506/12-3 | #1-3（24m） | Halten 阶地北部 | Smørbukk S（Åsgard） | Garn 段上部 |
| | 6406/3-3 | #1-2（27m） | Halten 阶地北部 | Smørbukk S（Åsgard） | Garn 段上部 |
| | 6407/1-3 | #1-3（28m） | Halten 阶地北部 | Tyrihans N | Garn 段上部 |
| | 6407/1-4 | #1（19.5m） | Halten 阶地北部 | Tyrihans N | Garn 段上部 |
| | 6407/2-3 | #1-2（14.5m） | Halten 阶地东北部 | Midgard | Garn 段上部 |
| | 6407/2-2 | #3（22m） | Halten 阶地东北部 | Midgard | Garn 段上部 |
| | 6407/2-1 | #2-3（9.5m） | Halten 阶地东北部 | | Garn 段上部 |
| | 6406/2-6 | #1（27m） | Halten 阶地西部 | | Garn 段（中）—上部 |
| | 6406/3-2 | #2-4（36.5m） | Halten 阶地中部 | Trestakk | Garn 段上部 |
| | 6406/3-1 | #1-3（22.5m） | Halten 阶地中部 | | Garn 段上部 |
| | 6406/6-1 | #1（17.5m） | Halten 阶地中部 | | Garn 段上部 |
| | 6407/1-2 | #3-4（29m） | Halten 阶地中部 | Tyrihans S | Garn 段上部 |
| | 6407/4-1 | #3-4（29m） | Halten 阶地中部 | | Garn 段上部 |
| | 6407/5-1 | #2（6m） | Halten 阶地东部 | | Garn 段上部 |
| | 6407/6-4 | #1（9m） | Halten 阶地东部 | Mikkel | Garn 段上部 |
| | 6407/9-1 | #2-5（27m） | Trøndelag 阶地西部 | Draugen | Garn 段上部 |

续表

| Garn 巨层序地层单元 | 井号 | 岩心 | 位置 | | 地层单元 |
|---|---|---|---|---|---|
| | | | 地理位置 | 油气田/发现位置 | |
| 进积序列（强制海退—低位期正常海退；岩心长度 496.5m） | 6406/2-5 | #3-5（37m） | Halten 阶地西北部 | Kristin | Gam 段上部—中部 |
| | 6406/2-3 | #5-6（27.5m） | Halten 阶地西北部 | Kristin | Gam 段上部—中部 |
| | 6506/12-4 | #3（16.5m） | Halten 阶地西北部 | Smørbukk N（Åsgard） | Gam 段中部 |
| | 6506/12-7 | #2-3（11m） | Halten 阶地北部 | Smørbukk N（Åsgard） | Gam 段上部—中部 |
| | 6506/12-6 | #4（15m） | Halten 阶地北部 | Smørbukk（Åsgard） | Gam 段上部—中部 |
| | 6506/12-1 | #1-2（23m） | Halten 阶地北部 | Smørbukk（Åsgard） | Gam 段上部—中部 |
| | 6506/12-5 | #10-11（39m） | Halten 阶地北部 | Smørbukk S（Åsgard） | Gam 段上部—中部 |
| | 6506/12-3 | #3-5（46.5m） | Halten 阶地北部 | Smørbukk S（Åsgard） | Gam 段上部—中部 |
| | 6407/1-3 | #1-3（28m） | Halten 阶地北部 | Tyrihans N | Gam 段上部—中部 |
| | 6407/1-4 | #1-2（40m） | Halten 阶地北部 | Tyrihans N | Gam 段上部—中部 |
| | 6507/11-2 | #2-3（14m） | Halten 阶地东北部 | | Gam 段上部—中部 |
| | 6407/2-3 | #2-3（20m） | Halten 阶地东北部 | | Gam 段上部—中部 |
| | 6407/2-2 | #4-7（12m） | Halten 阶地东北部 | Midgard | Gam 段中部 |
| | 6407/2-1 | #3（5m） | Halten 阶地东北部 | | Gam 段中部 |
| | 6406/3-2 | #4-6（46m） | Halten 阶地中部 | Trestakk | Gam 段下部—中部 |
| | 6406/3-1 | #3（31m） | Halten 阶地中部 | | Gam 段中部 |
| | 6406/5-1 | #1（24.5） | Halten 阶地中部 | | Gam 段中段 |
| | 6407/4-1 | #4-6（39m） | Halten 阶地中部 | | Gam 段中段 |
| | 6407/6-3 | #1-2（13m） | Halten 阶地中部 | Mikkel | Gam 段中段 |
| | 6407/9-4 | #5（8.5m） | Trøndelag 台地西部 | Draugen | Gam 段中段 |
| 正常海退（岩心长度 357.5m） | 6406/2-5 | #5-6（47m） | Halten 阶地西北部 | Kristin | Gam 段上部—Not 组 |
| | 6406/2-3 | #6（26.5m） | Halten 阶地西北部 | Kristin | Gam 段下部—Not 组 |
| | 6506/12-5 | #11-13（27m） | Halten 阶地北部 | Smørbukk S（Åsgard） | Gam 段下部—Not 组 |
| | 6506/12-3 | #5-6（18.5m） | Halten 阶地北部 | Smørbukk S（Åsgard） | Gam 段下部—Not 组 |
| | 6506/12-1 | #2-3（33m） | Halten 阶地北部 | Smørbukk S（Åsgard） | Gam 段下部—Not 组 |
| | 6407/1-3 | #6（6m） | Halten 阶地北部 | Tyrihans N | Gam 段下部—Not 组 |
| | 6507/11-2 | #2-3（14m） | Halten 阶地东北部 | | Gam 段下部 |
| | 6407/2-2 | #3-4（25.5m） | Halten 阶地东北部 | Midgard | Gam 段下部—Not 组 |
| | 6407/2-2 | #7-8（11m） | Halten 阶地东北部 | Midgard | Gam 段下部—Not 组 |
| | 6407/3-2 | #6-8（31m） | Halten 阶地中部 | Trestakk | Gam 段下部—Not 组 |
| | 6407/4-1 | #6（22m） | Halten 阶地中部 | | Gam 段下部—Not 组 |
| | 6407/6-1 | #1-4（18m） | Trøndelag 台地西部 | | Gam 段下部 |
| | 6407/6-3 | #2-4（50m） | Halten 阶地东部 | Mikkel | Gam 段下部—Not 组 |
| | 6407/10-1 | #2（28m） | Halten 阶地东部 | Mikkel | Gam 段下部—Not 组 |

## 参 考 文 献

Anastas, A., Dalrymple, R. W., James, N. P. and Nelson, C. S. (2006) Lithofacies and dynamics of a cool-water carbonate seaway: mid-Tertiary, Te Kuiti Group, New Zealand. In: *Cool-Water carbonates: Depositional Systems and Palaeoenvironmental Controls* (Eds H. M. Pedley and G. Carannante), *Geol. Soc. Spec. Publ.*, 255, 245–268.

Blystad, P., Brekke, H., Færseth, R. B., Larsen, B. T., Skogseid, J. and Tørudbakken, B. (1995) Structural Elements of the Norwegian Continental Shelf - Part II: the Norwegian Sea Region. *Norw. Petrol. Direct. Bull.*, 8, 44 pp.

Brekke, H. (2000) The tectonic evolution of the Norwegian Sea continental margin with emphasis on the Vøring and Møre basins. In: *Dynamics of the Norwegian Margin* (Eds A. Nøttvedt), *Geol. Soc. Spec. Publ.*, 136, 327–378.

Brown, L. F. and Fisher, W. L. (1977) Seismic stratigraphic interpretation of depositional systems: examples from Brazilian rift and pull apart basins. In: *Seismic Stratigraphy - Applications to Hydrocarbon Exploration* (Ed. C. E. Payton), *AAPG Mem.*, 26, 213–248.

Catuneanu, O., Abreu, V., Bhattacharya, J. P., Blum, M. D., Dalrymple, R. W., Eriksson, P. G., Fielding, C. R., Fisher, W. L., Galloway, W. E., Gibling, M. R., Giles, K. A., Holbrook, J. M., Jordan, R., Kendall, C. G. St. C., Macurda, B., Martinsen, O. J., Miall, A. D., Neal, J. E., Nummedal, D., Pomar, L., Posamentier, H. W., Pratt, B. R., Sarg, J. F., Shanley, K. W., Steel, R. J., Strasser, A., Tucker, M. E. and Winker, C. (2009) Towards the standardization of sequence stratigraphy. *Earth-Sci. Rev.*, 92, 1–33.

Catuneanu, O., Bhattacharya, J. P., Blum, M. D., Dalrymple, R. W., Eriksson, P. G., Fielding, C. R., Fisher, W. L., Galloway, W. E., Gianolla, P., Gibling, M. R., Giles, K. A., Holbrook, J. M., Jordan, R., Kendall, C. G. St. C., Macurda, B., Martinsen, O. J., Miall, A. D., Nummedal, D., Posamentier, H. W., Pratt, B. R., Shanley, K. W., Steel, R. J., Strasser, A. and Tucker, M. E. (2010) Sequence stratigraphy: common ground after three decades of development. *First Break*, 28, 21–34.

Catuneanu, O., Galloway, W. E., Gibling, Kendall, C. G. St. C., Miall, A. D., Posamentier, H. W., Strasser, A. and Tucker, M. E. (2011) Sequence Stratigraphy: Methodology and Nomenclature. *Newsl. Stratigr. Spec. Issue*, 44/3, 246 p.

Corfield, S. and Sharp, I. (2000) Structural style and stratigraphic architecture of fault-propagation folding in extensional settings: a seismic example from the Smørbukk area, Halten terrace, Mid-Norway. *Basin Res.*, 12, 329–341.

Corfield, S., Sharp, I., Häger, K.-O., Dreyer, T. and Underhill, J. (2001) An integrated study of the Garn and Melke formations (Middle to Upper Jurassic) of the Smørbukk area, Halten terrace, mid-Norway. In: *Sedimentary Environments Offshore Norway-Paleozoic to Recent* (Eds O. J. Martinsen and T. Dreyer), *NPF Spec. Publ.*, 10, 199–210.

Dalland, A., Worsley, D. and Ofstad, K. (1988) A lithostratigraphic scheme for the Mesozoic and Cenozoic succession offshore mid- and northern Norway. *Norw. Petrol. Direct. Bull.*, 4, pp. 65.

Doré, A. G. (1991) The structural foundation and evolution of Mesozoic seaways between Europe and the Arctic. *Palaeogeogr. Palaeoclimatol. Palaeoecol.*, 87, 441–492.

Dreyer, T. (1992) Significance of tidal cyclicity for modeling of reservoir heterogeneities in the Lower Jurassic Tilje Formation, mid–Norwegian Shelf. *Nor. geol. tidsskr.*, 72, 159–170.

Dreyer, T. (1993) Geometry and facies of large–scale flow–units in fluvial–dominated fan–delta–front sequences. In: *Advances in reservoir geology* (Ed. M. Ashton), *Geol. Soc. London Spec. Publ.*, 69, 135–174.

Dreyer, T. (1999) Sedimentary environments in the cored part of the Tilje Formation, well 6407/7–A6H, Njord Field. In: *Sedimentary environments offshore norway–paleozoic to recent–extended abstracts* (Eds O. J. Martinsen and T. Dreyer), 129–131.

Ehrenberg, S. N. (1991) Kaolinized, potassium–leached zones at the contacts of the GarnFormation, Haltenbanken, mid–Norwegian continental shelf. *Mar. Petrol. Geol.*, 8, 250–269.

Ehrenberg, S. N., Gjerstad, H. M. and Hadler–Jacobsen, F. (1992) Smørbukk Field: A Gas Condensate Fault Trap in the Haltenbanken Province, Offshore Mid–Norway. In: *Giant Oil and Gas Fields of the Decade 1978–1988* (Ed. M. T. Halbouty), *AAPG Mem.*, 54, 323–348.

Elfenbein, C., Husby, Ø. and Ringrose, P. (2005) Geologically based estimation of kv/kh ratios: an example from the Garn Formation, Tyrihans Field, Mid–Norway. In: *Petroleum Geology of Northwest Europe: Proceedings of the 5th Conference* (Eds A. J. Fleet and S. A. R. Boldy), *Geol. Soc. London*, 537–543.

Færseth, R. B. and Lien, T. (2002) Cretaceous evolution in the Norwegian Sea – a period characterized by tectonic quiescence. *Mar. Petrol. Geol.*, 19, 1005–1027.

Galloway, W. E. (1989) Genetic stratigraphic sequences in basin analysis, I. Architecture and genesis of floodingsurface bounded depositional units. *AAPG Bull.*, 73, 125–142.

Gawthorpe, R. L. and Leeder, M. R. (2000) Tectonosedimentary evolution of active extensional basins. *Basin Res.*, 12, 195–218.

Gjelberg, J., Dreyer, T., Høie, A., Tjelland, T. and Lilleng, T. (1987) Late Triassic to Mid–Jurassic development of the Barents and Mid–Norwegian Shelf. In: *Petroleum Geology of Northwest Europe* (Eds J. Brooks & K. Glennie). Graham & Trotman, London, 1105–1129.

Hallam, A. (1994) Jurassic climates as inferred from the sedimentary and fossil record. In: Palaeoclimates and Their Modelling: With Special Reference to the Mesozoic Era (Eds J. R. L. Allen, B. J. Haskins, B. W. Sellwood, R. A. Spicer and P. J. Valdes), pp 79 – 88, Chapman & Hall, London.

Harris, N. B. (1989) Reservoir geology of Fangst Group (Middle Jurassic), Heidrun Field, offshore Mid–Norway. *AAPG Bull.*, 73, 1415–1435.

Helland–Hansen, W. and Gjelberg, J. G. (1994) Conceptual basis and variability in sequence stratigraphy: a different perspective. *Sed. Geol.*, 92, 31–52.

Helland–Hansen, W. and Hampson, G. J., (2009) Trajectory analysis: concepts and applications. *Basin Res.*, 21, 454–483.

Helland–Hansen, W. and Martinsen, O. J. (1996) Shoreline trajectories and sequences: description of variable depositional–dip scenarios. *J. Sed. Res.*, 66, 670–688.

Hunt, D. and Tucker, M. E. (1992) Stranded parasequences and the forced regressive wedge systems tract: deposition during base-level fall. *Sed. Geol.*, 81, 1–9.

Ichaso, A. A. and Dalrymple, R. W. (this volume) Eustatic, tectonic and climatic controls on an early syn-riftmixed-energy delta, Tilje Formation (Early Jurassic, Smørbukk Field, offshore Mid-Norway).

Kjærefjord, J. M. (1999) Bayfill successions in the Lower Jurassic Åre Formation, offshore Norway: sedimentology and heterogeneity based on subsurface data from the Heidrun Field and analog data from the Upper Cretaceous Neslen Formation, eastern Book Cliffs. In: *Advanced Reservoir Characterisation for the 21st Century* (Ed. T. F. Hentz), *Gulf Coast Section, SEPM Spec. Publ.*, 19th Annual Research Conference, 149–157.

LaFont, F., Capron, A. and Schulbaum, L. (2010) Facies tracts in the Lower-Mid Jurassic (Tilje and Ile) of the Dønna Terrace: Distinguishing sequence stratigraphic patterns from tectonically-forced physiographic changes. In: *From Depositional Systems to Sedimentary Successions on the Norwegian Continental Shelf*, NPF Abstract Volume, 16–19.

Marsh, N., Imber, J., Holdsworth, R. E., Brockbank, P. and Ringrose, P. (2010) The structural evolution of the Halten Terrace, offshore Mid-Norway: extensional fault growth and strain localisation in a multi-layer brittle-ductile system. *Basin Res.*, 22, 195–214.

Martinius, A. W., Kaas, I., Næss, A., Helgesen, G., Kjærefjord, J. and Leith., D. A. (2001) Sedimentology of the heterolithic and tide-dominated Tilje Formation (Early Jurassic, Halten Terrace, offshore mid-Norway. In: *Sedimentary Environments Offshore Norway-Paleozoic to Recent* (Eds O. J. Martinsen and T. Dreyer), *NPF Spec. Publ.*, 10, 103–144.

Martinius, A. W., Ringrose, P. S., Brostrøm, C., Elfenbein, C., Næss, A. and Ringås, J. E. (2005) Reservoir challenges of heterolithic tidal sandstone reservoirs in the Halten Terrace, mid-Norway. *Petrol. Geosci.*, 11, 3–16.

McIlroy, D. (2004) Ichnofabrics and sedimentary facies of a tide-dominated delta: Jurassic Ile Formation of Kristin Field, Haltenbanken Offshore Mid-Norway. In: *The Application of Ichnology to Palaenvironmental and Stratigraphic Analysis* (Ed. D. McIlroy), *Geol. Soc. Spec. Publ.*, 228, 237–272.

Messina, C., Nemec, W., Martinius, A. W. and Elfenbein, C. (this volume) Modelling of a petroleum reservoir composed of large tidal sand ridges encased in shoreface deposits.

Morton, A., Hallsworth, C., Strogen, D., Whitham, A. and Fanning, C. (2009) Evolution of provenance in the NE Atlantic rift: The Early-Middle Jurassic succession in the Heidrun Field, Halten Terrace, offshore Mid-Norway. *Mar. Petrol. Geol.*, 26, 1100–1117.

Mosar, J., Torsvik, T. H. and the BAT-team (2002) Opening the Norwegian and Greenland Seas: Plate tectonics in Mid Norway since the Late Permian. In: *BATLAS-Mid Norway Plate Reconstruction Atlas with Global and Atlantic Perspectives* (Ed. E. A. Eide), Geological Survey of Norway, pp. 48–59.

Nøttvedt, A., Johannessen, E. P. and Surlyk, F. (2008) The Mesozoic of western Scandinavia and easternGreenland. *Episodes*, 31, 59–65.

Osmundsen, P. T., Sommaruga, A., Skilbrei, J. R. and Olesen, O. (2002) Deep structure of the Norwegian Sea area, NE Atlantic margin. *Norw. J. Geol.*, 82, 205-224.

Pascoe, R., Hooper, R., Storhaug, K. and Harper, H. (1999) Evolution of extensional styles at the southern termination of the Nordaland Ridge, Mid-Norway: A response to variations in coupling above Triassic salt. In: *Petroleum Geology of Northwest Europe: Proceedings of the 5th Conference* (Eds A. J. Fleet and S. A. R. Boldy), *Geol. Soc. London*, 83-90.

Pedersen, T., Harms, J. C., Harris, N. B., Mitchell, R. W. and Tooby, K. M. (1989) The role of correlation in generating the Heidrun Field geological model. In: *Correlation in Hydrocarbon Exploration* (Ed. J. D. Collinson), Graham and Trotman, London, 113-130.

Posamentier, H. W. and Allen, G. P. (1999) Siliciclastic sequence stratigraphy: concepts and applications. *SEPM Concepts in Sedimentology and Paleontology*, 7, 210 pp.

Posamentier, H. W., Jervey, M. T. and Vail, P. R. (1988) Eustatic controls on clastic deposition. I. Conceptual framework. In: *Sea Level Changes – An Integrated Approach* (Eds C. K. Wilgus, B. S. Hastings, C. G. St. C. Kendall, H. W. Posamentier, C. A. Ross and J. C. Van Wagoner), *SEPM Spec. Publ.*, 42, 110-124.

Posamentier, H. W., Allen, G. P., James, D. P. and Tesson, M. (1992) Forced regressions in a sequence stratigraphic framework: concepts, examples and exploration significance. *AAPG Bull.*, 76, 1687-1709.

Quin, J. G., Zweigel, P., Eldholm, E., Hansen, O. R., Christoffersen, K. R. and Zaostrovski, A. (2010) Sedimentology and unexpected pressure decline: the HP/HT Kristin Field. In: *Petroleum Geology: From Mature Basins to New Frontiers – Proceedings of the 7$^{th}$ Petroleum Geology Conference* (Eds B. A. Vining and S. C. Pickering), *Geol. Soc. London*, 419-429.

Ravnås, R. and Steel, R. J. (1998) Architecture of marine rift basin succession. *AAPG Bull.*, 82, 110-146.

Ravnås, R., Nøttvedt, A., Steel, R. J. and Windelstad, J. (2000) Syn-rift sedimentary architectures in the northern North Sea. In: *Dynamics of the Norwegian Margin* (Eds A. Nøttvedt et al.), *Geol. Soc. Spec. Publ.*, 167, 133-177.

Reynaud, J. Y. and Dalrymple, R. W. (2012) Shallow-marine tidal deposits. In: *Principles of Tidal Sedimentology* (Eds R. A. Davis and R. W. Dalrymple), Springer Verlag, 339-359.

Reynaud, J. Y., Dalrymple, R. W., Vennin, E., Parize, O., Besson, D. and Rubino, J.-L. (2006) Topographic controls on producing and depositing tidal cool-water carbonates, Uzès basin, SE France. *J. Sed. Res.*, 76, 117-130.

Roberts, D. G., Thompson, M., Mitchener, B., Hossack, J., Carmichael, S. M. M. and Bjørnseth, H. M. (1999) Palaeozoic to Tertiary rift and basin dynamics; mid-Norway to the Bay of Biscay; a new context for hydrocarbon prospectivity in the deep water frontier. In: *Petroleum Geology of Northwest Europe: Proceedings of the 5th Conference* (Eds A. J. Fleet and S. A. R. Boldy), *Geol. Soc. London*, 7-40.

Sæther, T., Bergan, M., Olsen, J., Saigal, G. and Throndsen, I. (1999) Wave- and tide-influenced shallow marine facies: Core examples from the Garn Formation. In: *Sedimentary Environments Offshore Norway – Paleozoic to Recent – Extended Abstracts* (Eds O. J. Martinsen and

T. Dreyer), 129-131.

Saigal, G. C., Amundsen, H. E. F., Bergan, M., Knarud, R., Olsen, J. and Sæther, T. (1999) Understanding the problems related to tidal depositional environments and their sequence stratigraphic interpretations- a few examples from the Jurassic Tilje and Ile Formations, offshore Norway and our approach. In: *Sedimentary Environments Offshore Norway-Paleozoic to Recent-Extended Abstracts* (Eds O. J. Martinsen and T. Dreyer), 121.

Sharp, I. R., Underhill, J. R., Gawthorpe, R. and Gupta, S. (2000) Fault propagation folding in extensional settings: Examples of structural styles and syn-rift sedimentary response from the Suez Rift, Sinai, Egypt. *AAPG Bull.*, 112, 1877-1899.

Steel, R. J. (1993). Triassic-Jurassic megaesequence stratigraphy in the Northern North Sea: rift to post-rift evolution. In: *Petroleum Geology of Northwest Europe: Proceedings of the 4th Conference* (Ed. R. J. Parker), Geol. Soc. London, 2, 99-315.

Svela, K. E. (2001) Sedimentary facies in the fluvial-dominated Åre Formation as seen in the Åre 1 member in the Heidrun Field. In: *Sedimentary Environments Offshore Norway-Paleozoic to Recent* (Eds O. J. Martinsen and T. Dreyer), *NPF Spec. Publ.*, 10, 87-102.

Van Wagoner, J. C. (1995) Overview of sequence stratigraphy of foreland basin deposits: terminology, summary of papers and glossary of sequence stratigraphy. In: *Sequence Stratigraphy of Foreland Basin Deposits: Outcrop and Subsurface Examples from the Cretaceous of North America* (Eds J. C. Van Wagoner and G. T. Bertram), AAPG Mem., 64, ix-xxi.

Van Wagoner, J. C., Posamentier, H. W., Mitchum, R. M., Vail, P. R., Sarg, J. F., Loutit, T. S. and Hardenbol, J. (1988) An overview of sequence stratigraphy and key definitions. In: *Sea Level Changes - An Integrated Approach* (Eds C. K. Wilgus, B. S. Hastings, C. G. St. C. Kendall, H. W. Posamentier, C. A. Ross and J. C. Van Wagoner), *SEPM Spec. Publ.*, 42, 39-45.

Van Wagoner, J. C., Mitchum Jr., R. M., Campion, K. M. and Rahmanian, V. D. (1990) Siliciclastic sequence stratigraphy in well logs, core and outcrops: concepts for highresolution correlation of time and facies. *AAPG Methods in Exploration Series*, 7, 55 pp.

Withjack, M. O., Meisling, K. E. U. and Russell, L. R. (1989) Forced folding and basement-detached normal faulting in the Haltenbanken area, offshore Norway. In: *Extensional Tectonics and Stratigraphy of the North Atlantic Margins* (Eds A. J. Tankard and H. R. Balkwill), AAPG Mem., 46, 567-575.

Yoshida, S., Steel, R. J. and Dalrymple, R. W. (2007) Changes in depositional processes - an ingredient in the generation of new sequence-stratigraphic models. *J. Sed. Res.*, 77, 447-460.

Ziegler, P. A. (1988) Evolution of the Arctic-North Atlantic and the Western Tethys. *AAPG Mem.*, 43, pp. 198.

# 11 挪威 Heidrun 油气田下侏罗统 Åre 组最新沉积与地层模式

Camilla Thrana　Arve Næss　Simon Leary　Stuart Gowland
Mali Brekken　Andrew Taylor　著

翟秀芬　译

**摘要**：挪威中部海上的 Heidrun 油田侏罗系油气藏已生产超过 $135×10^6 m^3$ 石油，其河流三角洲成因（瑞替阶—下普林斯巴阶）的 Åre 组的石油采收率是所有储层中最低的，因此研究该段地层对计算剩余储量和提高石油采收率（IOR）具有重要意义。为了解决与地层对比和精细油气藏模拟相关的问题，本文主要基于岩心和测井资料对 Åre 组进行储层描述研究。研究结果包括对 Heidrun 油田沉积环境的新认识，并修改了储层分带。新的地层格架划分了七个主要分带，包括以油田范围内地层为界的成因上有联系的相带。Åre 组整体上是一个海侵序列，由下而上依次为：（1）Åre 1~2 储层带陆相海岸平原沉积；（2）Åre 3~4 储层带下三角洲平原和分流间湾咸水沉积序列；（3）Åre 5~6 储层带混合波浪影响与潮汐影响的河口沉积；（4）顶部 Åre 7 储层带开阔海临滨沉积。尽管并不能确定每一处分隔这些储层段的区域层序地层界面，本文中提出的地层划分方案在油田范围内被证实较前人所提各种模式更为适用。本文的方案为钻井操作提供了优化的地层控制条件，并对含油气相带的空间分布和几何形态进行更准确的预测。更长远地看，此方案可提供更精确的生产预测和改善采油方法。

**关键词**：河流—三角洲；河口；层序地层学；工业应用；侏罗系；挪威海

Heidrun 油气田位于挪威中部海上（图 11.1，图 11.2；Koenig，1986；Whitley，1992），自 1985 年获得油气发现以来，已经生产了超过 $135×10^6 m^3$ 石油（2010 年数据）。该油气田的油气主要分布在中—下侏罗统 Båt 群（Åre 组和 Tilje 组）和 Fangst 群（Ile 组、Not 组和 Garn 组；图 11.3）的沉积物中。当前，Heidrun 油气田的产量正在逐年下降，在下侏罗统 Åre 组非均质和低产能的储层中仍残存了大规模剩余储量，因此，如何有效地将剩余储量开采出来，是当前该油气田面临的主要问题。现有的油气田开发方案主要集中在修订采油策略、使用更复杂的井网和对小规模边缘钻探目标进行经济评价等方面，因此，有必要对提高石油采收率（IOR）的措施和提高石油产量（EOR）的方法进行深入研究，以便在该油气田继续获得重大油气发现。

多年来，对 Åre 组的地质认识和油藏特征的描述面临着诸多挑战，因为：（1）储层由复杂的河流相—边缘海相三角洲和潮控沉积物组成。虽然自该油气田投产以来，概念沉积模型便已经存在，但在许多情况下，前期的模型缺少根据钻井资料确定的层序地层界面，从而阻碍了对储层侧向延伸趋势和垂向叠置模式的准确预测。此外，有限的生物地层资料阻碍了井控地层格架的建立，在全油气田范围内几乎未识别出非常连续的标志层。（2）构造的复杂性和稳定储层带的缺失使得对现有钻井资料难以解释，从而阻碍了后期钻探目标的确定。

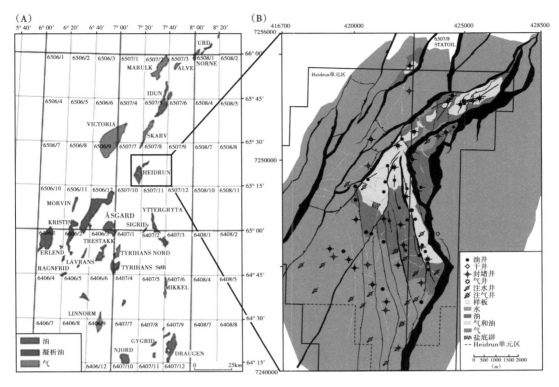

图 11.1 （A）挪威中部海上 Halten 阶地油气田位置（据挪威石油管理局）；
（B）Heidrun 油气田的详细构造和 Åre 组顶部的油水界面

图 11.2 下侏罗统 Åre 组沉积期北大西洋海道的岩相古地理图（据 Doré，1991，修改）

（3）由于最新钻井的结果与先前储层的分带方案存在矛盾，因此，现有的地质模型已经过时，其预测能力非常有限。

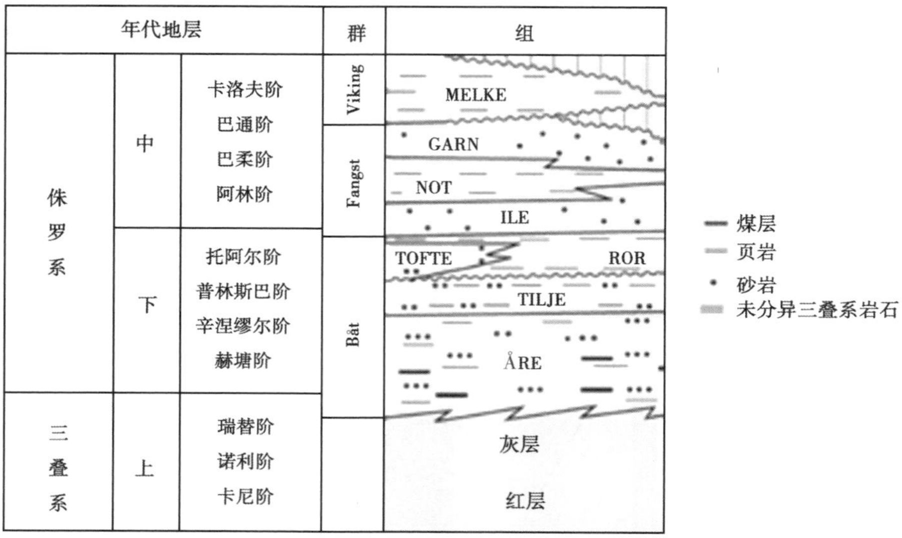

图 11.3　Halten 阶地三叠系—侏罗系沉积序列和岩相地层剖面图（据 Dalland 等，1988，修改）

为了应对该油气田生产晚期面临的诸多挑战，有必要建立一个全新的沉积和地层模型。2003 年，开展了大规模的多学科油藏表征研究，2007 年，根据得到的地质模型，进行了地层建模和数值模拟。本文主要描述研究中取得的成果。

## 11.1　资料库和方法

大量的地质和工程研究结果表明，Herdrun 油气田是一个成熟的油气田。在油藏表征方面面临的一个重大挑战是如何将现有的资料与新资料相互融合，从而保持两者的一致性和连贯性以及更新现有的地质概念。

Herdrun 油气田的面积约为 16km×8km［图 11.1（B）］，井距为 150m 至几千米，通常约为 700m。在该油气田中共有 77 口井钻遇了 Åre 组，但仅有 18 口井钻达了该地层段的最底端，对 15 口井钻遇的 Åre 组完成了取心（总计 1362m）。本研究主要是基于对这些岩心的沉积和遗迹岩石的详细研究来完成的。

根据 49 口井的岩相资料和 46 口井的遗迹组构资料确定了能够指示非海相、边缘海相和海相沉积环境的 18 个相组合（图 11.4）。根据常规测井曲线的地质解释，这种相组合划分方案同样适用于其他未取心的地层段。根据取心段定义的敏感测井曲线（GR/RHOB/NPHI）可以用来识别岩相的垂向分布和重要的地层界面（图 11.4）。

虽然在井距较短的钻井之间，连井对比能够相对直接反映地层的变化，但在某些地层段内，地层厚度的大规模变化和复杂的岩相变化使对比存在相当大的不确定性。这一复杂性和不确定性在边缘海沉积环境中表现非常明显，因为在该沉积环境中，潮汐作用、波浪作用和河流作用相互影响，使沉积物沿着沉积走向发生了大规模变化。

根据关键地质界面地层格架内的岩相对比和垂向叠置模式将 Åre 组划分成了 7 个主要的

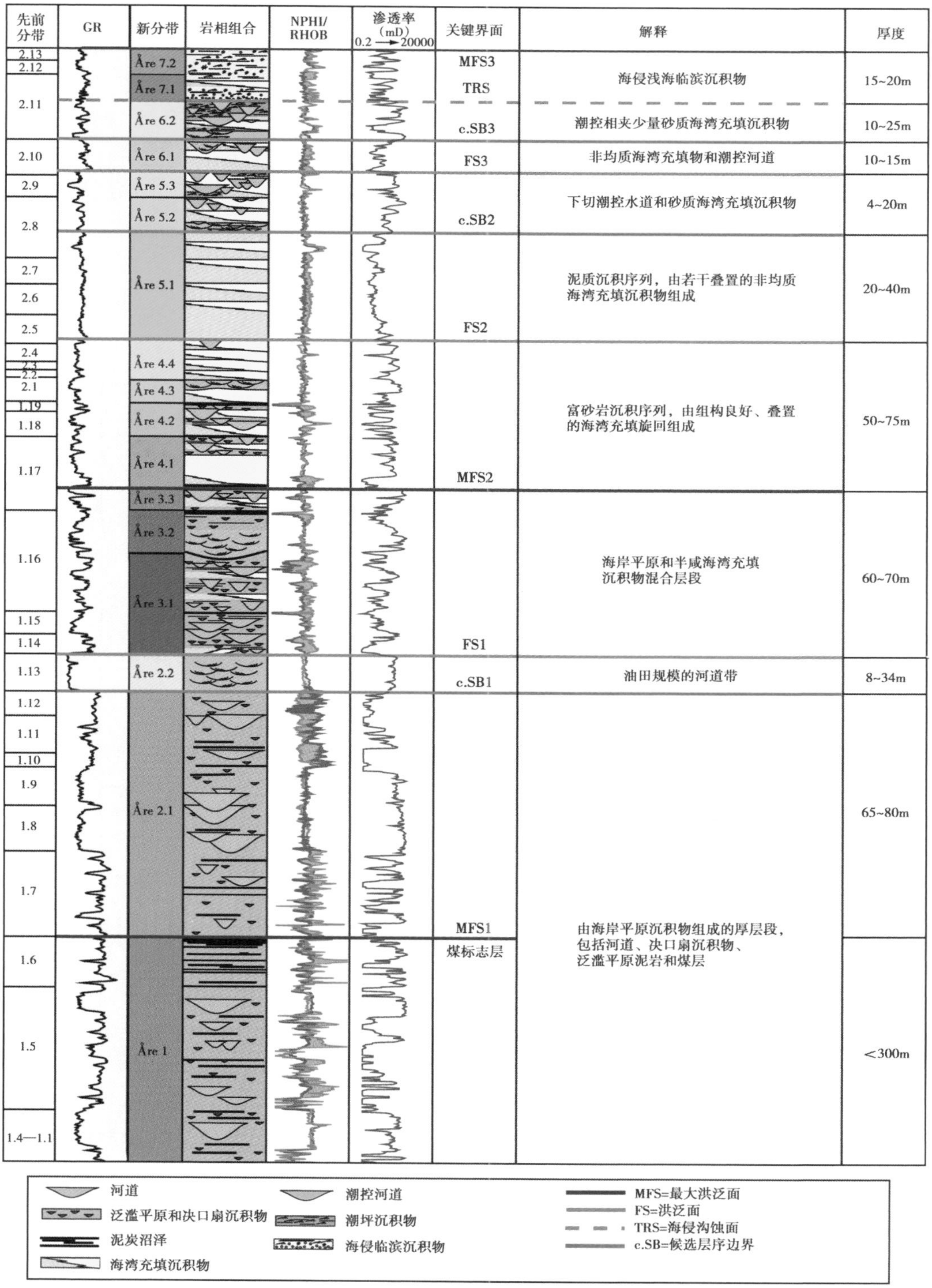

| 先前分带 | GR | 新分带 | 岩相组合 | NPHI/RHOB | 渗透率(mD) 0.2→20000 | 关键界面 | 解释 | 厚度 |
|---|---|---|---|---|---|---|---|---|
| 2.13 | | Åre 7.2 | | | | MFS3 | 海侵浅海临滨沉积物 | 15~20m |
| 2.12 | | Åre 7.1 | | | | TRS | | |
| 2.11 | | Åre 6.2 | | | | c.SB3 | 潮控相夹少量砂质海湾充填沉积物 | 10~25m |
| 2.10 | | Åre 6.1 | | | | FS3 | 非均质海湾充填物和潮控河道 | 10~15m |
| 2.9 | | Åre 5.3 | | | | | 下切潮控水道和砂质海湾充填沉积物 | 4~20m |
| 2.8 | | Åre 5.2 | | | | c.SB2 | | |
| 2.7 | | | | | | | 泥质沉积序列,由若干叠置的非均质海湾充填沉积物组成 | 20~40m |
| 2.6 | | Åre 5.1 | | | | | | |
| 2.5 | | | | | | FS2 | | |
| 2.4 | | Åre 4.4 | | | | | | |
| 2.3 | | | | | | | | |
| 2.2 | | Åre 4.3 | | | | | | |
| 2.1 | | | | | | | 富砂岩沉积序列,由组构良好、叠置的海湾充填旋回组成 | 50~75m |
| 1.19 | | Åre 4.2 | | | | | | |
| 1.18 | | | | | | | | |
| 1.17 | | Åre 4.1 | | | | MFS2 | | |
| | | Åre 3.3 | | | | | | |
| 1.16 | | Åre 3.2 | | | | | 海岸平原和半咸海湾充填沉积物混合层段 | 60~70m |
| 1.15 | | Åre 3.1 | | | | | | |
| 1.14 | | | | | | FS1 | | |
| 1.13 | | Åre 2.2 | | | | c.SB1 | 油田规模的河道带 | 8~34m |
| 1.12 | | | | | | | | |
| 1.11 | | | | | | | | |
| 1.10 | | | | | | | | |
| 1.9 | | Åre 2.1 | | | | | | 65~80m |
| 1.8 | | | | | | | | |
| 1.7 | | | | | | | | |
| | | | | | | MFS1 | 由海岸平原沉积物组成的厚层段,包括河道、决口扇沉积物、泛滥平原泥岩和煤层 | |
| 1.6 | | | | | | 煤标志层 | | |
| 1.5 | | Åre 1 | | | | | | <300m |
| 1.4—1.1 | | | | | | | | |

图例:
- 河道
- 潮控河道
- MFS=最大洪泛面
- 泛滥平原和决口扇沉积物
- 潮坪沉积物
- FS=洪泛面
- 泥炭沼泽
- 海侵临滨沉积物
- TRS=海侵沟蚀面
- 海湾充填沉积物
- c.SB=候选层序边界

图 11.4 Heidrun 油气田 Åre 组储层分带方案
展示了各个储层带的沉积特征和相关的测井曲线特征(根据 6507/7-A-46 井资料)。先前的储层分带根据 Kjærefjord(1999)和 Svela(2001)修改

储层带，并进一步划分了 17 个亚带（图 11.4）。根据这一地层格架以及对来自成像测井曲线（FMI，全井眼地层微成像测井仪）倾角资料的沉积学分析，明确了远源相和近源相之间的关系和沉积趋势。岩相分布图展示了每个储层带沉积环境的沉积背景和典型的时间切片。

两次生物地层学研究的结果证实了 Åre 组的年代地层对比。Pedersen 等（1989）和内部对孢粉地层学的研究表明存在非海相疑源类、无花粉/孢子有机碎屑和海相孢粉（沟鞭藻囊孢、疑源孢和绿枝藻）。然而，由于岩相之间的关联性非常紧密，对于年代地层对比而言，孢粉生物带的用途非常有限。此外，还进行了大孢子分带研究，以尝试提高 Åre 组非海相段最下部的地层分辨率。虽然取得的研究结果与挪威中部 Åre 组区域大孢子生物分带的结果是一致的（Morris 等，2009；图 11.5），但是 Heidrun 非海相沉积序列内储集带的分辨率并没有通过大孢子的生物分带而提高。

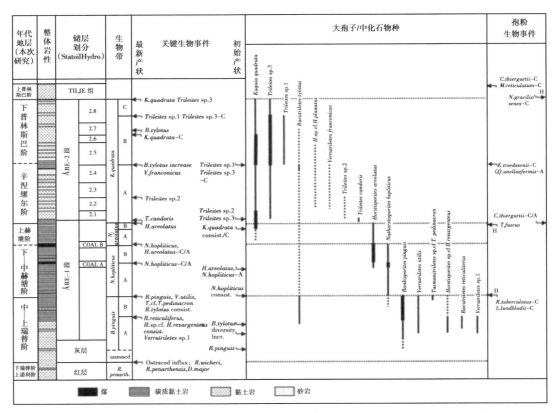

图 11.5　根据孢粉学和年代地层学编制的 Halten 阶地 Åre 组生物分带方案（据 Morton 等，2009）
注意在区域分带方案中，整个 Åre 组被划分成了两个主要的储层带（Åre-1 段和 Åre-2 段）。该方案不能与 Heidrun 油气田 Åre 储层的分带方案直接对比，但是内部的生物地层学研究表明区域生物带可以与 Heidrun 油气田的储层带进行对比。煤层 A 相当于中赫塘阶顶部 Åre1 煤层标志层（图 11.4）；辛涅缪尔阶 Åre 2.1 最下端（K.quadrata 生物带底部）相当于 Åre 3 带；在下普林斯巴阶 Åre 顶部，Åre 2.8 顶部相当于 Heidrun 方案 Åre 7 带的顶部（图 11.4）

利用钻井的动态资料对本研究建立的某些沉积学和地层学概念进行了验证。例如，将流动单元潜在的和已证实的隔挡层、根据岩石物理压力梯度确定的砂体连通性、井测试资料和生产动态资料与不同储层带的地质认识进行了对比。

## 11.2 地质背景

下侏罗统 Båt 群 Åre 组由瑞替阶—下普林斯巴阶海岸平原—三角洲平原砂岩组成，厚度约为 670km（图 11.3，图 11.4）。少数井钻穿了 Åre 沉积序列的底部直至下伏三叠系冲积相灰层。大孢子 *Bankisporites pingus*（图 11.5）和孢粉生物地层 *Ricciisporites tuberculatus/Limbosporites lundbladii* 事件（Pedersen 等，1989）均证实 Åre 的底部为瑞替阶。

Åre 组与下普林斯巴阶—下托阿尔阶潮控 Tilje 组继承发育（图 11.3）。Dalland 等（1988）定义了挪威中部海上中生代—新生代沉积序列的岩石地层格架。区域地层格架很大程度是根据孢粉地层学（Pedersen 等，1989）和未公开发表的内部研究报告确定的。在挪威中部和挪威北部的若干陆上油气田中均发现了 Åre 组（Dalland 等，1988）。虽然 Åre 组的划分方案在不同的油田中各不相同，但总体上，这套地层可以被划分为两个段：Åre-1 段和 Åre-2 段（图 11.5），两段之间的边界被定义为最年轻的含煤地层的顶部（Dalland 等，1988；Svela，2001），同时，这一边界也是 Åre 组上部海岸平原沉积物与 Åre 组下部边缘海沉积物的分界线。

Åre 组整体的海侵特征反映了早侏罗世北大西洋裂谷系统发育过程中 Halten 阶地盆地的构造演化过程。在此期间，这一克拉通内裂后盆地向北部特提斯海张开，估计面积为 600km×200km（图 11.2；Doré，1991；Kjårefjord，1999）。Åre 组最古老的部分由河道砂岩、泥炭沼泽煤层和泛滥平原泥岩沉积序列组成，被解释为低幅度和潮湿海岸平原沉积环境（Åre 1 带和 Åre 2 带；瑞替期—赫塘期；图 11.4；Dalland 等，1988），根据在 Åre 组中部发现的多个边缘海分流间湾以及沼泽和分流河道充填相组合，可以判断沉积环境后来逐步过渡到了下三角洲平原环境（Åre 3 带和 Åre 4 带；赫塘期—辛涅缪尔期；图 11.4；Kjærefjord，1999；Svela，2001）。随后，到 Åre 组的最上部，沉积环境又过渡到更加开阔的海相环境（Åre 5 带、Åre 带 6 和 Åre 7 带；辛涅缪尔期—早普林斯巴期；图 11.4），开阔海相环境一直持续到整个 Tilje 组最下部沉积期（Kjærefjord，1999；Martinius 等，2001）。沉积环境的变化是由盆地形态的重大变化引起的，而盆地形态的重大变化与南部特提斯海和北部 Boreal 海之间海道的形成密切相关（Kjærefjord，1999；Martinius 等，2001）。

利用物源敏感重矿物比、矿物化学和碎屑锆石的 U/Pb 定年对综合物源进行了分析，结果表明 Åre 组的主要物源区从盆地西部边缘（东格陵兰物源区）向盆地东部边缘（挪威大陆物源区）发生了偏移（Morton 等，2009）。来自 Åre 组非海相层段的资料表明 Åre 组最下部的物源来自东格陵兰边缘物源区（图 11.2），在 Åre 组内部，来自物源区的沉积物自下而上逐步减少，研究认为，Åre 组的最上部和上覆 Tilje 组的物源主要来自挪威边缘物源区（Martinius 等，2001）。物源的变化主要是在海平面逐步上升过程中，来自东格陵兰的沉积物供给逐步局限造成的。内部资料根据 Sm/Nd 同位素对物源年龄进行了分析，证实了这一趋势。Mearns 等（1989）和 Brekke 等（1999）对 Tampen 地区同时代的 Statfjord 组进行了研究（距离 Heidrun 南部约 300km），结果表明，瑞替期—辛涅缪尔期，位于盆地西部或北部的构造隆起可能是位于挪威陆架上河流系统的重要物源区（Ryseth，2001）。

## 11.3 沉积模式和地层格架

根据岩心资料共识别出了49种岩相[图11.6（B）]和18个相组合，其沉积环境存在巨大差异，从海岸平原环境到近海环境（图11.4，图11.7）。所有的相组合主要在4种沉积

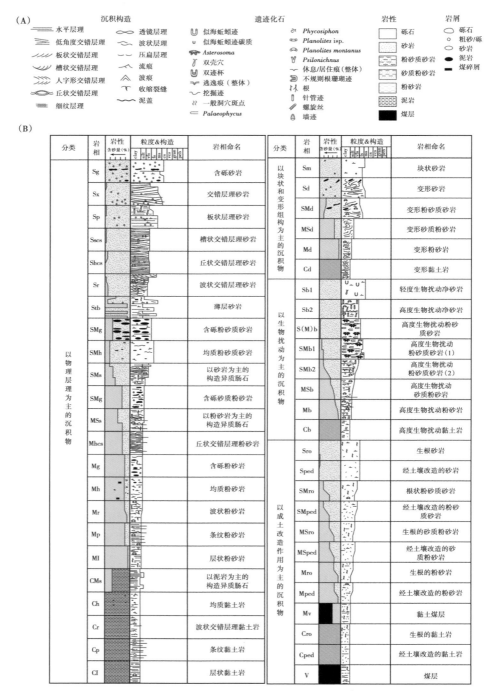

图11.6 （A）岩相和相组合划分方案图例以及岩心描述；（B）在 Åre 组中识别出的岩相的主要特征

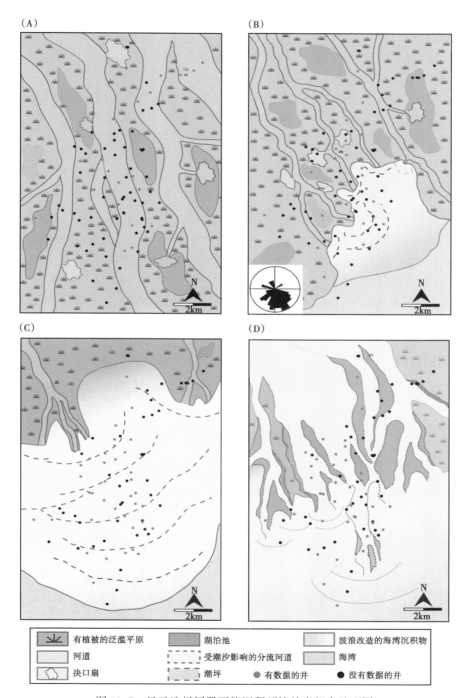

图 11.7 显示选择层段可能沉积环境的岩相古地理图

沉积环境是根据井资料确定的，在没有井控制的地区，沉积环境是根据总体的概念认识确定的。（A）古地理图，显示上 Åre 2.1 亚带河流海岸平原可能的沉积背景。（B）Åre 3.1 亚带时间切片实例，显示半咸水海湾的首次发育。玫瑰图显示了根据整个 Åre 3 带根据现有倾角数据确定的古洋流方向。（C）Åre 4 带内的地层段，主要由侧向混积的波浪改造的海湾沉积物组成。（D）Åre 5.2 亚带的古地理图，该层段对应充填下切系统的潮控相沉积物首次发育，物源方向为北西—南东向

背景中发育：（1）河流（洪流）海岸平原；（2）下三角洲平原（半咸水分流间湾）；（3）混合波控和潮控河口湾；（4）海侵临滨（图 11.4）。在 Åre 组沉积期，地层和储层带边界记录了沉积环境的显著变化（图 11.4）。利用沉积相的叠置模式和关键地层界面的对比对 Åre 组的沉积史进行了解释，建立了 Åre 组的地层格架。

Dalland 等（1988）提出在 Heidrun 地区，Åre 组可以被划分为两个储层带，Åre 1 带和 Åre 2 带，其又被进一步划分成了 32 个储层亚带，主要反映了流动单元和非流动单元（图 11.4）。本研究提出的储层分带方案将 Åre 沉积序列划分成了 7 个储层带（Åre 1—Åre 7 带，共 17 个亚带；图 11.4）。

### 11.3.1 关键地层标志层

在 Åre 组内，最可靠的可对比标志层是各种洪泛面，它们是本文进行地层分析的基础，然而，对于 Heidrun 油气田的 Åre 组而言，这些洪泛面不是狭义的准层序洪泛面（Van Wagoner 等，1988），而是以压实沉积物和沉积体系在油气田尺度上的变化为标志的水体相对加深事件。这些海侵事件对应洪泛面（FS）、最大洪泛面（MFS）或海侵沟蚀面（TRS）（Galloway，1989；Posamentier 和 Vail，1988；Van Wagoner 等，1988），详见图 11.4 和表 11.1。在岩心上，0.5~5m 厚泥岩层段的出现是水体加深事件发生的标志（图 11.8），这些泥岩层段以生物扰动作用（咸水和海水遗迹组构的出现）为特征，在某些情况下，以方解石的胶结作用（例如 MFS2、TRS 和 MFS3）为特征（表 11.1，图 11.8）。Hammer 等（2010）提出

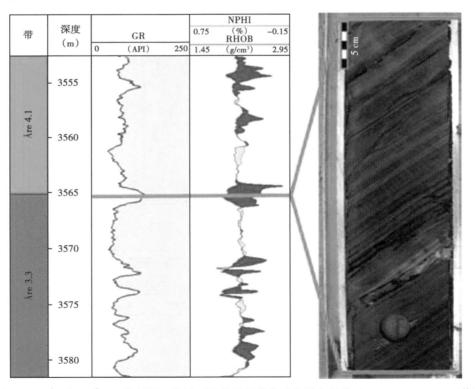

图 11.8 Åre 组（Åre 3 带顶部）洪泛面的特征测井曲线和岩心照片（6507/8-D-4BHT3 井）
在岩心上，典型的特征是在 NPHI/RHOB 测井曲线上，异类岩层状黏土岩—泥岩与页岩显著分离，GR 曲线显著增加。注意，RHOB 的峰值表明在埋深 3564m（测量深度）发生了方解石胶结作用

在 Åre 组地层内，与关键地层标志层相关的方解石胶结层可能也与化石碎屑的浓缩作用有关，这意味着洪泛事件可能引起了沉积匮乏和浓缩。

本研究中识别出的若干洪泛面相当于年代地层标志的生物地层事件（表 11.1），与其他研究中定义的洪泛面可能存在时间差，然而，根据生物带的分辨率不足以明确这一时间差。在 Åre 组中，虽然复杂的断层分段性可能通过产生流体流动的通道而掩盖了沉积学上隔挡层的实际变化范围，但是，在某些情况下，利用压力和生产动态数据可以确定富泥岩洪泛面的侧向变化范围。在两个储层带边界，根据沉积相的大规模变化确定了不同的地震层位（MFS1 和 TRS；表 11.1），这些变化与声波阻抗的显著变化相关。

表 11.1 关键地层界面的主要特征

| 关键界面 | 地震标志层 | 年代地层 | 界面特征 |
| --- | --- | --- | --- |
| Åre 7 带顶部（MFS3） | 无 | 下普林斯巴阶 | 生物扰动和方解石胶结的泥岩/异类岩，厚度为 1~1.5m。岩相过渡：从 Åre 7 带的临滨沉积物过渡为受风暴影响的 Tilje 组前三角洲沉积物 |
| Åre 6 带顶部（TRS） | 有 | | 以重新改造的滞留沉积和方解石胶结作用为特征的侵蚀面。岩相变化：从潮道沉积物过渡为浪控沉积物。在整个界面中可以看到海相遗迹化石组合的重大变化 |
| Åre 6.1 亚带顶部（候选 SB3） | 无 | | 平缓侵蚀面。岩相变化：从受波浪影响的海外沉积物过渡到潮控沉积物 |
| Åre 5 带顶部（FS3） | 无 | | 泥岩或异质岩 0.5~2m 厚。岩相变化：从受潮汐影响的岩相过渡到异质海湾充填沉积物 |
| Åre 5.1 亚带顶部（SB2） | 无 | | 10m 幅度的侵蚀面，与底部泥质碎屑物的滞留沉积相关。岩相变化：从以泥岩为主的浪控海湾沉积物过渡到砂质潮控河道砂岩 |
| Åre 4 带顶部（FS2） | 局部/分段 | | 泥岩或异质岩，0.5~3m 厚。岩相变化：从以砂岩为主的岩相过渡到以泥岩为主的海湾沉积相 |
| Åre 3 带顶部（MFS2） | 无 | 基底/下辛涅缪尔阶 | 厚层状碳质泥岩和黏土岩，与方解石的胶结作用和生物扰动作用有关，2~5m 厚。岩相变化：从混合海岸平原和半咸水分流间湾沉积物过渡到广泛沉积的以砂岩为主的海湾充填物 |
| Åre 2 带顶部（FS1） | 无 | | 厚层咸水泥岩，1~3.5m 厚，局部与泥炭沼泽沉积物交替发育。沉积相变化：从河道相过渡到边缘海海湾相 |
| Åre 2.1 亚带顶部（候选 SB1） | 无 | | 全油气田范围内下切的河道带。该界面与含砾石的滞留沉积物和地形起伏的不断变化有关 |
| Åre 1 带顶部/煤标志层（MFS1） | 有 | 中赫塘阶 | 泥炭沼泽煤层和湖相泥岩组合，厚度为 10~46m。沉积相变化：标志着河道叠置模式的变化和从潮湿未成熟的泛滥平原古基底过渡到成熟的泛滥平原古基底 |

储层地层可以被进一步划分为若干亚带（图 11.4），这些亚带的边界为次要洪泛面，反映了海岸系统中沉积物的局部旋回变化，与古海岸线大规模的向陆运动无关。术语"候选洪泛面"适用于这些事件。

此外，一些以发生大规模侵蚀作用为特征的界面也被识别为可对比的地层标志层，表现出向以砂岩为主的河道沉积物的突变（候选 SB；表 11.1）（Sloss 等，1949）。这些界面可能是基准面下降形成的。候选层序边界通常不能用来描述储层带，但是在某些情况下，可以定义储层亚带（图 11.4）。

### 11.3.2 Åre 1 带和 Åre 2 带：河流（洪流）海岸平原

下 Åre 组（Åre 1 和 Åre 2 储层带；图 11.4）的河流海岸平原沉积物厚度达 470m，其相组合可以划分为：河道（FA5）、决口扇（FA4）、古土壤（FA3）、湖相泥岩（FA2）和泥炭沼泽（FA1；图 11.9、图 11.10 和图 11.11）。通过对来自 Åre 组下部的河道沉积物（FA5）进行大规模取心，识别出了两种主要的河道充填物：(1) 薄层富含砂岩的单层河道带（3~5m）；(2) 厚层、多层以砂岩为主的河道带（5~35m），表现为多个内部冲刷面。单层河道沉积物具有侵蚀底界，粒度向上变细，在其上部发育异质岩地层。河床的规模和粒度向上逐步减小（从沙丘尺度到波纹尺度的交错层理），反映了水流强度的逐步减弱，这是由河道边缘和邻近点沙坝的侧向运移造成的。具有多层结构的河道带沉积物不但具有突变的底界，还具有突变的顶界，主要以砂岩为主，在粒度上缺少垂向变化（图 11.12）。这一河道充填模式可能表明沉积作用发生在河道下游加积的河床上。根据地下钻井资料的垂向剖面来对河道进行解释是存在问题的，但是，为了对储层进行描述，在对储层的关键要素进行分类和模拟时，对河道砂体的划分仍然采用了这一简单的两分法。

| 整体环境 | 次级环境（相组合） | 岩性含砂量(%) | 粒度和构造 | 岩相 主要 | 岩相 次要 | 描述 |
|---|---|---|---|---|---|---|
| 河流（洪流）海岸平原沉积物 | 河道（FA5） | 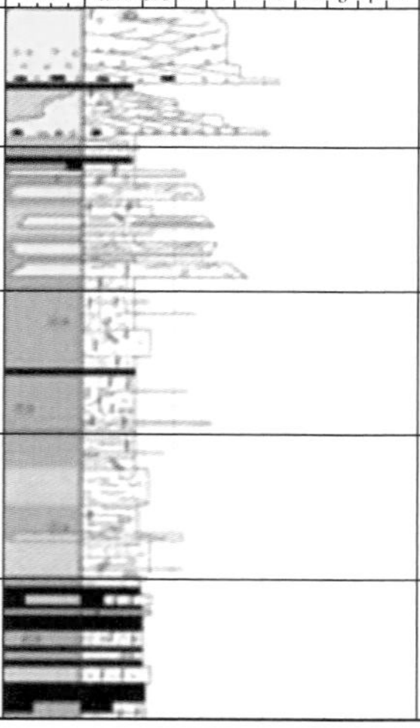 | | Sx, Sp, Sr | Sd, SMd, Mp, SMs(p, r, x), Sro, SMro, Mro, Mv, V, Sg | 由分选中等—良好、局部分选较差的细—中粒砂岩组成，局部为粗粒砂岩，向上过渡为极细—细粒砂岩。可见泥岩碎屑物、石英和煤质碎屑的滞留沉积物。交错层理的规模在垂向上逐步减小。上部可能为异质岩 |
| | 决口扇复合体（FA4） | | | Stb, Sr, SP, SMs(p) | Sx, Sd, Ml, SMro, Mro, Cro, Mv, V, Cl, SMb1&2 | 由薄层、分选中等—好、极细粒的砂岩组成，局部为中粒砂岩。该沉积层的上部为粉砂质—泥质。主要发育波状交错层理，通常被成壤作用覆盖。与黏土岩、粉砂岩和薄层煤层互层发育。可见 P. montanus、Taenidium，通常发生洞穴成斑作用 |
| | 古土壤（FA3） | | | Cped, Mped, Cro, Mro | SMro, Ml, Cl, Mv, Cv, V | 中灰棕色—深灰棕色黏土岩和粉砂岩，表现为斑点成壤组构。通常保存有碳质根，包括保存煤层或碳质粉砂岩。偶尔可见 P. montanus 和 Taenidium |
| | 湖相泥岩（FA2） | | | Ml, Cl | MSs(r), Mh, Ch, Mp, Md, Mped, Mro, Cro, Cp, Mv, V | 中灰棕色—深灰棕色黏土岩和粉砂岩。水平层理中偶尔可见细纹条。偶尔发育细根和薄层成壤改造的地层 |
| | 泥炭沼泽（FA1） | | | Mv, V | Mro, Mped, Ml | 通常为煤层沉积物，在成壤改造的粉砂岩和黏土岩中可见底黏土大规模发育。碳质根分布广泛。偶尔可见层状黏土岩（粉砂岩），局部发育球菱铁矿 |

图 11.9 Åre 组内河流（洪流）海岸平原沉积系统相组合的划分方案
岩相和图例如图 11.6 所示

Åre 1 带和 Åre 2 带内的泛滥平原沉积物主要由深灰棕黏土岩和夹煤层的粉砂岩组成（图 11.9）。煤层表现为毫米级到米级的玻璃状煤层或者碳质碎屑含量较高的粉砂岩（高于 30%）（FA1；图 11.10）。在这些泥炭沼泽中，通常可见土壤斑点和植物根茎，通常与具有古土壤特征的黏土岩和粉砂岩有关（FA3）。在局部地区，分布广泛的 FA3 粉砂岩和黏土岩在薄煤层（碳质粉砂岩）（FA1）之下发育，因此被称为"底黏土"。

湖相泥岩（FA2）是泛滥平原沉积物中最常见的岩性（图 11.9 和图 11.10），主要由层状—细条纹状粉砂岩和黏土岩组成。细粒的碳质碎屑发育广泛,或者呈分散状分布,或者在碳质粉砂岩中集中分布,甚至呈薄层"漂移"的煤层。在局部地区可以识别出生根作用和软沉积变形作用发生的痕迹。生物扰动作用的类型多变,强度差别很大,在某些层段并未发现任何生物扰动的痕迹,而在某些地区发现了少量的植物根系或并不明显的洞穴斑点。漫游迹 montanus 主要分布在各种集合体的下部,而 Taenidium 只是零星发育。

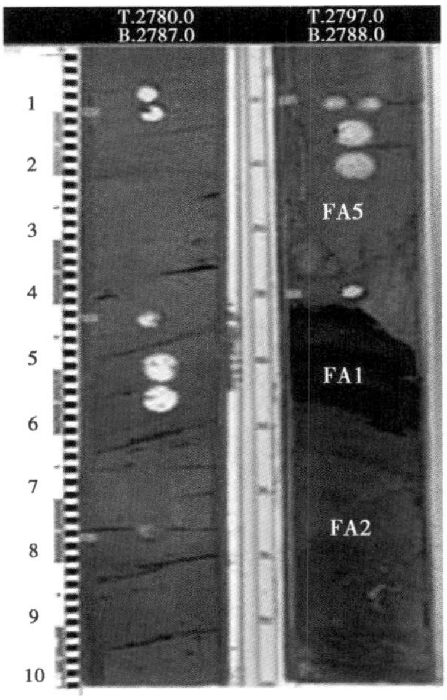

决口扇沉积物(FA4)与其他类型的泛滥平原沉积物互层发育(图 11.9),由砂岩组成,单层厚度 0.3~1m,具有流痕交错纹理(局部为上叠流痕)和平行纹理。许多砂岩层内具有碳质细根,而其他砂岩层没有细根而具有斑状组织,很可能与成壤过程有关。在其中可以观察到 Taenidium 和漫游迹 montanus 遗迹化石。

图 11.10　6507/7-A38 井 Åre 1 带岩心照片
典型的河流相表现为细层状湖相黏土岩(FA2),碳质黏土石表现为泥炭沼泽沉积物(FA1)和具有交错层理的河道砂岩(FA5)。尺子长度为 1m

泛滥平原相组合是大范围、低幅度泥质海岸平原沉积环境和湿润气候出现的标志(图 11.11)。虽然许多泛滥平原以浅水湖、池塘和泥炭沼泽的广泛发育为特征,但是大面积的排水区域为成熟古土壤的发育提供了场所。决口扇砂岩是在河流排泄期经过决口水道系统进入泛滥平原的。

泥炭沼泽和被植被大面积覆盖的泛滥平原区最有可能构成稳定的基底,从而限制了河道的侧向移动和运移(Gradzinski 等,2003)。当可容空间足够大时,多层河道的垂向叠置(图 11.12)可能也表明河道的位置稳定,并且在垂向上显示出逐步加积的趋势。多个内部

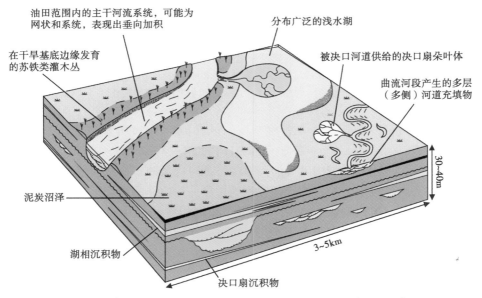

图 11.11　Åre 组海岸平原沉积背景的概念模型(储层带 Åre 1 和 Åre 2)

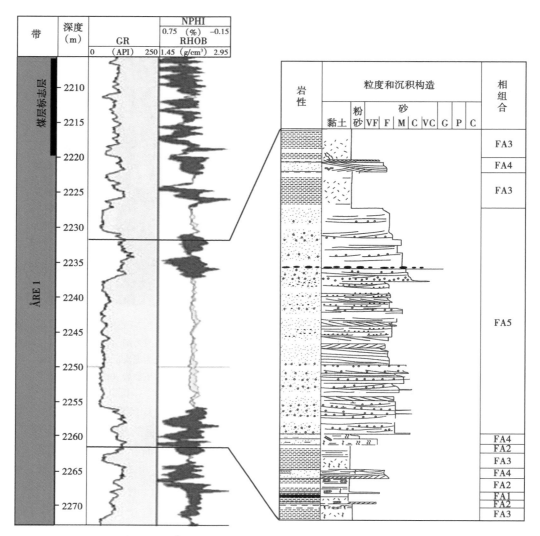

图 11.12　Åre 1 带内典型相组合的电测井响应和岩心描述

（相组合描述见图 11.9，注意与多层河道砂岩相对应的 GR 曲线的 "块状" 特征。Åre 1 带顶部厚层
煤层和碳质黏土岩相当于煤层标志层的下部，岩心描述的图例见图 11.6（A）

冲刷面的出现表明沉积物的多期切割和充填，最终流向辫状河流系统或网状河流系统（Gjelberg 等，1987；Gradzinski 等，2003；Makaske，2001；Mjøs 和 Prestholm，1993；Pedersen 等，1989）。在 Åre 1 和 Åre 2 带内发育的河道的特征可能反映了辫状河道和曲流河道可能位于潮汐影响区的上游，在其内采集的全部生物地层样品均由非海相动植物组成，证实了这些相组合是非海相来源（Morris 等，2009）。根据可靠沉积特征和井眼程序测井曲线倾角的解释，对河流相沉积物的沉积方向进行了确定（例如，河道充填物中沙丘尺度的交错层理），结果显示，古洋流的方向相对一致，为自北向南方向［少量古洋流北西—南东、北东—南西向；图 11.7（A）］。

Åre 组最下部的层序地层解释面临着诸多挑战，因为难以在河流沉积序列中识别出关键的地层界面。河道砂岩的叠置方式、沉积相带的几何形态和分布可能记录了水位海拔和可容空间的变化（Bridge，2003；Bridge 和 Tye，2000；Shanley 和 McCabe，1994）。先前的研究表明在大范围内，河道砂岩的净毛比、几何形态和连通性与海岸平原中海平面的旋回变化有关。然而，地层标志界面的大范围缺失可能导致储层的分带性在 Åre 组河控沉积组合中显著降低。根据油田范围内煤层标志层（见下文对 Åre 1 顶部煤层标志层的描述；表 11.1，图 11.4）和河道结构的垂向变化趋势，海岸平原沉积物可以被划分为两个主要的储层带：Åre 1 带和 Åre 2 带，其中，Åre 2 带可以被进一步划分为 Åre 2.1 亚带和 Åre 2.2 亚带（图 11.4，图 11.13）。

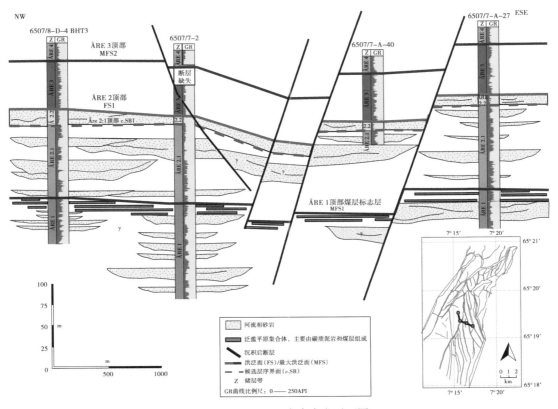

图 11.13　西北—东南东向平面图

显示了 Åre 1、Åre 2.1 和 Åre 2.2 储层带内具有 GR 曲线资料的钻井和河流相砂体可能的连通关系（剖面位置在图上有标注）。断层走向和断距是根据地震资料确定的。在以河流相为主的沉积序列中，地层标志层非常稀少。Åre 1 储层带顶部的煤层标志层（MFS1）是最可靠的地层界面，也是一个地震标志层（表 11.1，图 11.24）

### 11.3.2.1　Åre 1 带

如前文所述，Åre 1 带（厚度达 300m）由海岸平原相组合组成。在油气田主体中，由于仅有少量的、分布零散的井钻遇了该套地层，因此，河道砂岩的连井对比仅在少数地区是可靠的。虽然钻井在 Heidrun 油气田的最北部最为密集，但是大多数钻井为大斜度井并且难以用沉积相来进行对比。在该地层段，河道砂岩的比例与泛滥平原细粒沉积物的比例通常均小于 30%，表明河道带的三维连通性非常局限（Mackey 和 Bridge，1995）。河流砂体主要由单层河道沉积物组成，厚度通常小于 5m，推测宽度仅有 150~200m（Bridge 和 Tye，2000）。在某些情况下，次级、厚层的多层河道带可以在 2km 范围内进行对比，垂直于估计的沉积方向［图 11.7（A）］。由大量泥炭沼泽煤层引起的侧向差异运移使河道砂体对比的不确定

271

性进一步增加（Hammer，2010）。

泥炭沼泽煤层、未成熟的古土壤和湖相泥岩的丰度表明整个 Åre 1 带均在潮湿的泛滥平原条件下发育。该储层带的最上部以煤标志层为特征（表 11.1，图 11.4、图 11.12 和图 11.13），由于其在潮湿泛滥平原环境中沉积，表现为由互层泥炭和湖相沉积物组成的泛滥平原沉积物组合，厚度为 10~46m，静水砂体广泛发育。在局部地区，该层段表现为相对薄层的河道砂体和（或）决口扇砂体。Åre 1 带的顶部为煤标志层的顶部界面。虽然由于煤层厚度和数量的局部变化导致根据电测井曲线拾取煤标志层的顶部非常困难，但是，煤标志层的地震反射特征最为明显，并且是 Åre 组内最可靠的河控层段。内部大孢子生物地层学表明煤标志层可能与中赫塘期 *Nathorstisporites hopliticus* 的最后一次出现有关（图 11.5 中的"煤层 A"；Morris，等 2009）。煤标志层的沉积作用可能是由潜水面海拔的显著上升引起的，也可能是由可容空间的增加引起的，这些作用会导致泥质沼泽的大规模生长和聚集以及泥质泛滥平原湖泊的发育。在 Heidrun 油气田，Åre 1 带顶部对应最大泛滥平原沉积期，相当于最大洪泛面（MFS1；表 11.1，图 11.13）。在 Åre 1 带沉积期，潮湿泛滥平原系统的广泛发育和孤立河道砂体的显著增加预示着基准面的整体上升。

### 11.3.2.2　Åre 2 带

该储集带可以进一步被划分为两个亚带（Åre 2.1 和 Åre 2.2；图 11.4，图 11.13）。最下部的 Åre 2.1 亚带（65~80m 厚）由河流—海岸平原沉积物组成，与其下伏的 Åre 1 带相比，河道与泛滥平原的比例（砂岩含量大于 40%）显著增加，表明河道带的连通性显著增加（Mackey 和 Bridge，1995）。该亚带的最下部以单层和多层河道砂岩的局限发育为特征，但自下而上，可以观察到具有横向和纵向可对比性的加积河道沉积物的数量显著增加（图 11.13），特别是在该储层亚段的上部识别出了一个河道带，并利用 Heidrun 油气田最北部的地震资料对该河道带进行了识别。地震成图和连井对比表明这一切割和充填河道带的侧向延伸距离至少为 2.5km，垂直于估计的南北沉积方向。与 Åre 1 带相比，Åre 2.1 亚带中的湖泊和泥炭沼泽沉积物出现的频率显著降低，表明泛滥平原已经枯竭。发生在高水位进积期的沉积作用可能是泛滥平原相发生变化以及河道砂体连通性提高的主要原因。

Åre 2.2 亚带主要由相对厚层的河道砂岩组成（通常 10~15m，最大厚度为 34m；图 11.4），还含有少量决口扇砂岩和泛滥平原泥岩（图 11.13）。井间对比、压力的连续性和生产资料表明河道带在该油气田广泛发育。此外，多数井的岩心资料也表明河道砂岩呈连续性沉积特征（根据河床厚度、内部冲刷面的存在、粒度和分选性）。Åre 2.2 亚带的底部已经被剥蚀，通常发育含砾滞留沉积。这一侵蚀面表明在盆地范围内发生了下切作用，形成了被辫状河道充填的下切谷。在油气田的北北西地区，下切谷下切的深度最大，以砂岩为主的 Åre 2.2 亚带向东南方向逐步减薄，这一减薄带可能是下切谷的边缘。根据河道带在油气田内的延伸范围，可以判断 Åre 2.2 亚带是一个在基准面大规模下降过程中形成的候补层序边界（SB1；表 11.1，图 11.13）。Åre 2 带顶部突然变成上覆泛滥平原细粒沉积物和半咸水泥岩。边缘海相泥岩沉积作用的开始标志着洪泛面的出现（图 11.4）。

### 11.3.2.3　Åre 3 和 Åre 4 带：下三角洲平原和半咸水分流间湾

在 Åre 3 和 Åre 4 带中发育的沉积物（累计 110~125m；图 11.4）反映了河流和边缘海的相互作用。与其下伏的储层带相似，通过分析认为这些相组合是在海岸平原下部形成的，包括泥炭沼泽（FA1）、湖相泥岩（FA2）和决口扇（FA4；图 11.9）。然而，在这两个储层带中，海岸平原下部的沉积物与边缘海沉积物混合发育，包括分流间湾相组合，受潮汐影响的分流河道（FA6）和海湾底部泥岩（FA7），受波浪影响的海湾充填物（FA8）和海湾边缘泥岩（FA9；图11.14、图11.15和图11.16）。

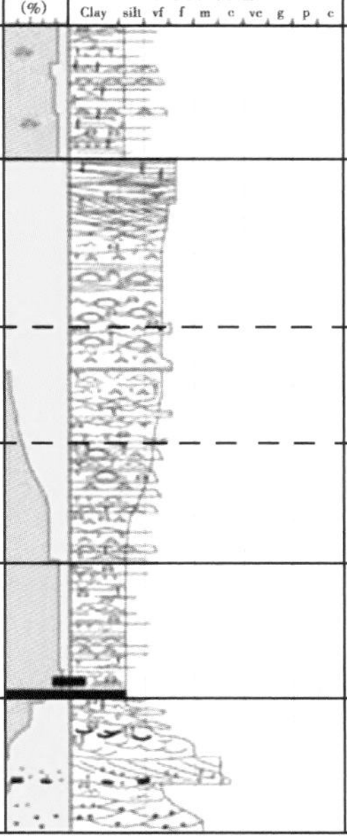

| 整体环境 | 次级环境（相组合） | 岩性含砂量（%） | 粒度和构造 | 岩相（主要） | 岩相（次要） | 描述 | |
|---|---|---|---|---|---|---|---|
| 半咸水分流间湾 | 海湾边缘泥岩（FA9） | | | Ml, Mp, Mr, MSs(b), Mro | MSs(r) | 黑灰色层状云母粉砂岩，局部可见细条纹、透镜体和分选较好的薄层粗粒粉砂—极细砂岩，可见流痕、波痕，偶尔可见微丘状交错层理和收缩缝。根植和碳质碎屑物分布广泛，生物扰动作用微弱，主要发育 *P. montanus* 和 *A. carbonarius* | |
| | 浪控海湾充填物（FA8）（上临滨）（下临滨）（过渡带） | | | Sp, Sx, Sacs, Shcs, Sr | SMs(r), Ml | 分选中等—良好的极细—细粒砂岩。可见中等规模的（砂丘）交错层理、槽状交错层理、板状交错层理、浪痕和流痕交错层理、丘状交错层理。生物扰动作用仅在零星地区发生，可见 *Skolithos*、*P. montanus*、*A. carbonarius* 和逃逸痕。顶部可能已根植。 | 通常形成向上变粗、纯净的地层单元。部分相组合可能以单层的形式出现。虽然在含砂的层段中可见浪动构造，但浪成构造仍占主导地位 |
| | | | | Shcs, Sr, Sp, Sb1 | Sx, SMs, Sg, Sro, SMb1, SMb2, MSs(r) | 分选中等—良好的云母砂岩和极细—细粒砂岩/以砂岩为主的异质岩，主要发育丘状层理和浪痕交错层理。偶尔可见收缩缝。生物扰动作用微弱，可见 *P. montanus*、*Skolithos* 和 *A. carbonarius* 以及逃逸痕和洞穴痕 | |
| | | | | SMs (r,b,l,hcs), Ml, MSs (r,b,l,hcs) | Shcs, Sr, Mr, Ml, Mp, Stb | 以泥岩为主的异质岩层段，具有粗粒砂岩、极细砂岩、云母石英砂岩成分，可见大量浪痕和微丘状交错层理，大型丘状交错层理也较为发育。以粉砂岩为主的层段通常具有透镜状层理。发育 *P. montanus* 和 *A. carbonarius* | |
| | 海湾底层泥岩（FA7） | | | Ml, Mp, Mr, Mhcs, Ms | MSs(r), MSb, Mv, V, MSs(l), Cl | 黑灰棕色云母粉砂岩，含有细条纹、透镜体和浪痕石英粉砂岩、极细砂岩。偶尔可见微丘状层理。收缩缝分布广泛，洪泛面可能出现在薄层煤岩、碳质粉砂岩中。遗迹化石以 *P. montanus*、*A. carbonarius* 为主，也可见 *Skolithos* 和洞穴痕 | |
| | 潮控分流河道（FA6） | | | Sx, Sp, Sm, Sr, Stb, SMs (r,b,p) | SMh, SMb1, SMb2, MSs, Mp, Ml, Mv, Cl, CSs(b), Cp | 向上变细（向上变为泥质）的地层单元。下部为分选中等、局部较差的中—粗粒砂岩，向上变为分选较好的极细—细粒砂岩/以砂岩为主的异质岩。中—下部具有中等交错层理和流痕交错层理，上部具有波纹异质岩。主要的遗迹化石为 *P. montanus*、*A. carbonarius* 和洞穴痕 | |

图11.14 Åre组内半咸水分流间湾沉积系统的相组合划分方案

图例如图11.6（A）所示，岩相划分方案如图11.6（B）所示

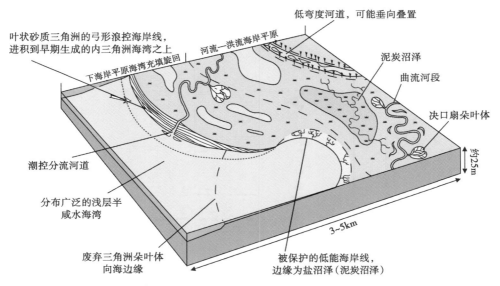

图11.15 Åre组下三角洲平原和分流间湾沉积背景的概念模型

半咸水分流间湾沉积物主要由向上变粗的纯净砂岩组成，厚度为2~10m（图11.14，图11.16），粒度从带波痕的细条纹泥岩和粉砂岩（FA7）到从以泥岩为主到以砂岩为主的异质岩，具有透镜层理和小—中等规模的丘状交错层理，以及极细粒—细粒砂岩，表现为中型交

错层理、槽状交错层理、平行层理和局部流痕交错层理（FA8）（图 11.16）。收缩缝在这些沉积物中分布广泛。生物扰动作用的整体强度微弱，局部强烈，遗迹化石组合主要为漫游迹 *montanus*、石针迹和沙蠋迹 *carbonarious*（图 11.14）。FA7 的碳质和泥质沉积物是在低能海湾底部沉积背景中形成的，偶尔受到波浪作用的影响。海湾沉积物的异质岩部分和富含砂岩

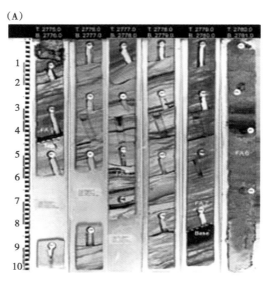

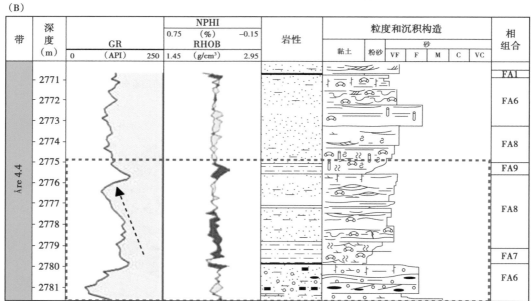

图 11.16　（A）岩心照片，显示了典型的半咸水分流间湾相（样品来自 6507/7-A-46 井 Åre4.4 亚带）。尺子长度为 1m。（B）半咸水分流间湾相典型的测井曲线特征（来自 6507/7-A-46 井）。蓝色虚线框相当于图 11.16A 的取心段。注意 FA8 向上变粗、纯净的趋势，反映了海湾充填单元（岩心照片的顶部和底部）。底部以碳质海湾底层泥岩（FA7）为特征，向上过渡为异质岩，最终到上部（FA8）变成了以砂岩为主被波浪重新改造的沉积物。该海湾充填单元的顶部边界具有根植和碳质粉砂岩，相当于海湾边缘泥岩（FA9）。关于不同相组合的进一步详细描述见图 11.14，岩心描述见图 11.6（A）

部分以发育波浪构造为特征（FA8），与浪控临滨的发育相一致（图 11.14，图 11.15）。多样性较差的遗迹化石组合以及广泛发育的收缩缝证实沉积作用发生在咸水环境中，全部海湾沉积物的垂直厚度表明沉积水体的深度小于 10m。

海湾充填物的顶部局部发生了削截作用，向上变细的中—粗粒分流河道砂岩在其上部继承发育，具有交错层理（FA6；图 11.14，图 11.16）。河道砂岩可能受到了潮汐影响，在流痕层组内部的前积层和沟槽中以粉砂质披覆体的形式存在（Dalrymple 和 Choi，2007）。漫游迹 *montanus* 和沙蹼迹 *carbonarius* 的同时出现表明分流河道中的水体为半咸水。海湾充填沉积物的上部边界可能也具有生根性质，并且保存了海岸平原泥炭沼泽的煤层（FA1）。

受波浪影响的海外充填沉积物和分流河道砂岩通常与富含有机质的页岩互层，以具有细根、波痕和流痕以及收缩缝为特征（FA9；图 11.14，图 11.16）。该沉积相组合总体的沉积背景为隐蔽的、低能海湾边缘或次海湾（图 11.15；Kjærefjord，1999），其深度非常浅，适合耐盐植被的繁殖（盐生植物）。

海湾充填沉积物可能在泥质含盐的分流河湾中聚集，在局部地区，被波浪重新改造的进积朵状三角洲沿着岸边发育（图 11.15）（Coleman 和 Gagliano，1964；Elliot，1974）。因此，在泥质海湾底部出现的向上变粗的纯净海湾充填物反映了砂质三角洲朵叶体在邻近三角洲朵叶体被废弃后沿着海岸发生了进积作用（图 11.17）。由于决口扇的发育，这种沉积体系的沉积作用或者表现为被决口水道切割分流河道的天然堤，在邻近海湾中形成席状底层（例如密西西比三角洲；Roberts，1997；Roberts 和 Coleman，1996），或者其被分流河道分隔，流入邻近的海湾（Elliot，1974），相对于决口相而言，分流河道的发育更为广泛，表明在 Åre 3 和 Åre 4 储层带发生沉积作用的过程中，后者发挥了更重要的作用。根据沉积物输入点的位置和波浪活动，河湾的边缘可能由纯净的浪控砂岩组成，在某些位置表现为临滨沉积物，在某些位置表现为低能异类岩和泥质沉积物。

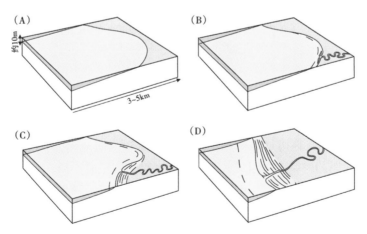

图 11.17　三角洲朵叶体海湾充填旋回演化的概念模型
（A）半咸水海湾的发育；（B）河道底部引起海湾边缘重新发生进积作用；（C）在整个海湾底层，浪控三角洲朵叶体的进积作用；（D）海湾全部充填区。反映了河道废弃、压实沉降、泛滥和重新进积的潜力

除了对复杂的岩相分布进行了识别，在研究区井网密集的位置，针对单个海湾充填旋回还进行了侧向连井对比。

在 Åre3 和 Åre4 带沉积期，海水多次入侵到低幅度的海岸平原，导致半咸水海湾底层泥质沉积物的厚度高达 0.5~1m，利用这些泥岩可以确定控制储层亚带的候选洪泛面。Åre 3 和 Åre 4 带被一个在全油田范围内分布的洪泛面分隔，与沉积体系的重大变化有关（MFS2；图 11.18）。

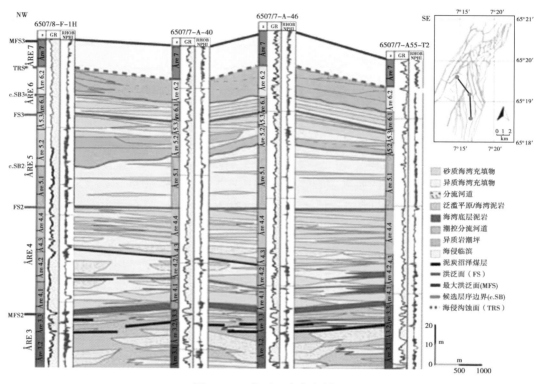

图 11.18 北西—南东向剖面
显示了 Åre 3—Åre 6 带范围内相组合的垂向和侧向分布以及地层边界。注意在 Åre 5.2 底部出现的下切的潮控分流河道沉积物

### 11.3.2.4 Åre 3 带

该储层带（60~70m 厚）标志着从下伏 Åre 2 带河控沉积背景向受半咸水影响的沉积背景的过渡，预示着浅水海湾首次出现［图 11.7（B）］。

Åre 3 带以从海岸平原到边缘海湾相带的快速垂向和侧向变化为特征（Machado，2009），该带底部由 1~3.5m 厚的厚层泥岩组成，具有半咸水首次入侵的证据，例如收缩缝和遗迹化石（例如沙躅迹 carbonarius）。在油气田的最北部，海水侵入和相关潜水面的上升与半咸水泥岩的不断变化有关，泥炭沼泽沉积物在局部发育。相组合的分布表明古海岸线的几何形态在该储层带沉积过程中可能非常复杂。通过对整个 Heidrun 油气田岩相的对比，发现以泥岩为主、被波浪作用重新改造的海湾充填沉积物在初始阶段沿着南东向分布，发育程度较低，随后，沿着南西—北东向海岸线逐步扩展［Åre 3.1 亚带；图 11.4，图 11.7（B）］。在 Åre 3 带内部，沉积相带逐步向陆地方向移动，相对 Åre 3.1 亚带沉积物而言，在储层带最上部出现的海湾充填单元（Åre 3.3 亚带；图 11.4）的发育程度更好、砂质含量更高、可对比性更强。在该段地层，海湾充填单元的延伸范围在北北东—南南西向可达 2~5km，在东西向可达 1~3km。

Åre 3 带的顶部是 2~5m 厚层段的底部，由成层性良好的碳质黏土岩、泥岩和泥质粉砂岩组成（图 11.8）。在大多数情况下，广泛发育的方解石胶结作用与这一泥岩段的最上部有关（Hammer 等，2010）。在泥岩和黏土岩的内部，生物扰动作用（沙蹬迹 carbonarious 和漫游迹 montanus）的强度向上逐步增大，预示着在该沉积期盐度逐步增加，生物的生存条件逐步优越，沉积速率逐步降低。该层段的特征测井曲线表现为高 GR、负 RHOB/NPHI 和高 RHOB，表明在整个油气田范围内发生了方解石胶结作用（图 11.8，图 11.18）。在 Åre 组内，这一泥岩层段是一个最可靠的标志层，稳定性最强，可对比性最高，其上的海湾充填旋回（Åre 4.1 亚带）是该地层单元在 Herdrun 油气田中首个发生了大范围进积作用的层段，因此，认为该边界是最大洪泛面（MFS2；表 11.1、图 11.4 和图 11.18）。来自 Heidrun 油气田大孢子研究的结果（内部）证实了 Åre 3 带的最上部和 Åre 4 带最下部的局部地区相当于 *Kuqaia quadrata* 带化石首次出现的位置。这一生物带在整个 Halten 阶地均具有可对比性（Morris 等，2009），根据 Morris 等（2009），它标志着 *Cerebropollenites thiergartii* 的首次出现（孢粉学生物事件），确定了辛涅缪尔阶的底部（图 11.5；Pedersen 等，1989）。然而，用岩性地层学定义的 Åre 3 带顶部来准确标定大孢子生物带的底部相当困难，辛涅缪尔阶大孢子组合的底部大致相当于 MFS2 泥岩层段。

### 11.3.2.5 Åre 4 带

虽然 Åre 4 带沉积物（50~78m 厚）的相成分与 Åre 3 带相似，但相对海岸平原河流（洪流）沉积物而言，其半咸水海湾充填物的含量明显增高（图 11.4，图 11.18）。被波浪重新改造的海湾充填沉积物构成了向上叠置的纯净异质岩和纯净砂岩沉积体，厚度为 4~5m，丘状和槽状交错层理的出现表明波浪作用非常强烈。岩相对比的结果表明这些厚层砂质单元在北东—南西向连续分布，厚度为 6~10m。相对于 Åre 3 带，Åre 4 储层带的沉积物含有大量质量较高的海湾充填沉积序列，结合分流河道沉积物的发育程度较低，表明在研究区存在较大规模的分流间湾系统，在三角洲前缘区，波浪改造的作用明显增强〔图 11.7（C）〕。

在 Åre 4 带沉积期，海水多次入侵，产生了大量可进行区域对比的候选洪泛面（图 11.4），在此基础上，进一步划分了若干亚带：Åre 4.1—Åre 4.4。在分流间湾系统中，这些界面表现出旋回特征，海岸平原相对低的地温梯度和较浅的水体深度可能增加了使用古海岸线偏移的范围。

### 11.3.2.6 Åre 5 和 Åre 6 带：浪控和潮控河口湾

Åre 5 和 Åre 6 储层带（总计厚度为 70~115m；图 11.4）由浪控和潮控混合沉积物组成，包括在其后期形成的相组合类型：海湾底层泥岩（FA7）、浪控海湾充填物（FA8）、海湾边缘泥岩（FA9）、潮道（FA10）、泥坪（FA11）、混合坪（FA12）、砂坪（FA13）和潮控分流河道（FA14）（图 11.9，图 11.19）。

在 Åre 5 和 Åre 6 储层带中识别出的典型潮控相组合由向上变细的砂岩单元组成，分选中等，粒度中等—粗（1.5~6m 厚），表现为单层或双层泥岩披覆体和泥岩碎屑沉积滞留（FA14；图 11.19，图 11.20）。砂岩沉积物以具有厘米级别的交错层为特征，而泥质含量更高，异类岩成分更高的部位以具有流痕交错层理、压扁层理和透镜层理为特征。此外，在 Åre 5 和 Åre 6 储层带中还识别出了各种砂质—泥质异类岩相，以具有混合浪成和流成波纹交错层理、双向波纹和双层泥岩披覆体为特征（FA10、FA11、FA12 和 FA13；图 11.19）。生物扰动作用发生的强度变化范围很大；砂质含量较高的地层以具有零星发育的漫游迹洞穴为特征，而异质岩单元具有各种动物遗迹群，生物扰动作用显著增强。洞穴成斑作用、挖掘遗迹和偶尔发育的石针迹、*Chondrites*、*Phycosiphon* 和沙蹬迹 *carbonarius* 以及双壳洞穴也可见。

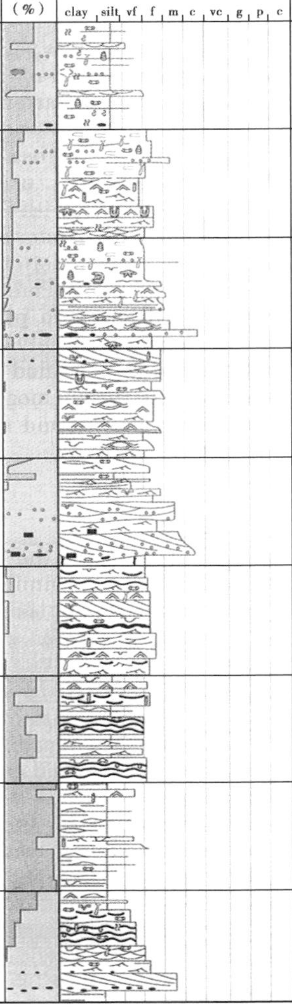

| 整体环境 | 次级环境（相组合） | 岩性含砂量（%） | 粒度和构造 | 岩相 主要 | 岩相 次要 | 描述 |
|---|---|---|---|---|---|---|
| 海侵临滨 | 远源过渡带（FA18） | | | MSb, MSs(b), Mb | SMb2 | 深灰色砂质粉砂岩，局部有厘米级别的事件层，为分选中等—好的极细—细粒砂岩。砂岩可能具有波痕或发生了强烈的生物扰动作用。偶尔可见粗粒滞留沉积物，有时具有磁铁矿泥岩碎屑物。遗迹化石为Planolites、Teichichnus、Phycosiphon、Palaeophycus和双壳洞穴 |
| 海侵临滨 | 近源过渡带（FA17） | | | Sx, Sr, Shcs, SMs (b,l,p,r), SMb1, SMb2 | Sg, Sp MSs(p), MSs(l), MSb | 分选中等—好的极细—细粒粉砂质砂岩，具有浪成、流成波痕级别的构造。生物扰动作用强烈，分选较差，滞留沉积物可能被生物作用重新改造。Planolites和Palaeophycus是主要的遗迹化石，也可见Asterosoma、Teichichnus、Skolithos和双壳洞穴及Diplocraterion |
| 海侵临滨 | 下临滨（FA16） | | | Sx, Sp, Sr, Stb, SMs (b,l,p,r), SMb1 | Sm, MSs(r) | 分选中等—好的极细—细粒粉砂岩。由于波浪活动形成了小规模—中等规模的交错层理。偶尔可见事件层。局部生物扰动作用强烈。遗迹化石以Palaeophycus和双壳洞穴为主，也包括Asterosoma、Rhizocorallium和Skolithos |
| 海侵临滨 | 上临滨（FA15） | | | Sx, Sr | Sp, SMs(r) | 分选中等—好的极细—细粒砂岩，具有中等规模的交错层理、丘状/槽状层理、浪痕和流痕交错层理。生物扰动作用零星发育，偶尔停止。可见逃逸痕和洞穴痕迹以及Planolites、Diplocraterion和Skolithos |
| 河口湾充填 | 潮控分流河道（FA14） | | | Sx, Sr | SMs(r), MSs(r) | 剖面向上变细，分选中等—差，局部分呈双峰模式，中等—粗粒砂岩。具有泥岩碎屑、石英和煤质碎屑滞留沉积物。上部层表现为分选中等—好的细粒砂质岩，呈波纹交错层理，生物扰动作用零星发育。可见Planolites和逃逸痕 |
| 河口湾充填 | 砂坪（潮下带）（FA13） | | | Sx, Sr, SMs(r,b) | Stb, Sp | 分选中等—好的极细—细粒砂岩，云母质泥岩，云母含量为20%。流痕和浪痕交错层理。偶尔可见双极层理和成对的泥岩披覆体。生物扰动作用微弱，可见Planolites、洞穴和静止逃逸痕，偶尔可见双壳洞穴和Skolithos |
| 河口湾充填 | 混合坪（潮下带）（FA12） | | | SMs (b,l,r), MSs(b,l) | Sp, Sx, Ml, Mr | 异质砂岩—泥岩沉积物，含量为30%~80%，分选中等—好的极细—细粒砂岩。云母质，呈浪成和流成复杂构造。成对泥岩披覆体和局部双极前积层发育显著。通常生物扰动作用微弱，可见Planolites P.montanus、Arenicolites carbonarius、Skolithos、洞穴和静止痕 |
| 河口湾充填 | 泥坪（潮下带）（FA11） | | | Ml, Mp, MSs(r) | SMs(r) | 深灰色云母质粉砂岩，成层性好，细条纹状和透镜状粗粒粉砂岩和极细粒砂岩。具有浪成和流成小规模构造。细粒碳酸盐碎屑物发育广泛。生物扰动作用微弱，可见Planolites、Skolithos和洞穴痕迹 |
| 河口湾充填 | 潮道（FA10） | | | Sx, SMs(r,b), MSs(r,b), Stb, Ml | MSs(p), Ml, MSb, SMb2, Smped, Mped, Mv, V | 分选中等的中粒砂岩，向上过渡为极细—细粒砂岩和异质岩。中等规模交错层理，垂向呈流成波痕结构，也呈成对泥岩披覆体。生物扰动作用向上逐步增强，以漫游迹为主，也可见双壳洞穴和Skolithos，偶尔可见A. carbonarious和洞穴遗迹 |

图 11.19 河口湾充填和海侵临滨沉积系统的相组合方案

图例如图 11.6（A）所示，岩相方案如图 11.6（B）所示

砂岩与粉砂岩比率和粒度的不断快速变化，以及粉砂质和泥质披覆体的成对出现表明在潮汐作用发生时，能量条件不断波动。通常认为向上变细的交错层理单元是由于潮控分流河道内潮汐砂坝的运移形成的（图 11.21）。推测异质成分含量较高的相组合（FA11、FA12和FA13）是在流动条件局限的次级环境中形成的，例如流速减慢的局部低能带和分流河道内潮汐砂坝间的潮下坪。潮下沉积物在纵向上相间发育，在侧向上逐步过渡为边缘海分流间湾沉积物（FA7、FA8和FA9）。潮控和浪控沉积物之间的空间关系难以确定，但是这两个次级环境可能是在某些沉积序列沉积过程中同时出现的，意味着广泛发育的潮控河道的河口湾与浪控海湾边缘三角洲和泥质障壁湾密切相关 [图 11.7（D），图 11.21]。

### 11.3.2.7 Åre 5 带

根据全油田范围内沉积相的变化和可对比的界面，可以将 Åre 5 带（厚度为 50~65m）划分为三个亚带（图 11.4，图 11.18）。在底部，Åre 5 储层带与下伏的 Åre 4 带泥岩层（厚

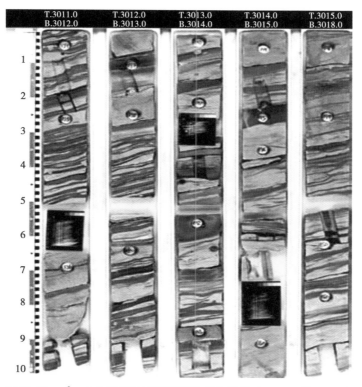

图 11.20　Åre 6.2 亚带异质潮道相的岩心特征（FA10；图 11.19）

砂岩具有浪痕和流痕交错层理，显示为单个和成对的泥岩披覆体（样品来自井 6507/7-A-22，尺子长度为 1.0m）

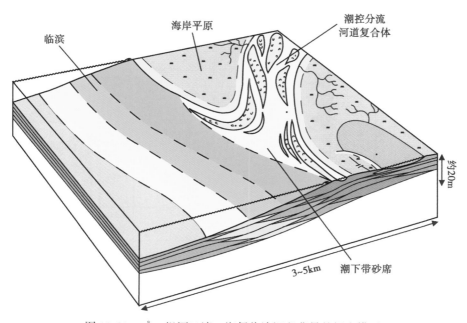

图 11.21　Åre 组河口湾—海侵临滨沉积背景的概念模型

度为 0.5~3m) 分隔,该泥岩层在全油田范围内广泛分布,相关沉积相从下部砂控海湾充填沉积物变成了上部发育广泛的泥质海湾沉积物 (Åre 5.1 亚带;图 11.18)。Åre 5 带最下部的亚带 (Åre 5.1;厚度为 20~40m) 由异质岩—泥质海湾充填相组成,具有整体向上变粗的纯净沉积旋回。与 Åre 4 带的砂质海湾系统比较,这些岩相的出现反映出分流间湾环境出现在更为远段的位置。因此,通常认为 Åre 5 带是一个洪泛面,标志着在整个油气田范围内发生了大规模的海侵作用,沉积背景以泥质较为发育的分流间湾为主 (FS2;表 11.1、图 11.4 和图 11.18)。

Åre 5.2 亚带标志着沉积相在整个油气田范围内变成了潮控分流河道砂岩 (图 11.18, 图 11.22)。其厚度图表明这一河道带的底部与大规模的下切有关,目前在 Heidrun 油气田西北部下伏的 Åre 5.2 亚带已经识别出了约 10m 的幅度 (图 11.18, 图 11.23)。这一剥蚀面以底部具有次棱角状—圆状的层内泥质碎屑物为特征,其上覆地层为发育在下切谷最下部的侧向混积的潮控河道和潮下坪充填物 (图 11.22)。混积的沉积物在东西方向的延伸长度达 7km,在南部方向达 3~5km。在油气田的东南部,潮控河道相在侧向上逐步变成了浪控砂质海湾充填沉积物 (图 11.18),在垂向上,潮控分流河道沉积物在整个油田范围内逐步变成了潮控沉积物和被波浪重新改造的海湾沉积物的复合层段,并最终变成了远源海湾沉积物 (Åre 5.2 亚带的上部和 Åre 5.3 亚带)。

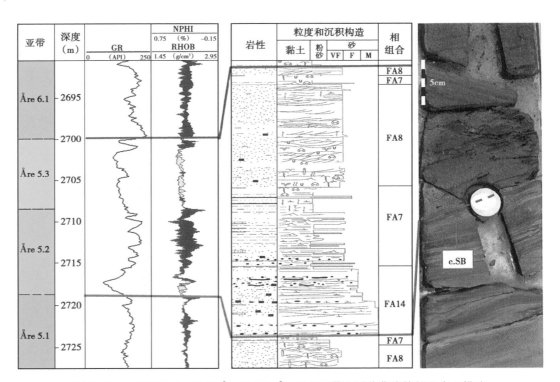

图 11.22 6507/7-A-46 井 Åre 5.2 和 Åre 5.3 亚带电测井曲线特征和岩心描述

Åre 5.1 亚带的顶部被潮控分流河道切割,该剥蚀面以具有泥岩碎屑滞留沉积物为特征,被解释为层序边界(岩心照片中的 c.SB)。对于相组合的进一步描述见图 11.19,岩心描述图例见图 11.6 (A)

根据深切性质和相关沉积相向盆内的变化,Åre 5.2 亚带河道带的底部被解释为一个候选层序边界,记录了相对海平面的相对下降 (SB2;表 11.1、图 11.4 和图 11.18)。后期沉积充填物的沉积相向盆内逐步发生变化，与浪控河口湾远端河段的海侵演化作用类似，与 Dalrymple 等（1992）年对沉积相的描述一致。这一相模型描述了近陆端具有海湾前缘三角洲的河口湾。然而，根据现有的资料，河口海湾前缘三角洲沉积背景并不能完全由 Åre 5.2 亚带和 Åre 5.3 亚带的沉积物确定。

Åre 5.2 亚带和随后沉积的 Åre 5.3 亚带层段以具有深切谷河口为特征，对其识别需要满足如下条件（Boyd 等，2006）：（1）底部层序边界发生了侵蚀作用；（2）沉积相向盆地方向发生了变化；（3）具有海侵沉积充填物。然而，根据现有资料识别出的沉积相表明，在深切谷中缺少侧向河间沉积物和（或）河流低水位沉积物的证据，侧向河间沉积物和（或）河流低水位沉积物是识别下切谷河口的一个重要标准，而不是必需条件。

对于下切潮控河道带的另外一个解释是底部界面是由潮汐能量的增加和由盆地的重组而引起的冲蚀作用形成的。Willis 和 Gabel（2001，2003）曾经描述过在犹他州中部白垩系 Sego 砂岩段发现的相似的河道下切谷，是由潮汐的共同作用形成的。然而，这一解释并不能充分阐明下切作用发生后海侵沉积相是如何发育的。

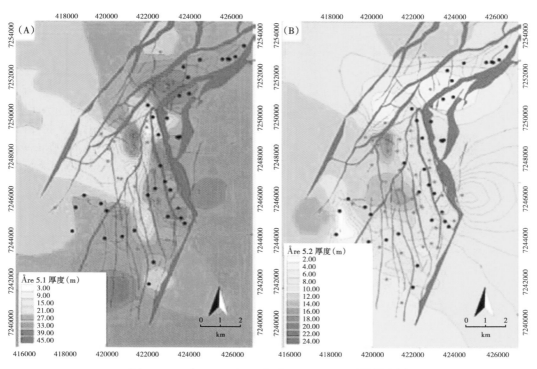

图 11.23　Åre 5.1（A）和 Åre 5.2（B）亚带厚度图

蓝点代表为本图的绘制提供资料的井。Åre 5.1 亚带向西北方向逐步减薄，而上覆的 Åre 5.2 亚带厚度逐步增厚。这一趋势与 Åre 5.2 亚带潮控分流河道的下切作用有关

### 11.3.2.8　Åre 6 带

Åre 6 带的另外一个特征是河口湾相和浪控海湾沉积物在同时期共同存在（厚度为 20~35m）。这一储层带的底部以海湾底层泥岩和异质岩层段为特征（厚度为 0.5~2m），上覆岩石是 Åre 5.3 亚带富含砂质的沉积物。这一界面在整个油气田范围内都可进行对比，被解释为洪泛（FS3；表 11.11、图 11.4 和图 11.18）。

Åre6.1 亚带主要由富含泥质的浪控海湾充填沉积物组成，具有少量的潮控砂质河道和

潮坪组分（图 11.4，图 11.18）。潮控沉积相的显著变化标志着向 Åre6.2 亚带的过渡。这一层段由侧向连续的异质岩潮控河道砂体（图 11.20）和潮坪沉积物组成，具有少量的半咸水海湾充填沉积物（在储层亚带的比例少于 10%）。大多数井中都具有 Åre6.2 亚带开始发生河道化作用的标志，虽然在这一储层带，由于异质岩相组合不存在典型测井曲线的响应特征，导致根据电测井曲线来对沉积相进行对比存在各种不确定性，然而，结合生产动态资料，可以证实潮控异质河道砂岩在相当大的范围内是可以进行侧向对比的（大于 2km）。

在整个盆地范围内，位于 Åre 6.2 亚带内部的河道带与位于 Åre 5.2 亚带底部的下切谷潮汐沉积充填物具有很强的相似性，但以下两个特征除外：（1）河口相受潮汐作用的强烈影响；（2）虽然边界的底部变化剧烈，但是仍然可能具有低幅度（图 11.18）。从 Åre 6.2 亚带的泥质海湾沉积物到 Åre 6.2 亚带的潮控河道化作用，这一沉积相的变化被解释为是由于沉积物向盆地方向发生了迁移，因此，其底部边界被解释为另外一个候选的层序边界（SB3；表 11.1，图 11.18）。然而，地层界面的低幅度特征为这一解释增加了不确定性。此外，在盆地范围内发育的潮道沉积物可能被解释为是曲流河道在进积过程中作为河口湾充填的一部分形成的，并含有倾斜的异质岩地层（Dalrymple 等，1992）。在 Åre 5 和 Åre 6 带中识别出了相对海平面升降的多个旋回，认为其代表着复合河口峡谷充填物与上覆 Heidrun 油气田的 Tilje 组地层（Martiniu 等，2001）。

#### 11.3.2.9　Åre 7 带：海侵临滨

Åre 7 带（厚度为 15～20m）由异质岩组成，而不是以砂岩为主的沉积序列（图 11.4）。沉积物表现为浪控和流控复合沉积构造，可以被划分为上临滨（FA15）、下临滨（FA16）、近源过渡带（FA17）和远源过渡带相组合（FA18；图 11.19）。生物扰动作用的强度差异较大。高强度生物扰动作用通常与中等—高度化石多样性和遗迹化石组合有关，表现为亲密的海相关系：漫游迹、*Palaeophycus*、墙迹、*Asterosoma*、管枝迹、双杯迹、双壳洞穴、少量的 *Rhizocorallium* 和石针迹。在生物扰动作用强度较低的地区，在沉积物交错发育的地区，可以观察到流痕、浪痕、波痕以及大规模和小规模的丘状交错层理。虽然沉积构造主要是由浪成作用形成的，与流痕相关的粉砂质披覆体的出现表明，潮流可能是周期性出现的。在这一以临滨相组合为主的沉积组合中，局部分选性较差的砂质层的存在反映了下伏 Åre 6.2 亚带沉积物发生了重新改造作用。

Åre 7 带的底部边界侵蚀了下伏的河口湾沉积物（Åre 6.2 亚带），局部被重新改造的砾石级的层内碎屑物以及石英砂岩覆盖。这些滞留沉积物与上临滨砂岩层相关（FA15），其内方解石发生了胶结作用（图 11.24）。整个 Åre 7 带由发育广泛的方解石胶结的地层组成，在整个 Heidrun 油气田中是一个可进行对比的地震标志层。

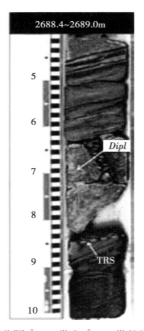

图 11.24　分隔 Åre 6 带和 Åre 7 带的海侵沟蚀面（TRS）的岩心描述（6507/7-A-46 井）界面（蓝色虚线）被颗粒滞留沉积物和方解石胶结砂岩覆盖。TRS 之上 15cm 具有 *Diplocraterion*（尺子上的红条代表长度为 10cm）

在 Åre 6 和 Åre 7 带之间的边界可以观察到足迹化石组合，从多样性较低的、半咸水足迹化石，变成了多样性较高的足迹化石，表明海相古盐度和沉积环境发生了显著变化。由于沟鞭藻囊孢和疑源类的涌入（例如绿枝藻），Åre 7 带的古盐度显著高于下伏 Åre 6.2 亚带的古盐度。根据这些特征，Åre 7 带底部的侵蚀面被定义为海侵沟蚀面（TRS；表 11.1、图 11.18 和图 11.24）。

Åre 7 带的顶部为方解石胶结的泥岩层段底部（厚度为 1~1.5m），以发生了强烈的生物扰动作用为特征，标志着沉积相过渡成了 Tilje 组受风暴影响的进积前三角洲相（Martinius 等，2001）。这一界面被解释为最大洪泛面（MFS3；表 11.1，图 11.4；Martinius 等，2001）。生物地层对比的结果表明这一最大洪泛面与早普林斯巴期区域大孢子（中化石）组合成分的变化有关，其标志着 Tilje 组沉积作用的开始（Morris 等，2009；Pedersen 等，1989）。

## 11.4 地层综合分析

本文的地层格架是根据地层分析的标准流程建立的，在关键界面的控制下，对成因上有关联的地层序列进行了识别（Van Wagoner 等，1990）。在整个油气田的范围内，层序地层划分的方案非常粗略，然而，许多标志层的年代地层意义尚未明确。在 Åre 组的发育过程中，沉积旋回发挥了重要的作用，形成了若干具有层序地层意义的界面。在下三角洲平原和分流间湾的沉积背景下，河道和三角洲朵叶体不断发生旋回变换，此外，局部地区的沉降速率也不断变化（Hammer，2010），造成相对海平面沿着低梯度海岸线快速变化，这些变化引起局部地区发生海侵和海退作用（Demko 和 Gastaldo，1996；Read，1995）。在许多情况下，海水侵入和侵蚀面的真实性质难以确定，可能是由于沉积旋回造成的，也可能代表着区域事件，因此，公开发表的关于 Åre 组的层序地层研究资料相当少。目前正在对 Åsgard 油气田的 Åre 组进行研究，该油气田距离 Heidrum 油气田东南部 30km，其研究结果与来自 Norne 和 Urd 油气田（距离 Heidrum 油气田北北东向约 90km）和 Njord 油气田［距离 Heidrum 油气田南部约 110km；图 11.1（A）］的内部资料均证实了若干关键标志层的区域延伸范围以及相似的地层叠置模式。在 Åre 组内，最为可靠的层序地层界面是最大洪泛面：Åre 1 MFS1 顶部、Åre 3 MFS2 顶部和 Åre 7 MFS3 顶部，这些最大洪泛面与生物年代地层事件相关，在整个 Halten 阶地盆地中均具有可对比性（表 11.1）。Åre 7 MFS3 的顶部和 Åre 1 煤层标志层 MFS1 的顶部为重要的区域地震层位，后者是唯一可以用来识别该沉积序列中非海相部分的可靠层序地层边界。

Åre 组整体的沉积趋势表现为明显的海侵作用，向上从河流沉积物逐步过渡到半咸海湾充填物、边缘海沉积物，最终变成了开阔海沉积物（Martinius 等，2001；Svela，2001）。这一趋势与早侏罗世北大西洋海道的区域构造—海平面升降的发育相一致（一级地层格架；Hallam，1988，2001；Haq 等，1987；Surlyk，1990）。

Åre 组整体的海侵特征反映了区域构造沉降作用和海平面的长期上升。在该沉积序列的层序地层发育与二级旋回有关。区域可对比的最大洪泛面（MFS1、MFS2 和 MFS3；表 11.1）和相对海平面的上升可能是由 Halten 阶地盆地中沉积速率的不断加快引起的。根据生物地层定年和与 Gradstein 等（2004）提出的时间尺度进行对比，发现最大洪泛面 MFS1（Åre 1 煤层标志层顶部；中赫塘阶）、MFS2（Åre 3 顶部；辛涅缪尔阶最下部）和 MFS3（Åre 7 顶部；下普林斯巴阶顶部）之间的时间跨度可能表明层序持续发育的时间为 3~5Ma。其他关于大西洋地区侏罗系的地层旋回研究（Hallam，2001）也发现了由海平面变化形成的相似的二级旋回。Hallam（2001）提出早辛涅缪尔期和早普林斯巴期的区域海侵事件是由板块构造运动引起的，例如裂谷盆地的打开。冰川海平面升降可能对侏罗纪海平面的变化并无影响，因为目前缺少侏罗纪极地冰大量存在的证据（Hallam，1988，2001）。

在 Halten 阶地地区，Åre 组的沉积作用发生在裂谷初始期，以发生局部断裂作用和相关沉降速率的变化为特征（Marsh 等，2010）。这些断层可能对盆地范围内可容空间和沉积物的供给具有重要的控制作用，此外，对 Åsgard 油气田的地震资料进行研究的结果表明 Åre 地层的厚度变化范围非常大（Marsh 等，2010）。因此，构造演化对同沉积具有控制作用，例如，相对活动断层的下盘而言，活动断层上盘的地层段呈楔状，并且厚度较大（Marsh 等，2010）。另一方面，来自 Heidrun 油气田的地震资料也并未显示出任何 Åre 地层在断层两侧厚度不一致的可靠证据（图 11.25）。此外，钻遇该储层带的井资料也证实了这一点。根据洪泛面编制的主要储层带的厚度图表明在整个油气田内，Åre 组的变化趋势一致。然而，在储层亚带中可以观察到储层厚度的显著变化，与层序边界相关（SB1、SB2 和 SB3；表 11.1）。Åre 组的地震反射层在 Heidrun 油气田范围内的间距约为 200m（MFS1 和 TRS），地震资料的品质较低，难以解决储层亚带尺度上的厚度变化问题（例如，在 Åre 5.1 亚带 SB2 的幅度为 10m；图 11.18）。在大多数情况下，在海侵期发生的低水位河流的侵入和河口湾的多次发育均与海平面的升降变化和（或）构造隆升有关（Dalrymple 等，1994）。因此，对 Åre 5.2 和 Åre 6.2 储层亚带而言，不能排除由构造运动引起的相对海平面的变化是对层序边界形成和相关沉积相向盆内偏移的潜在控制因素。此外，裂谷盆地地貌的区域性变化也可能是盆地内潮汐共振不断增强的主要原因（Carr 等，2003；Yoshida 等，2007），在

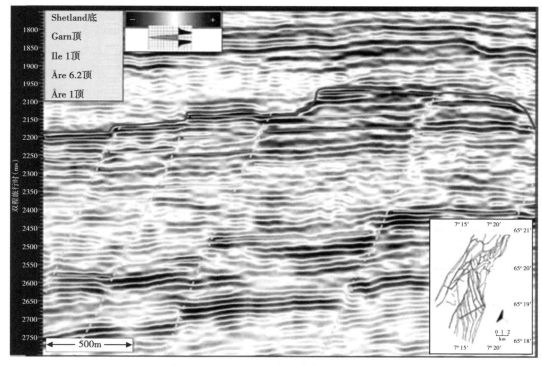

图 11.25 Heidrun 油气田南部的地震剖面

黄色虚线代表分段控制断层。对盆地范围内 Åre 1 带的顶部（Åre 1 顶）
和 Åre 6 带的顶部（Åre 6.2 顶）进行了解释

其影响下，潮流在比 Åre 组更年轻的沉积物内大规模出现（Åre 5 和 Åre 6 带）。构造运动产生的重要影响还表现在沉积物源在 Åre 1 和 Åre 2 带沉积期位于东格陵兰地区，而到 Åre 5 和 Åre 6 带沉积期，变成了东部物源（Morton 等，2009）。

## 11.5 工业应用

Heidrun 油气田的主要产层从高产的 Fangst 储层变成了低产的 Åre 组，这是促使对 Åre 组模型进行更新的一个重要驱动因素，另外一个驱动因素是现有的地层模型缺乏针对性。然而，对于像 Heidrun 油气田这样一个大规模成熟油气田来说，对地层模型进行更新不但投资巨大，而且还会对全部地下学科产生影响。此处列举了若干促成该投资的实例。

### 11.5.1 修订地层模型的总体影响

在石油工业上，在从一个学科到另外一个学科的整个价值链条中，储层分带是对储层进行表征的极少数元素之一，它可以广泛应用在地震解释、储层建模、产量预测（油藏模拟）、井位设计、钻井实施、提高采收率和配产措施上。全部学科与油气田的储层分带都具有密切的关联，因此，一个明确定义的地层模型在多学科融合方面具有重要的内在价值。

在 Heidrun 油气田扩边井的资料库中，先前的储层分带具有相当大的不确定性（图 11.4）。不能采用一致的方式进行连井对比，使得储层分带在地质上的预测意义存在挑战。缺乏可靠的地层模型对日常经营活动和长期油藏管理决策的制定产生了重要的影响。

图 11.26 中的剖面是先前储层分带方案在当前最新模型的顶部进行投点的一个实例。通

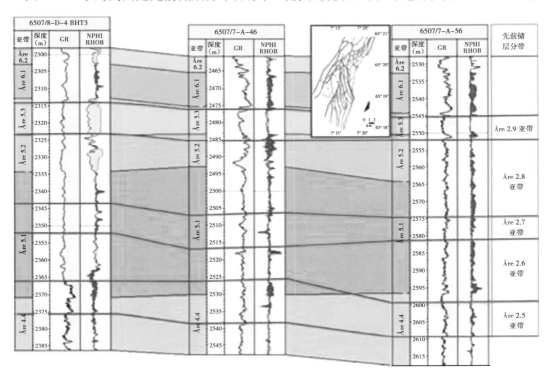

图 11.26 北北西—南南东向对比剖面
对比了现今储层分带方案与先前储层分带方案。井间距大概 2km

过进行连井对比，发现两个地层模型之间存在若干分歧：（1）在先前的储层带上，若干关键的界面难以识别［例如 SB2（图 11.18）的界面位于先前的 Åre 2.8 亚带内］；（2）先前对某些亚带划分的地质依据并不明确（例如当前的 Åre 5.1 亚带包括先前的 Åre 2.6、Åre 2.7 和部分 Åre 2.8 亚带）；（3）先前 Åre 2.6 亚带的顶部切割了当前 Åre 4 带顶部关键的 FS 标志层。这些分歧的产生主要由于先前的模型中缺少关于地层格架划分的统一可靠的地质标准。从图 11.4 中还可以发现若干其他关于此类分歧的实例。不一致性是驱使开发一个新的、更简单的地层模型的重要因素。尽管 Åre 组的沉积存在潜在的复杂性，但当前的模型通过对现有的相组合进行有预测性的分组，划分出了若干具有成因关联的相组合。这一模型简单实用，方便非地质家应用。

### 11.5.2 对储层模型和油气资源量计算的影响

根据岩石物理评价模型对原始地质储量和可采储量进行了更新，并将该地质储层模型应用在了数值模拟中。对 Heidrun 油气田的地层格架进行更新产生的最重要结果是提高了储量计算的针对性，反过来，使油气资源量和储量也得到了更新。

储层建模方法通常是在相分布建模的细节和空间分布的内在不确定性中做一选择，将对平均储集性的最为笼统的描述从相分析中分离出来（垂向和侧向储层质量变化趋势依据数据处理的观察结果）。由于 Åre 组跨越了多个沉积系统，在整个沉积序列中，每个层段在地质建模和油藏预测中遇到的挑战不尽相同。在异质储层段，相组合的储集性存在巨大差异，在储层建模中遇到的挑战通常与不同相砂体的规模、分布和方位的实际实现有关（Jones 等，1995）。Åre 河流相沉积序列（Åre 1 带和 Åre 2 带）由多种异质沉积物组成（图 11.13）。来自 Heidrun 油气田的地震资料不能解决单个河道的问题（图 11.25），在模型输入时，非常重要的步骤是重建的古地理图的输入［图 11.7（A）］。此外，对于具有高度侧向砂体连通性的储层带，将古地理图（图 11.7）和剖面图（图 11.18 中的储层带 4 和 5）一起作为模型输入参数来定义储层砂体的规模和远端趋势。

对于储集性的变化规模大于建模网格规模的储层带，提高有效单元值是面临的最大挑战（Kjønsvik 等，1994；Nordahl 和 Ringrose，2008）。在 Heidrun 油气田，这样的储层带包括（但不局限于）由潮控沉积物组成的 Åre 5.2 和 Åre 6.2 亚带。与先前的模型相比，当前的地层模型能够对某一特定储层带内的沉积物进行识别和约束，这是另外一个重大的提升。

### 11.5.3 对提高采收率的影响

Heidrun 油气田的进一步开发严重依赖于提高采收率的各种措施。本文专门将 Åre 5.1 作为一个特别的实例来说明当前更新后的沉积和地层模型如何为提高采收率提供新的契机。最初，并未将 Åre 5.1 储层亚带作为一个重要的储层带，并且并未对其进行建模，因为 Åre 5.1 亚带是一个具有低净毛比和低预测产量的储层段，然而，该亚带具有大量原地地质储量和大量有价值的其他储量。但是，开发这些储量需要对储层进行详细表征并对钻井产量进行可靠预测。将若干如图 11.18 所示的剖面输入到 Åre 5.1 亚带的决策模型中，评价了钻井决策和开采措施（例如对特定层段进行长水平井开采和对某些层段进行混合开采）。对这些决策的制定而言，对边界面的一致定义是必不可少的（例如 Åre 5.1 亚带的顶部和 Åre 4 带的顶部），因为将所有的高产层段都划入针对 Åre 5.1 钻探的水平段将对生产动态产生重要影响。在获得商业发现的过程中，对地质概念的修订和贯彻执行，两者缺一不可。

## 11.6 结论

通过对 Åre 组储层表征进行研究，对 Heidrun 地区瑞替期—早普林斯巴期沉积系统的概念认识进行了更新和详细分析，共识别出了 18 个相组合，提出了 7 个主要储层带的全新地层格架。整个 Åre 组储层为海侵沉积序列，底部为非海相海岸平原沉积物，到中部变为下三角洲平原和分流间湾沉积物，随后是浪控和潮控混合沉积物，到最上部变为开阔海沉积物。修订后的 Åre 组地层模型确定了具有可对比的关键界面的地层格架，相组合的垂向分布受钻井控制，并且具有成因关联。因此，连井对比的结果更加可信，对沉积相空间预测的不确定性显著降低。本研究结果已经在 Heidrun 油气田的油藏模拟和地质建模中得到了应用。除了为日常经营活动提供必要的决策依据，这些模型在原始地质储量和可采储量的更新方面也得到了广泛应用。修订后的地层格架也为 Åre 组提高采收率提供了全新的、前所未有的机会。在区域沉积背景下，在 Heidrun 油气田建立的 Åre 组修订后的地层格架也为邻近油气田进行层序地层研究提供了重要依据。

**致谢**

感谢 Heidrun 矿权区所有者（挪威石油公司 ASA、康菲石油公司斯堪的纳维亚 AS、埃尼挪威 AS 和 Petoro AS）为本文的发表提供了必要的数据。此外，感谢 Heidrun 油气田的经营者允许发表关于 Åre 组沉积学和地层学的综合分析。感谢 Allard W. Martinius 对本研究科学成果的正式陈述，以及后期在文章编写方面作出的不懈努力。感谢审稿员 Jonathan Wonham、Brian J. Willis 和 Donatella Mellere 为终稿质量的提高作出的努力。

### 参 考 文 献

Boyd, R., Dalrymple, R. W. and Zaitlin, B. A. (2006) Estuary and incised valley facies models. In: *Facies Models Revisited* (Eds H. W. Posamentier and R. G. Walker), *SEPM Spec. Publ.*, 84, 171-234.

Brekke, H., Dahlgren, S., Nyland, B. and Magnus, C. (1999) The prospectivity of the Vøring and Møre basins on the Norwegian continental margin. In: *Petroleum Geology of Northwest Europe: Proceedings of the 5th Conference* (Eds A. J. Fleet and S. A. R. Boldy), pp. 261-274. Geological Society London.

Bridge, J. S. (2003) *Rivers and Floodplains-Forms, processes and Sedimentary Record*. Blackwell Publishing, Oxford, 491 pp.

Bridge, J. S. and Tye, R. S. (2000) Interpreting the dimensions of ancient fluvial channel bars, channels and channel belts from wireline-logs and cores. *AAPG Bull.*, 84, 1205-1228.

Carr, I. D., Gawthorpe, R. L., Jackson, C. A. L., Sharp, I. R. and Sadek, A. (2003) Sedimentology and sequence stratigraphy of early syn-rift tidal sediments: The Nukhul Formation, Suez Rift, Egypt. *J. Sed. Res.*, 73, 407-420.

Coleman, J. M. and Gagliano, S. M. (1964) Cyclic sedimentation in the Mississippi River deltaic plain. *Trans. Gulf Coast Assoc. Geol. Soc.*, 14, 67-80.

Dalland, A., Worsley, D. and Ofstad, K. (1988) A lithostratigraphic scheme for the Mesozoic and Cenozoic succession offshore mid- and northern Norway. *Norw. Pet. Direct. Bull.*, 4, 1–65.

Dalrymple, R. W., Zaitlin, B. A. and Boyd, R. (1992) Estuarine facies models: conceptual basis and stratigraphic implications. *J. Sed. Petrol.*, 62, 1130–1146.

Dalrymple, R. W., Boyd, R. and Zaitlin, B. A. (1994) *Incisedvalley Systems: Origin and Sedimentary Sequences*, Tulsa, 399 pp.

Dalrymple, R. W. and Choi, K. (2007) Morphologic and facies trends through the fluvial – marine transition in tide-dominated depositional systems: A schematic framework for environmental and sequence stratigraphic interpretation. *Earth-Sci. Rev.*, 81, 135–174.

Demko, T. M. and Gastaldo, R. A. (1996) Eustatic and autocyclic influences on deposition of the lower Pennsylvanian Mary Lee coal zone, Warrior Basin, Alabama. *Int. J. Coal Geol.*, 31, 3–19.

Doré, A. G. (1991) The structural foundation and evolution of Mesozoic seaways between Europe and the Arctic. *Palaeogeogr. Palaeoclimatol. Palaeoecol.*, 87, 441–492.

Elliot, T. (1974) Interdistributary bay sequences and their genesis. *Sedimentology*, 21, 611–622.

Galloway, W. E. (1989) Genetic stratigraphic sequences in basin analysis I: Architecture and genesis of floodingsurface bounded depositional units. *AAPG Bull.*, 73, 125–142.

Gjelberg, J., Dreyer, T., Høie, A., Tjelland, T. and Lilleng, T. (1987) Late Triassic to Mid-Jurassic sandbody development on the Barents and Mid-Norwegian shelf. In: *Petroleum Geology of North West Europe* (Eds J. Brooks and K. Glennie), pp. 1105–1129. Graham & Trotman, London.

Gradstein, F. M., Ogg, J. G. and Smith, A. G. (2004) *A Geologic Time Scale 2004*. Cambridge University Press, 610 pp.

Gradzinski, Baryla, J., Doktor, M., Gmur, D., Gradzinski, M., Kedzior, A., Paszkowski, M., Soja, R., Zielinski, T. and Zurek, S. (2003) Vegetation-controlled modern anastomosing system of the upper Narew River (NE Poland) and its sediments. *Sed. Geol.*, 157, 253–276.

Hallam, A. (1988) A reevaluation of Jurassic eustasy in the light of new data and the revised Exxon curve. Spec. *Publ. Soc. Econ. Paleontol. Mineral.*, 42, 261–273.

Hallam, A. (2001) A review of the broad pattern of Jurassic sea-level changes and their possible causes in the light of current knowledge. *Palaeogeogr. Palaeoclimatol. Palaeoecol.*, 167, 23–37.

Hammer, E. (2010) *Sedimentological Correlation of Heterogeneous Reservoir Rocks: Effects of Lithology, Differential Compaction and Diagenetic Processes*. PhD thesis, University of Science and Technology, Trondheim, Norway.

Hammer, E., Mørk, M. B. E. and Næss, A. (2010) Facies controls on the distribution of diagenesis and compaction in fluvial-deltaic deposits. *Mar. Petrol. Geol.*, 27, 1737–1751.

Haq, B. U., Hardenbol, J. and Vail, P. R. (1987) Chronology of fluctuating sea-level since the Triassic. *Science*, 235, 1156–1167.

Jones, A., Doyle, J., Jacobsen, T. and Kjønsvik, D. (1995) Which sub-seismic heterogeneities influence waterflood performance? In: *Geol. Soc. Spec. Publ.* (Ed. H. J. de Haan), 84, pp. 5–18.

Kjærefjord, J. M. (1999) Bayfill successions in the Lower Jurassic Åre Formation, Offshore Norway: Sedimentology and heterogenity based on subsurface data from the Heidrun field and analogue data from the Upper Cretaceous Neslen Formation, Eastern Book Cliffs, Utah. *GCSSEPM Foundation 19th Annual Research Conference*, 149–158.

Kjønsvik, D., Doyle, J., Jacobsen, T. and Jones, A. (1994) The effects of sedimentary heterogeneities on production from a shallow marine reservoir; what really matters? In: *European Petroleum Conference*, 1, pp. 27–40. Soc. Petrol. Eng.

Koch, J. and Heum, O. (1995) Exploration trends of the Halten Terrace. In: *Petroleum Exploration in Norway* (Ed. S. Hanslien), *NPF Sp. Publ.*, 4, pp. 235–251.

Koenig, R. H. (1986) Oil discovery in 6507/7; an initial look at the Heidrun Field. In: *Habitat of Hydrocarbons on the Norwegian Continental Shelf* (Ed. A. M. Spencer), pp. 307–311. Graham & Trotman, London & Stavanger, Norway.

Machado, H. B. (2009) *Reservoir Characterisation of the Fluviodeltaic Succession of the Early Jurassic Åre Formation, Heidrun Field, Halten Terrace.* MSc thesis, Imperial College, London, UK, 118 pp.

Mackey, S. D. and Bridge, J. S. (1995) Three dimensional model of alluvial stratigraphy: theory and application. *J. Sed. Res*, B65, 7–31.

Makaske, B. (2001) Anastomosing rivers: a review of their classification, origin and sedimentary products. *Earth-Sci. Rev.*, 53, 149–196.

Marsh, N., Imber, J., Holdsworth, R. E., Brockbank, P. and Ringrose, P. (2010) The structural evolution of the Halten Terrace, offshore Mid-Norway: extensional fault growth and strain localisation in a multi-layer brittleductile system. *Bas. Res.*, 22, 195–214.

Martinius, A. W., Kaas, I., Næss, A., Helgesen, G., Kjærefjord, J. M. and Leith, D. A. (2001) Sedimentology of the heterolithic and tide-dominated Tilje Formation (Early Jurassic, Halten Terrace, offshore mid-Norway). In: *Sedimentary Environments Offshore Norway-Palaeozoic to Recent* (Eds O. J. Martinsen and T. Dreyer), 10, pp. 103–144. Norsk Petroleumsforening Spec. Publ., Elsevier.

Mearns, E. W., Knarud, R., Ræstad, N., Stanley, K. O. and Stockbridge, C. P. (1989) Samarium-neodymium isotope stratigraphy of the Lunde and Statfjord Formations of Snorre Oil Field, northern North Sea. *J. Geol. Soc. London*, 146, 217–228.

Mjøs, R. and Prestholm, E. (1993) The geometry and organization of fluviodeltaic channel sandstones in the Jurassic Saltwick Formation, Yorkshire, England. *Sedimentology*, 40, 919–935.

Morris, P. H., Cullum, A., Pearce, M. A. and Batten, D. J. (2009) Megaspore assemblages from the Åre Formation (Rhaetian-Pliensbachian) offshore mid-Norway and their value as field and regional stratigraphical markers. *J. Micropalaeontol.*, 28, 161–181.

Morton, A., Hallsworth, C., Strogen, D., Whitham, A. and Fanning, M. (2009) Evolution of provenance in the NE Atlantic rift: The Early-Middle Jurassic succession in the Heidrun Field, Halten Terrace, offshore Mid-Norway. *Mar. Petrol. Geol.*, 26, 1100–1117.

Nordahl, K. and Ringrose, P. (2008) Identifying the representative elementary volume of permeability in heterolithic deposits using numerical rock models. *Math. Geosci.*, 40, 753–771.

Norwegian Petroleum Directorate (2009) *Fact maps*. URL: https://npdmap1.npd.no/website/

NPDGIS/viewer. htm.

Pedersen, T., Harms, J. C., Harris, N. B., Mitchell, R. W. and Tooby, K. M. (1989) The role of correlation in generating the Heidrun Field geological model. In: *Correlation in Hydrocarbon Exploration* (Ed. J. D. Collinson), pp. 327–338. Norwegian Petroleum Society.

Posamentier, H. W. and Vail, P. R. (1988) Eustatic controls on clastic deposition II – sequence and systems tracts models. In: *Sea-level Changes: An Integrated Approach* (Eds C. K. Wilgus, B. S. Hastings, C. G. Kendall, H. W. Posamentier, C. A. Ross and J. C. Van Wagoner), *SEPM Spec. Publ.*, 42, pp. 110–124.

Read, W. A. (1995) Sequence stratigraphy and lithofacies geometry in an early Namurian coal-bearing succession in central Scotland. In: *European Coal Geology* (Eds M. K. G. Whateley and D. A. Spears), 82, pp. 285–297. Geological Society, London, Special Publications.

Roberts, H. H. (1997) Dynamic changes of the Holocene Mississippi River delta plain: The delta cycle. *J. Coastal Res.*, 13, 605–627.

Roberts, H. H. and Coleman, J. M. (1996) Holocene evolution of the deltaic plain: a perspective — from Fisk to present. *Eng. Geol.*, 45, 113–138.

Ryseth, A. (2001) Sedimentology and palaeogeography of the Statfjord Formation (Rhaetian – Sinemurian), North Sea. In: *Sedimentary Environments Offshore Norway-Palaeozoic to Recent* (Eds O. J. Martinsen and T. Dreyer), pp. 67–85. Norsk Petroleumsforening Spec. Publ., 10, Elsevier.

Shanley, K. W. and McCabe, P. J. (1994) Perspectives on the sequence stratigraphy of continental strata. *AAPG Bull.*, 78, 544–568.

Sloss, L. L., Krumbein, W. C. and Dapples, E. C. (1949) Integrated facies analysis. In: *Sedimentary Facies in Geological History* (Ed. C. R. Longwell), *Geol. Soc. Am. Mem.*, 39, pp. 91–124.

Surlyk, F. (1990) A Jurassic sea-level curve for East Greenland. *Palaeogeogr. Palaeoclimatol. Palaeoecol.*, 78, 71–85.

Svela, K. E. (2001) Sedimentary facies in the fluvialdominated Åre Formation as seen in the Åre 1 member in the Heidrun Field. In: *Sedimentary Environments Offshore Norway-Palaeozoic to Recent* (Eds O. J. Martinsen and T. Dreyer), 10, pp. 87–102. Norsk Petroleumsforening Spec. Publ., Elsevier.

Van Wagoner, J. C., Posamentier, H. W., Mitchum, R. M., Vail, P. R., Sarg, J. F., Loutit, T. S. and Hardenbol, J. (1988) An overview of the fundamentals of sequence stratigraphy and key definitions. In: *Sea-level Changes: An Integrated Approach* (Eds C. K. Wilgus, B. S. Hastings, C. G. Kendall, H. W. Posamentier, C. A. Ross and J. C. Van Wagoner), *SEPM Spec. Publ.*, 42, pp. 39–45. Tulsa.

Van Wagoner, J. C., Mitchum, R. M., Campion, K. M. and Rahmanian, V. D. (1990) *Siliciclastic Sequence Stratigraphy in Well Logs, Cores and Outcrops; Concepts for High-resolution Correlation of Time and Facies*. Tulsa, AAPG, 55 pp.

Whitley, P. K. (1992) The geology of Heidrun; a giant oil and gas field on the mid-Norwegian shelf. *AAPG Mem.*, 54, 383–406.

Willis, B. J. and Gabel, S. L. (2001) Sharp-based, tide-dominated deltas of the Sego Sandstone, Book Cliffs, Utah, USA. *Sedimentology*, 48, 479-506.

Willis, B. J. and Gabel, S. L. (2003) Formation of deep incisions into tide-dominated river deltas: Implications for the stratigraphy of the Sego Sandstone, Book Cliffs, Utah, U. S. A. *J. Sed. Res.*, 73, 246-263.

Yoshida, S., Steel, R. J. and Dalrymple, R. W. (2007) Changes in depositional processes-An ingredient in a new generation of sequence-stratigraphic models. *J. Sed. Res.*, 77, 447-460.

# 12 潮汐作用影响下边缘海相盆地的沉积动力学特征和层序地层序列

## ——以东格陵兰 Jameson Land 盆地下侏罗统 Neill Klinter 群为例

Juha M. Ahokas　Johan P. Nystuen　Allard W. Martinius 著

王　越 译

**摘要**：早侏罗世，边缘海相地层沉积在约400km宽的原挪威—格陵兰海两岸（现今东北大西洋区域）。原挪威—格陵兰海北边连接Boreal海，南边连接特提斯海。在东格陵兰，沉积作用发生在沿东格陵兰裂谷带发育的三面被围限的Jameson Land 盆地中。在挪威中部沿岸，沉积作用发生在开阔，但呈东北—西南向展布的细长盆地中。Jameson Land 盆地辛涅缪尔阶—阿林阶Neill Klinter 群由受潮汐作用和海浪影响、厚度达300m的三角洲—河口砂岩层序和厚度达110m的海相泥岩层序组成。Neill Klinter 群可被分为6个海进—海退旋回（T/R）序列，分别由近地表不整合面（SU）和海侵侵蚀面（TS）分隔，通常形成一致的SU/TS层序界面。海侵和海退体系域由8个可标识组分内的21个沉积相单元和7个成因相关架构元素组成。下切河谷形成在三级地层单元中。河谷沉积序列具有以下特征：海退—海进河口层序能揭示下切阶段和最早低水位过程中的河流活动、海平面主要上升阶段末期的、波浪和潮汐活动和海平面上升最后阶段转换回波浪控制时的波浪和潮汐作用。在相对海平面上升过程中，能量系统间相互转换是由河口形态的变化引起的，从早期阶段的狭窄形态，变为后期阶段的宽广和开阔形态。下切河谷外近海沉积物在侧向和垂向上也具有多变的相带特征。通过沉积环境、外部和内部因素控制沉积体系结构、沉积过程和三维非均质性砂岩体的性质来对比研究，而不是通过地层岩性特征和层序地层序列直接研究相关性，Jameson Land 盆地Neill Klinter 群可用于研究Halten 阶地下侏罗统 Båt 群地层特征。

**关键词**：近海；下切河谷；河口；潮汐作用；沉积相横向变化；层序地层；东格陵兰

近海沉积环境包括海岸平原、下切河谷、三角洲、河口，以及滨线—大陆架之间所有可能沉积砂岩的一系列子环境（Reading 和 Collinson，1996；Emery 和 Myers，1996）。由于河流、波浪，以及潮汐能量、地势、沉积输入速率和相对海平面变化等作用的相互影响，潮控沉积体系表现为高能水动力体系。不同能量系统及环境的共生导致砂岩体在沉积格架的各个尺度上呈现出三维非均质性。为了识别成因相关的沉积单元，对近地表不整合面、海侵面、近地表地层出露剥蚀伴随的海侵和最大海泛面等沉积层序主要界面的辨别显得十分重要。在海平面下降和上升期间，主导能量系统从河流到潮汐及波浪的变化对近海沉积物的三维沉积相分布及储层性质的理解有特殊的重要意义（Emery 和 Myers，1996；Posamentier 和 Allen，1999；Catuneanu，2006）。

在具加积型沉积格架和稳定构造的盆地中，受潮汐影响的沉积作用可能在一个或几个海平面变化旋回中发生（Dam 和 Surlyk，1998；Martinius 等，2001；Midtkandal 和 Nystuen，

2009),并形成近乎相同的复杂沉积格架(Allen,1990;Choi 等,2004;Choi 和 Dalrymple,2004;Dalrymple 等,1990,1991,2003,2012;Gastaldo 等,1995;Gingras 等,1999;Martinius 和 Van den Berg,2011;Tessier,2012)。

本研究的主要目的是记录不同尺度下的沉积相变化,以及东格陵兰 Jameson Land 盆地下侏罗统边缘海相地层 Neill Klinter 群随盆地形态和相对海平面变化的沉积格架和层序演变(Rosenkrantz,1934;Surlyk 等,1973;Dam 和 Surlyk,1998)(图 12.1,图 12.2)。

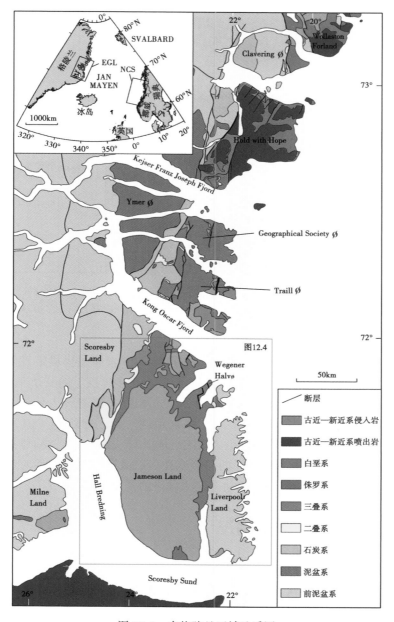

图 12.1 东格陵兰区域地质图

小图展示的是现今北大西洋(即本文中所指的原挪威—格陵兰海)以及东格陵兰(EGL)和挪威海的大陆架(NCS)等讨论区域

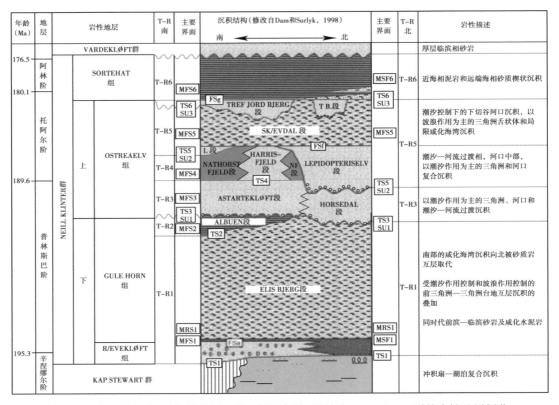

图 12.2 辛涅缪尔阶上部/普林斯巴阶—托阿尔阶/阿林阶 Neill Klinter 群的岩性地层划分、
T-R 层序和关键界面（修改自 Dam 和 Surlyk，1998；据 Surlyk，2003）
红色线表示近地表不整合面（SU），蓝色线表示海侵侵蚀面（TS）或海泛面（FS）

其次的目的是为类比模拟挪威大陆架 Halten 阶地的砂岩储层提供定性和定量数据。对潮控砂岩储集体三维沉积过程展布的概念理解对模拟其在多尺度下的复杂非均质性十分关键（Martinius 等，2005）。模拟数据表明，整体上，Neill Klinter 群表现为从进积到退积，从受潮汐作用影响到受波浪作用控制（图 12.2），认识到这一点，有助于：（1）进一步理解受潮汐作用影响的近海沉积体系非均质性的自然变化；（2）数据表征，构建静态和动态储层模型；（3）减少模拟过程中参数值选择的不确定性，以及这些不确定性对地质模型和流体性质的影响；（4）实时了解储层岩石的动态演化以协助开发生产。

## 12.1 区域概况和地层发育情况

东格陵兰的沿海地带受南北走向断层切割，进而控制东格陵兰古生代和中生代裂谷体系的盆地形成和沉积充填（Surlyk，1990a）。较年轻的北西—南东向断层与现今的峡湾走向一致（Bütler，1948；Surlyk，1977；Dam 等，1995；Surlyk，2003）。近 100km 宽、250km 长的 Jameson Land 盆地位于裂谷体系的最南边，构造上表现为略向南倾斜（1°~2°）、厚达 17km 的向斜构造（Larsen 和 Marcussen，1992；Mathiesen 等，2000）。Jameson Land 盆地发育一套厚 13km 的晚古生代裂谷盆地海陆相地层，上覆一套 4km 厚的晚古生代—中生代凹陷的陆相—海相后裂谷地层（Larsen和Marcussen，1992；Mathiesen等，2000；Surlyk，2003）。

Jameson Land盆地东部边缘发育的上三叠统—下侏罗统，由于新生代挪威—格陵兰海相连的地壳隆起（2~3km）而完全出露地表（Christiansen等，1992；Hansen，2000；Johnson和Gallagher，2000；Mathiesen等，2000）。半连续的悬崖沉积相达200~400m高，地层倾向向西，倾角7°，与三维控制的沉积走向一致（图12.3）。古近纪（约55Ma）发育的辉绿岩侵入体在Jameson Land盆地南部十分常见，常与泥岩相伴（图12.3）。这些辉绿岩侵入体在盆地北部很少见到。

图12.3　Neill Klinter群露头

该露头沿着东格陵兰东Jameson Land的Hurry Inlet西侧发育（测量点S4的北侧）。
黑色地层为古近系辉绿岩侵入岩层。测量点位置如图12.4所示

Jameson Land盆地的近海普林斯巴阶—托阿尔阶Neill Klinter群（Dam和Surlyk，1998；Surlyk，2003）是瑞替期—辛涅缪尔期湖盆海泛期发育的，如Kap Stewart群（Dam和Surlyk，1992，1993；Dam等，1995；Surlyk，2003）。较年轻的沉积物不整合覆盖于沿盆地边缘发育的早期沉积物和基底之上。现今Liverpool Land及更为东部地区（后期与现今Jan Mayen微大陆、西部和北北西部的地区相连接）的结晶基底岩石遭受风化剥蚀，作为盆地沉积的主要物源（图12.1）。盆地向南延伸至Scoresby Sund，但现今被新生界玄武岩覆盖（图12.1）。近海环境在阿林期—巴柔期被淹没，盆地在中侏罗纪的新裂谷时期初期以广海环境为主。目前研究表明，Neill Klinter群Sortehat组包括一套与该群其他地层不同的沉积组合，也表明了当时的沉积环境为广海环境。

早侏罗纪边缘海相Jameson Land盆地南临相对细长的原挪威—格陵兰海盆地体系。该盆地体系以挪威中部大陆架上发育的受潮汐作用和波浪作用影响的海相侏罗系为代表（Gjelberg等，1987；Dalland等，1988；Skogseid等，2000；Brekke等，2001；Nøttvedt等，2008；Mitchell等，2011）。

## 12.2　方法和术语

本文研究对象为沿Jameson Land东部海岸的两个野外露头区（图12.1）。主要数据来源

于 32 个测量剖面，这 32 个测量剖面来自于长 100km 南北横切面上的 8 个地区（图 12.4）。这些剖面的选定参考自 Dam 和 Surlyk（1998）。测量剖面厚度 30~300m 不等，记录了岩石颗粒粒度、沉积构造、古水流方向（测自沙丘前积）、层理性质、地层接触关系、岩性横向变化、踪迹化石组合和生物扰动程度。

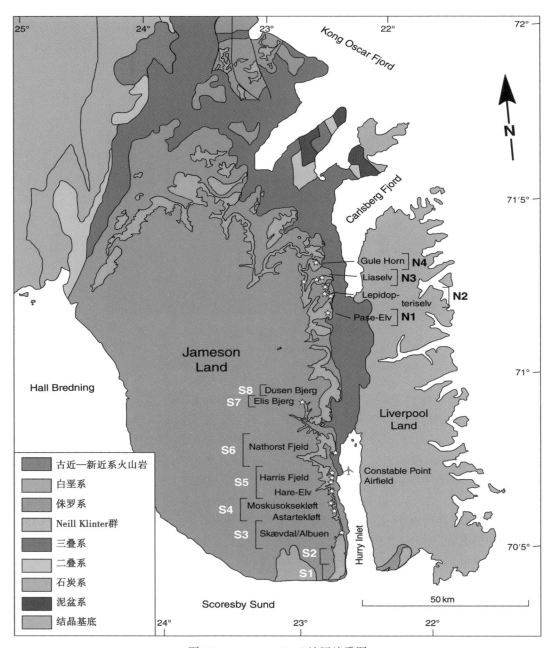

图 12.4　Jameson Land 地区地质图

展示了 Neill Klinter 群的露头区域（橘黄色区域）。本文中研究测量点在南部地区主要是 S3—S6，在北部地区是 N1—N4。测量点 S1—S2 和 S7—S8 剖面根据 Dam 和 Surlyk（1998）重新绘制

本研究中，Neill Klinter 群分为上下两个部分（图 12.2），共由八个异地层单元组成（North American Commission on Stratigraphic Nomenclature，1983；Bhattacharya，2001）。这八个异地层单元，根据观察到的表明相对海平面变化的边界突变及不整合面，或者可容空间增加速率与沉积供给速率比值的变化（A/S）划分得到。每个异地层单元由一组特定的结构单元组成，该结构单元以某种特殊的方式在 Neill Klinter 群沉积的特殊阶段形成。每一个结构单元由一个或多个沉积相单元组成，并被受古海滨线向盆或向陆迁移影响的主要地层界面约束。

异地层单元中主要地层界面、结构单元及其相互组合构成了 Neill Klinter 群的概念沉积模型和海进—海退层序地层格架的基本描述数据。结合新的野外数据、前人的研究数据以及照片，本文得到一条长 105km 的对比剖面，从而阐明了 Neill Klinter 群的海进—海退层序地层格架。其中地面及空中拍摄的照片，用来描述沉积单元结构、构造和几何形态在纵横向上的宏观变化。

## 12.3 沉积构成

### 12.3.1 Neill Klinter 群的主要地层界面

最低频率识别的主要界面（对应较高级别的地层单元）包括三个近地表不整合面（SU）、六个海侵侵蚀面（TS）和五个最大海泛面（MFS）。近地表不整合面延伸较广，属不平整的近水平剥蚀面，上覆数厘米—数十厘米杂基或碎屑支撑的砾岩层，包含有外源石英砾石、颗粒、石英岩、片麻岩碎屑、煤化木、植物残骸和海洋生物化石碎片［图 12.5 (A)—(C)］。海侵侵蚀面是近端沉积标志被向盆的远端沉积相横切上覆形成的不平整近水平的延伸［图 12.5 (A)，(D)］。海侵侵蚀面是潮汐冲刷作用和滨岸上超对应的界面。该界面大多数情况下与上述的近地表不整合面一致，因此这两个界面组合称为 SU/TS 界面［图 12.5 (A)—(D)］。最大海泛面常与数米厚的远端岩相凝缩层伴生。向陆—向盆沉积作用的缓慢过渡由该界面记录，与一般层序地层对比原理一致（Van Qagoner 等，1988，1990；Posamentier 等，1988；Posamentier 和 Allen，1999；Catuneanu，2006）。

高频率识别的主要界面（对应较低级别的地层单元）包括 4 个海水侵蚀面（MRS，包括海进和海退）和 7 个海泛面（FS）。这些界面说明该位置随海水向陆或向盆过渡时的沉积相带变化［图 12.5 (A)，(E) 和 (F)］。主要界面延伸数千米到数十千米不等。

### 12.3.2 沉积相和沉积相单元

Neill Klinter 群一共包括 14 个岩相（F1—F11；表 12.1）。主要岩相以砂岩为主，具非均质性，粒度曲线分布形态呈明显的双峰型。所研究地层中砂岩的岩石组分以石英为主；长石含量普遍很低，但在大多数长石砂岩中其含量可达 20%；云母含量丰富；绿泥石和海绿石在特定地层中含量也很丰富（图 12.6）。石英和长石颗粒形状一般为次圆状—圆状，表明颗粒经过反复的冲刷。一些砾岩层包含丰富的棱角状石英石和石英岩颗粒，与基底岩石碎屑直接搬运至此形成有关。由于潮汐的再改造破坏作用，明显河流沉积构造并不常见。

成因相关的沉积相被进一步分为 7 个沉积相单元（表 12.2），构成 Neill Klinter 群中的结构单元和原生地层（表 12.3）。Neill Klinter 群的沉积结构在图 12.7 中有总结说明（位置如图 12.4 所示）。

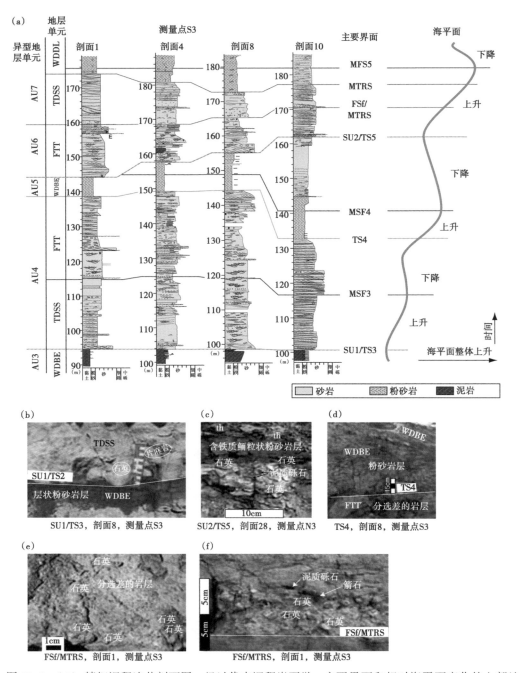

图 12.5 （A）精细沉积连井剖面图，经过代表沉积岩石学、主要界面和相对海平面变化的上部地层（测量点 S3），测量点 S3 和 N3 处的上覆于所选择主要界面的海退—海进混合岩相图；（B）上覆于 SU1/TS2 不整合面的杂基支撑的砾岩层（测量于剖面 8）；（C）上覆于 SU2/TS5 不整合面的碎屑支撑和杂基支撑的砾岩层（测量于剖面 28，位于测量点 N3 处）；（D）上覆于 TS4 不整合面的无沉积构造发育的粉砂岩层（测量于剖面 8）；（E）上覆于 FS/MTRS 的杂基支撑的砾岩层（测量于剖面 1）；（F）河流相和海相的混合砾岩层（测量于剖面 1）（图片来自 J. M. Ahokas）

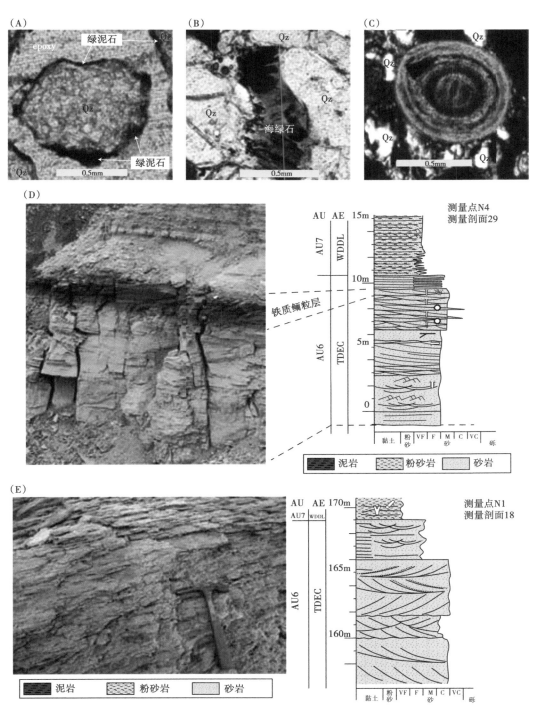

图 12.6 (A) 绿泥石包裹的石英颗粒;(B) 碎屑石英颗粒间的海绿石充填;(C) 北部研究区富含石英砂岩中的铁质鲕粒层;(D) 岩性图片及单井沉积图,展示的是测量点 N4 处铁质鲕粒层的层理产状;(E) 单井沉积图、富含海绿石的砂岩相图片和测量点 N1 处的地层产状(测量于剖面 18)。测量点位置如图 12.4 所示(照片来自 J. M. Ahokas)

表 12.1 位于东格陵兰 Jameson Land 盆地 Neill Klinter 群的沉积相描述

| 岩相 | 沉积岩石学特征 | 地层界面和地层形态 | 化石遗迹（指数 0~6） | 沉积解释 | 单井结构特征（不按比例） | 沉积相单元 |
|---|---|---|---|---|---|---|
| 岩屑砾岩 | 无分层—较弱分层或递变；分选很差的外源岩屑砾石—直径达 9cm 的碎屑，圆状一次圆状，含内源树干、岩屑及海洋遗体化石 | 下部遭受剥蚀，上部表现为近水平突变或渐变；地层厚度 5~30m，侧向延伸 10m 至数千米不等 | 未遭受生物扰动（0）；箭石嚎；上部地层局部发育垂向生物钻孔；低强度（1~2） | 河流搬运的砾石沉积、海水侵蚀残留沉积；递变片流沉积或前三角洲、三角洲前缘及滨海沉积环境的牵引流沉积 | | 1A 河流—潮汐过渡相<br>1B 河流—潮汐过渡相<br>1C 河流—潮汐过渡相<br>2A* 潮汐倾斜互层沉积<br>3A* 潮道充填沉积<br>3D* 潮道充填沉积<br>5B* 受潮汐和波浪作用共同影响的砂泥互层沉积<br>6A* 以波浪作用为主的咸化海湾泥岩和粉砂岩 |
| 泥杂砾岩 | 杂基支撑；分选差；暗红—棕色泥碎屑，磨圆较好，细长状，微弱层理，槽状或鳞状板状交错层理，直径为棱角状—分米级，一般为棱角—圆状的外源岩石碎屑及内源泥柱状—分米级的圆柱状泥岩碎屑胶结差—较好；见浮游海洋生物化石 | 底部边界遭剥蚀；上部边界呈近水平状突变接触或遭受剥蚀（回陷 5~7cm）；层厚达 5cm~1m，侧向延伸数米至数十米 | 未遭受生物扰动 | 潮汐三角洲台地/潮间带或潮上带泥滩上发育的浅海潮道充填沉积 | | 1B 河流—潮汐过渡相沉积<br>3E 潮道充填沉积<br>2A* 潮汐倾斜互层沉积<br>2B* 潮汐倾斜互层沉积<br>3B* 潮道充填沉积<br>3D* 潮道充填沉积 |
| 交错层理砂岩 | 不成熟；分选差—中等；细粒—粗粒；明显的正旋回趋势；槽状层理和板状交错层理；内源岩屑主要有棱角状一次圆状石英砾石、长石、薄层状的圆状砂屑颗粒，有机质碎屑，棱角状—圆状、厘米—分米级的圆柱状泥岩碎屑；胶结差—较好；见生物化石 | 基底一般遭受剥蚀；上部边界呈现方向上逐渐变细的递变，常见再活化界面；槽宽大厚 10cm~3m 不等，厚 2m；岩层组厚 2~5m，侧向延伸 100m 至千米 | 少量 $Ar$, $Sk$, $Ph$, $Tae$, $Pl$, $Di$；水平移动痕迹（0~2）；一般以湖相植物群和陆相植物群为主，多于海相植物 | 辫状河或受潮汐作用影响的弯曲—直线河道中发育的 2D 和 3D 沙丘和沙坝偏移和横穿迁移沉积，局部可见泥岩盖层，撕裂痕以及受潮汐作用影响的塑性泥岩层 | | 1A 河流—潮汐过渡相沉积<br>1B 河流—潮汐过渡相沉积<br>1C 河流—潮汐过渡相沉积<br>3E 潮道充填沉积<br>4B 以波浪作用为主的临滨沉积<br>2B* 潮汐倾斜互层沉积 |

续表

| 岩相 | 沉积岩石学特征 | 地层界面和地层形态 | 化石遗迹（指数0~6） | 沉积解释 | 单井结构特征（不按比例） | 沉积相单元 |
|---|---|---|---|---|---|---|
| 低角度交错层理砂岩 | 结构成熟度较高；纯净、分选较好的富含石英细粒—中粒颗粒；早期连续发育的泥质、粉砂质或含重矿物的盖层 | 下部和上部边界均为突变接触，岩层组边界变形；厚度大于2.5m，侧向延伸小于100m，岩层组厚度小于10m | 未遭受生物扰动（0）局部受生物扰动强烈（5） | 临滨波浪或风暴作用沉积；可见沼泽相交错层理地层 | 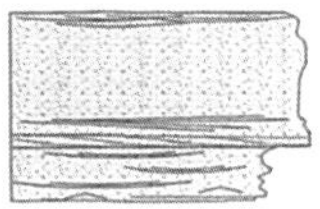 | 3B 潮道充填沉积<br>4A 以波浪作用为主的临滨沉积<br>4B 以波浪作用为主的临滨沉积 |
| 上覆泥岩盖层的交错层理砂岩 | 细粒—粗粒；泥岩/粉砂岩/植物碎片、盖层厚度及丰度不规律变化，含反丰富底积层反的交错层泥岩撕裂积层薄层，方向与积层平行，少见泥岩撕裂裂屑和海绿石颗粒 | 下部边界遭受剥蚀，上部边界向上变细的递变突变或受剥蚀；丰富—少见草屑沉积，岩层厚达0.1m~4.2m，侧向延伸10s至数百米；板状—近透镜状几何形态 | 粗碎屑：少量Ar, Di, Op, Sk，少见到常见箭石嵩；细碎屑：Pl（0~2）。低生物扰动强度和虫迹，中等生物扰动强度（3~4）；未受生物扰动（0） | 小型—巨型的单个或复合河流—潮汐相2D和3D沙丘的迁移沉积；宽阔高能潮汐沉积或以潮汐作用为主的河道中部沙坝，从中下带复合沙丘及分流潮下带复合沙丘及分流河口坝的砂泥互层沉积；沉积于水下或暴露的河口坝顶部或浅滩边缘的小型潮汐—河流相复合3D潮汐—河流相沙丘沉积 | 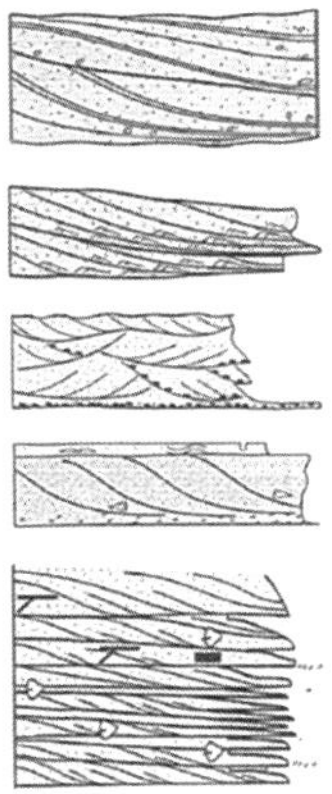 | 1B 河流—潮汐过渡相沉积<br>1C 河流—潮汐过渡相沉积<br>2A 潮汐倾斜砂泥互层沉积<br>3A 潮道充填沉积<br>3C 潮道充填沉积<br>3D 潮道充填沉积<br>4A 以波浪作用为主的临滨沉积<br>2B* 潮汐倾斜砂泥互层沉积<br>2C* 潮汐倾斜砂泥互层沉积<br>5C* 潮汐或波浪作用为主的砂泥混合沉积<br>7A 以潮汐作用为主的广阔海相沉积 |

301

续表

| 岩相 | 沉积岩石学特征 | 地层界面和地层层形态 | 化石遗迹（指数0~6） | 沉积解释 | 单井结构特征（不按比例） | 沉积相单元 |
|---|---|---|---|---|---|---|
| 上覆盖层为泥岩的复合交错层理砂岩 | 细粒—中粒；系统的双层泥岩盖层；盖层厚度和丰度有规律的交替变化；低角度的高角度交替层理改造；少见细角度的平行于前积层的泥岩碎屑层；底积层之上见薄层状富铁鲕粒层 | 上部和下部的前积层边界遭受剥蚀；丰富的前积作用面，将单个岩层组分开再作用面；岩层厚度0.2~1.0 m | 砂泥互层的层段；未识别出生物钻孔痕迹，Th；中等扰动程度（2~3）。砂岩层段：低生物扰动程度（0~1） | 水体相对较深，昼夜交替潮流变化的高能潮汐河道沉积，富铁鲕粒在地表遭受剥蚀并随砂岩碎屑一起搬运 | | 2A 潮汐倾斜砂泥岩互层沉积 |
| 细粒波纹交错层理薄层砂岩 | 分选中等—好；均质，细粒；波痕状—波纹状，波纹层理薄水流改造；缺失薄层不连续层；泥岩和粉砂岩盖层；岩层纯净 | 下部边界突变接触；向上逐渐加积相的递变趋势；层厚5~30 cm，岩层组规模侧向延伸大于数十千米 | 局部见 Th, Tei, 筒石痕¹。高多样性受 As, Ch, Cy, Op, Pa-h, Sk, Tei, Ter, Th 控制；强度（4~5） | 形成于以波浪作用为主，以水流运动为辅的具波纹层理结构，以砂岩形为主的沉积，以及随之静水阶段悬浮的泥岩沉积 | | 2A 潮汐倾斜砂泥岩互层沉积<br>2B 潮汐倾斜砂泥岩互层沉积<br>2C 潮汐倾斜砂泥岩互层沉积<br>3D 潮道充填沉积<br>5A 受潮汐和波浪共同影响的混合砂泥三角洲沉积<br>7B 以波浪作用为主的近海沉积<br>7B（少见）以波浪作用为主的广阔海沉积 |
| 砂泥岩互层的透镜体岩层 | 薄层同变接触；细粒；纵横向孤立的层状结构的波纹状薄层砂岩无层状结构的粉砂岩和泥岩 | 砂岩层厚10~30 cm；泥质粉砂岩层厚5~20 cm；岩层组规模侧向延伸数千米 | 低到高强度（0~6），遗迹组构：Ter, Pl, Ph, Ch, Th | 上覆于泥质岩层之上，沉积水流运动时期不完整的砂岩沉积；见波浪改造作用 | | 5B* 受潮汐和波浪作用影响的混合砂泥互层沉积<br>5A 受潮汐和波浪作用影响的混合砂泥互层沉积<br>5B 受潮汐和波浪作用影响的混合砂泥互层沉积<br>5C 受潮汐和波浪作用影响的混合砂泥三角洲沉积<br>7B 受波浪作用控制的广阔海沉积<br>3D* 潮道充填沉积 |

续表

| 岩相 | 沉积岩石学特征 | 地层界面和地层形态 | 化石遗迹（指数0~6） | 沉积解释 | 单井结构特征（不按比例） | 沉积相单元 |
|---|---|---|---|---|---|---|
| 波状层理结构发育的纹交错层理的薄层状砂岩 | 泥岩和砂岩同突变接触；细粒—粗粒。单向为主，双向为辅发育的波纹状薄层，盖层为薄层状粉砂岩和泥岩，整体上呈明显的向上变粗趋势的沉积构造 | 砂岩层厚小于30cm；粉砂岩和泥岩厚小于100m 5mm，侧向延伸达~3km | 细粒层段：中等—高强度（3~6）；主要遗迹组构为 Tei, Ro, Op, Pl, Pa, Th, Sk, Ar, As。粗粒层段：低—中等强度（1~3）；主要遗迹组构为 Ph, Pl, Pa | 水流作用反复冲刷时沉积的波纹状砂岩，以及随后静水阶段悬浮物沉积的泥岩；二次波浪改造 | | 1A 河流—潮汐过渡相<br>2A 潮汐倾斜砂泥层沉积<br>2B 潮汐倾斜砂层沉积<br>3A 潮道充填沉积<br>3B 潮道充填沉积<br>3C 潮道充填沉积<br>3D 潮道充填沉积<br>5A 受潮汐和波浪作用共同影响的混合砂层泥互层沉积<br>5C 受潮汐和波浪作用共同影响的混合砂层泥互层沉积<br>7A 以波浪作用为主的广阔海沉积<br>7B （少见）以波浪作用为主的广阔海沉积 |
| 丘状和洼状交错层理砂岩 | 纯净；分选好；极细粒—细粒；低角度卷状交错薄层；波长10~20cm | 下部和上部边界均为突变接触；层厚5~30cm，侧向延伸大于100m | 未遭受生物扰动（0~1）；偶见中生代 Pl 或 Co；低—中等强度（1~3） | 在临滨底部和前三角洲环境的风暴沉积 | | 1B⁺河流—潮汐过渡相<br>1C⁺河流—潮汐过渡相沉积<br>2C 潮汐倾斜砂泥层沉积<br>4A⁺波浪作用为主为临滨沉积<br>4B⁺波浪作用为主为临滨沉积<br>5B⁺受波浪作用影响的混合砂层泥互层沉积<br>6A⁺咸海湾沉积<br>7B⁺以波浪作用为主的广阔海三洲沉积 |

续表

| 岩相 | 沉积岩石学特征 | 地层界面和地层形态 | 化石遗迹（指数0~6） | 沉积解释 | 单井结构特征（不按比例） | 沉积相单元 |
|---|---|---|---|---|---|---|
| 无沉积构造的砂岩 | 无明显分层；分选好—差；中粒—粗粒；少见浮游陆相和海相生物化石；少见绿色—黑色混合岩屑砾岩，少见绿色包裹的次棱角状—次圆状石英颗粒，海绿泥石包裹砂和含石颗粒；厘米—米级菱铁矿结核 | 下部和上部边界—渐变接触，层厚0.2~1.5m，侧向延伸小于100m | 未遭受生物扰动（0~1）；局部高强度地层（6）—不特定；厚壳牡蛎（6） | 临滨相波浪沉积；重力流或坍塌快速沉积，潮汐和波浪沉积边缘，少见富铁还原环境暗绿粒地区沉积的无沉积结构的绿泥石包裹和含海绿石砂岩 | | 4A 波浪作用控制的临滨沉积<br>6B 咸化海湾沉积<br>3A⁺ 潮道充填沉积<br>3B⁺ 潮道充填沉积<br>3C⁺ 潮道充填沉积<br>3D⁺ 潮道充填沉积<br>5B⁺ 受潮汐和波浪作用影响的混合砂泥层三角洲沉积<br>5C⁺ 受潮汐和波浪作用控制的混合砂泥互层三角洲沉积 |
| 无沉积构造的泥质粉砂岩和砂岩 | 未固结或松散，偶见微弱变粗，向上粒度变细或槽状交错层理；罕见波状层理，罕见含碳质碎屑蚕雀状构造，浮游有机质碎屑和岩屑碎屑为主 | 下部和上部边界为突变不整合—渐变接触，层厚5cm~12m，侧向延伸数千米 | 固结碎屑；高强度（3~5），Ph, Ch, Ta, Te, Pl；常见浮游海洋生物化石和全海洋动物群，松散沉积碎屑，未遭受生物扰动（0）；以陆相动物群和植物群浮屑为主 | 氧气充足的海洋三角洲远端—远端海的悬浮沉积，不连续沉积速率，强生物活动。具有碳质环境的低能环境的悬浮沉积 | | 6A 咸化海湾沉积<br>6B 咸化海湾沉积<br>1C⁺ 河流—潮汐过渡沉积<br>4B⁺ 以波浪作用为主的临滨沉积<br>5B⁺ 受潮汐和波浪作用影响的混合砂泥层三角洲沉积<br>5C⁺ 受潮汐和波浪作用控制的混合砂泥层三角洲沉积<br>7A⁺ 波浪作用控制的广阔海三角洲沉积 |
| 无沉积构造的泥岩 | 无层理构造；胶结好的红色—灰色泥岩 | 上下边界为突变接触，层厚2mm~10cm，侧向延伸数厘米至数米 | 未受生物扰动（0~1） | 无粘结力重力流泥流沉积 | | 3E⁺ 潮道充填沉积<br>3B⁺ 潮道充填沉积<br>2A⁺ 潮汐倾斜砂泥互层沉积<br>1C⁺ 河流—潮汐过渡沉积<br>1B⁺ 河流—潮汐过渡沉积 |

续表

| 岩相 | 沉积岩石学特征 | 地层界面和地层形态 | 化石遗迹（指数 0~6） | 沉积解释 | 单井结构特征（不按比例） | 沉积相单元 |
|---|---|---|---|---|---|---|
| 层状泥岩 | 黑灰色—黑色，层状泥岩，页岩和粉砂岩，少见石化树干和碳质叠锥状构造 | 突变接触；各不相同的砂岩相中发育遭受岩性剥蚀的上下边界 | 低强度（0~2）；咸化海一咸海动物群，在局限海、广阔海、咸化海湾或潟湖中沉积混合植物群；浮游菊石类，箭石喙[1] | 受波浪作用影响，在局限海、广阔海、咸化海湾或潟湖中沉积的，具有碳质碎屑来源的悬浮沉积 | | 5B 受潮汐和波浪作用影响的混合砂泥互层三角洲沉积<br>7B 以波浪作用为主的广阔海沉积<br>6C 咸化海湾环境<br>5C+ 受潮汐和波浪作用影响的混合砂泥互层三角洲沉积 |

注：生物扰动程度使用 Taylor 和 Goldring（1993）的扰动指数图来表示。

曲管迹（Ar）；Asterosoma（As）；箭石（Bel）；Conichnus（Ch）；Cylindrichnus（Cy）；双杯迹（Di）；单杯迹（Mo）；蛇形迹（Op）；Palaeo-phycus herbertii（Pa-h）；Phycosiphon（Ph）；Planolites（Pl）；根珊瑚迹（Rh）；Rosselia（Ro）；石针迹（Sk）；螺旋丝（Ta）；墙迹（Tei）；钻螺迹（Ter）；似海藻迹（Th）。

[1] 箭石喙=无脊椎动物（箭石）。"喙"（或者鞘）指的是箭石闭锥的无隔膜发育后的后部位。

+ 罕见或不常见。

表 12.2 东格陵兰 Jameson Land 盆地 Neill Klinter 群沉积单元、相、产状、结构单元以及异地层单元

| 沉积单元 | | 沉积相 | 测量点 | 结构单元 | 异地层单元 1—8 |
|---|---|---|---|---|---|
| 河流—潮汐过渡相 (1) | 受潮汐作用影响的河道充填沉积 (1A) | 2 交错层理砂岩<br>1A 岩屑砾岩<br>6C 波状交错层理薄层砂岩 | S3—4<br>N1—4 | FTT<br>TDDP | AU4<br>AU6<br>AU2 |
| | 潮汐作用控制的河道充填沉积 (1B) | 2 交错层理砂岩<br>4 具泥岩盖层的交错层理砂岩<br>1A 岩屑砾岩<br>1B 泥质碎屑岩<br>6C 波状交错层理薄层砂岩<br>10 无沉积构造泥岩 | S3—4<br>N2—4<br>N1+ | TDDP<br>FTT | AU2<br>AU4<br>AU6 |
| | 潮汐作用影响的河口坝及湾头三角洲潮道复合沉积 (1C) | 2 交错层理砂岩<br>4 具泥岩盖层的交错层理沉积砂岩<br>1A 岩屑砾岩<br>6C 波状交错层理薄层砂岩+<br>9 无沉积构造的泥质粉砂岩和泥岩+<br>10 无沉积结构泥岩 | S3 | FTT | AU4<br>AU6 |
| 潮汐倾斜砂泥层互层沉积 (2) | 潮下带倾斜砂泥互层沉积 (2A) | 4 交错层理砂岩<br>6A 细粒波状交错层理砂岩+<br>6C 波状交错层理薄层砂岩+<br>5 盖层，交错层理砂岩复合<br>1A 岩屑砾岩<br>1B 泥质碎屑岩+<br>10 无沉积构造泥岩 | S2—N4 | TDDP<br>TDSS<br>TDEC+ | AU2<br>AU4<br>AU8+ |
| | 以泥岩为主—以砂岩为主的砂泥岩互层沉积 (2B) | 2 交错层理砂岩<br>4 具泥岩盖层的交错层理砂岩<br>6A 细粒波状交错层理砂岩<br>6C 波状交错层理薄层砂岩+<br>1B 泥质碎屑岩+ | S2—N4 | FTT<br>TDDP<br>TDSS<br>TDEC | AU4<br>AU2<br>AU7<br>AU8 |
| | 以波浪作用为主的砂质泥岩互层沉积 (2C) | 1B 泥质碎屑砾岩<br>7 丘状和槽状交错层理砂岩<br>6A 细粒波状交错层理砂岩<br>4 具泥岩盖层的交错层理砂岩 | N2S2—8 | TDSS | AU8<br>AU4 |

续表

| 沉积单元 | | 沉积相 | 测量点 | 结构单元 | 异地层单元1—8 |
|---|---|---|---|---|---|
| | 潮下带河道中部复合沉积（3A） | 4 具泥岩盖层的交错层理薄互层砂岩<br>6C 波状交错层理薄互层砂岩⁺<br>8 无沉积构造砂岩⁺<br>1A 岩屑砾岩 | S3—4<br>S6<br>N2—4 | TDSS<br>TDEC | AU4<br>AU7<br>AU6<br>AU8 |
| | 砂质3D潮下带沙丘沉积（3B） | 6C 波状交错层理薄互层砂岩<br>3 低角度交错层理砂岩⁺<br>8 无沉积构造砂岩⁺<br>10 无沉积构造砾岩<br>1B 泥质碎屑岩 | S1—N4 | TDSS<br>TDEC | AU2<br>AU4<br>AU7<br>AU6<br>AU8 |
| 潮道充填沉积（3） | 砂泥互层潮下带沙丘沉积（3C） | 4 具泥岩盖层的交错层理薄互层砂岩<br>6C 波状交错层理薄互层砂岩⁺<br>8 无沉积构造砂岩⁺ | S2—N4 | TDSS<br>TDEC<br>TDDP | AU2<br>AU4<br>AU7<br>AU6<br>AU8 |
| | 潮间带曲流河/河道充填沉积与潮汐砂泥互层点坝沉积（3D） | 4 具泥岩盖层的交错层理薄互层砂岩<br>6A 细粒波状交错层理薄互层砂岩⁺<br>6C 波状交错层理薄互层砂岩⁺<br>6B 透镜状泥岩和砂层砾岩沉积⁺<br>8 无沉积构造砂岩⁺<br>1A 岩屑砾岩⁺<br>1B 泥质碎屑岩 | S2—N4 | FTT TDSS⁺<br>TDEC⁺<br>TDDP⁺ | AU4<br>AU6⁺<br>AU2⁺<br>AU8⁺ |
| | 潮道分流河道砂岩（3E） | 1B 泥质碎屑岩⁺<br>2 交错层理砂岩<br>10 无沉积构造泥岩⁺ | S2—N2 | TDDP<br>TDSS<br>FTT⁺ | AU2<br>AU4 |

续表 1—8

| 沉积单元 | | 沉积相 | 测量点 | 结构单元 | 异地层单元 1—8 |
|---|---|---|---|---|---|
| 波浪作用控制的临滨沉积 (4) | 中部—上部临滨砂岩 (4A) | 3 低角度交错层理砂岩<br>8 无沉积盖层的交错层理砂岩⁺<br>4 具泥岩盖层的交错层理砂岩⁺<br>7 丘状和槽状交错层理砂岩⁺ | N2 (S6—N4⁺) | TDEC | AU6<br>AU8 |
| | 下部前滨砂岩 (4B) | 3 低角度交错层理砂岩<br>2 交错层理砂岩<br>9 无沉积构造泥质粉砂岩和砂岩<br>7 丘状和槽状交错层理砂岩⁺ | S1—8 | SHFS | AU1 |
| 受潮汐作用和波浪作用共同影响的砂泥互层混合沉积 (5) | 受潮汐作用影响的砂岩互层三角洲前缘沉积 (5A) | 6B 透镜状泥岩和砂岩互层沉积 6A 细粒波状交错层理砂岩<br>6C 波状交错层理薄互层砂岩⁺ | S2—N4 | TDDF | AU2<br>AU8 |
| | 受潮汐作用影响的泥岩互层前三角洲沉积 (5B) | 11 层状泥岩<br>6B 透镜状泥岩和砂岩互层沉积<br>8 无沉积构造砂岩⁺<br>6A 细粒波状交错层理砂岩<br>7 丘状和槽状交错层理砂岩⁺<br>9 无沉积构造泥质粉砂岩和砂岩<br>1A 岩屑砾岩⁺ | S2—N4 | TDDF | AU2<br>AU8 |
| | 潮汐三角洲互层斜坡沉积 (5C) | 6C 波状交错层理薄互层砂岩⁺<br>6B 透镜状泥岩和砂岩互层沉积<br>4 具泥岩盖层的交错层理砂岩⁺<br>8 无沉积构造砂岩⁺<br>9 无沉积构造泥质粉砂岩和砂岩⁺<br>11 层状泥岩 | S5 | TDDC | AU5 |

续表 1—8

| 沉积单元 | | 沉积相 | 测量点 | 结构单元 | 异地层单元 |
|---|---|---|---|---|---|
| 咸化海湾沉积(6) | 以波浪作用为主的咸化海湾泥岩和粉砂岩（6A） | 9 无沉积结构泥质粉砂岩和砂岩<br>7 丘状和槽状交错层理砂岩<br>11 层状泥岩<br>1A 岩屑砾岩 | S2—N4 | WDBE<br>WIBE⁺<br>WDDL⁺ | AU3<br>AU5<br>AU1⁺<br>AU7⁺ |
| | 硬灰岩层（6B） | 8 无沉积构造的砂岩<br>9 无沉积构造泥质粉砂岩和砂岩 | S1—N4 | WDDL | AU7 |
| | 受波浪作用影响的咸化海湾泥岩（6C） | 11 层状泥岩<br>1A 岩屑砾岩⁺ | N1—4 | WIBE<br>FTT⁺<br>TDEC⁺ | AU1<br>AU4⁺<br>AU6⁺ |
| 以波浪作用为主的广阔海(7) | 低角度三角洲舌状体（7A） | 6C 波状交错层理薄互层砂岩<br>6A 细粒波状盖层的交错层理砂岩<br>4 具泥岩盖层的交错层理砂岩<br>9 无沉积构造泥质粉砂岩和砂岩 | S1—N4 | WDDL | AU7 |
| | 滨岸海相泥岩（7B） | 11 层状泥岩<br>6B 透镜状泥岩和砂岩互层沉积<br>6A 细粒波状交错层理砂岩<br>6C 波状交错层理薄互层砂岩<br>7 丘状和槽状交错层理砂岩⁺ | S1—N4 | SORT<br>WDBE⁺ | Sortehat 组<br>AU3⁺<br>AU5⁺<br>AU8⁺ |

309

表 12.3 东格陵兰 Jameson Land 盆地 Neill Klinter 群结构单元

| AE | 结构单元 | 特 征 | 能量动态及分析 |
|---|---|---|---|
| SORT | Sortehat 组 | 黑灰—黑色粉砂质页岩和少量砂质的砂泥质互层 | 以波浪作用为主的临滨海相悬浮沉积 |
| WDDL | 以波浪作用为主的三角洲舌状体 | 向上粒度变粗,含贝壳的砂泥互层 | 以波浪作用为主的海相远端三角洲悬浮沉积 |
| WDBE | 以波浪作用为主的咸化海湾 | 含咸化和海相孢粉动物群的粉砂质泥岩 | 以波浪作用为主的咸化海湾悬浮沉积 |
| WIBE | 受波浪作用影响的咸化海湾 | 含咸化和陆相孢粉动物群的薄层页岩 | 以波浪作用为主的咸化水悬浮沉积 |
| SHFS | 临滨—前滨砂岩 | 分选差的砂岩 | 以波浪作用为主的临滨 |
| TDSS | 潮汐作用控制的砂质浅滩 | 砂岩为主,向上粒度变细和变粗 | 潮汐作用控制,受潮汐作用和波浪作用共同影响的外/内河口湾 |
| TDEC | 潮汐作用控制的河口湾复合沉积 | 砂岩为主—砂泥互层 | 从以潮汐作用为主到潮汐作用和波浪作用共同影响的外/内河口湾 |
| TDDC | 以潮汐作用为主的三角洲斜坡沉积 | 向上粒度变细,砂质—泥质互层 | 潮汐作用控制和/或受波浪作用影响的三角洲 |
| TDDP | 以潮汐作用控制的三角洲台地沉积 | 向上粒度变细,砂质互层—砂岩 | 潮汐作用影响到潮汐作用为主和/或河流作用影响的三角洲顶部 |
| TDDF | 潮汐作用控制的三角洲前缘沉积 | 向上粒度变细,泥质岩互层—砂质岩互层 | 潮汐作用影响到潮汐作用为主和/或波浪作用影响的前三角洲—三角洲前缘 |
| FTT | 河流—潮汐过渡沉积 | 向上粒度变细,分选差的砂岩混合河流相砾岩和海洋生物化石 | 河流作用为主和潮汐作用影响的湾头三角洲和分流河道 |

## 12.3.3 边界界面，异地层单元，层序结构单元

各测量点研究表明，Neill Klinter 群的下部地层以基底之上的海侵侵蚀面（TS1）为底界，以近地表不整合面和海进侵蚀面组合（SU1/TS3；图 12.7）为顶界。该部分被进一步划分为：（1）退积型；（2）进积型—加积型；（3）退积型—加积型结构单元，进而组成异地层单元 1—3。

## 12.3.4 异地层单元 1

### 12.3.4.1 特征描述：退积型层序结构单元

Dam 和 Surlyk（1998）认为 Neill Klinter 群的基底面为薄层滞留砾石沉积，伴有生物碎片化石和石英岩砾石。本研究中，将与上述同一边界一致的 TS 作为异地层单元 1 的基底面。

S1—S8 的测量点中，TS1 边界标志着岩相发生变化，岩性由细变粗，由细粒波状层理砂岩变为粗粒交错层理砂岩，富含微植物化石的黑色薄层泥岩（Dam 和 Surlyk，1992）变为无明显沉积构造的粉砂岩和含海洋生物化石、微生物化石和痕迹化石的交错层理砂岩［例如双杯迹；图 12.8（A）］。这些海洋生物指示说明陆相的孢粉组合是异地成因的（Koppelhus 和 Dam，2003）。TS1 之上覆盖的 15~20m 厚向上变细的砂岩层序，由下部的临滨—前滨砂岩沉积相单元 FA4B 组成（表 12.2），顶部被薄层粉砂质页岩大角度上超。沉积相单元 FA4b 砂岩向北尖灭，在 N1—N4 测量位置处消失，对应的地层级别变为厚达 25m 的富含陆相咸水环境孢粉和微化石（含少量海洋生物标本）的黑色页岩。该套页岩由咸化海湾沉积相单元（FA6A，FA6C；表 12.2）组成，且高角度上覆于厚达 10m 分选差的富含石英石的浅色砂岩体。页岩顶部发育一套数米厚的砂岩地层，该地层岩性向上逐渐变粗［图 12.8（B）］。

### 12.3.4.2 沉积解释：异地层单元 1

基于沉积相和化石含量的变化，异地层单元 1 的基底不整合面可以认为是盆地范围的海侵侵蚀面（TS1），将 Kap Stewart 群的冲积平原相和湖相地层与上覆的 Neill Klinter 群浅海相地层分隔开来（图 12.2，图 12.7）。TS1 之上的南部，退积型沉积结构单元的临滨—前滨砂岩 SHFS 由下部临滨—前滨沉积相单元（FA4B）中富含化石的海相砂岩确定［图 12.8（A），表 12.3］。在北部，咸化海湾环境沉积相单元（FA6A，FA6C）发育的页岩构成了同时代受波浪作用影响的咸化湾（WIBE）沉积结构单元［图 12.8（B），表 12.3］。沿走向方向的沉积相过渡说明向盆方向（向南部和西部）海水逐渐加深，同时孢粉群的变化也说明水体盐度向北有减小的趋势。综合说明，自南向北从 SHFS 到 WIBE 沉积结构单元的过渡，记录了整个海退沉积过程。

异地层单元 1 顶部的海泛面 FSa（图 12.7）标志着南部退积型临滨—前滨砂体的消失，但在北部很难确定。

## 12.3.5 异地层单元 2

### 12.3.5.1 特征描述：进积型—加积型沉积结构单元

在所有测量点范围内，异地层单元 2 的砂质岩底界为海泛面 FSa，顶界为 TS2 或 SU1/TS3 界面（图 12.7）。异地层单元 2 厚 65~127m，包含至少 6 段 10~24m 厚，数千米宽的由侧向延伸的复合沉积单元构成的正旋回或反旋回岩性单元（UCU 或 UFU）。其中正反旋回岩性单元由海泛面（FSb—e）分隔开，上覆不足 1m 厚的泥岩层，主要含有陆相生物孢粉，其

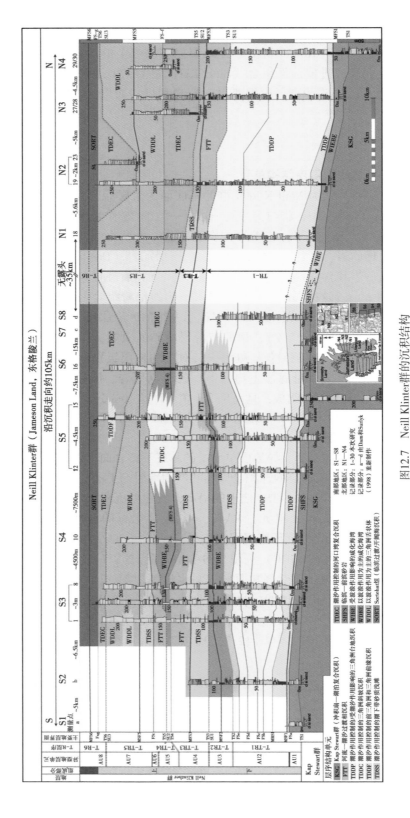

图12.7 Neill Klinter群的沉积学结构

即两个主要地层部分中8个异型地层单元（AU1—8）及10个结构单元（A-E）在纵横向上的关系。将上部地层与Sortehat组分开的主要不整合面，或者识别下部地层的主要地层界面，故用来作为测量剖面对比的基准面。测量点位置如图12.4所示

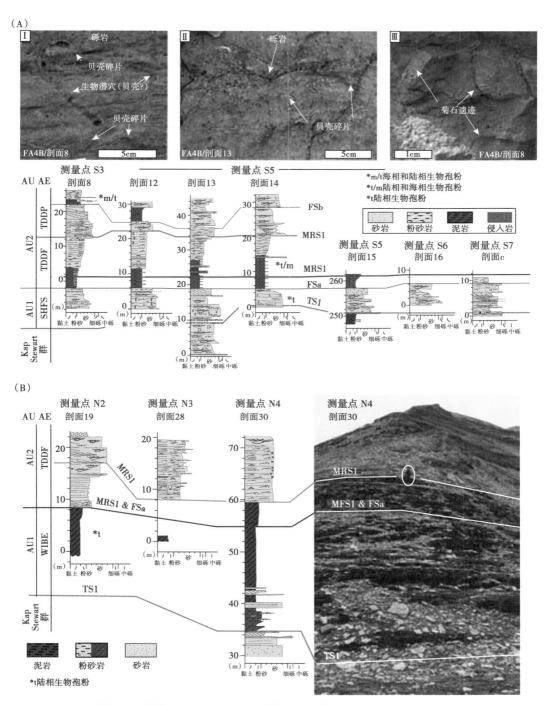

图 12.8 （A）精细沉积单井图，展示了 SHFS 结构单元与南部地区 AU1 相比，分选差且向上粒度变细的岩相特征，上覆的 TDDF 和 TDDP 显示了向上粒度变粗的趋势，属于 AU2。SHFS 砂岩岩相照片说明：（1）各种海洋生物扰动；（2）贝壳碎片和砾石共存；（3）海洋生物化石遗迹。（B）所选的沉积单井图显示了在北部地区以 AU1 代替 SHFS 的以泥岩为主的 WIBE 结构单元。AU2 显示出在南部地区相似的特征，还包括测量点 N4 处的 WIBE 照片（测量剖面 30）（照片来自 J. M. Ahokas）

次为海相生物孢粉（图12.9）。混合菱铁矿胶结泥岩、砾石碎屑充填的浅水河道砂岩层中的植物碎屑数量在异地层单元2的顶部突然变多。

其中在南部（S2—S6）区域，异地层单元2的泥质岩—砂质岩基底部分厚5~15m，并由受潮汐作用影响的前三角洲相泥岩（FA5B）组成，上覆受潮汐作用影响的三角洲前缘相砂质岩（FA5A），共同组成一个单独的反旋回岩性单元［图12.9（B）—（D），表12.2］。直接上覆于FSa的前三角洲FA5B粉砂质泥岩中包含有小双壳类，海洋、陆相贝壳碎屑和咸化水—开阔海微化石。反旋回岩性单元顶部发育一个剥蚀不整合面，沿受潮汐作用控制的河流充填相沉积底部发育，层薄、多砾石且不连续（FA1B；表12.2）。正旋回岩性单元厚9m，顶界为一个海泛面（FSb）。

南部区域中，在海泛面FSb之上，砂质岩异地层单元2的其他部分记录了正旋回潮下带砂泥互层相组合（FA2A）、以反旋回泥岩为主或砂岩为主的砂泥互层相组合（FA2B）、受潮汐作用影响的河道充填相组合（FA1A）和砂质潮道充填相组合（FA3C，3D和3E）［图12.9（B），（D）；表12.2］等侧向上的过渡变化。在S2—S6之间的各个测量点，异地层单元2向北逐渐加厚，厚度8~32m，包含最厚可达10m的正旋回砂质潮道充填相组合和以砂岩为主的砂泥互层相组合（FA2B）（图10.7、图10.9和表12.2）。异地层单元2顶部发现有海相痕迹化石（例如双杯迹）。异地层单元2的顶部即为2m厚无沉积构造发育的从砂岩相向以泥岩为主岩相过渡的岩层底部。

北部区域中，异地层单元2地层比南部厚。与南部地区相似的是，该区异地层单元2的下部分表现为一个单独的反旋回砂岩岩性单元，部分表现为通过海泛面连接的反旋回和正旋回岩相组合的叠积。在异地层单元2中，陆相生物孢粉向上明显变多（Koppelhus和Dam，2003；Ahokas等，2014）。反旋回岩性地层单元厚达9m，由多种环境的沉积物混合组成，包括受潮汐作用和波浪作用影响的三角洲前缘到前三角洲沉积相单元（分别对应FA5A和FA5B），以及潮汐作用形成的砂泥互层沉积相单元（FA2A，FA2B；表12.2）。正旋回岩性地层单元厚达6m，属河流—潮汐过渡沉积相单元（FA1A，FA1B；表12.2）。

异地层单元2的N4测量点观察到绿泥石包裹颗粒的未固结沉积层段［图12.6（A）］。这些2~3m厚呈绿色的沉积层段较少发育可以识别的沉积构造。在北部地区的所有测量点，异地层单元2的顶界为一套冲刷砾岩层，该套砾岩层标志着砂岩沉积单元向以泥岩为主、具咸水孢粉的沉积单元过渡（Ahokas等，2014）。

#### 12.3.5.2　沉积解释：异地层单元2

在所有测量点中，直接覆盖在FSa之上位于异地层单元2底部的反旋回岩性地层单元，可以理解为受潮汐作用控制的前三角洲和三角洲前缘相沉积结构单元（TDDF）（图12.7、图12.9和表12.3）。FSa界面之上的双壳类生物现象表明，该种生物生活在光照条件和沉积悬浮物充足的相对浅海环境，生物于海底附近的沉积物中钻孔潜穴。在南部地区的所有测量点中，第一个最大海泛面（MFS1）通过TDDF的粉砂质泥岩凝缩层识别（图12.7）。在北部测量点中，FSa海泛面与MFS1合并，该界面通过咸水相沉积结构单元WIBE向砂质岩性和受潮汐、波浪作用影响的TDDF三角洲地层的过渡识别［图12.7，图12.8（B）］。

反旋回和正旋回岩性地层单元叠积形成砂质异地层单元2的主体，可以理解为潮控三角洲台地（TDDP）和受潮汐作用控制的潮下带沙脊（TDSS）沉积结构单元（图12.9，表12.3）。剥蚀面将远端的TDDF和近端的TDDP单元分隔开，是海退侵蚀面（MRS1），基于沿着受潮汐作用影响的河道充填相沉积底部发育的砾石滞留沉积发育形成。

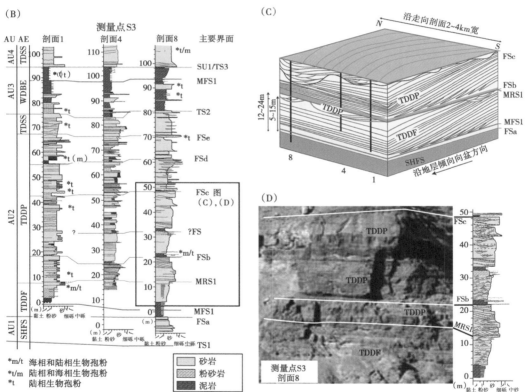

图 12.9 （A）以砂岩为主的结构单元 TDDP 和 TDSS 主要由下部分地层中可追踪的向上粒度变粗或变细的单元（UCU 和 UFU）组成。在南部地区，上覆于 TDSS 单元之上、以泥岩为主的砂泥互层结构单元 WDBE 常被古近系辉绿岩侵入破坏。（B）异地层单元 2 内部可追踪的海泛面在测量点 S3 处的测量剖面之间变化。（C）在测量点 S3 处，潮汐作用控制的三角洲沉积体系示意图。（D）测量点 S3 处，海泛面和（或）海洋侵蚀面将 TDDF 和 TDDP 分开（测量剖面 8）

（照片来自 J. M. Ahoka）

粗碎屑的矿物成熟度较差，表明沉积物搬运距离较短。由于侧向延伸受限制、上覆薄层页岩层以及海相生物孢粉的出现，TDDP 沉积结构单元中的四个海泛面表现出局部性特征。这些界面反映了潮控三角洲沉积体系中相对海平面的局部急剧变化，该沉积体系包括沿着高角度弯曲海岸线的数个小的分支河流。在北部地区，类似的海泛面虽无法真正在各测量点依次被追踪到，其仍可能与南部地区的相对应。

异地层单元 2，南部上覆于 FSa 之上，北部上覆于 MFS1 之上，整体上表现为进积型向加积型沉积单元过渡。其中孢粉含量趋于陆相的特征，与南部地区对应的三角洲沉积结构单元相比，北部地区表现为更加接近物源的三角洲沉积环境。沉积结构单元的组合构造反映了新增可容空间速率小于沉积物持续供给速率（$A<S$），进而决定沉积作用由进积型向加积型过渡。侧向上，移动的河道充填沉积相组合，以及 TDDP 顶部伴生的最远端沉积相发育的砂泥互层岩相组合，可以被解释为异地层单元 2 中最远端的三角洲沉积。与下伏 TDDP 单元的沉积环境相比，南部地区发育的 TDSS 单元沉积时水体更深，说明此时相对海平面上升回潮，沉积相发育位置向陆地方向迁移。TDSS 单元顶界为海侵侵蚀面 TS2，在南部地区此界面覆盖了远端潮控三角洲沉积体系。在北部地区，最上方的三角洲台地沉积被剥蚀，形成 SU1/TS3 界面（图 12.7）。

## 12.3.6　异地层单元 3

### 12.3.6.1　特征描述：退积型—进积型沉积结构单元

泥质岩异型结构单元 3 厚达 26m，仅在南部地区发育，上覆于海侵侵蚀面 TS2 之上（图 12.7）。该单元由远滨海相泥岩（FA7B）和波浪控制的咸水海湾泥岩、粉砂岩沉积单元（FA6A）组成［图 12.9（A），（B）；表 12.2］。异型结构单元 3 中可见咸化水及海洋生物孢粉（Koppelhus 和 Dam，2003）。沿着上覆砂岩底部散落分布的磨圆石英砾石层（明显相边界）作为异型结构单元 3 的顶界［图 12.5（B）］。这些边界界面合并，最终该单元在北部的 S6 测试点尖灭（图 12.7）。

异地层单元 3 的底部发育一套厚达 2m 的细粒砂岩层，无沉积构造发育或仅发育较弱的交错层理构造。该岩层向北逐渐变为多个更薄砾岩层，分选差，多生物扰动（双杯迹）［图 12.7，图 12.9（B）］。在小于 10m 厚的泥质岩性异地层单元 3 中，发育丘状层理砂岩以及数百米宽、数十厘米厚的砾岩层，该砾岩层为杂基支撑，岩性为磨圆度较好的石英石、石英岩砾石和细长砾石（直径<6cm）［图 12.9（A），（B）］。砾岩层的基质与该岩层上下地层岩性一样，为粉砂质泥岩—细粒砂岩。岩层间高角度接触，但侧向上并没有发现明显的凹凸变化。异地层单元 3 的上半部分与下部相比，分选更好，砂岩含量更为丰富，整体具有微弱的反旋回趋势。异地层单元 3 被约 15m 厚的水平产状的辉绿岩（图 12.3）和更薄的古近系岩体侵入而变形（Larsen 和 Marcussen，1992）。

### 12.3.6.2　沉积解释：异地层单元 3

异地层单元 3 的底界为海侵侵蚀面（TS2），代表着从加积型沉积作用向退积型沉积作用的转变。异地层单元 3 中以泥岩为主的沉积单元构成了波浪作用控制的咸水海湾（WD-BE）沉积结构单元［图 12.9（A），（B）；表 12.3］。异地层单元 3 最底部富含粗砾石的岩层向北逐渐增多，与浅海沉积环境下海岸向北的不稳定性及沿走向方向的相变有关。组成异地层单元 3 下半部分的沉积物，形成于海水后退的前三角洲沉积环境，以泥岩为主。异地层单元 3 最底部发育数层砾石碎屑流和相关的风暴沉积地层，观察得到该地层的规模侧向上受限制，且缺乏透镜体沉积和河流携带的沉积物源，推断其为风暴流沉积（Dam 和 Surlyk，1998）。

由于古近系辉绿岩侵入体的加热作用，该地层单元中孢粉十分罕见，且主要为抗高温的陆相孢粉，可能是由于薄壳壁海相生物孢粉遭到高温破坏，而厚壳壁陆相生物孢粉在高温环境下被很好地保存下来。除此之外，根据沉积相和其受限制的产状，推断其沉积环境为咸化海环境（Koppelhus 和 Dam，2003）。

最大海泛面 MFS2 在 WDBE 单元最远端沉积相中被识别，反映了从退积型向进积型沉积作用的过渡转变（图 12.7）。随后，相对海平面的下降，异地层单元 3（WDBE 单元）中所有同时代沉积地层及北部地区的 TS2 和 MFS2 界面遭受剥蚀，形成上覆的不整合面 SU1/TS3。

## 12.3.7　Neill Klinter 群的上部地层部分

各测量位置研究表明，Neill Klinter 群的上部地层以 SU1/TS3 不整合面为底界，以海泛面（FSg）为顶界，该海泛面相当于 Sortehat 组底部（图 12.7）。该地层被进一步分为 5 个退积型—进积型异地层单元（AU4—8），包括三个下切谷充填沉积地层。

## 12.3.8　近地表不整合面 SU1 和海侵侵蚀面 TS3

### 12.3.8.1　特征描述

南部地区，异地层单元 3 中泥岩和上覆异地层单元 4 之间的接触面，为一套包含石英、石英岩和片麻岩碎屑的不连续砾石层［图 12.5（B）］。边界在 S1—S4 测量点之间近水平，在 S5 和 S6 测量点之间不平整（图 12.7）。北部地区，不整合面表现为一套将 TDDP 单元的砂岩与上覆砂质岩、泥质岩分隔开来的砾岩层。

### 12.3.8.2　沉积解释：近地表不整合面 SU1 和海侵侵蚀面 TS3

盆地范围内的不整合面是近地表不整合面和海侵侵蚀面组合（SU1/TS3）。界面在相对海平面下降时形成，此时 Jameson Land 盆地的东北区地层遭受剥蚀，受河流冲刷切割，并搬运粗粒的外源岩石碎屑。SU1 中外源砾石的出现，对解释盆地中沉积碎屑是河流搬运十分关键。随后相对海平面的上升以及可容空间的增加造成了潮汐作用对河流沉积物、潮间—潮下带沉积物的再改造作用。在南部地区，相对海平面的升降沿着近水平面发生；在北部地区，该界面凹凸起伏，表明此处发育长达数十千米宽的下切谷基底，且穿过 MFS2 和 TS2。

## 12.3.9　异地层单元 4

### 12.3.9.1　特征描述：退积型—进积型层序地层单元——深切谷充填体系 1

异地层单元 4 为一套 24～45m 厚的岩体，以砂岩为主，底界为 SU1/TS3 界面，顶界为 TS4 或 SU2/TS5 界面（图 12.7）。在南部地区，异地层单元 4 包括潮汐作用形成的砂泥互层沉积单元（FA2A，FA2B），波浪控制的砂质砂泥岩互层沉积相单元（FA2C）和正旋回潮道充填沉积相单元（FA3A，FA3B 和 FA3D），偶见砾石基底［图 12.10（A），（B）；图 12.11（A），（E）—（H）；表 12.2］。

测量点 S2—S4 之间，发育正旋回和反旋回砂泥互层沉积，厚 6～18m，纵向上叠加、侧向上呈楔状发育；测量点 S5—S6 之间，砂质潮道充填沉积相单元纵向叠积（FA3A，FA38 和 FA3D），厚度可达 40m［图 12.12（A），（B）］。在测量点 S3 处，砂质异地层单元 4 表现为一套局部呈绿色，厚 5～6m 的地层，可识别沉积构造发育较少。这些地层疏松未固结，薄片观察推测其与石英颗粒碎屑表面被绿泥石包裹有关［图 12.6（A），图 12.10（A）；Ehren-

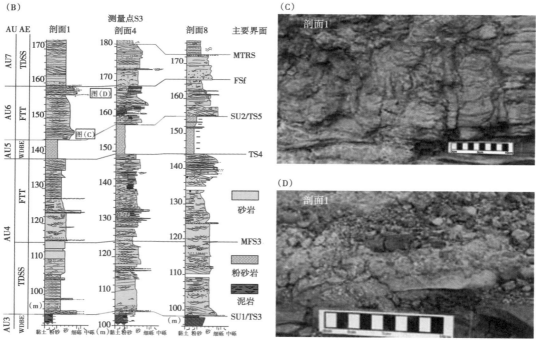

图 12.10 （A）测量点 S3 处，上部地层的沉积结构单元 TDSS、FTT 和 WDBE 侧向上在可识别的层序范围内叠加（测量剖面 4，图中的人作为地层比例参照）。（B）贯穿 AU4—AU7 的沉积单井图，展示了测量点 S3 处的沉积岩石学特征、结构单元和主要界面。（C）测量点 S3 处（测量剖面 1），在 SU2/TS5 界面之上沿 FTT 底部发育丰富的双杯迹潜穴。（D）测量点 S3 处（测量剖面 4），FTT 单元中含有箭石碎片（半径<2cm）和石英石、石英岩砾石的海侵侵蚀面。（照片来自 J. M. Ahokas）

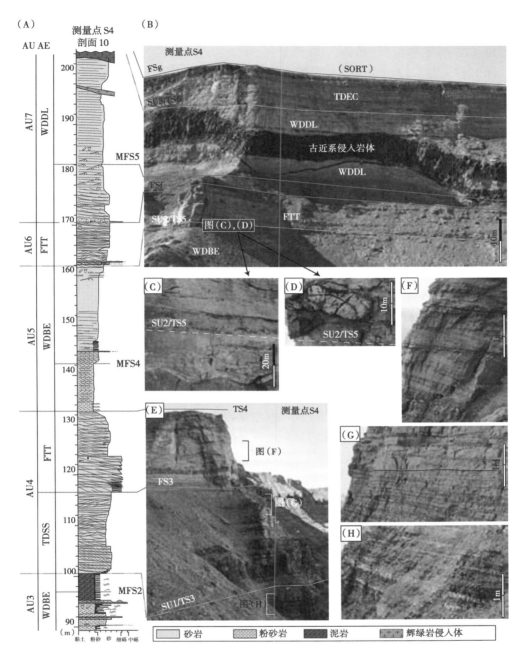

图 12.11 （A）测量点 S4 处，穿过 AU3—AU7 的沉积单井图，显示了上部地层沉积岩石学特征、结构单元和主要界面（测量剖面 10）。该部分地层主要以砂岩为主，由向上粒度变粗和变细的单元组成。（B）测量点 S4。该部分地层的最顶部分，以砂岩为主的 WDDL 结构单元被不规则的 10~15m 厚的古近系辉绿岩体侵入破坏。图中包括 SU2/TS5 不整合面之上的岩相。（C）箭石和砾石混合。（D）罕见的硅化木。（E）测量点 S4 处，上部地层较低部位由从泥质砂泥互层到纯净的砂质沉积这种向上变纯净的沉积趋势确定。（F—H）异地层单元 AU4 中的砂泥互层岩相照片。层厚向上变厚及砂岩含量意味着沉积供给速率比新增可容空间速率要高。（照片来自 J. M. Ahokas）

berg，1993]。其他不含绿泥石包裹颗粒的未固结地层也有发育。异地层单元4顶部为分选较差的河流—潮汐过渡沉积（FA1A，FA1B和FA1C；表12.2），富含海洋生物化石和痕迹化石[图12.10（C）]。这些沉积相侧向上在测量点S4北部逐渐过渡为潮道充填相沉积（FA3A，FA3B；图12.7，表12.2）。

在北部地区，异地层单元4以SU1/TS3界面为底界，界面上下分别为异地层单元2中胶结疏松的TDDP粉砂岩和上覆异地层单元4的砂质泥岩与泥岩互层沉积（N1处），或者为异地层单元2中TDDP的砂泥岩互层沉积和上覆的异地层单元4泥质岩互层沉积（N2—N4；图12.7）。在N1处，异地层单元4厚24m，主要为砂质泥岩与潮道充填沉积互层（FA3C，FA3D，FA3E；表12.2）。这些沉积相粒度较粗、分选较差，富含泥岩砾石，与S5—S6处的岩层相比厚度要薄一些。在N2—N4处，异地层单元4厚25~38m，主要为砂质的河流—潮汐过渡沉积（FA1A，FA1B），以及受波浪作用影响的咸化海湾泥岩（陆相和咸化水环境的孢粉均可见）（FA6C；表12.1，表12.2）（Ahokas等，2014）。

在南部地区，异地层单元4顶界为向咸化海水沉积粉砂质页岩的急剧过渡面；在北部地区，对应表现为向潮汐作用沉积的砂岩变化的不整合面。

#### 12.3.9.2 沉积解释：异地层单元4

受潮汐作用控制的浅海—河流沉积以及各种各样的孢粉群（Koppelhus和Dam，2003），说明异地层单元4由受潮汐作用控制的潮下砂质浅滩（TDSS）和河流—潮汐过渡（FTT）沉积[图12.7；图12.10（A），（B）；图12.11（A），（E）—（G）；图12.12；表12.3]组成。总体来说，异地层单元4表现为退积—进积型过渡沉积，所形成的地层覆盖了原来的近地表不整合面SU1（图12.7）。在海泛、海侵时期，近地表不整合面顶部的河流沉积被潮汐作用重新改造。沉积作用发生在同时代以潮汐作用为主以河口环境和更为广阔的波浪沉积环境，物源持续快速输入，水深变化明显。在这一阶段，测量点S5属三角洲分流河道环境。自南向北，沿着界面SU1/TS3发育的变化的沉积构造，表明最初向盆地方向延伸的沉积相在南部要比在北部更明显。这是由于在北部，沉积相表现出靠近端特征，且变化较不明显。在SU1/TS3不整合面之上，潮汐作用控制的潮下带砂质浅滩（TDSS）和河流—潮汐过渡（FTT）沉积充填了被最初近地表剥蚀切割形成的相对低地势的凹陷（图12.7）。该剥蚀特征是一个下切谷体系，是地貌上宽阔凹陷的一部分。

由于异地层单元4富含砂岩，未见明显的海相页岩沉积单元，因此最大海泛面MFS3很难被识别。因此，在南部地区，FTT单元的底部作为MFS3界面；在北部地区，在TDSS单元之上，FTT单元中海洋生物孢粉变主要地位的位置，即为MFS3界面。异地层单元4的顶部界面即为下个海侵侵蚀面（TS4）。在北部地区，顶界面被一个主要不整合面（SU2/TS5）截切（图12.7）。

### 12.3.10 异地层单元5

#### 12.3.10.1 特征描述：退积型—进积型沉积结构单元

泥质岩与砂质岩互层的异地层单元5覆盖于海侵面TS4之上，局部发育在南部地区[图12.5（D），图12.7]。在测量点S3、S4和S6处，TS4不整合面发育厘米级厚的棱角状石英石和石英岩砾石。边界表现为从下伏异地层单元4的砂岩向以波浪作用为主的咸化海湾泥岩、粉砂岩和近岸海相泥岩的急剧变化（分别对应FA6A和FA7B）。泥岩富含海洋生物孢粉和陆源碎屑混合物（Koppelhus和Dam，2003）。

在测量点 S5 处，异地层单元 5 厚达 35m，由潮汐三角洲斜坡沉积的砂泥岩互层沉积单元（FA5C）[图 12.12（A），（B），（C）和（E）；表 12.2] 组成。单个叠积的斜坡沉积属反旋回沉积，厚达 21m。其几何形态、方位与向西北西倾斜的地层一致。在测量点 S5 的北部和南部，斜坡沉积逐渐过渡为 WDBE 砂质泥岩，无相关的下切面发育。

在测量点 S5 处，异地层单元 5 在南北部均被削截。削截规模在南部达 20m 厚，北部达 40m 厚（图 12.7）。

#### 12.3.10.2 沉积解释：异地层单元 5

根据沉积相变化和之下的孢粉界面 TS4，异地层单元 5 可被解释为由局部海侵时期的海水冲刷作用形成。在 Neill Klinter 群中异地层单元 5 是独一无二的，因为包含各种同时代沉积物：（1）形成于浪控咸化海湾环境的粉砂质泥岩单元 [WDBE 沉积结构单元；图 12.7；图 12.10（A），（B）；表 12.3]；（2）潮控三角洲水下斜坡沉积的叠积单元 [TDDC 沉积结构单元；图 12.7；图 12.12（A），（B），（C），（E）；表 12.3]。这两个沉积结构单元局部发育在南部地区，可以解释经过 TS4 界面的海侵作用发生之后，沿海平面沉积物的供给变化，对应临近不同近海子环境的形成。

在相对海平面上升时期，分流河道沉积体系顶部（异地层单元4，测量点 S5）发育一个主要的潮控三角洲沉积体系——TDDC 单元。同时代低沉积速率的海湾环境，以咸化海—正常海相富粉砂质泥岩为主（WDBE 单元）。早前 Dam 和 Surlyk（1998）认为 TDDC 单元表现出沉积作用的侧向迁移。泥岩碎屑沉积载荷向盆地方向展布，并呈悬浮状态被搬运至临近分流河口的河口湾；而较粗粒的沉积物则通过底部水流搬运形成前积三角洲的舌状斜坡沉积或河口坝沉积。

由于远端沉积相难以识别，最大海泛面 MFS4 的识别也比较困难。MFS4 界面分布在 WDBE 单元的较低部分。在测量点 S5 处，MFS4 被斜坡沉积单元 TDDC 的低部位边界切断，因此可以推断，该界面位于更远端的位置——进积型斜坡沉积最底部的下超面。只有当相对海平面下降时，在测量点 S5 南北部，WDBE 单元的粉砂质页岩沿着连续的近地表不整合面 SU2 被剥蚀。

### 12.3.11 近地表不整合面 SU2 和海侵侵蚀面 TS5

#### 12.3.11.1 特征描述

在测量点 S5 的南部地区，在异地层单元 5 的粉砂质泥岩和异地层单元 6 的砂岩之间的界面，为一套数十厘米厚、含有石英石和石英岩砾石的砾岩层，可见海洋生物化石碎屑（箭石）和分米级的木质碎片 [图 12.11（C），（D）]。该岩层在局部地区可见大规模的生物扰动（双杯迹）[图 12.10（C）]。砾岩层底部界面的绘制，表明该界面下切下伏 WDBE 单元地层约 20m 深 [异地层单元 5；图 12.5（A），图 12.7]。从测量点 S5 到 S6，同一不整合面下切下伏 WDBE 单元地层约 9m（异地层单元 5），被一套厘米级厚、富含贝壳印迹和牡蛎碎片的含砾石砂岩层覆盖。在北部地区，该不整合面可以通过以下地层来识别：（1）上覆 10cm 厚的局部富含海相生物化石的岩屑砾岩层（箭石鞘）；（2）泥岩砾石层；（3）厚达 1m 的杂基支撑的砾岩层，由石英石、石英岩和片麻岩组成的碎屑砾石（直径约 9cm）组成 [类似于测量点 N3，剖面 28；图 12.5（C）；图 12.13（A），（D）]。在北部地区，剥蚀面地层显示一个深 40m 的下切作用。

#### 12.3.11.2 沉积解释：近地表不整合面 SU2 和海侵侵蚀面 TS5

这个盆地范围内的不整合面可看作是近地表不整合面和海侵侵蚀面组合 SU2/TS5。近地表不整合面是在相对海平面下降时，由河流冲刷作用和海退侵蚀作用形成的。河流相砾石随

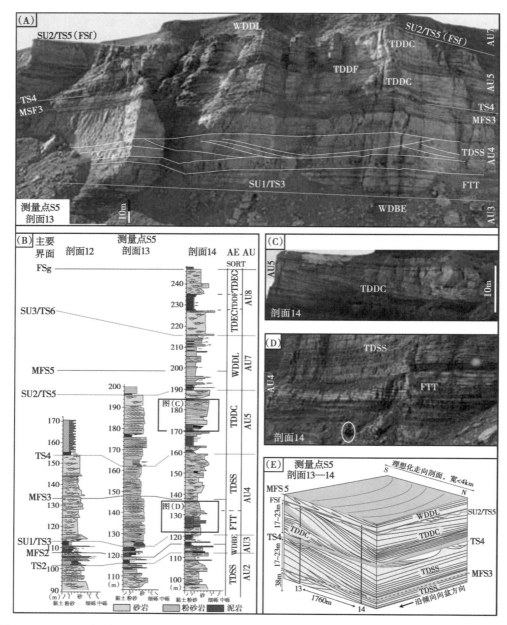

图12.12 （A）测量点 S5 的照片（测量剖面 13）显示了厚层以砂岩为主的 TDSS 和 FTT 结构单元，具有较高的沉积供给速率和新增可容空间速率。测量点处，AU4 可以看作是一个主要的分流体系（10~15m 厚，数十米宽）。上覆的砂质砂泥互层三角洲 TDDC 和泥质的砂泥互层 TDDF 单元被确定为整体退积的 AU5 中的三角洲体系。值得注意的是，异地层单元在该测量点处是缺失的。（B）沉积单井图显示了测量点 S5 处的沉积岩石学特征、结构单元和主要界面（测量剖面 12—14）。（C）剖面 14 中，一个 12m 厚、向上粒度变粗的三角洲结构单元 TDDC。（D）剖面 14 中，结构单元 FTT 侧向加积的砂泥互层沉积，及上覆 TDSS 中的叠加砂泥互层沉积（图中人作为地层比例参照）。（E）测量点 S5 处，穿过剖面 13 和 14 的 TDDS 和 TDDC 单元的沉积结构示意图

（照片来自 J. M. Ahokas）

后沉积在 SU2 界面之上。在相对海平面上升期间，海侵侵蚀作用和沉积作用将早期沿着不整合面发育的河流冲刷侵蚀和沉积痕迹大部分都填平抹去。因此，海侵侵蚀面 TS5 之上的地层显示了从海退阶段形成的进积型沉积作用向海侵阶段形成的退积型沉积作用的转变。下切作用的侧向变化受多种因素的控制：相对海平面上升和下降速率的相互作用；沿海岸线的坡度变化；沉积供给速率；距离沉积物源的远近；下伏地层；河流、潮汐流及沿岸线波浪的剥蚀作用和沉积作用的相对影响。

### 12.3.12 异地层单元 6

#### 12.3.12.1 特征描述：退积型沉积结构单元——下切谷充填体系 2

在测量点 S3—S4 处，以 8～16m 厚砂岩为主的异地层单元 6 向北逐渐减薄，上覆在 SU2/TS5 界面之上。该地层单元在测量点 S5 处没有发育，但从测量点 S6 处向北逐渐增厚至 9～44m（图 12.7）。异地层单元 6 总体均被海泛面 FSf 覆盖。

在测量点 S3—S4 处，该地层单元由 1～3 个河流—潮汐过渡沉积的正旋回砂体组成 [FA1A，FA1B 和 FA1C；图 12.11（A）—（D）；表 12.2]。这些沉积颗粒粒粗，分选差，富含碎屑砾石和海洋生物化石层 [图 12.10（D）]。在测量点 S3 处，异地层单元 6 顶部是砂岩向上覆异地层单元 7 的富含砾石、无明显沉积构造岩层的突变接触。该界面记录了浮游海洋生物化石的增多，且富含痕迹化石。在测量点 S4 处，异地层单元 6 上覆地层为异地层单元 7 的交错层理砂岩层。

在测量点 S6—N4 处，异地层单元 6 由砂质潮道充填沉积或砂泥互层潮道充填沉积（FA3C 和 FA3D），波浪控制的中部或上部临滨砂岩相（FA4A）和罕见的波浪控制的咸化海湾泥岩相（FA6C）组成 [图 12.13（A），（C）和（D）；表 12.2]。异地层单元 6 中的砂岩层粒径相对一致，排列方式有正旋回和反旋回序列两种。这些岩层以含有海相孢粉（Ahokas 等，2014），大多呈现蛇形迹和石针迹的低生物扰动程度为特征。交错层理地层厚度约 1～4m。在测量点 N1 和 N2 处，异型地层单元 6 上部 10m 厚地层以粗粒槽状交错层理构造砂岩层（FA3A，FA3B）为主，由于富含海绿石颗粒而呈明显的绿色 [图 12.6（B），（E）；表 12.2]。这些岩层仅由石英石和海绿石组成。在测量点 N3 和 N4 处，该地层单元面为铁质鲕粒富集层 [图 12.6（C），（D）]。

在北部地区，异地层单元 6 顶部的岩性突变界面为近水平状，将海崖环境形成的砂岩和上覆常见的松散砂泥互层岩层分隔开来 [图 12.13（A），（D）]。

#### 12.3.12.2 沉积解释：异型底层单元 6

根据南部地区沉积相及在异地层单元 6 内沉积的混合孢粉群（Koppelhus 和 Dam，2003），该单元被认为是河流—潮汐过渡相（FTT）沉积结构单元 [图 12.10（A），（B）；图 12.11（A），（B）；表 12.3]。北部地区异地层单元 6 中的沉积相总体上为潮汐控制的河口复杂沉积结构单元（TDEC）[图 12.13（A），（C）；表 12.3]。这些沉积结构单元，以及 SU2/TS5 不整合面，共同构成南北部下切谷体系基底。

南部的河谷充填地层显示了河流—潮汐过度相结构单元 FTT，该单元在相对海平面整体上升时在水进的下切谷内部沉积形成。此时，高频率海退和海进时海平面涨落的重复引起河流和海洋水动力作用的混和，并创建了一个海水侵蚀面，该侵蚀面以含有海洋生物化石的原始河流砾石层为特征。在河口—前三角洲环境中，沉积作用受分流河道和河口坝处潮汐流的影响，而河口沉积物则主要受潮汐作用再改造形成。南部河谷充填地层的退积型结构由远端前积地层可

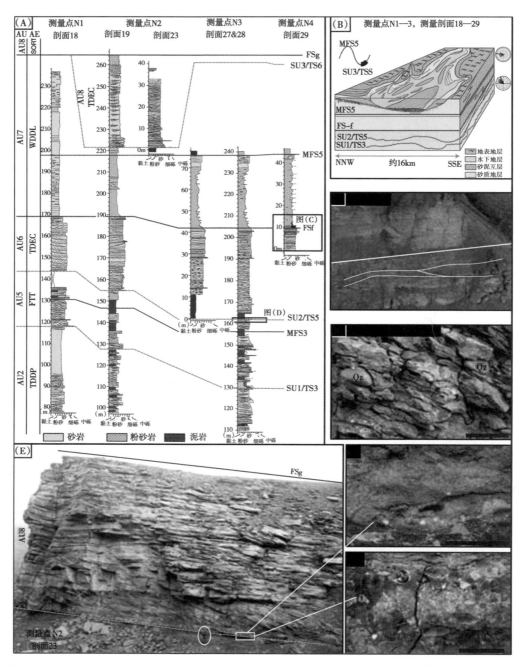

图 12.13 （A）沉积单井图（深度，米），显示了北部地区的沉积岩石学特征、结构单元和主要界面（测量点 N1—4）。（B）AU8 的沉积模式示意图。记录了相对相似的古水流方向。（C）向上过渡至将砂质砂泥互层 TDEC 和泥质砂泥互层 WDDL 分开的海泛面 FSf 的相图片（测量剖面 29）。（D）测量点 N3 处，直接上覆于 SU2/TS5 组合界面之上杂基支撑的砾岩层（测量剖面 28）。（E）测量点 N2 处的 AU8 层序（测量剖面 23）。直接上覆于 SU3/TS6 不整合面之上、沿 TDEC 单元底部发育的混合砾岩层（测量剖面 23）。（F）石英碎屑。（G）混合岩屑（石英石和石英岩），箭石碎片及泥岩碎屑（照片来自 J. M. Ahokas）

以说明，该前积地层覆盖在向东和向陆方向进积的河流—潮汐过渡相 FTT 沉积单元之上。

北部河谷充填显示为结构单元 TDEC，是在海侵时期沉积的受潮汐作用控制的河口湾复杂沉积。沉积物来源于向陆地一侧，并沉积在至少 30km 宽的深切谷中，这一点从观察到的沉积组合的厚度、宽度以及从野外填图均可以推断得到［图 12.7，图 12.13（A）］。在相对海平面上升和深切谷的持续充填过程中，沉积物暴露受潮汐作用再改造，破坏了之前的河流相沉积构造。粒径、沉积构造以及较薄的沉积地层，表明相对海平面多次高频率发生改变，且与南部的下切谷沉积体系相比，该地层更倾向于表现为更深的河口沉积相单元。下切谷充填层序顶部被同一海泛面（FSf）覆盖［图 12.10（A），（B）；图 12.11（A），（B）；图 12.13（A），（B）］，同时该层序也代表河谷间地区海水泛滥（图 12.7）。

由于观察到的两个下切谷体系宽度均有数十千米，推测在测量点 S6—N1 之间超过 50km 宽、较少暴露的地区，可能覆盖另外一个河谷充填体系。替代的河谷间地区或一个浅海湾可能会出现在未暴露地区。

## 12.3.13　异地层单元 7

### 12.3.13.1　特征描述：退积型—进积型沉积结构单元

在各个测量点，以砂岩为主到以砂质泥岩为主的异地层单元 7 厚 75m，上覆于海泛面 FSf 之上（图 12.7）。异地层单元 7 以砂质泥岩互层的浪控开阔海沉积（FA7A，FA7B）为主，同时也包括咸化海湾沉积（FA6A，FA6B）［图 12.11（A），（B）；图 12.12（A），（B）和（E）；图 12.13（A）；表 12.2］。在除 N1 之外的所有测量点处，异地层单元 7 结束于顶部的 SU3/TS6 不整合面（图 12.7）。

在测量点 S3 处，异地层单元 7 底部厚 14m 的沉积，向南部逐渐加厚，向上逐渐变粗，从以泥岩为主向以砂岩为主转变过渡，表现为砂泥互层沉积（FA2B）和富含海洋生物孢粉［图 12.7；图 12.10（A），（B）；表 12.2］的互层潮道充填沉积相单元（FA3A，FA3B 和 FA3C）。异地层单元 7 中交错层理砂岩沉积底部地层厚达 2m，表现为包含砾石基底呈绿色的正旋回地层［图 12.5（F）］，或者分选好的浅色无沉积构造的砂岩地层［图 12.10（A）］。这些沉积显示出生物化石含量和痕迹化石浓度向上逐渐增多的现象［图 12.5（A），图 12.10（B）］。异地层单元 7 中以砂岩为主沉积的上部边界为一个剥蚀面，该界面局部被一个由石英石、石英岩砾石和海洋生物化石碎片组成的薄层砾岩层覆盖［图 12.5（E）］。穿过该剥蚀界面，痕迹化石的种类和数量在低角度的三角洲舌状体互层沉积组合中突然增长（FA7A）。

在测量点 S3—S6 处，异地层单元 7 的广阔海洋沉积组合由 10~15m 厚、互层的向上逐渐加粗的地层组成，上覆厚 1.5m、数百米宽的胶结较好的含化石砂岩层［图 12.11（A），（B）］。这些含化石地层包含丰富的颗粒直径达 10~15cm、壳壁厚达 1cm 的牡蛎贝壳类碎屑，箭石、贝壳残片和丰富小贝壳富集（直径<2cm）。生物扰动程度和种类多样性整体较高。局部的反旋回岩性地层也可能会被数米厚的岩石覆盖，该岩层由 1m 厚的低角度三角洲舌状体交错层理砂岩层组成（FA7A；表 12.2）。

在测量点 N1 处，胶结较好的地层局限地分布在异地层单元 7 的下半部分，而该单元上半部分主要为以波浪作用为主和受生物扰动的低角度三角洲舌状体砂岩互层沉积，且该部分与其他异地层单元相比含有浮游箭石以及更高程度和更多种类的生物扰动。在测量点 N2 处，异地层单元 7 未观察到砂岩地层，而是由固结较差的粉砂质咸化海湾沉积（FA6A，FA6B；表 12.2）组成。在测量点 N3—N4 处，在叠积的数米厚、向上逐渐变粗且受生物扰动严重的低角度三角洲舌状体泥质岩互层（FA7A）中，可观察到一套独立的含化石灰岩沉积（FA6B）[图12.13（A）；表12.2]。从在北部地区收集的受生物扰动的样品中发现，测量点N2处包含咸化水孢粉（Ahokas等，2014）。

#### 12.3.13.2 沉积解释：异地层单元7

根据沉积相、高丰度的海相微化石、痕迹化石和遗体化石，判断主要砂质泥岩互层沉积上覆于FSf之上，可解释为以波浪作用为主的三角洲舌状体（WDDL）结构单元[图12.7；图12.11（A），（B）；图12.13（A）；表12.3]。在测量点S3处，FSf表现为一个穿时的海侵侵蚀面（MTRS），该界面沿着受潮汐作用控制的潮下带砂质浅滩结构单元（TDSS）退积型三角洲沉积发育[图12.5（A）；图12.10（A），（B）；表12.3]。根据沉积相结构特征，异地层单元7主要由远端滨海三角洲舌状体沉积叠积形成。这些叠积前三角洲和滨岸沉积物被广阔海水的波浪和沿岸水流作用再改造，且这些波浪能量要足够低，从而保证各种类型的有机生物生长。在测量点N2处，混合咸化海孢粉的出现意味着北部地区局部表现为低盐度或低沉积速率。在北部地区大多数测量点处，更薄层且受生物扰动作用强烈的泥质砂岩层，表明该地区具有比南部地区更低的沉积速率。

在南部地区，最大海泛面MFS5是一个凝缩层，该界面由极细粒的远端海洋沉积组成，位于反旋回沉积单元之下[图12.5（A）]。在北部地区，MFS5是含化石硬灰岩层中胶结作用较好的地层顶界面[FA6B；图12.7，图12.13（A）]。除在测量点N1处，WDDL单元沉积表现为直接变为Sortehat组的滨海泥岩沉积（FA7B），WDDL单元其他部分被SSU3/TS6界面截切（沉积结构单元SORT；图12.7）。因此，测量点N1处被认为是位于两个下切谷之间的位置。

### 12.3.14 近地表不整合面SU3和海侵侵蚀面TS6

#### 12.3.14.1 特征描述

异地层单元7泥质砂岩WDDL单元顶部的突变不整合面，上覆一套薄层的砾石层，该砾石层包含有外源的砾石级石英石碎屑，数厘米长箭石和海洋贝壳碎片。在测量点S3—S6处，野外填图表明该不整合面为一个深50m、不规则且向北逐渐加深的下切面（图12.7）。该不整合面在测量点N1处无法识别，但在N2处，其被一套厚达10m的含有棱角撕裂泥岩碎屑、悬浮的磨圆砾石和砾石级尺寸的石英石碎屑及箭石碎片的砾岩层覆盖[图12.13（E）—（G）]，该砾石层与测量点S3—S6的砾岩层相似。在测量点N2处，深切作用深度可达45m；在测量点N2—N4处，减薄至数米，最终在测量点N4北部消失[图12.7，图12.13（A）]。

#### 12.3.14.2 沉积解释：近地表不整合面SU3和海侵侵蚀面TS6

SU3的深切作用发生在相对海平面下降时期，海平面下降引起河流冲刷剥蚀海洋沉积物，并在近地表不整合面上的沉积粗粒沉积物。这一过程伴随着向盆地方向对下伏海相地层的海退侵蚀冲刷作用[图12.13（B），（E）]。在随后相对海平面上升时期，海侵侵蚀作用和沉积作用沿着同一界面发育，形成了海侵侵蚀面（TS6）。因此，不整合面之上的沉积物记录了退积型沉积结构。总体而言，深切作用被认为主要受以下因素控制：（1）可容空间减小速率；（2）沉积速率；（3）距离沉积物源的距离；（4）下伏基底类型；（5）出现的能量体系（河流、潮汐和波浪）。该组合界面SU3/TS6被定义为上覆异地层单元8的低部边界，以出现深切谷为特征。

### 12.3.15 异地层单元8

#### 12.3.15.1 特征描述：退积型沉积结构单元——下切谷体系3和Sortehat组

在测量点S3—S6处，以砂岩为主的异地层单元8厚达10~50m，至少宽30km，上覆于

SU3/TS6 界面之上（图 12.7）。在测量点 S3 处，异地层单元 8 由厚达 10m、单个滨海砂岩相（FA4A）的中—上部沉积组成，富含厘米级—分米级的菱铁矿结核和砂质潮道充填沉积（FA3A，FA3B 和 FA3C）（表 12.2）。在测量点 S3 处以北，异地层单元 8 由侧向上变动的砂质潮道充填沉积（FA3A，FA3B 和 FA3C）和大规模潮汐环境的砂泥互层沉积（FA2A，2B）组成（表 12.2）。在测量点 S5 处，异地层单元 8 主要以受潮汐作用影响的砂质泥岩互层的三角洲前缘沉积（FA5A）、砂泥混合互层的潮下带沙丘沉积（FA3C）和独立的侧向受潮汐作用影响的砂泥互层前三角洲泥岩连续沉积（FA5B）为主[图 12.7，图 12.12（B）；表 12.2]。在测量点 S6 处，异地层单元 8 以砂质潮道充填沉积为主（FA3A，FA3B 和 FA3C；表 12.2）。

在测量点 N1 处未观察到有以砂岩为主的异地层单元 8 的发育。在测量点 N2—N4 处，异地层单元 8 厚达 45m，宽小于 16km，由砂质泥岩互层的潮道充填沉积组成（FA3A，FA3B，FA3C 和 FA3D）（图 12.7，图 12.13；表 12.2）。在测量点 N3 处的一个剖面上，异地层单元 8 主要包括以波浪作用为主的滨岸沉积（FA4A）和以波浪作用为主的砂质泥岩互层沉积（FA2C）。野外露头图和空中拍摄宏观图显示出异地层单元 8 在北部地区的几何形态相对对称（图 12.7）。

在除 N1 外的所有测量点处，异地层单元 8 的砂岩层序顶界为区域岩性向滨岸海泥岩沉积（FA7B）的过渡转变（图 12.7；表 12.2）。该边界局部可能被石英砾石碎片覆盖（Dam 和 Surlyk，1998），这里该界面被定义为海泛面 FSg。上覆 60～100m 厚的 Sortehat 组层序地层由泥质互层，且含有双壳类，局部含碳酸盐结核、植物碎屑和木质碎片的黑—黑灰色泥岩组成（Surlyk，2003；Koppelhus 和 Dam，2003；Ahokas 等，2014）。

#### 12.3.15.2 沉积解释：异地层单元 8

异地层单元 8 可被解释为介于 SU3/TS6 界面和海泛面 FSg 之间的下切谷充填体系地层（图 12.7）。该下切谷充填沉积由潮汐控制的河口复杂沉积（TDEC）和较不常见的潮汐控制的前三角洲和三角洲前缘结构单元（TDDF）沉积组成[图 12.7，图 12.11（B），图 12.12（B）和图 12.13（A）；表 12.3]，沉积形成于各种河口子环境下。与异性地层单元 6 相似，两个分离的但同时代沉积的下切谷体系均沿着南北野外露头带发育（图 12.7）。

南部的下切谷体系下切作用最深，在测量点 S6 处达到 50m，宽至少 40km（图 12.7）。所观察到的下切谷横切面是不对称的。北部的下切谷体系在测量点 N2 处下切作用最深（45m），平面上是南部下切体系规模的一半，形状上也更为对称。野外观察和沉积相发育表明，野外露头是两个下切谷沉积体系在不同近端—远端位置的切截面。北部沉积体系记录的是向盆地方向接近于盆地中心的位置，与来自海方向的大量沙子注入的河口相近[图 12.13（B）]。南部沉积体系记录的是向陆地方向接近于盆地中心的位置，有来自陆地方向大量的沉积输入。两个下切谷充填沉积之间可能的同时代沉积的不同，是在这些下切谷充填相在不同近端—远端河口环境中沉积时，由水动力能量的变化（如潮汐与河流）和不同物理参数（如宽度与深度）引起的。

测量点 S3 处，以厚层为主的南部河口沉积地层表明，局部严重受生物扰动作用再改造（Dam 和 Surlyk，1998），而菱铁矿结核的发育意味着底部水体中氧气含量发生变化。沿着沉积走向，岩层向北逐渐加厚，这与数米厚、发育潮汐交错层理的 TDEC 单元逐渐增多有关（图 12.7），从而表明除了河流物源，河口沉积物还来源于沿岸流大量砂粒的供给。同时，楔状砂体和砂泥互层潮汐沉积（砂质岩 TDEC 和泥质岩 TDDF 单元；图 12.7）表明各种河口子环境的出现，包括波浪作用控制的滨海相环境（测量点 S3）。若干受潮汐作用影响、形成于倾斜加积作用环境下的三角洲分流河道和潮汐沙坝（测量点 S4、S5 和 S6 处），与三角洲河口湾湾头或中心盆地等低能环境相关（测量点S5）。因此，南部异地层单元8的下切谷体系可以理解为稍微倾斜的暴露于野外露头带的上部河口地层。

根据沉积规模和沉积相，北部较窄的下切谷充填沉积是潮汐控制的河口沉积体系，且与南部地区相比，更受限制。下切谷基底的河流沉积暴露在广阔海侵侵蚀面上，该界面是下切谷处于涨潮时期受潮汐作用形成的。野外露头代表的是河口中部—河口处的沉积单元，大的砂坝在河谷充填的早期阶段沿着河谷基底迁移［图12.13（E）］。这些大的潮汐砂坝被高强度的横切潮道和小型冲流河道切割［图12.13（B）］。潮道侧向迁移，侵蚀浅滩的一侧，而在另一侧加积，与现代的荷兰Dosterschelde水道河口湾相似（Martinius和Van den Berg，2011）。侧向演化从大砂坝顶部较低能量的沙滩沉积记录可见。

由于相对海平面持续上升，河谷上半部分加宽，潮汐控制作用减弱，受波浪作用影响的沉积层序更加丰富。从潮汐能量系统到波浪控制作用的变化很好地被区域海泛面（FSg）——之前作为海侵侵蚀面（Surlyk，1990a，b；Hansen和Surlyk，1994；Koppelhus和Hansen，2003）（图12.7）所标记。在该阶段，异地层单元8的下切谷被充填。

上覆于海泛面（FSg）之上的砂泥质互层沉积—泥质岩沉积记录了南西向和南东向的持续退积作用。在FSg（测量点N2）之上约15m处收集的生物地层样品，主要包含咸化海沟鞭藻纲孢（箭片藻属）、咸化水或淡水浮游藻类（葡萄藻属）和相对丰富的花粉（周壁粉属 *elatoides*，冠翼孢属）。这表明在海侵早起阶段是淡水和海水的混合，这与Koppelhus和Hansen（2003）的解释一致。本研究中的木质碎片化石样品，取自FSg之上约20m处，意味着此处接近陆地区域具有适合大型树木生长的适当条件。

测量剖面中未发现MFS6界面，但是推断该界面位于Sortehat组的中部或上部。Sortehat组（SORT结构单元；表12.3）之上的Vardeklåft群（Surlyk，2003）临滨砂岩的出现，代表下一个主要退积型—进积型沉积旋回的开始。

## 12.4 总体趋势：层序地层学

Neill Klinter群的层序地层分析是基于上述异地层单元1—8的几个主要地层界面和结构单元的空间产状。在这样的背景下，前人研究的（Koppelhus和Dam，2003；Koppelhus和Hansen，2003；Surlyk，2003）以及本研究中采集的孢粉地层数据显得十分重要。

Neill Klinter群的两部分地层表现为一个总体上海平面从低水位向高水位变化的下侏罗统（普林斯巴阶—阿林阶）海侵地层，早期发表的文章可以证明此点（Surlyk，2003）。第一个海侵体系域（Haq等，1987；Hallam，1998）包括6个高频率海进—海退层序（Embry 1989，1993，1995），见表12.4。这些Neill Klinter群的T—R层序由一个或多个异地层单元（表12.4）组成，在图12.7和图12.14中有总结说明。

T—R1由异地层单元1和2（表12.4）组成，以Kap Stewart群陆相低水位沉积顶部的海侵侵蚀面（TS1）为边界（图12.7，图12.14）。海侵体系域TST1对应厚25m的异地层单元1，反映了在早普林斯巴期，Jameson Land盆地向北穿时的海水泛滥过程。海泛面FSa标志着南部地区最初的海侵沉积物被覆盖。在北部地区未识别出FSa界面，但是可能与MFS1界面一致。

MFS1界面将异地层单元1和2分隔开来，也就是将TS1和退积型体系域RET1分隔开了。RST1厚达127m，至少包括4个相对海平面下降和上升的高频率旋回，以海泛面FSb—FSe为界面（图 12.7，图 12.14）。根据沉积相发育情况，这些旋回地层沉积时向上水体整体变浅，可能是相对于新增可容空间速率，沉积速率增长引起的。孢粉类型表明向上逐渐变为以陆地（咸化水）沉积环境为主，这也与盆地范围发生海退作用这一说法一致（Koppelhus 和 Dam，2003）。

T—R1 层序地层整体上表现为向北加厚 60m，延伸达 50km 远（图 12.7，图 12.14）。Surlyk（2003）认为这一现象是由南北部之间深部断裂南侧的持续沉降引起的。但本研究中，Grønlands Geologiske Undersågelse 以及 Arctic Richfield Exploration Company 陆上地震数据的分析，并不支持深部断裂这一假设。南部地区的新增可容空间可能已经被断裂后的地壳冷却和盆地中这一特殊部分的沉降抵消。

T—R2 层序地层对应异地层单元 3（表 12.4），该层序仅发育在南部地区（图 12.14）。向南逐渐加厚的 T—R2 层序以海侵侵蚀面 TS2 为起点。上覆的海侵体系域 TST2 表现为半区域性的海泛，上覆于海退体系域 RST1 之上。MFS2 标志着海退体系域 RST2 的开始（图 12.14）。向北方向，TS2 和 MFS2 逐渐合并，表明这一阶段发生了广泛的海侵作用。北部地区以近端沉积环境为主，部分见浅海环境或都有，而南部地区则全被海水淹没。在北部地区，T—R2 层序沉积较薄或未沉积，且在相对海平面下降时被剥蚀掉，因此造成了 SU1/TS3 界面的形成，进而终止了 T—R2 层序。

T—R3 层序地层对应异地层单元 4（表 12.4）。基底不整合面 SU1/TS3 反映了相对海平面在整个盆地范围内的下降，以及分别对应南北部地区 T—R2 和 T—R1 层序顶部低凹下切谷的形成。SU1/TS3 界面之下近地表剥蚀面的总体数量尚不确定。总体上，T—R3 层序的加积型沉积单元意味着在相对海平面上升期间，新增可容空间速率和沉积供给速率之间存在一个近乎平衡的关系（A/S 比值约等于 1）。基于上述原因，MSF3 的位置不能被明显识别，且海退体系域 RST3 与 TST3 体系域十分相似。南部地区，T—R3 层序的最近端沉积物顶界是标志着随后海侵侵蚀作用和海水泛滥事件发生的 TS4 界面。这也解释了沿着 TS4 界面观察到陆相和海相碎屑的混合出现。

T—R4 层序的地层对应异地层单元 5（表 12.4），仅发育在南部地区（图 12.7，图 12.14）。T—R4 层序地层顶界为 TS4，该界面也在北部地区发育，早于沿着 SU2/TS5 界面发育的深切谷的剥蚀作用（图 12.14）。TST4 和 RST4 在地层结构上区分并不明显。但是，MFS4 界面位于具有微弱反旋回岩性单元的退积体系域 RST4（图 12.7）的底部。T—R4 层序的上界面（SU3/TS5）记录了测量点 S5 处南深达 16m 的深切作用，而其北部地区整个层序已被剥蚀（图 12.7，图 12.14）。

T—R5 层序地层由异地层单元 6 和 7 组成（表 12.4），下伏于不整合面 SU2/TS5 之下。该界面反映了一个盆地范围相对海平面的下降，以及新的下切谷沉积地层的形成。海侵体系域 TST5 反映了沿着海泛面 FSf 发育的下切谷的淹没和充填过程，该海泛面代表一个穿时和可容空间突然增加的过程。硬灰质砂岩的凝缩层可确定最大海泛面 MFS5，在南北部地区分别代表层序从 TST5 向进积型、加积型 RST5 转变（图 12.14）。在海退体系域 RST5 中，贝壳类岩层记录了沉积输入的中断或停滞。层序 T—R5 在新的相对海平面下降时终止，并沿着 SU3/TS6 界面形成了一个新的下切谷。在该时期，约 40m 厚的 RST5 局部遭受剥蚀（图 12.14）。

T—R6 层序地层对应异地层单元 8（表 12.4）。基底不整合面 SU3/TS6 反映了相对海平面的下降和上升，以及另一组下切谷沉积的形成。海侵体系域 TST6 反映了沿着海泛面 FSg 发育的下切谷的充填和淹没过程，该界面代表了可容空间和水深的穿时和突然增加过程。穿过该海泛面，Jameson Land 盆地变为一个广阔海环境，从 Sortehat 组可以看出。MFS6 位于

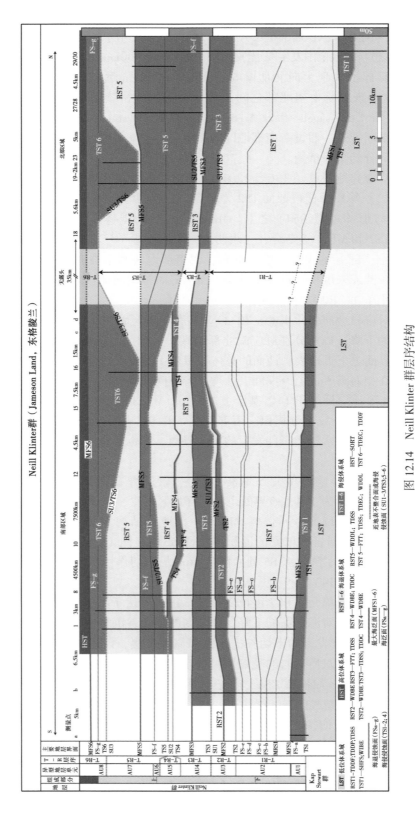

图 12.14 Neill Klinter 群层序结构

Neill Klinter 群被分为6个海进—海退层序,每个层序由一个海侵体系域(TST)和一个海退体系域(RST)组成。Kap Stewart 群由一个低位体系域(LST)确定,而 Sortehat 组由一个高位体系域(HST)确定。海侵体系域和海退体系域由一个或多个异型地层单元组成(AU1—8),这些异型地层单元(文中和表 12.3 中所描述)的特定定方式组合

表 12.4 东格陵兰 Jameson Land 盆地 Neill Klinter 群层序地层格架、主要地层界面与体系域、异地层单元、结构单元和相组合之间的关系以及最大海泛面特征描述

| 海侵—海退层序 1—6 | 海进—海退体系域 | 地层范围 | 出现位置 | 异地层单元 | 结构单元 | 相组合 | 最大海泛面特征 |
|---|---|---|---|---|---|---|---|
| 海侵—海退层序 6 | 海退体系域（高水位体系域） | MFS6—Pelion 组 | S1—N4 | Sortehat 组 | SORT | 7B | MSF6: 在底部粉砂质砂岩之上的 Sortehat 组 |
| 海侵—海退层序 6 | 海侵体系域 6 | SU3/TS6—MFS6 | S1—S8, N2—N4 | AU8 和 Sortehat 底界面 | TDEC, TDDF | 3A, 3B, 3C, 2A, 2B, 4A, 3D, 2C, 5B, 5A | |
| 海侵—海退层序 5 | 海退体系域 5 | MFS5—SU3/TS6 | S1—N4 | AU7 | WDDL, TDSS | 7A, 6B, 6A, 7B, 2B, 3A, 3B, 3C | MSF5: 突变过渡为粉砂质页岩的可对比的硬质灰质砂岩层顶界面 |
| 海侵—海退层序 5 | 海侵体系域 5 | SU2/TS5—MFS5 | S1—S4, S6—N4 | AU6 和 AU7 的底部 | TDEC, FTT | 3A, 3B, 3C, 3D, 4A, 6C, 1A, 1B, 1C | |
| 海侵—海退层序 4 | 海退体系域 4 | MFS4—SU2/TS5 | S3—S4, S6 (S8) | AU5 | WDBE | 6A, 7B | MFS4: 不明显或者 WDBE 底部 10m 地层中以薄叠锥状胶结地层段（被 TD-DC 剥蚀）为标志 |
| 海侵—海退层序 4 | 海侵体系域 4 | TS4—SU2/TS5 TS4—MFS4 | S5 S3—S4 S6 (S8) | AU5 | TDDC, WDBE, WDBE | 5C, 6A, 7B | |
| 海侵—海退层序 3 | 海退体系域 3 | MFS3—SU2/TS5 MFS3—TS4 | N1—N4 S3—S6 (S8) | AU4 | FTT, TDSS, TDSS, FTT | 1A, 1B, 6C 3C, 3D, 3E 2A, 2B, 2C, 3A, 3B, 1A, 1B, 1C | MFS3: 砂质层段，无明显薄缩层 |
| 海侵—海退层序 3 | 海侵体系域 3 | SU1/TS3—MFS3 | S1—N4 | | TDSS | 2A, 2B, 2C, 3A, 3B, 3D, 3C, 3E | |

续表

| 海侵—海退层序1—6 | 海侵/海退体系域 | 地层范围 | 出现位置 | 异地层单元 | 结构单元 | 相组合 | 最大海泛面特征 |
|---|---|---|---|---|---|---|---|
| 海侵—海退层序2 | 海退体系域2 | MFS2—SU1/TS3 | S1—S6 | AU3 | FTT, WDBE | 1A, 1B, 6C, 2A, 2B, 6A | MFS2: WDBE 粉砂质砂岩内部的凝缩层，在S6以北地区未观察 |
| | 海侵体系域2 | TS2—MFS2 | S1—S8 | | WDBE | 7B, 6A | |
| 海侵—海退层序1 | 海退体系域1 | MFS1—SU1/TS3 MFS1—TS2 | N1—N4 S1—S6 (S8) | AU2 | TDDP, TDDF, TDSS, TDDP, TDDF | 2A, 2B, 1A, 1B, 5B, 5A 3B, 3C, 2B, 1B, 2A, 2B, 1A, 3C, 3D, 3E 5B, 5A | MFS1: TDDF 底部泥岩层中的凝缩层，位于SHFS之上数米处 |
| | 海侵体系域1 | TS1—MFS1 | S1—N4 | AU1 | SHFS, WIBE | 4B, 6C, 6A | |

332

Sortehat 组中，向北表现出穿时的特征（Dam 和 Surlyk，1998；Koppelhus 和 Dam，2003；Surlyk，2003）。FSg 之上的地层表明所有沉积相带的区域性海退，以及向 Jameson Land 盆地北部、西部和东部的区域性海进。Sortehat 组和上覆 Vardekløft 群之间的不整合面标志着 T—R6 层序的顶界，并代表东格陵兰中侏罗纪的一个主要海退过程。

## 12.5 讨论

### 12.5.1 Neill Klinter 群的沉积充填水动力分析

位于 Jameson Land 盆地、东格陵兰的 Neill Klinter 群，是从多尺度、多规模角度研究地层复杂性的很好的天然实验室，而该地层复杂性是沉积过程中多个近海子环境水动力相互作用的结果。沉积构造不仅反映了盆地形态组合，还反映了 Jameson Land 盆地在早侏罗纪发育的大浅海湾相对海平面的变化。

在早侏罗纪，Jameson Land 盆地的构造变动对盆地的沉积充填过程起着关键十分重要的作用。Jameson Land 盆地泥盆系—上侏罗统代表了一个叠合盆地中代表盆地构造条件连续演化的充填层序的复杂叠加过程，并没有识别发现与 Neill Klinter 群构造和沉积结构有关的裂谷断裂。超覆于 Liverpool Land 及以东的前寒武系结晶基底之上的侏罗系，支持了 Neill Klinter 群沉积于坳陷盆地这一观点。与位于挪威大陆架的早侏罗纪盆地相似，该坳陷盆地可能形成于三叠纪裂谷之后的热冷却过程（Roberts 等，2009）。

在地壳延伸阶段，北部的泛大陆板块遭受了海平面的区域性变化，该变化由加拿大和芬诺斯坎迪亚北极圈的三叠系—下白垩统岩石的 T—R 层序记录下来（Embry，1989；Johannessen 和 Embry，1989；Mørk 等，1989；Riis 等，2008；Midtkandal 和 Nystuen，2009；Glørstad-Clark 等，2010）。相对海平面变化控制着 Neill Klinter 群层序地层的发育，这可能与垂向上岩石圈区域性的板块运动有关，该板块的运动与沿着 Jameson Land 盆地老区域构造线的局部不同运动相结合，且与低部地壳或（和）地幔引起的造陆地壳运动过程有关。

相对海平面的变化可在 Neill Klinter 群向盆加积和向陆加积沉积结构单元中反映出来，该结构单元由上下两部分地层组成。Neill Klinter 群下部为受波浪作用影响—受潮汐作用影响的三角洲沉积体系的整体加积型层序，上部为潮控下切谷层序和浪控三角洲沉积体系叠加的整体退积型层序（图 12.7，图 12.14 和图 12.15）。

### 12.5.2 Neill Klinter 群下切谷体系及其边界不整合面

由于 Neill Klinter 群中砂质含量一般较高，主要地层界面的识别主要依靠沉积相和沉积环境的解释。本研究参考了 Dam 和 Surlyk（1995，1998）的研究，特别是他们关于用来识别主要层序地层界面的标准的讨论。但是，Dam 和 Surlyk（1995）认为与下切谷相关的重大不整合面仍未被观察到。

本研究最主要的创新点为三个主要下切谷体系的识别。下切谷体系基底面为近地表不整合面和海侵侵蚀面（SU/TS）组合，将近端或远端的海退地层沉积单元与上覆海侵地层单元分隔开。沉积在这些不整合面上的岩性和地层特征表现为砾石的沉积对该界面的识别具有重要意义。包含海洋生物遗体化石的外源碎屑混合物，是在河流或碎屑流搬运碎屑进入盆地形成，后期被为盆地提供海洋生物化石碎片的潮汐作用再改造。海洋生物遗体化石也可能来源于河流的基底冲刷切割。

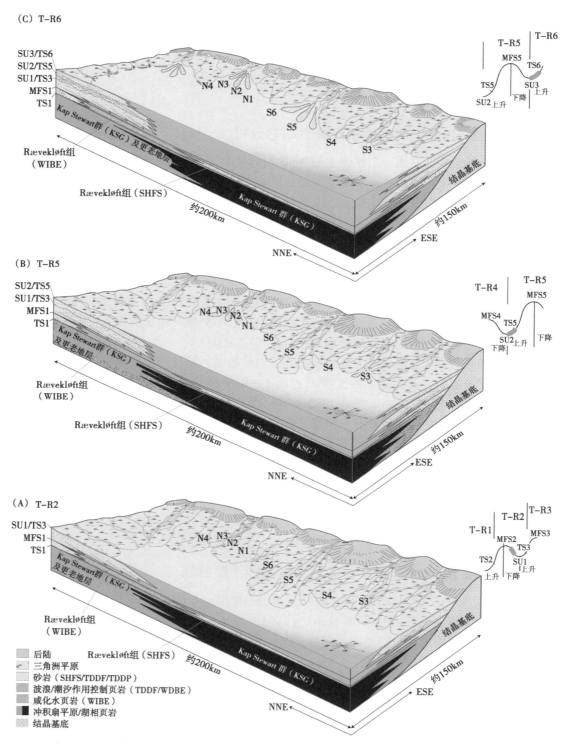

图 12.15 东 Jameson Land 盆地沉积环境发展的三个层序阶段

分别对应三个层段和体系域(图 12.7,图 12.14),同时描述了 Neill Klinter 群沉积过程中不同阶段可能的沉积模式简图

从采集数据可知,关于下切谷底部近地表剥蚀不整合面的侧向延伸没有绝对的定论。但是,东部 Jameson Land 野外露头带发育的不整合面的横切面范围表明,下切作用代表了可能引起 Jameson Land 盆地大部分地层剥蚀的特征。在盆地向西方向,沿着其对应地层位置,下切谷在低梯度斜坡上聚集形成区域性近地表不整合面,上部由薄层的砾石和席状砂覆盖。Posamentier 和 Allen(1999)提出一些由河流沉积覆盖的广延的近地表不整合面的例子。另外类似的例子还有斯匹次卑尔根群岛的下白垩统 Halvetiafjellet 组之下的不整合面(Midtkandal 和 Nystuen,2009)。类似的区域不整合面在 Barents 海的边缘海—广阔海三叠系中有发现(Riis 等,2008;Glørstad-Clark 等,2010)。

这三个下切谷体系是在相对海平面明显下降、主要河流体系向盆地延伸时形成。这些河流源于现今 Liverpool Land 的后陆地区或远离东部的更大的古陆地——Jan Mayen 微大陆(图 12.15,图 12.16)(Mjelde 等,2008;Breivik 等,2012)。下切谷宽度和深度的比例以及其

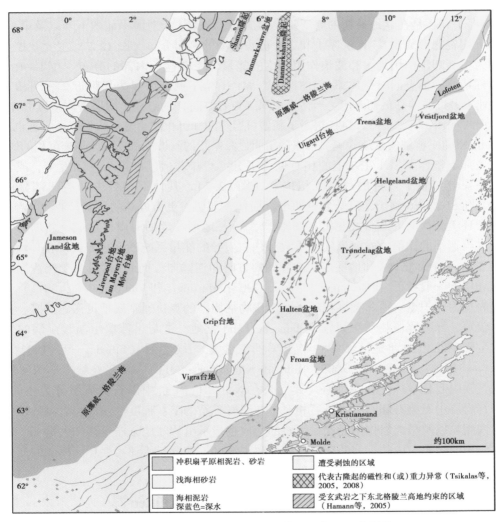

图 12.16 原挪威—格陵兰海早侏罗纪古地理重建图

修改自 J. Gjelberg in Johannessen 和 Nøttvedt,2008 的原始图件;古隆起引自 Tsikalas 等,2005,2008;Hamann 等,2005;Berger 和 Jokat,2008。图中标识出泄水区和主要的沉积体系,以及挪威临海地区现今的主要断层和井位

位置和方位，在形成下切谷内部的高能潮汐体系上发挥重要的作用。充填下切谷河口中部的湾头三角洲和沉积收缩去接受了大量的碎屑沉积。在河口充填沉积过程中，部分河流沉积输入可能从沉积物可能被搬运回的地方运移至浅海区域。所有的河口湾充填沉积被认为是受潮汐作用影响或控制的。在河口充填沉积过程中，以潮汐流为主的沉积解释了中心盆地明显的细粒沉积和（或）波浪控制的障壁沉积。但是，几个相关的波浪作用控制的临滨沉积表明强烈的潮汐和波浪能量环境在这些河口湾外部共同存在（Dalrymple 等，2012；Tessier，2012）。与下切谷充填沉积层序最上部的潮汐沉积特征相比，波浪作用形成的沉积构造的增多是海平面上升时海湾加宽、波浪作用增强的结果。

### 12.5.3 Neill Klinter 群的层序发育过程

Neill Klinter 群的 6 个 T—R 层序在盆地范围内发育。它们代表一个相对海平面总体上升的过程，从大陆 Kap Stewart 群的低水位向盆地范围内发育的近海 Sortehat 组的高水位过渡。T—R 层序 1 和 2 是在盆地最初的海泛阶段形成的，结束于相对海平面的下降以及第一个 SU 界面和下切谷的形成。T—R 层序 1 和 2 中沉积环境的侧向分布（图 12.7）主要受控于以河流作用为主、潮汐作用为主和波浪作用为主的能量体系在盆地内部的分布。在 T—R 层序 1 以非对称特征为标志的海侵体系域 TST1 中，MFS1 位于低部海侵边界附近，表明相对海平面的快速上升以及伴随最初海侵之后最大水深（可容空间）的形成。海退型体系域 RST1 的加积组合形式（图 12.7，图 12.14）揭示了新增可容空间和沉积供给速率近乎平衡。这也有助于理解 Neill Klinter 群缺失盆地规模、可以确定明显海岸线的斜坡沉积几何体临滨沉积的原因。

最底部不整合面 SU1/TS3 上的相对低凹部分，意味着适度的下切作用发生，或者说明横切面主要分布在下切谷的远端沉积位置（图 12.7）。其他下切谷中的高凹部分由界面 SU2/TS5 和 SU3/TS6 确定，意味着这两个剖面代表下切谷更为近端的位置。T—R 层序 3—6 中近海子环境纵横向上的重大变化（图 12.7）沿着地形波动的海岸线形成。新增可容空间与沉积供给速率的比值沿着海岸发生重大变化，主导的能量系统的变化导致沉积环境的水动力发生变化（沿着海岸线和地层走向的顺倾向方向和逆倾向方向），这成为受潮汐影响的近海沉积环境的一般特征（Darlymple 和 Choi，2007；Martinius 和 Van den Berg，2011）。然而，整体上表现为加积型—退积型沉积环境。沉积物从周围的克拉通基底地区搬运过来，搬运距离相对较短，导致碎屑物质大量注入 Jameson Land 盆地。这与早侏罗纪温暖湿润的气候有关，发生于东北大西洋地区干旱—半干旱的三叠纪气候之后（Frostick 等，1992；Clemmensen 等，1998；Müller 等，2005；Ruhl 和 Kürschner，2011）。早三叠纪—早侏罗纪温暖湿润的气候引起化学风化作用加强。其反映在 Neill Klinter 群中以石英屑组分为主的砂岩，以及砾石岩层中石英石和石英岩砾石相对于花岗岩砾石的丰富程度。浅海相近海环境中海绿石、富铁鲕粒以及早成岩作用时期绿泥石的形成也指示出从陆地方向运移的大量 $Fe^{2+}$ 也是化学风化作用的结果。内陆沉淀的局部变化反映了纬度、地形起伏和大气环流模式的变换，这也归因于 Jameson Land 盆地沿着海岸线沉积运输的不同。

### 12.5.4 作为 Halten 阶地储层砂岩类比物的 Neill Klinter 群

早侏罗纪，在浅海坳陷和裂谷盆地中沉积的非常相似的近海沉积和总体上为砂泥互层地层的沉积，分别对应东格陵兰的原挪威—格陵兰海和现今挪威中部大陆架。Dam 和 Surlyk（1995，1998）与 Surlyk（2003）研究表明，Jameson Land 盆地 Neill Klinter 群和 Båt 群及

Halten 阶地—Trøndelag 台地上覆的部分 Fangst 群（阿林阶—卡洛夫阶）地层之间具有相似的的地层学和沉积学特征。

其中 Neill Klinter 群和 Båt 群的相似性包括以下几点：（1）整体上均沿着同一岩石圈板块上的同一原挪威—格陵兰海发育区域性构造组合，古纬度和气候带相同；（2）受区域海平面变化控制的沉积史相似；（3）基底近海互层沉积和低梯度混合能量三角洲沉积体系，与两套地层中部的近岸细粒沉积（呈楔状互层）发育相似的三角洲沉积体系；（4）不同沉积结构单元类型的规模和型式及其内部沉积相和非均质性相似。

Neill Klinter 群和 Båt 群解释了沉积环境和性质的不同。这些不同主要包括：（1）原挪威—格陵兰海两侧的裂谷前期和裂谷期运动，以及局部高频率基底面变化，导致了构造组合不同；（2）盆地大小，覆盖盆地范围的 Halten 阶地 Båt 群比 Neill Klinter 群规模大四倍；（3）两个盆地地区之间降水量、径流量和沉积物注入量的局部不同；（4）与可容空间相关的地域性沉积作用（河流、潮汐和波浪）的大小和分布；（5）沉积供给速率和沉积物类型。

Dam 和 Surlyk（1995，1998）和 Gjelberg（Johannessen 和 Nøttvedt，2008）分别对 Jameson Land 盆地 Neill Klinter 群和 Halten 阶地—Trøndelag 台地的 Båt 群与 Fangst 群进行了直接的岩性地层或一对一层序地层对比。但是，侧向的沉积相变化、层序地层格架和 Neill Klinter 群下切谷体系的出现，反映了与两个盆地之间一对一层序地层对比相比，两者之间的关系更为复合。Neill Klinter 群下切谷的出现表明两个盆地组合存在基本的局部偏差。除了这些不同之外，早侏罗纪 Jameson Land 盆地和 Halten 阶地之间重要的相似性，使挪威中部大陆架的 Neill Klinter 群作为石油储层的一个参考层。从 Neill Klinter 群中获取的涉及大小、几何形态、沉积相变化和潜在砂体连通性的概念沉积模型和定性定量数据，可以用来改善受潮汐作用影响的互层储集砂体的静态和动态储层模型，该砂体可能发育在挪威海大陆架上，也可能位于类似于早侏罗纪 Jameson Land 盆地的其他边缘海和受潮汐作用影响的盆地。

## 12.6 结论

（1）与 Jameson Land 盆地早侏罗纪前期描述相反，盆地东部并未发育边界断层，将 Jameson Land 盆地分为南北两个部分的盆地间北西—南东横断层也未发育。而东部边界实际上是一个上超接触面。Neill Klinter 群内部地层厚度的变化与石炭纪—三叠纪裂谷之后的不同沉降作用有关。

（2）Neill Klinter 群下部形成于整体上进积的沉积环境——从受波浪作用影响变化到受潮汐作用影响的三角洲，上半部分形成于整体上退积的沉积环境——从叠加潮汐控制下切谷层序到受波浪作用控制的三角洲沉积体系。

（3）Neill Klinter 群上下两部分地层由 8 个异地层单元组成，包括 6 个海侵—海退层序（T—R），由近地表不整合面和海进侵蚀面组合（SU/TS 界面）形成的层序边界将其区分开。T—R 层序是相对海平面变化的结果，受北部泛大陆板块的垂向活动控制。

（4）这 6 个 T—R 层序是按形成于相邻近海子环境的沉积结构单元组合排列的，受可用可容空间、沉积供给以及河流、潮汐和波浪作用相对影响的控制。

（5）下切谷海泛作用形成的河口，以潮汐作用控制的富砂沉积环境为主，而三角洲沉积暴露于更加广阔海洋条件下，以波浪作用为主。

（6）Jameson Land 盆地下侏罗统和挪威海大陆架发育的 Halten 阶地—Trøndelag 台地的

地层对比仅在宏观上成立，在普林斯巴期—托阿尔期总体上表现为一个海侵—海退沉积过程，沉积地层以砂岩为主，该沉积作用发生在广阔海相泥岩和页岩区域性海平面上升和早阿林期海泛期之前。

（7）Neill Klinter 群是用于类比发育在 Halten 阶地 Båt 群下侏罗统砂岩储集层的一套地层。主要根据以下两个方面：①对沉积环境和层序地层作用下的沉积相、沉积单元以及沉积结构单元概念理解的改善；②通过运用不同规模的粒径变化和受潮汐、波浪作用影响的近海砂岩储集层中页岩隔层的空间展布参数来模拟和流量模拟。

## 参 考 文 献

Ahokas, J. M., Nystuen, J. P. and Martinius, A. W. (2014) Stratigraphic signatures of punctuated rise in relative sea-level in an estuary-dominated heterolithic succession: Incised valley fills of the Toarcian Ostreaelv Formation, Neill Klinter Group (Jameson Land, East Greenland). *Marine and Petroleum Geology*, 50, 103-129.

Allen, J. R. L. (1990) The Severn Estuary in southwest Britain: its retreat under marine transgression and finesediment regime. *Sed. Geol.*, 66, 13-28.

Berger, D. and Jokat, W. (2008) A seismic study along the East Greenland margin from 72° N to 77° N. *Geophysical Journal International*, 174, 733-748.

Bhattacharya, J. P. (2001) Allostratigraphy Versus Sequence Stratigraphy. AAPG Hedberg Research Conference, Dallas, Texas, August 26-29, 2001, Abstract. AAPG Search and Discovery Article #90050, 2005.

Blystad, P., Brekke, H., Færseth, R. B., Larsen, B. T., Skogseid, J. and Tørudbakken, B. (1995) Structural elemenst of the Norwegian Continental Shelf. Part II: The Norwegian Sea Region. NPD Bulletin, 8, 45 pp.

Breivik, A. J., Mjelde, R., Faleide, J. I. and Murai, Y. (2012) The eastern Jan Mayen microcontinent volcanic margin. *Geophysical Journal International*, 188, 798-818.

Brekke, H., Sjulstad, H. I., Magnus, C. and Williams, R. W. (2001) Sedimentary environments offshore Norway. In: *Sedimentary Environments Offshore Norway-Palaeozoic to Recent* (Eds O. J. Martinsen and T. Dreyer), NPF Special Publication, 10, 7-37.

Bütler, H. (1948) Notes on the geological map of Canning Land (East Greenland). *Meddelser om Grønland*, 133, 99 pp.

Catuneanu, O. (2006) Principles of Sequence Stratigraphy. Elsevier, Amsterdam, 386 pp.

Choi, K. S. and Dalrymple, R. W. (2004) Recurring tidedominated sedimentation in Kyonggi Bay (west coast of Korea): similarity of tidal deposits in late Pleistocene and Holocene sequences. *Mar. Geol.*, 212, 81-96.

Choi, K. S., Dalrymple, R. W., Chun, S. C. and Kim, S-P. (2004) Sedimentology of modern, inclined heterolithic stratification (IHS) in the macrotidal Han River Delta, Korea. *J. Sed. Res.*, 74, 677-689.

Christiansen, F. G., Larsen, H. C., Marcussen, C., Hansen, K., Krabbe, H., Larsen, L. M., Piasecki, S., Stemmerik, L. and Watt, W. S. (1992) Uplift study of the Jameson Land Basin, East Greenland. *Nor. Geol. Tidsskr.*, 72, 291-294.

Clemmensen, L., Kent, D. V. and Jenkins, F. A. Jr. (1998) A late Triassic lake system in East-Greenland: facies, depositional cycles and palaeoclimate. *Paleogeogr., Paleoclimatol., Paleoecol.*, 140, 135-159.

Dalland, A., Worsley, D. and Ofstad, K. (1988) A lithostratigraphic scheme for the Mesozoic and Cenozoic succession offshore mid- and northern Norway. *NPD Bull.*, 4, 65 pp.

Dalrymple, R. W., Makino, Y. and Zaitlin, B. A. (1991) Temporal and spatial patterns of rhythmite deposition on mud flats in the macrotidal Cobequid Bay-Salmon River estuary, Bay of Fundy, Canada. In: *Clastic Tidal Sedimentology* (Eds D. G. Smith, G. E. Reinson, B. A. Zaitlin and R. A. Rahmani), *Can. Soc. Petrol. Geol. Mem.*, 16, 137-160.

Dalrymple, R. W., Knight, R. J., Zaitlin, B. A. and Middleton, G. V. (1990) Dynamics and facies model of a macrotidal sand-bar complex, Cobequid Bay-Salmon River Estuary (Bay of Fundy). *Sedimentology*, 37, 577-612.

Dalrymple, R. W., Baker, E. K., Harris, P. T. and Hughes, M. G. (2003) Sedimentology and stratigraphy of a tidedominated, Foreland-basin delta (Fly River, Papua New Guinea). In: *Tropical Deltas of Southeast Asia-Sedimentology, Stratigraphy and Petroleum Geology* (Eds F. H. Sidi, D. Nummedal, P. Impert, H. Darman and H. W. Posamentier), *SEPM Spec. Publ.*, 76, 147-173.

Dalrymple, R. W. and Choi, K. (2007) Morphologic and facies trends through the fluvial-marine transition in tide-dominated depositional systems: a schematic framework for environmental and sequence-stratigraphic interpretation. *Earth-Sci. Rev.*, 81, 135-174.

Dalrymple, R. W., Mackay, D. A., Ichaso, A. A. and Choi, K. S. (2012) Processes, Morphodynamics and Facies of Tide-dominated Estuaries. In: *Principles of Tidal Sedimentology* (Eds R. A. Davis and R. W. Dalrymple). Springer Science + Business Media B. V. 2012, 109-128.

Dam, G. and Surlyk, F. (1992) Forced regressions in a large wave and storm-dominated anoxic lake, Rhaetian-Sinemurian Kap Stewart Formation, East Greenland. *Geology*, 20, 748-751.

Dam, G. and Surlyk, F. (1993) Cyclic sedimentation in a large wave and storm-dominated anoxic lake; Kap Stewart Formation (Rhaetian-Sinemurian), Jameson Land, East Greenland. In: *Sequence stratigraphy and facies associations* (Eds H. W. Posamentier, D. P. Summerhays, B. U. Haq and G. P. Allen). *Int. Assoc. Sedimentol. Spec. Publ.*, 18, 419-448.

Dam, G. and Surlyk, F. (1995) Sequence stratigraphic correlation of Lower Jurassic shallow marine and paralic successions across the Greenland-Norway seaway. In: *Sequence stratigraphy on the Northwest European margin* (Eds R. J. Steel, V. L. Felt, E. P. Johannessen andC. Mathieu). *Norwegian Petroleum Society (NPF) Special Publication*, 5, 483-499.

Dam, G. and Surlyk, F. (1998) Stratigraphy of the Neill Klinter Group; a Lower - lower Middle Jurassic tidal embayment succession, Jameson Land, East Greenland. *Geology of Greenland Survey Bulletin*, 175, 80 pp.

Dam, G., Surlyk, F., Mathiesen, A. and Christiansen, F. G. (1995) Exploration significance of lacustrine forced regressions of the Rhaetian - Sinemurian Kap Stewart Formation, Jameson Land, East Greenland. In: *Sequence stratigraphy of the Northwest European margin*

(Eds R. J. Steel, V. L. Felt, E. P. Johannessen and C. Mathieu). *Norwegian Petroleum Society, Special Publication*, 5, pp. 511–527.

Ehrenberg, N. S. (1993) Preservation of anomalously high porosity in deeply buried sandstones by grain-coating chlorite: examples from the Norwegian Continental Shelf. *AAPG Bulletin*, 77, 1260–1286.

Embry, A. F. (1989) Correlation of Upper Palaeozoic and Mesozoic sequences between Svalbard, Canadian Arctic Archiepelago and northern Alaska. In: *Correlation in Hydrocarbon Exploration* (Ed. J. D. Collinson), pp. 89–98. Norwegian Petroleum Society, Graham & Trotman, London.

Embry, A. F. (1993) Transgressive-regressive (T-R) sequence analysis of the Jurassic succession of the Sverdrup Basin, Canadian Arctic Archipelago. *Can. J. Earth Sci.*, 30, 301–320.

Embry, A. F. (1995) Sequence boundaries and sequence hierarchies: problems and proposals. In: *Sequence Stratigraphy on the Northwest European Margin* (Eds R. J. Steel, V. L. Felt, E. P. Johannessen and C. Mathieu). *Norwegian Petroleum Society, Special Publication*, 5, pp. 1–11.

Emery, D. and Myers, K. J. (1996) *Sequence Stratigraphy*. Blackwell, Oxford, 297 pp.

Frostick, L. E., Linsey, T. K. and Reid, I. (1992) Tectonic and Climatic control of Triassic sedimentation in the Beryl basin, Northern North Sea. *J. Geol. Soc. London*, 149, 13–26.

Gastaldo, R. A., Allen G. P. and Huc, A-Y. (1995) The tidal character of fluvial sediments of the modern Mahakam River delta, Kalimantan, Indonesia. In: *Tidal Signatures in Modern and Ancient Sediments* (Eds B. W. Flemming and A. Bartholomä). *Int. Assoc. Sedimentol. Spec. Publ.*, 24, 171–181.

Gingras, M. K., Pemperton, S. G. and Saunders, T. (1999) The ichnology of Modern and Pleistocene Brackish-Water Deposits at Willapa Bay, Washington: Variability in Estuarine Settings. *Palaios*, 14, 352–374.

Gjelberg, J., Dreyer, T., Høie, A., Tjelland, T. and Lilleng, T. (1987) Late Triassic to Mid-Jurassic sandbody development on the Barents and Mid-Norwegian shelf. In: *Petroleum Geology of North West Europe* (Eds J. Brooks and K. Glennie), pp. 1105–1129. Graham and Trotman, London.

Glørstad-Clark, E., Faleide, J. I., Lundschien, B. A. and Nystuen, J. P. (2010) Triassic seismic sequence stratigraphy and paleogeography of the western Barents Sea area. *Mar. Petrol. Geol.*, 27, 1448–1475.

Hallam, A. (1988) A reevaluation of Jurassic eustasy in the light of new data and the revised Exxon curve. *SEPM Spec. Publ.*, 42, 261–273.

Hamann, N. E., Whittaker, R. C. and Stemmerik, L. (2005) Geological development of the Northeast Greenland Shelf. In: *Petroleum Geology: North - West Europe and Global Perspectives—Proceedings of the 6th Petroleum Geology Conference* (Eds A. G. Dore and B. A. Vining). *Geol. Soc.* London, 887–902.

Hansen, K. (2000) Tracking thermal history in East Greenland: an overview. *Global Planet. Change*, 24, 303–309.

Hansen, C. F. and Surlyk, F. (1994) A major marine flooding surface associated with change from fully to restricted marine conditions in an intracratonic rift basin (Lower? /Middle Jurassic Sortehat Formation, East Greenland). In: *High resolution sequence stratigraphy: innovations and applications* (Ed. S. D. Johnson), Abstracts, pp. 379–381. Liverpool University.

Haq, B. U., Hardenbol, J. and Vail, P. R. (1987) Chronology of fluctuating sea-levels since the Triassic. *Science*, 235, 1156–1167.

Johannessen, E. P. and Embry, A. F. (1989) Sequence correlation: Upper Triassic to Lower Jurassic, Canadian and Norwegian Arctic. In: *Correlation in Hydrocarbona Exploration* (Ed. J. D. Collinson), pp. 155–170. Norwegian Petroleum Society, Graham & Trotman, London.

Johannessen, E. P. and Nøttvedt, A. (2008) Norway encircled by coastal plain and deltas. Early and Middle Jurassic; 200–161 million years ago. In: *The Making of a Land – Geology of Norway* (Eds I. B. Ramberg, I. Bryhni, A. Nøttvedt and K. Rangnes). The Norwegian Geological Association, Trondheim, Norway, 352–383.

Johnson, C. and Gallagher, K. (2000) A preliminary Mesozoic and Cenozoic denudation history of the North East Greenland onshore margin. *Global Planet. Change*, 24, 261–274.

Koppelhus, E. B. and Dam, G. (2003) Palynostratigraphy and palaeoenvironments of the Rævekløft, Gule Horn and Ostreaelv Formations (Lower – Middle Jurassic), Neill Klinter Group, Jameson Land East Greenland. In: *The Jurassic of Denmark and Greenland* (Eds J. R. Ineson and F. Surlyk). *Geological Survey of Denmark and Greenland Bulletin*, 1, 723–775.

Koppelhus, E. B. and Hansen, C. F. (2003) Palynostratigraphy and palaeoenvironment of the Middle Jurassic Sortehat Formation (Neill Klinter Group), Jameson Land, East Greenland. In: *The Jurassic of Denmark and Greenland* (Eds J. R. Ineson and F. Surlyk). Geological Survey of Denmark and Greenland Bulletin, 1, 777–811.

Larsen, H. C. and Marcussen, C. (1992) Sill-intrusion, flood basalt emplacement and deep crustal structure of the Scoresby Sund region, East Greenland. In: *Magmatism and the Causes of Continental Break-up* (Eds B. C. Storey, T. Alabaster and R. J. Pankhurst). *Geol. Soc. Spec. Publ.*, 68, 365–386.

Martinius, A. W. and Van den Berg, J. H. (2011) *Atlas of sedimentary structures in estuarine and tide-influenced river deposits of the Rhine–Meuse–Scheldt system: Their application to the interpretation of analogous outcrop and subsurface depositional systems*. EAGE Publications, The Netherlands, 298 pp.

Martinius, A. W., Kaas, I., Næss, A., Helgesen, G., Kjærefjord, J. M. and Leith, D. A. (2001) Sedimentology of the heterolithic and tide-dominated Tilje Formation (Early Jurassic, Halten Terrace, offshore mid – Norway). In: *Sedimentary Environments Offshore Norway – Palaeozoicto Recent* (Eds O. J. Martinsen and T. Dreyer). *Norwegian Petroleum Society (NPF) Special Publication*, 10, 103–144.

Martinius, A. W., Ringrose, P. S., Brostrøm, C., Elfenbein, C., Næss, A. and Ringås, J. E. (2005) Reservoir challenges of heterolithic tidal sandstone reservoirs in the Halten Terrace, mid-Norway. *Petroleum Geoscience*, 11, 3–16.

Mathiesen, A., Bidstrup, T. and Christiansen, F. G. (2000) Denudation and uplift history of the Jameson Land basin, *East Greenland – constrained from maturity and apatite fission track da-*

ta. *Global Planet. Change*, 24, 275–301.

Midtkandal, I. and Nystuen, J. P. (2009) Depositional architecture of a low-gradient ramp shelf in an epicontinental sea: the lower Cretaceous of Svalbard. *Basin Res.*, 21, 655–675.

Mitchell, A. J., Allison, P. A., Gorman, G. J., Piggott, M. D. and Pain, C. C. (2011) Tidal circulation Early Jurassic Laurasian epicontinental seaway. *Geology*, 39, 208–210.

Mjelde, R., Breivik, A. J., Raum, T., Mittelstaedt, E., Ito, G. and Faleide, J. I. (2008) Magmatic and tectonic evolution of the North Atlantic. *J. Geol. Soc.*, 165, 31–42.

Mørk, A., Embry, A. F. and Weitschat, W. (1989) Triassic transgressive-regressive cycles in the Sverdrup Basin, Svalbard and the Barents Shelf. In: *Correlation in Hydrocarbon Exploration* (Ed. J. D. Collinson), pp. 113–130. Norwegian Petroleum Society, Graham & Trotman, London.

Müller, R., Nystuen, J. P., Eide, F. and Lie, H. (2005) Late Permian to Triassic basin infill history and palaeogeography of the Mid-Norwegian shelf – East Greenland region. In: *Onshore-Offshore Relationships on the North American Margin* (Eds B. T. G. Wandås, J. P. Nystuen, E. A. Eide and F. M. Gradstein), *NPF Special Publication* 12, 165–189.

North American Commission on Stratigraphic Nomenclature (1983) North American Stratigraphic Code. *AAPG Bull.*, 67, 841–875.

Nøttvedt, A., Johannessen, E. P. and Surlyk, F. (2008) The Mesozoic of Western Scandinavia and East Greenland. Episodes vol. 31, pp.

Posamentier, H. W. and Allen, G. P. (1999) Siliciclastic Sequence Stratigraphy – Concepts and Applications. *SEPM*, *Concepts in Sedimentology and Paleontology*, 7, 210 pp.

Posamentier, H. W., Jervey, M. T. and Vail, P. R. (1988) Eustatic controls on clastic deposition I – conceptual framework. In: *Sea-Level Changes: An Integrated Approach* (Eds C. K. Wilgus, B. S. Hastings, C. G. St. C. Kendall, H. W. Posamentier, C. A. Ross and C. J. Van Wagoner). *SEPM, Spec. Publ.*, 42, 109–124.

Reading, H. G and Collinson, J. D. (1996) Clastic coasts. In: *Sedimentary Environments: Processes, Facies and Stratigraphy* (Ed. H. G. Reading), 3rd edition, pp. 154–231. Blackwell Science, Oxford.

Riis, F., Lundschien, B. A., Høy, T., Mørk, A. and Mørk, M. B. E. (2008) Evolution of the Triassic shelf in the northern Barents region. *Polar Res.*, 27, 318–337.

Roberts, A. M., Corfield, R. I., Kusznir, N. J., Matthews, S. J., Hansen, E-K. and Hooper, R. J. (2009) Mapping palaeostructure and palaeobathymetry along the Norwegian Atlantic continental margin: Møre and Vøring basins. *Petroleum Geoscience*, 15, 27–43.

Rosenkrantz, A. (1934) The Lower Jurassic rocks of East Greenland. Part I. *Meddelser om Grønland*, 110, 150 pp.

Ruhl, M. and Kürschner, W. M. (2011) Multiple phases of carbon cycle disturbance from large igneous province formation at the Triassic-Jurassic transition. *Geology*, 39, 431–434.

Skogseid, J., Planke, S., Faleide, J. I., Pedersen, T., Eldholm, O. and Neverdal, F. (2000) NE Atlantic continental rifting and volcanic margin formation. In: Dynamics of the Norwegian Margin (Ed. A. Nøttvedt), *Geol. Soc. London Spec. Publ.*, 167, pp. 295–326.

Surlyk, F., Callomon, J. H., Bromley, R. G. and Birkelund, T. (1973) Stratigraphy of the Jurassic – Lower Cretaceous sediments of Jameson Land and Scoresby Land, East Greenland. *Bull. Grønl. Geol. Unders.*, 105, 76 pp.

Surlyk, F. (1977) Mesozoic faulting in East Greenland. In: *Fault tectonics in NW Europe* (Eds R. T. C. Frost and A. J. Dikkers). *Geol. Mijnbouw*, 56, 311–327.

Surlyk, F. (1990a) Timing, style and sedimentary evolution of Late Palaeozoic–Mesozoic extensional basins of East Greenland. In: *Tectonic events responsible for Britain's oil and gas reserves* (Eds R. F. P. Hardman and J. Brooks). *Geol. Soc. London Spec. Publ.*, 55, 107–125.

Surlyk, F. (1990b) A Jurassic sea-level curve for East Greenland. *Palaeogeogr., Palaeoclimatol. Palaeoecol.*, 78, 71–85.

Surlyk, F. (2003) The Jurassic of East Greenland: a sedimentary record of thermal subsidence, onset and culmination of rifting. In: *The Jurassic of Denmark and Greenland* (Eds J. R. Ineson and F. Surlyk). *Geological Survey of Denmark and Greenland Bulletin*, 1, 659–722.

Taylor, A. M. and Goldring, R. (1993) Description and analysis of bioturbation and ichnofabric. *Geol. Soc. London. J.*, 150, 141–148.

Tessier, B. (2012) Stratigraphy of Tide-Dominated Estuaries. In: *Principles of Tidal Sedimentology* (Eds R. A. Davis and R. W. Dalrymple). Springer Science + Business Media B. V. 2012, 109–128.

Tsikalas, F., Faleide, J. I., Eldholm, O. and Wilson, J. (2005) Late Mesozoic – Cenozoic structural and stratigraphic correlations between the conjugate mid–Norway and NE Greenland continental margins. In: *Petroleum Geology: North–West Europe and Global Perspectives–Proceedings of the 6$^{th}$ Petroleum Geology Conference* (Eds A. G. Doré and B. Vining). Geological Society of London, 785–801.

Tsikalas, F., Faleide, J. I., Kusznir, N. J. (2008) Along–strike variations in rifted margin crustal architecture and lithosphere thinning between northern Vøring and Lofoten margin segments off mid–Norway. *Tectonophysics*, 458, 68–81.

Van Wagoner, J. C., Posamentier, H. W., Mitchum, R. M., Vail, P. R., Sarg, J. F., Loutit, T. S. and Hardenbol, J. (1988) An overview of the fundamentals of sequence stratigraphy and key definitions. In: *Sea–Level Changes: An Intergrated Approach* (Eds C. K. Wilgus, B. S. Hastings, C. G. St. C. Kendall, H. W. Posamentier, C. A. Ross and J. C. Van Wagoner). *SEPM Spec. Publ.*, 42, 39–45.

Van Wagoner, J. C., Mitchum, R. M., Campion, K. M. and Rahmanian, V. D. (1990) Siliciclastic Sequence Stratigraphy in Well Logs, Cores and Outcrops: Concepts for High-Resolution Correlation of Time and Space. *AAPG Methods in Exploration Series*, 7, 55 pp.

# 13 海平面升降、构造和气候对同裂谷期 Tilje 组混合动力三角洲沉积的控制作用

Aitor A. Ichaso  Robert W. Dalrymple 著
方 向 译

**摘要**：下侏罗统 Åre 组上段和 Tilje 组是挪威中部近海地区 Smørbukk 油田成熟原油的主要储层。Tilje 组是同裂谷构造运动早期发育于北东—南西向半地堑次海盆中一套受潮汐作用影响的三角洲沉积，这套三角洲沉积（SB2）侵蚀残余覆盖于 Åre 组上段临滨沉积之上，纵向上可划分为 2 个主要的层序单元，显示出多元化沉积相特征，保存了潮汐、混合流和波浪等作用形成的沉积构造。层序 1 包括 Tilje 组下—中段（T1—T3.1 储层段），由叠置的、向上粒度变粗、向上砂质含量增多的河口坝、三角洲前缘和前三角洲沉积组成，这套地层表现为受复杂的较近端潮汐作用、中端波浪（风暴）作用影响的沉积序列，记录了局部河流补给的季节性变化。Tilje 组下—中段沉积相展布特征整体上反映了从北—北西向到南东向朵叶式三角洲的进积作用，并沿区域构方向倾斜。层序 2（T3.2—T6 储层段，Tilje 组中—上段）侵蚀残余覆盖于下伏前三角洲沉积（SB3）之上，上序列底部砂质含量较高，其上是代表 Tilje 组—海相 Ror 组地层界线的区域性洪泛面。Tilje 组中—上段由富泥质近端潮汐—河流作用的分流河道和点沙坝序列组成，Tilje 组顶部主要由中—远端的水道化河口坝和潮汐—波浪混合三角洲前缘沉积组成。研究区正盲断层的生长作用和上盘分割性同沉积凹陷中心的形成过程控制了沉积注入点、沉积物厚度和三角洲生长方向。可识别出两次主要的构造运动，它们部分或全面控制了这套沉积序列中识别出的两个层序边界。第一次构造运动引起从波浪沉积到潮汐沉积的突然变化，第二次构造运动则表现为研究区沉积物运移路径的突然变化。

**关键词**：Tilje 组；三角洲；潮汐；同裂谷期；早侏罗世；挪威

在挪威中部陆架（图 13.1），下侏罗统辛涅缪尔阶和普林斯巴阶 [Brekke 等，2001；图 13.2（A）] 为海道（seaway）/裂谷盆地沉积 [Halten-Trøndelag 盆地；图 13.2（B），形成于北大西洋开启时海平面明显上升时期。以一系列受潮汐作用影响、以潮汐作用为主的沉积（均为河口和三角洲位置；Martinius 等，2005）为特征，是中纬度地区沉积（49°N—53°N；Doré，1991），处于温度和降水量强季节性变化的温带气候（Hallam，1994）。Åre 组中—上段（Svela，2001；为 Halten 台地第一套纯海相沉积地层）、Tilje 组和 Ile 组 [图 13.2（A）] 包含了推测为潮汐作用成因的主要层段（Martinius 等，2001，2005）。这些地层是重要的深埋储层段，地理上限定在大致 470km 长、150km 宽的北东—南西向地带内。该层段油气产量约 850bbl（Martinius 等，2005；挪威石油部（NPD）毛产量数据，2010），相当于 Halten 台地几个油田的日产量 [图 13.1（B）；Martinius 等，2001]。但是产量受到潮汐相异粒岩特性（大约总岩石体积的 80%）、深埋成岩作用（现今埋深为 1~5km）、断裂和裂缝（Martinius 等，2005）、储层单元复杂内部结构（Ehrenberg 等，1992；Martinius 等，2001）等的不利影响。如果认为产量可观，就需要在单个油气田和更大区域上开展更精细的沉积学解

释，进一步了解地层结构和沉积控制因素（Martinius 等，2005）。

本文有关研究的目的是更好描述下侏罗统 Åre 组上段和 Tilje 组的沉积学、古环境、古地理和层序地层学特征。这些成果将有助于理解这些沉积单元中沉积体的空间分布和结构特征，以及主要海平面升降、构造、气候等控制条件对沉积的影响。本文介绍了 Martinius 等（2001，2005）开展的 Tilje 组沉积学和层序地层学研究，参考了近年来对 Tilje 组沉积过程、相带分布、地层结构、古地理重建等方面的沉积研究进展（Ichaso 和 Dalrymple，2009；Ichaso，2012），内容聚焦在 Smørbukk 油田［图 13.1（C）］。通俗地讲，本文的目的就是在这个复杂的古潮汐作用层序里改进重建沉积环境分布的能力，重点是裂谷盆地沉积中精细构造运动和沉积作用的相互作用。

Smørbukk 油田是 1984 年发现的，位于挪威本土（主要在 6506/12 区块）西部 230km 处，水深为 250~300m，是该区最深的含油气构造之一（Klefstad 等，2005）。油气储层中主要为海相、陆相混源的富气凝析油，储层包括下—中侏罗统四个地层中的砂岩（Åre、Tilje、Ile 和 Garn）。通常认为 Tilje 组是前裂谷晚期—同裂谷早期以潮汐作用为主的三角洲沉积环境的产物（Ehrenberg 等，1992；Martinius 等，2001；Marsh 等，2010）。这个构造—沉积解释主要基于盆地边缘断层边界缺失、缺乏火山岩、地层单元中的相对不整合和连续性、异粒

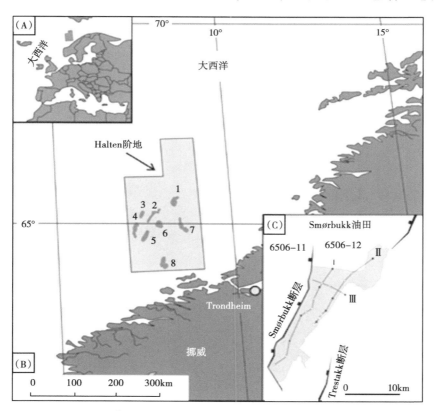

1—Heidrum；2—Smørbukk（Åsgard）；3—Morvin；4—Kristin；5—Lavrans；6—Smørbukk Sør（Åsgard）；
7—Midgard（Åsgard）；8—Njord

图 13.1　研究区基本情况图

（A）Halten 阶地位置图；（B）Halten 阶地挪威中部油田位置图；（C）Smørbukk 油田概要图；显示 Tilje 组沉积时期的主要活动断裂和图 13.19 中剖面位置（Ⅰ，Ⅱ 和 Ⅲ）。

345

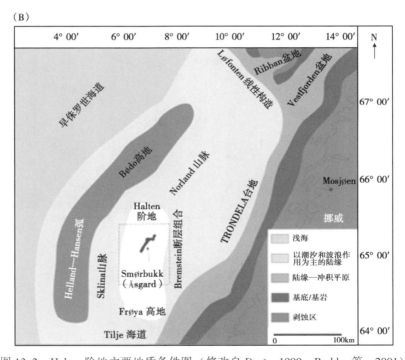

图 13.2 Halten 阶地主要地质条件图（修改自 Doré，1999；Brekke 等，2001）
（A）Halten 阶地三叠系和侏罗系岩性和构造事件图，构造运动显示了影响侏罗系储层分布的主要裂谷活动，Ⅰ—早侏罗世，Ⅱ—中侏罗世，Ⅲ—晚侏罗世；（B）Halten 阶地早侏罗世古地理图和海道系统

岩沉积特征、平面展布广泛的沉积体系、向上砂质整体增多、垂向和横向上沉积相进积的特征（Ehrenberg 等，1992；Martinius 等，2001），尤其是在 Tilje 组下段—中段。

起初 Tilje 组（厚 150~200m）被划分为 3 个主要储层单元（Ehrenberg 等，1992），主要依据是近海泥岩和生物扰动段的井间对比结果。近来（2003—2004 年），作业公司 Statoil 将

Smørbukk 油田的 Tilje 组划分为 6 个储层段（T1—T6）和若干个次级单元（如 T1.1，T1.2 等）。储层段划分依据是沉积学分析，遗迹化石区域对比，Sm-Nd 定年及 Halten 台地生产区使用的层序地层学模型（Martinius 等，2001）。划分出的大部分储层段都是亚层序，界线是洪泛面和（或）层序边界，因而它们代表了大致等时的地层单元，研究区域内可追踪对比。

Martinius 等（2001）解释的 Åre 组上段和 Tilje 组层序地层格架包括三个层序（图 13.3）。这些层序被二级区域间断面（SB2，SB3），或几个二级、三级甚至更高级别的洪泛

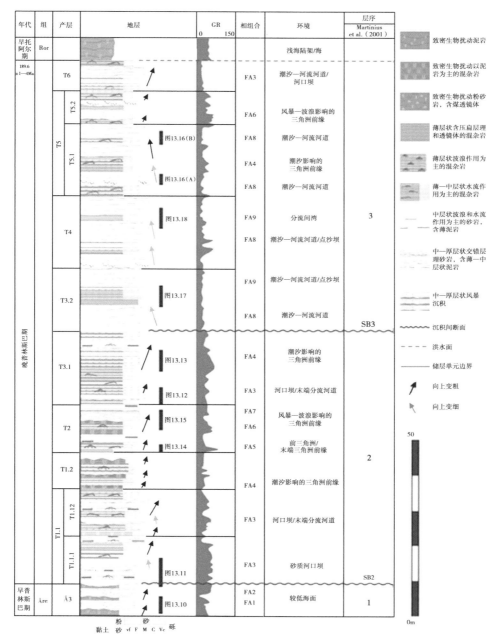

图 13.3 Smørbukk 地区综合柱状图
Tilje 组顶底界绝对年龄引自 Gradstein 等（1995），标注了岩性照片所在位置

面（FS）分割，形成数米到几十米厚度的亚层序和亚层序组。层序 1 包括 Åre 组上段（A3，图 13.3），层序 2（T1—T3.1 储层段）包括 Tilje 组下段、从 Åre 组和 Tilje 组分界处（SB2）到 Tilje 组中段推测的层序边界（SB3），层序 3（T3.2—T6 储层段）则从 Tilje 组中段的 SB3 一直到 Tilje 组—Ror 组分界处。

Tilje 组 Sm—Nd 同位素数据可用于区域和局部地层对比，表明有持续物源。Martinius 等（2001）指出存在明显差异的物源年龄，从层序 2 中的较晚物源区年龄（1200~1400 Ma）到层序 3 中上覆地层里的较老物源区年龄（1500~1800Ma）。前人研究认为主要物源区在东边的芬诺斯坎迪亚地盾（图 13.2；Dalland 等，1988），然而倾角测量和 Sm—Nd 同位素数据表明 Tilje 组接受来自北部 Ribban 盆地构造（侏罗纪主要为剥蚀）、西北部—西部 Helland-Hansen-Bodø（Utgard）高点和（或）北东部 Nordland 脊［图 13.2（B）］的沉积（Martinius 等，2001），也可接受与正断层生长作用相关的局部地形高点的沉积（Marsh 等，2010）。

从构造角度看，油田处于倾斜断块的高点位置。西部以主要正断层［Smørbukk 断层，图 13.1（C）］为界，北部以横切断块高点的东西向地堑为界（Ehrenberg 等，1992）为界。最近也利用三维地震反射资料来限定 Åsgard 开发区侏罗纪早期—白垩纪最初裂谷期断层活动的分布和活动时间。Corfield 和 Sharp（2000）认为早侏罗世（Åre 组顶面对应时间）裂谷开始活动，以沿基底盲断层（北东—南西）和盖层内 Smørbukk 和 Trestakk 正断层（倾向西）的变形分布［图 13.1（C）］为特征。Tilje 组沉积时，这些断层引起缓慢的构造沉降，在 Trestakk 断层西部和 Smørbukk 东部形成了局部较浅的沉积中心（Marsh 等，2010）。同裂谷期早期 Tilje 组沉积之后是大范围裂谷活动高峰期，期间形成了中—晚侏罗世褶皱和相对主断层有一个倾斜角度的早白垩世地堑（Marsh 等，2010）。

## 13.1 研究方法

选取 Smørbukk 油田（6506/11 和 6506/12 生产区块）钻入 Åre 组上段和 Tilje 组的九口井的岩心资料，进行详细观察和测井解释（厘米—分米级），用于确定沉积相（F）和沉积相组合（FA）。沉积相的确定依据是岩性、沉积结构、砂泥比、生物扰动程度和发现的特定痕迹化石组合。研究层段普遍发育异粒岩相，如何有效进一步划分是特别具有挑战性的工作。过去曾用传统方案描述 Tilje 组异粒岩，如压扁、波浪和透镜状层理（Dreyer，1992），近来 Martinius 等（2001）基于异粒岩单元的层内特征来划分相，如颗粒大小、分选、粗粒段构造、痕迹化石和遗迹组构、粒度和厚度差异性、出现频率和地层位置。本文异粒岩基于以下特征划分。

（1）砂/泥比：用砂岩和泥岩百分比将异粒岩砂岩沉积划分为五个亚类：①砂岩（砂岩:泥岩>90:10）；②以砂为主的异粒岩（砂岩:泥岩为 60:40~90:10）；③砂/泥混合型异粒岩（40:60~60:40）；④以泥为主的异粒岩（10:90~40:60）；⑤泥岩（<10:90）。

（2）层厚和层理样式：单层厚度采用 Ingram（1954）的标准层厚划分方案，即纹层（<1mm 厚）、极薄层（1~3mm）、薄层（3~10mm）、中—厚层（10~30mm）、厚层（30~100mm）和较厚层（>100mm）。层理样式按照 Reineck 和 Wunderlich（1968）的划分方案，包括经典的压扁、波浪、透镜状和撕裂层理（pin-stripe）。层（bed）、层理组（bedset，一组相似层理）、合并（amalgamated，无不同类型间隔物的相似层理组合）、板状（tabular，近似平行的水平层理组）等术语采用 Collinson 和 Thompson（1982）的定义。

（3）粒度和沉积构造：粒度描述采用标准的 Wentworth 粒级术语。原始沉积构造包括了水流、波浪和混合动力条件下的划分方案（Dumas 等，2005），包括了变形构造和生物构造。

（4）生物扰动程度和类型：遗迹相的识别和解释采用遗迹化石起源描述划分方法（Pemberton 等，2001），并用于沉积环境识别（MacEachern 和 Bann，2008）。生物扰动指数按照 Bann 等（2008）划分方案描述。

使用所有这些参数将产生众多相类型，因此，本研究中异粒岩类型的划分主要用于分米—米级尺度，重点关注毫米—厘米级，这样就比以前研究人员使用少得多的相类型。

利用取心井资料和相组合中解释的沉积环境，使用标准 Exxon 方法（Catuneanu，2006；Ichaso，2012）开展层序地层分析。采用取心井标定伽马曲线（GR）和中子密度曲线（DEN/NEU）的方法定义地层单元（准层序、准层序组、体系域和层序），对离开取心井位置的地区进行对比研究。Statoil 公司定义的储层段（图 13.3）可以与这些地层单元进行直接对比，这样就可以用相百分比和主体粒度来编制各储层段的相带和环境分布图。用测井资料（基准线：Tilje—Ror 组分界）和已测井岩心可建立地层横剖面［油田轴向和横断面；图 13.1（C）］。将 Marsh 等（2010）编制的 Tilje 组沉积时断层—活动构造图与相带分布图结合可形成带演化历史的构造—沉积解释，结合地层横剖面，继 Dalrymple 和 Choi（2007）之后解释了沉积相组合的结构及其近端—远端环境的古地理分布。

## 13.2 沉积相

Smørbukk 和 Smørbukk South 油田的 Åre 组上段和 Tilje 组一般有以下特征：①普遍异粒岩化；②在黏土岩或粉砂岩、细砂岩和中砂岩之间粒度快速变化；③纵向上短距离内层理样式和沉积构造剧烈变化，表明沉积序列变化强烈；④序列间层厚从薄层变化到厚层；⑤生物扰动组合里存在垂向和横向洞穴混合，扰动指数在零星或弱发育洞穴（BI 0~1）和密集扰动（BI 5）之间。根据上文论述的分类参数，这套不均匀的序列可被划分为七种岩相（表 13.1，表 13.2）。

### 13.2.1 相 1：递变和无递变砾岩

相 1 的无生物扰动、石英颗粒、细砾［图 13.4（A），（B）］特征表明存在高能流体，单独和合并的扁平砾质层（可达 40cm 厚）通常表现为正粒序或反粒序，内部无明显纹层。正粒序指示紊流减速引起砾岩的快速堆积，而反粒序指示了分散压力作用（Lowe，1979）或沉积发生于稠密流（waxing flow）时期。分选极差、高基质含量反映沉积可能发生于高沉积物含量流体中（Nemec 和 Steel，1984）或富砂沉积的快速堆积中。

### 13.2.2 相 2：交错层理砂岩

相 2 的粗粒—细粒交错层理砂岩［图 13.4（C），（D）和（E）］形成向上变细的复层组（可达 2.5m 厚），局部伴有鱼骨状交错层理和双泥岩层，指示中—强水流和潮汐作用影响下的水下沙丘沉积（Dalrymple 和 Choi，2007）。交错层理段底部中伴生的双泥岩和厚层—薄层变化暗示了潮汐作用的日变化（Visser，1980）。往底部厚层交错层理段会出现较少见的厚层（1~3cm 厚）均质泥层和撕裂泥砾［图 13.4（D），（E）］，表明是高集中度的近底床悬浮沉积（fluid muds；Ichaso 和 Dalrymple，2009）。往上泥层厚度减薄表明水体中悬浮沉积物集中度垂向降低（Dalrymple 等，2003）。见零星和低分异痕迹化石组合，通常由大型垂直潜穴（*Diplocraterion* 和 *Skolithos*）组成，解释为半咸水环境。

表 13.1　Åre 组上段和 Tilje 组岩相

| 相带 | 亚相 | 粒度/描述 | 厚度 | 沉积构造 | BI 和痕迹化石 | 解释 |
|---|---|---|---|---|---|---|
| 相 1 (F1): 递变和无递变砾岩 | 正粒序石英卵石正砾岩 | 圆—次圆状石英卵石（3~5cm）和砾石。见菱铁矿。内砾岩碎屑，碎屑占体积 60%~75%，杂基占 40%。侵蚀面接触 | 层厚 10~30cm，混合砾岩层厚可达 40cm | 正粒序和反粒序 | BI 0，缺痕迹化石 | 高能水流。稀释的紊流形成渐弱的水流形成正粒序层，压力分散形成反粒序。较高悬浮质水流或减速流形成反较高悬浮质水流或减速流形成反粒序。高基质含量高悬浮质沉积层代表高悬浮质沉积层代表高悬浮质沉积流 |
| | 正粒序石英卵石副砾岩 | | | | | |
| | 反粒序复矿物副砾岩 | | | | | |
| | 无递变单矿物副砾岩 | | | | | |
| 相 2 (F2): 交错层理砂岩 | 弱分选，粗粒交错层理砂岩 | 砂/泥比值在 100:0~90:10 之间，粗粒—中粒或粗粒—细粒，弱—中等分选，灰色—暗褐色砂岩。富云母层段。底部交错层段见厚层悬浮质泥岩（成对出现厚层和纹层状均质泥岩和鱼骨状交错层理薄互层） | 向上变细的层组，可达 2.5m 厚 | 大型低角度—高角度交错层理，往顶部逐渐变为陡倾斜纹层。局部见鱼骨状交错层理 | BI 0~1、缺失—零星、低分异度。大型 *Diplocraterion* 和小部分 *Skolithos*，少部分 *Teichichnus* 和 *Bergaueria* | 受河流作用和潮汐作用影响，中—强水威水环境。痕迹化石组合指示当时为半咸水环境。厚层均质浮泥层指示高含量悬浮质近底层水流动力的产物—弱分选或低角度交错层理砂岩 |
| | 中等分选，中粒—细粒交错层理砂岩 | | | | | |
| | 弱分选，中粒—细粒，低角度交错层理砂岩，含砾状生物碎屑钙质颗粒 | | | | | |
| 相 3 (F3): 水流波痕交错层纹理砂岩 | 无亚相 | 砂/泥比值在 100:0~90:10 之间。分选浅灰色—浅褐色砂岩。极薄层泥纹层泥岩互层。侵蚀性底面接触 | 单层组厚度在 2~5cm 之间，层组可达 40cm 厚 | 小型、低角度、双向波纹交错纹层，局部见爬升波痕 | BI 1，零星，低多度。小型 *Skolithos* 和 *Planolites* | 受潮汐作用影响，弱—中等水流。上爬升波痕，指示水流减速流沉积，可能与洪水事件有关 |
| 相 4 (F4): 分选好，极细粒，圆丘状交错层理 (HCS) 砂岩 | 中等分选，分选中等—好，灰色极云母圆丘状交错层理砂岩 | 极细粒，分选中等—好，灰色砂岩。局部见砂岩上覆 0.5~3cm 厚纹层砂岩泥岩。底形粗糙，偶见侵蚀性底界，底部部分保留泥质透镜体和碎屑，局部钙质胶结 | 可达 4m 的混合层组。单层厚度 15cm~1m | 水平或波状纹层，圆丘（HCS）状交错层理。上覆波纹波痕和不对称（或）对称层纹。HCS 顶部混合系列交错纹层产物，局部见顶部纹层为弱纹层泥岩 | BI 1、缺失—零星，*Skolithos*, *Diplocraterion*, *Planolites*。上覆和少部分的生物扰动可为顶朝下的沉积后产物，局部顶部见 *Glossifungites* 或近垂直 *Glossifungites* | 风暴作用影响，高能振荡水流，高能振荡和振荡能量减弱（HCS—波浪波痕）。风暴事件纵向风暴驱动的余水流，叠置潮汐作用下部汐层。上覆浪覆成泥流 |
| | 分选好，极细粒，交错层理砂岩 | | | | | |

续表

| 相带 | 亚相 | 粒度/描述 | 厚度 | 沉积构造 | BI 和痕迹化石 | 解释 |
|---|---|---|---|---|---|---|
| 相5（F5）：异粒岩 | 见表13.2 | | | | | |
| 相6（F6）：密集生物扰动砂岩和异粒岩 | F6.1 浅红色生物扰动砂岩 | 粉砂质细（中）粒浅红色砂岩，中等—弱分选，杂基支撑，含次角砾有机成因钙质碎屑，均质，含泥岩透镜体和少量贝壳断纹层，斑状洞穴，小型贝壳碎片和粪球，铁质和钙质胶结 | 层组厚可达50cm | 偶见扁平层，低角度纹层，向上变粗 | BI 5~6，富集—完全，高分异度。Skolithos 与 Cruziana 遗迹相近端组分混合。Rossella, Planolites, Cylindrichnus, Skolithos, Bergaueria, Palaeophycus 和少部分 Thalassinoides | 生物改造过程。大型垂直洞穴指示较强波浪作用（晴天浪基面之下）。风暴浪浪面之上，形成干松较移动底床之上，形成较松动底床能量。中—强水流流能量 |
| | F6.2 生物扰动砂岩 | 细粒—中粒，灰—褐色砂岩，痕迹层理明显，但内部痕迹化石趋向于互相交切 | 20~40cm 厚 | 交错层理，波痕交错纹层和水平纹层 | BI 4~5，常见—丰富，低分异度。大型（10~25cm 长）Diplocraterion，小型（直径 0.5~2cm）Planolites 和 Palaeophycus | 中—强水流能量。低能缓慢潮汐水流，形成大型富的"U"形洞穴、移动底床 |
| | F6.3 生物扰动异粒岩 | 以泥为主的异粒岩中含细粒—极细粒砂岩。混合异粒岩与深灰色泥岩夹浅灰色砂岩。痕迹化石互相交切。不连续泥岩和砂岩层为深灰色泥岩夹浅灰色透镜体。与 F5.2.2 和 F5.3.2 有关（表2） | 20~40cm 厚 | 平行纹层，局部见泥水收缩缝和波痕交错纹层 | BI 4~5，普遍—密集，高分异度。Cruziana 遗迹化石相远端。Planolites, Palaeophycus, Chondrites, Rossella, Rhyzocoralium, Diplocraterion, Cylindrichnus, Teichichnus, 少部分 Thalassinoides 和 Phoebichnus | 与水流成因异粒岩 5.2.1 有关。低能缓慢潮汐水流。中等密度痕迹化石组合，中—高分异。示物理变化学性质有变化的低—中等能量（潮汐水流） |
| | F6.4 浅灰色均质砂岩 | 粉砂质，细粒几乎不见，叠合砂岩，层理几乎不可见，不连续泥岩和砂岩痕迹化石。局部见钙质胶结结核。局部深灰色泥岩小型有机质透镜体 | 可达 30cm | 不连续平行纹层 | BI 5~6，丰富—完全，高分异度。Cruziana 遗迹化石相近端，小—大型 Planolites, Palaeophycus, Cylindrichnus, Rossella, Ophiomorpha Skolithos, Thalassinoides 和较少 Diplocraterion, Rhizocorallium | 由于同沉积和（或）沉积后生物扰动引起原始层理均一化或破坏。中—高能环境下从悬浮沉积到移动底质条件转换 |
| | F6.5 根迹砂岩 | 极细粒—粉砂质砂岩，内部纹层几乎不可见，往单元的顶部局部见小型钙质透镜体。斑杂状 | 可达 40cm | 局部见平行纹层 | BI 5~6，小型植物根迹，见小叉尾端，细小 Skolithos 和 Ophiomorpha | 未成熟古土壤。受咸水影响的低能环境 |

续表

| 相带 | 亚相 | 粒度描述 | 厚度 | 沉积构造 | BI 和痕迹化石 | 解释 |
|---|---|---|---|---|---|---|
| 相7（F7）：细纹层泥岩 | 无亚相 | 砂/泥比在10:90~0:100之间。以粉砂和黏土为主，砂岩为极细粒、粗糙底形，正粒序变为粉砂岩 | 砂岩透镜体0.5~1.5cm，泥岩层厚0.5~3cm | 条状层理。偶见水平纹层和波痕交错纹层，见双向波痕交错纹层 | BI 0~2，零星—不普遍。毫米级潜穴如 Chondrites 和微量 Planolites | 低能环境，低潮汐流速或缺砂分 |

注：根据异粒岩化特征、粒度、层理样式、沉积构造、厚度和生物扰动样式进行划分。

表 13.2 Åre 组上段和 Tilje 组异粒岩

| 相 | 厚度 (m) | 砂岩粒度和描述 | 泥岩描述 | 沉积构造 | BI 和痕迹化石 | 解释 |
|---|---|---|---|---|---|---|
| 相5 (F5): 异粒岩 相5.1 (F5.1): 以砂为主的异粒岩(砂/泥比在90:10~60:40之间) 相5.1 (F5.1): 以水流作用为主的波浪层理型异粒岩 | 砂岩 5~30cm, 泥岩 0.2~2cm, 泥流层 3~15cm, 往上泥流层减薄 | 极细粒—中粒, 偶见砾石和卵石滞留沉积。正粒序或细粒砂岩与细砂岩互层。底面接触渐变性或下粗至细, 底面形变或侵蚀性接触 | 连续成对纹层(层理)和透镜状形态。向上厚度减薄为细纹层。在中砂部出现细粒岩底部出现较厚均质泥岩层(泥流) | 交错层理和波痕交错纹层, 最厚和最粗砂岩里可见缝合线 | BI 0~2, 零星垂直洞穴。砂质不发育: Skolithos 和 Diplocraterion, 纹层泥岩里见小型 Planolites | 受潮汐作用影响的中等流速单向水流。水退期潮汐形成的双旋回发育不太好的双泥岩律。高悬浮物含量(SSC)沉积形成泥岩。向上形成泥岩层厚度减薄表明流流中SSC垂向上减小 |
| 相5.2 (F5.2): 砂泥混合异粒岩 (砂/泥比在60:40~40:60之间) 相5.2.1 (F5.2.1) | 砂岩 0.5~5cm, 泥岩数毫米至3cm | 细粒—中粒, 和平坦砾石。波浪层理样式, 底面接触渐变向于粗至细 | 波浪层理样式, 均质(通常与最粗粒砂岩组分相关)与平行纹层, 弱至中等纹层泥岩成对出现 | 反向/双向水流波痕交错纹层 | BI 1~3, 发育。Paleophycus, Planolites, Chondrites, Skolithos, Teichichnus, Monocraterion 和 Diplocraterion 的异粒岩(与细砂岩相关)与BI 1 含粗砂异粒岩间互 | 受潮汐作用影响的低—中等流速单向水流。低和高水流量时期交替与最粗粒砂(高水流量)相关的异粒岩(与细砂岩相关)表明高 SSC 和泥流的形成 |
| 相5.2.2 (F5.2.2) 波浪层理型混合流异粒岩 | 砂岩 0.5~4cm, 泥岩 0.2~2cm | 极细粒—细粒, 波浪层理样式, 弱平行纹层泥岩和均质泥岩, 底部见分散的粗砂颗粒 | 波浪层理样式, 弱纹层泥岩与砂岩成对间互(近似旋回型层理) | 平行纹层(双向), 水流、波浪, 不对称波痕(圆顶)混合型。龟裂缝(Cowen 和 James, 1992), 局部见底辟和漩涡构造 | BI 1~3, 发育。Planolites, Paleophycus, Skolithos, Chondrites, Arenicolites, Teichichnus 和大型 Diplocraterion, Cylindrichnus。通常 BI 3 的层段(水平纹层泥岩)、小型波浪波痕和小型微量水流波痕)与 BI 1 粒序层, 正粒序或反辟泥岩和流交混合或波痕砂岩)间互 | 低—中等强度和单向水流作用。沉积可能呈高密度流漩涡形式(Bhattacharya 和 MacEachem, 2009)。低流量期(BI 3, 泥痕、细砂岩)与高流量期(BI 1, 水流波痕、较粗砂, 泥流层)间互 |

续表

| 相5（F5）：异粒岩 | | 厚度（m） | 砂岩粒度和描述 | 泥岩描述 | 沉积构造 | BI 和痕迹化石 | 解释 |
|---|---|---|---|---|---|---|---|
| 相5.3（F5.3）：以泥为主的异粒岩（砂/泥比在10:90~40:69之间） | 相5.3.1（F5.3.1）：以波浪作用为主的透镜状层理异粒岩 | 砂岩 0.5~3cm，泥岩 0.2~3cm | 极细粒—细粒，砂透镜体，薄层理见加积现象 | 透镜状层理，局部见正粒序，可见厚层弱纹层和（或）均质泥岩（泥流） | 平行纹层和对称（或振荡）波痕。一圆顶小型 HCS | BI ~ 2，零星—中等。小型 Planolites，Paleophycus 和 Chondrites，连续小型（1~2cm 长），大多为 Skolithos，少部分大型 Cylindrichnus（3~5cm 长）垂直洞穴。 | 弱漩涡水流。平行纹层。泥岩为悬浮质沉积。风暴作用引起漩涡作用偶发性减弱，形成小型 HCS。浪成泥流层为泥再沉积产物，可作为高密度泥流搬运 |
| | 相5.3.2（F5.2.1）：以水流作用为主的透镜状层理异粒岩 | 砂岩 1~4cm，泥岩 0.5~3cm | 极细粒，局部中粒—粗粒，砂透镜体 | 透镜状层理，垂向上粒度无变化 | 波痕交错层，局部见双向平行纹层 | BI 1~3，零星—发育 Cylindrichnus，Skolithos，Diplocraterion，Planolites，Paleophycus 和 Chondries，局部见 Glossifungites | 弱单向和潮汐作用影响水流。平行纹层生物扰动泥岩与悬浮质沉积与F5.2.1 和 F5.2.2 亚相类似，是偶发性高流量产物 |

注：根据砂/泥比，砂岩粒度，泥岩特征，沉积构造厚度和生物扰动样式进行划分。

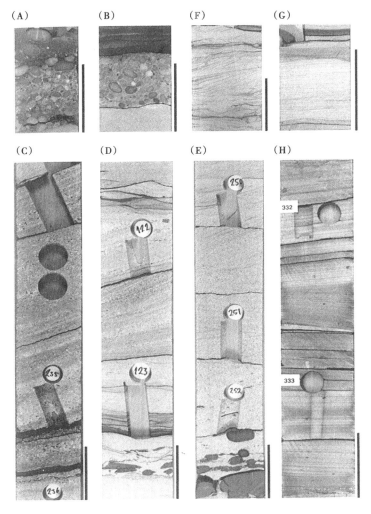

图 13.4 Smørbukk 地区砾岩相和砂岩相

每张图片右侧的黑色标尺代表 10cm。相 1：（A）反粒序副砾岩；（B）杂基支撑砾岩，上覆无结构河成泥岩。相 2：（C）交错层理粗—中砂岩，底部见 2cm 厚富有机质泥岩，泥岩为泥流成因；（D）交错层理中—细砂岩，平坦底部—磨圆撕裂泥屑或薄泥层；（E）交错层理中—细砂岩，见厚层底部泥流沉积和泥岩撕裂泥屑。相 3：（F）波痕交错纹层砂岩，见双向古水流标志。相 4：（G）低角度平行纹层细粒—极细粒砂岩（HCS），上覆浪成泥流层；（H）厚层、低角度、纹层、极细粒砂岩（HCS），内部有削截

## 13.2.3 相 3：水流波痕砂岩

相 3 的细粒—极细粒砂岩（2~5cm 厚）见水流波痕交错纹层［图 13.4（F）］，被解释为是慢速水流沉积产物。大多数情况下只见到一个方向的波痕迁移，但普遍出现的真双向交错纹层（纹层面陡倾斜，与以波痕槽结束有关的低角度相反）及其与极薄（<2mm）泥岩纹层交互表明受到了潮汐作用的影响（Baker 等，1995；Dalrymple 和 Choi，2007；Van den Berg 等，2007）。偶见的低角度爬行波痕组指示了减速流沉积，可能与分散河流洪水有关（Ashley 等，1982）。波痕砂岩层（可达 40cm 厚）见零星分布的低分异痕迹化石组合，主要由小型 *Skolithos* 和少部分 *Planolites* 组成，指示了半咸水环境。

### 13.2.4 相4：圆丘状交错层理（HCS，hummocky cross-stratified）砂岩

相4的合并（可达4m厚）细粒砂岩层和层组［图13.4（G），（H）］见普遍发育的圆丘状交错层理（HCS），解释为与大型风暴波浪有关的、高能振荡水流条件下的沉积（Hunter和Clifton，1982；Klein和Marsaglia，1987；Duke等，1991；Yang等，2006），在很多实例中波浪波痕突然出现在HCS层的顶部，但有些实例则是出现混合流波痕，指示存在单向水流运动组分，原因是风力驱动的残余运动（Hill等，2003）和（或）叠加的潮汐水流（Yang等，2005），局部见0.5~3cm厚浪成泥流沉积（Traykovski等，2000），通常位于HCS层之上。泥流层缺乏明显的纹层和生物扰动，可与长时间缓慢沉积形成的沉积物区分开来。此外还存在沉积后洞穴顶部朝下的生物改造作用，主要为低分异痕迹化石组合，由大型 *Diplocraterion*、*Skolithos* 和少部分 *Planolites*（Ichaso 和 Dalrymple，2009）组成。合并的HCS层顶部有时见少量垂直或近垂直 *Glossifungites*。

### 13.2.5 相5：异粒岩相

相5（表13.2）由异粒岩化沉积组成，由砂岩和泥岩的变化组成，砂/泥比在90:10~10:90之间。异粒岩相里发育了多种层理样式，有以水流作用为主、以波浪作用为主和混合流作用的沉积构造，以及从零星到密集的多种生物扰动程度。根据砂/泥比，异粒岩沉积可被划分为三种主要类型（图13.5），可根据主要沉积构造（水流和波浪作用）、层理样式、粒度和生物扰动指数进一步划分亚类。

#### 13.2.5.1 相5.1：以砂为主的异粒岩相

相5［图13.6（A），（B）和（C）］以压扁层理和异粒岩化为特征（砂/泥比在90:10和60:40之间，图13.5），伴有双向沙丘交错层理、水流波痕交错纹层和成对出现的少—多纹层泥岩［图13.6（B），（C）］，表明潮汐水流在其中起重要作用。见零星砾石和卵石滞留沉积，它们正粒序变化为粗砂—细砂岩，伴有厚层、无沉积构造的泥岩，将这种泥岩解释为泥流沉积（Ichaso和Dalrymple，2009），表明了洪水作用的重要性：需要比正常水平高的水流量来搬运砾石，并增加悬浮物的含量。零星分布的低分异生物扰动主要以垂直潜穴（针管迹 *Skolithos* 和双杯迹 *Diplocraterion*）和纹层泥岩内的小型漫游迹 *Planolites* 为主。和相3一样，这种痕迹化石组合指示半咸水环境。

#### 13.2.5.2 相5.2：砂泥混合异粒岩相

该沉积由近相同比例的砂岩和泥岩组成（砂/泥比在40:60~60:40之间），主要构造为波浪层理，为水流、波浪和（或）混合流（图13.5）的作用产物。砂粒度在细粒和极细粒之间，偶见石英颗粒层段。常见零星—中等程度的生物扰动（BI 0~3）。识别出2个亚相。

（1）亚相5.2.1：以水流作用为主的波浪层理异粒岩亚相。

砂—泥混合异粒岩相中主要为波浪作用层理样式［图13.6（D），（E）］，伴有双向水流波痕交错纹层和成对出现的少—多纹层泥岩，表明形成于低—中速潮汐水流作用环境。在较多生物扰动、细粒薄层沉积（可达30cm厚）和弱生物扰动、粗粒厚层沉积之间的变化反映了低流量—高流量时期的转换（Ichaso和Dalrymple，2009）。高流量时期（洪水期），砂岩组分粒度变粗，沉积速度高，形成厚层，伴随咸度降低，减少了生物扰动程度，生物扰动以 *Skolithos* 和 *Diplocraterion* 为主。

与最粗粒砂（高流量）在一起的均质泥岩反映了高悬浮物集中度和泥流的形成，因为

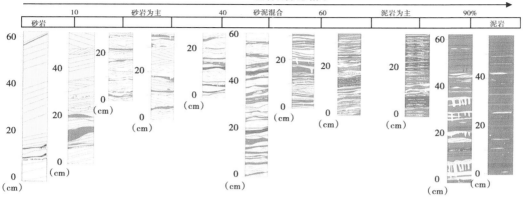

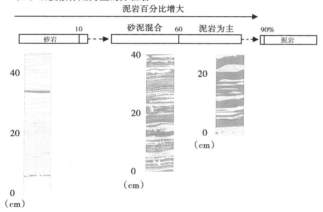

图 13.5 Smørbukk 油田异粒岩相（相 5）

所有图片来自岩心样品素描图。（A）水流作用为主的异粒岩，上部表示泥岩（深色）和砂岩（浅色）百分比含量，根据多个分类参数（如厚度、砂粒大小、沉积构造和生物扰动）划分了多个相。（B）波浪作用为主的异粒岩，上部表示泥岩百分比含量

河流携带了大量细粒沉积物（通常 SSC 值与河流流量正相关；Xu，2002），向海方向紊流作用最大。相反，在低流量时期，砂粒粒度变小，沉积速度变低，形成薄层，咸度变高，生物扰动变密集，以小型 *Planolites*、*Palaeophycus*、*Chondrites* 和 *Teichichnus* 为主，局部见 *Skolithos* 和 *Monocraterion*。这些分米级旋回不像是大小潮旋回产生的，因为砂层里的粒度差异太大，层厚差异也不是足够正常。

（2）亚相 5.2.2：波浪层理混合流异粒岩亚相。

与亚相 5.2.1 类似，亚相 5.2.2 主要层理样式为波浪层理，但混杂有波浪、双向水流和小型混合流波痕。广泛分布的小型混合流构造表明沉积时存在多种动力条件（Dumas 等，2005），从形成波浪（对称的）波痕的振荡水流到叠置在波浪作用上的单向水流（洪水或潮水），形成不对称的圆顶混合流波痕［图 13.6（F）］。与砂岩相共生的弱纹层泥岩保存了波浪波痕和（或）混合流波痕，局部见底部朝上的裂缝（龟裂或脱水收缩缝；Cowan 和 James，1992）。此外，成对的泥皱和局部发育的双向波痕交错纹层反映存在潮汐作用。低—中等分异的 *Cruziana-Skolithos* 痕迹化石组合指示了半咸水环境。

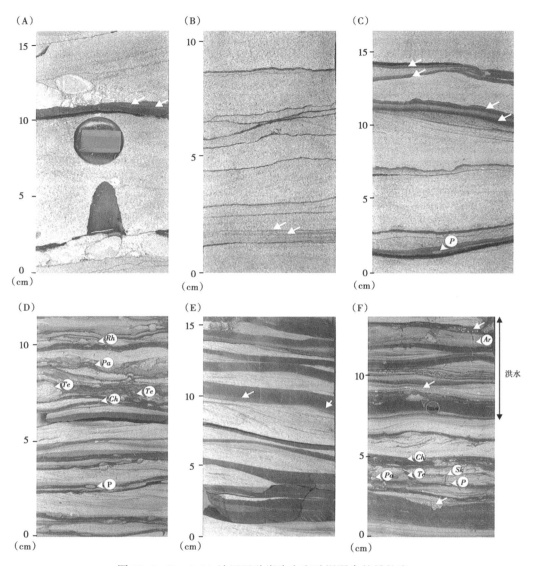

图 13.6 Smørbukk 油田以砂岩为主和砂泥混合的异粒岩

砂岩为主的异粒岩（相 5.1）：（A）薄层砾岩夹交错层理和波痕交错纹层砂岩及 2~3cm 厚的均质泥岩（白色箭头），纯泥岩层解释为泥流沉积；（B）交错波痕纹层砂岩中见缝合线，夹泥岩薄层，见双泥岩披覆（白色箭头）；（C）波痕交错纹层砂岩夹 0.2~0.3cm 双泥岩层（白色箭头），有少量生物扰动痕迹，以 Planolites（P）为主。砂岩/泥岩混合异粒岩（相 5.2.1）：（D）波痕交错纹层砂岩夹 0.5~1cm 厚泥岩层，零星分布生物扰动痕迹，主要为 Chondrites（Ch）、Planolites（P）、Palaeophycus（Pa）、Rhizocorallium（Rh）和 Teichichnus（Te）；（E）波状层理异粒岩，水流波痕和混合流波痕交错纹层砂岩夹 1~3cm 厚均质泥岩，注意垂向上从细粒波痕交错纹层砂岩递变到纹层粉砂岩、均质无生物扰动泥岩（泥流层，白色箭头）。砂泥混合异粒岩（相 5.2.2）：（F）含底粗砂质透镜体和（或）零星粗砂粒（白色箭头）的圆顶波痕和波痕交错纹层砂岩，0.5~2cm 厚贫纹层—均质泥岩，泥岩顶部见洪水期弱生物扰动痕（BI 1），夹洪水间期中—强生物扰动砂岩（BI 3~4）和纹层泥岩。常见遗迹化石包括 ChondritesChondrites（Ch）、Planolites（P）、Palaeophycus（Pa）、Skolithos（Sk）、Teichichnus（Te）、Arenicolites（Ar）和"底辟旋卷"（mantle and swirl）构造（Bhattacharya 和 MacEachern，2009）。弱扰动和中扰动之间的转换可能源于季节因素

这些复杂异粒岩沉积的特征表现为以混合流沉积构造为主，局部见底辟构造与旋卷构造（指示稀底质条件）、由高密度流形成的弱纹层泥岩正粒序和反粒序现象（Bhattacharya 和 MacEachern，2009）。见小型不对称（水流）波痕的中等程度生物扰动层和平行纹层泥岩与见大量水流和混合流波痕的弱生物扰动层之间的转换，代表了低流量期和高流量（洪水）期的转换。

### 13.2.5.3 相5.3：以泥为主的异粒岩相

砂/泥比在10:90～40:60之间，主要为透镜状层理异粒岩（图13.5）。砂粒在细—极细之间，偶见石英砾石层。通常为零星—中等生物扰动（BI 1～3）。可划分为两个亚相：以波浪作用为主的和水流作用为主的。

（1）亚相5.3.1：以波浪作用为主的透镜状层理异粒岩。

以连续—不连续的砂质透镜状层理为特征，伴有平行纹层、对称（振荡的）—圆顶波痕［图13.7（A），（B）］和以水平洞穴为主的痕迹化石组合（*Planolites*、*Palaeophycus* 和 *Chondrites*），为弱振荡水流沉积。局部的小型HCS反映了由零星风暴作用引起的振荡作用增强（Dumas 等，2005）。风暴作用会搅动海底泥，形成高密度悬浮流，呈高密度泥流向近海方向搬运（Mulder 等，2003），部分沉积为厚层均质和（或）弱纹层泥岩。泥岩中见小型水平和垂直洞穴，连续发育的、以水平纹层为特征的泥岩是在极弱水流或波浪作用条件下的悬浮流沉积产物。

（2）亚相5.3.2：以水流作用为主的透镜状层理异粒岩。

和亚相5.3.1一样，亚相5.3.2也常见砂质透镜状层理，但以不对称波痕和水平纹层为主［图13.7（C），（D）和（E）］，表明亚相5.3.2形成于弱单向水流，局部可见受潮汐作用影响形成的双向交错纹层和 *Cruziana-Skolithos* 痕迹化石组合。有中等及以上分异生物扰动的纹层泥岩是低应力时期悬浮流的慢速沉积。局部可见粗粒砂岩透镜体，伴有丰富波痕交错纹层细砂岩和弱纹层泥岩，见低生物扰动指数的低分异化石组合，为高流量期沉积，与5.2.1和5.2.2亚相特征类似。

## 13.2.6 相6：密集生物扰动砂岩和异粒岩

包括密集—完全生物扰动（BI 4～6）泥质砂岩（图13.8），由于沉积后生物完全均质化作用，泥岩纹层难以识别。砂粒为极细—细粒，偶见砾石。根据粒度、沉积物结构、颜色和生物扰动程度，相6可被划分为5个亚相。

### 13.2.6.1 亚相6.1：浅红色生物扰动砂岩

均质浅红色粉砂质细（中）砂岩，表现为丰富—完全生物扰动特征［高分异 *Skolithos-Cruziana* 组合；图13.8（A），（B）］，见次棱角状石灰岩颗粒、贝壳碎片和砂泥混合物，指示了缓慢—可忽略沉积作用下强烈的生物改造作用。大型垂直洞穴［*Rosselia*，*Cylindrichnus*，*Skolithos* 和 *Berguaeria*；图13.8（A）］和相关的扁平板状层面、交错层理、低角度纹层和向上变粗层组（达1m厚），指示相对较强的波浪或水流能量。局部见水平洞穴［*Planolites*，*Palaeophycus* 和少部分 *Thalassinoides*；图13.8（B）］，与 *Cruziana* 遗迹化石相近端组分过渡，为中等强度水动力条件，可能位于低于晴天浪基面但高于风暴浪基面的部位（MacEachern 等，2006）。

### 13.2.6.2 亚相6.2：生物扰动砂岩

细砂—中砂岩（20～40cm厚），为一般—丰富生物扰动（低分异度原型）*Skolithos* 遗迹化石相（MacEachern 等，2006），伴有局部保存的以水流作用为主的沉积构造，为中—强水

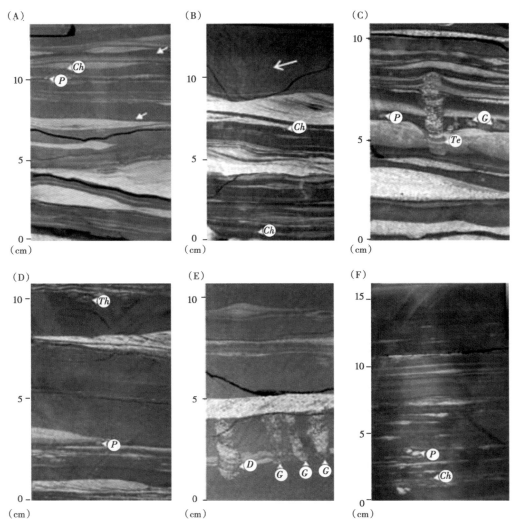

图 13.7 Smørbukk 油田以泥为主的异粒岩和细纹层泥岩

以泥为主的异粒岩（相 5.3.1）：（A）透镜状波痕交错纹层砂岩，见圆顶波痕，夹 2~3cm 厚纹层—无结构泥岩（白色箭头）和均质泥岩。低密度扰动迹（BI 1），包括 *Chondrites*（*Ch*）和 *Planolites*（*P*）；（B）圆顶波痕，纵向上从细粒—极细粒砂岩到厚层均质泥岩（白色箭头），泥岩中散见 *Chondrites*（*Ch*）（BI 1）。以泥为主的异粒岩（相 5.3.2）：（C）透镜状层理流水作用异粒岩，由粗粒—中粒砂岩和波痕交错纹层细粒砂岩两种岩石组成，低密度扰动迹（BI 1）主要见于细粒砂岩，遗迹化石是 *Planolites*（*P*）、*Teichichnus*（*Te*）和 *Glossifungites*（*G*）；（D）波痕交错纹层细粒砂岩透镜体，前积层见富有机质纹层，夹厚层含分散极细粒砂粒和有机质的均质泥岩，为泥流沉积，低密度扰动迹（BI 1）包括 *Planolites*（*P*）和少量 *Thalassinoides*（*Th*）；（E）厚层泥岩，见垂直、顶部朝下的生物扰动迹，主要为 *Diplocraterion*（*D*）和 *Glossifungites*（*G*）。以细纹层为主的泥岩（相 7）：（F）细粒—极细粒砂岩透镜体与零星生物扰动纹层泥岩薄互层，生物扰动迹主要为 *Chondrites*（*Ch*）和 *Planolites*（*P*）

流动力。"U"形潜穴 [10~25cm 长；图 13.8（C），（D）] 表明有机体造成了底质变化，可能与潮汐作用有关。

### 13.2.6.3 亚相 6.3：生物扰动异粒岩

以泥为主和（或）混合异粒岩（20~40cm 厚），为一般—丰富生物扰动（高分异度

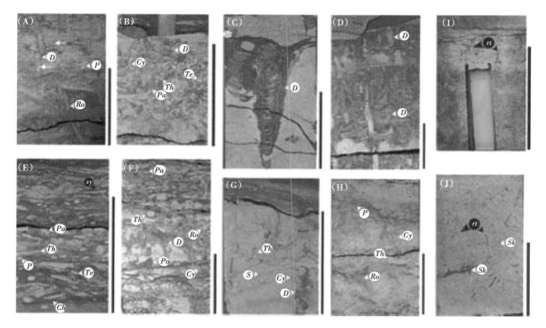

**图 13.8 Smørbukk 油田密集生物扰动砂岩**

标尺（岩心照片右侧）为10cm。浅红色生物扰动砂岩（相6.1）：（A）密集生物扰动（BI5）、均质、浅红色细粒—中粒砂岩，见散布的次角砾钙质颗粒（白色箭头），遗迹化石包括 *Diplocraterion* (*D*)、*Rosselia* (*Ro*) 和少量 *Planolites* (*P*)；（B）完全扰动（BI 5~6）细粒砂岩，见 *Skolithos* 和 *Cruziana* 遗迹化石属成分，组合中包括 *Diplocraterion* (*D*)、*Cylindrichnus* (*Cy*)、*Thalassinoides* (*Th*)、*Teichichnus* (*Te*) 和 *Palaeophycus* (*Pa*)。生物扰动砂岩（相6.2）：（C）细粒—中粒砂岩，见大型 *Diplocraterion* (*D*)；（D）细粒生物扰动泥岩，见多个 "U" 形 *Diplocraterion* (*D*) 互相交切。生物扰动异粒岩（相6.3）：（E）以泥岩为主的生物扰动异粒岩，见脱水收缩裂纹 (*sy*) 和丰富的生物扰动迹（BI 5），主要为 *Chondrites* (*Ch*)、*Planolites* (*P*)、*Palaeophycus* (*Pa*)、*Teichichnus* (*Te*) 和少量 *Thalassinoides* (*Th*)；（F）砂岩/泥岩混合生物扰动异粒岩，见丰富和多类生物扰动迹，包括 *Palaeophycus* (*Pa*)、*Diplocraterion* (*D*)、*Thalassinoides* (*Th*)、*Cylindrichnus* (*Cy*)、*Rosselia* (*Ro*) 和少量 *Phoebichnus* (*Po*) 浅灰色均质砂岩（相6.4）：（G）灰色细粒砂岩，显示全扰动（BI6），痕迹化石主要为 *Thalassinoides* (*Th*)、*Diplocraterion* (*D*)、*Cylindrichnus* (*Cy*) 和 *Skolithos* (*Sk*)。根迹砂岩（相6.5）：（I）极细粒砂岩，见植物根 (*rt*)，植物根末端分叉，枝节呈杂色特征；（J）密集生物扰动粉砂质砂岩，见小型植物根和 *Skolithos* (*Sk*)

*Cruziana* 遗迹化石相近端组分；MacEachern 和 Bann，2008）。痕迹化石通常相互交切 [图 13.8（E），（F）]，但还可辨认出原始层理。亚相6.3的砂/泥比和可识别的沉积构造（平行纹层、脱水收缩缝和波痕交错纹层）等特征，表明与砂岩—泥岩混合、发育波浪层理、以水流作用为主的沉积物（相5.2.2）及发育透镜状层理、以水流作用为主的异粒岩（相5.3.2）有关。保留下来的沉积构造指示了相对缓慢的水流环境，痕迹化石组合（*Planolites*，*Palaeophycus*，*Chondrites*，*Rhyzocoralium*，*Diplocraterion*，*Cylindrichnus*，*Rosselia*，*Teichichnus* 和少部分 *Thalassinoides* 与 *Phoebichnus*）指示了中等能量环境浅—中层沉积物和悬浮物补给，并受咸度、沉积速度（混浊度）和氧化程度短期变化的影响。

#### 13.2.6.4 相6.4：浅灰色均质砂岩

极细粒—细粒浅灰色均质砂岩（达30cm厚），见丰富—完全生物扰动，为高分异度 *Cruziana-Skolithos* 组合 [图 13.8（G），（H）]。痕迹化石组分（*Palaeophycus*，*Planolites*，*Cylindrichnus*，*Rosselia*，*Skolithos*，*Thalassinoides*，*Ophiomorpha* 和少量 *Diplocraterion* 及 *Rhizo-*

*corallium*）为 *Cruziana* 遗迹化石相近端组分。生物扰动密集度和分异度及其属种指示了高能环境下在主体为悬浮物的沉降条件和移动底质条件之间的转换。

#### 13.2.6.5 相6.5：根迹砂岩

极细粒—粉砂质砂岩（可达40cm厚），层理和内部纹层几乎不可辨认。有丰富—完全生物扰动，为垂直的根结构和小型 *Skolithos* 和 *Ophiomorpha*［图13.8（I），（J）］，局部见小型有机质透镜体。这些特征表明相6.5为未成熟古土壤，形成于相对低能环境，受咸水影响。

### 13.2.7 相7：细纹层泥岩

相7里的细纹层泥岩［图13.7（F）］是异粒岩沉积系列中以泥为主的端元部分（砂/泥比为10∶90~0∶100）（图13.5），沉积于相对低能条件。砂透镜体（0.5~1.5cm厚）中的小型双向波痕交错纹层表明受到潮汐作用影响。占据主体的细纹层可能源于泥比砂多，指示了较低的潮汐速度或砂量不足，零星或不发育生物扰动，由 *Chondrites* 和少部分 *Planolites* 组成，为较强应力环境，导致或者沉积速度大，或者水体咸度降低。

## 13.3 相组合和环境解释

根据普遍存在的某些相共生现象，加上纵向上沉积物特征组合的变化，将空间上和成因上密切联系的一些相带结合，划分为十个相组合（表13.3），分布于Åre组上段和Tilje组不同部位。根据相组合（FA），可推断沉积作用过程组合，进而判断地质历史上的不同沉积环境（图13.9）。

### 13.3.1 相组合1（FA1）：低—中临滨

FA1（图13.10）以砂质为主，通常向上砂质增多，局部向上粒度变粗，层厚可达5m。FA1底部为密集生物扰动（*Cruziana* 和 *Skolithos* 遗迹化石相）—均质粉砂质和极细粒砂岩（F6.4），指示较长期（数月）的低能条件。生物扰动砂岩局部被波浪层理混合流砂泥混合异粒岩覆盖（F5.2.2）。这些底部沉积与上覆低角度（HCS）纹层、极细粒—细粒混合（可达3m厚）砂岩（F4）呈突变接触。在合并砂质层中常发育侵蚀面。FA1中的合并HCS厚层为风暴流近端沉积，风暴期间持续的波浪运动侵蚀了正常气候条件下的泥质沉积，局部保留了泥质沉积和泥质碎屑。局部在含HCS事件层顶部见弱纹层—均质泥岩，表明泥质再次悬浮和生成的高悬浮含量沉积引起了泥流。HCS层和生物扰动砂岩的转换指示了正常气候条件被风暴作用中断。相特征（以波浪作用结构为主）、纵向向上砂质增多和混合遗迹化石组合（*Cruziana* 遗迹化石相近端组分），表明FA1处于受风暴作用影响的低—中临滨沉积环境（Walker和Plint，1992；Bhattacharya和Giosan，2003）。局部混合流异粒岩表明可能邻近泥源（转变为三角洲前缘环境）。

### 13.3.2 相组合2（FA2）：海侵陆架滞后

FA2总体以砂为主，含扁平纹层，层厚度一般小于0.5m，局部超过1m。通常为侵蚀性底面，中—弱分选细粒—中粒浅红色砂岩（F6.1），由于完全生物扰动呈均质特征，垂直洞穴较大而且有变化，为 *Cruziana* 遗迹化石相近端组合。见泥岩透镜体和纹层中断，底部局部

表 13.3 Åre 组上段和 Tilje 组的相组合（FA）

| 相组合 (FA) | 相 | 概况描述 | 沉积构造 | 内部结构 | 遗迹化石相 | 痕迹化石 | 环境 |
|---|---|---|---|---|---|---|---|
| FA1: 低临滨 | F4, F6.4, 局部 F5.2.2 | 浅灰色极细粒—细粒砂岩和密集生物扰动砂岩。局部为砂/泥混合异粒岩 | HCS，低角度—水平纹层，波浪波痕，浪波纹层 | 向上呈砂质含量增高趋势（可达5m厚）。底部砂岩中等—密集生物扰动，局部与波浪层理混合流异粒岩间为HCS砂岩突变接触（可达3m厚） | 中等—密集，高分异度。混合 Cruziana 和 Skolithos 组合 | Paleophycus, Skolithos, Planolites, Rosselia, Cylindrichnus, Thalassinoides, Ophiomorpha, Diplocraterion 和 Rhizocorallium | 受风暴作用影响的低临滨区。低能期，随后是风暴事件时期的高能振荡和混合流。由于季节性风暴引起正常气候条件中断 |
| FA2: 海侵陆架滞后 | F6.1, F2 | 棕—浅红色和（或）灰色和粉砂岩，分选，中粒砂岩—细粒砂岩。局部见漂砾状相粒。生物碎片钙质颗粒普遍 | 低角度交错层理，低角度纹层，平行纹层 | 粗糙和侵蚀底形偏平。偶见向上变粗或变细序列（10~70cm）。均匀特征 | 丰富，高分异度。Cruziana 遗迹化石相前端特征 | Rosselia, Planolites, Cylindrichnus, Skolithos, Berguaeria, Paleophycus, 和少部分 Thalasinoides | 边缘—正常海相滞留沉积，慢速沉积条件下，潮汐或波浪流的再作用 |
| | F2, F3 和 F5.1, 局部 F4 | 浅褐色和灰色砂岩，分选好，双端元，极细粒到细粒砂岩。局部见砂/泥混合均质泥岩 | 交错层，水流波痕交错纹层（局部双向），波浪和不对称混合流低角度水平层（HCS），双重泥披覆 | 交错层，砂质含量增高（2~4m），砂质底部出现交错流层（3m厚）和（或）角砾状撕裂泥屑。交错层理砂与泥砂岩交互，双泥披覆砂泥岩 | 低—中等，低分异度。Skolithos 前端 | Skolithos, Arenicolites, Berguaeria, Planolites 和 Paleophycus | 河口坝地区。相对高能，存在受潮汐作用影响的水流和零星风暴 |
| FA3: 分流河口坝 | F5.1, F5.2.1, F5.5 和 F2, 局部 F5.2.2 | 砂—泥混合异粒岩，双端元，见生物扰动较少生物扰动异粒岩（双砂粒元）或极细粒纹层—均质泥岩 | 水流波痕交错纹层（局部双向），交错层理，波浪波痕，小型 HCS，波浪层理，收缩裂缝 | 叠覆的向上变粗和变细序列（2~3m厚），见生物扰动细粒砂岩较少生物扰动异粒岩（双砂粒元）互层。异粒岩披以向上变细粒砂岩渐断 | 低—密集，混合 Cruziana 和 Skolithos 组合 | Paleophycus, Skolithos, Planolites, Cylindrichnus, Teichichnus 和 Diplocraterion | 河口坝地区。中等—高能。低和高水流量时期间互。受潮汐水流波浪作用影响。河口坝沉积与分流河道交错层理砂岩互层 |

363

续表

| 相组合 (FA) | 相 | 概况描述 | 沉积构造 | 内部结构 | 遗迹化石相 | 痕迹化石 | 环境 |
|---|---|---|---|---|---|---|---|
| FA4：受潮汐作用影响的三角洲前缘近端一中端 | F5.2.1、F5.2.2 和 F5.1 | 砂—泥混合异粒岩，细粒—极细粒砂岩，纹层—均质泥岩 | 水平纹层，水流波痕，交错层（双向），混合流和局部波浪波痕，爬升波浪和双重泥披覆 | 叠置的向上变粗和变厚序列（3~5m厚）。以水流作用为主的异粒岩与以混合流作用为主的异粒岩互层。异粒岩段上覆以砂为主的异粒岩 | 低—中等，混合 Cruziana 和 Skolithos。食碎屑生物岩构造 | Paleophycus, Chondrites, Planolites, Rosselia, Planolites, Teichichnus 和 Rhizocorallium | 受潮汐作用影响的三角洲前缘，大部分为低地形。进积型三角洲前缘朵叶体近端—中端。比 FA3 更远，少量季节性标志 |
| FA5：前三角洲远端 | F7、F5.4 和 F5.5 | 以泥为主的异粒岩，薄层泥流层和纹层泥岩，纹层—极细粒砂岩透镜体 | 水平纹层（细条纹），透镜状层理，水流波痕交错层，对称波痕 | 向上泥质含量增高和变粗细纹层泥岩上覆水流—泥浪成因，以泥为主异粒岩间互层 | 低—中等，食碎屑生物构造，Cruziana 较少 | Planolites, Paleophycus, Chondrites, Skolithos，局部 Teichichnus | 受潮汐和波浪作用影响的前三角洲环境 |
| FA6：受风暴作用影响的三角洲前缘 | F5.3.1、F5.2.1、F5.2.2 和 F4 | 砂—泥混合异粒岩，细粒—极细粒砂岩，纹层—均质泥岩 | 平行纹层，对称和大型HCS，小型和大型HCS，混合流和水流波痕，透镜状和波浪层理 | 向上厚且砂含量增高，以中—厚层（30~60cm），以泥为主异粒岩上覆砂—泥混合异粒岩（40~60cm厚），其局部与局部 20~30cm 厚的 HCS 层互层 | 低—中等，以食碎屑生物为主，混合 Cruziana 和 Skolithos | Skolithos, Rosselia, Arenicolites, Cylindrichnus, Diplocraterion, Planolites, Paleophycus, Chondrites 和 Teichichnus | 三角洲前缘内以风暴作用为主的河口坝，正常气候期与风暴同期的季节性出现 |
| FA7：受波浪作用影响的三角洲前缘 | F5.2.2、F6.4、F5.1 和 F6.3 | 砂—泥混合异粒岩，细粒—极细粒砂岩（局部中粒），纹层（局部）均质泥岩 | 混合流和水流波痕，人字形波痕，小型HCS，平行纹层和波浪层理 | 叠置且向上变粗（可达3~5m厚），粗糙形成波浪层理，异粒岩上覆密集生物扰动层段。局部侵蚀底形交错层理砂岩（20~30cm厚）与生物扰动层段间互 | 中—密集，混合 Cruziana 和 Skolithos | Planolites, Paleophycus, Chondrites, Teichichnus, Subordinate Cylindrichnus, Thalassinoides 和 Phycosiphon | 受波浪作用影响的三角洲前缘，净能量中等—强，遗迹化石指示 FA3 和 FA4 更开放的海洋环境 |

续表

| 相组合（FA） | 相 | 概况描述 | 沉积构造 | 内部结构 | 遗迹化石相 | 痕迹化石 | 环境 |
|---|---|---|---|---|---|---|---|
| FA8: 潮汐—河流水道 | F1、F2、F3 和 F5.1 | 以砂为主，粗粒—细粒砂岩。局部见粗粒砾岩（20～40cm厚），复合泥岩层（可达15cm厚） | 交错层理，水流波痕交错纹层（双向），鱼骨状交错层理，平行层理，双重泥披覆 | 叠置的向上变细序列（1～5m厚）。侵蚀底形砾岩上覆交错层理砂岩，砂岩里有底部撕裂泥屑和（或）泥流层，之后为波痕交错层砂岩和以砂为主的异粒岩 | 低一缺失。Skolithos | Skolithos，大型 Diplocraterion，局部见 Planolites | 潮汐作用影响河道里的沙丘移动。高能水环境为主，间歇式半咸水环境 |
| FA9: 异粒岩潮坝 | F5.1、F5.2.1 和 F5.5 | 混合砂—泥异粒岩和以砂为主的异粒岩，中粒—细粒砂岩，纹层—均质泥岩，5°倾角的斜纹泥岩（IHS） | 水流波痕交错纹层（双向），交错层理，脱水收缩裂缝，泥披覆，双重泥披覆，水平纹层 | 总体上为砂泥岩间互序列（可达5m厚），向上变薄，局部见粗糙底形叠置，向上砂岩质含量增高，极少见向上变粗的异粒岩 | 低一缺失。Skolithos | Skolithos，大型 Diplocraterion，局部见 Planolites 和 Paleophycus | 长条形潮坝或堤岸边缘潮汐点沙坝。中等—高能。快速沉积速率下的受限半咸水环境 |
| FA10: 分流间湾沉积 | F6.5、F5.3.1、F5.2.1 和 F6.3、F5.1 | 粉砂—细粒砂岩和泥岩混合 | 水流波痕交错纹层（双向），水平纹层，透镜状层理，波浪层理，波痕，常见有机质透镜体 | 向上变厚和砂质含量增高的多个单元（可达3m厚），以泥为主异粒岩和向上变为砂粒岩，混合异粒砂岩和以砂为主异粒岩，上覆根痕泥岩和粉砂岩 | 中等—密集，混合 Cruziana 和 Skolithos。食碎屑生物和植物根 | Planolites，Paleophycus，小型 Skolithos，Diplocraterion 和 Ophiomorpha，微量斜向痕迹化石，植物根 | 进积型小河口坝或潮汐作用影响分流间湾，低波浪能量。局部堆积到水面，见由分流河道过载引起的河道沉积 |

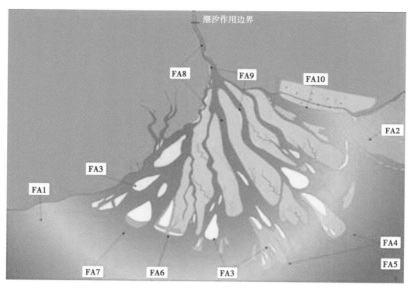

| | | |
|---|---|---|
| FA1 下临滨 | FA5 前三角洲近端 | FA8 潮汐水道 |
| FA2 边缘海—正常海相潟湖 | FA6 风暴作用影响的三角洲前缘 | FA9 异粒岩化潮汐点沙坝 |
| FA3 分流河道河口坝 | FA7 波浪作用影响的三角洲前缘远端 | FA10 分流河间坝 |
| FA4 近端—中等潮汐作用影响的三角洲前缘 | | |

图 13.9 潮汐作用和波浪作用共同控制的鸟足状三角洲沉积体系模式图
展示了 Smørbukk 油田 Åre 组和 Tilje 组沉积相组合位置和相邻滨线位置

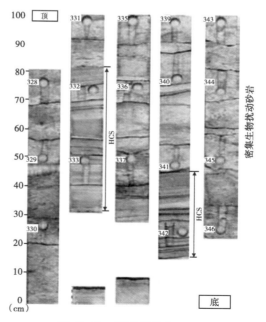

图 13.10 沉积相组合 FA1
下—中临滨沉积以砂质含量高为特征，见上覆低角度纹层砂岩的密集生物扰动砂岩，为圆丘状交错层理（HCS），形成向上洁净度和砂质含量增大的序列。实例来自 Åre 3（A3）储层段

见角砾状灰岩颗粒、小型贝壳碎片和粪化石粒。这套沉积偶尔被粗糙底形、弱分选、杂基支撑砂岩覆盖，砂岩通常为交错层理、含漂浮的角砾状灰岩颗粒（F2）。这种杂基支撑的砂岩为均质结构，局部富含漂砾、局部见贝壳碎片，指示了慢速到几乎无沉积作用条件下的改造作用。低角度交错层理和伴生的大型垂直潜穴指示中—强波浪作用（晴天浪基面之下，风暴浪基面之上）或潮汐作用。FA2 是较浅陆缘海—开阔海砂质滞后沉积，但滞后沉积厚度超过 1~2m 时（Snedden 和 Dalrymple，1998），可能代表了海侵型陆架脊或陆架浅水区，如同美国东海岸或密西西比三角洲废弃和淹没朵叶外边缘的沉积。

### 13.3.3 相组合 3（FA3）：分流河口坝

FA3（图 13.11，图 13.12）包括砂质和砂—泥混合沉积两种。砂质沉积序列向上变粗且砂质含量增高，2~4m 厚。侵蚀性和（或）粗糙底面的交错层理砂岩段（F2，F5.1）含有泥流层（达 3cm 厚）和（或）未固结（角砾状）撕裂泥岩碎屑，通常上覆叠置交错层理砂岩，与包含双泥岩披覆的双向波痕交错纹层砂岩交互（F3），局部见 HCS 层（F4），交错层理发育表明以水流作用沉积为主。垂直痕迹化石不发育，具分异性，加上保留下来的沉积构造，表明沉积于相对高能环境，中—高沉积速度，有二次沉积作用和（或）咸度差异。双泥岩披覆构造和双向波痕交错纹层说明沉积时受到潮汐作用影响，局部存在 HCS 暗示了零星的风暴（波浪）作用事件。沉积序列上部洁净性和向上砂质含量增高的特征表明水体中较高悬浮物含量背景下的相对低值，而沉积序列下部则表现为厚层泥（泥流）层，表明

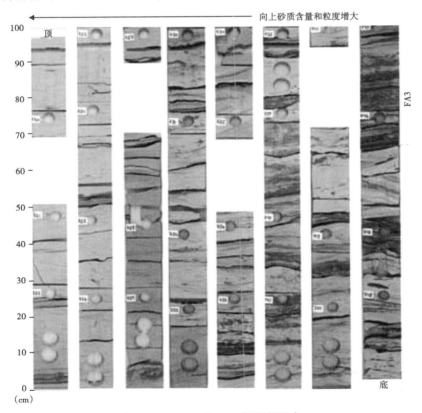

图 13.11　FA2 和 FA3 沉积相组合

具向上变粗变化趋势、以砂为主的分流河口坝。实例来自 Tilje 1.1.1（T1.1.1）储层段

水体中较低的悬浮物含量（Dalrymple 等，2003）。

FA3 中较高异粒岩化样品表现为相似的向上变粗（砂质含量增高）和变厚的特征。见水流（双向）和混合流波痕的波浪层理砂泥混合（F5.2.1，F5.2.2）和以泥岩为主的（F5.5）沉积物通常上覆以砂为主的细粒异粒岩（F5.1）。10~30cm 的级别上，这些异粒岩（F5.2.1，F5.2.2）包含了由高能沉积（粗粒，大量泥流，生物扰动不发育，厚层）和低能沉积（细粒，生物扰动较发育，较薄层）组成的一个分米级转变，为夹有间洪水期沉积的高能洪水沉积。这些沉积通常被向上变细的交错层理中砂—细砂岩间断，砂岩沉积是相对较高能的单向（河流）水流沉积。

FA3 沉积主要为叠置的向上变粗（砂质含量增高）的砂和砂泥混合沉积，见持续的水流成因构造，含潮汐作用指示和 *Cruziana-Skolithos* 生物扰动组合，是受潮汐作用影响的分流河道外—上三角洲前缘河口坝环境沉积。局部见振荡流和混合流波痕及 HCS，表明河口坝也受到周期性波浪作用影响。中断大多数异粒岩化河口坝沉积物的、整体向上变细的交错层理沉积属于分流河道远端沉积（Olariu 和 Bhattacharya，2006；Ichaso 和 Dalrymple，2009），交错层理是沙丘和波痕移动的产物。基于分流河道远端沉积的缺乏或存在，下文将它们分别称为砂质河口坝和水道化河口坝沉积。

### 13.3.4　相组合 4（FA4）：受潮汐作用影响的三角洲前缘远端—中端

FA4（图 13.13）以混合异粒岩为主，由叠置的向上变粗和变厚沉积（3~5m 厚）组成，

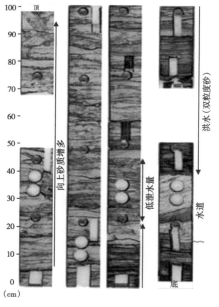

图 13.12　FA3 沉积相组合

异粒岩化分流河口坝，被远端分流河道沉积切割。砂岩/泥岩混合异粒岩化沉积，见双粒度砂粒，与中—强生物扰动异粒岩互层，指示季节性河流。中粒交错层理砂岩则为远端分流河道，常切割异粒岩化河口坝沉积。实例来自 Tilje 3.1（T3.1）储层段

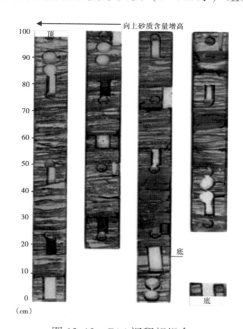

图 13.13　FA4 沉积相组合

近端—中端受潮汐作用影响的三角洲前缘沉积，向上粒度和砂质含量增大。以泥岩为主的异粒岩向上渐变为砂岩/泥岩混合及以砂为主的异粒岩，波痕交错纹层砂见局部双向古水流。厚层均质泥岩段为泥流沉积，为大泄水量时期沉积。实例来自 Tilje 3.1（T3.1）储层段

通常为粗糙底形以水流作用为主的异粒岩（F5.2.1）与混合流异粒岩互层（F5.2.2），异粒岩单元见 *Cruziana* 和 *Skolithos* 化石组合混合，大部分见食沉积结构。通常被以砂为主的异粒岩覆盖，异粒岩含大量双向波痕交错纹层和双泥岩披覆构造（F5.1）。纵向上单个砂岩层趋向于厚度增加（2~5cm），夹厚（3cm）泥流层。与 FA3 有类似的季节性标志，但 FA4 中相对较少，可见混合流（波浪作用）构造。潮汐作用沉积构造标志（如单个或双重泥披覆构造、双向波痕交错层理）则较为常见，通常见于细砂岩层和厚层均质泥岩中。这些厚层泥岩层是单个松弛水期高悬浮物含量流体的沉积产物，或多个松弛水期泥流的合并沉积。洪水事件时期形成的高悬浮物含量和混浊流，表现为与较粗砂层有关的较厚潮汐披盖，悬浮物质对 *Skolithos* 遗迹化石改造有抑制作用（MacEachern 等，2005）。由于缺失水道化相带和整体向上变厚、变粗的特征，FA4 被解释为形成于低地、三角洲前缘近端—中端前积朵叶，可能比 FA3 位于更远的位置，或平面上邻近的位置。

### 13.3.5　相组合 5（FA5）：前三角洲近端

FA5（图 13.14）整体以泥为主，但向上砂质含量增高、变粗，最大厚度可达 4m。底部的细纹层泥岩（F7）通常夹发育透镜状层理、以波浪作用为主和（或）以水流作用为主的异粒岩（F5.4，F5.5）。这些以泥为主的相为慢速沉积，大部分来自悬浮质，见内部纹层和低—中等发育的虫洞（以 *Cruziana* 遗迹化石相食沉积物构造为主）。极细粒砂透镜体（F5.4，F5.5）向上变厚（达 3cm），砂来自风暴期（以波浪作用为主的异粒岩）和洪水期（以水流作用为主的异粒岩）低能水流的携带物。与洪水事件有关的泥岩层为弱纹层—均质（泥流），通常无生物扰动。以水流作用为主的异粒岩生物扰动现象较少，指示半咸水环境。与 FA4 类似，沉积物里保存的泥流层为底栖生物形成的底质，悬浮物质对 *Skolithos* 遗迹化

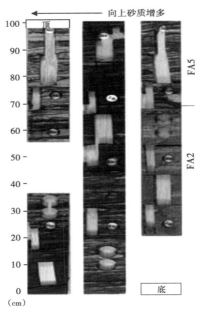

图 13.14　FA5 沉积相组合

前三角洲近端沉积，由厚层细纹层泥岩和以泥为主的异粒岩组成。向上砂质含量增高，为极细粒砂岩/泥岩混合异粒岩，见波痕交错纹层（局部双向水流）。局部下伏厚层再沉积边缘海—海相潟湖沉积（FA2）。实例来自 Tilje 2（T2）储层段

石改造有抑制作用。整体上以泥岩为主的相、细粒、纵向上向上变粗的序列，以及较少的 *Cruziana* 遗迹化石组合，表明 FA5 沉积于低能前三角洲环境。

### 13.3.6　相组合 6（FA6）：受风暴作用影响的三角洲前缘

FA6（图 13.15）整体上以砂泥混合为主，通常向上单层厚度加大，砂质含量增高。以透镜状层理泥岩为主的异粒岩（F5.3.1）通常上覆砂泥混合异粒岩（F5.2.1，F5.2.2），普遍有对称和混合流波痕以及小型 HCS，为中等程度振荡环境和混合流能量环境，局部保留有指示受潮汐作用影响的双向水流波痕交错纹层，生物扰动低—中，以过渡带—近海内侧 *Cruziana* 遗迹化石相食沉积物构造为主，与 *Cruziana-Skolithos* 混合组合交互。异粒岩沉积通常上覆粗糙底形、极细粒—细粒砂岩（F4），见极其微弱生物扰动和大型 HCS，上覆波浪波痕和（或）浪成泥流沉积（Ichaso 和 Dalrymple，2009）。这套沉积是阵发式风暴的近端沉积，为短暂高能振荡能量引起的事件沉积，导致高密度悬浮质形成上覆泥流层（Traykovski 等，2000）。中等生物扰动层与弱生物扰动层（与 HCS 层有关）间互表明正常气候条件（风暴间期）被阵发性风暴事件打断。这些沉积中以波浪作用为主的异粒岩特征和向上砂质增多的结构，加上痕迹化石组合、缺失水道化相带的特征，表明 FA6 沉积于三角洲前缘地区的近端部分。

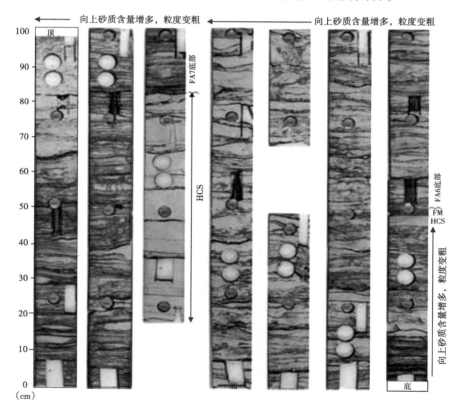

图 13.15　FA6 和 FA7 沉积相组合

受风暴影响和波浪影响的三角洲前缘沉积，向上砂质含量增多，粒度变粗。FA6 泥岩和砂岩/泥岩混合异粒岩上覆以波浪作用为主的异粒岩，多见波浪层理、本地混合流（圆丘形）和波痕（双向）交错层理，这套沉积通常被厚层（可达 1m）HCS 层覆盖。之上的浪成三角洲前缘（FA7）单元整体上为以泥岩为主的沉积物，向上变为砂岩/泥岩混合异粒岩，见波浪痕和密集生物扰动砂岩。FM 为泥流。实例来自 Tilje 2（T2）储层段

### 13.3.7 相组合 7（FA7）：受波浪作用影响的三角洲前缘远端

FA7 主要由砂岩—泥岩混合异粒岩组成，通常为叠置的向上变粗、砂质含量增高的序列。底形粗糙混合流异粒岩（F5.2.2）主要为浪成构造（如波浪波痕和小型 HCS）和以食沉积物生物为主导形成的低生物扰动。这些沉积物与扰动异粒岩（F6.3）间互，局部上覆浅灰色均质砂岩（F6.4），见 *Cruziana-Skolithos* 混合组合。局部具侵蚀底面的中粒—细粒交错层理砂岩（达 30cm 厚）与生物扰动层间互，以浪成结构为主的特性指示了中—高能振荡水流，明显的潮汐作用标志因生物扰动较强导致缺乏或未能保存。双端元生物扰动程度（低和密集）和局部出现的交错层理砂岩是季节性变化的标志（与 FA3、FA4 类似）。整体上波浪和混合流沉积构造及相带垂向结构表明该组合沉积于受风暴作用影响的三角洲前缘环境。足迹化石组合和沉积构造表明这套沉积形成于更为开放和（或）较少河流/潮汐作用的远端环境，相对潮汐作用影响的三角洲前缘沉积（FA4）而言。

### 13.3.8 相组合 8（FA8）：潮汐—河流水道

FA8（图 13.16）为以砂为主、叠置的向上变细沉积序列，局部见递变和无递变的底砾岩（F1）。每个 FA8 沉积的底部以侵蚀底面、含大型撕裂泥砾和（或）混有厚层泥流层的

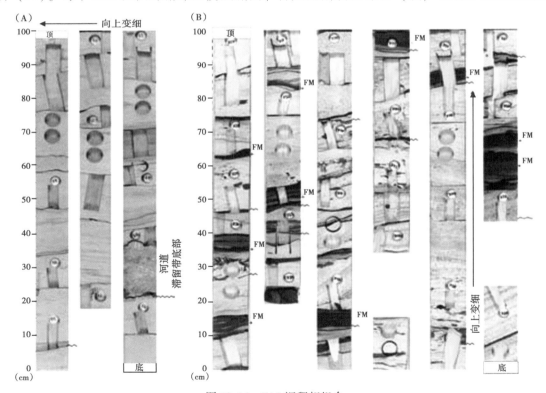

图 13.16　FA8 沉积相组合

潮汐—河流水道沉积。（A）底砾岩（水道底部滞留沉积），上覆向上变细、变洁净且发育交错层理的中粒—细粒砂岩。（B）潮汐—河流水道沉积序列底部的单个或复合泥流层，泥流（FM）常上覆向上变细且具交错层理的中粒—细粒砂岩，见撕裂泥质颗粒，注意有零星生物扰动。实例来自 Tilje 5.1（T5.1）储层段

交错层理粗砂岩为特征。上覆交错层理中砂岩和细砂岩（F2），与波痕—交错纹层异粒岩（F3）和（或）以砂为主的异粒岩（F5.1）间互。虽然这套沉积向上变细，但每个序列下部丰富的底部均质泥层呈现砂质含量向上增高的趋势，整体上泥层厚度往序列顶部减小到毫米级，这种减薄反映了水体中悬浮物质含量向上减少（Ichaso 和 Dalrymple，2009）。FA8 以沙丘迁移引起的单向水流形成的沉积构造为主，见角砾岩和粗砂岩，这些指示了高能沉积环境，局部见双向交错波痕纹层、鱼骨交错层理和大量薄厚层间互泥岩，说明受潮汐作用影响，以垂直潜穴为主的低分异痕迹化石组合指示半咸水环境下的挤压环境，这些特征表明 FA8 沉积于潮汐—河流水道环境。考虑到三角洲体系中底床物质的下游变细效应（Dalrymple 和 Choi，2007），局部见到的砾岩相表明沉积环境为相对近端位置，可能接近潮汐和河流低位期半咸水影响作用边界。

### 13.3.9　相组合 9（FA9）：异粒岩潮坝

FA9（图 13.17）以薄—中层砂泥混合异粒岩为主。FA9 沉积（可达 4~5m 厚）中互层的砂岩层和泥岩层整体向上变薄，局部见底形粗糙、叠置的向上砂质含量增高岩层段，偶见向上变粗的异粒岩沉积（2~3m 厚）。每套异粒岩沉积底部以底形粗糙、透镜状层理、以泥

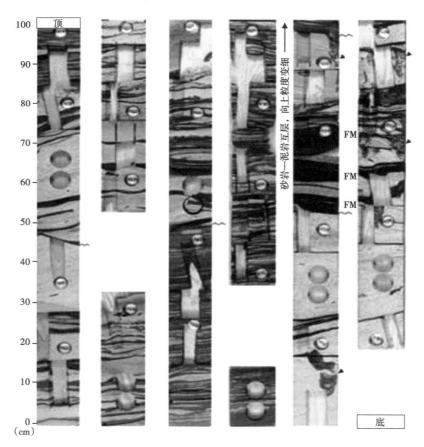

图 13.17　FA9 沉积相组合

异粒岩化潮汐（点）沙坝，见向上变细的砂岩—泥岩互层，局部有底形粗糙、叠置、砂质含量向上增高的层段。见大型 *Diplocraterion* 洞穴（黑色箭头）。实例来自 Tilje 3.2（T3.2）储层段

岩为主的异粒岩（F5）和砂泥混合波浪层理异粒岩（F5.2.1）为特征。这些沉积与上覆以中—细粒砂岩为主的异粒岩连续沉积，上覆层底部发育交错层理的砂岩层（见撕裂泥屑），与倾斜叠置的泥流层互层。纵向上异粒岩沉积序列的泥岩层厚度减薄到薄纹层，砂岩段的沉积构造为单向水流成因，而反向古水流标志和双泥披覆构造表明受到潮汐作用影响。下部地层见大量厚层均质泥岩，由高含量悬浮物流体（泥流）的沉积作用形成，指示了水道底部沉积环境（Ichaso 和 Dalrymple，2009）。倾斜泥岩段（约5°）夹砂岩的现象被解释为倾斜异粒岩（inclined heterolithic deposits, IHS）的加积面，通常在点沙坝顶部位置发育（Thomas 等，1987；Makaske 和 Weerts，2005）。含撕裂泥砾的砂岩层代表了小型侵蚀性事件。向上砂岩段厚度减薄和泥岩层厚递减表明垂向上水体悬浮物含量减小。将 FA9 解释为沉积于水道内的延伸沙坝或由河堤边缘潮汐作用形成的点沙坝。低分异度的遗迹化石组合和生物扰动减少指示了挤压环境，可能源于沿河道边缘较高的沉积速度和较低的水体咸度。

## 13.3.10 相组合10（FA10）：分流间湾沉积

FA10（图 13.18）由粉砂岩、极细粒砂岩和泥岩混合组成，FA10 沉积（3~4m 厚）的砂质/粉砂质含量通常向上变高，底部为粗糙底形、薄层、以泥为主的透镜体（F6.5）和生物扰动异粒岩（F6.3）（1~2m 厚），异粒岩中见波痕交错纹层和 *Cruziana-Skolithos* 痕迹化石组合的砂岩透镜体，局部见以泥岩为主的异粒岩向上变为含水流和波浪成因沉积构造的砂泥混合异粒岩（F5.2.1），局部见含交错层理和波痕交错纹层的、以粗糙底形—侵蚀性底形砂岩为主的异粒岩（F5.1）。异粒岩通常上覆中层极细粒—粉砂质、含有机质透镜体的根迹砂岩（F6.5）。

底部泥质异粒岩沉积特征、双向水流—波痕交错纹层和痕迹化石组合度表明沉积物形成于受潮汐作用影响的低能半咸水环境。上覆砂泥混合异粒岩发育的小型浪成和水流成因结构表明能量相对减小，可能源于潮汐和波浪改造作用的相互影响和细粒悬浮物质的再分配。这些特征加上痕迹化石组合指示了河湾沉积环境（Elliott，1974）。上覆的根迹砂岩和粉砂岩指示了水上加积作用和植物根的定植作用，原始沉积构造的破坏和沉积物杂色纹理表明低能、慢速沉积环境下生物活动活跃（Turner 等，1981）。局部见粗糙底形—侵蚀底形的以砂岩为主的异粒岩，为潮汐—河流决口水道沉积。异粒岩相砂质部分总体向上变粗，加上潮汐和波浪作用的证据和中等分异痕迹化石组合的特征，表明 FA10 沉积于进积型小型河口坝（分流间湾）或潮汐平原区。局部可见的较粗交错层理沉积表明洪水期分流河道的过量卸载物进入到河湾。

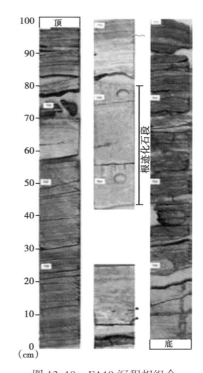

图 13.18 FA10 沉积相组合

分流间湾沉积。泥质砂岩—细粒生物扰动砂岩，见发育透镜状层理、以波浪作用为主的异粒岩，少量以水流作用为主的异粒岩，上覆根迹化石层段。常局部见有机质颗粒（黑色箭头）。实例来自 Tilje 4（T4）储层段

## 13.4 沉积模式和古环境

广泛意义而言，研究区的 Åre 组上段和 Tilje 组是总体向上变浅的沉积序列。在 Tilje 组中识别出两个层序（层序 2，层序 3；Martinius 等，2001；Ichaso，2012；图 13.3），每个都包含若干个临滨和三角洲环境的砂质含量向上增高的趋势（准层序，2~5m 厚），被小型（0.5~1m 厚）向上变细的水道沉积（通常在层序 2 内和层序 3 顶部）和粗粒、以砂为主、向上变细的沉积（层序 3 更常见）分割，这两类沉积序列本身都是准层序组尺度（10~15m 厚）的单元。以前的研究人员（Martinius 等，2001）和本文对岩心和测井资料（GR/RES）都进行了详细研究，认为这种准层序组单元可在 Smørbukk 油田进行对比，可将研究的地层进一步被划分为几个分布较广的板状（tabular）地层组（Statoil 公司 A3 和 T1—T6 储层段）。这些厚 5~25m 的储层单元以可区域追踪的推测层序边界和（或）明显洪泛面为界（Ichaso，2012），每个储层单元都代表了一个具最小穿时性的时间切片。

每个储层单元内都会有沉积相横向的逐渐变化，对这些沉积相带分布的研究可以重建由海平面升降和断层活动引起的古地理和沉积物注入点演化历史。可用所有沉积体系都有的下游颗粒变细作用（Parker，1991；Frings，2008；Dalrymple，2010）及三角洲近端沉积相变化趋势（Dalrymple 和 Choi，2007）来确定各时间切片的沉积注入点和运移路径。在确定这些空间上的变细趋势时，采用最粗颗粒而不是局部沉积的整体颗粒大小来进行比较，确保得到的空间差异性不误导结论（Dalrymple，2010），并要仔细检查是否存在三角洲朵叶体叠置的补偿效应，即年轻朵叶体会占据较早朵叶体之间的低地形区（Straub 等，2009；Bhattacharya，2010）。研究区未发现这种叠置，而是三角洲单元呈现进积或加积模式，往油田南—西南和东—东北部为最细粒沉积物和三角洲最远端相带，呈简单的"层—饼"叠置样式。

### 13.4.1 层序 1：Åre 组上段（A3）

Smørbukk 油田 Åre 组顶部（A3 储层段，文中涉及的唯一一段层序 1）主要为生物扰动砂岩、异粒岩和以风暴作用为主的下临滨—中临滨沉积（FA1）。这套地层缺少水道沉积和受淡水影响的证据。中等—密集生物扰动、含多种足迹化石的层段受到侵蚀，上覆至少两套向上砂质含量增高和变粗旋回（在岩心和 GR/RES 测井资料中可识别）的细粒、圆丘状交错层理砂岩，代表了进积或海退型海岸（滨线）系统的浅滩上部沉积。东北方向局部存在 A3 内最下部向上砂质含量增高的沉积序列，以次级洪泛面与上部序列分开，顶部被 5~10cm 厚的侵蚀性底面的中—粗粒砂岩覆盖，这套砂岩为滞留沉积（FA2），可能来自再沉积的粗粒河流沉积。其他地方缺失这套滞留沉积。Åre 组上段（A3）大约 10m 厚，往西北方向增厚到 15m（图 13.19，纵剖面 1）。中部和北部地区 HCS 层更厚也更发育［层段厚度的 30%~60%；图 13.20（A）］，而南部地区则以更密集（可达 75%）生物扰动沉积和较薄 HCS 层［图 13.20（A）］为主。相带分布特征表明往南水体变深。

### 13.4.2 层序 2：Tilje 组下—中段（T1—T3.1）

Åre 组上段（A3）的滨岸沉积（FA1）向上突变为 Tilje 组底部的海侵陆架滞后沉积（FA2）和（或）分流河口坝（FA3）。与以前研究一致，认为地层接触面为间断面（Martinius 等，2001），依据如下：（1）侵蚀性接触关系区域性分布，往油田西南和东北方向见地

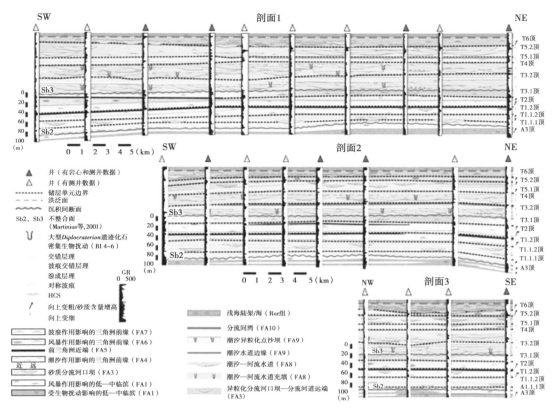

图 13.19　Smørbukk 油田纵向（顶部）和横向剖面
根据采样岩心和测井数据编制，剖面位置如图 13.1（C）所示

形低和轻微下切（图 13.19）；（2）从 Åre 组上段极细粒波浪（风暴）作用砂岩到 Tilje 组发育的异粒岩，粒度和沉积相在垂向上突变，潮汐作用沉积物普遍发育；（3）接触面广泛发育粗粒滞留沉积（FA2）；（4）局部滞留沉积下方见舌形菌迹（*Glossifungites*），所有这些现象表明其为沉积间断面。

前人研究认为 Tilje 组下半段是港湾环境沉积（Martinius 等，2001）。认为 Smørbukk 油田这套地层形成于受潮汐作用影响的开放三角洲环境，广泛发育了分流河口坝（三角洲前缘）亚环境及小型分流河道远端。这个解释有以下几个证据：广泛发育的 Tilje 组底部整套地层为砂质含量向上增高（三角洲）沉积和向上变细（水道）沉积互层，呈单向古水流特征；广泛发育分米级粒度变化，发育大量泥流层和生物扰动，反映了河流补给条件的季节性变化；代表半咸水环境组合的低分异度 *Cruziana-Skolithos* 足迹化石相广泛发育。

尽管这些特征组合指示了明显的三角洲环境，但三角洲也可能位于以波浪作用为主的河口湾前端的三角洲区（Dalrymple 等，1992；Boyd，2010）。虽然基于局部研究这种可能性不能忽视，但我们认为不太可能。在 Smørbukk 油田（T1.1 储层段）和区域上，Tilje 组底部都和层序 2 上部（T2、T3.2 储层段）一样，表现为加积—进积特点，层序 2 中仅有 T1.2 储层段（Ichaso，2012）为退积型，这种叠置样式与河口沉积不符（Dalrymple 等，1992），也没有发现与障壁相关环境的这类沉积相，如潮汐作用河口、洪水—潮汐三角洲、最可能保存的障壁部分，因此认为 Tilje 组下段不太可能形成于闭塞河口区，可能是广泛发育的半咸水痕迹化石组合和两种"河口"（estuary）定义的混乱（Dalrymple 等，2011）导致了以往研究中用到"河湾"（estuarine）这个词。

### 13.4.3　Tilje 组底部（T1.1）

Tilje 组底部由储层产层段 T1.1（15~25m 厚）组成，根据交错层理砂岩在垂向上厚度、粒度的变大和受潮汐作用影响的水道沉积的发育程度（图 13.3），分为两个次级单元（T1.1.1 和 T1.1.2 亚层），GR 值从高到低和中子—密度值变化反映了细粒泥岩—砂岩混合到纯净砂岩的变化，都可体现出垂向上的变化。Tilje1.1.1 局部见底部海侵陆架滞留沉积（FA2），向油田南部和东北部沉积最厚（可达 25m 厚）。陆架滞留沉积通常上覆分流河口坝沉积（FA3），横向上从研究区中部北区的洁净中粒交错层理砂岩往油田南部—西南部转换为较细粒砂—泥异粒岩到极细粒砂—泥异粒岩。北部和中部的沉积物被局部向上变细的分流河道远端沉积间断，往南与 HCS 层和生物扰动段互层，受波浪作用影响的砂—泥混合异粒岩含量增高［图 13.20（B）］。往南，出现浪成构造和丰富的生物扰动，表明障碍减少和较深水环境，水体接近正常海水。

上覆地层为 T1.1.2 粗糙底形河口坝沉积（FA3），中粒、洁净交错层理砂岩往东北和西南都侧向变化为细砂岩和异粒岩［图 13.20（C）］。T1.1.2 底部局部由以泥岩为主的异粒岩和生物扰动异粒岩组成，见分异程度更高的海相痕迹化石组合。因此 T1.1.1 和 T1.1.2 的分界代表了一个高级别的洪泛面。中部地区更普遍发育受潮汐作用影响的水道充填沉积，其中包含厚层泥流沉积。T1.1.1 中浪成构造少见，往油田东端和西南端见小型 HCS。Tilje 组底部沉积相带分布［图 13.20（B），（C）］、砂质部分粒度的区域变化和南部出现的浪成构造表明整体上西北—东南方向的沉积转换，即从近端（粗粒—中粒、交错层理、发育泥流层、砂岩为主异粒岩和低生物扰动）到中端（中粒—细粒、交错层理、HCS、砂与砂泥混合异粒岩、较少泥流和低—中等生物扰动）河口坝（Dalrymple 和 Choi，2007；Tanavsuu-Milkeviciene 和 Plink-Björklund，2009）。

### 13.4.4　Tilje 组下段（T1.2）

Tilje 组 T1.1 段（T1.1.2）的分流河口坝（FA3）沉积上覆 T1.2 储层段（图 13.19）受潮汐作用影响的三角洲前缘沉积（FA4）。研究区东部和东北部局部见底部以泥为主的异粒岩，含密集生物扰动迹和中等分异 *Cruziana-Skolithos* 混合组合，指示相对 T1.1.2 上部沉积环境的较近端环境，说明 T1.1 段和 T1.2 段之间的接触面为一个明显的洪泛面。T1.2 段（10~15m 厚）在 GR 曲线上表现为 2 个不同发育程度的较宽向上变粗组合（图 13.3）。水道化河口坝沉积（FA3）主要为细粒—极细粒砂岩，比 T1.1.1 底部沉积生物扰动程度高。北部和中部地区 T1.2 河口坝沉积主要为砂泥混合异粒岩，均见水流和混合流构造，局部与密集生物扰动砂岩互层。这些沉积在横向上［西南和东北方向，图 13.20（D）］和纵向上转变为受潮汐作用影响的三角洲前缘沉积（FA4），缺少水道沉积，见密集生物扰动。以泥岩为主的异粒岩见波浪作用影响，局部往西南方向形成叠置的向上变粗和变厚序列（3~5m 厚），痕迹化石组合也从中部的低分异度 *Cruziana-Skolithos* 混合组合往东北和西南方向递变为分异度较高的 *Cruziana-Skolithos* 组合（MacEachern 和 Bann，2008）。

总体上 T1.2 段较其下部地层见较少的分流河道沉积和受风暴作用影响沉积。三角洲前缘地区以潮汐作用为主要沉积作用，沉积学观察、相带和痕迹化石分布表明 T1.2 以异粒岩化河口坝沉积为主，局部往西北方向有分流河道远端沉积，而西南和东北部为受潮汐作用影

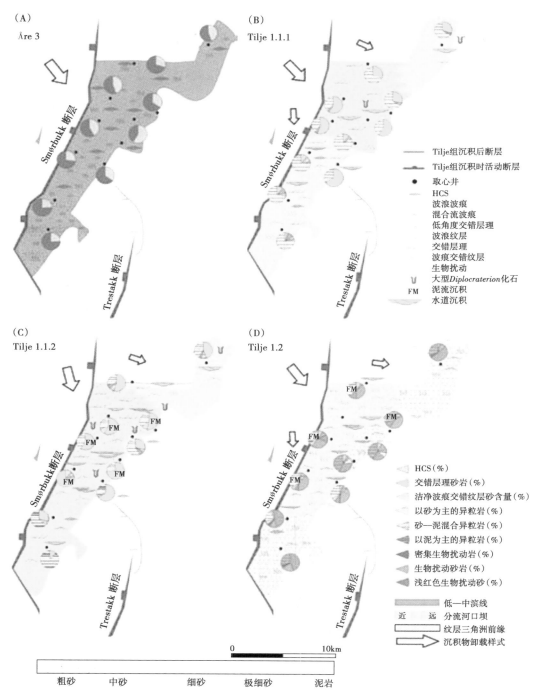

图 13.20 Smørbukk 油田 Are 组上段（A3）和 Tilje 组中—下段（T1.1—T1.2）沉积相展布和古地理图
综合了各储层段的构造背景、沉积构造（过程）和主体相组合（环境）。盖层里的断层（Marsh 等，2010）
以红色线条标记，背景颜色表示主体沉积相组合，背景中用点—线的充填样式代表主体颗粒大小，
从粗砂岩到泥岩。饼图表示各种相的半定量百分比

响的三角洲前缘近端—远端沉积。这种分布［图 13.20（D）］表明三角洲朵叶面向西北方向的三角洲朵叶结构。向上变粗的趋势、Smørbukk 油田南部和东北部垂向厚度增加、测井对比解释（图 13.19）为低角度斜坡（倾角 2°~5°，剖面 1 和剖面 2）等表明往西南和东北方向三角洲前缘发生进积。

### 13.4.5　Tilje 组中段（T2—T3.1）

T2 底部厚 16~25m，是一个高级别洪水沉积段，标志了新进积过程之后的一次海侵，特征为局部见陆缘海相—正常海相滞后沉积（FA2），最厚沉积（可达 15m 厚）出现在油田往西南方向和油田东部。地层底部的滞留沉积通常包含粗粒交错层理浅红色砂岩（与 T1.1.1 底部滞留沉积类似）。最厚的海相滞后沉积局部与砂岩和密集生物扰动（高分异）异粒岩互层，形成 60cm 厚整体向上变细的序列，其上通常覆盖有 2~3m 厚的前三角洲近端沉积单元（FA5）。这些特征的粗糙底形、以泥为主的沉积被 Martinius 等（2001）作为区域地层标志层（图 13.19），GR 曲线上表现为从低值变为高值，中子—密度则表现为从细砂岩到泥岩—砂岩混合。这些前三角洲沉积（FA5）表现为向上砂质含量增高、层厚增大的序列，包括撕裂泥岩和以透镜状层理波浪作用为主的异粒岩，局部保存了潮汐作用标志的洪水和风暴作用沉积。

前三角洲沉积（FA5）通常上覆受风暴作用（FA6）和波浪作用影响（FA7）的三角洲前缘沉积，通常表现为一系列典型、有关联的向上变粗序列（GR/RS 曲线上可见；图 13.3），通常往油田西南和东北方向加厚（图 13.19 中剖面 1 和剖面 2）。这套沉积包括一些异粒岩相，更为常见的是一些以透镜状波浪作用为主的和砂岩—泥岩波浪层理沉积。这些异粒岩通常往上厚度变大、砂质含量增高，局部与厚层物生物扰动 HCS 层互层，缺乏水道沉积，沉积相分布图［图 13.21（A）］表明 HCS 层在油田中部和东北部更厚且更常见，HCS 层往东、东北和西南方向逐渐变薄，波浪、混合流和水流（局部为双向）波痕成为主要沉积构造（FA7）。中部地区砂质含量最高的层段见低—中等生物扰动，主要为压性环境的 *Cruziana-Skolithos* 混合组合，西南和东北地区中泥质含量最高的沉积则为中等生物扰动，由小型近端 *Cruziana* 痕迹化石组成。这种波浪和水流作用沉积构造以及遗迹化石组合的分布表明由西北向西南、东和东北方向，沉积环境整体上从三角洲前缘中端向更远端变化。

T2 沉积上覆 T3.1（15~20m 厚），底部在 GR 测井曲线上为一个拐点，对应的密度（中子）测井曲线上泥岩含量增加。这个界限与 Martinius 等（2001）所述的 Tilje 组中段 Nd143/Nd144 标志对应，是一个重要的高频洪泛面。T3.1 里有至少 2 个厚层（5~6m）向上变粗的序列，由分流河口坝（FA3）和近端—中端受潮汐作用影响的三角洲前缘（FA4）组成。和 Tilje 组下段（T1.2）一样，分流河口坝（FA3）主要为以水流作用为主的砂泥混合异粒岩，向上转变为以砂岩为主的异粒岩。河口坝沉积被向上变细（1~3m 厚）的交错层理沉积中断，这些沉积是分流河道远端沉积，向油田西南方向厚度和粒度减小［图 13.21（B）］。北部和中部地区以 FA3 沉积为主，垂向上和侧向上（往西南和东北方向；图 13.19）变为受潮汐作用影响、含更多纹层的三角洲前缘沉积（FA4），多个局部地区则变为纹层状和泥质前三角洲近端沉积（FA5）。三角洲前缘部分见各种以水流作用和波浪作用为主的异粒岩相，表现为小型 HCS 和密集生物扰动砂岩，尤其往油田东边更为发育［图 13.21（B）］，可见到河流补给的季节性变化证据（Ichaso 和 Dalrymple，2009）。总体上 Tilje 组中段沉积相带呈朵叶状分布，与 T1.2 下部地层类似。

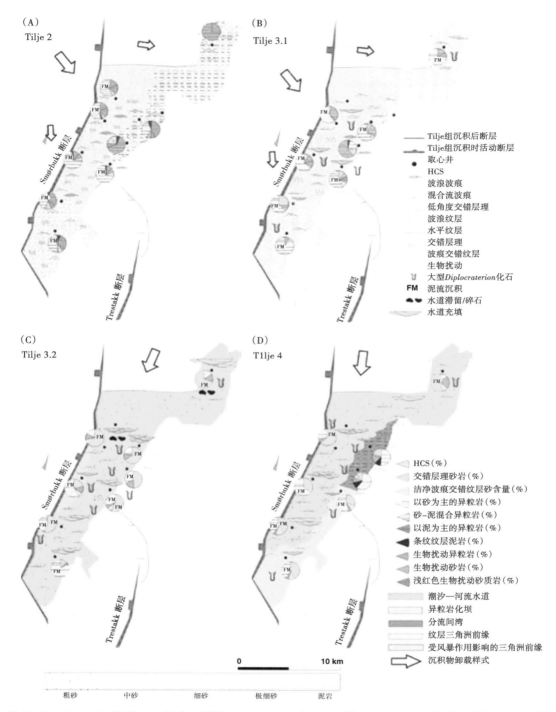

图 13.21　Smørbukk 油田 Tilje 组中—下段（T2 -T3.1）和中—上段（T3.2—T4）沉积相展布和古地理图
各符号含义如图 13.20 所示

## 13.4.6　层序 3：Tilje 组中段—上段（T3.2—T6）

T3.1 的分流河口坝（FA3）、受潮汐作用影响的三角洲前缘（FA4）和前三角洲沉积（FA5）上覆 T3.2 储层单元（20~25m 厚）叠置的、向上变细的潮汐—河流水道沉积

（FA8）和异粒岩化潮汐点沙坝沉积（FA9）。T3.1 和 T3.2 之间的接触面（SB3）是侵蚀性的，仅在油田西南部有很小的下切作用（图 13.19 剖面 1），被解释为区域性间断面（Martinius 等，2001）。这个解释基于：（1）从 T3.1 的粉砂、极细粒和细粒砂突变为 T3.2 的中砂和粗砂岩，局部为砾岩；（2）相组合的显著变化，表明 Tilje 组相带从中端—远端三角洲沉积转变到最近端沉积；（3）T3.2 见陆相成因腐殖质碎片，表明汇水区接近河流物源和淡水环境；（4）生物扰动模式从下面 T3.1 的高分异度痕迹化石组合变化到 SB3 上面的微弱或几乎无生物扰动。

### 13.4.7　Tilje 组中段—上段（T3.2—T4）

T3.2 储层段以侵蚀型底形、向上变细、厚层、潮汐—河流水道沉积（FA8）为特征，GR 曲线和密度/中子曲线特征表明粒度向上变细或者块状，序列里水道样式有变化，向上（图 13.19）由单水道（FA8 向上变细的砂岩上覆或侧变为 FA9 的异粒岩化点沙坝沉积）转变为更多砂岩合并和叠置的 FA8。FA8 由粗粒—中粒交错层理砂岩（向上变细为细粒交错层理砂岩）、双向波痕、交错纹层砂岩和以砂为主的异粒岩组成。往油田北部底部砾岩滞留沉积更为发育，全区 Tilje 组中段—上段普遍发育大型撕裂泥粒和异常厚度（可达 15cm）泥流沉积（Ichaso 和 Dalrymple，2009），指示周期性高河流补给情况。这些潮汐—河流水道沉积通常向上或（和）往西和西南方向转变为 FA9 的弱生物扰动、细粒—中粒异粒岩化潮汐点沙坝沉积（2~3m 厚）。

整体上，Tilje 组中段（T3.2）在整个研究区大致等厚，往 Smørbukk 油田南部和东北方向有轻微（最大到 25m）增加（图 13.19 剖面 1 和剖面 2）。储层段 T3.2 相带分布〔图 13.21（C）〕在整个油田里仅有轻微变化。而粗粒和中粒交错层理砂岩百分比在北部和中部地区比东南部地区较高，东南部地区以中粒—细粒砂岩为主的异粒岩更为发育。这些厚度和粒度的细微变化表明从东北往西南，水道沉积有近端到远端变化的趋势。

T3.2 沉积上覆 T4 储层段（约 25m 厚）叠置的潮汐—河流水道（FA8）、点沙坝（FA9）、分流间湾（FA10）和分流河口坝沉积（FA3）。测井曲线上（图 13.3），T4 底界难以识别，但在 GR 测井曲线上有一个微弱的转折（读数从低到高），密度—中子曲线上有一个岩性区分（从较细到较粗），往东部更明显，在中部和北部地区更微弱。GR 测井曲线上，T4 上部由相对纯净、向上变粗或块状的砂岩组成，顶面（T4 和 T5.1 接触面）用转折点标记（GR 读数由高到低），北部易于识别，往油田西南方向不明显。

T4 具侵蚀性底形的潮汐—河流水道沉积（FA8）与 T3.2 有相似特征，但垂直洞穴（大型 *Diplocraterion*）更发育，含角砾底部滞留沉积极少，仅在东北和中部地区局部发育〔图 13.21（D）〕。局部上，潮汐—河流水道沉积往西南方向变为细粒点沙坝沉积（FA9），往东变为 0.5~1m 厚泥和混合异粒岩化分流间湾（FA10）沉积〔图 13.21（D）〕，见含树根层、有机质透镜体和小型浪成构造。还可见分流河口坝沉积（FA3），通常发育在往油田南部方向〔图 13.21（D）〕。

与下面的储层段一样，T4 水道沉积在油田北部和中部整体上更粗且更为发育，往东出现分流间湾沉积。往南中粒—细粒分流河口坝取代了粗粒—中粒水道充填沉积，表明东北—西南方向上有从近端到远端的变化趋势。粒度和相带变化通常伴有痕迹化石组合的平面变化，从水道充填沉积里的高能、低分异度（*Diplocraterion* 大洞穴）到分流间湾沉积里的小型 *Skolithos* 和捕获植物根，再到南部分流河口坝沉积里的中等分异 *Cruziana* 和 *Skolithos* 混合组合。

## 13.4.8　Tilje 上段（T5—T6）

T4 的潮汐—河流水道沉积（FA8）区域上覆 T5 储层段（25~30m 厚）的异粒岩化分流河口坝（FA3）、潮汐—河流水道充填（FA8）以及受波浪作用影响（FA6）和风暴作用影响（FA7）的三角洲前缘沉积。这里将 T4 和 T5 的接触面解释为一个高级别的洪泛面，因为 T5 底部痕迹化石分异度增大，往上转变为更多受波浪作用影响和风暴作用影响的三角洲前缘沉积，是比 T4 的近端水道充填沉积更远端的沉积环境。这个界面在 GR/RES 测井曲线上很明显（北部和中部），为低值—高值的转折点（图 13.3），对应于密度—中子曲线在岩性上有变化。往油田南部这两种测井曲线变化变得不明显。

T5 厚度往油田西南和东北方向有细微增加（图 13.19 剖面 1 和剖面 2），岩心和测井资料解释斜坡沿这两个方向倾斜（2°~5°）。根据向上沉积相变化情况和 GR 曲线值由低到高的变化（图 13.3），将储层段划分为 2 个亚段（T5.1：20m 厚；T5.2：5~10m 厚）。

T5.1 底部包括水道化分流河口坝（FA3）和潮汐—河流水道（FA8）。河口坝（FA3）见多个向上变粗、砂质含量增高序列，主要为砂和砂泥混合、以潮汐作用为主的异粒岩，通常被米级向上变细、中粒、交错层理砂岩（分流河道远端沉积）间断，河口坝沉积受中等程度生物扰动，局部见浪成构造。这套地层记录了河流补给的季节性旋回变化（Ichaso 和 Dalrymple，2009），表现为粒度、生物扰动和泥层厚度等的规律性变化，Tilje 组中段（T2—T3.1）也是如此。河口坝沉积有侧向相变，从西北—中部地区以砂为主往西南变为砂泥混合沉积 [图 13.22（A）]，这种变化加上整体往西南方向砂粒粒度减小、泥岩含量和生物扰动分异增加的趋势，表明总体上北—西南方向有从近端到远端的变化。分流河口坝通常夹或侧变为厚层、中粒—细粒、叠置的潮汐—河流水道沉积（FA8），与 T3.2 和 T4 水道沉积特征类似。油田中部地区局部见水道滞留沉积 [图 13.22（A）]。

往上进入 T5.2 储层段，由潮汐—河流水道（FA8）、异粒岩化分流河口坝（FA3）和受风暴作用影响的三角洲前缘（FA6）沉积组成，向上变为一定程度上的更远端沉积，暗示在 T5.2 底部存在一个高级别洪泛面。T5.2 厚度在 10（中部地区）~15m（往西南、北和东北方向）之间（图 13.19），垂向叠置、向上变细、含 *Diplocraterion* 和 *Skolithos* 大型洞穴的潮汐—河流水道沉积（FA8），发育程度比下部地层段差，往油田北部和中部地区局部发育 [图 13.22（B）]，这些地区见含角砾的水道滞留沉积和厚泥流层。

往东局部见较粗水道充填沉积，与上覆厚层纹层泥岩、生物扰动砂岩和 HCS 层呈突变接触，表明河道被遗弃，被低能海洋沉积充填，随后是短暂的风暴作用。东北部缺失分流河道或砂坝间潮汐—河流水道沉积。通常，这种相带展布表明油田西缘 [图 13.22（B）] 以更近端的潮汐—河流环境为主，而东缘为更开放环境到陆缘—海相波浪和潮汐作用环境。

T6 储层段最上部的特征是以波浪作用和潮汐作用为主的三角洲前缘（分别对应 FA4 和 FA7）和水道化分流河口坝（FA3）沉积，厚度在 10~20m 之间，油田北—中部局部见最大厚度（20m）沉积（图 13.19 剖面 1 和剖面 2）。连井对比和岩心测井对比认为油田中部和西南地区 T6 底面与 T5.2 顶面局部切割（图 13.19 剖面 3），表明微弱下切之后的充填进入了 T5 内，这套地层底部未识别出滞留沉积（FA2）。

T6 的分流河口坝沉积见大量潮汐和混合流构造、中等—密集生物扰动（*Cruziana-Skolithos* 混合足迹相），局部被粗糙和侵蚀型底形的潮汐—河流远端分流水道沉积（达 1m 厚）切割。油田中部地区集中发育更近端的、细粒和中粒、以砂为主的异粒岩化河口坝和水道充

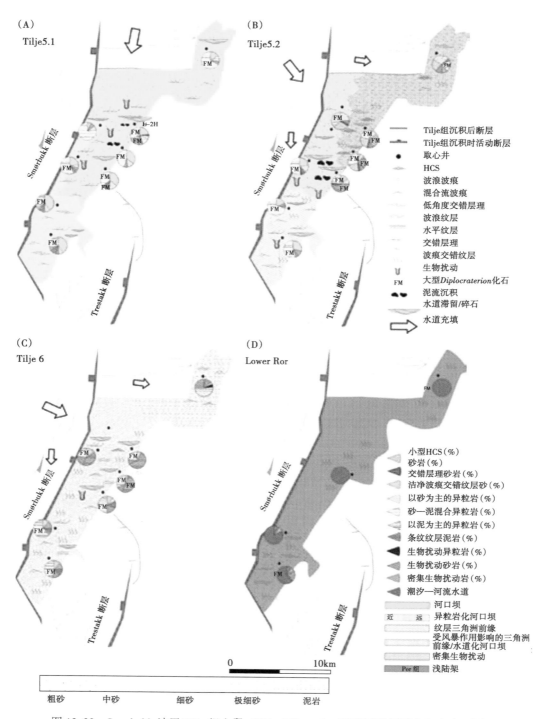

图 13.22 Smørbukk 油田 Tilje 组上段（T5—T6）—Ror 下段沉积相展布和古地理图
各符号含义如图 13.20 所示

填沉积［图 13.22（C）］。往西南方向（可达 80cm 厚）还可见远端分流河道，中端河口坝泥质含量增高、生物扰动增加。往东和东北方向受潮汐作用影响河口坝侧向变化为更远端的、纹层状和受潮汐和波浪作用影响的三角洲前缘（FA4，FA7）沉积，缺失水道沉积［图13.22（C）］。这段地层应该是后期洪泛事件的第一个标志，指示了到 Ror 组纯海洋沉积的转换或作为先驱相。

### 13.4.9　Ror 组下段

Tilje 组顶部（T6 储层段顶部）是一个从受潮汐和波浪作用影响、水道化河口坝（FA3）和三角洲前缘（FA4，FA7）沉积向 Ror 组的薄纹层、密集生物扰动海相泥岩及生物扰动粉砂岩［图13.22（D）］变化的突变面。Tilje 组和 Ror 组之间的接触面以区域展布的突变面定义，该处 GR/RES 曲线读数由低突然变高，对应密度/中子从细砂到泥的分界，这个界面代表了一次主要的洪泛事件，淹没了其下的三角洲体系，随后持续沉积陆架泥岩。

## 13.5　沉积相带展布控制因素，古地理和沉积卸载

以往的区域研究（Ehrenberg 等，1992；Corfield 和 Sharp，2000）认为 Halten 台地在 Tilje 组沉积时发生了明显的地壳伸展作用，引起沉降和沉积过程。但断裂活动强度不足以引起地面破裂，并产生局部断层相关地形（Marsh 等，2010），因此一般认为 Tilje 组是同裂谷早期沉积。上文所述的沉积相分布样式（图13.20—图13.22）表明 Smørbukk 油田研究区的沉积物供应主要来自北部，研究得出的沉积环境表明 Tilje 组沉积于三角洲体系，以河流和潮汐作用过程为主，受波浪作用影响甚至某些时间和地点以波浪作用为主。

同裂谷期沉积受多个内生和外生作用过程控制，这些过程在沉积中都留下了明显标志（Bosence，1998）。所处的裂谷作用阶段（早期、主裂谷期或晚期）和构造动力形成了抬升和剥蚀地区，控制了沉积物搬运/卸载（Gawthorpe 和 Leeder，2000；Withjack 等，2002），显著影响了沉积样式。更重要的是，叠加相对海平面位置变化，限定了沉积可容空间（Howell 和 Flint，1996）。空间、气候、水动力作用和沉积物补给决定了同裂谷环境的陆缘海沉积体系，可观察到盆地演化过程中的多种充填样式（Ravnås 等，2000）。

### 13.5.1　水动力作用

三角洲河流—海相转换过程中河流、潮汐和波浪的相对重要性是变化的（Dalrymple 和 Choi，2007），距离河流入海口的位置也是变化的。这些复杂的相互作用是控制沉积构造和沉积物分布的主要因素（Bhattacharya，2010）。从近端—远端沉积整体来看，Tilje 组水道沉积［T3.2—T5.1；图13.21（C）—图13.22（A）］是最粗的砂质部分（中—粗粒），以单向、强—中等水流的交错层理和水流波痕交错纹层为主。水道沉积中也保存了厚层泥流层（Ichaso 和 Dalrymple，2009）和其他典型的潮汐作用标志，如双泥披覆和双向水流指示。这些潮成标志是向陆地方向（通常为向北）潮汐能量增加的产物，因为洪水受挤压进入了较小横截面的分流河道（Dalrymple 和 Choi，2007；Bhattacharya，2010）。T4 单元里潮汐标志的相对减少和最粗河道沉积的出现表明该套地层是序列里的最近端沉积，接近潮汐作用的边界。在更远端的潮汐—河流水道沉积里潮汐作用标志增多，T1.1 和 T3.1 储层单元的河口坝近端沉积［图13.20（B）和13.21（B）］在混合潮汐—河流转换带外端受强潮汐作用控制（Dalrymple 和 Choi，2007）。T1.2、T2 和 T6 的分流河口和三角洲前缘中端—远端沉积［图13.20（D）、图13.21（A）和图13.22（C）］形成于以海相为主的三角洲区带，也保留了

潮汐作用标志，只是这些标志的发育程度比近端的对应沉积差。因为远离河口，潮汐—流水能量迅速降低，较远端储层段的浪成构造更为重要。同样地，该区侧向上邻近河口位置的细粒沉积物［如 T5.2；图 13.22（B）］通常受到波浪和（或）风暴作用改造（Mángano 等，1994）。

如上所述，Tilje 组形成于混合能量环境，河流、潮汐和波浪三种作用过程都起作用。但从保存下来的沉积构造的分布和程度看（图 13.3，图 13.20—图 13.22），Tilje 组这三种作用力度在垂向上是变化的：层序 2 里潮汐作用和波浪作用交替活跃；层序 3 下部以潮汐—河流作用为主；往层序 3 顶部再次变得更为重要。垂向上水动力条件的变化受沉积环境轴向摆动的控制（近端和远端），由可容空间变化和注入点从西北（层序 2）到北—北西（层序 3）的平面变化导致。当研究区有较多近端沉积环境时，河流和潮汐作用就会更强，当研究区有较多远端和（或）边部沉积环境时，就会更多记录下波浪作用标志。

一般认为 Tilje 组沉积时期三种作用过程的相对强度没有发生显著变化。另一方面，从 Åre 组下段以波浪（风暴）作用为主突变为 Tilje 组总体受潮汐作用影响，可能主要受外生作用控制，如裂谷盆地级别的区域构造变动。波浪能量的突然减小与潮汐水流作用重要性的增加都可解释为构造运动形成了一个更具漏斗形状的河湾，部分阻挡了波浪作用，潮汐水流得以增强。

### 13.5.2 气候

研究区古纬度位于温暖气候的中纬度区（Doré，1991），温度和降水季节性变化强（Hallam，1994），层序 2（T3.1 单元）中段分流河口坝沉积里明显的洪水期—间洪水期层理反映了季节性变化（Ichaso 和 Dalrymple，2009）。在这种环境里，季节性补给变化（Day 等，1995）促进了流水成因构造的形成和较粗砂粒的补给，间洪水期通常以潮汐和（或）波浪作用为主。T3.1 和 T5.1 的河口坝远端和三角洲前缘近端沉积里见厚层泥流层，表明洪水引起了浊流排放作用，浊流最远可来自河口（Bhattacharya 和 MacEachern，2009），沉积在比间洪水期对应更远端的位置。同样的沉积环境下，Tilje 组 T3.1 中段沉积的季节性标志较为发育，而 T5.1 则不太发育，表明一定程度上，Tilje 组沉积早期的降水和径流事件比随后的 Tilje 组沉积时期更为密集。

### 13.5.3 可容空间（海面升降和构造运动）

海平面升降曲线表明早侏罗世有一次可达 100m 幅度的相对海平面上升（Haq 等，1987；Hallam，1988；Surlyk，1990），与区域上可容空间的产生时间一致。与北大西洋开启时期裂谷作用相关的同构造沉降（Doré，1991）可能是产生 150~220m 厚 Tilje 组沉积空间的最主要原因。在所研究的层序全部持续时间里，可容空间的产生和沉积物供应大体上是均衡的，实际上在整个 Tilje 组沉积期，沉积环境都处于海岸数千米之内，因此 Smørbukk 地区为过充填—均衡盆地，具常见的裂谷初期（前裂谷晚期—同裂谷早期）特征（Ravnås 和 Steel，1998；Withjack 等，2002）。

Smørbukk 地区地震资料解释（Marsh 等，2010）指出 Åre 组上段（图 13.23）沉积时期为裂谷初期，与北东—南西向正断层（包括 Testakk 和 Smørbukk 盲断层）局部缓慢向西往下运动相符，形成了北东—南西向半地堑形态（Corfield 和 Sharp，2000）。储层单元的扁平形态表明断层的差异运动显著小于区域上沉降（沉积空间）形成的速度。在整个 Tilje 组沉积时期，Testakk 和 Smørbukk 断层分别向北和向南传播（Marsh 等，2010），在 Smørbukk 油田东侧和 Smørbukk 断层上盘形成孤立的、同沉积的、较浅的沉积中心（图 13.23）。这些相对较快速的沉降对 Tilje 组起到精细的控制作用，产生了有更多可容空间的地区，层序 2 下段（T1.1.1—T2）和层序 3 下段（T3.2—T4）往油田北部和东部增厚（图 13.19 剖面 1 和剖面 2）。这些局部增厚的地区表明，在 Åre 组上段和 Tilje 组沉积时期可容空间的增长有短暂变化，Smørbukk 断层和 Trestakk 断层运动不是恒定的，说明裂谷初期的构造脉动或变形递变（Gawthorpe 和 Leeder，2000；Ravnås 等，2000）比较普遍，导致研究区局部发生多个沉降事件，多数集中在普林斯巴阶（沉积）早期和中期。T1.1.2 和 T1.2 储层段（图 13.19 剖面 1 和剖面 2）里的斜坡地形与局部增厚作用有关，并形成相对加速沉降的地区。斜坡高度（每个均可达 15m）说明水深大约在 20~25m 之间，假设斜坡顶部—远端点水深为 10m（Hansen 和 Rasmussen，2008），如果考虑压实作用，水深就可能多达 40m（Terwindt 和 Breusers，1972；Nordahl，2004）。一次明显加速的裂谷作用（Marsh 等，2010），伴有主要的张性构造活动（Ravnås 和 Steel，1998；Gawthorpe 和 Leeder，2000），引起了一次区域性快速洪泛事件，以及 Ror 组和 Tofte 组大范围的陆架沉积作用。

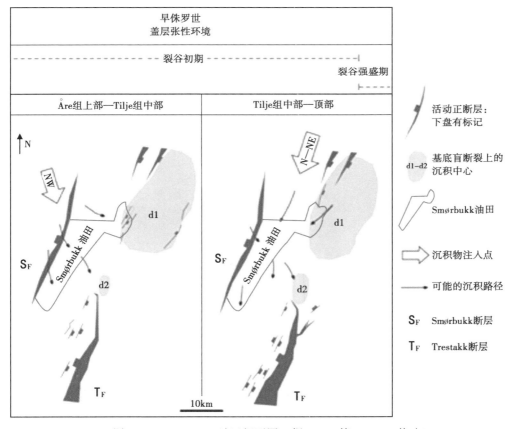

图 13.23　Smørbukk 油田纲要图（据 Marsh 等，2010，修改）
显示活动断层及推测的 Åre 和 Tilje 组沉积物卸载模式

　　本文的沉积相展布与 Marsh 等（2010）解释的扩散路径模式非常一致（图 13.23），表明沉积注入点有一个突变，从层序 2 的北西注入点［图 13.24（A）］转化到层序 3 的北—北东注入点［图 13.24（B）］。前者沿构造倾向倾斜，后者大部分与北东—南西向断层平行，并与断层运动相关的沉降差异吻合。注入点的改变对应 SB3 的形成（Martinius 等，2001），即形成于普林斯巴阶（沉积早—中期二级海平面降低时期（Hallam，1988；Surlyk，1990；Hallam，1999）。这次古地理变化可能由两个过程引起：（1）河流改道；（2）构造运动引起河流体系重新定位。但在 Tilje 组沉积早期（层序 2 沉积时期）很长一段时间里，沉积注入点位置较为固定，变细趋势恒定（图 13.20，图 13.21）和缺少补偿样式沉积结构证实了这一点，表明主要河流体系可能受控于北—北西向的构造（地形）。因此 SB3 形成时期的注入点突变表明存在一次主要的构造运动，使河流转向到一个新的轴向（北—北东到南—南东）路径（Bosence，1998）。

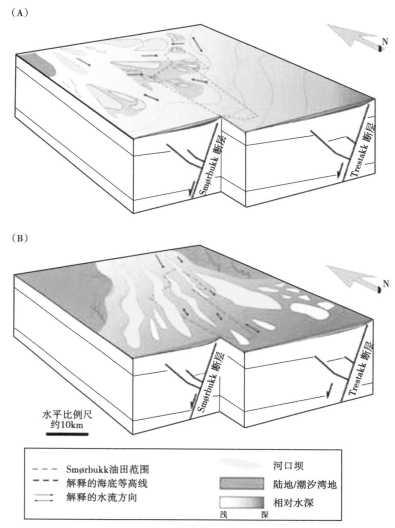

图 13.24　Smørbukk 油田（点线内）Tilje 组岩相古地理重建模式图

相对位置参考 Smørbukk 和 Trestakk 断层。（A）Tilje 组下部—中部（T1.2—T3.1）沉积时；（B）Tilje 组中部—上部（T3.2—T4）沉积时

## 13.6 结论

根据沉积特征在 Smørbukk 油田 Åre 组上段（A3）—Tilje 组顶部（T6）地层中识别出七个岩相和八个亚相，根据砂/泥比例、层理样式、粒度、沉积构造及生物扰动程度和类型对复杂的异粒岩相进行了分类，根据特定相共生识别出十个相组合（FA）。

Tilje 组（150~220m 厚）被划分为 2 个主要的整体呈板状的层序。层序 2（Tilje 组下段—中段，T1—T3）以区域间断面（SB2，SB3）为界（底和顶），层序 2 与下伏 Åre 组上段（A3）下—中临滨沉积层侵蚀性接触，局部往南有轻微下切，沉积注入点来自北西，倾斜穿过 Smørbukk 断层，通常表现为北—北西到南—东向朵页状近端—远端相展布趋势。层序 2 下段由受潮汐作用影响的水道化分流河口坝组成，侧向变为三角洲前缘和前三角洲沉积。纵向上这些沉积形成米级到数十米级向上变粗、砂质含量增高的异粒岩准层序和准层序组，底界和顶界为高阶洪泛面，代表了海面升降（构造性海平面上升）的间歇期。层序内部表现出受更近端潮汐作用影响和受更远端波浪（风暴）作用影响的三角洲前缘沉积之间的复杂变换。这种转换可能是基准面上升和洪泛作用期三角洲朵叶转换的结果，此时三角洲前缘波浪和风暴能量取代了潮汐作用过程。总体上 Smørbukk 油田 Tilje 组表现为以潮汐和河流作用影响为主，本文研究表明波浪和风暴能量在地层意义上也是重要而不可忽视的。本文认为 Smørbukk 油田 Tilje 组代表了一种受潮汐—波浪混合影响的三角洲体系，而不是以前解释的以潮汐作用为主的环境。

层序 3（Tilje 组中段—上段，T3.2—T6）以侵蚀界面（SB3）上覆于 T3.1 的河口坝和三角洲前缘沉积之上，几乎无下切作用，层序 3 被一个洪泛面覆盖，洪泛面是向 Ror 组浅海相沉积转换的标志。T3.2—T5.1 段保留了整个 Tilje 组的最近端相带，主要为潮汐—河流分流河道和点沙坝沉积，是相对基准面下降期从北—北东向南南西方向的河流沉积。T5.2 上段和 T6 记录了一次洪泛事件和一次主要的潮汐—河流三角洲往北—北东的回退。Tilje 组上段主要由水道异粒岩化的分流河口坝和潮汐—波浪混合三角洲前缘沉积组成，这里认为它反映了区域性洪泛事件的开始，事件导致 Ror 组形成浅海陆架环境沉积。

Tilje 组还记录了河流流量的季节性变化。高流量时期以水道化分流河口坝沉积里的弱生物扰动细砂—中砂岩和厚层泥流层为特征，这些沉积物与指示了低流量期的中等—密集生物扰动、极细粒—细粒异粒岩沉积互层，低流量期水流速度和悬浮物含量都较小，盐度较高。这种样式表明降水量有较强的季节性变化，反映了侏罗纪温暖气候的特征，是物源区风化作用和沉积供应的主要影响因素之一。在 Tilje 组下段—中段沉积时期季节性变化更为重要，表明存在长期的季节性变化。

结合断层活动的时间模型和地层学解释，认为 Tilje 组形成于同裂谷期早期一个由朝西下掉的断块旋转运动形成的北东—南西向半地堑内。短期构造运动形成或强化了沉积地层里的 2 个主要层序边界（SB2，SB3），这两个边界标志着差异沉降开始加速，在 Trestakk 和 Smørbukk 盲正断层的西边立刻出现一些局部的较浅沉积中心，表现为储层段局部加厚和水深比周围地区深 25~40m。第一次运动（SB2）造成从以波浪作用为主到以潮汐作用为主的沉积突变，可能是因为形成漏斗形断裂陷盆地，潮汐作用得以增强，波浪作用受到抑制，第二次运动（SB3）造成了沉积分散路径的突变。

**致谢**

  R. W. Dalrymple 博士的研究基金来自 Statoil ASA 公司的下侏罗统 Åre 组上段和 Tilje 组区域古环境研究项目。感谢 Statoil operated Heidrun 和 Åsgard Units 的所有者 Statoil ASA，ConocoPhillips Scandinavia，Petoro，Eni Norge AS，Total E&P Norge 和 ExxonMobil 允许采集有关的 Tilje 组岩心样品。特别感谢 Allard Martinius 启动了这个项目，并在执行中给予技术支持且参加研讨。感谢 Arve Næss 和 Morten Krogh 提供了岩心资料、测井数据和相关的 Statoil ASA 公司内部研究报告，Bjørn Terje Oftedal 提供了 2007 和 2009 年关于 Tilje 组的研讨和岩心评价报告。感谢 Statoil-Heidrun 操作部门提供的信息和技术支持。

## 参 考 文 献

Ashley, G. M., Southard, J. B. and Boothroyd, J. C. (1982) Deposition of climbing-ripple beds: a flume simulation. *Sedimentology*, 29, 67-79.

Baker, E. K., Harris, P. T., Keene, J. B. and Short, S. A. (1995) Patterns of sedimentation in the macrotidal Fly River delta, Papua New Guinea. In: *Tidal Signatures in Modern and Ancient Sediments* (Eds B. W. Flemming and A. Bartholoma), *Int. Assoc. Sedimentol. Spec. Publ.*, 24, 193-211.

Bann, K. L., Tye, S. C., MacEachern, J. A., Fielding, C. R. and Jones, B. G. (2008) Ichnological and sedimentological signatures of mixed wave- and storm-dominated deltaic deposits: examples from the Early Permian Sydney basin: Australia. In: *Recent Advances in Models of Siliciclastic Shallow-Marine Stratigraphy* (Eds G. J. Hampson, R. J. Steel, P. P. Burges and R. W. Dalrymple), *SEPM Spec. Publ.*, 90, 293-332.

Bhattacharya, J. P. (2010) Deltas. In: *Facies Models* 4 (Eds N. P. James and R. W. Dalrymple), St. John's, Geol. Assoc. Can., 233-264.

Bhattacharya, J. P. and Giosan, L. (2003) Wave-influenced deltas: geomorphological implications for facies reconstruction. *Sedimentology*, 50, 187-210.

Bhattacharya, J. P. and MacEachern, J. A. (2009) Hyperpycnal rivers and prodeltaic shelves in the Cretaceous seaway of North America. *J. Sed. Res.*, 79, 184-209.

Bosence, D. W. J. (1998) Stratigraphic and sedimentological models of rift basins. In: *Sedimentation and Tectonics of Rift Basins: Red Sea-Gulf of Aden* (Eds B. H. Purser and D. W. J. Bosence), Chapman & Hall, London, 9-25.

Boyd, R. (2010) Transgressive wave-dominated coasts. In: *Facies Models* 4 (Eds N. P. James and R. W. Dalrymple), St. John's, *Geol. Assoc. Can.*, 265-294.

Brekke, H., Sjulstad, H. I., Magnus, C. and Williams, R. W. (2001) Sedimentary environments offshore Norway-an overview. In: *Sedimentary environments offshore Norway - Palaeozoic to recent* (Eds O. J. Martinsen and T. Dreyer), *Nor. Petrol. Soc. Spec. Publ.*, 10, 7-37.

Brown, S. and Richards, P. C. (1989) Facies and development of the Middle Jurassic Brent Delta near the northern limit of its progradation, UK North Sea. In: *Deltas: Sites and Traps for Fossil Fuel* (Eds M. K. Whateley and K. T. Pickering), *Geol. Soc. London Spec. Publ.*, 41, 253-267.

Catuneanu, O. (2006) *Principles of Sequence Stratigraphy*. Elsevier, Amsterdam.

Collinson, J. D. and Thompson, D. B. (1982) *Sedimentary Structures*, 2nd edn, Harper Collins Academic, NY, 208p.

Corfield, S. and Sharp, I. R. (2000) Structural style and stratigraphic architecture of fault propagation folding in extensional settings: a seismic example from the Smørbukk area, Halten Terrace, Mid-Norway. *Basin Res.*, 12, 329–341.

Cowan, C. A. and James, N. P. (1992) Diastasis cracks: mechanically generated syneresis-like cracks in the Upper Cambrian shallow water oolite and ribbon carbonates. *Sedimentology*, 39, 1101–1118.

Dalland, A., Worsley, D. and Ofstad, K. (1988) A lithostratigraphic scheme for the Mesozoic and Cenozoic succession offshore mid-and northern Norway, *Norw. Petrol. Direct. Bull.*, 4, 87 pp.

Dalrymple, R. W., Zaitlin, B. A. and Boyd, R. (1992) Estuarine facies models: conceptual basis and stratigraphic implications. *J. Sed. Petrol.*, 62, 1130–1146.

Dalrymple, R. W., Baker, E. W., Harris, P. T. and Hughes, M. G. (2003) Sediment and stratigraphy of a tidedominated, foreland basin delta (Fly River, Papua, New Guinea). In: *Tropical deltas of Southeast Asia-Sedimentology, Stratigraphy and petroleum Geology* (Eds H. Sidi, D. Nummedal, P. Imbert, H. Darman and H. W. Posamentier), SEPM Spec. Publ., 76, 147–173.

Dalrymple, R. W. and Choi, K. (2007) Morphologic and facies trends through the fluvial-marine transition in tide-dominated depositional systems: a schematic framework for environmental and sequence-stratigraphic interpretation. *Earth-Sci. Rev.*, 81, 135–174.

Dalrymple, R. W. (2010) Introduction to siliciclastic facies models. In: *Facies Models* 4 (Eds N. P. James and R. W. Dalrymple), St. John's, Geol. Assoc. Can., 59–72.

Dalrymple, R. W., Mackay, D. A., Ichaso, A. A. and Choi, K. S. (2011) Processes, morphodynamics and facies of tidedominated estuaries. In: *Principles of Tidal Sedimentology* (Eds R. A. Davis, Jr. and R. W. Dalrymple), New York, Springer, 79–107.

Day, Jr., J. W., Pont, D., Hensel, P. F. and Ibanez, C. (1995) Impacts of sea-level rise on deltas in the Gulf of Mexico and the Mediterranean: the importance of pulsing events to sustainability. *Estuaries*, 18, 636–647.

Doré, A. G. (1991) The structural foundation and evolution of Mesozoic seaways between Europe and the Artic. *Palaeogeogr. Palaeoclimatol. Palaeocol.*, 87, 441–492.

Dreyer, T. (1992) Significance of tidal cyclicity for modelling of reservoir heterogeneities in the lower Jurassic Tilje Formation, mid-Norwegian shelf. *Nor. Geol. Tidsskr.*, 72, 159–170.

Duke, W. L., Arnott, R. W. C. and Cheel, R. J. (1991) Shelf sandstones and hummocky cross-stratification: New insights on a storm debate. *Geology*, 19, 625–628.

Dumas, S., Arnott, R. W. C. and Southard, J. B. (2005) Experiments on oscilatory-flow and combined-flow bed forms: implications for interpreting parts of the shallowmarine sedimentary record. *J. Sed. Res.*, 75, 501–513.

Ehrenberg, S. N., Gjerstad, H. M. and Hadler-Jacobsen, F. (1992) Smørbukk field: A gas condensate fault trap in the Haltenbanken Province, offshore mid-Norway. In: *Giant Oil and Gas*

*Fields of the Decade 1978-1988* (Ed. M. T. Halbouty), *AAPG Mem.*, 54, 323-348.

Elliott, T. (1974) Interdistributary bay sequences and their genesis. *Sedimentology*, 21, 611-622.

Frings, R. M. (2008) Downstream fining in large sand-bed rivers. *Earth-Sci. Rev.*, 87, 39-60.

Gawthorpe, R. L. and Leeder, M. R. (2000) Tectonosediemntary evolution of active extensional basins. *Basin Res.*, 12, 195-218.

Gradstein, F. M., Agterberg, F. P., Ogg, J. G., Hardenbol, J., van Veen, P., Thierry, J. and Huang, Z. H. (1995) A Triassic, Jurassic and Cretaceous time scale. In: *Geochronology, Time Scales and Global Stratigraphy Correlation* (Eds W. A. Berggren, D. V. Kent, M. P. Aubry and J. Hardenbol), *SEPM Spec. Publ.*, 54, 95-126.

Hallam, A. (1988) A re-evaluation of Jurassic eustasy in the light of new data and the revised Exxon curve. In: *Sea - level Changes: an Integrated Approach* (Eds C. K. Wilgus, B. S. Hastings, C. C. St. C. Kendall, H. Posamentier, C. A. Ross and J. Van Wagoner), *SEPM Spec. Publ.*, 42, 261-273.

Hallam, A. (1994) Jurassic climates as inferred from the sedimentary and fossil record. In: *Palaeoclimates and Their Modelling: With Special Reference to the Mesozoic Era* (Eds J. R. L. Allen, B. J. Haskins, B. W. Sellwood, R. A. Spicer and P. J. Valdes), 79-88, Chapman & Hall, London.

Hallam, A. (1999) Evidence of sea-level fall in sequence stratigraphy: Examples from the Jurassic. *Geology*, 27, 343-346.

Hansen, J. P. V. and Rasmussen, E. S. (2008) Structural, sedimentologic and sea-level controls on sand distribution in a steep-clinoform asymmetric wave-influenced delta: Miocene Billund sand, Eastern Danish North Sea and Jylland. *J. Sed. Res.*, 78, 130-146.

Haq, B. U., Handenbol, J. and Vail, P. R. (1987) Chronology of fluctuating sea level since the Triassic. *Science*, 235, 1156-1167.

Hill, P. R., Meulé, S. and Longuépée, H. (2003) Combined flow processes and sedimentary structures on the shoreface of the wave-dominated Grande-Rivière-de-la-Baleine-delta. *J. Sed. Res.*, 73, 217-226.

Howell, J. A. and Flint, S. S. (1996) A model for high resolution sequence stratigraphy within extensional basins. In: *High Resolution Sequence Stratigraphy: Innovations and Applications* (Eds J. A. Howell and J. F. Aitken), *Geol. Soc. Lond. Spec. Publ.*, 104, 129-137.

Hunter, R. E. and Clifton, H. E. (1982) Cyclic deposits and hummocky cross-stratification of probable storm origin in Upper Cretaceous rocks of the Cape Sebastian area, southwestern Oregon. *J. Sed. Petrol.*, 52, 0127-0143.

Ichaso, A. A. (2012) *Spatial and Temporal Controls on the Development of Heterolithic, Lower Jurassic Tidal Deposits (Åre and Tilje Formations), Haltenbanken Area, Offshore Norway.* Queen's University, Unpubl. Ph. D. thesis, 252 pp.

Ichaso, A. A. and Dalrymple, R. W. (2009) Tide-and wavegenerated fluid mud deposits in the Tilje Formation (Jurassic), offshore Norway. *Geology*, 37, 539-542.

Ingram, R. L. (1954) Terminology for the thickness of stratification and parting units in sedimentary rocks. *Geol. Soc. Am. Bull.*, 65, 937–938.

Klefstad L., Kvarsvik, S., Ringås, J. E., Stene, J. J. and Sundsby, O. (2005) Characterization of deeply buried heterolithic tidal reservoirs in the Smørbukk Field using inverted post-stack seismic acoustic impedance. *Petrol. Geosci.*, 11, 47–56.

Klein, G. de V. and Marsaglia, K. M. (1987) Hummocky cross-stratification, tropical hurricanes and intense winter storms. *Sedimentology*, 34, 333–359.

Lowe, D. R. (1979) Sediment gravity flows: their classification and some problems of application to natural flows and deposits. In: *Geology of continental slope* (Eds L. J. Doyle and J. H. Pilkey), *SEPM Spec. Publ.*, 27, 75–82.

MacEachern, J. A. and Bann, K. L. (2008) The role of Ichnology in refining shallow marine facies models. In: *Recent Advances in Models of Siliciclastic Shallow-Marine Stratigraphy* (Eds G. J. Hampson, R. J. Steel, P. P. Burges and R. W. Dalrymple), *SEPM Spec. Publ.*, 90, 73–116.

MacEachern, J. A., Bann, K. L., Bhattacharya, J. P. and Howell, C. D., Jr. (2005) Ichnology of deltas, organism responses to the dynamic interplay of rivers, waves, storms and tides. In: *River Deltas; Concepts, Models and Examples* (Eds L. Giosan and J. P. Bhattacharya), *SEPM Spec. Publ.*, 83, 49–85.

MacEachern, J. A., Bann, K. L., Gingras, M. K. and Pemberton, S. G. (2006) The ichnofacies paradigm: high-resolution palaeoenvionmental interpretation of the rock record. In: *Applied Ichnology* (Eds J. A. MacEachern, K. L. Bann, M. K. Gingras and S. G. Pemberton), *SEPM Sht. Crs. Notes*, 52, 26–63.

Makaske, B. and Weerts, H. J. T. (2005) Muddy lateral accretion and low stream power in a sub-recent confined channel belt, Rhine–Meuse delta, central Netherlands. *Sedimentology*, 52, 651–668.

Mángano, M. G., Buatois, L. A., Wu, X., Sun, J. and Zhang, G. (1994) Sedimentary facies, depositional processes and climatic controls in a Triassic lake, Tanzhuang Formation, western Henan Province, China. *J. Palaeontol.*, 11, 41–65.

Marsh, N., Imber, J., Holdsworth, R. E., Brockbank, P. and Ringrose, P. (2010) The structural evolution of the Halten Terrace, offshore Mid–Norway: extensional fault growth and strain localisation in a multi-layer brittleductile system. *Basin Res.*, 22, 195–214.

Martinius, A. W., Kaas, I., Næss, A., Helgesen, G., Kjærefjord, J. M. and Leith, D. A. (2001) Sedimentology of the heterolithic and tide-dominated Tilje Formation (Early Jurassic, Halten Terrace, offshore mid-Norway). In: *Sedimentary Environments Offshore Norway –Palaeozoic to Recent* (Eds O. J. Martinsen and T. Dreyer), *Nor. Petrol. Soc. Spec. Publ.*, 10, 103–144.

Martinius, A. W., Ringrose, P. S., Brostrøm, C., Elfenbein, C., Næss, A. and Ringås, J. E. (2005) Reservoir challenges of heterolithic tidal sandstone reservoirs in the Halten Terrace, mid-Norway. *Petrol. Geosci.*, 11, 3–16.

Mulder, T., Syvitski, J. P. M., Migeon, S., Faugères, J. -C. and Savoye, B. (2003) Marine hyperpycnal flows: initiation, behaviour and related deposits. A review. *Mar. Petrol. Geol.*,

20, 861–882.

Nemec, W. and Steel, R. J. (1984) Alluvial and coastal conglomerates: Their significant features and some comments on gravelly mass–flow deposits. In: *Sedimentology of gravels and conglomerates* (Eds E. H. Koster and R. J. Steel), *Can. Soc. Petrol. Geol. Mem.*, 10, 1–31.

Nordahl, K. (2004) A petrophysical evaluation of tidal heterolithic deposits. Doctoral Thesis, 432 p. NTNU, Trondheim.

Olariu, C. and Bhattacharya, J. P. (2006) Terminal distributary channels and delta front architecture of river–dominated delta systems. *J. Sed. Res.*, 76, 212–233.

Parker, G. (1991) Selective sorting and abrasion of river gravel. I: Theory. *J. Hyd. Eng.*, 117, 131–149.

Pemberton, S. G., Spila, M., Pulham, A. J., Saunders, T., MacEachern, J. A., Robbins, D. and Sinclair, I. K. (2001) Ichnology & Sedimentology of shallow to marginal marine systems: Ben Nevis & Avalon reservoirs, Jeane d'Arc Basin. *Geol. Assoc. Can. Sht. Crs. Notes*, 15, 343 pp.

Ravnås, R. and Steel, R. J. (1998) Architechture of marine riftbasin successions. *AAPG Bull.*, 82, 110–146.

Ravnås, R., Nøttvedt, A., Steel, R. J. and Windelstad, J. (2000) Syn–rift sedimentary architechtures in the Northern North Sea. In: *Dynamics of the Norwegian Margin* (Eds A. Nøttvedt, B. T. Larsen, S. Olaussen, B. Torudbakken, J. Skogseid, R. H. Gabrielsen, H. Brekke and O. Birkeland), *Geol. Soc. London Spec. Publ.*, 167, 133–177.

Reineck, H. E. and Wunderlich, F. (1968) Classification and origin of flaser and lenticular bedding. *Sedimentology*, 11, 99–104.

Snedden, J. W. and Dalrymple, R. W. (1998) Modern shelf sand bodies: an integrated hydrodynamic and eolutionary model. In: *Isolated Shallow Marine Sandbodies: Sequence Stratigraphic Analysis and Sedimentologic Interpretation* (Eds K. Bergman and J. W. Snedden, *SEPM Spec. Publ.*, 64, 13–28.

Straub, K. M., Paola, C., Mohrig, D., Wolinsky, M. A. and George, T. (2009) Compensational stacking of channelized sedimentary deposits. *J. Sed. Res.*, 79, 673–688.

Surlyk, F. (1990) A Jurassic sea–level curve for East Greenland. *Palaeogeogr. Plaeoclimatol. Palaeoecol.*, 78, 71–85.

Svela, K. E. (2001) Sedimentary facies in the fluvial–dominated Åre Formation as seen in the Åre 1 member in the Heidrun Field. In: *Sedimentary environments offshore Norway –Palaeozoic to recent* (Eds O. J. Martinsen and T. Dreyer), *NPF Spec. Publ.*, 10, 87–102.

Tanavsuu–Milkeviciene, K. and Plink–Björklund, P. (2009) Recognizing tide–dominated versus tide–influenced deltas: Middle Devonian strata of the Baltic Basin. *J. Sed. Res.*, 79, 887–905.

Terwindt, J. H. J. and Breusers, H. N. C. (1972) Experiments on the origin of flaser, lenticular and sand–clay alternating bedding. *Sedimentology*, 19, 85–98.

Thomas, R. G., Smith, D. G., Wood, J. M., Visser, J., Calverley–Range, E. A. and Koster, E. H. (1987) Inclined heterolithic stratification: terminology, description, interpretation and significance. *Sed. Geol.*, 53, 123–179.

Traykovski, P., Geyer, W. R., Irish, J. D. and Lynch, J. F. (2000) The role of wave-induced density-driven fluid mud flows for cross-shelf transport on the Eel River continental shelf. *Cont. Shelf Res.*, 20, 2113–2140.

Turner, B. R., Stanistreet, I. G. and Whateley, M. K. G. (1981) Trace fossils and palaeoenvironments in the Ecca Group of the Nongoma Graben, northern Zululand, South Africa. *Palaeogeogr. Palaeoclimatol. Palaeocol.*, 36, 113–123.

Van den Berg, J. H., Boersma, J. R. and Van Gelder, A. (2007) Diagnostic sedimentary structures of the fluvial-tidal transition zone - Evidence from deposits of the Rhine and Meuse. *Geol. Mijnbouw*, 86, 287–306.

Visser, M. J. (1980) Neap-spring cycles reflected in Holocene subtidal large-scale bedform deposits: a preliminary note. *Geology*, 8, 543–546.

Walker, R. W. and Plint, A. G. (1992) Wave- and storm-dominated shallow marine systems. In: *Facies Models Response to Sea Level Change* (Eds R. G. Walker and N. P. James), St. John's, *Geol. Assoc. Can.*, 219–238.

Withjack, M. O., Schlische, R. W. and Olsen, P. E. (2002) Riftbasin structure and its influence on sediment systems. In: *Sedimentation in Continental Rifts* (Eds R. W. Renault and G. M. Ashley), *SEPM Spec. Publ.*, 73, 57–81.

Xu, J. (2002) Implication of relationships among suspended sediment size, water discharge and suspended sediment concentration: the Yellow River basin, China. *Catena*, 49, 289–307.

Yang, B. C., Dalrymple, R. W. and Chun, S. S. (2005) Sedimentation on a wave-dominated, open-coast tidal flat, south western Korea: summer tidal flat - winter shoreface. *Sedimentology*, 52, 235–252.

Yang, B. C., Dalrymple, R. W. and Chun, S. S. (2006) The significance of hummocky cross-stratification (HCS) wavelenghts: evidence from an open-coast tidal flat, South Korea. *J. Sed. Res.*, 76, 2–8.

# 14 构造对北海北部侏罗系 Brent 群沉积构型的影响

Atle Folkestad　Tore Odinsen　Haakon Fossen
Martin A. Pearce 著
吴因业　方　向　王　越　翟秀芬 等译

**摘要**：从先前研究中可知，北海北部中侏罗沉积序列曾受同沉积断裂活动的影响和控制。本文针对 Gullfaks-Kvitebjørn 地区的研究，用地震剖面、井间对比和钻井心进一步深化上述认识，评价能够同北海北部中—晚侏罗世裂谷作用相联系的特征。区域性东西向大剖面显示，在两条长期活动的二叠—三叠纪断裂之间侏罗系沉积序列在走向剖面整体呈楔形体，从 Ness 组向上具有明显的不对称厚度分布。在一条过 Kvitebjørn 油田的剖面上就显示该特征，而且厚度差异愈加突出。我们认为，中侏罗世构造活动的沉积响应反映在：具有叠置潮汐沙丘的局部沉积中心的形成，地层单元内沿走向出现岩性特征的差异，在旋转断块扇形上盘区沿不规则海岸随潮汐流增强的相变。综合这些资料表明，Gullfaks-Kvitebjørn 剖面中—晚侏罗世裂谷期始于早期（Ness 组底），在二叠—三叠纪大断块的顶端发生挠曲从而导致了该区 Brent 群复杂的地层发育。

**关键词**：Brent 群；同沉积构造；中侏罗世；早期主裂谷阶段；北海北部

## 14.1 概述

北海北部侏罗系（图 14.1）是世界上研究最好的拉张裂谷盆地之一，因为它有广泛的油气勘探与生产以及十分重要的中侏罗统 Brent 群。盆地中侏罗系碎屑岩直接或间接受构造活动影响。因此，了解这种活动怎样影响沉积环境是重要的。构造与北海北部侏罗系序列沉积之间的相互作用在一系列研究中已经有所讨论，尽管存在不同的聚焦和解释（Helland-Hansen 等，1992；Steel，1993；Johannessen 等，1995；Færseth，1996；Fjellanger 等，1996；Ravnås 等，2000；Davies 等，2000；Hampson 等，2004）。

北海北部盆地建立在断裂和剪切带的构造格架上，形成于加里东造山期，随后在泥盆纪造山带拉张塌陷（Fossen 等，2008）。盆地受两期造山后岩石圈裂谷幕的影响，一个在晚二叠世—早三叠世（Beach 等，1987；Gabrielsen 等，1990；Færseth 等，1995a），一个在中—晚侏罗世（Leeder，1983；Badley 等，1988；Rattey 和 Hayward 1993；Færseth 等，1997）。关于二叠纪—早三叠世拉伸的时间、重要性及侧向范围细节已经争论了很久（Giltner 1987；Gabrielsen 等，1990，Færseth 等，1995a；Roberts 等，1995；Færseth，1996）。大型掀斜断块以主断层为界，具有几千米级别的拉伸距离，形成于宽度 150km 的南北向晚古生代盆地中。在随后裂谷的热沉降时期，断层出现在两侧边缘（Steel 和 Ryseth，1990），起因于热沉降的侧向变化、沉积物载荷、压实作用和挠曲之间的相互作用（Badley 等，1988）。

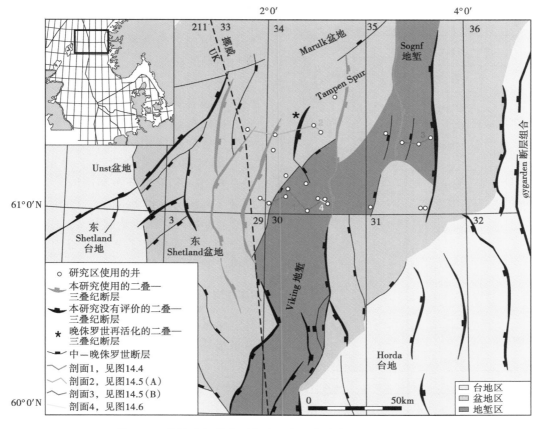

图 14.1 北海北部的主要构造要素（修改自 Færseth，1996）
使用过的剖面和井已经被标示出来

侏罗纪裂谷作用起始的精确日期也是争论的主题（Gabrielsen 等，1990）。巴柔期—巴通期沉降增加和早期断块反转的证据，令许多工作者总结出裂谷作用起始于这一时期（Badley 等，1988；Helland-Hansen 等，1992；Ravnås 等，1997）。二叠—三叠纪主断层再活化是在侏罗纪裂谷期，同时有新形成的主断层，一起影响整个盆地的总体构造样式，促进了分割，控制了部分地区的沉降模式（Yielding 等，1992；Færseth，1996；Odinsen 等，2000a；Hampson 等，2004）。

Brent 群（图 14.2）是北海北部主要的储层单元，其发育与北海北部穹隆及北海北部晚期裂谷前和早裂谷期的构造沉降密切相关。Brent 三角洲向北前进就是北海北部穹隆隆升和侵蚀的结果。它向北远至 62°N，其前进被三个因素组合才停止：(1) 增加了断层活动和沉降，这与侏罗纪裂谷期的开始有关（Ravnås 等，1997）；(2) 相对海平面上升；(3) 消耗了沉积物供给，这是由于三角洲前缘过度延伸（Helland-Hansen 等，1992）。几项研究已经推测了准确的时间和侏罗纪裂谷期的时段。一些作者（Jennette 和 Riley，1996；Hampson 等，2004）认为裂谷期是在晚侏罗世，提出中侏罗统 Brent 群完全为裂谷前（或裂谷后，对应于前述的二叠—三叠纪）。其他人提出，裂谷作用开始于 Brent 群上部沉积时期（Tarbert 组，晚巴柔期；Johannessen 等，1995；Løseth 等，2009；Davies 等，2000）。一些研究（包括 Helland-Hansen 等，1992；Fjellanger 等，1996；Færseth，1996；Ravnås 等，1997）认为，

395

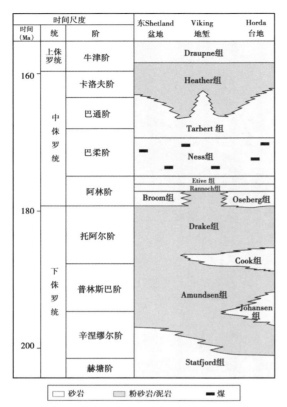

图 14.2 北海北部侏罗系地层柱状图
（修改自 Husmo 等，2003）

同裂谷期沉积作用开始于巴柔阶 Ness 组（上部）（图 14.2）。Fält 等（1989）指出，Ness 组厚层三角洲平原序列可能是同沉积断层活动的标志。

正如 Davies 等（2000）所述，对侏罗纪早期裂谷作用了解得少，是因为裂谷作用的初始标志较隐蔽。重要的是，断层活动既包含在侏罗纪裂谷期的早期，也包含在主要裂谷期，这会对沉积物充填样式、水系模型、沉积相分布和岸线复杂性起作用（Gawthorpe 和 Leeder，2000）。为了调查裂谷起始期、沉积响应和对 Brent 群的潜在作用，下面提出了一个裂谷前—同裂谷期模型的总体框架。

### 14.1.1 裂谷前—同裂谷期的概念模型

Nøttvedt 等（1995）强调，裂谷系统通常被描述为三个时期的模型，活动的地壳拉伸和断裂（同裂谷期）之前有原裂谷（裂谷前；图 14.3），随后是后裂谷期。原裂谷阶段以平缓的盆地挠曲和发生较小的垂向运动（沿原先存在的断层）为特征（Gabrielsen 等，1990）。后裂谷期以盆地地形的沉积物充填为特征，其地形从活动的拉伸阶段继承而来，少量断层运动可以出现在一些侏罗纪主断层附近（White 和 McKenzie，1988；Nøttvedt 等，1995）。下文有针对裂谷期更为详细的描述。

#### 14.1.1.1 裂谷前—同裂谷期的一般构造模型

北海北部侏罗纪活动拉伸的演化通常被描述为三个阶段的构造模型，总结如下（Nøttvedt 等，1995；Færseth 等，1995a；Ravnås 等，2000）。

（1）早期（初始）裂谷阶段：
①初始裂谷阶段以发育分散的正断层群和分散的局部凹陷为特征。
②断层的扩展以断层连接点开始，其中一些会发生早期断层的消亡。
③下盘开始挠曲。
④断块开始掀斜。

（2）主裂谷阶段：
①过渡到裂谷顶峰，相应会有裂谷事件早期盆地范围沉降速率突然增加（Steckler 等，1988）。Gupta 等（1998）提出，从裂谷初始到裂谷顶峰的过渡出现在断层活动变为局部化时（图 14.3）。随着活动断层数量的减少，断层替代的速率增加，因此构造沉降速率增加。
②断层连接程度的增加和断层消亡的加快。
③断块的旋转逐步扩大，在下盘断层脊形成潜在的滑塌。

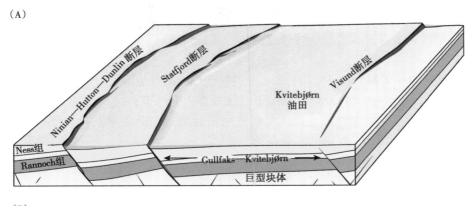

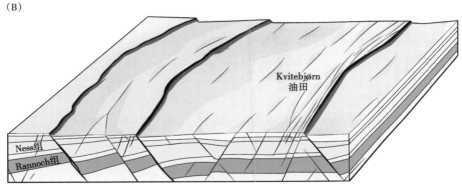

图 14.3 裂谷发育期的断层群和断层连接槽时间

（A）二叠—三叠纪断层显示的前裂谷。（B）初始裂谷阶段。初始裂谷的孤立小断层被解释为局部沉积中心的始作俑者，记录于 Ness 砂岩底部

④幕式断层运动导致掀斜速率和可容空间的改变。

⑤下盘挠曲。

（3）晚期裂谷阶段（或过渡到后裂谷）：

①掀斜速率减少。

②淹没的断块脊。

③向盆地裂谷轴部开始旋转。

#### 14.1.1.2 裂谷前—同裂谷期的一般充填模型

为了识别沉积盆地内裂谷前—同裂谷期的不同阶段，对每个阶段要有一套沉积标志，Yielding 等（1992），Prosser（1993），Nøttvedt 等（1995），Ravnås 和 Steel（1998），Gawthorpe 和 Leeder（2000），Sharp 等（2000）和 Nøttvedt 等（2000）作了总结。

（1）裂陷前期的特征是每个断块内分布板条状等厚地层单元，由于差异沉降作用，不同板块内这些地层单元的厚度不同。

（2）裂陷初期特征是近板条状地层单元，成因是早前存在的断裂的微弱活动。

（3）裂陷早期特征如下：

①早期局部分散状沉积中心；

②非对称型地层单元，断块旋转导致的典型楔状（下盘）；

③由于断块旋转以及地壳均衡作用导致的下盘隆升，在下盘顶部可能存在侵蚀作用、饥饿沉积或低速率沉积；

④在滨岸带，上盘显示古海岸线轨迹偏高，具加积特征，而下盘的古海岸线偏低，更接近盆地方向；

⑤旋转断块内相带和岩性具分段特征。上盘易于形成海侵地层，而下盘则以进积型为主；

⑥由于轴向水流进入到沉降区，断层下盘区发育孤立河道；

⑦由于断层下盘区海岸线比上盘区向盆地内延伸更远，沿走向差异（不对称）沉降速率，发育沙咀和海湾形状不规则的海岸线形态。

（4）主裂陷期：

①上盘地层厚度加大，向下盘顶部地层单元呈楔状；

②下盘发育岛屿，隆升区具剥蚀作用；

③断块发生洪泛，海岸线向陆方向后退。

（5）裂陷晚期（或向裂陷后期转换期）：

被动陆缘充填作用，发育平行建隆和上超地层。

## 14.1.2 研究目的

本文旨在描述和解释裂陷前—同裂陷期构造和充填模型中 Brent 群内侏罗系地层格架和沉积环境变化。利用地震、生物地层学和井数据对比等方法，对四条东西向剖面的详细研究实现了研究目标（图 14.1）。文中讨论了如何根据断块群的沉积响应及其对海岸线形态的影响来分析裂陷早期特征。

## 14.2 地质背景

在二叠—三叠纪裂陷期之后，早侏罗世北海北部沿裂陷地貌经历了继承性的热沉降（Gabrielsen 等，1990；Odinsen 等，2000a，2000b）。沉降作用形成了向北的海侵作用，沉积河流作用控制的 Statfjord 组，且大约在辛涅缪尔期形成穿越 Viking 地堑的南北向海道（Steel，1993）。Dunlin 群（辛涅缪尔阶—普林斯巴阶）包含了 Amundsen 组和 Burton 组，主要由页岩和粉砂岩组成（Husmo 等，2003）。普林斯巴阶浅海相 Cook 组从挪威主陆延伸到这个海道内（Charnock 等，2001；Folkestad 等，2012）。在 Cook 组上部披覆沉积 Drake 组海相泥岩时期，北海盆地继续沉降。下侏罗统 Statfjord 组和 Dunlin 群的整体地层厚度分布情况表明之后的 Viking 地堑形成于更广阔的可能呈非对称的盆地形态之上（Færseth 和 Ravnås，1998）；该盆地结构于二叠—三叠纪拉伸阶段之后继承性发育（Færseth，1996）。

一般认为 Oseberg 组和 Broom 组位于 Brent 群内部，但是实际上它们与 Brent 群的其他组之间并无成因上的联系（Steel，1993）。Broom 组及与其同时期沉积的 Oseberg 组（阿林阶）代表了从 Viking 地堑的隆起边缘向盆地内进积的粗粒扇三角洲沉积，由于盆地边缘隆升作用，它们局限分布在盆地的西部边缘（Broom 组）和东部边缘（Oseberg 组）（Ziegler，1982；Underhill 和 Partington，1994）。在阿林期，北海中央穹隆的热力隆升作用在 Viking 地堑、马里湾（Moray Firth）和中央地堑的三叉汇接区形成了一个区域高地（Underhill 和 Partington，1993；Fjellanger 等，1996）。这片高地后来接受剥蚀作用并为周边盆地提供沉积物来源。因此，在仅仅两个百万年的时间里，Brent 三角洲向北方向进积（Helland-Hansen 等，1992），在北纬62°附近三角洲尖灭（Mjøs，2009）。根据北部滨岸平原和三角洲顶部沉积环境向浅海砂岩的转变可以推测该沉积物输入是轴向的，且来自南方（Husmo等，2003）。Brent三角洲额外的沉积物供应来自北海盆地北部隆起的边缘（Helland-Hansen等，1992；Steel，1993；Johannessen，等，1995；Fjellanger等，1996）。

中侏罗世北海盆地北部是一个没有陆棚边缘地形的缓坡型盆地，两翼是Hordaland台地和Shetland台地（Fjellanger等，1996），北部是Møre盆地（Doré，1991；Gabrielsen，1989）。Møre盆地可能是在该时期开始沉降（Brekke，2000），并促进了波浪海流作用，影响到Brent群的沉积。这种缓坡型形成非常低角度的斜坡沉积，也是三角洲迅速向北进积的部分原因（Helland-Hansen等，1992）。在Tampen地区，由于沉积速率快，进积部分的平面厚度分布比较均衡，在台地区向Broom组和Oseberg组上超和变薄。（Helland-Hansen等，1992；Johannessen等，1995；Fjellanger等，1996；图14.1）。在早巴柔期Tampen Spur地区北部的Brent三角洲达到最大海退（Helland-Hansen等，1992；Løseth等，2009）。

Brent三角洲的进积部分由Rannoch组、Etive组和Ness组下段组成（表14.1）。Rannoch组形成被波浪改造的三角洲前缘末端沉积，上覆于Drake组海相页岩之上或与之交叉沉积。上覆的Etive组代表包含临滨带的三角洲前缘近端和河口砂坝序列。Ness组组成了三角洲顶部沉积序列，包括下部的煤层和泥岩，之后沉积河道、湾头三角洲和河口沙坝沉积。在盆地最大扩张期，由于海平面上升和构造活动频繁，Brent三角洲的堆积样式从进积向加积变化（Helland-Hansen等，1992；Johannessen等，1995）。

在海侵过程中加积型海岸线轨迹（Helland-Hansen和Gjelberg，1994）转变成退积型，导致Ness组三角洲平原向陆地方向后退，并形成Tarbert组临滨和海湾沉积（河口、海湾和障壁；表14.1）。Tarbert组和Ness组以补偿后退的方式沿Viking地堑向南后退（Helland-Hansen等，1992，Johannessen等，1995；Fjellanger等，1996；Ravnås等，1997）。在北纬60°以南，三角洲前缘和三角洲顶部沉积分别被称为Hugin组和Sleipner组（Fält等，1989）。Tarbert组和Hugin组上部披覆或与之交叉沉积了Heather组的海相泥岩，之后上覆沉积了Draupne组富有机质页岩（Kyrkjebø等，2001；Kjennerud等，2001）。

表14.1 研究区内Rannoch组、Etive组、Ness组和Tarbert组相组合描述和解释

| 组 | 描述 | 解释 | 备注 |
| --- | --- | --- | --- |
| Tarbert组 | 向上变粗沉积（2~7m），泥岩—细粒砂岩，具小型丘状层理、波痕、平行层理、槽状交错层理、透镜层和压扁层理，顶部覆盖古土壤。生物扰动、脱水收缩裂缝和煤碎屑发育 | 可能是湾头三角洲形成的海湾或潟湖 | 图14.9（A）；图14.12（B），（C） |
| | 向上变细沉积，中粒—极细砂岩，具交错层理、突变/侵蚀底界、波痕和煤屑 | 决口扇 | 图14.9（B），图14.12（D） |
| | 分选好和具平行层理的细粒砂岩，一般可见生物扰动、波痕 | 障壁后沉积和溢流扇 | 图14.9（A）；图14.12（C） |
| | 厚达20m的中粒—粗粒砂岩，具侵蚀底界和交错层理，以及间隔均匀分布的泥质或有机质披覆沉积 | 河口环境中河控和潮控交替作用形成的河道复合体 | 图14.12（B），另可参见Davies等（2000）对34/7区块的描述 |
| | 中粒—极细粒砂岩组成Tarbert组上段，具槽状交错层理、高角度和低角度纹层、注状交错层理、波痕[图14.3（A）] | 沙滩障壁复合体，顶部为临滨相 | 图14.9（A）；图14.12（A），（D） |

续表

| 组 | 描述 | 解释 | 备注 |
|---|---|---|---|
| Ness 组 | 煤层与泥岩互层[图 14.4（D）]，具少量薄层粉砂岩和极细粒砂岩，含根系层 | 具溢岸沉积的三角洲平原，滞水沼泽形成煤层 | 图 14.9（A），（B），（C）；图 14.12（B），（C） |
| | 粗粒—细粒砂岩.1~5m 厚，向上变细，具侵蚀或突变底界、交错层理和波痕 | 河道 | 图 14.9（A），（C）；图 14.12（C） |
| | 1~8m 厚粉砂岩.向上变粗至细砂岩，含浪成波痕、脱水收缩裂缝、泥岩披覆、小型丘状层理和纹层，顶部覆盖古土壤 | 湾头三角洲 | 图 14.9（A）；图 14.12（B） |
| | 数十米（20~40m）中粒—细粒（双峰型）交错层理砂岩，具泥岩披覆[图 14.4（J）]以及零星分布的生物扰动作用 | 河口环境中叠置的潮汐沙丘沉积 | 图 14.9（A），（C）；另参见 Mjøs（2009）对沉积环境的类似解释 |
| Etive 组 | 中等分选中粒砂岩（粗粒—细粒），块状、交错层理和平行纹层段，含有煤砾和泥砾；侵蚀或突变底界，整体向上呈变细叠置趋势。砂岩顶部常见古土壤 | 河口坝—波浪改造河口坝 | 图 14.9（A），（C）；图 14.12（D） |
| Rannoch 组 | 极细粒—细粒且分选好的砂岩，具水平状低角度纹层、丘状层理和洼状交错层理、浪成波痕。局部发育泥披和缝合线 | 三角洲前缘环境中的临滨沉积 | 图 14.9（A），（C）；图 14.12（D） |
| | 泥岩、粉砂岩和极细粒砂岩交替沉积，砂岩具透镜状和压扁层理、水平纹层、小型丘状层理、波痕、泥披、干燥收缩缝、煤屑和煤砾。大量 *Botryococcus*（Batten 和 Grenfell，1996） | 前三角洲沉积，大量 *Botryococcus*、干燥收缩缝、波痕和煤屑存在表明有大量淡水涌入。生物扰动、浪成波痕和小型丘状层理表明有海水影响作用。泥披代表潮汐影响作用 | 图 14.12（A）（35/4-1 井）表明此沉积相为 90m 厚的加积段，孢粉数据表明下部沉积为淡水条件，向上逐渐含盐量增加 |

一些研究表明断块的旋转作用开始于巴柔期（Helland-Hansen 等，1992，Johannessen 等，1995；Fjellanger 等，1996；Ravnås 等，1997），而与断裂作用相关的沉降作用可能在此之前就开始加速，在晚阿林期—早巴柔期宽广、非对称型的盆地内部。可以从 Brent 群下部与其下伏的 Dunlin 群相比单位地质时间内沉积厚度的增加得出此结论（Steel，1993；Færseth 和 Ravnås，1998）。在整个中侏罗世该构造活动和断块旋转作用持续加速，在巴通期断层下盘发育岛屿和淹没的半地堑（Ravnås 等，1997），直到晚侏罗世达到最大应力速率（Yelding 等，1992）。中侏罗世以南北走向为主的断裂控制了盆地形态，Viking 地堑保持了从二叠纪—三叠纪断块倾斜继承来的非对称形态，直到晚侏罗世断裂呈北东—南西方向活跃（Færseth 等，1997；Færseth 和 Ravnås，1998；Gabrielsen 等，2001）。

## 14.3 数据和方法

### 14.3.1 井数据

Viking 地堑北部中央地区 Gullfaks—Kvitebjørn 一带的研究基于 33/12，34/7、8、10、11，35/4、10、11 等区块的 31 口有测井数据的井。对 Brent 群 2875m 长的剖开岩心进行观

察并描述粒级、内部沉积构造和生物扰动作用，然后参考测井曲线分析沉积环境。对从生物地层学相关报告中搜集到的孢粉分析数据进行重新分析，为盆地演化提供年代地层格架，并为沉积学解释提供古环境数据支持。

## 14.3.2 时间轴

在全海相陆架环境中，混合完全的甲藻包囊组合多样性强，且持续向盆地方向输送，导致形成特征性的相对均一分布的分类单元标志层；而边缘海相地区与之不同，由于环境的变化对关键分类单元的分布具有重要影响作用，需要特殊看待。研究区井下孢粉组合以孢子和花粉为主，表明沉积环境接近大陆；但是在巴通阶（广义上包括 Heather 组下段和 Tarbert 组上段）发现甲藻包囊组合的多样性呈中等—偏高，只是比较正常的海相环境。因此，可以比较肯定地说研究区井下甲藻包囊种属的产状具有生物地层学的重要意义，可能代表了一些具相关性的地层学事件（如它们最终的区域性分布/灭绝事件）。工业标准的甲藻标志层巴通阶上段和下段可用于划分这些地层。

尽管学者们已经知道在巴柔期发生了甲藻标志性的进化辐射，研究区井下巴柔阶沉积段甲藻标志层的数目仍然普遍比预期结果低得多；这表明巴柔期构造环境为比巴通期挤压力强得多的边缘海相环境。分类单元标志层数量的减少导致结论的不明确性增加，划分早巴柔期和晚巴柔期几乎一直依据甲藻包囊 *Nannoceratopsis gracilis* 和（或）*N. deflandrei senex*（之后的 *Nannoceratopsis gracilis/senex*）的分布特征。一般认为 *Nannoceratopsis* 种属衍生自适应了盐度变化很大条件的沟鞭藻类（Riding，1983，2006），尤其是边缘海（甚至海湾）环境。因为它们耐盐度变化范围很广而且是古环境原地产出，可以推论 *Nannoceratopsis gracilis* 的产出在整个研究区具有时间上的可对比性。换言之，地层学事件基于来自海相环境的种属分布，这必然导致受海平面变化控制的古环境叠加作用的相关性。

*Nannoceratopsis gracilis/senex* 分布的地层顶部位于巴柔阶—巴通阶界线处，而这些标志层相对含量连续分布（或显著增加）的顶部一般划分在早巴柔期结束时。有时 *Nannoceratopsis gracilis/senex* 仅零星分布，*Evansia granulata* 在井下首次出现，普通 *Batiacasphaera* 种族（包括 *B. Rudis*）在井下出现，普通 *Dissiliodinium willei* 在井下最后出现与 *Nannoceratopsis gracilis/senex* 产状共同作为识别巴柔阶—巴通阶界线的标志特征。

*Nannoceratopsis gracilis/senex* 相对含量的显著增加（作为海相组合中普通—含量丰富的组分）可用于识别阿林阶—巴柔阶界线。尽管该界线的识别超出本次研究范围，这种含量相对丰富的特征可用作强调一条规律：一个物种数量的显著增加或繁盛代表其对恶劣环境（如低盐度）产生了适应性，从而证明 *Nannoceratopsis* 完全可以作为 Brent 群三角洲古环境的生物地层学标志特征。

在整个巴柔期和巴通期孢粉样品密度均较高，一般远高于每 10m 1 个样品。巴柔阶大部分已取心，采样间隔一般不到 1m，证明生物地层学精度较高。在未取心段，大部分生物地层学样品来自岩屑，由于塌陷问题，地层顶部数据需要底部的辅证。

## 14.3.3 地震数据

已有 ST11M12、ST11M07 和 ST09M01（图 14.4，图 14.5）三块重新处理的 3D 地震数据用于反射地震解释。数据体经过部分叠加，总面积达 $1730km^2$，最终偏移后为 $585km^2$。主测线方向为东西向，线距为 12.5m，联络测线方向为南北向，线距为 25m。纵向地震分辨率（反射点可分开）取决于深度，双程旅行时从 25ms 到 50ms（垂直深度为 3500ms），横向分辨率取决于线距和深度，垂直深度为 3500ms 时典型值为 200~300m。

地震剖面用于展示沉积地层横向厚度相对变化（也可见表 14.2 中的地层厚度变化），未进行深度转换。但速度测井数据已用于地震体的时间剖面和深度偏移剖面，表明用于区域（千米级）解释或深度转换的速度场横向上基本不变，因此时间剖面上表现的厚度变化反映了真实的地层厚度变化。根据井数据得到的时深关系表明 3500ms 的双程时间相当于真垂直深度（TWD）大约为 4000m。未取心部分的大部分生物地层样品来自探槽，由于必然存在下陷问题，采用的是地层顶界而不是底界。

表 14.2 图 14.4 中井 33/12-6 和井 34/11-A-15 各层段地层厚度统计表

| 地层 | 井 33/12-6（西） | | 东西向增厚倍数 | 时间（Ma） | 34/11-A-15（东） | |
|---|---|---|---|---|---|---|
| | 顶界真垂深（m） | 厚度（m） | | | 顶界真垂深（m） | 厚度（m） |
| Heather | 2645 | 295（29.5m/Ma） | 37 | 10 | 3970 | 8（0.8m/Ma） |
| Ness-Tarbert | 2940 | 250（50m/Ma） | 3.5 | 5 | 3978 | 72（14.5m/Ma） |
| Rannoch-Etive | 3190 | 65（26m/Ma） | 1.2X | 2.5 | 4050 | 55（22m/Ma） |
| Drake | 3255 | 115（10.5m/Ma） | 1.9X | 11 | 4105 | 60（5.5m/Ma） |
| Cook | 3370 | 100（33m/Ma） | 1.3 | 3 | 4165 | 75（25m/Ma） |
| Amundsen-Burton | 3470 | 220（36.6m/Ma） | 1.2 | 6 | 4240 | 185（30.8m/Ma） |
| Statfjord | 3690 | | | | 4240 | |

注：时间（Ma）根据 Husmo 等（2003）估计。

地震数据的解释基于用井数据标定，从岩心样品中识别出的年代标志和岩性地层标志、电测井和生物地层信息通过速度测井数据应用到地震数据体中。

## 14.4 前裂谷期—同裂谷期标志

### 14.4.1 Gullfaks—Kvitebjørn 地区地质剖面

图 14.4 为从 Kvitebjørn 地区经 Valemon 地区到 Statfjord 地区的一条区域地质剖面（图 14.1，剖面 1），对比剖面上的井都有完整的侏罗系。图 14.4 展示了 Dunlin 群、Brent 群和 Viking 群东西方向上的地层厚度变化情况。Dunlin 群表现为往西加厚的趋势，厚度增加较小（大约 1.3 倍，表 14.2）；Brent 群表现为更为明显（大约 2 倍）的向西到一个二叠纪—三叠纪主断层的整体加厚趋势（图 14.1），但内部变化较大；Rannoch 组和 Etive 组厚度变化不大，近似于板状；而 Ness 组和 Tarbert 组联合，表现为较显著的楔状体，明显（约 3.5 倍，表 14.2）向西加厚。Ness 组—Tarbert 组内部表现为底部近板状、上部往西逐步向上发散的

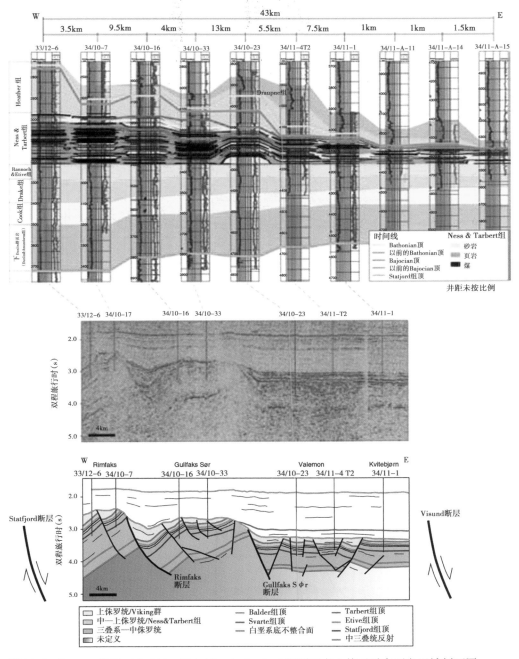

图 14.4 Tampen 地区（Gullfaks-Kvitebjørn）Statfjord 组顶面之上侏罗系东西向区域剖面图
剖面位置见图 14.1，地震剖面（时间域）显示井约束下的断层和层位（下部）解释，
剖面显示三叠系—侏罗系从西到东普遍减薄。在 Ness 组底部明显可见一个孤立的
数十米厚的砂岩体（见 34/10-23 井）

沉积结构，在 Ness 组底部局部可见一个孤立、数十米厚的明显砂岩体（图 14.4 中 34/10-23 井）。

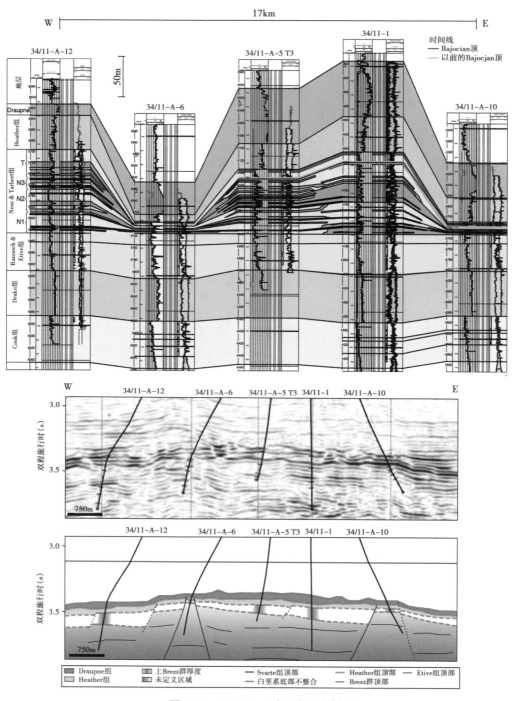

图 14.5 Kvitebjørn 油田东西向剖面

剖面中显示了 Cook 组和 Drake 组, 还有 Brent 群和 Viking 群。井间对比的彩色图例见图 14.4。地震剖面以时间域显示，其解释受井的约束。底部的解释显示出整个油田中 Ness 组和 Tarbert 组在受断层边界控制下的地层厚度变化。绿色段是 Ness 组—Tarbert 组厚度较为确定的层段，白色段的厚度不确定性较大。注意 Heather 组（上侏罗统）中断层的终止点

从 Ness—Tarbert 组的净毛比（砂岩含量比页岩含量）来看，西部表现为低值，砂岩连通性差、煤层更多更厚，连井剖面的东部（图14.4）则为高值，只有少量薄煤层。上覆 Viking 群里，Heather 组向西显著（37倍）变厚（表14.2），而 Draupne 组厚度分布更加不规则。

地震剖面（图14.4）与井下地层分层数据关连，该深度下的地震分辨率不足以直接得到与测井资料分辨率相对应的 Brent 群内部厚度变化趋势，但地震剖面上可以见到三叠系和侏罗系合并后呈现总体向西加厚的趋势，其中上侏罗统同裂谷地层楔形最为明显。地震剖面上可见三个主要的断块，逐步往东下掉，即往 Viking 地堑北部下掉，西部的 Rimfaks 断块最浅，东部的 Kvitebjørn 断块最深。较小的正断层大多局限在侏罗系或更早地层里，倾向于在上侏罗统同裂谷沉积里终止，只有少数断层断穿了白垩系底部。

图14.6 为过二叠纪—三叠纪断层的两个连井剖面（Færseth，1996），分别位于 Viking 地堑北段的西部和东部（图14.1）。两个剖面都表明往二叠纪—三叠纪断层上盘，Brent 群厚度明显加大，图14.4 的连井对比图中在两个深层二叠纪—三叠纪断层之间也见到同样的厚度变化，即西部的 Statfjord 断层和东部的 Visund 断层。Færseth 等．（1996）把这些断层认定为二叠纪—三叠纪断层，它们界定了二叠纪—三叠纪断块（巨块），宽度可达 50km（Færseth，1996；图14.2）。尽管地震分辨率有限，用井数据标定后，显示出 Gullfaks-Kvitebjørn/Snorre-Visund 巨块（图14.1，图14.3）在整个侏罗纪发生了块体旋转。侏罗纪 Statfjord 断层的位移和 Hampson 等（2004）报道的同期 Ninian-Hutton-Dunlin 断层的运动有着相同的时序，因此这些深层断裂在侏罗纪可能都是活动断裂。图14.4 和图14.6 的连井对比表明过二叠纪—三叠纪断层的 Brent 群厚度变化相似。总之，这些观测结果表明，Viking 地堑二叠纪—三叠纪断层对 Brent 群的沉积和相分布起明显控制作用，这种解释与几个前期研究人员（Fält 等，1989；Fjellanger 等，1996；Ravnås 等，1997）的观测结果一致，下文还将进一步分析。

在更小的尺度上，Dunlin 群底部往西厚度见轻微增加，可能是早侏罗世 Statfjord 断层的轻微活动引起（表14.2），考虑到该地层单元跨越的时间，这个轻微的楔形可忽略不计，认为是板状的，因此将该段地层解释为原始裂谷时期沉积。Brent 群底部的 Rannoch 组和 Etive 组也是近板状的，被解释为原始裂谷时期沉积。Ness—Tarbert 组（约 5Ma；表14.2）组成了一个明显的东西向楔状地层单元，表明其沉积于活动断层旋转加速时期，因此将从原始裂谷时期到同裂谷活动早期的转换界定在 Ness 组下部。上覆楔状 Heather 组（约 10Ma；表14.2），在西部地区厚度剧烈增加，这套地层加上巨厚的 Draupne 组代表了裂谷主活动期，活动断层旋转速度高（Færseth 等，1995b；Færseth 和 Ravnås，1998）。图14.4 的等时线表明该剖面上 Heather 组超覆时间西部早于东部。

从地层结构中难以确定裂谷起始的准确时间，因为同裂谷早期的地层可能是近板状到轻微楔状。但如上文所述，图14.4 中（井34/10-23）Ness 组底部孤立的厚（30m）砂岩体，可能形成于裂谷初期的一个局部沉积中心。

图14.4 中 Ness 组—Tarbert 组东西向岩性分布情况表明，往上盘地区（西部）相对比往下盘地区（东部）净毛比要低。这种差异可以这样解释，西部地区可容空间形成速度增大，捕获了河流供给的沉积物（如砂和泥），导致沉积物优先保存，形成了孤立砂岩体（河道沉积）和普遍发育的沼泽沉积（煤层）。反之，东部净毛比高，煤层和页岩明显变少，表明可容空间形成速度较低。由 Ness 组—Tarbert 组东西向岩性分布情况分析得出的净毛比差异是裂谷作用生成不同可容空间的又一种表现。东西方向上的净毛比变化趋势也可用沿剖面

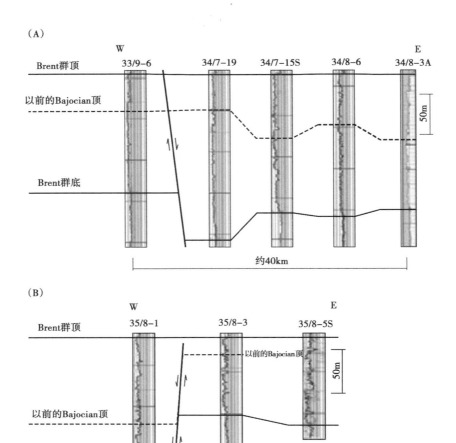

图 14.6 （A）过 Visund（34/8）、Snorre（34/7）和 Statfjord 地区（33/9）的连井剖面，显示 Statfjord 断层 Brent 群往西加厚。（B）Vega 地区（35/8）东西连井剖面显示过侏罗纪断层（图 14.1）Brent 群加厚

（图 14.4）的差异压实作用来解释，这种解释意味着 Brent 群沉积前海底地形差异很大。Rannoch 组和 Etive 组近板状的特征支持第一种解释。

## 14.4.2 Kvitebjørn 地区地质剖面

图 14.6 展示了 Kvitebjørn 地区早—中侏罗世的地质演化，通过井将 Rannoch 组、Etive 组、Ness 组和 Tarbert 组标定到地震剖面上。Cook 组、Drake 组、Rannoch 组和 Etive 组厚度为近板状分布，而 Ness 组和 Tarbert 组显示，从井 34/11-A-6 的薄层凝缩层，到井 34/11-A5-T3 的厚层段和井 34/11-1 的更厚层段，Tarbert 组整体显示出楔状沉积体的特征。地层内部，下部的纹层呈近板状，向上逐渐变为楔状。进一步向东，从井 34/11-1 至井 34/11-A-10，地层迅速变薄。这种变化伴随着位于两井之间、向西倾的正断层（图 14.5）。和井 34/

11-1 相似，在剖面西部的井 34/11-A-12 中，Ness 组和 Tarbert 组的厚度变大。在井 34/11-A-6 和 34/11-A-19 的下盘上，年代学和岩性相结合的地层对比与测井曲线的样式共同显示出相互堆叠的薄砂岩和泥岩，其中夹有煤层。相反地，这些现象表明 Ness 组和 Tarbert 组中的薄层就是别的井中发现的凝缩层段（图 14.5）。在上述井中，Heather 组是一个与前述 Ness 组和 Tarbert 组类似的楔形地层单元。

Cook 组、Drake 组、Rannoch 组和 Etive 组的板状特征，与前裂谷阶段的沉积特征一致。Ness 组和 Tarbert 组的楔状特征表明这个单元是断陷早期的产物，内部楔状格架向上角度的变化表明这个单元沉积时可能进入了主断陷期（图 14.7；注意图 14.4 中与楔状 Ness—Tarbert 单元的相似性）。Kvitebjørn 油田内 Ness 组和 Tarbert 组复杂的地层发育特征可以推演到区域背景上，因为这个区域位于 Kvitebjørn-Gullfaks 地区二叠纪—三叠纪巨大块体下盘的顶部（图 14.1，图 14.4）。图 14.7 中楔状地层与之间的向西倾断层倾向相反。这种复杂的接触关系可能与 Kvitebjørn 油田所处断层下盘的挠曲有关。

为了解释两口井中由于剥蚀作用而使得 Ness 组和 Tarbert 组的地层厚度较小这一现象，就要假设周围井的这两段地层中也经历了剥蚀作用，从而使得现今地层呈楔状特征。由于与测井响应和生物地层确定的等时线不符，故这种解释不太合理。更重要的是，这种解释与 Ness 组和 Tarbert 组内各单独段的楔形形态相悖。另外，还有一种解释是这种地层样式是由断层尖灭形成，但这种解释不太可能解释所有井中 Ness—Tarbert 单元的不规则厚度。

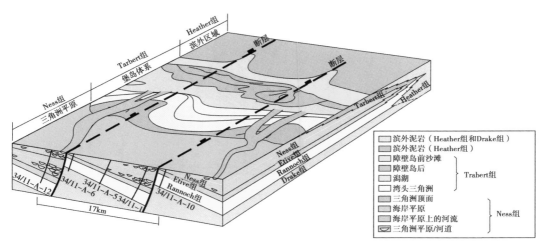

图 14.7　Kvitebjørn 油田 Brent 群三维示意图

同沉积期的构造演化，同下部呈板状特征的 Rannoch 组—Etive 组完全不同，Ness 组—Tarbert 组呈楔形特征，并被认为是早期断陷阶段的产物。岸线的波动大部分受断层脊部控制（图 14.11）

## 14.4.3　局部的沉积中心

井 31/10-23 中 Ness 组底部具堆叠样式的砂岩（几十米厚），其在地层对比中非常不规则，其他井这一层中也可见具有相似堆叠样式的砂岩（图 14.8、图 14.9 和图 14.10）。这些砂岩在古地理上是相互独立的，在周围的井中也没有被发现（图 14.8）。在这些砂岩单元被取心的地方，发现其发育夹有泥质披盖的交错层理。在井 34/11-A-15 中，该段砂岩的地层倾角数据显示出当时向陆流动的古水流方向。所有样品中的孢粉类型是连续过渡的，特别是在具体孢粉上；然而，零星出现的海相孢粉表明周期性的海侵。这些砂岩被解释为具堆叠样式的潮汐沙丘，在近岸处形成厚层加积单元。这种沉积样式与河口湾体系类似。尽管井 35/11-7 的这段地层富集孢粉。尽管未见原地沉积的 dinoflagellate（cysts），但段地层内含有少量的 acritarchs 和很多 *Botryococcus* spp.，越向上这一趋势越明显。这些信息同样表明沉积期海水的影响。现今 *Botryococcus* spp. 的耐盐范围为 $0\sim4\times10^{-6}$ mg/L，这进一步表明半咸的海水的影响。

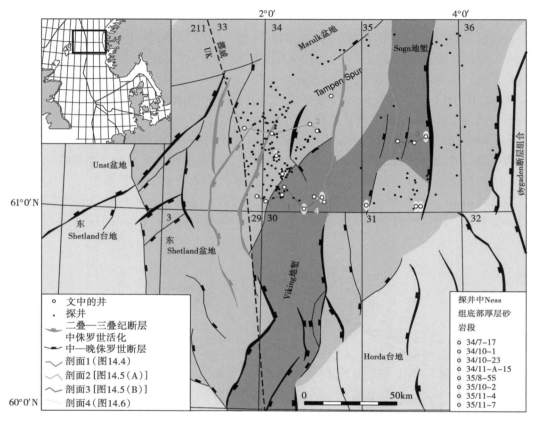

图 14.8　北海北部地区钻遇 Ness 底部砂岩段的井的位置图

这些具有厚层潮汐沙丘的局部单元（图 14.8）可以被解释为局部沉积中心，这些局部沉积中心经历了相当大的可容空间生成阶段，并形成于早期裂谷阶段的初始期。初期裂谷阶段的主要特点是断层群逐渐连接和衰亡（Gawthorpe 和 Leeder，2000；图 14.3）。出现在楔形 Ness 组和 Tarbert 组底部的局部沉积中心地层（图 14.4，图 14.8），表明研究区域的这套地层经历了裂谷初始阶段。Rannoch 组记录了一次潮汐作用的影响（表 14.2），但潮汐的作用似乎受制于波浪作用。在三角洲之间（可能是支流间湾）发现这种潮控构造使得对河口湾的这种解释变得更加合理，因为潮流可能在近陆处增大，并且没有被其他作用抑制。

另一种对这些厚层砂岩单元的形成解释为非构造作用，非构造解释将其视为受制于海平面快速上升的分流河道。这个解释虽然有可能（沙丘在河道中很常见），但是由于单向高能环境的筛选作用，在分流河道中不常出现具有强烈潮控特征的砂岩和孢粉。如果把这些砂岩体解释为一个加积的后滨单元，则与它们的局部性产生矛盾，就如在图 14.4 和图 14.8 中显示的那样。由于这套地层沉积于楔形地层的底部，所以沉积过程中更可能受构造影响。

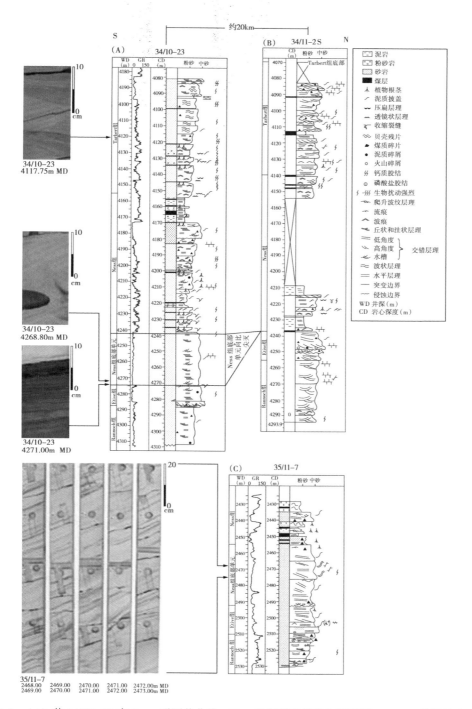

图 14.9 （A）井 34/10-23 中 Brent 群测井曲线，Ness 组底部砂岩段如图所示。4271m 处照片中显示了 Etive 组顶部的古土壤。4268.8m 处照片中显示了 Ness 组底部砂岩段中弱但是有韵律的泥质披盖。下部还可见再作用面。（B）井 34/11-2S（位于井 34/10-23 偏北或者说是偏盆地方向 20km）中 Brent 群的测井曲线，Ness 组底部砂岩段缺失。（C）井 35/11-7 中 Brent 群的下半部分，包括了 Ness 组底部砂岩段。岩心照片显示含泥质披盖的交错层理砂岩，这种砂岩被解释为具堆叠样式的潮汐沙丘

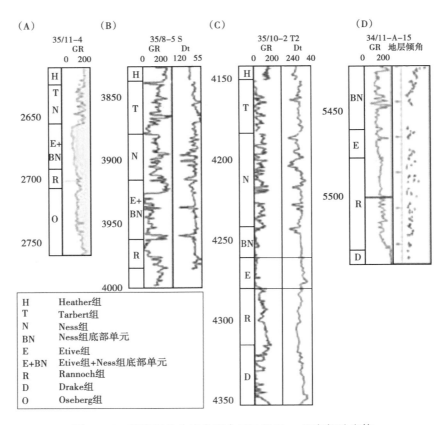

图 14.10　特定测井曲线类型中显示的 Ness 组底部砂岩体

井 34/11-A-15 数据也显示从 Ness 组底部砂岩体微观图像测井的蝌蚪图中获得的地层倾向数据基本是向南的

## 14.4.4　海岸地貌——前积部分

在早巴柔期，Brent 三角洲的尖灭形态在地图上经常被解释为线性的东西向海岸线（Olsen 和 Steel，1995；Løseth 等，2009；Mjøs 等，2009）。但是，如图 14.4 和图 14.6 所示，二叠世—三叠世断层似乎在那时期很活跃。活动性强的断层通过下降盘的下降使得其可容空间增加，从而使该处加积作用更强，这会影响海岸线处的古地貌。在下盘升高的位置海岸线向陆方向延伸，并且由于可容沉积空间的减少（图 14.11），发育浪控地层。这解释了在断层作用环境下，地层尖灭区中 Brent 群（图 14.12）前积层的横向相变。

井 35/4-1 位于一个二叠世—三叠世断层（图 14.11）的上盘，显示了异类地层（低净沙总值比率）中河流、潮汐和海浪的影响 [图 14.12 (A)]。由这口井 Brent 组生物地层分析可知其沉积环境由下部（表 14.2）的淡水环境向上逐渐变为海洋条件下的咸水环境 [图 14.12 (A)]。

井 34/8-1 位于一个二叠世—三叠纪断层的下盘升高处（图 14.11），其中 Brent 群主要为浪控型地层。井位处前积部分与井 34/6-1 所处区域延伸至海盆距离一样。对 Brent 三角洲加积结构中沉积相为何各不相同的另一种解释为由于物源距离的不同，三角洲中横向相变的多样性。然而在相关断层的断块旋转处（图 14.4，图 14.5）之后（图 14.1，图 14.11）发育的海岸线形状又往往会让人以为这些断层对海岸线这种形态的出现起了很大的作用。

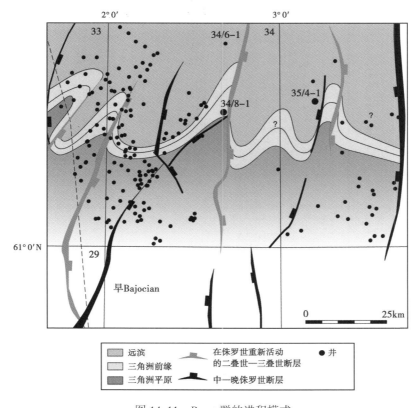

图 14.11 Brent 群的进积模式

进积地层被绘成起伏的海岸线，其中断层下盘促进三角洲向海盆伸展，并且海岸线相对较低，断层上盘进积地层的尖灭线比下盘更向南

## 14.4.5 海岸地貌——退积部分

Tarbert 组代表 Brent 三角洲的退积部分，其指示了在中—晚巴柔期沿海沉积环境的变化［从西到东；图 14.12（B），（C），（D）］。井 34/8-1 中 Tarbert 组显示出其受到波浪再改造作用，Tarbet 组从一个其上发育大量复杂海滩沙坝的井 34/10-A-11 中的海湾—三角洲前缘相［图 14.12（C），图 14.13］横向过渡为井 34/7-22 中的浪控河口湾相［图 14.12（B），图 14.13；解释为河流—潮汐作用河道；Davis 等，2000］。在认为断层活动对 Ness 组和 Tarbet 组存在影响的条件下，上述 Tarbert 组沉积相分布模式，可以很好地被解释为由于二叠世—三叠世断块的旋转，使得其为沿海岸线的不对称沉积模式。如果按这种理论，河口区域的发育就代表了具有较大可容沉积空间和沉积量的二叠世—三叠世断层上盘区（井 34/7-22），而受到波浪改造作用的地区则代表了具有较小沉积量（较小可容空间）的下盘区域（井 34/8-1；图 14.13）。裂谷盆地通常表现为这种沿海岸的多种沉积物充填模式和相模式（Gawthorpe 和 Leeder，2000），就如在此观察到的 Tarbert 组。Tarbert 组中的裂谷或断层活动，以及对横向相变的影响，已经被一些学者提及（Fält 等，1989；Fjellanger 等，1996；Ravnås 等，1997；Davies 等，2000；Ravnås 等，2000）。

411

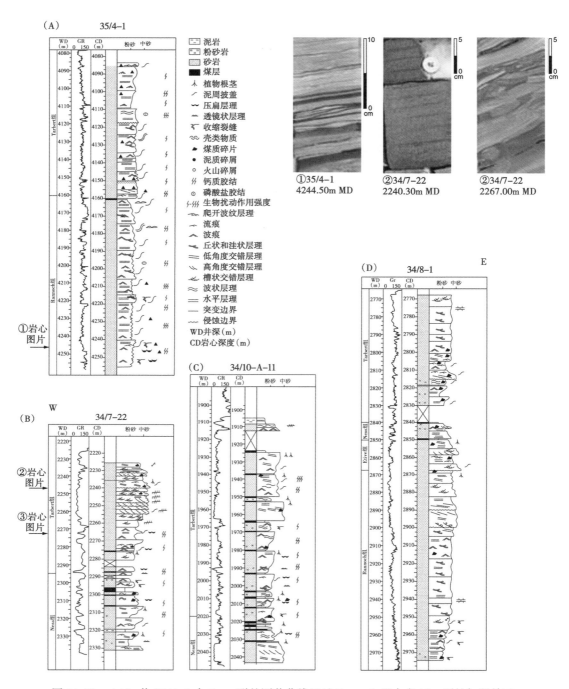

图 14.12 （A）井 35/4-1 中 Brent 群的测井曲线显示 Rannoch 组中有 90m 厚的加积单元。（B）井 34/7-22 的孢粉数据显示由淡水环境向上逐渐变为含盐度越来越高的咸水环境，井位参照图 14.11。（C）井 34/10-A-11 和（D）井 34/8-1 的测井曲线显示在 Tarbert 组中部砂岩交错层出现间断

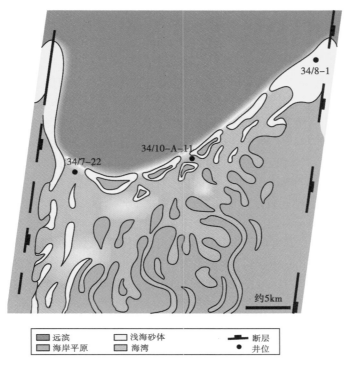

图 14.13　井 34/7-22 和井 34/8-1 中 Ness 组和 Tarbert 组（在海侵过程中）
沉积环境的变化以及其与断层的关系

井位没有精确地遵循比例尺。下盘的海岸线进一步向海盆延伸，而上盘则处于海侵环境

## 14.5　讨论

早巴柔期断层活动导致 Tampen 地区的 Ness 组和 Tarbert 组呈楔形生长。这些断层活动对位移和应变的影响是次要的，但是对中侏罗统的分布和岩性分区（净毛比）却有足够大的影响，影响规模为 100 米到数百米。本节还讨论了研究成果如何加深对该区北海裂谷系统侏罗纪初始断陷的认识。

### 14.5.1　裂谷初始期

这个时期处于晚二叠世—中三叠世和中—晚侏罗世裂谷期之间，通常被划分为后裂谷时期（如构造静止的时期）。相反，有证据表明断层活动在这一时期的不同阶段发生，这说明这个时期最好被划分为中裂谷时期，即在此期间因地层下降和压实发育许多小的走滑断层。

该时期的断裂滑动也可能是周期性的轻微扩展造成的（Ravnås 等，2000）。大多数情况下，这些裂谷间的断裂活动发生在石炭纪—三叠纪断裂之上，在裂谷间沉积层序的沉积过程中向上传播延伸。包括 Statfjord 东断裂（图 14.4）和 Ninian-Hutton-Dunlin 断裂在内，这些断裂在侏罗纪都是活动的（Hampson 等，2004）。

对于裂谷间断时期断裂的活动性，至少可以用两种端元模型去解释。一是裂谷持续以很低的速率延伸扩展，盆地中断裂在不同时刻不同位置发生活动。另一个是如 Ravnås 等（2000）提出的，盆地经历数次周期性的短暂延伸扩展（数百万年）。现今，可用数据的分

413

辨率不高，难以区分识别这两种模型。

不同学者对于中—晚侏罗纪裂谷阶段的裂谷初始期判断各不相同，从晚巴柔期（Helland Hansen 等，1992；Mitchener 等，1992，Johannessen 等，1995）到钦莫利期（Badley 等，1988）。这一较大的变化范围表明，整个盆地范围内的裂谷初始期也许并不是同步的（Ravnas 和 Bondevik，1997），因为沿沉积走向的剖面上楔形地层沉积组合（内部地层变薄或变厚）是表明同沉积断块旋转存在的标志（裂陷沉积作用；Yielding 等，1992；Ravnas 和 Steel，1998）。考虑到本研究中的现存数据，本文认为北海裂谷体系北部的侏罗纪裂谷幕在盆地中心处是从早巴柔期开始的，以 Gullfaks-Kvitebjørn 地区楔形的 Ness 组和 Tarbert 组基底为标志。Graue 等（1987）和 Fält 等（1989）的研究表明，Ness 组显示出沿主构造线方向同沉积断层活动的证据，这些断层最可能代表的是石炭—三叠纪断层。裂谷作用最初发生在原 Viking 地堑及邻近区域，稍后阶段延伸影响至侧向上的地台区域，进而引起同裂谷期活动，反映在东 Shetland 地台（Davies 等，2000）和 Horda 地台（Ravnas 等，1997）的 Tarbert 组中。

初始裂谷阶段（早巴柔期）可能以石炭—三叠纪断裂的强烈活动为特征，同时新的侏罗纪断裂在 Ness 组和 Tarbert 组楔状体底部大规模活动（图 14.4），就地形成分散的沉积中心（图 14.3；Gawthorpe 和 Leeder，2000；Sharp 等，2000；Davies 等，2000）。不规则的厚层砂岩单元，发育在断裂引导形成的当地沉积中心，作为 Ness 砂岩单元基底〔图 14.8；图 14.9（A），（C）；图 14.10（D）〕。Davies 等（2000）在裂谷初始期 Shetland 地台东部 Tarbert 组内部发现了断裂引导形成的沉积中心，这与 Ness 砂岩单元基底相似。而砂岩输入受限的其他位置，要么在向陆较远的方向，要么在滨岸处，这些沉积中心可能与在图 14.9（A），（C）中看到的沉积现象有所不同。

井 34/10-23 的 Ness 砂岩单元基底〔图 14.9（A）〕早期被解释为由海平面快速上升以及代表滨岸相的交错层理砂岩增加导致（Bullimore 和 Hellan-Hansen，2009）。然而海平面快速上升这一现象在侧向相邻井中均未出现（图 14.4，图 14.8）。在英国地区，与之相似的数十米厚的交错层理砂岩单元被解释为深切谷充填沉积（Morris 等，2003；Hampson 等，2004）。后一种说法解释了地层的加积型式以及独立砂体的出现，但与向海方向滨线处等时拆离沉积楔状体的缺少是不一致的，至少在挪威的 Brent 三角洲与这一说法是矛盾的（Graue 等，1987；Helland Hansen 等，1992；Fjellanger 等，1996；Bullimore 和 Helland-Hansen，2009；Mjøs，2009）。

从初始裂谷期到断裂活动增加阶段的过渡，与早期裂谷事件盆地突然加快的沉降速率有关（Steckler 等，1988）。Gupta 等（1998）认为，初始裂谷期到同裂谷期的过渡表现为断裂活动相关排列出现（表 14.2，图 14.3）。随着活动断裂数量的减少，断裂位移的速率增加，因此，构造沉降速率增加。Shetland 盆地东部（Dawers 和 Underhill，2000；McLeod 等，2000；Hampson 等，2004），Tampen Spur 地区（Bruaset 等，1999；Ravnås 等，2000）和 Horda 台地（Fjellanger 等，1996；Færseth 等，1997；Ravnås 等，1997）的观察与 Gupta 等（1998）描述的模型预测结果基本一致。对于 Gullfaks-Kvitebjørn 巨块，预测的初始裂谷期要比盆地两侧呈现出的早一些。至少有两个说法可以解释该现象。即作为横跨 Viking 地堑的主要部分（斜坡和地垒；据 Fossen 等，2010），Kvitebjørn 区域位置处的沉降速率降低，亦或同时 Gullfaks-Kvitebjørn 石炭—三叠纪巨块的沉降速率或多或少地增大。

随着 Gullfaks-Kvitebjørn 巨块内部小断裂的应变积累、传递和相连，其中一些在断裂连接过程中发展为主断裂（Cowie，1998；Dawers 和 Underhill，2000）。在这一阶段，其他石炭—三叠纪断裂时活动的，包括 Snorre 和 Gullfaks 等主断裂（图 14.1）。本研究中 Brent 群的连井剖面表明，这一现象发生在 Brent 群沉积晚期或者在 Brent 群下沉被覆盖过程中。由石炭—三叠纪断层组成的大型断块（图 14.3）在早—中侏罗世是活动的，Ness 组—Tarbert 组沉积过程中的小型断层逐渐积累形成了著名的晚侏罗世断裂群。石炭—三叠纪断裂选择性再生的确切原因还不是很清楚，但推测可能与摩擦力的变化、几何约束、断裂间相互影响或者区域应力方向有关。

## 14.5.2　早同裂谷期

Ness 组表明沉积相的垂向加积，说明沉积输入和新增可容空间之间保持平衡（图 14.4）。Brent 三角洲进积型式（Rannoch 组、Etive 组和底部的 Ness 组）向加积型式过渡的现象，被 Ravnås 等（1997）解释为由断裂相关的沉降速率增加（进而新增可容空间速率增加）导致，本研究中 Gullfaks-Kvitebjørn 巨块的发现证实了该模型。Fjellanger 等（1996）认为楔状体 Ness 组—Tarbert 组内部的中 Ness 页岩单元是富含有机质的潟湖湘泥岩，位于 34/10 西部的块状体（图 14.4 北部）。这一现象，加上 Kvitebjørn-Gullfaks 石炭—三叠纪巨块西部反转形成的厚层潟湖相泥岩单元，是盆地快速沉降的标志。Hampson 等（2004）在 UK 也发现了楔状中 Ness 页岩（潟湖相泥岩），页岩向 Ninian-Hutton 方向逐渐加厚。与石炭—三叠纪断裂上盘沉积中心有关的这些中 Ness 页岩单元，以及 Ness 组内部的岩相分布（图 14.4），都显示出向西整体减少的趋势，而在上盘区域的高可容空间内，作为河流充填泥在砂岩单元之间保存下来较厚的泥岩段。上盘区域可能经历了海侵事件（图 14.4），海侵至比下盘更远的内陆地区，不成熟、侧向上受局限的煤层更多地聚集在上盘区域，而不是下盘。上盘区域中独立河道沉积的出现，是轴向排水被引到下沉区的结果。

Brent 群是一个连续层，从快速前进的三角洲 Rannoch 组—Etive 组无构造影响记录，延伸到三角洲在早巴柔期发生尖灭，此时最初的断裂活动导致了不规则三角洲前缘的形成（图 14.11）。这可以看作是后退的 Tarbert 组的前期特征（Rønning 和 Steel，1987）。图 14.4 中的时间线表明，上盘发生海侵作用的时间要比下盘区域 Gullfaks-Kvitebjørn 石炭—三叠纪巨块早，这使得这一块状下盘区域成为一个岛屿（暂时的）。不间断的块状反转形成了上盘的潮汐流增强，下盘高地处为滨岸相的河口（图 14.13，图 14.14）。

在这一海侵作用下，沉积物的输入方向是径直向陆的（van der Molen 和 van Dijck，2000），障碍入口处（图 14.13）可以作为筛选不同粒径沙子的过滤器（Oost，1995）。细粒沉积物顺利经过入口，同时粗粒沉积物汇聚在入口周围。这一观察可以解释障壁区 Tarbert 组沉积物是细粒的［图 14.9（A），（B）；图 14.12（B），（C）］，也解释了 Gullfaks 区神秘"丝绸砂"（Bruaset 等，1999）的起源。"丝绸砂"单元较少发育沉积构造，呈槽状交错层理，中等粒度，30~45m 厚，约 1.5km 宽（东西向），砂岩受潮汐作用影响渗透性好（Bruaset 等，1999）。其潮汐特征及其独特的粒序构造，特别是障壁区（Oost，1995），表明"丝绸砂"代表的是洪泛潮汐三角洲沉积。本研究虽未做出完整的分析，但认识到其在本研究区出现，是石炭—三叠纪巨块反转导致的海侵作用的结果，这点很有意义。

许多学者记录研究认为 Brent 群在晚巴柔期发生海侵作用，并沿着之前石炭—三叠纪断裂线伴有块体断裂作用（Fält 等，1989；Helland-Hansen 等，1992；Fjellanger 等，1996）。这一阶段与裂谷作用直接相关，可从显著的同沉积构造标志（地震数据）得到证实。裂谷作用的早期阶段识别起来更加困难（Davies 等，2000）。但是，通过本文的论证，已可以识别出裂谷早期阶段的沉积响应。

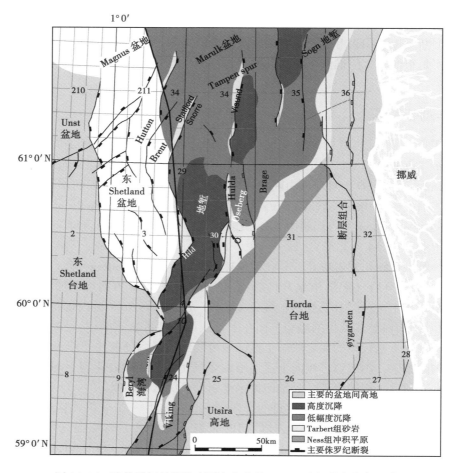

图 14.14　晚侏罗纪早期发育下盘岛屿的 Viking 地堑北部海侵示意图

## 14.6　结论

本文收集整理北海北部的地震资料、井资料以及岩心资料，目的在于弄清 Tampen 地区的侏罗纪裂谷作用是何时及如何影响侏罗纪层序地层形成的。在尊重前人对 Brent 群沉积环境研究的背景下，得出以下结论。

(1) 侏罗纪，Gullfaks‐Kvitebjørn 巨块以与 Nian‐Hutton‐Dunlin 断裂相似的方式（Hampson 等，2004），在 Statfjord 断裂东部发生断裂位移。这些断裂活动始于石炭—三叠纪，并随后形成巨块，这些断块体在整个三叠纪和侏罗纪持续活动，或者在晚三叠纪—早侏罗纪再次活动。本文提出一个模型，模型中一些微弱、较集中的石炭—三叠纪断裂在整个侏罗纪保持活动，伴随小型断裂的早期巨块，在中—晚侏罗纪裂谷阶段开始盛行，并于晚侏罗纪发展为成熟断裂群。

(2) 通过横跨 Kvitebjørn 地区（图 14.6）的区域连井剖面对比（图 14.4），看出 Ness 组—Tarbert 组为楔状体，反映了在 Viking 地堑北部的中—晚侏罗纪裂谷作用开始，即在对应位置处 Ness 组最底部地层沉积过程中裂谷作用开始发生。这一解释说法与 Ness 砂岩单元基底沉积位置为早期裂谷阶段形成的正断层处的沉积中心这一模型是一致的。这种正断层组合和其相关的沉积中心进一步发展为更为成熟的断裂群,之后的断裂活动主要是一些小断裂组合形成的较大断裂活动。早期的断裂群引起可容空间增加,因此形成了楔形的 Ness 组和 Tarbert 组,与裂谷初期的整体模型保持一致(Gawthorpe 和 Leeder,2000;Sharp 等,2000;Davies 等,2000)。

(3)这些数据表明横切 Gullfaks-Kvitebjørn 区域的断裂活动(图 14.4,图 14.6),开始得要比 Shetland 台地和 Horda 台地东部的断裂活动早,相似的发展过程在 Tarbert 组中也存在。关于横跨 Viking 地堑的 Kvitebjørn 下盘的位置,可以解释为早期断裂活动作用的结果(下盘折褶、坍塌)。

(4)楔状的 Ness 组—Tarbert 组(图 14.4,图 14.6)内部趋势为,净毛比低,顶部为向陆的沉积物充填,指向上盘区域。下盘净毛比较高,但地层保存较差。这种趋势是沿反转断裂块体走向发育的多种沉积类型的结果。

(5)"Brent 三角洲"由于以下几种因素而停止前进:水体向北逐渐加深;三角洲前缘向外过分延伸导致的沉积供给不足;最重要的因素可能是,断裂活动速率的增加,导致沉降作用增加。初期的断裂活动导致在 Brent 三角洲北部延伸部分,形成不规则的三角洲前缘地貌(图 14.11)。断裂下盘区域倾向于进积型相叠加型式,而上盘发展趋向于加积型叠加型式。这一受断裂作用影响的不规则三角洲前缘,随着构造变形加剧而变得更加不规则,断裂频繁活动,海岸线向南后退。这导致上盘区域发育河口环境,而下盘区域发育滨岸相沉积(图 14.14)。由于断裂块体上盘洪泛作用形成的漏斗状海岸地形,三角洲前缘处最初微弱的潮汐水流变得很强。由于晚侏罗世裂谷活动向南延伸,复杂滨线地形随时间向 Viking 地堑南部迁移。

## 致谢

非常感谢编辑 Rodmar Ravnås 与审稿人 Lars-Magnus Fält、Gary Hampson 和 James MacEachern 给予的帮助和指导性意见。感谢 Statoil 允许出版。Statoil 的绘图室帮助完成许多图件,一并致谢。

## 参 考 文 献

Badley, M. E., Price, J. D., Rambech-Dahl, C. and Agdestein, T. (1988) The structural evolution of the northern Viking Graben and its bearing upon extensional modes of basin formation. *J. Geol. Soc. London*, 145, 455-472.

Batten, D. J. and Grenfell, H. R. (1996) Botryococcus. In: *Palynology: Principles and Applications* (Eds J. Jansonius and D. C. McGregor), *American Association of Stratigraphic Palynologists Foundation*, 1, 205-214.

Beach, A., Bird, T. and Gibbs, A. (1987) Extensional tectonics and crustal structure: deep seismic reflection data from the northern North Sea Viking Graben. In: *Continental Extensional Tectonics* (Eds M. P. Coward, J. F. Dewey and P. L. Hancock) *Geol. Soc. Spec. Publ.*, 28, 467-476.

Brekke, H. (2000) The tectonic evolution of the Norwegian Sea Continental Margin with emphasis on the Vøring and Møre Basins. In: *Dynamics of the Norwegian margin* (Eds A. Nøttvedt, B. T. Larsen, S. Olaussen, B. Tørudbakken, J. Skogseid, R. H. Garbrielsen, H. Brekke and Ø. Birkeland), *Geol. Soc. Spec. Publ.*, 167, 327–378.

Bruaset, V., Båtevik, A., Jakobsen, K. G. and Helland-Hansen, W. (1999) An anomalous thick, elongated sandbody, Tarbert Formation, Gullfaks Field: High accommodation fluvial channel stacking, incised valley deposition or both? Palaeozoic to Recent sedimentary environments, offshore Norway, Oslo, *Norw. Petrol. Soc.* (abstract), 101–104.

Bullimore, S. A. and Helland-Hansen, W. (2009) Trajectory analysis of the lower Brent Group (Jurassic), Northern North Sea: contrasting depositional patterns during the advance of a major deltaic system, *Basin Res.*, 21, 559–572.

Charnock, M. A., Kristiansen, I. L., Ryseth, A. and Fenton, J. P. G. (2001) Sequence stratigraphy of the Lower Jurassic Dunlin Group, northern North Sea. In: *Sedimentary Environments Offshore Norway – Palaeozoic to Recent* (Eds O. J. Martinsen and T. Dreyer,). *Norw. Petrol. Soc. Spec. Publ.*, 10, 145–174.

Cowie, P. A. (1998) A healing-reloading feedback control on the growth rate of seismogenic faults. *J. Struct. Geol.*, 20, 1075–1087.

Dalrymple, R. W. and Choi, K. (2007) Morphologic and facies trends through the fluvial-marine transition in tide-dominated depositional systems; a schematic framework for environmental and sequence stratigraphic interpretation. *Earth-Sci. Rev.*, 81, 135–174.

Davies, S. J., Dawers, N. H., McLeod, A. E. and Underhill, J. R. (2000) The structural and sedimentological evolution of early syn-rift successions: the Middle Jurassic Tarbert Formation, North Sea. *Basin Res.*, 12, 343–365.

Dawers, N. H. and Underhill, J. R. (2000) The role of fault interaction and linkage in controlling synrift stratigraphic sequences: late Jurassic, Statfjord East area, northern North Sea. *AAPG Bull.*, 84, 45–64.

Doré, A. G. (1991) The structural foundation and evolution of Mesozoic seaways between Eurpoe and the Artic. *Palaeogeogr. Palaeoclimatol. Palaeoecol.*, 87, 441–492.

Færseth, R. B. (1996) Interaction of Permo-Triassic and Jurassic extensional fault-blocks during the development of the northern North Sea. *J. Geol. Soc.*, 153, 931–944.

Færseth, R. B., Gabrielsen, R. H. and Hurich, C. A. (1995a) Influence of basement in structuring of the North Sea Basin offshore southwest Norway. *Norsk Geologisk Tidsskrift*, 75, 105–119.

Færseth, R. B., Sjøblom, T. S., Steel, R. J, Lijedahl, T., Sauer, B. E. and Tjelland, T. (1995b) Tectonic controls on Bathonian-Volgian syn-rift successions on the Visund fault block, northern North Sea. In: *Sequence stratigraphy of the northwest European margin* (Eds R. Steel, V. L. Felt, E. P. Johannessen and C. Mathieu), *Norw. Petrol. Soc. Spec. Publ.*, 5, 325–346.

Færseth, R. B., Knudsen, B. -E., Liljedahl, T., Midbøe, P. S. and Søderstrøm, B. (1997) Oblique rifting and sequential faulting in the Jurassic development of the northern North Sea. *J. Struct. Geol.*, 19, 1285–1302.

Færseth, R. B. and Ravnås, R. (1998) Evolution of the Oseberg fault-block in context of the northern North Sea structural framework. *Mar. Petrol. Geol.*, 15, 467-490.

Fält, L. M., Helland, R., Jacobsen, R. V. W. and Renshaw, D. (1989) Correlation of transgressive-regressive depositional sequences in the Middle Jurassic Brent Vestland megacycle, Viking Graben, Norwegian North Sea. In: *Correlation in hydrocarbon exploration* (Ed. J. D. Collinson), *Norw. Petrol. Soc.*, Graham and Trotman, London, 191-200.

Fjellanger, E., Olsen T. R. and Rubino, J. L. (1996) Sequence stratigraphy and palaeogeography of the Middle Jurassic Brent and Vestland deltaic systems, Northern North Sea. *Norsk Geol. Tidsskr.*, 76, 75-106.

Folkestad, A., Veselovsky, Z. and Roberts, P. (2012) Utilising borehole image logs to interpret delta to estuarine system: A case study of the subsurface Lower Jurassic Cook Formation in the Norwegian northern North Sea. *Mar. Petrol. Geol.*, 29, 255-275.

Fossen, H., Dallman, W. and Andersen, T. B. (2008) The mountain chain rebounds and founders. The Caledonides are worn down; 405-359 million years. In: *The Making of a Land. Geology of Norway* (Eds I. B. Ramberg, I. Bryhni, A. Nøttvedt and K. Rangnes), *Norsk Geologisk Forening* (The Norwegian Geological Association), 232-259.

Fossen, H., Schultz, R. A., Rundhovde, E., Rotevatn, A. and Buckley, S. J. (2010) Fault linkage and graben stepovers in the Canyonlands (Utah) and the North Sea Viking Graben, with implications for hydrocarbon migration and accumulation. *AAPG Bull.*, 94, 597-613

Gabrielsen, R. H. (1989) Reactivation of faults on the Norwegian continental shelf and its implications for earthquake occurrence. In: *Causes and Effects of Earthquakes at Passive Margins and in Areas with Postglacial Rebound on both Sides of the North Atlantic* (Eds S. Gregersen and P. Basham), Elsevier, Amsterdam, 69-92.

Gabrielsen, R. H., Farseth, R. B., Steel, R. J., Idil, S. and Klovjan, O. S. (1990) Architectural styles of basin fill in the northern Viking Graben. In: *Tectonic Evolution of North Sea Rifts* (Eds D. J. Blundell and A. D. Gibbs), Oxford University Press, pp 158-179.

Gabrielsen, R. H., Odinsen, T. and Grunnaleite, I. (1999) Structuring of the Northern Viking Graben and the Møre Basin; the influence of basement structural grain and the particular role of the Møre-Trøndelag Fault Complex. *Mar. Petrol. Geol.* 16, 443-465.

Gabrielsen, R. H., Kyrkjebo, R., Faleide, J. I., Fjeldskaar, W. and Kjennerud, T. (2001) The Cretaceous post-rift basin configuration of the northern North Sea. *Petroleum Geoscience*, 7, 137-154.

Gawthorpe, R. L. and Leeder, M. R. (2000) Tectonosedimentary evolution of active extensional basins. *Basin Res.*, 12, 195-218.

Giltner, J. P. (1987) Application of extensional models to the northern Viking Graben. *Norsk Geol. Tidsskr.*, 67, 339-352.

Graue, E., Helland-Hansen, W., Johnsen, J., Lømo, L., Nøttvedt, A., Rønning, K., Ryseth, A. and Steel, R. (1987) Advance and retreat of Brent Delta system, Norwegian North Sea. In: *Petroleum Geology of North West Europe* (Eds J. Brooks and K. Glennie), Graham and Trotman, 915-937.

Gupta, S., Cowie, P. A., Dawers, N. H. and Underhill, J. R. (1998) A mechanism to explain rift basin subsidence and stratigraphic patterns through fault array evolution. *Geology*, 26, 595–598.

Hampson, G. J., Sixsmith, P. J. and Johnson, H. D. (2004) A sedimentological approach to refining reservoir architecture in a mature hydrocarbon province: the Brent Province, UK North Sea. *Mar. Petrol. Geol.*, 21, 457–484.

Helland-Hansen, W., Ashton, M., Lomo, L. and Steel, R. J. (1992) Advance and retreat of the Brent Delta: recent contributions to the depositional model. In: *Geology of the Brent Group* (Eds A. C. Morton, R. S. Haszeldine, M. R. Giles and S. Brown), *Geol. Soc. Spec. Publ.*, 61, 109–127.

Helland-Hansen, W. and Gjelberg, J. G. (1994) Conceptual basis and variability in sequence stratigraphy: a different perspective. *Sed. Geol.*, 92, 31–52.

Husmo, T., Hamar, G. P., Høiland, O., Johannessen, E. P., Rømuld, A., Spencer, A. M. and Titterton, R. (2003) Lower and Middle Jurassic. In: *The Millennium atlas: petroleum geology of the central and northern North Sea* (Eds D. Evans, C. Graham, A. Armour, and P. Bathurst), *Geol. Soc.*, 129–155.

Jennette, D. C. and Riley, C. O. (1996) Influence of relative sea-level on facies and reservoir geometry of the Middle Jurassic lower Brent Group, UK, North Viking Graben. In: *High Resolution Sequence Stratigraphy Innovations and Applications* (Eds J. A. Howell and J. F. Aitken), *Geol. Soc. Spec. Publ.*, 104, 87–113.

Johannessen, E. P., Mjøs, R., Renshaw, D., Dalland, A. and Jacobsen, T. (1995) Northern limit of the 'Brent Delta' at the Tampen Spur – a sequence stratigraphic approach for sandstone prediction. In: Sequence stratigraphy of the northwest European margin (Eds R. Steel, V. L. Felt, E. P. Johannessen and C. Mathieu), *Norw. Petrol. Soc. Spec. Publ.*, 5, 213–256.

Kjennerud, T., Faleide, J. I., Gabrielsen, R. H., Gillmore., G. K., Kyrkjebo, R., Lippard, S. J. and Løseth, H. (2001) Structural restoration of Cretaceous–Cenozoic (post-rift) palaoebathymetry. In: *Sedimentary Environments Offshore Norway–Palaeozoic to Recent* (Eds O. Martinsen and T. Dreyer), *Norw. Petrol. Soc. Spec. Publ.*, 9, 347–364.

Kyrkjebø, R., Kjennerud, T., Gillmore, G. K., Faleide, J. I. and Gabrielsen, R. H. (2001) Cretaceous–Tertiary palaeobathymetry in the northern North Sea; integration of palaeo-water depth estimates obtained by structural restoration and micropalaentological analysis. In: *Sedimentary Environments Offshore Norway – Palaeozoic to Recent* (Eds O. Martinsen and T. Dreyer), *Norw. Petrol. Soc. Spec. Publ.*, 9, 321–345.

Leeder, M. R. (1983) Lithospheric stretching and North Sea Jurassic clastic source lands. *Nature*, 305, 510–514.

Løseth, T. M., Ryseth, A. E. and Young, M. (2009) Sedimentology and sequence stratigraphy of the middle Jurassic Tarbert Formation, Oseberg South area (northern North Sea). *Basin Res.*, 21, 597–619.

McLeod, A. E., Dawers, N. H. and Underhill, J. R. (2000) The propagation and linkage of normal faults: insights from the Strathspey – Brent – Statfjord fault array, northern North Sea. *Basin Res.*, 12, 263–284.

Mitchener, B. C., Lawrence, D. A., Partington, M. A., Bowman, M. B. J. and Gluyas, J. (1992) Brent Group: sequence stratigraphy and regional implications. In: *Geology of the Brent Group* (Eds A. C. Morton, R. S. Haszeldine, M. R. Giles and S. Brown), *Geol. Soc. Spec. Publ.*, 61, 45–80.

Mjøs, R. (2009) Anatomy of the seaward steps and seaward termination of the Brent clastic wedge. *Basin Res.*, 21, 573–596.

Morris, J. E., Hampson, G. J. and Maxwell, G. (2003) Controls on facies architecture in the Brent Group, Strathspey Field, UK North Sea: Implications for reservoir characterization. *Petroleum Geoscience*, 9, 209–220.

Nøttvedt, A., Gabrielsen. R. H. and Steel, R. J. (1995) Tectonostratigraphy and sedimentary architecture of rift basins with reference to the northern North Sea. *Mar. Petrol. Geol.*, 12, 881–901.

Nøttvedt, A., Berge, A. M., Dawers, N. H., Færseth, R. B., Hager, K. O., Mangerud, G. and Puigdefabregas, C. (2000) Syn-rift evolution and resulting play models in the Snorre-H area, northern North Sea. In: *Dynamics of the Norwegian Margin.* (Ed. A. Nøttvedt), *Geol. Soc. Spec. Publ.*, 167, 179–218.

Odinsen, T., Christiansson, P., Gabrielsen, R. H., Faleide, J. I. and Berge, A. M. (2000a) The geometries and deep structure of the northern North Sea rift system. In: *Dynamics of the Norwegian Margin.* (Ed. A. Nøttvedt), *Geol. Soc. Spec. Publ.*, 167, 41–57.

Odinsen, T., Reemst, P., van der Beek, P., Faleide, J. I. and Gabrielsen, R. H. (2000b) Permo-Triassic and Jurassic extension in the northern North Sea: results from tectonostratigraphic forward modelling. In: *Dynamics of the Norwegian Margin.* (Ed. A. Nøttvedt), *Geol. Soc. Spec. Publ.*, 167, 83–103.

Olsen, T. R. and Steel, R. J. (1995) Shoreface pinch-out style on the front of the 'Brent delta' in the easterly Tampen Spur. In: *Sequence Stratigraphy on the Northwest European Margin* (Eds R. J. Steel, V. L. Felt, E. P. Johannessen and C. Mathieu), *Norw. Petrol. Soc. Spec. Publ.*, 5, 273–289. Elsevier Science B. V., Amsterdam.

Oost, A. P. (1995) Dynamics and Sedimentary Development of the Dutch Wadden Sea with Emphasis on the Frisian Inlet. A Study of Barrier Islands, Ebb-Tidal Deltas, Inlets and Drainage Basins, Geologica Ultraiectina. PhD thesis, Utrecht University, Utrecht, pp. 454.

Prosser, S. (1993) Rift-related linked depositional systems and their seismic expression. In: *Tectonics and seismic sequence stratigraphy* (Eds G. D. Williams and A. Dobb), *Geol. Soc. Spec. Publ.*, 71, 35–66.

Qin, J. (2005) Bio-Hydrocarbons from Algae: Impacts of temperature, light and salinity on algal growth. *Rural Industries Research and Development Corporation*, report 05/025, 18 pp.

Rao, A. O., Davananda, C., Sarada, R., Shamala, T. R and Ravishankar, G. A. (2007) Effect of salinity on growth of green alga *Botryococcus braunii and* its constituents. *Bioresource Technology*, 98, 560–564.

Rattey, R. P. and Hayward, A. B. (1993) Sequence stratigraphy of a failed rift system: the Middle Jurassic to Early Cretaceous basin evolution of the Central and Northern North Sea. In: *Petroleum Geology of Northwest Europe. Proceedings of the 4th Conference.* (Ed. J. R. Parker) *Geol. Soc.* London, 215–249.

Ravnås, R. and Bondevik, K. (1997) Architecture and controls on Bathonian Kimmeridgian shallowmarine synrift wedges of the Oseberg–Brage area, northern North Sea. *Basin Res.*, 9, 197–226.

Ravnås, R. and Steel, R. J. (1998) Architecture of marine rift–basin successions. *AAPG Bull.*, 82, 110–146.

Ravnås, R., Bondevik, K., Helland–Hansen, W., Lømø, Leif., Ryseth, A. and Steel, R. J. (1997) Sedimentation history as an indicator of rift–initiation and development: the Late Bajocian – Bathonian evolution of the Oseberg – Brage area, northern North Sea. *Norsk Geol. Tidskr.*, 77, 205–232.

Ravnås, R., Nøttvedt, A., Steel, R. J. and Windelstad, J. (2000) Syn–rift sedimentary architectures in the Northern North Sea. In: *Dynamics of the Norwegian margin* (Eds A. Nøttvedt, B. T. Larsen, S. Olaussen., B. Tørudbakken, J. Skogseid, R. H. Garbrielsen., H. Brekke and Ø. Birkeland), *Geol. Soc. Spec. Publ.*, 167, 133–177.

Riding, J. B. (1983) The palynology of the Aalenian (Middle Jurassic) sediments of Jackdaw Quarry, Gloucestershire, England. *Mercian Geol.*, 9, 111–120.

Riding, J. B. (2006) A palynological investigation of the Brent Group from UK North Sea wells 211/28–H15 and 211/28–H1 (Hutton Field). *Brit. Geol. Surv. Internal Report* IR/06/100, 12 pp.

Roberts, A. M., Yielding, G. and Badley, M. E. (1995) A kinematic model for the orthogonal opening of the Late Jurassic North Sea Rift System, Denmark–Mid Norway. In: *Tectonic Evolution of the North Sea Rifts* (Eds D. J. Blundell and A. D. Gibbs) Clarendon, Oxford, 180–199.

Rønning, K. and Steel, R. J. (1987) Depositional sequences within a "transgressive" reservoir sandstone unit: the Middle Jurassic Tarbert Formation, Hild area, northern North Sea. In: *North Sea Oil and Gas Reservoirs* (Eds J. Kleppe, E. W. Berg, T. A. Buller, O. Hjelmeland and O. Torsæter), Graham and Trotdman, London, 169–176.

Sharp, I. R. Gawthorpe, R. L., Underhill, J. R. and Gupta, S. (2000) Fault – Propagation Folding in Extensional Settings: Examples of Structural Style and Synrift Sedimentary Response from the Suez Rift, Sinai, Egypt. *GSA Bull.*, 112, 1877–1899.

Steckler, M. J., Berthelot, F., Lyberis, N. and LePichon, X. (1988) Subsidence in the Gulf of Suez: Implications for rifting and plate kinematics. *Tectonophysics*, 153, 249–270.

Steel, R. J. (1993) Triassic–Jurassic megasequence stratigraphy in the Northern North Sea: rift to post–rift evolution. In: *Petroleum Geology of Northwest Europe. Proceedings of the 4th Conference.* (Ed. J. R. Parker), *Geol. Soc.* London, 299–315.

Steel, R. and Ryseth, A. (1990) The Triasssic – early Jurassic succession in the northern North Sea: megasequence stratigraphy and intra–Triassic tectonics. In: *Tectonic Events Responsible for Britain's Oil and Gas Reserves.* (Eds R. P. F. Hardman and J. Brooks), *Geol. Soc.*

*Spec. Publ.*, 55, 139–168.

Underhill, J. R. and Partington, M. A. (1993) Jurassic thermal doming and deflation of the North Sea: implications of the sequence stratigraphic evidence. In: *Petroleum Geology of Northwest Europe. Proceedings of the 4th Conference.* (Ed. J. R. Parker), *Geol. Soc.* London, 337–346.

Underhill, J. R. and Partington, M. A. (1994) Use of maximum flooding surfaces in determining a regional control on the intra-Aalenian (Mid-Cimmerian) sequence boundary: implications for the North Sea basin development and Exxon's sea-level chart. In: *Recent Advances in Siliciclastic Sequence Stratigraphy* (Eds H. W. Posamentier and P. J. Wiemer), *AAPG Mem.*, 58, 449–484.

Van der Molen, J. and Van Dijck, B. (2000) The evolution of the Dutch and Belgian coasts and the role of sand supply from the North Sea. *Global Planet. Change*, 27, 223–244.

Vollset, J. and Doré, A. G. (1984) A revised Triassic and Jurassic lithostratigraphic nomenclature for the Norwegian North Sea. *Norw. Petrol. Direct. Bull.*, 3, 2–53.

White, N. and McKenzie, D. (1988) Formation of the steer's head geometry of sedimentary basins by different stretching of the crust and mantle. *Geology*, 16, 250–253.

Yielding, G., Badley, M. E. and Roberts, A. M. (1992) The structural evolution of the Brent Province. In: *Geology of the Brent Group* (Eds A. C. Morton, R. S. Haszeldine, M. R. Giles and S. Brown). *Geol. Soc. Spec. Pub.*, 61, 27–43.

Ziegler, P. A. (1982) Geological Atlas of Western and Central Europe. The Hague: Shell Internationale Petroleum, Elsevier Scientific.

# 15 北海中生代和新生代盆地结构

Erlend Morisbak Jarsve　Jan Inge Faleide
Roy Helge Gabrielsen　Johan Petter Nystuen　著
张　琴　译

**摘要**：北海盆地系统是扩张和差异沉降反复作用的结果。为了查明盆地类型、几何形态和盆地充填动力发育演化与盆地源汇系统之间的关系，进行了一系列的二维地震剖面研究。本研究显示整个晚中生代和新生代北海地区源区和沉降区的空间分布伴随着内陆地区的隆起和凹陷剥蚀。研究结果表明，在晚中生代和新生代，北海盆地构造格局可被划分为四个主要的盆地结构。与构造运动相关的不对称隆起带和盆地周边的侵蚀，导致了暂时性的、非对称的盆地结构。侏罗纪地堑形成晚期的盆地结构，以由旋转断层和次级盆地构成的复杂系统为特点，这些次级盆地的充填物来自挪威陆地地区。部分沉积物沉积在 Horda 台地、Stord 盆地和 Egersund 盆地构造低点，相当一部分则绕过台地区。紧随着侏罗纪扩张运动的是一个典型的裂谷发育时期，此时最早期的白垩纪沉积物部分来自原地、旋转的断裂地块以及盆地系统边缘的隆起区。这表明起始于晚侏罗世同裂谷阶段的盆地构造运动贯穿于早白垩世早期的后裂谷期并达到鼎盛。晚白垩世现今暴露近地表的盆地边缘最终被淹没。因此，尽管被影响半区域和原地的盆地系统的隆起运动中断，与侏罗纪—白垩纪后裂谷时期相关的北海盆地沉降模式能够追溯到整个白垩纪。另外，在晚侏罗纪同裂谷阶段的地堑构造中下白垩统硅质碎屑岩中削蚀的发现，表明了北海区域相当大一部分曾遭受剥蚀。然而，自早古近纪开始，盆地系统以更为广泛的区域沉降和沉积中心的迁移及源区的隆起运动为特征。古近纪西部物源占主导地位的情况在晚古近纪和新近纪发生转变，变为以东部物源占主导地位，同时可容空间穿时发育于整个北海区域，一致持续到新近纪。这表明岩石圈地质作用对内陆地区和西北部欧洲大陆部分板块的盆地都产生了影响，这是一种构造上耦合的源汇系统。

**关键词**：北海；盆地结构；差异沉降；层序地层学；构造地质学

## 15.1 概述

在超过 50 年的油气探索中，对北海盆地系统的构造—沉积学发展已经进行了广泛的研究。尽管如此，北海盆地发育历史的许多方面仍认识不清，例如源汇、内陆和盆地、盆地沉降和倒转机制的结构联系、构造的相互关联影响、气候和构造对沉积物的产生及沉积的影响、海平面升降引起的构造运动对可容空间产生和消亡的控制作用。

北海盆地在后加里东期（泥盆系）发展成为一个内陆盆地，为位于欧洲西北部的洼地，被欧洲大陆板块（包括与加里东期岩层同生的前寒武纪地壳）环绕。在早侏罗世以海侵作用为主的背景下（Evans 等，2003），北海盆地系统以浅海盆地为主。由于地壳的伸展和断陷，断块旋转和盆地反转，以及新生代的各种构造机制和差异沉积压实引起的断层构造及盐辟构造作用和差异沉降，导致在晚古生代和中生代次级盆地发育。沉积物组成、粒径和运移路径受基岩、地形、坡度和方向以及北海盆地水流和气候的影响。在早侏罗世，北海盆地西部、东部和南部是潜在的沉积物源区。这些源区的物源由反转断层的残余断层面和盆地反转形成的间歇性盆内高点提供（Gabrielsen等，2001；Kyrkjebø等，2001）。海洋盆地延伸到北部的Borealic盆地，并由几个浅海联系在一起，汇入到原特提斯洋和特提斯洋南部（Ziegler，1982，1990；Evans等，2003；Anell等，2012）。

大量沉积物的充填由可容空间（$A$）和沉积物供给（$S$）随时间的比控制。$A/S$在时间和空间上的变化受盆内和腹地的构造、速率和盆地沉降的几何构造以及气候和海平面升降的影响。这些因素的复杂相互作用体现在盆地的沉积厚度、层理和矿物成分、沉积构造及沉积层序等方面。

本文通过研究盆地沉积层序和边界面的几何形态，提升对北海盆地系统发育过程中一些复杂问题的认识，包括晚侏罗世—早白垩世同裂谷期和后裂谷期的过渡阶段（Nøttvedt等，1995；Gabrielsen等，2001）、盆地升降和盆地边缘的侵蚀作用、盆地腹地的剥蚀以及输导体系和沉积物沉积之间的相互作用（Kyrkjebø等，2000；Gabrielsen等，2001，2005，2010a；Faleide等，2002）。对于新生代，构造与气候对沉积物沉积量的影响已成为重要的讨论问题（Lindstrom，1993；Japsen和Chalmers，2000；Huuse等，2002；Gabrielsen等，2005，2010a，2010b；Doré等，2008；Anell等，2009，2010，2012；Nielsen等，2009，2010a，2010b；Chalmers等，2010；Goledowski等，2012；Goledowski等，2014；Rasmussen和Dybkjær，2014）。

假设北海盆地腹地区域位于同一大陆板块，并且同属一个耦合系统，而不是分离的系统。在耦合源汇系统上，地壳演化进程控制盆地沉降，或与相邻内陆地区的隆起相关联，而在一个完整的解耦系统里，盆地和内陆区域构造上彼此独立。这项研究的重点是晚中生代和新生代的沉积体系，尤其是对构造地热发育阶段盆地构造重要变化的研究，以及板块边缘构造、远源构造和气候引起的重要变化的研究。因此，基于层序发展的各种形式，这项研究旨在建立一个用于区分各种盆地构造的标准。

主要研究区位于1°E—8°E和56°N—63°N之间的区域（图15.1）。然而，为讨论新生代沉积物的分布，盆地边缘的发育也被考虑在内。

### 15.1.1 数据和方法

研究区地震解释使用60000km的长偏移二维地震反射数据（NSR survey）。这些二维地震反射数据由FugroMulti Client Services和TGS Nopec在2003—2009年获得。此外，一些其他的二维地震勘探方法也在研究区使用，其中包括数据DCS、DK1、DK2、DT97、SP82和UCGE97，主要集中在丹麦地区使用（图15.1）。NSR测量是国际最先进的区域地震反射勘探数据采集方法，它为中生代及新生代提供了高精度的地震分辨率。本次调查涵盖了挪威研究区的一部分。结合研究中使用的其他二维地震勘探数据，覆盖范围超过以前，特别是对北海盆地挪威中部南部地区的勘探。因此，目前数据能更完整地解释晚中生代（晚侏罗世—白垩世）和新生代的地层特征。

地震数据已经被大量的测井数据标定，这些数据提供了生物地层和岩石地层信息，以用于校正地震地层骨架。

地震测绘和解释基于地震地层原理，如识别和划分单元，在地层地震模式中表示为进积、沉降、海侵，以及反射振幅和频率的变化。地震层序地层学通过识别层序界面来识别地层，如不整合面（SU）、水进面（TS）和最大洪泛面（MFS），在地震反射上以下超、上

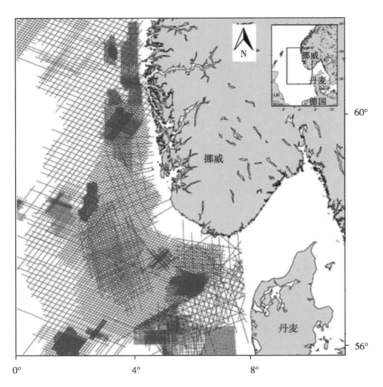

图 15.1 研究区位置以及目前研究中应用的地震反射数据

超、顶超和顶超削截为特征（Mitchum 等，1977；Van Wagoner 等，1988；图 15.2）。根据沉积几何特征将层序定义为海侵—海退（T—R）旋回（Embry，1988，1993，1995；Embry 和 Johannessen，1992）。海侵体系域以退积或进积准层序组叠置在以顶超或（和）顶超削截为特征的不整合面上，海退体系域以前积反射下超在最大海泛面之上为特征。在一些层序中，SU、TS 和 MFS 与目前的地震分辨率一致（图 15.2）。

每个地震地层层序被划分并由时间—厚度图和地震测线样图表示。每个单元特别重视识别和图示最大厚度位置（沉积中心），并且根据其构造特征对层序进行描述和讨论，如一些层序中的压实作用和沉积后剥蚀作用。因此，时间—厚度图以及文中提到的前积反射高度必须被视为最小值。

### 15.1.2 区域地质

本节中总结了北海盆地区域地质概况，由于研究区整个晚中生代和新生代的沉积模式受区域构造的影响非常大，本文重点研究中生代和新生代区域地质特征。

北海盆地构造反映了两个主要的后加里东盆地形成运动，分别发生在二叠—三叠纪及晚侏罗世—早白垩世。二叠—三叠纪构造运动影响了整个西南挪威地区，该区域包括 Skager-rak—Oslo 地堑系统。而晚侏罗世—早白垩世阶段主要影响北海的北部、中部和东部的（现今）大陆架（Badley 等，1988；Ziegler 和 Van Hoorn，1989；Gabrielsen 等，1990；Roberts 等，1990；Ziegler，1990，1992；Yielding 和 Roberts，1992；Milton，1993；Rattey 和 Hayward，1993；N. ttvedt 等，1995；Færseth，1996；Færseth 等，1997；Odinsen 等，2000；

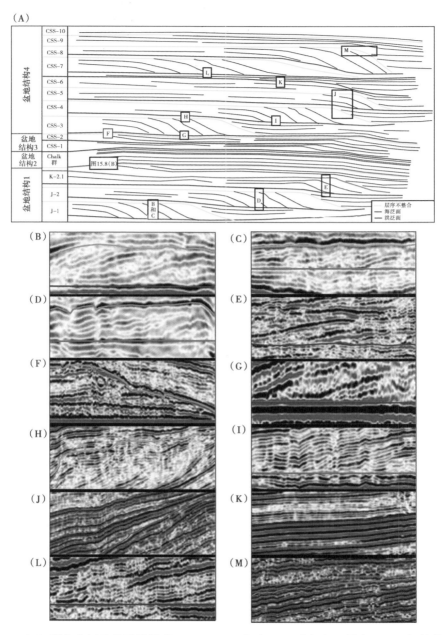

图15.2 （A）研究中记录的不同层序；（B）Stord 盆地/Asta 地垒与亚层序 J-2.1 相关的下超和顶超削截（下超面拉平）；（C）Egersund 盆地与亚层序 J-2.1 相关的下超和顶超削截（下超面拉平）；（D）Egersund 盆地与亚层序 J-2.2 相关的的下超和顶超削截（下超面拉平）；（E）Egersund 盆地亚层序 K-2.1 的下超；（F）挪威—丹麦盆地始新统的削截（CSS-1 顶层拉平）；（G）挪威—丹麦盆地层序 CSS-3 的下超（下超面拉平）；（H）挪威—丹麦盆地层序 CSS-3 的顶超削截；（I）层序 CSS-4 的下超；（J）层序 CSS-5 和层序 CSS-6 的上超以及在层序 CSS-5 顶的削截；（K）在 Stord 盆地/Asta 地垒与亚层序 J-2.1 相关的顶超和下超削截（下超面拉平）；（L）同一个层序的底部层序 CSS-7 下超到海泛面（下超面拉平）；（M）层序 CSS-8 顶的顶超削截。从层序 CSS-9 上超到层序不整合

Faleide 等，2002）。

晚石炭世—早二叠世，二叠纪盆地北部和南部轴向由东西向变为北东—南西向，并且主导着北海南部和中部的古地理格局（Ziegler，1982，1987，1992；Heeremans 等，2004）。具体地说，与挪威—丹麦盆地重合的东部二叠纪盆地在西部和南部以中央地堑以及 Coffee-Soil 断层复合体为界，并由 Sorgenfrei-Tornquist 区域延伸至北部。盆地走向为北西—南东向，并发育古生代、中生代和新生代的沉积地层（Ziegler 和 Van Hoorn，1989；Frederiksen 等，2001）。在北部（Viking 地堑区）和东北部（Skagerrak-Oslo 地堑区），整个晚石炭世—二叠纪南北向的裂陷系统发育（Ziegler，1990；Gabrielsen 等，1990；Heeremans 和 Faleide，2004），并在早三叠世停止伸展裂陷。然而，在晚三叠世后裂谷期仍存在裂陷沉降（Gabrielsen 等，1990；Odinsen 等，2000）。

晚侏罗世—早白垩世裂谷阶段主要影响北海北部、中部和东部（目前）大陆架（Badley 等，1988；Ziegler 和 Van Hoorn，1989；Gabrielsen 等，1990；Roberts 等，1990；Ziegler，1990，1992；Yielding 和 Roberts，1992；Milton，1993；Rattey 和 Hayward，1993；Steel，1993；Nøttvedt 等，1995；Færseth，1996；Færseth 等，1997；Odinsen 等，2000；Faleide，2002）。晚侏罗世—早白垩世同裂谷阶段，北西—南东向走滑构造在北海中部占主要地位，如中央地堑；北北东—南南西方向构造在北海北部占主要地位（如 Viking 地堑；Ziegler，1987；Ziegler 和 Van Hoorn，1989；图 15.3）。在同裂谷期，广泛的腹地如南部挪威大陆和东 Shetland 台地，向盆地提供物源。然而还有几个局部物源也为盆地系统提供沉积物，如盆地边缘隆起和旋转断层顶部出露岩块（Gabrielsen 等，2001，2010a）。

晚白垩世—早古新世，白垩系为浅海沉积环境，在 Egersund 盆地和 Åsta 地堑沉积厚度高达 900m，在中央地堑沉积地层厚度可达到 1500m（Surlyk 等，2003）。应当强调的是，在新生代，挪威海峡东部和东北部白垩纪沉积物被完全剥蚀。

古新世晚期—始新世，由于大西洋东北部断裂影响北海北部，导致东 Shetland 台地的快速隆升和向东倾斜，北海北部区域沉降（Ziegler，1982；Jordt 等，1995；Faleide 等，2002）。断裂和初始张裂引起剧烈的火山活动，导致下始新统中出现一个明显的地震振幅反射异常层，代表着研究区的火山凝灰岩层（Knox 和 Morton，1988；Eldholm 和 Thomas，1993）。

北海西部的古近纪沉积物主要来自东 Shetland 台地（Jordt 等，1995，2000；Michelsen 等，1995；Faleide 等，2002；Anell 等，2009，2012）。这些作者指出，新近纪的沉积物有一个明显的改变，沉积物主要来源区域似乎已经由西部变为东部和东北部。这种变化通常被认为是由 Scandinavia 再次的垂直隆升作用引起的。然而，源区是否由早古近纪的西部变为渐新世和新近纪的东部和东北部一直存在争论，这种变化被认为是挪威南部再次垂向抬升的响应，使挪威西南部呈现中央穹隆（Jordt 等，1995，2000；Michelsen，1995；Rohrman 等，1995；Martinsen 等，1999；Japsen 和 Chalmers，2000；Japsen 等，2002；Faleide 等，2002；Japsen 等，2007；Anell 等，2009，2012；Gabrielsen 等，2010a，b），或者是否这个穹隆只是继承了志留纪—泥盆纪加里东山脉地形特征，而由于海平面升降和气候变化，隆起地层随时间被剥蚀下降（Huuse 等，2001；Huuse，2002；Nielsen 等，2009）。第一种解释为构造上耦合的源汇模式，而后一种解释是构造上解耦的源汇模式。

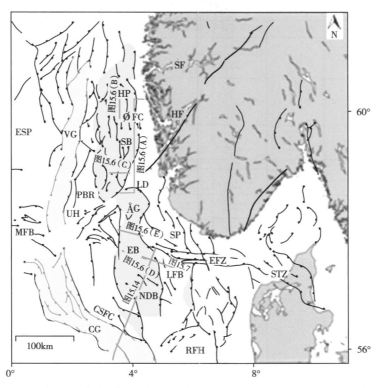

图 15.3 研究区主要构造要素分别用黄色和蓝色标注二叠纪和侏罗纪末的裂谷盆地。中央地堑（CG），Coffee-Soil 断层复合体（CSFC），Egersund 盆地（EB），东部 Shetland 台地（ESP），Fjerrislev 断层带（FFZ），Hardangerfjord（HF），Horda 台地（HP），Ling 坳陷（LD），Lista 断块（LFB），Moray Firth 盆地（MFB），挪威—丹麦盆地（NDB），Patchbank 脊（PBR），Ringkøbing Fyn 高地（RFH），Stord 盆地（SB），Sognefjord（SF），Stavanger 台地（SP），Sorgenfrei Torquist 带（STZ），Utsira 高地（UH），Viking 地堑（VG），Oygarden 断层复合体（QFC）和 Åsta 地堑（ÅG）

## 15.1.3 地震地层层序和岩石地层

北海北部和东部主要的地层划分标准由 Deegan 和 Scull（1977）提出，后来被 Morton（1982），Stewart（1987），Mudge 和 Copestake（1991）修改。一系列修改后的挪威北海三叠纪和侏罗纪岩石地层命名由 Vollset 和 Doré（1984）提出，挪威北海的白垩纪、古近纪和新近纪岩石地层命名由 Isaksen 和 Tonstad（1989）提出。白垩系地震层序划分建立在 Gabrielsen 等（2001）的工作基础之上，并适用于本文。新生界地震层序划分建立在 Jordt（1995，2000），Michelsen 和 Danielsen（1996），Faleide 等（2002）的工作基础之上（图 15.4）。目前工作包括与上侏罗统演化类似的地震地层学划分（牛津阶—提塘阶）（图 15.4）。然而，一些关于新生界划分的调整建议被提出，此次主要针对北海盆地东部的渐新统进行修改。

上侏罗统在牛津期和 Volgian 期被划分为两个地震地层层序，即 J-1 和 J-2。层序 J-1 与 Fraser 等（2002）提出的层序 A 对应，层序 J-2 与层序 B—E 对应。层序 J-2 进一步被细分成两个亚层序（J-2.1 和 J-2.2），其中亚层序 J-2.1 包括 Flekkefjord 组，亚层序 J-2.2 包括 Sauda 组。白垩系被划分为层序 K-1—K-6，其中，层序 K-1 和 K-2 代表了下白垩统

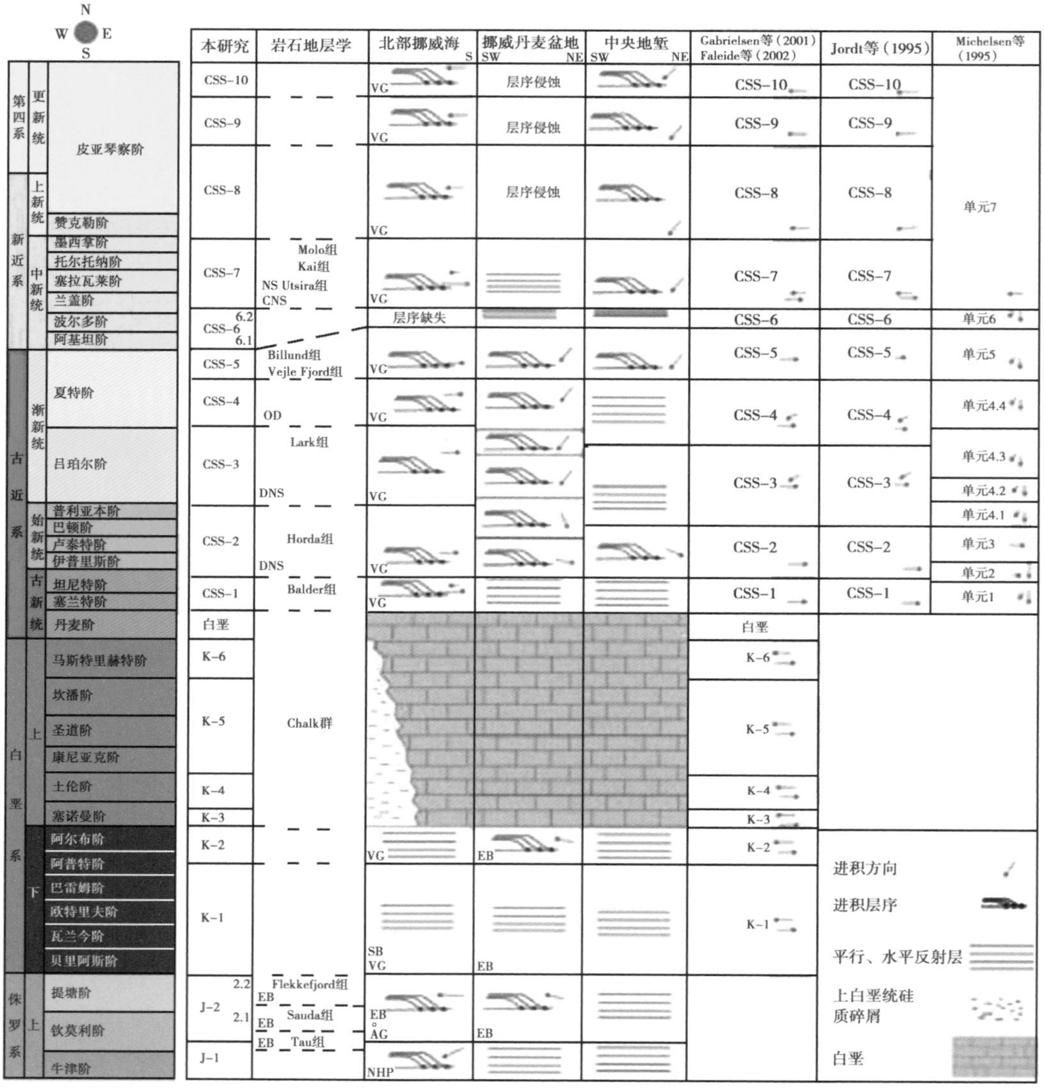

图 15.4  北海北部挪威—丹麦盆地和中央地堑的岩石地层和地震地层示意图

地震层序可以与以前的工作对比。箭头显示进积和加积的方向。

VG—Viking 地堑，ÅG—Åsta 地堑，EB—Egersund 盆地，NHP—北部 Horda 台地，DNS—丹麦北海，OD—陆上丹麦，NS—挪威海，CNS—中央北海岩石地层来自 Deegan 和 Scull（1977），Eidvin 等（2007），Schiøler 等（2007）和 Rasmussen 等（2010）的资料

（贝里阿斯阶—阿尔布阶），层序 K-3 与 K-6 代表了下白垩统—上古新统（塞诺曼阶—丹麦阶；Gabrielsen 等，2001）。

白垩系地震层序基于超过 50 口井的数据，这些井主要分布于挪威北海北部（Gabrielsen 等，2001）。新生界地震层序一般根据 Jordt 等（1995）的观点提出。因此，将新生界层序划分成层序 CSS-1—CSS-10，其中层序 CSS-1 和 CSS-2 分别代表晚古新世—早始新世和早—晚始新世。层序 CSS-1 的顶面与 Balder 组的顶部一致。层序 CSS-3 和 CSS-4 与早、晚渐新世在时间上一致，而层序 CSS-5—CSS-7 时间上分别对应早、中、晚中新世。层序 CSS-8

对应上新世，层序 CSS-9 和 CSS-10 追溯至早更新世和晚更新世（图 15.4）。Jordt 等 (1995，2000) 根据生物地层的钙质超微化石、甲藻和有孔虫（Steurbaut 等，1991；Eidvin 和 Riis，1992；Gradstein 和 Bäckström，1996）对新生代层序进行划分。在这项工作中，我们同时也对北海东部新生代层序的相关性进行了研究（Rasmussen 和 Dybkjær，2005；Dybkjær 和 Rasmussen，2007，Schiøler 等，2007；Dybkjær 等，2012）。

我们提出研究工区晚中生代和新生代在盆地结构上经历了四次重大变化。这四个盆地结构基于不同的盆地沉积模式和盆地结构，包括宽度、深度和倾向。这四次重大变化分别在晚侏罗世—早白垩世（盆地结构 1）、晚白垩世（盆地结构 2）、早古近纪（盆地结构 3）和晚古近纪—更新世（盆地结构 4）。因此，本文中地震层序的描述按照各个盆地结构划分，进一步细分在下面章节中讨论。

### 15.1.4 地震层序

本节中介绍研究区域内反映盆地结构重大变化的所有地震层序，根据与其相关的盆地构造提出相关地震层序。盆地结构 1 反映了晚侏罗世—早白垩世沉积的地层层序（J-1—K-2，图 15.4）；盆地结构 2 反映了晚白垩世地层层序（K-3—K-6；白垩纪；图 15.4）；盆地结构 3 反映了古新世和始新世地层层序（CSS-1 和 CSS-2；图 15.4），盆地结构 4 反映了晚古近纪—更新世层序（CSS-3—CSS-10；图 15.4）。

### 15.1.5 最晚期同裂谷和早期后裂谷阶段沉积层序：盆地结构 1

在地震反射资料中，整个研究区域内早侏罗世和晚白垩世的地层层序被很好地展现出来。该结构以台地区域的平缓断层为主导，次级台地中发育更剧烈的变形和旋转断块，并占主导地位（Kyrkjebø 等，2001），该结构处于典型的最晚期同裂谷和早期后裂谷阶段。在北海北部，沉积物一部分沉积在北部 Horda 台地的构造低点（包括 Troll Field）而不是以往认为的大量沉积物绕过台地区（Gabrielsen 等，1990，2001）。

Viking 地堑外部有四个主要的前积系统记录 [图 15.5（A）]，即北部的 Horda 台地区（J-1）、Åsta 地堑区，Stord 盆地区域（J-2.1）以及 Egersund 盆地区（J-2.1 和 J-2.2）。层序 J-1 和 J-2.1 的关系在图 15.6（A）中显示。在挪威—丹麦盆地，下侏罗统和上白垩统较薄（小于 200m），并且在这段时期只发生了轻微的断裂。

#### 15.1.5.1 牛津期（层序 J-1）

描述：层序 J-1 主要分布在 Horda 台地区域北部。在南部部分区域和 Sognefjord 现今出口的南部，层序显示出良好数据质量，而差的数据质量可以在整个 Horda 台地 Sognefjord 现今出口的北部看到 [图 15.5（A）]。层序 J-1 的最大厚度位于 Sognefjord 西南，达 300ms 双程旅行时 [图 15.5（A）]。层序向南部变薄，在 Åsta 地堑区域小于 100 ms 双程旅行时；向西方向也变薄 [图 15.5（A）]。层序 J-1 的底边界面地层下超在强地震反射层的顶部，代表沉积物沉积在侵蚀表面上 [图 15.6（A），(B)]。上界面为顶超削截，在区域最大厚度处可见 [图 15.5（A），图 15.6（B）]。

在顶积层被平移断层截断处，该层序与 SW 下倾的前积反射结合 [图 15.5（A），图 15.6（B）]。前积反射高度大约 200 ms 双程旅行时。

说明：依据层序 J-1 的侵蚀面和下超模式，下边界表面为不整合面（SU）和最大海泛面（MFS）层序的结合面。前积反射的倾斜几何形态表明沉积处于高能量环境，前积反射上

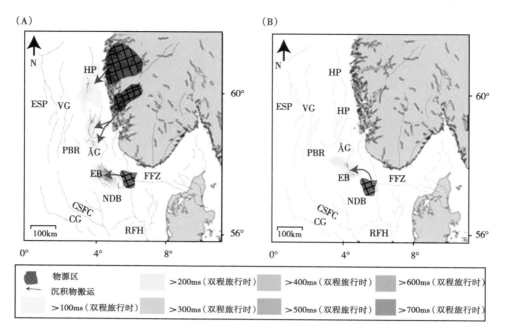

图 15.5 阶段 1 时间—厚度图
(A) 层序 J-1, 层序 J-2; (B) 层序 K-2.1。缩写含义见图 15.3

主要是粗粒沉积（Mitchum 等, 1977）。Gibbons 等（1993）和 Goldsmith（2000）意见达成一致，他们认为，在 Horda 台地北部区域，下侏罗统岩性包括临滨—近滨陆架砂岩，夹有潟湖—海湾相沉积物。西南方向的进积指示存在一个向东北方向的源区。在同裂谷阶段产生的可容空间被完全充填，并由顶积层被截断指示[图 15.6（B）]。

### 15.1.5.2 Volgian（层序 J-2）

描述：研究区层序 J-2 由三个独立进积系统反映，即 Åsta 地堑—Stord 盆地区域（J-2.1）和 Egersund 盆地区域（J-2.1, J-2.2）[图 15.5（A）]。J-2.1 亚层序相当于 Sauda 组顶部，而亚层序 J-2.2 顶端相当于 Flekkefjord 组顶部（图 15.4）。两个亚层序的数据质量都非常好[图 15.6（C），（D）]。

在 Åsta 地堑—Stord 盆地区域，亚层序 J-2.1 的底部边界表面沉积超覆在 J-1 沉积层序 Sognefjord 浅海沉积上，但上覆层序界面被顶超截断，这个沉积构造在 Åsta 地堑区域可看到[图 15.2, 图 15.6（C）]。一个强振幅且连续的地震反射层在层序 J-2.1 内被记录，在 Åsta 地堑区域，此反射面还作为下超面[图 15.6（C）]。在 Egersund 盆地，类似边界条件的亚层序 J-2.1 和 J-2.2 被记录[图 15.2, 图 15.6（D）]。在 Åsta 地堑—Stord 盆地区域，层序 J-2 最大厚度为 300 ms 双程旅行时，且亚层序向西部的 Utsira 高地尖灭。在 Egersund 盆地，层序 J-2 显示厚度高达 500ms 双程旅行时[图 15.5（A）]。盆地外部区域，层序 J-2 的最大厚度小于 100ms 双程旅行时[图 15.5（A）]。在 Egersund 盆地，两个亚层序 J-2.1 和 J-2.2 分别向西和西南方向尖灭。在 Utsira 高地和 Jæren 高地处，亚层序 J-2.1 和 J-2.2 不存在或者累计厚度低于地震分辨率。

在 Åsta 地堑—Stord 盆地区域，亚层序 J-2.1 显示为由西到西南超覆于前积反射上，具有

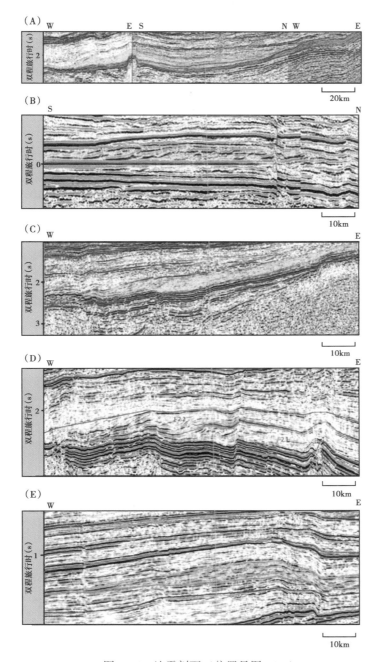

图 15.6 地震剖面（位置见图 15.5）

(A) 从北部 Horda 台地层序 J-1（标记为绿色）和 Stord 盆地/Åsta 地堑的层序 J-2.1（标记为蓝色）随机拉的一条地震测线。(B) 在 Horda 台地层序 J-1 的斜坡，以进积模式堆积（标记为蓝色）。注意顶积层的削截。地震剖面在下超面拉平。(C) 在 Stord 盆地和 Åsta 地堑的层序 J-2.1（标记为蓝色），注意斜坡的进积作用。(D) Egersund 盆地层序 J-2.1 和 J-2.2 的进积作用。(E) Egersund 盆地的层序 K-2.1（标记为蓝色）

一个沿切面倾斜的几何形态 [图 15.6 (C)]，前积反射的高度范围为 150~350ms 双程旅行时。

在 Egersund 盆地，亚层序 J-2.1 表示为西—西南向的进积系统，结合西—西南向倾斜的前积反射 [图 15.6 (D)]。这里，亚层序 J-2.1 削截于顶积层的退覆间断（图 15.7）。

433

该前积反射的最大高度大约为 250ms 双程旅行时，前积反射倾角大约是 4°，有一个平行的倾斜几何形态［图 15.6（D）］。

亚层序 J-2.2 仅在 Egersund 盆地记录，并且与亚层序 J-2.1 有共同的特点。进积模式中，前积反射倾角方向为西—西南［图 15.6（D）］。前积反射下超在亚层序 J-2.1 之上，并具有平行倾斜形态。前积反射的最大高度大约是 400 ms 双程旅行时，倾角为 3°~4°。

在 Egersund 盆地的 J-2 层序，上超结构在 Lista 断块东部发育，这也与早侏罗世的侵蚀表面有关（图 15.7）。

说明：根据其下超模式，两个亚层序内的下超面被解释为最大海泛面（MFS），并在 Åsta 地堑—Stord 盆地区域以及 Egersund 盆地内都存在。在 Egersund 盆地，亚层序 J-2.1 和 J-2.2 被亚层序 J-2.1 的上部不整合层序分开。亚层序 J-2 的沉积物来源于东部，进入北部 Horda 台地区域。因而，亚层序 J-1 后，具有一个连续沉积历史。在 Åsta 地堑—Stord 盆地区域，西—西南方向的进积亚层序 J-2.1 可能反映了源区沉积物向东—东北进积。在 Egersund 盆地，层序 J-2.2 沉积于亚层序 J-2.1 西南部，表明海岸线发生迁移，并在亚层序 J-2.2 沉积期间迁移到盆地的更远处。基于侵蚀面，源区可能与侏罗纪层序 J-2（图 15.7）的 Lista 断块相关。虽然临滨的暴露面被两个亚层序的上部层序边界表示，在 Egersund 盆地，亚层序 J-2.1 和 J-2.2 沉积过程中，水深几乎相同，如前积反射高度显示。层序 J-2 进积系统的倾斜形态是典型的粗粒进积系统（Mitchum 等，1977；Veeken，2007）。

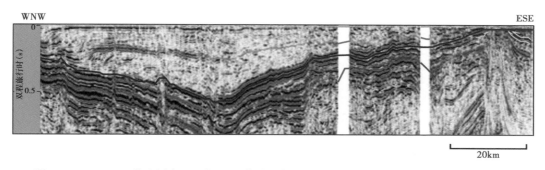

图 15.7　Egersund 盆地层序 J-2 与 Lista 断块的侵蚀表面对比剖面在亚层序 J-2.2 顶部拉平
注意 Lista 断块区的削截和沿着构造的上超模式

### 15.1.5.3　阿普特期—阿尔布期（亚层序 K-2.1）

描述：在研究区域，被 Gabrielsen 等（2001）并入层序 K-2（阿普特阶—阿尔布阶）的一个进积亚层序（K-2.1），在 Stavanger 台地和 Lista 断块区域西部被记录。虽然地震标定受低波阻抗影响，但白垩系的数据采集质量很好。然而，划分标定亚层序 K-2.1 是没有问题的。

Egersund 盆地亚层序 K-2.1 的下边界表面对应层序 J-2 的上部不整合面（SU），而上边界表面超覆于较新的上白垩统上。下超面在亚层序 K-2.1 内被记录［图 15.6（E）］。亚层序 K-2.1 中最大厚度为 400 ms 双程旅行时［图 15.6（E）］，并向西面 Utsira 高地方向尖灭，而在西南部和南部向 Sele 高地和 Egersund 盆地南部边界邻近的方向尖灭。在下超面以下，亚层序 K-2.1 地层由平行的水平地震反射面组成，而西南向倾斜前积反射在下超表面以上观察到［图 15.6（E）］。该前积反射在亚层序 K-2.1 内存在，并具有"S"形构造。前积反射的高度大约为 250ms 双程旅行时。

说明：进积前积反射的"S"形构造表示亚层序 K-2.1 的沉积物主要是细粒物质（Bullimore 等，2005）。该进积层序 K-2.1 可能代表陆架沉积，沉积厚度基于前积反射高度。依据 Wood 和 Barton（1983）与 White 和 Latin（1993），在挪威—丹麦盆地，上白垩统为一套具地震水平反射的沉积物，代表内陆架沉积。层序 K-2.1 向 Utsira 高地尖灭，Sele 高地和 Egersund 盆地南部边界表明，在早白垩世 Egersund 盆地被 Utsira 高地和 Sele 高地分割，从西部 Viking 地堑中分离，如同其在晚侏罗世时期的特征。沉积物可能通过 Hardangerfjord 搬运，与在 Stord 盆地—Asta 地堑的亚层序 J-2.1 相似［图 15.5（B）］。

### 15.1.6 晚期后裂谷阶段层序：盆地结构 2

盆地结构 2 包括上白垩统—丹麦 Chalk 群。在其沉积时，盆地结构 1 发育期间大部分作为局部物源的构造被剥蚀到基底并且随后被覆盖。这产生了在整个研究区延伸的连续性盆地（Gabrielsen 等，2001；Kyrkjebø 等，2001；Surlyk 等，2003），这是盆地结构 2 最突出的特点。下面介绍塞诺曼期—丹麦期层序 K-3—层序 K-6。

描述：Chalk 群由海相白垩组成，研究区厚度达 500~800m，如在挪威—丹麦盆地可见（Clausen 和 Huuse，1999），而在中央地堑多高于 1500m（Surlyk 等，2003）。虽然局部受海底水流影响（Esmerode 等，2008），Chalk 群沉积环境仍为很好的陆缘海环境。属于盆地结构 2 的沉积物整个研究区域都存在。然而，厚度从南到北变化很大（图 15.8）。在整个研究区域，数据质量很好，揭示了 Chalk 群内部地震反射。

Chalk 群下部和上部的边界都以强振幅反射为特征。内部地震反射模式平行到亚平行面。在一些结构特征下，Chalk 群沉积于角度不整合之上，如研究区 Utsira 高地和 Øygarden 断层复合体。侵蚀表面还表示在 Egersund 盆地 Chalk 群与下白垩统为不整合关系（图 15.8）。

在挪威—丹麦盆地西南部部分区域，Chalk 群沉积物厚度少于 100 ms 双程旅行时。沉积地层穿过 Ringkøbing-Fyn 高地，沿 Coffee-Soil 断层复合体延伸。挪威—丹麦盆地东北部则与此相反，Chalk 群逐渐向挪威大陆南部变厚（> 500 ms 双程旅行时；图 15.8，图 15.9）。在挪威海峡更新世基底之下，侵蚀不整合面被保存下来，由于被上新世—更新世冰川侵蚀，Chalk 群迅速变薄。Chalk 群向北海盆地北部变薄，在 Viking 地堑北部部分地区消失。

说明：Utsira 高地以及沿 Øygarden 断层区域 Chalk 群底部为角度不整合，指示在早—中白垩世地层暴露地表。随着 Chalk 群在海平面上升和高位期间沉积，这些不整合面顶部被海侵体系域覆盖。Egersund 盆地在早白垩世可能被充填，后来暴露地表，而后再次接受海侵。所记录的 Chalk 群向挪威大陆方向厚度增加。

### 15.1.7 沉积受裂谷和东北部大西洋初始张开影响：盆地结构 3

在晚古新世和始新世，与抬升作用对应的沉积层序 CSS-1 和 CSS-2 隆起往东向东 Shetland 台地倾斜，在北海北部地区发生快速区域沉降，与断裂作用无关（Ziegler，1990；Milton 等，1990；Jordt 等，1995，2000；Faleide 等，2002；Anell 等，2011）。

#### 15.1.7.1 晚古新世—早始新世（层序 CSS-1）

描述：层序 CSS-1 超覆在上白垩统和古新统 Chalk 群最低部之上，上边界与 Balder 组顶部深度相当。这两个边界映射沿着北海盆地中央地区存在强振幅异常，超覆在 Chalk 群之上且位于始新统层序之下（图 15.9）。尽管上、下边界通过振幅异常容易被追踪，层序 CSS-1 的数据质量在整个研究区是较差的。该区域之外，虽然在下部和上部的地震反射通过振幅异常很容易识别，但内部部分低波阻抗差异阻碍了地震反射的标识。晚古新世—早始新世，层

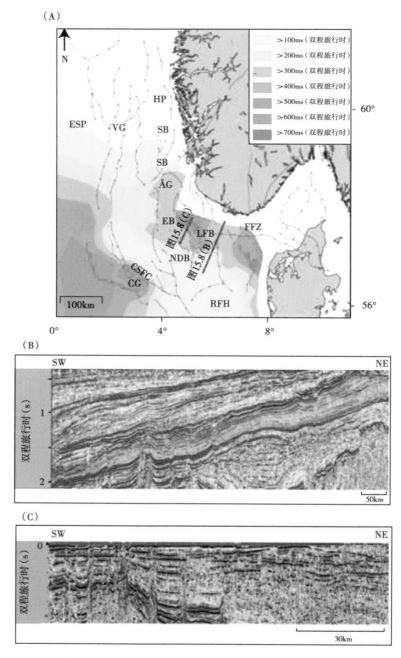

图 15.8 （A）上白垩统白垩群的时间—厚度图；（B）具有白垩层序的地震剖面，用蓝色标记。注意厚度向东北增加。地震线的位置请看图（A）；（C）地震线在白垩群底部拉平。注意下白垩统的削截，用黄色箭头标注

序 CSS-1 的一个沉积中心位于 Viking 地堑南部（≥700ms 双程旅行时）。在次级盆地，层序 CSS-1 沿 Viking 地堑结构向北变薄。在北海北部，同期的另一沉积中心在近海 Sognefjord 处，第三个沉积中心位于 Ling 凹陷近海的 Hardangerfjord 处［>300ms 双程旅行时；图 15.10

（A）］。在挪威—丹麦盆地研究区域东南部部分地区，层序 CSS-1 显示有一个小沉积中心［>200ms 双程旅行时；图 15.10（A）］。CSS-1 层序（包括近海 Sognefjord 沉积中心）被靠近挪威大陆的侵蚀不整合面截断。向东倾斜的前积反射在 Viking 地堑西缘段被观察到。

说明：地震反射资料中的振幅异常与 Balder 组蒙皂石层重合（早始新世；Spjeldnæs，1975；Thyberg 等，2000），可作为层序 CSS-1 的地震反射层上边界。这与时间间隔相关联，此时在北大西洋大陆发生裂陷（Eldholm 等，2002；Faleide 等，2008）。位于隆起的东 Shetland 台地 Viking 地堑西部部分区域，向东倾的前积反射指示良好的沉积物源区。在挪威大陆南部的西北部，近海的 Sognefjord 沉积中心有局部物源（Jordt 等，1995，2000；Faleide 等，2002）。尽管沉积物沿着现今 Hardangerfjord 的路径运移，Ling 洼地沉积中心物源可能来自南挪威的西北部部分区域。但是，在上新世—更新世，沉积在这两个沉积中心的沉积物被冰川侵蚀截断。在这些区域，形成侵蚀不整合边界，即层序 CSS-1。

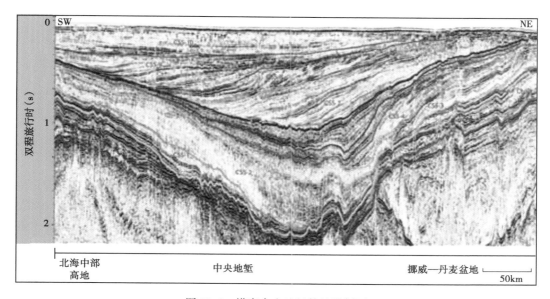

图 15.9　横穿中央地堑的地震剖面

以说明新生界层序。注意在挪威丹麦盆地渐新统的层序 CSS-3 和层序 CSS-4 的主要来源是东北方向，主要的沉积供给发生在中新世，特别是在中央地堑的层序 CSS-7，同样是来源于东北方向。并且，注意上新统层序 CSS-8 和下更新统层序 CSS-9 向西南方向进积。上更新统层序 CSS-10 与海底亚平行

### 15.1.7.2　始新世（层序 CSS-2）

描述：在整个研究区域，层序 CSS-2 被记录。在研究区西部地区，层序 CSS-2 的特点为地震反射面显示地层下超到层序 CSS-1 上。在中央地堑区，数据质量太差，不能显示层序 CSS-2 的反射面是否与层序 CSS-1 的反射面整合。尽管如此，由于下边界和上边界振幅异常，层序 CSS-2 通过层序 CSS-1 和上覆层序 CSS-3 容易辨别。在挪威—丹麦盆地，始新统层序 CSS-2 上边界通过侵蚀面与下渐新统层序 CSS-3 区分。陆上的丹麦地层 CSS-2 层序与深海 Søvind Marl 组为等时的（Michelsen，1994）。

CSS-2 层序的主要沉积中心位于中央地堑区域东南部（>700ms 双程旅行时）和 Viking 地堑区域南部（>700ms 双程旅行时），在层序 CSS-1 主要沉积中心的东部［图 15.10（B）］。前积反射沿东 Shetland 台地，倾向为东—东南方向。

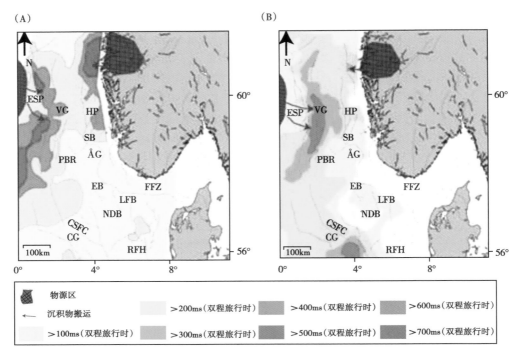

图 15.10 层序 CSS-1（A）和层序 CSS-2（B）的时间—厚度图

始新世，一个小的沉积中心（>200ms 双程旅行时）在挪威—丹麦盆地被记录，沉积中心由 Coffee-Soil 断层复合体和 Ringkøbing 高地从中央地堑区域分开 [图 15.10（B）]。尽管与中央地堑区域和挪威—丹麦盆地相比，盆地沿着断层复合体可能存在一个活跃的地形起伏，但在 Coffee-Soil 断层复合体区域，在新生代沉积物记录中没有观察到截断。该沉积中心以平行的地震反射面为特征，虽然这些地层在南部和东南部沉积中心的边缘被角度不整合截断 [图 15.2（F）]。

在挪威井 11/9-1（Strass，1982），砂岩在始新统中显示，并沉积进入挪威—丹麦盆地沉积中心。

说明：下边界面被解释为一个最大海泛表面（MFS），并被研究区西部地区向东倾斜的前积反射地层下超。在海进时期，进积层序 CSS-2 显示良好可容空间的产生。层序 CSS-2 内向东倾斜的前积反射表示，沉积物从 Shetland 台地运移和进积进入北海盆地，如层序 CSS-1 在 Viking 地堑区域西部的前积反射。层序 CSS-2 的沉积物进一步运移到北海盆地，导致沉积中心最深部向东迁移。沉积物另一个次要来源区沿目前挪威南部运移和进积，来自挪威—丹麦盆地的次级沉积中心。

### 15.1.8 挪威南部再度抬升影响沉积物沉积：盆地结构 4

在渐新世早期，由于构造再次抬升、气候变化或它们的共同作用，使 Scandinavia 粗粒碎屑沉积物供给增加。在层序 CSS-1 和 CSS-2 的沉积过程中，与普通的沉积模式相比，这期间产生了不同的盆地充填模式。主要沉积物运移方向改变，从盆地结构 3 时期的向东运移变为了盆地结构 4 时期的向西运移。盆地结构 4 包括七个层序，展现了 Scandinavian 陆地隆起、剥蚀和盆地区沉降过程中的各个阶段。

### 15.1.8.1 早渐新世（层序 CSS-3）和晚渐新世（层序 CSS-4）

描述：早渐新世层序 CSS-3 对应单元 4.1、4.2 及 Michelsen 和 Danielsen（1996）提出的下部单元 4.3。晚渐新世 CSS-4 层序相当于单元 4.3 上部部分，与 Michelsen 和 Danielsen 提出的单元 4.4 相同（图 15.4）。尽管两个独立的沉积中心厚度增加，其中一个位于 Viking 地堑区域（>300 ms 双程旅行时），另一个位于东部挪威—丹麦盆地 [>500ms 双程旅行时；图 15.11（A）]，但是沉积物在层序 CSS-3 中被观察到。在整个研究区域，晚渐新世层序 CSS-4 也存在。与层序 CSS-3 类似，层序 CSS-4 显示有两个主要的沉积中心，一个位于 Viking 地堑区域（>400 ms 双程旅行时），另一个位于东部挪威—丹麦盆地 [>600ms 双程旅行时；图 15.11（B）]。

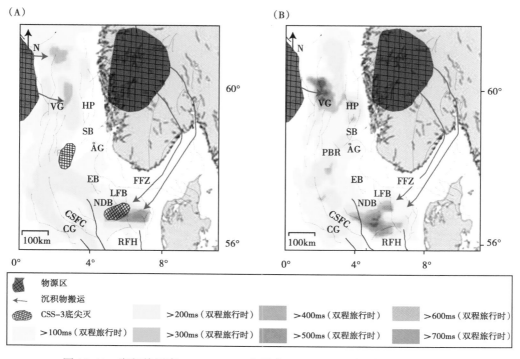

图 15.11　渐新统层序 CSS-3（A）和层序 CSS-4（B）的时间—厚度图

层序 CSS-3 的下边界在大部分研究区内的特征为存在振幅异常。另外，在挪威—丹麦盆地东部部分，层序 CSS-3 下超于侵蚀不整合面之上，尖灭于下层的 CSS-2 层序 [图 15.2（F），（G）]。层序 CSS-2 地层尖灭也可见于 Patchbank 山脊和近海的 Hardangerfjord（图 15.12）。在北海北部和中央地堑大部分区域，层序 CSS-3 和 CSS-4 的边界特征是存在一个振幅异常现象。在北海东部，层序 CSS-4 上超于层序 CSS-3 层序边界的顶部。层序 CSS-4 的上边界特征为顶超削截（图 15.2）。

在 Viking 地堑区域，向东倾斜的前积反射在 CSS-3 层序中被观察到。在挪威—丹麦盆地，层序 CSS-3 下超于层序 CSS-2 之上，前积反射倾斜方向为南—南西向（图 15.9；Michelsen 和 Danielsen，1996）。在挪威—丹麦盆地，层序 CSS-3 中的前积反射具有一个倾斜几何构造，并且高度高达 250ms 双程旅行时。

在 Viking 地堑区，CSS-4 沉积中心位于层序 CSS-3 沉积中心东南部；而在挪威—丹麦盆地 CSS-4 沉积中心处于层序 CSS-3 沉积中心西南部（图 15.11）。在北海北部，继续向东部方向进积；在北海东部，相比层序 CSS-3，进积层序向南西方向转移。在挪威—丹麦盆地，层序 CSS-4 的前积反射有一个"S"形几何形态，高度为 300 ms 双程旅行时。

说明：在北海东部和 Patchbank 山脊区域，层序 CSS-3 基底下部不整合面（SU）表示在始新世—渐新世转换期相对海平面降低。这也表明在中渐新世，北海东部层序 CSS-3 顶部基于不整合面（SU）和前积反射顶超削截。在北海东部，基底 CSS-3 代表 SU/TS/MFS 的结合，表示下超模式直接超覆到 SU 上。这样的结合面意味着可容空间快速形成后遭到侵蚀，并且可能暴露地表。在区域范围内，在东 Shetland 台地，沉积物厚度变化和层序 CSS-3、CSS-4 内部几何构造反映西部存在主要沉积物源区，其充填物由东部进积沉积在 Viking 地堑区沉积中心。在早—晚渐新世，沉积中心向东迁移。渐新世在挪威—丹麦盆地东部，其他沉积中心系统向西南迁移，沉积物可能来自挪威大陆，从前积反射内部可以看到沉积中心由进积沉积物充填。在北海东部的沉积中心，反映进积方向为南—南西向，与 Chalk 群（盆地结构 2）及层序 CSS-1、CSS-2（盆地结构 3）时期相比，指示在北北东方向源区的暴露和发育。

基于前积反射的几何构造，相比上部 CSS-4 层序，CSS-3 层序可能更加富含砂岩（Bullimore 等，2005）。然而，在台地边缘沉积物沿岸运移期间，倾斜前积反射的几何形态也可能表明有限的可容空间（Emery 和 Myers，1996）。

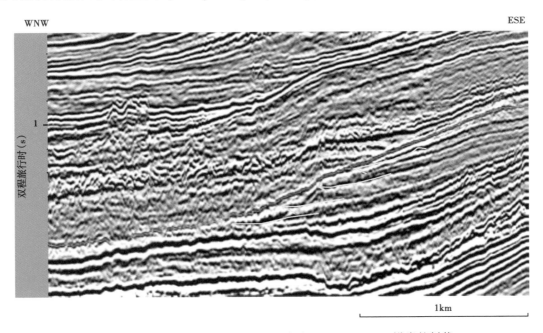

图 15.12　始新统在 Patchbank Ridge 地区 Hardangerfjorden 沿岸的削截
始新统的削截用黄色箭头标注

### 15.1.8.2　早、中和晚中新世（层序 CSS-5、CSS-6 和 CSS-7）

描述：CSS-5 层序在研究大部分地区存在，且三个主要沉积中心具有增厚的趋势［图 15.13（A）］。层序 CSS-5 向东北方向变薄，贯穿整个 Coffee-Soil 断层复合体和 Ringkøbing-Fyn 高地，并且在挪威—丹麦盆地东北部被截断。因此，层序在整个挪威—丹麦盆地的北部不存在。层序 CSS-5 的数据质量很好。

在北海东部，层序 CSS-5 下边界特征为存在上超于 CSS-4 层序顶部的不整合面（SU）（图 15.2，图 15.9）。上边界表面特征为挪威—丹麦盆地存在一个侵蚀面，且上覆 CSS-6 层序上超于上边界表面。

属于层序 CSS-5 的主要沉积中心位于中央地堑区南部（厚度>500 ms 双程旅行时），和 Viking 地堑区域（南部>500 ms 双程旅行时），以及在挪威—丹麦盆地南部的部分区域（>500 ms 双程旅行时）。

在 Viking 地堑区域南部，层序 CSS-5 反映内部地震反射面向东倾斜。在南部中央地堑区域，层序 CSS-5 的特征为存在一个平行—亚平行的地震反射模式，然而，与北海中部高地上超关系相反。

挪威—丹麦盆地的沉积中心位于 CSS-4 沉积中心的西南部，向盆地方向转变并且上超到 CSS-4 层序的盆地边缘。这里，CSS-5 的特征为存在位于渐新世层序西南部的南西向倾斜前积反射。层序 CSS-5 与陆上丹麦地层相关性表明，层序 CSS-5 与 Billund 组和 Vejle Fjord 组在时间上等时（Rasmussen 等，2010）。

层序 CSS-6 主要在研究区南部地区被记录（图 15.13），虽然层序很薄，不到 100ms 双

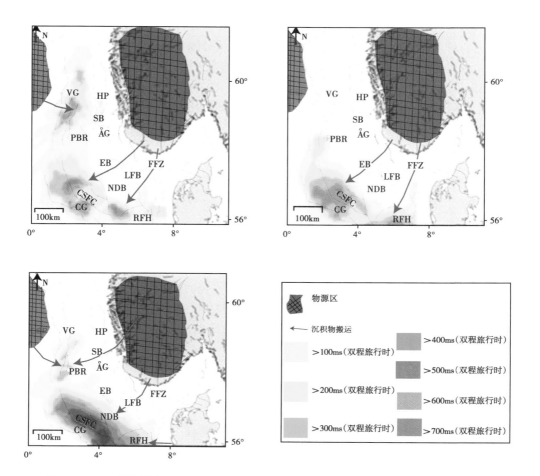

图 15.13　中新统层序 CSS-5（A）、CSS-6（B）和 CSS-7（C）的时间—厚度图

程旅行时，但贯穿整个 Coffee-Soil 断层复合体和挪威—丹麦盆地。在挪威—丹麦盆地东北部，层序 CSS-6 在上新世和更新世被冰川侵蚀截断。在北海北部，层序薄并且低于地震分辨率，以至于 Viking 地堑区域内没有记录。

层序 CSS-6 可以被细分成两个亚层序，即亚层序 CSS-6.1 和亚层序 CSS-6.2。在 Coffee-Soil 断层复合体域，亚层序由上超面分离，其中亚层序 CSS-6.2 上超于亚层序 CSS-6.1。层序 CSS-6 上边界面的特征为在研究区存在一个振幅异常现象。挪威—丹麦盆地西南部地区部分区域，层序 CSS-6 与上覆 CSS-7 层序存在上超关系。

在亚层序 CSS-6.1 和 CSS-6.2 的沉积过程中，中央地堑地区是主要的沉积中心［图 15.13（B）］。层序 CSS-6.1 最大厚度在中央地堑地区东北部，层序向西南方向尖灭。亚层序 CSS-6.2 在整个中央地堑地区保持厚度恒定，但朝东北和西南变薄，并贯穿整个 Coffee-Soil 断层复合体和北海中部高地（图 15.9，图 15.13）。

CSS-7 层序与北海中部、北部 Utsira 组及挪威海 Molo 组、Kai 组具有等时性（Eidvin 等，2007）。CSS-7 层序的基底对应中新世的不整合面（Huuse 和 Clausen，2001），这也是目前陆上 Denmark 地层基底（Rasmussen，2004）。在挪威—丹麦盆地西南部部分区域，上超模式被记录，并与层序 CSS-6 相反［图 15.2（K）］。在层序 CSS-7 下部，振幅异常被记录，并作为中央地堑区域相同的层序上部的下超表面。中—晚中新世的两个主要沉积中心在研究区被观察：在 Viking 地堑区域南部（>300 ms 双程旅行时）和中央地堑区域[>1000ms 双程旅行时；图 15.13（C）］。沉积中心被 Jæren 高地分隔开。

在 Viking 地堑区域，层序 CSS-7 为 Utsira 组。地震反射超覆于东 Shetland 台地西部，在 Utsira 高地区层序 CSS-7 下超于东部 CSS-6 层序。在中央地堑区域，层序 CSS-7 下超到下伏 CSS-6 层序，层序沿 Ringkøbing-Fyn 高地和 Coffee-Soil 断层复合体变薄，最终在挪威—丹麦盆地南部被上新世和更新世的冰川侵蚀截断。在中央地堑西南边缘，层序 CSS-7 上超在北海中部高地。在中央地堑区域，层序 CSS-7 的特征为存在西南倾斜的前积反射（图 15.9）。

说明：中新世层序反映渐新世北海盆地充填进一步发育。在层序 CSS-4 和 CSS-5 过渡期，逐渐降低的相对海平面由顶部层序 CSS-4 的不整合面（SU）标志。随后海侵由相同区域的上超模式表示（图 15.2）。在 Viking 地堑区域南部，层序 CSS-5 沉积中心的沉积物来自东 Shetland 台地西部。在挪威—丹麦盆地的沉积中心内，前积反射的方向反映来自挪威南部沉积物的持续进积。在挪威大陆，层序 CSS-6 和亚层序 CSS-6.1 下部沉积物从源区往西南运移。与层序 CSS-7 相反，Utsira 组主要来自于西部（东 Shetland 台地），虽然在东北部地区也获得来自挪威南部的沉积物（Gregersen 等，1997；Eidvin 等，2007；Gregersen 和 Johannessen，2007）。在中央地堑区域，下超方向及层序 CSS-7 的厚度展布表示源区位于北部和东部（图 15.9）。虽然在北海中部高地没有不整合面记录，但沿构造的中新世层序上超模式表示在本地区中新世存在活跃地形。

### 15.1.8.3　上新世（层序 CSS-8）

描述：在北海北部和中部地堑区域，上新世 CSS-8 层序被记录［图 15.14（A）］，其中，地震分辨率高，内部有地震反射标志面。层序 CSS-8 的基底特征为下超到下伏上新统 CSS-7 层序上（图 15.9）。CSS-8 层序上边界显示在挪威—丹麦盆地西南地区存在顶超削截，层序 CSS-9 上超于上边界（图 15.2）。上新世层序在挪威—丹麦盆地南部 Ringkøbing-Fyn 高地和 Stavanger 台地位置被截断。在北海北部，层序 CSS-8 沿东部 Øygarden 断裂带被截断，直至西部 Utsira 高地。

上新世的两个主要沉积中心分别沿中央地堑轴（>300ms 双程旅行时）以及北海北部[>400ms双程旅行时；图 15.14（A）]被观察到。在中央地堑区域，层序的特征为存在南西向倾斜前积反射（图 15.9），然而，在北海盆地北部，层序 CSS-8 的特点为存在向西倾斜的前积反射。

说明：层序 CSS-8 可能是在相对海平面下降过程中沉积，时间上对应发生在中上新世 2.5Ma（Kiltgord 和 Schouten，1986）欧洲北部和北美（Buchard，1978；Haq 等，1987）冰层的生长。层序 CSS-8 下超到中央地堑区域 CSS-7 层序之上，表明该表面是 TS/MFS 的组合，反映了海平面的快速上涨。挪威—丹麦盆地顶超削截表明，在晚上新世，南部挪威陆地的海岸线延伸到中央地堑区东北边缘。层序 CSS-8 由西—南西方向的进积表明，东部和挪威南部的东南区为源区。在挪威—丹麦盆地流域南至 Ringkøbing-Fyn High 高地和 Stavanger 地台，上新世层序被截断，且与北海中央区域上新世—更新世最大程度的冰川一致（图 15.9）。

### 15.1.8.4 更新世（CSS-9，CSS-10）

描述：在研究区域，更新世 CSS-9 和 CSS-10 层序在地震上成像很好。并且，在 Coffee

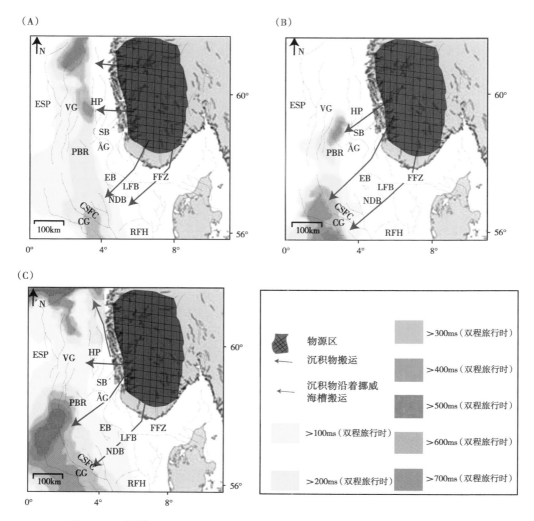

图 15.14 层序 CSS-8（A）、CSS-9（B）和 CSS-10（C）的时间—厚度图

-Soil 断层复合体和北海中央的 Sele 高地，以及 Øygarden 断层复合体和北海北部 Utsira 高地处，层序 CSS-9 被截断。

层序 CSS-9 的最下边界特征为区域下超到挪威—丹麦盆地 CSS-8 层序上（图 15.2），上超到 CSS-6 层序北海中部高地之上（图 15.9）。层序 CSS-9 和 CSS-10 通过侵蚀面分开，在研究区东北部和北部地区平行于挪威南部现今的海岸线区。这个侵蚀面截断底层新生界，地层朝东北部和东部向上倾斜。CSS-10 层序顶部对应于现今的海底。在北海北部区，层序 CSS-9 被看作是一个向西进积的单元（>400 ms 双程旅行时）；而在中央地堑区，层序 CSS-9 被看作超过 300 ms 双程旅行时，并朝南西方向进积的楔形地层，且上超于北海中部高地 [图 15.9，图 15.14（B）]。此外，在研究区西部及 Moray Firth 盆地地区，层序 CSS-9 向东倾斜的进积前积反射被记录。

CSS-10 层序充填在中央地堑区域的北海盆地（>400ms 双程旅行时），向北尖灭，并贯穿 Utsira 高地和 Patchbank 山脊 [图 15.14（C）]。CSS-10 层序充填在中央地堑区剩余的可容空间，地震反射面亚平行于现今海底（图 15.9），主要为沉积物充填演化的垂直加积机制。

说明：最下面边界被解释为 TS/MFS 组合且为非加积 TST。向西和西南进积的沉积物属于层序 CSS-9，表示主物源地区位于东部和东北部。然而，在英国陆地侵蚀也指示 Moray Firth 盆地区域向东倾斜的前积反射。在挪威海沟，平行—亚平行层序 CSS-10 的地震反射性质指示该沉积物在中生界和新生界主要地层倾斜之后沉积。

## 15.2 讨论

本研究揭示了整个晚中生代和新生代北海区域的盆地结构。两个影响研究区的主要构造阶段是二叠—三叠世和晚侏罗世—早白垩世裂谷期（Ziegler，1975，1989，1990；Gabrielsen 等，1990；Underhill 和 Partington，1993；Nøttvedt 等，1995；Færseth 等，1997；Fraser 等，2002）。然而，这项研究开始于晚侏罗世—最早的白垩纪裂谷期沉积，之后为晚侏罗世—白垩纪初期盆地沉积，而最早期白垩纪—早古新世由后裂谷演化决定（Gabrielsen 等，2001）。后裂谷期间，沉积地层逐渐朝盆地轴线倾斜（Nøttvedt 等，1995）。因此，同裂谷向后裂谷的转变过程被很好地建立起来（Gabrielsen 等，2001；Kyrkjebø 等，2001）。然而，在白垩纪中期，当盆内高点被超越时，北海盆地构造变换不仅仅由后裂谷阶段相关构造运动控制（Kyrkjebø 等，2001）。注意到这些差异后，Nøttvedt 等（1995）将后裂谷期发育细分成两个独立的阶段，即早期和晚期后裂谷阶段。这种划分基于地堑系统的沉积充填，其中早期后裂谷沉积物沉积在被同裂谷时期形成的旋转断块分离的沉降区域。因此，晚后裂谷沉积物覆盖了整个地堑系统，并包括台地区域。在这项研究中，笔者着重于研究这个划分。在盆地构造 1 阶段，我们合并早期后裂谷阶段与晚期同裂谷阶段，因为早期的后裂谷阶段在很大程度上由同裂谷晚期地势起伏控制。相反，晚后裂谷期以盆地构造 2 阶段为代表，在更大程度上通过热冷却和相关构造运动占主导地位（差异沉积负荷和压实）。

在盆地结构 2 阶段后，后续盆地构造的特征模式为：（1）晚古新世沉积物初始运输和沉积来自西部（盆地结构 3）；（2）西方主要源区变为渐新世以西—东北方向为主的源区（盆地结构 4）。以下是关于晚中生代和新生代盆地构造动态变化的讨论。

## 15.2.1 盆地结构1

盆地结构1期间，北海盆地以盛行于晚侏罗世—早白垩世与伸展体系相关的结构高点及低点为特点。相比于这个延伸时期，Horda 台地代表了一个稳定的台地（Gabrielsen 等，1990；Fraser 等，2002）。北海北部地区裂谷盆地最深的部分沿 Viking 地堑中心轴聚集，可容空间也沿着旋转断块和台地区域地堑构造产生（Nøttvedt 等，1995；Odinsen 等，2000；Gabrielsen 等，2001）。

盆地结构1包括晚期同裂谷阶段和早期后裂谷阶段。虽然同裂谷—后裂谷过渡是通过岩石圈加热—冷却变化控制（McKenzie，1978；Nøttvedt 等，1995），但盆地构造的变化被盛行于晚同裂谷阶段—早期后裂谷阶段的强硬构造影响和阻碍（Gabrielsen 等，2001，kyrkjebø 等，2001）。因此，在晚期同裂谷期和早期后裂谷期（盆地结构1），北部区域的特点是几个构造高点的出现（如 Utsira 高地和 Ringkøbing-Fyn 高地），区域和局部低点水深可达1000m，如 Viking 地堑轴和沿旋转断块边界区域（Ziegler，1987；Nøttvedt 等，1995；2002；Gabrielsen 等，2001；Kjennerud 等，2001；Fraser 等，2002；Martinsen 等，2005）。所以，盆地结构1要结合层序 J-1、J-2 和 K-2.1 进行描述，包括晚期同裂谷阶段和早期后裂谷阶段。

## 15.2.2 盆地发育和沉积物供给

在研究区域，J-1 层序的沉积物源区来自东部，陆源碎屑可能沿位于现今 Sognefjord 山谷系统的路线运移（Gabrielsen 等，2010a）。同时，Stord 盆地—Åsta 地堑的亚层序 J-2.1 指向源区位于沿现今 Hardangerfjord 的河流系统河口处（Gabrielsen 等，2010a）。然而，根据 Fgersund 盆地亚层序 J-2.1 和 J-2.2 内部前积反射的倾角方向，这些沉积物从东向西进积。基于截断这些构造高点的侵蚀面，并对应 J-2 层序和沿构造的上超模式底部的边界表面（图15.7），源区有可能来自 Lista 断块。认识到供源系统向南迁移，在层序 J-1 沉积过程中，沉积物供应来自 Sognefjord；在层序 J-2 沉积过程中，沉积物供应来自 Hardangerfjord 和 Lista 断块再往南处。但是，不能排除这些供源系统作用在同一时期内。每个进积层序的顶部削截表明，在层序 J-1 和 J-2 沉积末期，有效的可容空间变为过补偿。因此，位于 Egersund 盆地、Stord 盆地—Åsta 地堑和 Horda 台地北部的海岸线，在晚侏罗世向盆地方向迁移。

根据 Mitchum 等（1977），倾斜前积反射在层序中很常见，反映沉积处在更高能量环境下，表示粗沉积物沉积和短距离运输。因此，可能由于地层再次暴露与挪威南部部分隆起，层序 J-1 和 J-2 的倾斜前积反射被解释为反映粗碎屑沉积物供应在 Stord 盆地、Åsta 地堑和 Egersund 盆地增加［图15.15（A）］。在后期同裂谷阶段，盆地和内地之间的结构关系与预期的构造结构一致（Nøttvedt 等，1995）。挪威南部升高的侏罗系地势由磷灰石裂变径迹（Rohrman 等，1995，1996；Hendriks 和 Andriessen，2002；Hendriks 等，2007）和形态因素（Mosar，2003；Gabrielsen 等，2010a）研究支持。然而，整个挪威南部是否暴露或晚侏罗纪当地物源是否是唯一来源仍为不确定性因素。无论哪种方式，在早白垩世，相同大陆各部分继续提供沉积物，并由进积亚层序 K-2.1 指示。这也被下白垩统砂体展布模式支持，表明挪威大陆向北海盆地提供沉积物（Thomson 等，1999；Gabrielsen 等，2001）。在早白垩世地形高点继续作为源区，同时也有盆内地形高点隆起提供，如 Utsira 高点（Gabrielsen 等，2001；Kyrkjebø 等，2001）。这种隆起可能增加盆地结构1的持续时间，使盆地结构1阶段一直持续到整个早白垩世；因此，盆地构造与腹地构造隆起之间存在密切的关系，沉积物供应和充填动力是盆地结构1的特性。

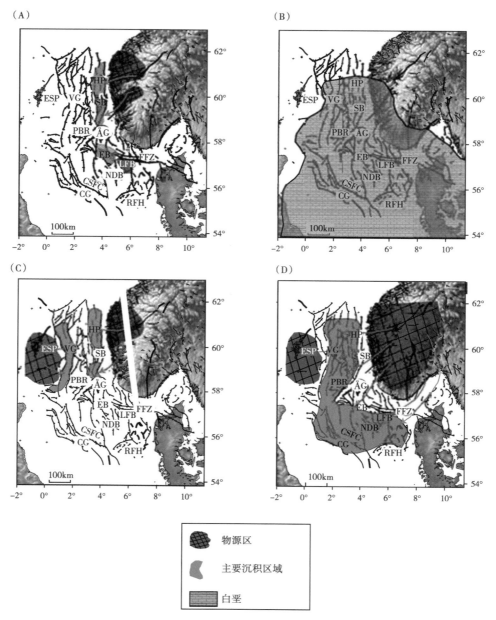

图 15.15 盆地发展阶段

（A）阶段 1。在阶段 1 挪威南部地区被认为是物源区。进积层序 J-1 和 J-2（深蓝色标记）和 K-2.1（红色标记）用排水模式标记。（B）阶段 2。碳酸盐岩覆盖了大部分的北海区域，包括晚白垩世的部分挪威南部。然而，碳酸盐岩在挪威南部的范围不确定。注意白垩群向北海北部的北部地区减薄。白垩群在南部和西部的范围根据来自 Surlyk 等（2003）修改。（C）阶段 3。挪威南部和 Shetland 台地东部的局部垂直抬升形成了盆地的第三阶段。可能来源于排水系统的沉积物则与 Sognefjor 和 Hardangerfjord 位于相同的位置。（D）阶段 4。挪威南部的再次抬升。沉积物可能来源于图中显示的棋盘格线范围内。缩写详见图 15.3

### 15.2.3 盆地结构2

在盆地结构2起始时期，残余地貌都被淹没，包括平台区，表现为一个典型的晚期后裂谷古地理环境（Gabrielsen等，1990，2001；kyrkjebø等，2001）。以Viking地堑北部深海环境的碎屑沉积为主（Gabrielsen等，2001；Kjennerud等，2001），且Chalk群向南逐渐增厚（Surlyk等，2003）。

在白垩纪中期，盆内低点充填沉积物，构造高点被剥蚀（Gabrielsen等，2001）。与盆地结构1相比，其次盆和局部物源产生了更广泛和更开放的区域海相盆地。因此，晚白垩世—丹麦期（与盆地结构1相比）代表了一个具有不同盆地结构的时间段。这与Nøttvedt等（1995）调查结果一致，并用相同的标准划分了早期同裂谷阶段和晚期后裂谷阶段。

### 15.2.4 盆地发育和沉积物供给

在现今研究中，Chalk群的厚度分布（图15.8）以以往的研究为根据。其中，在挪威—丹麦盆地出现高达500~800m的厚度，中央地堑处厚度高于1500m（Surlyk等，2003）。这可能表明，晚白垩世—丹麦期，浅陆缘海间隔北海盆地，且持续了相当长的时间。Chalk群加积模式表明远洋碳酸盐生成和沉积速率与沉降率一致。Chalk群跨越Coffee-Soil断层复合体，在Ringkøbing-Fyn高地可能与沿这些结构的盆地构造反转有关，以及与晚白垩世Alpine挤压有关（Liboriussen等，1987；Handy等，2010）。

Chalk群在挪威—丹麦盆地的存在本身就说明，在这个时候的挪威南部，没有地形高点提供南—南西向的碎屑沉积物。在晚白垩世欧洲北部温暖湿润气候下，晚期的化学风化作用（Huber等，1995，2002；Norris等，2002；Friedrich等，2012）可能已经使大多数的长石和硅酸盐变为黏土矿物。然而，还有很多石英没有变质，并沉积在相邻的盆地。挪威南部的源区提供足够的沉积物，沉积物从源区进行运移。在挪威—丹麦盆地，Chalk群由北向东增厚（朝挪威南部增厚；图15.8）。可以解释为，此时出现第一次海平面高水位期，反映可能在晚白垩世挪威南部被相当部分的海域覆盖[Haq等，1987；图15.15（B）]。这种解释由以下原因影响：（1）Chalk群之下为一个角度不整合，该不整合在盆内高点处分割了盆地结构1，可以在Utsira高地和沿Øygarden断层复合体，以及在沉积中心看到；（2）区域不整合构造也影响了挪威内陆的剥蚀和潜在准平原；（3）允许海侵穿过挪威南部的部分地区；（4）阻止大量硅质碎屑沉积物被运移到北海盆地系统南部。

挪威南部的部分地区，晚白垩世沉积区分布认识与Thyberg等（2000）观点一致，他们记录的白垩碎屑被认为出现在晚白垩世，并在北海北部上新世的进积层序中存在。然而，硅质碎屑沉积岩输入到北海北部区域指示周边地区的陆地暴露。Brekke（2000）提出晚白垩世碎屑物的西部或东部源区位于北海北部的Møre盆地，基于超覆模式和上白垩统变薄，并靠近东部和西部盆地侧翼。这也与Hancock（1990）观点相符，他提出了北海北部硅质沉积的北部源区。由于位置接近，同一源区也可能在晚白垩世提供沉积物进入北海北部，反映挪威中部和挪威北部的部分地区在晚白垩世可能已经暴露地表。然而，在马斯特里赫特期碎屑输入停止，随后Chalk群沉积物在北海北部也停止输入（Hancock，1990）。

### 15.2.5 盆地结构3

在盆地结构3初期，东Shetland地台发生了隆起，随后层序CSS-1和CSS-2的沉积物在北海盆地迅速加深（图 15.8；Jordt 等，1995，2000；Martinsen 等，1999；Kjennerud 等，2001；Faleide 等，2002；Gabrielsen 等，2005，2010a；Anell 等，2011）。在研究区西北部，该隆起对应的时间为北大西洋火成岩区火成岩的活动期（Knox 和 Morton，1988；White 和 Lovell，1997），及晚白垩世从浅海条件向早古近纪深海条件的整体变化（Michelsen，1994；Kyrkjebø 等，2001）。

晚古新世层序 CSS-1 沉积的顶积层表示研究区向盆地构造 3 过渡。在新的热力机制条件下，层序 CSS-1 和 CSS-2 沉积中心的快速沉降、沉积表明更多局部沉积中心的发育以及在腹地结构上耦合源区的发育。这表明，与盆地第 2 阶段相比，岩石圈性质改变，研究区域主要受热冷却和沉积物负载的影响（Nøttvedt 等，1995）。

### 15.2.6　盆地发育和沉积物供给

沉积层序边界在沉积中心内和 Viking 地堑区域向东倾斜前积反射（CSS-1，CSS-2），在中央地堑地区（CSS-2）向东进积。这表明在晚古新世和始新世存在西面源区。这意味着东 Shetland 台地构造抬升［图 15.15（C）］，大量的白垩沉积物表示在这里盆地构造 2 阶段没有源区。与此同时，层序 CSS-1 近海的 Sognefjord 和 Hardangerfjord 沉积物聚积表示挪威南部的西北部分地区隆起。在古新世，东部源区也被 Dmitrieva 等（2012）提出，并根据 Viking 地堑区域东部近源的盆地底部冲积扇系统记录；源区东部也由 Jordt 等（1995，2000）记录，表明沉积物东部的来源充填在沉积中心近海的 Sognefjord。

在北大西洋火成岩区域，由于这种同时发生火山的活动，隆起和沉降在晚古新世和始新世被观测到，可能与常见的构造演化相关联，这导致了裂陷和后来东北方向大西洋的分裂。

由于始新世挪威—丹麦盆地内沉积中心包含砂岩（Strass，1982），因此，可容空间可能靠近源区。侵蚀通道被记录，并在 Sorgenfrei Tornquist 区域及 Ringkøbing Fyn 高地（Huuse，1999）切入 Chalk 群顶部岩层，并反映这些结构反转，板内应力可能与在南欧 Alpine 挤压收缩与关。来自芬诺斯坎迪亚地盾的这些类似的通道可能作为碎屑运移通道。

### 15.2.7　盆地结构 4

始新世—渐新世大量沉积物被运到北海区域的东部，并从南—南西向进积，说明在挪威南部存在一个新的源区。这种沉积模式一直持续到新近纪。冰川地壳在上新世—更新世回升（Riis 和 Fjeldskaar，1992）不能说明沉积层本身在新近纪倾斜（Riis，1996），Scandinavia 的垂向抬升已被作为一种解释（Jordt 等，1995，2000；Michelsen，1995；Rohrman，1995；Martinsen 等，1999；Japsen 和 Chalmers，2000；Japsen 等，2002，2007；Faleide 等，2002；Anell 等，2009，2010，2012；Chalmers 等，2010；Gabrielsen 等，2010a，b）。然而，在新近纪沉积物输入增加，也受气候变化和海平面升降控制（Huuse，2002；Nielsen 等，2009；Goledowski 等，2012）。

填充模式的变化和研究区可容空间在不同时代产生，以及挪威南部同时隆起，反映了一个相对盆地结构 3 的新盆地结构。因此，沉积物运输的主要方向改变和同时代北海盆地系统几何构造的变化，说明在欧洲地壳板块，腹地和盆地区域结构上被一些普通构造过程耦合。

### 15.2.8　盆地发育和沉积物供给

物源区重大转变发生在渐新世层序 CSS-3 初期，由此时期北海东部西—南西向的进积层序指示（图15.9）。渐新世主要沉积中心在挪威—丹麦盆地（图15.11），在此时认为已经变为来自北北东方向[图15.15（D）]。渐新统下部砂岩的存在（Danielsen等，1997）支持海岸线在层序CSS-3时期朝南部方向进积的假说，变得靠近源区。这与Michelsen等（1995）和Danielsen等（1997）观点一致，他们发现，渐新世层序由砂岩体组成，表示近岸海洋沉积物在海岸线西—南西向进积期间沉积。在渐新世早期，物源从西部突然变为东部/东北部。这是一个强烈的信号，表示地层再次抬升及暴露地表，构造运动发生在渐新世初期。

晚渐新世早期的海洋温度突然下降（Molnar和England，1990；Sliwinska等，2010）被用来解释在北海东部侵蚀物突然输入（Goledowski等，2012），并且沉积模式受气候变化控制。但是，在始新世和渐新世沉积边界的截断期，温度下降无法解释北海东部可容空间的快速产生（图15.2）。另外，始新统的截断以及Patchbank岭下渐新统在一些地方消失（图15.12）表明，早渐新世盆地内发生隆起，且影响挪威南部的广大地区。因此，在渐新世挪威内陆，虽然气候变化可能导致沉积物产生增加（Huuse等，2001；Huuse，2002；Nielsen等，2009），但是，回春作用也可能造成差异沉降隆起和陆地暴露、侵蚀增加。这个想法也由渐新统上部（CSS-4）北西—南东向的正断层支持，这反映了在Horda台地东北—西南部重力引起的伸展构造（Clausen等，1999）。在Horda台地倾斜的过程中，这些断层是活跃的，且由挪威南部垂向隆起引起。盆地地层倾斜也解释了渐新世早期CSS-3层序沿北海盆地北部部分地区北部边缘尖灭（Faleide等，2002）。隆起在挪威南部的西部地区最明显，从而解释主要沉积物来自东部和中部北海盆地，北海区域最北端供给的沉积物非常有限。沉积物很可能沿着既定的地形线性构造和断层运移[图15.15（D）]，这个观点已经被Eidvin等（2010）提出。

腹地构造抬升贯穿整个渐新世，并由上渐新世演化地层中粗粒沉积物的存在指示。粗粒沉积物沉积在挪威—丹麦盆地主要沉降区。

在北海中部，进积的中新世CSS-5—CSS-7层序反映了在Scandinavia存在一个长期源区。晚渐新世—早中新世，上渐新统Fjerrislev断裂带通过地层截断的观测被证实（Rasmussen等，2009），指示腹地再次隆起。中新世CSS-5、CSS-6和CSS-7层序穿过挪威—丹麦盆地尖灭表明储集空间在渐新世被充填。在北海北部，进入渐新统的中新世河道切口，属于中新世早期相对海平面的下降时期（Rundberg等，1995；Gregersen，1998；Faleide等，2002）。然而，在研究区的南部，层序CSS-5沉积中心的存在指示北海北部部分地区的隆起。如果侵蚀由海平面区域海面升降导致，那么北海的中心部分也可能遭受暴露侵蚀。

在中央地堑区域盆地快速沉降时，晚中新世主要沉积物聚集（CSS-7）沉积。与此同时，来自波罗的海水系东部和东南部的沉积物输入增加（Bijlsma，1981；Gibbard，1988；Cameron等，1993），为一个潜在的全球变冷时期（Zachos等，2001），但是难以通过这些方法单独解释晚中新世大量沉积物沉降。因此，虽然没有相关断层，但构造沉降被认为发生在中新世。Japsen等（2007）在北海东部观察到上新统基底的区域不整合，他们认为，晚中新世和早上新世，挪威—丹麦盆地暴露剥蚀。在中央地堑地区，这表明层序CSS-7的沉积物包括再作用的沉积物。

穿过挪威—丹麦盆地到Ringkøbing Fyn高地和Stavanger台地的上新世和早更新世层序被截断（CSS-8，CSS-9）指示该冰盛期冰川到达中央地堑区东北缘，这也由Sejrup等（2005）提出。在挪威海也观察到（Stuevold和Eldholm，1996）更新世更广泛的冰川到达海岸线，并侵蚀较早中生代和新生代沉积层（Jansen和Sjøholm，1991）。

与海床相关的层序CSS-10地震反射的亚平行结构表明层序在挪威南部大多数地层隆起

后沉积。构造抬升、隆起与腹地冰川侵蚀引起的等静压回升有关。因此，主要的倾斜发生在层序 CSS-8 和 CSS-9 沉积过程中，冰川侵蚀和挪威南部构造抬升导致等静压回升。

### 15.2.9 源汇耦合动态

如上所述，似乎在北海地区可容空间的产生与盆地边缘来自内陆的碎屑颗粒涌入有直接关系。我们认为，地球动力学模型（内陆地区地壳隆起与北海区域盆地构造和沉降有关）可以很好地解释这一点。

盆地结构 1 建立耦合源汇模型；该进积层序充填了可容空间并在晚侏罗世—早白垩世构造伸展阶段发育。由盆地沉降产生的储集空间可以关联到挪威南部地区的隆起，以及层序 J-1、J-2 和亚层序 K-2.1 沉积物的产生和侵蚀速度的增加。

在盆地结构 2，北海区域和内陆地区很可能仅由轻微的构造运动而暴露地表，这可以由白垩海长期存在指示，并且在整个晚白垩世北海北部逐渐向北延伸（Surlyk 等，2003）。之所以提出耦合源汇关系，是因为观察到盆地构造 1 在盆地构造 2 时期也发挥作用。这种解释是基于在晚白垩世北海区域构造影响可以忽略不计的假设，其中沉降的主要影响因素是沉积物负荷和热冷却（Gabrielsen 等，2001；Kyrkjebø 等，2001）。虽然随后内陆部分地区发生了剥蚀和海侵，但没有伴随任何同时期盆地边缘的隆起。我们认为在盆地构造 2 时期北海地区和现今相邻的陆地是稳定的。

耦合源汇关系也建议用于盆地结构 3。可从北海盆地的快速沉降看到，古水深上升达到 600m，这由 Jordt 等（1995）、Kjennerud 等（2001）和 Kyrkjebø 等（2001）记录，同时东 Shetland 台地和挪威南部的西北部部分地区隆起（Faleide 等，2002）。隆起腹地作为层序 CSS-1 和 CSS-2 的沉积物源区。并且，几种抬升机制被提出来解释这种构造动力学过程：在冰岛地幔升温时，由于岩石圈浮力导致短暂热隆起（Sleep，1990；Clift 和 Turner，1998）；由于地幔流体流动导致隆起（Nadin 等，1995，1997）和底侵，产生了永久的均衡抬升（Brodie 和 White，1994；Clift，1999）。然而，尽管耦合源汇关系已经确立，在古新世晚期—始新世进一步的工作中，盆地构造演化的约束作用是必要的。

在渐新世早期来自挪威南部的沉积物输入大量增加，与北海地区穿时的储集空间发育结合，这也是盆地结构 4 耦合源汇动态的一个强烈信号。尽管在始新世—渐新世边界气候变化引发侵蚀增加以及腹地径流（Huuse 等，2001），但这不能解释，在整个渐新世和新近纪，当时的次级盆地构造和其沉积中心的迁移。盆地沉降在新生代被记录下来，并且可能与岩石圈褶皱有关，如挪威陆地南部抬升。然而，如上所述，地壳演替过程的机制依然没有限制。读者可参照 Faleide 等（2002）和 Anell 等（2009）观点。

## 15.3 结论

研究地区沉积物与四个主要的差异盆地构造有关。在晚中生代和新生代，盆地结构和内陆隆升被关注，即晚侏罗世—早白垩世（盆地结构 1）和晚白垩世—早古新世（盆地结构 2），受大西洋东北部的初始张开和分裂影响（晚古新世—始新世，盆地结构 3），以及挪威南部最后阶段的隆起，这在渐新世开始发生（盆地结构 4）。

（1）区分盆地结构意味着最晚同裂谷阶段和早期后裂谷阶段与盆地结构 1 合并，并且与后裂谷晚期盆地结构 2 一致。

（2）耦合源汇动态由不同时代北海地区可容空间的发育和整个晚中生代、新生代腹地隆起之间的密切关系显示。

（3）晚期同裂谷和早期后裂谷阶段（盆地结构1），特征为北海盆地区北部和东部陆源侵蚀物沉积在地形高点之间的沉积中心。

（4）东部地形高点位于挪威南部[图15.14（A）]和Sorgenfrei Tornquist区域Lista断块南部，并作为晚侏罗世J-1和J-2层序的源区。高点也位于Horda台地区域北部，Stord盆地—Åsta地堑和Egersund盆地，并作为早白垩世K-2.1亚层序的源区。

（5）在晚期同裂谷—早期后裂谷阶段，沉积物充填模式和源区是相似的，这意味着同裂谷晚期发育的盆地构造盛行于整个后裂谷早期。

（6）在早白垩世后裂谷早期，挪威南部继续作为一个沉积物源区。在北海盆地的广泛区域，剥蚀盛行且形成区域不整合，且可能包含挪威南部部分地区（持续到中白垩世），Chalk群可能在后裂谷晚期（盆地结构2）进行后续沉积。

（7）盆地结构2时期，挪威南部广大沉积区的部分区域被浅海覆盖。

（8）浅海环境盛行至晚古新世，在东Shetland台地和挪威南部的西北部地区侵蚀增加，并且沉积物向北海盆地沉积。这就产生了不同的盆地构造，如盆地结构2。这些区域隆起形成新源区，盆地同时发生快速沉降，特别是在Viking地堑区。

（9）从渐新世早期开始，盆地结构一直持续直到东北部产生源区，北海区域东部不同时代储集空间发育。

（10）这种隆起可能从挪威南部的西部部分区域开始产生，伴随着渐新世晚期和中新世更广泛的区域隆起。

（11）虽然在盆地结构4时可能发生气候变化，但它们不能单独解释观测到的盆地构造和沉积物充填模式；气候变化引起降水和径流增加作为同时期腹地隆起的外部因素。气候变化很可能受到隆起本身影响。

## 致谢

感谢Fugro Multi Client Services和TGS NOPEC提供的地震数据，这提高了地震解释的质量。感谢Brit Inger Thyberg在这项工作期间给予的讨论启发和Olav Antonio Blaich在制图方面的技术帮助。感谢Mike Young，Erik S. Rasmussen和Allard Martinius对手稿提出的宝贵意见。此外，还要感谢Adrian Read对书稿的校对。

## 参考文献

Anell, I., Thybo, H. and Artemieva, I. M. (2009) Cenozoic uplift and subsidence in the North Atlantic region: Geological evidence revisited. *Tectonophysics*, 474, 78-105.

Anell, I., Thybo, H. and Stratford, W. (2010) Relating Cenozoic North Sea sediments to topography in southern Norway: The interplay between tectonics and climate. *Earth Planet. Sci. Lett.*, 300, 19-32.

Anell, I., Thybo, H. and Rasmussen, E. (2012) A synthesis of Cenozoic sedimentation in the North Sea. *Basin Res.*, 23, 1-26.

Badley, M. E., Price, J. D., Rambech Dahl, C. and Agdestein, T. (1988) The structural evolution of the northern Viking Graben and its bearing upon extensional modes of basin formation.

J. Geol. Soc. London, 145, 455–472.

Bijlsma, S. (1981) Fluvial sedimentation from the Fennoscandian area into the north-west European Basin during the Late Cenozoic. Geol. Mijnb., 60, 337–345.

Brekke, H. (2000) The tectonic evolution of the Norwegian Sea Continental Margin with emphasis on the Vøring and Møre Basins. In: Dynamics of the Norwegian Margin (Eds A. Nøttvedt and B. T. Larsen). Geol. Soc. London Spec. Publ., 167, 327–378.

Brodie, J. and White, N. (1994) Sedimentary basin inversion caused by igneous underplating: North-west European continental shelf. Geology. 22, 147–150.

Buchard, B. (1978) Oxygen isotope palaeotemperatures from the Tertiary period in the North Sea area. Nature, 275, 121–123.

Bullimore, S. A., Henriksen, S., Liestøl, F. M. and Helland-Hansen, W. (2005) Clinoform stacking patterns, shelfedge trajectories and facies associations in Tertiary coastal deltas, offshore Norway: implications for the prediction of lithology in prograding systems. Norwegian Journal of Geology, 85, 169–187.

Cameron. T. D. J., Bulat, J. and Mesdag, C. S. (1993) High resolution seismic profile through a Late Cenozoic delta complex in the southern North Sea. Mar. Petrol. Geol., 9, 591–599.

Chalmers, J. A., Green, P., Japsen, P. and Rasmussen, E. S. (2010) The Scandinavian mountains have not persisted since the Caledonian orogeny. A comment on Nielsen et al. (2009). Journal of Geodynamics, 50, 94–101.

Clausen, O. R. and Huuse, M. (1999) Topography of the top chalk surface on- and offshore Denmark. Mar. Petrol. Geol., 16, 677–691.

Clausen, O. R., Gabrielsen, R. H., Reksnes, P. A. and Nysæther, E. (1999) Development of intraformational (Oligocene–Miocene) faults in the northern North Sea: influence of remote stresses and doming of Fennoscandia. J. Struct. Geol., 21, 1457–1475.

Clift, P. D. (1999) The thermal impact of Palaeocene magmatic underplating in the Faeroe-Shetland-Rockall region. In: Petroleum Geology of North-west Europe; Proceedings of the 5th Conference (Eds A. J. Fleet and S. A. R. Bold), Geol. Soc. London, 585–593.

Clift, P. D. and Turner, J. (1998) Palaeogene igneous underplating and subsidence anomalies in the Rockall-Faeroe-Shetland area. Mar. Petrol. Geol., 15, 223–243.

Danielsen, M., Michelsen, O. and Clausen, O. R. (1997) Oligocene sequence stratigraphy and basin development in the North Sea sector based on log interpretations. Mar. Petrol. Geol., 14, 931–950.

Deegan, C. E. and Scrull, B. J. (1977) A standard lithostratigraphic nomenclature for the Central and Northern North Sea. Institute of Geological Sciences, 1, 36 pp.

Dmitrieva, E., Jackson, C. A-L., Huuse, M. and McCarthy, A. (2012) Palaeocene deep-water depositional systems in the North Sea Basin: a 3D seismic and well data case study, offshore Norway. Petroleum Geoscience, 18, 97–114.

Doré, A. G., Lundin, E. R., Kusznir, N. J. and Pascal, C. (2008) Potential mechanism for the genesis of Cenozoic domal structures on the NE Atlantic margin: pros, cons and some new ideas. In: The Nature and Origin of compression in Passive Margins (Eds H. Johnson, A. G.

Doré, R. W. Gatliff, R. Holdsworth, E. R. Lundin and J. D. Ritchie), *Geol. Soc. London*, 306, 1–26.

Dybkjær, K. and Rasmussen, E. S. (2007) Organic-walled dinoflagellate cyst stratigraphy in an expanded Oligocene–Miocene boundary section in the eastern North Sea Basin (Frida-1 well, Denmark) and correlation from basinal to marginal areas. *Journal of Micropalaeontology*, 26, 1–17.

Dybkjær, K., King, C. and Sheldon, E. (2012) Identification and characterisation of the Oligocene–Miocene boundary (base Neogene) in the eastern North Sea Basin–based on dinocyst stratigraphy, micropalaeontology and $\delta^{13}$C-isotope data. *Palaeogr. Plaeoclimatol. Palaeoecol.*, http://dx.doi.org/10.1016/j.palaeo.2012.08.007.

Eidvin, T., Bugge, T. and Smelror, M. (2007) The Molo Formation, deposited by coastal progradation on the inner Mid-Norwegian continental shelf, coeval with the Kai Formation to the west and Utsira Formation in the North Sea. *Norwegian Journal of Geology*, 87, 75–142.

Eidvin. T. and Riis. F. (1992) En biostratigrafisk og seismostratigrafisk analyse av tertiære sedimenter i nordlige deler av Norskerenna med hovedvekt påøvre pliocene vifteavsetninger. *Norwegian Petroleum Directorate Contribution*, 32. 40 pp.

Eidvin, T., Skovbjerg Rasmussen, E., Riis, F. and Rundberg, Y. (2010) Oligocene to Lower Pliocene deposits of the Norwegian continental shelf, with correlation to the Norwegian Sea, Greenland, Svalbard, Denmark and their relation to the uplift of Fennoscandia. In: *29th Nordic Geological Winter Meeting* (Eds H. A. Nakrem, A. O. Harstad and G. Haukdal), *Abstract and proceedings of the Geological Society of Norway*, Oslo, 1, 43–44.

Eldholm, O. and Thomas, E. (1993) Environmental impact of volcanic margin formation. *Earth Planet. Sci. Lett.*, 117, 319–329.

Eldholm, O., Tsikalas, F. and Faleide, J. I. (2002) Continental Margin off Norway 62–75°N: Palaeogene tectono-magmatic segmentation and sedimentation. In: *The North Atlantic Igneous Province: Stratigraphy, Tectonic, Volcanic and Magmatic Processes* (Eds D. W. Jolley and B. R. Bell), *Geol. Soc. London Spec. Publ.*, 197, 39–68.

Embry, A. (1988) Triassic sea-level changes: evidence from Canadian Arctic Archipelago. In: *Sea-level Changes–an integrated approach* (Eds C. K. Wilgus, B. S. Hastings, H. Posamentier, J. V. Wagoner, C. A. Ross and C. Kendall), *SEPM Spec. Publ.*, 42, 249–259.

Embry, A. (1993) Transgressive-regressive (T–R) sequence analysis of the Jurassic succession of the Sverdrup Basin, Canadian Arctic Archipelago. *Can. J. Earth Sci.*, 30, 301–320.

Embry, A. (1995) Sequence boundaries and sequence hierarchies: problems and proposals. In: *Sequence Stratigraphy on the north-west European margin* (Eds R. Steel, V. L. Felt, E. P. Johannessen and C. Mathieu) *Norwegian Petroleum Society Special Publication*, 5, 1–11.

Embry, A. and Johannessen, E. (1992) T–R sequence stratigraphy, facies analysis reservoir distribution in the uppermost Triassic-Lower Jurassic succession, western Sverdrup Basin, Arctic Canada. In: *Arctic Geology and Petroleum Potential* (Eds T. Vorren, E. Bergsager, Ø. A. Dahl-Stamnes, E. Holter, B. Johansen, E. Lie and T. B. Lund), *Norwegian Petroleum Society Special Publication*, 2, 121–146.

Emery, D. and Myers, K. J. (1997) *Sequence Stratigraphy*. Blackwell Science, Oxford, 297 pp.

Esmerode, E. V., Lykke-Andersen, H. and Surlyk, F. (2008) Interaction between bottom currents and slope failure in the Late Cretaceous of the southern Danish Central Graben, North Sea. *J. Geol. Soc. London*, 165, 55–72.

Evans, D., Graham, C., Armour, A. and Bathurst, P. (2003) The Millennium Atlas: Petroleum geology of the Central and Northern North Sea. *Geol. Soc. London*, pp 989.

Færseth, R. B. (1996) Interaction between Permo-Triassic and Jurassic extensional fault-blocks during the development of the northern North Sea. *J. Geol. Soc. London*, 153, 931–944.

Færseth, R. B., Knudsen, B. E., Liljedahl, T., Midboe, P. S. and Soderstrom, B. (1997) Oblique rifting and sequential faulting in the Jurassic development of the northern North Sea. *J. Struct. Geol.*, 19, 1285–1302.

Faleide, J. I., Kyrkjebø, R., Kjennerud, T., Gabrielsen, R. H., Jordt, H., Fanavoll, S. and Bjerke, M. D. (2002) Tectonic impact on sedimentary processes during Cenozoic evolution of the northern North Sea and surrounding areas. In: *Exhumation of the North Atlantic Margin: Mechanisms and Implications for Petroleum Exploration* (Eds A. G. Doré, J. A. Cartwright, M. S. Stoker, J. P. Turner & N. White) *Geol. Soc. London Spec. Publ.*, 196, 235–269.

Faleide, J. I., Tsikalas, F., Breivik, A. J., Mjelde, R., Ritzmann, O., Engen, Ø., Wilson, J. and Eldholm, O. (2008) Structure and evolution of the continental margin off Norway and the Barents Sea, *Episodes*, 31, 82–91.

Fraser, S. I., Robinson, A. M., Johnson, H. D., Underhill, J. R., Kadolsky, D. G. A., Connell, R., Johannessen, P. and Ravnås, R. (2002) Upper Jurassic. In: *The Millenium Atlas: petroleum geology of the central and northern North Sea* (Eds D. Evans, C. Graham, A. Armour and P. Bathurst). *Geol. Soc.* London, 372–439.

Frederiksen, S., Nielsen, S. B. and Balling, S. (2001) A numerical dynamic model for the Norwegian-Danish Basin. *Tectonophysics*, 343, 165–183.

Friedrich, O., Norris, R. D. and Erbacher, J. (2012) Evolution of middle to Late Cretaceous oceans – A 55 m. y. record of Earth's temperature and carbon cycle. *Geology*, 40, 107–110.

Gabrielsen, R. H., Færseth, R. J., Steel, R. J., Idil, S. and Kløvjan, O. S. (1990) Architectural styles of basin fill in the northern Viking Graben. In: *Tectonic evolution of the North Sea Rift* (Eds D. J. Blundell and A. D. Gibbs), Oxford University Press, Oxford. 158–179.

Gabrielsen, R. H., Kyrkjebø, R., Faleide, J. I., Fjeldskaar, W and Kjennerud, T. (2001) The Cretaceous post-rift basin configuration of the northern North Sea. *Petroleum Geoscience*, 7, 137–154.

Gabrielsen, R. H., Braathen, A., Olesen, O., Faleide, J. I., Kyrkjebø, R. and Redfield, T. F. (2005) Vertical movements in south-western Fennoscandia: a discussion of regions and processes from the present to the Devonian. In: *Onshore-Offshore Relationships on the North Atlantic Margin* (Eds B. T. G. Wandas, J. P. Nystuen, E. Eide and F. Gradstein), *Norwegian Petroleum Society Special Publication*, 12, 1–28.

Gabrielsen, R. H., Faleide, J. I., Pascal, C., Braathen, A., Nystuen, J. P., Etzelmuller, B and O'Donnell, S. (2010a) Latest Caledonian to Present tectonomorphological development of southern Norway. *Mar. Petrol. Geol.*, 27, 709-723.

Gabrielsen, R. H., Faleide, J. I., Pascal, C., Braathen, A., Nystuen, J. P., Etzelmuller, B. and O'Donnell, S. (2010b) Reply to discussion of Gabrielsen et al. (2010) by Nielsen *et al*. Latest Caledonian to present tectonomorphological development of southern Norway. *Mar. Petrol. Geol.*, 27, 1290-1295.

Gibbard, P. L. (1988) The history of the great north-west European rivers during the past three million years. *Phil. Trans. Roy. Soc. London*, 318, 559-602.

Gibbons, K., Hellem, T, Nio, S. D. and Vebenstad, K. (1993) Sequence architecture, facies development and carbonate cemented horizons in the Troll Field reservoir, offshore Norway. In: *Advances in Reservoir Geology* (Ed. M. Ashton), *Geol. Soc. London Spec. Publ.*, 69, 1-31.

Goldsmith, P. J. (2000) Exploration potential east of the Troll Field, offshore Norway, after dry well 32/4-1. In: *Improving the Exploration Process by Learning from the Past* (Eds K. Ofstad, J. E. Kittilsen and P. Alexander-Marrack), *Norwegian Petroleum Society Special Publication*, 9, 65-97.

Goledowski, B., Nielsen, S. B. and Clausen, O. R. (2012) Patterns of Cenozoic sediment flux from western Scandinavia. *Basin Res.*, 23, 1-24.

Goledowski, B., Clausen, O. R. and Nielsen, S. B. (2014) Reply to comment on E. S. Rasmussen and K. Dybkjær on Patterns of Cenozoic sediment flux from western Scandinavia, by B. Goledowski, S. B. Nielsen and O. R. Clausen, Basin Research (2012), 24 (4), 377-400. *Basin Res.*, 26, 347-350.

Gradstein. F. and Bäckström. S. (1996) Cenozoic biostratigraphy and palaeobathymetry, northern North Sea and Haltenbanken. *Norsk Geol. Tidsskr.*, 76. 3-32.

Gregersen, U. (1998) Upper Cenozoic channels and fans on 3D seismic data in the northern Norwegian North Sea. *Petroleum Geoscience*, 4, 67-80.

Gregersen, U. and Johannesen, P. N. (2007) Distribution of the Neogene Utsira Sand and the succeeding deposits in the Viking Graben area, North Sea. *Mar. Petrol. Geol.*, 24, 591-606.

Gregersen, U., Michelsen, O. and Sørensen, J. C. (1997) Stratigraphy and facies distribution of the Utsira Formation and the Pliocene sequences in the northern North Sea. *Mar. Petrol. Geol.*, 14, 893-914.

Hancock, J. M. (1990) Cretaceous. In: *Introduction to the petroleum geology in the North Sea* (Ed. K. W. Glennie), Oxford, Blackwell Scientific Publications, 255-272.

Handy, M. R., Schmid, S. M., Bousquet, R., Kissling, E. and Bernoulli, D. (2010) Recoiling plate-tectonic reconstructions of Alpine Tethys with the geological-geophysical record of spreading and subduction in the Alps. *Earth-Sci. Rev.*, 102, 121-158.

Haq, B. U., Hardenbol, J. and Vail, P. R. (1987) Chronology of fluctuating sea-levels since the Triassic. *Science*, 235, 1156-1166.

Heeremans, M. and Faleide, J. I. (2004) Late Carboniferous-Permian tectonics and magmatic activity in the Skagerrak, Kattegat and the North Sea. In: *Permo-Carboniferous magmatism and Rifting in Europe* (Eds M. Wilson, E. R. Neumann, G. R. Davies, M. J. Timmerman, M.

Heeremans and B. T. Larsen). *Geol. Soc. London Spec. Publ.*, 223, 157–176.

Heeremans, M., Faleide, J. I. and Larsen, B. T. (2004) Late Carboniferous – Permian of NW Europe: an introduction to a new regional map. In: *Permo-Carboniferous Magmatism and Rifting in Europe* (Eds M. Wilson, E. R. Neumann, G. R. Davies, M. J. Timmerman, M. Heeremans and B. T. Larsen). *Geol. Soc. London Spec. Publ.*, 223, 75–88.

Heilmann-Clausen, C., Nielsen, O. B. and Gersner, F. (1985) Lithostratigraphy and depositional environment in the Upper Palaeocene and Eocene of Denmark. *Bull. Geol. Soc. Denmark*, 33, 287–323.

Hendriks, B. and Andriessen, P. (2002) Pattern and timing of the post-Caledonian denudation of northern Scandinavia constrained by apatite fission-track thermochronology. In: *Exhumation of the North Atlantic Margin: Timing, Mechanisms and Implications for Petroleum Exploration* (Eds A. G. Doré, J. A. Cartwright, M. S. Stoker, J. P. Turner and N. White) *Geol. Soc. London*, 196, 117–137.

Hendriks, B., Andriessen, P., Huigen, Y., Leighton, C., Redfield, T., Murrell, G., Gallagher, K. and Nielsen, S. B. (2007) A fission track data compilation for Fennoscandia. *Norwegian Journal of Geology*, 87, 143–155.

Huber, B. T., Hodell, D. A. and Hamilton, C. P. (1995) Middle-Late Cretaceous climate of the southern high latitudes: stable isotopic evidence for minimal equatorto–pole thermal gradients. *Geol. Soc. Am. Bull.*, 107, 1164–1191.

Huber, B. T., Norris, R. D. and MacLeod, K. G. (2002) Deepsea paleotemperature record of extreme warmth during the Cretaceous. *Geology*, 30, 123–126.

Huuse, M. (1999) Detailed Morphology of the Top Chalk Surface in the Eastern Danish North Sea. *Petroleum Geoscience*, 5, 303–314.

Huuse, M. (2002) Cenozoic uplift and denudation of southern Norway: insights from the North Sea Basin. In: *Exhumation of the North Atlantic Margin: Timing, Mechanisms and Implications for the Petroleum Exploration* (Eds A. G. Doré, J. A. Cartwright, M. S. Stoker, J. P. Turner and N. White) *Geol. Soc. London Spec. Publ.*, 196, 209–233.

Huuse, M. and Clausen, O. R. (2001) Morphology and origin of major Cenozoic sequence boundaries in the eastern North Sea basin: top Eocene, near-top Oligocene and the mid-Miocene unconformity. *Basin Res.*, 13, 17–41.

Huuse, M., Lykke-Andersen, H. and Michelsen, O. (2001) Cenozoic evolution of the eastern Danish North Sea. *Mar. Geol.*, 177, 243–269.

Isaksen, D. and Tonstad, K. (1989) A revised Cretaceous and Tertiary lithostratigraphic nomenclature for the Norwegian North Sea. *NPD Bulletin* 5, 59 pp.

Jansen, E. and Sjøholm, J. (1991) Reconstruction of glaciation over the past 6 Myr from ice-borne deposits in the Norwegian *Sea. Nature*, 349, 600–603.

Japsen, P., Bidstrup, T. and Lidmar-Bergstrøm, K. (2002) Neogene uplift and erosion of southern Scandinavia induced by the rise of the South Swedish Dome. In: *Exhumation of the North Atlantic Margin: Timing, Mechanisms and Implications for Petroleum Exploration* (Eds A. G. Doré, J. A. Cartwright, M. S. Stoker, J. P. Turner and N. White). *Geol. Soc. London-*

*Spec. Publ.*, 196, 183-207.

Japsen, P. and Chalmers, J. A. (2000) Neogene uplift and tectonics around the North Atlantic: overview. *Global Planet. Change*, 24, 165-173.

Japsen, P., Green, P. F., Nielse, L. H., Rasmussen, E. S. and Bidstrup, T. (2007) Mesozoic-Cenozoic exhumation events in the eastern North Sea Basin: a multi-disciplinary study based on palaeothermal, palaeoburial, stratigraphic and seismic data. *Basin Res.*, 19, 451-490.

Jordt, H., Faleide, J. I., Bjorlykke, K. and Ibrahim, M. T. (1995) Cenozoic sequence stratigraphy of the central northern North Sea Basin: tectonic development, sediment distribution and provenance areas. *Mar. Petrol. Geol.*, 12, 845-879.

Jordt, H., Thyberg, B. I. and Nottvedt, A. (2000) Cenozoic evolution of the central and northern North Sea with focus on differential vertical movements of the basin floor and surrounding clastic source areas. In: *Dynamics of the Norwegian Margin* (Eds A. Nottvedt, B. T. Larsen, R. H. Gabrielsen, S. Olaussen, H. Brekke, B. Torudbakken, O. Birkelnad and J. Skogseid), *Geol. Soc. London Spec. Publ.*, 167, 219-243.

Kiltgord, K. D. and Schouten, H. (1986) Plate kinematics and the Central Atlantic. In: *The Geology of North America Margin, the Western North Atlantic Region* (Eds P. R. Vogt and B. E. Tucholke), *Geol. Soc. Am.*, 351-378.

Kjennerud, T., Faleide, J. I., Gabrielsen, R. H., Gillmore, G. K., Kyrkjebø, R., Lippard, S. J. and Løseth, H. (2001) Structural restoration of Cretaceous - Cenozoic palaeobathymetry in the northern North Sea. In: *Sedimentary Environments offshore Norway - Palaeozoic to recent* (Eds O. J. Martinsen and T. Dreyer) *Norwegian Petroleum Society*, 10, 347-364.

Knox, R. W. O. and Morton, A. C. (1988) The record of early-Tertiary N Atlantic volcanism in sediments of the North Sea Basin. In: *Early Tertiary Volcanism and the Opening of the NE Atlantic* (Eds A. C. Morton and L. M. Parson), *Geol. Soc. London Spec. Publ.*, 39. 407-419.

Kyrkjebø, R., Hamborg, M., Faleide, J. I., Jordt, H. and Christiansson, P. (2000) Cenozoic tectonic subsidence from 2D depositional simulations of a regional transect in the northern North Sea basin. In: *Dynamics of the Norwegian Margin* (Ed. A. Nøttvedt), *Geol. Soc. London Spec. Publ.*, 167, 273-294.

Kyrkjebø, R., Kjennerud, T., Gillmore, G. K., Faleide, J. I. and Gabrielsen, R. H. (2001) Cretaceous - Tertiary palaeo-bathymetry in the northern North Sea; integration of palaeo-water depth estimates obtained by structural restoration and micropalaeontological analysis. In: *Sedimentary Environments Offshore Norway-Palaeozoic to Recent* (Ed. O. Marthinsen), *Norwegian Petroleum Society Special Publication*, 9, 321-345.

Liboriussen, J., Ashton, P. and Tygesen, T. (1987) The Tectonic evolution of the Fennoscandian Border Zone in Denmark. *Tectonophysics*, 137, 21-29.

Lindstrom, K. (1993) Denudation surfaces and tectonics in the southernmost part of the Baltic shield. *Precambrian Res.*, 64, 337-345.

Martinsen, O. J., Boen, F., Charnock, M. A., Mangerut, G. and Nøttvedt, A. (1999) Cenozoic development of the Norwegian margin 60°-64°N: sequences and sedimentary response to variable basin physiography and tectonic setting. In: *Petroleum Geology of NW Europe, Proceedings of the 5th Conference* (Ed. A. J. Fleet and S. A. R. Boldy). *Geol. Soc. London*, 293–304.

Martinsen, O. J., Lien, T. and Jackson, C. (2005) Cretaceous and Palaeogene turbidite systems in the North Sea and Norwegian Sea Basins: source, staging area and basin physiography controls on reservoir development. In: *Petroleum Geology North-west Europe and Global Perspectives – Proceedings of the 6th Petroleum Geology Conference* (Eds A. G. Doré and B. A. Vinning) *Geol. Soc. London*, 1147–1164.

McKenzie, D. (1978) Some remarks on the development of sedimentary basins. *Earth Planet. Sci. Lett.*, 40, 25–32.

Michelsen, O. (1994) Stratigraphic correlation of the Danish onshore and offshore Tertiary successions based on sequence stratigraphy. *Bull. Geol. Soc. Denmark*, 41, 145–161.

Michelsen, O., Danielsen, M., Heilmann-Clausen, C., Jordt, H., Laursen, G. V. and Thomsen, E. (1995) Occurrence of major sequence stratigraphic boundaries in relation to basin development in Cenozoic deposits of the south-eastern North Sea. In: *Sequence Stratigraphy on the North-west European Margin* (Eds R. J. Steel, V. L. Felt, E. P. Johannessen and C. Mathieu), *Norwegian Petroleum Society*, 5, 415–427.

Michelsen, O. and Danielsen, M. (1996) Sequence and systems tract interpretation of the epicontinental Oligocene deposits in the Danish North Sea. In: *Geology of Siliciclastic Shelf Seas* (Eds M. De Batist and P. Jacobsen), *Geol. Soc. Spec. Publ.*, 117, 1–13.

Milton, N. J. (1993) Evolving depositional geometries in the North Sea Jurassic rift. In: *Petroleum geology of Northwest Europe* (Ed. J. R. Parker), *Proceedings of the 4th Conference*, 425–442.

Milton, N. J., Bertram, G. T. and Vann, I. R. (1990) Early Palaeogene tectonics and sedimentation in the Central North Sea. In: *Tectonic Events Responsible for Britain's Oil and Gas Reserves* (Eds R. F. P. Hardman and J. Brooks) *Geol. Soc. Spec. Publ.*, 55, 339–351.

Mitchum, R. M. J., Vail, P. R. and Thompson, S. I. (1977) Seismic stratigraphy and global changes in sea-level, part 2: the depositional sequence as the basic unit for stratigraphic analysis. In: *Seismic Stratigraphy: Application to Hydrocarbon Exploration* (Ed. C. Payton), *AAPG Mem.*, 26, 53–62.

Molnar, P. and England, P. (1990) Late Cenozoic uplift of mountain ranges and global climate change: chicken or egg. *Nature*, 346, 29–34.

Morton, A. C. (1982) Lower Tertiary Sand Development in Viking Graben, North Sea. *AAPG Bull.*, 66, 1542–1559.

Mosar, J. (2003) Scandinavia's North Atlantic passive margin. *J. Geophys. Res.*, 108, 1–18.

Mudge, D. C. and Copestake, P. (1991) Revised lower Palaeogene lithostratigraphy for the Outer Moray Firth, North Sea. *Mar. Petrol. Geol.*, 9, 53–69.

Nadin, P. A., Kusznir, N. J. and Toth, J. (1995) Transient regional uplift in the Early Tertiary of the northern North Sea and the development of the Iceland Plume. *J. Geol. Soc.*, 152, 953–958.

Nadin, E. A., Kusznir, N. J. and Cheadle, M. J. (1997) Early Tertiary plume uplift of the North Sea and Faeroe-Shetland basins. *Earth Planet. Sci. Lett.*, 148, 109-127.

Nielsen, S. B., Gallagher, K., Leighton, C., Balling, N., Svenningsen, L., Holm Jacobsen, B., Thomsen, E., Nielsen, O. B., Heilmann-Clausen, C., Egholm, D. L., Summerfield, M. A., RønøClausen, O., Piotrowski, J. A., Thorsen, M. R., Huuse, M., Abrahamsen, N., King, C. and Lykke-Andersen, H. (2009) The evolution of western Scandinavian topography: A review of Neogene uplift versus the ICE (isostacy-climate-erosion) hypothesis. *Journal of Geodynamics*, 47, 72-95.

Nielsen, S. B., Clausen, O. R., Pedersen, V. K., Leseman, J. E., Goledowski, B., Huuse, M., Gallagher, K. and Summerfield, M. A. (2010a) Discussion of Gabrielsen *et al.* (2010): Latest Caledonian to present tectonomorphological development of southern Norway. *Mar. Petrol. Geol.*, 27, 1285-1289.

Nielsen, S. B., Clausen, O. R., Jacobsen, B. H., Thomsen, E., Huuse, M., Gallagher, K., Balling, N. and Egholm, D. (2010b) The ICE hypothesis stands: How the dogma of late Cenozoic *tectonic* uplift can no longer be sustained in the light of data and physical laws. *Journal of Geodynamics*, 50, 102-111.

Norris, R. D., Bice, K. L., Magno, E. A. and Wilson, P. A. (2002) Jiggling the tropical thermostat in the Cretaceous hothouse. *Geology*, 30, 299-302.

Nøttvedt, A., Gabrielsen, R. H. and Steel, R. J. (1995) Tectonostratigraphy and sedimentary architecture of rift basins, with reference to the northern North Sea. *Mar. Petrol. Geol.*, 12, 881-901.

Odinsen, T., Reemst, P., van der Beek, P., Faleide, J. I. and Gabrielsen, R. H. (2000) Permo-Triassic and Jurassic extension in the northern North Sea: results from tectonostratigraphic forward modelling. In: *Dynamics of the Norwegian Margin* (Ed. A. Nottvedt). *Geol. Soc. London Spec. Publ.*, 167, 83-103.

Rasmussen, E. S. (2004) The interplay between true eustatic sea-level changes, tectonics and climatic changes: what is the dominating factor in sequence formation of the Upper Oligocene-Miocene succession in the eastern North Sea Basin, Denmark? *Global and Planetary Change*, 41, 15-30.

Rasmussen, E. S. (2009) Neogene inversion of the Central Graben and Ringkøbing-Fyn High, Denmark. *Tectonophysics*, 465, 84-97.

Rasmussen, E. S. and Dybkjær, K. (2005) Sequence stratigraphy of the Upper Oligocene-Lower Miocene of eastern Jylland, Denmark: role of structural relief and variable sediment supply in controlling sequence development. *Sedimentology*, 52, 25-63.

Rasmussen, E. S., Dybkjær, K. and Piasecki, S. (2010) Lithostratigraphy of the Upper Oligocene-Miocene succession of Denmark. *Geological Survey of Denmark and Greenland Bulletin*, 22, 100 pp.

Rasmussen, E. S. and Dybkjær, K. (2014) Patterns of Cenozoic sediment flux from western Scandinavia: discussion. *Basin Res.*, 26, 338-346.

Rattey, R. P. and Haward, A. B. (1993) Sequence stratigraphy of a failed rift system: the Middle Jurassic to Late Cretaceous basin evolution of the Central and Northern North Sea. In: *Petroleum Geology of North-west Europe.* (Ed. J. R. Parker), *Proceedings of the 4th Conference. Geol. Soc. London Spec. Publ.*, 215-251.

Riis, F. (1996) Quantification of Cenozoic vertical movements of Scandinavia by correletaion of morphological surfaces with offshore data. *Global Planet. Change*, 12, 331-357.

Riis, F. and Fjeldskaar, W. (1992) On the magnitude of the Late Tertiary and Quaternary erosion and its significance for the uplift of Scandinavia and the Barents Sea. In: *Structural and Tectonic Modelling and its Application to Petroleum Geology* (Ed. R. M. Larsen), *Norwegian Petroleum Society Special Publication*, 1, 163-185.

Roberts, A. M., Yielding, G. and Badley, M. E. (1990) A kinematic model for the orthogonal opening of the Late Jurassic North Sea Rift System, Denmark-Mid Norway. In: *Tectonic evolution of the North Sea Rifts* (Eds D. J. Blundell and A. D. Gibbs), Oxford University Press, Oxford.

Rohrman, M., Van der Beek, P., Andriessen, P. and Cloetingh, S. (1995) Meso-Cenozoic morphotectonic evolution of southern Norway: Neogene domal uplift inferred from apatite fission track thermochronology. *Tectonics*, 14, 704-718.

Rohrman, M., Andriessen, P. and Van der Beek, P. (1996) The relationship between basin and margin thermal evolution assessed by fission track thermochronology: an application to offshore southern Norway. *Basin Res.*, 8, 45-63.

Rohrman, M. and Van der Beek, P. (1996) Cenozoic postrift domal uplift of North Atlantic margins: An asthenospheric diapirism model. *Geology*, 24, 901-904.

Rundberg, Y., Olaussen, S. and Gradstein, F. (1995) Incision of Oligocene strata; evidence for northern North Sea Miocene uplift and key to the formation of the Utsira sands. *Geonytt*, 22, (abstract).

Schiøler, P. andsbjerg, J., Clausen, O. R., Dam, G., Dybkjær, K., Hamber, L., Heilmann-Clausen, C., Johannessen, E. P., Kristensen, L. E., Prince, I. and Rasmussen, J. A. (2007) Litostratigraphy of the Palaeogene - Lower Neogene succession of the Danish North Sea. *Geological Survey of Denmark and Greenland*, 12, 77 pp.

Sejrup, H. P., Hjelstuen, B. O., Torbjørn Dahlgren, K. I., Haflidason, H., Kuijpers, A., Nygård, A., Praeg, D., Stoker, M. S. and Vorren, T. O. (2005) Pleistocene glacial history of the NW European continental margin. *Mar. Petrol. Geol.*, 22, 1111-1129.

Sleep, N. H. (1990) Hotspots and mantle plumes; some phenomenology. *J. Geophys. Res. (B)*, 95, 6715-6736.

Sliwinska, K. K., Clausen, O. R. and Heilmann-Clausen, C. (2010) A mid-Oligocene cooling (Oi-2b) reflected in the dinoflagellate record and in depositional sequence architecture. An integrated study from the eastern North Sea basin. *Mar. Petrol. Geol.*, 27, 1424-1430.

Spjeldnæs, N. (1975) Palaeogeography and facies distribution in the Tertiary of Denmark and surrounding areas. In: *Petroleum Geology and Geology of the North Sea and North-west Atlantic Continental Margin* (Eds A. Whiteman, D. Roberts and M. A Sellevoll), *Nor. Geol. Unders. Bull.*, 29, 289-311.

Steel, R. J. (1993) Triassic – Jurassic megasequence stratigraphy in the northern North Sea: rift to post-rift evolution. In: *Petroleum Geology of North-west Europe: Proceedings of the 4$^{th}$ Conference* (Ed. J. R. Parker), *Geol. Soc. London*, 299–315.

Steurbaut, E., Spiegler, D., Weinelt, M. and Thiede, J. (1991) *Cenozoic Erosion and Sedimentation on the North-west European Continental Margin*. Geomar, Kiel.

Stewart, I. J. (1987) A revised stratigraphic interpretation of the Early Palaeogene of the Central North Sea. In: *Petroleum Geology of North West Europe* (Eds J. Brooks and K. W. Glennie), London: Graham & Trotman, 557–576.

Strass, I. F. (1982) The Norwegian–Danish Basin, *Norwegian Petroleum Directorate*, 31, 79 pp.

Stuevold, L. M. and Eldholm, O. (1996) Cenozoic Uplift of Fennoscandia inferred from a study of the mid-Norwegian Shelf. *Global Planet. Change*, 12, 359–386.

Surlyk, F., Dons, T., Clausen, C. K. and Higham, J. (2003) Upper Cretaceous. In: *The Millenium Atlas: Petroleum Geology of the Central and Northern North Sea* (Eds D. Evans, C. Graham, A. Armour and P. Bathurst). *Geol. Soc. London*, 489–547.

Thomson, K., Underhill, J. R., Green, P. F., Bray, R. J. and Gibson, H. J. (1999) Evidence from apatite fission track analysis for the post-Devonian burial and exhumation history of the northern Highlands, Scotland. *Mar. Petrol. Geol.*, 16, 27–39.

Thyberg, B. I., Jordt, H., Bjørlykke, K. and Faleide, J. I., (2000) Relationships between sequence stratigraphy, mineralogy and geochemistry in Cenozoic sediments of the northern North Sea. *Geol. Soc. London Spec. Publ.*, 167, 245–272.

Underhill, J. R. and Partington, M. A. (1993) Jurassic thermal doming and deflation in the North Sea: implications of the sequence stratigraphic evidence. In: *Petroleum Geology of North-west Europe: Proceeding of the 4$^{th}$ Conference* (Ed. J. R. Parker), *Geol. Soc. London*, 337–345.

Van Wagoner, J. C., Posamentier, H. W., Mitchum, R. M., Vail, P. R., Sarg, J. F., Loutit, T. S. and Hardenbol, J. (1988) An overview of sequence stratigraphy and key definitions. In: *Sea-level Changes – an integrated approach* (Eds C. K. Wilgus, B. S. Hastings, H. Posamentier, J. V. Wagoner, C. A. Ross and C. Kendall), *SEPM Spec. Publ.*, 42, 39–45.

Veeken, P. C. H. (2007) *Seismic Stratigraphy, Basin Analysis and Reservoir Characterisation*. Elsevier, Amsterdam. pp 453.

Vollset, J. and Doré, A. G. (1984) A revised Triassic and Jurassic lithostratigraphic nomenclature for the Norwegian North Sea. *Nor. Pet. Direct. Bull.*, Stavanger, 3, 33 pp.

White, N and Latin, D. (1993) Subsidence analysis from the North Sea 'triple-junction'. *J. Geol. Soc. London*, 150, 473–488.

White, N. and Lovell, B. (1997) Measuring the pulse of a plume with the sedimentary record. *Nature*, 387, 888–891.

Wood, R. and Barton, P. (1983) Crustal thinning and subsidence in the North Sea. *Nature*, 302, 134–136.

Yielding, G. and Roberts, A. (1992) Footwall uplift during normal faulting – implications for structural geometries in the North Sea. In: *Structural Modelling and Its Application to Petroleum Geology* (Eds R. M. Larsen, H. Brekke, B. T. Larsen and E. Talleraas), *Norwegian Petroleum Society Special Publication*, 1, 289–304.

Zachos, J., Pagani, M., Sloan, L., Thomas, E. and Billups, K. (2001) Trends, rhythms and aberrations in global climate 65 Ma to present. *Science*, 292, 686–693.

Ziegler, P. A. (1975) Geologic evolution of North Sea and its tectonic framework. *AAPG*, 59, 1073–1097.

Ziegler, P. A. (1982) *Geological Atlas of Western and Central Europe*. Elsevier, Amsterdam, pp 130.

Ziegler, P. A. (1987) Late Cretaceous and Cenozoic intra-plate compressional deformations in the Alpine foreland-a geodynamic model. *Tectonophysics*, 137, 389–420.

Ziegler, P. A. (1990) *Geological Atlas of Western and Central Europe* 1990. Shell Internationale Petroleum Maatschappij B. V, 239 pp.

Ziegler, P. A. (1992) North Sea Rift System. *Tectonophysics*, 208, 55–75.

Ziegler, P. A. and Van Hoorn, B. (1989) Evolution of the North Sea Rift system. In: *Extensional Tectonics and Stratigraphy of the North Atlantic Margins* (Eds A. J. Tankard and H. Balkwill), *AAPG. Mem.*, 46, 471–500.

# 16 大陆边缘和下切河谷的沉积物搬运与基准面旋回对三维正演模拟的影响

Didier Granjeon 著

张 琴 译

**摘要**：本文介绍了一种三维地层正演模型 Dionisos，用于重建区域范围内沉积盆地的地层结构。这个模型解释了在大陆和海洋环境中的盆地变形、碎屑和碳酸盐物质的供给和运移等内容。沉积物被定义为一种多粒级颗粒的综合，每种粒级颗粒的运移遵循缓慢运移规律与快速线性重力驱动和非线性水动力扩散的规律。侧重点在沉积物的运移规律上。被动边缘和源汇理论模型是建立在 XES 02 水槽实验的独立数据基础上的，确定了一些定量指标来分析数值模拟的结果，比如每一个走向剖面的水道数量、沉降中心的位置以及物源和运移区的侵蚀与沉积速率。这些实验数值证实了非线性水驱动扩散方程可以用来预测极端强制条件下沉积体系的演化，例如极端海平面的变化条件。在区域范围中这些理论的应用是鼓舞人心的，尽管在校准运移参数上还需要更多的研究。这个理论还可以研究长期和短期海岸线的演变以及沉降中心体系，模拟沉积单元的内部结构细节，比如前积层的进积与下超、退积、河流上超、陆上削截和下切谷。这些应用说明这种基于简单非线性水动力扩散的三维地层正演模型可用于盆地规模，以便更好地解释沉积体系的演化，从而减少勘探和储层风险评价的不确定性。

**关键词**：地层正演模型；扩散方程；被动边缘；深切谷；源汇

目前，一些前沿勘探领域的地质资料是相对缺乏的，这些前沿勘探领域通常是一些难以钻探的偏远盆地，例如北极盆地、盐下沉积地层等，要对这样的复杂地区进行勘探开发需要对沉积体系特征和储油潜力做出精确预测。沉积体系是复杂相互作用后的结果，这些作用包括在沉积盆地创造的可容空间、物源进入盆地或产自盆地中和沉积物的运移供给（Swift 和 Thorne，1991；Helland-Hansen 和 Martinsen，1996；Catuneanu 等，2009）。

地质学家们在盆地尺度上应用不同的方法研究了沉积体系的演化。例如露头和地下数据（Porebski 和 Steel，2003；Uroza 和 Steel，2008）、现代系统理论和自然演化实验（Wright 和 Nittrouer，1995；Tucker，2009）、顺流搬运实验等（Heller 等，2001；Muto 和 Steel，2001，2004；Postma 等，2008；Strong 和 Paola，2008；Martin 等，2009；Paola 等，2009），这些实验都曾被用来建立大陆边缘的过程响应模型（Porebski 和 Steel，2003；Catuneanu 等，2009；Helland-Hansen，2009）。如此大量的数据和理论已经允许研究人员开发和检验三维数值方法的地层正演模型，这些数值模型为检验在地层参数中的地质和物理概念以及因果关系提供了一种理想的方法，例如在盆地变形、沉积物运移和沉积盆地演化中的应用。这些数值模型自从 20 世纪 70 年代初就已经存在（Harbaugh 和 Bonham-Carter，1970；Merriam，1972；Schwarzacher，1975；Tetzlaff 和 Harbaugh，1989；Cross 和 Harbaugh，1989；Waltham，1992；Slingerland 等，1994）。现在这些模型变得越来越复杂并且已经被设计用来演示沉积体系的动力学演化并模拟沉积盆地的沉降。它们大致可以被分为两类，尽管这些类别之间的分界线是极不明显的，第一类是对应物理过程的模型，它使用了简便且经验化的定理来描述水和沉积物在短时间间隔内流入两种形态规模的过程，这是为了分析在物理演化过程中复杂的相互作用（Tetzlaff 和 Harbaugh，1989；Martinez 和 Harbaugh，1993；Griffiths 等，2001；Dalman 和 Weltje，2008；Hutton 和 Syvitsky，2008）。第二类是对应扩散理论的模型，它在较大的时间空间尺度上描述了沉积体系的状态，它用来描述从源头开始的大陆边缘的演化过程，或至少从最初的汇集系统开始（Kenyon 和 Turcotte，1985；Rivenaes，1988；Granjeon，1996；Granjeon 和 Joseph，1999；Meijer，2002；Clevis 等，2003；Meijer 等，2008）。第一类模型对小尺度冲积层、三角洲和浊积岩储层模型的基础建模是合适的（Storm 和 Swift，2003；Dalman 和 Weltje，2008，2012；Miller 等，2008）。然而，这些模型中很多都只能对应于一种单一的沉积环境。许多沉积环境，从沉积扇三角洲到深水环境，研究一套盆地尺度的沉积体系模型时都必须包括在内。

这次研究的主要目的是测试并改进基于过程的扩散模型，Dionisos（Granjeon，1996；Granjeon 等，1999）能在一个区域尺度上模拟沉积路径系统，其最经典的应用是考察层序地层学的理论（Burgess 等，2006；Somme 等，2009a），并基于区域地震数据和井数据评价地质背景（Rabineau 等，2005；Burgess 和 Steel，2008；Ku Shafie 和 Madon，2008；Alzaga-Ruiz 等，2009；Csato 等，2012）。本文中展示了 Dionisos 的主要原理并说明了在被动大陆边缘背景下的使用，关注焦点是沉积物的运移、观察基础时间以及河谷下切和河流沉积的样貌。

## 16.1  模型描述

Dionisos 是一种三维地层正演模型，它的目的是在数十千米至数百千米的区域空间尺度上和数千年至数十亿年的时间尺度上在连续时间段内模拟沉积单元的几何形状和表面样貌（Granjeon，1996；Granjeon 等，1999）。空间离散尺度通常设置为 1~10km，时间间隔则为数千年至数十万年。每个时间段的数值模型都解释了沉积物的来源、运移和沉积过程。

可容空间是通过定义海平面升降曲线和地形图来计算的，岩层内部变形可归因于盐岩和页岩的底劈构造，同样也可归因于生长断层、逆断层和滑脱断层（Alzaga-Ruiz 等，2009）。使用者可以通过计算滑脱面上沉积单元的水平变形率来解释沉积岩的水平位移，并可由此推测垂向剪切变形。

沉积物供给可能受控于边界条件（水和沉积物流入河流相）、基底侵蚀（由下文描述的运移方程控制）、碳酸盐的生成或蒸发盐的沉淀。碳酸盐的生成是通过设置每个生成源的最大生成率曲线控制的，比如珊瑚、藻类和鲕粒。这个最大生成率可以由局部参数调整（水深、波浪动能、生态规律等）。

本文重点在于模拟地层模型所要解释的第三个阶段：沉积物运移。自 Culling（1960）在此方面做出成果以来，扩散方程就已经被用于在地形学和地质学上展现大范围尺度均匀空间上沉积物的缓慢运移、坡面漫流和河道运移过程。这个扩散方程已经被转换为各种形式去研究斜坡（Colman 和 Watson，1983；Hanks 等，1984；Begin，1988，1993）、山坡（Culling，1960；Carson 和 Kirkby，1972；Hirano，1975）、冲积扇、河流和泛洪平原（Gessler，1971；Begin 等，1981；Green，1987；Pizzuto，1987；Begin，1988；Parker 等，1998；Roering 等，1999；Pelletier 等，2006）、山脉和前陆盆地（Moretti 和 Turcotte，1985；Flemings 和

Jordan，1989；Jordan 和 Flemings，1991；Sinclair 等，1991；Paola 等，1992；Willgoose 等，1992；Tucker 和 Slinger land，1994；Chalaron 等，1996；Davy 和 Crave，2000；Clevis 等，2003；Carretier 和 Lucazeau，2005）以及三角洲和大陆边缘（Kenyon 和 Turcotte，1985；Rivenaes，1988；Flemings 和 Grotzinger，1996）。虽然有人指出缺乏足够的数据去验证其在现实世界中扩散方程的值（Postma 和 Van den Berg van Saparoea，2007），最近基于顺流搬运实验的研究仍显示了扩散方程可以被用来模拟均匀时间段内的沉积物运移（Paola 等，1992；Postma 等，2008）。

我们的模型遵循古典方法去构建地形演变模型（Willgoose 等，1991a，b；Tucker 和 Slingerland，1994），所有导致沉积物颗粒移动的过程都集中于两个大范围尺度的扩散过程：缓慢的重力驱动运移和快速的水动力斜坡扩散运移（Granjeon，1996；Granjeon 和 Joseph，1999），颗粒缓慢运移被假定为与局部地形坡度成比例关系，进而产生了非线性重力驱动扩散方程，主要用在活动的山坡边缘和大陆边缘斜坡：

$$Q_{sc,k} = K_{c,k} c_k S^{m_c} \tag{16.1}$$

式中，$Q_{sc,k}$ 为缓慢运移量，$m^2/s$；$k$ 为碎屑颗粒；$c_k$ 为这种碎屑的表面浓度；$S$ 为地形坡度；$K_{c,k}$ 为碎屑颗粒 $k$ 的缓慢扩散系数，它被定义为水深度的函数；$m_c$ 为一个常数，通常介于 1 和 2 之间（Carson 和 Kirkby，1972）。

第二个过程效率更高，因为它允许沉积物颗粒从源到汇快速运移，在一个地质时期的区域空间尺度上，根据局部空间的突增和短时期运移过程，推导出了大尺度非线性水动力和重力驱动扩散的方程：

$$Q_{sw,k} = K_{w,k} c_k \overline{Q}_w^n S^{m_w}, \quad \overline{Q}_w = (Q_w/Q_{wo}) \tag{16.2}$$

式中，$Q_{sw,k}$ 为非线性水动力和重力驱动运移的量，$m^2/s$；$c_k$ 为碎屑颗粒 k 的表面浓度，$Q_w$ 为局部水通量，$m^3/s$；$\overline{Q}_w$ 为无量纲的水通量；$Q_{wo} = 1 m^3/s$ 为参考水通量；$S$ 为盆地坡度；$K_{w,k}$ 为碎屑颗粒 k 的水动力扩散系数，它被定义为水深的函数；$n$ 和 $m_w$ 是两个常量，通常介于 1 和 2 之间（Tucker 和 Slingerland，1994）。

在传统的地形演化模型中，假设河流通过模拟区域时为一个单方向流体，其中水通常是沿着最陡坡流动（Willgoose 等，1991a，b；Tucker 和 Slingerland，1994；Tucker，2004）。在模型中，我们采用了多方向流动的方案，水流动路线是根据斜率得出的一个给定单元周围较低的局部区域。这种多方向法能更好地分离水流（Freeman，1991；Tucker 和 Hancock，2010），而且还能很好地模拟坡面水流和网状河系统（Murray 和 Paola，1994，1997；Coulthard 等，1996）。

这两个非线性扩散方程定义了沉积系统的运移能力。颗粒的可利用性受气候和下切速率的限制。这个比率大小是可变的，它是气候、坡度和地形高度的函数（Willgoose 等，1992；Tucker 和 Slingerland，1994；Coulthard，2001；Roering 等，2007）。最大侵蚀率被定义为剪应力的函数，这是由河水流动引起的基底剪应力和无法产生切口的临界压力的差。实际运移速率最终被定义为最小运移能力和碎屑颗粒有效性。在盆地的每个点上每种碎屑颗粒的沉降和侵蚀速率都是由质量守恒方程和实际沉积物通量计算得到的。沉积剖面斜坡的稳定性假定了长期扩散方程规定的沉积坡角不能超出碎屑颗粒的静态休止角的条件。在沉积盆地的每一点上，如果局部坡角高于静态休止角，则所有静止面上的沉积物都会移动到下坡，直到新的沉积斜坡角小于动态坡角。最后，使用埋藏深度—孔隙度法则并依据水的弹性弯曲度计算出沉积物压实度，而沉积物数量则是通过假定一个三维弹性岩石圈计算得到的。这个数值模型的最终结果是利用了一个相对的体积标准而得到的（Eymard 等，2004；Gervais，2004；Gervais 和 Masson，2004）。

## 16.2 方法

本文主要目的是描述并解释非线性扩散方程在区域尺度上对沉积物运移的模拟。完整沉积体系的直接数值模拟在很大程度上仍然依靠经验（Paola 等，2009），特别是在区域尺度上，比如 Dionisos。在对一个沉积盆地所有控制参数的研究中，发现在物理实验中已知边界条件和沉积体系可以很好地验证运移方程，鉴于缺乏已验证的沉积系统，研究将采用地层水槽实验（Postma 等，2008）。

### 16.2.1 被动陆缘模型

在 Experimental EarthScape（XES）被称为"侏罗系水槽"（Paola，2000；Paola 等，2001）的 XES 02 水槽实验定义了一个理论性的被动陆缘（Strong 和 Paola，2008；Martin 等，2009，2010）。XES 的设备是大型实验盆地（3m×6m），它能试验按比例缩小的自然系统实验。XES 02 实验被计划用来检查在被动陆缘地层上慢速和快速基准面旋回的影响。这是在区域尺度上探查和分析沉积物搬运过程完美的备选方案，并且能测试数值模型重现重要形态特征的能力，例如侵蚀不整合面、河谷下切和储层。XES 02 实验的参数只要使用简单相似的规则就能被放大并创建一个盆地尺度的被动陆缘。

XES 02 实验的高度、时间、坡度和沉积物浓度的值分别为 110mm，20h，35°和 30g/L（表 16.1）。比例参数被定义用来产生一个近似实例的理论被动陆缘环境。XES 02 的基准面旋回（时间约 20h，幅度=110mm）应该和极端冰川海平面旋回相似（时间约 20 万年，幅度=110m）。时间比大约是 $10^9$，高度比大约是 $10^3$。XES 02 坡角大约为 35°（或 700m），而传统认为的大陆边缘斜坡角只有几度（Adams 等，1998；Adams 和 Schlager，2000；O'Grady 等，2000；Kertznus 和 Kneller，2009；Covault 等，2011）。斜率比因此被定义为 0.1°，陆缘斜率为 4°，长度比为 $10^4$。长高比决定了粗沉积物的体积和供给，大约为 1820km³/Ma。

表 16.1 XES 02 实验的主要参数（据 Strong 和 Paola，2008）和应用在 Dionisos 与比例系数的高级参数

| 参数 | XES 02 实验 | Dionisos 模型 | 比例系数 |
| --- | --- | --- | --- |
| 短期海平面旋回持续时间 | 20h | 20ka | $t = 3.2 \times 10^8$ |
| 时间间隔 | 320h | 320ka | $t = 3.2 \times 10^8$ |
| 海平面旋回振幅 | 110mm | 110m | $h = 10^3$ |
| 边缘斜坡 | 35°（700m/km） | 4°（70m/km） | $h/l = 0.1$ |
| 河流斜坡 | 2°（35m/km） | 0.2°（3.5m/km） | $h/l = 0.1$ |
| 盆地长度 | 6m | 60km | $l = 10^4$ |
| 盆地面积 | 6×3 = 18m² | 1800km² | $l^2 = 10^8$ |
| 沉降 | 3.71mm/h | 3710m/Ma | $h/l = 3.2 \times 10^{-6}$ |
| 沉积物供应 | 0.303L/min | 1820km³/Ma | $hl^2/t = 320$ |
| 沉积物浓度 | 30g/L | 0.6g/L | $c = 0.02$ |
| 水供应 | 25L/min | 240m³/s | $hl^2/(ct) = 16000$ |

这个值符合现代小型河流的供给量，例如新西兰 Wanganui 河、加拿大的 Homathko 河和 Klinaklini 河（Syvitski 和 Milliman，2007）。这些河流的年平均沉积浓度为 0.5~0.7g/L，而 XES 02 中流动沉积物浓度则为 30g/L。把浓度比设置为 0.02，这能让水流量放大而变得更为清晰，为 240m³/s。

通过使用这些缩放参数可以建立一个被动陆缘模型，其特征参数被定为 60km、20ka、4°和 0.6g/L。模拟区域是一个长方形的盒子，尺寸为 60km×30km，空间分辨率为 300m。模拟的总持续时间为 300ka，数值时间步长为 5ka。初始地形是一个有 0.01m/km 缓坡的平坦地域 [图 16.1（A）]。沉降区由下游沉降和海平面旋回组成，和 XES 02 实验一样。海平面旋回（图 16.2）被划分为两个阶段：阶段 1 是一个平稳长周期旋回（持续时间 108ka）和一个平稳

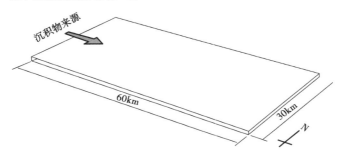

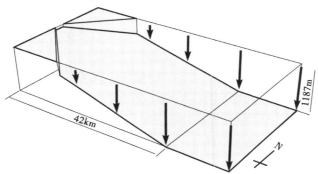

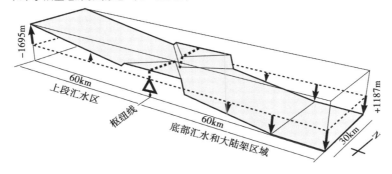

图 16.1　模型示意图

(A) 初始形态；(B) 被动边缘的最终形态模型（这些参数是由 XES 02 实验的参数确定的；
Strong 和 Paola，2008）；(C) 伸展源汇模式的最终模型

的短周期旋回（持续时间18ka），阶段2中则为叠加的长周期和短周期旋回。水流为240m³/s，沉积物供给为1820km³/Ma，这些物质通过西部边缘的物源点持续流入盆地［图16.1（A）］。

### 16.2.2 源汇模型

第二个模型被用来验证固定边界条件对水槽实验中水流沉降区域的影响，特别是水流结构的观察和对先前结果的分析。被动陆缘模型被延伸为一个60km以上长度的流域［图16.1（C）］。伸展盆地的初始形态是一个缓坡，沉降带［图16.1（C）］被规定由上段集水的隆起区、下段集水的沉降区、一个斜坡面和一个大陆棚区域组成。在枢纽线周围添加了两个三角形高地以迫使水汇聚到一个点上。伸展盆地的下游部分与初始被动大陆边缘相同。降雨量在整个陆地环境被设定为一个常数。在相当于初始被动大陆边缘模型的较低集水区，我们用不断摸索出的人工反演的值得出了近似的最终地貌和总沉积物体积（1820km³/Ma），恒定的降雨量为4000mm/a。

### 16.2.3 运移参数

两个实验的扩散参数都是由简单几何规则定义的，假设沉积物搬运受线性重力驱动、非线性水动力扩散规律（$m_w = 1.0$，$n = 1.5$）和河流平衡坡度的控制，粗颗粒的为 $S_{ep}$ 为 0.3m/km（约0.02°），细颗粒的为 0.1m/km（约0.006°）：

$$K_w = \frac{Q_{s,o}}{Q_{w,o}^n S_{eq}^{m_w}} \tag{16.3}$$

式中，$K_w$ 为估算扩散系数，m²/s；$Q_{s,o}$ 为沉积物流入量，m²/s；$Q_{w,o}$ 为无量纲的进水量；$S_{ep}$ 为平衡坡度；$n$ 和 $m_w$ 为控制运移方程非线性规律的两个指数。

扩散系数是由这个几何规则得出的，粗颗粒为400m²/a，细颗粒为1200m²/a。缓慢运移系数通常在 $10^{-4} \sim 10^{-2}$ m²/a 之间，而快速水流运移系数则在 $10^2 \sim 10^4$ 之间（Flemings 和 Jordan，1989；Avouac 和 Burov，1996）。因此估测的运移系数是在河流运移系数的较低范围内取值。

## 16.3 控制

水槽实验和数值实验之间的直接比较是相当复杂的，这是由实验中不确定性的放大和内在的混沌结果造成的。利用地形学和地层学的基本概念，我们用定量指标分析数值实验并测量水流散布和沉积物分布。

水流量是实验中最重要的参数，因为它控制着沉积物的运移。为了得到一个水流扩散的自动估计量，记录了穿过每个走向面的河道数量。为了让这个测量尽可能的简单，记录了穿过每个走向面的最大水流量，并把一个河道定义为一个单元，它的局部水流超出最大水流量10%。在均匀水流的情况下，河道数量等于走向方向的总单元数，相反，在一个汇聚水流处，比如在下切河谷中，河道的数量非常少（接近为1）。

质心位置，也就是沉积中心位置（Martin 等，2009），常用于测量实验中的沉积物平面分布。这项工作对 Martin 等（2009）提出的定义做了一点改进，一个沉积层的沉积中心位置（$X$, $Y$）是在沉积过程中测量的而不是在模拟实验的最后测量。这就解释了沉积部分和侵蚀部分的空间分布：

$$H = \frac{1}{A} \iint_\Omega \frac{\partial h}{\partial t}(x, y) \mathrm{d}x \mathrm{d}y \delta t \tag{16.4}$$

$$X = \frac{1}{AH} \iint_\Omega x \frac{\partial h}{\partial t}(x, y) \mathrm{d}x \mathrm{d}y \delta t$$

$$Y = \frac{1}{AH} \iint_\Omega y \frac{\partial h}{\partial t}(x, y) \mathrm{d}x \mathrm{d}y \delta t$$

式中，$H$ 为沉积层的平均厚度，m；$(X, Y)$ 为质心位置，m；$A$ 为模拟区域，m²；$\Omega$ 为模拟范围；$\partial h/\partial t$ 为局部沉积速率，可以是正数（沉积物沉降）或负数（风化剥蚀），它是在沉积过程中测量出的；$\delta t$ 为沉积层的持续时间。

## 16.4 结果

### 16.4.1 被动陆缘模型

第一个数值模拟实验用来模拟被动陆缘的演化。几何图形的模拟和地层的模拟与水槽实验的结果相当吻合（图 16.2）。数值模型再现了 XES 02 实验大规模的体系结构。

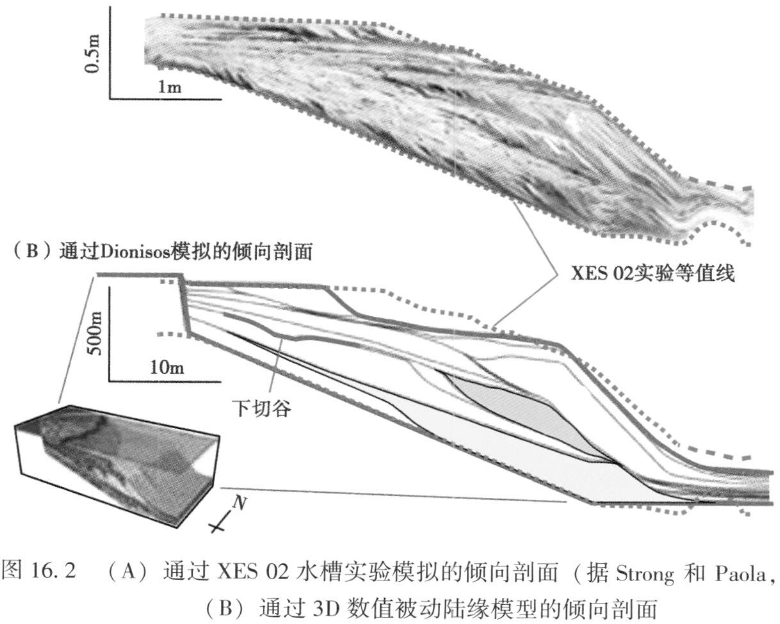

图 16.2　（A）通过 XES 02 水槽实验模拟的倾向剖面（据 Strong 和 Paola，2008）；（B）通过 3D 数值被动陆缘模型的倾向剖面

首先，在缓慢旋回中产生巨大的沉积单元 1（图 16.2 中单元 1）。之后，产生具有侵蚀表面的较小的单元 2（图 16.2 中单元 2），并在单元 1 上发生顶超截断和陡坡下超。混合复杂的第 3 单元由近似于第 2 单元的一系列小单元组成（图 16.2 中单元 3）。更多的细节显示，在最初的稳定阶段中 [0~26ka，图 16.3（A）-1]，尽管所有的参数都是常数而且沉降率高于沉积物供给，但还是记录到了一个沉积系统长期的进积作用。最初的进积作用和泛滥冲积平原、数条河道 [图 16.3（A）-1] 以及海岸线与沉积中心快速下沉的特征相吻合

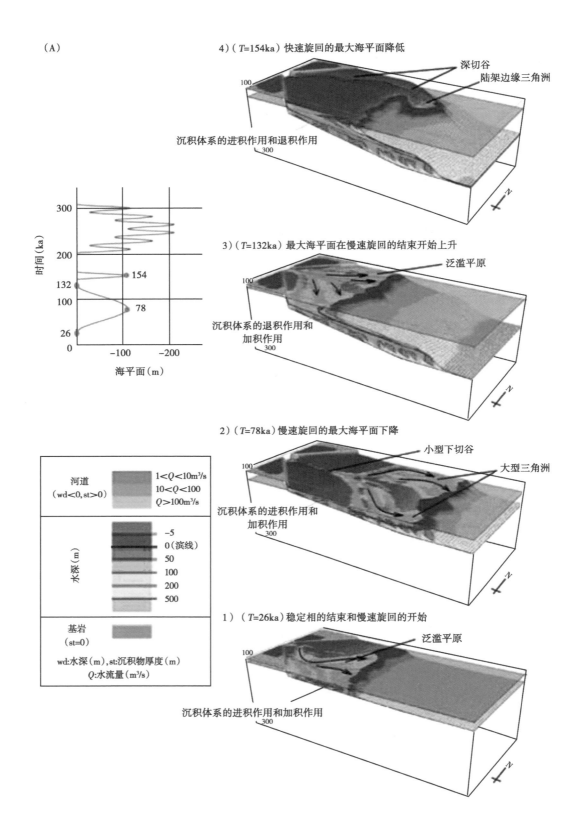

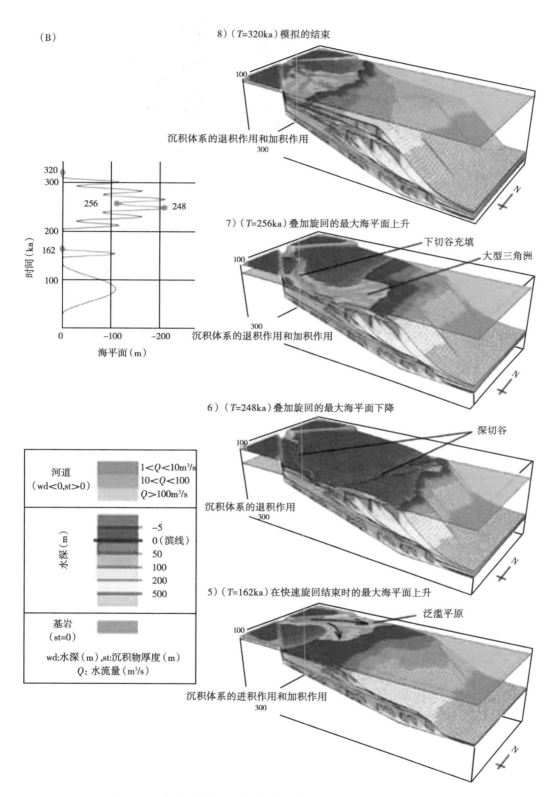

图 16.3 被动边缘模式下与海平面旋回对应的沉积环境演化分析

（图 16.4，0~26ka）。在这个短暂阶段沉积系统逐渐趋于平衡。在慢速海平面旋回中［26~78ka，图 16.3（A）-2］，盆地西部的沉积物沉降面比海平面下降面低，沉降减少并且发育一个小的下切河谷，由于下降速率不够快所以不足以在同一地点维持河道，而且在小型下切河谷发育出数条河道（图 16.4）。尽管沉降和供给速率几乎恒定，但旋回中仍然有河道切口、沉积充填和风化剥蚀的特征。相反，在盆地西边，沉积量比海平面下降量要高。河道消失于下游大型三角洲。这种正常的海退现象正是西部发育的广泛性复合式的侵蚀面和东部边缘沉积和进积作用的特征。海岸线和沉积中心以相同的速度或多或少向东移动了一段距离（图 16.4）。这种海退是随沉积体系的后退再沉积产生的，是泛滥冲积平原的特征［78~144ka；图 16.3（A）-3），图 16.4］。河流上超在平伏河流地层的现象可以在沿倾向剖面［图 16.5（A）］以及沉积中心和海岸线位置的统计数据中被观测到。在海退过程中，沉积中心向后移向盆地西侧并且位于距离海岸线 20~30km 的上游。

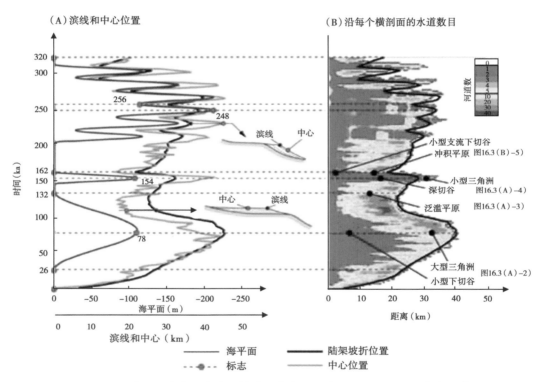

图 16.4 （A）海平面变化和滨线及被动边缘中心迁移的对比；（B）沿着大量模型的每个走向剖面各个时期水道数目的分析

在快速海平面旋回周期中［132~154ka；图 16.3（A）-4］；图 16.4］，在所有地方海平面下降速度都比沉降速度要快。在西部，海平面下降速度非常快以至于供水河道被强制切断而不得不留在原地。产生了一个很深的下切河谷并且在下坡发育一个小型叶状陆架边缘三角洲［图 16.3（A）-4］。增生引发的强制性海退特征体现在东部主要的陆上不整合面，西部的顶超截断以及下超到早期最大洪泛面的陡海洋前积［图 16.5（B）-2］。现在沉积中心移动得非常快并且位于距离海岸线 50km 的下游（图 16.4）。强迫海退伴随快速洪泛和沉积体系的海进而产生［图 16.3（B）-5］，其特点是深切河谷被逐步后退的地形单元和陆地接触面的上超充填［图 16.5（C）］。在第二阶段中（200~320ka），在慢速叠覆和快速海平面旋回作用下，记录到了相同的沉积体系演化，并且海平面下降时的深切河谷在海平面上升时被填满［图 16.3（B）-7）］，图 16.3（B）-8）］。

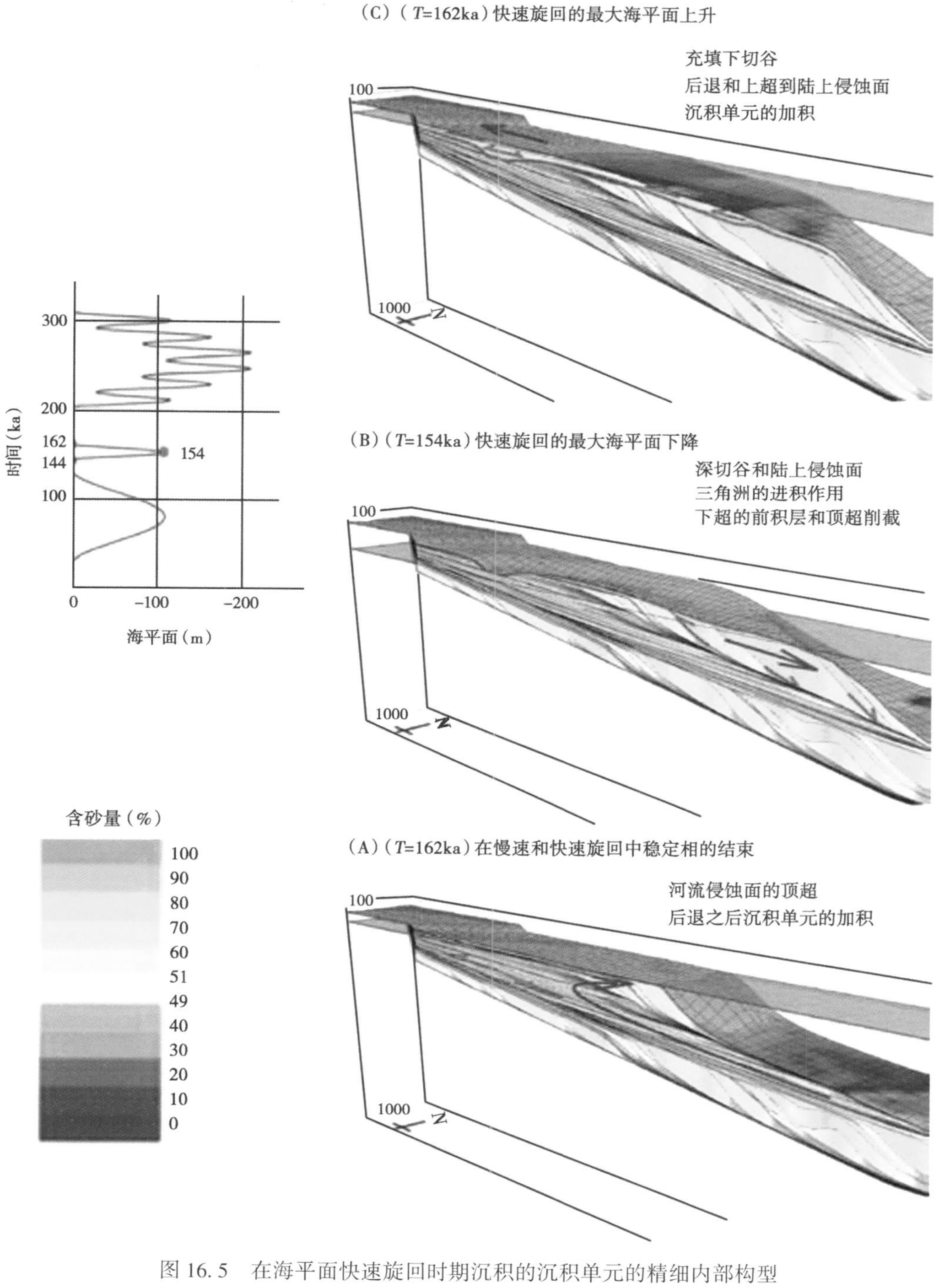

(C)（T=162ka）快速旋回的最大海平面上升
充填下切谷
后退和上超到陆上侵蚀面
沉积单元的加积
100
1000
N
300
200
162
154
144
100
时间(ka)
0
-100
-200
海平面(m)
(B)（T=154ka）快速旋回的最大海平面下降
深切谷和陆上侵蚀面
三角洲的进积作用
下超的前积层和顶超削截
100
1000
N
含砂量(%)
100
90
80
70
60
51
49
40
30
20
10
0
(A)（T=162ka）在慢速和快速旋回中稳定相的结束
河流侵蚀面的顶超
后退之后沉积单元的加积
100
1000
N


图 16.5 在海平面快速旋回时期沉积的沉积单元的精细内部构型

### 16.4.2 源汇模型

第二个数值模拟用来模拟完整的源汇系统演化，它包括一个隆起的排水区和一个被动陆缘，并被两个高地隔开。源汇模型的演化和被动陆缘模型的演化很相似（图16.6，图16.7）。水道网络在上游逐步发育了两个高地的同时，也在海平面缓慢下降的稳定期发育一个进积的冲积平原和河床抬升的河流下游。海平面缓慢上升期间产生了一个先退积后进积的大型冲积平原，随后发生海退。在海平面快速下降期间，逐渐成熟的河道网络发育了一个深切河谷并且在海平面快速升高期间又有一个大型冲积平原发生后退和河床抬升。在第二阶段（200~320ka），在慢速叠加和快速海平面旋回作用下，河谷在海平面下降期间发生深切并且在海平面上升至两个高地高度期间又被填满并最终处于排水系统。

## 16.5 讨论

### 16.5.1 自然演化与水槽实验

这次研究探讨了非线性扩散方程在模拟区域范围内沉积物运移时的使用。利用水槽实验的数据建立了一个被动陆缘模型和一个源汇模型。关于地层学和地形学实验实用性和泛用性的争论仍然很多，尽管这些实验看起来不能代表一个真实的区域系统并且所有参数的缩放也都是不可能的（Peakall等，1996；Paola等，2009）。类似的水槽模型都存在众所周知的缩放问题，诸如所有的无量纲参数，就像通常在空气动力学和流体模型中弗罗德数和谢尔德数不能同时使用一样（Peakall等，1996；Paola，2000；Postma等，2008；Martin等，2009）。而传统全尺寸模型则因限制极大而不能用于地貌学和地层学，Hooke（1968）提出要注重过程的相似性而不是真实完整的动态相似性。一个地貌实验应该被当作是一个自然系统而不仅仅是一个小型模型。在过去的10年中水槽实验一直被使用，以用来理解自然系统演化性质并且已经被证明可以产生和自然系统一致的地层响应，这将开启一个新的方法来修正地层正演模型（Whipple等，1998；Heller等，2001；Muto和Steel，2001；Van Heijst等，2001a，b；Strong和Paola，2008；Postma等，2008；Van den Berg van Saparoea和Postma，2008；Martin等，2009；VanDijk等，2009；Martin等，2010）。水槽实验建立的被动陆缘模型和源汇模型是极端情况下的模型。尤其是海平面旋回（在20ka中增加了110m）对应于真正的极端冰期旋回。虽然它们在真实世界的体系中并不常见，但是这些极端数值对地层学结构中沉积物运移作用的凸显是有益的，在水槽实验和数值模拟实验中也是如此。

### 16.5.2 线性河流运移与非线性河流运移

数值模型提供了一个理想的方法去检测地层情况和地层参数之间关于运移规律和因果关系的猜想。线性重力驱动运移的应用和非线性水动力扩散模型都显示了模拟结果和水槽实验结果的一致性。模型不仅再现了大范围尺度下水槽实验的演化，而且将复杂的地层细节也成功模拟了：包括缓慢长期海平面下降期间产生的广泛混杂的侵蚀面和快速短期海平面下降期间产生的窄而深的下切河谷。为了控制非线性带来的影响，两个模拟都用了非线性水动力和重力驱动运移方程［图16.8（B）］并且使用了经典线性重力驱动扩散方程［图16.8（C）］。

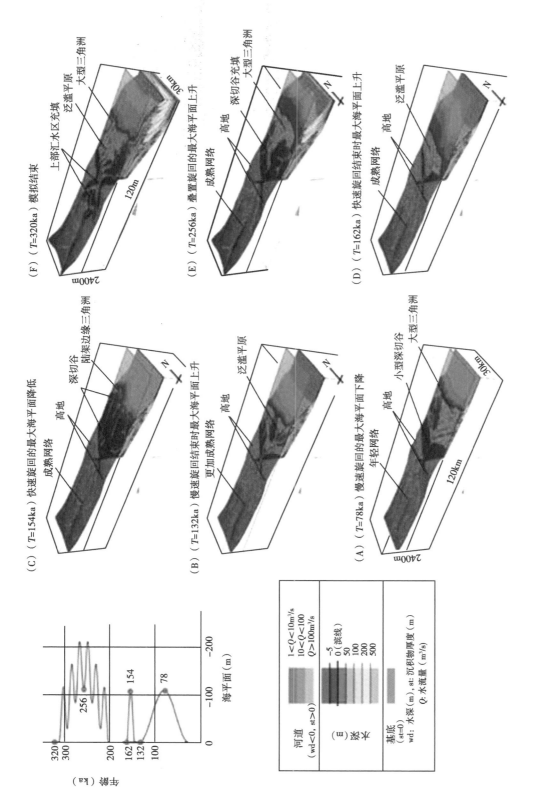

图 16.6 源汇模式中与海平面旋回对应的沉积环境演化分析

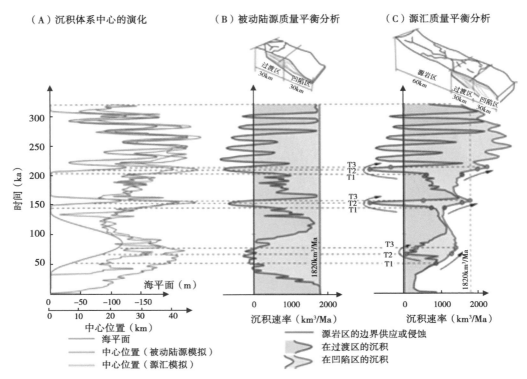

图 16.7　（A）被动边缘模型与源汇模型中海平面变化以及沉积中心迁移的对比；（B）被动边缘模型中沉积和剥蚀速率分析；（C）源汇模型中沉积和剥蚀速率分析

在每次模拟中运移系数都在修改以获得近似的河流坡度（表 16.2）。海洋环境中的沉积物运移模拟使用了相同的数据：所有静态休止角以上的沉积物颗粒都顺斜坡向下运移直到沉积坡角低于动态休止角为止。

三个模拟被动陆缘盆地尺度上的演化是非常相似的，在总沉积物容量分布和砂（粉砂）分布方面也是如此（图 16.8）。这种大范围结构是受海洋环境沉积物搬运控制的，它在河流系统的输出点表现的如同真空吸尘器一般。大范围的内部地层结构也非常相似，受极端海平面旋回控制的三个主要沉积单元在每次模拟中都被重现。首先，在缓慢旋回中产生一个沉积单元 1（图 16.2 单元 1）。随后一个小的沉积单元 2 产生侵蚀面并快速下超到单元 1（图 16.2 单元 2），混合复杂的单元 3 则是由一系列近似于单元 2 的小型单元组成（图 16.2 单元 3）。

尽管这三个模拟在大尺度上是相似的，但是地层内部结构的细节却非常不同。典型重力驱动扩散运移方程假定了沉积物运移仅仅受到局部斜坡控制。在每次海平面下降期间，重力驱动扩散引起了从源点斜坡到平行于海岸线的广泛地表侵蚀［图 16.8（C）］。水动力扩散方程假定了一个局部斜坡和一个局部水流区运移沉积物，只要在模拟域中创造一个河谷，局部水流就会立刻聚集到这个河谷中。由于沉积物运移量与排水量成线性关系，运移率沿河谷增加的同时在河谷两岸则几乎没有运移。在海平面下降期间水流的汇聚变得更易受影响。每次海平面下降都会引起河流基准面的下降。排水网络无法脱离河谷控制，而且形成了一个窄而浅的下切河谷［图 16.8（B）］。

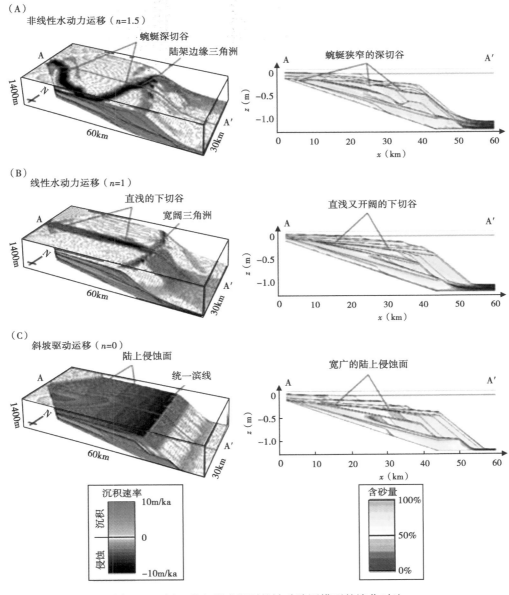

图 16.8 用三种方程式得到的被动陆源模型的演化对比

(A) 非线性水动力运移扩散方程（非线性指数 $n=1.5$）；(B) 线性水动力运移扩散方程（$n=1$）；
(C) 一个简单的斜坡驱动运移扩散方程（$n=0$）

表 16.2 应用于非线性水动力模型[图 16.8（A）]、线性水动力模型[图 16.8（B）]
和斜坡驱动模型[图 16.8（C）] 的运移系数

|  | 非线性水动力运移 | 线性水动力运移 | 斜坡驱动运移 |
|---|---|---|---|
| $n$ | 1.5 | 1.0 | 0 |
| 运移方程式 | $Q_{sm}=K_w\overline{Q}_w^{1.5}S$ | $Q_{sw}=K_w\overline{Q}_wS$ | $Q_{sw}=K_wS$ |
| $K_{sand}$（m²/a） | 400 | 1100 | 9000 |
| $K_{silt}$（m²/a） | 1200 | 3300 | 27000 |

由于运移方程是线性的而且模拟域是均衡的，使得下切河谷成直线而且发育广泛对称的三角洲。非线性水动力扩散方程也有类似的表现，但也有因非线性而表现出的突变现象。盆地尺度上的水流结构对沉积物搬运有主要影响。在模拟域中河道交汇的地方，水流量增加并导致局部侵蚀以满足沉积物搬运量的增加。相反，在分叉或分流的地方水流量减少导致快速沉降，并导致运移量的减小。有一个应该被注意的地方就是在数值模型中没有离散或汇合准则，这种混乱产生于水流轨迹和非线性方程本身。它在极端的海平面下降期间被放大，比如快速旋回期间［图16.3（A）-4）、图16.5和图16.6］：水流汇聚于单个曲折的河道上，这个河道对先前沉积的沉积单元产生深切。

这次线性和非线性水动力运移方程的比较表明三个沉积物搬运方程在沿二维剖面的测试中得到了相似的结果。而这些方程计算出的详细河流结构是完全不同的，特别是水流结构。这些模拟有一个特点即沿着走向有整齐平行的海岸线，没有任何三角洲［斜坡运移；图16.6（C）］，包括直而浅的河道发育的泛三角洲［线性水动力运移；图16.6（B）］和蜿蜒狭窄又深切的河道发育的小型陆缘三角洲［非线性水动力运移；图16.6（A）］。线性重力驱动和非线性水动力扩散驱动使现实中的水流演化成曲折的河道。但是要想对现实世界体系做更多的研究仍需要校正所有的运移参数，例如指数或扩散系数。

### 16.5.3 被动陆缘模型与源汇模型

以上关于非线性水动力运移方程的分析主要集中于下部沉降区的被动陆缘模型。最近已经确认这些区域并非是独立的，而是整个源汇系统的一部分（Martinsen 和 Helland-Hansen，2009；Somme 等，2009b；Martinsen 等，2010）。第二次在源汇尺度上模拟演示可以得知排水区的重要性，正是它们发育了被动陆缘。源汇模型（图16.6）沉积体系的演化和被动陆缘模型的演化十分相似，如沉积中心的演化所示［图16.8（A）］。

在模拟刚开始观测到一个长期的过渡阶段（0~80ka）。在这一阶段，上游集水区逐步从未成熟区演化为成熟区。为了更好地研究沉积物的分布，计算了源区的总体侵蚀度和过渡区的沉降率，这些侵蚀度和沉降率与被动陆缘的边界条件进行比较（1820km$^3$/Ma）。第一阶段侵蚀度和沉降率的演化在两次模拟中非常相似而且酷似海平面旋回。

源汇模型的演化远比被动陆缘模型的演化复杂。特别是每次海平面下降都有两个阶段［图16.8（C）］。在第一阶段（T1—T2），海平面迅速下降至河流基准面，这引起了源区侵蚀率的增加。在过渡区，当海平面下降变慢时则引起了沉降率的下降，而当海平面下降很快时这里则成为主要侵蚀区。在第二阶段（T2—T3），海平面继续以一个比第一阶段低的速度下降到一个最小值。集水区的侵蚀率继续增加，而在过渡区侵蚀度则下降很大甚至重新开始沉降。这些源汇系统的结果说明了要对整个沉积体系进行模拟的重要性。连续的边界条件掩盖了沿排水区侵蚀度高频率的变化，沉积物因此流入到沉降区。

这些模拟也解释了侵蚀面的历史，正如在水槽实验中注意到的（Strong 和 Paola，2008）。虽然这些结果都是很有远见的，但是是在极值参数条件下得到的，比如海平面旋回和降雨量。需要对现实世界体系做更多的研究以校正侵蚀和运移参数并定量描述集水区、河流、陆架和汇集区相对海平面的演化，还有气候和大地构造。

## 16.6 结论

现在已经证明一个三维地层正演模型可以成功再现被动陆缘的演化,不管是区域尺度的还是源汇尺度的。整体水流的几何性质和地层结构与数值实验结果是近似的。详细的内部结构由于自然系统的混乱性和数值模型的非线性响应而无法直接比较,但统计特性,比如海岸线和沉积中心的演化却是一致的。它还正确重现了受海平面控制的单元,在慢速海平面旋回期间呈现出一个很厚的第一沉积单元,这个单元有河流系统中的主要进积作用和加积作用,还有一个小而浅的下切河谷。在快速海平面旋回期间一个小型的第二沉积单元则呈现出了陆上侵蚀面和蜿蜒狭窄深切的河谷,并第一单元之上发生顶超截断和高角度下超。最终由一系列近似于第二单元的小单元组合成一个混合而复杂的第三单元。

三维数值模型使用了线性重力驱动方程和非线性水动力扩散方程来模拟沉积物运移。一个简单的重力驱动扩散方程引导出没有河流和三角洲的非常平滑的地貌。线性水动力运移方程则创造出更多的复杂地貌。只有非线性水动力扩散方程能够重现真实的拥有蜿蜒河道和下切河谷的水流结构,而且不使用任何明确的规则去控制河流的分流和汇流。

最后,已经证明非线性水动力扩散方程可以应用于被动陆缘范围和整个源汇系统范围。不仅源汇模型的结果和局部被动陆缘模型的结果是相似的,而且对海平面变化衍生的集水区和河流区的演化也有新的见解。特别是侵蚀和沉降过程的详细时间,而且侵蚀面的历史也可以在一个区域尺度范围内研究。

这次研究说明了在从源头开始,至少从河流系统或陆架开始至沉积区的区域范围内模拟沉积物搬运系统可以得到对沉积体系更好的了解。数值模型也可以作为科学工具去定量解释地层参数之间的相互作用,或作为产业指南来降低勘探和储层风险评估中的不确定性(Roure 等,2009)。需要更多关于现实世界体系的研究来校准运移参数并探讨在陆架和深水浊流系统中非线性水流规律产生的结果。

**致谢**

衷心感谢 Dionisos 团队(Chevron, ConocoPhillips, ENI-Agip, ExxonMobil, GdF-Suez, Petrobras, Respol, Shell, Statoil 和 Total),还要感谢 Cornel Olariu 和 Rory Dalman 提出宝贵的意见。

### 参 考 文 献

Adams, E. W. and Schlager, W. (2000) Basic types of submarine slope curvatures. *J. Sed. Res.*, 70, 814-828.

Adams, E. W., Schlager, W. and Wattel, E. (1998) Submarine slopes with an exponential curvatures. *Sed. Geol.*, 117, 135-141.

Alzaga-Ruiz, H., Granjeon, D., Lopez, M., Seranne, M. and Roure, F. (2009) Gravitational collapse and Neogene sediment transfer across the western margin of the Gulf of Mexico: Insights from numerical models. *Tectonophysics*, 470, 1-2, 21-41.

Avouac, J. P. and Burov, E. B. (1996) Erosion as a driving mechanism of intracontinental mountain growth. *J. Geophys. Res.*, 101, 17747-17769.

Begin, Z. B. (1988) Application of a diffusion-erosion model to alluvial channels which degrade due to base-level lowering. *Earth Surf. Proc. Land.*, 13, 487–500.

Begin, Z. B. (1993) Application of quantitative morphologic dating to paleo-seismicity of the northwestern Negev, Israël. *Isr. J. Earth Sci.*, 41, 95–103.

Begin, Z. B., Meyer, D. F. and Schumm, S. A. (1981) Development of longitudinal profiles of alluvial channels in response to base-level lowering. *Earth Surf. Proc. Land.*, 6, 49–68.

Burgess, P. M. and Steel, R. (2008) Stratigraphic forward modelling of basin margin clinoform systems: Implications for controls on topset and shelf width and timing of formation of shelf-edge delta. *SEPM Spec. Publ.*, 90, 35–45.

Burgess, P. M., Lammers, H., Van Oosterhout, C. and Granjeon, D. (2006) Multivariate sequence stratigraphy: tackling complexity and uncertainty with stratigraphic forward modelling, multiple scenarios and conditional frequency maps. *AAPG Bull.*, 90, 1883–1901.

Carretier, S. and Lucazeau, F. (2005) How does alluvial sedimentation at range fronts modify the erosional dynamics of mountain catchments? *Basin Res.*, 17, 361–381.

Carson, M. A. and Kirkby, M. J. (1972) Hillslope form and process. Cambridge Univ. Press, 475 p.

Catuneanu, O., Abreu, V., Bhattacharya, J. P., Blum, M. D., Dalrymple, R. W., Eriksson, P. G., Fielding, C. R., Fisher, W. L., Galloway, W. E., Gibling, M. R., Giles, K. A., Holbrook, J. M., Jordan, R., Kendall, C. G. St. C., Macurda, B., Martinsen, O. J., Miall, A. D., Neal, J. E., Nummedal, D., Pomar, L., Posamentier, H. W., Pratt, B. R., Sarg, J. F., Shanley, K. W., Steel, R. J., Strasser, A., Tucker, M. E. and Winker, C. (2009) Towards the standardization of sequence stratigraphy. *Earth-Sci. Rev.*, 92, 1–33.

Chalaron, E., Mugnier, J. L., Sassi, W. and Mascle, G. (1996) Tectonics, erosion and sedimentation in an overthrust system: a numerical model. *Comput. Geosci.*, 22, 2, 117–138.

Clevis, Q., De Boer, P. L. and Wachter. M. (2003) Numerical modelling of drainage basin evolution and threedimensional alluvial fan stratigraphy. *Sed. Geol.*, 163, 85–110.

Colman, S. M. and Watson, K. (1983) Ages estimated from a diffusion equation model for scarp degradation. *Science*, 22, 263, 265.

Coulthard, T. J. (2001) Landscape evolution models: a software review. *Hydrol. Process.*, 15, 165–173.

Coulthard, T. J., Kirkby, M. J. and Macklin, M. (1996) A cellular automaton fluvial and slope model of landscape evolution. In: *The first International Conference on GeoComputation*. University of Leeds, 168–185.

Covault, J. A., Fildani, A., Romans, B. W. and McHargue, T. (2011) The natural range of submarine canyon- and channel longitudinal profiles. *Geosphere*, 7, 2, 313–332.

Cross, T. A. and Harbaugh, J. W. (1989) Quantitative dynamic stratigraphy: A workshop, a philosophy, a methodology. In: *Quantitative Dynamic Stratigraphy* (Ed. T. A. Cross), pp 3–20. Prentice-Hall, Englewood Cliffs, NJ.

Csato, I., Granjeon, D., Catuneanu, O. and Baum, G. R. (2012) A three-dimensional stratigraphic model for the Messinian crisis in the Pannonian Basin, eastern Hungary. *Basin Res.*, 0, 1–18, doi: 10.1111/j.1365-2117.2012.00553.x

Culling, W. E. H. (1960) Analytical theory of erosion. *J. Geol.*, 68, 3, 336–344.

Dalman, R. A. F. and Weltje, G. J. (2008) Sub–grid parameterisation of fluvio–deltaic 368 processes and architecture in a basin–scale stratigraphic model. *Comput. Geosci.*, 34, 1370–1380.

Dalman, R. A. F. and Weltje, G. J. (2012) SimClast: an aggregated forward stratigraphic model of continental shelves. *Comput. Geosci.*, 38, 115–126.

Davy, P. and Crave, A. (2000) Upscaling local-scale transport processes in large-scale relief dynamics. *Phys. Chem. Earth (A)*, 25, 6-7, 533–541.

Eymard, R., Gallouet, T., Granjeon, D., Masson, R. and Tran, Q. H. (2004) Multi-lithology stratigraphic model under maximum erosion rate constraint. *Int. J. Numer. Methods Ingrg.*, 60, 527–548.

Flemings, P. B. and Grotzinger, J. P. (1996) STRATA: Freeware for Solving Classic Stratigraphic Problems. *GSA Today*, v. 6, no. 12, pp. 1–7.

Flemings, P. B. and Jordan, T. E. (1989) A synthetic stratigraphic model of foreland basin development. *J. Geophys. Res.*, 94, B4, 3851–3866.

Freeman, T. G. (1991) Calculating catchment area with divergent flow based on a regular grid. *Comput. Geosci.*, 17, 3, 413–422.

Gervais, V. (2004) Etude et simulation d'un modele stratigraphique multi-lithologique sous contrainte de taux d'erosion maximal, These de doctorat, Universite de Marne-la-Vallee.

Gervais, V. and Masson, R. (2004) *Mathematical and Numerical Analysis of a Stratigraphic Model*. M2AN 38, 4, 585–611.

Gessler, L. (1971) Critical shear stress for sediment mixtures. In: *Proceedings International Association for Hydraulic Research Congress, Changes in alluvial beds composed of non-uniform material*, 3, 1–8.

Granjeon, D. (1997) Modelisation stratigraphique deterministe: conception et applications d'un modele diffusif 3D multilithologique, These de Doctorat. Universite de Rennes 1.

Granjeon, D. and Joseph, P. (1999) Concepts and applications of a 3-D multiple lithology, diffusive model in stratigraphic modelling. In: *Numerical Experiments in Stratigraphy: Recent Advances in Stratigraphic and Sedimentologic Computer Simulations* (Eds J. W. Harbaugh, W. L. Watney, E. C. Rankey, R. Slingerland, R. H. Goldstein and E. K. Franseen), *SEPM Spec. Publ.*, 470, 62, 197–210.

Granjeon, D., Joseph, P., Assier-Rzadkiewicz, S., Bassant, P., Brieuc, O., Hugot, A. and Moreira, J. L. P. (1999) Application of 3D fluvial and turbiditic sediment transport laws in stratigraphic modelling of siliciclastic and carbonate formations. In: *Proceedings of the 5th Annual Conference of the International Association for Mathematical Geology* (Eds S. J. Lippard, A. Naess and R. Sinding-Larsen), Trondheim, 515–520.

Green, T. (1987) The importance of double diffusion to the settling of suspended material. *Sedimentology*, 34, 319–331.

Griffiths, C. M., Dyt, C., Paraschivoiu, E. and Liu, K. (2001) Sedsim in hydrocarbon exploration. In: *Geologic Modelling and Simulation* (Eds D. Merriam and J. C. Davis), pp 71–97.

Kluwer Academic, New York.

Hanks, T. C., Bucknam, R. C, Lajoie, K. R. and Wallace, R. E. (1984) Modification of wave cut and faulting controlled landforms. *J. Geophys. Res*, 89, 7, 5771–5790.

Harbaugh, J. W. and Bonham-Carter, G. (1970) Computer Simulation in Geology: Wiley-Interscience, New York, 575 pp.

Helland-Hansen, W. (2009) Towards the standardization of sequence stratigraphy. *Earth – Sci. Rev.*, 94, 1–4, 95–7.

Helland-Hansen, W. and Martinsen, O. J. (1996) Shoreline trajectories and sequences: a description of variable depositional-dip scenarios. *J. Sed. Res.*, 66, 4, 670–688.

Heller, P. L., Paola, C., Hwang, I.-G., John, B. and Steel, R. J. (2001) Geomorphology and sequence stratigraphy due to slow and rapid base-level changes in an experimental subsiding basin, XES 96-1. *AAPG Bull.*, 85, 5, 817–838.

Hirano, M. (1975) Simulation of development process of interfluvial slopes with reference to graded form. *J. Geol.*, 83, 113–123.

Hooke, R. L. (1968) Model geology: prototype and laboratory streams: discussion. *Geol. Soc. Amer. Bull.*, 79, 391–394.

Hutton, E. W. H. and Syvitski, J. P. M. (2008) Sedflux 2.0: an advanced process-rsponse model that generates threedimensional stratigraphy. *Comput. Geosci.*, 34, 10, 1319–1337.

Jordan, T. E. and Flemings, P. B. (1991) Large-scale architecture, eustatic variation and unsteady tectonism: a theoretical evaluation. *J. Geophys. Res.*, 96, B4, 6681–6699.

Kenyon, P. M. and Turcotte, D. L. (1985) Morphology of a delta prograding by bulk sediment transport. *Geol. Soc. Am. Bull.*, 96, 1457–1465.

Kertznus, V. and Kneller, B. (2009) Clinoform quantification for assessing the effects of external forcing on continental margin development. *Basin Res.*, 21, 5, 738–758.

Ku Shafie K. R., and Madon, M. (2008) A review of stratigraphic simulation techniques and their applications in sequence stratigraphy and basin analysis. *Bulletin of the Geological Society of Malaysia*, 54, 81–89.

Martin, J., Paola, C., Abreu, V., Neal, B. and Sheets, B. (2009) Sequence stratigraphy of experimental strata under known conditions of differential subsidence and variable base level. *AAPG Bull.*, 93, 4, 503–533.

Martin, J. L., Abreu, V., Neal, J. E. and Pratson, L. (2010) Sequence stratigraphy of siliciclastic systems – the ExxonMobil methodology. In: *SEPM Concepts in Sedimentology and Paleontology* (Eds V. Abreu, J. E. Neak, K. M. Bohacs and J. L. Kalbas), 9, 199–208.

Martinez, P. A. and Harbaugh, J. W. (1993) *Simulating Nearshore Environments*. Pergamon, New York, 265 p.

Martinsen, O. J. and Helland-Hansen, W. (2009) Source-to-Sink: Principles, Methods and Applications. *AAPG Annual Convention & Exhibition, Abstracts.*, p. 138.

Martinsen, O. J, Somme, T. O., Thurmond, J. B., Helland-Hansen, W. and Lunt, I. (2010) Source-to-sink systems on passive margins: theory and practice with an example from the Norwegian continental margin. In: *Petroleum Geology: From Mature Basins to New Frontiers-Pro-*

*ceedings of the 7th Petroleum Geology Conference* (Eds B. A. Vining and S. C. Pickering), GSL, 1244 pp.

Meijer, X. D. (2002) Modelling the drainage evolution of a river-shelf system forced by Quaternary glacio-eustasy. *Basin Res.*, 14, 361-377.

Meijer, X. D., Postma, G., Burrough, P. A. and de Boer, P. L. (2008) Modelling the preservation of sedimentary deposits on passive continental margins during glacial-interglacial cycles. In: *Analogue and numerical forward modelling of sedimentary systems; from understanding to prediction* (Eds P. L. de Boer, G. Postma, C. J. van der Zwan, P. M. Burgess and P. Kukla), *Int. Assoc. Sedimentol. Spec. Publ.*, 40, 223-238.

Merriam, D. F. (1972) *Mathematical Models of Sedimentary Processes; an international symposium*. Plenum Publ., New York, 271 p.

Miller, J., Sun, T., Li, H., Stewart, J., Genty, C., Dachang, L. and Lyttle, C. (2008) Direct Modeling of Reservoirs Through Forward Process-Based Models: Can We Get There? DOI 10.2523/12729-MS.

Moretti, I. and Turcotte, D. L. (1985) A model for erosion, sedimentation and flexure with application to New Caledonia. *J. Geodynamics*, 3, 155-168.

Murray, A. B. and Paola, C. (1994) A cellular model of braided rivers. *Nature*, 371, 54-57.

Murray, A. B. and Paola, C. (1997) Properties of a cellular braided stream model. *Earth Surf. Proc. Land.*, 22, 1001-1025.

Muto, T. and Steel, R. J. (2001) Autostepping during the transgressive growth of deltas: Results from flume experiments: *Geology*, 29, 771-774.

Muto, T. and Steel, R. J. (2004) Autogenic response of fluvial deltas to steady sea-level fall: Implications from flumetank experiments. *Geology*, 32, 401-404.

O'Grady, D., Syvitski, J. P. M., Pratson, L. F. and Sarg, J. F. (2000) Categorizing the morphologic variability of siliciclastic passive continental margins. *Geology*, 28, 207-210.

Paola, C. (2000) Quantitative models of sedimentary basin filling. *Sedimentology*, 47, suppl. 1, 121-178.

Paola, C., Heller, P. L. and Angevine, C. L. (1992) The largescale dynamics of grain-size variation in alluvial basins, 1: theory. *Basin Res.*, 4, 73-90.

Paola, C., Mullin, J. Ellis, C., Mohrig, D. C., Swenson, J. B., Parker, G., Hickson, T., Heller, P. L., Pratson, L., Syvitski, J., Sheets, B. and Strong, N. (2001) Experimental stratigraphy. *GSA Today*, 117, 4-9.

Paola, C., Straub, K., Mohrig, D. and Reinhard, L. (2009) The "unreasonable effectiveness" of stratigraphic and geomorphic experiments. *Earth-Sci. Rev.*, 97, 1-43.

Parker, G., Poala, C., Whipple, K. X. and Mohrig, D. (1998) Alluvial fans formed by channelized fluvial and sheet flow: I: theory. *J. Hydraul. Eng.*, 124, 10, 985-995.

Peakall, J., Ashworth, P. J. and Best, J. L. (1996) Physical modelling in fluvial geomorphology: principles, applications and unresolved issues. In: *The scientific nature of geomorphology* (Eds B. L. Rhoads and C. E. Thorn), *Proceedings of the 27$^{th}$ Binghamton Symposium on Geomorphology*, pp 221-254. John Wiley and Sons, Chichester.

Pelletier, J. D. , DeLong, S. B. , Al-Suwaidi, A. H. , Cline, M. , Lewis, Y. , Psillas, J. L. and Yanites, B. (2006) Evolution of the Bonneville shoreline scarp in west-central Utah: Comparison of scarp - analysis methods and implications for the diffusion model of hillslope evolution. *Geomorphology*, 74, 257-270.

Pizzuto, J. E. (1987) Sediment diffusion during overbank flows. *Sedimentology*, 34, 301-317.

Porebski, S. J. and Steel, R. J. (2003) Shelf-margin deltas: their stratigraphic significance and relation to deepwater sands. *Earth-Sci. Rev.*, 62, 283-326.

Postma, G. and Van den Berg van Saparoea, A. -P. (2007) Flume modelling of river-delta systems at geological relevant time scales: Templates for sea-level induced flux. In: *Analogue and numerical forward modelling of sedimentary systems; from understanding to prediction* (Eds P. L. de Boer, G. Postma, C. J. van der Zwan, P. M. Burgess and P. Kukla), *Int. Assoc. Sedimentol. Spec. Publ.*, 40, 191-206.

Postma, G. , Kleinhans, M. G. , Meijer, P. T. and Eggenhuisen, J. T. (2008) Sediment transport in analogue flume models compared with real-world sedimentary systems: a new look at scaling evolution of sedimentary systems in a flume. *Sedimentology*, 55, 1541-1557.

Rabineau, M. , Berne, S. , Aslanian, D. , Olivet, J. -L. , Joseph, P. , Guillocheau, F. , Bourillet, J. -F. , Ledrezen, E. and Granjeon, D. (2005) Sedimentary sequences in the Gulf of Lion: A record of 100, 000 years climatic cycles. *Mar. Petrol. Geol.*, 22, 775-804.

Rivenaes, J. C. (1988) Application of a dual-lithology, depth dependent diffusion equation in stratigraphic simulation. *Basin Res.*, 4, 133-146.

Roering, J. J. , Kirchner, J. W. and Dietrich, W. E. (1999) Evidence for nonlinear, diffusive sediment transport and implications for landscape morphology. *Water Resour. Res.*, 35, 853-870.

Roering, J. J. , Perron J. T. and Kirchner, J. W. (2007) Functional relationships between denudation and hillslope form and relief. *Earth Planet. Sci. Lett.*, 264, 245-258.

Roure, F. , Alzaga-Ruiz, H. , Callot, J. -P. , Ferket, H. , Granjeon, D. , Gonzalez-Mercado, G. E. , Guilhaumou, N. , Lopez, M. , Mougin, P. , Ortuno - Arzate, S. and Seranne, M. (2009) Long lasting interactions between tectonic loading, unroofing, post-rift thermal subsidence and sedimentary transfers along the western margin of the Gulf of Mexico: Some insights from integrated studies. *Tectonophysics*, 475, 169-189.

Schwarzacher, W. (1975) Sedimentation models and quantitative stratigraphy. *Developments in Sedimentology*, 19, Elsevier Scientific Publishing, New York. ISBN 0 444 41302 2.

Sinclair, H. D. , Coakley, B. J. , Allen, P. A. and Watts, A. B. (1991) Simulation of foreland basin stratigraphy using a diffusion model of mountain belt uplift and erosion: an example from the Central Alps, Switzerland. *Tectonics*, 10, 3, 599-620.

Slingerland, R. , Harbaugh, J. W. and Furlong, K. (1994) *Simulating Clastic Sedimentary Basins: Physical Principles and Computer Programs for Creating Dynamic Systems*. Prentice-Hall, Englewood Cliffs, 220 pp.

Somme, T. O. , Helland-Hansen, W. and Granjeon, D. (2009a) Impact of eustatic amplitude variations on shelf morphology, sediment dispersal and sequence stratigraphic interpretation:

Icehouse versus greenhouse systems. *Geology*, 37, 7, 587-590.

Somme, T. O., Helland-Hansen, W., Martinsen, O. J. and Thurmond, J. B. (2009b) Relationships between morphological and sedimentological parameters in sourceto-sink systems: a basis for predicting semi-quantitative characteristics in subsurface systems. *Basin Res.*, 21, 4, 361-387.

Storm, J. E. A. and Swift, D. J. P. (2003) Shallow-marine sequences as the building blocks of stratigraphy: insights from numerical modelling. *Basin Res.*, 15, 287-303.

Strong, N. and Paola, C. (2008) Valleys that never were: time surfaces versus stratigraphic surfaces. *J. Sed. Res.*, 78, 579-593.

Swift, D. J. P. and Thorne, J. A. (1991) Sedimentation on continental margin, I: a general model for shelf sedimentation. In: *Shelf sands and sandstone bodies* (Eds D. J. P. Swift, G. F. Oertel, R. W. Tilman and J. A. Thorne), *Int. Assoc. Sedimentol. Spec. Publ.* 14, 3-31.

Syvitski, J. P. M. and Milliman, J. D. (2007) Geology, geography and humans battle for dominance over the delivery of fluvial sediment to the coastal ocean. *J. Geol.*, 115, 1-19.

Tetzlaff, D. M. and Harbaugh, J. W. (1989) *Simulating Clastic Sedimentation*. Reinhold Van Nostrand, New York. 202 pp.

Tucker, G. E. (2004) Drainage basin sensitivity to tectonic and climatic forcing: implications of a stochastic model for the role of entrainment and erosion thresholds. *Earth Surf. Proc. Land.*, 29, 401-422.

Tucker, G. E. (2009) Natural experiments in landscape evolution. *Earth Surf. Proc. Land.*, 34, 1450-1460.

Tucker, G. E. and Hancock, G. R. (2010) Modelling landscape evolution. *Earth Surf. Proc. Land.*, 35, 28-50.

Tucker, G. E. and Slingerland, R. (1994) Erosional dynamics, flexural isostasy and long-lived escarpments: a numerical modelling study. *J. Geophys. Res.*, 10, 12, 229-243.

Uroza, C. A. and Steel, R. J. (2008) A highstand shelf-margin delta system from the Eocene of West Spitsbergen, Norway. *Sed. Geol.*, 203, 3-4, 229-245.

Van den Berg van Saparoea, A.-P. and Postma, G. (2008) Control of climate change on the yield of river systems. In: *Recent advances in models of siliciclastic shallow-marine stratigraphy* (Eds G. J. Hampson, R. J. Steel, P. M. Burgess and R. W. Dalrymple), *SEPM Spec. Publ.* 90, 15-33.

Van Dijk, M., Postma, G. and Kleinhans, M. G. (2009) Autocyclic behaviour of fan deltas: an analogue experimental study. *Sedimentology*, 56, 1569-1589.

Van Heijst, M. I. W. M., Postma, G., Meijer, X. D., Snow, J. N. and Anderson, J. A. (2001a) Analogue flume-model study of the Late Quaternary Colorado/Brazos shelf. *Basin Res.*, 13, 243-268.

Van Heijst, M. I. W. M. and Postma, G. (2001b) Fluvial response to sea-level changes: a quantitative analogue, experimental approach. *Basin Res.*, 13, 269-292.

Waltham, D. (1992) Mathematical modelling of sedimentary basin processes. *Mar. Petrol. Geol.*, 9, 265-273.

Whipple, K. X., Parker, G., Paola, C. and Mohrig, D. (1998) Channel dynamics, sediment transport and the slope of alluvial fans: experimental study. *J. Geol.*, 106, 677–693.

Willgoose, G. R., Bras, R. L. and Rodriguez-Iturbe (1991a) A physically based coupled network growth and hillslope evolution model, 1, theory. *Water Resour. Res.*, 27, 1671–1684.

Willgoose, G. R., Bras, R. L. and Rodriguez-Iturbe (1991b) A physically based coupled network growth and hillslope evolution model, 2, applications. *Water Resour. Res.*, 27, 1685–1696.

Willgoose, G., Bras, R. L. and Rodriguez-Iturbe, I. (1992) The relationship between catchment and hillslope properties: implications of a catchment evolution model. *Geomorphology*, 5, 1–2, 21–37.

Wright, L. D. and Nittrouer, C. A. (1995) Dispersal of river sediments in coastal seas: six contrasting cases. *Estuaries*, 18, 3, 494–508.

# 17 构造控制下北海中央地堑上侏罗统砂岩的沉积作用、侵蚀作用和再沉积作用

Jonathan P. Wonham　Ian Rodwell　Tore Lein-Mathisen
Michel Thomas　著
张天舒　译

**摘要**：北海盆地中央上侏罗统砂岩的分布受到三个构造机制的影响：（1）中央地堑同沉积裂谷系，形成了盆地，并产生了断块高地和盆内地堑；（2）Zechstein 盐岩（晚二叠世）的运动，盐岩局部巨厚；（3）地貌特征受三叠系迷你盐岩盆地在侏罗纪的变形作用控制。裂谷发育引发深层运动，在 Rotliegend 地层（二叠系）可见正断层。Zechstein 盐岩使断层运动与较新地层的变形过程解耦。由于单个或多个下盘的抬升、盐岩运动或者透镜体在下伏 Rotliegend 地层上着陆等影响，三叠纪或晚侏罗世的沉积物再次被侵蚀，并重新分配。研究发现上侏罗统 Fulmar 组砂岩中发育含骨针砂岩层，这套砂岩层是地层对比和标记侏罗系内部临滨砂岩侵蚀削截的重要依据。构造控制的高地的侵蚀作用可以引起早先沉积的临滨砂岩再次沉积。这种侵蚀作用的产物有时是再沉积的浊积岩，这些浊积岩在沉积到洼地之前，比如，主要断层的上盘，经过了短距离的搬运。在上侏罗统浅海砂岩中发育与构造机制密切相关的明显侵蚀面。这些侵蚀面可能不是盆地范围的层序界面，而是反映盆地演化动力学和地理变化的局部界面。前人提出晚侏罗世侵蚀谷的发育具有多个阶段，并形成了多个三级层序界面，而这种说法并没有沉积学上的证据。在盆地历史中不同时期发育的浊积砂岩是显而易见的，这些浊积砂岩与近源河流体系以及和侵蚀谷的关系还不明确。本文倾向于认为局部构造抬升和临滨侵蚀作用是侏罗纪及更老沉积物再分配的主要机制。

**关键词**：北海中央地堑；上侏罗统；构造；浊积岩；临滨；层序地层

在挪威北海南部探区和 Elgin—Franklin（Lasocki 等，1997；1999），如 Gyda 和 Ula 油气田（Stewart，1993），以及在英国北海中部探区的 Shearwater 和 Fulmar 油气田（Jeremiah 和 Nicholson，1999；Gilham 等，2005），上侏罗统砂岩是高产的好储集岩。这些油气田的油气储量具有重要的经济价值。比如，Elgin-Franklin 是世界上最大的高温、高压、高产气田，已经提供了高达 7% 的英国天然气需求量。

这些油气田中有几个位于北海中央地堑的高压、高温（HPHT）带上。这个区域的勘探历史已有三十年（Erratt 等，2005），并且已经测试到更深、更高温的勘探目标区，温度可达 200℃，压力超过 1100bar。这种地层条件意味着要付出巨大的勘探和开发成本来明确上侏罗统砂岩的沉积学特征和储层构型。这套砂岩广泛发育在中央地堑，并且具有不同的地层组命名，在英国探区被称为 Fulmar 组，而在挪威探区被称为 Ula 组。这套砂岩的分布范围从牛津阶到伏尔加阶（Volgian），并且覆盖在不断变化的地表露头之上，地表露头从中侏罗统含煤的河流沉积（英国探区的 Pentland 组，挪威探区的 Bryne 组）到三叠系陆地或湖泊沉积（Skagerrak 组和 Smith Bank 组）以及二叠系 Rotligend 群或 Zechstein 盐岩。这些变化是由海侵造成的，

海侵作用使露头逐渐覆盖在中侏罗统中 Cimmerian 期抬升后暴露的老地层之上。中 Cimmerian 期的抬升运动在北海三叉裂谷产生了区域性的热隆（Underhill 和 Partington，1993），并强烈影响了盆地接下来与裂谷相关的构造运动（Errat 等，1999）。在不整合面上更强烈的侵蚀作用发生在朝向隆起中央的地区。Davies 等（1999）基于横跨三叉裂谷的区域编图做了详细的研究，识别出中 Cimmerian 期阿林阶内部的不整合，也识别出卡洛夫阶（Callovian）内部的不整合和中牛津阶内部的不整合。卡洛夫阶内部的不整合发育在 Pentland 组和上覆 Heather 页岩之间或者同时期的 Fulmar 组中。

大体可以认为中北海上侏罗统砂岩是以下两种沉积类型的一种：（1）临滨沉积；（2）浊流沉积。识别这些不同的沉积类型所用到的标准稍后会做介绍。这两种类型的砂岩向海横向插入页岩中。局部发现滨岸平原含煤地层和潟湖相页岩，但通常少见。

在中北海盆地，上侏罗统临滨砂岩局部很厚（可达 300m 或以上），而浊积砂岩一般较薄，其总厚度很少超过 100m。由于复杂的下伏构造控制了可容空间和沉积相的发育，针对这两种砂岩类型，通常很难预测储层的分布、厚度和质量。这种控制作用有很多成因，并且会在后来的沉积过程中被扩大。由于储层厚度也可以反映层内或者沉积后间断，而在大部分区域，砂岩的厚度在 4~5km 之间，因此，如果地震分辨率较差，很难在地震剖面上识别沉积间断。

本文有三个主要目的：（1）展示实例说明由原来的沉积作用向剥蚀作用转换的区域构造环境特征，并且提出一种简单的分类方案划分出三种构造—沉积环境；（2）检验将含有 *Rhaxella* 海绵骨针的砂岩层作为对比标志层，从而在牛津阶浅海相砂岩中识别主要侵蚀界面的这一依据是否正确；（3）验证侵蚀作用的产物是以浊积砂体的形式出现的。

## 17.1 构造格架

著名的中央地堑上侏罗统砂岩地层复合体体现了早先构造的变化对沉积过程的控制作用。Parker（1993）以及 Fleet 和 Boldy（1999）发表了很多基于 3D 地震数据对北海中部地堑的构造演化所做的深入研究。中央地堑可以被认为是一系列南北向的次盆地，逐渐沿 Tornquist 基底线性构造消亡（Errat 等，1999；Fraser 等，2002）。在 Viking 地堑（Rattey 和 Hayward，1993）看到的沿正断层体系的伸展作用也存在于北海中部。由于北海中部盆地叠加在年代更老的二叠盆地（Permian Basin）北部之上，其构造类型更具多样性和复杂性。北二叠盆地以蒸发盐沉积为特征，在盆地中央厚度可达 2km（Stewart 和 Clark，1999）。

很多学者对这个地区盐构造的重要作用发表了不同观点。Eggink 等（1996）认为盐撒作用在构造发育中起到重要作用，但是他认为盐运动在很多情况下是由深层断裂带的再活化作用而引起的，因此，盐运动是在构造演化过程中被动地变形。其他学者（Erratt，1993；Helgeson，1999）更感兴趣的是证实 Zechstein 盐岩在基底 Rotliegend 断块和上覆三叠系之间的机械解耦中起到的重要作用。他们展示了断层活动和盐构造运动之间的关系，重点强调了基底构造和盐体之间的相互作用。在这些学者看来，中央地堑存在一种纯粹的伸展环境，受到伸展作用和盐构造运动的影响而在三叠纪—侏罗纪发育硬壳结构。另一种解释是，在中央地堑存在一种斜向滑动机制（Bartholomew 等，1993；Sears 等，1993），局部发育压扭和张扭区带。

明显有两个伸展断裂体系成北北西—南南东和北西—南东向排列（图 17.1），这两个断裂体系由 Erratt（1999）和 Davies 等（1999）解释，反映出多相的侏罗纪伸展史，运动学上的轴线由开始的巴柔期和巴通期东西方向的伸展，在钦莫利期—伏尔加期转换为北西—南东方向的伸展。用斜向滑动构造模型解释这种变化更多强调了基底构造的作用,以及基底构造对侏罗纪构造样式的持续影响(Bartholomew,1993)。

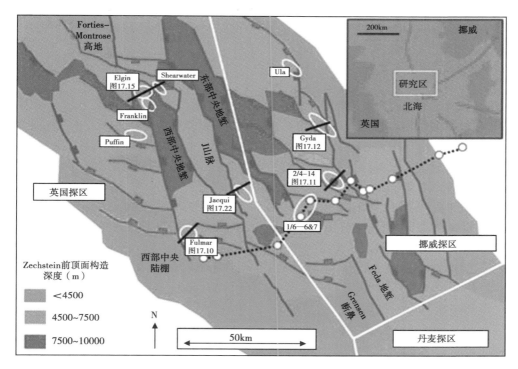

图 17.1　Zechstein 前顶面构造深度图

展示了主要断层的分布,这些断层被晚侏罗世裂谷作用激活。黑色线表示早期发育北北东—南南东的线状排列伸展断层,而在白色钻井之间的黑色点线表示稍后发育的北西—南东向线状排列的伸展断层。本文中讨论的几条地质剖面的位置在图上也用相关数字标识

在 Zechstein 盐岩较厚的地区,盐构造和三叠系迷你盆地通常非常发育,这是上侏罗统沉积作用的重要控制因素(Vendeville 和 Jackson,1992a,b；Vendeville 和 Guerin,1998；Guerin 等,1998),尤其在盐岩高地或者盐墙垮塌区域,这种控制作用更为突出(图 17.2)。

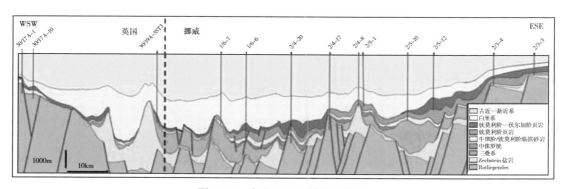

图 17.2　中央地堑区域构造剖面

展示了盐岩的分布,这些盐岩对后来的构造和沉积起控制作用(比如在边界地区)。在盐岩较薄的地区,上侏罗统沉积受到 Rotligend 断层的影响(比如 2/4-20 井区)。地质剖面的地理位置在图 17.1 中标出

Zechstein 盐岩可以产生两个主要影响：（1）控制三叠系的沉积作用，形成三叠系盐岩迷你盆地或者透镜体（pod）构造（Smith 等，1993；Stewart 等，1999；Stewart 和 Clark，1999；Stewart，2007；Jackson 等，2010）；（2）从上覆断层中分离基底 Rotliegend 断层。因此，对上侏罗统沉积作用的控制是北海北部可见的正常伸展构造和盐构造运动的混合作用。

## 17.2　地层格架

上侏罗统岩石地层的命名相当复杂，并且在整个盆地没有统一的命名方式。原因如下：（1）牛津阶—伏尔加阶砂岩的海侵和穿时特征；（2）在高压高温条件下，由于微体化石的降解而使生物地层定年法具有稀缺性或不可靠性；（3）根据油田钻井的情况来命名砂岩，而不是根据区域地质文献；（4）中央地堑的地理位置跨英国、挪威和丹麦边界，导致同一地层组出现三种命名体系。

本次针对侏罗系的研究倾向于运用 Partington 等（1993a）提出的成因地层学方法，这种知名的方法已经在几个主要的油气田得以应用，如 Fulmar 油气田（Kuhn 等，2003）、Erskine 油气田（Coward，2003）、Gyda 油气田（Partington 等，1993a），以及 Elgin-Franklin 油气田（Lasocki 等，1999）。图 17.3 展示了在生物地层划分体系下岩石地层的命名，这与 Partington 等

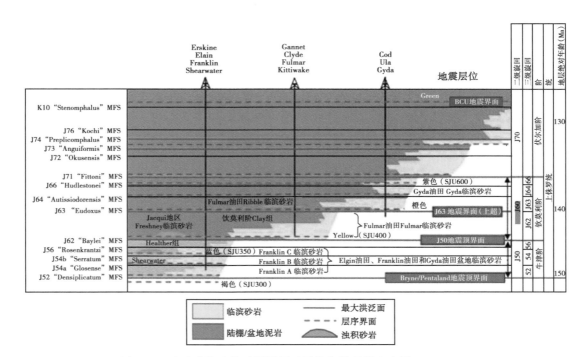

图 17.3　中央北海生物地层图展示了长期退积层序地层（J50—J70）

此图修改了 Partington 等（1993b）的原图，仅保留了中央地堑的数据。Partington 等在 Donoan 等（1993）的彩色示意图和 Veldkamp 等（1996）的 SJU 层序边界命名基础上识别出层序界面的位置。层序界面和最大洪泛面之间的关系遵循 Veldkamp 等（1996）的研究结论。褐色、黄色和绿色的层序边界在 Partington 等所做的原始图上并没有标出。Fulmar 油田 Fulmar 临滨砂岩的定年采纳了 Kuhn 等（2003）的研究，Fulmar 油田 Gyda 砂岩的定年采纳了 Partington 等（1993a）的研究，Franklin 临滨砂岩的定年采纳了 Lasocki 等（1999）的研究。本文解释的地震层位也标识出来。在井 22/30b-11 标有 "shearwater" 的浊积砂岩直接覆盖在临滨砂岩上（Jeremiah 和 Nicholson，1999）

（1993b）的命名方式一致。

图 17.3 总结了盆地内不同油田发育的临滨砂岩和浊积砂岩的共性特征，并在这些砂岩的上部和页岩下部中，运用生物地层定年法划分了最大海泛面（MFS）。有些最大海泛面被描述为"由构造作用增强的最大海泛面"（TEMFS），比如 Eudoxus J63 TEMFS 和 Fittoni J71 TEMFS。这些 TEMFS 随着断块下盘的下降而发育，并且由于盆地和陆棚古地理格局的重组，在盆地中央和边缘都切断了粗碎屑物质的沉积（临滨砂岩沉积）（Partington 等，1993a）。针对层序划分所做的区域综合研究，比如 Fraser 等（2002），依据早期生物地层学研究（Partington 等，1993a；Duxbury 等，1999）以最大海泛面为边界划分成因构造地层层序，最大海泛面被用来作为晚侏罗世古地理编图的依据。

生物地层定年法的目的是区分在区域上发育的同时期沉积体，这些沉积体可以划分成不同成因联系的沉积层序（Partington 等，1993a，b；Jeremiah 和 Nicholson，1999）。层序地层学的基本概念（Van Wagoner 等，1988，1990）旨在依据相对海平面变化来解释这些沉积层序的发育。如果这些海平面的波动完全是由海平面变化引起的，那么高位和低位沉积事件则是精确的时间标尺。然而，在中央地堑，裂谷作用和盐运动都非常活跃，导致在区域上和局部都存在构造作用的印迹，这不能排除海平面变化的作用。

最近，"在盆地周围发育等时层序地层界面"这一观点引起了争论。Fraser 等（2002）说："无论主要控制因素是什么，观察到的层序界面和最大洪泛面，在相对较小的区域，以北海北部盆地为例，仍然可能是等时的。"Fraser 等（2002）的观点被生物地层学家质疑，他们认为"裂谷作用引起的构造事件产生了同时期的洪泛和抬升"（Jeremiah 和 Nicholson，1999）。大量的研究认为，层序地层发育在可容空间不断变化的环境中，可容空间的变化是由正断层的伸展作用而形成的，从而来解释层序地层学应用在构造活跃背景中的不足（Howell 和 Flint，1996；Ravnans 和 Steel，1998；Ravnas 等，2000）。

无法运用生物地层定年法来研究埋藏更深的上侏罗统砂岩。例如，Elgin 油气田和 Franklin 油气田的砂岩巨厚（可达 400m），并且，在滨外黏土岩的夹层中发育很多洪泛事件沉积。然而，后者很难在生物地层学上界定，尽管从钻井中可以获得大量的岩心资料和对岩屑资料所做的微体古生物分析。Price 等（1993）很好地解释了无法确定地层年代的原因。主要的问题是在 4300m 左右以下，沟鞭藻和孢粉这些上侏罗统划分依据的典型标志，由于高热成熟度而被降解殆尽（在 150~200℃ 之间）。微体古生物主要包括有孔虫（黏着、钙质底栖类型）、放射虫和海绵针状体，但是，在这样的高温、高压条件下，这些古生物相对不发育，而且其分布也受到沉积相带的控制。典型的最大洪泛面是以菊石带来命名的，认为菊石带内发育最大洪泛面（Partington 等，1993a，b）。然而，很少能在地下找到菊石，并且，对于沟鞭藻和菊石生物带之间是否存在精确的联系仍有某些不确定性。有些研究指出最大洪泛面应该以沟鞭藻带来命名（Duxbury 等，1999；Jeremiah 和 Nicholson，1999）。本次研究遵循的是 Partington 等（1993a，b）的命名方式。

讨论地层的复杂性和构造对上侏罗统砂岩控制作用的核心问题是由地层和构造的变化产生的侵蚀界面。Partington 等（1993b）的说法代表了基于最大洪泛面识别的成因地层学的观点（Galloway，1989），同时，Partington 等（1993b）也提及 Van Wagoner 等（1990）的观点，以及牛津阶—伏尔加阶 8 个具下切面的层序边界（图 17.3）。这些下切面似乎是概念性的观点，Partington 等（1993b）并没有指出或讨论相关的证据。同一时期的其他研究（Price 等，1993）强调在应用层序地层学方法时，由于这种方法基于识别向盆地内可追踪的陆上侵蚀面来进行层序的细分，并不容易识别出低位体系域，而且，除了基底的中 Cimmerian 期不整合，没有与层序界面相关的不整合。

Donovan 等（1993）在英国中央地堑 Quad 21 的研究中忽略了最大洪泛面的定年，着重说明了 7 个层序界面的识别，这些层序界面是在晚侏罗世海洋沉积时期由海平面的相对下降形成的。这些层序界面中最重要的是 Yellow SB（142 Ma，钦莫利期）。在岩心观察中发现了这个层序界面，这个界面造成了早先沉积的临滨层序的侵蚀削截（在图 17.4 中以 SB2 示意性标出）。Howell 和 Flint（1996），以及 Carruthers 等（1996）提出了识别层序界面的其他准则，包括解释下切谷和潮汐沉积。Veldkamp 等（1996）与 Jeremiah 和 Nicholson（1999）继续强调了沉积层序界面的重要性，采纳了 Donovan 等（1993）的命名体系，并把其解释成 SJU 命名法（上侏罗统层序 SJU

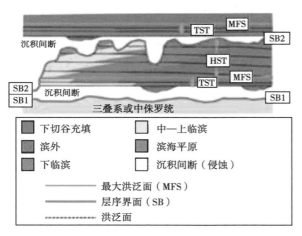

图 17.4 晚侏罗世英国 Quard 21 地区滨岸—海洋沉积序列层内不整合（据 Donovan 等，1993）
TST：海侵体系域；HST：高位体系域

350，SJU400 等）。Veldkamp 等（1996）说明了已命名的层序界面、Partington 等（1993b）命名的 MFS 与 Donovan 等（1993）所做彩图之间的关系，图 17.3 的编制也参考了这些说明。

Sansom（2010）的最新研究对中央地堑英国探区的上侏罗统进行了全面的回顾。在他的研究中，层序地层学方法运用了 Partington 等（1993a，b）的命名法，而不是 Veldkamp 等（1996）的命名法，并且以层序界面或者最大海退面（MRS）为界面识别出海侵—海退旋回。Sansom 重点研究了 Volgian 阶—Ryazanian 阶不整合（BVRU），这是发育在构造高地上的侵蚀不整合，被认为是由一次裂谷性质的三叠纪透镜体旋转和盐构造的重新分配形成的。BVRU 分隔了下伏地层（卡洛夫期—钦莫利期巨层序；层序 J44—J63）和上覆地层（Volgian 期—Ryazanian 期的巨层序；层序 J64—K10）。下伏地层以广布的临滨整合沉积和同时期的厚层浊流沉积砂岩为典型特征。上覆地层局部发育较薄或者被削截的临滨沉积，以及同时期的薄层浊流沉积砂岩。Sansom（2010）认为在 BVRU 发育时期，盆地内形成了大量的高地。例如：Forties-Montrose 高地和 J 山脉，从先前浅海沉积转变为暴露的高地，为附近盆地提供了沉积物源。

Sansom 的最新研究认为成因地层学方法非常适合于运用 Partington 等（1993a，b）建立的 J 层序体系来描述中央地堑上侏罗统。生物地层学的研究已经囊括了整个中央地堑的英国探区，并且，一些研究已经尝试基于岩屑资料的化学地层学分析。图 17.5 是利用 MFS 所做区域性的层序对比。这张图展示了巨厚的主要沉积序列在盆地范围的变化，反映了构造控制的沉积中心在地质历史中地理位置的变化。同时，这个研究依赖于地质和地球物理的综合解释，例如，在钻井中识别被断层错开的地层，并正确标定钻井的地震数据从而形成地质解释。

局部的侵蚀面，比如，横跨 Elgin-Franklin 油气田的侵蚀面被认为受局部构造作用控制，而不是海平面变化。这意味着要避免在全盆范围对这些侵蚀面进行区域性对比。识别这些侵蚀面（以及盆地下倾方向的沉积相变）的目的是根据沉积倾角下面的侵蚀和再沉积作用来

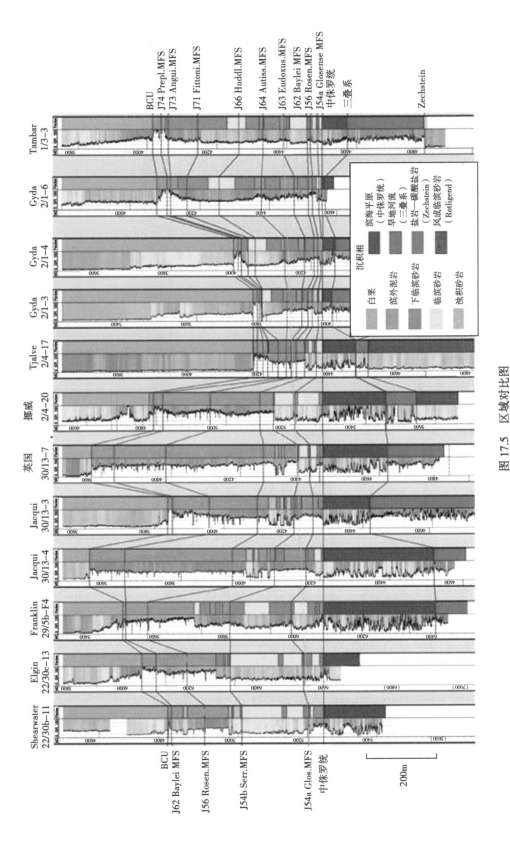

图 17.5 区域对比图

伽马测井曲线充填颜色代表数值：暖色（橙色）代表砂质含量高，冷色（蓝色）代表泥质含量高。对比剖面的地理位置在图 17.1 中标出。MD：测量深度（m）

预测可能的砂岩储集体。如果侵蚀作用是局部构造运动的产物，那么这种预测也仅限于局部的预测。本文强调识别侵蚀面的重要性，这些侵蚀面发育在临滨砂岩的内部或上面，并且，认为其发育受构造—沉积控制。

## 17.3　上侏罗统砂岩沉积模式

大量针对北海中部盆地上侏罗统砂岩的研究集中于对这套沉积的成因解释。当重建沉积模式和砂体形态或者沉积类型的时候，对钻井和岩心的研究具有局限性。对 Fulmar 组的露头做类比分析被引用最多的文章是有关英格兰南部 Wessex 盆地出露较好的 Liassic 露头的研究。这套砂岩发育在峭壁上，为一套横向延展（达 2km）、含双壳层的巨大板状地层（Kantorowicz 等，1987）。这套砂岩具有低角度、米级规模的波状底形（Pickering，1995）。更新的研究根据附近 Wytch Farm 油田的 3D 地震数据观察到大规模叠瓦状的斜坡沉积（Morris 等，2006）。

对 Fulmar 组详细的沉积学研究主要基于对大型油田密间距的钻井分析，比如 Fulmar 油田（Johnson 等，1986）、Ula 油田（Spencer 等，1986）、Gannet 油田（Armstrong 等，1987）或者 Elgin-Franklin 油田（Lasocki 等，1999）。这些研究有时对这套砂岩的沉积成因含糊其辞，指出原始沉积结构指示的沉积成因过程往往几乎全被生物扰动作用破坏。Johnson 等（1986）认为风暴流形成了大部分沉积物，而重力流沉积了一小部分（10%左右）。这些沉积过程被解释为以下两种沉积环境的一种：（1）临滨环境；（2）陆棚环境。作者没有直言倾向哪种沉积模式，或一种沉积模式的存在时间，或者另一种沉积模式作用的时间，而只是给出了两种可能的情况。

接下来的研究或多或少强调了临滨或陆棚沉积环境。一些研究倾向于陆棚滨外沙坝模式（Armstrong 等，1987；Price 等，1993）。而对 Fulmar 组为临滨沉积的认识逐渐趋于一致。Gowland（1996）定义了两类临滨：一种是高能量、受风暴作用的临滨，保存了一些沉积构造；另一种是低能量、受生物扰动作用的临滨。陆棚模式的观点仍然存在，虽然这种模式与低能量的临滨模式在沉积特征上没有差异。Donovan 等（1993）也倾向于 Fulmar 组是低能量、受波浪控制的滨线沉积。Lasocki 等（1999）将 Elgin—Franklin 油田的牛津阶 Franklin 砂岩解释为临滨沉积。Franklin 砂岩的特征是：（1）发育清晰的向上变粗粒序，顶部以进积准层序为界，底部以洪泛面为界；（2）在 Franklin 油田从北到南具有清晰的相序变化，北部为临滨沉积，向南与滨外沉积指状交互，南部是一个巨大的、与盐撒运动相关的沉积中心。对 Fulmar 组典型剖面的最新研究将大部分砂岩归于临滨成因（Kuhn 等，2003）。

有研究发现中央地堑发育浊流沉积，尤其是 Robinson（1990），Howell 和 Flint（1996），Howell 等（1996），以及 Jeremiah 和 Nicholson（1999）的研究，随后，Johnson 等（1986）指出 Fulmar 油田牛津阶砂岩中有些是浊流成因的。Howell 和 Flint（1996）强调了层序地层结构中构造运动的作用，并且在对比一次年代地层间隔的断层上下盘的沉积过程中识别出受海平面变化控制的海平面下降而产生的各种沉积响应。尤其是他们解释了下切谷（Curlew 段）的发育过程，这个下切谷充填了潮汐作用形成的沉积物，下切在一个抬升的下盘顶部（Puffin 断块；图 17.1），在相邻断层下盘的盆地发育同时期的浊积砂岩（达 50m 厚）。

## 17.3.1 临滨沉积模式

普遍认为中央地堑厚层的牛津阶砂岩是临滨、下临滨和滨外沉积。沉积过程被解释为临滨砂岩进积到以泥岩为主体的盆地。典型的 Fulmar 组是一套大规模的向上变粗序列（10~50m 厚），从黏土岩或者粉砂岩演变为细粒—中粒砂岩。从这样的沉积序列中可以识别出洪泛面，以在相对海平面稳定（或略微升高）时期滨线前积形成的准层序为界。向上变粗的准层序反映了从滨外到近岸波浪能量的增加（图 17.6）。

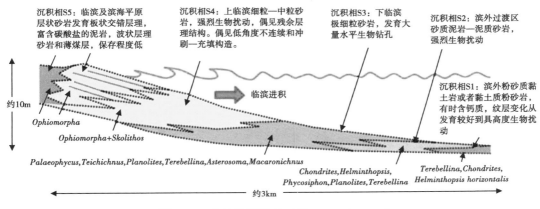

图 17.6　临滨进积模式（据 Gowland，1996）

中央地堑典型的临滨沉积是一套强烈生物扰动的砂岩和黏土质砂岩。砂岩通常被穴居生物强烈扰动后形成大量的遗迹构造（Taylor 和 Gawthorpe，1993；图 17.6），由于这些遗迹构造，很难识别出原始的沉积构造（图 17.7）。在临滨沉积序列中识别出以下典型的沉积相（S1—S5）。

相 S1：泥岩—粉砂质黏土岩或者黏土质粉砂岩，有时含钙质，从好层理到强烈生物扰动均有发育。生物扰动由 *Terebellina*、*Chondrites* 和 *Helminthopsis horizontalis* 构成。这种沉积相被解释为滨外陆棚沉积。

相 S2：强烈生物扰动的砂质泥岩到泥质含量极高的砂岩。这种沉积相发育强烈的生物扰动，如 *Chondrites*、*Helminthopsis*、*Phycosiphon*、*Planolites* 和 *Terebellina* 遗迹化石。这种沉积相反映了临滨到滨外的过渡环境。

相 S3：具生物扰动的极细粒砂岩，发育大量的水平生物钻孔和 *Palaeophycus*、*Teichichnus*、*Planolites*、*Terebellina*、*Asterosoma* 和 *Macaronichnus* 遗迹化石。这种沉积相反映了下临滨沉积环境。

相 S4：强烈生物扰动的细粒—中粒砂岩，偶见残余原始层理。发育低角度不整合以及冲刷—充填构造。发育 *Ophiomorpha* 和 *Skolithos* 遗迹化石，反映了上临滨沉积环境。

相 S5：层状砂岩，由发育交错层理和板状层理的砂岩、富含碳酸盐的泥岩、发育波状层理的砂岩和薄煤层组成。生物扰动并不常见，主要为 *Ophiomorpha* 遗迹化石。这种沉积相在中央地堑保存很少，极少被发现，反映了前滨到滨岸平原的沉积环境。

由准层序进积叠加而形成的厚层砂岩厚度一般可以超过 300m（Stockbridge 和 Gray，1991；Lasocki 等，1999）。准层序叠加样式可以是进积式、加积式或者退积式，因此，指示

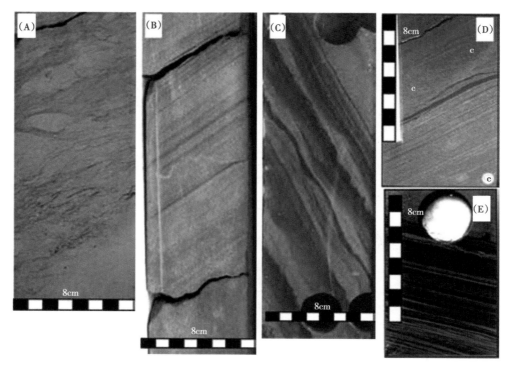

图 17.7 对比英国北海中部上侏罗统临滨砂岩和浊积砂岩

（A）沉积相 S3：生物扰动细粒砂岩，22/30b-15Z，5710.7mRKB；（B）沉积相 T4：平行层理砂岩，22/30b-15Z，5652.8mRKB；（C）沉积相 T3：细粒砂岩和泥岩混杂，30/16A-31，4006.4mRKB；（D）沉积相 T4：细粒砂岩发育平行层理和爬升波状交错层理（用"C"标出），Franklin 砂岩，29/4d-4，5700.85mRKB；（E）沉积相 T2：细条纹状的含云母粉砂岩，发育在块状细粒砂岩之下，发育底部负载沉积，22/30b-11，5017.8mRKB

了沉积物供给和相对海平面变化的相互作用。盆地边缘砂体与更多的盆地内砂质浊流沉积，以及 Heather 阶和钦莫利阶 Clay 组粉砂岩或者泥岩同时出现。

在对 Fulmar 组的区域性研究中，Gowland（1996）建立了一个更精炼的临滨沉积模式，该模式定义了 6 个相组合 12 个沉积相，建立了三大沉积模式：（1）模式 1，受风暴作用影响的临滨；（2）模式 2，生物扰动的临滨；（3）模式 3，推测性的生物扰动陆棚模式。模式 1 的临滨环境很好地保存了上临滨向海方向的事件沉积。模式 2 的临滨环境以下临滨和陆棚强烈的生物扰动为特征。模式 3 陆棚环境没有明显的与滨线相关的沉积特征，发育大量的硅质海绵骨针，以及其他指示开阔海洋环境的标志物，如箭石类和极少量的菊石类。这些沉积作用发生在水深小于 20m 的区域。

## 17.3.2 浊流沉积模式

本文识别出的浊流沉积对认识中央地堑上侏罗统的沉积史有重要意义。这是因为：（1）浊流沉积相对少见；（2）浊流沉积的成因机制认识不清。可能发育浊流沉积的说法首次由 Johnson 等（1986）基于大量的钻井和岩心数据库，在对 Fulmar 油田钦莫利阶 Ribble 砂岩段沉积过程的研究中提出。一些研究（Robinson，1990；Clelland 等，1993；Kuhn 等，2003）基于大量的钻井和岩心数据，说明了 Ribble 段的沉积学和地层学特征。Robinson（1990）进行了详细的研究，并描述了 5 种浊流沉积相类型，用 T1—T5 表示。

相 T1：易剥裂的、薄层的、没有生物扰动的泥岩，由均一的深灰色—黑色薄层泥岩构成［图 17.7（F）］，含有碳酸盐、黄铁矿和大化石（菊石和双壳类）。这套泥岩具有高伽马响应，伽马值高达 140API。缺少生物扰动说明是缺氧条件的半深海环境。这就是独特的钦莫利阶页岩相。

相 T2：粉砂质薄层泥岩，由暗色薄层泥岩构成，发育薄层厚度均一（毫米—厘米级）的粉砂质纹层［图 17.7（E）］，相当于 Stow 和 Shanmugam（1980）划分的 $T_1$—$T_4$ 细粒浊积岩。纹层有时被生物扰乱破坏。这种相被解释为远端的或者浊流沉积朵体边缘。

相 T3：砂—泥异粒岩，由细粒—中粒砂岩构成，面积大，厚度均一（厘米—分米级）。砂岩通常与 T2 相互层，粒度向上变细，达 2m 厚。发育鲍马序列的 B—C—D—E 组合（Bouma，1962）。然而，纹层有时被生物扰动破坏，一般具零散的粉砂岩碎屑，与下伏泥岩呈突变接触。砂岩呈无结构的块状，发育碟状和枕状或火焰构造，说明存在泄水过程。模糊的水平层理和薄层（小于 3cm）表明发育低幅度的波状层理和泥披覆构造［图 17.7（C）］。这种沉积相被解释为混合负载的浊流沉积。Gowland（1996）假设这是一种风暴事件或者中等密度浊流沉积。

相 T4：块状混合砂岩，由巨大的块状的中粒砂岩构成，典型的厚度是 1~10m。不发育粒序层理。碳酸盐矿物零散分布，在砂岩顶部地层以水平纹层富集［图 17.7（B）］。有时可以观察到爬升波状层理［图 17.7（D）］。在砂岩顶部发育 *Chondrites* 生物扰动。砂岩横向连续达 6km$^2$。这种沉积相被解释为高密度浊流沉积。Gowland（1996）也有类似的解释。平面图表明这种沉积相在沉积坳陷呈朵状或席状砂分布。

相 T5：生物扰动的粉砂质砂岩（Clyde 段），由块状、细粒—中粒、分选差、发育大量生物扰动构造的灰绿色砂岩组成。偶见薄层粒序层理砂岩，发育黏土内衬的 *Zoophycus* 钻孔。这种沉积相被解释为偶尔受到风暴作用的浅海陆棚沉积。生物地层定年研究表明这种相横向上与相距大概 400m 的相 T4 同期沉积。

Gowland（1996）描述了另外一种沉积相，由块体流动形成。基质或碎屑质砾质砂岩，含有三叠系、中侏罗统的再沉积内碎屑或者磷酸盐碎屑。这种沉积相由以下沉积过程之一形成：（1）风暴流和波浪淘洗作用，并且发育低位域滨线和海侵面；（2）高密度浊流或碎屑流，深海环境共存。

对 Ribble 砂岩形态的主要控制因素是构造作用，构造作用可以引起在不到 1km 的范围内砂岩厚度从 60m 到 2.5m 的变化（Robinson，1990）。这是中央地堑浊流沉积的普遍特征，这一特征在区域性构造要素编图中已被证实。在 Ribble 砂岩段以及 Fulmar 油田其他地区的 Fulmar 组，软沉积变形构造发育普遍。Robinson（1990）认为观察到的脱水、断裂和泥石流（在 Avon 页岩内）可能是由外部震动引起的，而不是由沉积超负荷引起的。

除了浊积岩的再活化作用，断层活动、盐运动和间歇性地震也可能是产生浊流的触发机制。在其他地区，砂体的再活化特征，如：观察到砂体注入形成的河床和堤坝。这些砂岩注入体侵蚀和搬运黏土岩碎屑，这些碎屑从页岩中被捕获并撕裂［比如钦莫利阶 Farsund 组 NO-2/4-18R 井的岩心；图 17.7（F）；位于距 2/4-141 井北东向 1km 处，图 17.1］。

其他作者以不同的方式描述了这些类似的沉积相。比如，Jeremiah 和 Nicholson（1999）在中央地堑几口钻井识别出浊流成因的砂岩（22/30b-11，23/26b-15，30/13-4，在 Erskine、Shearwater 和 Elgin—Franklin 地区，位于 Quad 22、23、29 和 30 区块的四角）。这套砂岩被解释为高密度浊流沉积成因、混合堆积的平行层理砂岩，偶见流水波纹或对称波痕，不发育生物扰动。Franklin 油田同时期的砂岩也被含糊地解释为浊积砂岩或者高能量前滨/临滨沉积（Lasocki 等，1997）。晚牛津期/早钦莫利期 Jacqui 地区的 Freshney 砂岩段（Fraser 等，2002）是另一个浊积砂岩的例子。

前人研究认为 Ribble 段的浊流沉积是从附近的构造高地获取物源而形成的浊积朵体（Robinson，1990）。其他研究尝试证明这些朵体是在低位体系域时期从河流体系获取物源，经过下切谷搬运沉积物（Howell 和 Flint，1996；Carruthers 等，1996）。前人提出的另一种模式是高密度流（Mulder 和 Syvitski，1995；Mulder 等，2003）从高沉积物荷载的河流中获取了富砂沉积物。Forster（2005）运用这个模式来解释 Outer Moray Firth 地区 Buzzard 油田厚层砂岩（牛津期—伏尔加期）的成因（Doré 和 Robbins，2005）。这套沉积由平行层理砂岩或块状砂岩构成，与 Ribble 砂岩段相 T4 相似，被解释为从上倾方向的辫状河获取物源而形成。

## 17.4 构造—沉积背景

图 17.8 展示了中央地堑牛津阶临滨—盆地内砂岩的整体分布情况。很大程度上推断了滨岸平原的展布范围，因为在海侵过程中大部分滨岸平原沉积被临滨侵蚀作用改造。此图是在 Erratt（1999）和 Fraser 等（2002）所做图件的基础上修编的，局部的数据点有更新。临滨分布范围的确定由钻井数据支持，而深海盆地的分布范围有时是概念性的，因为这些地区没有钻井数据校正。除了 Puffin 东部 Jacqui 附近的浅水区域，并没有浊流沉积。为了解释中央地堑构造和沉积之间的复杂关系，以下结合前人对控制沉积的构造背景的研究，来定义并

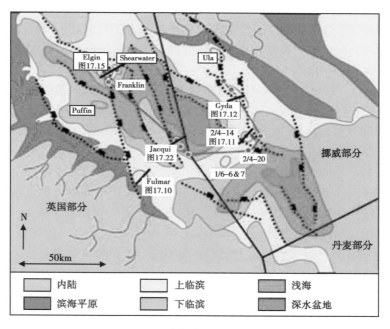

图 17.8　牛津期中央地堑沉积背景

沉积相带的划分基于 Fraser 等（2002）总结的模式，并对 Erratt 等（1999）的模式进行了局部修改。添加了前 Zechstein 期顶部的断层（图 17.1）来展示这些断层如何影响沉积作用。本图与图 17.1 的比例尺一致，有助于对比。图 17.5 的对比剖面位置在本图用红色井位标出，几个地质剖面的位置同样也在本图用相关图号标识

描述几种类型的构造—沉积背景（A、B 和 C）。将介绍不同构造背景下不同类型沉积作用的应用实例，比如：类比法的正确应用；根据构造背景进行储层预测。表 17.1 根据构造—沉积背景分类列举了关于上侏罗统砂岩油田实例或油气发现的大量文献。

表 17.1　三种构造—沉积背景及其油田实例

| 构造—沉积背景 | 油田/钻井实例 |
| --- | --- |
| A 型：断层上盘活盖背景 | Flora 油田（Hayward 等，2003）<br>Angus 油田（Hall，1992；Spathopoulos 等，2000）<br>2/4-14 井（Mjelde，1991；Jones 等，2013） |
| B 型：再活化豆荚背景 | Elgin-Franklin 油田（Lasocki 等，1999）<br>Fulmar 油田（Johson 等，1986）<br>Clyde 油田（Steven 和 Wallis，1991）<br>Jacqui/Jessica（英国 30/13-3，英国 30/13-7） |
| C 型：豆荚间背景 | Kittiwake 油田（Wakefield 等，1993）<br>Durward 油田，英国 21/11（Steward 等，1999）<br>Ula 油田（Brown 等，1992）<br>Gyda 油田（Spencer 等，1986）<br>Nemo 钻井，7/7-2 |

## 17.4.1　A 型构造—沉积背景

主要断层活动引起上侏罗统临滨砂岩直接覆盖在断层上盘天窗（trap door）上（图 17.9）。Rotliegend 补偿断层如图 17.8 所示，这些断层影响了上侏罗统的沉积。主要 Rotliegend 断块的运动和盐岩迁移控制了中侏罗统河流体系和海侵期上侏罗统临滨砂岩下伏地貌的分布。纯粹的断层天窗大量存在，并且前人在北部的 Viking 地堑有大量研究（Ravnas 等，2000），但是在中央地堑并不普遍，这是因为 Zechstein 盐构造和三叠系迷你盆地的发育造成了复杂的构造环境。

## 17.4.2　B 型构造—沉积背景

在同一个迷你盆地内侏罗系覆盖在三叠系之上。在这样的沉积背景下，侏罗系的可容空间很大，厚层侏罗系砂岩覆盖在厚层三叠系之上。这种构造—沉积环境出现在中央地堑裂谷，盐岩厚度一般可达 2km。迷你盆地在晚侏罗纪的基础上持续发育（Stewart 和 Clark，1999）。

B 型构造—沉积背景下厚层上侏罗统的实例是 Fulmar 油田 Fulmar 组（Johnson 等，1986）以及 Elgin-Franklin 油田 Franklin 砂岩（Lasocki 等，1999），这套砂岩是中央地堑最重要油气富集区的主要储集层。Fulmar 油田（图 17.10）和 Elgin-Franklin 油田也发育浊积砂岩，其由先前沉积的临滨砂岩在垮塌的透镜体边缘经过再搬运和再沉积而形成，这种现象在 Kuhn 等（2003）在 Fulmar 油田所做的地层对比中有所描述。值得注意的是，B 型可以向 A 型演化。Kuhn 等（2003）所做的研究是 Fulmar 油田的实例，这两种构造—沉积背景都存在。

## 17.4.3　C 型构造—沉积背景

由三叠系迷你盆地边缘早先的盐岩高地（盐膨胀、盐墙和盐底辟）在海侵期形成

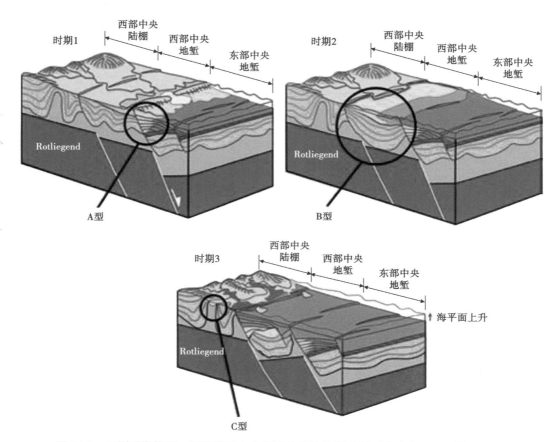

图 17.9 不同时期构造—沉积背景上侏罗统砂岩的发育过程（修改自 Fraser 等，2002）

在时期 1，牛津期与裂谷相关的沉积作用发生在东部中央地堑紧靠下盘，形成了"A 型—断层上盘活盖"，这一背景有助于浅海砂岩和浊积砂岩的发育。在时期 2，由于持续的伸展作用而使得地堑扩张，海侵引起了三叠系豆荚构造再次活化，充填上侏罗统临滨沉积，被命名为"B 型—再活化豆荚背景"。在时期 3，同期的海侵砂岩和淹没的盐核峡谷构成了"C 型—豆荚间背景"，这一背景有助于浅海砂岩的发育

（Goldsmith 等，2003；Vendeville 和 Jackson，1992a，1992b；Stewart 和 Clark，1999）。这些小型的上侏罗统豆荚间盆地通常充填滨海砂岩（图 17.9）。盆地早先是发育盐变形构造（溶解、盐撤）的峡谷，并且被接下来持续的盐撤运动或者盐负载扩大。

这种发育盐岩的迷你盆地可以在基底和反转的高地周围呈网状分布。上侏罗统砂岩展布方向如图 17.8 所示，砂岩的展布受三叠纪迷你盆地的位置影响，这些迷你盆地作为沉积物源区，位于中央地堑两侧的边缘（Stewart 等，1999）。

典型的 C 型构造—沉积背景发育在与原始的薄层 Zechstein 等厚线相一致的构造高地（Stewart 和 Clark，1999）。在这样的地区，三叠系透镜状构造形成较早。比如，在西部中央陆棚（图 17.1），在中三叠世之前着陆已经形成（Fraser 等，2002）。这种基底豆荚构造被盐岩高地围绕，受到差异性的侵蚀作用而形成以盐岩为核心的峡谷。峡谷在经历长时间的暴露后被晚侏罗世海泛淹没，据 Rattey 和 Hayward（1993）研究，这段暴露持续了 80Ma。峡谷普遍被上侏罗统滨海砂岩充填（图 17.9）。在 Durward 油田和 Dauntless 油田，已有对 C 型构造—沉积背景的研究（Stewart 等，1999）。

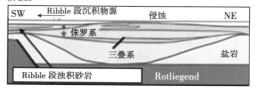
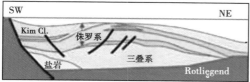
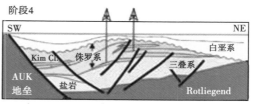

图 17.10　不同阶段"B 型—再活化豆荚构造"构造—沉积背景的演化过程（据 Johson 等，1986）实例来自 Fulmar 油田。海相页岩和过渡区粉砂岩用蓝色表示，临滨砂岩用黄色表示。对早先临滨砂岩的改造作用发生在豆荚着陆后的构造顶部。这个模型基于 Kuhn 等（2003）所做的地层对比。再活化的临滨砂岩在西部以 Ribble 砂岩段浊积岩的形式再沉积。该条剖面的位置在图 17.1 和图 17.8 中被标出

### 17.4.4　区域构造对沉积的控制作用

除了局部构造控制以上所述的沉积体展布以外，也要考虑整个中央地堑裂谷发育产生的区域构造演化。晚侏罗世的伸展作用在基底断层上表现为断距可以达到 3km（Stewart，2007）。这意味着晚侏罗世快速伸展和沉降以及沉积物会聚位置的演变。裂谷作用最初在盆地的最中央开始发育，比如，东中央地堑和 Feda 地堑，然后逐渐地向盆地边缘延展。这导致了临滨砂岩的沉积中心在英国探区（图 17.9）和挪威探区的迁移（图 17.5 所示从井 2/4-20 到井 2/1-4 地层的演化）。

## 17.5　实例解剖

### 17.5.1　实例1：2/4-14 井区 A 型—上盘天窗

A 型上盘天窗构造—沉积背景在 Viking 地堑地区大量存在，但是在中央地堑并不普遍，而在中央地堑 Zechstein 盐岩和三叠系透镜体构造的发育形成了复杂的构造背景。然而，由于盐岩厚度有限以及三叠系透镜体形成相对较早（早于侏罗纪），侏罗系形成了一个沉积楔，其形态主要受到 Rotliegend 断块运动的影响（图 17.11）。

在 A 型背景下，中—上侏罗统向断块顶部变薄，最大洪泛面划分的成因层序在地震剖面上表现为地层上超。这种构造控制的上超在北海裂谷盆地的很多研究中有所提及（Underhill，1991）。在钦莫利阶沉积序列，上超地层标志着碎屑物质重新注入到页岩沉积环境。上超通常与浊积岩在构造低洼的堆积相伴生。图 17.11 中可见 J62 MFS, King Lear 油气藏

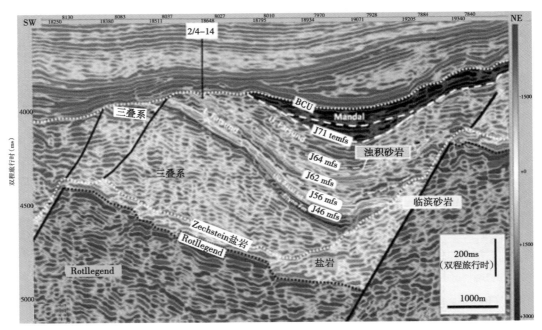

图 17.11 成因层序表明在井 2/4-14 附近上超与最大洪泛面共存

上超地层标志着整体页岩沉积序列中有新的碎屑注入。该条剖面位置在图 17.1 和图 17.8 中被标出

(Jones 等, 2013) 下伏于含油的浊积砂岩, 由井 2/4-14 和井 2/4-18R 标定 (Mjelde, 1991; Landrø, 2011)。井 2/4-18R 的地层倾角测井数据显示这些浊积砂岩来自北部, 沉积在盆地的沉积中心, 呈北西—南东向展布, 沿构造走向, 受下伏主要的 Rotliegend 断层控制。浊积砂岩 (相 T4/T2; 5~20m 厚) 品质变化大, 多层沉积序列厚度达 120m。横向连续性变化大, 但是较厚砂岩的连续性至少可以达到 1km。

这种构造—沉积背景形成的地层体系在形态上相对较大, 但是远离主要次盆边界断层。与快速的断层活动相关的上盘上超是一个典型特征, 这对砂体形态和地理定位有重要的控制作用。断块顶部的侵蚀作用可以削蚀老地层。然而, 在白垩系基底不整合面 (BCU) 上的晚期侵蚀作用意味着早期侵蚀作用的地层证据已经被消除。

### 17.5.2 实例研究 2: Gyda 油田 C 型—透镜体间

Gyda 油田构成了 Ula 构造走向的一部分, 有一个油气省位于中央地堑东部边缘 (Spencer 等, 1986; Brown 等, 1992; Bjørnseth 和 Gluyas, 1995; 图 17.1)。在这个构造走向内的油气田包括 Ula 油田 (已经生产超过 500×10⁶bbl 油当量) 和 Gyda 油田 (已经生产超过 300×10⁶bbl 油当量)。Gyda 油田位于盆地中厚层 Zechstein 盐岩区域。在这个区域, 二叠系断层的再次活动开启了晚侏罗系裂谷作用。Ula—Gyda 断裂带以深层 Rotliegend 断层为界, 是侏罗系地堑最东边的边界。这个断裂带的西部, 三叠系的透镜体经旋转形成阶地, 逐级下降到地堑 (Bjnseth 和 Gluyas, 1995)。这些阶地包括 Gyda 油田, 发育具有豆荚结构的厚层 (达 1000m) Zechstein 盐岩 (图 17.12)。C 型构造背景的典型特征是在先前盐岩高地上发育侏罗系砂岩, 这个盐岩高地在晚侏罗世受到溶解或者盐撤作用, 从而为中侏罗统 Bryne 组和上覆 Gyda 砂岩创造了可容空间。

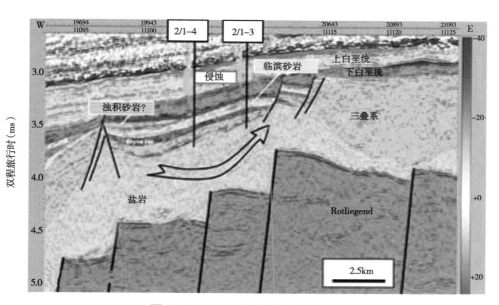

图17.12　Gyda油田东西向构造剖面

基于图17.14的对比剖面此图增加了豆荚间顶部侵蚀作用。该条剖面的位置在图17.1和图17.8中被标出

Gyda油田砂岩（图17.5）在晚钦莫利期以临滨（S4）—下临滨环境（S3）为主，也就是说相比中央北海的其他浅海砂岩年代相对较新。但是，其沉积特征和其他砂岩相似。Aase等（1996）的研究表明 *Rhaxella* 海绵骨针存在于某些地层，并且由于溶解作用形成了局部次生孔隙（图17.13）。富含骨针的地层主要发育在临滨进积—退积旋回中的退积部分，可用于层序地层对比。

图17.13展示的是连井对比地震数据解释出来的Gyda砂岩抬升、侵蚀和再沉积的证据。J66层序上部分的侵蚀作用可以通过识别骨针发育区进行推断。Aase等（1996）运用中子测井的低孔隙度特征来识别骨针发育区，中子测井连井剖面可达井2/1-4和井2/1-3，这个地区为剥蚀区（图17.14）。剥蚀面在Gyda油田的东部（图17.12），指示了在J71 TEMFS之后Gyda豆荚间结构被盐运动倾斜和抬升。

钻井位于Gyda构造的侧翼，比如井1/3-3（图17.14），在以页岩为主的J71层序（Farsund组）底部50m发育几层薄砂岩（20cm～2m厚），覆盖在Ula组上。在井1/3-3的岩心中并没有发现这几套砂

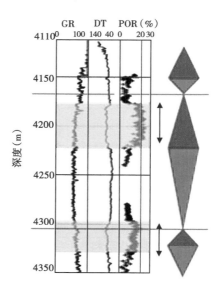

图17.13　在海绵骨针发育区，由于次生孔隙发育而造成的孔隙度增加（黄色阴影）（据Aase等，1996）

如图17.18所示，海绵骨针的大面积溶蚀作用产生了次生孔隙。在这个实例（以及其他几个实例）中观察到在临滨退积阶段海绵骨针更为发育。红色三角形—长期进积旋回；绿色三角形—长期退积旋回。GR—伽马测井；DT—声波时差测井；POR—岩心测量总孔隙度（%）

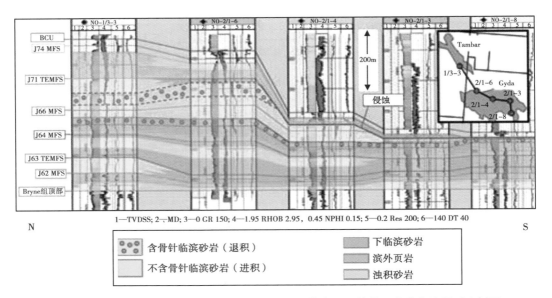

图 17.14 Tambar 油田（1/3-3）到 Gyda 油田（其余 4 口钻井）南北向地层对比剖面

展示了上侏罗统砂岩顶部位置（粗红线），侵蚀掉骨针砂岩（黄色绿点），并且与 J71 Fittoni 时期的地层下倾方向相连。骨针砂岩的命名出自 Aase 等（1996）的研究。TVDSS—水下真实垂向深度（m）；MD—测量深度（m）；GR—伽马测井；DT—声波时差测井；RHOB—体积密度测井；NPHI—中子孔隙度；Res—电阻率

岩的典型实例，而是发现高度生物扰动的细粒砂岩，与相 T3 的描述相一致。这说明这些砂岩是由 Gyda 构造顶部侵蚀而形成的浊流沉积。这种侵蚀作用重新搬运了 J71 TEMFS 之前的临滨砂岩，并在上覆页岩中使其重新分布而形成砂岩脉。

### 17.5.3 实例研究 3：Elgin 油田和 Franklin 油田 B 型—再活化的透镜体

Elgin 油田和 Franklin 油田是构造圈闭，主要的油气藏是浅海 Franklin 砂岩 ［相当于 Price 等（1993）描述的 Puffin 组］。这些砂岩被上覆的 Heather 阶和钦莫利阶页岩封闭，最终被下白垩统 Cromer Knoll 群封闭。次要的油气藏是下伏的 Pentland 组，发育中侏罗统河流相储层。

Elgin 油田的结构如东西向地震剖面所示（图 17.15）。地震剖面可识别的最深的是 Rotliegend 顶，大概 7km 深（超过 5s 双程时间）。主要基底断层为北北西—南南东方向，次级断层为东北东—西南西方向。Zechstein 顶部盐岩揭示了盐下和盐上之间具明显分离。盐运动形成了透镜体，充填三叠系和侏罗系。盐运动（盐膨胀和盐撤）以及豆荚在下伏 Rotliegend 断块上的着陆影响了上侏罗统砂岩储层的厚度分布。Elgin—Franklin 油田是一个 B 型构造—沉积背景的实例。构造特征反映了晚侏罗世的伸展作用，厚层钦莫利阶 Clay 组在上盘盆地沉积。

Franklin 砂岩储层的净厚度平均为 200m，由强烈生物扰动的细粒—中粒砂岩构成。将沉积序列划分为三个主要的岩石地层单元，由小型的页岩夹层分隔：Franklin A、B 和 C 砂岩（Lasocki 等，1999）。每个砂岩单元可以根据伽马测井指示的黏土含量变化进一步细化为次级的进积—退积层序（图 17.16）。

垂向减小的地震分辨率使得很难连续追踪大于 5km 深度（主频率 18~20Hz）的储层内部界面。并且，储层均质性导致大量不同的沉积上的相关性，每一个相关性都极不确定。成

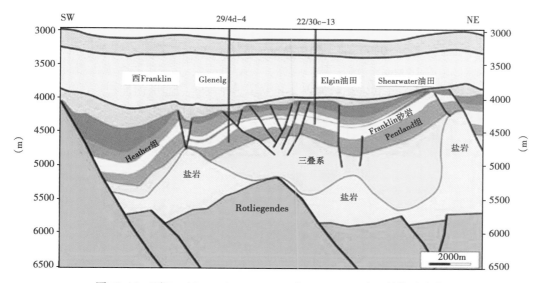

图 17.15 西 Franklin、Glenelg、Elgin 和 Shearwater 油田的构造演化

Franklin 砂岩顶部的红色部分示意性指示了在远离 Elgin 油田的顶部构造方向上（这个顶部构造由下伏 Rotliegend 断块顶部支撑），从顶部 B 浊积相夹层向 Shearwater 和 Glenelg 有变厚的趋势。该条剖面位置在图 17.1 和图 17.8 中被标出

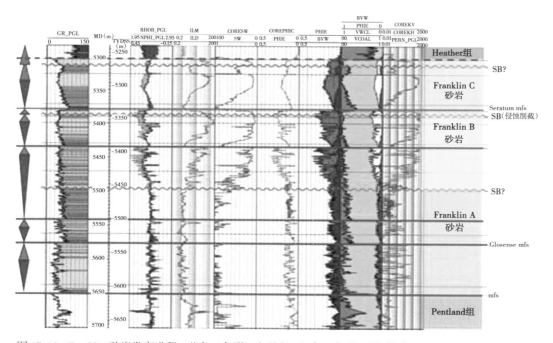

图 17.16 Franklin 砂岩发育进积（蓝色三角形）和退积（红色三角形）叠加样式（Elgin 油田井 22/30c-8）
GR_PGL—标准伽马测井；MD—测量深度（m）；TVDSS—水下真实垂向深度（m）；RHOB_PGL—体积密度测井；NPHI_PGL—中子孔隙度；ILM/ILD—中探感应测井/深探感应测井；CORESW—岩心含水饱和度；SW—含水饱和度测井；COREPHIC—岩心校正总孔隙度；PHIE—有效孔隙度测井；PHIB—密度孔隙度；BVW—含水体积；VWCL—湿黏土体积；VCOAL—煤体积；COREKV—岩心垂直渗透率；COREKH—岩心水平渗透率；PERM_PGL—计算渗透率

因层序地层学方法用来在 Franklin 砂岩中识别出多个进积和退积层序（Lasocki 等，1999）。然而，由于缺少粒度大小分级，以及低页岩含量，尤其是对于大于 500m 的井距，旋回相关性并不确定。Lasocki 等（1999）的工作由 Wonham 等（2002）接替，在油田范围内大量岩心的研究基础上（达 1300m），运用测井数据、岩心沉积学（尤其是遗迹化石分析）、岩心化学地层学、光谱伽马测井和岩相数据点，建立了一个完善的储层内部相关性。这些研究强调了储层内部存在一个重要的侵蚀事件（图 17.17；Wonham 等，2002）。

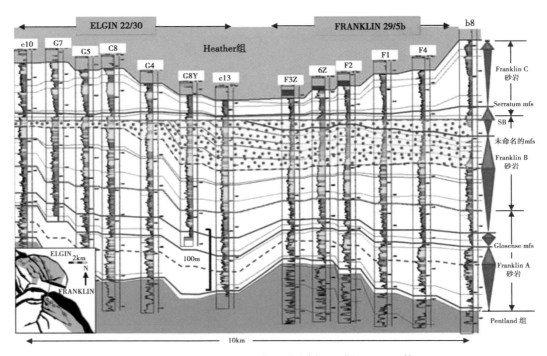

图 17.17　Elgin 油田和 Franklin 油田对比剖面（据 Wonham 等，2002）
与早期 Lasocki 等（1999）的对比剖面一致。在本次对比剖面中，Franklin B 砂岩的上部在 Elgin 油田北部明显被削截，在这个区域骨针砂岩被侵蚀殆尽（黄色绿点）

在几口井的岩心中观察到侵蚀面（Elgin 的井 22/30c-13；Franklin 的井 29/5b-6 和 Glenelg 的井 29/4d-4；图 17.18）。在井 29/5b-6，这个侵蚀面被具突变底面的滞留沉积体覆盖（达 1m 厚），由基质支撑的泥质碎屑、砾石和牡蛎贝壳等构成。滞留沉积覆盖在厚层具生物扰动、含少量黏土的砂岩层之上（Franklin B 砂岩），被解释为下临滨—过渡区沉积。在侵蚀底面之上是纯净的砂岩（厚达 9m），由基底滞留沉积及其上覆无构造、纯净、细粒—极细粒的砂岩构成（达 2m 厚），这套砂岩向上具粒序变化，渐变为层状或者块状砂岩（达 6m 厚）。层状砂岩上部 1m 生物扰动作用增强，标志着回到了钻孔发育的近海过渡区环境，与具有侵蚀底面的沉积环境相似。这套 9m 厚的沉积序列构成了 Franklin C 砂岩的底部。

Franklin C 砂岩的底部侵蚀界面使下伏砂岩受到不同程度的侵蚀（图 17.17 所示上 Franklin B 砂岩黄色带点的部分）。这套砂岩由于发育 *Rhaxella* 海绵骨针而具较高的孔隙度。

Franklin B 砂岩是油田最厚和最重要的储集岩。这套上 Franklin B 砂岩沉积于长期的退积阶段，而下 Franklin B 砂岩沉积于此前的进积阶段（图 17.17）。然而，在 Franklin C 砂岩底部侵蚀性的不整合面造成了 Franklin B 砂岩厚度明显的变化。从南部到北部，Franklin B

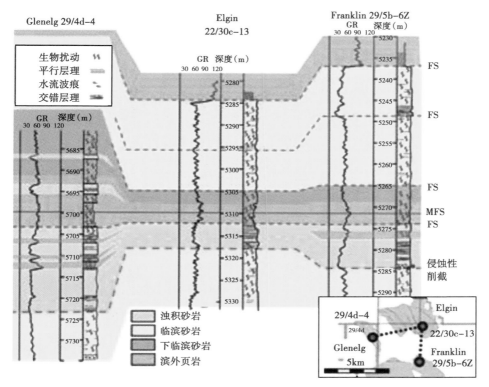

图 17.18 Glenelg 油田、Elgin 油田和 Franklin 油田岩心对比剖面
展示了浊流成因的平行层理砂岩覆盖在削截面上，局部发育砾石滞留沉积（Franklin 油田井 29/5b-6）

砂岩从 90m 厚向上被侵蚀达仅 10m 厚。而且，这种变薄的现象在同一个方向出现，在这个方向砂岩的原始厚度是变大的（如图 17.17 所示，这种趋势从侵蚀残留准层序的厚度变化中可以看出）。受到相应的影响，沉积中心迁移到侵蚀区。不同程度的侵蚀作用产生了大量的含有 Rhaxella 海绵骨针的碎屑流，产生了较高的次生孔隙度。

Lasocki 等（1997）注意到对滞留沉积和上覆平行层理砂岩有几种可能的解释，最终可以揭示储层对比和展布趋势。这套砂岩覆盖在侵蚀界面上，最初被解释为块体流沉积（Lasocki 等，1997）。接下来，这套砂岩的底部被重新解释为平坦的海退面，在这个界面上发生了尚不明确的侵蚀作用。界面上覆的无构造—平行层理砂岩被解释为高能前滨或者临滨环境。后来，Jeremiah 和 Nicholson（1999）在 Shearwater 油田井 29/5b-6 和附近的井 22/30b-11 发现了同一套沉积。在井 22/30b-11，厚层的平行层理砂岩被解释为在如 SJU310 这样的主要侵蚀面上沉积的浊流成因的块体流砂岩。其他钻井岩心对这套平行层理砂岩的描述是不连续、分米级厚度、被粉砂岩分隔的岩层（比如 Glenelg 井 29/4d-4；图 17.18）。

这套平行层理砂岩在本文解释为广布的、浊流成因的块体流沉积，并且认为其覆盖在侵蚀面上，这个侵蚀面是由海侵对临滨沉积的再作用而产生的（图 17.19），也可能包括早期陆上侵蚀作用。再作用期间，风暴事件沉积形成风暴层，实现了砂体的重新分布。虽然砂岩在侵蚀区广泛分布，但在局部也可以是不连续的。很多学者在过去对风暴控制的陆棚区风暴层或者浊积岩的成因有争论。比较著名的是 Walker（1985a，b），他认为浊流的触发机制有地震、沉积物垮塌或者风暴潮能量降低。在 Elgin-Franklin 地区，由透镜体形成引起的断层可以导致地震和沉积物垮塌。然而，构造和热带风暴都可以在中央地堑产生浅水浊流。相似的作用在其他浪控陆棚也有发现（Pattison 等，2007）。

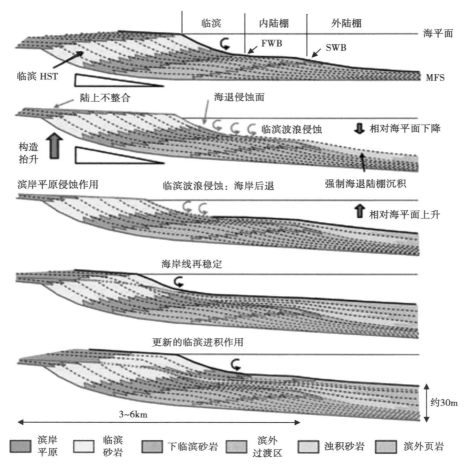

图 17.19　滨外浊积砂岩由构造运动对早先临滨沉积的再作用形成

图中所示的临滨沉积特征基于 Gowland（1996）的研究成果。相对海平面下降之后临滨波浪的再作用以及强制海退的概念基于 Catuneanu（2006）的图 4.23。HST—高位域；MFS—最大洪泛面；FWB—晴天浪基面；SWB—风暴浪基面

基于更多钻井资料的解释，Franklin C 砂岩底部发育侵蚀性不整合，这个不整合在 Elgin 油田北部向下伏 Franklin B 砂岩切入 90m（图 17.17）。这个侵蚀作用发育的位置反映了盐运动、沉积物负载和 Elgin 豆荚在下伏 Rotliegend 上着陆之间动力学上的相互作用（图 17.15）。不整合面上的 Franklin C 砂岩揭示了不整合面下的 Franklin B 砂岩由于从透镜体充填到透镜体垮塌的变化而产生的不同厚度变化趋势。Franklin C 砂岩的厚度变化趋势与上覆 Heather 页岩地层一致，并且与通过对 Franklin B 砂岩对比而识别出的准层序厚度变化具明显差异（图 17.17）。因此，沉积作用受构造和从临滨沉积到浊流沉积演化的共同控制（图 17.19）。

以上对储层内侵蚀面的对比和成图，使得侵蚀面上下砂岩准层序的对比更准确，也完善了基于测井、岩心相和岩石物理的储层质量的编图。最重要的是，新的地层图更好地捕捉到近源—远源的相序变化，这种变化对储层质量具有控制作用。结合构造模式的变化，发现有

两个最重要的因素影响了油田含油体积计算。

### 17.5.4 实例研究4：Fulmar油田B型—再活化的透镜体

在Fulmar油田，Ribble砂岩段代表了Fulmar砂岩沉积的最后阶段（Johnson等，1986；Robinson，1990；Stockbridge和Gray，1991；Clelland等，1993；Kuhn等，2003；图17.3，图17.20）。对Ribble砂岩段最早的研究是在钦莫利阶页岩中识别出不连续的朵体或席状砂体（Robinson，1990），并将其解释为浊流成因。Stockbridge和Gray（1991）将Ribble砂岩段描述为一套可清楚识别的、薄层的、向构造顶部尖灭的砂岩。有种假设是Ribble砂岩段可能来自Auk Horst的侵蚀作用（Clelland等，1993；Robinson，1990）。Kuhn等（2003）的研究认为Ribble段的浊积岩来自附近的临滨砂岩或者西北部的某个物源区。沉积搬运方向是东南方向（图17.10；Kuhn等，2003），并且受到北西—南东方向走滑的古断层影响。

Kuhn等（2003）的研究也指示了Ribble砂岩段发育高度生物扰动的远端临滨沉积和浊流沉积的互层。Kuhn等（2003）也在Fulmar油田做了地层研究（图17.20），认为很难解释Ribble临滨沉积和较深水浊流沉积密切互层的原因。这个问题最后被Robinson（1990）解决，他提出了四个不同的模式来解释相对较快的相变，这种相变是在380m的地层内从块状浊积砂岩（相T4）变化到生物扰动粉砂岩（相T5，浅水陆棚粉砂岩）（图17.21）。这些模式是：（1）相T5，发育在深海槽附近的局部构造高地，在深海槽发育相T4和T3；（2）相T4，充填在相T5内的侵蚀水道；（3）相T5，天然堤溢岸沉积，横向与浊积砂体水道相T4和T3相接；（4）盐脊，形成了盆地内斜坡，发育相T5。在这些模式中有一个基本的假设是构成Ribble砂岩段的沉积物来自Auk Horst。Kuhn等（2003）支持断层控制的高地上相T5的沉积作用，但是指出Ribble砂岩段可能来自更老的上侏罗统砂岩再沉积作用。

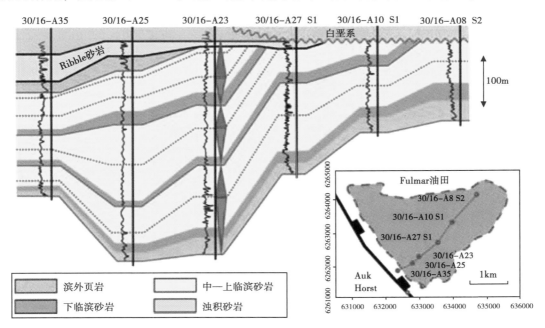

图17.20　Fulmar油田地层对比剖面

展示了Fulmar组临滨砂岩的削截作用和再作用形成的Ribble段浊积砂岩（Kuhn等，2003）。伽马测井指示了黏土含量的变化

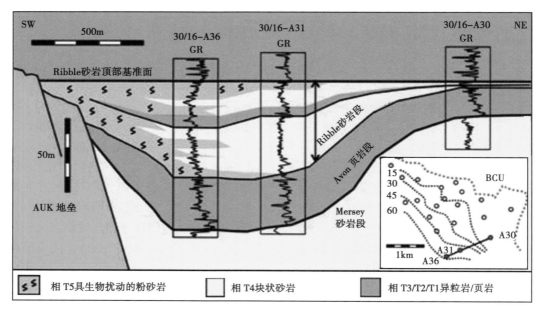

图 17.21 Ribble 砂岩段的侧向快速相变（据 Robinson，1990）
关于沉积相的具体描述详见正文。插图中标明了井的位置和单元厚度（等值线单位：m）。
BCU—白垩系底部不整合；GR—伽马测井曲线

由于两口钻井（30/16-A36 和 30/16-A31）没有进行构造划分的证据，因此，Robinson 提出的很多模式并不被支持。并且，没有有力的证据证明 Ribble 砂岩段的沉积物来自 Auk Horst。在矿物学上，Ribble 砂岩是长石质的，或者亚长石质的，这与下部 Fulmar 组临滨砂岩的组分很相似。Ribble 砂岩可能是从早期下伏临滨砂岩抬升到北东方向的 Ribble 砂岩沉积区，这样就可能来自 Auk Horst。

本文认为观察到的相变反映了在浊积砂岩中沉积能量的快速降低，浊流过程很快消失。较低的能量背景和沉积物中泥质含量的增加导致生物扰动作用的增强，这造成了相 T5 具有与相 T4 截然不同的结构特征。这种相变被解释为如图 17.19 所示的沉积模式，临滨砂岩受到局部构造抬升、海侵期临滨侵蚀作用和再作用而形成浊流成因的块体流砂岩。Kuhn 等（2003）认为下伏于 Ribble 砂岩段的临滨砂岩在 Fulmar 油田构造顶部受到侵蚀作用（图 17.20）。这些受到侵蚀的临滨砂岩是 Ribble 砂岩段的物质来源，而不是位于西部的 Auk Horst。这个观点被在井 30/16-A31 和井 30/16-A36 观察到的相变所支持，相变指示了南西方向的能量较北东方向的能量低（图 17.21）。

Elgin—Franklin 和 Fulmar 油田有相同的构造—地层背景（B 型再活化豆荚背景），并且，显示了如下相似的地层和沉积特征：（1）在再活化的豆荚构造内发育原始的临滨沉积；（2）豆荚在 Rotliegend 上着陆之后，在侵蚀性不整合上发育浊积砂岩。如图 17.10 所示，在豆荚垮塌过程中发育的断层活动使得再作用的临滨砂岩作为浊流沉积而远离豆荚顶部。在两个油田都有构造反转和沉积物从源到汇的再分配。

### 17.5.5 实例研究 5：Jacqui 浊积岩 B 型—再活化的透镜体

钻井研究（井 30c/13-3、30c/13-4、30c/13-6 和 30c/13-7）表明，Jacqui 地区Freshney

砂岩段是浊积砂岩。这些井展示了从南东到北西方向，从砂质临滨到远端近海沉积的转化（图 17.5）。然而，该地区分散发育的上覆浊积砂岩显示了不同的变化趋势。浊积砂岩的相关性并不明确，指示了砂体的朵体形态或者是西部 Joanne Horst 明显的构造抬升对浊流沉积作用的影响。地震测线（图 17.22）显示了明显的抬升和 Rotliegend 下盘之上的地层变陡，这样，先前沉积的临滨砂岩和三叠纪沉积物被侵蚀并短距离搬运到浊流沉积区域。因此，这些浊积砂岩是高密度或者低能量浊流快速沉积卸载形成的，这个过程与 Elgin—Franklin—Shearwater 油田和 Fulmar 油田浊流沉积相似。与这些油田不同，Jacqui 地区透镜体形成的时间很晚，以至于在透镜体内部发育浊流沉积，而不是像其他实例那样浊流沉积发育在透镜体的边侧。

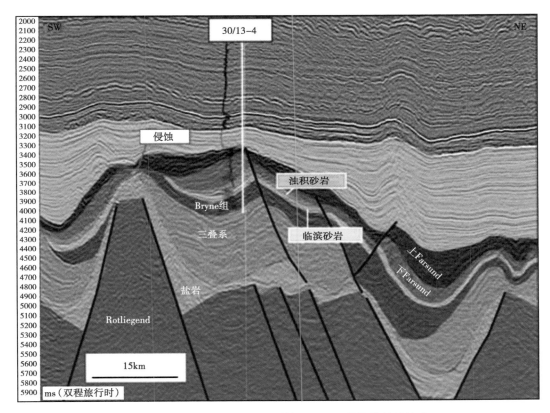

图 17.22　Joanne Horst 向西到井 30/13-4 的临滨砂岩抬升

说明早先临滨砂岩（黄色）被再作用并再沉积形成 Freshney 段浊积岩（橙色）。

该条剖面位置在图 17.1 和图 17.8 中被标出

## 17.6　*Rhaxella* 海绵骨针及其对储层质量的影响

Elgin 油田和 Franklin 油田的 Fulmar 砂岩是典型的亚长石砂岩，其特征是：（1）油田范围内平均孔隙度、平均渗透率分别为 17%、25mD；（2）局部最大孔隙度、最大渗透率分别为 30%、几个达西。次生孔隙度演化在长石和海绵骨针溶解过程中得以加强。早期压实作用的影响由早期自生矿物（微晶石英和白云石）的形成而减弱，这些自生矿物构成了刚性的颗粒骨架。在埋藏期，储层内负压增高使得压实作用的影响最小化，证据是在颗粒间的边界普遍缺少明显的压溶现象。在泥质含量较高的储层，压实作用更强，以次生孔隙为主。

在细粒砂岩中，对原始孔隙度最大的控制因素由 Lasocki 等（1999）总结如下：（1）散布的黏土堵塞孔隙（黏土含量达 37%），这与临滨近源—远源的走向以及生物扰动作用对黏土重新分布相关；（2）碳酸盐胶结作用，局部富集，在淘洗过的双壳层发育加大边（比如井 22/30c-13），主要由白云石和铁白云石组成（Hendry 等，2000a，b；Burns 等，2005）；（3）石英加大胶结；（4）晚期形成的焦沥青堵塞大概 2% 的孔隙。

影响次生孔隙度的因素有很多：（1）海绵骨针溶解以及微晶石英衬边产生次生孔隙（Walgenwitz 和 Wonham，2003）；（2）长石溶解（Wilkinson 等，1997，2006）；（3）碳酸盐碎屑溶解（双壳碎屑）。油气注入对石英加大的抑制作用和对孔隙的保存作用是有争议的（Osborne 和 Swarbrick，1997；Wilkinson 等，2006；Taylor 等，2010）。然而，骨针溶解发生在埋藏过程的早期阶段，在油气充注之前，产生的次生孔隙对整体孔隙度有重要贡献。骨针溶解产生的孔隙，由于其次生特征以及孔隙连通性有限，并不能增加渗透率。具有骨针孔隙的含油砂岩在凝析气田比油田的产量更高。

*Rhaxella* 海绵骨针在很多油田都有研究，比如 Gyda 油田（Aase 等，1996）、Clyde 油田（Stevens 和 Wallis，1991）和 Fulmar 油田（Johnson 等，1986；Kuhn 等，2003），在这些油田这套砂岩以两种不同的混杂夹层出现（Ribble 砂岩第 3 单元下 USK 砂岩和 Clyde 砂岩）。骨针可以发育在辛涅缪尔阶—钦莫利阶不同的岩石中（Vagle 等，1994）。在 Moray Firth 是牛津阶粉砂岩或者细砂岩，并且大量存在于 Alness Spiculite 组地层（Johnson 等，2005）。

早期骨针溶解和再沉淀是由蛋白石—A 硅质组分固有的不稳定造成的（Hendry 和 Trewin，1995）。海绵骨针溶解和长石溶解可以贡献总孔隙度的一半。在岩石薄片中可以观察到圆形或者椭圆形的骨针孔隙（图 17.23）。孔隙的外表被微晶石英胶结（Bloch 等，2002；Walgenwitz 和 Wonham，2003；Taylor 等，2010），并且，微晶石英晶体可以抑制石英颗粒边界上的压溶作用（Osborne 和 Swarbrick，1999）。海绵骨针溶解形成的次生孔隙度主要发育在上部海侵序列，以临滨准层序退积堆积为特征（Wonham 等，2002；图 17.24）。这些特征对储层质量编图的意义在于在孔隙度—渗透率交会图中可以对比以下特征：（1）退积的，含有骨针的上 Franklin B 砂岩；（2）进积的，不含骨针的下 Franklin B 砂岩（图 17.25）。这个交会图强调了孔隙度和渗透率与上、下 Franklin B 砂岩的关系。

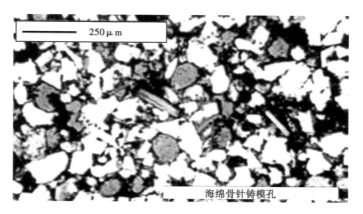

图 17.23 *Rhaxella* 海绵骨针溶解产生的次生孔隙
孔隙空间的内衬边充填微晶石英抑制了石英次生加大

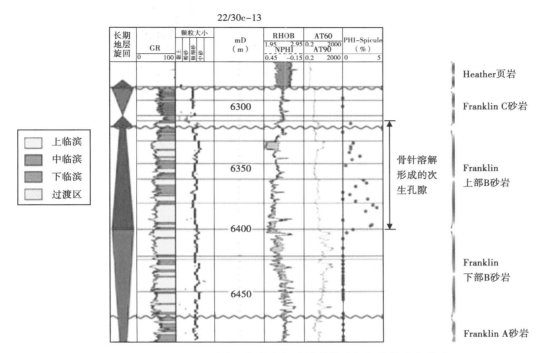

图 17.24　Franklin B 砂岩上部发育与海绵骨针溶解相关的次生孔隙

GR—伽马测井；MD—测量深度（m）；RHOB—体积密度；NPHI—中子孔隙度；AT60—中电阻率；
AT90—深电阻率；PHI-SPIcule—岩相学估算的与骨针溶解有关的岩心次生孔隙度

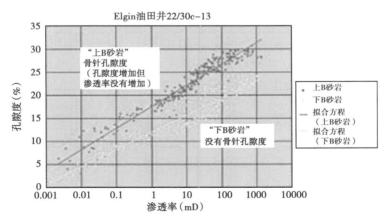

图 17.25　进积下 B 砂岩和退积上 B 砂岩（图 17.17）的孔隙度—渗透率关系对比

可以得到由海绵骨针溶解而产生的次生孔隙度

上 Franklin B 砂岩含有大量的骨针，可以反映在退积阶段早先下临滨相 S3 较低的沉积速率。Ajdukiewicz 等（2001）认为骨针在海侵体系域较远端的区域最为普遍，这是因为这个区域具有清水环境且碎屑物质注入有限，这对骨针的发育提供了有利条件。早期研究（Cannon 和 Gowland，1996）发现退积序列具有较低的渗透率，但并没有确定这是否与骨针的发育有关联。Gowland（1996）推测在陆棚沉积环境发育大量骨针。然而，对含骨针砂岩退积特征的观察更有助于实现预测。Gowland（1996）也指出孢粉相数据显示了富含骨针的 Fulmar 沉积中沟鞭藻囊孢含量增加，并且囊状花粉含量也相对较高。这是由退积序列分布更密集造成的。

## 17.7 讨论

本文的主要认识挑战了以往中央地堑地层学和沉积学中的很多观点，最重要的认识如下：（1）可以在盆地周围追踪同期界面来确定层序界面或者与其相关的不整合；（2）引入浊流沉积，发育在海平面控制的低位体系域时期；（3）浊流沉积指示深水环境。这些认识基于区域研究，但是并无法由局部研究实例来支撑，正如本文所述，临滨砂岩和浊流成因的块体流砂岩之间具有复杂的关系。

在前人的研究中，层序界面被用于区域性对比（Donovan 等，1993）。在上侏罗统剖面低位体系域中解释出大概有 8 个层序界面（Partington 等，1993b）。然而，本文认为，基于大量的地震剖面实例，前人假设与下切谷相关的侵蚀面更有可能由于局部构造变化而在不同时期均有发育。而且，本文认为在牛津期中央地堑这样强烈的浪控环境，由于在海侵阶段临滨砂岩被侵蚀，层序界面被保存下来的几率极小。这也是缺少等时陆上沉积的原因。

近期的研究对北海中央地堑层序地层做了进一步细化，涉及以下四个主要概念：（1）砂岩沉积环境；（2）准层序堆积样式分析；（3）最大洪泛面对比；（4）主要侵蚀面的识别。基于 Elgin 油田和 Franklin 油田的大量钻井资料，认为局部构造变化和同期的（接下来的）在透镜体附近的浊流沉积有密切关系，这种局部构造变化与三叠系透镜体形成相关，在透镜体顶部上形成了侵蚀面。认为在 Fulmar 油田具有一个相似的关系，三叠系—侏罗系透镜体形成导致了构造顶部（反转高地）临滨砂岩的侵蚀性再沉积以及在构造侧翼浊积砂岩的沉积。

在很多地区都发现浊积砂岩直接覆盖在临滨（Shearwater 油田井 UK-22/30b-11）或者临滨—陆棚过渡沉积之上（Jacqui 地区井 UK-30/13-3）。浊积砂岩广泛发育在 J45 Serratum MFS 之后。而局部构造演化为这些砂岩提供了物质来源，因此，仍然认为浊流沉积与裂谷作用的速度增加有关。对于从盆地中央（井 NO-2/4-20；图 17.5）到盆地边缘（井 NO-2/1-4；图 17.5）的临滨沉积的认识是一致的，临滨沉积广泛发育在 J56 Rosenkrantzi MFS 之上。

浊流沉积增加和裂谷作用增强之间的关联可以通过如下与层序相关的沉积事件得以实现：（1）伸展性断层运动速率的增加；（2）主要断层影响的盐运动和在断块顶部局部不同的盐运动；（3）透镜体形成速率的增加以及临滨砂岩侵蚀性再作用形成浊积砂岩。在 Serratum 和 Rosenkrantzi 最大洪泛面沉积期间，正常的临滨沉积模式逐渐被局部构造作用破坏。促使浅水浊流沉积快速发育的因素越来越多。最重要的是透镜体形成以及先前沉积的临滨砂岩相应的侵蚀作用。

当盆地沉降加深，这些因素就不多了。同样地，浊流沉积搬运距离可能并不大，可能仅有 1~5km（图 17.26）。浊积砂岩被解释为仅发育在陆棚区域，在这个区域，由于最初的构造抬升和接下来海侵时期的临滨侵蚀作用，沉积物供给速率大。不能排除河流相低位体系域通过高密度流输送浊流沉积至陆棚的可能性，但是在研究区并没有发现该体系域的存在。相反地，研究表明着陆构造顶部的侵蚀作用更可能为浊积或风暴砂岩提供物源。

在过去的几年中，对滨海沉积的重新研究都发现了浊流沉积。Pattison 等（2007）回顾了这些研究，认为坎潘阶临滨到 Utah Book Cliffs 陆棚地层资料表明，需要修改临滨—陆棚沉积相模式从而将这些研究中富含浊流沉积的陆棚模式包含进来。其他对西部内陆的研究也将早先浊流沉积的解释修改为浅水滨海环境，比如 Ricinus 油田 Cardium 组（Walker，1985c，1995）。美国西部内陆的前陆盆地白垩系具有非常不同的构造背景，尤其是引入现代沉积研究的新进展后，重新发现在浅水区域也发育浊流沉积（Pattison 等，2007）。这些研究说明浊流沉积并不仅仅指示水深的增加。在 Elgin—Franklin 油田和 Fulmar 油田观察到的临滨沉积和浊流沉积互层说明构造增强的海退侵蚀作用之后发育海侵冲刷侵蚀作用，这种相关的机制更能解释在这些地区发育的侵蚀作用和浊流成因的块体流沉积（图 17.26）。

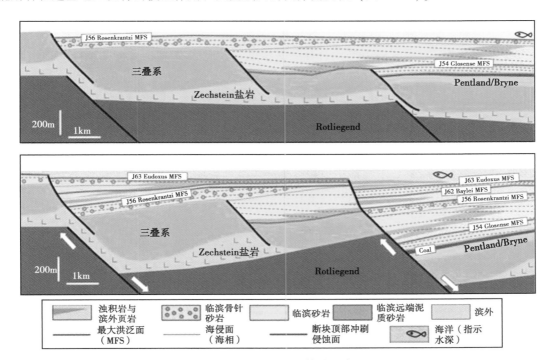

图 17.26 构造—沉积模式示意图
展示了断块顶部临滨砂岩的再作用，最后在海侵期退积沉积序列中造成含骨针砂岩被削截

综上所述，四种局部构造背景解释了四种牛津期—钦莫利期中央地堑发育的浊流沉积，这质疑了是否有证据表明在中央地堑是由全球海平面升降而导致盆地周围低位体系域下切谷形成广布的、可确定年代的浊流沉积。本文的结论与 Underhill（1991）所做的 Inner Moray Firth 晚侏罗世地震地层学研究结论一致，Underhill 认为在伸展型盆地，由于大量的局部构造运动和沉积过程可能在原始的海平面变化印迹上再作用，这些特征表现为地震上超和下超。

## 17.8 结论

（1）根据三种构造—沉积模式 A、B 和 C，在北海中央地堑沉积的上侏罗统砂岩可以被划分为不同类型。这些构造—沉积模式的划分是依据裂谷演化、地理位置（裂谷边缘或者裂谷中心）以及由于 Zechstein 盐岩的替代作用而引起的三叠系透镜体在 Rotliegend 形成。

（2）上侏罗统浅海砂岩发育的主要侵蚀面与构造运动密切相关。这些侵蚀面也可能不是盆地范围的层序界面,而是反映盆地局部动力和地形演化过程的界面。最大洪泛面为全盆对比提供了可靠依据。

(3) 侵蚀削截的识别更好地解释了构造和沉积之间的关系。侏罗系内部受构造控制高地上的侵蚀作用如下:①断块顶部;②透镜体形成,引起抬升和陆上侵蚀或者水下临滨对早先沉积的牛津阶临滨砂岩的再作用。

(4) 构造抬升引起局部的强制海退以及相关的临滨侵蚀作用。这种侵蚀作用形成了风暴流,经过再沉积形成浊流。浊流沉积经过短距离搬运(几千米),在主断层的上盘等低洼处沉积下来。本文展示的五个研究实例说明局部构造的控制作用可以解释:①局部不整合的发育;②牛津期—早钦莫利期局部的浊流沉积。

(5) 某些早先对上侏罗统砂岩的解释需要修正。在上侏罗统形成三级层序界面的时期,下切谷发育经历了几个阶段(Partington 等,1993b),这种说法缺乏沉积学证据。然而,有证据表明浊积砂岩在盆地历史的各个时期都有发育。而这些浊积砂岩与近源河流体系之间,以及与下切谷之间的关系尚不明确。这些浊积砂岩由以下因素触发:①局部构造抬升引起断层下盘下降;②由于相对海平面下降而引起风暴浪对临滨沉积的侵蚀作用。

(6) 海侵时期发育的退积叠加的临滨砂岩普遍富含骨针。这与低能临滨环境下较低的沉积物供给有关,这种环境下形成了退积叠加的临滨砂岩准层序组。含骨针的砂岩层对于地层对比,以及识别侏罗系内其他块状临滨砂岩的侵蚀削截界面有重要作用。

## 致谢

本次研究是 Total E&P 挪威—Total E&P 英国联合团队的地质家和地球物理家几年来在包含 1000 多口数据的数据库基础上所做的深入研究。感谢英国 Elgin—Franklin 项目的投资合作人(Eni,BG 国际,Ruhrgas,Esso,Chevron,Dyas 和 Oranje-Nassau),是他们允许发表 2002 年完成的 Elgin—Franklin 对比更新数据。本次研究的一部分首先在同年的 Houston AAPG 年会上发表。同时感谢挪威许可证 PL018、PL044 和 PL146 得以允许从这些地区发表数据:在 PL146/333 的 Statoil,Statoil,ConocoPhillips,Eni 挪威和 PL018/044 的 Petoro。Total E & P 很多地学家对本次研究提供指导和帮助,尤其是:J. Suiter,F. Walgenwitz,C. Gout,A. Jourdan,M. Dougherty,B. Magnier,D. Michoux,P. Stinson,A. Braghiroli 和 C. Mathieu。感谢他们的付出。同时感谢 T. McKie,H. D. Johnson 和 R. Ravn 对本文的审稿和提出的修改意见。

## 参考文献

Aase, N. E., Bjorkum, P. A. and Nadeau, P. H. (1996) The effect of grain-coating microquartz on preservation of reservoir porosity, *AAPG Bull.*, 80, 1654-1673.

Ajdukiewicz, J. M., Paxton, S. T., Jennette, D. C., Nicholson, P. H. and Erratt, D. (2001) *Reservoir Quality Controls in the Deep Fulmar Formation, Central North Sea* (Abstract). AAPG Annual Convention, Denver, Colorado.

Armstrong, L. A., Ten Have, A. and Johnson, H. D. (1987) The geology of the Gannet Fields, Central North Sea, UK Sector. In: *Petroleum Geology of North West Europe*, (Eds J. Brooks and K. W. Glennie), pp 533-548. Graham and Trotman, London.

Bartholomew, I. D. (1993) Structural styles and their evolution in the North Sea area Introduction and review. In: *Petroleum Geology of Northwest Europe: Proceedings of the 4th Conference* (Ed. J. R. Parker), pp 1081–1082. Geological Society, London.

Bartholomew, I. D., Peters, J. M. and Powell, C. M. (1993) Regional structural evolution of the North Sea: oblique slip and the reactivation of basement lineaments. In: *Petroleum Geology of Northwest Europe: Proceedings of the 4th Conference* (Ed. J. R. Parker), pp 1109–1122. Geological Society, London.

Bjørnseth, H. M. and Gluyas, J. (1995) Petroleum exploration in the Ula Trend. In: *Petroleum Exploration and Exploitation in Norway* (Ed. S. Hanslien), *NPF Spec. Publ.*, 4, 85–96. Elsevier, Amsterdam.

Bloch, S., Lander, R. H. and Bonnell, L. (2002) Anomalously high porosity and permeability in deeply buried sandstone reservoirs: origin and predictability. *AAPG Bull.*, 86, 301–328.

Bouma, A. H. (1962) *Sedimentology of Some Flysch Deposits: a Graphic Approach to Facies Interpretation*. Elsevier, Amsterdam.

Brown, A., Mitchell, A. W., Nilssen, I. R., Stewart, I. J. and Svela, R. T. (1992) Ula Field: relationship between structure and hydrocarbon distribution. In: *Structural and Tectonic Modelling and its Application to Petroleum Geology* (Eds R. M. Larsen, H. Brekke, B. T. Larsen and E. Talleraas), *NPF Spec. Publ.*, 1, 409–420. Elsevier, Amsterdam.

Burns, F. E., Burley, S. D., Gawthorpe, R. L. and Pollard, J. E. (2005) Diagenetic signatures of stratal surfaces in the Upper Jurassic Fulmar Formation, Central North Sea, UKCS, *Sedimentology*, 52, 1155–1185.

Cannon, S. J. C. and Gowland S. (1996) Facies controls on reservoir quality in the Late Jurassic Fulmar Formation, Quadrant 21, UKCS. In: *Geology of the Humber Group: Central Graben and Moray Firth, UKCS* (Eds A. Hurst, H. D. Johnson, S. D. Burley, A. C. Canham and D. S. MacKertich) *Geol. Soc. London Spec. Publ.*, 114, 215–233.

Carruthers, A., McKie, T., Price, J., Dyer, R., Williams, G. and Watson, P. (1996) The application of sequence stratigraphy to the understanding of Late Jurassic turbidite plays in the Central North Sea, UKCS. In: *Geology of the Humber Group: Central Graben and Moray Firth, UKCS* (Eds A. Hurst, H. D. Johnson, S. D. Burley, A. C. Canham and D. S. MacKertich), *Geol. Soc. London Spec. Publ.*, 114, 29–46.

Catuneanu, O. (2006) *Principles of Sequence Stratigraphy*. Elsevier, Amsterdam.

Clelland, W. D., Kantorowicz J. D. and Fens, T. W. (1993) Quantitative analysis of pore structure and its effect on reservoir behaviour: Upper Jurassic Ribble Member sandstones, Fulmar Field, UK North Sea. In: *Advances in Reservoir Geology* (Ed. M. Ashton), *Geol. Soc. London Spec. Publ.*, 69, 57–79.

Coward, R. N. (2003) The Erskine Field, Block 23/26, UK North Sea. In: *United Kingdom Oil and Gas Fields: Commemorative Millennium Volume* (Eds J. G. Gluyas and H. M. Hichens), *Geol. Soc. London Mem.*, 20, 523–536.

Davies, R. J., O'Donnell, D., Bentham, P. N., Gibson, J. P. C., Curry, M. R., Dunay, R. E. and Maynard, J. R. (1999) The origin and genesis of major Jurassic unconformities within the triple junction area of the North Sea, UK. In: *Petroleum Geology of Northwest Europe: Proceed-*

*ings of the 5th Conference* (Eds A. J. Fleet and S. A. R. Boldy), pp 117–131. Geological Society, London.

Donovan, A. D., Djakic, A. W., Ioannides, N. S., Garfield, T. R. and Jones, C. R. (1993) Sequence stratigraphic control on Middle and Upper Jurassic reservoir distribution within the UK Central North Sea. In: *Petroleum Geology of Northwest Europe: Proceedings of the 4th Conference* (Ed. J. R. Parker), pp 251–269. Geological Society, London.

Doré, G. and Robbins, J. (2005) The Buzzard Field. In: Petroleum Geology: *North–West Europe and Global Perspectives – Proceedings of the 6th Petroleum Geology Conference* (Eds A. G. Doré and B. A. Vining), pp 241–252. Geological Society, London.

Duxbury, S., Kadolsky, D. and Johansen, S. (1999) Sequence stratigraphic subdivision of the Humber Group in the Outer Moray Firth Area (UKCS, North Sea). In: *Biostratigraphy in Production and Development Geology* (Eds R. Jones and M. Simmons), *Geol. Soc. London Spec. Publ.*, 152, 23–54.

Eggink, J. W., Riegstra, D. E. and Suzanne, P. (1996) Using 3D seismic to understand the structural evolution of the UK Central North Sea. *Petrol. Geosci.*, 2, 83–96.

Erratt, D. (1993) Relationships between basement faulting, salt withdrawal and Late Jurassic rifting, UK Central North Sea. In: *Petroleum Geology of Northwest Europe: Proceedings of the 4th Conference* (Ed. J. R. Parker), pp 1211–1220. Geological Society, London.

Erratt, D., Thomas, G. M. and Wall, G. R. T. (1999) The evolution of the Central North Sea Rift. In: *Petroleum Geology of Northwest Europe: Proceedings of the 5$^{th}$ Conference* (Ed. J. R. Parker), pp 63–82. Geological Society, London.

Erratt, D., Nicholson, P. H., Winefield, P., Milton-Worssell, R. J., Cayley, G. T. and Arter, G. (2005) Exploration history of the high-pressure, high-temperature plays: UK Central North Sea. In: *Petroleum Geology: North–West Europe and Global Perspectives, Proceedings of the 6th Petroleum Geology Conference* (Eds A. G. Doré and B. A. Vining), pp 253–267. Geological Society, London.

Fleet, A. J. and Boldy, S. A. R. (1999) *Petroleum Geology of Northwest Europe: Proceedings of the 5th Conference.* Geological Society, London, 1398 pp.

Fraser, S. I., Robinson, A. M., Johnson, H. D., Underhill, J. R., Kadolsky, D. G. A, Connell, R. Johannessen, P. and Ravnås, R. (2002) Upper Jurassic. In: *The Millenium Atlas: Petroleum Geology of the Central and Northern North Sea* (Eds D. Evans, C. Graham, A. Armour and P. Bathurst), pp 157–189. Geological Society, London.

Galloway, W. E. (1989) Genetic stratigraphic sequences in basin analysis I: Architecture and genesis of flooding surface bounded depositional units. *AAPG Bull.*, 69, 125–142.

Gilham, R., Hercus, C., Evans, A. and de Haas, W. (2005) Shearwater (UK Block 22/30b): managing changing uncertainties through field life. In: *Petroleum Geology: North–West Europe and Global Perspectives—Proceedings of the 6th Petroleum Geology Conference*, (Eds A. G. Doré and B. A. Vining), pp 663–673. Geological Society, London.

Goldsmith, P. J., Hudson, G. and Van Veen, P. (2003) Triassic. In: *The Millennium Atlas: Petroleum Geology of the Central and Northern North Sea*, (Eds D. Evans, C. Graham, A. Armour and P. Bathurst), pp 105–127. Geological Society, London.

Gowland, S. (1996) Facies characteristics and depositional models of highly bioturbated shallow marine siliciclastic strata: an example from the Fulmar Formation (Late Jurassic), UK Central North Sea. In: *Geology of the Humber Group: Central Graben and Moray Firth, UKCS* (Eds A. Hurst, H. D. Johnson, S. D. Burley, A. C. Canham and D. S. Mackertich), *Geol. Soc. London Spec. Publ.*, 114, 185–214.

Guerin, G., Vendeville, B. C. and Raillard, S. (1998) Triassic structural distribution of the Zechstein salt in southern North Sea and consequences for further tectonic history (abstract), *Annales Geophysicae*, 16, p. C 76.

Hall, S. A. (1992) The Angus Field, a subtle trap. In: *Exploration Britain – Geological Insights for the Next Decade* (Ed. R. F. P. Hardman), *Geol. Soc. London Spec. Publ.*, 67, p. 151–185.

Hayward, R. D., Martin, C. A. L., Harrison, D., Van Dort, G., Guthrie, S. & Padget, N. (2003) The Flora Field, Blocks 31/26a, 31/26c, UK North Sea. In: *United Kingdom Oil and Gas Fields, Commemorative Millenium Volume* (Eds J. G. Gluyas and H. M. Hichens) *Geol. Soc. London Mem.*, 20, 549–555.

Helgeson, D. E. (1999) Structural development and trap formation in the Central North Sea HP/HT play. In: *Petroleum Geology of Northwest Europe: Proceedings of the 5th Conference* (Eds A. J. Fleet and S. A. R Boldy), pp 1029–1034. Geological Society, London.

Hendry, J. P. and Trewin, N. H. (1995) Authigenic quartz microfabrics in Cretaceous turbidites: evidence for silica transformation processes in sandstones. *J. Sed. Res.*, 65A, 380–392.

Hendry, J. P., Wilkinson, M., Fallick, A. E. and Haszeldine, R. S. (2000a) Ankerite cementation in deeply buried Jurassic sandstone reservoirs of the Central North Sea. *J. Sed. Res.*, 70, 1, 227–239.

Hendry, J. P., Wilkinson, M. and Fallick, A. E. (2000b) Disseminated 'jigsaw piece' dolomite in Upper Jurassic shelf sandstones, Central North Sea: an example of cement growth during bioturbation? *Sedimentology*, 47, 631–644.

Howell, J. A. and Flint, S. S. (1996) A model for high resolution sequence stratigraphy within extensional basins. In: *High Resolution Sequence Stratigraphy: Innovations and Applications* (Eds J. A. Howell and J. F. Aitken), *Geol. Soc. London Spec. Publ.*, 104, 129–137.

Howell, J. A., Flint, S. S. and Hunt, C. (1996) Sedimentological aspects of the Humber Group (Upper Jurassic) of the South Central Graben, UK North Sea. *Sedimentology*, 43, 89–114.

Jackson, C. A.-L., Kane, K. E. and Larsen, E. (2010) Structural evolution of minibasins on the Utsira High, northern North Sea; implications for Jurassic sediment dispersal and reservoir distribution. *Petrol. Geosci.*, 16, 105–120.

Jeremiah, J. M. and Nicholson, P. H. (1999) Middle Oxfordian to Volgian sequence stratigraphy of the Greater Shearwater area. In: *Petroleum Geology of Northwest Europe: Proceedings of the 5th Conference* (Eds A. J. Fleet and S. A. R. Boldy), pp 153–170. Geological Society, London.

Johnson, H. D., Mackay, T. A. and Stewart, D. J. (1986) The Fulmar Oil Field (Central North Sea): geological aspects of its discovery, appraisal and development. *Mar. Pet. Geol.*, 3, 99–125.

Johnson, H., Leslie, A. B., Wilson, C. K., Andrews, I. J. and Cooper, R. M. (2005) Middle Jurassic, Upper Jurassic and Lower Cretaceous of the UK Central and Northern North Sea. British Geological Survey Research Report, RR/03/001, 42 pp.

Jones, P., Wonham, J., Sharp, D., Nordfjord, S., Ekroll, M. and Haugen, J. E. (2013) King Lear: Rewriting the Play (Abstract), *Exploration Revived* 2013: *The 5th NPF Biennial Petroleum Geology Conference*. Published by Norsk Petroleumsforening (NPF) in their conference proceedings of March 19, 2013.

Kantorowicz, J. D, Bryant, I. D. and Dawans, J. M. (1987) Controls on the geometry and distribution of carbonate cements in Jurassic sandstones: Bridport Sands, Southern England and Viking Group, Troll Field, Norway. In: *Diagenesis of Sedimentary Sequences* (Ed. J. D. Marshall), *Geol. Soc. London Spec. Publ.*, 36, 103–118.

Kuhn, O., Smith, S. W., Van Noort, K. and Loiseau, B. (2003) The Fulmar Field, Blocks 30/16, 30/11b, UK North Sea. In: *United Kingdom Oil and Gas Fields, Commemorative Millenium Volume* (Eds J. G. Gluyas and H. M. Hichens), *Geol. Soc. London Mem.*, 20, 563–585.

Landrø, M. (2011) Seismic monitoring of an old underground blowout–20 years later. *First Break*, 29, 39–48.

Lasocki, J., Lejay, A., Russell, K. and Thickpenny, A. (1997) Problematic event beds in the Franklin Sands, Well 29/5b-6, 6Z. In: *Cores from the Northwest European Hydrocarbon Province: An Illustration of Geological Applications from Exploration to Development* (Eds C. D. Oakman, J. H. Martin and P. W. M. Corbett), pp 205–214. Geological Society, London.

Lasocki, J., Guemene, J. M., Hedayati, A., Legorjus, C. and Page, W. M. (1999) The Elgin and Franklin fields: UK Blocks 22/30c, 22/30b and 29/5b. In: *Petroleum Geology of Northwest Europe: Proceedings of the 5th Conference* (Eds A. J. Fleet and S. A. R. Boldy), pp 1007–1020. Geological Society, London.

Mjelde, Ø. (1991) Geology, Pressure Prognosis and Status of Knowledge. Rock mechanics. In: 2/4-14 *Experience Transfer Seminar*, Stavanger, January 16–17, 1991, Saga Petroleum AS and Rogalands-Forskning, Stavanger, 1–14.

Morris, J. E., Hampson, G. J. and Johnson, H. D. (2006) A sequence stratigraphic model for an intensely bioturbated shallow–marine sandstone: the Bridport Sand Formation, Wessex Basin, UK, *Sedimentology*, 53, 1229–1263.

Mulder, T. and Syvitski. J. P. M. (1995) Turbidity currents generated at river mouths during exceptional discharges to the world oceans. *J. Geol.*, 103, 285–299.

Mulder. T, Syvitski, J. P. M., Migeon, S., Faugeres, I. E. and Savoye, B., (2003). Marine hyperpycnal flows: initiation, behaviour and related deposits. A review. *Mar. Petr. Geol.*, 20, 861–882.

Osborne, M. J. and Swarbrick, R. E. (1997) Mechanisms for generating overpressure in sedimentary basins: a reevaluation. *AAPG Bull.*, 81, 1023–1041.

Osborne, M. J. and Swarbrick, R. E. (1999) Diagenesis in North Sea HPHT clastic reservoirs – consequences for porosity and overpressure prediction. *Mar. Petr. Geol.*, 16, 337–353.

Parker, J. R. (1993) *Petroleum Geology of Northwest Europe: Proceedings of the 4th Conference*,

Geological Society, London.

Partington, M. A., Mitchener, B. C., Milton, N. J. and Fraser, A. J. (1993a) Genetic sequence stratigraphy for the North Sea Late Jurassic and Early Cretaceous. In: *Petroleum Geology of Northwest Europe: Proceedings of the 4th Conference* (Ed. J. R. Parker), pp 347–370. Geological Society, London.

Partington, M. A., Mitchener, B. C. and Underhill, J. R (1993b) Biostratigraphic calibration of genetic stratigraphic sequences in the Jurassic – lowermost Cretaceous (Hettangian–Ryazanian) of the North Sea and surrounding areas. In: *Petroleum Geology of Northwest Europe: Proceedings of the 4th Conference* (Ed. J. R. Parker), pp 371–386. Geological Society, London.

Pattison, S. A. J., Ainsworth, R. B. and Hoffman, T. A. (2007) Evidence of across-shelf transport of fine-grained shelf channels in the Campanian Aberdeen Member, Book Cliffs, Utah, USA. *Sedimentology*, 24, 1033–1063.

Pickering, K. T. (1995) Are enigmatic erosional sandy wavelike bedforms in Jurassic Bridport Sands, Dorset, due to standing waves? *J. Geol. Soc. London*, 152, 481–485.

Price, J., Dyer, R., Goodall, I., McKie, T., Watson, P. and Williams, G. (1993) Effective stratigraphical subdivision of the Humber Group and the Late Jurassic evolution of the UK Central Graben. In: *Petroleum Geology of Northwest Europe: Proceedings of the 4th Conference* (Ed. J. R. Parker), pp 443–458. Geological Society, London.

Rattey, R. P. and Hayward, A. B. (1993) Sequence stratigraphy of a failed rift system: the Middle Jurassic to Early Cretaceous basin evolution of the Central and Northern North Sea. In: *Petroleum Geology of Northwest Europe: Proceedings of the 4th Conference* (Ed. J. R. Parker), pp 215–249. Geological Society, London.

Ravnås, R. and Steel, R. J. (1998) Architecture of marine rift-basin successions. *AAPG Bull.*, 82, 110–146.

Ravnås, R., Nøttvedt, A., Steel, R. J. and Windelstad, J. (2000) Syn-rift sedimentary architectures in the Northern North Sea. In: *Dynamics of the Norwegian Margin* (Ed. A. Nøttvedt), *Geol. Soc. London Spec. Publ.*, 167, 133–177.

Robinson, A. J. (1990) *The Sedimentology and Stratigraphy of the Ribble Sandstone Member and Related Deposits, Fulmar Field, Central North Sea*. M. Sc. Thesis, University of Aberdeen.

Sansom, P. J. (2010) Reappraisal of the sequence stratigraphy of the Humber Group of the UK Central Graben. In: *Petroleum Geology: From Mature Basins to New Frontiers – Proceedings of the 7th Petroleum Geology Conference* (Eds B. A. Vining and S. C. Pickering), pp 177–211. Geological Society, London.

Sears, R. A., Harbury, A. R., Protoy, A. J. G. and Stewart, D. J. (1993) Structural styles from the Central Graben in the UK and Norway. In: *Petroleum Geology of Northwest Europe: Proceedings of the 4th Conference* (Ed J. R. Parker), pp 1231–1244. Geological Society, London.

Smith, R. I., Hodgson, N. and Fulton, M. (1993) Salt control on Triassic reservoir distribution, UKCS Central North Sea. In: *Petroleum Geology of Northwest Europe: Proceedings of the 4th Conference* (Ed. J. R. Parker), pp 547–557. Geological Society, London.

Spaak, P., Almond, J., Salahudin, S., Mohd Salleh, Z. and Tosun, O. (1999) Fulmar: a mature field revisited. In: *Petroleum Geology of Northwest Europe: Proceedings of the 5th Conference* (Eds A. J. Fleet and S. A. R. Boldy), pp 1089–1100. Geological Society, London.

Spathopoulos F., Doubleday P. A. and Hallsworth C. (2000) Structural and depositional controls on the distribution of the Upper Jurassic shallow marine sandstones in the Fife and Angus fields area, Quadrants 31 & 39, UK Central North Sea. *Marine and Petroleum Geology*, 17, 1053–1082.

Spencer, A. M., Home, P. C. and Wiik, V. (1986). Habitat of hydrocarbons in the Jurassic Ula Trend, Central Graben, Norway. In: *The Habitat of Hydrocarbons in the Norwegian Continental Shelf* (Eds A. M. Spencer et al.), pp 111–127, Graham and Trotman, London.

Stevens, D. A. and Wallis, R. J. (1991) The Clyde Field, Block 30/17b, UK North Sea. In: *United Kingdom Oil and Gas Fields*, 25 Years Commemorative Volume. (Ed. I. L. Abbotts), Geol. Soc. London Mem., 14, 309–316.

Stewart, I. J. (1993) Structural control on the late Jurassic age shelf system, Ula Trend, Norwegian North Sea. In: *Petroleum Geology of Northwest Europe: Proceedings of the 4$^{th}$ Conference* (Ed. J. R. Parker), pp 469–483. Geological Society, London.

Stewart, S. A. (2007) Salt tectonics in the North Sea Basin: a structural style template for seismic interpreters. In: *Deformation of the Continental Crust: The Legacy of Mike Coward* (Eds A. C. Ries, R. W. H. Butler and R. H. Graham), *Geol. Soc. London Spec. Publ.*, 272, 361–396.

Stewart, S. A. and Clark, J. A. (1999) Impact of salt on the structure of the Central North Sea hydrocarbon fairways. In: *Petroleum Geology of Northwest Europe: proceedings of the 5th Conference* (Eds A. J. Fleet and S. A. R. Boldy), pp 179–200. Geological Society, London.

Stewart, S. A., Fraser, S. I., Cartwright, J. A., Clark, J. A. and Johnson, H. D. (1999) Controls on Upper Jurassic sediment distribution in the Durward–Dauntless area, UK Blocks 21/11, 21/16. In: *Petroleum Geology of Northwest Europe: proceedings of the 5th Conference* (Eds A. J. Fleet and S. A. R. Boldy), pp 879–896. Geological Society, London.

Stockbridge, C. P. and Gray, D. I. (1991) The Fulmar Field, blocks 30/16 & 30/1 lb. UK North Sea. In: *United Kingdom Oil and Gas Fields*, 25 Years Commemorative Volume. (Ed. I. L. Abbotts), *Geol. Soc. London Mem.*, 14, 309–316.

Stow, D. A. V. and Shanmugam, G. (1980) Sequence of structures in fine grained turbidites: comparison of recent deep-sea and ancient flysch sediments. *Sediment. Geol.*, 25, 23–42.

Suiter, J., Romani, R., Arnaud, J., Hollingworth, S. and Hawkins, K. (2005) Reducing structural uncertainties through anisotropic pre-stack depth imaging: examples from the Elgin/Franklin/Glenelg HP/HT fields area, Central North Sea. In: *Petroleum Geology: North-West Europe and Global Perspectives – Proceedings of the 6th Petroleum Geology Conference*, (Eds A. G. Doré and B. A. Vining), pp. 1435–1448. Geological Society, London.

Taylor, A. M. and Gawthorpe, R. L. (1993) Application of sequence stratigraphy and trace fossil analysis to reservoir description: examples from the Jurassic of the North Sea. In: *Petroleum Geology of Northwest Europe: Proceedings of the 4th Conference* (Ed. J. R. Parker), pp. 317–335. Geological Society, London.

Taylor, T. R., Giles, M. R., Lori, A. H., Diggs, T. N., Braunsdorf, N. R., Birbiglia, G. V.,

Kittridge, M. G., Macaulay, C. and Espejo, I. S. (2010) Sandstone diagenesis and reservoir quality prediction: Models, myths and reality. *AAPG Bull.*, 94, 8, 1093–1132.

Underhill, J. R. (1991) Controls on Late Jurassic seismic sequences, Inner Moray Firth, UK North Sea: a critical test of a key segment of Exxon's original global cycle chart. *Basin Res.*, 3, 79–98.

Underhill, J. R. and Partington, M. A. (1993) Use of genetic sequence stratigraphy in defining and determining a regional tectonic control on the "Mid-Cimmerian Unconformity" – implications for North Sea Basin development and the Global Sea Level Chart. In: *Siliciclastic Sequence Stratigraphy: Recent Developments and Applications* (Eds H. W. Posamentier and P. Wiemer), *AAPG Mem.*, 58, 449–484.

Vagle, G. B., Hurst, A. and Dypvik, H. (1994) Origin of quartz cements in some sandstones from the Jurassic of the Inner Moray Firth (UK). *Sedimentology*, 41, 363–377.

Van Wagoner, J. C, Posamentier, H. W., Mitchum, R. M., Vail, P. R., Sarg, J. F., Loutit, T. S. and Hardenbol, J. (1988) An overview of the fundamentals of sequence stratigraphy and key definitions. In: *Sea-Level Changes: an Integrated Approach.* (Eds C. K. Wilgus, B. S. Hastings, H. Posamentier, J. Van Wagoner, C. A. Ross and C. G. St. C. Kendall), *SEPM Spec. Publ.*, 42, 39–45.

Van Wagoner, J. C., Mitchum, R. M., Campion, K. M. and Rahmanian, V. D. (1990) *Siliciclastic Sequence Stratigraphy in WellLogs, Cores and Outcrops: Concepts for High-Resolution Correlation of Time and Facies*, pp. 55. AAPG, Tulsa.

Veldkamp, J. J., Gaillard, M. G., Jonkers, H. A. and Levell, B. K. (1996) A Kimmeridgian time-slice through the Humber Group of the central North Sea: a test of sequence stratigraphic methods. In: *Geology of the Humber Group: Central Graben and Moray Firth, UKCS* (Eds. A. Hurst, H. D. Johnson and S. D. Burley), *Geol. Soc. London Spec. Publ.*, 114, 1–28.

Vendeville, B. C. and Guerin, G. (1998) Structural decoupling by the Zechstein salt during multiphase tectonics in the southern Norwegian North Sea (ext. abs.). In: *AAPG International Conference and Exhibition Extended Abstracts Volume* (Eds M. R. Mello and P. O. Yilmaz), Rio de Janeiro, 972–973.

Vendeville, B. C. and Jackson, M. P. A. (1992a). The rise of diapirs during thin-skinned extension. *Mar. Petr. Geol.*, 9, 331–353.

Vendeville, B. C. and Jackson, M. P. A. (1992b) Fall of diapirs during thin-skinned extension. *Mar. Petr. Geol.*, 9, 354–371.

Wakefield, L. L., Droste, H., Giles, M. R. and Janssen, R. (1993) Late Jurassic plays along the western margin of the Central Graben. In: *Petroleum Geology of Northwest Europe: Proceedings of the 4th Conference* (Ed. J. R. Parker), 459–468. Geological Society, London.

Walgenwitz, F. and Wonham, J. P. (2003) Causes for the Preservation of High Reservoir Quality at Great Depth in the HP-HT Reservoirs of the Elgin-Franklin fields, Central North Sea Graben, UK (Abstract) AAPG International Conference (September 21–24, 2003), Barcelona, Spain.

Walker, R. G. (1985a) Geological evidence for storm transportation and deposition on ancient shelves. In: *Shelf Sands and Sandstone Reservoirs* (Eds R. W. Tillman, D. J. P. Swift and R. G. Walker), *SEPM Short Course Notes*, 13, 243–302.

Walker, R. G. (1985b) Comparison of shelf environments and deep basin turbidite systems. In: *Shelf Sands and Sandstone Reservoirs* (Eds R. W. Tillman, D. J. P. Swift and R. G. Walker), *SEPM Short Course Notes*, 13, 465–502.

Walker, R. G. (1985c) Cardium Formation at Ricinus Field, Alberta: a channel cut and filled by turbidity currents in Cretaceous Western Interior Seaway. *AAPG Bull.*, 69, 1963–1981.

Walker, R. G. (1995) An incised valley in the Cardium Formation at Ricinus, Alberta: re-interpretation as an estuary fill. In: *Sedimentary facies analysis: a tribute to the research and teaching of Harold G. Reading* (Ed. A. G. Plint). *Int. Assoc. Sedimentol. Spec. Publ.*, 22, 47–74.

Wilkinson, M., Darby, D., Haszeldine, R. S. and Couples, G. D. (1997) Secondary porosity generation during deep burial associated with overpressure leak-off; Fulmar Formation, United Kingdom Central Graben. *AAPG Bull.*, 81, 5, 803–813.

Wilkinson, M., Haszeldine, R. S and Fallick, A. E. (2006) Hydrocarbon filling and leakage history of a deep geopressured sandstone, Fulmar Formation, United Kingdom North Sea. *AAPG Bull.*, 90, 12, 1945–1961.

Wonham, J., Suiter, J., Gerard, J. and Walgenwitz, F. (2002) *Reappraisal of Fulmar Formation Correlation and Impact on Reservoir Quality Distribution: Elgin and Franklin fields, UK Central North Sea (Abstract)*, AAPG Annual Meeting, Houston, Texas.

# 18 Halten 台地 Kristin 油气田 Garn 组（巴柔阶—巴通阶）成因、相体系以及原始非均质性模型

Carlo Messina　Wojciech Nemec
Allard W. Martinius　Carsten Elfenbein　著
翟秀芬　译

**摘要**：人们很早就发现位于挪威大陆架的 Halten 台地 Garn 组是在侏罗纪裂陷同构造期沉积的含气和凝析气的浅海净砂岩沉积序列。然而对于 Garn 组的成因和空间结构仍不明确且备受争议，造成储层非均质性模型过于简单。目前对 Kristin 油气田的研究结果表明，这些砂岩在活动性地堑沉降初期沉积在连通 Boreal 和特提斯开阔海的狭窄侏罗海道中。由于盆地沉降导致的相对海平面变化，形成了潮控—浪控沉积物韵律变化的沉积旋回。沉积学分析结果显示沉积过程包括潮汐沙脊的发育以及沙脊间洼地内砂岩的堆积，期间受到了间歇式风暴的影响。自从可容空间被海底冲积层填满，由脊状侵蚀和沙质支流组成的正常天气波浪作用就开始占主导地位，直到构造沉降作用造成可容空间再次增加为止。海侵—海退旋回形成了一个厚度约为 100m 的完整海侵准层序组，由于陆架构造塌陷引起的区域性裂谷阶段达到顶峰，该层序达到最大海泛面。该地层的沉积相解析对储层非均质性的研究具有重要意义，潮汐脊状砂岩是一个主要的结构单元。与周围砂岩相比，这些半孤立砂体的渗透性较强，组成了沙丘交错层，从而形成了具强烈各向异性的油气藏"迷你封存箱"。这两种类型的各向异性被认为是形成储层非均质性的主要原因，并可能是 Kristin 油气田压力迅速下降和气体采收率低的原因。由于相对含水饱和度的增大和毛管效应的迅速增大，潮汐沙脊岩石中可能封存了大量的凝析气。为了优化储层模型，对沙脊的范围进行了估算，并根据测量交错层的厚度，利用统计学方法对交错层体积的频数分布进行了估算。得出的估算值使储层模型中的砂体能够用交错层体积的实际百分比数值来解释。新的非均质性模型可能会有利于对油气藏中凝析液进行更可靠的模拟，对天然气采收率进行更好的估算。

**关键词**：沙丘交错层；相分析；挪威大陆架；准层序；沉积学；储层各向异性；统计分析；潮成沙脊

Halten 台地（图 18.1）是挪威中部海上最富含油气的地区，在下—中侏罗统碎屑岩储层中发现了许多天然气田、凝析油田和轻—中质油田（Spencer 等，1993；Koch 和 Heum，1995）。含油层位主要是下侏罗统 Båt 群和中侏罗统 Fangst 群潮控三角洲沉积物（Gjelberg 等，1987；Dalland 等，1988）。绝大多数储层由不同沉积物组成，包括不规则互层的砂岩、粉砂岩和泥岩。大量研究表明，这些沉积物的强非均质性使储层表征和提高油气采收率面临挑战（Dreyer，1992；Wen 等，1998；Jackson 等，1999；Kjærefjord，1999；McIlroy 等，1999；Martinius 等，2001，2005；McIlroy，2004；Brandsæter 等，2005；Klefstad 等，2005；Nordahl 等，2005；Ringrose 等，2005；Rivenæs 等，2005）。尽管砂岩储层中沉积构造的类型、规模和空间配置对流体流动和油气开采具有重要影响（Emmett 等，1971；Weber，

1982，1986；Weber 和 Van Geuns，1990；Zweigel，1998；Jackson 等，1999；Elfenbein 等，2005），但目前对于 Garn 组和 Fangst 群砂体和上部厚层单元的非均质性研究相对较少（Dalland 等，1988）。

目前对 Kristin 油气田（图 18.1）Garn 组的研究主要集中在对其发育特征的研究，该组地层的砂岩厚度约 100m，沉积特征显示潮汐作用强烈，并伴随有波浪作用。断层相关地势及早巴柔期相对海平面的下降使潮汐作用不断增强。利用岩心沉积学分析方法，对 Garn 组的沉积相进行了分析，以便更好地认识 Garn 组的成因和沉积非均质性。沙丘交错层是原始非均质性的一个重要元素，通过对其厚度频率分布进行统计分析，对其体积的频率分布进行了预测，以提高储层模型的质量。

目前对富含砂岩裂谷盆地中潮汐沉积物的聚集模式和潮下带厚砂岩序列中相对海平面变化方面的信息比较匮乏，本文对此也进行了重点研究。

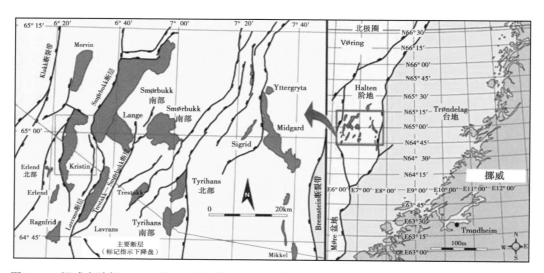

图 18.1　挪威大陆架 Halten 阶地和邻近构造单元的位置，以及 Kristin 油气田在阶地油气区中的位置
蓝线表示图 18.2（B）中横剖面的位置，红色方框表示图 18.4 中研究区的位置

## 18.1　Halten 台地

### 18.1.1　大地构造学及古地理学

挪威大陆架的构造在二叠—三叠纪、晚侏罗纪、中白垩纪和古新世的裂陷阶段期间演化（Bukovics 等，1984；Doré，1992；Doré 等，1999；Brekke 等，2001）。白垩纪伸展量最大（Pascoe 等，1999；Corfield 等，2001），古新世芬诺斯坎迪亚古陆和格陵兰岛克拉通地块最终分离，北大西洋张开。然而，直到上新世 Halten 台地才开始生成烃源岩，形成储层超压（Skar 等，1999）。

由于裂谷作用受到三叠系盐岩层的影响，在大陆边缘发育铲式拆离断层和深层平面断层（Jackson 和 Hastings，1986；Withjack 等，1989；Pascoe 等，1999；Corfield 和 Sharp，2000；Marsh 等，2010）。Halten 台地是一个倾斜阶梯状断块，走向南西—北东向，倾向北西向（图 18.2），具有地垒、地堑和半地堑结构［图 18.2（B）］。Halten 台地的现今构造并不能反映侏罗纪的构造，但是根据沉积相分布和构造恢复可以使其重现（Corfield 等，2001）。

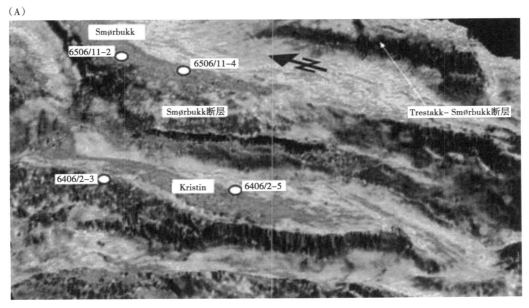

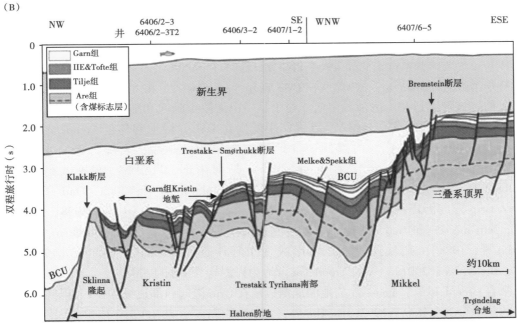

图 18.2 （A）Halten 阶地构造图东向远景图，为白垩系底部反射轴往下 48ms 视窗的地震反射强度图，采样点位于上侏罗统。低强度带（蓝色—绿色）是上侏罗纪—中侏罗纪的剥蚀造成的（据 Corfield 和 Sharp，2000）。（B）Halten 阶地地震剖面的测线方向如图 18.1 所示，BCU 标志指示白垩系区域不整合的底面（据 Martinius 等，2005，修改）

Halten 台地侏罗纪同裂谷期沉积基底最初被认为位于 Fangst 群浅海砂岩和 Viking 群浅海泥岩之间（图 18.3；Dalland 等，1988；Ehrenberg 等，1992；Koch 和 Heum，1995），但是

527

后续研究表明，裂谷阶段开始的时间较早，一直持续到早白垩世。同沉积生长断层和断层派生褶皱形成于早侏罗—中侏罗（Blystad 等，1995；Corfield 和 Sharp，2000；Corfield 等，2001；Marsh 等，2010）。这种形变对盆地结构、上盘沉积中心、沉积搬运通道和 Garn 组可容空间的发育具有重要影响（Corfield 等，2001）。

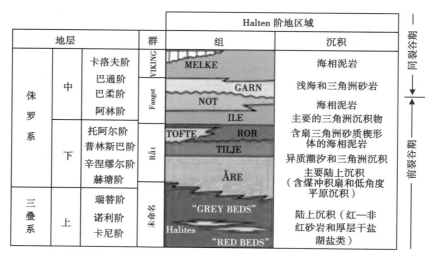

图 18.3　Halten 阶地上三叠统—中侏罗统

（据 Martinius 等，2005，修改；Dalland 等，1988，修改）

Halten 台地侏罗系位于北纬 49°—北纬 53°之间（Smith 等，1994），区域气候温暖，可能具有季节性（Hallam 等，1994）。在 Grip 隆起（Johannessen 和 Nøttvedt，2008）在白垩纪破裂之前，该隆起到 Kristin 油气田西部处于早—中侏罗纪隆起和陆上剥蚀区（Doré，1992；Brekke，2000；Brekke 等，2001）。沉积作用发生在 Halten 台地和邻近 Trøndelag 台地东部 [图 18.1，图 18.2（B）]。向南倾斜盆地具有断层相关地貌，表现为狭窄水道，宽约 250km，长超过 1500km，连接了 Boreal 和特提斯海南部，以浪控—潮控沉积作用为主（Gjelberg 等，1987；Doré，1992；Brekke 等，2001；Martinius 等，2005；Quin 等，2010）。砂岩从 Grip 隆起海岸线开始被搬运（Jongepier 等，1996；Ehrenberg 等，1998；Brekke 等，2001；Johannessen 和 Nøttvedt，2008），可能包括小型河流和扇三角洲（Gjelberg 等，1987；Dalland 等，1988）。斯坎迪纳维亚海岸线往东延伸超过 200km（Smith 等，1994；Doré，1992；Brekke 等，2001），邻近 Trøndelag 台地为以泥岩为主的陆棚区。

来自 Greenl 和东部 Jameson 陆地的证据显示在 Grip 隆起西部边缘存在一条与侏罗纪水道并行的狭窄分支（Doré，1992；Brekke 等，2001；Quin 等，2010），在该位置识别出了向南海相搬运的潮控砂质沉积体（Surlyk，1991，2003）。

## 18.1.2　侏罗系

Gjelberg 等（1987）和 Dalland 等（1988）已经建立了 Halten 台地的中生界地层格架（图 18.3）。Åre 组（赫塘阶—辛涅缪尔阶）由含煤、受冲积作用和潮汐作用影响的冲积扇沉积构成，覆盖在含盐的陆相三叠纪沉积物之上。上覆 Tilje 组（普林斯巴阶）包括了不同岩性沉积，表现为潮控沿海平原、三角洲和河口坝或河口湾。海侵序列结束于 Ror 组（普林斯巴阶上段—托尔阶），Ror 组由近海泥岩夹 Tofte 组西向三角洲砂岩楔形体组成（图 18.3）。Ile 组（托阿尔阶上段—阿林阶）发育潮控三角洲不同岩性沉积，上覆 Not 组（阿林阶至巴柔阶下段）生物扰动海相泥岩，这是另一个不整合层序，尽管顶部附近变为砂岩富集的潮控沉积。

上覆 Garn 组（巴柔阶—巴通阶）局限分布在 Halten 台地内（Brekke 等，2001），与北海北部的 Brent 组是等时地层（Helland-Hansen 等，1992）。其底部陡，大部分被剥蚀，地层包括滨岸砂岩及西侧的三角洲或前滨砾岩。Melke 组（巴柔阶—牛津阶下段）为不同岩性的潮下带沉积及生物扰动浅海泥岩。在 Trøndelag 台地东部，Melke 组是 Garn 组的等时地层（Brekke 等，2001），但是是穿时的，超覆于 Halten 台地西部后期地层（Gjelberg 等，1987；Corfield 等，2001）。

Viking 群（图 18.3）泥质低部位单元导致了中侏罗纪晚期时代早期构造破坏和西部后陆海侵。晚侏罗世裂谷冲击和海平面的显著上升加剧了古地理的变化，伴随 Trøndelag 台地近海沉积继续进行，以及缺氧、深海—半深海的环境从 Halten 台地往西延伸到演化中的 Vøring 盆地（Spekk 组；Brekke 等，2001）。走滑断块隆起的断层下盘局部遭受海底剥蚀，直到钦莫利期停止。

### 18.1.3　Kristin 油气田

Garn 组和 Ile 组（图 18.3）硅质碎屑砂岩是 Kristin 油气田主要的烃源岩储层（Helgesen 等，2000；Martinius 等，2005）。油气圈闭为构造圈闭。受控于往北延伸向东倾斜地垒断块（图 18.2），这正是 Halten 台地油气田的特征。烃源岩为上覆 Åre 组的煤和碳质页岩（Helgesen 等，2000；Martinius 等，2005；Quin 等，2010）。油气田原始油气地质储量大约 $100×10^9 m^3$ 气和大约 $100×10^6 m^3$ 凝析油，露点在 400bar 左右（Quin 等，2010）。储层深度 4600～5600m，170℃高温，911bar 高原始流体压力。油气田是 Saga Petroleum 在 1996 年发现的，于 2005 年 11 月由挪威国家石油公司开始生产。

Halten 台地深层埋藏储层孔隙度由于石英的胶结作用而逐渐减小（Bjørlykke 等，1986；Ehrenberg，1990；Walderhaug，1994，1996）。然而，Kristin 油气田 4500～5000m 深的 Garn 组砂岩具有 18%～20%的孔隙度，比区域预期的一般孔隙度/深度比值高出两倍（Ehrenberg，1993；Chuhan 等，2001）。原始空隙度保存得相对较好，有利于含伊利石和混合伊利石—绿泥石砂岩的早期成岩作用（Ehrenberg，1993；Chuhan 等，2001；Storvoll 等，2002）。

## 18.2　Garn 组

在 Kristin 油气田研究井中 Garn 组为 95～120m 厚，往北和南逐渐变薄（Quin 等，2010），在 Halten 台地的地垒中［例如台地西部边缘的 Sklinna 隆起；图 18.2（B）］，Garn 组的厚度也变薄，也可能是经过原地剥蚀。Garn 组主要包含细粒—中粒亚长石砂岩质的净砂岩（Chuhan 等，2001），含粗—特粗砂岩夹层。底部为早巴柔期区域剥蚀不整合，断块翘倾，伴随相对海平面的下降（Corfield 等，2001）。从邻近的 Smørbukk 和 Smørbukk 南部区域生物地层学数据来看，尽管在地震剖面上显示底部具有低角度不整合伴随超覆，但是仍可大致认为是等时的。上覆 Not 组的剥蚀削截程度有限，可能不超过 5～10m，甚至仅在构造高点上（Corfield 等，2001）。

Garn 组相对低部位砂岩最大沉积区位于向斜轴部，主要为以断层或隐伏断层褶皱为边界的早期地堑和（或）半地堑。相反，最上部砂岩以进积楔形体的形式逐步进入邻近构造高点，与 Melke 组泥质沉积指状交叉互层（Corfield 等，2001）。砂质沉积潮间带从沉降区逐渐过渡成 Melke 组浅海环境。

Garn 组上部边界标志性的局部穿时是由 Gjelberg 等（1987）首次发现的，他们指出，Garn 组与 Melke 组指状交叉互层，在横向范围内收缩。前人研究都忽略了这一解释，直到 Corfield 等（2001）利用 Smørbukk 地区的地震剖面、测井曲线和生物地层学数据证实了这种解释，也证明了在横向几千米的范围内强烈的穿时。这一证据对 Garn 组的古地理学和地层学发展具有重要意义。

Corfield 等（2001）针对 Garn 组提出了三个阶段的沉积方案：（1）同造山期强制性海退造成早巴柔期不同的剥蚀阶段，紧接着带状沉积中心低水位期的巨大沉积；（2）脉冲式进积作用的海侵阶段，滨岸带在隆起区以正常海退楔形体的形式逐步后退；（3）最后的水淹阶段，潮间砂岩被巴通阶下段浅海泥岩覆盖。

虽然有了这些重要的观察结果，但是对 Garn 组沉积环境的理解依然贫乏。Gjelberg 等（1987）原本提出潮汐作用和高能波浪作用的临滨环境，向西消逝于扇三角洲体系的坝口，但是 Dalland 等（1988）提出向东推进的辫状河三角洲朵叶体受河流和波浪作用的控制。后来的解释一般认为是三角洲、海岸沙嘴、临滨和陆架砂岩沉积的高能浅海环境（Doré，1992；Brekke 等，2001；Corfield 等，2001；Elfenbein 等，2005；Quin 等，2010）。然而，没有河流或其他陆地沉积的记录。Corfield 等（2001）识别出了微小正突起的长条状砂岩，认为在平行于主要断层的带状砂质沉积中心，断层相关地貌和区域海平面下降可能源于潮汐作用。有人发现了潮控沙丘（Elfenbein 等，2005），有人提出了可能的潮控砂岩隆起（Corfield 等，2001），但是没人尝试去从岩心方面去识别砂岩体，并把它们计入储层模型。Quin 等（2010）把 Garn 组的沉积归因于构造控制的、往东过渡为海相环境或疑似潮控三角洲，但是值得注意的是，在离 Grip 隆起古海岸线几千米远处，在 Kristin 油气田中心地带发育的相对粗粒、具有交错层理的砂岩在这种方案中难以解释。

早期地层解释一般认为，在几乎整个构造运动都静止的前裂谷期，Garn 组是一个均一、薄层的砂岩沉积体（Ehrenberg 等，1992；Doré，1992）。此次地层假设也改进了 Kristin 油气田 Garn 组原有的层状划分模型，往北和往东扩展到了邻近区域（Elfenbein 等，2005；Quin 等，2010）。然而，Corfield 等（2001）已经指出，虽然 Garn 组简单的层状储层模型同样用于 Smørbukk 油气田、Smørbukk 南部油气田、Heidrun 油气田、Kristin 油气田、Trestakk 油气田和 Tyrihans 油气田，但是该模型可能是不合理的。

## 18.3 方法和术语

现今研究基于 Kristin 油气田轴部六口井的岩心和地球物理数据，横向井距 1.9km～5.1km（图 18.4）。Garn 组在这些井中被完整取心，此次研究的岩心总长度约 700m，已经做过测井记录。

此次研究应用了常规的沉积学测井技术，岩层厚度测量精度 0.5cm。在岩层厚度测量和沉积构造识别过程中，在电阻测井图和一些井的倾角测井图中，尤其关注了局部构造倾角。井 6406/2-5AT2、井 6406/2-R-4H 和井 6506/11-N-3H（图 18.4）都不是直井，在这些井中 Garn 组的视厚度被相应地做了校正（例如，相应的乘以相关系数 0.87、0.72 和 0.62）。

所有井中与上覆 Not 组底部接触的位置均有取心。大范围的交错层理得到验证，利用两口井的电阻率曲线图，以倾角数据为基础，评估了其倾斜方向。

此次研究中用于描述沉积学特征的术语沿用 Collinson 和 Thompson（1982）与 Harms 等（1982）。术语"沉积相"指的是宏观特征显著、具有不同沉积模式的基本沉积类型（Harms 等，1975；Walker，1984）。术语"相组合"表示空间上和成因上相关的沉积相，代表一种特殊的沉积环境组合。

Middleton 等（1995），Drummond 和 Wilkinson（1996）和 Davis（2002）将统计的思想和方法应用到这里的研究。根据 Malinverno（1997）派生的一些关键的几何学和统计学概念可以在附录里复查。

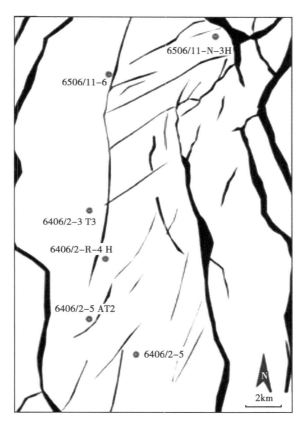

图 18.4　Kristin 油气田主要井位置图

这六口井的岩心和测井曲线是此次研究的基础，油气田位置如图 18.1 中红色方框所示

## 18.4　Garn 组相分析

Garn 组底部是一个区域剥蚀不整合面（Corfield 等，2001）。虽然通常变化急剧，但是横跨该边界，沉积相变化未必显著。在 Kristin 油气田，上覆 Not 组的浅海泥岩逐步过渡为生物扰动异性岩类潮积物，被 Garn 组潮间带砂岩完全覆盖（图 18.5）。Not 组最上部向上变浅的层序指示了正常的海退，由于剥蚀作用而间断，最后发育潮积物砂质沉积。在邻近的 Smørbukk 地区也有相似的地层关系，其地层边界是由幕式强制性海退形成（Corfield 等，2001）。

在整个研究区,地层剥蚀界面下部和上部沉积相的相似性特征表明,Kristin 油气田沿目的井发育的 Garn 组底部的古地形起伏是可以忽略不计的。

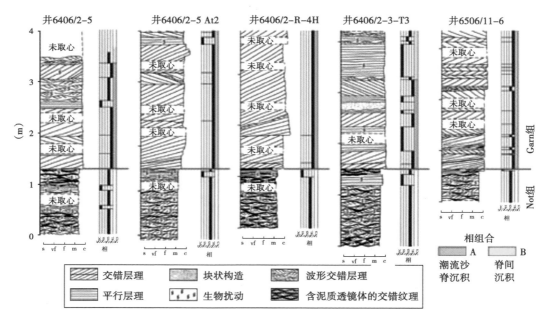

图 18.5　Kristin 油气田岩心中 Garn 组与上覆 Not 组底部接触关系

井位置如图 18.4 所示,地层角度不整合底部被认为是波浪削截侵蚀面,将其作为基准面

## 18.4.1　沉积相

Garn 组砂岩层序几乎没有泥岩或更厚的夹层,是浅海成因的。零星的遗迹化石包括 *Trichichnus*、石针迹、曲管迹、蛇形迹、*Cylindrichnus*、*Planolites*、*Palaeophycus*、管枝迹、双壳类生物钻孔和停息迹（Quin 等,2010）,是浅海环境理论的有力证据（Bromley,1996）。根据沉积学岩心描述划分了六种沉积相（表 18.1,图 18.6）。

$S_{PS}$ 相:具有平行层理的砂岩。其成因是受到底部高速的波浪作用（Komar 和 Miller,1975）,也可能是单向流动配合波浪作用（Arnott,1993）或者是由于风暴作用和地形限制（Amos 等,1995）变为较高的流动状态（Harms 等,1975）。

$S_{SS}$ 相:具有槽状交错层理的砂岩。其成因是风暴波浪幕式冲刷和充填作用,以及低沉积速率下的单向水流作用（Arnott 和 Southard,1990;Dumas 等,2005;Dumas 和 Arnott,2006）。

$S_{HS}$ 相:具有丘状交错层理的砂岩。其成因是类似的风暴波浪幕式作用,以及高沉积速率下的单向水流作用（Arnott 和 Southard,1990;Dumas 和 Arnott,2006）。

$S_{RL}$ 相:具有波状交错纹层的砂岩。其成因是近底部低速的波浪作用（Komar 和 Miller,1975）,或者是在较低流动状态的较低范围里微弱的单向水流（Harms 等,1975）。

$S_{CS}$ 相:具有平行交错层理的砂岩。其成因是在较低流动状态的较高范围内的单向水流作用,形成长脊状的水下二维沙丘（Harms 等,1982）。

$S_M$ 相:块状构造砂岩。其成因是地震作用（Seed,1979;Field 等,1982）或风暴浪循环载荷（Seed 和 Rahman,1978;Okusa 和 Uchida,1980）导致的零星沙丘垮塌或局部海底液化。

单相描述特征在表 18.1 中进行了总结,对应岩心的相对厚度百分比在表 18.2 中给出。最富集的是 $S_{CS}$ 相 (28%~60%) 和 $S_{PS}$ 相 (13%~60%)。$S_M$ 相非常少 (<0.1%),仅在井 6506/11-N-3H 出现 (6.6%),但却有重要意义,其指示局部熔融,也可能是因为靠近地震引起的活动断层 (图 18.4)。

相范围表明由间歇性风暴事情引起的水控沉积和浪控沉积,其特征为具有足够的水动力能量搬运一定颗粒大小的沉积物,泥岩始终处于悬浮状态。这种条件是许多内部缓坡带的典型特征,特别是临滨带和其他沿海浅滩 (Johnson 和 Baldwin, 1996; Molgat 和 Arnott, 2001),以及沙坡、狭窄的陆架海道,增强了潮汐流 (Keene 和 Harris, 1995; Mellere 和 Steel, 1996; Slingerl 等, 1996; Carr 等, 2003; Longhitano 和 Nemec, 2005)。

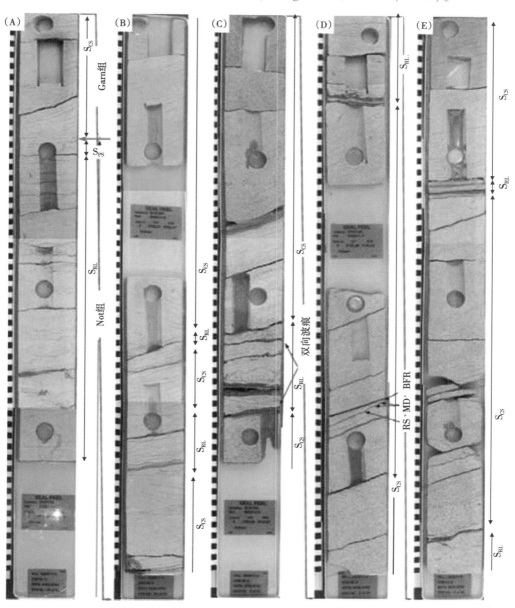

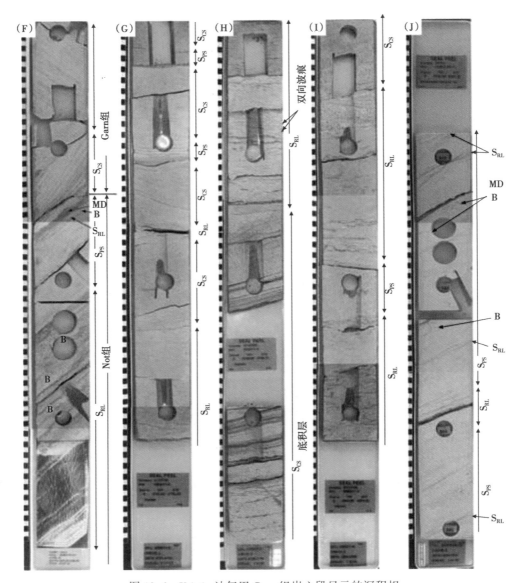

图 18.6 Kristin 油气田 Garn 组岩心段显示的沉积相

相字母标记同表 18.1。其他标记：RS—再生面；MD—泥盖；BFR—回流波痕；B—生物钻孔。井位参见图 18.4。岩心取样来源：（A）6506/11-6 井，4763~4764m；（B）6506/11-6 井，4762~4763m；（C）6506/11-6 井，4743~4744m；（D）6506/11-6 井，4742~4743m；（E）6506/11-6 井，4741~4742m；（F）6406/2-R-4H 井，5227~5228m；（G）6506/11-6 井，4721~4722m；（H）6506/11-6 井，4738~4739m；（I）6506/11-6 井，4694~4695m；（J）6506/2-5 AT2 井，5394~5395m。比例尺为厘米级。

## 18.4.2 相组合

在测井曲线及其横向对比进行沉积相地层组合的基础之上，认为研究区 Garn 组包含三种主要的相组合（图 18.7，图 18.8）。以下对其进行了简单的描述和解释。基于单井相厚度及其组合，在一维尺度上进行了容积评估（表 18.2）。

表 18.1 Kristin 油气田 Garn 组岩心上显著的特征描述及沉积相成因解释

| 相符号 | 相名称及描述 | 成因解释 |
|---|---|---|
| $S_{PS}$ | 具有平行层理的砂岩。粒度从极细粒到极粗粒，偶尔定向排列。相单元可以是单一的，也可以是平行层理的层系组，厚度范围从小于 1cm 到 640.5cm，平均 26cm。层系组最厚达 25cm，被平面上稍微倾斜（<5°）的平面截断分离 | 这种相代表高底部流速波浪形成的砂岩牵引沉积（Komar 和 Miller，1975），或者海相作用，也可能同时配合波浪（Arnott，1993）或风暴和地形限制造成增压至高流动状态（Harms 等，1975）。通常很粗和（或）细砾的平坦削截面也许代表了剥蚀风暴事件（Clifton 和 Dingler，1984；Arnott，1993） |
| $S_{SS}$ | 具有槽状层理的砂岩。粒度从极细、细粒到中等、粗粒，厚 7~39.5cm，平均 14.5cm。其底部遭受剥蚀，单一分布，或上凹和上部压扁平行层理组成的零星层系组，即为槽状地层 | 这种相代表由风暴浪幕式冲刷充填作用形成的砂质牵引流沉积，同时受到低沉积速率单向水流的作用（Arnott 和 Southard，1990；Dumas，2005；Dumas 和 Arnott，2006） |
| $S_{HS}$ | 具有丘状层理的砂岩。粒度从细粒到中粗粒，厚 7~29cm，平均 12cm。其底部遭受剥蚀，近水平或轻微上凹到上凸平行层理，即为丘状层理 | 这种相代表由风暴浪剥蚀作用形成的砂质牵引流沉积，同时受到高沉积速率单向水流的作用（Arnott 和 Southard，1990；Dumas 和 Arnott，2006） |
| $S_{RL}$ | 具有波状交错纹层的砂岩。粒度由极细到粗粒，厚 0.5~186cm，平均 16cm，由单一纹层到波状交错纹层组分布。不同于砂屑，偶尔内部泥岩条带 0.1~0.3cm 厚，泥盖 0.1~0.7cm 厚，有时可达 7.5cm。交错纹层模式指示波痕从对称到不对称的变化，包括泥盖双向的底形 | 这种相代表由高底部流速波浪作用形成的砂质牵引流沉积（Komar 和 Miller，1975），或者是由于低流状态小范围的海水作用（Harms 等，1975）。双向波痕指示了相反方向的流动，泥质条带反映了流水的缓慢剥蚀，这是潮汐流的一般特征（Reineck 和 Singh，1980） |
| $S_{CS}$ | 具有平行交错层理的砂岩。粒度从细粒到极粗粒，平行交错层理具有大致水平的底部。交错层 7~250cm 厚，平均 31cm，范围从单一到多个，一个堆积在另一个上，如此堆积组合达到 12m 厚。许多薄交错层理是厚交错层理剥蚀的残余（底积层）。一些交错层理具有层间泥盖，内部有回流纹层交错层理和（或）再生面。地层倾角数据显示，交错层理主要往南南西向倾斜，少数往北北东方向倾斜 | 这种相代表了低流状态大范围的海水作用形成的砂质牵引流沉积，形成长脊状或弯曲脊状水下二维沙丘（Harms 等，1982）。砂体运输时（层内泥盖）的反向流动（反向倾斜交错层理、回流纹痕、再生面）和短暂停止现象表明为潮汐流（Reineck & Singh，1980） |
| $S_M$ | 块状构造砂岩。粒度从细粒到中粗粒，少量混有极粗砂粒。这种相很少，单个 10~40cm 厚，顶部陡，底部分散。仅在井 6506/11-N-3H（表 2）中发育，整体约 5m 厚，局部有平行层理痕迹，通过分散的底部过渡到上覆 $S_{PS}$ 相单元 | 由于其地层环境，该种相的形成取决于潮汐坝斜坡上零星的沙丘垮塌，或地震（Seed，1979；Field 等，1982）和风暴浪反复作用（Seed 和 Rahman，1978；Okusa 和 Uchida，1980）引发的海底液化。井 6506/11-N-3H 中该相的相对厚度说明了较大程度的液化，可能是地震引发的活动断层作用 |

相组合 A 包括 $S_{CS}$ 相（体积分数 66%~92%），与下部 $S_{RL}$ 相（体积分数 3%~23%）和 $S_{PS}$ 相（体积分数 1%~15%），以及 $S_M$ 相（体积分数≤8%）、$S_{SS}$ 相（体积分数≤2.5%）和（或）$S_{HS}$ 相（体积分数≤0.5%）零星分布的岩层间互发育。测井曲线对比关系（图 18.8）表明，这些相在南北向上组合成隆起状、宽阔的砂岩透镜体条带，井中厚度最大达 12m，估算长度约 20km。这也许与 Corfield 等（2001）识别的正向突起上的条带状砂岩体是一致的。A 沉积相组合砂岩体占 Garn 组体积的 38%~68%，被解释为组成潮控沙坝、垂向累加的二

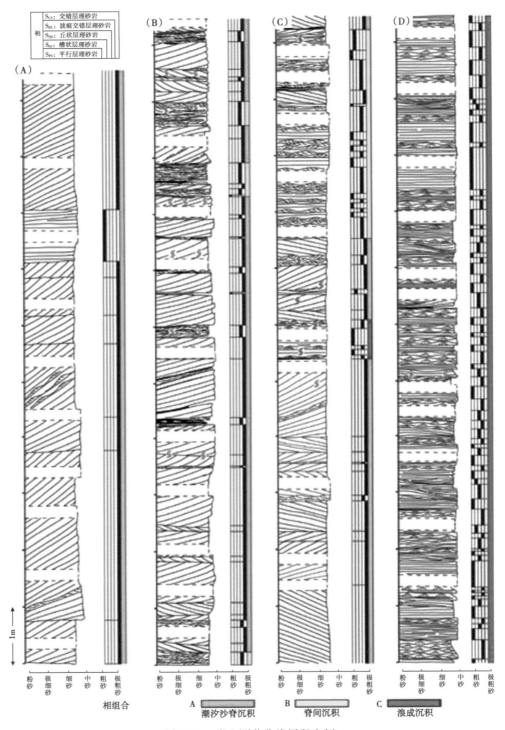

图 18.7 岩心测井曲线层段实例

显示的 Kristin 油气田 Garn 组三种主要相组合。测井曲线部分来源：（A）6406/2-R-4H 井，5216.80～5227.25m；（B）6506/11-6 井，4736.50～4747.95m；（C）6406/2-5 AT2 井，5392.30～5403.75m；（D）6506/11-6 井，4659.30～4670.75m

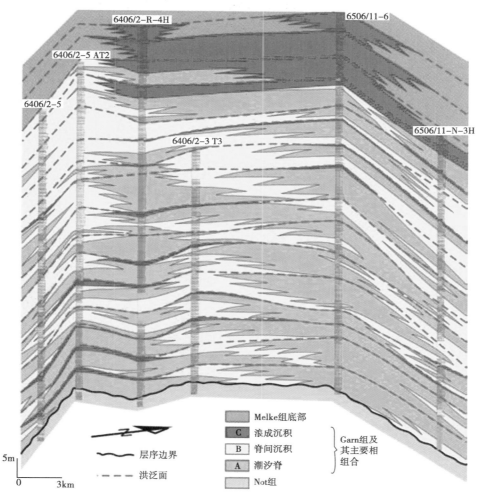

图 18.8 Garn 组岩心—测井曲线对比剖面及主要相组合的地层分布

井位分布如图 18.4 所示，在忽略原始地势起伏的情况下，认为在南北向上地层不整合基底有波浪削截剥蚀面

表 18.2 目的岩心中单个相及相组合的厚度百分比

| 单个相及相组合 | 厚度（%） | | | | | |
|---|---|---|---|---|---|---|
| | 6406/2-5 | 6406/2-5 AT2 | 6406-2-R-4H | 6406/2-3T3 | 6506/11-6 | 6506/11-N-3H |
| $S_{PS}$ 相 | 26.7 | 60.5 | 35 | 42.9 | 12.6 | 34.0 |
| $S_{SS}$ 相 | 0.6 | 0.4 | 0 | 0.3 | 0.8 | 2.0 |
| $S_{HS}$ 相 | 0.7 | 0 | 0.2 | 1.3 | 2.3 | 0.5 |
| $S_{RL}$ 相 | 44.3 | 10.2 | 6.2 | 23.3 | 24.1 | 23.3 |
| $S_{CS}$ 相 | 27.7 | 28.9 | 58.5 | 32.1 | 60.2 | 33.6 |
| $S_{M}$ 相 | 0 | 0 | 0.1 | 0.1 | 0 | 6.6 |
| A 相组合 | 32.0 | 30.0 | 60.0 | 33.0 | 68.0 | 45.0 |
| B 相组合 | 64.0 | 65.0 | 14.0 | 63.0 | 12.0 | 43.0 |
| C 相组合 | 4.0 | 5.0 | 26.0 | 4.0 | 20.0 | 12.0 |

注：这些厚度数据可能是相应体积的一维一阶估算。

维沙丘在波浪作用下重建的结果。巨厚层里大范围前积层的缺失表明直线流动的沙脊（图 18.9），而不是斜坡崩塌引起横向流动的沙浪（Off，1963）。由于前期生长和倾斜横向迁移，该类型线状沙脊在大陆架、狭窄的陆架海道和海峡、滨岸海湾和大型河口湾均有发育

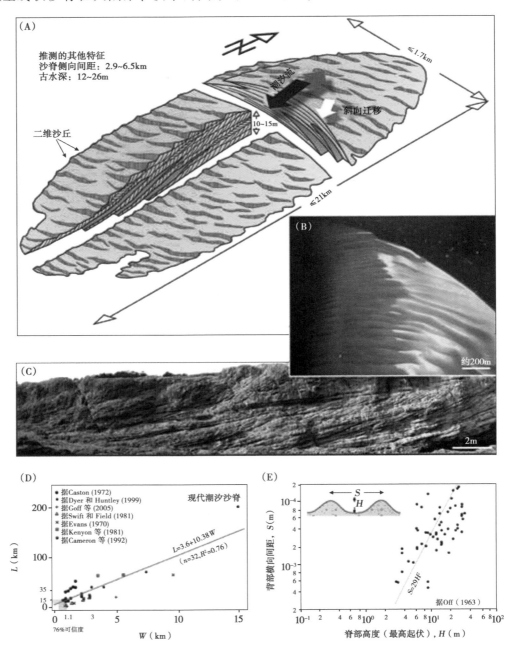

图18.9 （A）推理的Kristin油气田Garn组潮汐沙脊的形状、面积、横向间距和古水深。（B）英吉利海峡Banc d'Arquin现代潮汐沙脊的航空摄影，在落潮时脊部只有几米的水；在暗色海洋表面上的白点是摩托艇绕过产生的涡流。（C）Croatia的Rab岛始新世潮汐沙脊纵向露头剖面；古水流主导方向向左。（D）现代潮汐沙脊宽度和长度之间的线性关系；$n$—数据，$R^2$—通过宽度计算出的长度的确定指数（76%）。（E）现代沙脊高度和侧向间距之间的线性关系（据Off，1963；Allen，1982）

（Caston，1972；Swift，1975；Swift 和 Freel，1978；Reineck 和 Singh，1980；Swift 和 Field，1981；Huthnance，1982；Cameron 等，1992；Harris 等，1992；Lanckneus 和 De Moor，1995；Goff 等，2005；Liu 等，2007）。井中的证据结合倾角测井数据显示，潮汐系统是不平衡的，主要为往南迁移的沙丘，其次是回流形成的沙丘。半孤立的砂岩脊地层堆积类似 Evans（1970）的叠瓦状模式。

B 相组合包括 $S_{PS}$ 相（体积分数 7%~83%）和 $S_{RL}$ 相（体积分数 12%~70%，主要为水成波痕交错层理），两者相互交替，中间穿插单个或多个 $S_{CS}$ 相（体积分数 5%~21%），以及 $S_M$ 相（体积分数 ≤7%）、$S_{HS}$ 相（体积分数 ≤2%）和（或）$S_{SS}$ 相（体积分数 ≤2%）孤立的岩层。该相组合为 Garn 组体积的 12%~65%，与 A 相组合砂岩体在横向上相互交错（图 18.8，图 18.10）。将 B 相组合解释为受潮汐流及波浪影响下脊内洼地的沉积（Swift 和 Field，1981；Dyer 和 Huntley，1999；Liu 等，2007）。洼地近底部水流呈漏斗状，在潮汐流波峰处达到高流态，从而引起平坦河床运移，相当于向下的砂体支流。潮汐流中洼地狭窄、螺旋形的层流波及沙脊附近侧面的砂体，而在最弱的流动阶段，水流波动主导砂体搬运。

如果波浪形成的周围涡流持续时间长，在潮汐系统中不会或很少有泥沉积（Montenat 等，1987；Keene 和 Harris，1995；Longhitano 和 Nemec，2005）。洼地中，砂体易被潮汐波峰处的波浪波及，随后被潮汐流重新分配。根据原地水动力条件，脊内洼地可能形成潮控和浪控的不同岩性沉积（Hein，1987）或完全没有泥的砂岩（Swift，1975；Houthuys 和 Gullentrops，1988），或许也可能剥蚀或分流（Le Bot 等，2005）。

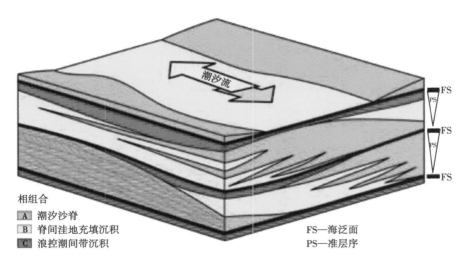

图 18.10 Kristin 油气田 Garn 组主要相组合的空间关系和地层结构

总体夸大了垂向比例尺。简图代表了大约 2km×2km 的区域，10~15m 的地层厚度。每个准层序包括潮控沉积 A 和 B，上覆浪控潮间沉积 C，或被波浪侵蚀的相关同时期地层削截

C 相组合包括 $S_{PS}$ 相（体积分数 54%~95%）和 $S_{RL}$ 相（体积分数 3%~32%，主要为浪成波痕交错层理），两者相互交替，中间穿插 $S_{HS}$ 相（体积分数 ≤11%）或 $S_{SS}$ 相（体积分数 ≤6%），以及 $S_{CS}$ 相（体积分数 ≤8%）孤立的小型交错沉积。该相组合为 Garn 组体积的 4%~26%，作为前两种相组合的沉积盖层重复出现（图 18.10），在两口井中地层最上部实际上占据优势地位。C 相组合被解释为浪控和潮控沉积物剥蚀的代表，与许多陆架临滨和其他潮间浅滩的特征相似（Grant 和 Madfen，1979；Swift 等，1979；Bourgeois，1980；Clifton

和 Dingler，1984；Swift 和 Thorne，1991；Cacchione 等，1994）。现有条件下的这些沉积表明，与 A、B 相组合沉积条件相比，C 相组合沉积水体相对较浅，理由为间歇性风暴事件（$S_{HS}$ 相和 $S_{SS}$ 相）引发长期波浪作用（$S_{PS}$ 相和 $S_{RL}$ 相），以及潮控沙丘的缺失或保存不完整（波浪削蚀的 $S_{CS}$ 相）。

### 18.4.3 沉积模型

区域古地理恢复表明，Halten 台地区域早侏罗世—中侏罗世沉积发生在从开放的北海向南延伸的狭窄海道北部边界内，其边界为砂体物源区 Grip 隆起以西，进入以泥质沉积为主的 Trøndelag 台地以东（Gjelberg 等，1987；Doré，1992；Brekke 等，2001；Johannessen 和 Nøttvedt，2008）。台地是海道的一部分，但是很宽广，且从斯坎迪亚海岸接受少量砂岩。该地区从西部接受沉积，无论邻近 Halten 台地砂体储存空间何时达到最小，都会受风暴和潮汐流作用往外扩展延伸。海道深处轴向部分将放大潮汐流（Montenat 等，1987；Sztanó 和 De Boer，1995；Corfield 等，2001），这种情况可能是循环的，本身是不平衡的，或 Boreal 风暴引起的南向流动比较多（McBride，2003）。南向古水流和潮控砂岩体在邻近的格陵兰东部海道也有发育（Surlyk，1991，2003）。

Halten 台地水道可能包含一系列的早期浅地堑及半地堑，这些地堑和半地堑是由伸展断层或断层派生的相关褶皱形成的（Blystad 等，1995；Corfield 和 Sharp，2000；Corfield 等，2001；Marsh 等，2010）。Kristin 油气田 Garn 组包括浅海砂岩，并且厚度相当大。往东厚度增加，穿过 Trestakk-Smørbukk 断层（图 18.2）后厚度突然减小，这意味着沉积发生在活动的、沉降的浅海地堑中（图 18.11）。在油气田最西部（井 6506/11-3）发育的砾岩相也许是对半地堑西部边缘的反应，佐证了西部为沉积物源的观点（图 18.11）。Grip 隆起地垒在当时可能是一个长条形的岛屿或带状岛屿（Doré，1992；Quin 等，2010），该区域水少，不可能形成大的河流三角洲。古海岸线没有保留，但是可能是浪控的，可能也包括小型砾岩河流三角洲或冲积扇（Gjelberg 等，1987；Dalland 等，1988）。沉积系统曾经是一个砂质临滨，

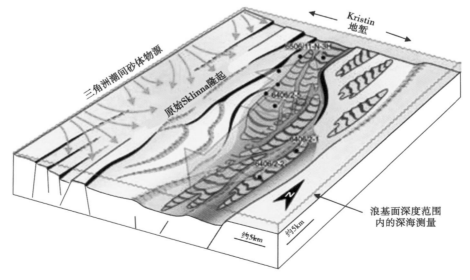

图 18.11 Kristin 地堑初期假设性的重建和 Garn 组沉积期的最大沉陷带
在晚侏罗世裂谷顶峰时期，原始 Sklinna 隆起西部的高部位断块随后塌陷

向东延伸穿过增强了潮汐流的、活动的浅海地堑，改造滞留砂岩为纵向的坝体。水下沙丘同潮控砂岩坝体一起发育，在许多现代和古代海洋地堑中都有过报道（Montenat 等，1987；Santisteban 和 Taberner，1988；Surlyk，1991，2003；Keene 和 Harris，1995；Mellere 和 Steel，1996；Carr 等，2003；Longhitano 和 Nemec，2005），在附近的 Smørbukk 油气田以北 Garn 组也有所发育（Corfield 等，2001）。

Garn 组等厚图表明，砂岩沉积中心位于 Kristin 油气田中心地带，沿假设的地堑东部边缘发育（图 18.11）。砂岩层序过渡至 Melke 组浅海泥岩之前，在单井中不同的层面达到最大厚度（图 18.8）。这种关系意味着短距离的相穿时，表明在 Garn 组沉积期，沿地堑西部边缘发育不平坦的海底地形。与断层相关的海底地形也许可以解释砂质临滨环境不均匀的往东推进现象，以及向西不均匀的后退（图 18.8）。地堑边缘可能以反向断层为边界，该反向断层具有原地转换斜坡和（或）转换破裂的横向背斜，其上的潮间沉积在海进情况下比在邻近低洼区域的持续时间长（图 18.11）。

潮下带沙脊（图 18.9）是沉积系统重要的地形动力学元素，显然与地势增强的潮汐流和相对海平面的上升有关。沙脊地层易发育在大陆架海侵时期，需要具有以下四个条件（Snedden 和 Dalrymple，1999）：（1）海底地势里先前存在的不规则性；（2）砂体的充足供应；（3）砂体搬运潮汐和（或）风暴引起的水流；（4）充足的时间使得砂体铸成单脊或脊状区域。据报道，脊发育的流水速度在 $0.5\sim2m/s$ 范围内，对于开放的大陆架，这也许意味着超过 3m 的潮汐柱，但是对许多现在的海峡，可能只超过 0.5m（Montenat 等，1987）。在潮汐流动力学、海洋地貌学和沉积供应之间，沙脊的地貌特征和空间结构源于系统向平衡方向的演化（Dyer 和 Huntley，1999）。

现代事件研究（Caston，1972；Swift，1975；Kenyon 等，1981；Swift 和 Field，1981；Cameron 等，1992；Dyer 和 Huntley，1999；Goff 等，2005；Liu 等，2007）表明，沙脊的高度（$H$）也许会达到 40m，长度（$L$）和宽度（$W$）分别在 $5\sim120km$、$0.5\sim8km$ 的范围内（McBride，2003），大概是如下的关系[图 18.9（D）]：

$$L\approx3.6+10.4W \tag{18.1}$$

沙脊通常形成隆起和洼地地势的油气田（Swift，1975；Hein，1987；Houthuys 和 Gullentrops，1988；Le Bot 等，2005），沙脊范围的侧向空间（$S$）与高度的关系[图 18.9（E）]：

$$S\approx29H^2 \tag{18.2}$$

与水深的关系（$d_w$）（McBride，2003）：

$$S\approx250d_w \tag{18.3}$$

井间测井曲线对比（图 18.8）显示，相组合 A 沙脊厚度高达 12m，长度最长 21km，这表明沙脊宽度最大 1.7km[据公式（18.1）计算]。由于从测井曲线提取出来的最大厚度不可能是真实的最大厚度，不是所有的沙脊都可能有相同的厚度，所以假定沙脊为 $10\sim15m$ 的厚度范围。推测侧向空间在 $2.9\sim6.5km$ 范围内[据公式（18.2）计算]，古水深在 $12\sim26m$ 范围内[据公式（18.3）计算]。正常浪基面约 5m 深的波浪可能达到峰顶加积作用的上限。

由于潮下带沙脊体积变大和加积，沙丘垂向积累被风暴事件不停地打断，可容空间逐渐被填满，导致沙丘削截，沙脊顶部剥蚀，以及使砂岩向东南和更远的东部搬运的潮间波浪作用的暂时性优势。同时期的相组合 A 和 B 潮汐沉积被浪控的相组合 C 沉积所覆盖，相组合

C 本身易于被波浪作用原地剥蚀，成为可容空间限制内横向上的延伸（图 18.10）。相对海平面的有效上升创造了新的可容空间，促进了新一代沙脊的发育，许多沙脊直接叠覆在先前被波浪削截的沙脊之上。相组合的地层结构说明了相对海平面变化的反复模式。海侵海退循环促进了构造沉降的发生，地质记录解释了 16 个可识别的以海平面为边界的准层序（图 18.8，图 18.10）。Garn 组以底部被迫性海退剥蚀面为边界（图 18.5），包括准层序，代表主要区域层序的海侵系统区域（Johannessen 和 Nøttvedt，2008）。潮汐沙脊的发育同过测深法测量，只有当构造再生的地堑地形能够推动潮汐流和接受垂向沙丘累积的情况下，潮汐沙脊才能长时间反反复复。

单个准层序的厚度在横向上是不同的（图 18.8），反映了洪水沉积前的地势和洪水沉积后沉积作用的综合影响，通常在海底地势方面得到补偿。因此，在隆起和洼地地形中潮下带系统循环加积的沉积层序中，准层序厚度对识别低层次海水变化的应用（Eriksson 和 Simpson，1990）可能是非常不可信的。

## 18.5 储层非均质性模型

尽管 Garn 组埋藏深，但是保留了约 13% 的原生孔隙以及很高的渗透率变化，容易发现这与多种砂岩相有关（Quin 等，2010），这意味着地层原始非均质性可能对储层特征研究和地质模型具有重要作用。沉积层序的原始非均质性基于沉积环境，通过层序的建筑结构元素和内在特征确定。

图 18.12 中展示了研究区 Garn 组结构要素的概念级别，包括其空间结构和相对体积百分比。具有变化纹理的沉积地层形成了地层单元，其几何学特征多变，容积决定了基本类型

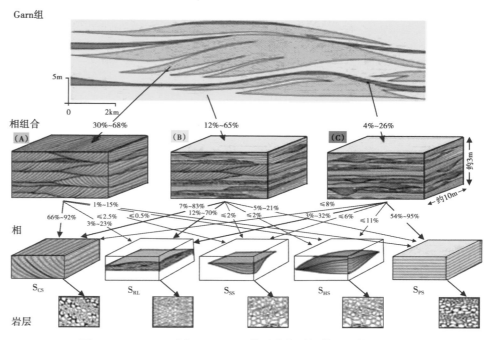

图 18.12　Kristin 油气田 Garn 组储层非均质性体系和简化模型
体积百分比是基于测量厚度进行一元估算的，图中百分数为体积分数

（表 18.1）。空间分布和沉积相反过来确定了三种主要相组合类型。类型 A 主要包括 $S_{CS}$ 相（沙丘交错层理地层），类型 B 和类型 C 主要包括 $S_{PS}$ 相（平行层理地层），其他的相体积次之（$S_{RL}$ 相）或更小（$S_{HS}$ 相和 $S_{SS}$ 相）。尽管波痕交错纹层砂岩单元包括泥盖或透镜体，也可能范围更大，在横向范围上可能从十几米变化到上百米。$S_M$ 相原地发育，体积上可以忽略不计，因此在模型里也是忽略不计的。

一个好的储层流体仿真模型通常包括几十万的网格单元（Fanchi，2006；Keogh 等，2007），因此在相组合的模块范围内改进了储层非均质模型（图 18.12）以满足实际的限度。每一个模块类型在相对百分比和沉积相组成的非均质性（图 18.13）上都具有自己的特征。沉积相非均质性的影响和空间结构应该通过流体仿真对每种类型的模块进行进一步的估算。因为不同各向异性的影响是独立的（Weber，1986）。

### 18.5.1 岩相非均质性

不同的砂岩相（表 18.1）在内部特征方面有明显的不同，这直接关系到渗透率的变化，导致其性质的各向异性。基于对类似浅海沉积砂岩相细致的实验研究（Rosvoll，1989；Corbett，1992），曾通过对比岩心孔隙度和渗透率数据（图 18.13），研究过这个问题。

通常认为砂岩孔隙度是正态分布的，单一岩相孔隙度的平均值和标准差也是据此直接通过对实验数据计算得到的。相反，砂岩渗透率呈对数正态分布，并且它们相应的统计数据也

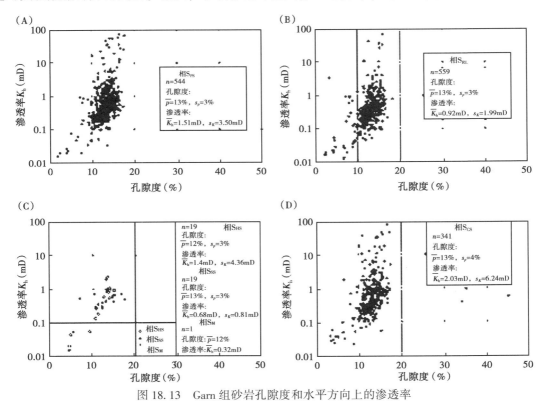

图 18.13 Garn 组砂岩孔隙度和水平方向上的渗透率

（A）相 $S_{HS}$；（B）相 $S_{RL}$；（C）相 $S_{HS}$，$S_{SS}$ 和 $S_{MA}$；（D）相 $S_{CS}$。取心数据来源于 Kristin 油气田井 6406/2-5、井 6406-2-5AT2 井、井 6406-2-R-4H、井 6406-2-3-T3 和井 6406-11-N-H3。$n$—数据点个数；$\bar{p}$—平均孔隙度；$s_p$—孔隙度标准差；$\bar{K}_h$—平均水平渗透率；$s_K$—渗透率标准差

已经由经过对数变换的标准化数据计算得到。假设针对孔隙度和渗透率的标准系统岩心取样的测量数据，充分代表了砂岩相中两种参数的差别（图18.13），那么储层模型计算统计数据的一般意义如下：一个特定岩相的约70%体积百分比的参数值在由平均值±1标准差确定的范围内，约95%的体积百分比具有参数值在由平均值±2标准差确定的范围内；约100%的体积百分比具有参数值在由平均值±3标准差确定的范围内。每个特定岩相参数的频率分布因此就完全被两种计算统计数据描述出来。

通常不认为平面平行层理是导致储层非均质性的主要原因，因为储层不是云母状的，并且缺少较明显的结构变化。具有平行层理砂岩的平均孔隙度为13%，标准差为3%，并且水平渗透率为1.51mD，标准差为3.50mD［图18.13（A）］。平行层理砂岩的渗透率在几厘米范围内就发生变化，比如从一组薄砂层到另一组砂层，并且平行河床方向的渗透率逐渐比垂直河床方向的渗透率要高。垂直渗透率和水平渗透率的比值主要在0.6~0.8之间。渗透率降低的主要因素是存在截断面导致各层组分隔，因为这些层面是风暴成因的，是大范围的小规模角度不整合，并伴有岩性的突变。

在平行和垂直地层的方向上，砂岩孔隙的毛细管特性可能区别不大，但是液态烃的运移通常在平行河床的方向上更有效。平行河床和垂直河床渗透率的算术平均值可能都足够大。调和平均数的使用，正如通常在垂直流量中使用的那样，导致相当多地高估了局部采油量，并且因此也可能高估凝析油的流量。

波形交错层理总体上包含了更细粒的砂和薄层，呈现出低渗透率，并具有泥岩压扁的薄砂层，成为小范围内渗透率的主要阻碍。波形交错层理的孔隙度与前面的几种岩相相近，但是它的孔隙度明显更低，平均值为0.92mD，标准差为1.99mD［图18.13（B）］。垂向和水平方向渗透率的比值主要在0.4~0.7之间。相似砂岩相中的ANOVA测试得到的渗透率数据显示，渗透率大部分的变化（65%~68%）都在具有泥披覆层和薄泥层的交叉薄砂层之内的层理内部，变化可能高达82%~88%，而不是在层理之间。多数孔隙气体会被采出，但是最初被水的毛细管作用封堵的凝析物的数量可能非常重要，因为这一砂岩相的体积所占的比例很大（图18.12，表18.2）。

丘状层理和槽状层理通常具有相对更高的内部性质差异，因为它们会形成一组向上变细的层理，倾向于在顶部附近形成云母状，并且常常上部由波状交错层理覆盖。丘状层理和槽状层理具有勺形侵蚀基底，并且这些角度不整合通常由一个岩性突变标识出来。丘状层理和槽状层理的孔隙度平均值约为12%和13%，标准方差都为3%［图18.13（C）］。各种层理的渗透率一般是向上递减，对气体采收的影响可能较小，但是可能影响液体流动（Corbett，1992）。但是，这两种岩相体积总量是次要的（图18.12，表18.2），因此对总的采收量来说并不重要。

块状砂岩从总量上来说并不重要，并且数据组中只有一个岩心样本代表块状砂岩，其孔隙度为12%，水平渗透率只有0.32mD［图18.13（C）］。这些参数都比下部相近粒度的砂岩要低，这支持了解释块状砂岩成因的砂岩液化的概念。孔隙水的流出会加大颗粒压实程度，并使孔隙堵塞物重新分布，从而降低初始孔隙度和渗透率。

平面交错层理是砂岩储层非均质性的一个重要原因，并且交错层理的渗透率各向异性与其他砂岩相明显不同（图18.14）。这通过岩心数据的大幅变化可以反映出来。交错层理的平均孔隙度为13%，标准差为4%，平均水平渗透率是2.03mD，标准差为6.24mD［图18.13（D）］。垂向渗透率和水平渗透率的比值主要在0.4~0.7之间，但是平行前积层方向

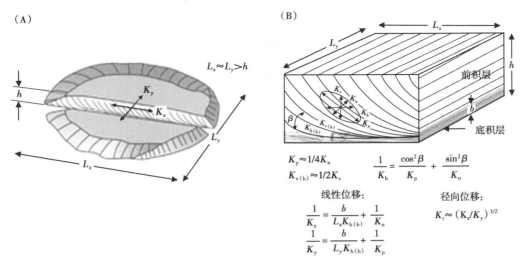

图 18.14 （A）丘状交错层理示意图，$K$ 代表渗透率。丘状交错层理的水平渗透率在平行和垂直交错层走向的方向上有很大不同，即 $K_x<K_y$。（B）具有高渗透率各向异性的潮汐成因丘状交错层理是 Garn 组储层不均一性的主要因素。这种关系由 Weber（1982）提出，其中 $K_h$ 和 $K_v$ 分别代表水平和垂直前积层渗透率，$K_p$ 和 $K_n$ 分别代表平行和垂直前积层中交错层的渗透率

的渗透率可能比垂直地层的渗透率高出 4 倍。更重要的是，半隔离的由交错层理组成的砂岩脊都是被渗透率更低的砂岩相包围的，内部相当不均一，这可能阻碍凝析物从这些储层隔室中释放出来，并且相当程度阻碍了储层压力的均衡。

在交错层理中，前积层砂岩的粒径为细粉砂（粉砂）—中砂，在一些交错层理中可能为细（中）砂或粗砂—极粗砂。这些粗粒和细粒层的渗透率可能有一个数量级的不同。砂岩交错层理的这种差异和各向异性对低渗透率储层中气体的影响很小，但是在含油储层中很重要，同时也可能在含气和凝析物的低渗储层中的流体疏导和封堵中扮演重要角色。

交错层理中大约有 20% 的层组具有 5~25cm 厚的底积层［图 18.6（H）］，并且有细粒、差分选、高泥质含量的特点，并包含回流波痕内部层理。尽管底部层理很可能侧向不连续，并且展布有限，但它们也可以在降低渗透率中扮演重要角色（图 18.14）。

在一个储层中，交错层理扮演了一个各向同性、由高角度不整合和岩性渗透率阻碍分隔的小隔室。交错层理形成砂岩脊，其组成 Garn 组的主要部分（图 18.8），因此交错层组的体积对这些储层特征很重要。经测量过的交错层组厚度显示出很大的差异，因此对于未知交错层理，也能预测有一个相似的较大变化。在随后的一个工区，解释了如何应用交错层理厚度的频率分布，来在基础统计中估计交错层理的频率分布。

## 18.5.2 交错地层厚度的空间变化

学习 $t$ 检验和无参数 RAM、RUD 检验，以及 Spearman 秩相关检验（Davis，2002；Longhitano 和 Nemec，2005）在交错地层厚度中无法揭示任何重要的空间趋势。在沙脊交错地层厚度中，均方差不同，在单井内和单井间也是如此，90% 以上认为是无意义的。这意味着在沙脊之间及沙脊中心和侧向部分之间，在交错地层厚度中缺少有意义的不同点。井钻遇

了沙脊最厚的部分，显示不规则的沙丘向上变薄，可能反映了在加积的潮控沙丘中，波浪剥蚀作用的影响增强。在稍厚和稍薄层之前，结构上有点不同，这也佐证了剥蚀削截的见解。

潮控沙脊横向上广泛延伸，具有平缓的地势起伏，脊间沉积聚集与沙脊的生长协调一致（图18.10）。报道显示现代沙脊倾角大部分小于1°（McBride，2003）。在沉积最大值区，因为波浪作用的增强，变得更加均一，横向测深的差距变小。潮下带海洋自然地理不同于所描述的，例如，在Keene和Harris（1995）中的澳大利亚东北Torres海峡与在Longhitano和Nemec（2005）中的意大利南部Amantea盆地。后一种情况下，宽阔的海峡在超深水中发育潮控沙丘复合体，形成客观的横向地形，不受波浪影响，沙丘厚度达20m，横向上可识别。显著的海底地势和波浪作用的缺失，在如潮控沙脊的水下区域，也许会成为沙丘高度的决定性因素。

### 18.5.3 交错地层体积的估算

沙丘交错地层形成了天然的沉积单元或地层。利用统计法分析单井（图18.8）中获取的厚度测量深度，特别关注厚度频率分布和对储层特征的影响。

交错地层厚度分布——通过超标频率曲线很容易揭示数据频率分布的统计学特征（Drummond和Wilkinson，1996）。超标频率$EF(x_i)$是测量数据$(x)$的一种特定计算结果，定义为数据个数$(n_i)$值大于$x_i$，用总数据点个数$(n)$分开：

$$EF(x_i) = \frac{n_i(x > x_i)}{n} \tag{18.4}$$

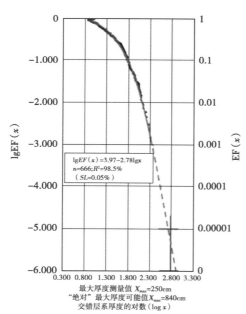

图18.15 丘状交错层理厚度超限频率交会图与对数正态分布曲线匹配关系

丘状交错层理厚度来自所有六口井岩心的体数据集。$R^2$—确定系数（回归曲线拟和优度）；$n$—数据点个数；$SL=0.05$的显著水平，代表对数正态趋势中99.95%的吻合度。对数正态曲线向频率低限值延伸代表可能存在的少见的厚度达840cm的交错层系

与常规的累计曲线相比，超标频率曲线是"累加"——通过数据频率的后续剥离以获取连续的$x$数据峰，而不是累加数据。利用对数数值（$\lg x$）和对数频率$\lg EF(x)$，交错地层厚度测深的超出频率图与对数分布曲线（图18.15）似乎是最好的匹配，匹配程度超过98%。然而，数据分布与两条回归直线匹配很好，每一个相关系数大约98%（图18.16）。从单井中获取的转折点厚度数值$x_b \approx 43$厘米特征数据同样等分，这意味着均质数据具有固定的统计特性（例如横向上稳定）。Longhitano和Nemec（2005）已经找出了潮汐沙丘交错地层的相似特性。

线性趋势意味着双重幂运算分布逼近数据，是一个双峰形态分布（Turcotte，1992；Middleton等，1995）。斜线趋势估算的分形维数为$D_1=0.78$，厚度范围43cm；$D_2=2.78$，稍厚，测量范围43~250cm（图18.16）。最小交错地层厚度为$x_{min}=7$cm，是最小沙丘高度（Ashley，1990）。井中测量最大的交错地层厚度$x_{max}=250$cm，尽管对数曲线延伸到较低频率界线（图18.15）说明了不能排除在研究井中没有遇到但可能存在的840cm厚的交错地层。

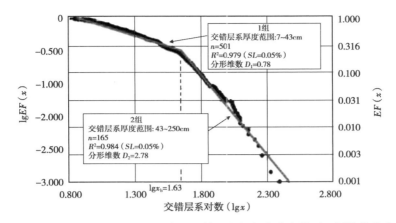

图 18.16　沙丘交错层理层系厚度测量值的超限频率分布接近双层指数分布

$n$—分组内数据点个数；$R^2$—确定系数（回归直线拟合优度）；$SL=0.05\%$ 的显著水平，
代表对数正态趋势中 99.95% 的吻合度；$D$—分组内分形维数（回归线梯度）

分形逼近对沉积层序的空间非均质性具有重要作用（Stølum，1991），在目前情况下给出了两种主要的优势。第一，可以利用单一统计分形维数（$D$）完整描述两个范围的交错地层厚度频率分布。高斯统计的利用，例如运算方法和标准差，对未处理的数据是毫无意义的，因为其分布分布是不正常的。第二，可以在 Malinverno（1997）统计理论的基础之上估算交错地层体积的频率分布。

交错地层体积分布——Malinverno（1997）采用了几何学关系（在附录中将其重新整理）。尽管 Malinverno 的理论一般用于浊积岩层，但是它绝非一般，在不考虑成因的情况下，解释了地层的几何形态和空间叠积模式。可以认为，理论假说的部分与远处呈锥形的舌状浊积岩床相比，和沙丘交错地层的匹配程度更好（Longhitano 和 Nemec，2005）。

Malinverno（1997）推导出岩层厚度频率分布和岩层体积频率分布的理论关系，假定前者可以用幂函数分布逼近：

$$EF(x_i) \approx x_i^{-D} \tag{18.5}$$

式中，$x_i$ 为岩层厚度测量深度；$D$ 为分布特征指数，涉及分形维数。他指出，相应的岩层体积分布与幂函数分布相类似：

$$EF(v_i) \approx v_i^{-G} \tag{18.6}$$

式中，$EF(v_i)$ 为体积比 $v_i$ 大的岩层频率分布；$G$ 为计算的未知特征指数（分形维数）。

计算步骤在附录中给出。$G$ 值是从指数 $D_1$ 和 $D_2$（图 18.16）直接推导出来的，目前合成出来的公式：

$$EF(v_i) = -1.44 v_i^{-0.93} \tag{18.7}$$

其中，线性关系：

$$\lg EF(v_i) = -1.44 - 0.93 \lg v_i \tag{18.8}$$

该线性关系完整描述了期望的岩层体积超标频率分布（图 18.17），负数 $G$ 值定义了直线斜率及直线最高点，受限于 $\lg EF(v_{\min}) = \lg EF(x_{\min})$ 的频率值以及估算 $v_{\min}=0.032\text{m}^3$ 的 $\lg v_{\min}$ 值（见附录）。无量纲的系数 $-1.44$ 是 $\lg v_i=0$ 时 $\lg EF(v_i)$ 的值。右手边分布线的极限指出期望的最厚岩层体积，估算 $v_{max} \approx 3200 m^3$。在此基础上，任何特殊体积或体积分类的岩层的相对频率，都能直接估算出来。例如，体积 $1\sim5m^3$ 的交错地层相对频率期望是 3.1%（图 18.17）。利用这种方法，Kristin 油气田储层非均质性模型中的潮汐沙脊体可以迅速充满交错地层体积的实际频率。

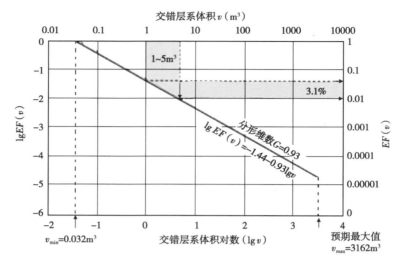

图 18.17　交错层系体积超限频率分布、$EF(v)$

据沙丘交错层理层系厚度测量值的分布，接近双层指数分布（图 18.16）。注意分布直线使得任一体积或体积级别的交错层系的频率数是可预测的。例如，在 $1\sim5m^3$ 体积级别内层理的相对频率为 3.1%

### 18.5.4　储层模型中的对比表述

正如 Quin 等（2010）所指出的，Halten 台地 Garn 组原始解释受到构造—地层情况的困扰，沉积聚集于主要转换构造的底板岩带，砂体原始物源来自于上盘；配置与裂谷盆地中的一般配置相反。也没有真正意识到，底板岩带内的次级内部断层在沉积模式和空间相分布上具有重要影响。

Kristin 油气田 Garn 组原始相模型是基于现有井 6406/2-3 的，从空间上来说，该井位于油气田的重要中心位置。钻遇的质量好的储层砂岩被解释为近海岸临滨沉积，预测直接往西和往东具有相似质量的砂岩。不考虑构造作用对临滨沉积的控制，Garn 组不具有严重的非均质性。

在后续井中相的空间分布是出乎意料的（Quin 等，2010），在评估阶段，储层压力的减少比原始模型预测的快多了。这些后续井表明对潜在储层非均质性的预测很差，从现有井外推估算的总体砂岩渗透率过高（Quin 等，2010）。地震勘察可以详细研究 Kristin 油气田的构造特征，但是对储层相的解剖和空间非均质性的作用很小。

储层模型后续被改进，仍然使用相同的构造原始砂岩临滨古环境沉积，从 Grip 隆起向东延伸。Kristin 油气田 Garn 组被细分为六个地层带，定义为准层序。连续层状模型的四个带向北延伸到 Smørbukk 和 Smørbukk 油气田，向东延伸到 Tyrihans 北部和南部油气田（图 18.1；Elfenbein 等，2005；Quin 等，2010）。连续层状模型表明横向均匀砂岩单元（准层序）特征为厚度向东逐渐变薄，油气田规模的储层质量和主要非均质性受限于这些单元之间相的变化，而不是这些单元内部。

之前对 Garn 组的层序地层解释是非常随意的，其基于垂向粒度的变化和代表海相地层的泥盖的零星分布。向上变粗和向上变净的结构趋势，据报道在临近的油气田北部和东部是可识别的且具有相关性的，在 Kristin 油气田难以识别（Quin 等，2010）。

Garn 组现今研究基于构造控制砂岩临滨向东延伸的思想，受到波浪和潮汐的影响，以及构造驱使相对海平面变化的影响（Quin 等，2010）。Kristin 油气田 Garn 组新的沉积模型（图 18.11）假定，在地形制约潮汐流的初期浅海地堑中，砂岩岩性圈闭制约临滨环境（Sztanó 和 De Boer，1995），反复形成沙脊。每次地堑可容空间暂时耗尽时，波浪作用和向东搬运砂体占优势地位（图 18.8，图 18.10）。Kristin 油气田砂岩层序包括 16 种可识别的向上变浅准层序，其主要非均质性归因于准层序内部相的变化，而不是准层序之间。准层序边界通常是沉积物路过剥蚀面，分隔相似累加的相组合（图 18.8）。储层非均质性的决定性因素是潮控沙脊的发育，在体积方面很重要（图 18.8，表 18.2），包括各向异性的沙丘交错层理（图 18.14）和渗透性差的砂岩相（图 18.12，图 18.13）。

Kristin 油气田 Garn 组新的沉积模型解释了 Kristin 油气田中心地带砂岩相非同寻常的分布，伴有异常富集粗粒、渗透性好的交错地层砂岩（Quin 等，2010），此处地层也是最厚的。半隔离沙脊概念解释了最好质量储层相组合的发育位置（Quin 等，2010），这些相组合在一些井中占优势，但是在邻近井中很少甚至没有（图 18.8，图 18.12）。沉积模型也能解释邻近地区 Garn 组发育的主要影响：(1) 由于断层转换斜坡、转换破裂背斜和原地粗粒三角洲，砂质潮间带向东推进不均质，导致 Grip 隆起的海岸线可能高度不规则；(2) 早期断层相关沉降与推断的 Kristin 地堑相似，在 Halten 海道其他段，可能会影响砂岩的扩散和富集潮汐流（Corfield 等，2001）；(3) 海道上独立的地堑和半地堑在其内部的沉降模式中可能不同，因此 Garn 组准层序地层可能不是区域相关的；(4) 横穿这些潮控洼地的砂体向东搬运，取决于其可容空间，在区域范围上可能高度不均匀。

针对 Kristin 油气田 Garn 组原始非均质性和渗透隔离问题改进的模型（图 18.12），可能解释了储层原始压力为何如此迅速下降（Quin 等，2010），以及为什么采收率比其他气田和凝析油气田低得多。储层整体渗透率低。来源于渗透性好的储层区域的流体，其释放可能受到层内高非均质性的抑制和周围低渗透相的阻碍，减缓空间流体的搬运和储层压力的均衡。随着区域压力的下降和井中含水饱和度的上升，在早期开发阶段，由于毛细管压力的作用，可观数量的凝析油可能滞留在这些隔离区。因此应该利用现今研究提供的高质量模型，模拟和仔细评估采收率。另外，在储层次级隔离区，也应该考虑断层可能起到的作用（图 18.4）。

## 18.6 结论

Kristin 油田 Garn 组的分析表明，砂岩的沉积主要发生在初始沉降地堑的浅层，该地堑位于侏罗系狭窄的水道内，连接了 Boreal 和特提斯两个大洋。沉积物包括潮控—浪控的重复旋回沉积，成因认为是相对海平面的构造变动。这个海侵—海退旋回产生了一个 100m 厚的海侵准层序，终止于大的海洋洪泛和 Melke 组的泥质沉积，导致了侏罗纪裂陷作用达到最高潮，引起了大陆架垮塌。

沉积相分析表明，沉积物包括沙脊（潮汐沙丘垂向堆积而成），夹间歇性风暴作用和同期形成的沙脊中间洼地内砂质沉积。自从可容空间被海底加积作用再次填满，由脊状侵蚀和沙质支流组成的正常天气波浪作用就开始占主导地位，直到构造沉降造成新可容空间的增加为止。滨海的浪控沉积物最终占压倒性优势,但很快相对海平面发生了区域性的抬升,引起了泥泞浅海环境和海洋洪泛的逐步侵蚀,退到地堑的侧面。

通过本次对 Garn 组的沉积环境和沉积相剖析,解释了砂岩相的空间分布,并对储层非均质性具有重要意义。潮汐沙脊是 Kristin 油田 Garn 组储层的主要结构要素。这些半隔离的、渗透性更好的砂岩体在局部可以占到厚度的 70%,估计有 20km 长、1.7km 宽、10~15m 厚,侧向间距在 2.9~6.5km 之间。

潮汐沙脊被渗透性略差的砂岩相包裹,与交错沙丘集合体形成具有强烈各向异性的迷你封存箱。这两种类型的储层各向异性组合,被认为是储层压力骤降和低采收率的原因。大量的凝析液可能在产生的早期阶段被保留在砂岩体里,只有后来变成凝析气才被释放出来。

现在用一种统计学的方法,通过测量岩心的交叉集合体厚度估算交叉集合体的体积频数分布。在只有地层厚度可以从岩心测量的情况下,这种定量的估算对特征描述和石油储层建模是有意义的。在此基础之上,Kristin 油田 Garn 组储层模型中的沙脊体可以很容易地由实际的交叉集合体及其各向异性组成,从而去模拟储层中流体的流动以及更好地评估恢复。

本次研究表明一个高净毛比、均质、低渗透率的砂岩储集体,实际上可能各向异性更强,并且即使在储层仅含高压力的气和凝析物的情况下,仍然表现出强烈的分区性。

**致谢**

本文源于第一作者在 Statoil A.S.A 公司的研究课题,是 2006 年在挪威卑尔根大学的博士后期间完成。非常感谢 Kristin 油田(Statoil,Petoro,Exxon Mobil,Eni Norge 和 Total Norge)允许刊登研究数据。也非常感谢挪威石油公司的 Kristin 油田提供额外的信息和技术支持,以及与 Jamie Quin 的探讨。原稿经过了 Jonathan Wonham,Gary Hampson 和 Snorre Olausen 的严格复审,非常感谢他们提出的宝贵建议。

**附录**

Garn 组的潮汐沙脊体由交叉集合体组成,这些交叉集合体直接堆积在另一个交叉集合体之上,或者被其他砂层分隔开。这些交错集合体的地层具有共同的来源,可以认为是分散在沙脊三维空间内的不重要的建造要素。

岩层的厚度可以沿着垂直采样的线进行测量(图 A-1),比如野外露头或者岩心。

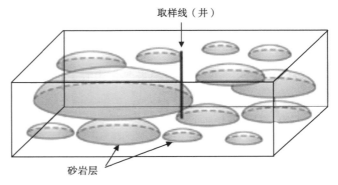

图 A-1 砂岩层厚度示意图(据 Malinverno,1997,修改)
通过垂向取样线测量潮汐沙脊中的交叉集合体的厚度

下面回顾了 Malinverno（1997）如何通过测量岩心的交叉集合体厚度估算交叉集合体体积频数分布的统计学理论。

## F1.1 地层几何形态的定义

作为交错沙丘的近似[图 A-2（A）]，地层的几何形态被假定为有一个近似于圆形的底，并且最厚处（$h$）在中心部位[图 A-2（B）]。

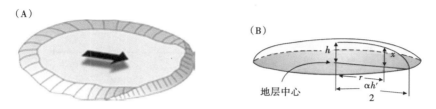

图 A-2 （A）迁移距离超过两倍波长、具有长波峰的水下沙丘几何形态示意图（据 Allen，1982），沙丘的高度或者厚度可以通过波长衡量，变化范围从 7cm 到大于 20m。（B）代表交错沙丘集合体的几何形态。地层具有近似于圆形的底，并且最厚处（$h$）在中心部位（据 Malinverno，1997，修改）

底部的直径（岩层宽度）为 $w=\alpha h^\gamma$，$\alpha$ 是一个常数，指数 $\gamma \geq 0$ 用来根据中心厚度衡量地层的宽度[图 A-3（A）]。如果 $\gamma=0$，所有岩层具有相同的宽度即 $w=\alpha$，与中心部位的厚度无关。如果 $\gamma=1$，地层厚度与中心部位的厚度呈线性关系（厚度变为两倍的地层其横向延伸距离同样变为两倍）。

Malinverno（1997）认为，地层厚度（$x$）是离中心的横向距离 $r$ 和中心厚度 $h$ 的函数[图 A-2（B）]：

$$x(h, r) = h\left[1-(2r/\alpha h^\gamma)^\alpha\right], \quad 0 \leq r \leq 0.5\alpha h^\gamma \tag{A1}$$

式中，大于 0 的 $\alpha$ 是控制地层体积的一个指数[图 A-3（B）]。如果 $0<\alpha<1$，地层厚度在横向接近中心部位时递减速度最快；如果 $\alpha=1$，地层厚度的递减是速度一致的，地层呈现一个明显的锥形；如果 $\alpha>1$，在接近中心部位时，地层厚度减薄很少或者基本不变，在靠近边缘时，厚度递减很快，因此，地层的顶部是平的或者稍微上凸的，地层形状近似于倒立的碟子；如果 $\alpha\to\infty$，地层变为圆柱体。

地层几何形态这种构想显然是一种简单化，因为地层厚度横向变化是不规律的，而且地层底部可能是椭圆的而不是圆的。然而，对于迁移距离超过两倍波长、具有长波峰的潮汐沙

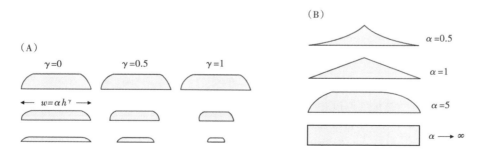

图 A-3 按文中方程 A1 定义的地层几何形态的缩放

（A）指数 $\gamma$ 控制了地层宽度（$w$）与地层中心厚度（$h$）之间的关系。（B）指数 $\alpha$ 控制了离中心处的横向距离与该处地层厚度的关系（据 Malinverno，1997，修改）

丘来说，这是一种合理的近似［图A-2（A）；Allen，1982；Bridge 和 Demico，2008］。另外，从概念上来讲，中心部位最大厚度（h）的概念可以被替换为具有代表性的普遍厚度［图A-4（A）］。Malinverno（1997）指出，可以定义任何理想的形状地层的底部，但是这样会致使数学方程式非常复杂。

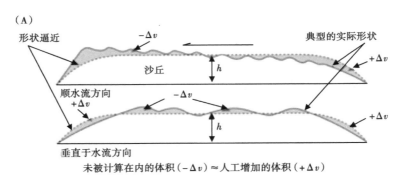

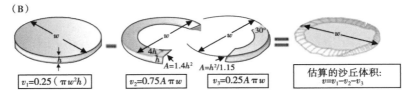

图A-4　（A）在该地层形状中，未被计算在内的沙丘体积被人工地补偿回来，中心最大厚度的概念可以被替换为具有代表性的普遍厚度。（B）解释了一个封闭的沙丘圆柱体是如何在几何形态上变成近似的理想化沙丘的形状，这种沙丘是迁移距离略超过波长两倍的沙丘

必须指出，在允许 $\gamma$ 取任何正值的情况下，随着厚度变化，这个几何方程式允许的地层宽度在一个非常大的范围内变化；反之，$\alpha$ 的值，尽管是可以估算的，但是它似乎并不重要，因为 $\alpha$ 对地层厚度与地层体积之间的分布频率并没有产生实际的联系。

Malinverno（1997）从公式（A1）衍生出了如下的地层体积方程式：

$$V(h) = \int_0^{0.5\alpha h^\gamma} \eta(h, r) 2\pi r \, dr = [(\alpha 2\pi\alpha)/4(2+\alpha)] h^{(2\gamma+1)} \quad (A2)$$

式中，$\alpha$ 为一个积分常数［图A-2（B）］。结合后面的方程式与幂次运算计算地层体积：

$$EF(v_i) \approx v_i^{-G} \quad (A3)$$

用如下方法获取中心部位地层厚度的分布频率：

$$EF(h_i) \approx h_i^{-G(2\gamma+1)} \quad (A4)$$

其中，如果 $\gamma = 0$，所有地层厚度相等，体积仅与 $h$ 呈线性关系，频率分布指数为 $G$，与地层频率分布相同；如果 $\gamma = 1$，地层宽度与 $h$ 呈线性关系，地层体积与 $h^3$ 呈比例关系，分布频率为 $3G$。

**F1.2　地层的空间分布和取样线的问题**

虽然方程式A4定义的关系似乎是一个人们想要得到的解决方案，但是Malinverno（1997）指出，只有当能够测量所有遇到地层的中心最大厚度 $h$ 时，这才是属实的。实际上，在测量地层厚度 $x$ 时，是在离中心部位未知距离的地方进行的，通过测量得出的数值是远远低于实际数值的（图 A-1）。即使地层厚度随着离中心部位距离变化不发生变化［图 A-3（B）］，仍然存在另外一个取样线的问题：因为交错集合体的地层不是宽脊的，完全不可能去测量所有堆积在给定潮汐沙丘上的沙丘交错集合体的厚度。

考虑到的取样问题在图 A-5 中以图的形式展现出来。在这个假定的例子里，地层宽度与地层中心部位厚度 $h$（$\gamma > 0$）成比例，地层中心部位是分散在其沉积区内。在某个位置做一条穿过沉积层序的垂直取样线，然后去测量所有与取样线交叉的地层厚度 $x$。厚度较大的地层更有可能被取样，因为其更大的横向延伸范围，这样，所采集的信息就更加偏向于厚岩层，薄地层的数目则被低估。在这个例子当中，薄地层的数目比厚地层的数目要多（图 A-5），然而与取样线相交的数目，两者是一样多的。只有当所有地层的中心在平面上具有相同的位置，而且垂直取样线就在这个位置附近，才能几乎与所有地层相交，所测量岩层厚度的分布指数才与所期望得到的地层中心最大厚度值 $h$ 的分布指数一致［式（A4）］。

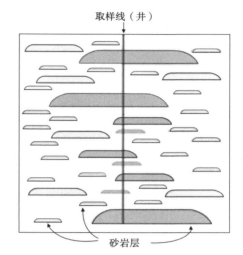

图 A-5 与垂直取样线相交的穿过地层层序一个假设的横截面（据 Malinverno，1997，修改）
因为横向延伸范围的不同，虽然薄地层的数目比厚地层的数目要多（图 A-5），但是与取样线相交的数目，两者是一样多的。

为了量化地层中心部位在一个平面上的空间分布，Malinverno（1997）定义了一个参数 $M(r_i)$，它指地层中心离取样线横向距离小于 $r_i$ 的地层个数，并且，他假定与 $r_i$ 的某次幂呈比例：

$$M(r_i) \approx r_i^Z \tag{A5}$$

指数 $Z$ 是一个在 0~2 之间的数值（图 A-6）。如果所有的地层中心在一个水平面上的同一个位置，并且与取样线的位置一致，那么 $M(r)$ 就是一个常数，并且 $Z=0$［图 A-6（A）］；如果所有的地层中心在一个水平面上的同一条线上，那么 $M(r)$ 与 $r$ 呈线性关系，

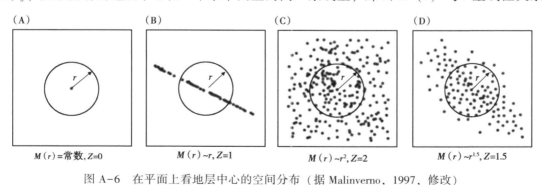

图 A-6 在平面上看地层中心的空间分布（据 Malinverno，1997，修改）
（A）如果所有的地层中心在一个水平面上的同一个位置，并且与取样线的位置一致，$M(r)$ 就是一个常数，并且 $Z=0$。（B）如果所有的地层中心在一个水平面上的同一条线上，$M(r)$ 与 $r$ 呈线性关系，并且 $Z=1$。（C）如果所有的地层中心随机地分布在一个平面上，$M(r)$ 与 $r^2$ 呈线性关系，并且 $Z=2$。（D）如果所有的地层中心聚集在一个椭圆中，参数是位于中间的，比如 $M(r)=r^{1.5}$，并且 $Z=1.5$

并且 $Z=1$ [图 A-6（B）]；如果所有的地层中心随机地分布在一个平面上，那么 $M(r)$ 与 $r^2$ 呈线性关系，并且 $Z=2$ [图 A-6（C）]。在现在沙丘聚集成被拉长沙脊的情况下，有中间的关系会更加恰当，比如 $M(r)$ 与 $r^{1.5}$ 呈线性关系，并且 $Z=1.5$ [图 A-6（D）]：

$$EF(X_i) \approx X_i^{-D} \tag{A6}$$

**F1.3 $D$ 与 $G$ 之间的关系**

根据之前的概念，厚度的分布频率指数 $D$ 被认为是取决于多个因素，每个因素被无量纲的参数进行量化：地层宽度与地层中心厚度的比例，通过 $\gamma$（$\gamma \geq 0$）进行量化；地层厚度随离中心部位距离的横向减小通过 $\alpha$（$\alpha > 0$）进行量化；地层体积的分布频率，通过 $G$（$G>0$）进行量化；设计到取样线的地层中心的空间分布，通过 $Z$（$0 \leq Z \leq 2$）。

Malinverno（1997）证明了这些指数关于指数 $D$ 的通用方程式，如下：

$$D = G + \gamma(2G - Z) \tag{A7}$$

这个方程式说明地层形状的细节是无关紧要的，只要所有地层的形状大体一致并且足够近似于某个值 $\alpha$（$\alpha>0$）[图 A-3（B）]，后面的系数并没有包含到这个方程式当中。

总之，指数 $D$ 并不等于相对应的指数 $G$，除非 $\gamma = 0$ 或者 $2G = Z$。正如 Malinverno（1997）指出的，只有在所有地层覆盖在与厚度无关的同一个地方这样一个特殊情况下，指数 $\gamma$ 才会是 0。同样的，等式 $2G=Z$ 只是特殊情况，但是没有明显的理由去假设地层宽度与厚度的比例和地层中心的空间分布有关系。总之，不能单单从地层厚度的分布推断地层体积的频率分布；为此，关于地层厚度与地层宽度比例和关于地层中心的空间分布的值必须是已知的或者被假设。

**F1.4 指数 $\gamma$ 和 $G$ 的估算**

在统计上，沙丘的垂向叠加形成潮汐沙脊可以被比作许多不同大小翻转碟子状的地层随机落到拉长的椭圆形区域（图 A-2），这个区域至少与地层的最大宽度相同 [图 A-6（D）]。相关问题是根据一个通过沙丘带的垂直取样线测得的地层厚度分布频率是怎样的。

公式（A7）表明，衡量地层厚度分布频率的指数 $D$ 取决于地层体积分布频率指数 $G$、与地层厚度和宽度相关的指数 $\gamma$ [图 A-3（A）] 以及地层中心部位的空间分布指数 $Z$（图 A-6）。Malinverno（1997）辨别出局限在某个地区的地层中心空间分布存在两种极限情况。如果地层宽度 $w$ 不小于 ½ $w_{max}$，地层仅会与位置在该区域中间的垂直取样线相交 [$Z \approx 0$，图 A-6（A）]。如果地层宽度 $w$ 小于 $w_{max}$，地层中心位置不再被约束为接近区域的中心 [$Z = 2$，图 A-6（C）]。局限在一个拉长潮汐沙丘的地层中心空间分布就代表一种中间情况 [图 A-6（D）]，这种情况下，指数 $Z$ 可以是在 1~2 之间的任意非整数。

对于这两种极限情况，Malinverno（1997）证明了他们的过渡是在地层厚度为 $X_b$ 时的断点，定义为：

$$X_b = 0.37^{1/\gamma} X_{max} \tag{A8}$$

$X_{max}$ 是测量地层的最大厚度，在目前情况下，$X_b = 0.43m$，$X_{max} = 2.5m$，$\gamma = 0.56$。从式（A7）可以看出到地层厚度的分布有两个指数：

$$\text{对于薄层 } D_1 = G(1 + 2\gamma) - 2\gamma \quad (X \leq X_b)$$

$$\text{对于厚层 } D_2 = G(1 + 2\gamma) \quad (X > X_b) \tag{A9}$$

Malinverno（1997）已经通过简单的数值实验测验过这个观察的结果，并重新整理了这两个方程式以便通过地层厚度分布的两个已知参数 $D_1$、$D_2$ 求得未知指数 $G$（$D_2>D_1$）：

$$G = \frac{D_2}{1 + D_2 - D_1} \tag{A10}$$

对于目前情况中的地层厚度数据集，指数 $G=0.93$，这样就能确定地层体积的分布频率 $EF(v_i)$。

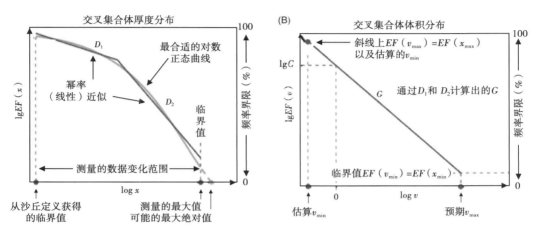

图 A-7 （A）对数正态分布的地层厚度分布近似于一个双重幂率分布的图解；
（B）地层体积分布 $EF(v)$ 的确定和数据上的限制

**F1.5 体积分布频率的导出**

超出地层体积分布频率的部分具有如下形式：

$$EF(v_i) = Cv_i^{-G} \tag{A11}$$

在重对数坐标中，定义了一条直线：

$$\lg EF(v_i) = \lg C - G\lg v_i \tag{A12}$$

其中，指数 $G$（负值）定义了分布线的斜率，并且这条斜线进一步被以下条件限制［图 A-7（B）］：

体积最小地层和体积最大地层的频率 $EF(v_{\min})$ 和 $EF(v_{\min})$，假定与最薄和最厚地层的频率一样，$EF(x_{\min})$ 和 $EF(x_{\min})$，这样，最薄的地层体积最小，最厚的地层体积最大。

线的左侧定位点的横坐标是较小的临界值 $\lg v_{\min}$，计算出估算值 $v_{\min}$。

线的系数 $\lg C$ 是 $\lg v_i = 0$ 时，$\lg EF(v_i)$ 的值。

交错沙丘集合体的 $v_{\min}$ 值，可以通过 Flemming 的经验方程式间接估算：

$$h = 0.0677L^{0.8098} \tag{A13}$$

其中，$L$ 为沙丘最小高度（$x_{\min}$）时推算出的沙丘波长（$L$），并且利用这个值去粗略估算沙丘的宽度 $w \approx 2L$。$h=0.07$m 时，波长 $L=0.96$m，相应的沙丘体积可以根据图 A-4（B）的几何方程式计算出来，最后，$v_{\min}=0.16$m³。分布线的右侧临界值同时意味着期望的 $v_{\max}$，其值为 3200m³。通过带入 α 替代 $w/h^\gamma$ 到式（A2），相似的地层体积可以求得 $\alpha = 2.8$，可以给后面的指数一个估算值［图 A-3（B）］。

## 参 考 文 献

Allen, J. R. L. (1982) *Sedimentary Structures: Their Character and Physical Basis*. One-volume Edition, *Dev. Sedimentol.*, 30, 1256 pp. Elsevier, Amsterdam.

Amos, C. L., Barrie, J. V. and Judge, J. T. (1995) Stormenhanced sand transport in a microtidal setting, Queen Charlotte Islands, British Columbia, Canada. In: *Tidal Signatures in Modern and Ancient Sediments* (Eds B. W. Flemming and A. Bartholomä), *Int. Assoc. Sedimentol. Spec. Publ.*, 24, 53-68.

Arnott, R. W. C. (1993) Quasi-planar laminated sandstone beds of the Lower Cretaceous Bootlegger Member, north-central Montana: evidence of combined-flow sedimentation. *J. Sed. Petrol.*, 63, 488-494.

Arnott, R. W. C. and Southard, J. B. (1990) Exploratory flowduct experiments on combined-flow bed configurations and some implications for interpreting storm-event stratification. *J. Sed. Petrol.*, 60, 211-219.

Ashley, G. H. (1990) Classification of large-scale subaqueous bedforms: a new look at an old problem. *J. Sed. Petrol.*, 60, 160-172.

Bjørlykke, K., Aagaard, P., Dypvik, H., Hastings, D. S. and Harper, A. S. (1986) Diagenesis and reservoir properties of Jurassic sandstones from the Haltenbanken area, offshore mid-Norway. In: *Habitat of Hydrocarbons on the Norwegian Continental Shelf* (Eds A. M. Spencer, C. J. Campbell, S. H. Hanslien, E. Holter, P. H. H. Nelson, E. Nysæther and E. G. Ormaasen), 275-286. *Norw. Petrol. Soc. Proc.*, Graham and Trotman, London.

Blystad, E, Brekke, H., Færseth, R. B., Larsen, B. T., Skogseid, J. and Tørudbakken, B. (1995) Structural elements of the Norwegian Continental Shelf. Part II: The Norwegian Sea region. *Norw. Petrol. Direct. Bull.*, 8, 1-45.

Bourgeois, J. (1980) A transgressive shelf sequence exhibiting hummocky stratification: the Cape Sebastian Sandstone (Upper Cretaceous), southwestern Oregon. *J. Sed. Petrol.*, 50, 681-702.

Brandsæter, I., McIlroy, D., Lia, O., Ringrose, P. and Næss, A. (2005) Reservoir modelling and simulation of Lajas Formation outcrops (Argentina) to constrain tidal reservoirs of the Halten Terrace (Norway). *Petrol. Geosci.*, 11, 37-46.

Brekke, H. (2000) The tectonic evolution of the Norwegian Sea Continental Margin with emphasis on the Vøring and Møre basins. In: *Dynamics of the Norwegian Margin* (Eds A. Nøttvedt, B. T. Larsen, S. Olaussen, B. Torudbakken, J. Skogseid, R. H. Gabrielsen, H. Brekkeand O. Birkeland), *Geol. Soc. London Spec. Publ.*, 167, 327-378.

Brekke, H., Sjulstad, H. I., Magnus, C. and Williams, R. W. (2001) Sedimentary environments offshore Norway —an overview. In: *Sedimentary Environments Offshore Norway - Palaeozoic to Recent* (Eds O. J. Martinsen and T. Dreyer), *Norw. Petrol. Soc. (NPF) Spec. Publ.*, 10, 7-37.

Bridge, J. S. and Demico, R. V. (2008) *Earth Surface Processes, Landforms and Sediment Deposits*. Cambridge University Press, Cambridge (U. K.), 815 pp.

Bromley, R. G. (1996) *Trace Fossils: Biology, Taphonomy and Applications*. 2$^{nd}$ edn., Chapman

& Hall, London, 367 pp.

Bukovics, C., Cartier, E. G., Shaw, N. D. and Ziegler, P. A. (1984) Structure and development of the mid-Norway continental margin. In: *Petroleum Geology of the North European Margin* (Ed. A. M. Spencer), pp 407–423. Graham and Trotman, London.

Cacchione, D. A., Drake, D. E., Ferreira, J. T. and Tate, G. B. (1994) Bottom stress estimates and sand transport on northern California inner continental shelf. *Cont. Shelf Res.*, 14, 1273–1289.

Cameron, T. D. J., Crosby, A., Balson, P. S., Jeffery, D. H., Lott, G. K., Bulat, J. and Harrison, D. J. (1992) *The Geology of the Southern North Sea*. British Geological Survey, London.

Carr, I. D., Gawthorpe, R. L., Jackson, C. A. L., Sharp, I. R. and Sadek, A. (2003) Sedimentology and sequence stratigraphy of early syn-rift tital sediments: the Nukhul Formation, Suez Rift, Egypt. *J. Sed. Res.*, 73, 407–420.

Caston, V. N. D. (1972) Linear sand banks in the southern North Sea. *Sedimentology*, 18, 63–78.

Chuhan, F. A., Bjørlykke, K. and Lowrey, C. J. (2001) Closedsystem burial diagenesis in reservoir sandstones; examples from the Garn Formation, Haltenbanken area, offshore Mid-Norway. *J. Sed. Res.*, 71, 15–26.

Clifton, H. E. and Dingler, J. R. (1984) Wave-formed structures and paleoenvironmental reconstruction. Mar. *Geol.*, 60, 165–198.

Collinson, J. D. and Thompson, D. B. (1982) *Sedimentary Structures*. Allen and Unwin, London, 207 pp.

Corbett, P. W. M. (1992) *Geological Description for Reservoir Simulation*. Short Course Lecture Notes, Department of Petroleum Engineering, Heriot-Watt University.

Corfield, S. and Sharp, I. R. (2000) Structural style and stratigraphic architecture of fault propagation folding in extensional settings: a seismic example from the Smørbukk area, Halten Terrace, Mid-Norway. *Basin Res.*, 12, 329–341.

Corfield, S., Sharp, I. R., Håger, K.-O., Dreyer, T. and Underhill, J. (2001) An integrated study of the Garn and Melke formations (Middle to Upper Jurassic) of the Smørbukk area, Halten Terrace, mid-Norway. In: *Sedimentary Environments Offshore Norway – Palaeozoic to Recent* (Eds O. J. Martinsen and T. Dreyer), *Norw. Petrol. Soc. (NPF) Spec. Publ.*, 10, 199–210.

Dalland, A., Worsley, D. and Ofstad, K. (1988) A lithostratigraphic scheme for the Mesozoic and Cenozoic succession offshore mid- and northern Norway. *Norw. Petrol. Direct. Bull.*, 4, 1–65.

Davis, J. C. (2002) *Statistics and Data Analysis in Geology*. 3$^{rd}$ edn., John Wiley and Sons, New York, 638 pp.

De Raaf, J. F. M. and Boersma, J. R. (1971) Tidal deposits and their sedimentary structures. *Geol. Mijnbouw.*, 50, 479–504.

Doré, A. G. (1992) Synoptic palaeogeography of the Northeast Atlantic Seaway: late Permian to Cretaceous. In: *Basins on the Atlantic Seaboard: Petroleum Geology, Sedimentology and Basin Evolution* (Ed. J. Parnell), *Geol. Soc. London Spec. Publ.*, 62, 421–446.

Doré, A. G., Lundin, E. R., Jensen, L. N., Birkeland, Ø., Eliassen, RE. and Fichler, C.

(1999) Principal tectonic events in the evolution of the northwest European Atlantic margin. In: *Petroleum Geology of Northwest Europe — Proceedings of the 5th Conference* (Eds A. J. Fleet and S. A. R. Boldy), 41–61. Geol. Soc. London.

Dreyer, T. (1992) Significance of tidal cyclicity for modelling of reservoir heterogeneities in the lower Jurassic Tilje Formation, mid-Norwegian shelf. *Nor. Geol. Tidsskr.*, 72, 159–170.

Drummond, C. N. and Wilkinson, B. H. (1996) Stratal thickness frequencies and the prevalence of orderedness in stratigraphic sequences. *J. Geol.*, 104, 1–18.

Dumas, S. and Arnott, R. W. C. (2006) Origin of hummocky and swaley cross–stratification — the controlling influence of unidirectional current strength and aggradation rate. *Geology*, 34, 1073–1076.

Dumas, S., Arnott, R. W. C. and Southard, J. B. (2005) Experiments on oscillatory–flow and combined–flow bed forms: implications for interpreting parts of shallow-marine sedimentary record. *J. Sed. Res.*, 75, 501–513.

Dyer, K. R. and Huntley, D. A. (1999) The origin, classification and modeling of sand banks and ridges. *Cont. Shelf Res.*, 19, 1285–1330.

Ehrenberg, S. N. (1990) Relationship between diagenesis and reservoir quality in sandstones of the Garn Formation, Haltenbanken, mid-Norwegian continental shelf. *AAPG Bull.*, 74, 1538–1558.

Ehrenberg, S. N. (1993) Preservation of anomalously high porosity in deeply buried sandstones by grain-coating chlorite: Examples from the Norwegian continental shelf. *AAPG Bull.*, 77, 1260–1286.

Ehrenberg, S. N., Gjerstad, H. M. and Hadler-Jacobsen, E. (1992) Smørbukk Field: a gas condensate trap in the Haltenbanken province, offshore mid–Norway. In: *Giant Oil and Gas Fields of the Decade 1978-1988* (Ed. M. T. Halbouty), *AAPG Mem.*, 54, 323–348.

Ehrenberg, S. N., Dalland, A., Nadeau, P. H., Mearns, E. W. and Amundsen, H. E. F. (1998) Origin of chlorite enrichment and neodymium isotopic anomalies in Haltenbanken sandstones. *Mar. Petrol. Geol.*, 15, 403–425.

Elfenbein, C., Husby, Ø. and Ringrose, P. S. (2005) Geologically based estimation of $k_v/k_h$ ratios: an example from the Garn Formation, Tyrihans Field, Mid-Norway. In: *Petroleum Geology: North-West Europe and Global Perspectives — Proceedings of the 6th Petroleum Geology Conference* (Eds A. G. Doré and B. A. Vining), 537–543. Geol. Soc. London.

Emmett, W. R., Beaver, K. W. and McCaleb, J. A. (1971) Little Buffalo Basin Tensleep heterogeneity-its influence on infill drilling and secondary recovery. *J. Petrol. Technol.*, 23, 161–168.

Eriksson, K. A. and Simpson, E. L. (1990) Recognition of high-frequency sea-level fluctuations in Proterozoic siliciclastic tidal deposits, Mount Isa, Australia. *Geology*, 18, 474–477.

Evans, W. E. (1970) Imbricate linear sandstone bodies of Viking Formation in Dodsland-Hoosier area of southwestern Saskatchewan, Canada. *AAPG Bull.*, 54, 469–486.

Fanchi, J. R. (2006) *Principles of Applied Reservoir Simulation.* Elsevier, Amsterdam, 511 pp.

Field, M. E., Gardner, J. V., Jennings, A. E. and Edwards, B. D. (1982) Earthquake-induced sediment failures on a 0.25° slope, Klamath River delta, California. *Geology*, 10, 542–546.

Gjelberg, J., Dreyer, T., Høie, A., Tjelland, T. and Lilleng, T. (1987) Late Triassic to Mid-Jurassic development on the Barents and Mid-Norwegian shelf. In: *Petroleum Geology of North West Europe* (Eds J. Brooks and K. Glennie), pp 1105-1129. Graham and Trotman, London.

Goff, J. R., Austin, J. A., Jr., Gulick, S., Nordfjord, S., Christensen, B., Sommerfield, C., Olson, H. and Alexander, C. (2005) Recent and modern marine erosion on the New Jersey outer shelf. *Mar. Geol.*, 216, 275-296.

Grant, W. D. and Madfen, O. S. (1979) Combined wave and current interaction with a rough bottom. *J. Geophys. Res.*, 84C, 1797-1808.

Hallam, A., Crame, J. A., Mancenido, M. O., Francis, J. and Parrish, J. T. (1994) Jurassic climates as inferred from the sedimentary and fossil record. In: *Palaeoclimates and Their Modelling; With Special Reference to the Mesozoic Era* (Eds J. R. L. Allen, B. J. Hoskins, B. W. Sellwood, R. A. Spicer and P. J. Valdes), pp 79-88. Chapman & Hall, London.

Harms, J. C., Southard, J. B., Spearing, D. R. and Walker, R. G. (1975) *Depositional Environments as interpreted from Primary Sedimentary Structures and Stratification Sequences*. SEPM Short Course No. 2 Lecture Notes, Society of Economic Paleontologists and Mineralogists, Dallas, 161 pp.

Harms, J. C., Southard, J. B. and Walker, R. G. (1982) *Structures and Sequences in Clastic Rocks*. SEPM Short Course No. 9 Lecture Notes, Society of Economic Paleontologists and Mineralogists, Tulsa, 250 pp.

Harris, P. T., Pattiaratchi, C. B., Cole, A. R. and Keene, J. B. (1992) Evolution of subtidal sandbanks in Moreton Bay, Eastern Australia. *Mar. Geol.*, 103, 225-257.

Hein, F. J. (1987) Tidal/littoral offshore shelf deposits-Lower Cambrian Gog Group, Southern Rocky Mountains, *Canada. Sed. Geol.*, 52, 155-182.

Helgesen, J., Magnus, I., Prosser, S., Saigal, G., Aamodt, G., Dolberg, D. and Busman, S. (2000) Comparison of constrained sparse spike and stochastic inversion for porosity prediction at Kristin Field. *Leading Edge*, 19, 400-407.

Helland-Hansen, W., Ashton, M., Lømo, L. and Steel, R. J. (1992) Advance and retreat of the Brent Delta: recent contributions to the depositional model. In: *Geology of the Brent Group* (Eds A. C. Morton, R. S. Haszeldine, M. R. Giles and S. Brown), *Geol. Soc. London Spec. Publ.*, 61, 109-127.

Houthuys, R. and Gullentops, F. (1988) The Vlierzele Sands (Eocene, Belgium): a tidal ridge system. In: *Tide-Influenced Sedimentary Environments and Facies* (Eds P. L. de Boer, A. van Gelder and S. D. Nio), 139-152. D. Reidel Publishing Company, Dordrecht.

Huthnance, J. M. (1982) On one mechanism forming linear sand banks. *Estuar. Coast. Shelf Sci.*, 14, 79-99.

Jackson, J. S. and Hastings, D. S. (1986) The role of salt patterns and hydrocarbon play generation. movements in the Tectonic history of Haltenbanken and Traenabanken and its relationship to structural styles. In: *Habitat of Hydrocarbons on the Norwegian Continental Shelf* (Ed. A. M. Spencer), pp 241-257. Graham and Trotman, London.

Jackson, M. D., Yoshida, S., Johnson, H. D., Muggeridge, A. H., Næss, A. and Ringrose,

P. S. (1999) Threedimensional reconstruction, flow simulation and upscaling of complex bedform -scale sedimentary structures within tidal sandstone reservoirs. In: *Advanced Reservoir Characterization for the Twenty-First Century* (Ed. T. F. Hentz), pp 169-178. SEPM Gulf Coast Section 19th Annual Research Conference Proceedings, Society of Economic Paleontologists and Mineralogists, Houston.

Johannessen, E. P. and Nøttvedt, A. (2008) Norway encircled by coastal plains and deltas. In: *The Making of a Land — Geology of Norway* (Eds I. B. Ramberg, I. Bryhni, A. Nøttvedt and K. Rangnes), pp 356-383. Norwegian Geological Association, Trondheim.

Johnson, H. D. and Baldwin, C. T. (1996) Shallow clastic seas. In: *Sedimentary Environments: Processes, Facies and Stratigraphy* (Ed. H. G. Reading), 232-280. Blackwell Science, Oxford.

Jongepier, K., Rui, J. C. and Grue, K. (1996) Triassic to Early Cretaceous stratigraphic and structural development of the northeastern Møre Basin margin, off mid - Norway. *Nor. Geol. Tidsskr.*, 76, 199-214.

Keene, J. B. and Harris, P. T. (1995) Submarine cementation in tide-generated bioclastic sand dunes: epicontinental seaway, Torres Strait, north-east Australia. In: *Tidal Signatures in Modern and Ancient Sediments* (Eds B. W. Flemming and A. Bartholomä), *Int. Assoc. Sedimentol. Spec. Publ.*, 24, 225-236.

Kenyon, N. H., Belderson, R. H., Stride, A. H. and Johnson M. A. (1981) Offshore tidal sand banks as indicators of net sand transport and as potential deposits. In: *Holocene Marine Sedimentation in the North Sea Basin* (Eds S. -D. Nio, R. T. E. Shüttenhelm and T. C. E. van Weering), *Int. Assoc. Sedimentol. Spec. Publ.*, 5, 257-268.

Keogh, K. J., Martinius, A. W. and Osland, R. (2007) The development of fluvial stochastic modelling in the Norwegian oil industry: a historical review, subsurface implementation and future directions. *Sed. Geol.*, 202, 249-268.

Kjærefjord, J. M. (1999) Bayfill successions in the Lower Jurassic Åre Formation, Offshore Norway: Sedimentology and heterogeneity based on subsurface data from the Heidrun Field and analog data from the Upper Cretaceous Neslen Formation, eastern Book Cliffs, Utah. In: *Advanced Reservoir Characterization for the Twenty-First Century* (Ed. T. F. Hentz), pp 149-157. SEPM Gulf Coast Section 19th Annual Research Conference Proceedings, Society of Economic Paleontologists and Mineralogists, Houston.

Klefstad, L., Kvarsvik, S., Ringås, J. E., Stene, J. J. and Sundsby, O. (2005) Characterization of deeply buried heterolithic tidal reservoirs in the Smørbukk Field using inverted post-stack seismic acoustic impedance. *Petrol. Geosci.*, 11, 47-56.

Koch, J. -O. and Heum, O. R. (1995) Exploration trends of the Halten Terrace. In: *Petroleum Exploration and Exploitation in Norway* (Ed. S. Hanslien), *Norw. Petrol. Soc. (NPF) Spec. Publ.*, 4, 235-251.

Komar, P. D. and Miller, M. C. (1975) The initiation of oscillatory ripple marks and the development of plane-bed at high shear stresses under waves. *J. Sed. Petrol.*, 45, 697-703.

Krumbein, W. C. and Graybill, F. A. (1965) *An Introduction to Statistical Models in Geology.* McGraw-Hill, New York, 475 pp.

Lanckneus, J. and De Moor, G. (1995) Bedforms on the Middelkerke Bank, southern North Sea. In: *Tidal Signatures in Modern and Ancient Sediments* (Eds B. W. Flemming and A. Bartholomä), *Int. Assoc. Sedimentol. Spec. Publ.*, 24, 33–51.

Le Bot, S., Van Lancker, V., Deleu, S., De Batist, M., Henriet, J. P. and Haegeman, W. (2005) Geological characteristics and geotechnical properties of Eocene and Quaternary deposits on the Belgian continental shelf: synthesis in the context of offshore wind farming. *Geol. Mijnbouw.*, 84, 147–160.

Liu, Z., Berné, S., Saito, Y., Yu, H., Trentesaux, A., Uehara, K., Yin, P., Liu, J. P., Li, C., Hu, G. and Wang, X. (2007) Internal architecture and mobility of tidal sand ridges in the East China Sea. *Cont. Shelf Res.*, 27, 1820–1834.

Longhitano, S. G. and Nemec, W. (2005) Statistical analysis of bed-thickness variation in a Tortonian succession of biocalcarenitic tidal dunes, Amantea Basin, Calabria, southern Italy. *Sed. Geol.*, 179, 195–224.

Malinverno, A. (1997) On the power law size distribution of turbidite beds. *Basin Res.*, 9, 263–274.

Marsh, N., Imber, J., Holdsworth, R. E., Brockbank, P. and Ringrose, P. S. (2010) The structural evolution of the Halten Terrace, offshore Mid–Norway: extensional fault growth and strain localisation in a multi-layer brittle–ductile system. *Basin Res.*, 22, 195–214.

Martinius, A. W., Kaas, I., Næss, A., Helgesen, G., Kjærefjord, J. M. and Leith, D. A. (2001) Sedimentology of the heterolithic and tide-dominated Tilje Formation (Early Jurassic, Halten Terrace, offshore mid–Norway). In: *Sedimentary Environments Offshore Norway —Palaeozoic to Recent* (Eds O. J. Martinsen and T. Dreyer), *Norw. Petrol. Soc. (NPF) Spec. Publ.*, 10. 103–144.

Martinius, A. W., Ringrose, P. S., Brostrøm, C., Elfenbein, C., Næss, A. and Ringås, J. E. (2005) Reservoir challenges of heterolithic tidal sandstone reservoirs in the Halten Terrace, mid-Norway. *Petrol. Geosci.*, 11, 3–16.

McBride, R. A. (2003) Offshore sand banks and linear sand ridges. In: *Encyclopedia of Sediments and Sedimentary Rocks* (Ed. G. V. Middleton), pp 737–739. Kluiver Academic Publishers, Dordrecht.

McIlroy, D. (2004) Ichnofabrics and sedimentary facies of a tide-dominated delta: Jurassic Ile Formation of Kristin Field, Haltenbanken, Offshore Mid–Norway. In: *The Application of Ichnology to Palaeoenvironmental and Stratigraphic Analysis* (Ed. D. McIlroy), *Geol. Soc. London Spec. Publ.*, 228, 237–272.

McIlroy, D., Flint, S. S. and Howell, J. A. (1999) Applications of high-resolution sequence stratigraphy to reservoir prediction and flow unit definition in aggradational tidal successions. In: *Advanced Reservoir Characterization for the Twenty–First Century* (Ed. T. F. Hentz), pp 121–132. SEPM Gulf Coast Section 19th Annual Research Conference Proceedings, Society of Economic Paleontologists and Mineralogists, Houston.

Middleton, G. V., Plotnick, R. E. and Rubin, D. M. (1995) *Nonlinear Dynamics and Fractals: New Numerical Techniques for Sedimentary Data.* SEPM Short Course No. 36 Lecture Notes, Society for Sedimentary Geology, Tulsa, 174 pp.

Mellere, D. and Steel, R. J. (1996) Tidal sedimentation in Inner Hebrides half grabens, Scotland: the Mid-Jurassic Bearreraig Sandstone Formation. In: *Geology of Siliciclastic Shelf Seas* (Eds M. De Batist and P. Jacob). *Geol. Soc. London Spec. Publ.*, 117, 49–79.

Molgat, M. and Arnott, R. W. C. (2001) Combined tide and wave influence on sedimentation patterns in the Upper Jurassic Swift Formation, south-eastern Alberta. *Sedimentology*, 48, 1353–1369.

Montenat, C., Barrier, P. and Di Geronimo, I. (1987) The Strait of Messina, past and present: a review. *Doc. Trav. IGAL (Paris)*, 11, 7–13.

Nago, H., Maeno, S., Matsumoto, T. and Hachiman, Y. (1993) Liquefaction and densification of loosely deposited sand bed under water pressure variation. In: *Proc. 3$^{rd}$ International Offshore and Polar Engineering Conference*, pp 578–594. International Society of Offshore and Polar Engineers, Singapore.

Nio, S.-D., Siegenthaler, C. and Yang, C. S. (1983) Megaripple cross-bedding as a tool for the reconstruction of the palaeohydraulics in a Holocene subtidal environment, S. W. Netherlands. *Geol. Mijnbouw.*, 36, 499–509.

Nordahl, K., Ringrose, P. S. and Wen, R. (2005) Petrophysical characterization of a heterolithic tidal reservoir interval using a process-based modelling tool. *Petrol. Geosci.*, 11, 17–28.

Off, T. (1963) Rhythmic linear sand bodies caused by tidalcurrents. *AAPG Bull.*, 47, 324–341.

Okusa, S. and Uchida, A. (1980) Pore-water pressure change in submarine sediments due to waves. *Mar. Geotechnol.*, 4, 145–161.

Pascoe, R., Hooper, R., Storhaug, K. and Harper, H. (1999) Evolution of extensional styles at the southern termination of the Nordland Ridge, Mid-Norway: a response to variations in coupling above Triassic salt. In: *Petroleum Geology of Northwest Europe — Proceedings of the 5th Conference* (Eds A. J. Fleet and S. A. R. Boldy), pp 83–90. Geol. Soc. London.

Quin, J. G., Zweigel, P., Eldholm, E., Hansen, O. R., Christoffersen, K. R. and Zaostrovski, A. (2010) Sedimentology and unexpected pressure decline: the HP/HT Kristin Field. In: *Petroleum Geology: From Mature Basins to New Frontiers* (Eds B. A. Vining and S. C. Pickering), *Petroleum Geology Conference Series*, 7, pp 419–429. Geol. Soc. London.

Reineck, H.-E. and Singh, I. B. (1980) *Depositional Sedimentary Environments*. 2$^{nd}$ edn, Springer-Verlag, Berlin, 549 pp.

Ringrose, P. S., Nordahl, K. and Wen, R.-J. (2005) Vertical permeability estimation in heterolithic tidal deltaic sandstones. *Petrol. Geosci.*, 11, 29–36.

Rivenæs, J. C., Otterlei, C., Zachariassen, E., Dart, C. and Sjøholm, J. (2005) A 3D stochastic model integrating depth, fault and property uncertainty for planning robust wells, Njord Field, offshore Norway. *Petrol. Geosci.*, 11, 57–65.

Rosvoll, K. J. (1989) *Små-skala permeabilitetsvariasjon i reservoarsandsteiner: laboratorie-analyse og kvantitativ vurdering*. Cand. Scient. Thesis, University of Bergen, 170 pp. (with Appendix, 310 pp.).

Santisteban, C. and Taberner, C. (1988) Geometry, structure and geodynamics of a sand wave complex in the southeast margin of the Eocene Catalan Basin, Spain. In: *Tide-Influenced Sedimentary Environments and Facies* (Eds P. L. de Boer, A. van Gelder and S. D. Nio), pp 123-138. D. Reidel Publishing Company, Dordrecht.

Seed, H. B. (1979) Soil liquefaction and cyclic mobility evaluation for level ground during earthquake. *J. Geotech. Eng.*, 105, 201-255.

Seed, H. B. and Rahman, M. S. (1978) Wave-induced pore pressure in relation to ocean floor stability of cohesionless soils. *Mar. Geotechnol.*, 3, 123-150.

Skar, T., Van Balen, R. T., Arnesen, L. and Cloetingh, S. (1999) Origin of overpressures on the Halten Terrace, offshore mid-Norway: the potential role of mechanical compaction, pressure transfer and stress. In: *Muds and Mudstone: Physical and Fluid-Flow Properties* (Eds A. C. Aplin, A. J. Fleet and J. H. S. Macquaker), *Geol. Soc. London Spec. Publ.*, 158, 137-156.

Slingerland, R., Kump, L. R., Arthur, M. A., Fawcett, P. J., Sageman, B. B. and Barron, E. J. (1996) Estuarine circulation in the Turonian Western Interior Seaway of North America. *Geol. Soc. Am. Bull.*, 108, 941-952.

Smith, A. G., Smith, D. G. and Funnel, B. M. (1994) *Atlas of Mesozoic and Cenozoic Coastlines*. Cambridge University Press, Cambridge, 112 pp.

Snedden, J. W. and Dalrymple, R. W. (1999) Modern shelf sand ridges: from historical perspective to a unified hydrodynamic and evolutionary model. In: *Isolated Shallow Marine Sand Bodies: Sequence Stratigraphic Analysis and Sedimentological Perspectives* (Eds K. M. Bergman and J. W. Snedden), *SEPM Spec. Publ.*, 64, 13-28.

Spencer, A. M., Birkeland, Ø. and Koch, J. -O. (1993) Petroleum geology of the proven hydrocarbon basins, offshore Norway. *First Break*, 11, 161-176.

Stølum, H. H. (1991) Fractal heterogeneity of clastic reservoirs. In: *Reservoir Characterization II* (Eds L. W. Lake, H. B. Carroll and T. C. Wesson), pp 579-612. Academic Press, San Diego.

Storvoll, V., Bjørlykke, K., Karlsen, D. and Saigal, G. (2002) Porosity preservation in reservoir sandstones due to grain-coating illite: a study of the Jurassic Garn Formation from the Kristin and Lavrans fields, offshore Mid-Norway. *Mar. Petrol. Geol.*, 19, 767-781.

Surlyk, F. (1991) Sequence stratigraphy of the Jurassiclowermost Cretaceous of East Greenland. *AAPG Bull.*, 75, 1468-1488.

Surlyk, F. (2003) The Jurassic of East Greenland: a sedimentary record of thermal subsidence, onset and culmination of rifting. In: *Jurassic of Denmark and Greenland* (Eds J. R. Ineson and F. Surlyk) *Geol. Surv. Den. Greenl. Bull.*, 1, 659-722.

Swift, D. J. P. (1975) Tidal sand ridges and shoal-retreat massifs. *Mar. Geol*, 18, 105-134.

Swift, D. J. P. and Field, M. E. (1981) Evolution of a classic sand ridge field: Maryland Sector, North American inner shelf. *Sedimentology*, 28, 461-482.

Swift, D. J. P. and Freeland, G. L. (1978) Mesoscale current lineations on the inner shelf, Middle Atlantic Bight of North America. *J. Sed. Petrol.*, 48, 1257-1266.

Swift, D. J. P. and Thorne, J. A. (1991) Sedimentation on continental margins, I: a general model for shelf sedimentation. In: *Shelf Sand and Sandstone Bodies: Geometry, Facies and Sequence*

*Stratigraphy* (Eds D. J. P. Swift, G. F. Oertel, R. W. Tillman and J. A. Thorne), *Int. Assoc. Sedimentol. Spec. Publ.*, 14, 3–31.

Swift, D. J. P., Freeland, G. L. & Young, R. A. (1979) Time and space distribution of megaripples and associated bedforms, Middle Atlantic Bight, North American Atlantic shelf. *Sedimentology*, 26, 384–406.

Sztanó, O. and De Boer, P. L. (1995) Basin dimensions and morphology as controls on amplification of tidal motions (the Early Miocene North Hungarian Bay). *Sedimentology*, 42, 665–682.

Turcotte, D. L. (1992) *Fractals and Chaos in Geology and Geophysics.* Cambridge University Press, Cambridge (U.K.), 221 pp.

Vaid, Y. P. and Thomas, J. (1995) Liquefaction and postliquefaction behavior of sand. *J. Geotech. Geoenviron. Engineering*, 121, 163–173.

Walderhaug, O. (1994) Precipitation rates for quartz cement in sandstones determined by fluid-inclusion microthermometry and temperature-history modelling. *J. Sed. Res.*, 64, 324–333.

Walderhaug, O. (1996) Kinetic modelling of quartz cementation and porosity loss in deeply buried sandstone reservoirs. *AAPG Bull.*, 80, 731–745.

Walker, R. G. (1984) General introduction: facies, facies sequences and facies models. In: *Facies Models* (Ed. R. G. Walker), 2$^{nd}$ edn, *Geosci. Can. Repr. Ser.*, 1, 1–9.

Weber, K. J. (1986) How heterogeneity affects oil recovery. In: *Reservoir Characterization* (Eds L. W. Lake and H. B. Carroll, Jr.), pp 487–544. Academic Press, Orlando.

Weber, K. J. (1982) Influence of common sedimentary structures on fluid flow in reservoir models. *J. Petrol. Technol.*, 34, 665–672.

Weber, K. J. and Van Geuns, L. C. (1990) Framework for constructing clastic reservoir simulation models. *J. Petrol. Technol.*, 42, 1248–1253, 1296–1297.

Wen, R.-J., Martinius, A. W., Næss, A. and Ringrose, P. S. (1998) Three-dimensional simulation of small-scale heterogeneity in tidal deposits — a process-based stochastic method. In: *Proceedings 4th Annual Conference of the International Association of Mathematical Geology* (Eds A. Buccianti, G. Nardi and A. Potenza), pp 129–134. De Frede, Naples.

Wilks, D. S. (1995) *Statistical Methods in the Atmospheric Sciences.* Academic Press, San Diego, 467 pp.

Withjack, M. O., Meisling, K. E. and Russell, L. R. (1989) Forced folding and basement-detached normal faulting in the Haltenbanken area, offshore Norway. In: *Extensional Tectonics and Stratigraphy of the North Atlantic Margin* (Eds A. J. Tankard and H. R. Balkwill), *AAPG Mem.*, 46, 567–575.

Zweigel, J. (1998) Reservoir analogue modelling of sandy tidal sediments, Upper Marine Molasse, SW Germany, Alpine foreland basin. In: *Cenozoic Foreland Basins of Western Europe* (Eds A. Mascle, C. Puigdefàbregas, H. P. Luterbacher and M. Fernàndez), *Geol. Soc. London Spec. Publ.*, 134, 325–337.

# 19　北海 Tor 组白垩沉积中沟道的发育：底流活动的证据

Matteo Gennaro　　Jonathan P. Wonham　著
张　琴　译

**摘要**：晚白垩世海平面高位期间，欧洲西北部大型陆表海的形成为钙质颗石藻类的繁盛提供了理想的条件，并使其成为海洋沉积物的主要成分。颗石藻为颗石藻类遗留的骨架，在海床上沉积为厚层钙质白垩软泥。在构造活动频繁的区域，沿着盆地边缘、隆起区和盐体动力构造区附近发生白垩沉积的大规模滑坡运动。由此产生的异地沉积物由滑动、滑塌、碎屑流和浊流沉积组成。同时，底流活动在海床上造成一系列的特征地貌。本研究着重于挪威北海特定区域，包括 Ekofisk 油田和邻近区域。使用地震和测井数据来解释以确定具有一个大型沟道构造的马斯特里赫特阶 Tor 组的地质特征。这个沟道被证明非常重要，具有延伸广（约 30km 长）的特点。延伸方向为沿着主要构造线特别是位于南部的 Lindesnes 山脊呈西北偏西至东南偏东方向，为由来自挪威中央地堑西北偏西方向最深处的底流作用形成。测井和岩心数据指示沟道沉积特征受控于水流能量变化和大规模滑坡重力流的相互作用。该沟道和最近描述过的发现于北海地区（德国、丹麦）近岸白垩沉积物内的其他沟道有着相同的特征，这些沉积物被解释为晚白垩世底部水流强度加大的结果。

**关键词**：白垩；等深流；Ekofisk 油田；马斯特里赫特阶；北海；Tor 组

北海挪威地区大型 Ekofisk 油田的马斯特里赫特阶 Tor 组是优质的高孔隙度碳酸盐岩储层，该油田已勘探逾四十年。该组是白垩群（上白垩统—丹麦阶）的一部分，是一套厚层碳酸盐岩，沉积于大型陆表海，这片陆表海在全球海平面相对较高期间覆盖了欧洲西北部的绝大部分地区。这片海的特征是少量陆源沉积物的涌入、正常的盐度和温暖的表面温度。该环境使钙质球藻得以繁盛并且在水深几百米的位置（Surlyk 等，2003）沉积为厚层、横向连续的白垩沉积物。白垩岩主要由微小的低镁方解石片（颗石藻）组成，也就是颗石藻类遗留的骨架。

20 世纪 70 年代末，许多油气勘探井和生产井钻遇挪威地区和北海其他区域的白垩群储层，通过对岩心和地震数据（Kennedy 1987a，1987b；Skirius 等，1999）的分析，海洋白垩沉积和同沉积时期再沉积的证据越来越容易辨认。再沉积的白垩岩出现在中央地堑的几个区域，特别是在反转和盐体动力构造活动剧烈的地区（Perch-Nielsen 等，1979；Hardman 和 Kennedy，1980；Kennedy，1987a，1987b；Watts 等，1980；Hardman，1982；Brewster 和 Dangerfield，1984；Brewster 等，1986；Hatton，1986；Nygaard 等，1993；Bramwell 等，1999；Farmer 和 Barkved，1999；Van der Molen 等，2005）。

越来越多来自丹麦和德国近海区（包括巴黎盆地）的地震数据的最新研究已经确认了白垩沉积内的地层几何形态，并被解释为由具有产生侵蚀和堆积特点的等深流产生（Lykke-Andersen 和 Surlyk，2004；Surlyk 和 Lykke-Andersen，2007；Esmerode 等，2007，2008；Surlyk 等，2008；Esmerode 和 Surlyk，2009）。白垩地层内，山脊、沟槽和沟道的出现也已经在法国北部 Etretat 的大量陡坡露头中被描述过（10~60m 深，不足 1km 宽的沟道；Quine 和 Bosence，1991；Lasseur，2007；Lasseur 等，2009）。另外，沟道已经在来自英国近海地区（Evans 和 Hopson，2000；Evans 等，2003）、荷兰（Van der Molen，2004）和丹麦（Back 等，2011）的地震数据中被发现。Quine 和 Bosence（1991）把在 Etretat 发现的沟道解释为海平面相对降低时潮汐或洋流产生的海底侵蚀的产物。相似的解释也可以用在英国的例子上，逐渐变浅被认为是由构造抬升引起的（Evans 和 Hopson，2000；Evans 等，2003）。丹麦海峡的例子已经被解释为由底流（Esmerode 等，2007）或者重力流（Back 等，2011）形成。

现有的来自岩心、地震数据库和露头研究的证据显示，欧洲白垩海时期有一系列地质活动发生并且相互影响。深海沉积是最主要的背景，而在构造抬升时由于海床地貌的形成和陆缘海水循环的空间样式变化，块体流形成的再沉积和底流产生的再沉积或优先沉积成为重要的侵蚀和沉积作用（Cartwright，1989；Vejbæk 和 Andersen，2002）。白垩海曾覆盖了欧洲大约 35Ma，因此需要一套详细的地层学理论来还原古地理的演化。现存仍然没有详细的区域性北海区域地层综合解释划分标准。目前对古地理发育的理解还不够成熟，变化的内部动力学分析也依赖于一份类似这种对当地情况研究的补充资料。

目前的研究主要集中于北海域挪威中央区的马斯特里赫特阶 Tor 组，这里曾发生过由海洋和重力驱动的沉积过程和底流活动。在这个区域，一处大的沟道（可达 5km 宽，约 30km 长）在 Tor 组被发现。由 Bramwell 等（1999）首次发现依靠测井和地震数据分辨出的沟道。这条沟道已被井 2/4-12 于 1975 年和井 2/8-15 于 1995 年钻遇。目前的研究利用区域三维地震数据库、测井数据、生物地层数据、沟道内和沟道附近岩心资料来解释这些沉积特征和沟道结构的演化过程。地震数据库主频的研究深度大约在 26Hz，垂直分辨率约 40m，横向分辨率约 200m。地震数据通过一系列提供伽马射线、中子孔隙度、声波和密度测井的井（井 2/7-4、2/7-14、2/4-12、2/4-A-8、2/4-A-6 和 2/8-15）来校正。来自井 2/4-12 和 2/4-A-8 的岩心数据被记录下来并且加以描述。来自井 2/7-4、2/7-14、2/4-A-6 和 2/8-15 的详细岩心描述和岩心图像也可用并且将在下面展示出来。

研究中用到的方法是综合了测井数据和岩性描述的地震地层分析法。关键的地震层位是根据它们在解释一系列削截和超覆地震反射轴的有效程度来选出的。振幅和相干属性图被用来突出沟道的位置和横向范围。一旦在地震属性图中被识别，依据 3D 地震数据，沟道会被解释为明确的地震体。测井数据被综合运用于合成地震记录来校准测井数据和层位标志。地震层位的年代测定和横向对比性已经被大量有生物地层数据的井证实。选定的井眼已经关联用岩心数据校正过的测井数据。相关性依据地震、岩相和测井反馈，保证了沟道的演化和周边区域的确定性。

## 19.1 地质背景

本文详细描述了覆盖 10000km$^2$ 的挪威北海南部中央地垒的大型局部性三维地震研究区域（图 19.1）。该区域白垩群（上白垩统—丹麦阶）的厚度可达到 1000m 以上。中央地垒的构造组合主要是由早白垩世的地壳拉伸（Knott 等，1993）和随后的整个晚白垩世断裂后沉降结合局部反转的结果，其中的局部反转可能由挤压构造运动引起（Cartwright，1989；Vejbak 和 Andersen，2002）。局部地区沉积受镁灰岩岩体运动引起的沉降和隆起影响（Ziegler, 1990; Gowers 等, 1993; Oakman 和 Partington, 1998)。

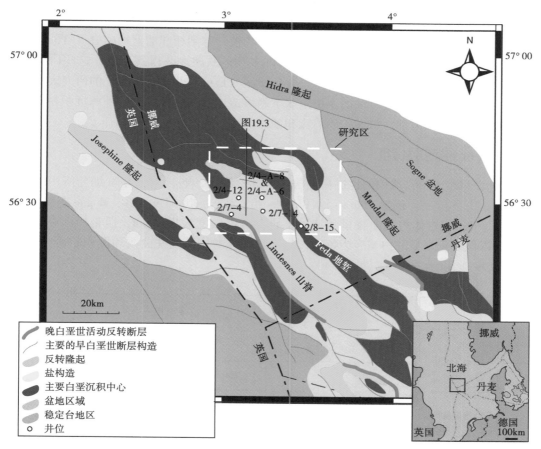

图 19.1 北海地区挪威中央地堑构造图(据 Bailey 等, 1999, 修改)
显示出主要的构造要素、反转隆起、盐构造、盆地地区和研究井位置。右下角插图表明了研究区位置

在白垩群沉积期间,中央地堑沿着主要边界断层下沉,而周边地区则是相对稳定的台地区(Cartwright,1989)。该处区域性后裂谷热沉降在多处局部地区,在圣通期—马斯特里赫特期,由北北东—南南西方向压力产生的构造反演改变(Cartwright,1989;Vejbæk 和 Andersen,2002)。挤压运动的具体时间可能随着构造轮廓的不同而不同。反转主要出现在主再生张性断层产生的背斜褶皱结构,如 Lindesnes 山脊(Bramwell 等,1999)。反转区域通常在其翼部和轴部发育浅张性断层。这种构造不稳定在重力的作用下崩塌(Farm 和 Barkved,1999)。地震数据显示反转构造也易受侵蚀,特别是在 Tor 组沉积时(Farmer 和 Barkved,1999;Sikora 等,1999)。

## 19.1.1 构造对沉积的影响

在 20 世纪 70—80 年代,已提出的白垩沉积模式倾向于将其沉积相划分为自生和外源两种类型(Kennedy,1987)。自生的白垩沉积是海洋沉积的结果,并且常见 *Planolites*、*Chondrites*、*Zoophycos* 和 *Thalassinoides* 等痕迹化石(Ekdale 和 Bromley,1991)。间断面和间隔代表低的沉积速率,由结核状白垩岩、坚实基底和强硬底质表现出来(Bromley 和 Ekdale,

567

1986；Bromley，1996）。

外源白垩岩是重力作用引起的再沉积结果。引起白垩岩再沉积最常见的原因是同沉积作用导致的斜坡被破坏。很可能是构造机制，包括背斜生长、盐底辟和盆地边缘变陡。构造活动区域发生白垩岩的大规模运动，导致外来沉积物被转移到相邻的盆地中去（Vander Molen 等，2005）。外源白垩相这样的例子在北海和许多其他欧洲地区得到描述。这些研究表明斜坡断裂是再沉积的主要原因。一份来自丹麦近岸区（Esmerode 等，2008）的研究表明大规模的白垩块体运动可能是由遭侵蚀的不稳定水下斜坡造成的底流触发的。外源沉积相由大规模块体运动产生，包括滑动、滑塌、碎屑流和浊流。

### 19.1.2　Tor 组地层特征

本研究（图 19.2）所用的地层命名法与 Bailey 等（1999）对白垩群细分所用的地层命名法一致，由下至上，包括 Hidra 组、Blodøks 组、Narve 组、Thud 组、Magne 组、Tor 组和 Ekofisk 组。Tor 组主体为马斯特里赫特阶。研究区内厚度约为 300m，但是局部可达 500m。该组普遍以低黏土含量的白垩岩为特征，与来自各井的伽马测井曲线和沉积相研究（Bramwell 等，1999）指示的一致。

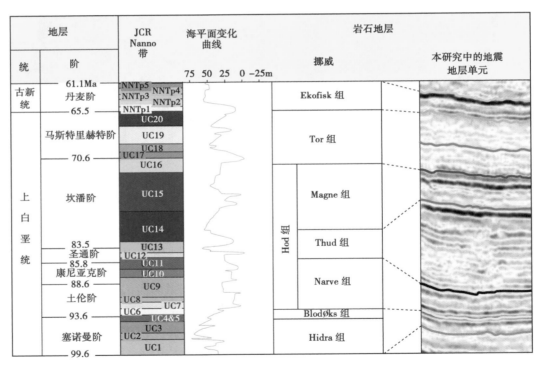

图 19.2　北海区域南部挪威和丹麦地区的白垩群岩石地层学以及相应地震单元

JCR＝联合白垩研究阶段 5（据 Bailey 等，1999），海平面变化曲线为 Gradstein 等（2005）和 Ogg 等（2008）之后，Kominz 等（2008）得出的海平面升降曲线。Kominz 对海平面升降的评估是最详细的，而且包含本次研究的目的层段，评估结果被用来评估海平面对白垩沉积作用可能的影响

Tor 组（图 19.2，图 19.3）的下边界是一处明显的不整合，地震资料显示是由于隆起高地的削蚀作用和广泛分布的沉积超覆作用（Bramwell 等，1999）。在 Valhall 油田，岩心数

据显示不整合面发育成延伸广的强硬基底、压实面和缺失面（Kennedy，1980，1987a；Farmer 和 Barkved，1999；Sikora 等，1999）。

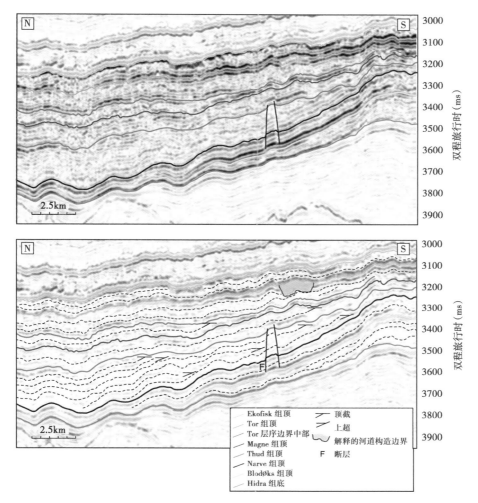

图 19.3　白垩群内部地震单元反射结构和终止关系

Tor 组和 Ekofisk 组的上边界（图 19.2，图 19.3）也是一处不整合面，且具有经研究区几口井内的超微化石和有孔虫类化石确认过的地层缺失（Bailey 等，1999；Lottaroli 和 Catrullo 2000）。Ekofisk 组基底的缺失通常由强硬基底和燧石条带向上进入高黏土含量（5%~20%）的压实白垩层（10~20m）表现出来。

Ekofisk 组基底的泥质夹层已经被非正式地称作 Ekofisk 密集区或者 Ekofisk 致密区（Perch-Nielsen 等，1979；Brewster 等，1986；D'Heur，1986；Surlyk 等，2003）。地震勘探区在该级别上没有发现削蚀现象，然而，在构造的低处记录过局部下超终点。

作为一个地震单元，Tor 组在研究区内具有厚度的变化，在盆地边缘和局部倒转构造方向上明显变薄，比如 Lindesnes 山脊。该地震单元的反射程度普遍良好，然而该区地震相差别较大，变化区间为强平行的反射波—杂乱反射。Tor 组可以被分为两个地震层序，由强负振幅低值界线分开（图 19.3 深绿色区域）。这个界线显示的特征指示一处层序边界，比如下伏层地震反射波的削截（图19.3）和上覆层序反射波的上超和下超。由此推断Tor组中部层序边界已经被用于确定马斯特里赫特阶下段和上段之间的分界，这条分界由海平面下降（Bramwell等，1999）造成。两套Tor组地震层序在盆地地区是很容易分辨的，这里连续沉积形成了一处相对较厚的马斯特里赫特阶层序。Lindesnes山脊上Tor组变薄，且由于其越来越薄的厚度和该组的不规则地震面，这两处层序更难被认出。

由于层内储层品质较差，较低处的层序很少取心。因此，此处层序的相分析依据于测井数据和地震特征。地震反射波较高的频率、侧向连续性和弱振幅指示了在构造相对稳定地区沉积的原地海洋白垩沉积物。然而，局部上超终点和杂乱反射也在该层序内被发现，也许指示了重力流沉积的存在（Van der Molen等，2005）。

上部层序的反射率变在中等—强之间变化，地震反射波大体上平行，有轻微的不连续（图19.3），也发现了局部丘状特征和杂乱反射。本次研究重点关注的沟道位于上部层序，其顶部和Tor组上边界及丹麦阶富含黏土的Ekofisk致密区底部相对应（图19.3、图19.4、图19.5和图19.6中浅绿色区域）。

Tor组的生物地层学年代测定根据测井报告中的微型化石和超微化石的数据，来自井2/4-12（Martsolf，1994）、井2/4-A8、井2/7-4（Bailey等，1999）和井2/7-14（Young和Yang Logan，1994）的岩心段。生物地层年代测定的数据表明上部层序（上马斯特里赫特阶）与UC19和UC20号超微化石（图19.2）相对应（Bailey等，1999）。生物相以浮游和底栖有孔虫类为主。在井2/7-14 3278~3290m、3308~3310m的区间内记录了放射虫类。介形类、叠瓦蛤属双壳类碎片和掘足类也出现了，但是并没有提供有用的生物地层学年代测定数据。

### 19.1.3 沟道的地震学证据

Tor组顶部反射波的地震振幅曲线图指示在井2/4-12和井2/8-15附近的局部地区出现独特的强负振幅（图19.7）。这种振幅的异常现象在Ekofisk油田的南西部得到发展并且向东延伸到2/8区块中心。地震属性图和地震剖面的分析表明，该异常现象可以被解释为倾向西北西—东南东方向、平行于Lindesnes山脊北部斜坡的类似沟道的特征。在图中，沟道至少30km长并且有一个漏斗型的几何形状，在东南东方向延伸1~5km。这处沟道在2/4区块最狭窄，向东横穿2/7区块后变宽，沿东南东方向轻微弯曲，在2/8区块以宽阔、类似散射状的特征结束。在某些地区，这些沟道的边缘更少被识别并且它的位置在图像中更难以确定。

在地震剖面上，沟道是通过完全相同地震反射面的侵蚀切口和沟道边缘经过沟道充填时上半部分反射曲线的延伸来识别（图19.4中A和B剖面）。根据示意图和剖面图，该沟道可以被细分为三个区块：(1) 西区（图19.4中A和B剖面），发育于2/4区块内Ekofisk油田南部；(2) 中央区（图19.4中C和D剖面），向Ekofisk油田南东方向延伸，接近Tor组构造的南东侧2/4、2/5、2/7和2/8区块四个中央区域内；(3) 东区（图19.4中E和F剖面）延伸向Tor组构造南东方向2/8区块内。

这三个区块内，其中两个区块可以通过沟道填充的反射波被识别出：一个是以正振幅为主的较低单元（图19.4、图19.5和图19.6中浅灰—黑色区间内），另一个是以负振幅为主的较高单元（图19.4、图19.5和图19.6中橘色—红色区间内）。较高单元由井2/8-15和井2/4-12钻探，较低单元由井2/8-15部分钻探（图19.5、图19.6）。

在西区内，沟道周围界线清楚，有近平行的边界（图19.7）。接近Ekofisk油田，沟道的北边界轻微不规则，可能因为来自流体和断层的地震反馈的局部变化。在地震剖面内，沟道充

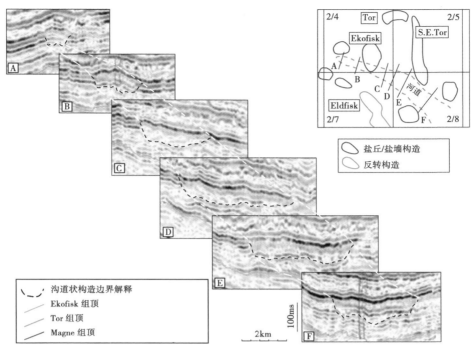

图19.4 一系列沿着Lindesnes山脊北部斜坡平行展布的穿过沟道的地震区块
插图显示了地震测线的位置和漏斗形、向东南部扩展的古河道几何平面图

填的西区有平板状的几何形状,厚度100~150m,宽度1~2km。沟道充填的内部反射为中等—弱振幅(图19.4中A和B剖面)。沟道基底不规则并且嵌入周围平行反射地震相。沟道充填顶部对应着Tor组和Ekofisk组之间的边界,并且与对应Ekofisk致密区内部高伽马射线值区间、强正振幅反射底部的零相位交叉处地震数据重合(图19.4、图19.5和图19.6)。在2/4区块,Tor组—Ekofisk组边界略不规整并且沟道边缘较好识别且相对陡峭(图19.4中A和B剖面)。沟道西部—中央区的过渡带靠近Ekofisk油田东翼的地震勘测C区域(图19.5)。

沟道中央区的特点是其北缘向2/4、2/5、2/7和2/8(图19.7)区块四角区北东方向的北部边缘突然扩张,导致沟道在西区块扩张2km,在中央区扩张5km。向东南东方向,沟道边缘近平行,南部边缘近直线,北部边缘表现出细微不规则(图19.7)。中央区沟道充填的地震剖面由平整均匀变化为混乱、复杂或不连续(图19.4中C剖面)。沟道充填表现出向北东方向倾斜的反射波,从南部边缘下沉到沟道轴线区(图19.4中D剖面)。这里的沟道基底依然是侵蚀的,但是比西区少。

在中央区,沟道充填的顶部是不平整、有起伏的,整体呈向上凹的形状(图19.4中C和D剖面)。从西区到中央区,沟道剖面由陡峭边缘的平板状变化为有更多平滑边界的弧状(图19.4中B,C,D剖面)。沟道南部边界总是侵蚀的,截断位于南部的近水平平行反射面。南部沟道边缘在2/4区块和2/7区块之间的边界西部区域是侵蚀的。在边界东部,沟道边缘不再有明显的侵蚀,而展现出低角度尖灭的几何形态(图19.4中C和D剖面)。中央和西区的过渡带位于图19.4中D和E剖面之间。

沟道东区有一段宽度大致相同,但是边界趋于不规整并且局部模糊,特别是沟道沿东南东方向的终点处。在沟道东南东方向的终点处,鲜艳的振幅线指示散射状几何形状。从中央

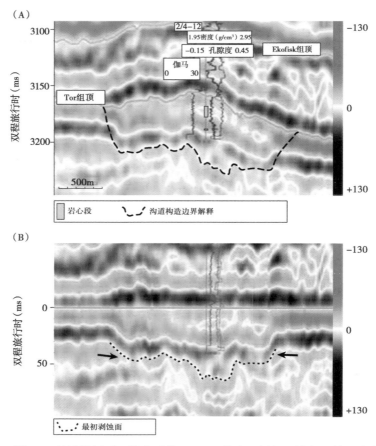

图 19.5 （A）图 19.4 的地震剖面 B 校准于井 2/4-1。注意正振幅（浅灰—黑）和负振幅（橘黄—红）的反射分别解释了下部和上部的沟道充填单元。在 Tor 组顶部（绿色线）Ekofisk 组底部的强正反射是由 Ekofisk 致密区和下伏疏松的 Tor 组的密度差形成的。可以从密度和孔隙度测井中清楚地看到这种从疏松的 Tor 组到上覆的 Ekofisk 致密区。可以通过高伽马射线值来区分 Ekofisk 致密区，原因是其高泥质含量。（B）图 19.4 的地震剖面 B 在 Tor 组顶部拉平。振幅没有给出单位

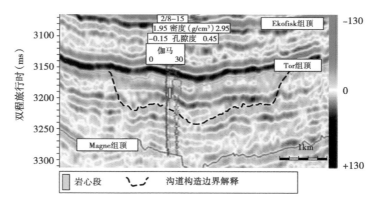

图 19.6　图 19.4 的地震剖面 F 校准于井 2/8-15

注意上部沟道充填单元的负振幅（橘黄—红）与测井曲线中高孔隙低密度值的对比，下部沟道充填单元的正振幅（浅灰—黑）与测井曲线中低孔隙高密度值的对比。振幅没有给出单位

区到西区，沟道基底失去其侵蚀特点并且变得仅微弱不规整和起伏（比较图 19.4 中剖面 A，B 和剖面 E，F）。最顶处近平坦，仅有小部分不规整。

在 2/7 区块和 2/8 区块边界附近，沟道南边界明显是侵蚀的并且被陡峭的岩墙围住（图 19.4 中 E 剖面），但北部边缘保持其与中央区相似的尖灭几何形状。然而，所有沟道边界往沟道东南东方向终点处都变得越来越模糊（图 19.4 中 F 剖面）。在这个终点处，沟道剖面的特点是深度逐渐降低，基地和边缘逐渐变平坦，直到沟道特征平缓、无法识别。

## 19.2 沟道充填的井特征

### 19.2.1 井数据概况

两口钻入沟道充填的井对此项研究极为重要：位于沟道西区的井 2/4-12 和位于东区的井 2/8-15（图 19.7、图 19.8 和图 19.9）。这两口井都被取心且其岩心样品已被测井数据校正过。

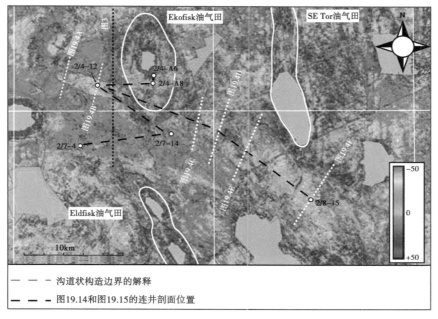

图 19.7  Tor 组顶面以下 70m 厚地层的振幅平面图
灰色区域代表数据缺失或地震成像不清晰。振幅没有给出单位

勘探井 2/4-12 和井 2/8-15 钻遇以强负振幅异常为特点的 Tor 组顶部区域（图 19.7）。井内未发现油气，因此该组被证实是充满水的。地震部分的测井数据校正（图 19.4、图 19.5 和图 19.6）表明所有井内上部沟道充填单元（红色振幅）比下部单元（黑色振幅）有更高的孔隙度（表 19.1）。

表 19.1  井 2/4-12 和井 2/8-15 的河道充填相组合的伽马射线、密度和中子孔隙度值

|  | 上部河道单元 | | 下部河道单元 |
| --- | --- | --- | --- |
| 井 | 2/4-12 | 2/8-15 | 2/8-15 |
| 平均伽马射线值（API） | 8 | 8 | 12 |
| 密度（g/cm³） | 2.35 | 2.15 | 2.40 |
| 中子孔隙度（%） | 26 | 28 | 15 |

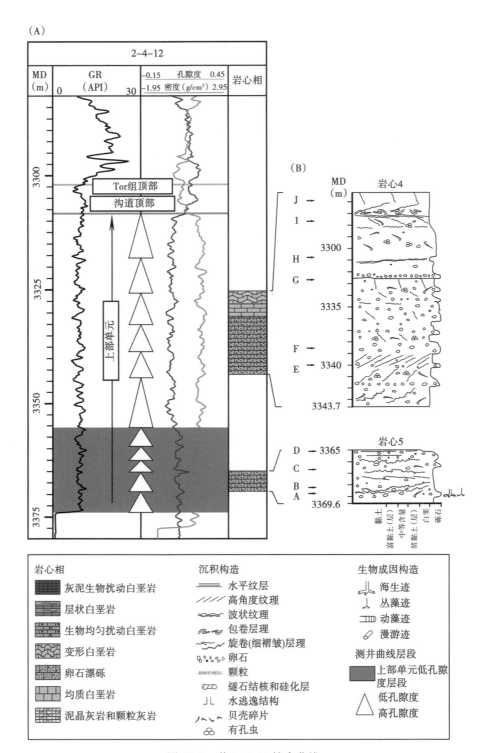

图 19.8 井 2/4-12 综合曲线

（A）测井曲线，岩心相；（B）相关的沉积学测井记录。沉积测井记录边缘的大写字母代表图 19.13 中的相照片。井位如图 19.1 和图 19.7 所示

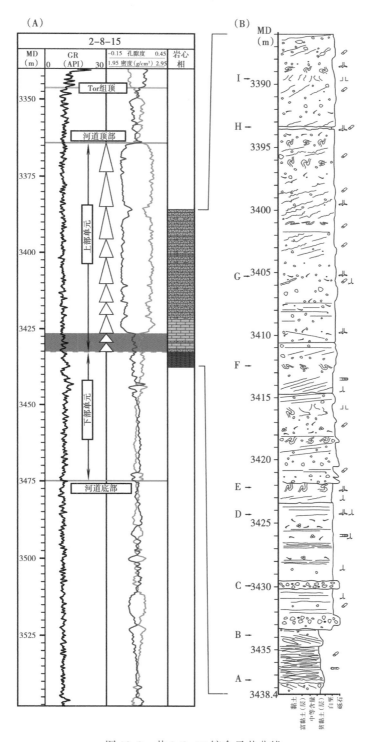

图 19.9 井 2/8-15 综合录井曲线

（A）测井曲线，岩心相；（B）相关的沉积学测井记录。从图 19.14 的相关地震测线可以推导出河道充填顶部和底部的
界线。图例如图 19.8 所示。沉积测井记录边缘的大写字母代表图 19.12 中的相照片。井位如图 19.1 和图 19.7 所示

研究位于沟道外部的井的详细岩心描述和沉积学数据记录（图19.10，图19.11）。岩心材料的取样环境变化极大；旧的岩心，比如来自井2/4-12、井2/4-A8、井2/4-A-6、井2/7-4和井2/7-14的岩心取样环境不佳，有大量砂砾区间和取样扰动。来自最近的井的岩心样品，例如井2/8-15，有更好的取样条件，砂砾区间少而短。文中岩心描述和沉积学数据均在测井深度内。在综合测井图和连井剖面中，岩心已被转换成测井深度。

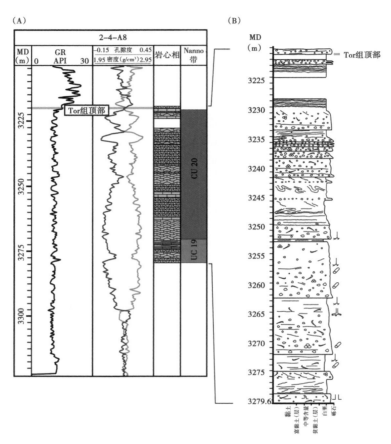

图 19.10　井 2/4-A8 综合录井曲线

（A）测井曲线，岩心相；（B）相关的沉积学测井记录。井位如图 19.1 和图 19.7 所示。沟道边缘西部已钻探，其中两口井位于其北缘（2/4-A8 和 2/4-A6），一口井位于南缘（2/7-14）。2/7-4 位于沟道 7km 外的 Edda 油田，本文也对其进行了研究

## 19.2.2　白垩相

根据沉积结构（Dunham，1962）、特征沉积构造和生物特征识别了相。有关白垩几种相分类在较早前已经被提出过（Kennedy，1987b；Crabtree 等，1996；Røgen 等，1999）。本研究沿用 Bramwell 等（1999）采用的分类法（表 19.2，表 19.3）。沉积模型的解释遵循与 Kennedy（1987b）相同的方法。白垩颗粒大小没有被完整地记录下来，除非岩心样品的分类法能够识别出比泥岩和粒泥灰岩更细的地层。为了更好地区分这些岩石，研究出一种估算泥质含量的方法，指示碳酸盐和陆源物质的相对含量。漂砾石和颗粒支撑的沉积物在沉积记录中被记录为砾级沉积物。七种白垩岩相的简介和沉积解释详见表 19.2。

在非取心井段的相识别是尝试性的，主要根据岩石物理测井响应和岩心相之间的关系。

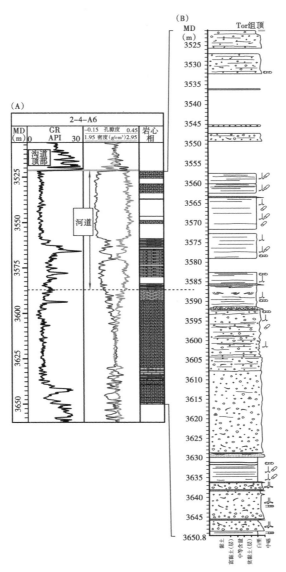

图 19.11 井 2/4-A6 综合录井曲线
(A) 测井曲线，岩心相；(B) 相关的沉积学测井记录。井位如图 19.1 和图 19.7 所示

Hatton (1986), Kennedy (1987b), Campbell 和 Gravdal (1995) 论证过测井响应曲线能够反映不同的白垩相。远源相的大致特点是段内呈低密度、高孔隙度、低伽马射线值。这些相由各种沉积过程沉积：(1) 碎屑流、泥流、低密度浊流和泥团沉积指示明显的低密度或高孔隙度特征，一般底部和顶部呈尖锐状；(2) 厚的滑塌和滑动沉积指示低密度或高孔隙度但是顶部呈现孔隙度减小和密度增大的趋势；(3) 粗浊积岩和滞留沉积物由高孔隙度和低密度响应曲线来区分。原地相大致对应于低孔隙度、高密度、宽而次尖锐形状的测井信号，富黏土和少黏土原地白垩岩区分的依据是在伽马射线测井响应曲线中，富黏土的岩层显示高伽马值。尽管有些研究已经记录过他生白垩岩大体上比原地白垩岩的孔隙度更高 (Hatton, 1986; Kennedy, 1987a, 1987b; Taylor 和 Lapré, 1987; Brasher 和 Vagle, 1996)，其他因素例

表 19.2 Tor 组岩相总结

| 岩相和代码 | 岩性和结构 | 沉积和成岩特征 | 生物成因构造 | 测井曲线特征 | 解释 |
|---|---|---|---|---|---|
| 生物扰动泥质白垩岩（BAC） | 灰泥，中—高黏土含量的粒泥状灰岩 | 贫黏土矿物和富黏土矿物白垩地层的互层。富黏土矿物层一般会有很好的纹层。具细微—压扁的富黏土矿物层和溶蚀缝合线。缺少黏土矿物的层段由于集中于生物扰动产生的许多近乎水平—近乎垂直的孔洞。黄铁矿颗粒和黄铁矿完整片常见出现。通过黏土矿物含量变化未和标记岩层 | 普遍—丰富的生物扰动产生了具有不规则潜穴的斑状构造。可识别的生物踪迹有丛藻迹、漫游迹和海生迹 | 高伽马值，低孔隙度和高密度 | 海洋的，自生白垩岩 |
| 层状白垩岩（LC） | 灰泥，中—低黏土含量的粒泥状灰岩 | 弱—良好，可识别，没有生物扰动，波状平行、平面平行—偶尔变化的岩层。岩层厚度从几厘米变化到 50 厘米。纹层可以很好地识别，但是偶尔会被生物扰动切断。贝壳碎片常见或稀少 | 少见的生物扰动构造具有不好识别的水平垂直潜穴。可识别的生物踪迹有丛藻迹、漫游迹和动藻迹 | 中—低伽马值，低孔隙度和高密度 | 海洋的，自生白垩岩，周期性地被低密度浊流打断 |
| 生物扰动均质白垩岩（BHC） | 灰泥，中—低黏土含量的粒泥状灰岩 | 均—模糊的纹层，层理弱—中等发育，厚度在 10～100cm 之间变化 | 丰富的生物扰动产生了斑状构造，生物踪迹包括丛藻迹、漫游迹和动藻迹 | 中—低伽马值，低孔隙度和高密度 | 海洋的，自生或者再沉积白垩岩，物成因再沉积白垩岩，前提是厚度相关小于1m |
| 变形白垩岩（DC） | 灰泥，黏土含量变化的粒泥状灰岩 | 常见的倾斜方向变化的波状、包卷、褶皱和破碎陡峭倾斜纹理。纹层可能是不稳定的灰泥或者胶结物。层厚度从几分米变化到几米 | 生物扰动非常罕见，如果有生物扰动会见到高度变形的生物扰动 | 以低密度，高孔隙度为特征的广间间隔，但是随着孔隙度的逐渐减小密度向上是增加的 | 再沉积的，自生白垩岩；崩塌，滑动沉降和蠕变 |

续表

| 岩相和代码 | 岩性和结构 | 沉积和成岩特征 | 生物成因构造 | 测井曲线特征 | 解释 |
|---|---|---|---|---|---|
| 卵石漂砾白云岩（PFC） | 填隙物：随着黏土含量变化的灰泥和泥晶灰岩；粒屑：硅质胶结和白云岩化的白云岩内碎屑 | 杂基支撑，高度杂乱，多基质砾岩，具有榜圆的粗砂一卵石大小的碎屑。显示了椭圆的和局部正常的粒度。岩层发育不是很好（厘米级—米级）。低角度叠片状的白云岩。稀疏的贝壳碎片。低角度构造经常被倾斜平行和细圆齿状的沉积叠片结构切断或干扰，显示沉积叠片结构经常被生物扰动切断。带有粒屑的底部是尖锐的砾岩且被侵蚀的，顶部则显示了逐渐变少的碎屑 | 很少有生物扰动，经常局限于特定的时间段内。可识别的生物踪迹有丛藻迹和海生迹 | 低密度，高孔隙度。经常有尖锐的底和顶 | 再沉积的，外来的白云岩：黏性泥石流和稀性泥石流 |
| 均质白云岩（HC） | 很少的灰泥和粒泥灰岩 | 很少纹层和塑性流动的统一，极少毫米白云颗粒和贝壳碎片，成岩性较差，局部厚度在几分米到几米之间变化 | 极少——一般程度的生物扰动经常局限于特定的时间段，可识别的生物踪迹有丛藻迹、漫游迹 | 变化的密度和孔隙度，但实际经常与PFC相似，经常有尖锐的底和顶 | 海洋的，自生白云岩或者是再沉积、外来的白云岩：浊积岩和动荡泥的形式存在 |
| 灰泥质白云岩和颗粒质白云岩（PCC） | 很少的灰泥和颗粒灰岩 | 均一，块状，颗粒灰岩也许会有强烈的叠层，床层成层和平面交叉层，局部与钙质胶结，中等数量的贝壳碎片，这套岩层的底部是尖锐的，且部分被侵蚀，然而顶部则显示了逐渐变少的碎屑 | 极少——一般程度的生物扰动。可识别的生物踪迹有丛藻迹、漫游迹 | 高孔隙度，低密度 | 再沉积的，外来的白云岩：风暴沉积和浊积岩，因底部涌流和改造后 |

579

表 19.3 由 Bramwell 等（1999）观察到的岩相总结

| 岩相 | 结构 | 颜色 | 硬度 | 地层 | 沉积和生物成因构造 | 黏土矿物和石英含量 | 储层物性 |
|---|---|---|---|---|---|---|---|
| 叠片白垩岩相 | 碳酸质灰泥，普遍缺乏骨架结构，除了零星出现、罕见、肉眼可辨的骨架结构 | 浅灰色—土黄色 | 固结很好且坚硬（尽管硬度是变化的） | 地层普遍可识别的叠片构造，属于中等成层 | 普遍的、薄的平面平行纹理 | Tor 组中石英 <2%，在 Ekofisk 组中石英含量在 1%～20% 之间。黏土矿物 <1% | 叠片白垩岩很少显示出储层孔隙质量 |
| 潜穴叠片白垩岩相 | 碳酸质灰泥，普遍缺乏骨架结构 | 浅灰色—土黄色 | 固结很好且坚硬（尽管硬度有时候是变化的） | 普遍可识别的范围，从薄（<10cm）到非常厚（>1m）的程度变化 | 平行—波状平行纹理，被稀少—普遍的丛藻迹、漫游迹和潜穴打断 | 在 Magne 组和 Ekofisk 组中有 10%～35% 的石英，在 Tor 组中石英 <2% | 潜穴白垩岩包含着偶尔显示差的储层孔隙质量 |
| 均质白垩岩相 | 碳酸质灰泥，含有很少或者没有骨架结构 | 土黄色—黄棕色，浅灰色很少 | 固结很好，坚硬—中等柔软 | 主要地层是缺失的或者至少很难被识别 | 均匀的、大量缺少任何内结构，尽管有时候在较薄地层会出现非常稀少的潜穴 | 1%～4% 的石英和 1%～2% 黏土矿物；Tor 组中石英和 1%～5% 的黏土矿物在 Ekofisk 组最具代表性 | 普遍含有很好的储层孔隙度（这是出现于一个和均质白垩岩相关的井中） |
| 潜穴均质白垩岩相 | 碳酸质灰泥，包含很少骨架结构 | 土黄色—浅灰色 | 固结很好，坚硬—中等柔软 | 中—厚的范围（>1m）时主要地层能够被识别 | 均质目大量的白垩岩，但含有非常少（偶尔到一般程度）的丛藻迹、漫游迹和潜穴斑 | 1%～3% 石英，黏土矿物 <2% | 潜穴均质白垩岩偶尔显示储层孔隙质量 |
| 卵石漂砾相 | 泥粒灰岩（很少—局部富集），有高磨圆度的砂级—卵石级白垩粒屑 | 土黄色—浅灰色 | 固结很好柔软—坚硬 | 厚度是中—厚（>1m）时可以被识别，是通过碎屑成分和结构识别的 | 卵石漂砾块状出现，或者显示出正递变层理 | 1%～3% 石英，黏土矿物 <1% | 卵石漂砾显示出储层孔隙质量 |

580

续表

| 岩相 | 结构 | 颜色 | 硬度 | 地层 | 沉积和生物成因构造 | 黏土矿物和石英含量 | 储层物性 |
|---|---|---|---|---|---|---|---|
| 灰泥白垩岩相 | 灰泥，碳酸质灰泥 | 橄榄灰绿色—灰色 | 固结很好，坚硬 | 成层受黏土矿物含量变化的控制 | 薄—中层，内部其他白垩岩相普遍比较薄，经常显示某处不连续状—平行纹层，还有少—局部普遍的潜穴（主要是丛藻迹、漫游迹） | 15%~35%的石英，5%~20%的黏土矿物 | 灰泥白垩岩很少储层孔隙物性标志 |
| 潜穴灰泥白垩岩相 | 灰泥，碳酸质灰泥 | 浅橄榄灰绿色—土黄色，甚至达到中—深灰色 | 固结很好，坚硬 | 薄（<10cm）—厚层（>1m） | 普通—丰富的潜穴构造（丛藻迹、漫游迹和动藻迹），残余波状—平行纹层 | 15%~35%的石英，2%~12%的黏土矿物 | 没有确定储层孔隙性质 |
| 钙质岩相 | 泥粒灰岩，含有砂粒级白垩岩粒屑和骨骼碎片 | 土黄色—灰色 | 固结很好，坚硬 | 薄—中层（单层厚度一般小于30cm） | 正递变，偶尔出现平坦叠瓦和波浪叠状构造 | 5%~35% 石英 | 缺少储层孔隙 |
| 砾状白垩岩相 | 砾状结构岩化的颗粒—卵石级碎屑物质。粒屑档子多杂基的，更大形状，更不规则目更丰富的，与细粒磨圆的白垩岩粒屑相比，后者出现于卵石砾碎屑相。该岩相填隙物由灰泥组成 | | | 没有内结构，展布上粒屑相当混乱 | | 未确定储层孔隙性质 | |
| 变形白垩岩相 | | 土黄色—浅灰色 | 固结很好，坚硬 | 在可识别范围内，通常为薄（<10cm）—厚层（>1m） | 弱—很强的变形（扭曲） | Tor组中，1%~4%石英，黏土矿物＜2%；在Ekofisk组中，3%~20%石英，1%~5%黏土矿物 | 普遍含有储层孔隙 |
| 钙质页岩相 | 碳酸质，硅质黏土页岩和灰泥页岩 | 灰色—红综色 | 相当软，固结差 | 岩层薄到很薄（<10cm） | 不连续，波状纹层且很少潜穴 | >40%石英，>15%黏土矿物 | 不显示储层孔隙性质 |

如成岩作用、孔隙流体类型、沉积物层理和组合形式也无疑会影响孔隙的保存情况。一些研究认为高孔隙度发育和白垩再沉积之间没有直接关系（Maliva 和 Dickson，1992；Fabricius 等，2007）。

沟道充填根据地震图的特点和校准过的测井信号被细分为上单元和下单元（图19.5，图19.6）。下单元代表沟道层序的40%，上单元组成了剩下的60%。接下来分别描述组成下部和上部沟道充填单元和沟道边缘的沉积层序的相序。

### 19.2.3　下部沟道充填单元的相组合

描述：下部沟道充填单元的底部，经地震剖面校准，其特征是薄层、高孔隙度沉积物，测井解释为相PGC（表19.2）的灰泥质白垩岩和颗粒质白垩岩中的一种（井2/8-15中3m厚层，根据测井数据和地震校准，这里沟道基底深度为3475m）。

组成大约下部沟道充填单元80%的层状白垩岩（相LC）或生物扰动均质白垩岩（相BGC；表19.2）的上覆厚层或基底沉积物中，都无法获得岩心样品。这些地层的密度和孔隙度测井曲线表明高频相变换在分米级—米级之间。这些沉积物向上进入生物扰动灰泥质白垩岩（相BAC），组成下部沟道充填单元的大约20%，这些由井2/8-15的5m岩心段解释得出。[图19.6；图19.12（A），（B）]。

解释：下部沟道充填单元最低的3m处（图19.9，井2/8-15 3475~3473m）是在底流作用下，由松散—部分岩化的白垩岩侵蚀和风化作用形成、由泥晶灰岩和颗粒灰岩（PGC相，表19.2）组成的白垩沉积。这处沉积可能代表了沟道发育的初始侵蚀阶段并且可能和法国Etretat悬崖处沟道基底上覆的白垩层在特征上相似，此处砾状粒泥灰岩和强硬基底的白垩岩相突进到白垩粒泥灰岩和泥灰质白垩岩层（Quine 和 Bosence，1991）。下部沟道内相BHC/LC上覆的厚地层反映了沟道内海洋白垩岩的垂直加积作用（表19.2）。测井曲线中发现的密度值和孔隙度值在分米级—米级的变化可能来自各种机制（Niebuhr 和 Prokoph，1997；Scholle 等，1998；Bramwell 等，1999；Stage 1999，2001；Niebuhr 等，2001；Damholt 和 Surlyk，2004）。然而，在没有岩心的情况下落实岩性变化机制是不可能的。下部沟道充填物最上段的岩性特征是灰泥生物扰动白垩岩（相BAC，表19.2），指示海底生物造成的海床迁移，也可能代表了沉积缺失和上部沟道充填单元沉积作用之前沟道内泥岩段和碳酸盐岩段的相对富集。

### 19.2.4　上部沟道充填单元的相组合

描述：上部沟道充填单元和下部沟道充填单元不整合接触并且受相PFC[表19.2，图19.12（C）]卵石漂砾白垩岩的控制。由伽马射线录井中可知（表19.1），这里的白垩岩大体上比下部沟道单元中任何岩相的孔隙度都大并且还有更低的黏土成分。相PFC组成了大约这个单元的80%并且包含了磨圆度高的白垩岩屑，粒度为粗砂—砾石级[图19.13（C）]。贝壳碎片和有孔虫类在构造区间内都有出现，但是生物扰动很少[图19.13（A）]。岩层展现出倾斜平行层理齿状原生纹理等很少被生物扰动破坏的构造[图19.13（B），（C），（D）和（E）]。然而绝大多数样本都表现为原地基岩。

大体上，PFC相（表19.2）被归入米级厚度的岩层，相比顶部，基底处粒度更粗，有更多基质支撑的砾石。相PFC的岩层被变形白垩相DC[图19.12（E），（F），（I）；图19.13（G），（I）和（J）]的次级岩层侵入，例如在井2/8-15的3421.9~3386m处，形成

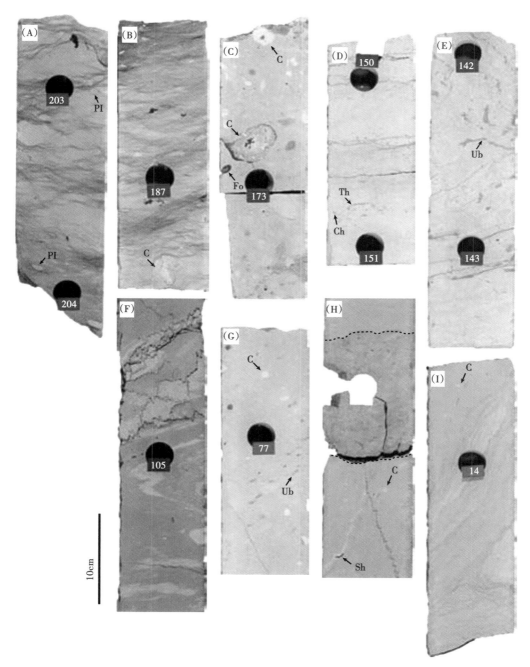

图 19.12 井 2/8-15 的部分岩心相照片

(A)、(B) BAC 相,生物扰动灰泥白垩岩;(C) PFC 相,含有大量碎屑杂基的卵石漂砾白垩岩;(D) HC 相,潜穴和弱纹层均质白垩岩;(E) DC 相,有潜穴的变形白垩岩;(F) DC 相,滑移褶皱的变形白垩岩;(G) PFC 相,有变形潜穴的卵石漂砾白垩岩;(H) HC 相,有强生物扰动层段(黑色虚线标注)的均质白云岩;(I) DC 相,有泄水构造的变形白垩岩。C—白垩岩碎屑;Sh—贝壳碎屑;Fo—有孔虫碎屑;Ch—丛藻迹潜穴;Pl—漫游迹潜穴;Th—海生迹潜穴;Ub—未识别的潜穴。井位如图 19.1 和图 19.7 所示,缩写见表 19.2

图 19.13 井 2/4-12 异源白垩相照片

(A) PFC 相,变形海生迹和小而黑丛藻迹潜穴的卵石漂砾白垩岩;(B)—(D) PFC 相,细圆齿状纹层的卵石漂砾白垩岩;(E) PFC 相,高角度纹层的卵石漂砾白垩岩;(F) PFC 相,在分选好的填隙物中有孤立卵石的卵石漂砾白垩岩;(G) DC 相,斜交纹层的变形白垩岩;(H) HC 相,有缝合线和破裂的均质白云岩;(I) DC 相,高角度细圆齿状纹层的变形白垩岩;(J) DC 相,有泄水构造的变形白垩岩。C—白垩岩碎屑;Sh—贝壳碎屑;Ch—丛藻迹潜穴;Th—海生迹潜穴。井位如图 19.1 和图 19.7 所示,缩写见表 19.2

PFC—DC 粗细粒互层。

向上，白垩岩屑变得越来越少，因为相 PFC 沿层面侵入相 HC（表 19.2）的均质白垩层。HC 相也出现在上部沟道充填单元基底处的井 2/8-15 中（井 2/8-15 内深度区间 3433.3~3422.5m），这里有粗粒 PFC 相的夹层。总的来说，HC 相组成井 2/4-12 和井 2/8-15 上部沟道充填单元的大约 10%。HC 相通常不显示沉积的或生物扰动的特征，但是在某些情况下也会发现坑洞［图 19.12（D），（H）；图 19.13（H）］。

测井数据中的孔隙度曲线显示由高孔隙度/低密度基底和低孔隙度/高密度顶部（图 19.8，图 19.9）组成的高—低孔隙度段的重复叠置模式。在井 2/4-12 和井 2/8-15，这些高—低孔隙度变化无规律地出现在 PFC 段内，夹较薄的 DC 段且与特定相类型或相序没有联系。

解释：上部沟道充填单元被解释为一系列堆积卵石碎屑流沉积（相 PFC，表 19.2），内夹或沿层面向上侵入低密度浊流沉积物（相 HC）和滑塌沉积物（相 DC）。在某些泥石流岩层发现的下粗上细粒序可能是由黏性块体流的大面积混乱扰动造成。罕见的生物扰动表明在两次连续的块体流事件之间，海床上碎屑岩内底栖生物的间歇性出现。

起初白垩岩基底未经固化并且具有高孔隙度（70%~80%；Scholle，1997）触变性的钙质软泥，使它在坡地处不稳定。碎屑流可能源于不同的区域，其很可能是这些重力流的来源。首先，碎屑流可能由沟道外部，例如周边构造高点（例如 Lindesnes 山脊）的边坡坍塌造成；其次，也可能来源于沟道边缘的边坡坍塌。第三种造成小面积泥石流的可能机制是沟道槽内部底流造成的次级地震规模的山脊（坡角 5°~15°）坍塌。这种山脊相关的白垩碎屑流出现于 Etretat（Quine 和 Bosence）内的露头中。碎屑流由沟道外部的周边构造高点产生，可能已经被沟道地形和偏向沟道轴线下侧地形捕获。

### 19.2.5 沟道边缘地区的相组合

描述：沟道边缘地区的白垩沉积物占一小部分（层段 35%~40%），由相 LC（表 19.2）均质薄层的白垩岩夹相 BHC 的生物扰动均质白垩岩组成。BHC 相包含燧石结核和相 PGC（井 2/4-A6；图 19.11）的灰泥质—颗粒质白垩岩分米级厚度的岩层。该相向上侵入形成具有大量碎屑、米级厚度的卵石漂砾白垩相 PFC（表 19.2）。相 PFC 具有基质支撑结构，碎屑磨圆度好，粒级由粗砂到砾石。沉积偶尔显示轻微的软沉积变形。相 PFC 占沟道边缘地区地层大约 30%，与相 DC 变形、米级厚度的白垩岩层（井 2/4-A8；图 19.10），相 HC 的均质白垩岩，更薄层的生物均匀扰动白垩岩（相 BHC）或层状白垩岩（相 LC）互层。这些相构成沟道边缘地区地层的 30%~35%。据记录，更靠近沟道的井 2/4-A8 显示变形白垩相发育，而离沟道更远的井 2/4-A6 和井 2/7-14 不发育。

解释：对于相类型和相序来说，沟道边缘地区的地层类似于沟道充填处的地层，但是更薄。基底沉积被解释为包括均质海洋白垩岩（相 BHC，表 19.2）、偶有因远源低密度浊流和薄层白垩（相 LC）形成的岩层。燧石结核可能代表低速率的间歇性沉积作用。

这些基底沉积上覆被解释为由于滑塌（相 DC，表 19.2）、碎屑流（相 PFC）和泥石流（相 HC）而沉积的外来白垩岩薄层。远洋相（BHC）是次要的且只是偶尔出现。海洋块体流沉积和外源块体流沉积的区别大体在于尖锐形状，但可能由于基体变形而表现出过渡性。块体流沉积的厚度减少并且沿底层向上滑塌变得罕见。靠近沟道的井 2/4-A8 内滑塌（相 DC）的出现，可能反映了沟道边缘地区的不稳定性。

### 19.2.6 沟道充填与沟道边缘地区沉积物对比

沟道充填物内部测井资料的相关性是基于上部、下部沟道充填单元的不同（图 19.14）。上部沟道充填单元可以被细分为两个不同的区块，下部沟道充填单元有明显的低孔隙度并且和其他单元相比更薄的高—低孔隙度变化层，反映了沟道充填的初始阶段，其特征是来自流动在沟道内底流活动和沟道侧面重力流的相互作用。

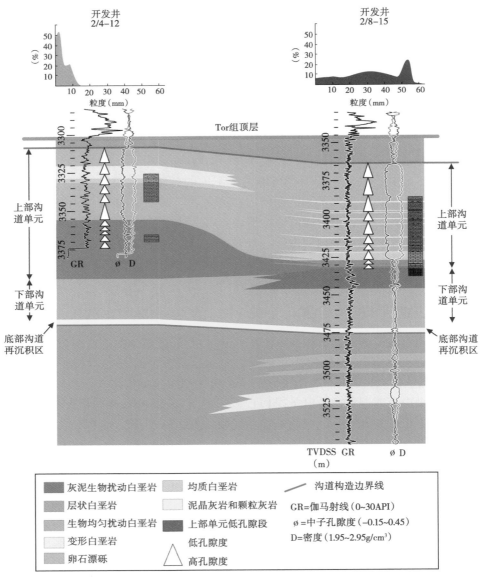

图 19.14　平行河道轴部的连井剖面
在 Tor 组顶部拉平，连井位置如图 19.7 所示

井 2/7-4、井 2/7-14、井 2/4-12、井 2/4-A8 和井 2/4-A6 的相关性基于岩心沉积学、测井响应曲线和周边地震解释（图 19.15）。微化石和超微化石的生物地层学研究被应用于

基于岩性和地震相关性的技术支持。沟道内和沟道边缘地区地层之间的相关性显示下部沟道充填单元和沟道边缘地区的原生海洋相之间，还有上部沟道充填单元和沟道边缘外源相之间的年代地层等时性。

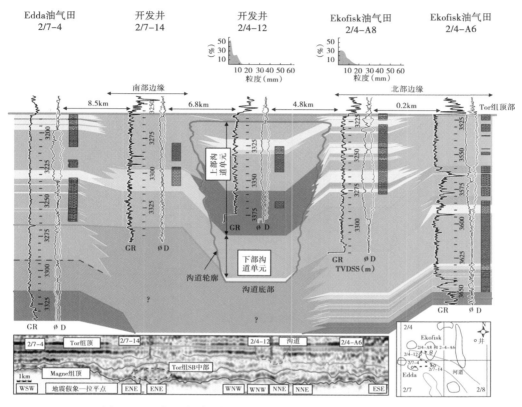

图 19.15 穿过沟道西部沉积的连井剖面，并在 Tor 组顶部拉平
图 19.7 中显示出相关井的位置

尽管在地震剖面上识别明显，沟道冲刷面和其填充物不包括与那些来自沟道边缘地区明显不同的相态。发现的主要区别如下：(1) 沟道充填的地层比沟道边缘地区厚；(2) 碎屑流沉积（相 PFC，表 19.2）构成沟道充填地层的大部分（约 40%），而构成沟道边缘地区的 30%（或更少）夹有其他滑塌物（相 DC）和低密度浊流沉积物（相 HC）；(3) 沟道边缘地区的夹层坍塌和低密度浊流沉积物（相 DC 和相 HC）比上部沉积充填单元更显著；(4) 上部沉积充填单元的碎屑粒度明显更大，特别是考虑到在井 2/8-15 中发现的大的碎屑物质。

沟道充填和沟道边缘地区的地层在其他方面是非常相似的，如相的范围和明显的二元结构，下部单元包含大量的原地白垩相。岩心相和测井的共同点表明类似的沉积同时发生，但速率不同，无论是在沟道还是边缘地区。

## 19.3 沟道演化

来自井的数据表明沟道有两个主要演化阶段：第一阶段为由海床沟道陡峭面引起的初始侵蚀阶段及随后底流控制的海洋白垩岩加积，第二阶段主要为由重力作用产生的被动充填。

这两个阶段被描绘在图 19.16 中，将在下面的章节讨论。

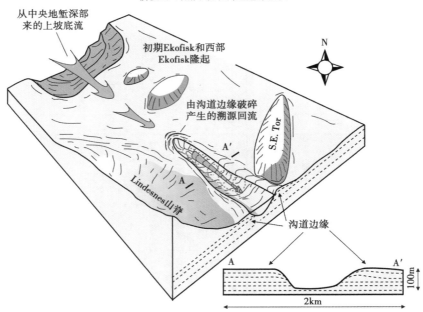

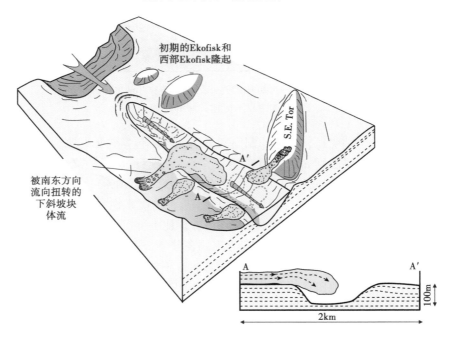

图 19.16 推测的沟道发展的两个主要阶段

分别对应于下层和上层的河道单元沉积。底部远洋相（图 19.14 和图 19.15 中的 BHC 相）和上部外来物质（图 19.14 和图 19.15 中的 PFC 相和 DC 相）将 Tor 组分开，这分别代表了沟道的初始沟道侵蚀和沉积（阶段 1：沟道发育）以及后来被重力流沉积物充填（阶段 2：沟道充填）

### 19.3.1 第一阶段：沟道发育

沟道特征类似于一个已被描述过的欧洲西北部其他地区的白垩群，并且已被解释为由一系列可能结果造成：（1）侵蚀/下坡重力流的构造运动；（2）侵蚀、近平行底流的构造运动（Lykke-Andersen 和 Surlyk，2004；Surlyk 和 Lykke-Andersen，2007；Esmerode 等，2007，2008；Surlyk 等，2008；Esmerode 和 Surlyk，2009）；（3）由于潮汐或洋流（Evans 和 Hopson，2000；Evans 等，2003）的海底侵蚀。最近针对丹麦区块白垩群基于地震的研究表明锯齿状沟道特征可能和浊流、底流和反转构造有关，重力驱动过程和叠加的底流控制白垩再沉积。

因近平行的底流促进了当前研究的沟道发育。大体上是平行的而不是下坡方向，说明重力流过程不太可能是生成机制。许多关键因素指向等深流成因，讨论如下。

沟道锯齿状基底：在地震资料中，沟道基底可见锯齿状特征。类似的锯齿状在丹麦地区的白垩群可见到，被解释为是由底部流体形成的（Esmerode 等，2007）。沟道被认为是海底侵蚀时形成的（图 19.4 中 A 和 B 剖面），如锯齿状不规则基底指示的，相 PGC 的出现由筛选和侵蚀作用产生（表 19.2）。沉积物的侵蚀作用是底流的作用。Surlyk 和 Lykke-Andersen（2007）认为，在距离海底大概 20m，水流速度在 8~20m/s 之间，未固结的白垩软泥会出现侵蚀。现代底流的研究表明流量强度的大小很大程度上依赖于当时的生成机制。例如，温盐底流的速度在 20（Hollister 和 Heezen，1972）~300cm/s（Gonthier 等，1984）之间变化，根据 4000m 以下海水深度的记录，深水位潮流速度在 25~280cm/s（Shepard 等，1979；Shanmugam，2008）之间不等。根据墨西哥湾水深 100m 的速度记录显示，风成底流一般都较强，具有高达 200cm/s 的速度（Cooper 等，1990）。

漏斗形沟道的平面几何形状：沟道的漏斗形几何形状表明沟道逐步朝西北偏西渐进的溯源衰退（图 19.16）。白垩泥侵蚀造成海底冲刷面和沟道前端不稳定白垩泥的流失。随着东南偏东的水流汇集进入沟道，往往会增加其速度和侵蚀能力，从而使沟道保持活动和开放，直到沟道末端最宽处侵蚀能力再次下降。

沟道定位：沟道平行于 Lindesnes 山脊的古水深轮廓，表明它是由平行于这一重大古地貌特征的底流产生。沟道路径是东南端的大量向南走向的曲线，被认为是由海底古地貌控制，特别是通过位于南部的 Lindesnes 山脊和 Tor 组南东部背斜结构这两个位置。马斯特里赫特阶沉积后期白垩海底这些古地貌高点已经展示出突出特征（Bramwell 等，1999），这些古地貌高点在发展过程中很大可能会受到沟道的约束。

正如在北半球对现代和古代等深沟道的解释，沟道剖面中部和东部部分非对称几何形状（图 19.4 中 C，D 和 E 剖面）的成因被解释为是东南偏东的水流（Akhmetzhanov 等，2007；Surlyk 等，2008）。

这和其他等深沟道非对称截面的形态已被归因于当时水流的偏转及水流侵蚀能力的横向不对称。这会导致水流右侧更强的侵蚀和左侧较弱的侵蚀（Surlyk 等，2008）。

沟道研究表明，地球自转偏向力逐渐向沟道的右侧（南面）偏转。横向和纵向速度梯度创建了一个螺旋流，其中沉积物优先沉积在沟道左侧，沟道右侧被侵蚀。

沟道不是侵蚀单独作用的结果。在地震剖面上，沟道表现为尖锐的边缘冲刷，没有任何形式的横向堤岸（图 19.4 中 A 和 B 剖面）。然而，如果仅仅是由于侵蚀而形成，该沟道的边缘将是不稳定的，除非白垩层在侵蚀期间已经岩化（Esmerode 和 Surlyk，2009）。如果侵蚀是沟道形成的主要机制，底流必须非常强大，以便在岩化白垩沉积物上侵蚀出这么深的冲刷面（约100m深）。另外，沟道的陡峭面可能由于来自沟道边界的持续沉积，而轴部区的主导力量是沉积过路、侵蚀和海洋白垩周期性沉积的交替作用。前积过程中沟道侧向稳定性出现在强硬基底发展的非沉积期间的全过程（Quine 和 Bosence，1991）。

最初的侵蚀阶段后，以沉积物过路和周期性海洋沉积主控沟道发育；水流保持沟道轴向，同时继续在沟道边缘加积。下部沟道填充单元没有出现外缘白垩相，表明沟道边缘足够平滑以避免倒塌。由于差异沉降率和边缘的发育该沟道逐渐展现变缓特征。

巴黎盆地白垩沉积（Esmerode 和 Surlyk，2009）和诺曼底 Etretat 白垩沉积（Quine 和 Bosence，1991）已经揭示出与沟道形成类似的模式。在 Etretat，沟道宽可达 1km，深 60m，产生于底流的沉积侵蚀、筛选和冲刷作用，连接交替出现的沉积和以软硬基底的形成为代表的白垩表面固结物。这些沟道与现存的沟道在形态（宽度、深度、边缘倾斜度）以及受控于沟道和边缘形态的原地—异地白垩充填物两方面都有相似点（图 19.17）。

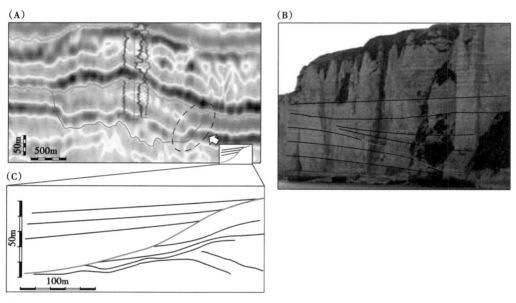

图 19.17 （A）图 15.4（B）地震剖面；（B）沟道发育（观察自法国诺曼底 Etretat 悬崖）。（A）中的垂直比例尺是从井 2/4-12 估计的。（C）中显示的露头草图已与地震图重新校正，悬崖的高度是 40m。照片显示了北部沟道边缘，然而（C）中 500m 宽的草图（据 Lasseur，2007）显示了南部边缘。这条沟道的总沟道宽度是 1km

## 19.3.2 第2阶段：沟道充填

紧随着初始的侵蚀和构造阶段，沟道充填阶段沉积物主要是外源白垩岩，可能来源于沟道侧面和周边地形高点处，如 Lindesnes 山脊和 Tor 组东南方向的构造。支持这个理论的 Lindesnes 山脊南部的决定性证据已被 Sikora 等（1999）在生物地层证据的基础上证实。在这个阶段，流体可能仍然是活跃的，但显然并没有强大到足以侵蚀、筛选和再悬浮大部分外源白垩沉积物。来自周围构造高点和沟道边缘的大型重力块体运动组成了白垩不同岩化程度的物质基础，包括物源区软弱基底或强硬基底的发育（如 Valhall 油田的 Lindesnes 山脊；Kennedy，1980；Sikora 等，1999）。在沟道填充的初始阶段（图 19.14 中上沟道填充单元低孔隙度段）流体可能已经能够重新分配沟道内外源沉积物，从而使积累的碎屑流沉积层减薄。

在上部沟道填充单元的上覆区段，大规模流体沉积物侵入沟道，测井曲线表现为高—低孔隙度交替，显示出变厚的趋势。这可能反映了底流强度和侵蚀力的逐步下降。流体没有能力搬运外源物质，这导致更厚碎屑流沉积物的堆积。类推可以用在 Etretat（Quine 和 Bosence，1991 年）沟道和沟道填充中，流体减弱导致沟道被越来越厚的海洋沉积和与沟道边缘倾斜度降低相关的外源白垩岩充填。

块体流沉积物的沉积出现在沟道轴线处和沟道边缘处。进积重力流沉积逐渐填补了沟道（图 19.16）。一旦填满，重力流物并不局限在沟道凹陷，下坡块体流沉积活动可以绕过之前的沟道，沉积在更广阔的区域。沟道的形态允许外源物质的积累，因此相比相邻的区域内同时代区段（图 19.15），沟道外源物质填充（上部沟道单元）比较厚。位于富黏土的 Ekofisk 致密区基底处 Tor 组—Ekofisk 组边界之上的局限底流沉积活动完全停止，标志着主要盆地范围内白垩沉积样式与强硬基底的发育和陆源黏土或粉砂级别的沉积物供给有关。

## 19.4 讨论

### 19.4.1 层序地层含义

地震剖面上，在白垩群识别出许多不整合面，为侵蚀削截后被岩层上超（Bramwell 等，1999）。在挪威北海的白垩地层，主要不整合面被解释为受构造抬升和随后的重力驱动形成的侵蚀，例如 Narve 组顶部和 Thud 组顶部的不整合（Bailey 等，1999；Hampton 等，2010）。在北海和丹麦盆地其他白垩地层，主要的不整合被有些作者认为是底流活动增加和海平面下降的证据，并可能在底流的加剧方面发挥了重要作用（Esmerode 等，2007，2008；Surlyk 和 Lykke-Andersen，2007；Surlyk 等，2008）。这些观点可能意味着层序边界不整合面可能已经在盆地内形成，共用相同的底流系统（Faugères 等，1993）。然而，层序地层学概念的适用性在存在由底流活动导致的不整合面和侵蚀面的相对深水区地层仍存在不确定性，主要由于底流强度历年变化和沉积物年代测定的不确定性（Faugères 等，1999；Stow 等，2002）。

北海在晚白垩世的构造活动是活跃的，因此也有理由相信，构造地震和重力驱动重新沉降，随后的侵蚀作用造成至少一些不整合面的形成（Bramwell 等，1999）。在马斯特里赫特阶沉积晚期，与海平面降低相关联的反转区逐步隆起更加聚集了底流的流动，外加重力驱动的侵蚀作用增加和早期沉积的白垩岩再作用。

和沟道基底相关联的侵蚀可能反映了相对海平面的轻微下降，使入海口变窄、底流加强。对德国北海区域白垩群的研究，显示了马斯特里赫特阶沉积晚期底流活动的巅峰（Surlyk 等，2008），马斯特里赫特阶沉积晚期为全球海洋温度明显变化时期（Pucéat 等，2003），由于冰盖增长（Miller 等，2004；Bornemann 等，2008）出现显著海平面下降（Hardenbol 等，1998；Miller 等，2004，2005；Kominz 等，2008，Surlyk 等，2008）。图 19.18 表明了所研究的沟道起源和由 Bramwell 等（1999）推测的 Tor 组层序地层学发展的假设性联系。

### 19.4.2 沟道的地理位置

沟道的位置和几何结构表明，它形成于一个流动在东南东方向上、平行于 Lindesnes 山脊的测深轮廓底流。该东南东流向的流体解释依据为沟道漏斗形的几何形状、与沉积边缘相

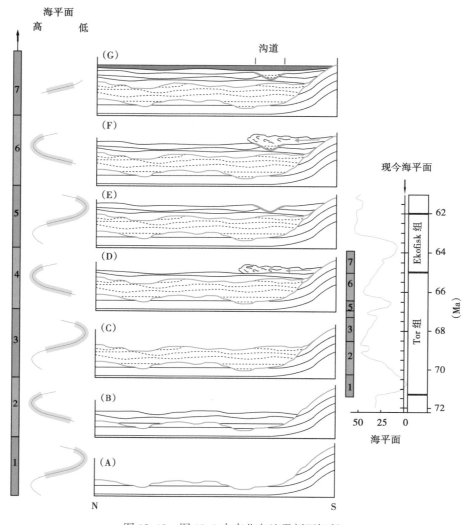

图 19.18 图 19.3 中南北向地震剖面解释

该解释是对本研究中发育沟道的 Tor 组的层序地层学解释。(A) Magne 组顶部大规模侵蚀面的形成；(B) 白垩岩沉积的重新开始和侵蚀面的渐进超覆；(C) 底流活动的增强和 Tor 组中部不整合的形成；(D) 白垩岩沉积和它增强的再沉积作用；(E) 底流活动的增强和沟道形成；(F) 流动活动的减弱和沟道充填；(G) 流动活动停止，黏土矿物丰富的白垩发生沉积，Ekofisk 致密区形成。海平面升降曲线据 Kominz 等（2008）

反的向源侵蚀和后退的扩大机制。该沟道的位置表明其他地形特征强大的影响力。例如，沟道似乎已经受到 Ekofisk 限制，南东方向上 Tor 组背斜构造与沟道北缘侧面相接。

地震数据清楚地显示沟道的西北偏西端（图 19.4，图 19.7）位于 Eldfisk 区域北部的水平层状区域。这一区域的地层与西北部更深的盆地相比，向西北缓倾，代表了陆棚地区。因为沟道里的流体被认为是从西北偏西方向流向东南偏东方向，中央地堑深盆地区内形成沟道的底流在其延长上形成了另一条底流。流体被认为是沿着 Josephine 高地的东部边缘流动（图 19.19），在此之前，它在 Albuskjell 油田临侧的狭窄入海口北部和盐底辟构造的南部之间流动。这可能迫使底流沿坡向上运动并且使流动区域缩小，从而提高它的速度和侵蚀可能性。一旦流体达到上斜坡顶部的平坦区域，就会开始冲刷未固结的白垩沉积，甚至切割海底。尽管图 19.19 描绘了研究区现今的构造，白垩沉积厚度图和地震剖面（Bramwell 等，1999）表明这种三维地震图完全体现了研究区马斯特里赫特阶沉积后期的地貌。因此，它提供了底流与同时代地形相关的解释。

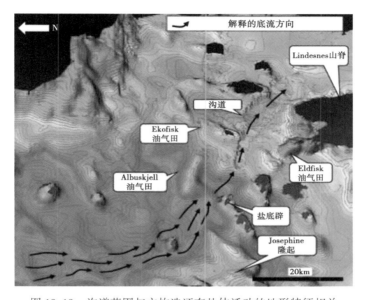

图 19.19　沟道范围与主构造还有盐体活动的地形特征相关

一个南南东的底流运动被解释为沿着 Josephine 隆起的西部边缘流动，然后通过一个临近 Aluskjell 油田的狭窄通道。流动变得更加受局限之后被迫流向上坡，在这里开始侵蚀沟道。在某些地区缺少解释是由于低质量的地震图像。等值线轮廓线每条是 $20ms^{-1}$

井 2/7-14 的微体动物化石矿物组合表明，这里确定的沟道边缘沉积物可能反映了在深层水流影响下的沉积物，因为它们富含浮游有孔虫和超微化石，放射虫可能是通过深水区底流运移而来。然而，浮游/底栖有孔虫比率的改变也可能是由于其他因素的影响，如相对海平面变化或含盐/富有机絮状物含量的波动（Lüning 等，1998）和保存条件（如远洋沉积的溶解）。

底流可以通过一系列不同的力，例如温度和盐度差异（温盐流体），风切应力（风力驱动流体）或月球引力（深水潮流）的差异来产生。然而，除了能表示它受到地形局限和它的活动比较久外，现有的数据还不能确定流体的性质。尽管如此，由水温和盐度变化引起的密度差异驱动水体温盐环流是最有可能的机制，因为这往往会产生规则、长久的底流系统（Surlyk 和 Lykke-Andersen，2007）。

## 19.4.3　晚白垩世白垩海的海洋环流

晚白垩世白垩海的特点是由于许多区域强烈的底流席卷海底形成深沟、沟壑和沉积物转移（Lykke-Andersen 和 Surlyk，2004；Surly 和 Lykke-Andersen，2007；Esmerodeet 等，2007，2008；Surlyk 等，2008；Esmerode 和 Surlyk，2009）。这些形态特征类似于现代沿大陆边缘形成的底流特征，在那里底流平行于斜坡轮廓（Viana 和 Rebesco，2007；Rebesco 和 Camerlenghi，2008）。

白垩海洋测深解释争议相当大。Distefano 等（1980）提出在挪威中部地堑白垩系水深在 150~160m 之间，而 Bramwell 等（1999）推测，白垩纪沉积物出现在有效浪基面到 300m 之间。根据沉积学证据、痕迹化石组合和沟壑迁移复合体的地形起伏垂向变化，Surlyk 和 Lykke-Andersen（2007）估计，在丹麦盆地白垩系平均水深为 300~400m，最高为 600m。Surlyk 等（2008）指出，很难估计白垩纪沉积物的深度，因为浪基面以下的沉积过程是相似的，实际上与深度无关。然而，估计水深在 Viana 等（1998）提出的中等水深（300~2000m）和浅水（50~300m）底流系范围内。

在当前情况下形成沟道的流体，据推断已确定主要向南流动，类似于 Surlyk 等（2008）在北海马斯特里赫特阶白垩沉积确定的流体方向。Jarvis（1980）和 Esmerode 等（2008）在巴黎盆地和丹麦的中央地堑圣通阶和土伦阶—坎潘阶地层流体方向的解释相对也比较可靠。这些流体方向与在丹麦盆地解释的西北方向明显不同（图 19.20）（Esmerode 等，2007；Surlyk 和 Lykke-Andersen，2007）。

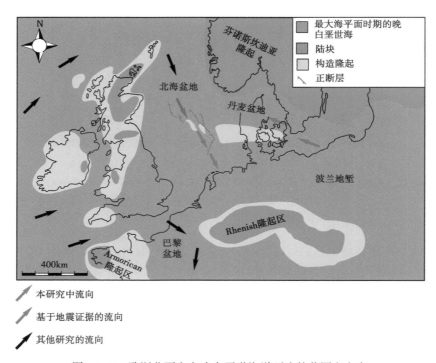

图 19.20 欧洲北西方向晚白垩世海洋环流的范围和方向

Ziegler（1990）简化的古地理方向是建立在 Lykke-Andersen 和 Surlyk（2004），Esmerrode 等（2007，2008），Surlyk 和 Lykke-Andersen（2007），Surlyk 等（2008），Esmerode 和 Surlyk（2009）和其他来自 Jarvis（1980），Hart（2007）解释的地震数据

因此在目前研究中的沟道被认为是在一个形成自塞诺曼期之后白垩海内趋势流体运动形成的广泛系统中的一处局部特征流体（图 19.20）。在挪威北海，底流系由于在海底地形形成漏斗形状之前，主要沿中央地堑向南流动，被迫沿 Lindesnes 山脊北侧向上坡流动。流体在到达南部中部地堑的 Danish 和 German 区之前经过了 Feda 地堑，在那里继续遭受侵蚀和沉积（Surlyk 等，2008）。北向流动的回流水应该出现在丹麦盆地（Esmerode 等，2007；Surlyk 和 Lykke-Andersen，2007）（图 19.20）。在北海和丹麦盆地这些古流体系统的预测方向与那些在最近古地理模型中提出的类似（Hart，2007；Fluteau 等，2007；Pearce 等，2009）。

## 19.5 结论

(1) 马斯特里赫特阶白垩岩地震剖面显示了一个大的、西北西—东南东方向的沟道，穿越了挪威北海南部的 Ekofisk 油田。该沟道约 100m 深，宽 2~5km，约 30km 长，具有一个东南方向开口的漏斗状平面形状和相对陡峭的南缘，这表明它是受控于走向平行于 Lindesnes 山脊的斜坡、东南东方向的底流。流体可能朝向它的右侧方向，受到右侧方向上的地球自转偏向力影响而发生偏离，导致南部沟道边缘的侵蚀和无沉积过程，而沉积物的积累成为北部沟道侧翼的特征。

(2) 简单的主要侵蚀阶段被认为是沟道起源的一种机制。虽然始于基底侵蚀，沟道被认为形成于沉积过路，沉积和沟道边缘的加积同时发生次要侵蚀的交替作用。沟道填充和沟道边缘沉积的测井数据显示出沟道发展两个阶段的历史：①侵蚀和海洋白垩沉积的早期阶段，伴随沟道边缘生长逐步占优势的沉积过路作用；②来自重力活动的外源白垩沉积的后期阶段，覆盖了沟道及其边缘，并最终填补了前者。

(3) 虽然沟道特征在地震剖面上可以识别，沟道填充和沟道边缘的白垩相组合是相似的，并显示类似的两阶段聚集。沟道填充—沟道边缘地层相关性和岩相的相似组合表明沟道形成和持续发展呈现出低幅度的特征，归因于最深谷底线和沟道边缘长期存在。

(4) 该沟道被解释为形成于海平面下降阶段，此时底部的流体活动加剧，并在随后的海平面上升和高位阶段被充填。挪威中部地堑马斯特里赫特阶白垩沉积的相关二分，包括由广泛海底侵蚀面分离的原地和以外源为主的沉积物，使得先前的研究人员可以识别出两个地震序列。本研究表明上部序列内另一微小不整合的基底可以通过本研究中描述的侵蚀沟道特征来识别。

(5) 该沟道被认为是底流区域规模系统的局部显示，代表了欧洲白垩海洋在晚马斯特里赫特期海平面下降时进入了一个显著的活跃期。底流沿着北海向南流动大概起源于北海，在其南部地区受到挪威中部地堑海底地形起伏的驱动和制约。

## 致谢

本文献给已于 2009 年 11 月去世的 Michael R. Talbot 教授，Mike 是一位杰出的科学家，将被世人深深怀念。他打算以该研究项目的早期阶段为基础，着力于他的博士研究。在 Bergen 大学的研究后来被他的两位同事（Gunnar Sælen 和 Wojciech Nemec）共同监督完成。感谢 Bruno Caline（法国道达尔勘探与生产公司），Michel Thomas（挪威道达尔勘探与生产公司）和 Eric Lasseur（法国地质调查局）分享其白垩沉积学的专业知识。感谢评审 F. Surlyk 和 A. S. van der Molen 提出的宝贵意见。对挪威道达尔勘探与生产公司在 Bergen 大学赞助这项研究和提供数据表示感谢。感谢 PL018 的合作伙伴：康菲公司 Skandinavia AS，挪威国家石油公司，埃尼挪威和 Petoro，给予访问数据的权限并授权发布此研究。

## 参 考 文 献

Akhmetzhanov, A., Kenyon, N. H., Habgood, E., Van der Molen, A. S., Nielsen, T., Ivanov, M. and Shashkin, P. (2007) North Atlantic contourite sand channels. In: *Economic and Palaeoceanographic Significance of Contourite Deposits* (Eds A. R. Viana and M. Rebesco), *Geol. Soc. London Spec. Publ.*, 276, 25–47.

Back, S., Van Gent, H., Reuning, L., Grötsch, J., Niederau, J. and Kukla, P. (2011) 3D Seismic Geomorphology and Sedimentology of the Chalk Group, Southern Danish North Sea. *J. Geol. Soc. London*, 168, 393–405.

Bailey, H., Gallagher, L., Hampton, M., Krabbe, H., Jones, B., Jutson, D., Moe, A., Nielsen, E. B., Petersen, N. W., Riis, F., Sawyer, D., Sellwood, B., Strand, T., Øverli, P. E. and Øxnevad, I. (1999) *Joint Chalk Research Phase V: A Joint Chalk Stratigraphic Framework.* Norwegian Petroleum Directorate (NPD), Stavanger.

Bornemann, A., Norris, R. D., Friedrich, O., Beckmann, B., Schouten, S., Damste, J. S., Vogel, J., Hofmann, P. and Wagner, T. (2008) Isotopic evidence for glaciation during the Cretaceous supergreenhouse. *Science*, 319, 189–192.

Bramwell, N. P., Caillet, G., Meciani, L., Judge, N., Green, M. and Adam, P. (1999) Chalk exploration, the search for a subtle trap. In: *Petroleum Geology of Northwest Europe: Proceedings of the 5th Conference* (Eds A. J. Fleet and S. A. R. Boldy), pp. 911–937. Geological Society, London.

Brasher, J. E. and Vagle, K. R. (1996) Influence of lithofacies and diagenesis on Norwegian North Sea chalk reservoir. *AAPG Bull.*, 80, 746–769.

Brewster, J. and Dangerfield, J. A. (1984) Chalk fields along the Lindesnes Ridge, Eldfisk. *Mar. Petrol. Geol.*, 1, 239–278.

Brewster, J., Dangerfield, J. A. and Farrell, H. (1986) The geology and geophysics of the Ekofisk field waterflood. *Mar. Petrol. Geol.*, 3, 139–169.

Bromley, R. G. (1996) *Trace Fossils. Biology, Taphonomy and Applications.* Chapman & Hall, London, 361 pp.

Bromley, R. G. and Ekdale, A. A. (1986) Composite ichnofabrics and tiering of burrows. *Geol. Mag.*, 123, 59–65.

Bromley, R. G. and Ekdale, A. A. (1987) Mass transport in European Cretaceous chalk: fabric criteria for its recognition. *Sedimentology*, 34, 1079–1092.

Campbell, S. J. D. and Gravdal, N. (1995) The prediction of high porosity chalks in the East Hod Field. *Petrol. Geosci.*, 1, 57–69.

Cartwright, J. A. (1989) The kinematics of inversion in the Danish Central Graben. In: Inversion tectonics (Eds M. A. Cooper and G. D. Williams), *Geol. Soc. London Spec. Publ.*, 44, 153–176.

Clayton, C. J. (1986) The chemical environment of flint formation in Upper Cretaceous chalks. In: *The Scientific Study of Flint and Chert* (Eds G. Sieveking and M. B. Hart), pp. 43–54. Cambridge University Press, Cambridge.

Cooper, C., Forristall, G. Z. and Joyce, T. M. (1990) Velocity and hydrographic structure of two gulf of Mexico warmcore rings. *J. Geophys. Res.*, 95, 1663–1679.

Crabtree, B., Fritsen, A., Mandzuich, K., Moe, A., Rasmussen, F., Siemers, T., Soiland, G. and Tirsgaard, H. (1996) Description and Classification of Chalks North Sea Central Graben. Joint Chalk Research Phase IV, *Norw. Petrol. Dir. Spec. Publ.*

Damholt, T. and Surlyk, F. (2004) Laminated-bioturbated cycles in Maastrichtian chalk of the North Sea: oxygenation fluctuations within the Milankovitch frequency band. *Sedimentology*, 51, 1323-1342.

D'Heur, M. (1986) The Norwegian Chalk Fields. In: *Habitat of Hydrocarbons on the Norwegian Continental Shelf* (Ed. A. M. Spencer), 77-89. Graham and Trotman, London.

Distefano, M., Feazel, C. T., Park, R. K., Peterson, R. M. and Wilson, K. M. (1980) Geological Ekofisk task force, Volume IIa, lithostratigraphy, sedimentology and diagenesis. Internal Phillips Petroleum Company Report.

Dunham, R. J. (1962) Classification of carbonate rocks according to depositional texture. In: *Classification of Carbonate Rocks* (Ed. W. E. Ham), *AAPG Mem.*, 1, 108-121.

Ekdale, A. A. and Bromley, R. G. (1991) Analysis of composite ichnofabrics: an example in uppermost Cretaceous chalk of Denmark. *Palaios*, 6, 232-249.

Esmerode, E. V. and Surlyk, F. (2009) Origin of channel systems in the Upper Cretaceous Chalk Group of the Paris Basin. *Mar. Petrol. Geol.*, 26, 1338-1349.

Esmerode, E. V., Lykke-Andersen, H. and Surlyk, F. (2007) Ridge and valley systems in the Upper Cretaceous chalk of the Danish Basin: contourites in an epeiric sea. In: *Economic and Palaeoceanographic Importance of Contourites* (Eds A. R. Viana and M. Rebesco), *Geol. Soc. London Spec. Publ.*, 276, 265-282.

Esmerode, E. V., Andersen, H. L. and Surlyk, F. (2008) Interaction between bottom currents and slope failure in the late Cretaceous of the southern Danish Central Graben, North Sea. *J. Geol. Soc. London*, 165, 55-72.

Evans, D. J. and Hopson, P. M. (2000) The seismic expression of synsedimentary channel features within the Chalk of southern England. *Proc. Geol. Assoc.* 111, 219-230.

Evans, D. J., Hopson, P. M., Kirby, G. A. and Bristow, C. R. (2003) The development and seismic expression of synsedimentary features within the Chalk of southern England. *J. Geol. Soc. London*, 160, 797-813.

Fabricius, I. L., Røgen, B. and Gommesen, L. (2007) How depositional texture and diagenesis control petrophysical and elastic properties of samples from five North Sea chalk fields. *Petroleum Geoscience*, 13, 81-95.

Farmer, C. L. and Barkved, O. I. (1999) Influence of syndepositional faulting on thickness variations in chalk reservoirs - Valhall and Hod fields. In: *Petroleum Geology of Northwest Europe: Proceedings of the 5th Conference* (Eds A. J. Fleet and S. A. R. Boldy), pp. 949-957. Geological Society, London.

Faugères, J.-C., Mèzerais, M. L. and Stow, D. A. V. (1993) Contourite drift types and their distribution in the North and South Atlantic Ocean basins. *Sed. Geol.*, 82, 189-203.

Faugères, J.-C., Stow, D. A. V., Imbert, P. and Viana, A. R. (1999) Seismic features diagnostic of contourite drifts. *Mar. Geol.*, 162, 1-38.

Fluteau, F., Ramstein, G., Besse, J., Guiraud, R. and Masse, J. P. (2007) Impacts of palaeogeography and sea level changes on mid-Cretaceous climate. *Palaeogeogr. Palaeoclimatol.*

*Palaeoecol.* 247, 357–381.

Gonthier, E., Faugères, J.-C. and Stow, D. A. V. (1984) Contourite facies of the Faro Drift, Gulf of Cadiz. In: *Fine-Grained Sediments: Deep-Water Processes and Facies* (Eds D. A. V. Stow and D. J. W. Piper), *Geol. Soc. London Spec. Publ.*, 15, 275–292.

Gowers, M. B., Holtar, E. and Swensson, E. (1993) The structure of the Norwegian Central Trough (Central Graben area). In: *Petroleum Geology of the Northwest Europe: Proceedings of the 4th Conference* (Ed. J. R. Parker), pp. 1245–1254. Geological Society, London.

Gradstein, F. M., Ogg, J. G. and Smith, A. G. (2005) *A Geologic Time Scale* 2004. Cambridge University Press, Cambridge.

Hampton, M. J., Bailey, H. W. and Jones, A. D. (2010) A Holostratigraphic Approach to the Chalk of the North Sea Eldfisk Field, Norway. In: *Petroleum Geology: From Mature Basins to New Frontiers – Proceedings of the 7th Petroleum Geology Conference* (Eds B. A. Vining and S. C. Pickering), *Petroleum Geology Conference Series* 7, 473–492. Geological Society, London.

Hardenbol, J., Thierry, J., Farley, M. B., Jacquin, T., DeGraciansky, P.-C. and Vail, P. (1998) Cretaceous sequence chronostratigraphy. In: *Mesozoic and Cenozoic sequence chronostratigraphic framework of European basins* (Eds P.-C. De Graciansky, J. Hardenbol, T. Jacquin and P. R. Vail), *SEPM Spec. Publ.* 60, Chart 4.

Hardman, R. P. F. (1982) Chalk reservoirs of the North Sea. *Bull. Geol. Soc.* Denmark, 30, 119–137.

Hardman, R. P. F. and Kennedy, W. J. (1980) Chalk reservoirs of the Hod Fields, Norway. In: *The Sedimentation of the North Sea Reservoir Rocks. Norsk Petroleumsforening*, Elsevier, Amsterdam.

Hart, M. B. (2007) Late Cretaceous climate and foraminiferal distribution. In: *Deep-Time Perspectives on Climate Change: Marrying the Signal from Computer Models and Biological Proxies* (Eds M. Williams, A. M. Haywood, F. J., Gregory, F. J. and D. N. Schmidt) *Geol. Soc. London Spec. Publ.*, 240, 235–250.

Hatton, I. R. (1986) Geometry of allochthonous Chalk Group members, Central Trough, North Sea. *Mar. Petrol. Geol.*, 3, 79–99.

Hollister, C. D. and Heezen, B. C. (1972) Geological effects of ocean bottom currents: Western North Atlantic. In: *Studies in Physical Oceanography* 2 (Ed. A. L. Gordon), pp. 37–66. Gordon and Breach, New York.

Jarvis, I. (1980) The initiation of phosphatic chalk sedimentation – the Senonian (Cretaceous) of the AngleParis Basin. In: *Marine Phosphorites–Geochemistry, Occurrence, Genesis* (Ed. Y. K. Bentor), *Spec. Publs Soc. Econ. Paleont. Miner.*, 29, 167–192.

Kennedy, W. J. (1980) Aspects of chalk sedimentation in the southern Norwegian offshore. In: *The Sedimentation of the North Sea Reservoir Rocks*. Geilo, pp 11–14. Norwegian Petroleum Society, 9. 29 pp.

Kennedy, W. J. (1987a) Late Cretaceous and Early Palaeocene Chalk Group sedimentation in the greater Ekofisk area. North Sea Central Graben. *Bull. Centr. Rech. Explor. – Prod. Elf-Acquitaine*, 11, 91–126.

Kennedy, W. J. (1987b) Sedimentology of Late Cretaceous–Palaeocene chalk reservoir, North Sea Central Graben. In: *Petroleum Geology of North West Europe* (Eds J. Brooks and K. W. Glennie), pp. 469–481. Graham & Trotman, London.

Knott, S. D., Burchell, M. T., Jolley, E. J. and Fraser, A. J. (1993) Mesozoic to Cenozoic plate reconstruction of the North Atlantic hydrocarbon plays of the Atlantic margins. In: *Petroleum Geology of Northwest Europe: Proceedings of the 4th Conference* (Ed. J. R. Parker), pp. 953–974, Geological Society, London.

Kominz, M. A., Browning, J. V., Miller, K. G., Sugarman, P. J. and Mizintseva, S. (2008) Late Cretaceous to Miocene sea level estimates the New Jersey and Delaware coastal plain coreholes: an error analysis. *Basin Res.*, 20, 211–226.

Lasseur, E. (2007) *La Craie du Bassin de Paris (Cénomanien–Campanien, Crétacé supérieur). Sédimentologie de Faciès, Stratigraphie Séquentielle et Géométrie 3D*. PhD Thesis, Univ. of Rennes 1, 435 pp.

Lasseur, E., Guillocheau, F., Robin, C., Hanot, F., Vaslet, D., Coueffe, R. and Neraudeau, D. (2009) A Relative Water–Depth Model for the Normandy Chalk (Cenomanian–Middle Coniacian, Paris Basin, France) Based on Facies Patterns of Metre-Scale Cycles. *Sed. Geol.*, 213, 1–26.

Lottaroli, F. and Catrullo, D. (2000) The Calcareous Nannofossil Biostratigraphic Framework of the Late Maastrichtian–Danian North Sea Chalk. *Mar. Micropaleontl.*, 39, 239–263.

Lüning, S., Marzouk, A. M. and Kuss, J. (1998) Late Maastrichtian litho- and ecocycles from hemipelagic deposits of eastern Sinai, Egypt. *J. Afr. Earth Sci.*, 27, 363–395.

Lykke-Andersen, H. and Surlyk, F. (2004) The cretaceouspalaeogene boundary at Stevns Klint, Denmark: inversion tectonics or sea floor topography? *J. Geol. Soc. London*, 161, 343–352.

Maliva, R. G. and Dickson, J. A. D. (1992) Microfacies and diagenetic controls of porosity in Cretaceous/Tertiary chalks, Eldfisk Field, Norwegian North Sea. *AAPG Bull.*, 76, 1825–1838.

Martsolf, R. (1994) Micropalaeontological report of the 2/4-12 Well, Ekofisk Field, Norwegian North Sea, Internal Report, Phillips Petroleum Company.

Miller, K. G., Sugarman, P. J., Browning, J. V., Kominz, M. A., Olsson, R. K., Feigenson, M. D. and Hernandez, J. C. (2004) Upper Cretaceous sequences and sea level history, New Jersey coastal plain. *Geol. Soc. Am. Bull.*, 116, 368–393.

Miller, K. G., Kominz, M. A., Browning, J. V., Wright, J. D., Mountain, G. S., Katz, M. E., Sugarman, P. J., Cramer, B. S., Christie-Blick, N. and Pekar, S. F. (2005) The Phanerozoic Record of Global Sea-Level Change. *Science*, 310, 1293–1298.

Niebuhr, B. and Prokoph, A. (1997) Periodic-cyclic and chaotic successions of the Upper Cretaceous (Cenomanian to Campanian) pelagic sediments in the North German Basin, *Cretaceous Res.*, 18, 731–750.

Niebuhr, B., Wiese, F. and Wilmsen, F. (2001). The cored Konrad 101 borehole (Cenomanian–Lower Coniacian, Lower Saxony): calibration of surface and subsurface log data for the lower Upper Cretaceous of northern Germany, *Cretaceous Res.*, 22, 643–676.

Nygaard, E., Lieberkind, K. and Frykman, P. (1983) Sedimentology and reservoir parameters of the Chalk Group in the Danish Central Graben. *Geologie Mijnbouw.*, 62, 177–190.

Oakman, C. D. and Partington, M. A. (1998) Cretaceous. In: *Petroleum Geology of the North Sea*, (Ed. K. W. Glennie), pp 294–349. Blackwell Scientific Publications, Oxford.

Ogg, J. G., Ogg, G. and Gradstein, F. M. (2008) *The Concise Geologic Time Scale*. Cambridge University Press, Cambridge, New York, Melbourne.

Pearce, M. A., Jarvis, I. & Bruce, A. T. (2009) The Cenomanian–Turonian Boundary Event, OAE2 and Palaeoenvironmental Change in Epicontinental Seas: New Insights from the Dinocyst and Geochemical Records. *Palaeogeogr. Palaeoclimatol. Palaeoecol*, 280, 207–234.

Perch-Nielsen, K., Ulleberg, K. and Eversen, J. A. (1979) Comments on the terminal Cretaceous event. In: *Cretaceous–Tertiary Boundary Events Symposium*, 2, pp. 106–111. Univ. of Copenhagen, Copenhagen.

Pucéat, E., Lécuyer, C., Sheppard, S. M. F., Dromart, G., Réboulet, S. and Grandjean, P. (2003) Thermal evolution of Cretaceous Tethyan marine waters inferred from oxygen isotope composition of fish tooth enamels. *Paleoceanography*, 18, 1–11.

Quine, M. and Bosence, D. (1991) Stratal geometries, facies and sea floor erosion in Upper Cretaceous chalk, Normandy, France. *Sedimentology*, 38, 1113–1152.

Rebesco, M. and Camerlenghi, A. (2008) *Contourites. Developments in Sedimentology*, 60. Elsevier, Amsterdam, 663 pp.

Røgen, B., Gommesen, L. and Fabricius, I. L. (1999) Chalk Rock Catalogue. In: *Joint Chalk Research Phase V: Chalk Rock Catalogue*. Norwegian Petroleum Directorate (NPD), Stavanger, 101 pp.

Scholle, P. A. (1977) Chalk diagenesis and its relation to petroleum exploration: Oil from chalks, a modern miracle? *AAPG Bull.*, 61, 982–1009.

Scholle, P. A., Albrechtsen, T. and Tirsgaard, H. (1998) Formation and diagenesis of bedding cycles in uppermost Cretaceous chalks of the Dan Field, Danish North Sea. *Sedimentology*, 45, 223–243.

Shanmugam, G. (2008) Deep-water bottom currents and their deposits. In: *Contourites* (Eds M. Rebesco and A. Camerlenghi). *Developments in Sedimentology*, 60, pp. 60–81. Elsevier, Amsterdam.

Shepard, F. P., Marshall, N. F., McLoughlin, P. A. and Sullivan, G. G. (1979) Currents in submarine canyons and other sea valleys. *AAPG Studies in Geology*, Vol. 8, American Association Petroleum Geologists, Tulsa, 179 pp.

Sikora, P. J., Bergen, J. A. and Farmer, C. L. (1999) Chalk palaeoenvironments and depositional model: Valhall and Hod fields, southern Norwegian North Sea. In: *Biostratigraphy in Production and Development Geology* (Eds R. W. Jones and M. D. Simmons), *Geol. Soc. London Spec. Publ.*, 152, 113–137.

Skirius, C., Nissen, S., Haskell, N., Marfurt, K., Hadley, S., Ternes, D., Michel, K., Reglar, I., D'Amico, D., Deliencourt, F., Romero, T., D'Angelo, R. and Brown, B. (1999) 3-D seismic attributes applied to carbonates. *Leading Edge*, 3, 384–393.

Stage, M. (1999) Signal analysis of cyclicity in Maastrichtian pelagic chalks from the Danish North

Sea, *Earth Planet. Sci. Lett.*, 173, 75-90.

Stage, M. (2001) Recognition of cyclicity in the petrophysical properties of a Maastrichtian pelagic chalk oil field reservoir from the Danish North Sea, *AAPG Bull.*, 85, 2003-15.

Stow, D. A. V., Faugères, J.-C., Howe, J. A., Pudsey, C. J. and Viana, A. R. (2002) Bottom currents, contourites and deep-sea sediment drifts: current state-of-the-art. In: *Deep-Water Contourites: Modern Drift and Ancient Series, Seismic and Sedimentary Characteristics* (Eds D. A. V. Stow, C. J. Pudsey, J. A. Howe, J.-C. Faugères and A. R. Viana), *Geol. Soc. London Mem.*, 22, 7-20.

Surlyk, F. and Lykke-Andersen, H. (2007) Contourite drifts, moats and channels in the Late Cretaceous chalk of the Danish Basin. *Sedimentology*, 54, 405-422.

Surlyk, F., Jensen, S. K. and Engkilde, M. (2008) Deep channels in the Chalk Group of the German North Sea Sector: results of long-lived constructional and erosional bottom currents. *AAPG Bull.*, 92, 1565-1586.

Surlyk, F., Dons, T., Clausen, C. K. and Highham, J. (2003) Upper Cretaceous. In: *The Millenium Atlas, Petroleum Geology of the Central and Northern North Sea* (Eds D. Evans, C. Graham, A. Armour and P. Bathurst), pp. 213-233. Geological Society, London.

Taylor, S. R. and Lapré, J. F. (1987) North Sea chalk diagenesis: its effect on reservoir location and properties. In: *Petroleum Geology of North West Europe* (Eds J. Brooks and K. W. Glennie), pp 483-495. Graham & Trotman, London.

Van der Molen, A. (2004) Sedimentary development, seismic stratigraphy and burial compaction of the Chalk Group in the Netherlands North Sea area. *Geol. Ultraiect.*, 248, 1-175.

Van der Molen, A. S., Dudok van Heel, H. W. and Wong, T. E. (2005) The influence of tectonic regime on chalk deposition: examples of the sedimentary development and 3D-seismic stratigraphy of the Chalk Group in the netherlands offshore area. *Basin Res.*, 17, 63-81.

Vejbæk, O. V. and Andersen, C. (2002) Post mid-Cretaceous inversion tectonics in the Danish Central Grabenregionally synchronous tectonic events? *Bull. Geol. Soc. Denmark*, 49, 129-144.

Viana, A. R. and Rebesco, M. (2007) *Economic and Palaeoceanographic Significance of Contourite Deposits*. Geological Society, London, 350 pp.

Viana, A. R., Faugères, J.-C., Kowsman, R. O., Lima, J A M., Caddah, L. F. G., Rizzo, J. G. (1998) Hydrology, morphology and sedimentology of the Campos continental margin, offshore Brazil. *Sed. Geol.*, 115, 133-158.

Watts, N. L., Lapré, J. F., Van Schijndel-Goester, F. S. and Ford, A. (1980) Upper Cretaceous and Lower Tertiary chalks of the Albuskjell area, North Sea: deposition in a base of-slope environment. *Geology*, 8, 217-221.

Young, C. R. and Yang Logan, L. C. (1994) Biostratigraphy and palaeoenvironmental interpretation of the Ekofisk 2/7-14 well, Norwegian North Sea, Phillips Petroleum Company.

Ziegler, P. A. (1990) Tectonic and palaeogeographic development of the North Sea rift system. In: *Tectonic Evolution of the North Sea Rifts* (Eds D. J. Blundell and A. D. Gibbs), pp. 1-36. Clarendon Press, Oxford.

# 20 浊流的模拟工具 MassFLOW-3D™：一些初步结果

Riccardo Basani　Michal Janocko　Matthieu J. B. Cartigny
Ernst W. M. Hansen　Joris T. Eggenhuisen　著
吴因业　译

**摘要**：浊流是深海背景中砂体散布和沉积的最重要机制，因此成为深水沉积中形成油气储层的主要现象。浊流的流体特征难以在现代环境中观察和研究，其实验类比也由于尺度、非真实的水槽几何形态和短时间等问题而受限制。计算流体动力学（CFD）分析，作为数值模拟方法，已经发展到可以填补小尺度和大尺度之间的差距，融合理论的、自然界的和实验的数据。CFD 也可以聚焦于流体参数，这些参数目前为止不可能从实验和野外获得，例如详细的密度和湍流运动学能量分布。确定性过程模拟 CFD 软件 MassFLOW-3D™ 已经研发出来，并成功用于建造三维模型、模拟浊流。所有主要的流体水力学特性（如速度、密度、沉积物浓度、似黏度、湍流强度和底剪切力）和其对地貌的响应可以在三维下连续监视，贯穿整个浊流持续时间。本文进行了 MassFLOW-3D™ 的数值输出结果和物理实验之间的对比。此外，使用了编码模拟空间特征、速度结构、高密度浊流沉积物和弯曲水道中低密度浊流的流体动力学。数值模拟显示，沉积物浓度到达 27%时，可以很好地比拟于实验的砂质浊流流体动力学。尽管有了这些初步的成功，这些模型的持续调整和有效性，都需要结合沉积物搬运和以沉积为目标的子程序进行完善，改进计算码并增加对自然现象的理解。

**关键词**：计算流体动力学；CFD；确定性过程模拟；浊流；弯曲水道

挪威大陆架中浊流成因的砂岩序列作为重要的油气储层很早就已经被认识到（Hastings，1986）。尽管这些沉积物是主要的高风险目标（几何形态复杂、地层封闭性不确定和沉积相非均质性），主要出现在深水海上地区，开发会出现实际问题，不远的将来勘探还是会向海进一步移动，因为现在挪威大陆架许多油田已经过了生产高峰，面临 21 世纪前半叶总体耗竭的局面（挪威石油董事会报告，2009）。相似的勘探战略已经在世界主要油气区建立，包括西非、墨西哥湾和巴西海上。于是，随着勘探进一步移到海上，加深理解浊积序列及其沉积过程的需求也在增加。挪威油田早期的三维数值分析使用的是在此描述的以前软件版本（Heimsund，2007）。这种方法对了解浊积岩储层几何形态来说是很好的工具。同时从地震和露头资料分析发展的概念性知识近年来有了标志性的进展（Duller 等，2010；Dykstra 和 Kneller，2009；Hadler-Jacobsen 等，2007；Mulder 和 Alexander，2001；Schwab 等，2007），但是基于可控实验和直接观察自然界流体的沉积物搬运和沉积作用的基本科学规律，由于尺度问题和测量重要参数的实际问题而有所限制（Meiburg 和 Kneller，2010）。目前，似乎基于过程的数值模拟是实验室实验和大尺度自然界现象之间搭桥的唯一方法，最重要的是，同时计算整个流体场活动时间的流体参数（速度、浓度、粒度大小、视黏度、湍流强度和底剪切力），对于物理实验是不可能的。可是，用现实方法模拟流体特征、侵蚀和浊流沉积作用，没有忽略一些参数或定为常数，也是极具挑战性的。更加特别的是，出现在模拟浊流内部沉积物颗粒搬运的问题，其浓度最大，颗粒相互反应起重要作用。在高密度浊流，底床之上的边界层甚至显示，搬运特征类似于颗粒流（Haughton 等，2009；Postma 等，1988），这种情况下以前建立的浊流底床载荷模型就不能使用（Huang 等，2005；Schmeeckle 和 Nelson，2003）。进一步出现的困难在于，大多数建立的流体动力学物理原理原先是为大尺寸颗粒设计的，这比浊流出现的颗粒大得多。因此，数值模拟需要改善，物理实验需要更加真实反映浊流和可侵蚀底层的相互作用。

CFD 编码最近在 MassFLOW-3D™ 已经完成，代表侵蚀、沉积、高密度和低密度浊流的沉积物搬运（Basani 和 Hansen，2009），这是商业软件 Flow-3D™ 的顾客版本。为了检测计算码的能力，开展了一项综合研究，聚焦于海底水道和终端朵体的流体动力学和沉积作用研究。研究的主要目的是仔细对比 MassFLOW-3D™ 的输出结果与实验室实验结果，来明确模拟模型中一些理论上不确定的输入参数。本文的目标也是评述计算码的缺点并讨论未来完善的地方。一旦物理的和数值的对比显示出满意的结果，就可以升级模拟的模型，使其接近于自然现象，并确定单个流体参数对流体和随后沉积物性质的影响。文章中提出的结果是对比研究的初步输出，也提出了一些关于数值模拟对实验结果的标定问题。第一个结果也聚焦于大量高密度浊流沉积物搬运的矛盾问题，以及弯曲水道的浊流流体动力学问题。本文内容分为 MassFLOW-3D™ 的介绍，以及分别描述独立案例研究的三个部分。前两个案例聚焦于实验的高密度浊流速度和沉积，对比物理实验和数值模拟结果。在最后的案例中，MassFLOW-3D™ 数值码用于自然尺度的弯曲水道，探索水道弯曲带的流体特征。

## 20.1 数值方法

CFD 是描述流体水流和沉积物搬运物理方程的数值解。此方法已经广泛应用在流体力学的工程分支，但目前很少用于沉积学研究和全三维数值储层研究。沉积物重力流的第一次 CFD 应用由 Harbaugh（1970）开创，随后由 Tetzlaff 和 Harbaugh（1989）。从那以后，大量二维和计算深度平均值的三维软件包就在近 30 年发展起来了，把数值模型标定在物理模型上（Groenenberg 等，2009），也标定在自然事件（Dan 等，2007；Pirmez 和 Imran，2003；Salles 等，2008）、几何形态特征（Cartigny，2012；Kostic，2011）或露头观察结果（Groenenberg 等，2010）。最近，可以模拟沉积物搬运、沉积和侵蚀的全三维码才发展并应用起来（Aas 等，2010a；Aas 等，2010b）。确定性过程模拟软件 MassFLOW-3D™ 成功用于建造三维模型，模拟出浊流。所有的主要水力学特性（速度、密度、沉积物浓度、似黏度、湍流强度和底剪切力）和其对地貌的响应可以三维连续监控，包括整个浊流持续时间。目前的模型已经标定并检验实验室的水流，可以容易地升级到自然条件（Aas 等，2010a；Aas 等，2010b）。

MassFLOW-3D™ 中沉积物重力流的流体运动，通过有限体积有限差分方法（finite-volume-finite differences）在固定的 Eulerian 长方形网格解全三维瞬时 Reynolds 均一化 Navier-Stokes 方程（RANS），来进行模拟。将单一或多个离散非黏性沉积物的悬浮作连续相处理，并计算可变的空间体积浓度。湍流效应使用再归一化组模型（RNG）进行模拟，其中方程常数可以清楚得到。此模型被认为优于正常使用的 K 模型，因为其能更加精确描述低强度流体流动的湍流。悬浮颗粒的漂移速度（需要计算相对于流体相漂移引起的沉积物搬运速度），近似于非线性多相模型，允许更加精确地模拟较大和较快漂移沉积物的沉积作用。悬浮颗粒的相互作用（干涉沉降、颗粒碰撞和颗粒互锁）近似于 Richardson-Zaki 关系（Richardson 和 Zaki，1954）。沉积物颗粒的侵蚀、沉降和上升可以根据湍流与沉积物水平对流的叠加张量进行计算。从底床到流体的沉积物再悬浮和侵蚀可以用 Mastbergen 和 Van den Berg 模型计算（Mastbergen 和 Van Den Berg，2003），关键的 Shields 参数可以用 Shield-Rouse 方程预测（Guo，2002）。侵蚀模型也可以用 Egiazaroff 公式解释（Kleinhans，2002）。接近底床界面（底床—载荷搬运）的较大沉积物的滚动和散布运动，可以应用 Meyer-Peter 和 Müller（1948）的沉积物搬运方程。描述这些分隔模块的主要方程可以在 MassFLOW-3D™ 报告中找到（Basani 和 Hansen，2009）。

## 20.2 流体动力学和浊流沉积物：选择的案例研究

### 20.2.1 案例研究 I：高密度浊流的流体结构

在这个部分，对数值模拟的流体结构和水槽实验中的高密度浊流物理实验做了对比。对比聚焦于高密度浊流头部的特征［案例 I-a，表 20.1（A）］，以及浊流体的稳定状态速度剖面［案例 I-b 和 I-c，表 20.1（B）］。

表 20.1 （A）案例研究 I-a。实验研究中 15 次运算 CFD 模拟结果的总结。（B）案例研究 I-b 和 I-c。实验研究中 36 次运算 CFD 模拟结果的总结；一个颗粒尺寸。前 5 行为单一离散混合物，$d_{50}=50\mu m$；后 4 行为双离散混合物，$d_{50}=50\mu m$ 和 $d_{50}=144\mu m$

(A)

| 运算名称 | 底床载荷系数 | 输送系数 | 湍流混合长度（m） | 休止角（°） | 粗糙度（mm） |
|---|---|---|---|---|---|
| Run15a | 8 | 0.018 | 0.0025 | 25 | 0.165 |
| Run15b | 8 | 0.018 | 0.0025 | 25 | 0 |
| Run15c | 0 | 0.018 | 0.0025 | 25 | 0.165 |
| Run15d | 4 | 0.018 | 0.0015 | 25 | 0.165 |
| Run15e | 12 | 0.018 | 0.0015 | 25 | 0.165 |
| Run15f | 8 | 0.01 | 0.0025 | 25 | 0.165 |
| Run15g | 8 | 0.025 | 0.0015 | 25 | 0.165 |
| Run15h | 8 | 0.018 | 0.0015 | 25 | 0.165 |
| Run15i | 8 | 0.018 | 动态计算 | 25 | 0.165 |
| Run15j | 8 | 0.018 | 0.0025 | 12 | 0.165 |

(B)

| 运算名称 | 底床载荷系数 | 输送系数 | 湍流混合长度（m） | 休止角（°） | 粗糙度（mm） |
|---|---|---|---|---|---|
| 36a | 8 | 0.018 | 0.002 | 25 | 0.144 |
| 36b | 5 | 0.018 | 0.0025 | 25 | 0.144 |
| 36c | 1 | 0.018 | 0.03 | 25 | 0.144 |
| 36d | 0.2 | 0.018 | 0.0025 | 25 | 0.144 |
| 36e | 0.01 | 0.018 | 0.0025 | 25 | 0.144 |

续表

| 运算名称 | 底床载荷系数 | 输送系数 | 湍流混合长度（m） | 休止角（°） | 粗糙度（mm） |
|---|---|---|---|---|---|
| 36 2 grains a | 8 | 0.018 | 0.001 | 25 | 0.144 |
| 36 2 grains b | 8 | 0.018 | 0.0015 | 25 | 0.144 |
| 36 2 grains c | 8 | 0.018 | 0.002 | 25 | 0.144 |
| 36 2 grains d | 8 | 0.018 | 0.001 | 25 | 0.25 |

#### 20.2.1.1 实验的建立

实验在 Utrecht 大学地球科学系水槽装置中进行。设备包括一个直的 4m 长倾斜水道，连接到水系盆地。水道的宽度和深度分别固定在 0.07m 和 0.5m（图 20.1）。为了阻止在入口的水体输送，安装了一个附加的入口片（图 20.1）。实验装置的全面描述参考 Cartigny（2012）。在第一次运算中（案例 I-a），细砂（$d_{50}=160\mu m$）和龙头水混合，准备在 $1.1m^3$ 的混合罐中，通过一个电磁卸载仪泵出（Krohne Optiflux 2300），释放到水槽。释放流体的入口门 0.07m 高，底床的流体运动通过混合 $160\mu m$ 砂到水槽底部而变得粗糙。在第二次运算中（案例 I-b），粗石英砂（$d_{50}=50\mu m$）和水混合，$144\mu m$ 砂使水槽底部变得粗糙。在第三次运算中（案例 I-c），另加 $d_{50}=144\mu m$ 颗粒大小的砂到以前的砂中（$d_{50}=50\mu m$），不改变总沉积物体积浓度，以 50%细砂和 50%粗砂混合。速度资料用超声速度断面仪（MET-FLOW UVP-DOU MX）在离入口 2.5m 处获得。UVP 探头安装在底床之上 0.1m，在 45°（案例 I-a）或 60°（案例 I-b 和 I-c）角度看到进入的流体（图 20.1）。在同一位置一台高速照相机（Basler piA640-210 g m）会获得通过玻璃侧面罐壁的流体。

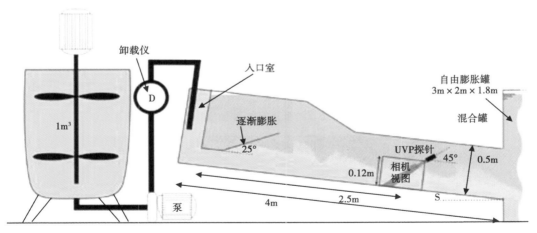

图 20.1 用于高浓度浊流实验的实验装置

为了产生具有良好内部密度分层的高密度浊流，沉积物体积浓度在案例 I-a 中被设定为 21%，在案例 I-b 和 I-c 中被设定为 13%。实验室水槽的倾斜度和流体卸载调整到浊流的平衡剖面坡度（例如，沉积速率与侵蚀速率平衡的坡度，不会发生净加积）。这种条件通过设定水槽坡度可以得到，在案例I-a中设定为9.1°，在案例I-b和I-c中设定为11.3°。所有流体的体积卸载是9.3m³/h。

#### 20.2.1.2 数值模拟设定

水槽的几何形态被模拟并包含在模拟域中，使用固定的Eulerian长方形计算网格设置。计算网格由443900个活动的格组成。网格的分辨率在整个计算域所有三个方向是均一的。每个格的大小设定为0.0065m×0.012m×0.0036m（$XYZ$）。

用实验室实验标定的数值输出包含有相匹配的速度结构和浊流空间特征。对四个最有影响力的模拟参数做了评估，主要是为了评价其对流体特征的影响：拾取系数（颗粒的输送或侵蚀）、底床载荷系数、湍流混合长度和休止角。参数值见表20.1（A），用于案例研究I-a，表20.1（B）用于案例研究I-b和I-c。

对两个不同地区的浊流案例做了详细分析：第一次运算是流体头部，第二次运算和第三次运算是流体主体。

### 20.2.2 案例研究I-a：单一离散流体的头部

流体头部指流体到达控制段的第一部分（位于入口后面2.5m，与物理模型的UVP探头位置匹配），易于识别和分析。图20.2显示了在头部周围的测量位置收集到的速度和图像资料。速度探头固定，图20.2的水平轴代表浊流通过的时间。垂向轴代表底床之上的距离。图20.3中展示了一些浊流头部剖面，从改变关键参数的数值模拟获得。图20.3的所有照片都在混合罐沉积物释放后4.5s拍摄，这是流体从入口到控制段旅行2.3m的时间。在所有模拟结果中沉积物云的主要形态非常相似。可是，不同案例的速度剖面略有不同。主要的差异是最大速度（图20.3中红色区域），位于浊流头部内不同高度，取决于模拟。必须留意的是，由于流体前端的高度湍流和不稳定环境，流体头部内最大速度区域可能会从一个区域快速变化到另一个区域，这可以解释观察到的模拟结果之间的差异。即使这样，运算d的流体半顶部速度最大值似乎不真实［图20.3（B）］。图20.3（C）和（E）显示水槽底部之上的低速区域，可能是在各自背景下流体头部薄层沉积物的沉积所致。这些沉积物在实验中观察

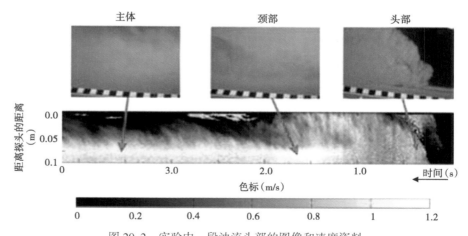

图20.2 实验中一段浊流头部的图像和速度资料
上部三个图像为高速照相机拍摄的流体图像，包含三张高密度浊流图片。图片底部黑白正方形是1cm×1cm，流动方向从左到右。下部为UVP收集的速度资料

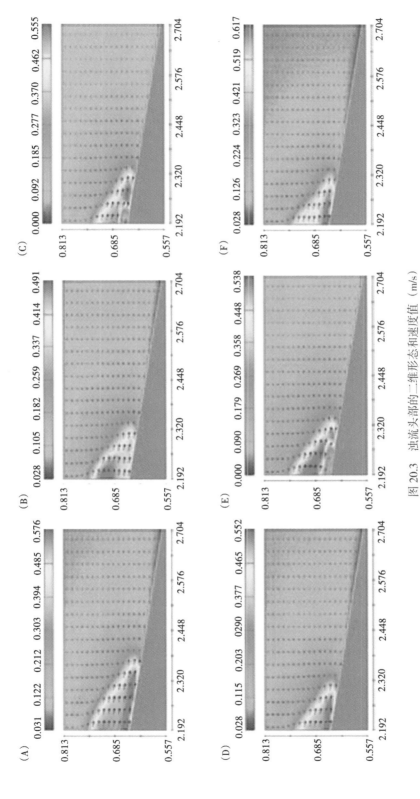

图 20.3 浊流头部的二维形态和速度值（m/s）

测量值是在混合罐释放后 4.5s 测得。(A) 对应表 20.1 (A) 中的运算 Run a; (B) 对应 Run b; (C) 对应 Run c; (D) 对应 Run e; (E) 对应 Run f; (E) 对应 Run g; (F) 对应 Run h

不到。尽管有这些差异，所有案例都显示这些云的速度范围在0.4~0.7m/s之间，实验前端速度大约在0.5m/s。

图20.4（A）和（B）显示了高密度浊流头部速度在数值和实验结果上的对比。图20.4（C）显示模拟结果之一的沉积物浓度［表20.1（A）中的运算15f］。在实验期间，UVP探头测量到了探头方向在128箱子处越过流体全部深度的速度（水槽底面45°）。一个这样的旋回越过128个箱子持续14ms。为了直接对比实验速度值和数值模拟值，后者必须与UVP探头角度相同进行计算。流体头部的模拟速度量级要与实验结果正好一致（图20.4）。两个数据体显示在流体鼻子处速度剖面相当一致。而且，两个数据体显示最大速度出现在头部后面（颈部），在这里浊流进入到头部的主体部位。两个模拟显示进入的流体在头部减速，开始与底床分离。数值模拟的形态和速度值与实验室观察结果一致。高度湍流的环境再度产生，软件的数值参数仅仅轻微改变了运算的解（图20.3）。这证实了现实方法中软件到模型的能力，模拟了浊流前端和头部一种高度湍流和瞬时的环境。

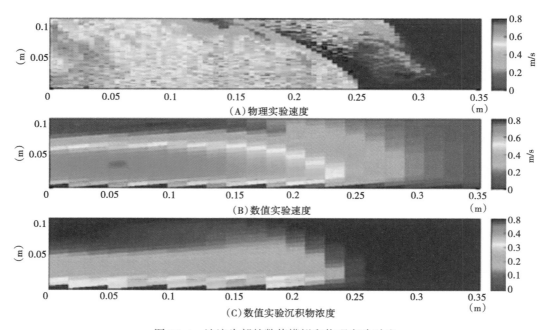

图20.4 浊流头部的数值模拟和物理实验对比

水流方向从左到右。数值二维速度的大小用颜色表示。水平的时间轴代替距离，由时间值×头部进积速度平均值（0.3m/s）得到。（C）显示出其形态与（A）物理观察形态的良好匹配

## 20.2.3 案例研究 I-b：流体主体——单一离散混合物

浊流主体紧随流体头部（Meiburg和Kneller，2010）。当头部在限定的时间通过控制段时，主体持续流过需要一个增加的时间（实验中大约是1min），这会受悬浮的和沉积在系统里的沉积物影响，这是流体头部本身通过的原因。而且，浊流主体由于水流和周围流体之间的不稳定性，经历了浓度和速度的波动（Cartigny，2012）。

建立时间拉平的速度剖面可以平滑这些不稳定性，使数值模拟与实验资料易于对比。

在物理模型中，一个高密度浊流主体的稳态速度剖面，可以用均一速度剖面来计算，在

UVP下主体通过的时间内获得测量值（图20.5）。图20.6（A）显示了浊流主体的速度剖面［针对表20.1（B）所有运算］，测量值离入口2.6m，平均时间53s，以及物理实验的UVP剖面。在所有数值模拟中，离水槽底部之上约2cm时平均速度剖面具有大约1.1m/s峰值。在那一高度，离水槽底部之上约10cm时速度降落到0.15m/s。对所有数值模拟而言，峰值速度会比物理实验观察结果略低（大约3cm/s，或3%，较低）。此外，物理实验的最高速度值相比数值模拟位于较低的水平（大约3mm，约等于计算网孔的$\Delta Z$）。数值案例和物理实验的误差在所有高度都小于7%。注意，这种不吻合被认为是由模型相关参数的不确定性或实验不确定性引起。

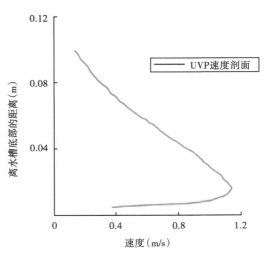

图20.5 物理案例I-b的速度测量剖面

实验不确定性可能是由于管道系统的波动性流体卸载、入口尺寸测量的不完善、紧附于水槽底部的砂体粗糙度不均一、平均颗粒大小的尺寸小偏差（只有一个颗粒尺寸用于数值模拟且不围绕$d_{50}$分布），以及UVP探头倾斜不够精确。为了说明保留的不吻合是边界条件尺寸精确度的问题，而不是由于模型对模拟浊流的无能为力，图20.6（B）展示了UVP速度剖面和使用缺省参数背景的模拟结果之间的对比，两个剖面的速度和空间轴都没有最大速度和0.5a的量纲（速度在流体顶部最高点减少到最大速度的50%；Kneller和Buckee，2000）。速度剖面形态的拟合情况是接近准确。

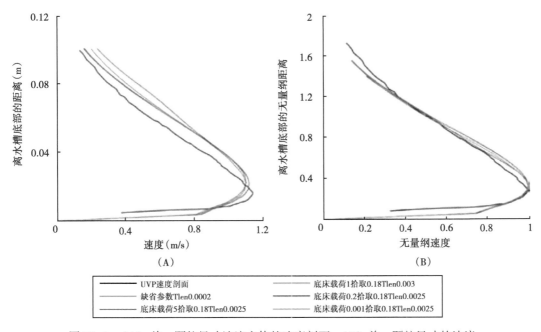

图20.6 （A）单一颗粒尺寸浊流主体的速度剖面，（B）单一颗粒尺寸的浊流主体的无量纲速度剖面。表20.1（B）不同数值运算的平均时间为53s

即使没有无量纲化,所有模拟结果在改变某些数值参数时也显示相似形态和可对比的速度值。对于上面所有案例,改变数值参数一定影响结果,而且所有模拟速度剖面与观察值匹配良好。这证明了软件的可靠性和稳健性,在给出合适的边界条件下可以再产生浊流的流体特征,且具有所描述的13%初始体积浓度。

### 20.2.4 案例研究Ⅰ-c:流体主体——双离散混合物

数值研究关键的一步是多类型案例分析,这时颗粒大小混合物存在于流体中。这可以通过增加以前描述的运算到另一个类型,具有144μm的颗粒大小。再次,流体主体的速度剖面以53s时间均一化,位于UVP探头位置,离入口2.6m。实验边界条件以及总沉积物浓度与上面描述一致,只有一项例外,即现在混合物要有2个颗粒类型。浓度等于案例Ⅰ-b。速度剖面在图20.7中显示。

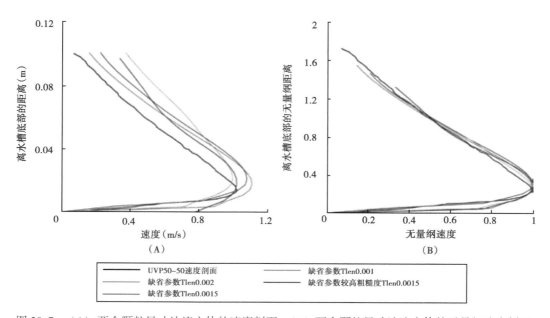

图20.7 (A)两个颗粒尺寸浊流主体的速度剖面,(B)两个颗粒尺寸浊流主体的无量纲速度剖面。
表20.1 (B)中不同数值运算的平均时间为53s

同样相似的是,模拟值匹配测量值,也考虑了改变数值参数轻微影响CFD结果的速度剖面形态。作为常见的观察结果,模拟的流体厚度和速度比物理测量要略大一些。本案例中,模拟值和测量值的平均差异是大约13%。显然,多类型模拟的量纲化相对于单一类型模拟限定条件要小得多(图20.6)。这可能是由于当加入第二个类型到系统中,会有更多的变量从而出现实验不精确性或数值问题,例如模拟自然双模式颗粒尺寸分布会相当粗糙,因为仅仅具有两个颗粒直径进行放大。再者,当对比速度剖面形态时[图20.7(B)],拟合接近准确,与单一类型模拟一样[图20.6(B)]。

### 20.2.5 案例Ⅱ:侧向延伸的高密度浊流沉积作用

Baas等(2004)证实了海底朵体的几何形态和内部组成与实验室模型一样,主要取决于沉积物颗粒大小和浊流的悬浮物质浓度。为了检测MassFLOW-3D™数值码的沉积能力,重复作了两组实验运算（运算 2 和运算 4；表 20.2），对比产生的沉积几何形态，讨论模型中最有影响的一些参数。

表 20.2 Baas 等（2004）实验中运算 2 和运算 4 中的流体参数

| 参 数 | Run 2 | Run 4 |
|---|---|---|
| 平均颗粒大小（mm） | 0.235 | 0.235 |
| 初始沉积物浓度（%） | 27 | 14 |
| 浊流体积（L） | 158.9 | 135.8 |
| 水道坡度（°） | 8.6 | 8.6 |

#### 20.2.5.1 实验的建立

实验在 Utrecht 大学水槽设备中进行。实验装置包括一个直的倾斜水道，从供水罐到水平延伸板都沉没于淡水（图 20.8）。这一装置模仿一个峡谷或限定水道流体，进入宽而平坦的盆地底部。水道 4m 长，0.22m 宽，0.50m 深，倾斜 8.6°。延伸板 3.5m 长，3m 宽，侧面无遮挡，流体反射最小。安装在水罐里，面积 4m×4m，深度 2m（图 20.8）。延伸板沉没于水下 0.8m。通过传送带沉积物供给到混合罐，允许常量泥浆卸载可以达到 15s。实验用砂体尺寸的玻璃珠运行，其密度 2650kg/m³，与自然界的硅质碎屑沉积物对应。用于实验的沉积物有 3 种类型：（1）中等分选的粗粉砂，由球形玻璃珠组成（$\Phi$=0.040mm）；（2）分选良好的极细砂，由球形玻璃珠组成（$\Phi$=0.069mm）；（3）中等分选的细粒自然砂（$\Phi$=0.235mm）。混合罐里悬浮沉积物浓度范围从 14%（体积分数）到 35%（体积分数）。

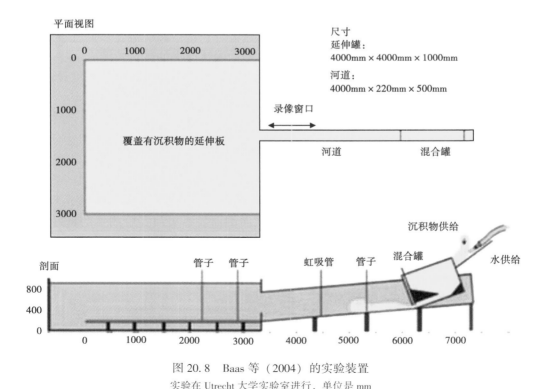

图 20.8 Baas 等（2004）的实验装置

实验在 Utrecht 大学实验室进行，单位是 mm

#### 20.2.5.2 数值模拟设定

供给罐和延伸板在模拟域中模拟，使用 Cartesian 正交计算网格。计算网格的解为了模拟码的稳健性评估有所变化，并评价所得结果是否独立于网格。显然，使用较细网格得到的流体沉积物分布结果会更加详细。可是，系统的全球特征（流体速度、浓度结构及沉积物形态）不会受网格分辨率影响，证实了 MassFLOW-3D™ 的稳健性。模拟计算网格大约由 $1×10^6$ 活动格组成。网格分辨率从底床到供给罐入口顶部是均一的，向含有延伸板的水罐顶部逐渐减少。最小和最大网格尺寸分别是 0.025m×0.0075m×0.005m 和 0.1m×0.03m×0.118m（XYZ 格式）。

模型需要输入参数，通常在实验起始阶段和最终阶段是未知的（例如湍流混合长度、湍流扩散系数、沉积物传输系数和底床载荷系数）。这些参数通过对比实验与模型的沉积结构和空间特征凭经验进行调整。一些参数对流体与沉积物分布的影响在下面讨论。

#### 20.2.5.3 结果和评论

为了对比数值模拟和物理实验，聚焦于水道出口延伸区下游直接观察水流。这一区域经历了深水沉积，因此适合检测模拟的模型沉积能力。

沉积几何形态对包括在数值模型沉积物搬运和流体湍流的参数高度敏感。沉积物搬运模型中，拾取系数（剥蚀）和底床载荷系数被证实对沉积物载荷的最终跑出距离具有重大影响。包含在传输模型中的拾取系数缺省值为 0.018，作为湍流在平面上旅行的数值（Mastbergen 和 Van Den Berg，2003）。增加这一系数会产生较高的侵蚀速率，通常转化为较高的流能力和较长的跑出距离。系数的缺省值产生最满意的结果。底床载荷系数决定了底床搬运的有效性和能力，缺省值被设定为 8.0（Meyer-Peter 和 Müller，1948）。当使用拾取系数标准值时，这一缺省值是令人满意的。

另一个对沉积物几何形态有影响的参数是湍流混合长度。湍流混合长度（TLEN）是描述流体包在湍流漩涡中分散前旅行的特征距离（例如湍流漩涡的旅行长度）。这一参数被湍流模型用于限定湍流的损耗，因此湍流黏度不会变得非常大。如果将混合长度设定为高值，湍流黏度（和其沉积物）会超出预期。

图 20.9 显示了 TLEN 对沉积物几何形态的影响。一个 1mm 底层的 TLEN 流体不能保持沉积物处于悬浮，会在供给水道中产生不成熟的沉积物［图 20.9（C）］。到达延伸板的沉积物总量会大量减少，产生的朵体形态与物理实验结果不一致。独有的浊流混合长度在 0.15~0.2mm 之间。这一湍流混合长度，结合缺省侵蚀和底床载荷系数，提供了最优的流体结构，给出了延伸板上沉积物的现实分布［图 20.9（C）］。图 20.10 展示了用运算 2 相似方法运算 4 的一些结果。运算 2 沉积物的径向和横向剖面显示出与实验测量的良好匹配（图

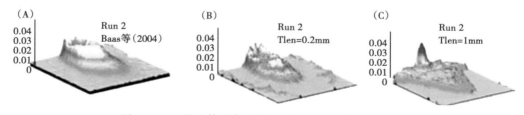

图 20.9 三维朵体形态之间的对比（尺寸以 m 为单位）

（A），（B）运算 2 朵体的三维形态，来自 MassFLOW-3D™ 模拟，湍流混合比例设定为 0.15mm；
（C）运算 2 朵体的三维形态，来自 MassFLOW-3D™ 模拟，湍流混合比例设定为 1mm

20.11)。数值结果与物理资料匹配得非常好,在径向和横向剖面上,略微低估了朵体远端沉积物的厚度,但是很好地得到了沉积物的形态和总体结构。可以肯定的是,再产生了沉积区和侵蚀带,例如实验室中实验的水道口位置。

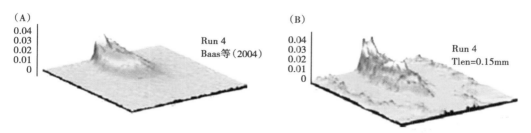

图 20.10 三维朵体形态之间的对比(尺寸以 m 为单位)
(A) 运算 4 朵体的三维形态;(B) 运算 2 朵体的三维形态,来自 MassFLOW-3D™ 模拟,湍流混合比例设定为 0.15mm

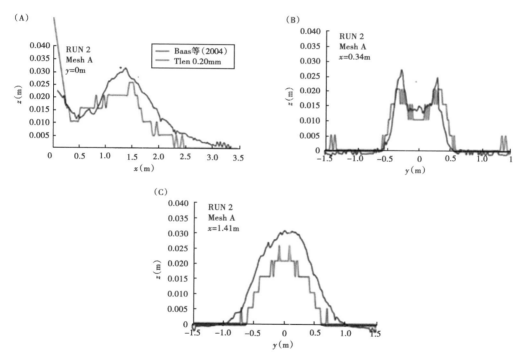

图 20.11 Baas 等(2004)二维剖面(蓝线)和 MassFLOW-3D™ 结果(红线)的对比
(A) 过朵体中心线的径向剖面;(B) 离水道出口 0.34m 朵体的剖面形态;
(C) 离水道出口 1.41m 朵体的剖面形态。注意 $z$ 轴是放大的

这个案例说明,数值模拟可以产生现实的沉积结果。上面讨论的参数需要调整到特定条件,常常随理论假设和文献资料变化。目前案例中模拟沉积物的几何形态似乎不受沉积物搬运机制差异的影响。

### 20.2.6 案例研究Ⅲ:弯曲水道中的浊流流体结构

深水弯曲水道在横剖面和平面上的几何形态、充填的砂体净毛比(sand net/gross)、浊积岩相范围和沉积结构都显示变化很大（Abreu 等，2003；Hubbard 等，2009；Kneller，2003；Wynn 等，2007）。可是，形成流体的动力学和变化原因却知道得很少，因此实验室和数值模拟结果相互矛盾、没有结论（Corney 等，2006；Imran 等，2007；Peakall 等，2007）。要建立一套可以接受的针对海底弯曲水道沉积作用的基本原则，还需要进一步工作。最后的案例展示了自然尺度弯曲水道浊流流体结构研究的初步成果，也是理解这些非均质性体系的一个尝试。

### 20.2.6.1 数值模拟的建立

浊流被释放，进入没有侵蚀的预定义水道，包括初始 1km 长的直线段和随后的三个水道弯曲段，其中两个弯曲 90°，一个 180°［图 20.12（A）］。研究集中于第二段（180°弯曲，600m 半径，弯曲波长 1800m）。弯曲带前面相对长的直线段导入稳定的垂向速度和流体密度结构，这样域边界的进入流体具有均一的垂向结构。水道宽度和深度分别设定为 150m 和 10m。水道堤岸建造成 30°休止角，表面加中砂粗糙化（$\Phi=0.5$mm）。流体入口的几何形态和尺寸与水道剖面的几何形态一致。水道坡度设定为 1°。包含水道表面的模拟域，由 Cartesian 正交网格组成，总计 784259 个活动格。网格延伸在水道底部之上 265m，具有特定压力的顶部边界，保证 1km 水深处的静水压力。网格分辨率均一，在水道底部可以达到 20m，然后向顶部逐渐减少。最小和最大网格分别是 14.8m×14.8m×1.5m 和 14.7m×14.7m×11m（XYZ 格式）。

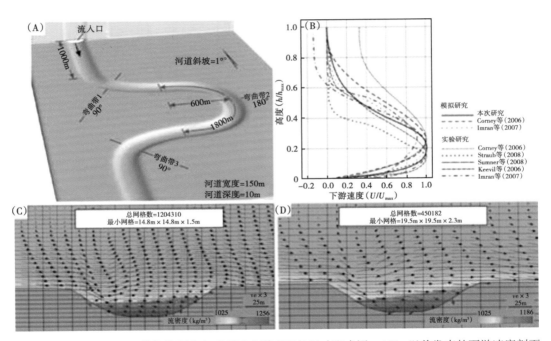

图 20.12 （A）用于模拟的预定义无侵蚀水道表面的尺寸和术语；（B）以前发表的下游速度剖面与现在研究中模拟剖面的对比；（C）、（D）域剖面展示模拟输出与模拟网格分辨率无关。（D）中网格数小于（C）的一半，可是计算速度和密度（浓度）大小没有实质差异

总体完成了 8 次模拟。每次运算中浊流从入口释放后持续 1h，包含两个单独的颗粒尺寸，中砂（$\Phi=0.5$mm）和粗砂（$\Phi=1.0$mm），其都具有 2648kg/m³ 的密度。运算过程中砂/粗砂比例保持在 4:1，独立于所有沉积物浓度。初始流体速度和沉积物浓度在每次运算

（表20.3）中发生系统性改变，以测定其对水道弯曲带流体特征的影响。

表20.3 流体通过弯曲水道的模拟案例中速度和浓度值

| Run | 入口处速度（m/s） | 入口处浓度（%） | 弯曲带2处的最大速度（m/s） | 弯曲带2处的最大浓度（%） |
| --- | --- | --- | --- | --- |
| 1 | 20 | 10 | 2.3 | 5 |
| 2 | 10 | 10 | 5 | 11 |
| 3 | 5 | 10 | 5 | 11 |
| 4 | 10 | 5 | 1.5 | 3.5 |
| 5 | 5 | 5 | 2.5 | 3.5 |
| 6 | 2 | 10 | 4 | 7 |
| 7 | 2 | 3 | 2.3 | 3.5 |
| 8 | 1 | 1 | 1.5 | 1.5 |

这一特定案例研究的模拟还没有对应的物理实验。以前测定的浊流垂向速度剖面（运算2）进入第一弯曲带的结果，已经与从前发表的实验及模拟资料有对比（Keevil等，2006；Straub等，2008；Sumner等，2008），显示出真实的流体性质［图20.12（B）］。这也提示了模拟结果与网格分辨率无关。计算网格数减半，分辨率到35%，模型给出了几乎相同的速度和浓度值［图20.12（C），（D）］。

#### 20.2.6.2 结果和评论

在每次模拟运算中，浊流在流体漫溢的弯曲顶部经历了大量超高海拔值［图20.13（A），（B）；图20.14（C），（D）］。在水流初始速度为5m/s甚至更高时，其效应在第一弯曲处如此突出以至下游速度直接下降50%~90%（表20.3）。超高海拔和流体溢出随初始速度的减少和浓度的增加而下降，使较缓慢较高浓度的流体更加局限于水道，在下游搬运时保持速度常数更加有效。在所有8个运算中3个弯曲带附在外岸的是高速度和高浓度的流体核部，向水道下游旅行［图20.13（C）—（F）的运算2和运算7］。结果，发育在内弯曲带下游部分的流体分隔带，其湍流增强，速度减少到接近0值。分隔带的范围和位置在运算间变化。具有高速度和高浓度的流体发育广阔的分隔带，位置比低速度和低浓度的流体更加靠近下游［图20.13（C），（D）；图20.14（A），（B）］。此外，漫溢的流体再次进入弯曲带2的下游部分水道，弯曲带3的上游部分进一步加重此地区的湍流。速度和浓度变化也对水道弯曲带的螺旋循环产生影响。5m/s速度和更高的速度水流显示在弯曲带2有微弱的底部向内或向外循环［图20.14（C）］，同时速度小于5m/s的水流都显示底部向内循环网格［图20.14（D）］。底部向内螺旋性流体的最大速度对流体高度的比率，范围从0.19到0.41。螺旋性网格的底流常常与水道轴向内岸方向偏离2°，而底部与上部之间可以有高达54°的差异。

速度谱较高一端的浊流特征（速度≥5m/s）可以与Peakall等（2007）、Amos等（2010）和Straub等（2011）的实验进行对比，实验流体显示大量水道弯曲带的超高海拔、严重的漫溢和向外方向的二次循环网格。流体的高速核部旅行到弯曲带上游的内岸，变成附着物，或直接向下游到达弯曲带顶部，过多的悬浮沉积出现在内弯曲带下游部分［图20.13（C）；图20.14（A）］。这些流体因此成为海底水道下游的物质，点坝的上游部分主要是侵蚀，下游以沉积为主（Amos等，2010）。如果流体与水道形态不平衡（例如模拟中的高速

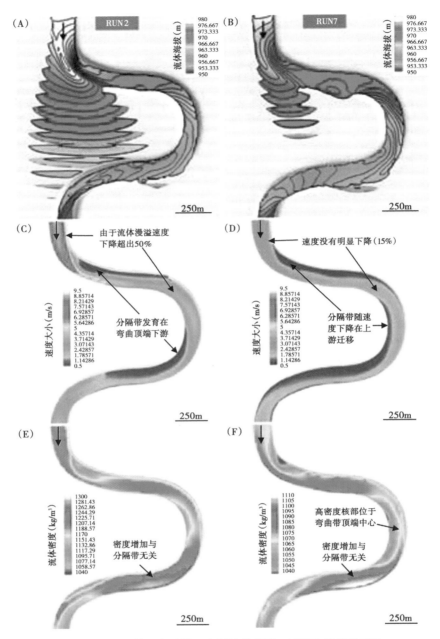

图 20.13 运算 2 和运算 7 之间流体高度、速度和浓度的对比

(A) 在运算 2，流体经历了弯曲带 1 的巨大漫溢，导致流体高度在弯曲带 2 大量减少；(B) 在运算 7，漫溢及其对流体高度的影响减少，(A) 和 (B) 水道弯曲带流体海拔标在上面，流体表面可以看见 20% 体积浓度；(C) 水道底面之上的切片 4 显示了运算 2 的速度大小，弯曲带 1 的漫溢减少了保持水道化流体的速度，这一速度要大于 50%，高速核部固定在外岸旅行，发育低速分隔带于弯曲带顶端的下游，弯曲带 3 的速度场受再次进入水道的漫溢流体很大的影响；(D) 水道底部之上的切片 4 显示了运算 7 的速度大小，弯曲带 1 的下游没有出现明显的速度减少，相比运算 2 分隔带进一步发育在上游，弯曲带 3 的速度场似乎不受漫溢流体影响；(E)、(F) 水道底之上的 4m 切片显示密度（浓度），速度分隔带对密度水平线没有影响，说明高浓度的分隔带可以增加沉积作用，运算 7 的高密度核部位于弯曲带顶端，比运算 2 更加处于中心部位

流体），那么在水道弯曲带会出现大量漫溢，导致保持水道化的速度和浓度实际上的丧失。这些流体不足以维持常态速度，并搬运大量沉积物载荷到达深盆。相反，速度谱另一端的流体（速度≤5m/s）显示出，对水道具有较大的限制，分隔带延伸较小，循环模式为水道弯曲带处向内方向。从弯曲带到另一个弯曲带的最大速度变化和浓度是最小的，提示搬运体系的效率较大，路过占优势，这是侧向域中弯曲水道迁移的常见特征（Kneller，2003）。流体高浓度的核心似乎位于弯曲带顶端的中心［图20.13（D），图20.14（B）］，显示沉积作用更可能发生在内弯曲的中心部位，正如弯曲带扩展的案例一样。当出现在分隔带外部时沉积作用很可能以牵引力为主，底部速度最大，指向内弯曲带。底部向内的循环均匀出现在极低的最大速度/流体高度比值处，Islam 等（2008）注意到了，但 Wynn 等（2007）提出了挑战。我们认为，具有底部向内螺旋性的流体，不会在水道弯曲带经历超级漫溢，可以与相关水道保持平衡，最有可能形成弯曲带的侧向扩张。可是，要证实这些结果和解释，需要进一步做工作。物理和数值实验中的无侵蚀硬底应该用可以侵蚀的底面来代替，以便解释沉积物

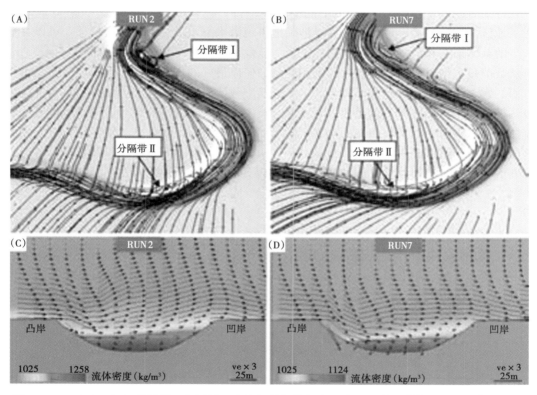

图20.14 （A）、（B）为运算2和运算7流体矢量场的河流跟踪图，分隔带被认为是增加湍流和混乱流体的地区。（A）在运算2，分隔带发育在弯曲带顶端下游，被占优势的漫溢流体进一步强化。（B）在运算7，相比运算2分隔带发育在更加上游的位置，强度较小，可能是漫溢流体强度不断减小的原因。（C）具有三维速度矢量图的密度剖面，位于弯曲带2顶端（运算2）。剖面显示有微弱、向内方向的二次流体网格，位于水道底部，提示网格反转，属于较高的流体速度。水道化流体上部以向外的运动和在外弯曲带流体漫溢为特征。高密度核似乎不经历超高海拔，被限制在水道中心部位。（D）具有三维速度矢量图的密度剖面，位于弯曲带2顶端（运算7）。二次循环网格比在（C）中发育得更好，显示底部向内的方向。漫溢很少出现，就像（C）中那样，高密度核部被限制在水道中心部位

侵蚀作用和水道几何形态及位置的相应变化。

## 20.3 结论

目前的工作显示出基于确定性过程的模拟和实验研究之间协同的重要性，目的是对浊流内在结构有更好的理解。

这种极为复杂的环境其最多物理特征尚属未知，因此需要开展实验研究以得到包含在流体过程的物理证据。在现今阶段，流体速度的测定结果可以相对容易获得，只要给出流体结构的精确描述，而实验室中这些稠密的流体浓度测量值还是有问题的。包裹层和流体之间的相互作用仍旧是研究的关键点。实验室资料的进一步检测和分析要为获得更好更详细理解这些多相流体的物理特征而开展，特别是高密度地区和水槽底部产生的牵引毯（traction carpets）。

软件 MassFLOW-3D™ 可以模拟不同的流体条件，包括沉积物搬运、侵蚀和沉积作用，考虑了地区地形的影响。这一软件可以精确地再现沿水下水道流动的浊流特征，可以再造浊流产生的朵体形态和大小，从水道到扩张板，以及流体的速度和浓度分布。

从数值模拟结果观察到，产生的沉积结构如何以最好的方法匹配实验室在朵体大小和形态方面的实验结果，是可以值得肯定的。为了匹配数值模拟与物理实验结果，需要进行物理参数的精确调整，如底床载荷系数、湍流混合长度和输送系数。在现今阶段，软件还不能模拟流体颗粒对颗粒的相互作用（颗粒流动模型）起根本作用的领域，例如牵引毯或接近于包裹层的地区，这里沉积物浓度非常高。用 MassFLOW-3D™ 模拟的未来领域是，精确再现低浓度浊流特征，实现数学（数值）方法编码以处理高浓度地区和牵引毯。

**致谢**

非常感谢 MassFLOW-3D 项目的合作伙伴 Det norske oljeselskap，Statoil，Noreco（挪威能源公司），Wintershall Norge 和 Lotos E&P Norge 的支持。感谢 Flow Science 公司在本项目的合作。感谢 Nicole Clerx，Menno Hofstra 和 Roel Dirkx 在完成实验室的实验和数值分析中提供的宝贵帮助。感谢 Evgeniy Tantserev 对附录中数学模型编写方程式的努力，以及 Romain Rouzairol 的宝贵支持。

## 参 考 文 献

Aas, T., Howell, J., Janocko, M. and Jackson, C. A. L. (2010a) Control of Aptian palaeobathymetry on turbidite distribution in the Buchan Graben, Outer Moray Firth, Central North Sea. *Mar. Petrol. Geol.*, 27, 412-434.

Aas, T. E., Howell, J. A., Janocko, M. and Midtkandal, I. (2010b) Re-created Early Oligocene seabed bathymetry and process-based simulations of the Peïra Cava turbidite system. *J. Geol. Soc.*, 167, 857-875.

Abreu, V., Sullivan, M., Pirmez, C. and Mohrig, D. (2003) Lateral accretion packages (LAPs): an important reservoir element in deep water sinuous channels. *Mar. Petrol. Geol.*, 20, 631-648.

Amos, K. J., Peakall, J., Bradbury, P. W., Roberts, M., Keevil, G. and Gupta, S.

(2010) The influence of bend amplitude and planform morphology on flow and sedimentation in submarine channels. *Mar. Petrol. Geol.*, 27, 1431–1447.

Baas, J. H., Van Kesteren, W. and Postma, G. (2004) Deposits of depletive high-density turbidity currents: a flume analogue of bed geometry, structure and texture. *Sedimentology*, 51, 1053–1088.

Basani, R. and Hansen, E. W. M. (2009) MassFLOW–3D Process Modelling: Three-dimensional numerical forward modelling of submarine massflow processes and sedimentary successions. Project report 2004–2008. CFD-R09-1-09.

Cartigny, M. J. B. (2012) Morphodynamics of supercritical high-density turbidity currents. *Utrecht Studies in Earth Sciences*, 10 (doctoral thesis), 153 pp.

Cartigny, M. J. B., Postma, G., van den Berg, J. H. and Mastbergen, D. R. (2011) A comparative study of sediment waves and cyclic steps based on geometries, internal structures and numerical modelling. *Mar. Geol.*, 280, 40–56.

Clift, R., Grace, J. R. and Weber, M. E. (1978) *Bubbles, Drops and Particles*. Academic Press, New York.

Corney, R. K. T., Peakall, J., Parsons, D. R., Elliott, L., Amos, K. J., Best, J. L., Keevil, G. M. and Ingham, D. B. (2006) The orientation of helical flow in curved channels. *Sedimentology*, 53, 249–257.

Dan, G., Sultan, N. and Savoye, B. (2007) The 1979 Nice harbour catastrophe revisited: Trigger mechanism inferred from geotechnical measurements and numerical modelling. *Mar. Geol.*, 245, 40–64.

Duller, R. A., Mountney, N. P. and Russell, A. J. (2010) Particle Fabric and Sedimentation of Structureless Sand, Southern Iceland. *J. Sed. Res.*, 80, 562.

Dykstra, M. and Kneller, B. (2009) Lateral accretion in a deep-marine channel complex: implications for channellized flow processes in turbidity currents. *Sedimentology*, 56, 1411–1432.

Egiazaroff, I. V. (1965) Calculation of nonuniform sediment concentrations. *J. Hydr. Div.*, 91, 225–247.

FLOW-3D (2009) *FLOW-3D User Manual Version 9.4*.

Groenenberg, R. M., Hodgson, D. M., Prelat, A., Luthi, S. M. and Flint, S. S. (2010) Flow-deposit interaction in submarine lobes: insights from outcrop observations and realizations of a process-based numerical model. *J. Sed. Res.*, 80, 252.

Groenenberg, R. M., Sloff, K. and Weltje, G. J. (2009) A highresolution 2-DH numerical scheme for process-based modelling of 3-D turbidite fan stratigraphy. *Comput. Geosci*, 35, 1686–1700.

Guo, J. (2002) Hunter Rouse and Shields Diagram, In: *Proceedings of the 13th IAHR-APD congress, Singapore*, pp. 1096–1098.

Hadler-Jacobsen, F., Gardner, M. H. and Borer, J. M. (2007) Seismic stratigraphic and geomorphic analysis of deepmarine deposition along the West African continental margin, In: *Seismic Geomorphology: Applications to Hydrocarbon Exploration and Production* (Eds R. J. Davies, H. W. Posamentier, L. J. Wood and J. A. Cartwright), *Geol. Soc. London Spec. Publ.*, 277, pp. 1-14.

Harbaugh, J. W. (1970) *Computer Simulation in Geology*, Stanford University California.

Hastings, D. (1986) Cretaceous stratigraphy and reservoir potential, mid Norway continental shelf. In: Spencer, A. M., Holter, E., Campbell, C. J., Hanslien, S. H., Nelson, P. H. H., Nysæther, E., and Ormaasen, E. G. (Eds.), *Proceedings of the Conference: Habitat of Hydrocarbons on the Norwegian Continental Shelf. Norwegian Petroleum Society/Graham & Trotman*, London, pp. 287-298.

Haughton, P., Davis, C., McCaffrey, W. and Barker, S. (2009) Hybrid sediment gravity flow deposits-classification, origin and significance. *Mar. Petrol. Geol.*, 26, 1900-1918.

Heimsund, S. (2007) *Numerical Simulation of Turbidity Currents: A New Perspective for Small- and Large-Scale Sedimentological Experiments*. Unpublished Masters thesis, University of Bergen.

Huang, H., Imran, J. and Pirmez, C. (2005) Numerical model of turbidity currents with a deforming bottom boundary. *J. Hydraul. Eng.*, 131, 283.

Hubbard, S. M., de Ruig, M. J. and Graham, S. A. (2009) Confined channel-levee complex development in an elongate depo-center: deep-water Tertiary strata of the Austrian Molasse basin. *Mar. Petrol. Geol.*, 26, 85-112.

Imran, J., Islam, M. A., Huang, H., Kassem, A., Dickerson, J., Pirmez, C. and Parker, G. (2007) Helical flow couplets in submarine gravity underflows. *Geology*, 35, 659.

Ishii, M. (1975) *Thermo-fluid dynamic theory of two-phase flow*. Eyrolles, Paris.

Islam, M. A., Imran, J., Pirmez, C. and Cantelli, A. (2008) Flow splitting modifies the helical motion in submarine channels. *Geophys. Res. Lett.*, 35, L22603.

Keevil, G. M., Peakall, J., Best, J. L. and Amos, K. J. (2006) Flow structure in sinuous submarine channels: velocity and turbulence structure of an experimental submarine channel. *Mar. Geol.*, 229, 241-257.

Kleinhans, M. G. (2002) *Sort Out Sand & Gravel: Sediment Transport and Deposition in Sand-Gravel Bed Rivers*. Unpublished Ph. D. Thesis, University of Utrecht.

Kneller, B. (2003) The influence of flow parameters on turbidite slope channel architecture. *Mar. Petrol. Geol.*, 20, 901-910.

Kneller, B. and Buckee, C. (2000) The structure and fluid mechanics of turbidity currents: a review of some recent studies and their geological implications. *Sedimentology*, 47 (s1), 62-94.

Kostic, S. (2011) Modelling of submarine cyclic steps: Controls on their formation, migration and architecture. *Geosphere*, 7, 294.

Lyn, D. A. (2008) Turbulence models for sediment transport engineering In: *Sedimentation Engineering: Processes, Measurements, Modelling and Practice*. (Ed. M. H. Garcia), 110. American Society of Civil Engineers.

Mastbergen, D. R. and Van Den Berg, J. H. (2003) Breaching in fine sands and the generation of sustained turbidity currents in submarine canyons. *Sedimentology*, 50, 625-637.

Meiburg, E. and Kneller, B. (2010) Turbidity currents and their deposits. *Annu. Rev. Fluid Mech*, 42, 135-156.

Meyer-Peter, E. and Müller, R. (1948) Formulas for bed-load transport. In: *Proceedings of the*

2nd Meeting of the International Association for Hydraulic Structures Research, pp. 39–64.

Mulder, T. and Alexander, J. (2001) The physical character of subaqueous sedimentary density flows and their deposits. *Sedimentology*, 48, 269–299.

Norwegian Petroleum Directorate (2009) The Resource Report 2009. http://www.npd.no/en/Publications/Resource-Reports/2009/

Peakall, J., Amos, K. J., Keevil, G. M., William Bradbury, P. and Gupta, S. (2007) Flow processes and sedimentation in submarine channel bends. *Mar. Petrol. Geol.*, 24, 470–486.

Pirmez, C. and Imran, J. (2003) Reconstruction of turbidity currents in Amazon Channel. *Mar. Petrol. Geol.*, 20, 823–849.

Postma, G., Nemec, W. and Kleinspehn, K. L. (1988) Large floating clasts in turbidites: a mechanism for their emplacement. *Sed. Geol.*, 58, 47–61.

Richardson, J. and Zaki, W. (1954) Fluidization and Sedimentation-Part I. *Trans. Inst. Chem. Eng*, 32, 38–58.

Salles, T., Lopez, S., Eschard, R., Lerat, O., Mulder, T. and Cacas, M. (2008) Turbidity current modelling on geological time scales. *Mar. Geol.*, 248, 127–150.

Schmeeckle, M. W. and Nelson, J. M. (2003) Direct numerical simulation of bedload transport using a local, dynamic boundary condition. *Sedimentology*, 50, 279–301.

Schwab, A., Tremblay, S. and Hurst, A. (2007) Seismic expression of turbidity-current and bottom-current processes on the Northern Mauritanian continental slope. *Geol. Soc. London Spec. Publ.*, 277, 237.

Soulsby, R. (1997) *Dynamics of marine sands: a manual for practical applications*. Thomas Telford.

Straub, K. M., Mohrig, D., Buttles, J., McElroy, B. and Pirmez, C. (2011) Quantifying the influence of channel sinuosity on the depositional mechanics of channelized turbidity currents: A laboratory study. *Mar. Petrol. Geol.*, 28, 744–760.

Straub, K. M., Mohrig, D., McElroy, B., Buttles, J. (2008) Interactions between turbidity currents and topography in aggrading sinuous submarine channels: a laboratory study. *GSA Bulletin* 120, 368–385.

Sumner, E. J., Lawrence, A. A., Talling, P. J. (2008) Deposit structure and processes of sand deposition from decelerating sediment suspensions. *J. Sed. Res.*, 78, 529–547.

Tetzlaff, D. M. and Harbaugh, J. W. (1989) *Simulating clastic sedimentation; Computer Methods in the Geosciences*. Van Nostrand Reinhold, New York, NY, USA.

Ungarish, M. (1993) *Hydrodynamics of Suspensions: Fundamentals of Centrifugal and Gravity Separation*. New York: Springer-Verlag.

Van Rijn, L. C. (1984) Sediment transport, part I: bed load transport. *J. Hydraul. Eng.*, 110, 1431–1456.

Wynn, R. B., Cronin, B. T. and Peakall, J. (2007) Sinuous deep-water channels: Genesis, geometry and architecture. *Mar. Petrol. Geol.*, 24, 341–387.

# 21 Ormen Lange 浊积体系：沉积饥饿盆地砂质斜坡扇的沉积结构与层序构成

Rodmar Ravnås  Andrew Cook  Kristoffer Engenes
Harry Germs  Martin Grecula  Jostein Haga
Craig Harvey  James A. Maceachern  著

吴因业  译

**摘要**：巨大的 Ormen Lange 油田储层，位于 Møre 海岸之外，由马斯特里赫特阶 Springar 组上部深海浊积岩和丹麦阶 Egga 砂岩单元组成。将这两套砂岩单元分别解释为两个叠加的下斜坡砂质扇体系，具有内扇、中扇和外扇。两个扇体系物源来自隆升的内陆，其构造恢复活力与裂谷边缘上升有关，对应西 Møre 盆地晚坎潘期—丹麦期的阶段性断裂。裂谷边缘的隆升伴随有向盆地方向的倾斜和沿 Møre 边缘深部基底高点之上的披覆褶皱，产生了具有局部斜坡小盆地和阶地的阶梯状斜坡边缘。每个阶段重复的内陆隆升、盆地边缘倾斜和砂质扇体发育代表了几百万年的时间跨度。Springar 和 Egga 浊积体系的演化经历了斜坡阶地或小盆地的充填—溢出过程。在单个小盆地或斜坡阶地内，早期阶段的充填或继承性地貌的平滑似乎跟随有更有条理的后退充填或上斜坡上超，结合有向前步进或向外建造的砂质扇体越过单一阶地或小盆地。补偿叠置的水道叠合体和朵体叠合体形成了基本结构要素，可能反映了内陆或排水盆地的主要洪泛事件。多层叠合的水道带代表了局部阶地或小盆地充填扇体的海退建造，同时沉积物过路和供给到下一个下斜坡小盆地和阶地。扇体系的最上部成层性差，含有无层理的滑塌重力再沉积单元，与多层叠置的水道充填交替。这些成层性差的相组合是盆地边缘斜坡早期或初始倾斜的响应。最终的逐步后退和返回到以半远洋及远洋斜坡沉积为主，归因于更新的上斜坡或内陆的构造作用，这导致近源亚盆地砂的俘获。

**关键词**：斜坡地貌；浊积体系；巨层序；浊积岩结构；控制因素

## 21.1 概述

斜坡浊积体系与斜坡底部及内部盆底浊积体系具有许多相似性，尤其是在浊积体系充填斜坡内部亚盆地或斜坡阶地的情况下，其比浊积体系本身大得多。可是，斜坡浊积体系也具有其自身独特的特征和变化性，与斜坡底部及内部盆底体系形成对照。这些独特的特征可以归因于控制因素的叠加：(1) 斜坡梯度；(2) 斜坡剖面和地貌演化；(3) 供给体系的接近度和类型（Reading 和 Richards，1994）；(4) 通常与侵蚀过路和（或）连接结合的退出水道特征（Mayall 和 Stewart，2001；McHargue，2001；Booth 等，2002；Sinclair 和 Tomasso，2002；Prather，2003；Smith，2004）。在相伴出现时，这常常导致复杂的储层结构和斜坡浊积充填的地层。

沉积物供给到深水盆地，可以通过三角洲、大陆架与上斜坡的重力沉积物崩塌或风暴流与海洋沉积物陆架流体再悬浮（Piper 和 Normark，2009）。三角洲供给体系可以从大型泥质三角洲到小型砂质三角洲（Reading 和 Richards，1994），后者在构造活动盆地更为常见，沿不成熟被动边缘分布，其浅海—大陆架砂体直接供给到上部斜坡峡谷中。洪泛河流产生的高密度流（hyperpycnal flows）最近被认为是产生延伸或支撑沉积物重力流的一个重要机制（Mulder 等，2003；Bhattacharya 和 MacEachern，2009；Piper 和 Normark，2009）。上部斜坡重力崩塌或块体损耗是另一个重要的流体起始过程，产生随之而来的激增重力流（Piper 和 Normark，2009）。产生的重力流，无论是短期存在的、激增的还是持续发育的，其时空上都有变化的流体模式（Kneller，1995；Kneller 和 Branney，1995），都会经过陡坡部分集中于峡谷或深水道，再经较浅水水道网络，或接近成为无限制流体（Reading 和 Richards，1994）。斜坡地貌可以从无限制经阶梯状到池塘状（Meckel 等，2000；Booth 等，2002；Prather，2003），通常随时间变化，是盆地边缘沉积作用和相应大陆架与陆坡进积及因盆地边缘构造作用产生斜坡地貌的复杂相互作用的结果。斜坡阶梯或次级盆地可以通过侵蚀的尼克点水道相连接（Pirmez 等，2000；Kneller，2003；Heino 和 Davies，2007），或弯曲的通道（Smith，2004），或两者的组合。深水活动的盆地边缘，例如前陆盆地、裂谷盆地和不成熟被动边缘，如果不是复杂的斜坡类型和地貌，通常大多数会导致粗粒沉积物被困在斜坡阶地和次级盆地，具有复杂的充填溢出、沉积路过和后退充填模式。

巨大的 Ormen Lange 油田储层（图 21.1；Møller 等，2004），包含在深海的上马斯特里赫特阶 Springar 组下部斜坡浊积体系和 Tang 组丹麦阶 Egga 砂岩单元中（图 21.2）。这些储层以前被解释为三角洲体系来源的盆底浊积岩（Gjelberg 等，2001，2005；Sømme 等，2009），作为峡谷供给的斜坡浊积岩，具有大陆架砂体来源的峡谷（Smith 和 Møller，2003）。这些以前的解释认为 Ormen Lange 储层是下部斜坡或内盆底砂质扇体系（Piper 和 Normark，2001），其发育侧向延伸的水道化朵体—席状砂体系，具有相对简单的向前步进或向后步进充填模式（Gjelberg 等，2001，2005），伴随一些单个浊积岩复合体的补偿性叠置（Smith 和 Møller，2003）。

本文首先提出了 Ormen Lange 沉积模式的更新，这基于增加的生产井新信息和新油田及类比研究。聚焦点放在将 Ormen Lange 发育的储集层用于盆地规模研究中，强调斜坡浊积岩结构的时空变化及其对斜坡地貌和构造的响应。其次，提出了 Ormen Lange 储层的层次划分，这基于沉积学、化石足迹学和生物地层学的综合研究。应用详细沉积学结合遗迹相和沉积微相研究的新方法，可以表征和区别地表不同尺度的储层或沉积单元，开展露头和现代海底或浅地表下浊积体系的类比研究。最后，尝试进一步解释不同尺度发育的储层潜在控制因素，正如详细研究 Ormen Lange 储层并结合 Ormen Lange 地区构造地层综合评价作的推测一样。

### 21.1.1 地质背景

Ormen Lange 油田位于 Møre 盆地东南部（图 21.1；Blystad 等，1995），即位于 Møre 盆地—Møre 边缘东南部的过渡带（Grunnaleite 和 Gabrielsen，1995）。Møre 盆地的形成，对应于三叠纪、中—晚侏罗世和晚白垩世—早古近纪裂谷作用（Brekke，2000；Færseth 和 Lien，2002），具有现今大部分构造轮廓，反映了强烈的晚侏罗世裂谷作用和沉降。晚白垩世和早古近纪裂谷作用主要沿 Møre 盆地西缘发生，断块的倾斜和分隔从康尼亚克期开始出现，直到

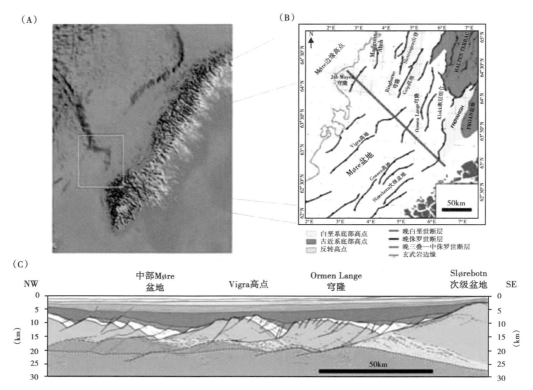

图 21.1 （A）挪威中部海上 Møre 盆地位置图；（B）标有 Ormen Lange 次级盆地位置的构造单元图；（C）过 Møre 盆地东部的解释剖面（修改自 Osmundsen 和 Ebbing，2008）。底图用不同阴影的紫色、棕色、灰色和粉红色来表示。古生界和侏罗系以浅色和蓝色表示；白垩系以白色（中—下统）和浅绿色（上统）表示；古近系和新近系以桔黄色和灰色表示；橘色代表古新统。测线位置显示在构造单元图（B）上，以红色表示

早始新世大陆裂解（图 21.2）。在 Møre 盆地的东部，晚白垩世—早古近纪裂谷只在较深的侏罗纪构造产生少量的再活化作用（Grunnaleite 和 Gabrielsen，1995；Færseth 和 Lien，2002；Osmundsen 和 Ebbing，2008），和深部构造上沉积盖层的相应披覆褶皱。西部 Møre 盆地的阶梯式断块旋转和东部 Møre 盆地的披挂褶皱是一系列裂谷阶段的响应，可以认为是穿越整个挪威中部深水地区的。

Møre 边缘形成于晚侏罗世裂谷盆地东部（Grunnaleite 和 Gabrielsen，1995；Jongepier 等，1996；Osmundsen 和 Ebbing，2008），是 Møre 盆地大部分晚白垩世和早古近纪南东斜坡边缘的活动部分（Brekke，2000；Færseth 和 Lien，2002；Martinsen 等，2005）。在晚白垩世—早古近纪裂谷构造幕，Møre 边缘和东部 Møre 盆地以阶梯式在连续的裂谷阶段向盆地方向进行旋转（向西倾斜）。Møre 边缘的阶梯式倾斜归因于 Møre 盆地沉降速率时间上的变化，以及挪威内陆的隆升速率。这是 Møre 盆地西部出现的持续性裂谷阶段的响应。盆地的沉降速率从晚坎潘期开始增加，挪威—格陵兰海裂谷系统逐渐从慢速到快速，裂谷向裂解演化。挪威内陆的隆升可能起始于土伦期或康尼亚克期（Martinsen 等，1999），从马斯特里赫特期开始加强，是对转化为快速伸展裂谷期的响应，这时构造强度和构造演化程度增加。

下伏侏罗系次级盆地和高点上的复活或挤压被认为是晚白垩世沿 Møre 边缘逐步改变了

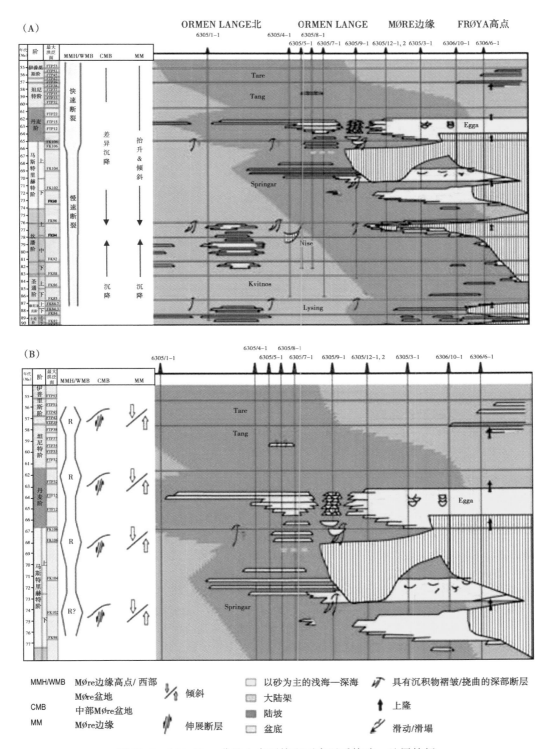

图 21.2 （A）Møre 盆地上白垩统和下古近系构造—地层特征；
（B）Møre 边缘和 Møre 盆地东部马斯特里赫特阶—古新统构造—地层特征

斜坡剖面。在土伦期和康尼亚克期，Møre 边缘形成南东方向平缓的斜坡和广阔的斜坡边缘（沿着 Møre 盆地分布）。圣通期—坎潘期，边缘陡度增加，具有更加明显的大陆架—陆坡剖面。盆地方向倾斜速率和构造作用增加，在马斯特里赫特期—伊普里斯期产生了另一个变化，即步进到轻微池塘状斜坡剖面。正如下面争议的一样，步进或阶梯状的斜坡地貌有利于形成明显池塘状的斜坡剖面（图 21.3）。而且，低坡度环境最有可能形成 Ormen Lange 浊积体系（Smith 和 Møller，2003），与 Gjelberg 等（2001，2005），Martinsen 等（2005）和 Sømme 等（2009）相反，他们认为有利于形成内部盆底背景。

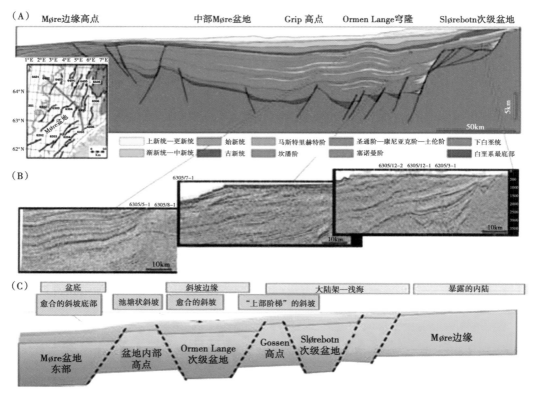

图 21.3 （A）概念化地质剖面；（B）过 Ormen Lange 地区的地震测线。地质剖面从东南面 Møre 边缘（Slørebotn 次级盆地）进入西北的 Møre 盆地西部。图中仅仅显示白垩系、古近系和新近系。注意马斯特里赫特阶上段和丹麦阶 Ormen Lange 储层的厚度、地震特征和相变化，注意剖面从东部上部斜坡小盆地到西部下部斜坡 Ormen Lange 次级盆地。构造单元的位置在（A）中显示，参见图 21.2（B）。（C）推测在马斯特里赫特期和丹麦期的盆地边缘地貌特征

## 21.1.2 马斯特里赫特阶和古新统

Møre 盆底上白垩统—下古近系盆底充填全部是泥质的，例外的是一些含砂的夹层，如土伦阶—康尼亚克阶 Lange 组和 Lysing 组（Fugelli 和 Olsen，2005；Martinsen 等，2005），以及 Springar 组上马斯特里赫特阶—丹麦阶砂岩和 Egga 砂岩单元（Gjelberg 等，2001，2005；Smith 和 Møller，2003；Sømme 等，2009）（图 21.2）。这里应用的地层术语来自 Dalland 等（1988）提出的挪威中部岩石地层学正式术语，与 Smith 和 Møller（2003）一致，但与 Gjelberg 等（2001，2005）形成对照，他们更喜欢北海北部的岩石地层学术语体系。

Møre 边缘马斯特里赫特阶—古新统序列已经在生物地层上有所研究，在 Møre 盆地东部综合了所有井，取得了一致的生物带［图21.2（B）］。工作的重要成果是重新确定了 Ormen Lange 地区东南部 Slørebotn 次级盆地和 Gossen 高点砂质序列下部的地质年代。这一序列现在被认为是马斯特里赫特阶［与 Gjelberg 等（2001，2005）确定的丹麦阶不一致］，正式被包括在 Springar 组，类似于 Ormen Lange 地区的马斯特里赫特阶上段砂岩。重新定年对该区构造地层演化以及储层的对比和开发十分重要（图21.4）。

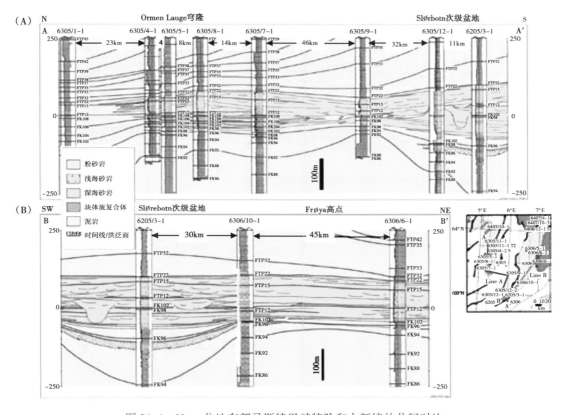

图 21.4  Møre 盆地东部马斯特里赫特阶和古新统的井间对比

（A）倾向剖面从上部斜坡的 Slørebotn 次级盆地到 Ormen Lange 次级盆地形成下斜坡阶地。（B）过上部斜坡 Slørebotn 次级盆地的走向剖面。对比的平滑面在古新统底。洪泛面的地层位置如图21.2 所示（FKs 和 FTPs）

上马斯特里赫特阶—丹麦阶已经被划分为两套浊积岩单元或体系（Mutti 和 Normark，1987）：（1）上马斯特里赫特阶 Springar 砂岩，包括最下部的丹麦阶 Tang 组砂岩（Våle 非均质岩层）；（2）丹麦阶 Egga 砂岩单元（图21.4）。这两套浊积体系代表了每套大约 3~4Ma 的时间跨度［图21.2（B）］。两套浊积体系被深海泥岩披覆，可以穿过 Møre 盆地东部进行对比，直达 Møre 边缘，代表了延伸的砂岩缺失段和盆地级的沉积饥饿。基于盆地重建、地震地层学以及生物地层学和遗迹相研究，这两套浊积体系被解释为下部斜坡砂质扇体系（Piper 和 Normark，2001）。其共同形成了所有向盆地的步进模式，归因于相连的盆地边缘构造和斜坡变陡。

### 21.1.3 上马斯特里赫特阶和丹麦阶砂质扇体储层结构

Ormen Lange 油田本身取得了大量资料,包括油田范围的三维地震资料、25 口勘探开发井和 390m 岩心。还补充了相对密的二维地震网,可以与 Ormen Lange 地区(Møre 盆地东部)其他三维覆盖区及井直接对比(有些井已取心)。

#### 21.1.3.1 岩相

Ormen Lange 油田的岩心资料(图 21.5,图 21.6)已经允许识别出一系列沉积过程相关的含泥(表 21.1)和含砂(表 21.2)沉积单元的岩相。岩相在岩心上的识别通过分组形成几个类型或单元,基于测井特征(尤其是图像测井)可以对无岩心的储层单元段进行分类和区别。这种方法对生产井的解释上极为有效,特别是无岩心段。图像测井也在识别合并段和侵蚀界面方面有效。此外,还可以帮助厘定冲刷的总体方向或水道化界面,从而让整个水道化或冲刷结构单元总方向更加明确。

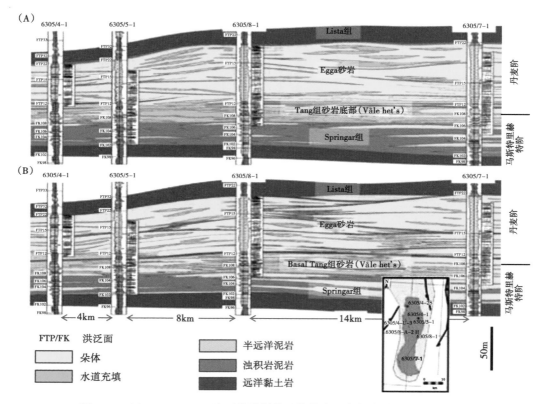

图 21.5　过 Ormen Lange 油田的马斯特里赫特阶和古新统井间地层对比图
(A)侧向迁移朵体的叠层和层组对比方案,(B)图示侧向变化的朵体叠层和层组对比方案。对比图在丹麦阶底部层拉平。洪泛面(FKs 和 FTPs)的地层位置如图 21.2 所示

Ormen Lange 岩心段砂质相总体上是块状特征(表 21.2;Gjelberg 等,2001,2005;Smith 和 Møller,2003),代表了 Bouma(1962)的 $T_a$ 段或 Lowe(1982)的一个或多个 S 段。可是,不清楚的矿物序列确定的分层也含糊不清,不同颗粒大小组合的交替层段出现在这些不同的块状沉积相中,图像测井上也有显示。于是,大多数砂质相代表了水平层牵引和移动波痕及巨波痕的交替。这支持了沉积物来自持续水流(Baas 等,2004;Kneller 和 Branney,

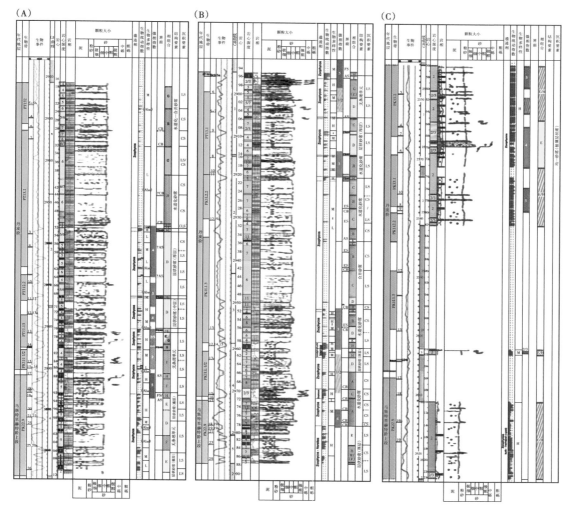

图 21.6 Ormen Lange 次级盆地南部（井 6305/7-1；A）、中部地区（井 6305/8-1；B）和北部（井 6305/1-1；C）Springar 和 Egga 砂岩及其相当地层的岩心描述

岩相编码参考表 21.1 和表 21.2，相组合编码见表 21.3，所列生物事件是 Ormen Lange 特定的油田范围事件，用于 Ormen Lange 油田地层对比和储层分带。生物多样性是相对的，以低（L）、中（M）和高（H）表示，分别反映 5、5~10 和大于 10 遗迹/种类。（Abs）表示没有遗迹的层段。微相范围从高强度的微相类型 1（代表流体或湍流为主的环境），到微相类型 5（完全轻松安静的底部条件），微相类型 2—4 代表过渡类型，具有海底附近湍流逐渐减少到流体体系的过渡。识别出的界面是洪泛面（FS）、废弃面（AS）、侵蚀/合并界面（es）和水道/水道复合体底面（CB）。推测的沉积单元是水道叠置层（CS）和朵体叠置层（LS）

1995），对所有粗粒砂质岩相组而言不是一块儿倾倒（表 21.2）。明显的侵蚀底部证明了流体的侵蚀作用，与图像测井识别出丰富的潜在合并界面一起支持了这个认识，即较厚的含砂单元由合并层叠合而成。过路标志也由小颗粒滞留岩相提供了依据，存在于水道底部（冲刷）的底部滞留以及冲刷和波痕存在的层顶部（Kneller 和 McCaffrey，2003）。次要的砂质相包括不同泥碎屑的砾岩（表 21.2）。

细粒岩相组合由不同的、通常不完整的 Bouma $T_{abcde}$ 浊积岩层段 [Bouma（1962）中划分的一个或几个段]。这些层段代表了变弱或减少的流体条件，被解释为建造外围—外部的浊

积岩层、层单元和朵体叠层。极少有泥质砂岩或混合流成因的碎屑流沉积形成局部的层或层组覆盖（Baas 等，2009；Haughton 等，2009）。

**表 21.1　泥质岩相及其特征与推测的沉积过程**

| | 页岩类型 | 岩性 | BI 特征及多样性 | 微相指数 | 岩心特征 | 沉积结构 |
|---|---|---|---|---|---|---|
| 1 | 远洋 | 暗色—暗灰色，极少暗色，绿灰色黏土岩 | 高 BI 值 中—低多样性 | 高 | | 伸展的毯状 |
| 1 | 半远洋 | 灰色、绿灰色黏土岩和泥岩 | 中—高 BI 值 中—高多样性 | 中—高 |  | 中等伸展的毯状 |
| 2 | 等深流 | 绿色—灰色泥岩和粉砂岩，有时发育波痕交错层理 | 中—低 BI 值 中—高多样性 | 中—低 | 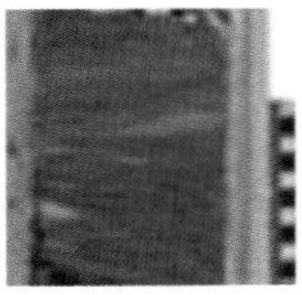 | 叶形毯状—补丁状（侵蚀残余） |
| 2 | 浊流 | 灰色、暗灰色泥岩和粉砂岩，层状 | 低 BI 值 低多样性 | 低 |  | 叶形毯状 |

注：泥岩使用常见的名称，易于查阅文献和增加可读性。彩色盒的数量参考图 21.6 的岩相编码。单个岩心板的宽度是 10cm。

**表 21.2　砂质岩相及其特征和推测的沉积过程**

| | 相类型 | 特征 | 测井模式 | 沉积过程 | 沉积几何特征 |
|---|---|---|---|---|---|
| 3 | 细粒正粒序砂岩 | 突变的底，正粒序，层状—波状交错层理，细到极细薄层砂岩和粉砂岩。渐变的顶常见生物扰动。几个厘米—分米厚的纹层和层 | 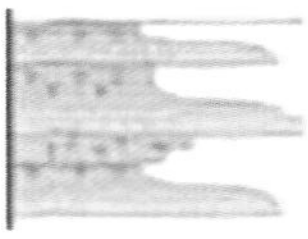 | 悬浮和湍流的散落物，随后是上部—下部水流机制，单一方向的牵引流 | 板状层，逐渐变细的下部流体 |
| 4 | 正粒序块状—层状砂岩 | 突变侵蚀的底，正粒序，层—波状交错层理，中—细，薄层—中层砂岩。突变或薄层渐变的顶。十几个厘米—分米厚的层 | | 悬浮和侵蚀湍流的散落物，随后是牵引流和减弱的流体 | 板状层，变薄的下部流体 |
| 5 | 块状—脱水砂岩 | 突变局部侵蚀的底，中—厚层，块状，有时脱水，中—粗，颗粒砂岩。局部有底部剪切带和内部小尺度断层。碟状构造和砂具管/柱常见于一些层段。几个分米—米的厚层合并单元 | | 高密度沉积物重力流的快速散落物，随后是沉积后脱水、液化和再复活 | 板状层—伸长的舌状体，朵体层的中部—外围部分 |

续表

| | 相类型 | 特征 | 测井模式 | 沉积过程 | 沉积几何特征 |
|---|---|---|---|---|---|
| 6 | 无粒序层状砂岩 | 突变侵蚀的底，中—厚层，反粒序、无粒序和正粒序。模糊层状，中—细粒砂岩与块状层段交替。发育平行—波状层理和低角度削截。层是合并的或具有突变的顶。几米厚的合并层段 | | 持续高密度沉积物重力流的散落物，作为加积的牵引毯（空地层）和剪切层 | 朵体的内部—中部，冲刷充填 |
| 7 | 交错层理犁状充填砂岩 | 侵蚀的底，交替的交错层理和块状层理。粗—细粒，有时为含砾砂岩。交错层理通常由原始矿物的排列表现出来。底部和内部冲刷物是悬挂的黏土岩 | | 重复冲刷和犁耕，随后是持续高密度沉积物重力流的散落物，具有或没有牵引运动作为上部流动机制形成迁移的巨大波痕 | 水道—朵体过渡区和中部朵体的冲刷充填 |
| 8 | 交错层理砂岩 | 突变侵蚀的底，反粒序—正粒序，中—厚层，模糊—清晰的水平和槽状交错层理，粗—细粒，有时是含砾砂岩。层/层组/层组集合并在一起或具有突变的顶。几个分米厚的层和层组，层系组可达几米厚 | | 持续高密度沉积物重力流的散落物，随后是牵引运动作为上部流动机制形成迁移的巨大波痕 | 外部分支水道，水道—朵体过渡带，巨波痕到内部及中部朵体冲刷充填 |
| 9 | 波状交错层理砂岩 | 薄层、侵蚀的底，正粒序—无粒序，有时发育粗粒—细粒砂岩，下伏砂岩附近形成薄层盖层 | | 波状层的牵引运动，作为路过滞留 | 层的顶盖在朵体的内部或中部；路过的标志 |
| 10 | 杂乱颗粒砂岩 | 突变侵蚀的底，突变的顶，薄层—中层，块状，杂乱颗粒砂岩。有时发育波状交错层理 | | 来自高密度沉积物重力流的快速倾倒，作为路过滞留 | 水道和冲刷的底部滞留出现在内扇分支水道和水道—朵体的过渡带；路过的标志 |
| 11 | 杂乱泥质碎片砂岩 | 突变侵蚀的底，薄层—中层，块状，杂乱富杂基砂岩，具有丰富的漂浮状泥颗粒和泥碎片。层/层组是突变或合并的 | | 来自高侵蚀高密度沉积物重力流的快速倾倒 | 水道口，水道—朵体的过渡带和朵体内部不规则单元 |
| 12 | 泥质碎屑砾岩—底层成群出现 | 碎屑支撑—杂基支撑的砾岩，厘米级有棱角泥质撕裂屑漂浮在砂岩中。杂基由分选差无粒序粗—中粒砂岩组成，常常具有丰富的泥碎片 | | 来自高侵蚀高密度沉积物重力流的快速倾倒 | 水道底部滞留和水道边缘的崩塌角砾 |

续表

| | 相类型 | 特征 | 测井模式 | 沉积过程 | 沉积几何特征 |
|---|---|---|---|---|---|
| 13 | 泥质碎屑砾岩—成群出现的漂浮碎屑 | 杂基支撑和碎屑支撑砾岩，厘米级次棱角状—磨圆泥质撕裂屑漂浮在层的上部或作为层的顶盖。杂基由分选中等、无粒序粗—中粒富含泥杂基砂岩组成 | | 来自高密度沉积物重力流的快速倾倒，由于分散的压力和高颗粒密度，碎屑保持在高处 | 局部层的顶盖和层内气穴 |
| 14 | 富泥的粉砂质砂岩 | 通常为无结构的含砾砂岩，具有丰富的泥岩杂基。砾石主要是破碎的、棱角状—次圆状的黏土岩和泥岩。纤细的层理显示局部存在沉积后脱水和滑塌 | | 碎屑流沉积物的摩擦冻结，或泥质流体的瓦解形成"泥浆流"，某些情况下伴随有早期的沉积后重力变形作为"流体滑动" | 伸长的舌状体和朵体层的边缘 |

注：左边栏目彩色盒数量参考图 21.6 岩相编码。

含泥单元的表征基于其包含的岩石学和结构特征，包括存在的（或不存在）沉积构造、生物扰动的类型和强度以及所含微体化石类型和丰度（如微相）。四种不同类型泥岩被识别出来，分别是远洋、半远洋、等深流和浊积泥岩。这些不同类型的识别证明了结构单元基本可信，并提供了 Ormen Lange 扇体系的沉积背景研究。不同泥岩成因和沉积过程的区分和识别仅仅通过岩相、生物相（遗迹相）和微相方法取得。

### 21.1.3.2 相组合

岩相分组成为一系列相组合（表 21.3），代表过渡的亚环境或相域连续体穿越整个砂质浊积扇（图 21.7；Piper 和 Normark，2001）。这些相组合包括水道带砂岩、水道—朵体过渡带砂岩、中心朵体砂岩、外围朵体地层和朵体指状异源岩性组合。两种附加的相组合已经被识别出来，分别是异常厚层变形岩相和（或）杂乱无章岩相。这些岩相出现在一定地层段并可能代表整个扇体演化的重复变化。

**表 21.3　相组合及其特征、沉积结构、几何形态和推测的沉积亚环境**

| | 相类型 | 特征 | 测井模式 | 沉积结构 | 沉积亚环境 |
|---|---|---|---|---|---|
| A | 水道充填或水道带 | 侵蚀的底，合并的几米厚层组。向上变细或极少的向上变粗再变细模式。相组成是层状和交错层理砂岩、波状交错层理砂岩、颗粒砂岩和泥碎屑砾岩。夹层的泥岩包裹体，有时含有滑塌层 | | | 内部扇体分支水道和水道带 |
| B | 水道到朵体过渡带/辫状扇体组合 | 层状—合并或冲刷的层组，几米到接近9m。简单的向上变薄和向上变细模式，或更加复杂的向上变厚和向上变粗—向上变细变薄模式。相组成是层状和交错层理砂岩，以及极少的泥碎屑砾岩夹有半远洋和（或）等深流泥岩。夹层的泥岩分布范围从相对广泛地区到少量地区 | | | 内部扇体—中部扇体分支水道和水道带以及中部扇体水道充填，多个侧向水道叠置层。水道—朵体过渡区 |

续表

| | 相类型 | 特征 | 测井模式 | 沉积结构 | 沉积亚环境 |
|---|---|---|---|---|---|
| C | 中部朵体组合 | 层状—合并的层组，几米厚。接近对称—不对称的向上变粗变厚—向上变细变薄模式以及不规则层组模式。相组成是中—厚层层状和交错层理，以及一些典型的浊积岩 Tabc 段和块状砂岩相。层状和块状砂岩常常合并，半远洋泥岩分隔底部的 Tabc 层和层状砂岩 | | | 中部扇体和外部扇体背景的水道化/冲刷到非水道化朵体。代表单个朵体的中部（朵体叠置层） |
| D | 外围—边缘的朵体组合 | 层状，常常为向上变粗变厚—向上变细变薄模式，可达 5m 厚或更大。相组合包括薄层—厚层 $T_{abcd}$ 和 $T_{bcd}$ 浊积岩层以及中—厚层的层状砂岩。极少和薄的富杂基碎屑流或泥浆流沉积，不频繁出现。砂岩被薄层侵蚀的浊积岩和（或）半远洋泥岩分隔，或被少量的合并界面分隔 | | | 中扇和外扇背景中单个朵体的外围部分（朵体叠置层） |
| E | 朵体边缘组合 | 层状，常常为向上变粗变厚—向上变细变薄模式，可达几米厚。相组合包括薄层—中层 $T_{bcd}$ 和 $T_{cd}$ 浊积岩层，砂岩被薄层—厚层的浊积岩和（或）半远洋泥岩分隔 | | | 外扇和中扇背景中单个朵体的最边缘部分（朵体叠置层） |
| F | 巨厚层组合 | 不同厚度层状包裹体，厚—极厚的块状和层状砂岩，变形、滑塌的砂岩和一些少量浊积岩。砂岩相与浊积的半远洋以及远洋泥岩和黏土岩交互，有时有砂岩注入体或砂岩岩脉切过泥岩层 | | | 内扇—中扇背景中碎屑流舌状体和其他块体搬运沉积 |
| G | 滑塌层组合 | 几米厚度的包裹体，有变形的、滑塌的和冲断的 Bouma 型浊积岩，与粗—含砾石块状砂岩交互 | | | 滑塌褶皱的水道口朵体或交替的漫溢或水道间决口扇 |
| H | 斜坡—盆地泥岩组合 | 层间的半远洋和浊积泥岩，在厘米—分米尺度间交互。毫米—厘米厚度粉砂—砂岩（极细），远端的浊积岩层段频繁出现在浊积泥岩中。其他层段主要是远洋黏土岩和半远洋泥岩交互出现 | | | 斜坡—内部盆底的泥岩和黏土岩席 |

注：左侧颜色盒字母参见图 21.6 相组合编码。单个岩心板长度是 1m。

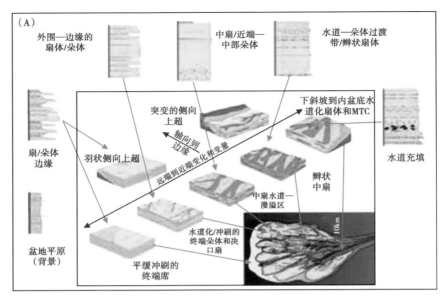
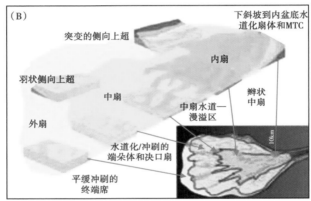
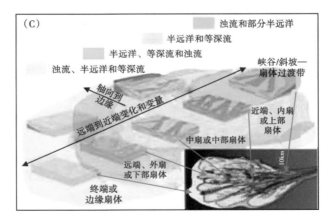

图 21.7 （A）砂质扇体亚环境沿扇体向下的理想分区和相组合，具有不同亚环境/相组合的理想相模式。（B）基于 Ormen Lange 岩心和类比资料推测的扇体亚环境。（C）基于 Ormen Lange 岩心资料推测的砂质斜坡扇泥岩分区

水道带组合由侵蚀的底、常常合并的层组和交错层理砂岩［表21.3；图21.8（A），图21.9］、波状交错层理砂岩滞留、颗粒砂岩和泥碎屑砾岩，以及互层的浊积岩和少量半远洋泥岩组成（表21.1，表21.2）。局部也存在变形和滑塌的地层。层组通常形成向上变细的或少部分变粗—变细模式。基于相的构成、粗粒和异源岩性的混合以及垂向相序，这被解释为代表海底水道充填（Clark和Pickering，1996）。这种水道充填模式常常出现在不同背景的砂质海底扇体系（Gardner和Borer，2000；Gardner等，2003；Grecula等，2003a；Milli等，2007；O'Byrne等，2007；Sweet等，2007），单个模式代表单层水道充填。底部边界界面可能向上凹、有侵蚀，正如井孔倾角仪资料推测的一样。这些复合模式合并的特征提示，其代表了水道复合体（或叠置体；Eschard等，2003；Grecula等，2003a；Euzen等，2007），位于斜坡支流体系的出口（Johnson等，2001；Decker等，2004；Gervais等，2004，2006；Hodgson等，2007；Deptuck等，2008）。水道的弯曲度是低的（从地震资料推测，小于1.2；图21.10，图21.11）。

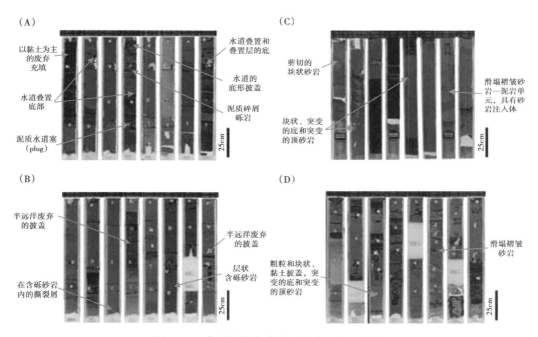

图21.8 典型较粗和变形相组合的岩心照片

(A) 水道带相组合，具有多层叠置的水道充填单元，底部的丹麦阶或底部的Tang组砂岩（Våle非均质岩性段），井6305/8-1。(B) 层状的辫状扇体或水道—朵体过渡带组合，包括粗粒—含砾砂岩、底部的丹麦阶Egga砂岩单元，井6305/8-1。(C) 巨层组合，具有突变的底和突变的顶，厚—极厚层块状中粒砂岩，部分含剪切的底部和夹层的滑塌变形砂岩—泥岩连接，具有砂岩注入体，最上部为Springar组砂岩，井6305/7-1。(D) 变形的中部—外围朵体/决口扇相，与泥披盖的突变底部和突变底部厚层粗粒砂岩交互，后者代表水道—朵体过渡带相，丹麦阶上部Egga砂岩单元，井6305/8-1。单个岩心板的长度是1m，其宽度是10cm

水道—朵体的过渡/辫状扇体组合包括合并的和冲刷的层状和交错层理砂岩层组［表21.3；图21.8（B），图21.9］，以及少量泥碎屑砾岩。层组夹在半远洋和（或）等深流泥岩中，从几米厚到大于9m厚，形成简单的向上变薄和变细模式，或更复杂的向上变厚、向上变粗—向上变薄和向上变细模式。层间的黏土岩相对而言不常见。侵蚀的界面再次向上凹,尽管倾角资料提示相比本来水道叠置的充填边界界面更为平缓。相的构成结合丰富的冲刷底部边界,指向重复的浅水道化或冲刷流体沉积,相对自由地迁移跃过沉积物(扇体)界面。水道被充填,并随下部流体的迁移底床形态或坝体发生侧向变化[图21.8(B),图21.10;表21.3]。这种特征常常出现在辫状水道化朵体或水道—朵体的过渡区(Gardner等,1996;Johnson等,2001;Lien等,2003;Decker等,2004;Gervais等,2006;Milli等,2007;Sweet等,2007;Deptuck等,2008;Jegou等,2008),这种组合有利于整个沉积背景。砂岩地层代表了水道(底部滞留和坝体)以及水道间(漫溢楔和决口扇)沉积。层组模式可能反映了不同的水道充填和决口或侧向迁移场景(Grecula等,2003a;O'Byrne等,2007)。

中部朵体组合包含层状—合并的中层—厚层、层状和交错层理浊积砂岩,以及一些Bouma类型$T_a$(厚块状砂岩)和$T_{ab}$浊积岩。层状和块状砂岩常常合并,而薄的半远洋泥岩分隔$T_a$($T_{ab}$)层和层状砂岩。相的排列是向上变粗和向上变厚—向上变细变薄以及更加不规则的垂向叠加模式,典型的是几米到近10m厚(表21.3,图21.9)。这一组合代表沉积物从交替的水道化或冲刷到变弱流体的混合(Kneller和Branney,1995;Kneller和McCaffrey,2003)。砂岩相对粗和层合并程度高是中部朵体沉积物的典型特征(Johnson等,2001;Decker等,2004;Gervais等,2006;Deptuck等,2008;Jegou等,2008;Prélat等,2009;Mulder等,2010;Marini等,2011)。通过倾角仪资料显示的地层界面垂向变化,可以确定为丘状几何形态。

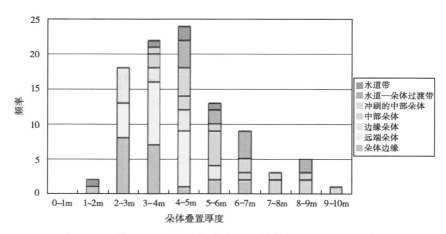

图21.9 从Ormen Lange探井岩心资料获得的朵体叠置厚度

外围—边缘的朵体组合包含层状地层,可达6m厚(表21.3,图21.9),为薄层—厚层Bouma类型$T_{abcd}$和$T_{bcd}$层,以及中层—厚层的层状砂岩。局部出现少量薄层富杂基碎屑流或泥浆流(slurry-flow)沉积。砂岩被薄层侵蚀削截的浊积和(或)半远洋泥岩分隔,或被少量合并界面分隔。相对细粒和层状特征,结合相的组成,被认为是比中部朵体组合更远的环境(Mutti,1992;Gardner等,2003;Milli等,2007;Marini等,2011)。这一组合的特征是典型的浊积岩朵体中部—外部或边缘—远端部分的沉积物(Johnson等,2001;Decker等,2004;Gervais等,2006;Deptuck等,2008;Jegou等,2008;Prélat等,2009;Mulder等,2010;Marini等,2011),且得到了进一步的证据支持。倾角仪资料也全部支持边缘朵体环境,具有上部边界面,单一层组模式是向上凹的几何形态。

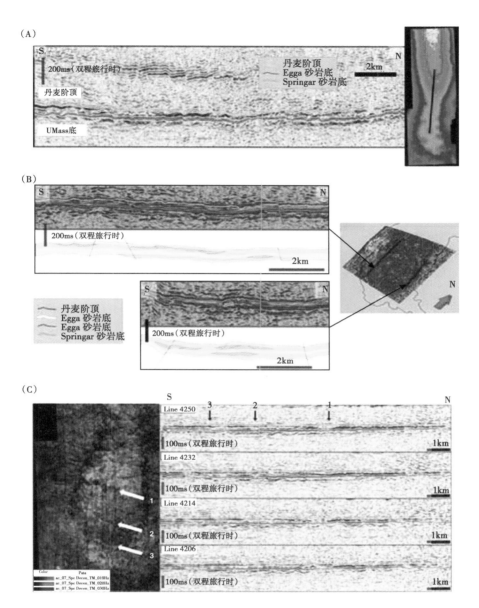

图 21.10 （A）过 Ormen Lange 油田的地震测线。注意 Ormen Lange 次级盆地加厚的储层单元，位于南部和北部（丹麦阶顶、Egga 砂岩顶、Egga 砂岩底和 Spriugar 砂岩底之间）。也要注意地震相在两个沉积厚度点或沉积中心之间的变化，从南部地震相层状、底部超覆的高反射地震相变化为 Ormen Lange 沉积中心北部更加透明的地震相。（B）Ormen Lange 次级盆地南部的内部结构，沉积中心的近端部分主要是局部加厚单元，具有内部叠瓦状，可能代表水道叠置层或叠置层组，而中部主要是宽广的丘状特征和低幅度叠瓦状，代表沉积朵体，部分有水道化特征。注意单个地震体宽度大于 6km，厚度可达 50ms（双程旅行时）。地震厚度提示其代表了补偿叠加的水道和朵体叠置层或复合体。（C）显示了一系列窄的和较宽的水道特征（以箭头标示），下切进入 Egga 砂岩单元的中—上部。低弯曲度的水道和水道叠置层/复合体，位于 Ormen Lange 油田的南部沉积中心或南部，总体上呈现东南东—西北西方向。地震剖面在 Egga 砂岩顶反射层进行了层拉平。候选的水道出现在北部沉积中心，为南东—北西方向（没有在图中显示）

637

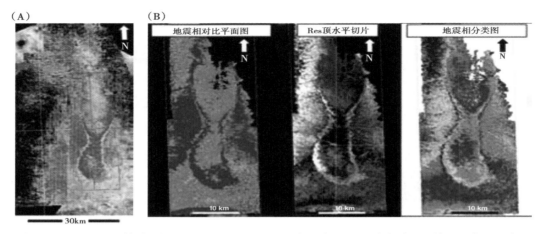

图 21.11 （A）地震振幅平面图，显示 Ormen Lange 次级盆地 Egga 砂岩单元的储层展布。注意油田南部和北部过沉积中心的带状特征，以及向西进入毗邻的下斜坡次级盆地。这些特征可能代表了低弯曲度水道充填和沟道。外部沟道的不规则—圆形边缘归因于远端的尖灭或单一朵体叠置层和复合体的泥岩缺失。平面图代表了部分透明的地震振幅窗口，包含丹麦阶储层产层的上部。透明率逐渐从正振幅（红色）的低透明变化到负振幅（黑色）的高透明。使用的是 Shell 专有的 Seismic Sculptor 软件，对侧向变化的沉积模式、几何形态可视化、增强尤其有用，例如 Ormen Lange 的丹麦阶浊积岩沟道（Egga 段）。（B）地震相对比平面图、顶部储层水平切片外观图和地震相分类图。地震相分类、对比和水平切片提示了 Ormen Lange 油田侧向厚度和相的变化，较厚的砂质相分别代表油田北部和南部两个沉积中心。注意流体界面的强烈痕迹会妨碍地震相和振幅在 Ormen Lange 油田区的直接对比

朵体边缘的组合包含孤立的薄层—中层不完整 Bouma 类型 $T_{abcd}$ 浊积岩层（缺失底或顶），夹在浊积的和半远洋的泥岩中（表 21.3）。渐变的过渡带从不出现浊积岩层（背景浊积泥岩组合），到良好层状、具有中层 $T_{abcd}$ 和 $T_{bcd}$ 组合，与背景泥岩相交替出现。这种组合的背景相包含近等量的浊积泥岩和半远洋泥岩，以及常见丰富的等深流泥岩。相的组成和夹层砂岩的变薄与高比例的背景泥岩相一致，是典型的浊积岩朵体最外部沉积物（Twichell 等，1995；Johnson 等，2001；Remacha 和 Fernandez，2003；Janocko，2008；Prélat 等，2009；Marini 等，2011）。这种组合因此被解释为边缘和远端的朵体外缘沉积。

巨层组合（megabed association）包含有成层的块状砂岩、变形（剪切）和滑塌的砂岩、一些层状砂岩和少量 Bouma 类型 $T_{abc}$ 浊积岩 [表 21.3；图 21.8（C）]。块状砂岩层的井间对比较少，意味着到达单一地层的侧向延伸有限。砂岩相与浊积的、半远洋的、远洋的泥岩与黏土岩交替，局部与砂岩注入体或切过泥岩纹层的砂岩岩脉交替。这种组合代表了罕见的以碎屑流成因为主的事件性类型地层的侵入，进入到背景沉积环境（Lowe，1979，1982；Shanmugam，2000）。单一层侧向限定意味着一个更为舌状的几何形态。与变形地层和注入体共同出现说明盆底的不稳定性和沉积后的再活化。砂质注入体的存在反映沉积后脱水，说明砂质母层初始水含量高，又反映了快速全体倾倒或含砂流体的磨擦凝固（Lowe，1982）。

滑塌层组合包含有米级厚度变形的、滑塌的和冲断的 Bouma 类型（缺失底或顶）$T_{abcd}$ 浊积岩 [表 21.3，图 21.8（D）]。滑塌的 $T_a$ 和 $T_b$ 段具有典型的粗粒特征，意味着邻近水道化地区，类似于中部朵体—外围朵体组合中的推测。而且，这可以是水道口的成因

（Deptuck 等，2008），也可能是漫溢或水道间决口扇相（Gardner 等，2003）。

背景沉积物组合包含有深海泥岩和黏土岩（表21.1）。这些背景泥岩的特征和结构在地层上会有变化，从完全生物扰动（BI 5~6）的绿灰色泥岩到细条纹纹层状无生物扰动暗色黏土岩。不同的岩相、遗迹相和微相组合可以把细粒岩石细分为远洋的、半远洋和浊积的及等深流的泥岩和黏土岩（表21.1）。

绿灰色类型主要是等深流和半远洋泥岩，以及一些远洋泥岩和黏土岩沉积在富氧的下斜坡环境。等深流类型的识别基于岩性，类似于半远洋沉积物但比半远洋有轻微的粉砂（砂），微相类型反映出承受压力的海底环境。在等深流泥岩中观察到的微相类似于浊流沉积，但非常不同于半远洋和远洋相。隐隐约约的沉积构造提示了成因，高达10cm缓慢迁移的波痕（迁移情况从前积层的生物扰动可以推测），不同于看上去相似的浊积岩层（代表Bouma $T_{cd}$ 段）或混合流体成因的沉积物。

细条纹类型代表了远端浊积泥岩与层间粉砂岩和砂岩的混合，与远洋和半远洋泥岩与黏土岩交替。细条纹层的泥岩被解释为沉积在物理化学上加压的环境，与减少的氧气和增加的沉降速率有关。注意，背景泥岩特征的变化往往与砂质相组合或扇体类型的地层变化平行存在。较暗的细条纹类型包含更加无序的沉积物，或受块体流影响的扇体相组合或亚类型。其砂质扇体和背景相组合变化一致，异源机制、盆地类型变化或其构造都可能是其控制因素。

较厚层段（或层）块状暗色的远洋和次级半远洋黏土岩会形成含砂段的顶盖。这些远洋黏土岩代表了缺失砂的条件和在砂质扇体沉积停止时间段的堆积，或者由于砂被圈闭在上斜坡次级盆地或者砂被完全切断供应，无法到达盆地区。

#### 21.1.3.3 Springar 砂岩的储层结构和地层发育

大量的 Springar 砂岩段构成了层状单元外围和朵体外缘互层浊积砂岩相组合，以及少量中部朵体相组合，该组合具有混合浊积和半远洋成因的绿灰色泥岩。远洋泥岩通常只在一定的层段，位于单一层组的顶盖内部。Springar 砂岩段上部主要是少量组构良好的巨层砂岩，属于中部朵体和水道带相组合。

Ormen Lange 地区 Springar 砂岩段下部是厚度可达 10m 的组合，尽管典型厚度一般不超出 6m（图21.9）。这些单元常常形成由板状和相对延伸层组成的层组，具有向上变粗—变细和变厚—变薄的模式（图21.5，图21.6）。底部向上变粗和向上变厚的趋势常伴随更加远端—近端相组合的变化。形成对照的是，上部向上变细和向上变薄的趋势由相组合的反向变化来确定。这种模式下伏有较厚泥岩段，也作为盖层，泥岩常常是浊积—半远洋和远洋混合成因的。模式被解释为浊积层的叠加，联合形成了外围—外部一系列相对宽广和低幅度的浊积朵体，因此术语"朵体叠置层"（lobe storey）用于这些米级的层组。这些朵体叠置层可能发育在砂质扇体环境的远端或外部（下部扇体）地区〔图21.12（A）；Piper 和 Normark，2001〕。注意，较厚的朵体叠置层也包含更加近端的相组合，即包含朵体外缘和外围相域。Ormen Lange 地区 Springar 砂岩层状的发育形成了下斜坡等时段（equivalents）—上斜坡次级盆地的厚层砂质地层组合（packages），例如 Sløreboth 次级盆地（图21.4）。这些上斜坡序列没有岩心，但从测井曲线中可以看出与 Egga 砂岩类似。

Springar 砂岩的上部，包括 Våle 非均质岩性段（Gjelberg 等，2001，2005；Smith 和 Møller，2003），主要是不同程度发育的地层组合，在 Ormen Lange 次级盆地上具有标志性的沉积物结构变化。丰富的厚层砂岩可能是碎屑流成因，以明显无序但补偿性的方式叠加在次级盆地的南部。在 Ormen Lange 次级盆地的中部—北部，存在厚层水道叠置地层组合，常常

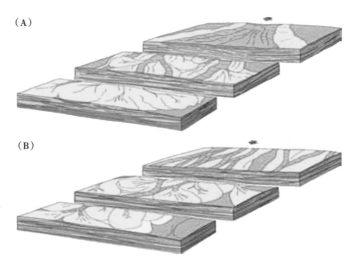

图 21.12　砂质扇体有序的储层结构概念模型（A）和较有序河口朵体（B）类型

伴随有夹层的滑塌单元，来自上斜坡环境［图 21.12（B）］。这些水道叠置体把下部扇体（或下斜坡）转化为相对粗粒的中部和外围朵体沉积，可能代表了孤立的水道口朵体。水道充填和朵体沉积形成总体向上变细、向上变薄和向上变粗—变细或变厚—变薄的模式，分别代表了单一叠置的水道充填和朵体叠置序列。这里有个假设条件，即单一叠置的水道充填是把下部扇体转化为单一朵体叠置模式，近端扇体的侵蚀—沉积事件与朵体形成和生长沿沉积斜坡联系起来。相反，无序叠加的巨层似乎由一系列重力再沉积事件形成。其包含的孢粉提示了马斯特里赫特阶上部砂体的来源是上部斜坡的再改造，可能通过未固结的浊流沉积物重力崩塌形成。Slørebotn 次级盆地马斯特里赫特阶上部有局部顶削截，存在深的、地震上可见的沟谷充填，下切进入背景的砂质砂体单元，然而相同的单元在中间的斜坡地区是侵蚀界面，具有下伏滞留沉积。

地层发育：Springar 砂岩的下部显示了扇体到达 Ormen Lange 地区的早期阶段和建造，可能从上斜坡小盆地（如 Slørebotn 次级盆地）经过充填—溢出［图 21.13（A）］。浊积层的厚度提示，只有较大的流体可以从上斜坡小盆地溢出。互层的和较薄的远端浊积层可能代表较小规模的事件层，这也提示流体的主体被上斜坡俘获。朵体叠置层的最终几何形态因此可能是宽广低幅度丘状—假席状特征（Remacha 和 Fernandez，2003）。沉积作用以一系列补偿性朵体建造事件出现在斜坡底部—内部盆底，被以半远洋为主的沉积层段分隔。后者与朵体决口或上斜坡俘获的活动性朵体沉积作用有关。总体沉降速率相对低，意味着延伸了时间段，以半远洋—远洋的朵体叠置层盖层为代表。良好有序形式的终端扇体沉积突然被 Ormen Lange 次级盆地更加无序的沉积物代替，是 Springar 上部和底部 Tang 组砂岩（Våle 非均质岩性段）的代表。

随后的沉积阶段（Springar 上部和底部 Tang 组）包括上斜坡块体损耗，伴随有下斜坡形成的碎屑崩塌楔，建造了滑塌或块体搬运单元和砂质碎屑流沉积，可参考块体搬运沉积或 MTDs。相伴随的有一个标志性向盆地方向水道相和朵体相域的迁移，在内扇或近源扇水道带叠加外扇朵体，没有或仅仅具有薄层中扇水道化朵体沉积［图 21.13（B）］。注意，水道带似乎侧向上从下斜坡块体搬运沉积物中被迫离开，供给了局部粗粒、更加延伸的水道口朵

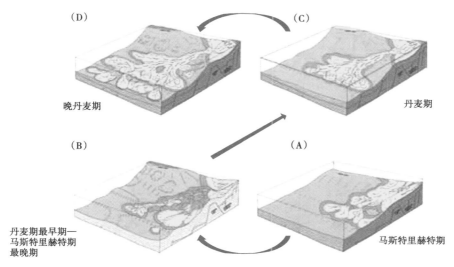

图 21.13　概念性沉积环境

(A) 马斯特里赫特阶上段 Springar 砂岩的概念性沉积环境；(B) 马斯特里赫特阶最上段—丹麦阶最下段 Springar 砂岩和 Tang 组底部砂岩（或 Våle 非均质岩性段）；(C) 丹麦阶 Egga 砂岩；(D) 丹麦阶最上部 Egga 砂岩。整个 Springar 砂岩和 Egga 砂岩形成了一系列有序的砂质扇朵体复合体，发育在几个斜坡小盆地和阶地上，从马斯特里赫特阶到丹麦阶具有明显的扇体系建造特征。两个扇体系最上部形成为盆地边缘构造和掀斜作用阶段，作为砂质斜坡沉积更加无序的类型

体或决口扇（Deptuck 等，2008）。

粗粒砂质供给的停止相对而言很突然，被延伸的远洋黏土岩沉积替代。这些黏土岩形成了延伸单元，从上覆 Egga 砂岩单元分隔出 Springar 和底部 Tang 组砂岩（Våle 非均质岩性段）。

#### 21.1.3.4　Egga 砂岩单元的储层结构和地层发育

在 Ormen Lange 次级盆地，Egga 砂岩单元主要由中部扇体—内扇相域组成。它形成一个整体向前步进的单元，具有薄层向后步进的最上部。这个单元可以被分成下部和上部，分别代表两个单独的朵体复合体，被相对厚的远洋泥岩单元分隔，分布范围穿越整个 Ormen Lange 次级盆地。

Egga 砂岩单元的下部形成高净毛比的砂岩组合，常常是一系列 3~7m（最厚达 10m）厚的层组（图 21.9），再次被解释为单一朵体叠置层（图 21.12）。层组或朵体叠置层通常被不同厚度混合的半远洋—远洋泥岩分隔。每个砂岩模式常常显示向上变粗—变细和向上变厚—变薄的趋势，序列上是相应的向上从远端近源相，到上覆远端或边缘朵体相域的典型变化。朵体叠置层模式通常如此排列形成整体向前步进趋势，提示一个整体前积或砂质扇体的海退建造（图 21.5）。这种简单的地层相域组构良好发育在 Ormen Lange 次级盆地南西和北西的井中（位于更加下部扇体位置）。可是，有标志性的局部分离，显示与总体向前步进叠加样式不同。在 Ormen Lange 次级盆地中东部的井具有底部整体向后步进趋势。其特征为垂向上从相对厚的底部朵体叠置层（常常由粗粒水道充填和水道—朵体过渡相类型组成），过渡为上覆中部或中扇朵体叠置层。这些叠置层表现为中部—外围朵体沉积物交替出现。次级水道—朵体过渡相类型相互联合。底部粗粒朵体叠置层较厚，其下伏无序的 Springar 上部砂岩是薄层的，反之亦然。位于次级盆地中部的其他生产井，具有更加不规则的垂向相趋势，可能

在不同的中扇相组合之间发生垂向变化。这被解释为中扇沉积亚环境随时间的前后迁移（水道—朵体过渡、中部朵体和外围朵体）［图21.13（C）］。主要砂体路径的离轴井（例如北部井6305/1-1；图21.4，图21.6）显示相对厚的泥岩剖面，主要发育在等深流泥岩相。

Egga砂岩单元的上部包含Ormen Lange次级盆地的另一个水道化组合，主要代表水道带、砂质水道间（有时发育滑塌变形）和水道—朵体过渡相组合［图21.13（D）］。沉积物饥饿条件代表了油田范围的远洋披盖，跨越了Egga砂岩单元的下部。从饥饿条件到水道化上部的变化是完全突变的，提示内扇环境的快速回转，标志着相域在此地向盆地迁移。地震和岩心资料表明该区水道相对较浅，具有砂质漫溢和水道间沉积（图21.6，图21.10）。水道化单元因此被解释为辫状内扇地区（Decker等，2004），水道可以相对自由迁移。可是，水道带的位置由水道充填相的垂向叠加和地震资料确定，其随时间相对保持固定，位置可能控制了来自固定斜坡或斜坡边缘沟道出口的下部流体（图21.11）。地震资料提示这些水道叠置层供给毗邻下部流体的次级盆地前缘朵体叠置层或朵体叠置层组（朵体复合体），可能来自水道下切，经过尼克点侵蚀进入前缘斜坡（Pirmez等，2000）。在Ormen Lange次级盆地内部，水道间地区主要是相对粗粒的沉积物，可能代表漫溢或决口水道和决口扇。离轴的或远端的亚环境（井6305/1-1；图21.6）主要是等深流成因的连续泥岩，具有局部夹层的薄层浊积岩。准同生软沉积物变形的形成可能是不稳定底面作为高局部沉积速率与盆底掀斜共同作用的响应。就局部而言，软沉积物变形总量对单元顶部有增加。扇体沉积的最终终止相对较快，使Ormen Lange次级盆地丧失粗粒硅质碎屑沉积物，直到盆地边缘斜坡Selandian早期重新进积，形成所谓的Lista扇体沉积（Gjelberg等，2005）。这种快速回到沉积饥饿盆地可能导致水道以黏土为主和泥质为主的充填，水道下切进入Egga砂岩单元的最上部（图21.10，图21.11）。

在上部斜坡，Egga砂岩单元主要是水道充填和潜在的水道间相组合，顶盖有水道口朵体，后者相当于Gardner等（2000，2003）的溢出盖。在远处的上部斜坡小盆地（例如Sløerbotn次级盆地），Egga砂岩单元主要是高净毛比的砂岩单元，在地震上识别出水道充填，有侵蚀和建造结构。对比一下，发现其较浅较宽，下切进入下伏Springar砂岩。这些环境中候选的朵体叠置层形成在Egga砂岩单元最上部。注意，Egga砂岩单元终止于Sløebotn次级盆地外缘部分的弓形断面，提示晚期重力崩塌单元的局部消失。

地层发育：Egga扇体代表了上斜坡小盆地或斜坡阶地砂质扇体的重新到达和充填，紧跟着过路和漫溢进入毗邻的下斜坡次级盆地，例如Ormen Lange次级盆地［图21.13（C）］。在丹麦期，Ormen Lange次级盆地位置处于斜坡下部。初始阶段扇体发育以一系列孤立的水道口、粗粒的朵体叠置层为特征，充填和没顶的沉积地形产生于Springar扇体发育的后期阶段。初始阶段或扇体到达阶段可能与下部延伸的斜坡沟道或水道路径的早期加积充填（也可能是后退充填）相联系。当继承性的沉积地貌变成平缓时，随后发育的扇体是一种进积（Gjelberg等，2005），平行的是连续后退充填和Egga扇体近源水道化部分斜坡的上超。结果可能出现Egga砂质扇体的扩展，具有粗粒内扇相域的上斜坡分区，发育相当广泛的以水道为主和以朵体为主的中部或中扇和一个海退建造的朵体外扇区。相应地，Ormen Lange次级盆地内部近源部分产生明显的向后步进叠加样式，而向前步进的叠加样式发育在次级盆地外部更加远端部分。中扇或中扇地区主要是交替的水道充填和朵体叠置层，这可能反映朵体的补偿叠加（图21.10），以及短期活动的间歇性海退建造和分支水道路径的后退。

Ormen Lange次级盆地砂质供给的间歇性终止导致Egga扇体休眠了一段时间，直到新的扇体进积阶段出现之前（以 Egga 砂岩单元上部为代表）。在这一阶段，以水道为主的地区快速向盆地迁移，伴随有主要砂质水道路径的向南变化。一个砂质宽广的辫状平原型水道带发育在 Ormen Lange 次级盆地南部。可是，次级盆地的北部主要是单个或狭窄的水道带，侧翼发育砂质水道间或水道漫溢区；后者以决口的次级水道和决口扇为主［图 21.12，图 21.13（D）］。南部和北部水道路径侧向上分开供源，毗邻的下斜坡次级盆地或阶地上的前缘朵体复合体分别位于西部和西北部。可是，两个水道路径可能都来自于一个普通的上斜坡供给体系或东南部的斜坡沟道。向盆地的相域迁移记录了 Egga 砂岩单元上部伴随有单元最上部沉积物不稳定性的增加，这与斜坡和盆底的掀斜有关。实际上，斜坡地区的向盆地掀斜产生了 Egga 砂岩沿上斜坡小盆地外缘的重力崩塌，导致相对粗粒的砂质物质随后在下斜坡再沉积。

来自侧向延伸的中扇地区出现在 Ormen Lange 次级盆地的大部分区域（以 Egga 砂岩单元的下部为代表），变化到内扇可能的辫状扇体环境，最终是孤立的内扇水道路径出现在 Egga 砂岩单元的上部。层段的下部代表砂质扇体环境，具有超级扇体朵体和朵体内水道，其侧向迁移或在扇体表面周期性发生决口（Decker 等，2004），溢出下斜坡进入下一个次级盆地。相反，上部代表两个（或多个）相对稳定的水道路径，固定在砂质堤岸内并提供较小和更加局部的前缘决口扇或朵体复合体，发育在毗邻的下斜坡次级盆地，可能通过尼克点水道下切进入前缘斜坡，分隔两个次级盆地。

#### 21.1.3.5　Springar 扇体和 Egga 扇体——相似性和差异性

上马斯特里赫特阶—丹麦阶扇体系，分别以 Springar 砂岩和 Egga 砂岩为代表，可以溢出到下部层状或有序的砂质扇体上（Piper 和 Normark，2001），具有补偿的朵体叠置层和水道叠置层的特征，上部较有序—水道化的部分以标志性的相域向盆迁移为特征（图 21.13）。在单一次级盆地或斜坡阶地，两个扇体系的下部代表不同的扇体环境，较老的 Springar 砂岩包含有更远端环境的相组合，Egga 砂岩单元较为年轻。因此，从 Egga 砂岩单元到下伏 Springar 砂岩沉积结构上的地层变化，可能可以观察到下扇或近端—中部—远端的结构单元变化。这种变化对于不同沉积单元而言是典型的，因此包含有砂质海底扇的亚环境。所有相组合或仅仅部分相组合会存在于单一小盆地或斜坡阶地中。

此外，两种扇体类型的地层演化经历了早期阶段渐变的进积和充填，随后第二阶段的相域标志性向盆迁移。下斜坡次级盆地砂沉积的终止对两个体系都相对快速。一个常见的两种扇体系演化如图 21.13 所示，这可能是重复的斜坡和盆地构造调节的响应。

### 21.1.4　扇类型：沉积单元的分布与分区

Ormen Lange 扇类型可以用砂质扇体的主要特征来表征（Piper 和 Normark，2001）。两种砂质扇体亚类型识别如下：一种以水道供给的朵体叠置层和复合体为主，另一种具有增加的块体搬运沉积部分（MTDs）。在 Springar 和 Egga 扇体序列具有足够的地层变化，提示每个扇体系从以砂质扇体为主的水道供给朵体复合体演化到扇体发育最终阶段受 MTDs 影响，即处于砂质供给终止之前。两个阶段的过渡是渐变的，之前是标志性的相域向盆迁移，这可以从扇体的宽度中识别。

#### 21.1.4.1　砂质扇体——分级有序的朵体复合体

Springar 下部和 Egga 扇分别代表了外部—中部以及中部—内部的具有超级扇朵体的水道化扇体［图 21.5、图 21.6、图 21.7 和图 21.12（A）］。基于相组合的叠加和分区以及推测的沉积单元，一个有序的下扇沉积单元排列可以被辨别出来，从一个下切的斜坡供给体系通过辫状水道化分流区，进入以朵体为主的地区。这是一个被宽广的、孤立的、丘状—席状的朵体特征或层（层组）中断的下扇（图 21.14）。Gjelberg 等（2001，2005）与 Smith 和 Møller（2003）在 Egga 扇体系研究中认为，对相似的总体沉积环境有争议，尽管没有识别出相域反映特定的结构单元或亚环境。现代峡谷供给的具有相似沉积单元的砂质扇包括 Borneo 海上 Makassar 海峡的 Makassar 扇体（Decker 等，2004），Tyrrhenian 海的 Golo 扇体（Gervais 等，2004，2006；Deptuck 等，2008），Caribbean 海 Orinoco 扇体（Belderson 等，1984；Ercilla 等，1998）和 Bering 海的 Pochnoi 扇体（Kenyon 和 Millington，1995）。总体上具有相似构造和结构单元的露头类比包括爱尔兰西部石炭系 Ross 组（Chapin 等，1994；Elliot,

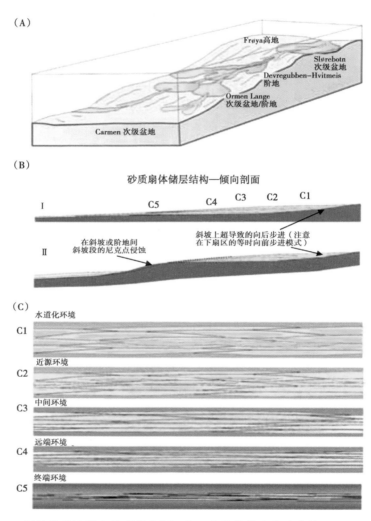

图 21.14 （A）斜坡砂质浊积扇类型的实例：Ⅰ：池塘状的小盆地充填——Slørebotn 浊积体系；Ⅱ：在同一水平面上的水道化浊积扇——倾向中间的 Hvitmeis-Dovregubben 阶地；Ⅲ：斜坡阶地浊积扇——Ormen Lange 斜坡阶地；Ⅳ：下部斜坡孤立的朵体复合体——Carmen 次级盆地浊积充填。（B）概念性总体浊积结构实例，沿倾向剖面过 Ormen Lange 斜坡阶地浊积体系：Ⅰ：没有远端出口尼克点的水道；Ⅱ：具有远端出口尼克点的水道。（C）概念性沉积结构，一系列沿走向剖面过 Ormen Lange 的砂质类型斜坡浊积体系，缺少出口水道。剖面位置如（B）-Ⅰ倾向剖面图所示

2000；Lien 等，2003），得克萨斯西部二叠系 Brushy 峡谷（Beaubouef 等，2000；Carr 和 Gardner，2000；Gardner 和 Borer，2000；Gardner 等，2003），南非西南部二叠系 Laingsburg 和 Tanqua-Karoo 体系（Wickens 和 Bouma，2000；Johnson 等，2001；Grecula 等，2003b；Sixsmith 等，2004；Hodgson 等，2006），巴基斯坦西部马斯特里赫特阶 Pab 体系（Eschard，2003，2004），以及意大利中部墨西拿阶 Laga 1 体系（Milli 等，2007；Marini 等，2011）。

沿 Møre 边缘，处于斜坡阶地和小盆地之间的低坡度斜坡环境上的上斜坡供给体系最有可能包含辫状分支体系，这主要是受在两个扇体系退却期间溢出顶盖沉积之前的过路和滞留沉积控制的。对于 Ormen Lange 扇体系，内扇可能主要是辫状水道化或冲刷的分支路径，产生多个侧向的水道叠置层，以及叠加的多侧向水道带，后者代表了水道叠置层和水道复合体，两者侧向边界都是砂质漫溢楔状体。中部扇或中扇区主要是一系列侧向迁移的和决口的水道供给朵体，具有供给朵体到下扇和外扇区的插入水道。外扇区主要是水道供给的终端决口扇，形成相对宽和低幅度的朵体或相对广阔的席。Ormen Lange 斜坡小盆地或阶地的宽度可能小于这些砂质扇体常常能达到的长度（Piper 和 Normark，2001）。因此，在单一斜坡阶地或小盆地，通常存在一些砂质扇体亚环境（或相组合）的优势，残余相组合或相域不发育或仅仅形成次级序列部分。下部斜坡区似乎连续受到沿斜坡的流体影响和改造（例如等深流），这可能防止或阻碍了悬浮物质的析出。

早期阶段继承性地貌的充填或填平被提出，可能被一系列水道供给的朵体叠置层或叠置层组充填，类似于但小于上覆中扇朵体复合体。这些早期阶段的发育逐渐演变为更加有序的阶段，具有上扇和下扇的迁移或相域的加宽。结果导致同时发生的后退充填或结合向前步进的上斜坡上超，或者沿单一阶地的海退建造或小盆地充填 [图 21.14（B）]。其被解释为产生了更加伸长的几何形态，以不同水道和朵体叠置层或复合体的楔形下部流体变薄和羽状终止形式为特征。

Ormen Lange 朵体充填和水道充填叠置层在 2~10m 厚度（图 21.9），在更远端的次级环境通常出现更薄的朵体叠置层。朵体叠置层厚度资料，结合类比资料（室内专有露头和数值模拟）可以推测宽度在 3~7km 之间，长度在 5~10km 之间，而露头资料提示宽度和长度大于 10km（Marini 等，2011）。朵体叠置层以叠瓦状到补偿方式叠加 [图 21.14（C）]，可能分别反映上斜坡迁移或活动的分支水道决口，以及下扇转化和辫状分流区的后退。朵体叠置层和水道叠置层被半远洋泥岩覆盖，可能反映粗粒沉积物到扇体区的临时关闭，或朵体沉积活动带的决口。

Ormen Lange 地区的朵体叠置层可以排列成 5~15m 厚的复合单元，下伏和上覆有较厚的混合半远洋与远洋泥岩。这些较厚沉积物包括两个或多个朵体叠置层或水道叠置层，被认为是朵体叠置层（水道叠置层组）或水道复合体（朵体复合体）所致 [图 21.14（C）]，代表较高级别的分层单元。封闭泥岩序列的远洋特征指示下部局部沉积速率的延伸历史，处于叠置层组或复合体地层的前后。其由此被解释为代表了较大规模的决口，或较长期的砂质供给休止。结果，岩心上背景泥岩的仔细相表征和描述成为关键，以便合理地建造这种砂质扇体储层的分级沉积结构。

### 21.1.4.2 受块体搬运影响的砂质朵体复合体

Springar 扇体的最上部，即底部 Tang 组砂岩或 Våle 非均质岩性段，和 Egga 扇体的最上部，都由一系列侧向分隔和明显局部垂向叠加的水道口朵体叠置层、朵体叠置层组，或更少见的候选朵体复合体（从地震上）组成，其与巨层、滑塌单元和滑塌块体交替出现（块体搬运沉积或 MTDs）。

水道口孤立朵体［图 21.12（B）］通常形成水道供给的侵蚀底层，单一朵体或朵体单元（单一或复合层），侧向延伸范围有限。这些比起典型的有序砂质扇体朵体，常常是较厚的含有更加粗粒的沉积物。除此之外，其含有相似的岩相和相域。两个朵体类型也显示岩相和相域的正常分区，以及层组或朵体叠置层总厚度的分布。两个体系同样显示朵体叠置层的补偿叠加。推断孤立水道口朵体的较小面积和较粗沉积物与小体积负载砂的流体沉积一致，可能具有短的从供给水道（或斜坡沟道）而来的流动距离，这导致狭窄而伸长的、可能是更为舌状的砂体（Baas 等，2004；和 Mulder 和 Alexander，2001；Al Ja'aidi 等，2004）。相组成提示沉积作用从初始载砂的高含砂浪涌型流体，后来变成更加支撑的流体（Deptuck 等，2008）。

滑塌块体包含有层状和生物扰动的上斜坡泥岩，其被滑塌褶皱和剪切。滑塌块体也显示其被冲断层和正断层影响，同时还处于未固结状态，最有可能在下斜坡搬运时期。其通常出现于水道充填叠置层的夹层，代表间歇的上斜坡重力物质坡移事件。

巨层包含厚的单一叠置层、块状或泄水砂岩。岩相特征显示摩擦凝固沉积并指向高浓度和可能非水道化流体沉积。地层几何形态可能呈现伸长狭窄的厚层舌状砂体，尽管非水道化成因一般会产生宽广朵体形态的几何特征。然而，含有巨层的地质体对比性差，侧向延伸的席状几何形态存在争议，由此有人反对是某些超大流体的沉积。

变形的单元包含剪切冲断的、正断层的、滑塌褶皱和混乱的层或单元，其中母体结构似乎是中层—薄层的层状相域。典型的变形出现在沉积物未固结时，最有可能是在沉积后的短暂时期和上覆未变形地层沉积之前。变形可能是由重力引发，尽管推测只有沉积后再活化的短距离，与上斜坡成因的层间滑塌块体形成对照。因此，变形单元属于准同生原地软沉积物变形，可能位于不稳定的斜坡。

MTD 影响的扇体内扇区主要是水道带和水道间地区，具有不稳定的漫溢单元（变形的决口扇和次级水道单元），以及来自滑动、滑塌和巨层流体的块体搬运沉积。这些路过下斜坡进入中扇区，主要是朵体和巨层流体的终端部分，最后进入外扇区，这里仅仅偶尔有大型流体可以到达，并沉积其沉积物载荷。不稳定的盆底条件存在于整个扇体剖面。背景环境主要是细条纹层状的泥岩，意味着变化为压力增加的环境，是减少的氧化作用和增加的沉积速率综合作用的结果。

### 21.1.4.3　沉积物供给和传送体系

尽管细粒—中粒砂占优势，砂质相仍包含有变化的不同粒度和结构（例如从细粒到砾石物质，从棱角状到次圆状，从差分选到好分选），包含丰富的碎屑海绿石和鲕绿泥石（Gjelberg 等，2001，2005；Smith 和 Møller，2003）。颗粒大小和层厚度的变化显示了沉积物供给到前缘盆地的机制，以及量级和频率上的变化。构造特征提示了第一次旋回和再改造沉积物的混合。有机物包括植物残余和煤（煤质黏土碎屑），在层间黏土岩中十分丰富，也在一些砂质相中以少量碎屑出现。在浊积泥岩和砂岩相中存在的植物碎片直接由近海或非海相陆地提供，具有有限的沿岸和大陆架仓储地（storage）。结合这些特征可以认为三角洲供给体系，最有可能来自泛滥的河流（Martinsen 等，2002，2005；Sømme 等，2009），具有前面三角洲、浅海和大陆架砂岩的部分再改造和再沉积。这也在底部泥岩特征和朵体叠置层及部分单一层砂岩特征中得到了支持。这些单元常常在下伏浊积泥岩中显示隐蔽—明显的向上变粗趋势，又有冲刷上覆砂岩底界面形成的侵蚀削截，通常其本身具有薄层的底部向上变粗带。这是流体强度和速度增加的沉积标志，被认为是代表直接来自洪泛河流的高密度流，当然这也还有争议（Mulder 等，2003；Bhattacharya 和 MacEachern，2009）。流体的持续性特征导致沉积了大多数砂质相，也显示来自河流的直接供源（Mulder 等，2003；Piper 和 Normark，2009）。

块体搬运沉积（MTDs）的特征，尤其是下斜坡搬运机制（流体类型）和包含的再改造标志，偏向于初始时期为上斜坡沉积物崩塌（Piper 和 Normark，2009）。上斜坡崩塌是砂质（巨层）和泥质（滑塌单元）块体搬运沉积物最有可能的成因，其被认为分别是海底扇在上斜坡阶地或小盆地上的崩塌，以及泥质斜坡底层本身的崩塌。水道口朵体和块体搬运沉积物同时出现也表明其同源，至少部分较老（和较粗）上斜坡朵体沉积物经历再改造，或受到斜坡沟道的冲刷。

### 21.1.5 Ormen Lange 地区晚马斯特里赫特期—丹麦期的演化

在晚马斯特里赫特期—丹麦期 Ormen Lange 地区重复了海退建造和两个扇体系的后退（图 21.12），分别是 Springar 扇体和 Egga 扇体。扇体的起始和演化是内陆地区隆升的前期响应（Martinsen 等，1999，2005；Sømme 等，2009），隆升可能在晚坎潘期或更早就已经开始了。扇体前积的两个阶段都经历了相域的晚期向盆地迁移，这要归因于早期阶段的平缓构造和盆地边缘斜坡区的掀斜作用。这些斜坡轻微的构造调节代表了两个更新阶段的开始，其把内陆地区隆升和盆地沉降连接起来，时间上分别是晚马斯特里赫特期和晚丹麦期。最终盆地边缘构造的演化总体向盆地掀斜，因此盆地的边缘斜坡更加陡峭。结果，阶地或锯齿状斜坡剖面形成了斜坡台阶和隐蔽小盆地，斜坡扇体沉积其中。

内陆和盆地边缘的构造作用也影响对扇体发育的一级控制。扇体的起始和进积是来自上斜坡三角洲供给体系的间歇性沉积物供给的响应，这会重复性地到达陆架边缘并提供沉积物载荷到前缘斜坡和较深水盆地。盆地边缘三角洲体系的重复性前进又与盆地边缘隆升和内陆地貌的创建或恢复有关。斜坡阶地和小盆地的起始充填夷平了早先存在的盆底地貌，促进了宽广的水道化辫状平原形成海退建造。扇体沉积的下斜坡迁移和进积在上斜坡小盆地中通过充填—溢出过程出现。斜坡构造和掀斜的重复阶段开始迫使扇体进一步向盆地发育，而且导致向更小更孤立局部化的水道朵体系统变化，伴随有块体耗散的增加和重力沿上斜坡再沉积。连续的斜坡构造实际上俘获了盆地边缘供源体系的砂质供给，其来自上斜坡或盆地边缘（大陆架）次级盆地，这使 Møre 边缘斜坡和深水盆地失去西部粗粒碎屑的供给。

### 21.1.6 沉积结构的控制因素

#### 21.1.6.1 大尺度扇体的演化

在最大尺度分辨率下，斜坡扇体沿 Møre 边缘重复发育，反映三角洲供源体系可以到达大陆架边缘，供给载荷到前缘斜坡和盆地区。这可能由于在马斯特里赫特期—丹麦期存在一个狭窄的大陆架（Osmundsen 和 Ebbing，2008；Sømme 等，2009）。盆地边缘三角洲的重复性前进和后退又受到重复的盆地边缘或裂谷肩（rift-shoulder）隆升和构造活化的控制，这与 Møre 盆地西部活动裂谷期有关（图 21.2）。扇体系沿 Møre 斜坡边缘的发育是足够的砂质供给充填和上斜坡小盆地和阶地溢出的产物，其允许砂质扇体进积到平缓倾斜和轻微构造的边缘。扇体形态变化由更新的构造再调节和 Møre 斜坡边缘的向盆地倾斜引起。随时间的推移，构造调节的速率增加，盆地边缘地貌的创建首先产生了上斜坡盆地砂质供给的俘获，然后三角洲供源体系完全后退到盆地边缘，导致盆地其他地区处于沉积物饥饿状态。

### 21.1.6.2 层、复合层和朵体叠置层

在地层分辨率范围的另一端，单一层和复合层（层单元）可能反映冲积扇和河流—三角洲内陆地区的单一洪泛主体，至少在扇体发育的进积阶段是这样。朵体叠置层的成因更是推测性的。可是，从中心朵体组合的并联特征，结合其下部朵体和穿越朵体叠置层羽状进入成层的砂岩地层，推测这些砂岩地层与高密度流以及层状浊积泥岩有关，可以推断：（1）伸长的但相当不规则的供给体系；（2）重复的但从高密度流来的频繁沉积物供给。单一的朵体叠置层因此被解释为代表简单的强度波动的主体洪泛事件，或一系列排水盆地的频繁洪泛。在这一方面，有趣的是注意在单一朵体叠置层内沉积物的推测尺寸（和体积）是同一级别，或略微大于三角洲河口坝，这与单一洪泛事件有关（Fielding 等，2005）。如果单一洪泛可以提供所有沉积物载荷到前缘深水区，就可以形成较大的结构单元，因为补充的沉积物会合并进入流体，这是由于：（1）流体进入以前的三角洲前缘沉积物发生侵蚀（Deptuck 等，2008）；（2）通过沟道冲刷出路径，到达下斜坡盆地接收区（Piper 和 Normark，2009）。

水道叠置层和朵体叠置层的厚度相似，结合水道叠置层的相特征，指向水道充填成因是在朵体建造和后来向后充填阶段形成的侵蚀、牵引沉积和滞留加积的组合，可能反映流体减弱的条件。后者可能被水道口位置沉积朵体地貌的后退停止效应加强。因此人们认为，从单一层到朵体叠置层的结构单元（图21.14），基本上代表气候信息，是季节性的或周期性的特大洪泛事件。另一方面，如果一个水道叠置层—朵体叠置层反映了一系列经常性的排水盆地洪泛事件，那么叠置层的形成就需要延长的时间段。在这种情况下，水道叠置层到朵体叠置层的变化优势和半远洋（远洋）披盖可以对应于较长期的排水盆地洪泛频率变化，因此指向气候旋回。在现实世界实例中，朵体叠置层可能从单一的独特灾难性洪泛以及通过一系列不同大小和频率的洪泛形成。这些变化具有导致层组形成不同叠加样式的潜力。

### 21.1.6.3 朵体叠置层组和朵体复合体

活动的朵体沉积位置发生决口可能产生于上部扇体侧向水道迁移或决口，也可能由附近完全的水道堵塞引起，堵塞来自以前的流体或流体事件。侧向迁移有利于出现在这种情况下，即层或朵体叠置层出现于以前的沉积事件（高度不足以促进水道后退充填）。侧向迁移和短距离决口会分别导致侧向叠瓦构造或水道叠置层和朵体叠置层的补偿叠加。朵体叠置层的叠加结果在这里被称为朵体叠置层组或朵体复合体。井下倾角仪资料提示，朵体叠置层组或朵体复合体会造成明显的沉积低幅度特征，并形成波状海底地形。这种沉积地形具有促进海底扇分支体系后退充填的潜力，随时间产生决口。较高级别的决口导致活动扇体沉积场所较长距离的侧向迁移，产生了新水道叠置层—朵体叠置层组，或复合体。在两种情况下，形成水道叠置层和朵体叠置层组及复合体的层、层组和朵体叠置层的叠加，都被解释为代表扇体表面上的自旋回过程，被认为是不同类型的自组织（selforganising）过程，对任何类型的水道供给沉积亚环境都是常见的和固有的（Piper 和 Normark，2001）。

朵体叠置层理论上应该侧向羽状尖灭，远端由浊积体变为半远洋泥岩。随着与朵体沉积活动点距离的增加，泥岩会显示更多的远洋特征。远洋泥岩或混合半远洋泥岩常常标志着比半远洋朵体叠置盖层更有意义的地层事件，可能反映更高级别和更长距离的决口或更加长期的砂质沉积物供给中断。封闭泥岩本身也可以用作决口距离的确定，因此来推测层次模型的级别。

#### 21.1.6.4 层间泥岩

层间泥岩的缺少或发育薄层是 Springar 砂岩（在上斜坡小盆地）和 Egga 砂岩序列一个明显的特征（Smith 和 Møller，2003）。而且似乎在扇体表面的不同泥岩类型存在分区特征［图 21.7（C）］。这两个砂岩单元的层间泥岩特征和分布属于发育 Springar 扇体和 Egga 扇体的斜坡环境。这种环境促进了：（1）流体湍流部分的路过，和下斜坡沉积作用；（2）平行斜坡的流体导致扇体地区连续延伸；（3）随后流体的部分侵蚀作用，证据有撕裂屑和分散的泥岩碎片。泥岩碎片通常在朵体叠置层的底层出现，显示朵体叠置层内砂质沉积事件可能出现过于频繁，导致悬浮物质析出或泥岩分裂，尤其是在朵体叠置层形成的晚期。分布较广的意义在于泥岩沉积从内扇到中扇地区主要出现在洪泛间期，形成可能的广泛披盖，局部包裹砂质储集层单元（图 21.5，图 21.14）。封闭泥岩的薄层特征归因于 Møre 盆地东部整体的沉积物饥饿条件，尤其是在丹麦期。

## 21.2 讨论

上面提出的沉积模式和沉积史为 Ormen Lange 扇体系早期研究的一些相似性和差异（Gjelberg 等，2001，2005；Smith 和 Møller，2003；Møller 等，2004；Sømme 等，2009）。过去研究最有意义的对比是把上马斯特里赫特阶—丹麦阶划分为两个完全分隔的扇体系，两者发育在几乎整个晚白垩世和丹麦期 Møre 斜坡边缘。而且，不同沉积类型或扇体类型的认识，以及从早期到晚期进积阶段和最终后退步进阶段沉积单元的组成方面，也没有在前人研究中提及。Springar 扇体和 Egga 扇体具有重复发育的扇体系，也具有常见的演化史，结合盆地构造史和沉积供给史，可以建立其他构造活动盆地中常见的主题模型。

从整个以朵体为主的外扇—中扇再到水道化内扇环境的垂向变化，可以建立海退建造的海底扇体系。这种简单的扇体进积叠置层可以揭示整个 Egga 或丹麦期扇体系。可是，向孤立水道和水道口朵体的变化（具有水道间地区）以冲刷不稳定盆底沉积为特征，出现在扇体发育的最终阶段（这里软沉积物变形不能被认为是堤岸或越岸崩塌），被认为是异源控制因素所致，这里归因于斜坡构造和掀斜运动。对于斜坡掀斜引起沉积类型的变化，也有一些依据：（1）从外扇到内扇（Springar）以及从中扇到内扇（Egga）相域的相对突变；（2）晚期阶段缺少延伸的朵体复合体、扇体水道复合体；（3）晚期受 MTD 影响的扇体相特征（例如同时出现的前缘决口扇和层间块体搬运沉积）；（4）伴随过渡到受 MTD 影响的扇体阶段其背景相的变化。

相连的内陆—盆地构造影响盆地边缘三角洲供给体系的发育，因而影响前缘斜坡—盆底浊积体系，这几乎在所有类型的构造活动环境中都有论述。类似的二叠系 Laingsburg 浊积复合体也沉积在阶地—轻微不规则斜坡，其归因于重复的变形事件（Grecula 等，2003b），虽然是在挤压的前陆盆地。有趣的是，Laingsburg 浊积复合体也包含一系列叠加的扇体系，也被软沉积物变形单元分隔，反映重复的盆地边缘变形和斜坡构造层。盆地—边缘构造运动也被认为是西非不成熟被动边缘盆地砂质扇体重复前进和后退的基本控制因素（Hadler-Jacobsen 等，2007），也是北海北部和挪威海北部裂谷边缘扇体的控制因素（Ravnås 等，2000）。

高级别结构单元的认识代表特定的沉积单元，过去做的最好的是推测性的，现在可以应用不同泥岩和黏土岩的类型特征进行更好定义。重要的是，这样可以：（1）储集层结构可以被更好地识别，可靠地厘定次级界面；（2）结构单元从层级的朵体叠置层和朵体复合体到浊积体系，可以有序分级，类似于在野外露头对比浊积体系使用的方法（Mutti 和 Normark，1987；Prélat 等，2009）。

推测的三角洲供给对认定 Ormen Lange 扇体系的持续时间是个挑战。及时供给到陆架边缘的沉积物有利于快速扇体堆积，然而扇体的时间跨度从马斯特里赫特期到丹麦期。一种貌似合理的解释是大的时间间隔被记录在泥岩段，分隔了两个扇体单元，披盖层分隔朵体叠置层组（复合体），并在扇体内部分隔不同的朵体叠置层。而且，这说明单一水道叠置层—朵体叠置层代表了明显的沉积事件，每个事件产生了基本地层单元，又为砂质扇体沉积演化形成了基本的建造块体（building blocks），最终形成沉积结构。

Møre 盆地沉积物供给低，尤其是在丹麦期，这与北部的 Vøring 盆地不一致（Kjennerud 和 Vergara，2005）。与 Vøring 盆地相反，Møre 盆地的边界是相对低幅陆地，侧向延伸有限（Sømme 等，2009），部分由于前期北海大陆架白垩海北部的隆升（Brekke 和 Olaussen，2007）。在马斯特里赫特期和丹麦期，相对低含量的沉积物供给到 Møre 盆地，其归因于新形成的和构造活化的裂谷肩陆地沉积物供给潜力有限。因此，物源来自挪威南部高地的马斯特里赫特期—丹麦期扇体系，例如沿 Møre 边缘的 Springar 和 Egga 扇体系，和挪威—丹麦盆地的丹麦期—Selandian Siri 扇体系（Hamberg 等，2005；Svendsen 等，2010），似乎代表了扇体发育的特定案例，即沉积饥饿的砂质扇体，伴随相对贫泥供给体系的砂质进入另一个沉积饥饿盆地。

沿 Møre 边缘普遍存在的平行斜坡流体成为另一个抑制泥质沉积的因素，例如越过 Egga 扇体到南部，以及砂质"泥麻点"在该区的发育，在这里斜坡流体足够微弱以至于允许形成净沉积物堆积（例如 Ormen Lange 次级盆地的北部）。

## 21.3 结论

（1）巨大的 Ormen Lange 油田储层，位于 Møre 海岸带海上，是上马斯特里赫特阶 Springar 组和丹麦阶 Egga 砂岩单元内的深海浊积体。Springar 组代表砂质扇体系的外部，将 Egga 砂岩单元解释为相似砂质扇体系的中部—内部。

（2）两个扇体系都沉积在下斜坡的阶地或隐蔽的小盆地上。这两个扇体系的物源来自隆起的构造活化陆地，其形成与挪威海—格陵兰海裂谷在晚白垩世—早古近纪的拉伸有关。

（3）Springar 和 Egga 浊积体系的演化具有充填—溢出机制，通过多个水道化通道连接斜坡阶地和小盆地。

（4）在单一小盆地或斜坡阶地内部，早期充填或平滑的继承性地形会跟随有更加有序的后退充填或上斜坡上超，并兼有砂质扇体沿单一阶地或充填后的小盆地形成向前步进或海退建造。扇体的进积产生了内扇水道化地区向盆地的转化带，溢出并进一步供给沉积物到下斜坡向盆地和阶地。

（5）水道叠置层和朵体叠置层形成了两个浊积扇体系的基本结构单元，可能反映陆地或排水盆地的洪泛事件。水道叠置层—朵体叠置层的补偿叠加形成了一系列水道复合体和朵体复合体，与自旋回成因的自组织过程在扇体表面的作用有关。

（6）两个扇体系的最上部代表了受块体搬运影响的扇体沉积类型，其形成是盆地边缘斜坡早期或初始掀斜作用的响应。扇体生长的中断是由于沿盆地边缘及其陆地的后继构造作用，其砂体被俘获在上斜坡和近源次级盆地中。

（7）有限的硅质碎屑供给是 Ormen Lange 扇体系的一个重要特征，导致两个扇体系表现为整体呈现砂质但薄层的特征。

## 致谢

本文展示了 Shell 勘探开发团队地质家和地球物理家在 Ormen Lange 和毗邻区块几年来的研究工作。感谢同事和合作伙伴在这段时间富有成果的讨论。特别感谢 Cato Berge、Ciaran O'Byrne、Pete Mears、Carlos Pirmez、Ru Smith 和 Chris Townsend，也感谢 Ormen Lange 油田的合作者（Statoil、ExxonMobil、DONG 和 Petoro）允许出版来自 Ormen Lange 油田模型 2008 年完成的成果。也非常感谢 I. Kane、D. Pyles 和 R. J. Steel 编辑并评阅了此文。

参 考 文 献

Al Ja'aidi, O. S., McCaffrey, W. D. and Kneller, B. C. (2004) Factors influencing the deposit geometry of experimental turbidity currents: implications for sand-body architecture in confined basins. In: *Confined Turbidite Systems* (Eds S. A. Lomas and P. Joseph), *Geol. Soc. London. Spec. Publ.*, 222, 45–58.

Baas, J., Kesteren, W. V. and Postma, G. (2004) Deposits of depletive quasi-steady high-density turbidity currents: a flume analogue of bed geometry, structure and texture. *Sedimentology*, 51, 1053–1088.

Baas, J. H., Best, J. L., Peakall, J. and Wang, M. (2009) A phase diagram for turbulent, transitional and laminar clay suspension flows. *J. Sed. Res.*, 79, 162–183.

Beauboeuf, R. T., Rossen, C., Sullivan, M. D., Mohrig, D. C. and Jennette, D. C. (2000) Deep-Water Sandstones, Brushy Canyon Formation, West Texas. AAPG Hedberg Field Research Conference, *AAPG Studies in Geology*, 1.2–3.9., 40 pp.

Belderson, R. H., Kenyon, N. H., Stride, A. H. and Pelton, C. H. (1984) A 'braided' distributary system on the Orinoco deep-sea fan. *Mar. Geol.*, 56, 195–206.

Bhattacharya, J. P. and MacEachern, J. A. (2009) Hyperpycnal rivers and prodeltaic shelves in the Cretaceous seaway of North America. *J. Sed. Res.*, 79, 184–209.

Blystad, P., Brekke, H., Færseth, R. B., Larsen, B. T., Skogseid, J. and Tørudbakken, B. (1995) Structural Elements of the Norwegian Continental Shelf – Part II: the Norwegian Sea Region. *Norw. Petrol. Direct. Bull.*, 8, 44 pp.

Booth, J. R., Prather, B. E. and Steffens, G. S. (2002). Depositional models for ponded and healed-slope accommodation on above-grade slopes: implications for reservoir characterization. *AAPG Bull.*, 86, A20–A21.

Bouma, A. H. (1962) *Sedimentology of Some Flysch Deposits: a Graphic Approach to Facies Interpretation*. Elsevier, Amsterdam, 168 pp.

Brekke, H. (2000) The tectonic evolution of the Norwegian Sea continental margin with emphasis on the Vøring and Møre basins. In: *Dynamics of the Norwegian Margin* (Eds A. Nøttvedt et al.), *Geol. Soc. London Spec. Publ.*, 136, 327–378.

Brekke, H. and Olaussen, S. (2007) High seas and low horizons. In: *The Making of a Land – Geology of Norway* (Eds I. B. Ramberg, I. Bryhni, A. Nøttvedt and K. Rangnes), 418–442.

Carr, M. and Gardner, M. H. (2000) Portrait of a basin-floor fan for sandy deepwater systems, Permian Lower Brushy Canyon Formation, West Texas. In: *Fine-Grained Turbidite Systems* (Eds A. H. Bouma and C. G. Stone), *AAPG Mem., 72/SEPM Spec. Publ.*, 68, 215–232.

Chapin, M. A., Davies, P., Gibson, J. L. and Pettingill, H. S. (1994) Internal reservoir architecture of turbidite sheet sandstones in laterally extensive outcrops, Ross Formation, western Ireland. In: *Submarine fans and turbidite systems: Sequence Stratigraphy, Reservoir Architecture and Production Characteristics-Gulf of Mexico and International* (Eds P. Weimer, A. H. Bouma and B. F. Perkins), Gulf Coast Section SEPM 15th Annual Research Conference, 53–68.

Clark, J. D. and Pickering, K. T. (1996) *Submarine Channels-Processes and Architecture*. Vallis Press, London, pp. 231.

Dalland, A., Worsley, D. and Ofstad, K. (1988) A lithostratigraphic scheme for the Mesozoic and Cenozoic succession offshore mid- and northern Norway. *Norw. Petrol. Direct. Bull.*, 4, pp. 65.

Decker, J., Teas, P. A., Schneider, R. D., Saller, A. H. and Orange, D. L. (2004) Modern deep-sea sedimentation in the Makassar Strait: Insights from high-resolution multibeam bathymetry and backscatter, sub-bottom profiles and USBL-navigated cores. Extended Abstract, *IPA-AAPG Deepwater and Frontier Symposium*, 2004.

Deptuck, M. E., Piper, D. J. W., Savoye, B. and Gervais, A. (2008) Dimensions and architecture of late Pleistocene submarine lobes off the northern margin of Eastern Corsica. *Sedimentology*, 55, 869–898.

Elliott, T. (2000) Depositional architecture of a sandrich, channelized turbidite system: The upper Carboniferous Ross Sandstone Formation, western Ireland. In: *Deepwater Reservoirs of the World* (Eds P. Weimer, R. M. Slatt, J. Coleman, N. C. Rossen, H. Nelson, A. H. Bouma, M. J. Styzen and D. T. Lawrence), Gulf Coast Section SEPM, 342–373.

Ercilla, G., Alonsoa, B., Barazaa, J., Casasa, D., Chioccib, F. L., Estradaa, F., Farrána, M., Gonthierc, E., Pérez-Belzuza, F., Pirmezd, C., Reedere, M., Torresf, J. and Urgelesf, R. (1998) New high-resolution acoustic data from the 'braided system' of the Orinoco deep-sea fan. *Mar. Geol.*, 146, 243–250.

Eschard, R., Albouy, E., Deschamps, Euzen, T. and Ayub, A. (2003) Downstream evolution of turbidite channel complexes in the Pab Range outcrops (Maastrichtian, Pakistan). *Mar. Petrol. Geol.*, 20, 691–710.

Eschard, R., Albouy, E., Gaumet, F. and Ayub, A. (2004) Comparing depositional architecture of basin floor fans and slope fans in the Pab sandstone, Maastrichtian, Pakistan. In: *Confined Turbidite Systems* (Eds S. A. Lomas and P. Joseph), *Geol. Soc. London Spec. Publ.*, 222, 159–185.

Euzen, T., Eschard, R., Albouy, E. and Deschamps, R. (2007) Reservoir architecture of a turbidite channel complex in the Pab Formation, Pakistan. In: *Atlas of Deep-Water Outcrops* (Eds T. H. Nilsen, R. D. Shew, G. S. Steffens and J. R. J. Studlick), *AAPG Studies in Geology*, 56, CD-ROM, 20 p.

Færseth, R. B. and Lien, T. (2002) Cretaceous evolution in the Norwegian Sea-a period characterized by tectonic quiescence. *Marine and Petroleum Geology*, 19, 1005–1027.

Fielding, C. R., Trueman, J. D. and Alexander, J. (2005) Sharp-based, flood-dominated mouth bars from the Burdekin delta of Northeastern Australia: Extending the spectrum of mouth bar facies, geometry and stacking patterns. *J. Sed. Res.*, 75, 55–66.

Fugelli, E. M. G and Olsen, T. R. (2005) Screening for deepmarine reservoirs in frontier basins: Part 1—Examples from offshore mid-Norway. *AAPG Bull.*, 89, 853–882.

Gardner, J. V., Bohannon, R. G., Field, M. E. and Masson, D. G. (1996) The morphology, processes and evolution of Monterey Fan: a revisit. In: *Geology of the United States' Seafloor: The view from GLORIA* (Eds J. V. Gardner, M. E. Field, D. C. Twichell), Cambridge Univ. Press, New York, NY, pp. 193–220.

Gardner, M. H. and Borer, J. M. (2000) Submarine channel architecture along a slope to basin profile, Brushy Canyon Formation, West Texas. In: *Fine-Grained Turbidite Systems* (Eds A. H. Bouma and C. G. Stone), *AAPG Mem.*, *72/SEPM Spec. Publ.*, 68, 195–214.

Gardner, M. H., Borer, J. M., Melick, J. J., Mavilla, N., Dechesne, M. and Wagerle, R. N. (2003) Stratigraphic process-response model for submarine channels and related features from studies of Permian Brushy Canyon outcrops, West Texas. *Mar. Petrol. Geol.*, 20, 757–787.

Gervais, A, Savoye, B., Piper, D. J. W., Mulder, T., Cremer, M. and Pichevin, L. (2004) Present morphology and depositional architecture of a sandy confined submarine system: the Golo turbidite system, eastern margin of Corsica. In: *Confined Turbidite Systems* (Eds S. A. Lomas and P. Joseph), *Geol. Soc. London Spec. Publ.*, 222, 59–89.

Gervais, A., Mulder, T. and Savoye, B. (2006) Sandy modern turbidite lobes: a new insight from high resolution seismic data. *Mar. Petrol. Geol.*, 23, 485–502.

Gjelberg, J. G., Enoksen, T., Kjærnes, P., Mangerud, G., Martinsen, O. J, Roe, E. and Vågnes, E. (2001) The Maastrichtian and Danian depositional setting, along the eastern margin of the Møre Basin (mid-Norwegian Shelf): Implications for reservoir development of the Ormen Lange field. In: *Sedimentary environments offshore Norway—Paleozoic to Recent* (Eds O. J. Martinsen and T. Dreyer), *Norwegian Petroleum Society Special Publication*, 10, 421–440.

Gjelberg, J. G., Martinsen, O. J., Charnock, M., Møller, N. and Antonsen, P. (2005) The reservoir development of the late Maastrichtian-early Palaeocene Ormen Lange gas field, Møre Basin, mid-Norwegian Shelf. In: *Petroleum geology: North-west Europe and global perspectives: Proceedings of the 6th Petroleum Geology Conference* (Eds A. G. Doré and B. A. Vining), Geological Society (London), 1165–1184.

Grecula, M., Flint, S. S., Wickens, H. D. V. and Johnson, S. D. (2003a) Upward thickening patterns and lateral continuity of Permian sand-rich turbidite channel fills, Laingsburg Karoo, South Africa. *Sedimentology*, 50, 831–853.

Grecula, M., Flint, S. S., Potts, G., Wickens, H. D. V. and Johnson, S. D. (2003b) Partial ponding of turbidite systems in a basin with subtle growth-fold topography: Laingsburg-Karoo, South Africa. *J. Sed. Res.*, 73, 603–620.

Grunnaleite, I. and Gabrielsen, R. H. (1995) The structure of the Møre Basin. *Tectonophysics*, 252, 221–251.

Hadler-Jacobsen, F., Gardner, M. H. and Borer, J. M. (2007) Seismic stratigraphic and geomorphic analysis of deepmarine deposition along the West African continental margin. In: *Seismic Geomorphology: Applications to Hydrocarbon Exploration and Production* (Eds R. J. Davies, H. W. Posamentier, L. J. Wood and J. A. Cartwright), *Geol. Soc. London Spec. Publ.*, 277, 47–84.

Hamberg, L., Dam, G., Wilhelmson, C. and Ottesen, T. G. (2005) Palaeocene deep-marine sandstone plays in the Siri Canyon, offshore Denmark–southern Norway. In: *Petroleum Geology: North-West Europe and Global Perspectives – Proceedings of the 6th Petroleum Geology Conference* (Eds A. G. Doré and B. A. Vining), Geological Society, London, 1185–1198.

Haughton, P., Davis, C., McCaffrey, W. and Barker, S. (2009) Hybrid sediment gravity flow deposits–Classification, origin and significance. *Mar. Petrol. Geol.*, 26, 1900–1918.

Heinö, P. and Davies, R. J. (2007) Knickpoint migration in submarine channels in response to fold growth, western Niger Delta. *Mar. Petrol. Geol.*, 24, 434–449.

Hodgson, D. M., Drinkwater, N. J., Flint, S. S., Luthi, S. M., Hodgetts, D., Johannessen, E. P., Wickens, H. DeV., Keogh, K. J., Kavanagh, J. P. and Howell, J. A. (2007) Statigraphy and Evolution of Fan 4, Skoorsteenberg Formation, South Africa. In: *Atlas of Deep-Water Outcrops* (Eds T. H. Nilsen, R. D. Shew, G. S. Steffens and J. R. J. Studlick), *AAPG Studies in Geology*, 56, CD-ROM, 14 p.

Hodgson, D. M., Flint, S. S., Hodgetts, D., Drinkwater, N. J., Johannessen, E. P. and Luthi, S. M. (2006) Stratigraphic evolution of fine-grained submarine fan systems, Tanqua depocentre, Karoo Basin, South Africa. *J. Sed. Res.*, 76, 20–40.

Janocko, M. (2008) *Pinchout geometry of sheet-like sandstone Beds: a New Statistical Approach to the problem of Lateral Bed Thinning Based on Outcrop Measurements*. M. Sc. thesis, University of Tromsø, 110 pp.

Jegou, I., Savoye, B., Primez, C. and Droz, L. (2008) Channel-mouth lobe complex of the recent AmazonFan: the missing piece. *Mar. Geol.*, 252, 62–77.

Johnson, S. D., Flint, S. S, Hinds, D. and deV. Wickens, H. (2001) Anatomy of basin floor to slope turbidite systems, Tanqua Karoo, South Africa: Sedimentology, sequence stratigraphy and implications for subsurface prediction. *Sedimentology*, 48, 987–1023.

Jongepier, K., Rui, J. C. and Grue, K. (1996) Triassic to Early Cretaceous stratigraphy and structural development of the northeastern Møre Basin, off Mid-Norway. *Nor. Geol. Tidsskr.*, 76, 199–214.

Kenyon, N. H. and Millington, J. (1995) Contrasting deepsea depositional system in the Bering Sea. In: *Atlas of Deep-water Environments: Architectural Styles in Turbidite Systems* (Eds K. T. Pickering, R. N. Hiscott, N. H. Kenyon, F. Ricci Lucchi and R. D. A. Smith), Chapman & Hall, London, 196–203.

Kjennerud, T. and Vergara, L. (2005) Cretaceous to Palaeogene 3D bathymetry and sedimentation in the Vøring Basin, Norwegian Sea. In: *Petroleum Geology: North-West Europe and Global*

*Perspectives – Proceedings of the 6th Petroleum Geology Conference* (Eds A. G. Dorè and B. A. Vining), Geological Society, London, 815–832.

Kneller, B. C. (1995) Beyond the turbidite paradigm: physical models for deposition of turbidites and their implications for reservoir prediction. In: *Characterization of Deep Marine Clastic Systems* (Eds A. Hartley and J. Prosser), *Geol. Soc. London Spec. Publ.*, 94, 31–49.

Kneller, B. C. (2003) The influence of flow parameters on turbidite slope channel architecture. *Mar. Petrol. Geol.*, 20, 901–910.

Kneller, B. C. and Branney, M. J. (1995) Sustained high-density turbidity currents and the deposition of thick massive sands. *Sedimentology*, 42, 607–616.

Kneller, B. C. and McCaffrey, W. D. (2003) The interpretation of vertical sequences in turbidite beds: the influence of longitudinal flow structure. *J. Sed. Res.*, 73, 706–713.

Lien, T., Walker, R. G. and Martinsen, O. J. (2003) Turbidites in the Upper Carboniferous Ross Formation, western Ireland: Reconstruction of a channel and spillover system. *Sedimentology*, 50, 113–148.

Lowe, D. R. (1979) Sediment gravity flows: their classification and some problems of application to natural flows and deposits. In: *Geology of Continental Slopes* (Eds L. J. Doyle and O. H. Pilkey Jr), *SEPM Spec. Publ.*, 27, 75–82.

Lowe, D. R. (1982) Sediment gravity flows II. Depositional models with special reference to the deposits of highdensity turbidity currents. *J. Sed. Petrol.*, 52, 279–297.

Martinsen, O. J., Bøen, F., Charnock, M. A., Mangerud, G. and Nøttvedt, A. (1999) Cenozoic development of the Norwegian margin 60–640 N: sequences and sedimentary response to variable basin physiography and tectonic setting. In: *Petroleum Geology of Northwest Europe: Proceedings of the 5th Conference* (Eds A. J. Fleet and S. A. R. Boldy), *Geol. Soc. London*, 293–304.

Martinsen, O. J., Fonneland, H. C., Lien, T. and Gjelberg, J. G. (2002) On latest Cretaceous–Palaeocene drainage and deep-water sedimentary systems on- and offshore Norway. In: *Onshore-Offshore Relationships on North Atlantic Margins* (Ed. T. Thorsnes), *Norwegian Geological Society Abstracts and Proceedings*, 2, 123–124.

Martinsen, O. J., Lien, T. and Jackson, C. (2005) Cretaceous and Palaeogene turbidite systems in the North Sea and Norwegian Sea basins: source, staging area and basin physiography controls on reservoir development. In: *Petroleum Geology: North-West Europe and Global Perspectives – Proceedings of the 6th Petroleum Geology Conference* (Eds A. G. Dorè and B. A. Vining), *Geol. Soc. London*, 1147–1164.

Marini, M., Milli, S. and Moscatelli, M. (2011) Facies and architecture of the Lower Messinian turbidite lobe complexes from the Laga Basin (central Appennines, Italy). *Journal of Mediterranean Earth Sciences*, 3, 45–72.

Mayall, M. and Stewart, I. (2001) The architecture of turbidite slope channels. In: *Petroleum Geology of Deepwater Depositional Systems, Advances in Understanding 3D Architecture* (Eds S. I. Fraser, A. J. Fraser, H. D. Johnson and A. M. Evans), The Geological Society Conference March 20–22, 2001 Proceedings, The Geological Society, London.

McHargue, T. (2001) Recurring stacking pattern of reservoir elements in erosional slope valleys. In: *Petroleum Geology of Deepwater Depositional Systems*, *Advances in Understanding* 3D *Architecture* (Eds S. I. Fraser, A. J. Fraser, H. D. Johnson and A. M. Evans), The Geological Society Conference March 20-22, 2001 Proceedings. Burlington House, Piccadilly, London: The Geological Society.

Meckel, L. D., III, Ibrahim, A. B. and Pelechaty, S. M. (2000) Turbidite deposition in a muddy bypass system on the upper slope, offshore Brunei. *AAPG International Conference Abstracts CD-ROM*, 6p.

Milli, S., Moscatelli, M., Stanzione, O. and Falcini, F. (2007) Sedimentology and physical stratigraphy of Messinian turbidite deposits of the Laga basin (central Apeninnes, Italy). *Boll. Soc. Geol. Ital.*, 126, 255-281.

Møller, N. K., Gjelberg, J. G., Martinsen, O. J., Charnock, M. A., Færseth, R. B., Sperrevik, S. and Cartwright, J. A. (2004) A geological model for the Ormen Lange hydrocarbon reservoir. *Norwegian Journal of Geology*, 84, 169-190.

Mulder, T. and Alexander, J. (2001) The physical character of subaqueous sedimentary density currents and their deposits. *Sedimentology*, 48, 269-299.

Mulder, T., Syvitski, J. P. M., Migeon, S., Faugeres, J. C. and Savoye, B. (2003) Marine hyperpycnal flows: Initiation, behavior and related deposits. A review. *Mar. Petrol. Geol.*, 20, 861-882.

Mulder, T., Callec, Y., Parize, O., Joseph, P., Schneider, J.-L., Robin, C., Dujoncquoy, E., Salles, T., Allard, J., Bonnel, C., Ducassou, E., Etienne, S., Ferger, B., Gaudin, M., Hanquiez, V., Linares, F., Marchès, E., Toucanne, S. and Zaragosi, S. (2010) High resolution analysis of submarine lobes deposits: Seismic-scale outcrops of the Lauzanier area (SE Alps, France). *Sed. Geol.*, 229, 160-191.

Mutti, E. (1992) *Turbidite Sandstones*. Agip-Istituto di Geologia Università di Parma.

Mutti, E. and Normark, W. R. (1987) Comparing examples of modern and ancient turbidite systems: problems and concepts. In: *Marine Clastic Sedimentology* (Eds J. K. Legget and G. G. Zuffa), Graham and Trotman, London, 1-38.

O'Byrne, C. J., Barton, M. D., Steffens, G. S., Pirmez, C. and Buergisser, H. (2007) Architecture of a laterally migrating channel complex—Isaac Formation, Windermere Supergroup, British Columbia, Canada. In: *Atlas of Deep-Water Outcrops* (Eds T. H. Nilsen, R. D. Shew, G. S. Steffens and J. R. J. Studlick), *AAPG Studies in Geology*, 56, CD-ROM, 11 p.

Osmundsen, P. T. and Ebbing, J. (2008) Styles of extension offshore mid-Norway and implications for mechanisms of crustal thinning at passive margins. *Tectonics*, 27, doi: 10.1029/2007TC002242.

Piper, D. J. W. and Normark, W. R. (2009) Processses that initiate turbidity currents and their influence on turbidites: a marine geology perspective. *J. Sed. Res.*, 79, 347-362.

Piper, D. J. W. and Normark, W. R. (2001) Sandy fans - from Amazon to Hueneme and beyond. *AAPG Bull.*, 85, 1407-1438.

Pirmez, C., Beaubouef, R. T., Friedmann, S. J. and Mohrig, D. (2000) Equilibrium profile and base-level in submarine channels: examples from late Pleistocene systems and implications for the architecture of deepwater reservoirs. In: *Deep-Water Reservoirs of the World* (Eds P. Weimer, R. M. Slatt, J. Coleman, N. C. Rossen, H. Nelson, A. H. Bouma, M. J. Styzen), GCSSEPM Foundation 20th Annual Research Conference, pp. 782–805.

Prather, B. E. (2003) Controls on reservoir distribution, architecture and stratigraphic trapping in slope settings. *Mar. Petrol. Geol.*, 20, 529–545.

Prélat, A., Hodgson, D. M. and Flint, S. S. (2009) Evolution, architecture and hierarchy of distributary deep-water deposits: a high-resolution outcrop investigation from the Permian Karoo Basin, South Africa. *Sedimentology*, 56, 2132–2154.

Ravnås, R., Nøttvedt, A., Steel, R. J. and Windelstad, J. (2000) Syn-rift sedimentary architectures in the northern North Sea. In: *Dynamics of the Norwegian Margin* (Eds A. Nøttvedt et al.), *Geol. Soc. London Spec. Publ.*, 167, 133–177.

Reading, H. G. and Richards, M. (1994) Turbidite systems in deep-water basin margins classified by grain size and feeder system. *AAPG Bull.*, 78, 792–822.

Remacha, E. and Fernández, L. P. (2003) High-resolution correlation patterns in the turbidite systems of the Hecho Group (South-central Pyrenees, Spain). *Mar. Petrol. Geol.*, 20, 711–726.

Shanmugam, G. (2000) 50 years of the turbidite paradigm (1950s–1990s): deep-water processes and facies models. *Mar. Petrol. Geol.*, 17, 285–342.

Sinclair, H. D. and Tomasso, M. (2002) Depositional evolution of confined turbidite basins. *J. Sed. Res.*, 72, 451–456.

Sixsmith, P. J., Flint, S., Wickens, H. D. V. and Johnson, S. D. (2004) Anatomy and stratigraphic development of a basinfloor turbidite system in the Laingsburg Formation, main Karoo basin, South Africa. *J. Sed. Res.*, 74, 239–254.

Smith, R. D. A. (2004). Silled subbasins to connected tortuous corridors: sediment distribution systems on topographically complex subaqueous slopes. In: *Turbidite sedimentation in confined systems* (Ed. S. Lomas), *Geol. Soc. London Spec. Publ.*, 222, 23–43.

Smith, R. D. A. and Møller, N. (2003) Sedimentology and reservoir modelling of the Ormen Lange field, mid Norway. *Mar. Petrol. Geol.*, 20, 601–613.

Sømme, T. O., Helland-Hansen, W., Martinsen, O. J. and Thurmond, J. B. (2009) Predicting morphological relationships and sediment partitioning in source-to-sink systems. *Basin Res.*, 21, 361–387.

Stow, D. A. V and Bowen, A. J. (1980) A physical model for the transport and sorting of fine-grained sediments by turbidity currents. *Sedimentology*, 27, 31–46.

Svendsen, J. B., Hansen, J. P. V. and Friis, H. (2010) An unconventional Source-to-Sink Setting – The Siri Fairway System, Norwegian-Danish North Sea. In: *From Depositional Systems to Sedimentary Successions on the Norwegian Continental Shelf*, NPF Abstract Volume, 67.

Sweet, M. L., Campion, K. M. and Beaubouef, R. T. (2007) Deep-water-slope to Basin-floor -fan deposits of the Eocene Tyee Formation, Oregon. In: *Atlas of Deep-Water Outcrops* (Eds T. H. Nilsen, R. D. Shew, G. S. Steffens and J. R. J. Studlick), *AAPG Studies in Geology*, 56,

CD-ROM, 8 p.

Twichell, D. C., Schwab, W. C. and Kenyon, N. H. (1995) Geometry of sandy deposits at the distal edge of the Mississippi Fan, Gulf of Mexico. In: *Atlas of Deep-water Environments: Architectural Styles in Turbidite Systems* (Eds K. T. Pickering, R. N. Hiscott, N. H. Kenyon, F. Ricci Lucchi and R. D. A. Smith), Chapman & Hall, London, 282–286.

Wickens, H. D. V. and Bouma, A. H. (2000) The Tanqua fan complex, Karoo Basin, South Africa-outcrop analog for fine-grained, deep-water deposits. In: *Fine-grained turbidite systems* (Eds A. H. Bouma & C. G. Stone), *AAPG Mem., 72/SEPM Spec. Publ.*, 68, 153–165.

# 22 挪威北海 Hermod 扇体的地震地貌学与沉积相：揭示深海砂岩的性质

Bjørn Kåre Lotsberg Bryn　Mark Andrew Ackers　著

吴因业　译

**摘要**：通过地震数据和井数据的综合分析，认为挪威北海上古新统—下始新统 Sele 组 Hermod 深海砂岩段是海底扇中扇—外扇环境。复杂砂体路径网络的地质背景，以及沉积后的沉积物再活化，使北海 Hermod 段油气储层的开发面临挑战。能够产生敏感细节清晰图像的地球物理技术，很少被应用在深埋藏的海底扇体系。这些细节包括堤岸限定的水道、决口和辫状前缘决口扇体（braided frontal splays）。四个主要供给水道从西北西方向进入研究区，与伸展断层控制的盆地构造相互作用。构造控制的水道强烈改变方向，具有宽的决口角度，与底层断层排列成一条线，趋于形成复杂的前缘决口扇体带。无限定的水道越过底层断层，建造小型前缘决口扇并常常显示决口靠近水道末端，可能是由于频繁的水道迁移对应于前缘决口扇一侧的坡度优势。对沉积后的沉积物再活化构造也进行了评估，发现潜在的凹痕与陡侧的丘密切相关。本文提出凹痕坑区块发育 Hermod 砂岩天然气圈闭，受砂岩再活化控制。几十米纯净的砂岩没有明显的系统性垂向粒度梯度变化，与上下页岩没有明显分界，出现在再活化沉积物和明显是原地的沉积物中。这进一步说明，砂和泥在搬运过程中变成分隔的状态，纯净砂集中在水道和前缘决口扇，后者为砂注入到丘中形成母体层。结果是大多数均匀的砂岩类型具有多层面的三维几何形态。

**关键词**：北海；地震地貌学；海底扇；浊积岩；注入体；沉积物再活化

重力驱动的砂体在古新世和始新世沉积在北海几个油气田的储集体中（Ahamadi 等，2003）。挪威第一个这种类型油气发现在 1967 年，现在叫 Balder 油田。在 20 世纪 70 年代相继有一些早期发现（例如 Frigg 油田），经历了几十年勘探、评价和表征，一些较小的油田被认为是商业发现。例如，Balder 油田直到 1999 年才开始生产，而 British Gannet F 构造在 1969 年就发现了，在 1997 年开始生产。早期发现经较长时间的搁置投入生产不仅仅是石油价格和开发成本因素，也与花时间收集足够信息建立成熟的地下地质模型、开展复杂的储层地质研究有关（Bergslien，2002）。

浊积岩油藏分析科学使得北海进入到主要石油省的开发。大量资料的快速积累使得对存在模型的框架有所了解，并对一些油田重新解释。第一个海底扇模式的提出是在首次油气发现后一年，这一模式把露头观察的垂向相序列与砂扇体位置相联系（Jacka 等，1968），后来建立了许多模型（Mutti 和 Ricci Lucchi，1972）。高密度浊流（Lowe，1982）和相连碎屑流（Haughton 等，2003）的认识，以及把砂岩注入体作为油气系统重要组成部分（Hurst 和 Cartwright，2007 及相关文献），则是浊积体油层分析的另一进展，已经随着勘探开发进程同时出现在北海浊积体储层研究中。

地震采集和处理技术也在最近几十年快速发展，北海盆地富油气部分逐渐被三维地震资料覆盖。现如今广泛的资料表明，许多储层具有复杂的相组合，其原因不仅仅来自原始沉积过程，也来自不同类型的沉积物再活化作用，例如滑动、滑塌或大规模砂体注入作用。可是，在许多案例中，这些不同过程的相对重要性仍由于缺少岩心资料和地震资料难以测定，也不能清楚地厘定储层几何形态。本项研究的目的就是选取北海北部一个沉积单元和沉积后沉积物再作用都可以推测的地区，研究中扇—外扇的海底扇环境及其地震地貌学。研究的地层单元是上古新统—下始新统 Sele 组 Hermod 段（Brunstad 等，2009）。Hermod 段典型特征是井中显示厚层均一砂岩，无明显牵引构造或系统的粒序，与上覆泥岩及下伏泥岩呈突变接触。这种相类型总体上成为该区最重要的组分，但这种块状深海砂岩层的成因仍然是研究的主题。相关工作的假说包括高密度浊流沉积（Lowe，1982）、碎屑流（Shanmugam，1995）或整个地层满比例（full scale）再作用导致原始垂向粒序和沉积构造被灭迹（Hiscott，1979）。对典型块状和无粒序砂岩顶部与上覆泥岩突变接触进行浊流解释是模糊的，因为浊流在最后衰落阶段会形成粒序和层状顶部（Baas，2004）。砂质碎屑流是另一种解释，但实验表明，缓坡上的移动（大约小于 5°）需要流体中有黏土矿物润滑（Marr 等，2001）。沉积后的沉积物再活化作用形成块状无粒序砂岩层是一种解释，尤其是对北海古近—新近系（Jonk 等，2005），但是与上部页岩呈突变接触仍然令人迷惑。这是 Hermod 段的上部边界，不仅仅在目前研究区，而且存在于整个挪威北海，正如在 Hermod 段标准定义中描述的那样（Hardt 等，1989；Brunstad 等，2009）。

高质量的地震图片结合岩心岩性标定提供了对比海底扇不同地质过程的独特机会，这些图片来自约 2km 埋藏深度。这导致过去的研究人员使用现在的研究区作为案例，来显示沉积环境中的一些关键特征。Blikeng 和 Fugelli（2000）识别出水道分流模式，水道可以到达扇体最外部，指出可以与现代密西西比扇体和美国 Delaware 盆地二叠系 Brushy Canyon 组进行类比。Hadler-Jacobsen 等（2005）就同一研究区沉积物供给、大陆架—盆地隆起、斜坡梯度和盆地地形如何控制深海沉积作用，进行了广泛的讨论。本文中，Hermod 外扇被分为高大陆架—盆地—低幅隆起体系，具有明显的斜坡，由西部 Viking 地堑边界断层控制，大约在西部 120km 处。Hermod 海底扇研究实例也已经被包括在最新的挪威海上地层词典中（Brunstad 等，2009）。

本文应用三维地震资料的地球物理技术，获得比以前文献更大区域的增强型地貌图片（Blikeng 和 Fugelli，2000；Hadler-Jacobsen 等，2005；Brunstad 等，2009）。地球物理工作流程可以产生可视化的 Hermod 段砂岩，具有细节的显示水平，这在古代地下扇体很少有文献提及。本文聚焦于分析沉积单元（Mutti 和 Normark，1991）和一些沉积物再活化作用构造，也包括侏罗系 Frøy 油田之上的古新统和始新统地层学。用井下资料详细分析沉积构造和砂体再作用构造可以增加对这些优质储层分布的了解。

## 22.1 地质背景

Viking 地堑（图 22.1）在晚侏罗世开始时是个裂谷臂（rift arm；Zanella 和 Coward，2003）。侏罗纪末期裂谷作用停止，发育坡折点和快速热沉降，Viking 地堑大部分地区出现海侵。

连续的沉降发育了广阔的深海扇盆地，西部以大断层为界，变成了厚层序列的粗碎屑沉积场所，处于古新世和早始新世相对海平面幕式低位域时期。最广泛的海底扇位于盆地西侧，推测西部大量沉积物剥蚀与北大西洋火成岩省由地幔柱活动驱动的区域脉冲性隆升有关

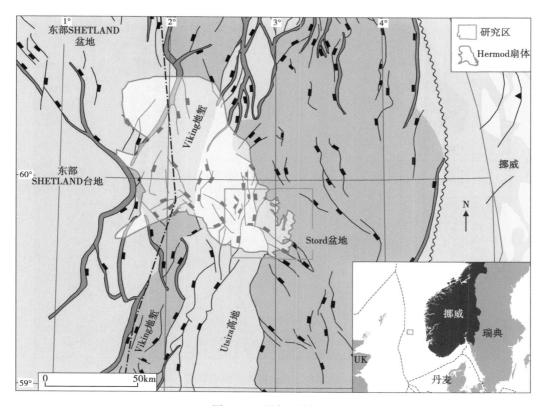

图 22.1 研究区位置图

标出了主要构造单元和所研究的 Hermod 段海底扇复合体的总轮廓。研究的"舌状"中扇—外扇跟随断层家族的大小,与分段 Viking 地堑中 Utsira 高地北部环带和毗邻带一致

(White 和 Lovell,1997)。地幔活动的高潮是在大西洋裂开时期(56—53Ma),频繁的火山灰喷发产生了一系列凝灰岩层,现在代表了一个重要的地层标志层(Balder 组;图 22.2)。裂开后进入快速沉降期(Nadin 和 Kusznir,1995),供给到深海扇的沉积物量明显减少(Hermod、Frigg 和 Grid 砂岩段;图 22.2)。

古近—新近纪盆地的沉积中心(Mudge 和 Copestake,1992a,1992b;Milton 和 Dyce,1995;Mudge 和 Bujak,1996)),大致位于 Viking 地堑的轴上,局部伸长的沉积物重力流沿埋藏裂谷系的构造趋势分布,提示盆地等深线的长期控制作用(图 22.1)。前述沿 Viking 地堑西部边界断层复合体的低幅隆起控制了大陆架边缘位置,形成一个高幅度大陆架—盆地的剖面,存在于整个古新世(Hadler-Jacobsen 等,2005)。大量砂岩供给到深海盆地可能主要出现在这一时期,三角洲进积到构造控制的陆架边缘(Dixon 和 Pearce,1995)。Beryl 港湾在 Dornoch 三角洲最大海退期形成了一个明显的下切峡谷,并连接到海底峡谷,沉积物从大陆架(三角洲)被有效搬运到深海盆地。这个峡谷被推测是所研究的 Hermod 段海底扇复合体沉积物的主要供给者(图 22.2)。

砂岩侵入体广泛分布于北海北部的古新世和始新世(Huuse 等,2007)。这些侵入体连接砂岩储层,否则会被页岩分隔,因此对于水层支撑及油气运移和圈闭都至关重要。一个大的砂岩注入复合体,被认为是来自 Hermod 组母体层,可以形成 Volund 油田的主要储层(de

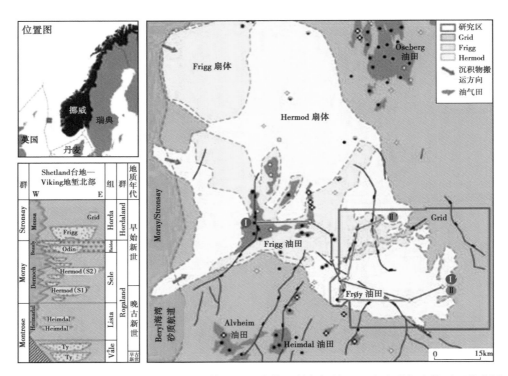

图 22.2 岩性地层柱状图和 Hermod 扇体、Frigg 扇体及较年轻的 Grid 段水道复合体平面分布图
Ⅰ—Ⅰ'剖面线代表图 22.15 井剖面，Ⅱ—Ⅱ'剖面线代表图 22.4 井剖面

Boer 等，2007；Szarawarska 等，2010），注入体在 Greater Balder 地区也非常重要（Bergslien，2002）。一篇最近的论文提出，该区要全面分析注入体和古新世丘，认为丘是由流体注入引起的第二种沉积后构造（Wild 和 Breidis，2010）。Greater Balder 地区的丘地质年代相似，与 Frøy 油田存在的丘有许多相似之处。可是，今天研究的 Hermod 扇体不能延伸到南部的 Volund 或 Balder 油田（图 22.2；Ahmadi 等，2003；Brunstad 等，2009）。

## 22.2 资料和方法

一个标准的地下工作流程，包括详细的岩心描述（并标定到测井上）、井间对比、井震标定及地震解释，都在中扇—外扇地区完成了。该区 Sele 组岩心只有井 25/6-3，共计 45m 砂岩和页岩。地震解释完成了两块三维数据体，即 UHN98R07 和 EN0101，覆盖总面积 1734km²。这些数据体为地震地层分析进行了优化处理，即通过地球物理技术的综合应用，包括随机和相干的去噪、频谱增强、频谱分解（Partyka 等，1999）和 SVI Pro© 的红绿蓝（RGB）体积混合。去噪后的地震资料帮助完成关键地震反射层的精确自动追踪，产生了详细的等时线图，清楚反映出模拟的沉积单元和沉积后的沉积物再活化作用构造。

等时线图结合 RGB 混合图提供了一个有效的工具，用以评价 Hermod 段的内部几何形态（图 22.3）。不同的 SVI Pro© 边缘属性组合作为定量评价方法也用于地震数据体，来检测陡边缘的丘和凹痕。

在中扇—外扇地区获得了最优的地震图片。靠近扇体近源部分，地震表现相当差，尤其是在 Frigg 砂岩段覆盖于 Hermod 砂岩段的地方（图 22.2）。因此，古地理图的编制基于详细的编图，8 口井用于中扇—外扇地区，还补充了 21 口井的对比在扇体近源部分。对比是基于测井和生物地层图，标定到岩心（例如井 25/1-7、25/6-3、30/7-2、30/8-2 和 30/10-7）。

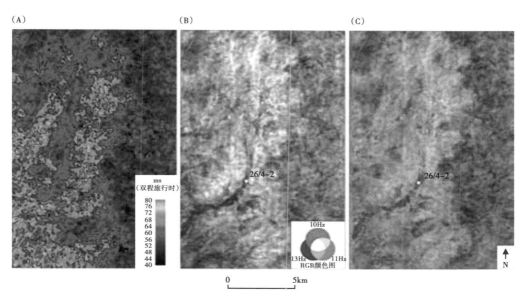

图 22.3 （A）Sele 组顶和底反射层之间的等时线图；（B）Sele 地震层顶之下 34ms 处的时间切片，RGB 以 10Hz、11Hz 和 13Hz 频率组分进行混合；（C）（A）和（B）的混合，注意图示厚度与 RGB 混合图显示几何形态之间的密切关系

## 22.3　HERMOD 海底扇的表征

研究区海底扇是一个南东方向的舌状 Hermod 扇体复合体（图 22.2）。舌状体明显跟随断层带的排列方向，与分段的 Viking 地堑内部 Utsira 北部环带和毗邻带同时存在（图 22.1）。Hermod 扇体大规模的叠加样式与三级旋回有关（Mitchum 和 Van Wagoner，1991），扇体的起始、生长和后退阶段（Gardner 等，2003）已经在较大的三级旋回内被识别出来（Hadler-Jacobsen 等，2005）。Hermod 舌状体的排列方向说明，区域倾角和扇体生长的总方向是从西北来，往东南方向去（图 22.1）。

Hadler-Jacobsen 等（2005）认为，以 S1 表示的较老 Hermod 砂岩沉积在扇体起始和生长阶段，而较年轻的 S2 砂岩沉积在扇体后退阶段。S1—S2 的划分（Brunstad 等，2009）本文予以接受，但是用于判断的 *Apectodinium* 物种极盛时期还没有在所有井中识别出来，因此对比是不确定的。可是，扇体起始、生长和后退的垂向叠加样式标志可以从研究区最北部的两口井予以推定，而向南西方向更远的井位仅仅在生长阶段接受砂质沉积（图 22.4）。井的叠加样式与扇体从北西向南东进积的假设是一致的，沉积作用只出现在最大的向盆地方向进积时期。

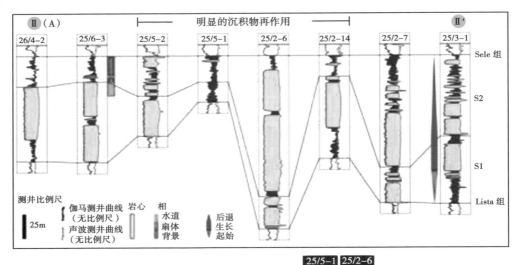

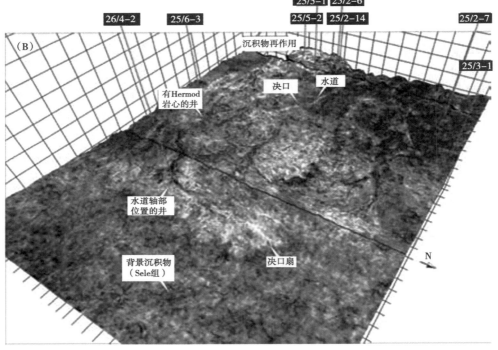

图22.4 （A）Hermod砂岩以黄色表示，位于声波和伽马测井曲线之间，与三维地震图上显示一致。井间距从22m（井25/2-14—井25/3-1）到2km（井25/2-6的Hermod段—最近的分支井25/2-14之间的距离）。注意一些井钻在被解释为沉积后沉积物注入和撤空的区域，井中观察的垂向序列还没有用于分析砂岩叠加样式。仅仅研究区西北角的两口井（井25/2-7和25/3-1）与东南角的两口井（井25/6-3和26/4-2）被认为是原地沉积物。（B）现今三维地震时间—构造幅度显示图，反映Sele组顶反射层，颜色取自Hermod段混合频谱分解体（10/11/13Hz）。Hermod段的原始沉积结构以水道为主，具有末端扇，局部出现不规则丘，被解释为沉积物再活化作用构造。也要注意构造幅度与沉积结构之间的紧密联系，Hermod段富砂的水道和扇体形成正向幅度，清晰地从Sele组相当平坦的背景页岩中突出来（以更加单调的蓝颜色存在）

## 22.3.1 扇体总轮廓

Hermod 扇体包含水道和决口扇的复杂叠加（图 22.5），水道到达扇体最外部（Blikeng 和 Fugelli，2000），正如一些文献所述的暴露极好的古代海底扇，例如南非 Tanqua Karoo（Johnson 等，2001）和美国西得克萨斯的 Brushy Canyon 组（Gardner 和 Borer，2000）。Hermod 扇体有不规则的外部指状边界，由几个分支前缘决口扇形成。向盆地最远的水道在北部形成了转弯特征，终止于羽状样式，类似于现代密西西比海底扇被深入研究的远端扇体朵体 8（Twichell 等，1995），RGB 混合（图 22.3）提示存在可能的叶状体扇体边缘，与密西西比海底扇类比，可能包含碎屑流，而不是浊流（Talling 等，2010）。现在平面图所见的扇体外形特征，具有总体南东方向的舌状体，和较小的北东向朵体（位于最远端），可能是扇体进积以阶梯式越过盆地重复出现的样式。

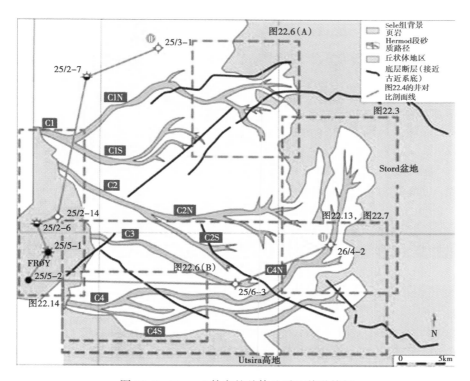

图 22.5　Hermod 外扇的总体地震地貌学特征

井剖面位置见图 22.4。四个主要供给水道标示 C1—C4，其分支以 N 标示北部，以 S 标示南部。绿色多边形显示侏罗系 Frøy 油田区域，其原始沉积样式由于严重的沉积后沉积物再活化作用无法识别

## 22.3.2　主要供给水道和其分支

术语供给水道在这里指从峡谷延伸到前缘扇体的部分。供给水道—前缘扇体的过渡与单数水道分开进入多个分支水道的地带一致，具有标志性的水道宽度和深度的减少（Posamentier 和 Kolla，2003）。这也是从限定性流体到非限定性流体的过渡带。

四个主要供给水道从西部进入研究区（属于计数，未考虑年代学，图 22.5 中的 C1—C4），从峡谷出口算大约 60km 距离，沿西 Shetland 台地的东部环带分布。其中三个分开进

入北部和南部分支（标示 C 为水道，N 为北部，S 为南部，例如图 22.5 的 C1 分开为 C1N 和 C1S），在下游方向又分开进入更加狭窄的水道（图 22.6）。水道宽度小于 0.5km，但可以追踪几十千米。所有识别出的水道显示极低的弯曲度（<1.1），但部分水道可以形成突然的拐弯（可达 90°）。水道分开可能产生水道的快速废弃，推测在部分位置新水道的初始会有几乎相似的宽度（例如决口）。在"y"形交叉口的角度（决口角度）是变化的，但在多数情况下小于 55°。主要供给水道的方向会向东或南东，但单一水道局部偏向北西。

主要水道分支在下游方向变狭窄。分支会很常见，复发的过程会延伸扇体和决口，似乎没有开始产生分支时那么频繁 [图 22.6（A）]。

一些北部和南部水道及其分支间的系统性差异可以被推测出来。首先，最显著的不同在于决口角度在最南部水道最低，而在最北部最高；其次，最北部水道在底层断层附近作了急转弯，分段跟随两个主要断层方向，显示在图中下伏地层上（即北西—南东和南西—北东方向）。

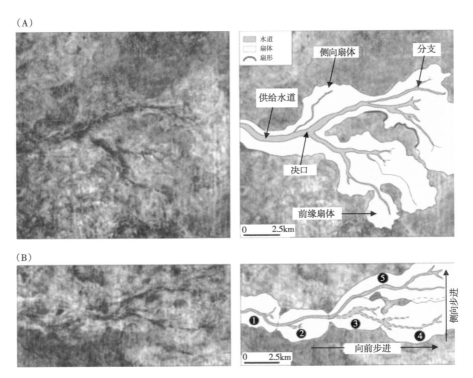

图 22.6 未解释（A）和解释过的（B）RGB 混合时间切片（10Hz、11Hz 和 13Hz）
（A）水道—扇体的关键地层单元；（B）一系列向盆地方向的步进瞬时扇体。水道上的虚线显示分段，由于决口已经废弃。在前缘扇体区域的重复沉积物区块，表示一系列沿不同路径的新水道延伸的决口。推测最年轻的决口点出现在更靠近上游，产生了侧向扇体的转换

水道和断层方向的联系提示，流体在盆地里遭遇了受底层断层控制的隐蔽阶梯。这些阶梯处的决口流向趋势更加靠北，尤其是在研究区北部。构造对砂体路径方向的控制在北东方向似乎最强（C1N）。例外的是在 C4N 的远端部分，受构造有影响，转向 Stord 盆地外侧北部。北部 C1 水道和南部 C4 水道可以被认为是流出长度和生长模型的终端部分，下面会进一步讨论。

## 22.3.3 构造对水道和扇体演化的控制

C1S 向左作了 90°拐弯（在下游方向），分开变成两个几乎平行的分支，靠近底层断层。两个分支平行于断层（即北东向）前进 4~6km。然后两个水道 90°转向右（即背向原先的方向），在断层附近终止。C1N 跟随相似模式，遭遇底层断层，但在北东方向出现分段，长度大于 10km（图 22.5）。前缘扇体以辫状带为特征，水道分支进入更加狭窄的分支水道下游，临近地震分辨率尺度，以辐射状指状分布[图 22.6（A）]。从水道分支起始点到终端扇体变薄到地震分辨率以下的距离是小于 3km。

C1S 分支特征的模式与整个南东向扇体进积的临时偏差有关，这是隐蔽的北东向海底凹陷所致。海底地形的断层构造到最年轻的远端分支重新变为南东向并向南东溢出时期可能可以忽略不计。一个相似的解释就是 Hermod 扇体逐渐向南东进积，被临时向北东偏移的断层中断，这也用于 C1N 水道的解释。前缘扇体带的较小尺度水道分支可能形成于沉积物的加积，这些沉积物在水道前缘沉积物演化时出现在水流分叉中。

## 22.3.4 前进和侧向步进的水道—扇体过渡带

越过地下图示断层的 C4N，显示了一系列水道和扇形前缘扇体，其排列出现前进—侧向步进的样式[图 22.6（B）]。决口位置位于前缘扇体的轴部，决口水道偏向扇体一侧。这个水道推测是最年轻的，可以从图 22.6（B）决口点明显追踪到外侧的 Stord 盆地（735km），这里向北转弯，在复杂的羽状水道化扇体处终止。C4N 显示在越过断层时没有偏移，说明其在水道取向上不受构造直接控制。水道可能在一系列不连续水流事件或连续脉冲式水流中步进式向东延伸。似乎前缘扇体加积形成了一个低幅隆起，使伸长的水道指向一侧（图 22.6 中的 1—4）。从水道口到扇体远端边缘距离短，说明一旦水流变为无限制状态沉积物就会快速沉积下来。小尺度的扇体显示，水道口不稳定，发生频繁迁移受控于快速变化的沉积凸起，而不是长期活动的盆地构造。水道发育于最大扇体生长期，代表砂体路径和 Hermod 扇体的最终最长发育长度。

## 22.3.5 到 Stord 盆地外侧通道的斜坡再调节

RGB 混合色定义的 C4S，以同样的蓝色作为 Sele 组的背景沉积物（图 22.4，图 22.6），在等时线图中 Sele 组变薄（图 22.7）。这可以从一些地震剖面中推断出来，变薄与临近 Sele 组顶界下方地震反射层的削截有关。估计在中心位置 C4S 大约 40m 深、1km 宽，从近缘到远端深度会减小，在 Stord 盆地远端水道可以供给到前缘扇体沉积（图 22.7）。北部水道在一些地方有扇贝状伤痕存在。

C4S 被认为是良好充填的水道下切。下切的起始可能在 Stord 盆地外侧基准面处于较深的洪泛时期。斜坡不平衡面跨过台阶到达外侧盆地，然后被侵蚀的台阶上游和下游的沉积作用愈合（Pirmez 等，2000）。

水道的侵蚀部分可能切入以前沉积的浊积体，扇贝形构造可以被解释为崩塌的伤痕，形成于水道边缘或溢岸单元，优先出现在北翼，在这里水道会侵蚀毗邻的 C4N 堤岸。另一种解释可能是巨大水槽的侵蚀痕（Elliot，2000）。可是，更多的几何学解释是困难的，因为本地区似乎受到沉积后的沉积物再活化作用影响，这发生在水道下切之后。主要侵蚀成因的支持来自毗邻 Sele 组顶地震事件削截反射层的观察[图 22.7（B）]。

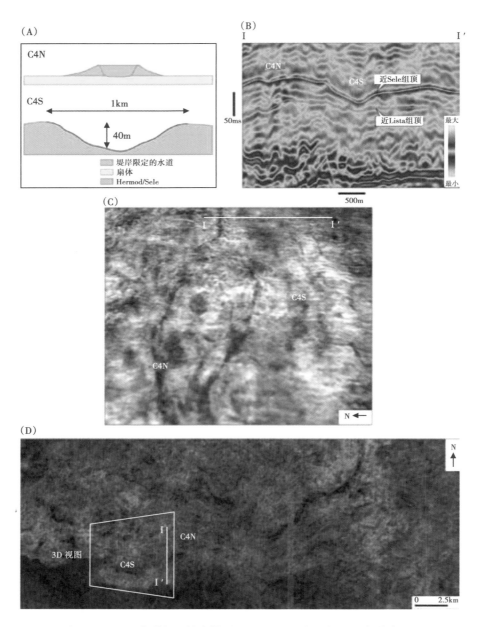

图 22.7 （A）对 C4N 和 C4S 水道解释的素描图；（B）过两个已解释出水道类型（C4N 和 C4S）的地震剖面；（C）三维 RGB 颜色图叠合等值线图 Z 值后的斜面观察（即等值线凸起图，可以看到正凸起代表厚层 Sele 组），推测水道 C4S 最为年轻，位置接近于北部 C4N 堤岸；（D）暖色调的等值线图代表厚层区域。C4S 水道是薄层的（蓝色），但向东依序排列到前缘扇体（黄色）。注意这个区域已经受到沉积后沉积物再活化作用的影响

## 22.3.6 堤岸限制的供给水道

供给水道令人信服的解释来自等时线图分离的水道形态加厚，这与高波阻抗事件有关（图 22.3）。这可以在 RGB 混合色图中被很好表达，进一步可以叠加到近 Sele 顶的时间—构

造图或 Sele 组等时线图（图 22.4，图 22.7）。水道形态的砂体 [图 22.7（C）的暗棕色]比其上覆的砂体要狭窄 [图 22.7（C）中浅棕色—发白区域]。Sele 组与供给水道相关的侧向厚度变化，可以用该区井 26/4-2 进行良好确定。清晰图像的水道顶对应于 47m 厚度砂岩段。在地震剖面上，顶反射层相当平坦，底反射层向上凹（图 22.8）。地震图显示，就整个 Sele 组在井位处页岩厚度而言，背景沉积物的厚度在钻井遇到的水道两侧是相似的（图 22.8）。Sele 组的最厚部分包含了水道，也有水道两侧近 Sele 组底部可见的较深席状地震反射层。岩石物理测井（图 22.4）显示，井 26/4-2 的水道序列是一段突出的以均质砂岩为主

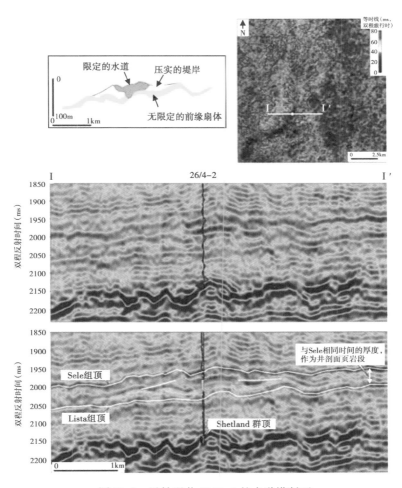

图 22.8 过钻遇井 26/4-2 的水道横断面

显示未标记的和解释过的地震剖面，顶部是等值线图。未标记地震剖面上的合成记录基于 20 Hz Ricker 子波。剖面被认为是穿过了堤岸水道覆盖的前缘扇体。分离的狭窄水道（图 22.3）具有向上凹的底部反射，但没有明显侵蚀到 Sele 组页岩，似乎在图中砂岩路径内外厚度不变。堤岸主要是细粒的，相对于背景沉积物没有清楚的声阻抗，扇体是薄层的，含有相关的碎屑岩（图 22.7）。注意前缘扇体通常在文献中以高振幅反射包（HARP）出现，堤岸常常被认为是"海鸥翅膀"，这是由于其在浅高频资料中的形态。相似的模型在 2 km 深度没有看到，也不应该看到，因为：（1）主要频率较低；（2）信噪比较低；（3）砂岩和页岩间的声阻抗在差异压实后较低；（4）由于砂岩和页岩的差异压实其几何形态改变了。因此，推测的前缘扇体不是高振幅反射包（HARP），而是薄层的相当模糊的反射层，堤岸也不是"海鸥翅膀"，而是倒塌的难以关联起特定地震顶底的事件。前缘扇体顶部反射仅仅可以从水道侧翼来推测

669

的层段，与上覆和下伏页岩具有突变的接触关系。

钻遇井 26/4-2 的供给水道可能是许多重力驱动流体的通道，演化过程包含了几次决口，最终重力流进入到外围的 Stord 盆地。关于重力流进入深水盆地的基准面反应（无论是通过决口还是延伸到外围盆地），在许多针对现代扇体的文献中都有所说明。已经发现，决口通常发育席状沉积物被堤岸水道覆盖的层序（Twichell 等，1996；Pirmez 等，2000；Kolla，2007）。

通过类比，井 26/4-2 钻遇的水道，以及具有相似特征的其他分离的狭窄供给水道，都是潜在的有堤岸供给水道。在候选的前缘扇体反射层之上，水道体升高的位置，结合 Sele 组页岩厚度几乎不变的特征，可以推测 Hermod 段的沉积不是明显侵蚀 Sele 组背景沉积物所致。如果水道完全受侵蚀限制，覆盖的 Sele 组会更薄。等值线图结合地震剖面（图 22.8），可以根据三方的结构单元组合进行解释，其水道的两侧是堤岸，上覆无限定扇体沉积。前缘扇体的解释得到水道反射以下的席状地震反射支持。堤岸的存在来自于 Sele 组等值线图的几何形态，结合前缘扇体之上水道的升高位置，以及现代类比中席状—堤岸水道序列中常常出现的特征。堤岸供给水道的原始几何形态被差异压实调整，具有更多富泥的堤岸，展示出最大的影响。

## 22.4 沉积相

井 25/6-3 是地震研究区唯一的 Sele 组取心井。本井钻遇两套 30m 厚的 Hermod 段砂岩。岩心包括最上部的年轻砂岩和上覆的 Sele 组页岩（图 22.9）。图像清晰的 500m 左右宽的弯曲水道（水道 C3），对应井 25/6-3 最老的 Hermod 段砂岩底部声阻抗的减少（图 22.9）。井中最年轻的砂岩也被解释为水道，因为：(1) 在 Sele 组顶地震图可以看到水道形态的低幅隆起，超出最老砂岩的厚度（图 22.10），水道的隆起因此产生于井 25/6-3 两套砂岩的综合影响；(2) 最年轻砂岩的底部反射具有向上凹的形态（图 22.10）；(3) 井 25/6-3 的岩心段和井 26/4-2 的测井段具有极为相似的测井曲线，而砂岩标定到了地震反射资料中明显的水道上。

下面的剖面描述了在井 25/6-3 中观察到的沉积相（图 22.11）。

### 22.4.1 Sele 组背景沉积物

Hermod 段的背景沉积物通过 Sele 组来定义（Brunstad 等，2009）。Sele 组广泛分布在北海，由泥岩和粉砂岩夹少量互层砂岩组成（Deegan 和 Scull，1977）。Sele 组上部在井 25/6-3 已经取心，它位于 Hermod 段厚层砂岩序列之上。岩心显示暗灰—黑色泥岩没有明显的生物扰动，与灰色粉砂岩纹层（<1cm 厚）互层，被解释为远洋和半远洋沉积，周期性被稀释但浊积的粉砂云沉积物中断，可能代表了远端或 Hermod 砂岩侧向沉积流体的尾部。黑色页岩是 Sele 组和 Balder 组沉积缺氧的诊断标志（Brunstad 等，2009）。明显切过页岩的薄层砂岩出现在部分位置（图 22.9），被解释为来自下伏 Hermod 段砂岩的注入体。

### 22.4.2 被页岩碎屑砾岩覆盖的砂岩

描述：这种沉积相包含细粒—中粒的米级砂岩单元，在整个 2m 最上部地层含有不同比例的页岩碎屑。3m 厚的序列底部是块状砂岩（1m 厚），没有明显的牵引构造，但有向顶部

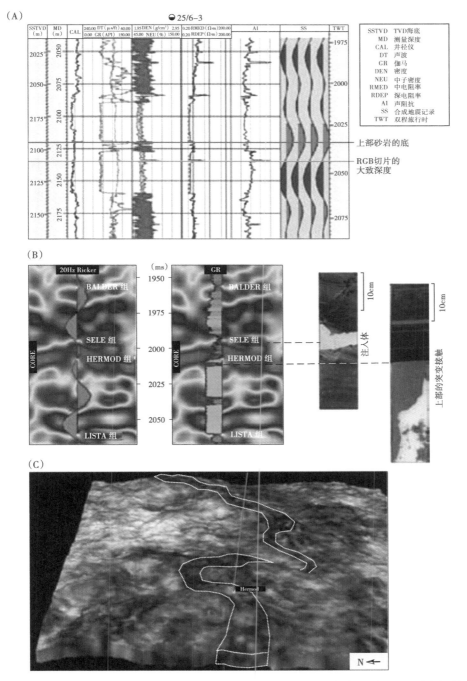

图 22.9 （A）井 25/6-3 的岩石物理测井，具有计算的声阻抗和合成地震记录。最年轻的 30m 砂岩底部对应声阻抗的增加，在合成地震记录上设立红色峰值。（B）两个过井 25/6-3 的理想地震井剖面，一个有合成地震记录，一个有伽马曲线。岩心位置显示在两个剖面中。岩心照片在右侧，其中左边为 3~5cm 厚度的注入体，位于 Sele 组顶附近，右侧为块状砂岩—暗灰色泥岩的突变过渡，位于井 25/6-3 最年轻的两个 30m 厚度砂岩段顶部。（C）一段弯曲的水道（水道 C3；图 22.5）显示，时间切片以 RGB 混合色在井 25/6-3 最老 30m 砂岩顶部位置，接近于 Hermod 组地震解释顶部

的超陡纹层。砂岩逐渐向分选极差的页岩碎屑带过渡。这个带上覆良好胶结的、页岩碎屑大小和丰度向上增加的层段。砂岩层顶部覆盖一层几厘米厚度的纹层。最大的页岩碎屑类型与其他岩心上看到的原地黑色页岩一致，被认为是典型的 Sele 组（Brunstad 等，2009）。大多数碎屑是 1~3cm 长，但一些碎屑超出 10cm 宽的岩心尺寸。有褶皱和微断层的粉砂质纹层可以在较大碎屑中被观察到。第二个页岩碎屑家族包含大多数为绿色和棕色的小角度碎屑（＜1cm）组合。

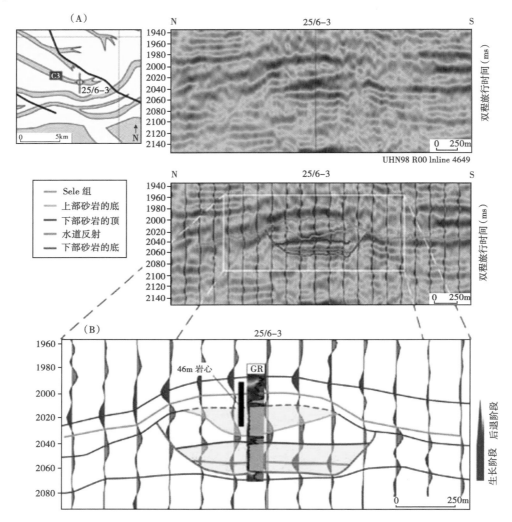

图 22.10 （A）过井 25/6-3 未解释和解释过的地震剖面。解释结果基于图 22.9 的井标定。标示水道反射的反射层对应 RGB 混合色图中弯曲的水道形态［图 22.9（C）］。注意剖面中地震反射的解释形成"眼睛"形态，穿过井 25/6-3 的 Hermod 段。"眼睛"和周围区域的解释厚度差值在 30~40ms 双程旅行时。井钻遇的两个 30m 厚度砂岩中的每一个都小于 25ms 双程旅行时，意味着"眼睛形态"是两个砂岩的综合效应。（B）聚焦于 Hermod 段的地震波形显示。伽马测井和井 25/6-3 岩心段标示在上面。将"眼睛形态"解释为两个 30m 厚度砂岩的水道复合体。最年轻的 30m 厚度砂岩底部［图 22.9（B）］对应向上凹的反射层。将水道复合体解释为形成于扇体生长阶段，将上覆的板状单元解释为与扇体后退阶段有关的沉积物

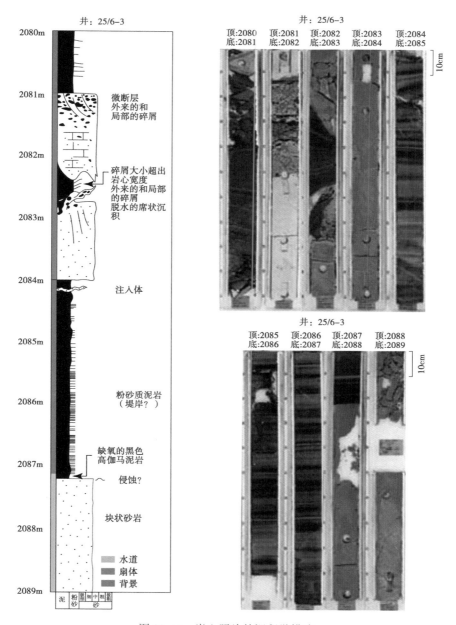

图 22.11 岩心照片的沉积学描述

岩心来自井 25/6-3，将其解释为在平面图中观察到的三个主要沉积单元的垂向代表（图 22.5）。在背景相组合中识别侧向（堤岸）和远端（扇体边缘）尾部的标准还没有建立，但具有丰富粉砂质纹层的层段代表了最有可能的堤岸沉积。也可以推测出缺氧的黑色页岩覆盖块状砂岩相代表了水道废弃阶段。黑色页岩对应高伽马读数，相似的峰值也出现在井 26/4-2 钻遇的水道顶部（图 22.4）。水道组合因此可以被解释出来，包括加积（砂质/水道充填），上游决口（黑色页岩/废弃），形成侧向新水道—第一次水道（粉砂质页岩/堤岸），或者两者择一，堤岸可能是在较宽广水道区内的内部堤岸（图 22.9）。岩心顶部的砂岩与 S2 扇体后退阶段有关（图 22.4），被解释为具有上覆碎屑流的底部浊流沉积。岩心宽度限制了大碎屑解释的可信度。两个变形的页岩大约在 2082.5m，被解释为两个不同尺寸的相似可见的碎屑。注意注入体和脱水的席状沉积，提示明显浊积岩/碎屑流沉积层的沉积后调整

解释与讨论：井 25/6-3 岩心段底部砂岩被解释为浊积岩层。内部脱水席和下面页岩中薄层注入体的存在提示，砂岩会在沉积后注入浊积岩中。上覆含页岩碎屑的砾岩被解释为碎屑流沉积。不同颜色的小碎屑可以与 Sele 组标志性的暗色页岩清楚区分开，这些页岩沉积在北海北部深部缺氧时期（Brunstad 等，2009）。因此彩色碎屑是盆地浅水有氧部分沉积物的侵蚀产物，或者来自缺氧时期之前沉积的老地层。

两种情况都说明沉积物经历了长距离搬运，碎屑依然保持棱角证明其是通过深侵蚀到岩化后的地层形成的撕裂屑。因此，更有可能的是，这些碎屑从深下切的供给峡谷至少搬运了 60km 以上。较大的碎屑侵蚀来自 Sele 组背景沉积物，在沉积物搬运过程中有变形。这些碎屑在流体中不一定移动很远。碎屑流的解释涉及的是原始沉积作用之前的沉积物搬运机制，不排除后来沉积物的再活化作用。沉积后软沉积物的变形是可能的，这基于对下面注入体的观察（图 22.11），一些局部的页岩碎屑可能在砂体注入时期从包住的页岩中拔出（Johansson 和 Stow，1995）。碎屑的大小和丰度会向顶部胶结最好的层段增加，这被解释为轻微湍流再改造的标志，这些碎屑自由移动并出现分选。最顶部的纹层沉积是低密度浊流的产物。

这些沉积相被解释为扇体边缘沉积，上覆于 S1—S2 的过渡带，这标志着扇体从生长到后退的转变（图 22.4，图 22.10）。水道—扇体过渡带被认为是在扇体后退阶段向陆地的叠加。井 25/6-3 钻遇在 S1 地震尺度水道的终点附近（图 22.5），上覆 S2 次级地震尺度砂岩单元，因此代表了更远端的相类型，沉积在扇体后退阶段。浊积岩和上覆碎屑流沉积同时系统地出现，已经在许多关于古代和现代海底扇的最外边扇体文献中提及。底部砂岩可能沉积在浊流中，成为碎屑流的先驱，在顶部沉积页岩碎屑的砾岩（Haughton 等，2003）。另一种解释是大碎屑和砂岩代表奇特的碎屑流沉积（Talling 等，2010）。

### 22.4.3 块状砂岩

描述：这一沉积相包含几十米厚度的砂岩，具有块状岩石物理测井曲线。在井 25/6-3 最上部（约 20m），地震上定义的水道砂岩（图 22.10）已经在岩心上得以确认（图 22.11）。岩心段包含了块状砂岩（即没有可见牵引构造的砂岩）。颗粒尺寸大多是细粒—中粒（有时为粗粒—极粗粒），颗粒为棱角状—次棱角状或次圆状，中等分选。没有观察到系统的垂向粒度尺寸趋势，但一些较粗的颗粒好像集中分布成滞留沉积。沉积构造常常看不到，可是微弱的碟状构造存在于一些地方。块状砂岩的上部边界是突变的，与上覆暗色页岩平行（图 22.9）。直接覆盖砂岩的页岩是暗色的，比起岩心其他部位见到的背景沉积物，可见少量伴生的粉砂质纹层。暗色页岩具有高伽马（GR）读数，相似的 GR 峰值也可以在井 26/4-2 无岩心段但图像很好的水道砂岩之上看到。

解释与讨论：对井 25/6-3 描述的块状砂岩类型进行过程解释是有困难的。近几年已提出了几种可能的针对这种块状深海砂岩的解释（Stow 等，1996；Nemec，1997；Baas，2004）。这些可能的解释包括高密度浊流下的沉积作用（Lowe，1982），沉积后由液化作用引起的均一化作用（Hiscott，1979；Duranti 等，2002；Duranti 和 Hurst，2004；Jonk 等，2005），以及砂质碎屑流的凝固作用（Shanmugam，1996；Shanmugam 等，1995；Marr 等，2001；Hiscott 等，1997）。在这里块状砂岩相被解释为高密度浊流沉积。沉积作用出现在水道中，主要基于地震地貌学（图 22.9，图 22.10）。砂岩之上的暗灰色高 GR 泥岩被认为是产生于水道的废弃，以缺氧环境的低沉积作用为特征。相似的 GR 曲线出现在井 26/4-2 钻遇的水道顶部。

砂岩缺少牵引构造可以被解释为有序牵引毯发育过程中没有足够的时间从悬浮作用快速析出的产物（Walker，1978）。普遍缺少垂向粒序归因于持续稳定流体下的沉积，一些地方观察到颗粒大小的细小变化可能与流体事件中增大或变小有关，或者与轻微差异的流体场交替流体沉积作用的合并有关（Kneller 和 Branney，1995；Kneller 和 McCaffrey，2003）。活动的 Congo 海底扇水道收集的合并块状砂岩岩心，最近被解释为沉积在水道底部的沉积物由于侵蚀和牵引作用再改造的结果，这一过程发生在浊流的底部（Babonneau 等，2010）。Hermod 段的岩心由一系列浊流的合并沉积物组成。这一解释也受水道和复杂的扇体支持，可以理解为一系列流体流过供给水道的产物。这些流体很可能在颗粒大小、密度和厚度上不完全一致，以至于参数的变化导致了沉积和与侵蚀有关的斜坡平衡剖面的调整（Kneller，2003）。剖面线的调整也可以由决口或流体遭遇构造控制的海底隆起幅度引发（Pirmez 等，2000）。因此很可能重复性幕式水道海底加积和侵蚀作用出现在这些水道的砂体沉积停止之前。每个浊积层会沉积一个泥盖（mud cap），但被随后的流体侵蚀。钻遇供给水道的最后浊流理论上可能属于过路，并侵蚀前期浊积体的顶部，这发生在悬浮细粒沉积之前（Baas，2004）。这些细粒沉积实际上混合在暗灰色页岩中，它以高 GR 读数直接处于砂质浊积层的顶部。从暗灰色页岩到含粉砂质纹层页岩的向上过渡可能代表了后期来自毗邻流体的溢出。

上部存在的与上覆页岩突变接触与沉积时颗粒尺寸范围狭窄有关，但是顶部缺少牵引构造确实令人困惑。Walker（1965）首次针对这种困惑开展了讨论，认为牵引毯（traction carpet）的冻结会引起主要细粒沉积物的过路。可是，正如 Baas（2004）所说，把上部突变到页岩（图 22.9）解释为浊流产物是有问题的，因为浊流在底形产生时必然会经过最终的减少阶段。如果含块状的顶层来自浊流沉积，它更有可能出现二次作用产生突变的上部接触，例如液化作用或侵蚀（Baas，2004）。

另一种解释就是井 25/6-3 的岩心段被液化。这种解释受在上覆页岩中识别出的注入体的支持（图 22.11）。沉积后的均一化既可以是"原地均一化"，也可以"整个砂体注入"（Hiscott，1979）。与上覆页岩突变接触，缺少原始沉积构造，上部页岩常见注入体，以及侧面陡的丘状几何形态都是注入层的一些典型特征（Jonk 等，2005；Hurst 和 Cartwright，2007；Huuse 等，2010）。可是，井 25/6-3 岩心整个几十米厚度层完全注入是不太可能的，因为缺少可以成图的丘状几何体，也存在未变形的高 GR 值页岩在砂体顶部。因此原地均一化是井 25/6-3 岩心缺少原始沉积构造的更好解释。

形成良好储层的块状砂岩缺少唯一解释，这在北海古新世是极为常见的，这构成了挑战。从地震尺度的观察中可以看出，这种砂岩类型会有许多不同的三维几何形态和形成模式。

## 22.5 砂岩再活化的复合体

地震地貌学显示了强烈的沉积后的沉积物再活化，在 Frøy 油田已经被识别出来，整个 Rogaland 群似乎都受到了影响。在 Balder 组，其以侵入的岩墙和岩床出现，被统一称为注入体（injectites）。在 Sele 组，沉积物再活化构造具有尖锐的边缘，标志着平面图上以下类型的突然变化（图 22.10—图 22.12）：（1）近 Sele 顶时间—构造图的海拔高度；（2）Sele 组等值线图；（3）Hermod 段的厚度（有井位证实）。图中类型 1—3 厘定低洼区的分离几何体被认为是凹陷，在平面上描述了形态（圆、椭圆和不规则）；图中类型 1 到 3 厘定高区的分离几何体被称为陡边的丘。下伏 Våle 组 Ty 段砂岩显示复杂的地震几何形态，具有通常倾斜的反射，在不同位置延伸入 Lista 组。Ty 段的扰乱趋向于出现在 Hermod 段丘的下面，这会在下面的解释中论述。

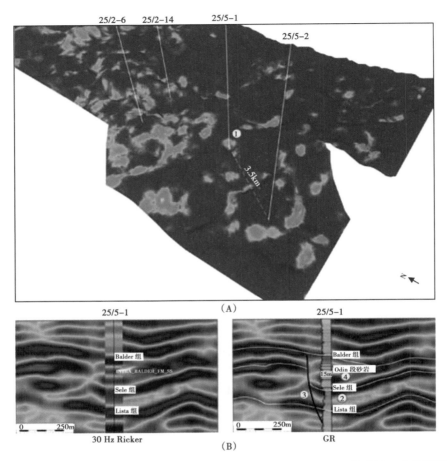

图 22.12 （A）倾斜三维边缘属性图叠加到自动追踪的 Sele 组顶时间—构造图。边缘属性是应用不同定量方法测定的倾角值和地震反射连续性的组合。绿色是边缘的目标显示。井 25/5-1 位于小的圆形凹陷中。（B）具有井标定和岩性充填 GR 曲线的地震测线，边缘图显示井 25/5-1 钻遇凹陷的 4 个关键特征：（1）圆形—椭圆形的平面图形态；（2）收缩的 Sele 组，没有 Hermod 段砂岩；（3）与拔高的肩有陡边的接触关系；（4）扩张的 Balder 组，具有超高声阻抗反射，代表 Odin 段砂岩

## 22.5.1 凹陷

井 25/5-1 钻遇一个小的次级圆形凹陷（约 200m 宽，40m 深），它与较大（>1km 宽）和具更不规则形态的盆地相连接，侧翼有陡边的丘（图 22.10，图 22.12）。这口井是研究区唯一在 Sele 组几乎没有砂岩的井（图 22.4）。过井地震剖面（图 22.12）清楚显示在近 Sele 顶的反射有一条断层。该断层把圆形凹陷与毗邻的丘分开。平的 Balder 内部地震反射叠加到过断层的 Sele 组顶部。Balder 组的平反射标定到约 15m 厚的砂岩，在井 25/5-1 上表现为块状测井曲线响应。倾角仪资料显示砂岩与位于其上下的凝灰岩层一致。目前对比显示这是研究区唯一的 Balder 组含有砂岩的井。井 25/5-1 钻遇的陡边凹陷显示 4 个关键特征（图

22.10），成为该区相似构造的典型：（1）圆形—椭圆形的平面图形态；（2）收缩的Sele组；（3）与抬升的肩有陡边的接触关系；（4）扩张的Balder组，具有超高声阻抗反射。Balder组的反射可以是平的、倾斜的或复杂的（图22.10，图22.11）。

与抬升的肩（或丘）有陡边接触关系的大多数地方是断层。一些断层在Balder组上面终止，一些在Horda组下部。

图上最小的凹陷是在平面上呈现次圆状，直径约200m（图22.13）。一些是孤立的，一些出现在微弱脊分隔的群中，其他形成有相邻脊的沟（图22.10，图22.11）。较大的凹陷显示更不规则的形态，面积大于2km²（图22.14）。

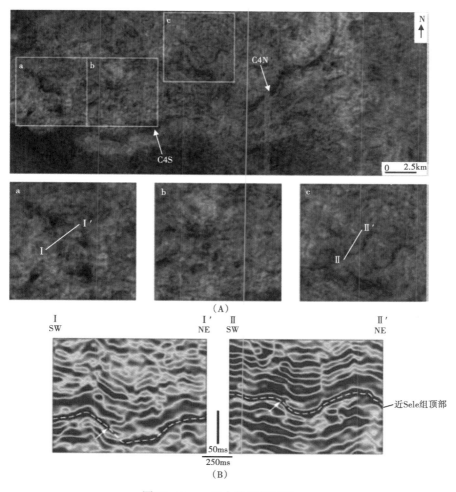

图22.13 一些小的圆状凹陷

(A) RGB混合时间切片叠加半透明的Sele组等值线图。暖色代表厚层区，冷色代表薄层区。参见水道C4N和C4S。小的圆形凹陷可以排列，形成有相邻脊的沟（a）。地震剖面显示相邻的脊，或二维剖面上拔高的肩，箭头指向近Sele顶反射的坡折处，其Balder的注入体被认为演化至此。小的圆状凹陷也分布得更加随机，被更狭窄的脊分隔（b）。实例c是单一孤立出现的凹陷，尺寸相似，与井25/5-1中的凹陷具有相同的4个特征（图22.12）。(B) Sele组顶部的地震剖面显示，注入体出现在两个凹陷的边缘。箭头指向近Sele顶反射的坡折处，可能具有来自坡折的注入体

677

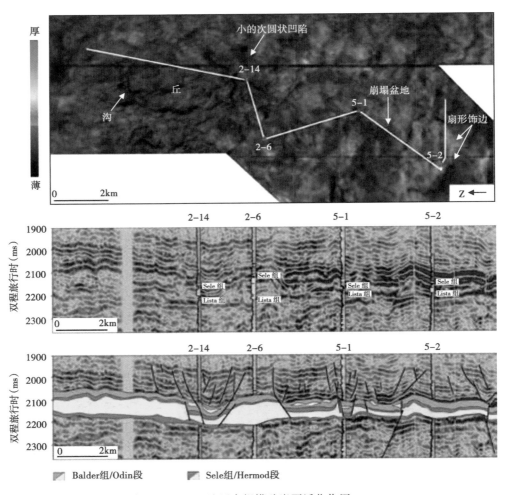

图 22.14 Frøy 地区大规模砂岩再活化作用

在 Sele 组等值线图和地震剖面上很明显。该区可以划分出砂体撤空区和砂体注入带。在 Hermod 砂体中产生的断层和在 Horda 组泥岩中终止的断层都可以在这两个带之间的边界局部观察到。这些断层被认为形成于砂体撤空时期顶棚的崩塌。井 25/5-1 的 Hermod 砂体已经撤空到丘中,因此反馈到上覆的过顶棚崩塌断层的 Balder 组,叠加 Hermod 到 Balder 上

## 22.5.2 陡边丘

陡边丘具有次圆状—不规则形态,至少在一侧以沟或不规则凹陷为边界。最大的丘面积大于 $5km^2$,具有一个比毗邻凹陷最深处高出 100m 以上的脊。钻遇 Hermod 段的类似井(例如井 25/2-6)会钻遇不规则和具有复杂形态几何体的丘。井 25/2-6 钻遇 140m 纯净砂岩,具有少量夹层页岩(图 22.4),成为研究海底扇的良好去处,在 Sele 组它具有最高的砂岩净毛比(来自 29 口评价井;图 22.15)。与伸长的丘毗邻的沟在一些地方可以被看见,代表较小的圆形凹陷的集结(图 22.13)。地震的边缘属性提示小的圆形凹陷也可以定义出大型砂岩注入体丘的陡边(图 22.12)。应用边缘属性探查的圆形凹陷的集结容易被误当成等值线图中的扇形(对比井 25/5-2 钻遇的构造;图 22.12,图 22.14)。

## 22.6 解释

在广泛的 Hermod 砂体路径中缺少在小圆形凹陷中井 25/5-1 钻遇的 Hermod 段（图 22.2），说明凹陷代表了沉积后砂体撤空区。其与脊或陡边的丘紧密相联说明了成因上的关系，最明显的解释就是 Hermod 砂体从凹陷侧向搬运到丘，导致 Sele 组净毛比异常高的砂岩含量（即井 25/6-1；图 22.15）。大尺度的一些分离凹陷或崩塌盆地，和大量累积的小圆形凹陷（图 22.12），进一步说明砂体的侧向移动对丘的生长非常重要。砂体从凹陷到丘可能的侧向搬运也在丹麦 Cecilie 油田提到过，那里的岩心和诊断性的锆石层用于支持这一解释（Hamberg 等，2007）。

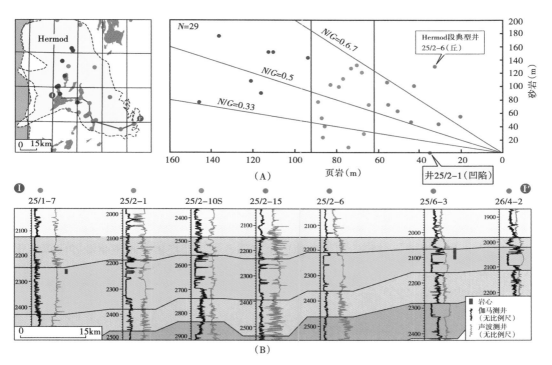

图 22.15　（A）Hermod 段平面图分布（图 22.1），井的颜色编码依据右侧厚度参数交会图中的位置。显示在页岩厚度（泥岩、粉砂岩、少量凝灰岩和石灰岩）与砂岩厚度之间缺少统计意义上的联系。图中蓝色趋势的井位于 Hermod 扇体的近源或轴部，含有厚层 Sele 组，低净毛比砂岩含量。对比一下红色井，都位于 Hermod 扇体的远端部分。推测的砂体撤空是从井 25/5-1，注入是在井 25/2-6（图 22.13），与图中 Hermod 扇体其他井对比明显有异常。（B）选择的井是从近源到远端，对应从西部 Shetland 台地区的沉积物物源。主要的砂岩脉冲曲线用岩石物理测井显示，包含了 Våle 组（Ty 段砂岩）、Sele 组（Sele 段砂岩）、Balder 组（Odin 段砂岩）和 Horda 组（Frigg 段砂岩）。岩石物理测井不能区分出层状砂岩—页岩序列，还是有大型页岩碎屑的砂岩，在部分井中看到的锯齿状测井曲线可能是正粒序砂岩含泥盖所致（井 25/1-7 岩心观察），或页岩碎屑砾岩（井 25/6-3 岩心观察）

Balder 组的注入体被认为是产生于丘肩（mound shoulder），越过叠加在丘状砂体的断层，进入 Balder 凝灰岩剖面。这种解释是基于观察到丘肩处近 Sele 组顶坡折上有普通成因的平层、倾斜或复杂反射。从 Sele 组内部丘体注入到 Balder 组也有描述，并在 Balder-Ringhorne 地区识别出来，大约在 Frøy 南 50 km（Wild 和 Breidis，2010）。

丘体生长的时间限定在由 Hermod 砂体沉积定义的窗口期（因为这被认为是母层），断层向上的终止是在丘体的陡侧（因为这确定了丘体形态）。如果断层在差异压实早期仍处于活动的，那么时间就是未知的，砂体注入到丘体后，被砂体注入的丘体生长时间的窗口因此可能会较狭窄。可是，Balder 凝灰岩中的注入体处于沉积后砂体再活化阶段，不会老于 54Ma。

从上面分析和凹陷、丘体和注入体常常共同出现可以看出，其成因是相关的。参考过去关于极相似丘体的工作（Hamberg 等，2007），认为丘体主要形成于 Hermod 砂体的侧向移动（可能会有 Ty 砂体的部分贡献）。陡边丘体上的断层可能起始于砂体的撤空，进一步被丘体生长和后来的沉积后压实加强。并列在丘体超压砂体的断层具有正向压力的 Balder 凝灰岩和上盘的凝灰岩，是注入体的优先地带（而不是垂向上破坏通过较老的 Sele 组顶部泥岩）。Wild 和 Breidis（2010）提出，流体从下伏构造的注入可能成为砂体再活化的引发机制，形成 Balder-Ringhorne 地区的丘体。流体的注入可以提供驱动大尺度砂体再活化的必要超压（Duranti，2007），Frøy 丘体下面的侏罗纪构造中存在油气可以解释为什么变形在这一地区最为强烈。可以猜测，目前实例中流体相是天然气，生物气和热成因气是可能的，因为从毗邻地区运移到该区的气源在白垩纪就已经成熟。

Frøy 丘体下面较老 Ty 段的干扰可能与同一路径的流体注入有关，流体供给到 Sele 组和 Balder 组。来自 Ty 段的砂体向上注入（Hurst 等，2003）到 Hermod 段也是可能的，因为常常出现 Hermod 段丘体下方 Ty 段的干扰，这些丘体可能是垂向和侧向砂体移动的综合作用所致。

圆状凹陷可能是以麻点为起始，在 Hovland 和 Judd（1988）提到的相似层序事件中产生。当 Hermod 储层被 Sele 组页岩覆盖时麻点开始产生，但连续的页岩和 Balder 灰层沉积实际上盖住了火山口。随后沿路径渗漏的气体产生了麻点，从而提供了超压驱动砂体再活化的机制，这被解释为发生在 Balder 凝灰岩沉积之后。从侧翼的砂体撤走形成丘体，向丘体中心再沉积（Brooke 等，1995）。

## 22.7　地震研究区以外的 HERMOD 段

对于 Hermod 扇体的近源部分，详细的砂体路径地震图像还没有得到（即图 22.2 显示的地震研究区以外）。研究区与 Hermod 扇体其余部分的对比主要基于井资料的分析和对比。

### 22.7.1　岩石物理测井的砂岩和页岩厚度

井与井之间砂岩和页岩层的数量和厚度变化很大（图 22.4，图 22.13），整个扇体尺度的砂岩和泥岩含量不能被很好地对比。Sele 组井中整个砂岩和页岩含量之间缺少可对比性，意味着两个变量之间没有扇体尺度的成因联系。砂体集中到水道、陡边丘体和扇体的机制不同于泥岩分布于整个盆地的机制。泥岩段厚度逐渐变化，趋向于在不对称 Viking 地堑的可容空间消失方向向东减少。

在整体向东变薄的三级扇体旋回内砂岩含量高度变化，与 RGB 混合色图表现的复杂砂体框架几何形态一致（图 22.4）。页岩—砂岩厚度统计强调了存在分离的和局部的砂体路径，进一步说明 Hermod 扇体含有限定性侧向范围的多个水道—扇体组合，这与盆地范围的扇体特征吻合，表现为砂岩层侧向突变的数量和厚度（图 22.4）。

通常观察到的扇体从近源到远端部分净毛比砂岩含量趋势是增加的。这最有可能与以近源过路水道为主过渡到以远端扇体沉积为主有关（Piper 和 Normark，2001）。可是，在井 25/2-6 砂岩厚度出现异常，被解释为是砂岩注入的原因。实例中的砂体被认为是从井 25/5-1 钻遇的地区被撤空（图 22.13）。

### 22.7.2　为什么以纯净砂岩为主的 Hermod 段单元被泥岩突然覆盖

中扇—外扇所有井的主要岩性是纯净砂岩，以块状伽马测井曲线为特征，具有平滑和几乎为常数的低读数，而其上下的页岩突变为高读数（图 22.4）。块状测井曲线确定了砂岩单元有几十米厚度，其岩石物理测井特征反映出在井的位置占总 Sele 组厚度的 40%～80%。这一厚层块状砂岩单元明显被以泥岩为主的小于 10m 的层段分隔。1—3 块状砂岩层（>10m 厚）出现在每口井，主要在 Sele 组较老的 S1 部分（图 22.4）。高的砂岩比例和与上覆泥岩突变接触不是目前研究井的特点，但它是整个北海 Hermod 段的普遍特征（Brunstad 等，2009）。

通过与现代扇的类比，发现在搬运过程中砂泥可以被隔离，在水道和前缘扇体中砂体趋于集中（Piper 和 Normark，2001），可能随时间推移足够的泥被平流输送，而流体到达外扇从而沉积了纯净砂岩（Peakall 等，2000）。

Lopez（2001）认为，混合载荷输入到 Amazon 海底水道，分隔后细粒建造了堤岸，粗粒物质被限制性增加到水道轴，最终产生了水道的纯净砂岩，细粒的泥质和粉砂质形成堤岸。这一争议在 Zaire（Congo）海底扇研究中被再次重复（Droz 等，2003），把有堤岸水道描述为"强大的砂岩工厂，可以从混合载荷中携带、分隔和清洁砂体"。值得注意的是，从井 25/6-3 岩心中看到的垂向相层序非常类似于活动的 Congo 浊积水道的侧向相变，水道从峡谷向盆地延伸了大约 200km（Babonneau 等，2010）；块状无构造的中粒—细粒砂岩发现于 Congo 水道轴部，泥—粉砂序列发现于堤岸。

对 Hermod 组作堤岸水道的解释，说明相似的分隔过程产生了均一化砂，这是 Hermod 的典型特征（图 22.8）。井中观察到从块状砂岩到泥岩的垂向岩性突变可能与分离水道的快速废弃有关，其前缘扇体让位于深海页岩。这种解释可以认为丰富的纯净砂岩不仅仅出现在水道，也可是再活化的沉积物。在注入体和陡边丘体中看到的纯净砂岩最有可能直接从母层而来，在再活化时期没有明显的其他砂岩均一化作用出现。例如，在井 26/4-2 钻遇的水道含有与井 25/2-6 钻遇的陡边丘体同样的纯净砂岩。

井 25/6-3 岩心的垂向相序可以解释为水道--堤岸组合，其块状砂岩代表水道轴，上覆的暗色页岩代表上游决口和废弃，粉砂—泥层代表毗邻水道的侧向堤岸溢出（图 22.11）。砂岩和页岩厚度和层数的极大不同可以从扇体看出（图 22.4，图 22.13），这提供了决口和扇体转换产生层序的证据，其明显形成了长期异旋回模式的随机印记，包括旋回的起始、生长和后退。

## 22.8　意义

来自现代体系地震尺度露头和详细图像的研究，缩小了古代和现代海底扇观察尺度之间的差距。这些体系的复杂性已经在许多论文中被论述，但是地震分辨率的限制使得其与深埋藏海底扇难以对比。在现在的论文中，良好的地震图像促使识别出隐蔽的几何体，但通常不能识别深埋藏的海底扇，因此怎么强化地震图像的实例可以加强地下体系和其类比之间的联系。

现在海底扇水道通常具有发育良好的堤岸，堤岸可以作为古代露头序列重要构成部分加以识别（Walker，1985；Fergusson 等，1989；Di Celma 等，2011），但是它们很少会在深埋藏的地下扇体中被观察到。有堤岸水道、决口和扇体转换层序的解释，说明发生强烈的自旋回印记，叠加在长期异旋回模式的扇体起始、生长和后退上。而且，提出砂岩和水道之间的紧密联系，正好与砂岩席大面积均一分布的观点相反，对侧向连续的油气储层潜力分析具有重要意义。

砂体可能主要集中于受自旋回控制的、堤岸限定的水道。有限范围的前缘扇体是一个重要的考虑方面，其可以评估油气运移、圈闭和储层性质。同样地，水道底部的侵蚀和分离砂体路径的合并，可能对评估分离砂体路径的储层连通性非常重要。沉积后砂体再活化也对储层预测很重要，因为注入体在许多情况下会是砂体路径之间的唯一通道。对可能的流体移动路径关系和变形构造连接单元的了解，会有助于了解储层中的油气性质。砂体撤空构造的认识也十分重要，因为这些凹陷可以指示其他优质砂岩储层中的非储层碎片。

砂体格架的基本建造块体被认为是具有联通扇体、注入体和陡边丘体的水道。堤岸会有高泥岩—粉砂含量，可以从扇体外部的低密度浊流远端尾部加以识别。决口过程产生了水道和扇体的复杂叠加，被水道内部沉积相披盖。与构造上古海底建立的尼克点头部侵蚀有关的下切，其标志也已经被讨论过（水道 C4S，图 22.7）。这种下切会侵蚀毗邻水道的堤岸，后期从侵蚀通道向沉积水道演化。这一过程可能会促进水道—扇体组合的侧向联通。

对陡边丘体和堤岸水道几十米纯净砂岩垂向序列的观察，主要聚焦于预测控制井以外砂岩几何形态的不确定性。具有优质储层的厚层砂岩，显示多方面的三维形态，仅仅满足于使用有条件的三维地震资料情况下。本项研究的发现反映出使用了量身定做的地球物理工作流程，综合了岩心（井）的资料包，在目标层段得以完成砂岩几何体的最优可视化。

## 22.9 结论

地震地貌学和沉积相研究的结合，使得本项研究得出如下结论：

（1）使用三维地震资料的综合地球物理技术产生了一些沉积过程的地貌学标志，这在现代海底扇和露头研究是已知的，但在深埋藏的古代扇体很少观察到。这些地貌包括有堤岸水道、决口、辫状前缘扇体和麻点。

（2）区域倾角和扇体生长的整体方向是向南东方向的，主要受控于分段的 Viking 地堑张性转化带的构造。扇体以步进方式演化，跟随 Viking 地堑的构造，被短暂的水道偏向北东而中断。偏离区域进积趋势说明瞬时的限制具有轻微的受构造控制的等深特征。

（3）频繁决口的证据表明，仅仅部分外扇在一定时期是活跃的。砂岩出现在扇体活跃部分，而背景沉积主要是含粉砂泥岩，出现在非活跃地区。扇体最远端的南东部分仅仅在扇体生长阶段（最大）活跃，而最近源的研究区北西部分在起始、生长和后退阶段都活跃。

（4）突然的水道转弯、宽广的决口角度以及大而复杂的前缘扇体都与构造限制的砂体路径有关。北东方向构造限定的加积以决口最终结束，把水道指向区域上的南东倾角方向。流入和流出限定区域的水流方向因此成 90°，不同于限定区域内部的水流方向。转弯伴随有突然的弯度，或者说宽广的决口角度。无限定的水道穿过底层断层，趋于形成频繁的低角度决口，产生于水道—扇体过渡带，是斜坡对前缘扇体一侧的坡度优势的响应。

（5）流体进入外围 Stord 盆地较深海底的基准面时，开始愈合头部侵蚀导致的斜坡坡折，形成向盆地方向的扇体沉积。斜坡不平衡进一步被堤岸限定的水道在前缘扇体之上的加积所愈合。

（6）决口和扇体的转换导致水道—前缘扇体组合的复杂叠置，常常被背景沉积物覆盖，沉积在废弃的扇分支之上。水道底部的合并和侵蚀可能促进了不同水道—扇体组合的连通。岩心分析的和从丘体异常砂岩厚度推测的注入体，可以连通砂体，否则会被页岩分隔。

（7）具有沉积后的沉积物再活化大型构造的地区已经编制在 Frøy 油田区的平面图中。Sele 组的变形表现为被断层分隔的丘体和凹陷。Hermod 类型的井（例如 25/2-6）位于丘体上，而井 25/5-1 是凹陷的"类型井"。

（8）严重的沉积后沉积物再活化位于 Frøy 油田，出现在早始新世，可能是气体渗漏到块体麻点坑所致。

（9）纯净砂岩出现在水道、扇体、注入体和陡边丘体。纯净砂岩和均一化砂岩的丰度归因于原始沉积能力，即供给水道提供到研究区的情况。纯净砂岩的沉积后再活化，其假设条件为变形的起因是气体从深部地层逃逸到海底。

## 致谢

非常感谢 Per Øyvind Seljebotn 和 Snorre Heimsund 在本项研究早期阶段的贡献。感谢 Ellen Lindland 对论文插图的编制和技术建议。感谢 Erik Imsland Wathne 与我们分享 Greater Frigg 地区部分尚未发表的资料，以及部分相关岩心的启发性讨论。感谢 Det Norske Oljeselskap, Bayerngas Produksjon Norge 和 Faroe Petroleum Norge 允许发表来自挪威生产区块 414 的地震资料，和该区几年工作的许多成果讨论。感谢挪威能源公司提供对 Hermod 扇的研究机会。审稿专家 Trevor Elliot, Massimo Dall'Asta 和 Jonathan Wonham 提供了建设性的意见并完善了手稿，一并致谢。

## 参 考 文 献

Ahmadi, Z., Sawyers, M., Kenyon-Roberts, S., Stanworth, B., Kugler, K., Kristensen, J. B. and Fugelli, E. (2003) Palaeocene stratigraphy. In: *The Millenium Atlas*: *Petroleum Geology of the Central and Northern North Sea* (Eds D. Evans, C. Graham, A. Armour and P. Brathurst) pp. 235-259. Geological Society, London.

Baas, J. H. (2004) Conditions for formation of massive turbiditic sandstones by primary depositional processes. *Sed. Geol.*, 166, 293-310.

Babonneau, N., Savoye, B., Cremer, M. and Bez, M. (2010) Sedimentary architecture in meanders of a submarine channel: detailed study of the present Congo turbidite channel (Zaiango Project). *J. Sed. Res.*, 80, 852-866.

Bergslien, D. (2002) Balder and Jotun-two sides of the same coin? A comparison of two Tertiary oil fields in the Norwegian North Sea. *Petrol. Geosci.*, 8, 349-363.

Blikeng, B. and Fugelli, E. (2000) Application of results from outcrops of the deep water Brushy Canyon Formation, Delaware Basin, as analogues for the deep water exploration targets on the Norwegian Shelf. In: *GCSSEPM Foundation 20th Annual Research Conference*, *Deep-Water Reservoirs of the World* (Eds P. Weimer, R. M. Slatt, J. Coleman, N. C. Rosen, H. Nelson, A. H. Bouma, M. J. Styzen and D. T. Lawrence) *GCSSEPM Spec. Publ.*, **15**, 61–81.

Brooke, C. N, Trimble, T. J. and Mackay, T. A. (1995) Mounded shallow gas sands from the Quaternary of the North Sea; analogues for the formation of sand mounds in deep water Tertiary sediments? In: *Characterization of Deep Marine Clastic Systems* (Eds A. J. Hartley and D. J. Prosser) *Geol. Soc. Spec. Publ.*, **94**, 95–101.

Brunstad, H., Gradstein, F. M., Vergara, L., Lie, J. E. and Hammer, Ø. (2009) *A Revision of the Rogaland Group*, *Norwegian North Sea*. Norwegian Stratigraphic Lexicon.

de Boer, W., Rawlinson, P. B. and Hurst A. (2007) Successful exploration of a sand injectite complex: Hamsun prospect, Norway Block 24/9. In: *Sand Injectites: Implications for Hydrocarbon Exploration and Production* (Eds A. Hurst and J. Cartwright), AAPG Mem. 87, 65–68.

Deegan, C. E. and Scull, B. J. (1977) A standard lithostratigraphic nomenclature for the Central and Northern North Sea. Inst. Geol. Sciences, Rep. 77/25, 36 pp.

Di Celma, C. N., Brunt, R. L., Hodgson, D. M., Flint, S. S. and Kavanagh, J. P. (2011) Spatial and Temporal Evolution of a Permian Submarine Slope Channel–Levee System, Karoo Basin, South Africa. *J. Sed. Res.*, **81**, 579–599.

Dixon, R. J. and Pearce, J. (1995) Tertiary sequence stratigraphy and play fairway definition, Bruce–Beryl Embayment, Quadrant 9, UKCS. In: *Sequence Stratigraphy on the Northwest European Margin* (Eds R. J. Steel, V. L. Felt, E. P. Johannesen, and C. Mathieu), *Norw. Petrol. Soc. Spec. Publ.*, **5**, 443–469. Elsevier, Amsterdam.

Droz, L., Marsset, T., Ondreas, H., Lopez, M., Savoye, B. and Spy–Anderson, F.–L. (2003) Architecture of an active mud–rich turbidite system: The Zaire Fan (Congo–Angola margin southeast Atlantic): Results from ZaıAngo 1 and 2 cruises. *AAPG Bull.*, **87**, 1145–1168.

Duranti, D. (2007) Large–scale sand injection in the Palaeogene of the North Sea: Modeling of energy and flow velocities. In: *Sand Injectites: Implications for Hydrocarbon Exploration and Production* (Eds A. Hurst and J. Cartwright), AAPG Mem. 87, 129–139.

Duranti, D. and Hurst, A. (2004) Fluidisation and injection in the deep–water sandstones of the Eocene Alba Formation (UK North Sea). *Sedimentology*, **51**, 503–529.

Duranti, D., Hurst, A., Bell, C., Groves, S. and Hanson, R. (2002) Injected and remobilised Eocene sandstones from the Alba Field, UKCS. core and wireline log characteristics. *Petrol. Geosci.*, **8**, 99–107.

Elliot, T. (2000) Megaflute erosion surfaces and the initiation of turbidite channels. *Geology*, **28**, 119–122.

Fergusson, C.–L., Cas, R. A. F. and Stewart, I. R. (1989) Ordovician turbidites of the Hotham Group, eastern Victoria; sedimentation in deepmarine channel–levee complexes. *Aust. J. Earth Sci.*, **36**, 1–12.

Gardner, M. H. and Borer, J. M. (2000) Submarine channel architecture along a slope to basin profile, Brushy Canyon Formation, West Texas In: *Fine–grained turbidite systems* (Eds A. H. Bouma and C. G. Stone), AAPG Mem., **72**, 195–213.

Gardner, M. H., Borer, J. A., Melick, J. J., Mavilla, N., Dechesne, M. and Wagerle, R. N.

(2003) Stratigraphic process-response model for submarine channels and related features from studies of Permian Brushy Canyon outcrops, West Texas. *Mar. Petrol. Geol.*, 20, 757–787.

Hadler-Jacobsen, F., Johannessen, E. P., Ashton, N., Henriksen, S., Johnson, S. D. and Kristensen, J. (2005) Submarine fan morphology and lithology distribution: a predictable function of sediment delivery, gross shelfto-basin relief, slope gradient and basin topography. In: *Petroleum Geology: North-West Europe and Global Perspectives* (Eds A. G. Doré and B. A. Vining), *Petrol. Geol. Conf. Series*, 6, 1121–1145.

Hamberg, L., Jepsen, A.-M., Ter Borch, N., Dam, G., Engkilde, M. K. and Svendsen, J. B. (2007) Mounded structures of injected sandstones in deepmarine Palaeocene reservoirs, Cecilie Field, Denmark. In: *Sand Injectites: Implications for Hydrocarbon Exploration and Production* (Eds A. Hurst and J. Cartwright), AAPG Mem. 87, 69–80.

Hardt, T., Holtar, E., Isaksen, D., Kyllingstad, G., Lervik, K. S., Lycke, A. S. and Tonstad, K. (1989) Revised Tertiary lithostratigraphic nomenclature for the Norwegian North Sea. In: *A Revised Cretaceous and Tertiary Lithostratigraphic Nomenclature for the Norwegian North Sea* (Eds D. Isaksen and K. Tonstad), *Norw. Petrol. Direct. Bull.*, 5, 45–46.

Haughton, P. D. W., Barker, S. P. and McCaffrey, W. D. (2003) Linked debrites in sand-rich turbidite systems – origin and significance. *Sedimentology*, 50, 459–482.

Hiscott, R. N. (1979) Clastic sills and dykes associated with deep-water sandstones, Tourelle formation, Ordovician Quebec. *J. Sed. Petrol.*, 49, 1–10.

Hiscott, R. N., Pickering, K. T., Bouma, A. H., Hand, B. M., Kneller, B. C., Postma. G. and Soh, W. (1997) *Basin-floor fans in the north sea: sequence stratigraphic models vs. sedimentary facies: discussion. AAPG Bull.*, 81, 662–665.

Hovland, M. and Judd, A. G. (1988) *Seabed Pockmarks and Seepages. Impact on Geology, Biology and Marine Environment.* Graham & Trotman, London.

Hurst, A. and Cartwright, J. (2007) Relevance of sand injectites to hydrocarbon exploration and production, In: *Sand Injectites: Implications for Hydrocarbon Exploration and Production* (Eds A. Hurst and J. Cartwright), AAPG Mem. 87, 1–19.

Hurst, A., Cartwright, J. and Duranti, D. (2003) Fluidization structures produced by upward injection of sand through a sealing lithology. In: *Subsurface Sediment Mobilisation* (Eds P. Van Rensbergen, A. J. Maltman and C. K. Morley). *Geol. Soc. Spec. Publ.*, 216, 123–137.

Huuse, M., Cartwright, J., Hurst, A. and Steinsland, N. (2007) Seismic characterization of large-scale sandstone intrusions. In: *Sand Injectites: Implications for Hydrocarbon Exploration and Production* (Eds. A. Hurst and J. Cartwright), *AAPG Mem.* 87, 21–35.

Huuse, M., Jackson, C. A.-L., Rensbergen, P. v., Davies, R. J., Flemings, P. B. and Dixon, R. J. (2010) Subsurface sediment remobilisation and fluid flow in sedimentary basins: an overview. *Basin Res.*, 22, 533–547.

Jacka, A. D., Beck, R. H., Germain, L. C. S. and Harrison, S. C. (1968) Permian deepsea fans of the Delaware Mountain Group (Guadalupian), Delaware Basin. In: *Permian Deepsea Fans of the Delaware Mountain Group* (Ed. B. A. Silver), *SEPM Permian Basin Spec. Publ.*, 68-11, 49–90.

Johansson, M. and Stow, D. A. V. (1995) A classification scheme for shale clasts in deep water sandstones. *Geol. Soc. Spec. Publ.*, 94, 221-241.

Johnson, S. D., Flint, S., Hinds, D. and Wickens, H. De V. (2001) Anatomy, geometry and sequence stratigraphy of basin floor to toe of slope basin turbidite systems, Tanqua Karoo, South Africa. *Sedimentology*, 48, 987-1023.

Jonk, R., Hurst, A., Duranti, D., Parnell, J., Mazzini, A. and Fallick, A. E. (2005) Origin and timing of sand injection, petroleum migration and diagenesis in Tertiary reservoirs, south Viking Graben, North Sea. *AAPG Bull.*, 89, 329-357.

Kneller, B. (2003) The influence of flow parameters on turbidite slope channel architecture. *Mar. Petrol. Geol.*, 20, 901-910.

Kneller, B. and Branney, M. J. (1995) Sustained high-density turbidity currents and the deposition of thick massive sands. *Sedimentology*, 42, 607-616.

Kneller, B. and McCaffrey, W. (2003) The interpretation of vertical sequences in turbidite beds: the influence of longitudinal flow structure. *J. Sed. Res.*, 73, 706-713.

Kolla, V. (2007) A review of sinuous channel avulsion patterns in some major deep-sea fans and factors controlling them. *Mar. Petrol. Geol.*, 24, 450-469.

Lopez, M. (2001) Architecture and depositional pattern of the Quaternary deep-sea fan of the Amazon: *Mar. Petrol. Geol.*, 18, 479-486.

Lowe, D. R. (1982) Sediment gravity flows: II: Depositional models with special reference to the deposits of highdensity turbidity currents: *J. Sed. Petrol.*, 52, 279-297.

Marr, J. G, Harff, P. A., Shanmugam, G. and Parker, G. (2001) Experiments on subaqueous sandy gravity flows: The role of clay and water content in flow dynamics and depositional structures. *Geol. Soc. Am. Bull.*, 113, 1377-1386.

Milton, N. and Dyce, M. (1995) Systems tract geometries associated with Early Eocene lowstands, imaged on a 3D seismic dataset from the Bruce area, UK North Sea. In: *Sequence Stratigraphy on the Northwest European Margin* (Eds R. J. Steel, V. L. Felt, E. P. Johannesen and C. Mathieu), *Norw. Petrol. Soc. Spec. Publ.*, 5, 429-442.

Mitchum, R. M. and Van Wagoner, J. C. (1991) Highfrequency sequences and their stacking patterns: Sequence-stratigraphic evidence of high-frequency eustatic cycles. *Sed. Geol.*, 70, 131-160.

Mudge, D. C. and Bujak, J. P. (1996) An integrated stratigraphy for the Palaeocene and Eocene of the North Sea. In: *Correlation of the Early palaeogene in Northwest Europe* (Eds R. W. O'B. Knox, R. M. Corfield and R. E. Dunay), *Geol. Soc. Spec. Publ.*, 101, 91-113.

Mudge, D. C. and Copestake, P. (1992a) Lower Palaeogene stratigraphy of the northern North Sea. *Mar. Petrol. Geol.*, 9, 287-301.

Mudge, D. C. and Copestake, P. (1992b) Revised Lower Palaeogene lithostratigraphy for the Outer Moray Firth, North Sea. *Mar. Petrol. Geol.*, 9, 53-69.

Mutti, E. and Ricci Lucchi, F. (1972) Le torbiditi dell' Appennino settentrionale: Introduzione all' analisi di facies. *Memori della Societa Geologica Italiana*, 11, 161-199.

Mutti, E. and W. R. Normark (1991) An integrated approach to the study of turbidite Systems. In:

*Seismic facies and sedimentary processes of submarine fans and turbidite systems* (Eds P. Weimer and M. H. Link), pp. 75–106, Springer-Verlag, New York.

Nadin, P. A. and Kusznir, N. J. (1995) Palaeocene uplift and Eocene subsidence in the northern North Sea Basin from 2D forward and reverse stratigraphic modeling. *J. Geol. Soc.*, 152, 833–848.

Nemec, W. (1997) Deep-water massive sandstones. *Abstract, Norw. Geol. Soc. Stavanger Chapter Meeting*, Stavanger, 3 pp.

Partyka, G., Gridley, J. and Lopez, J. (1999) Interpretational applications of spectral decomposition in reservoir characterization, *The Leading Edge*, 18, 353–360.

Peakall, J., McCaffrey, B. C., Kneller, B. C., Stelting, T. R. and Schweller, W. J. (2000) A process model for the evolution of submarine fan channels: implications for sedimentary architecture, In: *Fine-grained turbidite systems* (Eds A. H. Bouma and C. G. Stone), *AAPG Mem.*, 72/ *SEPM Spec. Publ.*, 68, 73–88.

Piper, D. J. W. and Normark, W. R. (2001) Sandy fans—from Amazon to Hueneme and beyond. *AAPG Bull.*, 85, 1407–1438.

Pirmez, C., Beauboeuf, R. T., Friedmann, S. J. and Mohrig, D. C. (2000) Equilibrium profile and baselevel in submarine channels: examples from Late Pleistocene systems and implications for the architecture of deepwater reservoirs. In: *GCSSEPM Foundation 20th Annual Research Conference, Deep-Water Reservoirs of the World* (Eds P. Weimer, M. Slatt, J. Coleman, N. C. Rosen, H. Nelson, A. H. Bouma, M. J. Styzen and D. T. Lawrence) *GCSSEPM Spec. Publ.*, 15, 782–805.

Posamentier, H. W. and Kolla, V. (2003) Seismic geomorphology and stratigraphy of depositional elements in deep-water settings. *J. Sed. Res.*, 73, 367–388.

Shanmugam, G. (1996) High-density turbidity currents: are they sandy debris flows? *J. Sed. Res.*, 66, 2–10.

Shanmugam, G., Bloch, R. B., Mitchell, S. M., Beamish, G. W. J., Hodgkinson, R. J., Damuth, J. E., Straume, T., Syvertsen, S. E. and Shields, K. E. (1995) Basin-floor fans in the north sea: sequence stratigraphic models vs. sedimentary facies. *AAPG Bull.*, 79, 477–512.

Stow, D. A. V., Reading, H. G. and Collinson, J. D. (1996) Deep Seas. In: *Sedimentary environments: processes, facies and stratigraphy* (Ed. H. G. Reading), pp 395–450. Blackwell Science, Oxford.

Szarawarska, E. P., Huuse, M., Hurst, A., de Boer, W., Lu, L., Molyneux, S. and Rawlinson, P. (2010) Threedimensional seismic characterisation of large-scale sandstone intrusions in the lower Palaeogene of the North Sea: completely injected vs. in situ remobilised sandbodies. *Basin Res.*, 22, 517–532.

Talling, P. J, Wynn, R. B., Schmmidt, D. N., Rixon, R., Sumner, E. and Amy, L. (2010) How did thin submarine debris flows carry boulder-sized intraclasts for remarkable distances across low gradients to the far reaches of the mississippi fan? *J. Sed. Res.*, 80, 829–851.

Twichell, D. C., Schwab, W. C. and Kenyon, N. H. (1995) Geometry of sandy deposits at the distal edge of the Mississippi Fan, Gulf of Mexico. In: *Atlas of Deep-Water Environments* (Eds K. T. Pickering, R. N. Hiscott, N. H. Kenyon, F. Ricci Lucci and R. D. A. Smith), pp 282–

286. Chapman and Hall, London.

Twichell, D. C., Schwab, W. C., Kenyon, N. H. and Lee, H. J. (1996) Breaching the Levee of a Channel on the Mississippi Fan. In: *Geology of the United States' Seafloor. The View from GLORIA* (Eds J. V. Gardner, M. E. Field and D. C. Twichell), pp 85–96. Cambridge University Press, New York.

Walker, R. G. (1965), The origin and significance of the internal sedimentary structures of turbidites. *Proc. Yorks. Geol. Soc.*, 35, 1–32.

Walker, R. G. (1978) Deep-water sandstone facies and ancient submarine fans: models for exploration for stratigraphic traps. *AAPG Bull.*, 62, 932–966.

Walker, R. G. (1985) Mudstones and thin-bedded turbidites associated with the Upper Cretaceous Wheeler Gorge conglomerates, California; a possible channel-levee complex. *J. Sed. Res.*, 55, 279–290.

White, N. and Lovell, B. (1997) Measuring the pulse of a plume with the sedimentary record. *Nature*, 387, 888–891.

Wild, J. and Breidis, N. (2010) Structural and stratigraphic relationships of the Palaeocene mounds of the Utsira High, *Basin Res.*, 22, 533–547.

Yu, B., Cantelli, A., Marr, J., Pirmez, C., O'Byrne, C. and Parker, G. (2006) Experiments on self-channelized subaqueous fans emplaced by turbidity currents and dilute mudflows. *J. Sed. Res.*, 76, 889–902.

Zanella, E. and Coward, M. P. (2003) Structural framework. In: *The Millenium Atlas: Petroleum Geology of the Central and Northern North Sea* (Eds D. Evans, C. Graham, A. Armour and P. Brathurst) pp. 45–59. Geological Society, London.